L'ART

D'EXPLOITER LES MINES

DE

CHARBON DE TERRE.

Par M. MORAND, Penſionnaire ordinaire de l'Académie Royale des Sciences.

SECONDE PARTIE, QUATRIEME SECTION.

ESSAI DE THÉORIE-PRATIQUE

SUR L'ART D'EXPLOITER LES MINES ou CARRIERES DE CHARBON DE TERRE;

E T

SUR LES DIFFÉRENTES MANIERES D'EMPLOYER CE FOSSILE

POUR LES MANUFACTURES, ATTELIERS ET USAGES DOMESTIQUES.

M. DCC. LXXVI.

DU CHARBON DE TERRE

ET

DE SES MINES.

Par M. MORAND.

QUATRIEME SECTION.

Effai de théorie pratique fur l'Art d'exploiter les Mines de Charbon de Terre, & fur les différentes manieres d'employer ce foffile dans les Atteliers ou Manufactures, pour les ufages domeftiques, &c.

En traitant jufqu'ici les objets qui compofent la premiere, feconde & troifieme Sections de cette Partie, nous nous fommes bornés à une expofition hiftorique : c'étoit la feule maniere propre à mettre à la portée de tout le monde la defcription des manœuvres multipliées qui ont lieu dans le cours de l'exploitation.

Les Ouvriers, tels fur-tout qu'il eft aifé de fe les dépeindre, ou du moins le plus grand nombre d'entr'eux, ne font confifter tout le métier, qu'à bien connoître ces manœuvres ; ils ne portent point leurs vues au-delà ; l'intelligence, l'aptitude & l'habitude dans l'exécution achevent de former ce qu'ils appellent *un habile Ouvrier.* Tout cela a bien fon mérite : un Ouvrier qui poffede ces connoiffances, qui à cette qualité joint les talents dont nous venons de parler, doit fans aucune difficulté être regardé comme une des plus grandes reffources des Entrepreneurs qui fe le font attaché ; il doit toujours être entendu & écouté avec attention ; mais les employés aux travaux de l'exploitation ne font pas les feuls qui conduifent l'ouvrage : parmi les différentes perfonnes adonnées aux opérations de Mines, il en eft qui doivent néceffairement avoir des connoiffances d'une plus grande étendue & d'un autre genre ; les connoiffances dont je veux parler, font celles qui anobliffent le métier, qui conftituent les principes & les maximes de l'Art de l'exploitation. Autant l'Ouvrier s'en embarraffe peu, autant il convient que les Prépofés de Mines fe faffent un devoir de les acquérir ; ils fe trouvent alors dans le cas d'augmenter les talents de l'Ouvrier, de perfectionner les idées qu'il préfente, de les rendre fufceptibles d'exécution, d'en faire naître quelquefois de nouvelles par des queftions, des réflexions.

L'Auteur du Traité précieux *de Re Metallicâ*, commence fon Ouvrage par l'énumération fuccinte des objets que l'on pourroit appeller les études des *Ingénieurs de Mine* ; nous ne pouvons mieux faire que de commencer cette quatrieme & derniere Section, en imitant ce favant Métallurgifte, modele de tous les autres ; il exige de celui qui eft chargé de diriger des opérations de Mines, qu'il fache juger quelle montagne, quel côteau, quelle affiette de vallée, de plaine, peut être fouillée avantageufement, ou ne doit pas être fouillée ? Il veut qu'il connoiffe les veines, leurs rameaux, les joints des rochers, les variétés & efpeces de terres, de fucs minéraux, de pierres, de marbres, rocs & métaux ; qu'il fe rende cette connoiffance familiere, ainfi que toutes les différentes méthodes connues de fuivre des ouvrages fous terre.

Il doit encore être inftruit de plufieurs Sciences & de plufieurs Arts : il doit connoître l'origine & la nature de toutes les productions minérales ; par-là il faura faire le choix des moyens les plus aifés pour fes opérations, qui dès-lors lui feront plus profitables.

Il doit encore favoir diftinguer les parties du ciel, & leur rapporter les extenfions des veines ; il doit être inftruit dans l'art de menfuration, afin d'être en état de décider par lui-même la profondeur qu'il conviendra donner à un puits, pour que cette ouverture tombe au boyau de Mine qui y répond, & afin de fixer les bornes à chaque Mine, fur-tout en profondeur.

Selon notre Auteur, l'Arithmétique, l'Architecture & le Deffin, doivent entrer dans l'ordre des connoiffances relatives aux Mines. L'Arithmétique pour calculer les frais & dépenfes d'ouvrages, de conftructions & d'établiffements de machines ; l'Architecture pour faire ou pour diriger la conftruction des machines ; le Deffin afin de pouvoir repréfenter des modeles de Méchanique.

Le métier expofe à quantité d'accidents & de maladies ; des notions générales de Médecine ne font point inutiles à ceux qui fe deftinent à diriger les ateliers ; ils feront dans le cas d'être fecourables aux Ouvriers, de prévenir les maladies, d'en arrêter le progrès, ou même d'y apporter reméde.

Notre Auteur veut auffi de l'étude du Droit : il défire qu'ils en fachent à fond la Jurifprudence relative aux conteftations & aux procès inféparables des opérations de Mines, afin d'être en état de décider ce qui appartient à chacun, & de faire les fonctions de Juges, ou au moins d'arbitres.

Pour peu qu'on fe rappelle le plan de tout notre Ouvrage, on reconnoît d'abord, que rien de tout cela n'est étranger à la pratique de l'exploitation ; dès-lors ceux qui sont à la tête des travaux de Mine, peuvent être regardés comme Physiciens ou devant chercher à le devenir.

En les considérant sous ce point de vue, nous allons conformément à ce que nous avons annoncé, *page* 203, développer d'une maniere plus particuliere les points qui demandent de nouveaux détails ; en même temps que nous fournirons à l'Ingénieur Houilleur des connoissances utiles ou nécessaires, nous les simplifierons tant que les circonstances le permettront.

De la recherche des Mines de Charbon de Terre.

Lorsque dans la Section VI de la premiere Partie, nous avons parlé de ce qui compose l'extérieur des Mines de Charbon, nous nous sommes assez expliqués sur ce qu'on doit penser des marques auxquelles les Ouvriers prétendent pouvoir juger à la simple inspection de la superficie d'un terrain, s'il renferme de ce fossile ; on ne sauroit trop répéter, que des spéculations aussi incertaines, on pourroit même dire fautives, ne doivent pas être adoptées par des Entrepreneurs ou par des Directeurs, qui entendent leurs intérêts, ou qui ont à cœur ceux de leurs associés.

Croira-t-on être plus avancé en s'en rapportant à cet égard sur le coup-d'œil d'un Ouvrier habile, & réputé expérimenté sur ce point ? Tout l'inconvénient est facile à sentir : supposons un instant que cette ressource ne soit pas à mépriser ; outre que ce coup d'œil est peut-être aussi rare qu'indéfinissable, on doit convenir qu'il ne peut jamais être donné pour un dédommagement suffisant du manque de regle, auquel on ne peut que désirer pouvoir suppléer. En accordant encore que l'on puisse trouver dans un Ouvrier le talent méchanique, pour prononcer à coup sûr, qu'il existe du Charbon dans un *terrain nouveau*, il ne seroit pas impossible que ce talent ne prît sa source dans des connoissances dont il ne se douteroit pas lui-même, dont il ne sauroit rendre aucun compte ; ce seroit toujours ce qu'il s'agiroit de débrouiller : c'est ainsi que l'on voit souvent des Artistes s'acquitter supérieurement de leur métier, en ignorant absolument les principes dont les Savants & les Méchaniciens ont jetté ou fixé les premiers fondements.

Mais à cette aptitude qu'il est très-permis de refuser à presque tous les Ouvriers de Mines, il s'agit de substituer des guides plus positifs, ou pour parler plus exactement, des indices moins équivoques ; & ils ne peuvent être que le résultat de probabilités établies sur des faits, sur des observations assez décisives pour aider à saisir les rapports éloignés & à les rassembler.

Ces avantages se trouvent précisément dans les travaux des Naturalistes qui se sont occupés des substances fossiles, en particulier de l'arrangement des matieres qui forment ce qu'ils appellent *le nouveau Globe* : nous ne prétendons point parler ici de ceux de ces Savants qui ont furchargé l'Hiftoire Naturelle de defcriptions, de définitions, de divifions ou de dénominations. Nous voulons parler des Phyficiens Naturaliftes, dont les obfervations multipliées & combinées enrichiffent la fcience, fourniffent des vues, forment fur la véritable ftructure de la terre un corps de préceptes, d'idées raifonnées, qui fe rapprochent de la matiere que nous avons à traiter.

Afin de mettre dans tout fon jour l'utilité qu'on peut retirer du concours de ces connoiffances, pour guider le raifonnement dans la recherche du Charbon de terre, je conduirai d'abord le Lecteur avec le flambeau de la Phyfique dans cette premiere épaiffeur du globe, dont je ne lui ai tracé qu'une efpece d'anatomie, relative à cette fuite immenfe de nappes de Charbon de terre qui s'y trouvent éparfes.

Vues générales fur la fuperficie extérieure de la terre, comparée avec fa fuperficie intérieure.

LES Phyficiens dont les yeux fe font portés fur cet aride cahos, ont démontré clairement, que la plûpart des collines & des montagnes dont le fommet eft de pierres, de marbres ou de toute autre matiere calcaire & compacte, ont pour bafe des matieres plus légeres, telles que des bancs de fable & des glaifes; que dans les plaines de leur voifinage, on retrouve communément, même à une affez grande diftance, ou des monticules de glaife ferme, ou des couches de fable qui paroiffent être la continuité de celles qui fervent d'affife aux montagnes; que les montagnes les plus élevées, ne font proprement que des pics, (1) ou cônes compofés de rocs vifs, de matieres vitrifiables, &c.

Des obfervations comparées de la fuperficie extérieure de la terre, de fes éminences, de fes profondeurs, des inégalités de fa forme, avec ce qu'on pourroit appeller *la premiere épaiffeur du Globe*, ont donné la facilité de juger affez exactement de l'une par l'autre, de prononcer en voyant des montagnes dont les fommets font plats, qu'on y trouvera des pierres à chaux; que les collines dont le grès forme la maffe, font toujours hériffées irréguliérement; que de cette difpofition de la fuperficie extérieure on eft fondé à s'attendre de trouver dans l'intérieur, des couches interrompues, des décombres & autres veftiges de ruines, de fubverfion, de déplacement ou d'affaiffement; que celles qui font compofées de fubftances calcaires, de marbres, de pierres à chaux, de marnes, ont une forme arrondie & plus réguliere.

(1) On appelle *pic* une montagne élevée, qui fe termine en une feule pointe; comme celle appellée *Pic de Ténériffe*, d'où par corruption on dit *le pec de Saint-Germain*, *le pou Flamanville*, en latin *Podium*, *Pogium*, *Collis*, *Mons*, *Puteus*: dans les Auteurs latins le mot *Podium* eft cependant employé particuliérement pour fignifier tout ce qui fert d'appui.

C'eft

C'eſt ainſi qu'en généraliſant les faits, en les liant enſemble, en comparant la nature avec elle-même, les Wodoward, les Bourguet, les Buffon, les Lehmann, les Nehdam, (1) ont jetté pour fondement de la connoiſſance de la compoſition de la terre un ordre fondé ſur l'ordre des choſes, & qu'il n'eſt plus permis de douter que les phénomenes extérieurs des montagnes, tels que leur élévation, leur pente, leur forme, ne ſoient relatifs à leur ſtructure intérieure; de maniere que la compoſition de la plûpart des montagnes, quoique ne ſe préſentant point par-tout la même, peut être jugée ſeulement à l'œil, & annoncée par l'obſervation.

M. Nehdam, voyageant dans le territoire d'Aix-la-Chapelle, n'eut pas beſoin d'être prévenu de ce que contenoit la montagne de Louſberg, à environ cinq lieues de cette ville; en la voyant, & en examinant ſeulement ſa ſituation, ſur-tout du côté qui regarde le baſſin de la mer, il jugea que c'étoit une montagne ſecondaire, élevée & laiſſée par les eaux à leur retraite; il ne ſe trompa point ſur les matériaux dont elle eſt effectivement compoſée (2).

Ce rapport, ſur lequel on croit devoir inſiſter, entre l'économie naturelle de l'intérieur de la terre & les phénomenes de ſa ſurface, peut donc être regardé comme aſſez conſtaté, pour tenir lieu de renſeignement & de principes applicables à la recherche du Charbon de terre, mieux que ne le feront jamais des routines d'Ouvriers; c'eſt-à-dire, que ces principes peuvent conduire aſſez ſûrement à prononcer quels ſont les endroits les plus propres à la formation de ce foſſile; quels ſont ceux qui ne le ſont pas; à quelle profondeur il peut être placé, &c.

L'expérience d'un Phyſicien, dont le vaſte génie embraſſe l'Hiſtoire de toute la Nature, acheve de confirmer l'uſage heureux que l'on peut faire des vues générales & particulieres ſur l'organiſation du Globe, pour ſoupçonner la préſence du Charbon de terre dans un endroit quelconque; ce Savant inſtruit ſupérieurement de l'arrangement phyſique des matériaux qui compoſent le monde ſouterrain, ſe perſuada que le Charbon de terre exiſtoit dans ſa Terre de Montbar en Bourgogne. Il fit en conſéquence faire une fouille, & eſt parvenu à atteindre un banc de ce foſſile; il en a été parlé dans la Table des principales matieres de la premiere Partie (3).

De tout cela il eſt facile de déduire, que la ſtructure intérieure des montagnes, des plaines, des vallons, leur conſtruction, leur pente même qui influe

_____

(1) De la Société Royale, & de celle des Antiquaires de Londres, Directeur de l'Académie Impériale & Royale des Arts, Sciences & Belles-Lettres de Bruxelles.
(2) Cette montagne iſolée au milieu d'une plaine environnée d'autres montagnes qui forment une eſpece d'amphithéâtre, eſt toute compoſée de Coquilles, de Coraux, de Madrepores, de Sables & autres productions de mer. Voyez *Nouvelles Recherches phyſiques & métaphyſiques ſur la Nature & la Religion*, avec une nouvelle *théorie de la terre*, & *une meſure de la hauteur des Alpes*, Partie II, page 19.
(3) Au mot *Montbar*, page 177.

fur celle des lits dont elles font compofées, doivent être la bafe des connoif-fances effentielles à ceux qui fe propofent de fouiller des Mines de Charbon de terre.

Il fera en conféquence utile de commencer par mettre fous les yeux, un réfultat général de ce que les recherches & les obfervations conftatées des Phyficiens & des Naturaliftes, ont appris fur la difpofition de la fuperficie ex-térieure de la terre, fur l'organifation de la premiere épaiffeur qui fe trouve au-deffous, c'eft-à-dire, fur les couches qui la compofent, fur la nature des différents matériaux dont elles font formées, & en général fur ce qui établit un caractere diftinctif entre cette grande quantité d'inégalités montueufes qui traverfent & qui coupent la fuperficie de la terre dans les continents.

Dans cet Ouvrage magnifique, dont l'exécution étoit réfervée à la Nation Françoife, & au fiecle des Dalemberts, des Formey, & des autres Savants qui les ont aidés ; M. Defmarets, de l'Académie des Sciences, a expofé en grand le fyftême de M. Lehmann, fur la matiere que nous traitons (1). Nous au-rions fort défiré qu'il nous fût permis d'inférer ici en entier tout ce morceau (2): c'eft de cette fource dont nous avons emprunté l'extrait que nous allons don-ner en faveur de ceux de nos Lecteurs qui ne feroient pas à portée de le confulter en entier; il peut fournir un vafte champ aux travaux des Mineurs ; il fervira d'ailleurs d'Introduction à la théorie pratique de l'Exploitation (3). Nous ne manquerons point dans cette efpece de revue générale du Globe ex-térieur, de faire remarquer ce qui eft particuliérement relatif à la connoif-fance des Mines de Charbon de terre, & qui peut conduire à faciliter en quel-que point leur exploitation.

---

(1) Effai d'une Hiftoire Naturelle.

(2) Dict. Encyclop. au mot *Géographie Phy-fique*, Tome *VII*, page *613*, & Tome *X*, au mot *Montagne*.

(3) La premiere Section de l'Ouvrage publié par l'Académie de Freyberg, traite *des Montagnes en général, & du fiége des Foffiles*, mais vraifem-blablement fous le point de vue particulier qui a rapport aux Mines métalliques. Dans la noti-ce inférée à la *page 503*, j'invitois à traduire ce Traité Allemand les perfonnes qui pourroient être en état de s'en charger. A-peu-près dans le même temps, l'importance du fujet avoit fait impreffion fur un Chimifte qui fe feroit exercé dans cette partie de la Minéralogie : mais nous ne nous fommes pas rencontrés fur la maniere de mettre la France en poffeffion de cet Ouvrage : le rendre littéralement en notre langue, étoit le moyen le plus naturel ; aucun Ouvrage, au ju-gement même de ce Chimifte, *n'en eft plus digne* ; c'eft d'ailleurs la feule façon de connoî-tre exactement ce qui nous vient de l'Etranger ; l'Artifte n'a pas jugé à propos de s'affujettir à cette regle, que tout autre auroit fans doute refpectée l'égard d'un Ouvrage qui eft émané d'une Compagnie.

Il a pris fur lui de refondre tout l'Ouvrage ; de préfenter au Public un Traité, formé d'après ce qu'il a vu dans fes voyages en Allemagne, & de ce qu'il a emprunté d'autres Auteurs Al-lemands, de lier le tout avec fes propres idées, en affurant à la vérité que l'Ouvrage de l'Aca-démie de Freyberg, *a toujours été le modéle fur lequel il s'eft réglé dans la compofition de fon Traité.*

Cet Editeur a fenti lui-même qu'une pareille liberté prife aux dépens d'une Compagnie, auroit befoin d'apologie pour n'être pas mal accueillie par plufieurs de fes Lecteurs : il l'a tentée dans fa Préface ; les raifons qu'il y donne pour fe juftifier d'avoir tronqué, mutilé & défiguré à fa fantaifie, un Ouvrage précieux, n'ont pas autant de valeur qu'il fe l'eft imaginé : fon intention, pour être louable felon lui, n'a pas été généra-lement du goût du Public ; & la traduction nette & entiere que j'ai défirée, eft encore un Ouvrage à entreprendre.

Je crois pouvoir ajouter ici, qu'il m'a été affuré, que l'Ouvrage, comme traduction, étoit défectueux dans des mots techniques, que l'Edi-teur n'avoit pas entendus.

Division des Montagnes.

Toutes ces éminences du Globe, que l'on est à portée de voir, en parcourant plusieurs pays, & dans lesquelles il est facile de remarquer des différences en hauteur, depuis celles qui sont médiocrement élevées jusqu'à celles qui sont les plus élevées, donnent au seul aspect l'idée que les Montagnes ne sont pas toutes constituées de même.

On peut les diviser en deux classes générales ; celles du premier ordre, & celles du second ordre ; ou celles dites *de la vieille roche*, & celles de nouvelle formation.

Montagnes du premier ordre, Montagnes primitives ou *de la vieille roche,* appellées aussi *Montagnes à Filons.*

Les Montagnes les plus renommées ou les plus considérables par leur hauteur, telles que les Alpes, les Pyrénées, les Vosges, qui pour l'ordinaire présentent à l'œil de vastes chaînes, sont toujours les plus remarquées par un Voyageur. Il n'est pas nécessaire de les fixer avec l'attention d'un Physicien, pour s'appercevoir d'abord, que la continuité de cette chaîne s'étend très-au loin, de maniere à ne pouvoir être suivie, ou pour voir que les contours de ces Montagnes représentent des figures exactes, que leurs formes, quoiqu'absolument irrégulieres en apparence, ont néanmoins des directions suivies & correspondantes à l'œil ; & si on me passe le terme par le port de ces Montagnes, on juge d'abord qu'elles sont fixées profondément en terre ; elles donnent quelquefois l'idée d'une forte digue destinée à servir de soutien aux Montagnes du second ordre, qui viennent s'appuyer contre elles, & qui alors finissent par aller se perdre insensiblement dans les plaines.

Ces excroissances énormes qui portent dans leur extérieur rude & sauvage le caractere de la vétusté, & s'il étoit possible de se servir de cette expression, un reste de cahos, sont surmontées de pointes de rochers en désordre, qui semblent prêts à se détacher ; leur sommet chargé de rochers nuds & informes, n'est jamais uni, il s'éleve fiérement sur une base étroite, en la comparant à la hauteur souvent inaccessible sur laquelle on les voit comme s'élancer du centre de la terre vers les nues ; leur pied n'est pas plus facile à approcher que leur cime ; environné de vallées ou de profonds précipices, l'œil n'y découvre avec effroi que des abîmes entr'ouverts seulement pour le tonnerre, les éclairs, les ouragants, les eaux du ciel & des torrents.

En observant donc, si le lieu est montagneux, si les élévations ou montagnes s'élevent insensiblement, & si elles tiennent à une chaîne considérable, ou si le pays sans être montagneux, est coupé de temps en temps par des

vallées, on aura occasion de présumer qu'un tel pays est d'ancienne formation.

À juger ensuite de ces Montagnes par ce qui peut se voir de leur structure
intérieure, par les matieres endurcies, desséchées, pétrifiées, cryftallifées,
minéralifées, accumulées dans leur fein, on eft conduit naturellement, fur-
tout, fi, en examinant la roche, cette partie fe trouve réguliere, difpofée en
pente & en couches, ou en feuillets, on eft conduit à regarder ces émimen-
ces, comme des maffes pierreufes aufli anciennes que le monde, & comme
la véritable charpente du Globe; ce qui les fait appeller *Montagnes primitives*, *Montagnes de la vieille roche*, pour les diftinguer des autres dont nous
allons parler; & comme elles font la matrice des Mines qui fe fuivent par
filons (1), on les nomme aufli quelquefois *Montagnes à filons*; alors elles
ont un caractere particulier, mais qui ne doit pas nous occuper ici; il nous
fuffira d'obferver qu'elles ne font point par lits ou par bandes aufli multipliées
que les Montagnes du fecond ordre, & que différentes couches qui couvrent
quelquefois ces Montagnes primitives, n'y font placées qu'accidentellement,
& font tout à fait étrangeres à la Montagne même.

Le corps de ces Montagnes n'eft qu'une maffe d'*Horftein* quartzeux, (2)
ou tenant de la nature du *Jaspe*, quelquefois d'une pierre *calcaire fpathique*, qui
s'enfonce perpendiculairement à l'horifon jufqu'à deux ou trois cens toifes.

La ftructure intérieure de ces Montagnes, eft affez homogene & fans interruption; les tas de fable & de terre de *Sinter* (3), de *Letten* (4), *Mer-
gel* ou Argilles différentes, & diverfement colorées, qui s'y rencontrent rarement, ne font point nombreux, ni épais, ni difpofés par lits; ils font perpendiculaires à l'horifon, & s'enfoncent à une profondeur incommenfurable, enforte qu'ils paroiffent avoir été portés ultérieurement dans les fentes de la pierre
propre à ces Montagnes.

Rien de femblable, rien qui approche de tout cela dans les terreins auf-
quels eft propre le Charbon de terre, & dont nous avons raffemblé, dans la
premiere Partie de cet Ouvrage principalement, le plus de defcriptions qu'il
nous a été poffible.

Montagnes du fecond ordre, Montagnes par couches, par dépôt.

Leur forme, leur affiette établiffent le caractére diftinctif de ces Montagnes,

---

(1) On appelle *vrais Filons*, des fentes fuivies,
qui ont une grande étendue, une direction marquée, quelquefois contraire à celle de la route
où elles fe trouvent, & qui font remplies de
fubftances métalliques, foit pures, foit dans l'état
détaché, que les Mineurs affurent d'une voix unanime s'étendre ordinairement de l'Eft à l'Oueft,
en déclinant au Midi de 9 à 10 degrés.

(2) Qui fouvent forment les *falbandes* des
filons.

(3) Efpece de terre argilleufe délayée, ou

terre molle qui fe trouve dans les Mines.

(4) En général, ce mot défigne une efpece
de terre tenace, graffe & fale, dont la couleur
eft différente; les Ouvriers de Mines donnent
fouvent ce nom à l'argille; ordinairement aux
terres argilleufes ou plutôt glaifeufes, qui fe
trouvent profondément dans la terre, & parmi
les minéraux: ce *Letten* eft fouvent appellé *Bef-
tieg*, lorfqu'il accompagne les filons de Mine;
entre le falbande & le filon, dont il eft la
trace.

&

& donnent la raifon pour laquelle elles font bien moins élevées , & ont une pente plus douce que celles de toute ancienneté , qui en conféquence de leur hauteur , femblent être à pic : elles paroiffent avoir été placées après coup fur le terrein où elles fe trouvent , comme les collines de fable que la mer forme le long de fes bords fur quelques côtes , ou comme les buttes de terre , réfultantes de grands travaux pour lefquels il a fallu porter ailleurs les maté-riaux dont on a voulu fe débarraffer : toute cette maffe terreufe en plus grande partie , & qui forme éminence , n'appartient donc pas à la furface ; elle n'y eft qu'appliquée.

Ces Montagnes font nommées *Montagnes du fecond ordre* , foit parce qu'el-les font véritablement d'une formation poftérieure aux autres , foit parce qu'el-les font le produit de différents accidents , de différents changements dont on reconnoît fenfiblement dans quelques-unes des veftiges qui autorifent à établir entre ces Montagnes des foudivifions.

Quelques-unes d'entr'elles paroiffent être le réfultat d'inondations ; elles font connoiffables en ce qu'elles font arrondies dans leur pourtour , & plattes à leur fommet ; leur intérieur femé de cailloux roulés , eft formé de couches qui renferment du fable , de la craie , de la glaife , de la marne , des corps marins (1) , des fels , des fubftances végétales , des fubftances de nature bitu-mineufe ou combuftible. Ces couches extrêmement variées , & dont l'épaif-feur fe trouve plus marquée dans celles qui font les plus enfoncées , font foi-blement inclinées à l'horifon , & vont s'appuyer contre les Montagnes primi-tives qu'elles environnent de toute part , & dans lefquelles elles fe perdent quelquefois , jufqu'à fembler ne faire qu'une même continuité avec ces der-nieres ; ce qui eft très à remarquer , comme nous le dirons bien-tôt.

De ces Montagnes du fecond ordre , il en eft dont la formation eft dûe à des courants ; elles font compofées entiérement de fables légers , mêlés inti-mement & par-tout de fubftances marines très-variées , éparfes confufément depuis le fommet jufqu'à la bafe de la Montagne ; celle de Loufberg près d'Aix-la-Chapelle , eft de cette efpece.

Quelle que foit la caufe de la formation des Montagnes du fecond ordre ; comme elles font feules propres au Charbon de terre (2) , il convient d'en rapprocher davantage les principaux phénomenes , tant intérieurs qu'extérieurs , afin d'en donner une idée exacte & précife qui aide fur-tout à les reconnoître infailliblement & à les diftinguer entr'elles , & en même-temps , à favoir à quelle profondeur les veines de Charbon de terre s'y trouvent placées.

Ce qui forme leur principal caractere eft leur compofition de bandes ter-

---

(1) Les dépouilles de la mer, d'aucune efpece , ne fe trouvent plus au-delà de deux cents toifes , dans les Mines & ailleurs.

(2) M. Monnet pretend néanmoins qu'il peut y en avoir dans les Montagnes régulieres & pri-mitives ; il en donne pour preuve les Mines de Fims en Bourbonnois , qui fe trouvent dans un lieu de premiere formation , & dans un vrai gra-nite.

reuſes ; elles y ont été entaſſées en une quantité ſi prodigieuſe , qu'elles ſont preſqu'entiérement formées de cet amas , qui leur a fait donner le nom de *Montagnes par dépôts* , ou *Montagnes par couches*.

On y trouve cependant , & en aſſez grand nombre pour former une partie de leur maſſe , d'autres ſubſtances , dont les unes leur ſont parfaitement étrangeres , les autres leur ſont propres.

Du nombre des premieres , ſont les ſubſtances métalliques , telles qu'on en a vu dans les carrieres de Charbon de pluſieurs pays , *Partie I, pag.* 139 ; mais ces ſubſtances métalliques diſperſées dans ces Montagnes de nouvelle formation , préſentent dans leur genre un caractere très-diſtinctif ; tantôt elles s'y trouvent par morceaux détachés , par *marrons* , ou par *blocs* , ou par *roignons* , ou par *nids* , nommés par les Latins Minera nidulans , par les Allemands Nesterweis , par les Houilleurs de Dalem , Mines en Niaie ou en Bouroutte , par les Anglois Schoads.

Ce ne ſont que des *Mines égarées* , des éclats de filons appartenants originairement aux Montagnes primitives , dont elles ont été entraînées accidentellement.

Ces fragments de Mines ſe ſont quelquefois réunis enſemble , de maniere à occuper une grande étendue de terrain , & à former une grande maſſe que les Allemands appellent Seiffen werk , *Mines tranſportées.* Ces Mines , ne ſont point de véritables Mines , comme celles qui ſont propres aux Montagnes primitives , dans leſquelles les Mines ſe ſuivent en filons.

Toutes ces différentes Mines des Montagnes du ſecond ordre , quoiqu'en aſſez grande quantité , quelquefois dans un même canton , n'ont aucune communication entr'elles , ni avec les maſſes de pareilles Mines qui ſe trouveroient dans leurs environs ; ce ſont des blocs peu enfoncés en terre & preſque ſuperficiels , dont l'organiſation eſt toute différente de l'organiſation & des Montagnes à filons , & des Mines propres aux Montagnes par couches.

En rapprochant ces circonſtances de ce qui a été dit de la diſpoſition de ces amas de couches très-ſouvent appuyées contre les Montagnes primitives qui leur ſervent de ſupport , & avec leſquelles elles ſemblent ſouvent ſe confondre , on verra que c'eſt des Montagnes primitives , que ces couches reçoivent les parties métalliques qui s'y rencontrent. Le ſavant Editeur de cet article dans l'Encyclopédie , n'a pas négligé de faire remarquer que ce voiſinage des Montagnes du premier ordre , & des Montagnes du ſecond ordre , peut induire en erreur les Obſervateurs qui ne feroient qu'une attention ſuperficielle aux choſes.

Une des productions les plus ordinaires à toutes les couches & aux glaiſes , & qui par conſéquent peut être regardée comme leur être propre , quoiqu'elle ſe rencontre quelquefois dans les filons de Mines , ce ſont les pyrites , dont la formation immédiate , la nature , la baſe , ſont encore autant de problêmes,

Ces substances, que quelques Physiciens regardent comme une vraie Mine de souffre, *Partie I, pag.* 20, se trouvent mêlées avec les couches, dans une consistance, dans un état, dans une forme variée à l'infini; tantôt en concrétion autour des substances animales & végétales, qui se sont rencontrées, tantôt faisant corps avec ces matieres qu'ont pénétré l'acide vitriolique ou l'acide marin de la pyrite.

Ces pyrites de couches ont cependant des différences caractéristiques de celles qui sont dans les filons de Mines; elles sont d'une forme particuliere, sphérique, striée, ou cubique, & tombent en efflorescence à l'air, comme une terre vitriolique, ce qui indique qu'elles contiennent toujours moins de cuivre que de fer, d'où on les nomme *pyrites martiales.*

La maniere dont les pyrites sont disposées dans les couches, n'est pas uniforme, M. Henckel remarque que quoiqu'elles s'enfoncent quelquefois en traversant ces bandes, elles sont toujours beaucoup inclinées & visent à s'étendre par les côtés, ce qui les transforme en une espece de banc pyriteux, ou une *Mine pyriteuse dilatée* (1); d'autres fois elles sont par amas, par nids, par roignons.

Pour ce qui est des pierres qui se rencontrent dans les montagnes par couches, c'est-à-dire, qui leur appartiennent essentiellement, elles différent toujours des pierres qui composent les montagnes primitives: on a pu reconnoître que ce sont des marbres, des grès, des pierres à plâtre, des pierres à chaux, des ardoises, sous lesquelles l'argille bleue est très-commune, ou des substances terrestres, qui se sont durcies, qui sont le produit d'une décomposition particuliere résultante de leur mélange avec les substances qui les avoisinent.

Celles de ces pierres les plus remarquables, ce sont celles nommées improprement *grès*, par les Liégeois *Greit, Koirelle* par les François; elles se rencontrent constamment dans toutes les Mines de Charbon; mais ce qui les rend ici intéressantes, c'est que cette pierre qui est une espece de granite plus ou moins décomposé, se trouve souvent mêlé avec le schiste, comme je l'ai fait remarquer premiere Partie, *pages* 51 & 138; c'est une connoissance importante pour notre objet, & on en est redevable aux observations des Naturalistes.

Les autres pierres qui entrent en partie dans la formation de ces montagnes, ne sont que des pierres que l'on pouroit nommer *pierres perdues*; ce sont des portions détachées des montagnes primitives, sur-tout lorsqu'elles servent d'appui à celles du second ordre.

Revenons aux couches dont ces montagnes du second ordre sont presque toutes formées; arrêtons-nous à les considérer séparément, à les examiner dans toutes les circonstances qui les rapprochent des regles de l'exploitation des Mines de Charbon.

_____

(1) On appelle *Mines dilatées*, celles qui forment une espece de couche, à peu-près parallele à l'horison.

Couches des Montagnes du second ordre.

CES bandes font en grande partie des fubftances qui ont été apportées & dépofées par *Strata* dans les terreins de Charbon de terre : ces fubftances par couches, qui accompagnent ce foffile, qui femblent entrer pour beaucoup dans fon origine, dans fa formation, font toujours dans la plus grande partie de la maffe de ces montagnes de la même nature, une argille diverfement modifiée.

Cette argille fert non-feulement de lien aux différentes efpeces de terres qui entrent dans la compofition de ces couches, mais fert prefque toujours d'affife & de plancher au Charbon de terre, fous la forme d'ardoife nommée par les Naturaliftes *Schifte*; cette *gangue* (1) ou *matrice fchifteufe* de la Houille, n'eft toujours qu'une argille durcie, fulphureufe, alumineufe & feuilletée, bitumineufe, fi la portion argilleufe a été imprégnée d'un acide vitriolique, & fétide, fi elle l'a été d'acide marin ; *voyez feconde Partie, page* 140.

Des obfervations réitérées ont fait connoître que ces ardoifes ou pierres feuilletées, occupent la partie du milieu du terrein fur lequel les couches font portées, & que les Mines de Charbon de terre, occupent toujours la partie la plus baffe ; de maniere que la Houille forme conftamment le fol ou la bafe qui fert d'appui aux autres lits dans les montagnes par couches.

Ces couches font horizontales, & par conféquent elles coupent tranfverfalement les montagnes dans lefquelles elles font renfermées ; c'eft la raifon pour laquelle elles ne vont pas ordinairement à une fi grande profondeur que les couches des montagnes primitives, dans lefquelles on doit fe rappeller qu'elles font perpendiculaires : c'eft auffi la raifon pour laquelle les Mines de Charbon de terre ont toujours une pente plus douce.

Elles font ici rangées parallélement les unes fur les autres, de maniere que chaque banc a dans toute fon étendue la même épaiffeur ; on y obferve cependant cela de particulier, que leur parallélifme eft fouvent dérangé : de temps en temps elles font interrompues, elles fe courbent, elles font des *fauts*, toutes chofes qui prouvent que ces lits, & que les montagnes qui en font compofées, ont éprouvé depuis leur formation des affaiffements très-confidérables.

Les bancs de Charbon de terre, préfentent auffi, comme on l'a vu, les mêmes variations par *fauts* (2), les mêmes différences pour leur difpofition en veines & par *bouillons*, ainfi que dans les veines métalliques par filons, ou par maffes. Ces *Rubbifch*, ne font que des fondis, des tranfports ou amas, fuite d'une difruption arrivée dans le corps de la Mine même.

(1) Nous ne prenons toujours ce terme, que dans la fignification qui lui eft donnée en plufieurs endroits, de tout ce qui n'eft pas Mine ; ce que les Allemands, appellent *Taubergarten*.
(2) On peut voir l'explication de ces *Sauts* dans Lehmann, *Tome III, page* 287.

De

De toutes les circonftances ou phénomenes qui méritent le plus d'être ob-fervés par ceux qui projettent ou qui exécutent une fouille, relativement aux Mines de Charbon de terre, on doit fur-tout faire attention à la marche des lits de fubftances terreufes.

Cette marche eft finguliérement variée, ce qui eft felon la pente plus ou moins confidérable, plus ou moins infenfible des montagnes dans lefquelles elles fe trouvent; il eft donc à propos de s'arrêter à ces deux circonftances, la pente des montagnes, & la marche des lits.

Pente des Montagnes.

ON dit qu'une montagne a beaucoup de pente, lorfqu'une ligne droite tirée horizontalement d'à-plomb, eft beaucoup plus courte que celle qui feroit tirée dans la longueur de la pente.

Il paroît conftant en général que les pentes des montagnes, foit dans la direction de leurs chaînes, foit par rapport à leurs adoffements collatéraux ou avances angulaires, font beaucoup plus rapides du côté du Midi que du côté du Nord, & que ces pentes font plus grandes vers l'Oueft que vers l'Eft; les montagnes de Suiffe, celles d'Angleterre & de Norwege, en font des exemples.

On obferve auffi que les moindres chaînes vont pour la plupart de l'Eft à l'Oueft (1), & que les plaines, de même que les fommets de montagnes, penchent pour l'ordinaire infenfiblement vers l'Eft & vers le Nord.

Marches différentes des lits de fubftances terreufes.

DANS les montagnes dont la pente eft douce, les couches ont une incli-naifon très-grande.

Si la croupe de la montagne eft efcarpée, les couches font ou coupées à-plomb, ou interrompues par des empilements de matieres différentes qui fe font éboulées dans les vuides qu'elles ont remplis, ou bien elles s'abaiffent prefque fans s'incliner, & gagnent la plaine.

Lorfque les premieres couches fe trouvent de niveau au fommet d'une mon-tagne, toutes celles qui font au-deffous, fe trouvent pareillement de niveau.

Les premiers lits du fommet d'une montagne penchent-ils? les autres cou-ches de la montagne fuivent la même inclinaifon.

Ces lits qui font paralleles ou non à l'horizon, fuivent l'élévation & l'ab-baiffement des croupes des montagnes qu'ils compofent, pour franchir les montagnes correfpondantes, & aller enfuite fe plonger dans le vallon qui les fépare, & même dans celui qui fe trouve au-delà.

(1) Needham, *Tome II*, *page* 228.

Dans quelques vallons étroits formés par des montagnes escarpées, les couches qu'on y apperçoit coupées à-plomb, & tranchées, se correspondent pour la hauteur, pour la disposition & pour la substance qui les compose. On imagineroit que c'est la même montagne qu'un accident a séparée en deux parties, sans désunir ses arrangements par lits.

Dans les masses de montagnes primitives *figurées*, où on remarque les mêmes écartements, l'extérieur des angles saillants, & les angles rentrants suivent la même disposition, sans qu'il y ait continuité dans l'intervalle.

ARTICLE PREMIER.

Des connoissances qui ont rapport à l'usage des Instruments de Géometrie dans la pratique de l'exploitation.

APRÈS s'être assuré si le lieu où l'on veut exploiter, est d'ancienne ou de nouvelle formation, la premiere opération à faire indique naturellement tout ce qui doit fixer l'attention; l'enfoncement de la Mine demande un choix réfléchi des endroits propres à asseoir les bures; dans quelques pays, il est ordinaire de recourir à la sonde.

Pour se déterminer avantageusement sur ces deux points, il faut au préalable s'étudier à reconnoître la marche des lits de substances terreuses, & principalement la maniere dont se comportent les veines de Charbon; j'entends par cette expression la direction & la situation des veines relativement aux quatre points cardinaux du monde, (1) leur chûte ou inclinaison relative à l'horizon, leur dimension en longueur, largeur & profondeur, leur force ou leur *puissance* en épaisseur (2).

C'est de ces circonstances que dépendent une infinité de particularités qui constituent ce que l'on peut appeler véritablement *l'Art de l'Exploitation*, pour ne pas confondre ce qui n'est que manœuvre. S'agit-il, par exemple, de déterminer les espaces dans lesquels il est permis à un particulier de chercher la Mine? Est-il question de trouver la distance à mesurer d'un point quelconque d'une galerie à un point quelconque de la surface ou de l'extérieur de la terre; ou réciproquement trouver la distance à mesurer d'un point quelconque de la surface ou de l'extérieur de la terre, à un point quelconque d'une galerie? veut-on arriver à une galerie par le chemin le plus court? marquer la voie par laquelle il est avantageux de conduire les eaux hors de la Mine, pourvoir à la circulation

(1) En Cosmographie les points cardinaux, sont les intersections de l'horizon avec le méridien, appellées point du *Nord*, & de *Sud*, & les intersections de l'horizon avec le premier vertical, qu'on appelle l'*Est* & l'*Ouest*, d'où ou a appellé aussi *Vents Cardinaux*, (relativement aux points de l'horizon, d'où ils soufflent), ceux qui soufflent des points cardinaux, c'est-à-dire, de l'*Est*, de l'*Ouest*, du *Nord* & du *Sud*.

Points cardinaux du Ciel, se dit aussi quelquefois, mais plus rarement, du lever & du coucher du Soleil, du Zénith & du Nadir.

(2) Dans les Mines métalliques, le mot *puissance* exprime l'épaisseur des filons.

de l'air, faire une defcription Ichnographique, Orthographique ou Scénographique d'une Mine ? Il eſt clair que ces recherches, qui ſe préſentent dans la pratique de l'exploitation, arrêteront un Entrepreneur, à moins qu'il ne ſe ſoit attaché ſur-tout à bien connoître la maniere dont ſe comportent les veines de Charbon dans la maſſe du terrain qu'il a à fouiller.

Pour éviter ou abréger les calculs par leſquels on peut parvenir à la ſolution de ces queſtions, on emploie différents inſtruments, dont la plupart appartiennent aux Mathématiciens.

L'Auteur de l'article *Géometrie ſouterraine*, dans l'Encyclopédie (1), déſigne comme les plus importants & ſuffiſants, le *niveau*, la *bouſſole*, le *genouil*, une *toiſe* & une *chaîne*.

La ſimplicité de cet appareil s'accorde avec la pratique de pluſieurs pays ; il a été facile de remarquer dans le cours de cet Ouvrage, que toute la ſcience des Houilleurs Ingénieurs, pour s'orienter dans la *pourchaſſe* des Ouvrages par la direction & la pente des veines, ou pour meſurer les ſouterrains, paroît ſe réduire à ſavoir faire uſage du *niveau*, de la *bouſſole*, de la *toiſe* & de la *chaîne.*

Les problêmes réſultants d'autres circonſtances miſes en propoſition demanderoient pour plus grande facilité dans leur ſolution d'autres inſtruments, tels que le *rapporteur*, la *fauſſe-équerre*, autrement nommée *récipiangle*, le *graphométre*, la *perche*, la *pomme* ou *forme d'équerre d'Arpenteur ; l'aſtrolabe*, ſi l'on ſe trouvoit en avoir un à ſa diſpoſition, ſeroit très-commode.

On ne doit pas regarder comme d'une moindre importance dans quelques occaſions, le *compas de proportion*, auquel le *ſecteur Anglois* peut être ſubſtitué, *l'échelle d'Edm Gunter*, Anglois, & *le quartier de réduction des Marins.*

Il ne ſera pas inutile, par cette raiſon, de joindre ici aux deſcriptions que nous avons données (*page* 213) une notice ſuccinte de ces derniers inſtruments, & de leur uſage ; quelques-uns d'entr'eux ſeront connus plus particulierement, par un Ouvrage très-intéreſſant que j'ai traduit du latin en françois (2), dans le deſſein de le faire paroître à la ſuite de la traduction que j'eſpérois pouvoir être donnée de ce qui a été publié par l'Académie de Freyberg, ſur l'Art d'exploiter les Mines métalliques.

Je ne dois cependant pas négliger de faire obſerver que la méthode inſtrumentale n'eſt pas uniquement renfermée dans la ſimple connoiſſance de ces inſtruments, ni dans l'habitude de s'en ſervir ; l'uſage de quelques-uns des inſtruments néceſſaires aux opérations de Mines, celui des cadrans, par exemple, a pour baſe la Coſmographie Aſtronomique ; il eſt des travaux qui ſe dirigent ſur le lever & ſur le coucher du ſoleil ; d'autres fois on eſt dans le cas, à l'aide d'une méthode inſtrumentale ou autrement, de ſavoir s'orienter, c'eſt-à-dire,

(1) *Tome VII*, *pag.* 639.
(2) *Jo. Frederici* Weidleri, *Inſtitutiones Geometricæ ſubterraneæ*, *editio altera*, *ab auctore recognita*, *cum fig. Vitemberga.* M. DCCLI. *in-4°.*

de chercher à s'affurer de quel côté eft le Nord ou l'Orient, de quelle maniere les pays font fitués les uns à l'égard des autres.

Ce reconnoiffement par les points de l'horizon, & ces différents objets, exigent des détails particuliers, qui tiennent à la partie Aftronomique, défignée par Agricola parmi les connoiffances utiles dans les travaux de Mines: c'eft même d'où dépend entiérement l'intelligence de tout ce qui a rapport à l'ufage des divers inftruments de Mathématiques, dont peuvent fe fervir les Ingénieurs Houilleurs, aux degrés qu'on y trace, &c. Comme nous allons développer la méthode inftrumentale, & expofer d'une maniere raifonnée, leur conftruction, leur divifion, l'emploi de ces inftruments, il eft néceffaire déclaircir ce que nous avons à en dire par des efpeces d'éléments des fphériques & de l'Aftronomie fphérique.

Abrégé de Cofmographie Aftronomique, relatif aux opérations de Mines.

PEU de perfonnes ignorent la forme admife dans le globe terreftre ; on a coutume de repréfenter aux yeux ce globe, par une machine appellée *Sphére*, c'eft-à-dire, un folide dont tous les points de la furface pris en tout fens, font également éloignés d'un point en-dedans qui en eft le centre, & les Aftronomes ont imaginé fur certaines parties de ce globe, des points, des lignes, des cercles; de maniere que toute la fphére s'explique par des plans que l'on imagine paffer par les corps céleftes.

La Géographie Aftronomique, dans laquelle la terre eft confidérée par rapport au ciel, a emprunté ces mêmes points, ces mêmes lignes ou cercles; on les fuppofe décrits tant au-dedans de la folidité du globe, que fur fa furface ; par la jufte pofition du globe à l'égard du ciel, ils aident à concevoir quelle correfpondance toutes les parties du globe ont avec les cieux, à faire connoître quel rapport ces mêmes parties ont les unes avec les autres, par leur fituation refpective, & les divifions Mathématiques du ciel, qu'on a appliquées à celles de la terre, & qui fervent de bafe à toute la Géographie.

Des Cercles de la Sphére en général & de leur divifion.

LES parties décrites fur la furface du globe, font de différentes efpeces ; on y compte entre-autres dix grands Cercles verticaux, deux lignes & fix points.

Les Cercles, nommés *Cercles de la Sphére*, font ceux qui coupent la fphére du monde, & qui ont leur circonférence fur fa furface.

Ils peuvent être diftingués en cercles mobiles, & en cercles immobiles; les cercles mobiles, font ceux qui tournent ou qui font cenfés tourner par

le

le *mouvement diurne* (1) ; de maniere que leur plan change de fituation à chaque inftant. Les *Méridiens* font de ce genre.

Les Cercles immobiles ne tournent point, ou tournent en reftant toujours
dans le même plan, tels font *l'Equateur & fes paralleles*, *l'Ecliptique*.

Si on divife ces Cercles à raifon de leur grandeur, on appelle *grands Cercles de la Sphere*, ceux qui divifent la fphere en deux parties égales, ou en
deux hémifpheres, & qui ont le même centre que celui de la fphère : c'eft par
cette raifon que tous les grands Cercles font égaux, & fe coupent tous en portions égales, ou en demi-cercles, *l'horizon*, le *méridien*, *l'équateur*, les deux
colures, les *azimuts*, font de ce nombre.

Les petits Cercles de la fphere font ceux qui ne divifant pas la fphere également, n'ont leur centre que dans l'axe (2), & non dans le centre même
de la fphère : ils font communément défignés par l'analogie qu'ils ont avec les
grands Cercles, auxquels ils font *paralleles*.

On doit remarquer ici que tous les Cercles de la fphere fe tranfportent des
cieux à la terre, & trouvent par là leur place dans la Géographie, auffi bien que
dans l'Aftronomie : on conçoit en conféquence que tous les *points* de chaque
Cercle s'abaiffent perpendiculairement fur la furface du globe terreftre, &
qu'ils y tracent des cercles qui confervent entre eux la même pofition & la
même proportion que les premiers.

De tous les différents *cercles & points* de la fphere, nous ne parlerons que
des principaux d'entr'eux, dont la connoiffance eft néceffaire, foit pour la
mefure du temps, foit pour les inftruments gradués; mais avant de les paffer en
revue, il eft à propos de s'arrêter un inftant à cette divifion qu'on fait fur les
Cercles, pour fervir de mefure.

La circonférence de tout Cercle, grand ou petit, eft divifée en trois cents
foixante portions égales, que l'on appelle en Géométrie & en Aftronomie,
Degrès.

Ce nombre de 360, a été choifi pour la divifion du Cercle, parce qu'il fe
fubdivife plus exactement qu'aucun autre en plufieurs parties égales fans refte,
lorfque ce Cercle a été partagé en quatre parties, en tirant deux diametres
qui fe coupent à angles droits. Car, par exemple, la moitié de 360 eft 180, le
tiers eft 120, le quart eft 90, la cinquieme partie eft 72, la fixieme eft 60,
& ainfi de plufieurs autres parties aliquotes.

Chaque degré fe divife en 60 autres parties égales plus petites, qu'on nomme *minutes*, *fecondes*; chaque minute en foixante fecondes, les fecondes en
tierces, & ainfi de fuite à l'infini.

____

(1) Révolution que la Terre fait autour de fon axe, d'Occident en Orient, dans l'efpace de 24 heures, pendant lefquelles elle préfente fucceffivement toutes fes parties au Soleil.

(2) On appelle *Axe de la fphere*, toute ligne droite qui paffant par le centre, fe termine de part & d'autre à fa furface, & fait l'effet d'un effieu autour duquel on fuppofe que les cieux tournent; la circonférence de la terre étant reconnue de 9000 lieues, fon diametre moyen eft eftimé de 2865 lieues, & fon rayon de 1432½.

L'ufage eſt de marquer le degré par un o au-deſſus des chiffres qui en ex-priment le nombre : pour écrire deux degrés, on écrit 2° ; les minutes ſe diſtin-guent par un trait, les ſecondes par deux traits, les tierces par trois, &c. 1′, 2″, 3‴, &c. une minute, deux ſecondes, trois tierces, &c.

Selon le calcul de M. de Caſſini, la minute d'un degré de la terre, eſt de 951 toiſes $\frac{44}{70}$, & la ſeconde eſt de 15 toiſes $\frac{11}{70}$.

Des principaux Cercles de la Sphére, & de leurs différents rapports entr'eux.

L'HORIZON eſt un cercle qui ſépare a partie du ciel que no us apperce-vons, de celle que nous ne voyons pas ; c'eſt le ſeul Cercle qui nous ſoit viſi-ble dans le ciel ; mais il change à meſure que nous changeons de place ; il détermine le lever, le coucher des aſtres, le commencement du jour & de la nuit, & par conſéquent les différentes grandeurs des jours.

Ce grand Cercle, diviſé par 360 degrés, eſt ſur-tout remarquable dans l'ap-plication que l'on en fait à la Géométrie ſoûterraine, en ce qu'il ſert à conſ-truire la bouſſole & les cadrans, parce que la diviſion de ces deux inſtruments, comme nous l'obſerverons, n'eſt autre choſe que la diviſion de l'horizon.

Des différentes parties de l'horizon, il ne ſera parlé actuellement que des points verticaux, qui ont rapport non-ſeulement à l'horizon, mais encore au méridien, & à l'équateur, que nous allons faire connoître avant tous les autres Cercles : en indiquant la maniere de s'orienter, il ſera traité des quatre points collatéraux de l'horizon, autrement nommés les *quatre points cardinaux du monde.*

ON nomme *Zénith* & *Nadir*, deux points verticaux du ciel, diamétrale-ment oppoſés, & éloignés chacun de l'horizon de 90 degrés ; l'un au-deſſus de notre tête, l'autre au-deſſous de nos pieds ; de maniere que nous ſommes ſup-poſés les tranſporter toujours avec nous : le premier change par conſéquent chaque fois que nous changeons de place ; l'un & l'autre ſervent de *Pôle* (1) à l'horizon ; le Zénith étant le Pôle ſupérieur, & le Nadir étant le Pôle in-férieur : on les appelle auſſi *Pôles de l'horizon.*

Ils déterminent les méridiens de la maniere qu'on va voir. Le nom Arabe d'*Azimuts* a été conſervé aux grands Cercles verticaux qui s'entrecoupent au Zénith & au Nadir, & dont les plans ſont en conſéquence perpendiculaires à l'horizon.

Ils coupent l'horizon à angles droits ; or comme l'horizon eſt diviſé par

---

(1) En Géométrie, *Pôle* ſe prend générale-ment pour le point le plus éloigné de la circon-férence d'un grand Cercle, décrit ſur un Globe, en quelque ſituation que ce ſoit, de même que le centre dans les figures planes : le Zénith, eſt le Pôle de l'horizon. Le nom de *Pôles du Mon-de* ou *du Globe*, eſt conſacré en Géographie, pour déſigner les deux points de ſa ſurface où ſe termine ſon axe.

360°, il donne lieu à décrire 360 Azimuts, appellés aussi communément *Cercles verticaux.*

L'arc de l'horizon compris entre le méridien d'un lieu, & un vertical quelconque donné, dans lequel se trouve le soleil, prend le nom d'*Azimut du soleil.*

Le cercle qu'on s'imagine être mené du point vertical sur l'horizon à angles droits, s'appelle *Cercle Azimutal du soleil.*

C'est dans les Azimuts, que l'on prend la hauteur des astres à toute heure, c'est-à-dire, que les cercles indiquent à quelle distance les étoiles & le soleil sont de l'horizon.

Le *Méridien* ou *Cercle de longitude*, est un grand cercle qui passe par les Pôles du monde & par le Zénith ou Nadir, du lieu où l'on est. Il est aisé d'inférer de là, que ce cercle est mobile, puisqu'on ne peut se mouvoir de l'Orient à l'Occident, sans changer de Méridien. Ce cercle coupe verticalement le globe en deux parties égales, & l'horizon à angles droits; ensorte que ces deux cercles, pris ensemble divisent le globe en quatre parties égales. Le point où le méridien coupe l'équateur du côté du soleil, est le *Midi*, & le point opposé au midi, se nomme *Septentrion.*

Les pôles du méridien sont les points du *vrai Orient* ou du *vrai Occident* dans l'horizon.

Le méridien passant par les pôles de l'horizon, il s'ensuit qu'il y a autant de méridiens, qu'il y a de points sur l'équateur; le premier se place différemment par différentes nations: celui de ces cercles qui passe par un lieu marqué de la terre, est nommé *Méridien du lieu.*

Le Cercle de longitude ou Méridien, est appellé *Méridien*, parce qu'il sert à marquer le milieu de la course des Astres au-dessus de l'horizon, c'est-à-dire, la moitié de l'espace que les astres parcourent depuis leur lever jusqu'à leur coucher; c'est ce qu'on nomme *hauteur Méridienne.*

Ce cercle est encore particuliérement d'usage dans la *Gnomonique* (1), pour donner de l'assiette aux cadrans solaires, en plaçant leur midi directement vis-à-vis la ligne méridienne.

Ce cercle sert à une infinité d'usages. Comme les méridiens sont tous perpendiculaires à l'horizon, c'est sur eux que se mesure la distance qu'il y a du soleil, d'un astre, d'une planette ou de quelque point de la sphere du monde à l'équateur, soit vers le Nord, soit vers le Sud, ce qui s'appelle en Astronomie *Déclinaison*; & alors les méridiens sont qualifiés *Cercles de Déclinaison*, lesquels sont tous paralleles à l'équateur. Cette déclinaison Astronomique est la même chose que la latitude Géographique, qui est fort différente de la lati-

(1) On appelle *Gnomonique*, l'Art de tracer sur un plan ou sur une muraille la projection des cercles de la sphere, & d'y placer un style de maniere que son ombre tombe sur quelqu'une des lignes qui les représentent, afin qu'elle fasse connoître le *Cercle horaire*, dans lequel le soleil se trouve. Cette projection, s'appelle *Cadran solaire.*

tude Aftronomique; la déclinaifon n'étant, comme on vient de le marquer, que l'éloignement de l'équateur vers un des pôles du monde.

La *déclinaifon* eft mefurée par un arc d'un grand cercle compris entre le point donné où l'on fuppofe l'aftre & l'équateur, & perpendiculaire au plan de l'équateur; par conféquent le grand cercle dont on fe fert pour mefurer la déclinaifon, paffe par les pôles du monde, & ce cercle s'appelle *Cercle de déclinaifon* ou *Méridien*, qui eft la même chofe que *latitude* en Géographie.

La latitude eft la pofition de chaque point des Méridiens, par rapport à l'équateur, & c'eft par leur moyen qu'en comptant de ce dernier cercle, on peut déterminer cette pofition, foit fur la terre, foit dans le ciel.

En parlant de l'équateur, nous allons faire connoître plus précifément ce que c'eft que latitude, confidérée à la maniere des Géographes; & à l'article des Cadrans, nous traiterons particuliérement de la déclinaifon.

Le *Cercle Equinoxial* ou l'*Equateur*, eft un des grands cercles de la fphere qui divife le globe en deux parties égales, dont l'un eft l'hémifphere méridional & l'autre l'hémifphere feptentrional.

L'*Equateur* fe voit fur toutes les Cartes repréfenté en ligne droite, ce qui fait qu'il eft nommé *Ligne* par les Pilotes: les points où il coupe l'horizon marquent le vrai Orient & le vrai Occident.

Etant divifé comme tous les grands cercles en 360 degrés, chaque heure contient la vingt-quatrieme partie de ce cercle, c'eft-à-dire, quinze degrés; ainfi un degré de l'équateur vaut quatre minutes, & quatre fecondes de temps répondent à une minute de degré.

Les cercles paralleles à l'équateur, font nommés *Paralleles de l'équateur*, parce qu'au moyen de leur *interfeélion* (1) avec le méridien, ils font connoître les latitudes des lieux.

C'eft en conféquence de la remarque faite précédemment de l'abaiffement de tous les points de chaque cercle fur la furface du globe, en ligne perpendiculaire, que l'équateur terreftre eft un cercle tracé fur la furface de la terre, & qui répond précifément à la *ligne équinoxiale*.

On confond ordinairement cette ligne équinoxiale ou l'*Equinoxial* autrement dit, avec l'équateur; mais ce n'eft pas la même chofe.

La *ligne équinoxiale* fe conçoit en fuppofant un rayon de la fphere prolongé par de-là l'équateur, & qui par la rotation de la fphere fur fon axe, décrit un cercle fur la furface immobile & concave du grand orbe (2), tandis que l'équateur eft mobile & fuppofé tracé fur la furface convexe de la fphere.

Toutes les fois que le foleil dans fon mouvement *apparent* arrive à ce cercle, les jours & les nuits font égales par tout le globe, ce qui n'arrive dans aucun autre temps de l'année; c'eft de-là, que ce cercle tire fon nom.

___

(1) Ce terme de Géométrie eft employé pour exprimer la rencontre des lignes ou cercles en fe coupant.

(2) Efpace fphérique où l'on fuppofe que le foleil fe meut, ou plutôt dans lequel la terre fait fa révolution annuelle.

L'équinoxial

L'équinoxial est donc un cercle que le soleil décrit dans le temps des équinoxes, c'est-à-dire, quand la longueur des jours est sensiblement ou exactement égale à la longueur de la nuit, ce qui arrive deux fois par an. Il sert à la construction des cadrans solaires.

Avant de terminer ce que nous avons à dire sur les autres cercles qui restent à examiner, il convient de donner connoissance des demi-cercles qui appartiennent, sous un nom particulier, aux deux derniers cercles dont nous venons de parler, le Méridien & l'Equateur.

UNE portion de cercle entre deux Méridiens, ou cette même portion entre deux parallèles, forme ce qu'on appelle en Cosmographie *Degré*, dont par conséquent il y a de deux sortes à bien distinguer l'une de l'autre.

Le degré entre les Méridiens, s'appelle *Degré de Longitude* : dans les Cartes, on les marque de bas en haut, sur les bords supérieurs.

Longitude d'un lieu, en Géographie, est la distance de ce lieu à un Méridien, que l'on regarde comme le premier ; c'est proprement un angle d'un degré : ainsi ce terme *Longitude* exprime un nombre de degrés de l'Equateur compris entre la Méridienne du lieu, & celui de tout autre lieu proposé.

Il y a 360 degrés de Longitude, & ils se comptent d'Occident en Orient, & se marquent sur l'Equateur, parce que tous les Méridiens coupent ce cercle à angles droits.

L'espace renfermé entre deux parallèles, est appellé *degré de Latitude* ; plus généralement & plus précisément on appelle de ce nom, (soit que l'on adopte pour la terre une forme sphérique, soit qu'on ne l'adopte pas,) l'espace qu'il faut parcourir sur un Méridien, pour que la distance d'une étoile au zénith croisse ou diminue d'un degré.

Si l'on conçoit un nombre infini de grands cercles passant tous par les pôles du monde, ces cercles seront autant de Méridiens, c'est-à-dire, des demi-cercles, contenant chacun 180 degrés, qu'on appelle *degrés de Latitude*, marqués dans les Cartes de droite à gauche, sur les bords des deux côtés.

Chaque degré de Latitude, en supposant la terre sphérique, n'est autre chose que la 360e partie d'un Méridien.

La plus grande Latitude est de 90 degrés ; car le pôle qui est au plus grand éloignement de l'équateur en est à 90 degrés de chaque côté.

Dans l'hypothèse de la forme sphérique, ou à-peu-près telle, de la terre, un degré de Latitude est d'environ 57000 toises, ou 57060 toises en nombres ronds.

La Latitude, qui se mesure, comme on l'a vu, par la distance du zénith à l'équateur, & sur terre par la distance d'un pays à ce grand cercle, est sur-tout très-importante à connoître ; elle donne le moyen de monter le globe horizontalement pour un lieu, c'est-à-dire, de déterminer l'horizon de ce lieu, pour répondre aux questions que l'on peut faire sur l'heure actuelle, sur le lever du soleil dans cet horizon un tel jour de l'année, sur la durée des jours, des nuits, des crépuscules.

La Latitude d'un lieu , & *l'élévation du pôle fur l'horizon* de ce lieu , font des termes dont on fe fert indifféremment l'un pour l'autre, parce que la Latitude d'un lieu eft toujours égale à l'élévation du pôle de ce lieu ; ou fi l'on veut parler le langage des Aftronomes, parce que les deux arcs défignés par ces deux termes font toujours égaux, ce qui eft fort aifé à concevoir.

On fait par la divifion de la fphere, que l'équateur eft diftant du pôle de 90 degrés , & que le Méridien eft de 180 degrés ; la diftance du zénith à l'horizon eft donc de 90 degrés.

Comme le pôle eft un point mathématique , & qui ne peut être obfervé par les fens, fa hauteur ne fauroit non plus être déterminée de la même maniere que celle du foleil & des étoiles ; c'eft pourquoi on a imaginé , pour y parvenir, une méthode qui eft très-bonne fur terre.

On commence par tirer une *Méridienne* ; on place un quart de cercle fur cette ligne, de façon que fon plan foit exactement dans celui du Méridien ; on prend alors quelqu'étoile voifine du pôle , & qui ne fe *couche* point ; par exemple , l'étoile polaire , & on obferve la plus grande & la plus petite hauteur.

De ce que la Latitude eft la diftance d'un lieu à l'équateur , ou l'arc du Méridien compris entre le zénith de ce lieu & l'équateur , il fuit que la *Latitude* peut être ou *feptentrionale* ou *méridionale*, felon que le lieu dont il eft queftion, eft fitué en deçà ou au-delà de l'équateur ; favoir en deçà dans la partie feptentrionale que nous habitons , & au-delà, dans la partie méridionale : on dit , par exemple, que Paris eft fitué à 48 degrés 50 minutes de latitude feptentrionale; que la ville de Liége eft à 39 degrés 21 minutes, &c.

Les douze *cercles horaires* font de grands cercles qui fe rencontrent aux pôles du monde, qui coupent l'équateur à angles droits en 24 parties égales, pour les 24 heures du jour naturel , & déterminent le mouvement de la terre dans une heure , par fon mouvement d'Orient en Occident, en un jour.

Les Aftronomes en font paffer par tous les quinze degrés de l'équateur , & font fervir le *Méridien* pour tous les cercles horaires, parce qu'on y fait paffer fucceffivement les degrés de l'équateur ; ce font par conféquent autant de Méridiens , & ils font entr'eux des angles de quinze degrés chacun ; c'eft le nombre de degrés que la terre fait par heure dans fon *mouvement diurne*.

Dans la *Gnomonique*, ce qu'on appelle *cercles horaires*, n'eft que la projection des Méridiens , & font des lignes droites.

L'Ecliptique eft un grand cercle de la fphère , qui fait avec l'équateur qu'il coupe, un angle, de 23 degrés 29 minutes; il tire fon nom de ce que les éclipfes arrivent lorfque la lune y eft : quelques Auteurs l'ont appellé le *chemin du foleil*, parce que cet aftre, ou fuivant Copernic , la terre, eft le feul qui ne s'écarte jamais de ce cercle dans fon mouvement annuel.

Il eft divifé en 360 degrés comme tous les cercles , avec quelque différence.

Des Pôles.

Les six principaux points de la sphère, sont le Zénith & le Nadir, que nous avons fait connoître en même temps que l'horizon auquel ils servent de Pôles, les deux Pôles du monde, l'Orient & l'Occident.

Les Pôles du monde sont distingués par les mêmes noms qui désignent les Pôles de la sphère.

Le Pôle *Boréal*, dit aussi Pôle *Aquilonaire*, Pôle *Arctique*, Pôle *Septentrional*, est celui qui est au haut de la sphere, ou dans la partie du ciel que nous voyons : on l'appelle autrement *Pôle Nord*, parce que le Nord est la place du Pôle Boréal ; le nom de *Pôle Arctique*, lui vient de la constellation de l'ourse, nommée par les Grecs, *Arctos*, & qui est située vers le Septentrion ; en François ce Pôle est nommé *Septentrional*, à cause de sept étoiles principales, *septem triones*, dont sont composées la grande & la petite ourse, qui forment par leur assemblage, ce qu'on appelle le *Chariot* de sept étoiles, connues du vulgaire sous le nom de *Chariot de David*.

Les personnes les moins instruites savent communément assez bien distinguer cette constellation ; nous croyons cependant à propos de décrire d'une maniere précise sa disposition, qui est essentielle à connoître par rapport à une maniere de s'orienter, dont nous parlerons bien-tôt.

De ces sept étoiles assez grandes, quatre font une espece de quarré, & trois en s'éloignant forment une espece de queue, c'est la *grande Ourse* ; près de cette constellation, on en apperçoit une autre composée aussi de sept étoiles, mais moins brillantes ; la derniere de celles qui composent la queue, est *l'étoile polaire*, éloignée du Pôle d'environ 2 degrés.

L'autre Pôle nommé le *Pôle Austral*, Pôle *Sud*, est aussi appellé *Pôle Antarctique*, parce qu'il est diamétralement opposé au Pôle Arctique, ce qui est cause qu'il ne paroît jamais sur notre hémisphere. On le nomme encore *Pôle méridional* ou *point du Midi*, parce qu'il est vers le midi à l'égard de l'Europe, c'est-à-dire, à l'égard de ceux qui habitent entre l'Equateur & le Septentrion.

Points de l'Horizon.

On appelle *Points de l'horizon*, certains points formés par les intersections de l'horizon avec les *cercles verticaux*.

Ce sont ces quatre principaux points réunis que les Latins appellent *Cardines mundi*, en François *Points cardinaux*, parce qu'ils marquent les quatre principales parties ou régions du monde, & déterminent la position de plusieurs autres points.

Ils sont éloignés les uns des autres d'un quart de cercle ou de 90 degrés, & divisent l'horizon en quatre parties égales.

Un de ces points, eſt celui où le ſoleil ſe leve au vrai *Orient* & commence à paroître en montant ſur notre horizon, lorſqu'il fait ſon cours ſur l'équateur; il ſe nomme le *Levant* ou l'*Eſt*; c'eſt celui où le premier vertical coupe l'horizon, & qui eſt éloigné de 90 degrés du point du Nord ou Sud de l'horizon. Le ſecond eſt au *vrai Occident* où le ſoleil ſe couche, & vient à diſparoître en deſcendant de notre horizon quand il parcourt l'équateur: ce point eſt appellé le *Couchant*; c'eſt, à proprement parler, l'interſection du premier vertical, & de l'horizon du côté où le ſoleil ſe couche; en Coſmographie il ſe nomme *Oueſt*.

L'Orient & l'Occident, ſont également éloignés des deux pôles, l'un à droite, l'autre à gauche d'une perſonne qui regarde le pôle ſeptentrional.

Les deux autres Points Cardinaux appellés *Septentrion* & *Midi*, ſont les mêmes que les pôles Arctique & Antarctique; ils ſont eſtimés fixes & immobiles, & ſe trouvent au *vrai Midi* & au *vrai Nord*.

Le *Midi*, appellé auſſi *Sud*, eſt diſtant de 90° des points Eſt & Oueſt, & de 180 degrés du Nord.

Ainſi le Nord juſte & le Midi juſte ſont diamétralement oppoſés, & une ligne que l'on tireroit de l'un à l'autre eſt la *Méridienne*, d'où la *ligne Méridienne* s'appelle quelquefois *ligne du Nord & Sud*, parce que ſa direction eſt d'un pôle à l'autre.

La maniere de s'exprimer, comme les Marins, par l'aire des vents, & leur diviſion, ſervant quelquefois à déſigner ou la ſituation des différents lieux, ou l'heure de la Bouſſole appliquée à la direction & à l'inclinaiſon des veines; il n'eſt pas inutile de mettre au fait de ce langage, dans lequel on compoſe quelquefois le mot *Oueſt*, avec les mots de *Nord* & *Sud*, pour faire un demi-vent, un quart de vent.

On appelle *quart de vent*, l'aire de vent compris entre une aire de vent principal comme Nord, Sud-Eſt & Oueſt, Nord-Eſt, Nord-Oueſt.

On appelle *Nord* tout ce qui eſt du côté du Nord depuis l'Oueſt juſqu'à l'Eſt, c'eſt-à-dire, depuis l'Occident vrai, juſqu'à l'Orient vrai.

Les Navigateurs diviſent ce demi-cercle en pluſieurs parties.

Premièrement ils le diviſent en quatre, en plaçant le *Nord-Eſt* entre le Nord & l'Eſt, c'eſt-à-dire, entre le vrai Septentrion & l'Orient vrai.

Et le *Nord-Oueſt* entre le Nord & l'Oueſt, c'eſt-à-dire, entre le même Septentrion & l'Occident vrai.

Ils ſubdiviſent encore les eſpaces qui ſont entre l'Oueſt, le Nord-Oueſt, le Nord, le Nord-Eſt & l'Eſt.

Quand la plupart du temps, on dit qu'un lieu eſt au Nord de l'autre, il ne faut pas l'entendre toujours dans la grande exactitude, c'eſt-à-dire, du vrai Nord, mais du Nord plus ou moins Oriental ou Occidental; ce mot, ſignifie alors la partie du monde qui eſt Septentrionale à l'égard de quelqu'autre pays.

Nord-Eſt;

Nord-Eft, nom de la plage qui eft entre le Nord & l'Eft.

Nord-Eft, *quart à l'Eft*, plage qui décline de 33°, 45′, de l'Eft au Nord.

Nord-Eft, *quart au Nord*, plage qui décline de 33°, 45′, du Nord à l'Eft.

Nord-Nord-Eft, celle qui décline de 22°, 30′, du Nord à l'Eft.

Nord-Nord-Oueft, située à 22°, 30′, du Nord à l'Oueft.

Nord-Oueft, plage qui eft entre le Nord & l'Oueft.

Nord-Oueft, *quart à l'Oueft*, plage qui décline de 33°, 45′, de l'Oueft au Nord.

Nord-Oueft, *quart au Nord*, plage qui décline de 33°, 45′, du Nord à l'Oueft.

Nord quart, *Nord-Eft*, qui décline de 11°, 15′, du Nord à l'Eft.

Nord quart, *Nord-Oueft*, qui décline de 11°, 15′, du Nord à l'Oueft.

Sud-Eft, indique une plage qui tient le milieu entre l'Orient & le Midi.

Sud-Eft, *quart à l'Eft*, celle qui décline de 33°, 45′, de l'Orient au Midi.

Sud-Eft, *quart au Sud*, plage qui décline de 33°, 45′, du Midi à l'Orient.

Sud-Oueft, eft celle qui tient le milieu entre le Midi & l'Occident.

Sud-Oueft, *quart à l'Oueft*, plage qui eft à 33°, 45′, de l'Occident au Midi.

Sud-Oueft, *quart au Sud*, celle qui décline de 33°, 45′, du Midi à l'Occident.

Sud, *quart au Sud-Eft*, plage qui eft à 11°, 15′, du Midi à l'Orient.

Sud, *quart au Sud-Oueft*, celle qui eft à 11°, 15′, du Midi à l'Occident.

Sud-Sud-Eft, plage de 22°, 30′, du Midi à l'Orient.

Sud-Sud-Oueft, celle qui décline de 22°, 30′, du Midi à l'Occident.

Je paffe maintenant à la maniere de s'orienter, par les quatre Points Cardinaux : en fuppofant même que cela foit néceffaire à quelqu'un, qui n'auroit aucune idée de ce qui vient de précéder, j'indiquerai d'une maniere fuccinte, pour les deux faifons de l'année, comment on peut y parvenir.

Inftruction pour s'orienter de jour & de nuit.

POUR s'orienter, le jour, il faudroit reconnoître l'heure de midi, le foleil étant au Méridien. Alors on regarde le Midi ; derriere foi eft le Nord, la gauche eft le Levant, à la droite eft le Couchant.

Il faut cependant obferver la différence de l'hiver & de l'été par les quatre points collatéraux ainfi nommés, parce qu'ils font à côté des points cardinaux.

L'Orient d'été, eft le point où le foleil fe leve, & commence à paroître fur l'horizon au commencement de l'été, dans le temps des plus longs jours.

L'Occident d'été, eft le point de l'horizon où le foleil fe couche, lorfque les jours font les plus longs.

L'Orient d'hiver, eft le point où le foleil fe leve fur l'horizon au folftice d'hiver, dans les temps des jours les plus courts.

L'Occident d'hiver, eft le point où le foleil fe couche & vient à difparoître de l'horizon, quand les jours font de même les plus courts.

Si c'eſt la nuit que l'on veut s'orienter, il faudroit chercher *l'étoile polaire*, autrement dite *l'étoile du Nord*. Cela ne ſera pas difficile en ſe rappellant ici que le pôle doit être un point fixe dans le ciel ; & comme la conſtellation de la *petite Ourſe*, tourne avec le ciel autour du pôle, elle n'eſt pas préciſément au point du pôle ; on choiſit donc pour *l'étoile du Nord*, la derniere de la queue de la petite Ourſe. Ceux qui l'obſerverent les premiers lui ont donné ce nom, parce qu'étant très-peu éloignée du pôle ou du point ſur lequel tout le ciel paroît tourner, elle décrit autour du pôle un cercle ſi petit qu'il eſt preſqu'inſenſible, enſorte qu'on la voit toujours vers le même pôle, c'eſt-à-dire, qu'elle eſt la plus voiſine du pôle qui doit être immobile au centre du cercle qu'elle décrit, quoique cette diſtance change annuellement.

Ce centre eſt le véritable *Nord* : le Nord moins proprement dit, eſt cette conſtellation que le peuple nomme *Nord*.

Connoiſſant la conſtellation de la grande Ourſe, autrement dite le *Chariot de David*, dont quatre étoiles forment un quarré long, il eſt aiſé de diſtinguer *l'étoile polaire* : menant une ligne droite par les deux étoiles du quarré de la grande Ourſe, celles près de la tête, continuant cette ligne, elle ira rencontrer l'étoile polaire, qui eſt de la ſeconde grandeur & de même lumiere que celles de la grande Ourſe.

En regardant l'étoile polaire, on regarde le Nord, derriere ſoi eſt le Midi, à ſa droite eſt le Levant, & à ſa gauche le Couchant.

Des Inſtruments propres à meſurer le temps, & à marquer les heures.

DE tous les mouvements connus, celui de la terre ſur ſon axe eſt le moins variable & le moins altéré ; il fournit par cette raiſon la maniere la plus parfaite de meſurer le temps. Il a dû être naturel de chercher cette meſure du temps, dans la révolution apparente du ſoleil autour de la terre ; les Laboureurs, les gens de la Campagne, ne connoiſſant pas d'autre façon de ſuppléer aux Horloges, les montagnes, les arbres, les édifices qu'ils ſont à portée de voir tous les jours, & à différentes heures, ſont pour eux des *Gnomons*, c'eſt-à-dire, des indicateurs ou renſeignements, diſpoſés & placés les uns par la nature, les autres par le hazard, à l'aide deſquels ils meſurent l'ombre ou quelques rayons du ſoleil, & trouvent, ſinon dans la derniere exactitude, du moins aſſez juſte, les différences & les intervalles des heures : il n'eſt pas moins utile en fait de travaux de Mines, de recourir à une bonne Montre ou à un Cadran ſolaire. Afin de ne rien laiſſer à déſirer ſur toutes les parties relatives à notre objet, nous nous arrêterons ici ſur ces deux meubles, la Montre & le Cadran ſolaire, qui, pour quelques opérations, ne ſont pas d'une petite conſéquence.

Des Cadrans ſolaires.

LE double avantage des Cadrans, de ſuppléer au défaut de toute eſpece d'Horloge, d'être encore indifpenfablement néceffaires pour que les Horlogers indiquent l'heure jufte, a de tout temps donné lieu à une diverfité confidérable d'inventions auffi curieufes qu'intéreffantes : depuis que les Montres & les Pendules fe font multipliées, la *Gnomonique*, ou l'Art de tracer des Cadrans, n'en eft devenue que plus intéreffante.

Il exifte un nombre d'Ouvrages Latins & François fur cette matiere ; & il en eft peu dans lefquels chaque Auteur n'ait ajouté quelque méthode de fa façon ; notre point de vue fe réduit à donner une maniere de conftruire un Cadran folaire à portée d'être confulté avec facilité, & convenable au logement qu'on occupe, aux jours où le foleil y porte fes rayons, foit dans l'embrafure de fa fenêtre, à droite ou à gauche, foit fur les vitres de fa croifée. Nous fentons combien il eft important de difpenfer nos Lecteurs de toute efpece de travail à ce fujet ; encore plus de les exempter de faire une application recherchée de la doctrine de la fphere aux Cadrans; d'une autre part les regles de Gnomonique, entiérement fondées fur le mouvement des corps céleftes, & particuliérement fur le mouvement journalier de la terre, ne feroient propres qu'à rebuter les gens du métier.

Nous nous fommes promis auffi de refferrer tant qu'il feroit poffible les connoiffances que nous aurions à préfenter aux Ingénieurs Houilleurs : pour l'objet dont il s'agit ici, nous nous trouvons à portée de remplir notre engagement ; on en jugera par la méthode que nous allons indiquer ; elle confifte à tracer fur le papier un *Cadran droit* (1), & un *Cadran déclinant* (2), que l'on peut deffiner enfuite fur une de fes vitres, ou dans l'embrafure d'une fenêtre, tel qu'il doit être, felon la *déclinaifon* de l'appartement qu'on occupe; car il eft peu d'appartements qui foient directement au midi.

Pour tracer ces deux premiers Cadrans, on n'a plus befoin pour leur conftruction, après s'être fait un plan vertical (3), & un horizon artificiel (4), que d'une *regle*, d'un *quart de cercle* (5), d'une *équerre* (6), ou d'un

---

(1) Nommé auffi *régulier*, c'eft-à-dire, fait fur la furface d'un plan qui regarde droit l'une des quatre parties du monde : *voyez fig.* 5, *Pl.* LIV.

(2) On appelle *déclinant* en général tout Cadran qui ne regarde pas directement quelqu'un des points cardinaux : *voyez fig.* 7, *Pl.* LIV.

(3) C'eft-à-dire, un plan perpendiculaire à l'horizon, lequel par conféquent étant prolongé, paffe par le Zénith & le Nadir : à ce quart de 90, il faut remarquer en *A*, deux fils, dont l'un nommé fil d'à-plomb, & terminé par un petit plomb *E*, eft deftiné à être tranfporté fur l'horizon artificiel, fuivant la déclinaifon du mur; & l'autre fans plomb, qui tient l'horizon artificiel en fufpens à angle droit.

(4) Ce *petit horizon artificiel* ou *quart de cercle*, *fig.* 2, n'eft qu'un arc de 90 tracé fur un plan vertical, qu'il faut fuppofer préfenté horizontalement au-deffous du vrai *plan vertical*, *fig.* 1, de maniere que tousdeux s'allignent aux points *B, C* &

b, c : nous en ferons connoître l'ufage à fa place.

(5) On ne doit entendre ici par cette expreffion, que la quatrieme partie d'une quantité, d'un cercle ou d'un arc de 90 degrés, qui contient la quatrieme partie d'une circonférence, tracée fur une matiere quelconque, bois, corne, carton, &c. ce nom de *quart* étant fouvent donné à l'efpace compris entre un arc de 90 degrés, & deux rayons perpendiculaires l'un à l'autre, au centre d'un cercle : *voyez fig.* 1.

(6) Inftrument compofé de deux regles de bois ou de fer ou de laiton, &c. & joint à angles droits. Son ufage eft pour tirer des perpendiculaires, tracer & mefurer des angles droits : il eft important quand on fe fert de cet Inftrument, d'être fûr s'il eft jufte ; la maniere de l'éprouver confifte 1°. à décrire un demi-cercle fur une ligne droite; 2°. des deux extrémités, tirer arbitrairement deux lignes droites ou cordes jufqu'à un certain point de la circonférence. Or il eft dé-

fecteur (1), faifant l'office d'équerre, & d'une *bouffole*.

Cette méthode de conftruire les Cadrans par le moyen d'un horizon artificiel, eft de l'invention du R. P. Cheron, Religieux Théatin à Paris, qui nous l'a communiquée; elle a le mérite de pouvoir fervir pour toutes fortes de latitudes, en tranfportant l'horizon vertical plus haut ou plus bas fuivant le degré de latitude.

Pour entendre facilement cette defcription, qui tient à celle de toute efpece de Cadran, voici deux fuppofitions Mathématiques, qu'il faut toujours avoir préfentes à l'efprit.

1°. Que le foleil décrit tous les jours un cercle, & on doit regarder un Cadran folaire comme la repréfentation de ce cercle divifé en temps égaux, relatifs à ceux que parcourt cet aftre.

La feconde fuppofition eft que le foleil décrit tous les jours un parallele à l'Equateur.

L'indication des heures par un Cadran folaire, étant le réfultat de l'ombre d'un ftile ou droit ou oblique ou incliné, élevé au centre de la projection, fur des furfaces différentes, en tombant fur des lignes difpofées par l'art de la Gnomonique, il s'enfuit que l'on doit diftinguer dans cette Horloge folaire plufieurs parties; 1°. le *plan* du Cadran; 2°. le *ftile*; 3°. les *lignes* qu'on trace fur le plan ou la furface. Nous allons donner quelques notices fur ces différents points, & des généralités fur les principales lignes qui entrent dans la compofition d'un Cadran, fur l'application qu'on y fait de quelques cercles de la fphere, dont les Cadrans empruntent leurs noms diftinctifs felon qu'ils font paralleles au cercle de l'horizon, à celui de l'équateur, &c.

On nomme *vertical du plan* du Cadran, la perpendiculaire qui va depuis la pointe du ftile jufqu'à fon pied; la *verticale du lieu*, eft la ligne droite perpendiculaire à l'horizon, qui paffe par l'extrémité du ftile.

La *ligne horizontale*, eft la rencontre de la furface du Cadran avec un plan de niveau ou horizontal; elle paffe par la pointe du ftile.

Quand le plan du Cadran eft vertical, cette ligne horizontale paffe par le pied du ftile.

L'*horizon du plan*, eft le grand cercle de la fphere auquel le plan du Cadran eft parallele.

---

montré en Géométrie, que l'angle à la demi-circonférence eft droit; donc ces lignes formeront un angle droit: ainfi en appliquant l'équerre à ce point, par fa pointe, fi fes jambes s'ajuftent avec ces deux lignes, l'équerre fera jufte.

(1) *Secteur*, fignifie en général une figure dont la bafe eft une partie de la circonférence d'un cercle, & dont les côtés font terminés par des lignes tirées du centre de la figure; ainfi le Secteur d'un cercle eft une partie du cercle ou un triangle mixte, compris entre deux rayons ou demi-diametres d'un cercle & un arc: d'où il eft évident qu'un Secteur de cercle, eft moindre ou plus grand qu'un demi-cercle: celui-ci, *fig.* 3, eft conftruit de maniere, qu'outre ce que l'on en voit ici, le tranchant *A B*, fur lequel il doit être applique au plan vertical, de maniere que fa pointe *A*, touche au point *A* du plan vertical, eft muni à fon rebord oppofé qui ne peut être apperçu, & dans fa longueur, d'une piece maintenue & affujettie convenablement pour que le Secteur puiffe être tenu commodément, & promené de même dans tout le contour intérieur *q e* du plan vertical.

On

On appelle *lignes horaires* ou *lignes des heures*, les lignes qui fe rencontrent toutes au centre du Cadran, & qui marquent les heures ; c'eft-à-dire, que l'ombre du foleil doit atteindre à une certaine heure ; ce font les *interfections des cercles horaires* (1) de la fphere, avec le plan du Cadran, entre lefquelles la principale eft la ligne méridienne : la juftefle des Cadrans dépend d'une pofition exacte de ces lignes horaires ; leur divifion commence de la ligne du midi ou méridienne du Cadran.

On appelle *plan du Cadran*, la rencontre de fa furface avec l'axe du Cadran qui paffe par la pointe du ftile, & qui eft parallele à l'axe du monde.

Le plan du Cadran eft éloigné du centre de la terre autant que le ftile droit a de longueur.

Le point dans le plan du Cadran où aboutiffent toutes les lignes horaires, s'appelle *le centre du Cadran* ; & ce centre repréfente toujours le pôle du monde, qui eft élevé fur l'horizon du plan.

Tous les plans des Cadrans, peuvent avoir un centre ; il faut néanmoins en excepter les Cadrans orientaux, occidentaux ou polaires, dont les lignes horaires font paralleles entr'elles & à l'axe du monde ; une ligne droite tirée du centre du Cadran, eft appellée *axe* du Cadran, & on nomme l'extrémité de l'axe du Cadran *centre divifeur de la fouftilaire* ; c'eft un point repréfentant le centre du monde, & fervant pour divifer en degrés la repréfentation d'un grand cercle de la fphere, favoir la *ligne droite*, dont il eft dit *centre divifeur.*

On nomme *rayon de l'équateur*, une ligne droite, tirée de l'extrémité de l'axe, autrement dite *centre divifeur de la fouftilaire*, & qui eft perpendiculaire au même axe.

On appelle *ligne équinoxiale* l'interfection de la furface du Cadran & du plan du cercle équinoxial.

Cette ligne eft toujours d'équerre avec la *fouftilaire* ; c'eft pourquoi lorfque la fouftilaire eft pofée, & que l'on a un point de la ligne équinoxiale, on a auffi la pofition de toute cette ligne : au contraire la ligne équinoxiale étant donnée, on aura la fouftilaire, qui fera la ligne perpendiculaire en angles droits à cette équinoxiale.

L'*aiguille* ou le *ftile* d'un Cadran, eft ce qu'on nommoit anciennement, & encore quelquefois aujourd'hui, *Gnomon.*

Ce ftile dont l'ombre fait connoître l'heure, repréfente toujours *l'axe du monde* ; ou pour parler plus correctement, l'extrémité du *Gnomon* ou ftile droit, eft cenfé repréfenter le centre de la terre & le centre de l'équateur.

Vitruve donne à cette aiguille, qui par fon ombre marque une certaine ligne, le nom de *Sciatere* ; c'eft de là, que la fcience de difpofer un ftile, une

---

(1) En Géométrie on appelle *interfection* un point dans lequel deux lignes ou deux cercles fe coupent l'un l'autre ; le centre d'un cercle, par exemple, eft dans l'interfection de deux diamétres. *Voyez ce qui a été dit des* Cercles Horaires, *pag.* 760.

aiguille , de maniere qu'elle montre les heures du jour par son ombre, s'appelle *Sciatérique* , nom donné quelquefois à la Gnomonique.

L'extrémité du stile de tous les Cadrans peut être prise pour le centre de la terre , & la ligne parallele à l'axe du monde qui passe par l'extrémité de ce stile , peut être considérée comme l'axe du monde.

Il y a néanmoins une observation à faire à cet égard ; les stiles que l'on met aux surfaces des Cadrans pour montrer l'heure , sont de deux sortes ; l'un , appellé *stile droit* , consiste en une verge de fer pointue *D I*, *fig. 6* , laquelle par son extrémité , & d'un seul point d'ombre , marque l'heure présente ; c'étoit le *Gnomon* adopté par les Anciens , qui appelloient *Soustilaire* la ligne dans laquelle le pied du stile *I* se trouvoit enfoncé perpendiculairement dans le mur , & dont la pointe *D* indiquoit l'heure.

C'est la représentation d'un cercle horaire perpendiculaire au plan du Cadran, ou la commune section du cercle avec le Cadran ; dans les Cadrans équino-xiaux polaires , horizontaux & verticaux , la *ligne soustilaire* est la douzieme heure , ou la ligne dans laquelle le Méridien coupe le Cadran ; dans les Cadrans Orientaux & Occidentaux , c'est la ligne de la sixieme heure , dans laquelle le premier vertical coupe le plan du Cadran.

Aux Cadrans déclinans , la ligne de six heures passe toujours par la ren-contre de la ligne horizontale & de l'équinoxiale ; ainsi le point de rencontre de ces deux lignes , est un des points de la ligne de six heures.

L'autre sorte de stile , nommé *oblique* ou *incliné* , ou *axe* , montre l'heure ou partie de l'heure tout de son long ; & en cela il est bien plus commode que le stile droit.

La ligne qui tient le premier rang dans l'art de tracer les Cadrans , & qui en est le fondement , est celle appellée *Méridienne* tout simplement , ou *ligne méridienne*.

C'est une partie de la commune section du plan du méridien d'un lieu , & de l'horizon de ce lieu. On appelle aussi en général *Méridienne* la commune section du méridien , & d'un plan quelconque , horizontal , vertical ou incliné.

On distingue deux lignes de ce nom ; savoir la *méridienne du lieu* , ou ligne de douze heures , qui a son cercle méridien passant par la verticale du lieu ; & la *méridienne propre du plan* , aussi nommée la *soustilaire* , parce que son cercle passe par la verticale du plan qui est le centre du Cadran , & qu'elle représente le méridien de l'horizon du plan ; elle passe en conséquence par le pied du stile.

Le point où se rencontrent ces deux méridiennes , est le centre du Cadran ; dans le Cadran direct , elles font une même ligne ; dans les Cadrans décli-nants , on l'appelle *méridienne déclinante* ou *soustilaire*.

Lorsque le Cadran ne décline pas à l'Orient ou à l'Occident , la *soustilaire* , autrement dite *méridienne du plan* , est jointe à la méridienne du lieu , quoique la furface du Cadran foit verticale ou horizontale, ou même inclinée en-deſſus ou en-deſſous.

C'eſt cette ligne qui fait connoître les quatre points cardinaux du monde, & qui ſert par conſéquent à rectifier la variation de la bouſſole : elle eſt d'un grand uſage en Aſtronomie, en Géographie, en Gnomonique ; il eſt très-important de ſavoir la tracer exactement, parce qu'elle devient une eſpece d'inſtrument, au moyen duquel on peut connoître quand le ſoleil paſſant par le méridien, & étant à ſa plus grande hauteur, marque le midi ou le milieu du jour, d'où on l'appelle auſſi *ligne du midi*, laquelle dans les Cadrans verticaux, eſt toujours perpendiculaire à l'horizon. *Voyez page* 757.

Sans entrer ici dans le détail d'aucune méthode de tracer une méridienne, nous nous contenterons d'obſerver, que de toutes ces méthodes, il ſuit que le centre du ſoleil eſt dans le plan de la méridienne, c'eſt-à-dire, qu'il eſt au midi toutes les fois que l'ombre de l'extrémité du ſoleil couvre la méridienne ; delà l'uſage de cette ligne pour régler les Horloges au ſoleil.

Ainſi la *méridienne d'un Cadran* eſt une droite qui ſe détermine par l'interſection du méridien du lieu avec le plan du Cadran, & qui déſigne ſur un plan le cercle d'un méridien ; c'eſt de cette ligne du midi, d'où commence la diviſion des *lignes horaires*.

Méthode facile pour tracer des Cadrans verticaux à toutes ſortes de poſitions.

Des Cadrans Directs ou Réguliers.

Au milieu d'un quarré de papier *fig.* 6, tirez à volonté la ligne *A B*, qui ſera la *méridienne*; placez le centre d'un *quart de cercle, fig.* 1, au point *A*, pour y faire un angle dont l'ouverture ſera égale *au complément* (1), de la latitude ou élévation du pôle de la ville qu'on habite ; à Liége, par exemple, cet angle ſera de 39°, 21′, (2).

---

(1) En Géométrie on appelle *Complément* d'un angle, ce qui lui manque de degrés pour qu'il en ait 90 ; il en ſera queſtion plus en détail, lorſque nous en ſerons aux notions générales ſur les angles.

(2) M. de la Hire (Tables Aſtronomiques, *pag.* 3) fixe la latitude de cette ville à 50 degrés 40′. (Coſinus 39°, 20′). M. Caſſini (Tables Aſtronomiq. 1740), & après lui M. Maraldi (Connoiſ. des Temps) font la latitude de Liége de 50 degrés, 36′. M. Deſplaces (1er. vol. des Ephémérides), la fait de 50 degrés 38′ ; le Pere le Clerc, ſur les obſervations faites à la Citadelle de Liége, qui eſt à l'extrémité ſeptentrionale de la ville, l'a fixée à 50 degrés 39 minutes 6 ſecondes. M. de la Lande (Connoiſ. des Temps, 1755) l'a fixée à 50 degrés 39 minutes ; elle eſt marquée par cet Académicien au nombre de celles qu'il ne fixe que ſur l'eſtime, ſur le rapport des Voyageurs, & ſur d'autres obſerva-

tions moins certaines : j'inclinois, en mon particulier, ſur la détermination de 50 degrés 39 minutes, 6 ſecondes, d'après le P. le Clerc ; mon idée, à cet égard, ne portoit ſur aucun caprice de ma part. Juſqu'au 21 Juillet 1773, il y a eu à Liége une maiſon de Jéſuites Anglois, parmi leſquels j'ai vu pluſieurs qui s'adonnoient à l'Aſtronomie ; il me ſembloit naturel de préſumer que le Pere le Clerc n'auroit pas manqué de tirer parti de cette circonſtance, & de faire concourir à ſon obſervation, ou à ſa vérification, d'habiles gens de la maiſon des Jéſuites Anglois ; en conſéquence, la latitude fixée par le P. le Clerc me paroiſſoit digne de toute confiance ; néanmoins dans la poſſibilité que le P. le Clerc n'eût pas tenu la conduite que je lui ſuppoſe, j'ai cru devoir prendre cet objet en conſidération ; quoiqu'il ſoit entierement étranger à mes travaux, il m'étoit aiſé de m'en occuper de la même maniere

Après qu'on aura marqué le point *C*, on tirera à diferétion la ligne *A C*, qui fera *l'axe* ou comme l'aiguille du Cadran ; fur un des points de cet axe, tirez à volonté une perpendiculaire comme *D E* ; ce fera le *rayon de l'équateur* ; c'est-à-dire , que fi le rayon du foleil paffoit à l'heure de midi le jour de l'équinoxe par le point *D*, il tomberoit au point *E* ; c'est pour cela que la ligne *F G*, qu'on tirera perpendiculairement fur *A B*, est nommée *Equinoxiale*; c'est fur cette ligne que pafferont toutes les *lignes horaires*.

Il faut divifer cette ligne *F G* par le moyen d'un *demi-cercle*, tracé à volonté fur le papier, & qu'on divifera en douze parties égales ou de quinze en quinze degrés ; on aura auparavant tranfporté avec le compas le rayon *D E* de l'équateur *E* en *H* ; le demi-cercle étant divifé, on tirera du point *H*, avec la *regle*, des petites fections marquées fur la *ligne équinoxiale* à droite & à gauche , enfin fur chacune de ces fections , on tirera du centre *A*, les lignes horaires 11 , 10, 9, &c. & le Cadran direct fera tracé.

Lorfqu'il fera tracé fur le papier, il fera facile de l'appliquer perpendiculairement fur une des vitres de fa croifée, en-dehors avec des parcelles de pain à chanter , & en-dedans on pourra le retracer fur le verre avec de l'encre dans laquelle on aura mis du fucre ; les lignes horaires & les chiffres des heures tracées fur le papier , vous étendrez enfuite légérement avec un pinceau un peu de blanc de plomb à l'huile , & vous aurez un Cadran tranfparent; en-dehors vous ajusterez un *axe fig. 5*, avec de gros fil de laiton, que vous enfoncerez dans un bareau de la fenêtre , & que vous recourberez , afin qu'il femble partir du centre *A* du Cadran marqué fur la vitre *fig. 6*, de forte que cet axe faffe avec la vitre un angle de (41 degrés pour Paris,) 39°, 21', pour Liége, & qu'il foit placé directement en face de la ligne méridienne.

Des Cadrans déclinants ou *irréguliers.*

Pour cette forte de Cadrans, il y a deux chofes à obferver ; 1°. la déclinaifon du plan vertical ; 2°. la hauteur de l'*axe* par rapport au même plan.

Le premier article est ce qui rend la conftruction plus difficile que celle des Cadrans horizontaux ; les murs fur lefquels on trace ces Cadrans , déclinants prefque toujours des points cardinaux.

Décliner, en Gnomonique, fe dit des lignes & furfaces qui s'éloignent des points cardinaux du monde.

que le P. le Clerc a pu le faire, vis-à-vis des facilités qu'il avoit de confulter les Jéfuites Aftronomes de Liége : la fréquentation des premiers Savants en Aftronomie , réunis dans des affemblées régulieres ; la complaifance de ces Savants me préfentant des avantages qui font faits pour tourner au profit de la fcience, M. le Monnier , que l'on fait exercé dès l'enfance dans les recherches Aftronomiques , ne s'est point refufé au défir que j'ai témoigné de voir terminer cette difcordance fur la latitude de la ville de Liége ; c'est celle que j'adopte ici. Quoique la folution de ce problème dépende de la Trigonométrie fphérique ; comme cependant il est relatif à une partie de Mathématiques, qui dans cet inftant tient aux Mines , j'ai cru pouvoir , en faveur de quelques-uns de nos Lecteurs, lui donner place parmi les problèmes de Géométrie fouterraine , qui termineront ce premier article.

Déclinaifon,

Déclinaison d'un plan vertical en Gnomonique, est le plus petit arc de l'horizon compris ou entre le plan du Cadran & le premier cercle vertical, ou entre le méridien & le plan du Cadran.

On peut en général définir la déclinaison d'un plan vertical ou non, l'angle de ce plan avec le premier vertical ou le *complément* de cet angle, ce qui au fond revient au même.

On dit que le mur ou la surface sur laquelle est décrit un Cadran vertical décline de tant de degrés de l'Orient, du Couchant, quand il s'en manque tant de degrés, qu'il ne regarde directement l'Orient, le Couchant ou un des autres points cardinaux de l'horizon.

Si on imagine que le plan du premier cercle vertical, se meuve autour de la ligne du Zénith & du Nadir, ce plan deviendra *déclinant*, & il ne sera plus coupé à angles droits par le méridien, mais par quelqu'autre vertical passant par d'autres points que les deux pôles.

En général on peut appeler *déclinant*, tout plan vertical ou non, qui fait angle avec le premier vertical ou avec le méridien ; il n'y a proprement que ces deux plans qui ne soient pas déclinants.

Ainsi pour qu'un Cadran ne soit pas déclinant, il faut qu'il passe par la commune section du méridien & de l'horizon, ou du premier vertical & de l'horizon, comme des Cadrans déclinants sont des Cadrans verticaux dont le plan coupe obliquement le cercle du premier vertical.

Les Auteurs de Gnomonique ont donné différents moyens pour trouver la déclinaison des plans ; celui qui se pratique par le *déclinateur* ou *déclinatoire*, nommé aussi *Gnomon* (1), est le plus ordinaire & le plus facile ; cependant il n'est pas de la derniere exactitude, à cause des variations auxquelles est sujette la déclinaison de la boussole. M. d'Alembert a donné dans l'Encyclopédie, *page 696*, un moyen plus sûr, qui suppose le moins d'apprêt & de calcul : dans le même Ouvrage (2), M. le Roy en indique un très-ingénieux : celui qu'emploie le Pere Cheron pour s'assurer de la déclinaison est assez simple ; nous allons le donner ici, & nous passerons ensuite à la description du Cadran.

Il faut une boussole dont l'aiguille ait trois ou quatre pouces de longueur, afin que les degrés y soient marqués : on doit placer cette boussole sur le plancher, & au bas de la croisée où l'on veut tracer un Cadran, où l'on aura tendu un cordon ou tracé une raie avec une regle d'un côté de la fenêtre à l'autre, pour voir comment la ligne du Midi au Nord de la boussole coupe ce cordon ou la raie qui a été tracée. Si elles se coupent à angles droits, la fenêtre est directement en face du Midi ; si elles se coupent obliquement, il faut regarder quel

---

(1) Instrument de Géométrie décrit sur une planche quarrée de bois : c'est un demi-cercle divisé en deux fois 90 degrés, tant à droite qu'à gauche, à peu-près en la maniere des demi-cercles rapporteurs. On applique sur le centre de ce demi-cercle une petite regle mouvante, sur laquelle on pose un cadran pour prendre les déclinaisons.

(2) *Tome IV*, au mot *Déclinateur*, *page 697*.

angle la ligne de midi de la bouſſole fait avec la raie tracée ; ſi , par exemple ,
elle en eſt éloignée de 20 degrés , c'eſt une preuve que le *plan vertical* de la
croiſée décline à l'horizon , ſoit à l'Occident , ſoit à l'Orient , de 20 degrés ; on
prend enſuite le petit horizon artificiel ou quart de cercle , *fig.* 2 , ſur lequel ſont marqués les degrés , afin que l'on puiſſe tirer des paralleles juſqu'au
plan vertical, fig. 1 , pour y marquer la *déclinaiſon* ou la *méridienne déclinante*,
qu'on appelle encore la *ſouſtilaire* , & ſur le plan vertical *fig.* 1 , on
place à angle droit cet horizon artificiel , qu'on tient ſuſpendu en C , par le
moyen du fil D ; ſur le même arc de cercle on conduit le fil d'à-plomb E ,
de maniere qu'il faſſe avec le plan vertical un angle égal à l'élévation du
pôle de l'endroit où l'on eſt. A Liége cet angle ſera de 39 degrés 21 minutes :
à quelque degré que ce fil ſoit porté ſur l'horizon , il ſera toujours un angle
de 39 degrés 6 minutes avec la méridienne ; mais s'il s'en écarte à l'horizon ,
par exemple , de 20 degrés , alors il s'approchera du plan vertical , & il ſera
moins diſtant de cette place qu'il n'en étoit à la méridienne.

Pour l'avoir au juſte , il faut avoir une petite *Equerre , fig.* 3 ; ſur l'un des
côtés on appliquera un quart de cercle ; cette équerre étant placée ſur le plan
vertical , le long du fil ſuſpendu , on verra de combien de degrés ce fil eſt diftant du plan vertical. Si la *déclinaiſon* .eſt de 20 degrés , on trouvera par le
moyen de ladite équerre , que le fil d'à-plomb E , qui tient lieu de l'*axe* du
Cadran , n'eſt plus diſtant du plan vertical que de 39 degrés 21 minutes.

Par cette opération je connois deux choſes eſſentielles à ſavoir ; 1°. *la décli-*
naiſon de 20 degrés à l'horizon , marquée ſur le plan vertical par une ligne ponc-
tuée , & qui n'eſt plus ſur ce plan que de 15 degrés ; 2°. la hauteur de l'axe de 38
degrés. Ces deux choſes étant connues , il eſt facile de tracer ſur un papier *fig.* 7,
un *Cadran déclinant* de 20 degrés. Je tire à volonté , comme au Cadran direct ,
une ligne *A B* , qui ſera la *méridienne* : je fais en *A* , un angle de 15 degrés ,
pour la *déclinaiſon* ou méridienne déclinante ; au-deſſus je fais encore un angle de 38 degrés pour la hauteur de l'axe ; enſuite comme au Cadran direct ,
j'éleve une perpendiculaire *C D* ſur la *ſouſtilaire* qui ſera *l'équinoxiale.* Sur elle
perpendiculairement à l'axe , je ferai deſcendre le *rayon de l'équateur* , que je
tranſporterai de *E* en *F* ; & du point *F* , je décrirai un cercle à volonté que je
diviſerai en douze parties de 15 en 15 degrés , obſervant toutefois de mettre
une des ſections au point *G* , où paſſe la méridienne ; les autres ſections enſuite
pour une heure , deux heures , &c. comme dans le Cadran direct.

Si l'on veut retracer le Cadran déclinant ſur une vitre , on aura ſoin de marquer la ſouſtilaire , parce que c'eſt en face de cette ligne que doit être placé
l'axe du Cadran déclinant , élevé de 38 degrés dans la figure 5.

On concevra facilement que le côté droit d'une fenêtre tournée en plein
midi , regarde l'Occident , que le côté gauche regarde l'Orient , & que ces
côtés forment avec les vitres un angle de 90 degrés. Si donc le plan des vitres

eſt déclinant du midi de 20 degrés, les deux côtés des croiſées ne ſeront plus déclinants du midi que de 70 degrés, au lieu de 90.

Le Cadran déclinant peut ſe peindre ſur une vitre comme le Cadran direct. Pour ce qui eſt des Cadrans des côtés d'une fenêtre, quand on en aura tracé pour un côté, il peut ſervir pour l'autre côté, en le retournant à l'envers, & ſens deſſus deſſous, en changeant ſeulement la dénomination des heures ; tout comme le *Cadran direct méridional* peut ſervir pour un *Cadran ſeptentrional*, en changeant la dénomination de 4 heures en 8, de 8 en 4, de 5 en 7, & de 7 en 5, & en dirigeant l'axe de bas en-haut, au lieu de le faire deſcendre de haut en bas.

Ainſi un Cadran déclinant, par exemple, de 20 degrés, tracé ſur un papier tranſparent, verni ou huilé, peut ſervir à deux fenêtres différentes, déclinantes du midi de 20 degrés, l'une à l'Orient, l'autre à l'Occident ; & à deux fenêtres déclinantes du Septentrion auſſi de 20 degrés, l'une à l'Orient, l'autre à l'Oc‑cident, en renverſant le papier de haut en bas, & ſens devant derriere.

Des Montres.

LES Montres ſe reglent (1) ou par le lever & le coucher du ſoleil, qu'in‑dique l'almanach, ou par les *anneaux Aſtronomiques* (2) ; mais le vrai & le ſûr moyen, lorſqu'on a une Montre bien juſte, eſt de ſavoir bien la régler ; l'un & l'autre ne ſont ni faciles ni ordinaires. Une Montre de la meilleure conſtruc‑tion ou faite par le plus habile Horloger, ne peut pas bien aller pendant long‑temps ; comment en effet, toutes les parties d'une ſemblable machine qui ſont en mouvement pouroient-elles ne pas ſe reſſentir des frottements continuels qu'elles éprouvent, & qui ſont entretenus par quatre cents mille coups de balancier en 24 heures, & ne pas s'uſer inſenſiblement ?

On conçoit encore tout auſſi aiſément, l'influence que doivent néceſſaire‑ment avoir ſur une Montre le paſſage auquel elle eſt ſujette, d'un air chaud à un air froid, d'une place où elle étoit en repos, à une autre où elle eſt agitée ; le changement de ſituation, l'action de la gelée qui altere l'élaſticité de ſes reſ‑forts, qui congele l'huile, qui augmente les frottements dans les pivots, au lieu de les diminuer.

Il eſt inévitable que toutes ces circonſtances, qui ont lieu à chaque inſtant de la journée, ne rendent les meilleures Montres ſujettes à quelques varia‑

(1) *Régler une Montre*, s'appelle ſimplement la mettre à l'heure du ſoleil. En terme d'Horlo‑ger, c'eſt faire ſuivre le moyen mouvement du ſoleil, enſorte qu'elle n'avance ni ne retarde en plus grande quantité que les erreurs ou dif‑férences exprimées dans la Table d'Equation ; mais cela n'eſt pas poſſible.

(2) On appelle *Anneau Aſtronomique*, *Cadran* ou *Cercle horaire*, un petit anneau diviſé en de‑grés, & que l'on tient ſuſpendu par un anneau plus petit, pour prendre à l'aide d'une petite re‑gle appelée *Alidade*, la hauteur des aſtres, & me‑ſurer les lignes acceſſibles & inacceſſibles ſur la terre ; ces anneaux ne doivent uniquement être employés que les matins ou les ſoirs, n'étant pas juſtes aux environs de dix heures, de midi & de deux heures du ſoir.

tions. S'il eſt des moyens ou des attentions pour apporter quelque correctif à ces inconvéniens, on s'en embarraſſe pour l'ordinaire aſſez médiocrement ; il n'y a pas juſqu'à la maniere avantageuſe de porter une Montre, qui ne ſoit preſqu'univerſellement ignorée, & auſſi généralement négligée ; il ne ſera pas hors de propos de s'y arrêter ici, avant d'entrer en matiere.

De quelques attentions à prendre en portant ou poſant ſa Montre.

» L A Montre doit être portée dans un gouſſet peu profond, parce qu'en » marchant, elle eſt agitée à proportion qu'elle approche du genouil ; il ſuit » de là qu'une Montre ſeroit placée parfaitement, ſi elle étoit immédiatement » au-deſſus de l'articulation de la cuiſſe.

» La façon dont elle doit être dans le gouſſet, eſt telle que le cadran ſoit » tourné en-dehors du corps, parce que les Montres bien faites ſont reglées ſur » le plat, & que c'eſt dans cette ſituation qu'une Montre ſe trouve lorſqu'elle » eſt dans le gouſſet d'un homme aſſis.

» Lorſqu'on ceſſe de la porter, on doit la pendre à un clou, parce que ſa » peſanteur la tient toujours dans la même direction, & qu'alors le balancier » ſe trouve dans la ſituation la plus avantageuſe, tant pour la durée de la Montre » que pour ſa juſteſſe.

» Quoiqu'il ſoit impoſſible qu'une Montre ſoit conſervée dans un air de la » même température, il faut faire en ſorte d'en approcher autant qu'il eſt poſſi- » ble, afin de conſerver la même fluidité de l'huile ; pour cette raiſon, ſi un » homme quitte ſa Montre pendant l'hiver, il doit la pendre près de la che- » minée, afin de lui procurer une chaleur approchante de celle de ſon gouſſet.

» Une Montre ne doit être ouverte, ni laiſſée dans un lieu où il y ait de la » pouſſiere ; il eſt bon de la garantir de la poudre des perruques, de l'haleine.

» Si une Montre à répétition marque une heure, & qu'elle en répéte une » autre, il ne faut que tourner l'aiguille des heures, & la mettre ſur l'heure & » le quart qu'elle aura répété.

» Il eſt dangereux de tourner les aiguilles d'une Montre à répétition pendant » qu'elle ſonne «. Telle eſt l'inſtruction abrégée qu'a donnée ſur cela un de nos plus habiles Horlogers François, (feu M. Julien le Roy, Horloger du Roi,) dans un petit Ecrit publié ſéparément en 1741 : (1) le plus eſſentiel de cet avis, concerne la maniere de régler les Montres.

Le Dictionnaire Encyclopédique n'a traité ce ſujet que pour les Pendules ; les Montres, qui ſont des Pendules communes & portatives, ſont bien plus utiles.

(1) Huit feuilles in-12 données en extrait dans les *Etrennes Chronométriques*, ou *Calendrier pour l'année* 1764, par M. le Roy l'aîné, Horlo-ger du Roi, fils & ſucceſſeur de Julien le Roy. Ce petit Ouvrage, dont je conſeille de ſe pourvoir, & qui ſe trouve chez l'Auteur, chez les Libraires *Nyon* & *Charpentier*, renferme ſous un titre peu impoſant, & dans un format très-commode, tout ce qui peut concerner la diviſion & la meſure du Temps, ce qui regarde les Cycles, la Chronologie, la deſcription des principales parties des Montres & Pendules, & pluſieurs méthodes aiſées pour tracer des Cadrans ſolaires.

Avis

Avis concernant les moyens de régler les Montres tant simples qu'à répétition.

» Si l'on réunit ensemble toutes les caufes qui produifent les variations
» qu'on remarque dans les Montres, elles font plus que fuffifantes pour former
» deux démonftrations, (l'une phyfique, & l'autre méchanique,) de l'impoffibilité
» qu'il y a d'en avoir une abfolument jufte ; mais comme il faut pourtant favoir
» à quoi s'en tenir, & quelle juftefse on doit attendre des meilleures, je dis
» qu'en général, une Montre eft affez bien réglée, lorfqu'elle n'avance ou ne
» retarde que d'une minute en 24 heures ; cependant cette variation donneroit
» par femaine près d'un demi-quart-d'heure d'erreur ; pour la corriger, je ne
» fais rien de mieux que de la remettre à l'heure une fois par femaine.

» On doit s'affujettir, autant qu'on le peut, à remonter fa Montre à la même
» heure, & tourner la clef vîte, parce qu'elle ceffe d'aller en la montant.

» Si elle ne fe trouve pas à l'heure, parce qu'elle aura retardé ou avancé, ou
» qu'on aura oublié de la remonter, on l'y remettra en tournant l'aiguille des
» minutes à droite ou à gauche, n'importe, (pourvu que ce foit par le plus
» court chemin,) jufqu'à ce que l'aiguille des heures & celle des minutes mar-
» quent l'heure & la minute qu'il eft.

» On peut, fans héfiter, tourner à gauche les aiguilles des Montres à minutes
» & à répétition : on peut auffi tourner à gauche celles des Montres fans mi-
» nutes, excepté celles des Réveils & des anciennes Horloges à fonnerie.

» Lorfqu'une Montre avance ou retarde de plufieurs minutes en 24 heures ;
» pour la régler, il faut faire choix d'une feule Horloge ou d'une Pendule dont la
» juftefse foit connue. Rarement doit-on fe régler fur celles des Eglifes, parce
» qu'on les fait avancer ou retarder fuivant la longueur du fervice. On peut d'ail-
» leurs fe fervir d'un bon *Cadran folaire*, préférant l'heure de midi, à caufe
» des réfractions Aftronomiques.

» La juftefse d'une Horloge étant connue, il faudra mettre la Montre fur
» l'heure qu'il y fera: fi huit jours après elle a retardé, pour la faire avancer,
» il faudra tourner l'aiguille du cadran du coq, du même fens qu'on tourneroit
» l'aiguille des minutes fur le grand cadran pour l'avancer ; enfuite on la re-
» mettra à l'heure fur l'Horloge. Si au contraire la Montre a avancé, pour la
» faire retarder, il faudra tourner l'aiguille du cadran du coq en fens contrai-
» re, c'eft-à-dire, comme on tourneroit l'aiguille des minutes fur le grand ca-
» dran, pour la reculer. On continuera cette opération dans l'un ou l'autre cas,
» jufqu'à ce que la Montre foit entièrement réglée.

» Plufieurs Montres n'ont point d'aiguilles fur le petit cadran du coq, qui
» alors eft gravé à fa circonférence ; dans ce cas, c'eft le petit cadran même qui
» tourne. Telles font la plupart des Montres à calotte à l'ouverture de laquelle
» il y a une petite pointe qui fert d'index ou de point fixe, pour indiquer de

» combien on le fait tourner à chaque fois qu'on veut régler la Montre. Mais
» l'opération est toujours la même, comme s'il y avoit une aiguille ; ainsi pour
» faire avancer la Montre, il n'y aura qu'à tourner le petit çadran, comme on
» auroit tourné l'aiguille.

» Il faut observer qu'on ne doit tourner l'aiguille ou le petit cadran du coq,
» que de l'épaisseur d'un liard à chaque fois que l'on veut avancer ou retarder la
» Montre ; encore faut-il tourner de moins en moins à mesure que l'erreur di-
» minue. Suivant ce qui a été dit en commençant, la Montre sera bien réglée,
» lorsqu'elle n'avancera ou ne retardera que d'une minute en 24 heures.

» On ne doit point tourner l'aiguille du cadran du coq d'une Montre pour
» la faire avancer ou retarder, qu'on ne soit certain de son erreur ; car si elle
» alloit bien depuis trois mois, & qu'elle se trouvât déréglée de quelques minu-
» tes, à cause de quelqu'exercice violent qu'on auroit fait, comme d'avoir
» joué à la paume, d'avoir couru la poste, &c. il suffira de la remettre à l'heu-
» re par les aiguilles du grand cadran ; la raison de cela est, qu'une Montre ne
» peut aller juste lorsqu'elle est fort agitée.

On pourroit employer un Cadran à Boussole pour régler une Montre ;
nous allons aussi faire usage de l'Ecrit de feu M. le Roy, l'Horloger, pour faire
connoître ce moyen.

Maniere de régler une Montre en se servant d'un Cadran à Boussole ou Boussole horaire (1).

» Il faut tracer une ligne *méridienne* sur un plan horizontal, afin de pou-
» voir orienter le Cadran.

» Le mouvement journalier du soleil paroît tantôt plus vîte & tantôt plus
» lent ; cette inégalité peut devenir sensible (en certains mois de l'année) par
» rapport à une Montre très-bien réglée & mise à l'heure sur le soleil : afin
» qu'on n'attribue pas à la sienne l'inégalité du soleil, j'ai dressé la Table suivan-
» te, dans laquelle sont marqués les mois où l'équation du soleil est au moins
» de six minutes ; je n'ai point marqué les autres, à cause qu'une moindre iné-
» galité dans cet astre se doit compter pour zéro, par rapport à la justesse qu'on
» doit attendre d'une Montre (2).

En Décembre, le soleil retarde depuis le 1 jusqu'au 31, de 14 minutes.

Janvier, . . retarde depuis le 1 jusqu'au 31, de 10.

Mars, . . avance depuis le 1 jusqu'au 30, de 9.

---

(1) Petite Boussole portative, communément appellée *Baradel*, du nom d'un faiseur d'Instrumens de Mathématiques, qui en débitoit beaucoup il y a vingt ans.

(2) Quoique cette Table soit ancienne, elle ne peut différer de celle qui seroit vraie dans chaque année que de quelques secondes, aux-quelles, pour le cas dont il s'agit, il seroit ridicule de faire attention ; en consultant une suite de *Connoissances des Temps* où ces Tables sont pour chaque année, on peut s'assurer de l'observation que l'on fait ici ; & la Table donnée qui suit est bonne pour tous les lieux possibles.

En Avril , le foleil avance depuis le 1 jufqu'au 30, de 7 minutes.

Juin , . . retarde depuis le 1 jufqu'au 30 , de 6.

Août, . . avance depuis le 1 jufqu'au 31 , de 6.

Septembre , . avance depuis le 1 jufqu'au 30 , de 10.

Ufage de la Table.

Premier Exemple. » On a mis fa Montre à l'heure au foleil le premier Dé-
» cembre. Le 31 , le foleil ayant retardé de 14 minutes , la Montre paroîtra
» avoir avancé de la même quantité de minutes; il fuffira de la remettre avec
» le foleil , puifqu'elle n'a fait que ce qu'elle devoit faire.

Second Exemple. » On a mis fa Montre à l'heure du foleil le premier Avril ;
» & le 30 le foleil ayant avancé de 7 minutes , la Montre paroît avoir retardé
» d'autant ; il fuffit de la remettre avec le foleil , puifqu'elle n'a fait que ce qu'elle
» devoit faire. Ces deux exemples peuvent fervir pour les autres mois.

Remarque premiere.

» I l a été dit ci-devant, qu'en général une Montre eft bien réglée lorf-
» qu'elle n'avance ou retarde que d'une minute en 24 heures ; & cela pour
» fixer un terme de juftefe , qui eft le meilleur en général. Cependant, il feroit
» fort difficile d'en faire aller une médiocre de même , & l'on pourroit avec
» raifon fe contenter , fi fon erreur n'excédoit pas deux ou trois minutes. Ce
» n'eft pas la même chofe pour une bonne , fur-tout lorfqu'il y a peu de temps
» qu'elle a été nétoyée ; car en ce cas , elle pourroit aller à ⅓ ou ¼ de minute
» près par jour péndant l'été : mais en hiver , il faudroit lui paffer la minute , &
» peut-être plus dans les fortes gelées , à caufe qu'on s'approche quelquefois
» fort près d'un grand feu , dont l'action l'échauffe néceffairement , foit qu'elle
» foit dans le gouffet ou à la ceinture ; alors fi on vient à la quitter , & qu'on
» l'accroche dans un lieu expofé au froid , il eft comme impoffible que fon
» mouvement ne foit un peu changé par ces deux états , qui font diamétrale-
» ment oppofés.

Remarque feconde.

» C e u x qui conduifent les Horloges publiques les remettent avec le fo-
» leil à leur volonté , les uns tous les dix ou douze jours , les autres de quinze
» en quinze , ou du moins de mois en mois. Cette méthode de remettre les
» Horloges avec le foleil en différents jours , caufe une partie de l'intervalle
» qu'on remarque ordinairement entre la même heure qu'elles fonnent ; l'exem-
» ple fuivant prouvera clairement ce qui vient d'être dit.

» Soient deux Horloges dans un même endroit , l'une d'une Paroiffe &

» l'autre d'un Couvent. Si celui qui a foin de l'Horloge de la Paroiffe, la met
» avec le foleil le premier Décembre, & fi celui qui a foin de celle du
» Couvent ne la met que le 15 du même mois, il eft fûr que l'Horloge de
» la Paroiffe fonnera l'heure le 15, 7 minutes avant celle du Couvent,
» parce que le foleil fe trouvera avoir retardé de 7 minutes le 15 ; mais fi on
» y remet le lendemain l'Horloge de la Paroiffe, ces deux Horloges qui fon-
» noient la même heure le 15, 7 minutes l'une après l'autre, fe trouveront le
» 16 fonner enfemble.

» De-là on peut tirer ces deux conféquences ; la premiere, que fi une Montre
» a fuivi une Horloge publique plufieurs jours de fuite, & qu'après elle fe trouve
» différer de quelques minutes, il faut confidérer fi l'Horloge qu'elle a fuivi n'a
» point été remife avec le foleil. La feconde, que puifqu'on remet les Horlo-
» ges avec cet aftre deux ou trois fois par mois, il eft bon auffi d'y remettre
» les Montres.

De l'application des Mathématiques aux travaux des Mines.

DE ce qui a été annoncé fur l'importance d'être inftruit de la maniere dont
fe comportent les Veines de Charbon *page* 752, il réfulte, fans qu'il foit néceffaire de réfléchir beaucoup, que la pratique de l'Exploitation eft, dans une
infinité de circonftances, appuyée fur la connoiffance des dimenfions ; il s'enfuit encore que les recherches de différente efpece qui tendent à cet objet, font
matieres de Géométrie, en tant que cette Science traite de l'étendue & de fes
différents rapports. L'utilité directe de cette Science dans la fpéculation ou dans
la pratique des travaux fouterrains, afin de s'affurer de la marche que l'on doit
fuivre, paroît plus fenfiblement évidente pour les travaux de Mines métalliques. Il femble, comme nous l'avons dit quelque part, qu'il n'en eft pas de
même pour les travaux des Houilleurs : dans les opérations relatives à ces Mines ou Carrieres, la Géométrie fouterraine n'eft qu'une application de la Trigonométrie à un petit nombre de cas particuliers. Quelque fimples que foient
les procédés de cette partie de la Géométrie au moyen d'une méthode quelconque, les Houilleurs n'en ont pas la moindre idée ; ils ne connoiffent que
l'ufage de leurs inftruments : on a vu que par ce moyen unique, ils parviennent
à réfoudre méchaniquement les problêmes de la Trigonométrie Rectiligne. Ce
point de fait porte avec lui l'exclufion d'une forte de complication de ce qui
tient aux Sciences. Mais en même-temps qu'il s'enfuit que l'on peut rigoureufement s'en tenir à cette façon groffiere de fe conduire dans la pratique générale de l'exploitation, il eft hors de doute que l'Art des Houilleurs ne puiffe
emprunter des fecours réels de la Géométrie fouterraine ; fes regles donnent
l'intelligence de chofes qui font hors de la portée des idées ; on y trouve des
expédients certains pour faciliter ou pour abréger des manœuvres.

De.

De pareils avantages, quelqu'indifférents qu'ils paroissent à des Ouvriers auxquels la commodité, la simplicité & l'expérience de la méthode instrumentale suffisent, ne peuvent cependant pas être comptés pour rien.

L'Ouvrier intelligent, dispensé de toute théorie, & muni de ses instruments, peut rester en tout fidele à sa routine. Nous ne prétendons pas exiger que le Houilleur devienne Géometre ni Physicien. Quant aux Préposés de Mines, ou ceux qui sont chargés de la conduite de ces entreprises, ou les Intéressés qui sont à portée de les suivre, il ne leur sera pas, à beaucoup près, inutile d'être instruits dans les Mathématiques; les mauvais succès de quantité d'exploitations, le peu de progrès fait en France dans ces sortes de travaux, doivent sans difficulté être principalement rejettés sur les Directeurs de Mines, qui ne se sont pas doutés de l'importance d'une science sur laquelle néanmoins est fondé l'Art de l'Exploitation.

Cette réflexion sur laquelle nous croyons devoir insister en passant, laisse à désirer un Traité de Mathématiques, adapté à la Géométrie souterraine, dans lequel se trouveroient les opérations Mathématiques particulieres aux travaux des Mines, rangées dans un ordre qui fût propre au sujet, & séparées d'avec celles qui n'y ont pas de rapport; les personnes qui voudroient suivre notre invitation, seroient par-là exemptes de tout embarras pour le choixqu'elles doivent faire, non-seulement des livres, mais de ce qu'ils contiennent & qui est du ressort des Mines.

C'est ainsi que M. Ozanam a traité les parties de Mathématiques les plus utiles & les plus nécessaires à un homme de guerre, que l'illustre M. de la Hyre a publié l'Ecole des Arpenteurs, où sont enseignées toutes les pratiques de Géométrie nécessaires à un Arpenteur. Quelques Savants de nos jours ont traité sur ce plan les Mathématiques relativement à plusieurs Sciences qui en dépendent: les Ouvrages de M. Camus, de MM. Bouguer, le Monnier, Bézout, adoptés ou sollicités par le Gouvernement, justement estimés du Public, ne contribueront pas peu à augmenter dans la Nation Françoise le nombre des grands Ingénieurs, des habiles Capitaines, des bons Pilotes, &c.

Aucun François n'a traité la Trigonométrie dans ce qui a rapport aux opérations des Mines; la plûpart des Ouvrages qui existent sur cette matiere sont en langue Allemande; ils sont peu nombreux & rares.

Les principaux Auteurs qui en ont écrit, sont Erasme Reinhold, Médecin à Saalfeld en Thuringe (1), fils du célebre Erasme Reinhold, Mathématicien (2) à Wittemberg (Auteur des Tables Prutenniques, autrement dites de Copernic), Jean Hartmann, Raigtel, Sturmius, Jugel, Beyer, Médecin à Francfort, Oppel, Directeur général des Mines de Freyberg.

---

(1) Instruction abrégée & fondamentale sur l'Art de mesurer les Mines : *Erfort*, 1754; avec une Géometrie pratique.

(2) Autrefois le nom de *Mathématicien* étoit commun à ceux qui s'adonnoient à l'Astrologie judiciaire, & à ceux qui observent le cours des Astres: voilà pourquoi Reinhold est qualifié *Astronome* par plusieurs Auteurs.

Nicolas Voigtel, Receveur des deniers à Eißeb (1), publia un Traité de Géométrie souterraine, qui passe pour être supérieur à celui de Reinhold, mais que l'on prétend être très-confus & difficile à entendre.

Celui de M. Weidler publié en 1725, est le seul que j'ai été à même de connoître : plusieurs points de l'Ouvrage de Voigtel y sont commentés ; il renferme tout ce qui tient à cette matiere, comme on le verra par la traduction, dont je projette de faire jouir le Public (2).

Il est cependant à propos de faire observer, qu'il suppose dans le Lecteur les connoissances fondamentales de Géométrie & de Trigonométrie, ainsi que les notions, les définitions les plus générales sur la nature du langage ou des choses, dont dépendent immédiatement les propositions, soit problêmes, soit théorêmes, qui y sont exposés, ou de tous autres qui pouroient être établies dans une suite continue.

Il sera en conséquence indispensable, pour avoir la clef du Traité de Weidler, de se procurer quelque Ouvrage élémentaire de Mathématiques, tels que ceux de M. Rivard (3), M. l'Abbé de la Caille (4).

Au moyen de ces secours, qu'il suffit d'indiquer aux Ingénieurs Houilleurs jaloux de se rendre habiles, il nous devient tout-à-fait inutile de parler Mathémathique & Trigonométrie ; toute la partie pratique de la Géométrie souterraine est renfermée dans un petit nombre de problêmes, leur solution tient à ces premiers principes ; les développer ici, ce seroit se charger d'une tâche qui n'est point de notre compétence, & qui est entiérement du ressort des Géometres. Il se présente cependant naturellement à l'idée une réflexion : l'Ouvrage de Weidler, que nous annonçons, ne doit paroître qu'à la suite d'une autre traduction ; on ne peut savoir quand cette derniere sera faite ; peut-être serons-nous assez heureux (en attendant que ces deux Ouvrages soient publics,) pour inspirer à quelques Ingénieurs Houilleurs la curiosité d'acquérir les connoissances dont nous sommes tenus uniquement de leur faire sentir la nécessité ; cette considération nous a autorisé à croire qu'il nous seroit permis de mettre sur les voies ceux qui se sentiroient cette disposition, & de suppléer en quelque chose au retard de l'impression d'un Ouvrage que je leur fais désirer.

Dans cette vue, je terminerai ce premier article en présentant l'énoncé de

(1) Art de mesurer les Mines 1686, réimprimé en 1713, en vingt-quatre Chapitres, à Eißeb. Cet Ouvrage est presque inconnu; il n'est pas cité par Moréri.
(2) Les Figures qui se rapportent aux problêmes résolus dans Weidler, font partie des Planches de l'Encyclopédie, *Vol. VI.* Les différentes propositions auxquelles ces figures servent de démonstration, se trouvent seulement annoncées dans cet Ouvrage, *Tome VII, page 639,* au mot *Géométrie souterraine.*

(3) Eléments de Géométrie, avec un abrégé d'Arithmétique & d'Algebre, par M. Rivard, Professeur de Philosophie en l'Université de Paris, chez *Desaint & Saillant, in-4°.* 1739. Ces éléments se trouvent succinctement dans un autre Traité dicté en l'Université, par feu M. le Monnier, & publié depuis chez *Saillant,* 1773.
(4) Leçons Elémentaires de Mathématiques, ou Eléments d'Algebre & de Géométrie, par M. l'Abbé de la Caille, chez la veuve *Desaint.*

ces différents problêmes, je les éclaircirai en donnant fommairement pour chacun les moyens les plus fimples de les réfoudre.

Cet abrégé de Géométrie pratique à l'ufage des Ingénieurs Houilleurs, mérite un accueil d'autant plus favorable, qu'il eft entiérement le produit de la complaifance du même Académicien que j'ai eu occafion de citer pour la latitude de la ville de Liége (1).

Nous avons cru devoir le faire précéder d'une notice fuccinéte de quelques inftruments particuliers dont nous avons parlé, comme pouvant être ajoutés à ceux auxquels la pratique ordinaire des Ouvriers eft reftrainte, & dont l'ufage eft d'ailleurs très-avantageux, pour abréger les calculs relatifs à la folution de plufieurs queftions.

Cette notice fera éclaircie préliminairement par des généralités fur les mefures Mathématiques.

Des Mefures Mathématiques.

On peut & on doit fe repréfenter, foit les veines de Charbon, foit les boyaux ou galeries qui réfultent des *tailles* faites dans la maffe de ces veines, comme un compofé de lignes, ou comme formant des lignes dont on cherche à connoître l'étendue, la direction.

En Géométrie, les lignes fe mefurent par d'autres lignes plus petites qu'on appelle *mefures courantes*, lefquelles font proportionnées aux lignes qu'elles mefurent. Ces mefures, pour les longueurs & les diftances, vont être décrites.

Le *Cercle* fert auffi de mefure en Géométrie, parce que fa circonférence eft uniforme & qu'il eft femblable à un autre dans toutes fes parties. En conféquence il eft diverfement adapté à plufieurs inftruments employés pour mefurer les angles d'un triangle rectiligne : les avantages de cette mefure font bien d'une autre importance dans la pratique de Géométrie fouterraine ; nous la ferons connoître plus particuliérement, en commençant la defcription des infftruments auxquels elle eft relative.

Des Mefures courantes employées à la menfuration des Mines.

La *Perche* des Arpenteurs de Mines, eft une Perche courte, nommée par les

(1) On jugera fans peine que pour différentes matieres qui tiennent à celle que je traite, je n'ai eu rien à puifer de mon propre fonds, & que je n'ai eu rien de mieux à faire, que d'emprunter les lumieres de différents genres. Je dois avertir qu'il en eft de même pour l'explication des différents termes de Phyfique & de Mathématiques qui fe trouvent employés dans mes defcriptions, ou que j'ai portés à la Table des Matieres: j'ai penfé qu'il pouvoit être avantageux pour plufieurs de mes Lecteurs, d'éclaircir tout ce qui étoit capable de les arrêter : il n'eft prefqu'aucun de ces termes, dont je n'aie cherché à faciliter l'intelligence ; le Dictionnaire Encyclopédique, le Dictionnaire d'Ozanam, celui de M. Saverien, m'ont fervi à cet égard à enrichir mon Ouvrage ; on pourra par-là fe difpenfer ou de fe les procurer, ce qui n'eft pas toujours facile, ou de l'embarras de les confulter;

Allemands *Lachter* , parce qu'elle eft prefqu'égale à la ligne ou longueur comprife entre les deux bras étendus , & que l'on nomme *Braffe*. La *Toife* des Mines métalliques , nommée par les Allemands *Klafter* , eft de 6 pieds 5 pouces de France.

L'*Aune* (1) , *ulna*, *orgyia*, eft divifée en huit parties, comme autant de pieds ? ou d'efpeces de fractions. La huitieme partie comprend une dixaine de doigts ; ainfi l'Aune comprend 80 doigts.

Le doigt eft partagé de nouveau en dix *lignes* , qui dans cette divifion s'appel-lent *fcrupules* , *minutes* , d'où l'Aune des Mefureurs de Mines a 800 lignes en tout : la longueur de cette partie varie felon les pays. Les Arpenteurs de Mines en divifant ainfi l'Aune , la Perche, le Doigt, indiquent les minutes ou *primes* , comme cela fe fait dans les Tables Aftronomiques , par un accent aigu ' , les fecondes par deux " , les tierces par trois ''' , les quartes & les quintes s'expri-ment auffi par les chiffres appellés *chiffres romains* IV , V , ou *chiffres de finance* , qui fe marquent par les lettres majufcules de l'Alphabet.

C'eft de cette maniere qu'aujourd'hui on eft dans l'ufage de marquer dans la Géométrie pratique les perches ou leurs parties par un cercle o , qui indique toujours un degré , & les minutes par des efpeces de virgules, auxquelles le nom de *lignes* ufité dans la Géométrie pratique femble mieux convenir , fi ce n'eft pour diftinguer les minutes ou fecondes , des lignes , des pouces , &c.

Nous nous bornons à ce détail fur les mefures en général ; lorfque nous en ferons à la pratique de la menfuration , nous ferons connoître les attentions qu'exigent les différentes mefures.

ECHAINE , *plus communément appellée* Chaîne , *Arvipendium.*

LA mefure la plus grande , & qui eft de plus d'ufage dans les opérations de Mine, c'eft la *Chaîne* ; les Ouvriers n'emploient que la Chaîne & la Bouf-fole , pour déterminer deux points à égale diftance du centre de la terre , ou connoître de combien un point eft plus élevé qu'un autre (2).

La Chaîne eft compofée , comme il a été dit *page 214* , de plufieurs pieces, tantôt de fer, tantôt de laiton , recourbées par les deux bouts.

Chacune de ces pieces , nommées *chaînons* , a un pied de long , y compris les petits anneaux ou bouclettes qui les joignent enfemble , afin de rendre les chaînons flexibles.

Les Chaînes fe font ordinairement de la longueur de la perche de l'endroit où l'on veut s'en fervir , ou bien de plufieurs toifes de long , felon les ftations

(1) Evaluée dans les Mines d'Allemagne à deux pieds , quoiqu'il s'en faille de plus de quatre pouces que cette aune ne faffe deux pieds de France : il ne faut pas la confondre avec celle de Paris, qui eft de 44 pouces.

(2) Il eft à propos de favoir , au fujet de la ligne de niveau , qu'une ligne eft dite de niveau lorf-que tous fes points font à égale diftance du centre de la terre.

à

à mefurer, diftinguées quelquefois les unes des autres par un plus grand anneau de forme elliptique.

Chaque partie égale de la Chaîne, de dix en dix, s'appelle *Décimale.*

L'avantage qu'ont ces fortes de Chaînes de ne fe point mêler comme celles qui font faites de petites mailles de fer, les rend très-commodes.

A la Chaîne on fubftitue quelquefois, ou par économie ou par quelqu'autre raifon, une fimple corde; il eft certain que cette façon eft fufceptible d'erreurs, à caufe de l'humidité dont il eft bien difficile de garantir entiérement une corde. Schwenterus, dans fa Géométrie pratique, rapporte qu'il a vu une corde de 16 pieds de long réduite en une heure de temps à 15 pieds, uniquement par la chûte d'une gelée blanche.

Ceux qui voudroient abfolument donner à la corde la préférence fur la Chaîne, ne feront point fâchés de connoître un moyen d'obvier à cet inconvénient; Wolf confeille pour cela de tortiller en fens contraire les petits cordons dont la corde eft compofée, de tremper enfuite la corde dans de l'huile bouillante, & de la faire paffer, quand elle fera feche, à travers de la cire fondue pour bien l'en imbiber; cet Auteur affure, qu'au moyen de cette précaution, la corde ne fe rallongera ni ne s'accourcira point du tout, quand même elle refteroit 24 heures dans l'eau.

Des Inftruments qui peuvent compofer l'appareil Mathématique d'un Ingénieur Houilleur.

C'EST à ces Inftruments, proprement dits Inftruments de Mathématiques, que fe rapporte fpécialement la feconde efpece de mefures dont on fait ufage pour les grandes opérations de Mines, telles que l'Aftrolabe & le Niveau, les Equerres ou Pommes d'Arpenteur, les Cercles divifés, Bouffoles, &c.

La plûpart de ces Inftruments font compofés d'un cercle ou d'une portion de cercle, ou bien cette figure eft projettée en totalité ou en partie fur quelques-uns: avant d'en venir à la defcription qui va fuivre, il ne fera pas inutile de nous arrêter aux circonftances générales, qui tiennent à la connoiffance de l'ufage pratique de ces moyens.

Le Limbe d'un cercle, ou d'un demi-cercle, ou d'un quart de cercle, peut être diftingué particuliérement en deux circonférences, l'une intérieure, l'autre extérieure, éloignées l'une de l'autre d'environ 6 ou 8 lignes, & fur lefquelles on marque des divifions, fans parler des autres circonférences concentriques pour les fubdivifions de chaque degré en minutes, pour les grandes circonférences.

La Figure 1 de la Planche LV, donne une idée de la maniere dont on trace fur ce limbe autant de circonférences concentriques qu'il en faut, pour fubdivifer chaque degré en autant de parties égales qu'il eft poffible de le faire fans confufion.

La division qui se trace sur les Instruments de Mathématiques, est exprimée par le terme *Degré*.

En se rappellant ce que nous avons dit, de la division de la circonférence du cercle en degrés, on voit que par cette expression, il ne faut pas entendre une grandeur absolue, mais seulement la trois cent soixantieme partie de quelque circonférence que ce soit, grande ou petite; ainsi la plus petite circonférence a autant de degrés que la plus grande, mais elle les a plus petits à proportion, de même que chaque grandeur, telle qu'elle soit, grande ou petite, a deux moitiés proportionnées à leur tout.

Ces divisions & subdivisions de degrés sur un demi-cercle ou autre Instrument de cette forme, sont disposées bien justes, & distinctement marquées sur le *limbe* ou bord de toute portion de cercle que l'on veut diviser en minutes.

Dans un limbe ou bord extérieur gradué, c'est-à-dire, divisé par degrés, le point par lequel passe une ligne perpendiculaire à l'horizon, & qui passe par le centre ou sa parallele, se nomme *ligne à plomb* (1).

Et on appelle *ligne fiducielle* ou *ligne de foi* (2), une ligne droite qui passe par le centre d'un Instrument circulaire ou demi-circulaire, & sur laquelle sont placées les pinnules, de maniere qu'elle divise les pinnules de l'Alilade en deux également.

Lorsque c'est une regle, comme dans l'Astrolabe, cette ligne fiducielle se nomme plus particuliérement *Alilade*; dans la Boussole, ce qu'on appelle *ligne fiducielle*, est le diametre de cet Instrument, indiqué par un fil tendu, ou par des pinnules.

NIVEAU. *Chorobatte* (3), Wasser-Waage, Grad bogen, *Libella.*

L'INSTRUMENT qui sert à la mesure, & qui se nomme *Niveau*, est composé d'un demi-cercle, divisé par *degrés* & *demi-degrés*, quelquefois en *quarts de degré*; son diametre est à-peu-près de six doigts, & du centre de l'Instrument pend un *à-plomb*, par le moyen d'une corde. Les anneaux qui servent à l'accrocher sont tournés du côté opposé à celui sur lequel sont gravées les divisions. Il est indifférent que ces anneaux soient tous deux ou d'un même côté, ou réciproquement l'un d'un côté, l'autre d'un autre: cette derniere situation convient mieux à la boussole suspendue.

Cet Instrument est d'une construction très-facile; l'exactitude dans la division des degrés, la légéreté dans la machine, pour ne point trop charger ni couder la corde, le cuivre le mieux battu, afin de donner plus d'élasticité aux anneaux,

(1) D'où on appelle aussi *ligne d-plomb*, la ligne droite formée par la corde ou par le fil à-plomb, qui, par sa pesanteur, tend toujours vers le centre de la terre, & dont on se sert dans les Instruments de Mathématiques, pour les placer horizontalement ou verticalement.
(2) En Grec & en Latin *Dioptra*, qui se dit de toute espece d'Instruments pour regarder, &

généralement de tous ceux où il y a des Pinnules, comme l'Astrolabe, &c. Pline donne ce nom en particulier, au Quart de cercle.
(3) Les Instruments qui ne se trouveront point ici éclaircis ni expliqués par des figures, le seront dans la traduction de la Géométrie souterraine de Weidler, à laquelle nous les avons ajoutés.

qui par là embraſſent, ſans céder, la petite corde qu'ils entourent, ſont les points les plus eſſentiels de cette conſtruction.

Cet Inſtrument ſert à *Niveller*, c'eſt-à-dire, à tirer des lignes horizontales ſur la terre, pour connoître la hauteur d'un lieu de la terre à l'égard d'un autre, c'eſt-à-dire, pour ſavoir lequel des deux endroits eſt le plus éloigné du centre de la terre, ce qui s'appelle *nivellement.*

Fauſſe Equerre, Récipiangle, Meſure-angle.

Il eſt compoſé de deux regles ou branches parfaitement égales en longueur : il faut que les côtés intérieurs de chaque regle ſoient bien paralleles aux côtés extérieurs ; leur largeur eſt d'environ un pouce, & leur longueur d'un pied ou davantage.

Ces deux regles ſont arrondies par la tête également, & attachées l'une ſur l'autre par le moyen d'un clou à tête artiſtement tourné, de ſorte que l'Inſtrument ſe puiſſe ouvrir & fermer facilement.

Lorſqu'on a pris l'ouverture d'un angle, on met le centre d'un *rapporteur* à l'endroit où les deux regles ſe joignent, & les degrés du bord marquent l'ouverture de l'angle ; ou bien on trace ſur le papier l'ouverture que font les regles du *récipiangle*, & puis on la meſure avec le *rapporteur.*

Le récipiangle dont il eſt queſtion ici, & qui ſe diſtingue des autres par le nom de *Fauſſe-Equerre*, ne differe des autres qu'en ce qu'il a à chaque extrémité une pointe d'acier, afin qu'il puiſſe ſervir de compas.

Pomme en forme d'Equerre d'Arpenteur.

Cet Inſtrument auquel on donne différentes formes, tantôt d'un priſme à huit pans, tantôt d'une croix horizontale portant une pinnule à l'extrémité de chaque branche, eſt appellé *Pomme en forme d'Equerre d'Arpenteur*, parce qu'il a quelquefois la forme d'une pomme.

Sous cet Inſtrument & au milieu, il y a une douille qui ſert à le faire tourner ſur le pivot d'un pied ordinaire à trois branches.

Il eſt avantageux que l'Inſtrument puiſſe tourner ſur la douille fixée au pied d'un mouvement horizontal, doux, égal & à frottement autour d'un axe vertical.

Ordinairement la douille eſt fixée à l'Inſtrument ; on eſt alors obligé de tourner tout enſemble, & même le pied, ce qui eſt incommode dans la pratique.

Quelquefois le pied n'eſt qu'un ſimple bâton pointu & ferré par en-bas ; il vaut mieux que ce ſoit un pied à trois branches, que les branches ſoient longues, & que la tige, terminée en pivot pour entrer dans la douille, ſoit courte ; il faut que le pivot ſoit ajuſté de façon qu'il empliſſe exactement la douille au fond, auſſi bien qu'à l'entrée.

Ce qu'il y a d'essentiel à cette Equerre, c'est d'avoir quatre fentes verticales opposées diamétralement deux à deux, & disposées de façon que les rayons visuels qui passent par les fentes opposées, se coupent à angles droits.

Cet Instrument sert à tracer sur le terrein une ligne, qui fasse avec une autre ligne des angles droits.

Rapporteur; Transportatorium circulare.

PETIT demi-cercle assez mince & très-poli, fait ordinairement de laiton & quelquefois de corne, dont la circonférence est divisée exactement en ses 180 degrés.

Avec le Rapporteur, on détermine la grandeur d'un angle. Il sert aussi pour faire des angles semblables à ceux trouvés avec le niveau, ou connus d'une autre maniere.

Les angles rectilignes se mesurent sur le papier avec le Rapporteur.

Graphometre, Demi-Cercle; Hemi-Cyclium.

CET Instrument, soutenu sur un pied par le moyen d'un genou (1), est composé d'un grand demi-cercle d'environ 12 pouces de diametre, lequel, outre ses degrés, a encore ses minutes placées ordinairement de six en six, quand il est un peu grand, comme dans le Quart de cercle & autres.

Il est muni d'une alilade mobile autour de son centre; le tout de cuivre jaune bien poli.

L'alilade porte deux *pinnules* immobiles, percées vis-à-vis de la *ligne de foi*, répondante en ligne droite au centre du demi-cercle.

Chaque pinnule est percée dans le milieu, d'une fente qui regne de haut en bas.

Quand on prend des distances, ou que l'on mesure des angles sur le terrein, ou que l'on fait toute autre observation, c'est par ces fentes, qui sont dans un même plan avec la ligne de foi tracée sur l'alidade, que passent les rayons visuels qui viennent des objets à l'œil; les pinnules en conséquence servent à mettre l'alidade dans la direction de l'objet qu'on se propose d'observer, & les fentes servent à en faire discerner quelques parties d'une maniere bien déterminée.

Il y a quelquefois dans ces fentes, au milieu, un cheveu ou deux, ou dans les Instruments pour lesquels il n'est pas besoin d'une exactitude bien rigoureuse, un filet de la même matiere que les pinnules.

(1) On appelle *Genou* en Mathématiques la partie supérieure du pied d'un instrument, sur laquelle l'instrument même repose. Elle est composée d'un globe de cuivre, renfermé dans deux demi-globes évuidés; & ce globe est mobile en tous sens, soit verticalement, soit horizontalement.

Le

Le Demi-cercle ou Graphométre, est l'Instrument le plus commode pour mesurer une ligne, une hauteur, soit inaccessible, soit accessible ; au moins quand on veut mesurer une ligne par la Trigonométrie.

Il sert aussi pour mesurer sur la terre les angles rectilignes. Dans toutes les opérations de la Géométrie pratique où cette mesure est nécessaire, on a besoin de cet Instrument, ce qui en rend l'usage extrêmement étendu.

On rend le Graphométre plus utile, en attachant au milieu une Boussole ; afin de mesurer un angle sur la terre & *lever un plan* (1) ; mais le principal usage de cette Boussole, est d'orienter un plan, c'est-à-dire, de marquer la situation d'un plan sur la terre, à l'égard des quatre parties cardinales du monde.

ASTROLABE, *Astrolabium* , *Cosmolabium* ; *Astrolapsus* ; *Suspensorium* ; *Armilla suspensoria* ; *Planispherium* ; Arabibus, *Walzagora* ; Latin. *Athlantica*, *Alphantia*, *Albanthica.*

PARMI les Instruments qui pourroient être employés dans quelques opérations de Géométrie souterraine, nous avons nommé *l'Astrolabe.*

Cet Instrument, d'une construction fort composée, a l'avantage d'éviter le calcul ; mais il n'est plus d'usage en Astronomie depuis l'invention des Logarithmes, & est tout-à-fait inconnu des Ouvriers de Mines. On en rencontre même rarement aujourd'hui ; nous nous bornerons par cette raison à en donner une idée très-générale en faveur des personnes à qui il pourroit en tomber entre les mains : ceux qui auroient la curiosité de le connoître plus amplement, peuvent consulter quelques Ouvrages qui en ont traité *ex professo*, & dont quelques-uns se trouvent dans d'anciennes Bibliothéques (2).

L'Astrolabe est plat, en forme de planisphere ou d'une sphere décrite sur un plan armé d'une *alilade* mobile à son centre, garnie de deux *pinnules.*

Sur ce plateau de cuivre, on grave une projection *Stéréographique* (3), où l'œil est placé au centre de la projection.

L'Astrolabe représente les principaux cercles de la sphere céleste, sur le

(1) *Lever un Plan*, c'est décrire sur le papier un plan semblable à celui qui est sur la terre.

(2) *Astrolabii Declaratio, ejusdemque usus mirè jucundus, non modò Astrologis, Medicis, Geographis cæterisque litterarum cultoribus, multùm utilis, ac necessarius, verùm etiam Mechanicis quibusdam opicibus non parùm commodus.* A JACOBO KOEBELIO facilioribus formulis nuper aucta ; longéque emendatior edita. Parisf. 1552. in-12.

De usu Astrolabii compendium Schematibus commodissimis illustratum, ac mendis quàmplurimis repurgatum, auctore JOANNE MARTINO POBLACION. *Cui accessit* PROCLI DIADOCHI *fabrica ususque Astrolabii*, GEORGIO VALLA Placentino *Interprete* ; *præterea* GREGORÆ NICEPHORI *Astrolabus*, eodem

Interprete. in-12. Parisf. 1554.

Elucidatio fabricæ ususque Astrolabii. JOANNE STOFLERINO *Justingensi* auctore : cui perbrevis ejusdem Astrolabii declaratio à JACOBO KOEBELIO adjecta est. in-12. Parisf. 1585.

Traduction de STOFLER, in-12. Paris, 1560 ; par G. DES BORDES ; avec des notes, par JEAN PIERRE DE MESMES.

L'usage de l'Astrolabe, avec un petit Traité de la Sphère, par DOMINIQUE JACQUINOT, Champenois ; plus, une amplification de l'Astrolabe, par JACQUES BASSENTIN, Écossois. Paris, in-12. 1598.

(3) *Stéréographie* est l'art de tracer les figures des solides sur un plan.

plan d'un de ſes plus grands cercles , tel qu'eſt l'horizon & le méridien , de la même maniere qu'ils paroîtroient à l'œil élevé au-deſſus de la ſphere juſqu'à une hauteur à pouvoir découvrir tout l'hémiſphere.

Selon qu'on prend ce lieu ou ce point de l'œil , l'Aſtrolabe porte les noms différents d'*Aſtrolabe particulier* ou d'*Aſtrolabe univerſel*. C'eſt ainſi que l'on obſervoit les aſtres , que l'on en prenoit la hauteur : cet Inſtrument ſeroit particuliérement d'uſage pour le problême, *ligne qu'il faut meſurer à travers des plans inclinés.*

Le *Coſmolabe*, nommé auſſi *Pantocoſme* ou *Inſtrument univerſel* (1) , & qui ſert à prendre les meſures du monde, tant du ciel que de la terre , eſt presque la même choſe que l'Aſtrolabe , ſi ce n'eſt qu'il eſt bien moins compliqué , & qu'il conſiſte en un cadre rectangulaire. Feu M. Ozanam , de l'Académie des Sciences , en a donné la deſcription & l'uſage qui ſe trouve imprimée à la ſuite du Compas de proportion : le *Quartier de réduction*, dont nous parlerons , peut être regardé comme une invention plus ſimplifiée que l'Aſtrolabe

Du *Compas de Proportion* , & de celui appellé Secteur Anglois.

Le *Compas de proportion* eſt ainſi nommé , parce qu'il ſert à connoître les proportions entre les quantités de même eſpece , comme entre une ligne & une autre ligne, entre une ſurface & une autre ſurface , entre un ſolide & un autre ſolide , &c. Feu M. Ozanam , de l'Académie des Sciences , a décrit en particulier cet Inſtrument (2) ; la deſcription s'en trouve auſſi dans pluſieurs excellents Ouvrages (3) ; nous donnerons celle qui eſt dans l'*Encyclopédie*. Il eſt extrêmement commode pour réſoudre promptement & facilement quantité de problêmes utiles dans toutes les parties de Mathématiques , & principalement dans la Géométrie pratique , tant ſur le papier , que ſur le terrein.

Le Compas de proportion conſiſte en deux regles ou jambes égales , de cuivre ou d'autre matiere ſolide , rivées l'une à l'autre , enſorte néanmoins qu'elles puiſſent tourner librement ſur leur charniere.

La longueur & largeur des regles du Compas de proportion n'eſt point déterminée ; ces dimenſions ſont relatives à l'uſage auquel on deſtine l'Inſtrument , ou pour travailler dans le cabinet ou pour être porté dans la poche, ceux-là ſont plus petits; ou pour travailler ſur le terrein , ceux-là ſont les plus grands. Les premiers ont ordinairement dix pouces de long , ſix à ſept lignes de large , & environ deux lignes d'épaiſſeur à chaque jambe. On a coutume de tracer

(1) Dans un Ouvrage ſur le Coſmolabe, par I éon Mongard , Mathématicien à Paris , 1612, & dans celui de M. Jacques Beſſon , Profeſſeur de Mathématiques à Orléans ; Paris , 1567.

(2) Uſage du Compas de proportion , & de l'Inſtrument univerſel pour rendre promptement & très-exactement les problêmes de la Géométrie pratique , tant ſur le papier que ſur le terrein , ſans aucun calcul ; avec un Traité de la diviſion des champs. 2e. édit. *in-12*. Paris, 1746.

(3) Le Traité de la Conſtruction & des principaux uſages des Inſtruments de Mathématiques, par Bion; le Dictionnaire de Mathématiques , par Saverien; le Dictionnaire Encyclopédique.

fur le compas de proportion fix lignes appellées *lignes artificielles* (1) , divifées fuivant la maniere ordinaire ; favoir , fur une face la *ligne des parties égales* , celle des *plans* & des *polygones* ; fur l'autre côté la *ligne des cordes* , la ligne des *folides* & celle des *métaux.*

Sur le rebord , on met encore ordinairement d'un côté une ligne divifée qui fert à connoître le calibre des canons , & de l'autre côté une ligne fervant à connoître le diametre & le poids des boulets.

Ce Compas de proportion , tel qu'on le conftruit en France , pour ce qu'on appelle un *Etui de Mathématiques* , ne marque pas toutes les lignes qui peuvent fe tirer de différentes parties de l'arc d'un cercle , & qui néanmoins font néceffaires dans la pratique. Ces différentes lignes nommées *finus* , *tangentes* , *fécantes* , font tracées fur l'Inftrument appellé par les Anglois *Secteur* , qui fe conftruit à Londres , & qui revient à notre Compas de proportion.

En voici la defcription , conforme à la conftruction Angloife , telle qu'elle eft inférée dans le Dictionnaire Encyclopédique ; nous nous arrêterons feulement aux lignes qui peuvent avoir rapport à notre objet ; dans l'abrégé de Géométrie pratique que nous allons faire fuivre , leur ufage fera indiqué , en énonçant les problêmes auxquels fe rapportent les principaux ufages de ces lignes.

Des lignes qui font tracées fur ce côté du Compas de proportion , la *ligne des lignes* , autrement dite la *ligne des parties égales* , eft la feule dont nous ayons befoin.

On l'appelle *ligne des parties égales* , parce qu'elle eft divifée de 5 en 5 en un certain nombre de parties égales , & le plus grand nombre poffible , afin que l'Inftrument foit d'un meilleur ufage ; le nombre eft ordinairement de 200 , & marquées par des points lorfque le Compas de proportion a fix pouces de long ; & quand la longueur de la jambe du Compas le permet , chaque partie eft fubdivifée en moitiés & quarts.

Cette ligne fe trouve fur chaque jambe du Compas , & du même côté , avec les mêmes divifions , marquées 1 , 2 , 3 , 4 , &c. jufqu'à 10 , qui eft vers l'extrémité de chaque jambe.

Il faut remarquer que dans la pratique , 1 eft pris pour 10 ou 100 ou 1000 ou 10000 , &c. fuivant le befoin ; en ce cas , 2 repréfente 20 ou 200 ou 2000 , &c. & ainfi du refte.

La ligne des parties égales , fert elle-même à divifer principalement une ligne droite en parties égales , pour y ajouter ou pour en retrancher telle partie que l'on veut.

Quelque fimple que foit la conftruction de cette ligne , elle eft cependant d'une utilité très-grande , & fur-tout pour la folution de plufieurs problêmes.

---

(1) En Géométrie , on appelle *Lignes artifi-* *cielles* des lignes tracées fur une échelle quelconque , lefquelles repréfentent les logarithmes des finus & des tangentes , & peuvent fervir avec la ligne des nombres à réfoudre affez exactement tous les problêmes de Navigation & de Trigonométrie.

Le revers du Compas contient quatre lignes, celle *des cordes* (1), celle des *folides*, celle des *métaux*, & au bord extérieur une ligne des *calibres* & *poids de boulets*.

Nous n'avons à confidérer que la *ligne des cordes* : cette ligne eft ainfi nommée parce qu'elle comprend les cordes de tous les degrés du demi-cercle, qui a pour diametre la longueur de cette ligne; elle eft tracée fur les deux jambes du Compas, de maniere que cela forme deux lignes qui partent du centre de l'Inftrument, & viennent aboutir aux angles.

Un problême feul renferme l'ufage principal de la ligne des cordes. *Faire un angle de tant de degrés que l'on voudra.* Les autres font des efpeces de Corollaires, comme, *l'angle étant trouvé, trouver fa valeur en retournant la regle, & prendre fur la circonférence d'un cercle donné, autant de degrés que l'on veut.*

Outre ces lignes qui font effentielles au Compas de proportion, il y en a d'autres proche fes bords extérieurs fur l'une & l'autre face, & paralleles à ces bords; elles fervent auffi à des ufages particuliers.

Les lignes que l'on trouve par le moyen du Compas de proportion, font de deux efpeces; elles font *latérales* ou *paralleles*.

Les *lignes latérales* font celles que l'on trouve fur la longueur du côté de l'Inftrument.

Les *lignes paralleles* font celles qui traverfent d'une jambe à l'autre.

On doit obferver que l'ordre ou l'arrangement de ces lignes fur le Compas de proportion des modernes, eft différent de celui qui étoit fuivi fur les anciens; la même ligne n'eft pas mife aujourd'hui à la même diftance du bord de chaque côté; mais la *ligne des cordes*, par exemple, eft la plus intérieure d'un côté, & la *ligne des tangentes* fur l'autre : l'avantage en eft, que l'Inftrument eft mis à un *rayon* pour les cordes; il fert auffi pour les *finus* & les *tangentes*, fans que l'on foit obligé d'en changer l'ouverture. Car la parallele entre les nombres 60 & 60 des cordes, celle qui eft entre les nombres 90 & 90 des finus, & celle qui eft entre les nombres 45 & 45 des tangentes, font toutes égales.

Nous terminons cette defcription abrégée par quelques obfervations fur les lignes des finus, des tangentes & des fécantes, marquées fur chaque jambe.

Celle des finus, qui eft des finus naturels, eft numérotée 10, 20, 30, &c. jufqu'à 90°.

La *ligne des tangentes naturelles*, fur les Secteurs Anglois, eft numérotée

---

(1) *Corde*, en Géométrie, eft une ligne droite qui joint les deux extrémités d'un arc; ou bien c'eft une ligne droite qui fe termine par chacune de fes extrémités à la circonférence d'un cercle, fans paffer par le centre, & qui divife le cercle en deux parties égales, qu'on nomme *fegments*. La corde eft perpendiculaire à la ligne tirée du centre de cercle, au milieu de l'arc dont elle eft corde; & elle a, par rapport à cette droite, la même difpofition que la corde d'un arc à tirer des fléches, a par rapport à la fléche, ce qui faifoit que les anciens Géométres nommoient cette ligne *Corde de l'arc*, & l'autre *Fléche* du même arc.

de même jufqu'à 45°; & fur chaque jambe il y a une autre petite ligne des tangentes qui commence à 48°, & s'étend jufqu'à 75°.

La *ligne des fécantes naturelles*, numérotée auffi 10, 20, 30, &c. jufqu'à 75°, ne part pas du centre de l'Inftrument; fon commencement en eft diftant de deux pouces.

La grande fupériorité du Compas de proportion Anglois fur les échelles communes, lorfque les lignes des *finus*, des *tangentes* & des *fécantes* y font tracées, confifte en ce qu'il convient à tous les rayons, & à toutes les échelles: enforte qu'ayant une longueur ou un rapport donné, qui n'excede pas la plus grande étendue de l'ouverture de l'inftrument, on a par les lignes des cordes, des finus, &c. tracées fur le *Secteur*, les lignes des cordes, des finus, &c. d'un rayon quelconque, comprifes entre la longueur & la largeur de l'Inftrument, quand il eft ouvert.

Le Compas de proportion eft fondé fur la quatrieme propofition du fixieme Livre d'Euclide, où il eft démontré que *les triangles femblables ont leurs côtés homologues proportionnels.*

Au furplus le Compas de proportion ou le Secteur Anglois, un peu trop compofés, peuvent encore être remplacés par le Quartier de réduction, dont nous allons parler: l'ufage en eft plus facile, & il a les mêmes avantages.

Quartier de Réduction.

CET Inftrument particuliérement employé par les Marins, par rapport à l'ufage que nous en ferons connoître en finiffant fa defcription, que nous empruntons en entier de Bion, eft un quarré dans lequel on forme plufieurs quarts de cercle, qui ont même centre, & plufieurs lignes droites paralleles. Ces lignes & ces quarts de cercle font à diftances égales.

On peut prendre l'un de ces quarts de cercles, pour le quart de chaque grand cercle de la fphère, & principalement pour quart de l'horizon & du Méridien.

En le prenant pour quart de l'horizon, l'un de fes côtés, tel qu'on voudra, repréfente la ligne méridienne, c'eft-à-dire, Nord & Sud, l'autre côté faifant angle droit avec la méridienne, repréfente la ligne Eft & Oueft. Toutes les autres lignes paralleles au côté pris pour quart de l'horizon & qui repréfente la ligne méridienne, font des Méridiens, & s'appellent *Nord & Sud*; toutes celles qui font paralleles au côté faifant angle droit avec la méridienne, & repréfentant des paralleles à l'équateur, font nommées *lignes Eft & Oueft.*

Ce quart de cercle eft divifé premiérement en huit parties égales, par fept rayons tirés du centre commun à tous les autres quarts de cercle, pour repréfenter les huit rumbs de vents de chaque quart de la bouffole ou de l'horizon; chacun de ces quarts de vent, vaut 11 degrés 15 minutes, comme dans la bouffole.

La circonférence du quart de cercle diftinct & apparent dans le quarré,

eft aufli divifée en 90 degrés , & chaque degré eft fubdivifé de 12 en 12 minutes , par le moyen de lignes tranfverfales , tirées de degré en degré , & de
fix cercles concentriques, y compris les deux cercles extrêmes.

On attache au centre un fil de laiton , qui étant arrêté fur tel degré que l'on
veut du quart de cercle , fert à divifer les autres cercles proportionnellement
à l'horizon , comme on le juge à propos.

Il eft aifé de juger , que l'intelligence de la conftruction & de l'ufage de cet
Inftrument dépendent abfolument de la connoiffance de la divifion de l'horizon , puifqu'il repréfente le quart de cercle de la fphère ; il eft très-commode pour réfoudre les problêmes du Pilotage par les triangles femblables , que
l'on forme dans tous les cas fur le quartier de réduction , & dont on mefure
les côtés par les intervalles égaux qui font entre les quarts de cercle & entre
les lignes *N* & *S*, *E* & *O*.

Ligne ou Echelle des Nombres ; *Regle Logarithmique* (1) *de Gunter* ; *Echelle Angloife* ou *Echelle des Logarithmes.*

LIGNE ou regle divifée en plufieurs parties , & fur laquelle font marqués
certains chiffres , au moyen defquels on peut faire méchaniquement différentes opérations Arithmétiques , Trigonométriques & autres.

Cette Echelle ainfi nommée du nom de fon Inventeur , n'eft autre chofe ,
felon Chambers , que les *Logarithmes* tranfportés des Tables fur une regle ,
pour produire à-peu-près , par le moyen d'un Compas qu'on applique à la regle , les mêmes opérations que produifent les Logarithmes eux-mêmes , par le
moyen de l'Arithmétique additive ou fouftractive.

L'Echelle Logarithmique a fur-tout introduit de grandes abbréviations dans
les calculs ; elle fert principalement à trouver d'une fimple ouverture de compas
le quatrieme terme d'une regle de proportion ; nous en donnerons un exemple
pratique à l'article de la Géométrie fouterraine.

Du Magnétifme.

DE tous les Inftruments qui compofent l'appareil des Ingénieurs Houilleurs , la *Bouffole* eft le plus important ; c'eft prefque le feul employé en beaucoup d'endroits pour les principales opérations de Géométrie fouterraine.

On ne peut donc entrer dans trop de détails fur tout ce qui appartient à
cet Inftrument. Son utilité réfide uniquement dans l'aiguille aimantée , c'eft-à-
dire , dans une aiguille à laquelle on communique avec l'aimant la propriété
directrice qui eft particuliere à cette pierre , de tourner toujours un certain
côté vers les pôles du monde , & ordinairement vers le Nord ou vers le Sud ,

(1) *Logarithmique*, pris adjectivement, fe dit de ce qui a rapport aux *Logarithmes*. On appelle de ce nom le nombre d'une progreffion Arithmé-tique , lequel répond à un autre nombre dans une progreffion géométrique. *Logarithmique* en | Géométrie eft une courbe qui tire fon nom de fes propriétés & de fes ufages dans la conftruc-tion des Logarithmes , & de l'explication de leur théorie.

qui eſt le côté oppoſé. L'ordre des choſes exige qu'on diſe d'abord un mot de la pierre d'aimant, de la maniere de reconnoître ſes pôles, & de communiquer aux aiguilles de Bouſſole ſa vertu la plus utile.

De la Pierre d'Aimant ; maniere de trouver ſes pôles principaux , de lui procurer de la force, de la lui entretenir , & de communiquer ſa vertu aux aiguilles de Bouſſole.

L'Aimant (1) eſt une pierre brune pour l'ordinaire , peſante , peu dure lorſqu'elle eſt pure, ſouvent mêlée de cailloux & de ſpath, qui diminuent ſa qualité.

Il s'en trouve de couleur différente ; il y en a de couleur de feu , de noirâtre , de rougeâtre.

Le bon Aimant doit être peu poreux , fort ſolide , homogene, d'un noir luiſant : ceux qui ſont d'un noir un peu roux , ſont encore très-bons, au jugement de pluſieurs Phyſiciens.

Cette ſubſtance peut quelquefois être regardée comme une Mine propre à être traitée à la forge.

On en trouve dans beaucoup de pays ; à ſaint Nazaire , province de Bretagne , en France , il y a un champ dont tous les cailloux , ſont des pierres d'Aimant , ce qui a fait donner à cet endroit le nom de *Champ de l'Aimant* ; c'eſt à une demi-lieue du moulin de la Noc , & du village de Saint-Martin à l'embouchure de la Loire.

Il y en a auſſi dans le pays bas de Devonshire en Angleterre , & on obſerve que ces Mines ſont toutes dirigées de l'Eſt à l'Oueſt , & non du Nord au Sud.

On eſtime particuliérement les pierres d'Aimant qui viennent de Norwege.

On diſtingue dans un Aimant , ſes *Pôles* & ſon *Axe.*

Les côtés , ou les deux points qui attirent le plus , ſont appellés *Pôles de l'Aimant,* par rapport à leur direction vers les pôles du globe.

Par une loi conſtante du Magnétiſme, l'attraction mutuelle & réciproque ſe fait par les pôles de différent nom , & la répulſion ſe fait par les pôles de même dénomination.

Ces pôles ſont des points variables , que l'on eſt quelquefois maître de produire à volonté , & ſans le ſecours d'aucun Aimant.

On eſt convenu d'appeller *pôle Auſtral* de l'Aimant , celui qui ſe tourne vers le *Nord* ; & *pôle Boréal,* celui qui ſe dirige vers le *Sud.*

La ligne droite , qui va de l'un à l'autre pôle , ſe nomme *Axe* de l'Aimant.

On ſeroit fondé d'après de nouvelles obſervations, à diſtinguer le point de ſéparation des deux pôles , appellé *centre magnétique* (2) ; ce point devient

(1) *Magnes, Onomacric Lapis Lydius* de Sophocle. *Lapis Magneſius. Lapis Nauticus. Sideritis.* Pierre Heraclienne de Platon. Pierre d'Héraclée ; *Lapis Heraclius.* Pierre Ferriere ; en vieux François , Calamite , Marinette , *Diophyta.*

(2) *Tentamen theoriæ electricitatis & magnetionis,* autore Aepino. Petropoli , in-4°. 1760.

important dans la conftruction de l'aiguille de la Bouffole, par rapport à la différence qui réfulte pour fon effet, dans une aiguille qui feroit percée dans ce point milieu, & dans une aiguille qui n'eft que fufpendue.

Le plan perpendiculaire qui partage l'Aimant par le milieu de fon axe, eft appellé *Equateur* de l'Aimant.

Le *Méridien magnétique*, eft le plan perpendiculaire à l'Aimant, fuivant la longueur de fon axe, qui paffe conféquemment par les pôles.

Comment déterminer ces pôles? c'eft par où il faut commencer: Bion en indique les moyens de la maniere fuivante.

Il faut percer un carton blanc liffe de la figure de la pierre (1), afin de l'en-châffer dans le trou, enforte que fon axe principal fe trouve dans le plan de cette carte; puis femer de la limaille de fer ou d'acier en la tamifant; enfuite de quoi on frappe doucement avec un petit bâton, afin que mettant en mou-vement cette limaille, la matiere magnétique lui faffe prendre un arrangement conforme au chemin que tient cette matiere pour paffer d'un pore boréal dans un autre pore auftral; & on s'appercevra que cette limaille fera rangée en for-me de plufieurs demi-circonférences, dont les extrêmités oppofées, marque-ront les pôles de l'Aimant.

On peut encore connoître ces côtés d'un Aimant en le plongeant ou le roulant dans la limaille de fer ou d'acier, ou encore mieux dans de petits bouts de fil d'acier qu'on a coupés; pour lors ils feront plufieurs différentes configu-rations autour de la pierre; il y en aura qui feront tout-à-fait couchés, d'autres à demi-couchés; & enfin d'autres tout droits; & ces endroits de la pierre où ces petits bouts d'acier feront perpendiculaires, ou dans lefquels la limaille fera hériffée, feront immanquablement fes *pôles*; l'endroit où ils fe tiennent cou-chés, marque fon *équateur*.

Connoiffant ainfi les pôles de l'Aimant, on déterminera leurs noms, en le faifant flotter fur l'eau avec un petit morceau de liége, ou le fufpendant avec un fil, de telle forte que fon axe foit parallele à l'horizon; alors le pôle de cette pierre qui fe tournera vers le Nord du monde, fera le *Sud* de l'Aimant, & le point oppofé fera le *Nord*.

On connoîtra encore les pôles d'un Aimant avec une Bouffole; car préfen-tant une aiguille aimantée à une pierre d'Aimant, le bout qui aura été touché tournera auffi-tôt vers le pôle de la pierre qui lui convient, & l'autre bout de l'aiguille tournera de même vers l'autre pôle de la pierre.

Il en fera de même d'une aiguille très-fine & très-courte, pofée en liberté deffus.

Les pôles d'un Aimant reconnus, il faut le fcier de maniere qu'il foit bien plan & bien poli à l'endroit de ces pôles; la figure qu'on lui donne contribue

_____

(1) On peut placer auffi cette pierre fur un morceau de glace polie, fous laquelle on a mis une feuille de papier blanc.

beaucoup

beaucoup à fa force; il eft certain que de tous les Aimants de pareille bonté, celui qui fera le mieux poli, qui aura fon axe le plus long, & dont les pôles fe rencontreront juftes aux deux extrêmités, fera le plus vigoureux: ainfi la figure la plus avantageufe à donner à l'Aimant eft celle où l'axe aura la plus grande longueur, fans cependant trop diminuer les autres dimenfions.

La force de l'Aimant s'étend tantôt plus, tantôt moins, depuis 8 à 9 pouces jufqu'à 14 pieds.

Tout cela fait, on arme la pierre; cette armure, dont l'utilité eft de réunir, diriger & condenfer toute la vertu de l'Aimant vers les pôles, & d'augmenter par conféquent fa force, confifte à attacher plufieurs plaques de fer à la pierre: cette armure qui ne doit pas être placée ailleurs que fur les pôles, doit être en proportion de la force que l'on connoît à l'Aimant.

Pour conferver un Aimant, Bion veut qu'on le tienne dans un lieu fec parmi de petits bouts de fil d'acier: il prétend que la limaille, qui eft toujours pleine de poufliere, le fait rouiller; on le fufpend aufli quelquefois, afin qu'ayant la liberté de fe mouvoir, il fe dirige vers les pôles du monde.

Comme l'Aimant ajufté d'une façon où fa vertu puiffe s'exercer en toute liberté, indique le point de l'horizon vers lequel on marche; l'aiguille qui a été frottée fur cette pierre, le fait de même.

L'opération d'aimanter cette aiguille, eft un art qui n'eft pas à négliger. Pour y réuffir, on coule doucement & on tire de loin l'aiguille trois ou quatre fois fur un des pôles de l'Aimant, depuis fon milieu jufqu'à fon extrémité; mais il faut remarquer que le bout de l'aiguille d'une bouffole qui a touché à un des pôles de l'Aimant, fe tourne vers l'endroit du monde oppofé à celui qui regarde ce pôle; c'eft pourquoi fi on veut que le bout de l'aiguille fe dirige vers le Nord, il faut le faire toucher au pôle de la pierre qui regarde le Sud; il faut faire la même chofe trois ou quatre fois, écartant la main en arc, afin que la vertu y refte mieux imprimée, & prendre garde de donner un feul coup en fens contraire, on enléveroit par là toute la vertu communiquée.

Le bout de l'aiguille qui a été frotté du pôle méridional de la pierre d'Aimant, fe tourne toujours vers la partie feptentrionale du monde, avec quelque déclinaifon qui change de temps en temps (1).

Une aiguille ainfi préparée, préfente deux particularités; une *inclinaifon* & une *déclinaifon*: nous n'avons ici qu'un mot à dire de la première; nous traiterons à part de la feconde.

L'inclinaifon qui s'obferve confifte en ce qu'une aiguille de bouffole, étant en équilibre fur fon *pivot* avant que d'être aimantée, perd cet équilibre en l'aimantant, & le bout qui dans ce pays tourne au Nord, panche vers la terre, comme fi elle étoit devenue plus pefante de ce côté-là; c'eft ce qui fait qu'avant

(1) La déclinaifon de l'Aiguille aimantée, eft l'angle que fait l'Aiguille avec le Méridien qui paffe par les pôles Nord & Sud.

d'aimanter les aiguilles , on laiffe le côté qui doit regarder le Nord , plus leger que celui qui doit regarder le Sud ; cette inclinaifon augmente à mefure qu'on approche du pôle , & diminue quand on approche de l'équateur.

Plus l'Aimant fur lequel on touche les aiguilles a de force , plus il leurs fait conferver le magnétifme.

Sur mer on fait exprès des aiguilles pour obferver cette inclinaifon ; mais dans les Mines cela n'eft d'aucune utilité.

Du Compas de Mines, nommé ordinairement Bouffole de Mines, Bouffole manuelle *ou* Bouffole de main.

L A Bouffole eft compofée d'une boîte , qui porte fur le fond de fon milieu un pivot ou une pointe élevée à angles droits ; à la hauteur de la furface fupérieure au bord de laquelle eft une circonférence qui marque les degrés ; ce pivot porte une chappe , & fur cette chappe eft attachée une aiguille aimantée, parfaitement en équilibre fur le pivot.

La boîte ou la cage eft couverte d'un verre , qui garantit l'aiguille & toutes fes dépendances , de la rouille , de la pouffiere , de la craffe.

Dans le fond de la boîte on a aujourd'hui coutume de placer un petit reffort, par le moyen duquel , lorfqu'on tranfporte la Bouffole , l'aiguille s'éleve contre la glace , & par ce moyen ne peut vaciller ; cette précaution empêche que la pointe du ftyle ne fe caffe , ou qu'il ne furvienne quelque dérangement par le frottement de l'*axe* & de la *chappe*. La conftruction de cette boîte, quant à la forme , peut varier.

Parmi les Bouffoles du Cabinet de M. Pajot d'Ons-en-Bray, appartenant à l'Académie , il y en a une très-jolie & très-commode pour les opérations de Mine.

La boîte eft une efpece de petit calice fixé fur une tige , qui eft implantée fur une bafe élargie en rond de la même maniere que pour un chandelier.

Il s'en conftruit qui font faites pour être toujours pofées à terre ; le plus ordinairement elles font comme celle figurée *B I, Pl. VI.* de la *II. Part.* & ce font les plus commodes par la facilité de les tenir , & de les porter par-tout à la main.

De quelque maniere que foit conftruit cet inftrument, les parties effentielles qui font à confidérer, font 1°. le limbe ou bord circulaire fervant à indiquer les degrés par 24 divifions , fur lefquelles font les noms des heures.

2°. L'aiguille participant de la *verticité* de l'aimant (1) , la moindre circonftance relative à cette piece & aux parties qui en font dépendantes, exige dans la conftruction une précifion & des attentions particulieres, dont il eft à propos de mettre au fait ; on les trouvera développées dans la traduction de Weidler, nous ne nous arrêterons ici qu'à ce qu'il y a de plus effentiel.

---

(1) On appelle ainfi la propriété qu'a l'aimant, ou une aiguille aimantée , de fe diriger vers les pôles du monde , c'eft-à-dire , vers le Nord ou vers le Sud.

Du Limbe circulaire de la Bouſſole.

L e Lecteur eſt ſuffiſamment inſtruit par ce qui a précédé, que la Géométrie ſouterraine a pour baſe la diviſion de la circonférence en pluſieurs parties ; anciennement c'étoit en trois cents ſoixante parties ou degrés , comme l'horizon. Les Modernes y ont ſubſtitué plus à propos la diviſion de cette circonférence en 2 fois douze parties égales ou degrés que l'on a appellé *heures*, ſans doute parce que cette diviſion convient avec celle que nous faiſons d'un *jour Aſtronomique* (1), & on a diviſé chaque heure en huit parties.

Le cercle ou la circonférence d'une Bouſſole des diſques horaires, n'ayant par ce moyen que 192 parties, chacune de ces parties devient ſenſible ſur un cercle qui n'auroit qu'un doigt ou un doigt & demi de diametre ; dans les Bouſſoles communes des Houilleurs de Liége , il eſt de cinq pouces ; la pointe de l'aiguille aimantée, qui guide les Ouvriers de Mines dans leur eſtimation , la montre plus diſtinctement ; & cela eſt important dans les travaux ſouterrains où l'on n'eſt éclairé que par des lumieres.

La circonférence du Cercle Géométrique des Mineurs ayant 192 parties ou degrés , la demi-circonférence en a 96 , & le quart de la circonférence quarante-huit , ou *6 heures*.

Les ſix heures diviſées en deux parties égales par la ligne qui coupe perpendiculairement la *méridienne* (2), & qui paſſe par le centre du cercle, ſe déſignent par des noms différents, ſelon l'extrémité & ſelon la direction de cette ligne vers les quatre parties du monde, & ſe tranſportent ſur l'inſtrument de la maniere ſuivante.

A la partie *ſeptentrionale*, on marque ſix heures , & autant à la *méridionale*, ſavoir depuis trois juſqu'à ſix , & depuis ſix juſqu'à neuf.

Les premieres ſont nommées *orientales* ou *ſeptentrionales*, & les autres *occidentales* ou *méridionales* : de maniere qu'il n'y a que douze directions réelles ; ces heures ſervent à connoître la direction ou *allure* des Veines : car *marquer les heures*, en terme de Géométrie ſouterraine , c'eſt marquer au jour la direction d'une *Veine* ou d'un *Filon* ; les Ouvriers de Mines jugent auſſi & déſignent par les heures, *l'inclinaiſon* ou la *pente* des Veines ; nous donnerons à part de nouveaux détails ſur ces objets.

Circonſtances remarquables relativement à l'Aiguille de la Bouſſole.

Pour les opérations de Mines , les grandes Bouſſoles doivent être munies

---

(1) On appelle *jour aſtronomique* un jour compoſé de 24 heures, plus du temps néceſſaire pour revenir au méridien.

(2) Ligne droite dans laquelle le méridien & l'horizon, ou chaque plan horizontal, s'entrecoupent.

d'une Aiguille faite avec des lames d'acier trempé, limées très-délicatement & fortement aimantées.

Cette Aiguille eſt figurée différemment, tantôt en dard par un bout, tantôt, particuliérement dans les grandes Bouſſoles, en fleche; il eſt avantageux que ces extrémités ſe terminent en une pointe qui ne ſoit pas trop aiguë.

Elles doivent avoir deux lignes & demie de largeur vers le milieu, deux lignes vers les extrémités : l'épaiſſeur doit être d'une feuille de papier ou d'environ un ſixieme de ligne.

La longueur de l'Aiguille eſt proportionnée au diametre de la Bouſſole; quant à cette dimenſion, il eſt à obſerver que plus les Aiguilles ſont longues, moins elles ont de vibration, & que les petites Aiguilles ordinaires ne ſont pas avantageuſes pour les opérations de Mines, étant ſujettes à être détournées & dérangées par la rencontre du fer, & autres ſubſtances de cette nature.

Ce n'eſt pas que les grandes Aiguilles ne ſoient auſſi un peu ſujettes à l'impreſſion de ces matieres; mais on fait reconnoître ce voiſinage, & remédier à l'inconvénient qui en réſulte; les moyens uſités pour l'un & pour l'autre ſeront développés dans un inſtant.

Aux moyennes & aux petites Aiguilles, on place un fret ou anneau vers l'extrémité, afin de diſtinguer la partie qui doit tourner vers le Nord; les Houilleurs ſont dans l'uſage de terminer en fleche l'extrémité qui doit regarder le Midi.

Le poli de l'Aiguille a beſoin d'être entretenu & rétabli; il eſt même néceſſaire de la refrotter à l'aimant, quand elle diminue de force.

Les différentes pieces qui touchent cette Aiguille, ſont encore ſuſceptibles dans la conſtruction, d'attentions qui leur ſont particulieres.

Le *ſtyle*, qui doit ſervir de pivot ou de point d'appui à l'Aiguille, doit être d'acier bien trempé ou de métal de cloche; il doit être délié, exactement droit, & fixé perpendiculairement ſur la baſe, & bien pointu : cette pointe doit être extrémement polie & un peu mouſſe à ſa terminaiſon : il faut avoir ſoin de veiller à ce que ce ſtyle conſerve ſon poli, afin que le mouvement de l'Aiguille ne ſe rallentiſſe pas.

La petite chappe de cuivre ou de laiton ou d'agate ou de pierre à fuſil, dont elle eſt garnie dans ſon milieu, n'eſt pas une des pieces les moins intéreſſantes de l'Aiguille; cette chappe eſt creuſée fort droit en forme de cône, & on donne un petit coup de *pointeau* (1) au fond, pour que l'Aiguille ait un mouvement bien libre ſur ſon pivot.

Le point eſſentiel relatif à la chappe, eſt qu'elle ſoit, ainſi que l'Aiguille, bien placée dans le centre de gravité, qui ſe trouve répondre au *centre magnétique*.

Cette diſpoſition eſt un des articles les plus embarraſſants de la conſtruction d'une Bouſſole. M. Saverien remarque très-judicieuſement que cette diſpoſition

_____

(1) Outil d'Horlogerie, en maniere de poinçon; il eſt d'acier trempé, pointu par le bout, & ſert à marquer ou à faire des trous dans des pieces de laiton ou de cuivre.

ne demande ni un efprit ni une main novice: la *fufpenfion* (1) de cette partie
eft difficile & délicate ; fi elle eft défectueufe, la direction de l'Aiguille eft altérée ; ce qu'il y a de fâcheux, c'eft qu'il n'y a pas de regle véritable fur ce
point. Le coup d'œil & l'adreffe du Conftructeur en décident prefque toujours ;
encore ce coup d'œil & cette adreffe fe trouvent fouvent en défaut par l'inclinaifon de l'Aiguille dont les variations excluent toute forte d'expédient : à
tout hazard, le plus fûr eft de la fufpendre de maniere que le centre de gravité
(2) de l'Aiguille, foit le même que celui de fufpenfion : ainfi lorfqu'on dit que
l'Aiguille doit être en équilibre fur fon pivot, on entend qu'il faut que fon plan
foit bien parallele à l'horizon ; on pourroit au furplus fuppléer à cette difficulté
par un coulant en cuivre.

Ecarts ou *variations de l'Aiguille aimantée ; maniere de les connoître ;*
caufes qui les occafionnent ; moyens d'y remédier.

LA direction de l'aimant varie & s'écarte quelquefois du vrai Nord, c'eft-
à-dire, de la *ligne méridienne* du lieu où l'on eft, pour *décliner*, tantôt plus,
tantôt moins vers l'Orient ou vers l'Occident. Cet écart, nommé *déclinaifon*,
n'eft pas égal par-tout (3). On dit de même de la Bouffole qui doit marquer
le Nord, qu'elle décline lorfqu'elle ne marque pas le Nord précifément, mais
qu'elle s'en écarte un peu, foit vers *l'Eft*, foit vers *l'Oueft*; ce qui s'exprime,
en termes de Marine, par *Nord-Efter* pour le premier cas, & *Nord-Ouefter*
pour le fecond.

La mefure de la déclinaifon de l'Aiguille aimantée, eft la diftance apparente
de l'Aiguille au point du Nord ou au point du Midi, marquée par la bouffole ; on
y parvient par l'arc de l'horizon compris entre le *Cercle azimuthal* du foleil & le
Méridien magnétique ; on connoît cet arc fous le nom d'*Azimuth magnétique.*

Cette déclinaifon fe marque par les degrés d'un cercle parallele à l'horizon,
degrés qui font compris entre le Nord ou le Sud & la direction de l'aimant.

La variation de l'Aiguille aimantée dans le même lieu en différents temps,
& dans différents lieux, mérite l'attention de celui qui fait ufage des inftruments ; cette variation oblige quelquefois à des corrections d'autant plus néceffaires, que les galeries font plus longues, ou les angles qui ont été pris plus
éloignés les uns des autres.

Voici comment les écarts de la direction d'une galerie, dés points cardinaux, font indiqués par les écarts de l'Aiguille aimantée de la ligne méridienne.

Lorfque la galerie eft dirigée vers l'Orient, c'eft-à-dire, fi fa direction s'é-

(1) En Méchanique, *fufpenfion*, eft le point
où eft arrêtée & fufpendue la balance.
(2) En Méchanique, on appelle *centre de gravité*
d'un corps, un point par lequel ce corps étant
fufpendu, fes parties font en équilibre, dans
quelque fituation qu'elles foient.

(3) A Paris, l'augmentation graduelle de
cette déclinaifon, remarquée depuis un fiecle,
ceffe d'avoir lieu ; les Aftronomes la trouvent,
pour le préfent, à-peu-près de 20 degrés au
Nord-Eft.

carte de la ligne méridienne, la pointe de l'Aiguille aimantée tournera vers la gauche de la quantité de cet écart, & sa pointe marquera à gauche l'heure orientale; voilà pourquoi dans la Boussole du Mineur, on a transposé les points d'Orient & d'Occident des lieux qu'ils occupent dans la Boussole ordinaire.

L'Aiguille aimantée devenue un véritable aimant, qui attire ou qui est attiré par le fer, devient sensible à l'impression des substances ferrugineuses ou magnétiques; ces matieres très-fréquentes dans l'intérieur de la terre, sont en général une des causes les plus communes de la variation irréguliere de l'Aiguille aimantée. Il est donc important de s'assurer en plus d'une station s'il n'y a point de ce métal.

Ce qui paroît le plus à propos pour cela, c'est de se servir de plusieurs Boussoles; si dans la Mine elles ne s'accordent point comme au-dehors, celles qui auront plus d'activité, indiqueront qu'il y a du fer dans le voisinage.

La pratique des Houilleurs, pour remédier à l'action du fer sur l'Aiguille, quand il se rencontre de cette substance dans le voisinage, est fort simple; ils interposent des planches ou de la toile; mais ces moyens, & sur-tout le second, pourroient quelquefois être très-insuffisants. Les pores de la toile même cirée n'étant pas assez serrés pour rompre ou intercepter les émanations du fer.

Le fer dans les Mines, n'est point la seule chose capable de déranger l'Aiguille aimantée; les météores peuvent tout autant produire cet effet; le froid qui condense les métaux, paroîtroit capable de resserrer les pores de l'Aiguille, d'empêcher les efflux magnétiques, & diminuer la vertu directive: les Auteurs qui ont écrit de la Géométrie souterraine, recommandent en conséquence d'avoir l'attention avant de descendre la Boussole en hiver dans les Mines, de corriger cet inconvénient en la tenant quelque-temps dans un endroit un peu échauffé, sans cependant trop l'approcher du feu, & d'essuyer doucement la vapeur qui s'attache dessus; j'ai interrogé sur ce point des Ouvriers expérimentés; ils m'ont assuré que lorsqu'ils viennent à refaire la mesure au jour dans les temps de gelée, on n'observoit point de dérangement dans la vertu directive de l'Aiguille.

Pratique abrégée de Géométrie souterraine.

ON n'a proprement à résoudre dans toute la Géométrie souterraine que des triangles rectilignes.

Son premier Théorème consiste à trouver par le niveau d'inclinaison l'angle aigu dans un triangle rectangle; l'à-plomb marque la perpendiculaire ou verticale, & l'arc donne la quantité de l'angle; les inconnus du reste du triangle se découvrent par le moyen des Tables des Sinus, & par les regles de la Trigonométrie, qui n'est autre chose que l'art de résoudre, & d'analyser les triangles.

J'ai choisi dans Weidler, les plus essentielles des Propositions qui tendent à la pratique, au nombre de dix, savoir:

1. *Triangles à prendre & à réfoudre pour trouver les dimenfions d'une Mine de fer.*

2. *Tracer une ligne droite dans un terrein impraticable.*

3. *Quel point de la furface correfpond à un point donné deffous.*

4. *Tracer une ligne droite fur une furface inclinée & inégale.*

5. *Tracer la ligne qui communique d'une Mine à une autre.*

6. *Pénétrer d'un point de la furface à un lieu donné de la Mine.*

7. *Déterminer le point de la Mine qui correfpond verticalement à un point donné deffus.*

8. 9. *Trouver l'inclinaifon & la direction des veines.*

10. *Opérations qui doivent fe faire à la furface du terrein, pour la réfolution de la plûpart des Problêmes.*

A ces dix Problêmes, dont neuf feulement font énoncés dans l'Encyclopédie, nous en avons ajouté deux autres pour deux cas particuliers intéreffants, relativement à la profondeur des puits de Mines.

Le temps employé à l'enlévement des paniers de Charbon du principal chargeage à l'œil du Bure, peut être un article de calcul utile fur le produit journalier de la Houilliere: dans une l'extraction fe faifant par plufieurs puits ou foffes de profondeur différente, il s'agiroit de favoir quel efpace de temps emporte l'extraction de Charbon par chacun de ces puits. C'eft dans une circonftance pareille que les *échelles Logarithmiques* font infiniment commodes, & aident à réfoudre promptement fans peine, avec le compas de proportion, les triangles rectilignes, & autres genres de proportion; c'eft auffi à ce cas que nous appliquerons la méthode de fe fervir de l'échelle de Gunter, afin d'éclaircir la notice fommaire que nous avons donnée de cet inftrument.

Le Problême XIII eft tiré de l'Ouvrage d'Agricola *de re metallicâ.* Cet Auteur Livre V, développe en particulier, & très-nettement, la maniere de mefurer par les différentes efpeces de triangles; il en fait l'application à la recherche du nombre de toifes qui reftent à fouiller d'une Galerie de pied, ou Areine commencée, & un Bure qui ne l'eft pas, ou qui ne fe trouve pas entiérement profondé au niveau de l'Areine que l'on pouffe vers le Bure, ou à la recherche du nombre de toifes à fouiller pour, du Bure déja commencé, ou qui ne l'eft pas, atteindre l'Areine.

Cette connoiffance peut être intéreffante pour affeoir les combinaifons pour les frais à faire, ou pour hâter foit l'enfoncement du Bure & le travail de la fouille, avant que l'Areine foit conduite au pied du Bure, foit la pourchaffe de l'Areine jufqu'au Bure.

La maniere de mefurer dans l'un & dans l'autre cas, porte fur la dimenfion du triangle que l'on fçait être diftinguée fuivant fes trois côtés, qui font égaux ou inégaux entr'eux, ou fuivant fes angles, dont chacun a fes propriétés particulieres; de maniere que la figure la plus fimple de toutes, (les triangles,) eſt d'un très-grand uſage dans la Trigonométrie, pour réſoudre par le ſeul ſe-cours des triangles ſemblables, tous les Problêmes Trigonométriques.

Nous donnerons en entier la méthode décrite par Agricola, pour s'en ſer-vir dans la circonſtance que nous venons d'expoſer.

Parmi les pratiques des opérations de Mines, ou relatives à ces travaux, il en eſt pluſieurs, telles que le meſurage, quelques points contentieux, même la ſolution de quelques Problêmes, qui exigent au préalable la connoiſſance du plan.

Cette conſidération paroît exiger quelques remarques ſur la maniere de rendre diverſement ſur le papier quelques parties de l'intérieur des Mines, pour aider à juger quelques circonſtances relatives aux travaux & aux opéra-tions, dans leſquelles il eſt ſouvent néceſſaire d'avoir ſous les yeux la poſi-tion, les dimenſions, les galeries.

On ſent qu'il n'eſt généralement poſſible pour les Mines, de figurer ſur le papier que des ſurfaces planes, comme une partie de montagne coupée d'à-plomb juſqu'à une certaine profondeur, ou bien une ſuperficie ſervant de baſe à la maſſe, ſoit ſupérieure, ſoit inférieure, que l'on exploite, la-quelle baſe eſt alors ſuppoſée raſée au niveau.

Les projections (1) qui peuvent être ſenſiblement utiles dans les opéra-tions de Mines, ſe réduiſent par conſéquent à deux eſpeces ; ſavoir, celle dans laquelle on préſente aux yeux une étendue de face, & celle où l'on repréſente une étendue en ſuperficie horizontale.

La premiere eſt diſtinguée par le nom de *profil*, la ſeconde par le nom de *plan géométral*.

Weidler a traité amplement tout ce qui a rapport aux plans à lever dans les travaux de Mines ; nous nous arrêterons ici uniquement & très-ſuccincte-ment au profil & au plan géométral, comme étant d'un uſage plus fré-quent, & ſur-tout comme ayant rapport à une autre maniere, que nous com-muniquerons dans l'article ſecond, pour remplacer plus utilement ces plans dans des cas de ſpéculation particuliere.

De l'*Ichnographie* ou *Plan géométral d'une Mine.*

Ce que l'on connoît généralement ſous ce dernier nom, eſt appellé au-trement *Ichnographie*; ce qui ſignifie la repréſentation du veſtige ou de l'im-preſſion que l'on ſuppoſe être laiſſée par un corps quelconque ſur un endroit où il a été poſé. Les planches XXII, XXIII, XXIV, XXV, *Part.* II, ſont des exemples de ce plan parallele à l'horizon, dans lequel tout ce qui y eſt repréſenté ne forme plus qu'un plan plat, comme ſi on regardoit l'objet de haut.

_____

(1) En Perſpective, on appelle *Projection*, une certaine vue, ſelon la ſituation des corps dont on trace la deſcription ſur un plan, tels qu'ils | paroîtroient ſi l'œil étoit placé en certain point.

Toutes les parties de Charbon, confervées pendant le temps d'une exploitation, ou pour fervir de piles & de foutien au toît des Veines & galeries, ou qui étoient les murailles de ces galeries, font fuppofées rafées prefqu'au niveau des routes réfultantes des Charbons exploités & enlevés.

Dès-lors on apperçoit feulement la trace de ces différentes parties de Charbon, qui dans la Mine fubfiftent en élévations; ce qui rend fenfible en même-temps, & l'épaiffeur confervée à ces maffifs, non travaillés à deffein, ou à ceux qui doivent être attaqués dans la continuation des ouvrages, & les différentes aires (1) des fouterrains, & les directions données aux routes qui étoient pratiquées dans la Mine.

Le problême VI de Weidler a pour objet de faire l'Ichnographie des fouterrains où l'on s'eft fervi de la Bouffole.

Orthographie, *Profil*, *Plan élevé* ou *Coupe d'une Mine*. Recta pictura.

On appelle ainfi la maniere de repréfenter le centre d'une montagne traverfée ou percée de fouterrains, & dans laquelle on veut faire voir la pofition des routes inférieures & fupérieures, par rapport à la hauteur perpendiculaire des différents puits de communication creufés des premieres veines à celles qui font au-deffous.

Le coup d'œil des planches Ichnographiques fuffit pour faire voir que la projection Orthographique ne peut jamais exprimer affez clairement & affez nettement, que de très-petites portions des ouvrages fouterrains, tant fupérieurs qu'inférieurs; il eft fouvent très difficile, on peut même dire impoffible, de faire fentir fans confufion, dans un plan de cette efpece, ces différentes parties.

Lorfqu'il s'agit donc de porter un jugement fur quelque point contentieux un peu délicat, il n'y a de vrai moyen que celui de la defcente des Experts dans la Mine, à l'effet de vifiter les ouvrages.

La feule circonftance dans laquelle l'Orthographie eft utile, c'eft pour donner une connoiffance précife de la nature de la Montagne que l'on fouille, des couches ou lits terreux & pierreux qui précédent la Mine, de l'ordre dans lequel elles fe trouvent placés les unes fur les autres, de leur épaiffeur, de leur inclinaifon : on voit des exemples de ces profils dans les premieres Planches.

L'Orthographie eft d'autant plus digne de remarque dans ce cas, que cette repréfentation d'une Montagne coupée par le milieu, n'eft précifément qu'une efquiffe (2) ou repréfentation affez aifée à faire à plufieurs traits fimples, fans être accompagnée des ombres qu'on a coutume d'ajouter au fimple trait.

---

(1) *Area.*

(2) Monogramme, deffein Monogrammatique, | *Monochroma*, *Monogramma*; *Icon*, *Delineatio iconica.*

Principaux Problêmes de Géométrie fouterraine; avec leur folution.

I. *Déterminer la profondeur d'un puits de Mine.*

La Figure 7 de l'Encyclopédie, & la Planche I, de Weidler, relative à ce Problême, repréfentent le profil d'une galerie, & le puits ou bure dont on veut connoître la profondeur; les angles font mefurés avec le *niveau* : on commence de mefurer à la chaîne les *hypoténufes*, c'eft-à-dire, les côtés du triangle oppofés à l'angle droit, & réfolvant les triangles rectangles, on obtiendra les côtés verticaux, qui étant ajoutés à la profondeur du puits, donneront la profondeur totale de la Mine.

On doit obferver fur l'ufage du niveau, pour la folution de ce problême, que le niveau ne fuffit pas; & fi on l'emploie, il faut une *fauffe-équerre* ou *Récipiangle*.

Opération.

On met un des côtés de *niveau*, *Voyez* fig. 8, *Pl.* LIV, & on vifera par l'autre côté de la regle au fond du Bure avec cette précaution.

Si l'œil eft à l'extrémité d'un des diametres fupérieurs du Bure, il faut vifer à l'extrémité inférieure du diametre oppofé au fond du Bure, où fera une lumiere.

Si l'œil eft en *A*, il faut vifer à *B*, où fera une lumiere.

Calcul.

A C, eft le diametre fupérieur qu'on mefurera. *C* étant bien à-plomb fur *B*, & la regle de 3 eft : *A C* eft à *B C* comme le rayon eft à la tangente; par exemple, fi le *récipiangle* donne avec un *rapporteur* l'angle *C A B*, de 57 ½ degrés, & fi *A C* eft de 6 pieds, on fera le calcul fuivant.

Tangente de 77 ½.
Logarith. 10. 6542448.
6 pieds, 0. 7781512.
_____
Savoir 27 pieds, 06.　11. 4323960.
Profondeur du puits, 27 pieds, 8 ½ lignes.

II. *Déterminer quel point de la furface de la terre répond au-deffus d'un point donné dans une des Galeries fouterraines de la Mine.*

Cette queftion à laquelle fe rapporte la Figure 11 de Weidler, Planche II, & la 10e. de l'Encyclopédie, fuppofe qu'on a levé avec le *graphométre* & la *perche*, le plan de la Mine, & le plan fupérieur à la furface des Bures ou puits; les deux plans comparés réfoudront la queftion.

III. *Déterminer un point de la Mine qui correspondra verticalement à un point donné au-dessus.*

Figure 10, Planche II, de Weidler, & 14e. de l'Encyclopédie.

IL ne s'agit que de réduire les deux plans au niveau; c'est une affaire de projection.

IV. *Communiquer d'un point sur la surface de la terre, à un point ou lieu donné dans l'intérieur de la Mine.*

Figure 22 de Weidler, Planche II, 13e. de l'Encyclopédie.

IL en est de cette question comme de la précédente.

V. *Tracer la communication ou la ligne qui communique d'une Mine à une autre.*

Figure 23, Planche IV, de Weidler, 12e. de l'Encyclopédie.

CELA est décidé par le plan ou par la partie du plan, qui seule doit avoir été bien levé pour résoudre cette question.

VI. *Déterminer la direction d'une Galerie dans laquelle on ne peut faire usage de la Boussole, l'aiguille étant troublée par l'action d'une Mine de Fer.*

Troisieme Problême de Weidler, page 57.

Figure 9, Planche I de Weidler, 8e. de l'Encyclopédie.

AVERTISSEMENT.

LORSQU'IL y a assez d'espace, on peut tendre un cordeau, & placer de distances en distances la Boussole sous le cordeau; par-là on verra quels sont les plus grands écarts, & peut-être y aura-t-il quelques points du cordeau, ou la Boussole ne sera pas altérée : si on n'y réussit pas, il faudra se servir des méthodes suivantes.

Dans le cas où la Galerie aboutit à un puits, mettez sur l'ouverture du Bure un *cadran solaire* que l'on suppose orienté, en lui faisant marquer l'heure qu'indique une *montre réglée*.

La *méridienne* du Cadran donnera la direction d'un des diametres du Bure que l'on barrera par un madrier. Ce madrier vu du fond du Bure, fera distinguer l'angle que fait la Galerie avec la Méridienne, en se servant du *graphometre*. Si la Galerie n'aboutit pas au Bure, il faut observer avec le *graphometre* les angles de détours de chaque Galerie qui conduit à celle qui est sous le Bure, & mesurer à la *perche* la longueur de ces Galeries, ce qui suffira pour les diriger toutes. La premiere qui est sous le Bure, ayant une direction connue avec la Méridienne; le plan sera levé.

Lorsqu'il y a plusieurs Bures, on lévera le plan supérieur avec le *cadran* & le *graphometre.*

VII. *Tracer une ligne droite sur un terrein inégal, & incliné à l'horizon.*

Figure 12, Planche II, de Weidler, 11e. de l'Encyclopédie.

O N y procede par des *Jallons* ou la *Pomme en forme d'équerre* d'Arpenteur ; cette derniere façon est très-commode.

VIII. *Tracer une ligne droite à travers un terrein impraticable, ou plutôt trouver les deux extrémités & la direction à chaque extrémité de la ligne que l'on suppose traverser le terrein.*

Figure 13, Planche XI, de Weidler, 9e, de l'Encyclopédie.

C E T T E huitieme question rentre dans la précédente, parce qu'il est à supposer que le plan a été levé avec soin, & qu'il est facile de tracer la ligne sur ce plan, & de la fixer par des mesures.

IX. X. *Trouver la situation, c'est-à-dire, la direction & le pendage de la Veine.*

C E problême concernant la direction, & celui concernant l'inclinaison de la Veine, forment les 14 & 15e Problêmes de la Géométrie souterraine de Weidler. Nous leur substituons ici une méthode particuliere, inférée dans les Mémoires de l'Académie de Suede, An. 1747, Tom. *VIII*, pag. 149.

PREMIERE PROPOSITION.

T R O U V E R la direction & le pendage des Veines de Charbons de terre, par le moyen de trois ouvertures pratiquées en forme de triangle, sur une couche de ce minéral.

PREMIERE RÉSOLUTION.

P R E N E Z la dimension de l'ouverture Bb, qui est la plus élevée, *fig.* 2, *Pl.* XLII, & notez exactement de combien les deux autres ouvertures Ai, & $C2$, sont plus basses.

Mesurez la distance horizontale de la plus profonde ouverture $C2$ à la moins profonde Bb : comme la différence entre la plus profonde ouverture $C2$ avec son élévation $c2$, & l'ouverture la moins profonde Bb, est à la distance bc, entre l'ouverture Bb, & $C2$; ainsi est la différence exacte entre l'ouverture de profondeur moyenne A, avec son élévation $a1$, & l'ouverture la moins profonde Bb, à une étendue fb, qu'on prend de b, sur la ligne bc, & les ouvertures Bb & Cc. Une ligne tirée de l'ouverture la moins profonde Bb, en f, montre l'élévation de la couche, & une perpendiculaire sur la même ligne donne à connoître la pente de la couche.

DÉMONSTRATION.

S O I T ABC, la superficie d'une couche de Charbon que l'on regarde ici comme un plan incliné ; soient Bb, A, & $C2$, trois ouvertures creusées
perpendiculairement

perpendiculairement fur la couche (1) : pofez qu'en creufant on ait trouvé que l'ouverture C c étoit la plus profonde, & celle de B b la moins profonde : foient a i & c 2, les différences des profondeurs d'avec celle de l'ouverture B b, qu'on fuppofe être la moins profonde: tirez une ligne exacte par les points a b & b c, pour former les lignes a b & b c qui doivent être horizontales : par B tirez-en une autre B L, parallele de la ligne a b, & une autre B K, qui foit parallele avec b c: pofez que la ligne a f, montre l'élévation de la couche : faites defcendre du point f une perpendiculaire f G, fur la ligne B K, & continuez-la jufqu'en F où elle rencontre la couche : tirez des points L A, des lignes L G & A F, qui foient paralleles avec la ligne a f. (Voyez l'Errata pour la ligne vingt-huitieme de la page précédente.)

Les triangles B K C & B G F étant femblables, on trouve C K : B K : : G F : B G ; or C K étant égal à C c — b B, B K doit être égal à b c. G F, ou L A égal à A a — b B & B G, où b f eft la diftance du point f, de l'ouverture B b ; par cette raifon, fi l'on connoît la différence entre l'ouverture la plus profonde C 2, avec fa dimenfion, & la moins profonde B b, la diftance b c entre ces deux ouvertures eft la différence exacte entre l'ouverture de la moindre profondeur A i, avec fa dimenfion a 1, & l'ouverture moins profonde B b ; on trouvera de même la longueur b f, tirée d'une ligne de a en f, ou entre l'ouverture de la moindre profondeur A a, & le point f montrera ainfi l'élévation de la couche.

Une couche de Charbon étant regardée ici comme un plan incliné, il s'enfuit qu'une ligne perpendiculaire tirée de a en f, doit donner la hauteur de l'élévation & la profondeur de la couche, & l'on jugera que l'élévation doit être néceffairement du côté où eft l'ouverture la moins profonde B b, & qu'au contraire l'abaiffement doit être du côté de l'ouverture la plus profonde C c.

COROLLAIRE I. Si les ouvertures A 1, C 2 & B b, font d'une profondeur égale, il s'enfuit que la Veine eft horizontale.

COROLLAIRE II. S'il n'y a que deux ouvertures qui foient de profondeur égale, alors la ligne qui eft entr'elles dénote la direction de la Veine; & la troifieme ouverture, qu'elle foit plus ou moins profonde, donne à connoître vers quel côté la Veine s'éleve ou defcend.

SCHOLIE. Il faut bien prendre garde que les couches qu'on a rencontrées aux ouvertures B b, A 1 & C 2 foient d'une même teneur; car fi l'on y obfervoit une différence bien forte, ce feroit une marque que la Veine & les couches auroient fubi quelque interruption, & alors on ne pourroit plus fe fier à ce calcul ; mais il faudroit que dans les champs on pratiquât tant d'ouvertures à différents endroits, jufqu'à ce qu'on en eût trouvé trois où les couches fuffent d'une même qualité & teneur: ce qui ne fera pas difficile à trouver dans un terrein inégal.

(1) Il faut ajouter dans la figure, au fommet de l'angle c a, la lettre b, correfpondante à B ; placer 1 fous a, & 2 fous c.

Seconde Proposition.

Trouver les degrés de l'angle que forme la pente d'une Veine de Charbons · sa direction étant trouvée par la Proposition précédente.

Résolution & Démonstration.

Mesurez la ligne $a f$, & vous trouverez la longueur de la perpendiculaire $b g$: car les trois côtés du triangle $a b f$ sont connus, & $A L$, étant égal à $A a - B b$, on connoît aussi comment le sinus total est à la tangente pour l'angle $A B N$, qui donne le degré de la principale pente de la Veine.

XI. *Application des principes établis à un cas particulier, ou Opérations qui doivent se faire à la surface du terrein, pour la résolution de la plupart des Problêmes.*

Figure 15 de l'Encyclopédie; 20 de Weidler, *Planche IV.*

Ligne qu'il faut mesurer à travers des plans inclinés.

1°. Soit $A B$, (*fig. 9, Pl.* LIV, de la seconde Partie) la ligne qu'il faut mesurer, à laquelle on ne peut arriver que par des détours ou des plans inclinés $A C$, $B C$.

On place en A l'*Astrolabe*, & on observe l'à-plomb $A C$ qu'il faut tenir pour parvenir en C; ce qui constitue l'Observateur en deux opérations.

L'une consiste à prendre la hauteur du point C, & l'angle qui forme ce plan avec la *Boussole* ou *la Méridienne.*

2°. On mesure aussi avec la *Perche* l'hypoténuse de ce plan incliné $A C$.

3°. On fait les mêmes opérations que ci-dessus pour la ligne $C B$; savoir, pour la hauteur ou l'abaissement du point B & sa longueur & direction avec la Méridienne.

Application.

On part de A; on a mesuré la hauteur de C avec la ligne horizontale ; ce qui donne l'angle de hauteur $C A D$; on connoît aussi l'angle $N A D$ avec la Méridienne, & parce que $A C$ a été mesuré à la Perche, on la réduira à la base $A D$.

On place l'instrument, (c'est-à-dire, l'*Astrolabe*) en C, & on prend l'angle de hauteur $B C F$, en supposant que $C F$, soit la ligne horizontale, de même que l'angle que forment les plans verticaux $B C F$ & $A C D$; on mesure aussi $B C$ à la *perche*, ce qui la réduira à l'horizontale $C F$, ou son égale $D E$, & on conclud l'angle compris soit par la Boussole, soit par la Méridienne.

Le plan étant ainſi *fixé* à l'aide des lignes horizontales *A D* & *C F*, qu'on aura calculées, le point *B* ſera déterminé, & ſa hauteur au-deſſus de *A*, ſera égale aux lignes de hauteur *C D* & *B F*, parce qu'on a toujours été en montant, (ce feroit la différence, ſi l'une des galeries avoit été en montant, & l'autre en deſcendant.)

On ſait donc combien *A* eſt plus bas que *B*; on ſait encore par les lignes horizontales & par la Méridienne, à quelle direction de l'horizon ou de la *bouſſole*, il faut tirer la ligne *A B*; & puiſque l'on connoît les lignes *A C* & *B C*, & l'angle compris *A C B*, ou plutôt *A D E*, on aura la longueur *A B*.

EXEMPLE.

SOIT la ligne *A B*, *fig.* 10, qu'il s'agit de meſurer à l'aide des deux lignes ou galeries très-inclinées *A C*, *B C* par où l'on peut communiquer ₊de *A* en *B*.

A l'aide du niveau de l'*aſtrolabe*, je cherche la valeur de la ligne horizontale *A D*, ſavoir par le niveau en meſurant, *fig.* 11, les *lignes de niveau* 2, 1; 1, 3; *d c*; qui ſont égales aux lignes paralleles *A E*, *E F*, *F D*; c'eſt-à-dire, leur ſomme à la ligne *A D*: par l'*aſtrolabe*, je regarde avec les *pinnules* combien le point *C* eſt élevé relativement au point *A*, ce qui ſe pratique en viſant du haut d'un piquet placé en *A*, à une bougie placée ſur un ſecond piquet de pareille hauteur, placé en *C*, & je meſure la ligne inclinée *A C*.

CALCUL.

SOIT la ligne *A C*, *fig* 10, de 47 pieds, & l'angle d'élévation *C A D* de 17 degrés, on fera le ſinus total, c'eſt-à-dire,

le rayon : *A C* :: Sinus *A* : *C D*.

Coſinus *A* : *A D*.

Logarithme de *A C* ou 47 pieds. 1. 6720979.   : . 16720979.
Sinus de *A* = 17 degrés 0.   9. 4659353.   Coſ. 99805963.
                               1. 1380332.   1. 6526942.

Donc *C D* ſera 13,74 pieds.

ou de 13 pieds, 8 ⁷⁄₈ pouces.

Donc *A D* ſera 44,94 pieds.

ou de 44 pieds, 11 ¦ pouces.

On peut ſuppléer aux calculs précédents, avec la Regle logarithmique de Gunter, en portant une pointe du compas ſur le Logarithme de 90, & l'autre pointe ſur le Logarithme de *A C* de 47, qui eſt donné par l'échelle des nombres.

La même ouverture portée depuis le ſinus logarithme de 17 degrés, & pareillement de 73 degrés, qui eſt ſon complément ou coſinus de *A*, donnera ſur l'échelle des nombres, les 4ᵉˢ termes 13, 7 & 44, 9 qu'on cherche.

Regle particuliere pour convertir les Décimales (1) *en pouces.*

100 : 74 :: 12 pouces **2 ℞**. 8 pouces 88 & 1000 : 945 pouc. 12 ℞. 11, 34 pouces.

$$\begin{array}{c|c} 74 & 945 \\ 12 & 12 \\ \hline 148 & 1890 \\ 74 & 945 \\ \hline 8,88 & 11,340 \end{array}$$

On peut opérer ainſi ſans calcul ſur l'échelle logarithmi-que des nombres. Prenez la diſtance de 100 à 74, & portez la même ouverture du compas depuis 12 pouces juſqu'à ce que l'autre pointe vous indique 8 $\frac{7}{8}$ pouces.

Soit maintenant le point *B* plus bas que le point *C* de la quantité *BF* : ce que l'on aura trouvé par le niveau, de même que la longueur de la ligne hori-zontale *CF*. Si au défaut du *niveau*, on ſe ſert de l'*aſtrolabe* qui donne l'a-baiſſement de 5 degrés, on meſurera *CB*, que je ſuppoſe de 53 pieds, & on calculera l'horizontale *CF*, & la hauteur *BF*.

CALCUL.

LE ſinus total ou rayon : *CB* :: ſinus *FCB* : *BF*,

ſon coſinus. . . . : *FC*.

Logarit. de *CB* = 53 pieds   1. 7242759.   . 17242759.
Sinus de *BCF*   5 degrés   8. 9402950. $\overline{}$ Coſ. 99983442.
                                           11. 7226201.

10. 6645719. donc *FC*, 52 pieds 80
ou de 52 pieds 9 pouces, $\frac{1}{4}$ ou $\frac{1}{3}$.

donc *BF*, 4 pieds 62, ou de 4 pieds 7 pouces & demi, ou un tiers.

Examen des hauteurs.

C eſt plus élevé que *A* de 13,74 pieds. } différence 9 pieds, 12.
B eſt plus abaiſſé que *C* de 4,62.

Ainſi le point *B* ſe trouve plus haut que le point *A* de 9 pieds 1 pouce $\frac{1}{4}$. Voyez *Fig.* 10.

Ainſi puiſque le point *B* eſt encore plus haut que le point *A* de la quan-tité *BE* = 9 pieds, 12, je prolonge la ligne verticale *BF* juſqu'en *E*, afin de fixer le point *E* dans le plan horizontal qui paſſe par *A*, & je meſure l'angle *ACB*, que forment les plans verticaux *ACD* & *BFC*. Soit cet angle de 43 degrés.

(1) On appelle *Décimale*, tout ce qui eſt à droite par-delà la virgule : & ce ſont des dixie- | mes ; s'il n'y a qu'un chiffre ; des centiemes, s'il y en a deux, &c.

Calcul de *A E*.

ON connoît les deux côtés *A D* & *D E*, ou son égal *C F*, & l'angle formé par les deux plans verticaux, *A D E*.

Analogie.

LE côté *A D* = 44 pieds, 947.

est au côté *D E* = 52, 800. . = 11. 7226339.

$\qquad\qquad\qquad\qquad$ 1. 6526942.

Ainsi la tangente 45. $\qquad$ 10. 0699397. . = 49 deg. 36 min.

ôtez 45

A la tangente du 4e. terme. $\qquad\qquad$ restent 4 36.

Ensuite la tangente de 45 ^{d}.

Est à la tang. du reste 4 ^{d}. 36′. . . . . . . log. 8. 9055697.

Ainsi la tang. de la ½ somme des angles inconnus 68 ^{d}. 30′. 10. 4046025.

A la tang. de leur ½ différence. . . . . . 11 ^{d}. 33′. 19. 3101722.

$\qquad$ Le plus grand angle. . . . . . 80°. 3′.

$\qquad\qquad$ Petit angle. . . . . . 56°. 57′.

XII. *Déterminer le temps à employer pour remonter un Puits dans une Mine où il y a un second Puits.*

Une Mine a deux puits d'extraction : un de ces puits se trouve avoir 500 pieds de profondeur ; l'autre est de 640 pieds plus profond : 540 secondes, c'est-à-dire, 9 minutes sont employées à remonter le puits le plus profond, à l'aide des chevaux & de la machine à moulettes.

On demande *combien il faudroit de temps pour remonter pareillement le puits de 500 pieds.*

Je dispose ma regle comme il suit :

640 pieds : 540 second. : : 500 pieds à 422 second. 4e. terme, ou 7 min. 2 secondes.

Je passe sur l'échelle des Logarithmes des nombres, l'une des pointes du compas sur 640, & l'autre pointe en arriere sur 540 ; avec cette ouverture que je porte de même en arriere du Logarithme de 500, je trouve que la même ouverture du compas indique par son autre pointe 422 ½ secondes, ou 7′, 22″, de temps.

Soit un triangle rectangle, formé, par exemple, par l'un de ces puits, dont l'ouverture ou base du triangle sera 12 pieds, & l'autre côté égal à 500 pieds ; on demande sous quel angle cette ouverture paroît d'en-bas, on fera :

Comme 500 : 12 : : rayon : à un 4e. terme qui sera la tangente de l'angle que l'on cherche ; je porte la pointe du compas sur l'échelle des nombres ; savoir sur 500, & l'autre pointe en arriere sur 12 : ensuite sur l'échelle logarithmique des tangentes, je place l'une des pointes sur la tangente de 45 degrés ; je trouve qu'elle est égale au rayon ; & la même ouverture du compas portée en arriere, indiquera la tangente 1° 22′ ½ requise : ou bien selon la proportion alterne, au lieu de prendre de 50 à 12, par l'échelle des nombres, & de porter la pointe du compas en arriere, conformément à la premiere opération fur la tangente 45°, afin que l'autre pointe indique 1° 22′ ½ en arriere, il faudra porter en avant & obliquement fur cette échelle, depuis le nombre 500 jufqu'à la tangente de 45°, &c. le même intervalle porté auffi en avant depuis 12, au commencement de cette échelle des nombres, donnera avec la même obliquité fur celle des tangentes 1° 22′ ½ tout au plus : cette derniere pratique eft plus commode, en ce que la proportion alterne ne requiert pas d'auffi grandes ouvertures de compas que l'autre.

XIII. *Calculer combien il refte à fouiller un Puits en profondeur, pour rencontrer le niveau d'un Canal ou de l'*Areine *commencée au pied de la montagne.*

Il s'agit ou de mefurer un efpace qui n'eft pas encore percé, & qui eft fitué entre le puits & l'entrée de l'areine ; ou s'il s'agit de faire cette opération, entre la bouche du puits & l'aqueduc, jufqu'à l'endroit de ce canal qui eft percé fous le puits ; ou enfin il s'agit de mefurer un efpace entre ces deux points donnés. *Voyez fig.* 1. *Pl.* XLIII de la feconde Partie.

Si la fouille de l'areine n'eft pas avancée jufqu'au pied du bure, ou fi le bure n'eft pas affez profondé, pour que le canal y communique, il refte un efpace à fouiller dans chaque extrémité de l'une & de l'autre de ces deux fouilles.

Que ce foit dans l'un ou dans l'autre cas, voici comme Agricola décrit la maniere de procéder : le Mefureur fixe dans les galeries ou dans les *Areines*, les termes des fuperficies, de la même maniere que le Maître des Mines marque en-dehors fur la fuperficie les termes des routes fouterraines.

Alors il faut mefurer le petit triangle, afin d'eftimer par lui le grand angle, & être fur-tout attentif dans cette opération à ne pas s'écarter de la vraie mefure ; car la moindre négligence en commençant, entraîne de très-grandes erreurs en finiffant.

Comme les puits, attendu leurs différences entr'eux, ne s'enfoncent pas de même en profondeur, comme auffi les Montagnes & les Collines ne fe terminent pas de la même maniere en plaine ou en vallée, on fait plufieurs triangles.

Si le puits eft droit, il exige un triangle *ortogone*, c'eft-à-dire, à angle égal ; lequel felon l'inégalité de la déclivité de la montagne, a ou deux côtés égaux, & eft appellé triangle *ifofcele*, ou trois côtés inégaux, & eft nommé *fcalene* ; car dans un triangle de ce genre, il ne peut y avoir trois côtés égaux.

Si le puits marche obliquement, & eft creufé fur une feule & même veine dans laquelle on pouffe le canal, il fe fait de même un triangle à angle *rectangle*, lequel felon la différence d'égalité dans la dévexité de la montagne, a auffi deux côtés égaux, & trois côtés inégaux.

Quand ce puits étant oblique, se trouve creusé sur une autre veine, & une galerie sur un autre filon, il en résulte un triangle à angle obtus, ou dont tous les angles sont aigus. Le premier nommé *obtusangle*, le second appellé *acutangle* : ni celui à angle obtus, ni celui à angle aigu, ne peuvent avoir trois côtés égaux ; mais selon la différence de déclivité de la montagne, deux côtés égaux ou trois côtés inégaux.

Celui dont tous les angles sont aigus, a, selon la différence de la déclivité de la montagne, ou trois côtés égaux, ce qu'on appelle *équilatéral*, ou deux côtés égaux ou trois côtés inégaux, ce qu'on nomme triangle *isoscele & scalene*.

L'art du Mesureur devient alors nécessaire, & voici comment il procéde : Aux côtés du bure on place un appui *A*, si les poutres du hangard ne permettent point d'y établir une perche en travers ; on fait ensuite descendre dans le bure ou puits une corde *D* attachée au haut de la perche, & chargée d'un poids ; alors le Mesureur tend une seconde corde *F H*, attachée à la tête de la premiere corde le long de la pente de la montagne seulement jusqu'à l'entrée de l'aqueduc *I*, & l'assujétit en terre au point *G* : puis de la même perche, il fait partir parallélement à la premiere corde *D H*, une troisieme corde *K*, chargée aussi d'un poids *L*, de maniere qu'elle vienne couper l'autre corde *F H*, qui descend obliquement.

Ensuite de cet endroit où la troisieme corde *K* coupe la corde *F H*, qui descend obliquement à l'entrée du canal, il commence à mesurer, vers le haut, la partie de cette corde *F*, qui descend obliquement & qui va en *H* jusqu'à la tête de la premiere corde *D*, & il annote cette premiere mesure *M*. Ensuite en recommençant par l'endroit où la troisieme corde *K*, partage l'autre corde, il mesure droit du côté du premier espace, qui est entr' elle & la partie opposée de la premiere corde *D* ; il figure ainsi le triangle, & annote de même cette seconde mesure *N*.

Alors, si le cas le requiert, il mesure, vers le haut, l'angle de la premiere corde produit par cette seconde mesure jusqu'à la tête de l'angle ; ce qui lui fait une troisieme mesure, qu'il annote.

Au surplus, lorsque le puits est enfoncé obliquement ou perpendiculairement sur la même veine dans laquelle on pousse l'aqueduc, il est nécessaire que la mesure de la premiere corde réponde d'équerre en longueur à la tête supérieure de la troisieme corde qui touche la seconde.

Ainsi autant on trouve les premieres mesures dans une corde entiere descendante obliquement, autant les secondes mesures indiquent l'intervalle qui est entre la bouche de l'aqueduc & le puits creusé à la même profondeur ; il en faut faire autant au troisieme intervalle, qui se trouve situé entre la bouche du puits & le sol de l'aqueduc.

Quand sur quelque montagne la plaine est égalisée, le Mesureur mesure d'abord la plaine par la même méthode ; ensuite vers le pied de la plaine, il

établit fon appui, & juge par fon triangle la partie déclive de la montagne ;
& au nombre de toifes & de pieds par lefquels fe manifefte la longueur de
cette pente, il ajoute les toifes de la longueur de la plaine, & comme la pente
de la Montagne fe releve quelquefois, la corde *F* ne peut defcendre du puits
à l'œil du canal *I*, ou au contraire la corde ne peut defcendre de l'entrée du
canal jufqu'au puits, & ne peut atteindre cet endroit. Le Mefureur alors mefure la montagne afin d'avoir un triangle jufte, & vers le bas, de haut en bas, il
place fous la premiere partie de la corde une perche longue d'une toife, tantôt
une demi-toife, & enfuite la toife entiere: il ajoute enfuite aux angles une
ligne droite qui lui eft néceffaire pour établir fon triangle.

XIV. *Maniere de tracer les conceffions de Mines.*

L A Figure 1, de l'Encyclopédie relative à ce titre (1), repréfente des
perfonnages occupés à marquer fur le terrein, par des alignements tracés fur
la fuperficie, & par des pieux placés à certaines diftances, les mefures de terrein
de la conceffion.

Quelques-uns de ces perfonnages tiennent à la main la baguette divinatoire
(2), ce qui fuppoferoit quelqu'utilité dans ce moyen dont les partifans font
obligés de rapporter les phénomenes à la Phyfique occulte. Nous devons ici,
(& c'eft à quoi nous nous bornerons,) prévenir le Lecteur que les Mineurs
expérimentés ne font nul cas de cette pratique: un favant Anglois (3), ajoute
feulement à ce fujet, qu'ils prétendent néanmoins que lorfque la Mine eft
ouverte, il eft poffible avec la *baguette divinatoire*, de trouver jufqu'où la
veine s'étend: c'eft le point unique qui refte à conftater par l'obfervation (4).

---

(1) Minéralogie, 7e. Collection, *Filons &
Travaux de Mine*, Pl. III.

(2) *Virgula divina*, BAGUETTE DIVINE ou
MERCURIALE, VERGE MÉTALLOSOPHIQUE.

(3) M. Glandwil. Tranfactions Philofophiques.
An 1668. N°. 39.

(4) La Figure 11 de cette même Planche
LIV, eft celle que nous avons promis d'ajouter, pour la démonftration de la latitude de
Liége, par une analogie des angles faits au
centre des cadrans par la ligne de Midi & les lignes
horaires. Le pôle du monde eft P; le pôle du
vertical occidental de 20 degrés, eft π; l'angle *C* eft droit, puifque le cercle paffant par
P & P fe trouve auffi paffer par les pôles op-

pofés π du plan vertical déclinant de 20 degrés.
En prenant la déclinaifon du plan 29°.
Et la latitude du lieu 50°, 39', on fera

Le Rayon	9.8021276.
	9.9719858.
A: Cofin. latitude	19.7751134.

:: Cofin. de la déclinaifon du plan :
: au Sin. de la hauteur du pôle,
fur le plan. . . . . 36°, 34' ¼.

Le volume de l'Académie des Sciences de l'année **1707**, renferme auffi cette folution dans un
Mémoire de M. de Clapiés, de la Société Royale
des Sciences de Montpellier, fur les Analogies
pour les angles faits au centre des Cadrans fo-
laires, démontrées par l'analyfe des triangles
rectilignes.

ARTICLE SECOND.

Confidérations préliminaires fur les Fouilles de Charbon de Terre à entreprendre en grand.

L'EXTRACTION du Charbon de Terre en France, fe fait ou par les Habitants, pour leur ufage particulier fur leur propre fol, ou fur d'autres terreins qu'ils tiennent à ferme des Propriétaires, ou par le Propriétaire qui fait extraire lui-même à fes frais & dépens. *Voyez page* 546, 569.

Ces extractions de peu de conféquence chacune en particulier, ne comportent aucun art, (*voyez page* 159) aucun appareil remarquable : elles fe réduifent aux fimples manœuvres des Terraffiers.

Les exploitations en grand, telles qu'il feroit à défirer qu'il y en eût au moins une dans chaque Province où il y a des Mines de Charbon de Terre, ne peuvent fe faire que par plufieurs perfonnes réunies enfemble de gré à gré, & de concert avec les *Maîtres des très-fonds* (1), pour mettre les frais en commun, partager de même les pertes & les bénéfices, chacun felon les parts qu'ils ont apportées dans la fociété.

Dans quelques Pays étrangers, notamment en Saxe & en Suede, ces Compagnies pour les Mines n'ont, pour ainfi dire, que l'embarras de ramaffer les fonds pour l'entreprife, & celui d'exécuter les travaux ; du refte le Gouvernement, par le miniftere d'un Confeil de Mine, & de deux efpeces d'Intendants, guide ces Sociétés, foit pour les ouvrages, foit pour les claufes & conventions, qui par les Réglements font fixées entre les Actionnaires.

Le *Berg-Meifter* (2), Préfident du Confeil, & dont la premiere fonction eft de donner une permiffion qu'il ne peut refufer, dirige toutes les opérations en vertu de fa charge.

Le *Juré* du canton (3), Infpecteur des travaux, dirige dès le premier inftant, par fes confeils, l'Entrepreneur.

Ces deux Officiers publics veillent non-feulement à toutes les opérations des Mines, mais encore aident de leurs confeils & de leurs inftructions dans les affemblées, les Affociés, ainfi que celui qui a l'adminiftration de la Mine.

Lorfque quelqu'un veut fe procurer des Actionnaires (4), le premier Officier, ou le Juré du canton, s'il y en a un, doit fournir à l'Entrepreneur un détail précis fur la nature de la Mine, un devis des avances à faire en com-

(1) Avant l'époque des Conceffions obtenues par les fieurs de la Rocque, de Roberval, Grippon, de S. Julien, Vidal, de Bellefaigues, fous les Régnes de Henri II, de François II & de Charles IX, les Propriétaires des terreins de Mines, étoient défignés fous le nom de *Maîtres*

des Très-Fonds & des Mines.

(2) Maître, Directeur des Mines.

(3) Berg-Schreiber, G. *juratus Actuarius metallicus.*

(4) *Berggenoffe*, G. qui a part dans les Mines.

mençant , en un mot tout ce qui peut inſtruire ſûrement ceux qui ſeroient dans l'intention de s'aſſocier dans l'affaire , de la valeur de la Mine , & des frais à faire pour les ouvrages.

Les Entrepreneurs , les Directeurs , les Actionnaires , ſont conſéquemment diſpenſés d'avoir par eux-mêmes beaucoup de connoiſſances, le Gouvernement veille à la fois & à ce que toutes les meſures ſoient bien priſes , & à ce qu'elles ſoient ſuivies avec intelligence.

LEtranger a pour les Mines des Loix expreſſes , des Réglements , des Ordonnances (1) , un Tribunal particulier (2) , un Juge pour les affaires (3) , un Contrôleur fermenté , nommé en latin *Antigraphus* , *Antigrapheus* (4), &c.

Il n'en eſt pas de même en France , les Ordonnances, Arrêts & Réglements ſur le fait des Mines & Minéraux , ne paroiſſent avoir eu juſqu'à préſent que deux objets en vue , l'encouragement à ces travaux , & l'adminiſtration civile & politique de ces établiſſements , relativement au recouvrement & à la conſervation du droit de dixieme , exercé ſur les Mines par nos premiers Rois.

Les difficultés , les obſtacles attachés à la nature de ces Ouvrages dans leur exécution ne ſont pas applanies , & deviennent ſans ceſſe pour les Entrepreneurs & leurs Aſſociés , des ſujets réels d'inquiétude , de découragement & de pertes conſidérables ſans réuſſite.

Les Compagnies compoſées ordinairement de Conceſſionnaires, preſque toujours fort étrangers à l'objet qu'ils entreprennent ; (*voy. page* 551) & tout auſſi peu inſtruits dans l'Art de l'exploitation, que les Propriétaires auxquels ils ſont ſubrogés pour le droit de fouille ; ces Compagnies de Conceſſionnaires , ainſi que les autres , ſont entiérement abandonnées à elles-mêmes dans le choix des moyens à employer pour ces travaux ; des Directeurs , des Prépoſés qu'elles ſe ſont choiſis , comme elles ont pu , conduiſent les opérations à leur gré : à la vérité le Réglement proviſoire de 1744, ſur les Mines de Charbon, par les Articles 3 , 4 , 5 , 6 , 7 , 8 & 9 , impoſe aux Entrepreneurs les principales régles de conſtruction des puits, des galeries, des percements ; mais où ſont les garants de la docilité des Entrepreneurs à s'y conformer ? Ayant à conduire ſous terre des ouvrages qui ne ſont point ſujets à viſite d'office, & que perſonne n'éclaire , ni ne rectifie en cas de beſoin, ne conſervent-ils pas bien pleinement la liberté de s'écarter ſelon leurs vues , leurs idées , de ce qui leur eſt preſcrit par un Arrêt du Conſeil ? La négligence , l'ignorance , le prétexte d'économie , qui ne peut être que mal entendu s'il n'eſt pas dirigé par des connoiſſances nettes & préciſes , doivent la plupart du temps rendre la loi , le jouet d'interprétations arbitraires. Ce qu'il y a de certain , c'eſt que le

(1) Ce droit s'appelle en Allemand *Bergrecht*, *Bergordnung*.
(2) Berg-Amt, Berggericht, C.Berg-Sting. *Su.*

(3) Bergrichter , G.
(4) BEGEN SCHRIBER. G. *Scriba partium* AGRIE.

plus grand nombre de ces Compagnies par Privilége, (& les autres feroient dans le cas, par les mêmes raifons de manque d'inftructions,) n'ont pas répondu à ce que le Miniftere en attendoit pour une exploitation utile, & pour fournir abondamment à la confommation.

La plupart de ceux qui obtiennent un Privilége exclufif de travailler une ou plufieurs Mines, n'envifagent abfolument, comme le remarquoit feu M. Hellot (1) , qu'un moyen de faire promptement fortune; ils s'occupent uniquement de tout ce qui tend à cet objet ; ils finiffent fouvent , fi cela n'a pas été d'abord leur intention en follicitant la Conceffion , par foustraiter de leur Privilége avec d'autres Compagnies. C'eft donc envain, tant que les chofes refteront dans cet état, qu'on fe flatera de voir réuffir des exploitations en grand , ou tant que dans ces affociations, on n'apportera point de lumieres fuffifantes , une conftance à l'épreuve des accidents qui furviennent, des fonds néceffaires pour fournir aux dépenfes , qui excédent quelquefois de beaucoup celles fur lefquelles on avoit compté ; en un mot une Compagnie dont les chefs n'ont pas pris auparavant une infinité de précautions , doit s'attendre à être ruinée dans un travail qui auroit pu réuffir à des Entrepreneurs éclairés , intelligents & économes.

L'expérience conftante que l'on a en France du défaut de fuccès du plus grand nombre de ces Compagnies , l'exemple de vigilance que nous donne l'Etranger fur les différentes parties des opérations & de l'adminiftration des Mines, dictent tout naturellement l'efpece de remede à apporter à la fréquence de nos entreprifes infructueufes ; on voit qu'il eft indifpenfable que l'Entrepreneur ait pris par avance une idée des approvifionnements & établiffements à faire pour une exploitation en grand.

Il eft également à fouhaiter, que les Directeurs ou Prépofés ayent fous les yeux une fuite de renfeignements particuliers , fur des parties de dépenfes & d'adminiftration générale , pour former un plan accommodé au local & aux différentes circonftances qui en dépendent. Nous allons effayer pour ces deux articles de tracer une ébauche, dont il fera poffible à un Entrepreneur & à un Directeur intelligents de tirer parti.

Nous occupant des intérêts de ceux qui veulent entreprendre des fouilles de Mines, nous ne perdrons point de vue les perfonnes qui fe trouveroient dans le cas de placer de l'argent dans ces entreprifes : nous les mettrons à même , par des obfervations effentielles, de fe décider avec le moins d'incertitude poffible , à entrer dans ces fortes de Sociétés; & c'eft par eux que nous commencerons ce fecond Article.

On doit fentir que notre intention n'eft pas de traiter à fond aucun de ces objets ; nous voulons fimplement réveiller la prudence des Entrepreneurs &

(1) De la fonte des Mines , des Fonderies, &c. traduit de l'Allemand de Chriftophe-André Schlutter, *page ix* , de la Préface.

des Actionnaires, qui souvent s'exposent par ignorance à des pertes qu'ils auroient pû éviter. Le Journal Economique, a publié sur cela deux instructions sommaires (1). Les détails particuliers dans lesquels nous allons entrer ne ressemblent en rien à ce que ce Journal renferme sûr cette matiere. Ils seront néanmoins suffisants, pour mettre sur la voie, & fournir des vues, dont le développement deviendra aisé aux personnes qui se trouveront dans le cas d'y avoir recours.

Parere ou Avis & Conseils sur les Sociétés, pour les entreprises de Mines.

Si l'on se trompe en cherchant du Charbon de terre où il n'y en a point, il est évident que la dépense se tourne en pure perte, & devient entiérement ruineuse, d'autant plus qu'on s'opiniâtre très-souvent par une sorte d'entêtement, auquel l'orgueil & la mauvaise foi ont autant de part que le désir de trouver à se dédommager.

Le fait que nous avons eu occasion de rapporter *page* 600, les réflexions dont nous l'avons accompagné, les éclaircissements que nous avons donnés *page* 604, sur les substances combustibles sujettes à induire en erreur, montrent assez à combien de surprises différentes on peut être exposé dans les associations de Mines, & jusqu'à quel point on doit être sur ses gardes, quand ces associations ont lieu pour une Mine de Charbon que l'on vient de découvrir nouvellement.

Ce n'est pas le tout de s'être mis à l'abri de toute espece de méprise ou de fourberie sur la réalité de la découverte ; quiconque a dessein d'entrer en société pour une Mine en plein rapport, ne se tient pas quitte des examens nécessaires pour placer ses fonds avec connoissance de cause. Il seroit avantageux de prendre des idées précises sur cette matiere, & (si l'on ne peut absolument se transporter sur les lieux) de se procurer un plan Ichnographique, & un plan Orthographique de la Mine. Nous n'entendons point parler de plan ni de profil en dessin figuré, dont nous avons fait mention pour les opérations de Géométrie souterraine. A cette maniere toujours incomplette, même en matiere contentieuse, & qui est naturellement très-défectueuse, par l'impossibilité de représenter la consistance, la qualité des terres ou des pierres, d'où néanmoins on est à même d'inférer le plus ou moins de dépenses qu'entraînera cette premiere fouille, on peut substituer celle que je me suis réservé de faire connoître à sa vraie place : je suis dans l'usage de m'en servir, soit pour me former le tableau de la composition d'une Mine que je visite, soit

---

(1) Réflexions sur les moyens de découvrir les Mines, & les précautions qu'on doit observer en les ouvrant, & sur les avantages qui en résultent. *Mois de Janvier* 1751, *page* 112.   Réflexions sur ce qui est principalement requis, pour exploiter les Mines avec succès. *Mois de Février* 1754, *page* 149, tiré des Avis économiques d'Allemagne.

pour obtenir en entier & bien exactement des informations & éclairciffements fur tous les points d'une Mine que je ne puis aller vifiter moi-même.

Cette maniere confifte à dreffer une Table, dont je donne ici le modele, fuivi d'une explication pour faciliter l'intelligence de fon arrangement.

A ce Tableau, qui préfente dans tous les points la connoiffance phyfique de la Mine, j'en ajoute ordinairement un fecond, relatif à cette même Mine, ou telle autre qu'on voudra, mais fuppofée en plein rapport, & confidérée alors d'une maniere générale fous les différents afpects que préfente ce travail exécuté en grand ou en petit, comme l'exploitation en elle-même, l'adminiftration, le produit & le commerce de la Mine ; ce Tableau, auquel l'ordre de fa conftruction fert de premiere explication, fera placé ici à la fuite du premier, dont il eft une forte de dépendance ; nous indiquerons l'ufage que doit en faire une perfonne qui veut placer des fonds dans ces entreprifes.

Nous le développerons davantage pour la partie de l'adminiftration, par une efpece de réfumé en forme de Journal d'Exploitation, en faveur des Directeurs ou Entrepreneurs, auxquels il importe d'avoir fous leurs yeux, un état clair & diftinct des Ouvriers employés aux travaux, foit intérieurs, foit extérieurs, de l'extraction journaliere, & des dépenfes, pour comparer les frais d'exploitation & d'adminiftration avec le débit.

Cet Etat, tel qu'il eft, pourroit auffi fervir de mémorial pour les différents objets qui font dans le cas d'être foumis à une infpection, & qui forment la matiere des Procès-verbaux de defcentes & de vifites. Ces Actes font en beaucoup de circonftances la bafe des procédures & des jugements ; il eft par conféquent très-important de n'y rien oublier. Nous terminerons ce que nous avons à dire fur la Jurifprudence des Mines, par défigner, article par article, les points qui peuvent former la fubftance de ces rapports juridiques.

DESCRIPTION *Ichnographique de la* MINE *ou* CARRIERE DE CHARBON,
nommée. . . . .

Découverte depuis. . . . .

Appartenante à. . . Exploitée par . Privilége. . .

Située dans la Province de . . Généralité de . . .

Près la Montagne de . . . .

A la distance de { Lieue du Village de . . . .
Lieue de la Riviere de . . . .
Lieue du grand Chemin de . à .

Etendue ou superficie : . . . . en Masse ou par Veines.

BANDES, LITS *ou* COUCHES *de Terres, Pierres, Charbons,*
sous la Terre franche.

Couches.	Epaisseur.		Epaisseur moyenne.		Dénomination.	Nature.	Circonstances.
	Pieds.	*Pouces.*	*Pieds.*	*Pouces.*			
1						*Argilleuse.*	*Coquilles.*
2						*Glaiseuse.*	*Marcass. Pyrites. Brouillages.*
3						*Sable.*	*Marrons.*
4						*Craye.*	*Eaux.*
5						*Roc.*	*Fentes.*
6						*Toit.*	*Pierres Schisteuses. Empreintes, ordinaires, extraordinaires.*
7						*Veine.*	*Direction. Saut. Inclinaison. Crains. Réguliere. Nature. Irréguliere.*
8						*Sol.*	
9							
10							
11						*Toit.*	
12						*Veine.*	
13	*Combien de Veines au-dessous?*					*Sol.*	

ORDRE DE POSITION.

Description Orthographique de la Carriere confidérée en exploitation, découverte depuis. . . . .

Forêt,   Carriere,   endroits d'où fe tirent les Bois,

  Pierres,   Briques ou Terres à Briques, néceffaires aux travaux.

Agrès, Equipages portatifs. . . . . .

PUITS D'AIRAGE.   PUITS A POMPES.   PUITS D'EXTRACTION.   PERCEMENT ou Gallerie
Conftruction.   Profondeur.   Forme.   de pied.
Profondeur.   Machine.   Profondeur.   Ufage fimple.
                          Hydraulique.   Revêtiffement.   Pour l'écoulement des Eaux,
                                            Force des Bois.   Pour le travail de la Mine.
                                            Affemblage.   Longueur.
                                            Portée des Madriers. Pente.

TRAVAUX SOUTERRAINS.

OUVRAGES DES VEINES   PUITS   OUVRAGES DES VEINES
   SUPÉRIEURES.   De communication des   INFÉRIEURES.
Galerie principale.   Ouvrages fupérieurs   *Comme pour ceux des*
Etendue.   aux Veines inférieu-   *Veines fupérieures.*
Direction.   res.
Pente.   Leur nombre.
Piles de foutien.   Leur profondeur.
Rameaux.
Diftributions.
Etendue.
Piliers d'étai.
   Leur conftruction.
Entrepôt de chargeages.

OUTILS, USTENSILES,
Pour les travaux, pour les eaux.

MÉTÉORES.

E A U X.   VAPEUR.
Leur Qualité.   Suffocante.
   Quantité.
   Décharge.
Principal puifard.   Inflammable.
Réfervoirs.
Cuvelage.

USAGES, PROCÈS.

TRAVAILLEURS DANS   EMPLOYÉS AU JOUR.
   L'INTÉRIEUR.   Nombre.
Nombre.   Fonctions.
Paye à la journée ;   Gages.
   à la tâche.
Maladies.

CHARBONS.

NOMS.   Leur PRIX au pied de la Mine.   TRANSPORT A L'EMBARQUEMENT.
Couleur.   EXTRACTION journaliere.   Par voitures.
Efpece, Bitumineufe;   annuelle.   A dos de cheval.
   Pyriteufe.   Diftance.
Qualité.   Nature des chemins.
Confiftance.
Péfanteur.
Ufage.

PRIX AU PORT.

COMMERCE. DÉBOUCHÉ.

EXPORTATION PAR EAU.

   Charge & tenue des Bateaux.
   Frais de navigation.
   Droits locaux.

Dans la premiere Table, les différentes couches dont la Mine peut être composée, sont exprimées par l'espace intermédiaire de simples traits linéaires, tirés en longueur dans une direction horizontale; elles sont numérotées dans l'ordre de leur position, à compter depuis la superficie jusqu'à la profondeur, terminée par le bas de la Table.

Ces lignes horizontales sont partagées en hauteur, par des lignes perpendiculaires qui forment différentes colonnes : chaque colonne porte en tête l'indication des circonstances à ajouter en note dans chaque case ou chaque quarré, sur chaque bande terreuse, sur chaque couche pierreuse, sur chaque veine supposées renfermées dans les entre-lignes, espacées suffisamment pour y écrire les annotations.

En tête de ce Tableau, sont indiqués, pour y être ajoutés, le nom de la Mine, du lieu le plus prochain, celui de la Province où elle est située, de la riviere, de la Ville, des grands chemins les plus voisins; ces circonstances selon qu'elles sont plus ou moins favorables, rendent l'entreprise de la Mine d'une conséquence toute différente; il sera aisé de juger combien cette espece de plan est supérieur au dessein Orthographique, par les détails dont il est susceptible, pour tous les points relatifs à l'entiere connoissance d'une Mine, que l'on veut décrire sommairement, & cependant complettement, ou d'une autre Mine sur laquelle on veut se procurer, sans s'y transporter soi-même, tous les renseignements.

En envoyant sur les lieux, un de ces Etats tout dressé, il ne rest plus qu'à remplir, conformément à l'intitulé de chaque colonne, les quarr. ou vuides formés par les lignes horizontales, pour chaque couche ou ban. à laquelle ils se rapportent.

Cette Table renferme encore un avantage considérable, quant à l'épaisseur des différentes couches qui composent le massif de la montagne dont on veut connoître l'organisation : il n'est pas toujours praticable, même à l'aide d'une échelle, de marquer cette dimension inégale dans une même couche; au moyen des deux colonnes établies pour annoter les différentes épaisseurs, on est dispensé de l'embarras d'une échelle.

La seconde est également commode pour voir d'un coup d'œil la richesse de la Mine, les facilités ou les difficultés qui peuvent lui être particulieres pour les travaux, à raison soit des eaux, soit des irrégularités dans les veines, soit de l'air, &c. la maniere dont la carriere est exploitée en grand & en petit, pour connoître en un mot la Mine dans toutes ses circonstances.

Son produit sera facile à juger, par ce qu'il en coûte pour les différentes opérations : nous avons donné quelques exemples de cette dépense courante, sur la Mine de Blessay, en Ecosse, *page* 396, sur la Mine de feu M. le Vicomte des Androuins, à Charleroy; il ne reste qu'à comparer ces frais avec l'extraction journaliere; nous nous sommes attachés aussi à la faire

connoître

connoître dans quelques Mines ; afin d'achever néanmoins de mettre cet article plus généralement à la portée du commun de nos Lecteurs, nous allons placer ici, pour une petite exploitation, une supputation, qui rendra sensible le bénéfice du particulier exploitant seul sa Mine.

Je prends la Houilliere de feu M. le Vicomte des Androuins, quant aux frais qu'elle comportoit en 1742, & que nous avons donnés *page* 452.

En supposant que le Charbon qui coûtoit 5 sols le quintal, eût pû être vendu constamment 3 sols le cent pesant ; deux atteliers doubles, tirant par jour 150 milliers ou 1500 quintaux, pourroient produire la somme portée

ci. . . . . 225 liv.

d'où déduisant pour le prix des atteliers à 32 liv.

15 sols l'un portant l'autre . . . 131 liv.

il resteroit. . . 94 liv.

Et quand on compteroit les frais par jour à . . . 20 liv.

il résulteroit de profit clair par jour. . . . 74 liv.

Ces deux Tableaux, tels qu'on les présente *pages* 820 & 821, quels qu'ils puissent être, ne signifieroient encore rien pour une personne que nous supposons n'avoir que peu ou point d'idée sur l'objet, & qui toujours ne cherche qu'à s'intéresser dans une affaire qu'elle croit bonne. Un moyen bien simple acheveroit de suppléer au défaut de lumieres ; il consisteroit à soumettre ces deux Tableaux lorsqu'ils auroient été renvoyés de dessus les lieux, à quelqu'un au fait de cette matiere. Un connoisseur n'auroit pas de peine à distinguer les avantages & les désavantages de la Mine, de son exploitation, &c.

Après avoir pris sur ce que l'on pourroit appeler la chose même, toutes les connoissances possibles, il est d'autres considérations préalables à faire, & non moins sérieuses.

La Compagnie à laquelle on veut s'associer, doit fixer d'abord l'attention ; ou bien c'est un Propriétaire, qui pour subvenir à la dépense ou à la continuation de ses travaux, se trouve nécessité de partager pendant quelque-temps ses bénéfices, avec un ou plusieurs Associés ; alors tout gît dans le traité à passer entre les parties, & dans un mûr examen des conventions : nous en dirons un mot à sa place.

La chose est d'une plus grande importance & bien plus délicate, lorsque cette Compagnie est exploitante par Privilége, ou sous-traitante de cette premiere.

Le Réglement pour l'exploitation de ces Mines, l'histoire que nous avons donnée des exploitations dans différentes Provinces de France, ont fourni l'occasion toute naturelle de considérer ces Priviléges quant au point de droit de propriété ou de domaine des Maîtres de très-fonds, & de relever les abus qu'entraînent ordinairement ou ces Concessions, ou les Compagnies qui les exercent.

Ces abus qu'il n'est pas possible de dissimuler, se représentent ici de nouveau fous un autre point de vue auquel on ne s'attend pas, & fous lequel ils n'ont encore été confidérés par perfonne. En en retraçant ici un apperçu très-abrégé, mon but n'eft pas de m'appefantir fur tous les torts de ces Compagnies. Je me propofe d'en faire envifager les fuites aux perfonnes qui veulent s'intéreffer dans ces entreprifes, leur faire voir, que fi elles ne veulent pas être trompées dans leur attente, ces abus ne méritent pas moins de leur part les plus férieufes réflexions; indiquer, en un mot, les précautions à prendre lorfque l'on veut s'intéreffer dans les Mines.

Ces Priviléges doivent abfolument être regardés comme des titres de rigueur, il faut néceffairement les reftraindre dans la fignification naturelle des termes qui les expriment; c'eft une maxime inconteftable.

Rarement ces Compagnies font bien attentives fur les engagements auxquels elles fe font foumifes, ou d'exploiter plus avantageufement que les Propriétaires, ou de procurer l'abondance, le bon marché & la fupériorité de qualité.

Il arrive bien plus ordinairement que les Conceffionnaires négligeant entiérement de choifir le Charbon qu'ils mettent en vente, ne font qu'une médiocre extraction aux dépens même de leur travail; & que par vue d'intérêt, ou par défaut de foin dans l'extraction, ou par manque de s'attacher de bons Ouvriers, ils altérent leur Charbon. Cette remarque a été faite dans quantité d'endroits, & M. Voglie a fait ce reproche aux Comprgnies des Mines d'Anjou; *voyez page* 556, 564, 567, 576.

On a pu remarquer dans le courant de mon Ouvrage, combien de Conceffionnaires fe trouvent en défaut fur toutes les claufes de leur Privilége. Si l'on approfondit de bonne-foi & fans partialité les reproches qu'encourent plufieurs Compagnies; fi l'on veut fuivre pas à pas la marche tenue par quelquesunes, pour fe maintenir contre les réclamations des Maîtres des très-fonds, on ne fera point étonné de cette chaîne fucceffive de foulévements, furvenus à l'occafion de ces Priviléges dans divers cantons, où le Charbon eft fouvent le principal produit des Habitants, que l'exercice du Privilége réduit dès-lors néceffairement à l'indigence.

Or dès que les Conceffionnaires méfufent de leur Privilége, qui fouvent eft déja contraire & au Réglement de 1744, & aux droits inviolables des Maîtres de très-fonds, on fent que cette Conceffion devient nulle, qu'elle peut & doit d'un inftant à l'autre être révoquée.

Ces abus devant immanquablement retomber fur la Compagnie qui en eft le principe, font, par conféquent, préjudiciables à l'affaire même. Les opérations continuellement dérangées, troublées, ralenties, interrompues par les oppofitions des Maîtres des très-fonds, ou par l'animofité d'une contrée entiere, deviennent plus coûteufes, l'extraction devient moins abondante, & par une fuite inévitable, les capitaux fournis par les intéreffés courent des rifques perpétuels. Ces rifques font encore bien plus grands , fi de la Conceffion il réfulte des dommages , des déprédations , fi le Privilége entraîne après lui la monopole , toutes fortes d'excès ; car alors ce font de vrais délits publics , dont les Loix civiles & politiques exigent la fuppreffion ; *voyez page 550.* Il eft donc de la prudence de prendre foi-même , & de faire prendre par quelqu'un éclairé principalement dans les opérations de Mines , une communication réfléchie du titre en vertu duquel la Compagnie exerce la Conceffion.

Il s'agit de s'affurer , (& cela n'eft pas difficile) s'il n'y a pas eu furprife dans l'obtention du Privilége ; de pefer l'expofition des motifs fur lefquels elle porte , pour voir s'ils ne font pas illufoires ; s'il y a eu manque de vérité ou d'exactitude dans les allégations préfentées au Confeil pour l'obtenir ; fi en un mot le Privilége eft bien en régle , octroyé par Edit , Déclaration , Chartre , Lettres-Patentes , Arrêt du Confeil , & revêtu de formes légales , (1) qui donnent feules la force de Loi à ces graces du Souverain , & qui affurent aux Compagnies dont nous parlons , utiles dans quelques circonftances , la pleine jouiffance du droit de fouiller dans le terrein d'autrui; *voyez page 616.*

Cela ne fuffit pas encore , on doit examiner fi la Compagnie fatisfait aux conditions du Privilége ; fe rend-elle coupable de quelque contravention formelle , l'affaire ne doit plus être regardée que comme une fource de Procès avec les Propriétaires , peut-être même avec une Province.

Le Privilége auquel on veut avoir part , reconnu décidément hors de toute efpece d'atteinte & de réclamation (*voyez page 616*) , foit par la régularité de fon titre , foit par la régularité de la conduite des Conceffionnaires , il refte à examiner fi l'affaire eft de nature à pouvoir fe foutenir.

On peut à cet égard fonder fon jugement & fon raifonnement fur plufieurs points : 1°, la teneur du Privilége dans les circonftances ; 2°, la maniere dont la Compagnie eft compofée , foit quant à fa forme , foit quant à la qualité de ceux qui la compofent; 3°, la fituation de la Mine , qui peut quelquefois être fi défavorable par fon éloignement des principaux matériaux , comme bois , pierres , &c. ou d'une riviere navigable , qu'alors elle ne mérite pas d'être exploitée.

Nous ne parlerons ici que des deux premieres confidérations , relatives à la Conceffion même ; les circonftances dépendantes de la fituation de la Mine , feront traitées à part , lorfque nous en ferons à développer les différentes parties de l'exploitation.

Pour que la Conceffion puiffe réuffir , il faut qu'elle porte fur une étendue fuffifante de terrein , & qu'elle foit donnée de même pour un efpace de temps

(1) La Déclaration du 25 Janvier 1673 , qui regle la forme de l'enregiftrement des Lettres-Patentes , fuppofe que celles qu'on expédie fous le nom & au profit des Particuliers , font fufceptibles d'oppofitions , qui ont un effet fufpenfif , & que les Cours peuvent , en recevant les oppofitions , ordonner qu'avant d'y faire droit , elles feront communiquées aux Parties.

convenable , il faut que la Compagnie foit feule dans la Province , & de plus protégée ou accréditée par le Miniftere , que ceux qui la forment foient connus.

Une Société , qui exerce un Privilége auquel on reconnoît toutes les conditions que nous venons d'expofer, peut fe livrer à une entreprife en grand, & ne pas appréhender les dépenfes ; en craignant d'en faire, on ne fera rien de bien , même avec une riche Mine ; il n'appartient d'être timide à cet égard, & de n'ofer faire des avances , qu'à une Compagnie qui a fujet d'être inquiete fur la validité de la permiffion qu'elle a obtenue ; *voyez page* 556, 557.

C'eft à ces circonftances réunies que l'on doit attribuer les heureux fuccès de la Conceffion dont a joui le feu Vicomte des Androuins (1) , auquel le Hainaut a des obligations confidérables.

L'Acte de fociété forme un dernier point d'examen, & non moins intéreffant. Le plan général doit tendre à affurer invariablement la plus grande économie dans toutes les parties de l'adminiftration , de maniere que les premiers fonds ne s'épuifent pas avant qu'on foit parvenu à tirer du bénéfice, & que l'on évite néanmoins une trop grande épargne, qui dans plufieurs circonftances de ces entreprifes, peut devenir tout auffi dangereufe.

Ce Contrat doit exclure rigoureufement la multiplicité des Régiffeurs, ou premiers Prépofés, & établir la plus grande fubordination entr'eux & les employés en fous-ordre : ces derniers ne peuvent être obfervés de trop près dans leurs manœuvres; c'eft la feule maniere de fe garantir ou de leur ignorance, ou de leur mauvaife foi, ou de leur négligence.

Enfin tous les articles de ce Contrat, doivent affurer fans équivoques, dans les termes & dans le fond, les droits & les bénéfices de chacun des Affociés.

(1) Nous ne pouvons trop répéter qu'en faifant dans toutes les occafions l'éloge de cette Conceffion , à laquelle il n'y a rien à reprocher, nous ne croyons point du tout que l'on puiffe en tirer d'argument en faveur de ces Priviléges ; nous avons eu foin de faire remarquer la différence qui diftingue cette Conceffion d'avec celles contre lefquelles nous fommes fouvent élevés, obtenues fur des terreins que les Propriétaires faifoient valoir de leur mieux: voy.z page 618. Nous penfons même que loin d'en arguer en faveur des Conceffions quelconques, il feroit bien plus vraifemblable de s'en fervir contre les Priviléges; mon idée fur cela ne fera pas difficile à faifir , quand on faura que par un Arrêt du 9 Juillet 1720, le Roi , dans la vue de faciliter l'entreprife de M. des Androuins , accorda une gratification de 35000 liv. fur le Tréfor Royal, avec une prorogation du Privilége pour quatre années; que par un autre Arrêt du 23 Mai 1721 , Sa Majefté ordonna la délivrance de 200 pieds de chêne, pour cuveler les foffés & étayer les ouvrages: tels font les avantages qui , à l'honneur du Miniftere, feconderent l'habileté de M. des Androuins , & lui attacherent fes affociés.

Les Propriétaires ne font-ils pas de droit dans le cas de toute efpece de préférence ? Qu'on les invite à fe réunir enfemble pour leur intérêt commun ; qu'on leur accorde le don ou la diminution du dixieme Royal , les exemptions de tutelle & curatelle , les franchifes des tailles & autres fubfides, la permiffion de prendre des bois , & tous les autres encouragemens tombés dans l'oubli avec l'ancien Réglement : on conviendra que toute la protection foutenue, dont le Gouvernement honora à jufte titre l'entreprife & la perfévérance du Comte des Androuins , fera bien mieux placée vis-à-vis des Propriétaires , & qu'alors on parviendra à les amener à l'extraction réguliere tant défirée par le Gouvernement, tant promife par les Conceffionnaires; on avouera auffi que les chofes feront plus dans l'ordre.

Spéculations principales relatives à l'adminiſtration d'une Mine.

Des Loix, & de la procédure ſur le fait des Mines ; Caracteres eſſentiels qui conviennent à cette Juriſprudence ; Remarques ſur celle qui eſt établie au Pays de Liége.

ON a vu combien les travaux de Mines expoſent à des Procès, ſoit entre les Aſſociés, ſoit entre les Maîtres des Très-Fonds & les Entrepreneurs ; c'eſt ſur-tout dans les entrepriſes de Mines en vertu de Privilége, que le reſſentiment des Propriétaires doit éclater ſans relâche, & engager des querelles, des diſputes toujours coûteuſes.

La procédure fait par conſéquent un point capital de l'adminiſtration ; ce feroit y manquer dans un article eſſentiel, que de ne pas s'occuper des moyens de rendre les Procès rares & de courte durée, d'obvier principalement à leur influence ſur l'activité, ou même ſur la continuation de l'entrepriſe, par les nouvelles avances que pourroient quelquefois exiger de grandes conteſtations : une Compagnie prévoyante, ne doit pas négliger d'avoir toujours en réſerve une maſſe pour ſubvenir aux frais de procédures : ſi l'on eſt aſſez heureux pour qu'elle ne ſoit pas employée, elle ſe trouve convertie en bénéfice.

Pour ce qui eſt de la maniere de pourvoir aux circonſtances propres à éviter un Procès, ou à celles dans leſquelles on ne peut l'éviter, il feroit utile d'intéreſſer dans l'affaire quelqu'un verſé dans la Juriſprudence, qui eût même exercé la profeſſion d'Avocat ; il conviendroit de le choiſir dans la Juriſdiction la plus voiſine de l'endroit où eſt ſituée la Mine, & qu'il fût tenu (à la condition expreſſe de perdre ſon droit à la part qu'on lui donne dans l'affaire,) de fréquenter les différents travaux, ſoit intérieurs, ſoit extérieurs, afin de connoître directement & préciſément la nature des objets particuliers, ſujets à matiere de conteſtations ; de pouvoir être en même-temps le Conſeiller & le Défenſeur de la Compagnie ; accommoder les différends dans leur naiſſance, inſtruire réguliérément les Juges de ce qui fait l'objet des Procès : cet Aſſocié, dont on n'a pas encore eu aucune idée, & qui voudra s'appliquer à remplir l'engagement qu'il contractera, n'aura pas ſeulement l'avantage de rendre ſervice aux Compagnies exploitantes dans les affaires litigieuſes (1) ; la notoriété de ſcience appuyée ſur une ſorte d'expérience réſultante de l'habitude à voir les opérations de Mines, ne peut manquer de lui mériter une déférence honorable, tant de la part des Experts qui pouroient être ou nommés d'Office, ou convenus entre les Parties, ou même de la part des Intendants & autres Commiſſaires qu'il eſt d'uſage de départir dans ces occaſions ; & cet Aſſocié ſe trouvera ſouvent en état de leur donner des

(1) Voyez *page* 609, Note 5, & *page* 611, Note 1.

lumieres : il eſt inutile d'obſerver que pour cela il aura ſoin de s'inſtruire au tant qu'il le pourra des Coutumes & des Réglements relatifs à cet objet en Pays étrangers , d'en faire une étude réfléchie & comparée.

Les différentes Conſtitutions établies dans les Pays où les travaux de Mines ſont en vigueur (1) , rapprochées avec diſcernement les unes des autres , ſont les ſources uniques dans leſquelles il faut aller puiſer un plan de Juriſprudence : la collection que j'ai faite d'un grand nombre de ces Réglements deſtinée à être ajoutée à la traduction de Weidler (2) , abrégera ce travail , fera par la ſuite du temps une compilation d'un très-grand ſecours , pour préparer les diſpoſitions des Ordonnances & des Réglements qui nous manquent ſur cette matiere , & en former un Code civil , politique & économique ſur les Mines.

Cette partie qui devoit compoſer une cinquieme Section de l'Art d'exploiter les Carrieres de Charbon , je l'en ai retranchée , comme ayant un rapport plus direct aux Mines Métalliques ; elle renferme quelques Mémoires choiſis ſur pluſieurs ſujets détachés relatifs à la Juriſprudence Métallique ; de ce nombre entr'autres eſt celui que j'ai annoncé *page* , touchant les *Conceſſions* ; ces Priviléges y ſont examinés d'une maniere abſolument neuve , & propre à faciliter le jugement qu'on doit en porter : tout ce que l'on peut alléguer en faveur des Conceſſions , eſt expoſé ſans aucun déguiſement ; ce que l'on peut objecter contre ces Priviléges , eſt de même détaillé à part : je diſcute enſuite la queſtion à fond ; & les arguments que j'établis ſont abſolument contraires , ſinon à ces Priviléges en eux-mêmes , du moins au plus grand nombre.

J'ai auſſi fait uſage dans ce ſupplément de fragments empruntés de l'Etranger , entr'autres d'un Ouvrage de M. Charles Frédéric Zimmermann (3) en Allemand ; j'en ai tiré un Mémoire , dont la connoiſſance m'a paru intéreſſante ; c'eſt la relation du Procès qui s'eſt élevé touchant les marches ſouterraines entre les 7, 8, 9 & 10ᵉ Conceſſions , au canton de Hoenhbirk, dans le diſtrict de Freyberg , d'une part , & les établiſſements des *Mines* de Spath , d'une autre part.

Ce que j'ai recueilli dans la ſeconde partie , le Réglement du Limbourg , & principalement celui du pays de Liége , que j'ai rapporté en entier , peuvent

(1) Les Conſtitutions de l'Académie des Mines de Freyberg en Saxe, du Conſeil pour les Mines à Weltin , de la Chambre des Mines à Halles , & de Vienne en Autriche, du College des Mines de Péterſbourg & de Suede ; ce qui eſt dans Agricola ſur les articles relatifs à cet objet, Lib. V. ne doit pas être négligé, non plus que l'Ouvrage de Hornius, s'il eſt poſſible de ſe le procurer, & qui a pour titre : *Gaſparis Heinric. Hornii J. C. & Anteceſſoris Wittebergenſis , de Libro Metallico , qui Antigraphus Begen-Buſch dicitur Schediaſma Juridicum.* Wittemberg. Ann. M. DCC. VI. in-4o. 108 pages.

(2) Sous le titre : *Bibliotheque des Conſtitutions ſur le fait des Mines dans pluſieurs pays:* Paragraphe ſuivi d'un Code du Commerce du Charbon de Terre en France.

(3) *Académie des Mines de haute Saxe* ; ou Examen des Sciences qui ont rapport aux Mines , ſelon leurs principes fondamentaux ; avec une eſquiſſe de leurs connexions; le tout éclairci par des relations hiſtoriques , par des examens circonſtanciés , des obſervations phyſiques, des eſſais chymiques & méchaniques, accompagnés de remarques publiées en pluſieurs Traités ſéparés, in-4o. 1746.

fuffire pour fournir à l'homme en place des idées de réforme, de police ou d'é-
conomie, appliquables à nos exploitations. Toute perfonne inftruite dans la
Jurifprudence, fait que ce n'eft pas uniquement dans la connoiffance des termes
des loix, que confifte la fcience de ces loix, mais dans le jugement néceffaire
à en connoître la force & l'étendue. La philofophie dans laquelle toutes les
loix, leur fens, leur extenfion, leur reftriction, ont leur premiere fource ; le raifonnement & les principes de droit, faciliteront l'interprétation
d'une loi, qui quelquefois peut n'être propre qu'au pays où elle a lieu,
ou d'une autre qui n'eft pas affez claire, & dans laquelle il faut quelquefois
pénétrer l'efprit & l'intention du Légiflateur ; ces fecours aideront à tirer des
unes ou des autres des conféquences juftes & qui ne foient pas forcées.

En continuant ici de me montrer partifan de la législation obfervée au
pays de Liége, il ne m'eft pas poffible, fans me rendre fufpect d'affectation
ou de manque d'égards, de paroître ignorer que fur ce point je ne me trouve
pas d'accord avec un Auteur à la mémoire duquel je fuis attaché, par le double motif de l'amitié qui nous uniffoit, & de l'eftime dûe à fes talents, à
fes Ouvrages & à fes qualités perfonnelles.

Les perfonnes qui ont vu l'Ouvrage de feu M. Jars, publié en 1774 (1),
fe feront fans doute apperçu, qu'il reproche à la Jurifprudence de Liége,
plufieurs défauts, entr'autres *les procédures trop difpendieufes.*

Dans une matiere également étrangere à M. Jars & à moi, nous ferions l'un
& l'autre très-excufables de nous être trompés ; pour ce qui eft de moi, je
n'éprouverois nulle répugnance à en faire ingénuement l'aveu, fi cela étoit
néceffaire. Plus d'une perfonne pourroit peut-être encore regarder la contrariété de nos fentiments fur cet objet, comme chofe affez indifférente ; je crois
néanmoins pouvoir la confidérer tout autrement, & devoir juftifier ici mon
fentiment particulier ; ce n'eft pas, au refte, pour le faire prévaloir fur celui de
M. Jars ; je prétends encore moins faire une apologie officieufe de la législation
Liégeoife ; ce feroit me livrer à une digreffion tout-à-fait déplacée : le détail
dans lequel je vais entrer en écartera toute idée ; il aura auffi l'avantage de
mettre le Lecteur en état de juger, non-feulement de cette législation en faveur
de laquelle j'ai cru pouvoir raifonnablement le prévenir, mais encore de toutes
les autres conftitutions de cette efpece qui pourront venir à fa connoiffance.
Pour cela j'établirai d'abord l'idée que je me fuis formée, de ce qui doit conftituer effentiellement la bafe de la Jurifprudence des Mines ; je chercherai
enfuite à éclaircir les deux points difficultueux qui ont autorifé M. Jars,
dans le jugement qu'il a porté fur celle de Liége.

Sans prétendre m'ériger en Commentateur, ni en Jurifconfulte, il me

(1) *Voyages Métallurgiques,* ou Recherches & Obfervations fur les mines & forges de fer, la fabrication de l'acier, celle du fer-blanc, & plufieurs mines de Charbon de Terre, faites de- puis l'année 1757 jufques & compris 1769, en Allemagne, Suede, Norwege, Angleterre & Ecoffe, &c. avec fig. publiés par M. G. Jars fon frere. *Lyon,* in-4o. *page* 284.

femble que tout ce que l'on peut demander en général dans un Réglement de l'efpece dont il s'agit, doit fe réduire aux points & articles fuivants.

1°. Que les formalités & délais de la Juftice foient plus prompts que faire fe peut, fans étouffer le bon droit.

2°. Qu'il y ait des regles certaines & uniformes pour le faire connoître, fans dépendre du caprice des Juges.

3°. Que dans l'ordre de la procédure, les Parties ayent fuffifamment le temps de fe défendre, & de fe procurer les éclairciffements dont elles ont befoin.

4°. Enfin qu'il n'y ait rien d'inutile & d'abufif dans la procédure.

Les formes fuivies à Liége par la Cour du Charbonnage fatisfont pleinement, fi je ne me trompe, à ces conditions : elles font auffi expéditives qu'elles doivent l'être ; les intérêts des Propriétaires, des Entrepreneurs, des Affociés, font reglés & balancés par l'équité ; on y apperçoit cet efprit d'uniformité qui femble être le véritable caractere des Loix ; tout y eft marqué du fceau de cette philofophie, qui prenant fa fource dans la nature, eft l'ame & la véritable fource de la Jurifprudence : tout, à mon avis, y eft fondé fur la raifon & fur la conftitution nationale.

Il eft à remarquer au furplus, que dans ce pays, il n'en coûte pas pour plaider en matiere de Houillerie, plus que pour toute autre ; je préfume de plus, que feu M. Jars n'avoit pas affez fait attention à une circonftance qui peut entrer pour beaucoup dans le fait.

Les points contentieux dépendent le plus fouvent du local fous-terre ; pour le reconnoître & juger de ce qui eft en litige, il eft indifpenfable de recourir à une defcente d'Experts dans les Ouvrages : ces vifites qui font très-fréquentes, ne peuvent manquer d'être difpendieufes.

M. Jars, *page* 185 & 378, attribue un grand inconvénient à l'article de la Coutume, en vertu duquel, celui qui en exploitant fa Mine, *affainit* les Ouvrages de fon voifin, n'a droit de prétendre à autre chofe qu'un remerciment.

Il eft important pour l'éclairciffement qui va fuivre, d'obferver que les caufes & les motifs des Loix ne peuvent fe découvrir que par l'hiftoire du Pays ; ce fecours eft plus d'une fois indifpenfable, tant pour expliquer que pour concilier des Loix, dont quelques-unes font obfcures, dont d'autres paroiffent ou fe contredire ou même être injuftes ; de maniere que la parfaite connoiffance des Loix d'un pays, eft intimement liée avec l'hiftoire de ce même pays : il n'eft perfonne qui ne convienne de cette vérité.

Quand une Loi femble bleffer les principes d'équité, il n'eft point naturel de préfumer qu'elle foit injufte dans le fond ; le Légiflateur n'a certainement pu avoir cette intention ; fi par quelque erreur ou quelque mal-entendu de fa part, la Loi préfentoit dans les termes un fens abfolument oppofé à la juftice, elle ne feroit point confervée ; comment donc alors interpréter cette Loi, & en fixer l'application ! Aulu-Gelle, interrogé par un Jurifconfulte fur un point qui concernoit les Aborigenes, & qu'Aulu - Gelle ne comprenoit point non plus, répondit très-judicieufement, qu'il fauroit l'expliquer, s'il connoiffoit le droit des Aborigenes.

C'eft précifément un cas femblable dont il s'agit ici : l'article critiqué par feu M. Jars, tient de même à l'hiftoire des principes généraux du Gouvernement de l'Etat de Liége ; fa conftitution eft républicaine : le premier titre de la franchife du pays, eft que le pauvre homme eft Roi dans fa chaumiere ; il n'eft peut-être aucun pays, où tout ce qui tient à cette conftitution fondamentale, foit obfervé auffi ftrictement : excepté dans les cas d'extrême néceffité, la Légiflation n'admet aucune dépendance de particulier à particulier, ne connoît de raifon qui puiffe être obligatoire au préjudice de la liberté ou de la propriété d'un Citoyen : nous avons fait connoître *page* 324, jufqu'à quel point ces deux Priviléges, qui dans tous les Etats où l'on fuit les régles de la raifon font directement fous la protection des Loix, fe trouvent refpectés & maintenus à Liége ; avec quelle intelligence la conftitution libre eft fous la fauve-garde du Tribunal des Vingt-deux, dont la procédure vive & publique arrête la violence, intimide le puiffant qui voudroit opprimer le foible, &c.

C'eft fous ces aufpices que celui qui a la propriété de fon côté, eft maître abfolu en toute occafion. S'agit-il de Veines *xhorrées*, le Propriétaire impofe la loi qui lui plaît, felon fes volontés ; un Bure eft-il abandonné par les Maîtres de Foffe, le Propriétaire rentre dans tous fes droits, fans être tenu à aucunes formalités ; en tout fur les articles de propriété & de liberté, la maxime reçue généralement en matiere de droit, *fummum jus, fumma injuria*, n'a pas lieu à Liége ; la juftice trop févere & trop exacte, n'eft pas une injuftice dans ce pays.

Abftraction faite de cette particularité de la conftitution de Liége, on n'auroit pas de peine à trouver en d'autres pays des circonftances de l'efpece qui fait le fujet de la réflexion de M. Jars, & dans lefquelles rien n'autorife de réclamation de la part de celui dont le travail & les dépenfes ont procuré un avantage à fon voifin. Rendons la chofe fenfible par un exemple : Pierre, voifin de Paul, fe propofe de conftruire un chemin pour arriver commodément chez lui, & qui doit paffer tout près de l'habitation de Paul. Le chemin s'exécute à grands frais ; Paul en profite : l'avantage devient commun à l'un & à l'autre. Les Loix civiles n'affujetiffent Paul à aucun devoir, à aucune charge ni redevance envers Pierre, qui a travaillé pour lui feul, qui n'a eu en vue que fon utilité perfonnelle, & qui par-là, eft dédommagé de tous fes frais ; c'eft à lui, comme le dit M. Jars (1), à éviter, s'il le peut, de faire profiter fon voifin des dépenfes dans lefquelles il fe conftitue. Ce que demande M. Jars, feroit tout-à-fait oppofé au principe du Gouvernement,

_____

(1) En parlant de la propriété des Mines de Charbon, inhérentes aux Maîtres des terreins où elles fe trouvent, *page* 372.

au génie du peuple Liégeois , à fes mœurs , à fes coutumes : ce feroit porter indirectement atteinte à cette liberté pléniere & tranquille de la jouiffance & de la propriété du Citoyen.

C'eft fur le même fondement que porte *le droit de Verfage* , contre lequel M. Jars a cru auffi devoir s'élever. L'ufage du pays de Liége eft de payer le double dommage que ce verfage occafionne fur tous les fonds par où les eaux paffent jufqu'à ce qu'elles débouchent dans une riviere ou dans un ruiffeau ; *voyez* Article fixieme de cette feconde Partie , *page* 322.

M. Jars prétend que ce droit paroît injufte même aux gens de Loi , vu que ce Propriétaire ne contribue en rien aux frais: l'Hiftorien & les Jurifconfultes , qui font de cet avis , *page* 376 , de fon Ouvrage , n'ont pas pris garde , je crois , qu'alors cette portion de fuperficie par laquelle l'eau tirée des Mines prend fon cours & fon iffue , rentre dans la claffe de tout ce qui eft compté parmi les dommages à payer au Propriétaire ; comme lorfqu'on paye une haie , un arbre , une plantation de houblon , &c. quoiqu'il n'ait fait non plus aucune dépenfe ; voyez *pages* 321 & 322 , de cette feconde Partie (1).

Je n'ai pas befoin de m'étendre davantage pour faire voir que les défauts qui peuvent fe trouver dans la Jurifprudence de Liége , touchant les Houillieres , ne font pas ceux que M. Jars a relevés ; occupé uniquement des recherches auxquelles il s'étoit confacré dès fa premiere jeuneffe , on ne doit pas être furpris que ce Sçavant , au milieu des fatigues attachées aux voyages qu'il entreprenoit , n'ayant pas eu occafion de connoître l'efprit & les mœurs des différents Pays qu'il vifitoit , ait été dans l'impoffibilité de connoître la liaifon de leurs ufages avec leurs loix ; s'il eût été à portée de le faire , ou s'il fe fût arrêté un inftant à cette réflexion , en l'appliquant aux doutes qu'il formoit fur les articles que nous venons de difcuter , il eût été moins frappé de la décifion & des termes de la Loi , que du motif de cette Loi , dont il eût tiré une interprétation jufte.

Sur ce qui tient à la partie contentieufe , il ne me refte plus qu'à donner l'*index* dont j'ai parlé , pour rappeller à l'idée les différents chefs fur lefquels peut porter l'infpection des Experts , lors de leurs defcentes dans les Ouvrages fouterreins. Les Procès-verbaux ufités en pareils cas , & dont nous avons rapporté des modeles au pays de Liége , *page* 337 , font des relations par écrit de ce que les Experts ont à remarquer , & de ce qui fe paffera dans leurs vifites. Nous n'avons pas ici à nous occuper de la forme particuliere qui convient à la rédaction de ces actes ; c'eft une affaire de ftyle purement arbitraire , & que nous laiffons aux gens du métier ; nous nous en tenons à une vraie Table des Matieres difpofées dans l'ordre où elles fe rencontrent en procédant

---

(1) *Ce que remarque M. Jars page 285 , fur la méthode de laiffer à chaque limite d'un terrein acquis , trois toifes d'épaiffeur en Charbon de chaque côté , n'eft ni de loi ni d'ufage dans le pays de Liége ; on y travaille tout le territoire dont on a la poffeffion , foit par propriété héréditaire , foit par conquête , jufqu'à la ligne féparatoire , fans laiffer un pouce d'intervalle.*

à une viſite : ce moyen, tout ſimple qu'il eſt, eſt ce qu'il y a de plus commode pour aider & ſoulager la mémoire dans ces circonſtances.

Rôle ou Plan minuté pour procéder aux Viſites d'Ouvrages ſouterreins.

Les différents points qui peuvent être la matiere de ces inſpections, & des actes qui en contiennent la relation, ſont :

1°. Les *Foſſes* ou *Puits.*
Pour examiner
Leur nombre.
Leur deſtination pour les Pompes.
  l'extraction,
  l'airage.
Leur profondeur.
Leur forme.
La nature des revêtiſſements.
La force des bois, leur aſſemblage, leur calfatage.
La portée des madriers.
Les cuvelages.
Le principal puiſard.
Le principal chargeage.

2°. Les *Veines de Charbon.*
Pour en connoître l'allure,
  la direction,
  l'épaiſſeur,
  la conſiſtance,
  l'irrégularité,
  la nature des crains.

3°. Les *Galleries,* ſoit *ſupérieures,* ſoit *inférieures* dans les Mines que l'on pourroit nommer *à pluſieurs étages,* pour ſpécifier la communication de ces Galleries ſupérieures & inférieures entr'elles, par *Bouxtays* ou *Puits ſouterreins :*
Leur longueur,
Leur direction,
Leurs branches ou rameaux.
Les piliers d'étai.
  Les dimenſions de ces piliers,
  Leurs diſtances entr'eux,
  Leur conſtruction.
Les chargeages.
Les hierchages.
Les décharges d'eau.
Les conduits d'airage.

4°. Il eſt utile de déclarer l'étendue de l'exploitation diſtinguée en profondeur d'à-plomb, en longueur de galleries, & le nombre des Tourets.

5°. Le cas exige ſouvent de terminer le rapport par quelques obſervations ſur les changements à faire, ſoit pour l'économie, ſoit pour la perfection de l'Ouvrage, ſoit pour procurer la ſûreté de l'exploitation.

L'Etat que j'ai donné *page* 482, des Ouvrages à Anzin, & à Frênes, dans l'année 1756, celui des travaux ſuivis dans les Mines d'Anjou, dreſſé par M. de Woglie, *page* 553, 554, 555 & 556, peuvent ſervir de modele pour les détails à exprimer, ſelon l'exigence des cas.

Tableau général des Dépenſes qu'exige un établiſſement de Mine.

La multiplicité des opérations ſucceſſives & variées qu'entraîne la fouille d'une Carriere de Charbon de terre, la quantité d'outils, d'uſtenſiles, de machines qu'elle exige, & que nous avons paſſé en revue, l'apperçu des dépenſes conſidérables à faire pour les travaux, pour les approviſionnements, & pour tout ce qui tient à l'établiſſement, s'il s'agit de l'entrepriſe dans ſon premier début ; tout cela montre l'indiſcrétion qu'il y auroit, de s'engager dans un établiſſement auſſi compliqué, ou de former une Compagnie pour ces travaux, ſans avoir d'abord calculé avec attention les frais auxquels on doit ou on peut s'attendre. On ne peut qu'être expoſé à des pertes conſidérables, ou bien à être ſans ceſſe arrêté par le manque des fonds, ſi ce calcul eſt inexact ; & il ne manquera pas de l'être, à moins qu'il n'ait pour baſe un tableau général, auſſi complet qu'il ſe peut, de tous les objets ſur leſquels portent les frais d'une entrepriſe de cette nature, ſoit dans le premier inſtant, ſoit dans le cours de l'exploitation.

Afin de ne rien laiffer échapper de ce qui peut entrer en frais, on doit confidérer trois différents temps dans cet établiffement, & diftinguer relativement à chacun de ces trois états, les dépenfes en trois efpeces ou trois claffes; celles qui précédent toute opération effective fur le terrein où l'on fe propofe de travailler; celles qui font uniquement relatives à la fouille, pour aller rencontrer la Veine, & celles qui ont cours lorfque l'exploitation fournit à la continuation de l'entreprife.

Dans le *premiere état* de dépenfe, on doit comprendre l'acquifition des terreins fur lefquels on fait l'établiffement, les droits à payer aux Seigneurs & Propriétaires, les dédommagements dus aux Particuliers, fur lefquels on fouille, ou fur le terrein defquels on établit quelque attelier.

L'achat des chevaux néceffaires pour quelques travaux, comme de ceux deftinés à faire agir la machine d'extraction, eft, à la vérité, de la moindre conféquence, ces chevaux pouvant être aveugles, & préférables d'ailleurs à caufe du bon marché.

Lorfque l'on procede à l'enfoncement du Bure, la dépenfe forme un *fecond article* diftinct & très-important; il eft quelquefois tel qu'il ne peut être fujet au calcul, à caufe des variations dépendantes de circonftances qu'il eft impoffible de prévoir, particuliérement dans un quartier qui n'a pas encore été fouillé pour du Charbon de terre, & dont la nature eft par conféquent inconnue.

D'après les defcriptions du terrein de plufieurs pays, abftraction faite des incertitudes perpétuelles de réuffir, ou de trouver le Charbon, il eft aifé de juger que l'abondance des eaux, les excavations au-deffus de leur niveau, l'inftabilité du fol, forment autant d'écueils, les uns plus embarraffants que les autres; le local feul peut quelquefois doubler ou tripler les difficultés & les dépenfes de deux Veines, par exemple, fuppofées d'une épaiffeur égale & fituées fous les rochers à une même profondeur dans le Pays Montois, & à Anzin; la fouille & l'extraction dans l'une n'exige qu'un degré de force, tandis que dans l'autre il en faut 31, 42 jufqu'à 47, pour l'enlévement des *couvertures* des Charbons & des eaux.

Ainfi dans le cas où l'on réuffit à furmonter les empêchements & où l'on n'eft pas obligé d'abandonner des travaux très-avancés, les délais augmentés par les eaux, les forces à multiplier felon les circonftances, les obftacles plus ou moins difficiles, plus ou moins fréquents, plus ou moins aifés à prévenir, à écarter, augmentent les frais de maniere, que ce premier commencement d'ouvrages emporte en dépenfe un emploi de fonds confidérables, dont la maffe s'accumule en avançant ou même fans avancer dans les ouvrages, avant que l'on voie jour au fuccès de l'entreprife.

A la rencontre de la Veine commence le *troifieme temps* que nous avons diftingué; il faut alors s'occuper de donner à l'établiffement fa derniere forme,

conftruire

conftruire des écuries, des hangards, des atteliers, des magafins ; augmenter
le nombre des chevaux, fe pourvoir de nouveaux uftenfiles, de nouveaux outils, s'approvifionner en fer, en bois, en pierre, en brique ; augmenter les
Employés & les Ouvriers, pour l'exécution des manœuvres, foit dans les ouvrages fouterreins, foit dans les différents atteliers & magafins établis au voifinage de la Mine.

Toutes ces chofes difpofées, la dépenfe devient plus réglée, & confifte
uniquement dans les réparations annuelles, la nourriture des chevaux, le
ferrage, l'entretien des harnois, des voitures, les appointements des Régiffeurs, Directeurs, Commis, Ouvriers employés chaque jour, tant aux foffes
& aux fouterreins, qu'aux différents atteliers deftinés à la fabrique des machines, agrès & outils.

En 1756, on comptoit jufqu'à 15 cents Ouvriers aux ouvrages de toutes
les foffes de Frefnes & d'Anzin, & 180 chevaux, dont le ferrage étoit
évalué à 36 livres par an pour chaque cheval.

Dans l'état de cette dépenfe fe trouve auffi une fomme de quatre-vingt-dix
mille livres, que les Entrepreneurs avoient payés dans cette même année 1756,
depuis l'établiffement des dixiemes & des vingtiemes, & celle de treize mille
livres, dont ils étoient chargés alors par le dixieme.

Si d'un côté les entreprifes de Mines ne font couronnées par des fuccès,
qu'autant qu'on a prévu d'avance toutes les difficultés de détail qui fe rencontrent dans l'exécution, il en eft de même pour l'établiffement auquel il s'agit
de procéder, quand on a reconnu une ou plufieurs Veines, dont le travail
fera profitable, (voyez *page* 288) ; l'exploitation avantageufe devient alors
intimement liée avec le plan de Régie, & il fera difficile à affeoir, fi l'on n'a
pas d'abord pris la précaution de s'inftruire de ce qui fe pratique en plufieurs
Pays, fur les différentes ou principales parties qui compofent cette adminiftration, & relativement aux prix des journées ; ce ne fera que de cette maniere que l'on pourra favoir à-peu-près, felon la différence du local, furquoi
tabler pour la tâche des Ouvriers employés dans les ouvrages fouterreins, foit
ceux qui détachent le Charbon de la Mine, foit ceux qui de proche en proche
l'amenent au pied du bure, foit ceux qui aident aux manœuvres néceffaires
pour le monter au jour ; il n'eft pas moins intéreffant, à l'aide de notices d'autres Pays, d'être inftruit du nombre de paniers ou de facs que l'on peut enlever de la Mine en une journée, de la quantité qui peut s'en exporter de
la foffe au port de l'embarquement, &c.

A mefure que nous avons expofé l'hiftoire des manœuvres de l'exploitation, dans les quatre principaux endroits où nous avons décrit ces travaux,
à Liége, en Angleterre, dans le Hainaut Autrichien, & dans plufieurs Provinces de France, nous avons donné, lorfque cela nous a été poffible, des
notices fur quelques-uns de ces objets, & fur ce qui s'obferve à l'égard des

falaires d'Ouvriers ; afin de faciliter de plus en plus les fpéculations fur lefquelles on peut diriger un plan général de bonne adminiftration , nous ajouterons ici quelques nouveaux détails fur ces différentes parties (1) , en fuivant
le Charbon depuis le premier moment qu'on le détache de la Mine , jufqu'à
celui où il eft enlevé au jour , & emmagafiné au port de l'embarquement.

Dans la Mine de Charbon du Roi Adolphe Frédérich, autrement dit ,
de Boferups en Suede, dont nous avons décrit les fubftances, *page* 443 ,
M. le Baron de Hermelin , Maître des Mines , rapporte (2) que le falaire
des Ouvriers eft à tant par tonne (3) , fans y comprendre le montage au
jour : il eft enfuite différent felon que le travail fe fait fur les *ftappes* ; en
longueur, l'Ouvrier eft payé par braffe fur 6 à ½ de hauteur & 10 de largeur,
y compris la conduite jufqu'au chargeage : lorfqu'on eft avancé dans la Mine
au-delà de 10 braffes , il y a une augmentation particuliere.

Dans les Mines de Newcaftle , les Ouvriers font payés , comme on l'a dit ,
par paniers de Charbon , felon les endroits où ils travaillent.

Dans la Mine de Walxer , un Ouvrier en fix ou fept heures de temps , détache depuis 15 jufqu'à 25 , & même 30 paniers , le plus communément
depuis 20 jufqu'à 25 ; chaque panier pefant environ 6 quintaux de 112 livres,
c'eft-à-dire , 672 livres.

Il eft cependant d'autres Provinces d'Angleterre où le falaire fe regle fur
les diftances , & où le nombre de paniers varie.

Au Pays de Liége , felon M. Jars (4) , on affigne à chaque Xhaveur 4 pieds
de longueur fur 3 pieds de profondeur , pour un quart de fa journée ; il eft obligé d'en faire quatre pareilles pour fa journée entiere , qui lui eft payée fur le
pied de 16 à 17 fols de France.

La maniere de régler le prix de la journée des Mineurs à la toife , au quintal ou autrement , eft affez difficile à déterminer.

Si on regle le prix de la journée des Ouvriers fur le nombre des mefures
qui fortent de la Mine , cela n'eft pas fans inconvénient ; l'Ouvrier pareffeux
ou intéreffé néglige ce.que dicte la véritable économie , pour ne s'attacher
qu'au moyen facile d'augmenter le prix de fa journée , par le nombre de fes
mefures , en ne fe chargeant point du travail pénible.

Par exemple, afin de fe procurer ce double avantage , l'Ouvrier attaque le
Charbon dans l'endroit où il le trouve plus facile à fe détacher , où la maffe eft
moins dure : pour cela il fappe par les fondements les piliers qui étayent les

(1) L'Auteur de la Traduction de Schlutter
obferve qu'on exige ordinairement de ceux qui
follicitent des Conceffions de Mines, qu'ils répondent à plufieurs queftions, dont il donne
l'énumération dans la Préface , *page xiij.* Cet
état, de demandes feulement, fe rapporte, pour
les Mines métalliques, à ce que nous exécutons
ici réellement. Le cinquieme Mémoire de M.
Zimmermann , fur un Plan d'Adminiftration de
Mine , felon fes principales parties, aura place

dans notre *Bibliotheque des Conftitutions fur le
fait des Mines.*

(2) Remarques fur la Mine de Charbon de
Boferups , & examen des autres Charbons de
terre de Scanie , 3ᵉ. trimeftre des Mémoires de
l'Académie de Suede , an. 1773 , *pag.* 236.

(3) Mefure de 168 pintes , ce qui , à 24 pintes près , revient à notre muid de Paris.

(4) *Page* 302.

Galeries, & fait écrouler le Charbon : c'eſt cette manœuvre qui, dans les Mines du Lyonnois, s'exprime par le terme, *faire foudroyer* : après ce *foudroyement*, l'Ouvrier place des piliers de bois pour tenir lieu des maſſifs de Charbon qu'il a renverſés. Cette mauvaiſe manœuvre ne peut ſe réparer par des étais poſtiches, qui ne ſont jamais conſtruits de maniere à faire un ſoutien égal, ſur-tout après que toutes les maſſes voiſines ont été plus ou moins ébranlées; ce qui fait qu'en venant à ſe détacher tôt ou tard, elles dérangent & troublent l'ordre ſucceſſif des travaux.

M. de Tilly eſtime qu'il convient, autant qu'il eſt poſſible, de faire travailler le Mineur à la tâche, c'eſt-à-dire, de lui donner un ſalaire déterminé par toiſe de Charbon, lorſque la veine eſt réguliere, ou par toiſe de roche, ſuivant la nature plus ou moins compacte de ces bancs de pierre.

Il doit en être de même pour les enfants qui traînent le Charbon ; leur journée dans quelques Provinces eſt évaluée ordinairement à 15 ou 16 douzaines de paniers, quelquefois à 24, ſelon le trajet qu'ils ont à parcourir.

Il eſt bon de remarquer dans ces différences de ſalaires qui ſe donnent aux Ouvriers en pluſieurs Pays, que l'on doit avoir égard à l'épaiſſeur des veines; il eſt fort différent d'avoir à travailler & à traîner des Charbons dans des veines qui ont en épaiſſeur la hauteur d'un homme ou davantage, comme il s'en trouve à Liége, voyez *page 69*, ou dans des veines dont l'épaiſſeur oblige l'Ouvrier d'être dans une poſture plus ou moins gênée, comme dans la Mine de Boſerups, où elles n'ont que depuis 1 pied juſqu'à 2 pieds & demi de *puiſſance* (1).

Le Charbon amené au principal chargeage pour être enlevé au jour, & déchargé ſur le pas du bure, devient nouvelle matiere à combinaiſons, pour ſupputer ce qui peut en ſortir de la Houilliere en une journée ; la quantité qui peut s'enlever d'une Mine en douze heures de temps, eſt relative à la profondeur du puits, & conſéquemment à la machine établie ſur l'œil du bure pour cette manœuvre.

Avec le petit Touret à bras ou Vindas, *Pl. II*, *Part. I*, deux hommes tirent chaque fois 70 livres peſant; voyez *page 351*.

Avec les petites machines à bras, (*fig. 1*, *Pl. XVI*, *Part. II*), dont les payſans ſe ſervent pour une profondeur de 20, 30 à 36 toiſes, on ne peut tirer à la fois que 150 ou 200, tout au plus 300 livres peſant, revenant à la charge d'un cheval. A la ſuite de chaque enlevement, il ne laiſſe pas que d'y avoir certain temps perdu pour la beſogne des traireſſes au jour; voyez *page 210*. On pourroit éviter ce coup de main, en fermant le bure avec deux battants, lorſque le panier eſt arrivé au jour; on pourroit encore, ſelon que le moulinet eſt exhauſſé au-deſſus de l'œil du bure, gliſſer ſur la bouche du puits une planche à roulettes.

(1) *G. Macht.* S<small>U</small>. *Macgtighet :* ce terme, reçu en Minéralogie, déſigne la largeur & l'épaiſſeur d'un filon : on dit *des couches puiſſantes.*

Dans les Houillieres de conféquence, l'extraction journaliere eft évaluée à Liége à 50 *Traits* (1) par jour ; chaque trait, felon la qualité de la Houille, peut être eftimé de 2500 à 2600 jufqu'à trois milliers, même encore au-delà, au dire des Houilleurs de Liége. M. Jars penfe que cela ne peut pas aller à plus de deux mille cinq cents : je reviendrai à cet article en parlant de la profondeur des Bures.

En admettant le nombre de 50 traits par jour dans les Houillieres de Liége, il en réfulteroit qu'en 50 voyages, qui fe font en douze heures, l'extraction feroit de 125000 livres, pour la moindre charge ; de 130000, pour la moyenne ; & de 150000, pour la charge de trois milliers. Ce réfultat de 50 traits par jour, fuppofe au bure une profondeur telle qu'il y a quatre voyages par heure ; ce qui feroit beaucoup, même en mettant plus de 4 chevaux au hernaz.

A Newcaftle, voyez *page 695*, l'extraction eft évaluée en douze heures de temps à 89604 livres pefant.

La derniere main-d'œuvre à donner au Charbon, lorfqu'il eft arrivé au pas du bure, eft celle néceffaire pour l'emmagafiner près la riviere fur laquelle il doit être embarqué pour devenir objet de commerce en grand.

Ce tranfport conftitue un objet de dépenfe & de manutention particuliere : la diftance de la Mine au port, la qualité du chemin qui conduit de l'un à l'autre, la maniere dont cette exportation peut fe faire, influent différemment fur le nombre de voyages que peuvent répéter dans une journée les bêtes de fomme, ou les voitures dont on eft à portée de fe fervir dans le canton où la Mine eft fituée. Selon que le Charbon fe tranfporte au magafin à dos d'âne, comme à Braffac ; à dos de mulet ou de cheval, comme à Craufac, à Rivedegier ; ou par voitures, auxquelles on attelle des bœufs, comme à Fims, ou des chevaux.

Les charges exportées chaque fois dans l'efpace d'une journée, emploient plus ou moins de temps à arriver au magafin ; l'équipage de Mine comporte en conféquence une différente augmentation de chevaux, de bœufs, de voitures, de Voituriers.

On n'a befoin ici que de ces indications générales, par rapport aux combinaifons auxquelles elles peuvent fervir de bafe dans cette partie de l'adminiftration d'une Mine, en connoiffant foit le trait de chaque cheval (2), foit le temps que des voitures chargées de Charbon emploient dans d'autres endroits à faire le chemin de la Mine au magafin. A Newcaftle, par exemple, un feul cheval conduit de la Mine au magafin, dans un chariot, fept chauchters, c'eft-à-dire, cinq milles trois cents pefant de Charbon (3).

(1) Ce mot exprime indifféremment les paniers, coufades, & pellées ; il eft employé dans prefque tous les rendages de prifes : on doit entendre par-là, la charge que rapporte la coufade (*Pl. X, fig.* 1 & 2. *Part. II*) enlevée par la machine à chevaux, *fig.* 1, *Pl. XII. Part. II.*

(2) Le trait du cheval ou ce qu'il peut tirer, eft d'environ 175 livres, en faifant un pas & demi par feconde, ou $\frac{8}{7}$ de lieue en une heure.
(3) Le trait du bœuf eft plus confidérable, mais la lenteur de fa marche prend fur le temps du voyage.

Devant

Devant bien-tôt traiter en particulier de la fituation avantageufe d'une Mine, je reviendrai fur les deux premieres circonftances dont je viens de parler, favoir la diftance du puits d'extraction à l'embarquement, & la qualité du chemin de traverfe, qui donneront matiere à des réflexions intéreffantes fur les voitures de tranfport & fur les routes.

Réfumé pour fervir de Journal d'exploitation.

Mois et Jour.	Journaliers.	Ferrures.	Extraction.		En Magasin.	Vente.
	Dans les ouvrages fouterreins. . .	Bois. Lumieres.	Charbon de 1ʳᵉ qualité.	Charbon de 2ᵉ qualité.	Voitures. Charges.	Beines.
	Journaliers dans les ouvrages à la fuperficie. .	Menus frais.	*Toifes cubes.*	*Toifes cubes.*		Compor-tes.
	Appointements des Employés.					Voyes.
	Voituriers. . .					
	Chevaux. . . .					

Le point de vue fous lequel nous confidérons ici un établiffement de Mine, en faveur de ceux qui fe difpofent à en entreprendre, ou qui peuvent fe trouver chargés de la direction d'une Houilliere fuppofée en train, conduit naturellement à tracer un Tableau plus rapproché des différents agrès que comporte un établiffement, & qui puiffe fervir de Tableau de dépenfes fur ce point : ceux qui compofent à eux feuls des machines, feront traités à part.

Equipage d'un Attelier de Mine, ou dénombrement des Approvifionnements néceffaires pour l'exploitation d'une Carriere de Charbon de terre.

Fers, fondes, forets, pics, marteaux, pelles, maffes, &c. chaînes de fer, bandages pour lier les roues des voitures & les pieces de différentes machines.

Quantité de *légers ouvrages en fer*, rappointis, nommés proprement *ferrailles*, broches, crochets pour les machines & pour les cordes, pattes, agraffes pour lier les pieces des caiffes & des tonneaux.

Clous d'échelles, chevilles, écrous, clefs, crapaudines, viroles, vis, échelles de fer.

Poudre a canon pour faire jouer la Mine.

Charpenterie. Bois pour eftanfillons, pour cuvelages, d'après des Mémoires de feu M. le Vicomte Défandrouins : ces deux articles feuls (en 1750), pour les foffes de Frefnes & d'Anzin, pouvoient fe monter à 80 mille liv. par an.

Bois pour machines à molettes, machines à pompes, machines à feu, équipages de chariots.

Coffres, caiſſes, paniers d'extraction , bacquets, ſeaux : dans les Mines de Carron en Angleterre, au lieu de paniers pour enlever les Charbons de la carriere, ce ſont des ſeaux ou caiſſes quarrées de deux pieds & demi ſur chaque dimenſion, formées de planches bien ferrées ; le fond s'ouvre à l'aide d'une charniere, quand on veut les vuider.

Echelles.

Chartelles , Charettes, Brouettes.

Pierres, *briques* pour les Bures d'extraction, & pour les Bures d'airage.

Graiſſes & huiles pour les machines , pour lampes ou chandelles : en 1756 , ſelon M. le Vicomte Deſandrouins, il en coûtoit pour s'éclairer dans les ouvrages de Freſnes & d'Anzin , plus de 35 mille livres par an.

M. de Tilly remarque que des chandelles , de 14 ou de 15 à la livre, durent trois heures, s'il y a aſſez d'air dans la Mine.

Il paroîtroit avantageux pour l'économie , de les faire porter à la maniere uſitée parmi les Houilleurs de Liége, retenues ſur leur chapeau dans de la glaiſe ; l'Ouvrier alors ne ſe trouve pas dans le cas d'oublier ſa lumiere lorſqu'il quitte l'ouvrage.

Cuirs pour les piſtons, pour les chaînes & pour les ſeaux: dans quelques pays, en Angleterre, par exemple , c'eſt avec des ſacs de cuir que l'on vide & que l'on enleve les eaux ; il eſt de ces ſacs qui contiennent 8 & 9 gallons.

M. Jars, dans ſon Ouvrage, rapporte que dans les Mines de fer de Nordmarck , province de Wermeland, & dans celles de Dannemora en Uplande , les cordes employées à enlever le minerai ſont de cuir ; nous en parlerons à l'article des cordages qui peuvent ſe ſubſtituer aux chaînes.

A tout cela il faut ajouter les frais particuliers pour la conſtruction des *machines à molettes*, des *machines à pompes*, des *machines à feu* , dont les différentes pieces ſeront détaillées à part, à la ſuite de quelques principes de Méchanique.

On doit ſeulement obſerver, que la machine à feu peut emporter à elle ſeule une dépenſe de 60 ou 80 mille livres.

Des deux principaux Atteliers & Approviſionnements de Mines.

Dans une entrepriſe de cette nature, un coup d'œil général , tel que nous venons de le donner, ne ſuffit pas ; la multitude d'outils, de machines, d'agrès & équipages de tout genre auxquels on eſt obligé d'avoir recours pour une exploitation en grand , fait d'abord appercevoir que l'établiſſement d'une fouille exige une fourniture abondante de deux fortes de matériaux , fer & bois.

Le fer avec lequel fe fabriquent les outils , les chaînes , les crochets , agraffes ou pattes , les clous , a befoin , pour être mis en œuvre , d'être travaillé à la forge.

Le bois indifpenfable pour les outils , les machines , les pompes , les épaulements fouterrains , les hangards , &c. doit paffer par les mains du Charpentier.

Delà deux atteliers à lever , 1°. une forge (1) , 2°. un attelier où s'exécutent les ouvrages en gros bois.

Les Ouvriers de l'un & de l'autre de ces atteliers , journellement inftruits par l'expérience , bien mieux que perfonne , n'ont fans doute befoin chacun dans leur partie d'aucune inftruction : cependant jamais un Directeur de Mine , un Propriétaire ne doivent tellement s'en rapporter à la capacité , à la fidélité de ces Journaliers , à la vigilance des Maîtres-Ouvriers , qu'ils fe croyent difpenfés de furveiller à l'achat des différents matériaux , aux travaux qui s'exécutent pour toutes les opérations de la Mine ; mais fi ce Propriétaire , ce Directeur , ou tous les deux , ne favent point la valeur des chofes ; fi par euxmêmes , ils n'ont pas la moindre idée de la bonne ou de la mauvaife qualité du fer , du bois , des briques , des cordes , qui dans les petites Houillieres peuvent remplacer les chaînes , il fera bien inutile que l'un ou l'autre affifte à la vifite ou recette de ces différents matériaux : s'ils ignorent le travail , comment pourront-ils juger du talent & de la befogne de l'Ouvrier ? Leur préfence empêchera-t-elle que l'on ne mêle du bois vieux à du bois neuf , que le Charpentier ne foit négligent à ménager tous les bois , en les faifant fervir utilement ?

Ces courtes réflexions laiffent tout d'abord entrevoir le confeil que nous voulons donner aux Directeurs de Mine , ou à un Propriétaire qui par lui-même fait valoir fon terrein : il eft facile de reconnoître qu'aux fonds confidérables à employer dans les trois différents temps de l'entreprife , il eft important de joindre des connoiffances dans les différentes parties de détail , dans l'achat du fer , dans le travail des Ouvriers à la forge ; des idées précifes fur les bois & autres matériaux , fur les outils & agrès pour leur fabrication , fur la conftruction des hangards , des machines d'extraction ; un détail économique des uftenfiles , une conduite éclairée & économique dans les manœuvres ; enfin cette intelligence doit s'étendre fur l'entretien , fur les réparations.

L'expérience ne prouve que trop fouvent , combien ces fortes d'avis en

____

(1) On doit entendre par-là , les petites forges ou fourneaux dans lefquels on fait chauffer le fer pour le battre & le travailler fur l'enclume avec le marteau , ces Forges font accompagnées de beaucoup d'uftenfiles , comme foufflets , tenailles , pinces , broches ou tifonniers , pelles , cifeaux , étaux , limes , outils pour forer , &c.

différents genres, font peu écoutés & peu fuivis : les perfonnes qui ont ici le plus d'intérêt à y avoir égard, font toujours difpofées à s'en rapporter aux gens du métier qu'ils emploient, & que cela regarde directement. On ne peut nous favoir mauvais gré de défirer & de prendre à tâche, que notre invitation produife une autre impreffion fur les Propriétaires, ou fur les Directeurs de Mine, auxquels cette derniere Section de notre Ouvrage eft particuliérement deftinée : dans cette vue, nous allons effayer de fixer leur attention, en leur donnant fur les différents objets, qui fe trouvent fans ceffe à leur portée, des notions préliminaires ; elles les mettront à même d'en acquérir de plus étendues.

Nous commencerons par expofer les manieres de reconnoître un fer de bonne qualité, & un autre de mauvaife qualité ; nous tranfporterons enfuite le Lecteur dans un Attelier de Forgeron ; nous lui ferons remarquer les phénomenes généraux que préfente le feu de Charbon de terre fur le fer, lorfqu'on travaille ce métal au feu de ce foffile. Après nous être arrêté fur les différentes efpeces de bois, propres à être employés aux différents ufages relatifs à toutes les manœuvres d'une exploitation, nous pafferons de même en revue les autres matériaux néceffaires dans les entreprifes de Mines ; nous ne négligerons pas de même de l'éclairer fur l'application de la force des hommes & des animaux aux différents ouvrages de Mines.

Du Fer confidéré à la Forge.

Le fer eft un métal dur, fec, très-difficile à fondre, mais ductile ; la plus grande partie de celui qu'on emploie en France vient des Provinces de ce Royaume ; il n'eft pas fi doux ni fi bon que celui qui vient d'Allemagne, de Suede & d'Efpagne ; il ne peut fe polir qu'avec le grès & l'*émeril* (1) : celui d'Allemagne fouffre un peu la lime.

Il n'y en a nulle part d'auffi bonne qualité qu'au pays de Liége, où l'abondance de cette matiere entretient depuis long-temps un grand nombre de fourneaux. Je crois devoir à ce fujet relever une erreur qui fe trouve dans le Paragraphe IX, *page* 148, du fecond Volume de Swedemborg, & qui a été confervée dans la traduction publiée à la fuite de la Defcription de l'Art des Forges & Fourneaux à Fer, *page* 90 : on y lit, que quelques années avant, le pays de Liége ne poffédoit que huit fourneaux.

Cette maniere de s'exprimer en fuppofe davantage dans le temps que l'Auteur publioit fon Ouvrage ; c'étoit en 1734 : j'ignore fi ceux qui exiftent aujourd'hui font de ce temps ; mais il eft certain qu'il y en a actuellement au

_____

(1) Efpece de Mine de fer très-dure, cendrée ou grisâtre, quelquefois brune ou rougeâtre ; pour employer cette pierre, il faut commencer par la réduire en une poudre extrêmement fine, la délayer enfuite dans l'eau, (pour certains cas dans de l'huile) ce qui eft nommé *Potée d'Emeril*.

moins feize ; j'en donne ici l'énumération & la fituation, pour la curiofité de quelques Lecteurs (1).

Le fer fe divife en deux efpeces générales ; la premiere eft le *fer de Fonte*, autrement *fonte de fer*, qui fe coule dans des moules conftruits exprès, & auxquels on donne la forme que l'on juge à propos, pour faire des canons, des bombes, des boulets, des tuyaux de conduite, des poëles, des marmites, &c. fa qualité eft très-aigre, dure & caffante.

La feconde efpece eft le *fer forgé*, réfultant des gueufes (2), & qui ayant été coupé en barres, a été forgé & étiré, c'eft-à-dire, allongé en barres fous le martinet des grandes Forges ; c'eft de celui-ci que l'on fait tous les gros fers, les chaînes, les tirants, les effieux, &c.

Le fer pour être en état d'être travaillé par quelques Ouvriers, comme Maréchaux, Taillandiers, &c. demande à être fondu une feconde fois, en faifant paffer les gueufes par le *martinet* (3), enfuite par la *chaufferie* (4), & par l'enclume, pour le réduire en barres ; alors il fouffre la lime, mais ne peut plus fe fondre, & donne deux caracteres de fer différents, de *fer fort* ou *dur à la lime*, & de *fer doux* à la lime.

On forge à chaud & à froid, mais plus fouvent à chaud.

L'action de forger ou de préparer le fer à la forge, confifte à chauffer, rougir le fer, pour le battre, & le travailler fur l'enclume avec un marteau, c'eft-à-dire, lui donner la forme qu'on veut.

Cette opération de chauffer le fer fuffifamment pour être forgé, jointe à l'action de forger, s'appelle *chaude*; on dit, *Ce morceau a été forgé en une, deux, trois chaudes* : néanmoins ce terme exprime plus particuliérement le degré de chaleur à donner au fer, ou le temps que le fer met à être chauffé, avant d'être porté fous le marteau ; nous nous arrêterons en particulier à ceci.

Cette manœuvre renferme différentes vues, felon la différence des ouvrages.

(1) Dans la banlieue de Liége, on compte deux fourneaux, fitués tous les deux fur la riviere d'Ourte ; le premier eft à Froidmont, à une demi-lieue de Liége ; le fecond à Grivegnée, un quart de lieue plus haut; ils tirent leur Mine de Beaufays au-deffus de Chaud-Fontaine, & de Bas-Oha au-deffus de la ville de Huy.

Au Marquifat de Franchimont, il y a le fourneau de Suffenville, qui tire fa Mine, tant du Marquifat, que de Beaufays.

Dans l'entre-Sambre-Meufe Liégeoife, quatre au département de Couvin, favoir le fourneau de Nifmes à M. Rouet, de Pernel à M. d'Eftrée & Bernard, de S. Roesk à M. Defandrouins, de la Patinerie à MM. Polcher, & Chatelain.

Au département de Dailly, le fourneau de Gourieux à M. Brunet, de Roli à M. d'Arches.

Département de Sileurieux, fourneau de Falemprife à M. Demanet, d'*Ives* à M. Mafcard.

Département de *Florenne*, fourneau de S. Lambert à M. de Montpellier, de Froidmont à M. André Puiffant, de S. Aubain à M. le Baron de Rofée, de *Morialme* à M. Puiffant fils, de Lavalette à M. de Ceve, de Poncet à M. Puiffant de Marchienne.

Ces fourneaux ne fondent que des Mines de la Province où ils font fitués, & qui donnent le meilleur fer, fort à la lime, dans les Seigneries marquées en lettres italiques, & dans les Seigneuries de Frere, & de Jamiolle.

(2) On appelle de ce nom, un gros lingot de fer, qui dans fa premiere fonte a été coulé dans des canaux triangulaires, & formé en gros lingots du poids de 3, 5 jufqu'à 6 mille livres.

(3) Efpece d'ufine dans les groffes forges, ainfi appellée du marteau qui y travaille.

(4) Attelier des groffes forges, où le fer paffe au fortir de l'affinerie : on appelle *Chaufferie*, le creufet deftiné à recevoir les pieces, pour les chauffer à mefure qu'on acheve de les battre.

1°. Durcir la matiere au marteau jufqu'à ce qu'elle ait perdu fa duſtilité ; c'eſt ce qu'on nomme *Ecrouïr.*

2°. *Corroyer*, c'eſt-à-dire, adoucir le fer, l'affiner, le décharger de fon laytier, lui ôter, en le battant fur l'enclume, les pailles ; l'allonger, le reformer, le fouder. Selon qu'il eſt mal corroyé, foudé ou chauffé, il con-tracte des qualités diverſes.

Lorſqu'il eſt mal corroyé, il eſt rempli d'une infinité de pores très-ouverts, ou de cellules remplies de craſſes, ſoit de cendre, de charbon ou autres, d'où on l'appelle alors *fer cendreux* ; & *fer ceru*, lorſqu'ayant été brûlé ou mal corroyé, il eſt mêlé de ces craſſes, comme ſont le plus ſouvent les extrêmités des barres.

S'il eſt mal ſoudé, il eſt compoſé de pluſieurs lames poſées les unes ſur les autres ; & lorſqu'on vient à le travailler, il ſe diviſe en autant de parcelles, que l'on nomme des *pailles*, & le fer ſe nomme *pailleux.* En Métallurgie, on nomme *paille*, dans les métaux, un endroit défectueux qui les rend caſſants & difficiles à forger ; on dit ſur-tout du fer & de l'acier, qu'ils ſont *pailleux,* & c'eſt un très-grand défaut ; car outre celui qu'on vient de dire, ils ſouffrent un grand déchet à la forge.

Il ne faut pas confondre avec ce défaut, des eſpeces d'écailles qui tombent de la ſurface du fer quand on le forge à chaud, & qu'en forgerie on nomme auſſi *pailles* ; elles ſont employées à faire le noir, & quelques autres couleurs des Peintres ſur Verre ; tout cela dépend du feu qu'on lui a fait éprouver.

Le fer, en ſe chauffant, s'altere toujours un peu ; à un degré plus fort de chaleur, il ſe grille ; à un degré encore plus fort, il ſe brûle ; on dit alors que le fer eſt *ſurchauſſé,* c'eſt-à-dire, qu'il menace de brûler, ou eſt menacé de brûler en partie, par le trop de feu qu'on lui a donné : lorſque dans une barre de fer, choiſie chez les Marchands, il paroît des crevaſſes en travers, c'eſt un ſigne que le métal a été ſurchauffé.

Ce défaut, qui ôte aux métaux toute leur qualité, eſt appellé *ſurchauffure,* par quelques Ouvriers *fourrures de fer* ; on remarque en effet, que ce métal & l'acier brûlés ſe réduiſent en une matiere ſpongieuſe, fragile, qui n'eſt plus bonne à rien.

On n'exécute aucun ouvrage ſur le fer, qu'il n'ait d'abord été chauffé au feu ; c'eſt par conſéquent l'opération la plus commune, il ſembleroit de là que ce devroit être la plus ſimple : il s'en faut beaucoup que cela ſoit ainſi ; pour la connoître & en juger, il ſuffit de ſuivre un Ouvrier dans cette opération.

Lorſqu'il a allumé ſon Charbon, qu'il faut toujours ſuppoſer un bon Char-bon (1), de temps en temps il jette de l'eau deſſus ; il eſt des Ouvriers qui

(1) Les Ouvriers tenus de ſe ſervir indiſtinc-tement de tous les Charbons qu'ils ſont à portée de ſe procurer, ſans être maîtres du choix, ſup-pléent, autant qu'il eſt poſſible & aſſez bien, au défaut de qualité, par la connoiſſance que leur donne de ce Charbon l'habitude de l'em-ployer : il n'en ſeroit pas moins intéreſſant qu'ils euſſent ſur cela d'autres notions ; perſon-

de temps en temps découvrent le feu ; d'autres se contentent de retirer de côté le mâche-fer qui se forme dans le fond de la forge. L'infperfion, à laquelle les Ouvriers attribuent l'effet de concentrer la chaleur , d'animer le feu , n'en a probablement pas d'autre que celui tout oppofé , de rallentir fa vivacité ; & par-là l'Ouvrier, fans s'en douter, dirige fon feu, le rend égal. Dans les grandes forges, on jette auffi de l'eau fur les Charbons de bois qu'on y emploie. L'écartement du mâche-fer formé dans le fond de la forge eft plus raifonné que ne le croient les Ouvriers ; ce fond empêcheroit le fer de chauffer également.

Ceux qui découvrent le feu quand le fer eft près d'être chaud , jettent deffus le fer un peu de fable fec, vraifemblablement pour diminuer la chaleur ; cette méthode peut avoir fon avantage , en traitant certains fers aifés à furchauffer , comme les *fers tendres* , nommés auffi *fers doux* : il eft poffible encore que ce mâche-fer retiré de côté & encore enflammé , entretienne fuffifamment la chaleur du fer , & tienne lieu d'un pareil volume de Charbon, ce qui alors fait une économie ; ou c'eft uniquement pour reconnoître quand le fer eft chaud.

Tout cela n'eft pas toujours fi facile à reconnoître que bien du monde pourroit le croire ; il fe forme fur le fer forgé avec le Charbon de terre une croûte & une flamme claire qui empêchent d'appercevoir bien fenfiblement le fignal de la chaude.

Quoi qu'il en foit de la méthode, variée dans quelques points, il eft conftant, & perfonne ne l'ignore , que les Ouvriers de forge font parvenus , à la faveur d'une expérience laborieufe , à juger du point auquel ils doivent chauffer leur fer, felon la qualité de celui qu'ils travaillent, comme le *fer froid*, qui eft peu ductile , le fer caffant à chaud , très-difficile à forger , & qu'ils appellent *Bourelin*, le fer aigre, le fer doux , &c.

C'eft donc l'affaire d'une grande expérience d'œil & de main, & elle eft fûre pour ménager le fer en le forgeant , pour juger à la couleur du degré de chaleur qu'il doit éprouver pour être forgé.

Ce degré de chaleur , appellé *chaude*, doit en conféquence être proportionné convenablement , & il a des marques particulieres pour être reconnu ; l'attention de découvrir un peu le feu, & de le retirer en dehors, eft fans doute un des moyens naturels ; mais un figne décifif, c'eft lorfque la flamme eft blanche & mélangée plus ou moins d'étincelles brillantes, à proportion de fon degré de chaleur.

Le fignal de la bonne chaude eft la fortie bruyante de ces étincelles fort

---

ne encore ne s'eft attaché à en établir. Dans l'article troifieme , où nous confidérerons le Charbon de terre, quant à fon ufage pour les Arts, nous indiquerons dans le plus grand dé- | tail les caracteres auxquels on peut diftinguer les différentes qualités intrinfeques du Charbon de terre.

brillantes, comme des petites étoiles blanches ; les Ouvriers difent alors que le fer *brafe* (1).

Quand ces étincelles font *rouges*, la chaude commence, & l'on juge qu'elle eft faite lorfque ces étincelles font *blanches* ; ils attendent des degrés différens dans la couleur de la chaude, felon les fers.

Il y a tels fers qu'il ne faut chauffer qu'à blanc, d'autres à qui il ne faut donner que la couleur cerife, d'autres qu'il faut chauffer plus rouge, felon que le fer eft plus ou moins doux : pour les fers doux, il ne faut les chauffer qu'à blanc ; la couleur rouge blanc pour certains ouvrages, eft appellée dans quelques atteliers *blanc de lune*.

On appelle *chaude graffe*, celle où le fer fortant de la forge eft bouillon-nant & prefque en fufion ; il dégoutte même en parcelles fondues, comme une fueur, d'où on appelle auffi *chaude fuante* la chaude graffe ; c'eft celle qui fe donne la première, lorfque le fer eft *pailleux*, & qu'il s'agit de le fouder : il eft alors à propos de ne frapper le fer qu'à petits coups ; fi on le battoit à grands coups, il s'écarteroit en tout fens en petites portions.

La manière de forger n'eft pas non plus fi fimple qu'on le croiroit bien : après avoir *écroui* le fer, il faut lui rendre fa ductilité enlevée par le marteau en le rougiffant au feu ; car fi lorfqu'il eft écroui, on forçoit le forgé, on s'expoferoit à faire caffer le fer ; d'où l'on voit que les deux termes *dur* & *caffant*, font fort bien rendus par celui d'*écroui*. La première caufe des caffures vient de l'action de forger ; l'endroit qu'on aura battu à froid, caffera plutôt qu'un autre qui l'aura été moins ; auffi on remarque toujours qu'un bon For-geron perd moins de pièces par les caffures qu'un médiocre Forgeron.

Il y a tant de manières de forger le fer, felon les différentes efpeces d'ou-vrages, qu'il n'eft pas poffible de les déterminer ; c'eft à l'ufage & à l'expé-rience qu'il faut avoir recours pour s'en inftruire.

Nous dirons feulement que lorfqu'on met le fer au feu pour la première fois, il eft abfolument néceffaire de lui donner une chaude fuante, afin qu'en le frappant il puiffe fe fouder & corroyer bien enfemble ; enfuite pour finir l'ouvrage, il eft fuffifant de le chauffer jufqu'à ce qu'il foit rouge ou blanc fe-lon les différentes fortes d'ouvrages ; & lorfque l'ouvrage eft fini, on le *recuit*, ou avant qu'il prenne des écailles, qui ordinairement en ouvrent les pores, le rendent craffeux & difficile à limer lorfqu'il eft froid ; on le laiffe enfuite ré-froidir fans le frapper.

S'il arrive que l'on ait befoin d'un fer très-doux, & qu'on n'en ait point, on pourroit avec du fer très-caffant & très-aigre, en faire d'auffi doux qu'on jugeroit à propos.

Il s'agit de le réduire en petits morceaux applatis, que l'on joindroit

_____

(1) Les Ouvriers en fer fe fervent du terme *brafer* dans un autre fens, lorfqu'ils uniffent deux pieces de fer avec du cuivre.

enfemble en forme de *pâté*, ainfi appellé felon l'Art, & les *corroyer* (1) bien enfemble avec le marteau après les avoir chauffés ; & ainfi plus le fer eft corroyé, & plus il devient bon.

La plûpart des Mines de fer, d'entre Sambre & Meufe, qui font un peu *aigres*, font dans ce cas ; on eft obligé pour y remédier de les mélanger avec une Mine plus douce qui fe prend du côté de Namur.

Manieres de reconnoître les qualités du Fer.

Lorsqu'on a choifi une barre nette & forgée quarrément, il faut la plier pour connoître fon degré de douceur ou d'aigreur ; fi à l'endroit plié on voit que le fer *découvre* comme fi on l'avoit trempé bien rouge dans l'eau, c'eft une marque infaillible que le fer eft excellent ; cependant il peut être très-bon fans *découvrir*.

Lorfqu'il n'eft pas *rouverain*, qu'il fe chauffe bien, qu'il fe foude facilement, qu'il eft ferme fous le marteau, il eft bon.

On appelle *Fer aigre* ou *caffant*, celui qui fe caffe facilement à froid ; on le nomme auffi *rouverain* ou fer *acerain* ; c'eft un fer qui n'eft pas affez purgé de fon laitier.

Il fe trouve de ces fers tellement aigres, que fi on ne prend pas la précaution de les foutenir d'un bout à l'autre, ils tombent en morceaux d'un côté, tandis qu'on les travaille de l'autre.

On les reconnoît de plufieurs manieres ; 1°. à des gerçures ou découpures qu'on voit traverfer les quarrés des barres ; 2°. ce fer eft pliant, malléable à froid, & caffant à chaud, lorfqu'on le travaille.

A la forge le fer acerain a auffi fes marques particulieres ; il rend une odeur de foufre ; en le frappant, il en fort des étincelles femblables à des petites flammes en étoiles : quand on le chauffe un peu plus blanc que couleur de cerife rouge, il s'ouvre à chaud, & quelquefois prefque tout en travers de la barre, fur-tout lorfqu'on le bat ou qu'on le ploie ; il eft fujet à avoir des pailles & des grains.

Quelques fers, comme celui d'Efpagne, ont ce défaut ; les vieux fers qui font reftés long-temps expofés à l'air, font fujets à devenir rouverains.

Le *bon fer* a le grain noirâtre & ferré, il eft plus tenace que celui dont les grains font gros & brillants, & il caffe plus aifément que celui qui eft doux, qui fouvent eft caffant à froid ; il fe déchire en quelque façon, ce qui le diftingue de l'acier qui caffe net ; d'où il réfulte qu'on peut diftinguer la qualité du fer forgé à la vue & à la feule infpection du grain, lorfqu'il a été caffé à froid & à la forge.

(1) Dans cette occafion, cette expreffion fignifie fouder enfemble plufieurs barres de fer, pour n'en faire qu'une.

Quand le grain en eft petit & ferré à-peu-près comme celui de l'acier, il eft pliant à froid, & bouillant à la forge, ce qui le rend difficile à forger, à limer, & à fe fouder; on en fait par cette raifon des outils pour travailler à la terre.

Lorfque le grain eft noir tout au travers de la barre, le fer eft néanmoins bon & malléable à froid, doux à la lime; mais il eft plus fujet à être *cendreux*, c'eft-à-dire, moins clair & moins luifant après qu'il eft poli; il s'y trouve des taches grifes : ce n'eft pas qu'il ne fe rencontre des barres de fer qui n'ont point ces défauts.

Celui dont la caffure eft d'un gris noir tirant fur le blanc, eft beaucoup plus dur & plus roide, & par conféquent plus convenable aux *gros ouvrages noirs* (1) ; car à la lime, on lui remarque des grains qui ne peuvent s'emporter.

Il y a d'autres fers mêlés à la caffure; ils ont une partie blanche & l'autre grife ou noire, le grain en eft d'une moyenne groffeur. Ces fers font réputés les meilleurs ou également bons à la forge; ils fe liment bien, prennent un beau poli, & ne font fujets ni à des grains, ni à des *cendrures*, parce qu'ils s'affinent à mefure qu'on les travaille.

Lorfqu'après avoir été caffé à froid, le grain eft très-gros, clair & brillant comme l'*étain de glace*, connu chez les Droguiftes fous le nom de *Bifmuth*, il eft le moindre de tous, & également difficile à employer à la lime & à la forge.

Feu M. de Réaumur a donné les indices qui fe prennent à la caffure du fer, pour juger de fa bonne ou mauvaife qualité.

La maniere de reconnoître ainfi le fer à la vue, eft fort fujette à tromper; les gens même de l'Art n'ofent guere s'en rapporter à ces apparences; ils aiment mieux, quand ils en ont befoin, éprouver le fer. Swedemborg, rapporte (2) la maniere dont s'y prennent les Marchands en Suede & en Angleterre, pour s'affurer de la qualité du fer qu'ils achetent, & qu'ils deftinent à être embarqué : nous croyons rendre fervice aux Directeurs de Mines, de placer ici ce détail.

Manieres ufitées en Suede & en Angleterre d'effayer la qualité du Fer.

» 1°. Ils examinent l'extérieur des barres; s'il eft rude au toucher, que
» les angles ne foient pas nets, qu'il y ait des fentes, des gerçures, c'eft une
» marque qu'il eft vicié par trop de foufre; ils regardent encore s'il eft égale-
» ment uni & poli partout (3).

(1) En forgerie, ce font les gros ouvrages de fer que peuvent forger les marchands Taillandiers & autres, en vertu de leurs Statuts, comme focs de charrue, houes, fourges, &c.
(2) Traduct. quatrieme Sect. page 135.
(3) Il eft très-bon lorfqu'il eft fort noir, & qu'il femble bien uni & bien liffe. Une barre de fer caffant à froid paroît au contraire rude à la main lorfqu'on la manie; les pores en paroiffent moins ferrés; elle eft tendre au feu : il y a de ces fortes de fers qui deviennent plus caffants en les forgeant, & qui ne peuvent être ni dreffés, ni tournés à froid.

2°. Ils choififfent une quantité de barres, environ deux ou trois par cent,
» qu'ils paffent l'une après l'autre dans une encoche pratiquée dans un gros
» bois ou dans un pieu fixement arrêté en terre ; d'abord ils font décrire à la
» barre un léger arc de cercle, & la ramenent à la ligne droite ; fi elle fouffre
» la courbure, & qu'elle fe redreffe bien, c'eft un indice d'une certaine tenacité :
» ils recommencent à la plier & à lui faire faire un ou plufieurs tours, en la
» ramenant enfuite à la ligne droite ; fi la barre peut fouffrir cette épreuve
» c'en eft affez, le fer eft autant tenace qu'on peut le défirer.

· » 3°. Quand ils doutent de la nature d'une barre de fer, ils la jettent de toute
» leur force fur un coin de fer arrêté dans un morceau de bois, ou fur quel-
» qu'autre point d'appui de fer & bien aigu, ou bien ils pofent la bande fur
» ce coin, & font toucher deffus avec des maffes ; fi les coups marquent fur le
» fer, fans qu'aucune partie de la barre fe caffe, c'eft un figne de tenacité.

» Ils emploient encore pour juger de la tenacité ou de la fragilité du fer,
» plufieurs autres moyens inutiles à décrire.

» 4°. S'il fe rompt en 2, 3, 4 ou 5 morceaux, comme il arrive fouvent, ou
» bien en plus ou moins de parties fuivant le degré de fragilité qui eft dans
» la totalité de la barre ; alors ils ont recours à l'infpection des grains pour dé-
» couvrir la nature du fer, ils le caffent en plufieurs endroits, afin de pouvoir
» décider fi le vice eft total, ou s'il n'attaque que certaines parties.

» Souvent une barre caffera dans un endroit qui aura été trop chauffé, ce qui
» fera un mauvais figne, tandis que le refte de la barre eft d'une bonne qualité.

» 5°. Les Marchands portent encore de ce fer dans une boutique, pour
» l'effayer au feu & fous le marteau, & favoir fi étant chauffé il cede aifément
» aux coups, ou s'il y réfifte ; quelle quantité d'étincelles & d'écailles il jettera ;
» là, ils ne manquent pas furtout de le faire étirer en verge, & façonner en
» clous très-pointus, & du plus petit volume ; quand ils font forgés, ils les
» tournent pour les faire caffer, afin d'examiner encore le grain, & de compa-
» rer l'état du fer après l'épreuve du feu, à fon état antérieur à l'épreuve ; ils
» en font auffi battre en feuilles minces, qu'ils plient enfuite & replient, ayant
» foin de compter combien de fois elles auront effuyé cet effort, pour en ju-
» ger & décider fûrement de la tenacité du fer ; ils le font encore chauffer &
» tourner en fpirales, en fils groffiers & autres menus ouvrages de différentes
» efpeces, qui à force d'être pliés & repliés, montrent la réfiftance & la force
» du nerf ferrugineux : enfin lorfqu'ils font venus à bout de les caffer, ils ju-
» gent de fa qualité par l'ordre des grains & des fibres, ainfi que par leur di-
» menfion & par leur couleur.

De l'Acier.

Nous avons remarqué en donnant la première defcription des Outils,

que la plupart d'entr'eux fervant à couper des matieres réfiftantes avoient befoin d'être *acérés* (1).

Les Taillandiers fe fervent pour acérer des marteaux, d'une efpece d'acier
venant de Hongrie, en longues barres de 7 à 8 lignes en quarré & même d'un
pouce, & qu'on appelle *Acier de Hongrie*; les marteaux qui en font acérés
ne valent rien, non plus que les outils à tailler la pierre, & ceux nécestaires
à travailler la terre; l'*étoffe de Pont* (2) eft à tous égards préférable à cet
acier de Hongrie.

L'acier venant d'Allemagne eft réputé le meilleur pour faire les outils;
celui de France, qu'on fait à Rives, en *billes* (3), fans être préférable à celui
d'Allemagne, eft d'une bonne qualité.

Quelques Ouvriers ne croyent pas cette opération nécestaire, ou du moins
s'en difpenfent; mais il eft à préfumer qu'ils n'en font pas mieux, & qu'il n'y
a de leur part que de la parefte; en conféquence il eft important d'étudier fon
acier avant de l'employer, afin de connoître le degré de chaleur qu'il exige
ou qu'il peut foutenir, fans fouffrir aucune altération, afin de lui donner ce
degré de chaleur avec précifion, de le tremper & le recuire en proportion de
fa qualité.

On appelle *Acier* un fer traité par le feu, de maniere que fes parties en
font purifiées, liées & raffinées; il eft alors plus blanc, plus folide, fon grain
eft plus petit, plus fin, & fufceptible de la plus grande dureté quand il a été
bien préparé.

Le meilleur eft celui qui eft fans pailles, veines noires, ni défauts de *fur-
chauffures*, qui paroît net, d'un grain blanc bien fin, bien égal & délié lorfqu'on le caffe; fi en le rompant, il eft plein de veines noires ou de pailles,
il ne vaut rien; fi l'on y apperçoit des taches jaunâtres, c'eft une marque qu'il
fera difficile à fouder & à allier avec le fer.

Plus l'acier eft fin, plutôt il s'échauffe, plus il demande par conféquent à
être ménagé à la forge, plus il eft au feu, plus il fe gâte; un feul coup de
foufflet de trop, fuffit pour le furchauffer & pour le décompofer; il eft donc
important de le forger avec le plus de promptitude qu'il eft poffible. Auffi
la chaude pour l'acier, eft encore différente de celle pour le fer.

*Procédé pour reconnoître à la fois le degré de chaleur qui convient pour
fouder l'Acier, pour le tremper avec avantage, & connoître fa qualité
par la beauté de fon grain.*

» Mettez au feu par le bout une barre d'acier, forcez un peu le degré

(1) *Acérer*, c'eft fouder un morceau d'acier à
l'extrémité d'un morceau de fer.
(2) Prefque tous les Ouvriers en fer & en acier,
appellent *étoffe* des morceaux d'acier commun
dont ils forment les parties non tranchantes de
leurs ouvrages; leur maniere d'employer tous

les ouvrages manqués, tous les bouts d'acier qui
ne peuvent fervir, c'eft d'en faire de l'étoffe.
(3) C'eft à-dire, en barres de la groffeur d'un
pouce, lefquelles fe coupent à moitié à chaud,
d'un coup de tranche, de la longueur de 4 ou 6
pouces.

» de

» de chaleur vers la pointe ; quand elle commence à fondre, trempez-la dans
» le fable légérement, mais promptement, & remettez-la au feu ; donnez de
» petits coups de foufflet pour le laiffer pour ainfi dire mitonner ; portez-le
» enfuite fur l'enclume, & battez-le à petits coups de marteau, mais préci-
» pités ; alors vous connoîtrez le degré de chaleur qui lui convient, parce que
» ce qui aura été furchauffé à la pointe, tombera difperfé ou enfemble en étin-
» celles. Faites la pointe en pyramide, forgez-la bien quarrément jufqu'à ce
» qu'elle ne foit plus rouge, & même pour éteindre plutôt cette chaleur, trem-
» pez le marteau dans l'eau & battez-en l'acier. Après cette opération faites
» chauffer la barre couleur de cerife au bas de la pyramide, de telle forte que
» le degré aille toujours en augmentant jufqu'à la pointe ; enfin trempez-la
» dans une eau propre, claire & fraîche.

» Il faut l'émoudre fur une meule de moyenne hauteur, bien emporter le
» noir ou le feu de la forge, & bien blanchir les quatre faces de toute la
» longueur de la pyramide ; enfuite poliffez-le avec l'*émeril* fur la poliffoire
» (1), de telle forte qu'il n'y paroiffe aucun trait de la meule ; effuyez-le bien
» avec des cendres fur le tablier de peau ; après cela examinez-le au grand
» jour, pour découvrir les veines de fer, s'il y en a ; vous les reconnoîtrez à la
» couleur blanchâtre & livide, au lieu que l'acier eft plutôt bleu que blanc,
» quand il eft bien poli, tirant même un peu fur le noir : vous découvrirez les
» *cendrures*, s'il y en a, à des efpeces de piquûres d'épingles & en grand nom-
» bre ; vous verrez auffi les filandres qui reffembleront à des traits de burin
» très-fin, qui feront dirigés fuivant la longueur de la barre & point en travers.
» Une autre comparaifon bien claire, c'eft qu'il fera femblable à une glace fur
» laquelle on auroit femé une multitude de cheveux, ayant tous la même di-
» rection de bas en haut.

» Ayant reconnu & jugé des qualités extérieures, il en faut fonder l'inté-
» rieur.

» Pour cet effet, commencez par caffer le petit bout de la pyramide, avec
» un petit marteau. Cette extrêmité eft celle qui a été *trempée* à la plus gran-
» de chaleur : fi l'on voit le grain gros, ouvert, luifant, c'eft un figne certain
» que cet acier a été trempé trop chaud ; fi en caffant un autre petit morceau,
» on voit encore le grain gros, quoique plus fin que celui du premier bout,
» ce fecond a encore été trop chauffé ; continuez à caffer un troifieme & un
» quatrieme, enfin jufqu'à ce que vous trouviez le véritable degré de chaleur
» de la trempe ; ce qu'on connoîtra lorfqu'on verra un grain ferré, uni, blanc
» comme de l'argent, & point luifant, fur lequel on n'apperçoive aucune ta-
» che noirâtre ou grisâtre, tant fur les côtés qu'au centre ; ces épreuves ne
» font pas également importantes pour toutes fortes d'aciers ; celui qu'on nom-

(1) Efpece de Meule de bois de noyer d'un pouce environ de diametre, à volonté ; c'eft fur ces Meules, que la grande roue fait tourner, que les Couteliers adouciffent & poliffent leur ouvrage, avec de l'émeril & de la potée, fuivant l'ouvrage.

» me *acier fondu* (1), n'eſt point ſujet à toutes les défectuoſités de celui d'Al-
» lemagne : toutes les parties de la barre ſont égales ; mais il n'en eſt pas de
» même de l'acier d'Allemagne : il eſt aſſez rare de trouver ſix barres ſur douze
» ſans qu'elles aient le défaut d'être *cendreuſes* ou *filandreuſes* ou *ferreuſes* :
» enſorte qu'il faut eſſayer chaque barre que l'on veut employer : lorſqu'on
» n'en avoit pas de meilleur que celui d'Allemagne, il falloit non-ſeulement
» eſſayer chaque barre que contenoit un baril, mais il falloit encore eſſayer
» chaque barre dans toute ſa longueur.

» L'acier appellé *fondu*, s'allie bien avec l'acier d'Allemagne, du Tirol,
» de Dantzick & de Styrie ; mais on ne peut l'allier avec ſuccès à ceux de
» Hongrie, du Dauphiné, &c. & ne pouvant l'allier avec de trop gros acier,
» à plus forte raiſon on le peut encore moins avec du fer.

Méthode d'Acérer les Outils.

» I L y a différentes manieres d'*acérer* : s'il s'agit d'un marteau, ſoit de la
» tête ou de la *panne* (2), on commence par corroyer un morceau d'acier,
» de la largeur & de la forme de la tête du marteau, puis on le ſoude à un
» morceau de fer mince, de la même forme : enſuite on fait chauffer la tête du
» marteau & cette acérure, & on ſoude le tout enſemble. S'il s'agit de la
» panne, on peut employer la même façon ; mais communément on fend le
» côté de la panne du marteau, & on y inſére un morceau d'acier, amorcé
» en forme de coin : ces deux différentes manieres s'appellent *acérer à chaude*
» *portée* ; elle s'annonce d'une maniere qui n'eſt pas équivoque ; la maſſe de
» fer dégoutte comme à la *chaude ſuante*.

» Mais il vaut mieux ſe ſervir de la troiſieme façon, autant qu'il eſt poſſible,
» parce que la *chaude portée* eſt ſujette, quelque précaution que l'on prenne,
» à renfermer des craſſes entre les deux ſurfaces appliquées, & à ſe deſſou-
» der.

De la trempe de l'Acier.

O N doit entendre ici par cette expreſſion, l'action de durcir l'acier, ce
qui s'exécute en faiſant chauffer la piece au feu & la plongeant toute rouge dans
l'eau fraîche, afin de la faire refroidir précipitamment. M. de Juſti, ſavant Chy-
miſte Allemand, a publié dans le premier volume de ſes Ouvrages, en 1760,
un Mémoire très-raiſonné ſur l'Acier ; mais nous croyons devoir nous borner à
continuer d'extraire de l'Art du Coutelier les généralités les plus remarquables.

» Le temps influe beaucoup ſur la trempe ; il eſt certain que l'acier eſt plus
» dur dans le froid & dans la gelée, que quand le temps eſt chaud ; mais dans

---

(1) Acier qui n'eſt ni cendreux, ni filandreux, ni à grains ferreux, nommé ainſi de ce qu'on aſſure qu'il eſt réellement fondu, & paſſé enſuite au laminoir par le moyen de l'eau.

(2) Partie de la maſſe du marteau qui eſt oppoſée à la tête, & qui va en diminuant.

» le premier cas la matiere est plus sujette à casser, le grand vent y est aussi
» contraire; le temps le plus favorable, est lorsque le Ciel est nébuleux; le
» grand brouillard est encore excellent.

» Le feu & l'eau sont ce qui importe le plus pour la trempe; quant au
» premier, comme il s'agit de bien appercevoir la chaleur de l'acier qu'on
» chauffe pour la trempe, l'obscurité est plus favorable que le grand jour.

» Le feu ne doit pas être bien ardent; quelques Maîtres préférent la poële
» à la forge: les deux méthodes sont également bonnes; mais quand on en
» a adopté une, il ne faut pas la changer, afin de contracter l'habitude de
» connoître précisément le degré du feu.

» Le défaut de la forge est souvent le trop fort degré de feu, parce qu'il est
» animé par le soufflet, & le défaut de la poële est souvent de ne pas tremper
» assez chaud: on voit que ce sont les deux extrémités qu'il faut éviter: M.
» Perret est cependant d'avis qu'il vaut mieux pécher pour donner un peu
» plus de chaleur de trop, que d'en donner trop peu.

» Le feu doit être proportionné à la grandeur des ouvrages qu'on veut
» tremper; il vaut mieux en avoir plus que moins, parce qu'il faut que la
» piece chauffe partout également, quand c'est une piece courte; mais si c'est
» une piece longue, il faut la promener dans le feu; or si le brasier n'est pas
» un peu étendu, la piece est sujette à se déjeter; de plus elle s'échauffe plus
» dans un endroit que dans un autre, parce que le feu est toujours plus vif
» vis-à-vis la tuyere que partout ailleurs.

» La couleur familiere de la trempe des outils, après qu'ils ont été forgés
» & limés, est appellée par tout le monde, *couleur de cerise*: cela n'est cepen-
» dant pas exact au jugement de M. Perret; il admet deux degrés différents:
» le premier, selon cet Artiste, qui est le plus foible, est la couleur de cerise;
» le second, qui est plus fort, est couleur de rose, qui exige plus de chaleur.

» Il faut faire attention encore que la couleur d'une cerise bien mûre ne
» convient point du tout; il faut se représenter une cerise de rouge clair; or
» cette couleur convient à quelques aciers étrangers; mais l'acier d'Angleterre
» exige un degré de plus de chaleur, qui est la couleur de rose. Cette même
» couleur convient à l'étoffe de Pont, ainsi qu'à l'acier de Hongrie, & géné-
» ralement à tous nos aciers de France.

» L'acier trempé couleur de cerise dans l'eau bouillante ne durcit que très-
» peu; par cette même raison plus l'eau est fraîche, plus la trempe est dure:
» ainsi il faut toujours tremper dans un baquet qui contienne deux ou trois
» seaux d'eau; & même pour peu qu'on sente que l'eau perd sa fraîcheur, il
» faut en changer, autrement on trouvera que les pieces trempées les dernieres
» auront un degré de bonté de moins que les premieres.

» L'acier trempé trop chaud s'égraine facilement; quelques Ouvriers pré-
» tendent qu'en augmentant un peu la couleur de *recuit*, on remédie à une

» trempe trop forte ; cela pourroit être vrai pour quelques outils ; mais il faut
» obferver que cela n'eſt pas pour les tranchants fins. Quant à l'eau , on eſtime
» celle qui eſt la plus légere , & qui contient le moins de parties terreuſes:
» au reſte , toute eau eſt bonne pour la trempe dès qu'elle eſt propre & claire:
» la plus froide eſt auſſi la meilleure , & l'outil ne ſe retire qu'après qu'il eſt
» froid.

» Il eſt des Ouvriers , qui ſont dans l'uſage de faire rougir au feu une paire
» de tenailles , ou un autre morceau de fer , & de le plonger dans l'eau , pour ,
» diſent-ils, ôter la crudité de l'eau.

La méthode de tremper en paquet les pieces que l'on fait en fer eſt différente : on prend de la ſuie de cheminée, la plus dure & la plus groſſiere ; après
l'avoir miſe en poudre bien fine , on la fait tremper dans de l'urine ou dans du
vinaigre , en y ajoutant un peu de ſel fondu , pour la rendre comme une pâte
liquide ; alors on détrempe la ſuie , & on en couvre les outils , en faiſant du
tout un paquet que l'on couvre enſuite de terre ; on met le tout chauffer dans
un feu ardent de charbon de bois ; quand il eſt un peu plus rouge que la couleur de ceriſe , on le jette dans quelque vaiſſeau plein d'eau très-froide , &
l'ouvrage ſera ſuffiſamment dur.

Du Recuit.

Recuit , dans les Arts méchaniques , ſe dit de l'action de recuire , & de la
qualité que la piece a acquiſe par l'action de recuire , c'eſt-à-dire , par la chauffe
couleur de ceriſe.

L'acier trempé, c'eſt-à-dire , durci le plus qu'il eſt poſſible , & devenu auſſi
caſſant que le verre , a beſoin d'être corrigé de ſa trop grande dureté , de prendre du corps , de la tenacité pour réſiſter à la dureté des ſubſtances qu'on veut
attaquer.

La maniere de recuire conſiſte en général à mettre les ouvrages ſur de la
braiſe bien allumée , mais dont les charbons ſoient très-petits , & à examiner à
l'œil au grand jour , le degré de recuit qu'on veut donner , & qui doit être
proportionné avec ſoin à l'eſpece d'outils ou d'inſtruments que l'on travaille.

Des différens Bois à emmagaſiner pour les entrepriſes de Mine.

LE bois néceſſaire dans les entrepriſes de Mine , eſt employé à deux objets
de grand détail , la conſtruction des machines , outils , uſtenſiles de toute eſpece , tant pour le dehors que pour le dedans de la Houilliere ; & l'épaulement
des voies ſouterraines : la conſommation en eſt conſidérable pour chacune de
ces parties : mais elle eſt d'une toute autre importance pour les travaux intérieurs : la conſervation , la durée , la pourchaſſe des ouvrages ne ſont poſſibles ,
qu'autant que les chemins que l'on pratique ſont bien étayés.

La

La vie des Ouvriers dépend de cette forêt tranſportée dans leurs atteliers, de l'art avec lequel elle y eſt arrangée, de l'intelligence avec laquelle les pieces en ſont aſſemblées, du ſoin que l'on prend à les entretenir en bon état.

Il ne ſera ici queſtion en rien du *débit* du bois (1) qui entre dans tout cet édifice, ni de la maniere d'en diſpoſer les parties dans les différents endroits de la Mine (2).

Nous n'enviſageons ici les bois que d'une maniere générale, comme matériaux, & dans le moment qu'ils vont être emmagaſinés ; nous nous propoſons uniquement de guider un Directeur dans leur achat, lui faire connoître les eſpeces qui ſont les plus propres aux différents uſages, & leurs qualités.

On peut diſtinguer ces matériaux en *bois de charpente*, & en *bois de ſciage* ; on donne la premiere dénomination à tous bois de certaine groſſeur, ſimplement équarri avec la coignée, & deſtiné à faire de fortes poutres & de groſſes ſolives.

Le bois ſcié pour les petites ſolives, chevrons, poteaux, planches, &c. eſt appellé *bois de ſciage*.

Le bois s'achete de différentes manieres, & chacune eſt ſuſceptible, de la part de l'Ouvrier, ſi on la lui confie, de quelqu'abus, qui ne doit pas être ignoré d'un Maître de Mine.

Lorſqu'on fait marché au *cent* (3), l'Ouvrier peut en employer plus qu'il ne faut ; d'un autre côté, en bloc, il tâche de gagner ſur la groſſeur & ſur la quantité ; à la toiſe, il profite de la connoiſſance de l'avantage de cette meſure pour y réduire les bois, & s'emparer du ſurplus.

Les différentes eſpeces de bois d'uſage, ou qui peuvent l'être dans les ouvrages de Mines, ſont la plûpart des arbres *foreſtiers* : nous allons en donner l'état par ordre alphabétique, en indiquant la qualité & les propriétés de leur bois (4).

AULNE de nos Bois. BOURGENE. VERNE. An. *The Alſer Tree.* G. *Ellern-Baum.*

C'EST un très-grand arbre qui ſe plaît dans les lieux humides ; ſon bois eſt léger, & un peu tendre ; le grain en eſt fin, tirant ſur la couleur rouſſe plutôt que rougeâtre.

BOULEAU. *Bois blanc.* An. *The Binck Tree.* G. *Birchen-Baum.*

CELUI dont l'écorce eſt fort épaiſſe & raboteuſe, pourroit dans quelques

---

(1) Par l'expreſſion *débit des bois*, on entend en général l'art de connoître ſa deſtination, l'art de le couper & de le fendre, de le tailler : en conſéquence, *débiter du bois*, c'eſt, après qu'il eſt tracé, le couper à la ſcie, ſuivant les longueurs & les largeurs convenables.

(2) Cette architecture ſouterraine, qui renferme l'épaulement des puits ou foſſes de mines & l'étançonage des galleries, ſera décrite à part, à l'article dans lequel je reprendrai les différen-

tes circonſtances relatives aux bures.

(3) On entend par *un cent de bois*, cent pieces de bois, dont chacune a douze pieds de long ſur ſix pouces d'équarriſſage, ou trois pieds cubiques.

(4) Nous ferons connoître ces arbres par les noms qu'ils ont en Angleterre & en Allemagne, où l'on eſt dans le cas de ſe ſervir de leur bois pour les ouvrages de Mines.

pays être employé pour les manches des forts marteaux : dans le Nord de la Province de Roſlagie en Suede, c'eſt le ſeul bois qu'ils ayent de propre à cet uſage.

CERISIER. An. *Red cherry Tree.* G. *Rohter Kirſch-Baum.*

SON bois eſt moyennement dur & aſſez plein, quoiqu'il ait le grain un peu gros, & que ſes couches concentriques ſoient fort apparentes ; ſa couleur eſt d'un gris rougeâtre, plus foncé au cœur qu'aux extrémités.

CHARME ordinaire des Jardins & des Bois. AN. *The Horn Heam.* G. *Etchin-Buchen.*

LE bois de cet arbre foreſtier eſt blanc, compacte, intraitable à la fente, & le plus dur de tous les bois, après le Buis, l'If, le Cormier, &c : ſon bois ſe débite pour le charronnage ; on s'en ſert pour faire des eſſieux & quelques autres pieces de charronnage : dans les endroits où l'Orme eſt rare, on en fait des vis, des manches d'outils, des rouleaux ; du reſte il n'eſt pas propre à être employé à l'air ; il y pourrit en 6 ans, & eſt ſujet à ſe tourmenter.

CHESNE des Bois. AN. *The Oak.* G. *Fich-Baum.*

CET arbre, généralement répandu dans les climats tempérés, tient le premier rang parmi les arbres foreſtiers ; il eſt le plus recherché, pour la charpente, pour le charronnage, pour des lattes, & toute eſpece d'ouvrages où il faut de la ſolidité, de la force, du volume & de la durée : il y a cependant quelque différence à faire, ſelon le terrein où l'arbre a pris ſa croiſſance ; ſon bois eſt meilleur, plus ſolide & plus fort, ſi le Chêne eſt venu en terres dures & fortes, qui ont du fond, & même dans la glaiſe.

Dans les terreins ſableux, crétacés ou graveleux, où il a eu aſſez de profondeur, ſon bois eſt plus compacte & plus dur ; mais l'arbre n'y devient ni ſi gros, ni ſi grand.

Dans les terres graſſes & humides, il eſt de belle venue ; mais c'eſt au déſavantage du bois, qui, étant trop tendre & caſſant, n'a ni la force ni la ſolidité requiſe pour la Charpenterie.

Sur la crête des montagnes, dans les terres maigres, ſeches ou pierreuſes, ſon bois eſt dur, peſant & eſt excellent pour la Charpente & pour les ouvrages groſſiers.

Quelque eſpece de bois que l'on emploie en Charpenterie, il eſt important qu'il ait été coupé long-temps avant d'être mis en œuvre ; s'il eſt vert, il eſt ſujet à ſe gercer & à ſe ſendre. Le Chêne demande, plus que les autres, à être employé bien fec & *faifonné* (1), pour l'empêcher de fe fendre, de fe tourmenter & de fe décompofer, excepté lorfqu'on veut l'employer fous terre ou dans l'eau, où cette précaution devient inutile.

Si néanmoins on fe trouvoit forcé d'employer à l'air du bois vert, fans avoir le temps de le faire faifonner, on peut y fuppléer en faifant tremper ce bois dans l'eau, pendant quelque-temps.

CORMIER, Sorbier ordinaire. AN. *The Service Tree.* G. *Spierling.*

CET arbre n'eft pas rare dans les bois & dans les montagnes: après le Buis, c'eft de tous les bois de France le plus dur, & en général le plus plein: il eft très-eftimé pour fon excellente qualité; fa folidité, fa force, fa durée, le font rechercher pour quantité d'ufages auxquels ces conditions font effentielles: il s'en trouve de rougeâtre, compacte, pefant & extrêmement dur; en vieilliffant, il prend une couleur plus foncée, de même que celui dont la couleur eft blanc-roux; il fe fend aifément, & a le défaut de fe piquer de vers en vieilliffant.

Ce bois eft propre pour les fortes vis, pour les poulies, pour les fufeaux, les rouets & lanternes de moulins: les Menuifiers le préfèrent pour les manches & les garnitures d'affutages de leurs outils: comme il fe vend affez cher, quoiqu'on puiffe employer la plus grande partie des branches, parce qu'il eft fans aubier, on peut en général y fubftituer pour les poulies, toutes efpeces de nœuds ou loupes d'arbres, qui font toujours très-durs & très-ferrés, en prenant garde cependant que quelques-uns font fujets à fe fendre.

CORNOUILLIER. AN. *The Cornelian Cherry.* G. *Cornel-Baum.*

IL y a deux efpeces de Cornouillier. Le *Cornouillier femelle*, à petits fruits, ou *Cornouillier fanguin*, ainfi nommé de fes branches qui font ordinairement rougeâtres, n'eft pas fi dur, & bien moins volumineux que celui dont il va être parlé: fon bois eft blanc.

Le *Cornouillier mâle*, ou *Cornouillier fauvage*, eft commun dans les bois & dans les hayes, où il s'éleve quelquefois jufqu'à 18 ou 20 pieds, fouvent en buiffon, donnant quelquefois un tronc d'un demi-pied environ de diametre.

Son bois a toutes les excellentes qualités du Cormier; il feroit auffi recherché, s'il avoit autant de volume: il eft compacte, maffif, des plus durs, d'un grain très-fin, & fans aubier; il eft excellent: fon volume ne permettant pas de l'employer en grand autant que celui du Cormier, qu'il égale pourtant à peu de chofe près en qualité.

Le bois du Cornouillier mâle eft très-propre à la conftruction des échelles,

(1) C'eft-à-dire, ayant paffé, après la coupe, un temps convenable avant d'être employé, comme fi l'on difoit *en maturité*.

à caufe de fa folidité, & à faire les manches de marteaux : les Ouvriers en fer lui donnent, par cette raifon, le nom de *bois à marteau* ; lorfqu'il eſt un peu tortu, ils le redreſſent entre deux étaux, après l'avoir un peu trempé dans l'eau. A Paris, le fagot compofé d'environ dix ou douze branches de la grof-feur d'un fort manche à balai, & de la longueur de trois pieds environ, coûte fix francs.

FRESNE de la grande efpece, avec une feuille ronde. AN. *The Round-Leaved Aſh.* G. *Efch-Baum, mite runden Blaetteren.*

CET arbre eſt fur-tout eſtimé par rapport à fon bois qui fert à beaucoup d'ufages ; quoique blanc, il eſt aſſez dur, fort uni & très-liant, tant qu'il confer-ve un peu de féve ; auſſi eſt-il employé par préférence par tous les Ouvriers qui ont befoin de pieces de bois qui doivent avoir du reſſort & de la cour-bure : le bois de Frêne, a plus de réfiſtance, & plie plus aifément que celui de l'Orme : il faut cependant ne pas négliger celui qui a perdu toute fa féve ; car avant il eſt fujet à être piqué des vers.

Une autre grande partie du fervice que l'on en tire, c'eſt qu'il eſt ex-cellent à faire des cercles pour des baquets & autres vaiſſeaux propres à enle-ver des matériaux, en forme de cuves ou de tonneaux.

Les Frênes venus dans des terreins de montagne, ou qui ont été conti-nuellement tondus, font fujets à être chargés de gros nœuds, qui ont acquis une grande dureté, & pourroient être propres à faire des poulies.

HESTRE, FOUTEAU, FAU. AN. *Then Buch Tree.* G. *Buch-Baum.*

IL vient dans les haies & dans les forêts : fon bois eſt caſſant, & fujet à la vermoulure : il dure long-temps en lieu fec, eſt incorruptible fous l'eau, dans la fange & dans les marécages ; mais fe détruit promptement, s'il eſt expofé aux alternatives de la féchereſſe & de l'humidité.

MELESE. AN. *The Larch Tree.* G. *Lerchen-Baum.* LAT. *Larix.*

IL eſt très-grand & commun dans les montagnes des Alpes, des Pyrénées & de l'Apennin, dans le Canada, le Dauphiné, & particuliérement aux en-virons de Briançon : l'écorce fert pour tanner les Cuirs, comme celle du Chêne : tout l'arbre en général a beaucoup de flexibilité ; fon bois eſt d'un ex-cellent fervice ; il eſt dur, folide, facile à fendre ; fa couleur rouge ou blan-che, dépend de l'âge de l'arbre ; le rouge eſt le plus âgé & le plus eſtimé ; il eſt propre aux ouvrages de charpente, & à la conſtruction des petits bâtiments de mer : il eſt d'une très-grande force, & de très-longue durée ; il ne tombe pas

en

en vermoulure, ni ne contracte point de gerçure, pourrit difficilement, & on l'emploie avec fuccès contre le courant des eaux ; il eft très-propre pour les tuyaux de pompes. Son bois eft auffi excellent à brûler ; on en fait du charbon qui eft recherché par ceux qui travaillent le fer.

ORME. An. *Common Elm.* G. *Ruft-Baum.*

LE bois de l'Orme eft jaunâtre, ferme, liant, très-fort & de longue durée, lorfqu'il eft fec & bien choifi, ce qui fait qu'il eft employé dans le Charronnage.

C'eft le meilleur bois qu'on puiffe employer pour les canaux, les pompes, les moulins, & généralement pour toutes les pieces que l'on veut faire fervir fous terre & dans l'eau.

Ce bois n'eft fujet ni à fe gercer, ni à fe rompre, ni à fe tourmenter ce qui le rend d'autant plus propre à faire des moyeux, des tuyaux, des pompes, & tous autres ouvrages percés, qui feront de plus longue durée que le Hêtre ni le Frêne. Il faut cependant obferver que le bois des Ormes venus dans un terrein graveleux eft caffant, & qu'on préfere ceux qui ont pris leur accroiffement dans la glaife. L'Orme ou l'Ormeau de montagne à large feuille, An. *The Wich Hafel.* G. *Berg Ulm-Baum,* pourroit de même être employé ; il eft encore plus dur, plus ferme, & plus durable que celui de l'autre efpece.

Les planches d'Ormes entrent dans la conftruction de tous les uftenfiles fujets à tremper dans l'eau: on peut mettre en œuvre les planches d'Orme fraîchement travaillées, fans aucun rifque de les voir fe gercer, fe déjetter ou fe tourmenter, fi on prend la précaution de les faire tremper pendant un mois dans l'eau, comme nous l'avons obfervé pour le Chêne : dans beaucoup de villes, on en trouve de tout refendu par les Scieurs de long.

Le PEUPLIER blanc à large feuille ; le grand TREMBLE noir. AN. *The Black Poplar.* G. *Schwartzer Pappel-Baum.*

IL vient dans les lieux humides, & dans le voifinage des rivieres ; donne un bois jaunâtre, fouple, affez dur, paffablement folide, mais un peu difficile à la fente : on peut en faire des pieces de charpente pour les atteliers & hangards ; on en tire auffi des planches de durée, fi on les garantit de l'humidité.

Le Peuplier des bois. *The Afp* ou *Afpen Tree.* G. *Zitter-Pappel-Baum,* ou *Tremble,* qui eft une efpece de Peuplier, eft très-inférieur ; il croît de même dans les forêts & dans les marécages.

CHARBON DE TERRE. II. Part. 119

Saule ordinaire de la campagne & des ruiſſeaux : grand Saule en Arbre ; Saulx. An. *Common Willow.* G. *Gemeiner Weiden-Baum.*

Le bois eſt blanc, gras, *rebours* (1) & fort tendre. Les troncs gros & ſains peuvent ſervir à faire des planches que l'on employe comme celles du Peuplier.

Le bois du *Saule marceau* eſt propre à faire des cercles.

Enfin les eſpeces de petits Saules, appellés *Oſier*, pour les hottes & paniers, pour lier les cerceaux.

De quelques autres matériaux en général, comme Pierres, Briques, &c.

Les épaulements ont quelquefois beſoin d'être maçonnés en pierres ou en briques.

Les pierres qui entrent principalement dans les ouvrages de maçonnerie, ſont les pierres à bâtir, & les pierres à chaux. La premiere eſpece de pierre eſt un moëlon qui eſt la moindre pierre, provenant d'une carriere, & dont on doit choiſir le plus dur.

A la vue, la bonne pierre ſe reconnoît lorſqu'elle eſt bien pleine, d'une couleur égale, quand elle eſt ſans veine, que ſon grain eſt fin & uni, que les éclats ſe coupent net, & rendent quelque ſon.

Si en expoſant à l'humidité, pendant l'hyver, la pierre nouvellement ſortie de la carriere, elle réſiſte à la gelée, c'eſt encore un ſigne de bonne qualité.

Pour la conſtruction des puits, on doit employer en dedans de la pierre ou du moëlon piqué (2), & en dehors du moëlon *émillé*, & maçonné de mortier de chaux & de ſable.

La pierre à chaux eſt aſſez connue partout pour n'en rien dire. On confond avec les pierres à chaux, toutes pierres à plâtre, mais la pierre dite proprement *pierre à chaux*, ſe trouve ordinairement par couches ou par lits, aux côtés des montagnes.

Les briques faiſant auſſi partie des matériaux de Mine, & pouvant même ſuppléer à la pierre que l'on n'auroit pas ſur les lieux, ou qui ſeroit trop chere ; un Directeur doit ſe connoître dans cette marchandiſe, ou pour en acheter de bonne qualité, ou pour en faire fabriquer à la proximité des travaux.

Si on achete de la brique toute faite, il faut la choiſir bien cuite, ſonante & colorée ; on ne peut pas trop aiſément ſtatuer ſur ſon prix, qui doit varier ſelon la cherté du combuſtible pour chauffer les fours : la façon de l'acheter eſt au millier.

---

(1) Expreſſion empruntée de l'Art de la Draperie, pour exprimer un fil tors à contre-ſens d'un autre.

(2) En fait de moëlon, ce terme ſignifie *taillé groſſiérement.*

Si on fait travailler la brique fur le terrein, il eſt avantageux de toute maniere de louer des Ouvriers, auxquels on pourra donner 45 ou 50 ſols par
jour ; ou plutôt on les payera à raiſon de 3 livres, pour chaque mille de briques
bonnes & entieres après la cuiſſon, en leur fourniſſant la matiere du chauffage.

Pour ce qui eſt du choix de la terre & de la fabrication, il doit nous ſuffire
de renvoyer à la deſcription de cet Art, publiée par l'Académie en 1763. On
prendra encore la plus grande partie des idées relatives à ces deux articles,
dans les détails particuliers que nous aurons occaſion de donner ſur les terres
argilleuſes, propres à l'apprêt économique du Charbon de terre à la maniere
Liégeoiſe, & ſur l'application du feu de ce combuſtible à la cuiſſon de la
brique (1): nous nous bornons quant à préſent, à faire obſerver qu'on aura de
bonnes briques, en apportant entre autres les précautions ſuivantes, indiquées
par M. Vandeneſſe, dans le Dictionnaire Encyclopédique (2): 1°. n'employer
à faire la brique que la terre qui auroit été tirée & retournée au moins une
fois, entre le premier Novembre & le premier de Février ; 2°. ne la façonner en brique qu'au premier de Mars, & ceſſer au vingt-neuf Septembre ; 3°.
n'y mêler rien qui puiſſe la détériorer ; 4°. y ajouter une certaine quantité de
cendre de charbon criblée & paſſée au tamis fin ; 5°. prépoſer des gens à la
viſite des Fourneaux, des briques & des terres qu'on y emploie ; 6°. faire
battre par les hommes, & fouler la terre par des animaux, avant que de l'employer ; 7°. y faire mettre du ſable, quand elle eſt d'une nature trop molle ;
8°. faire tremper la brique dans l'eau après qu'elle aura été cuite une premiere
fois, & la remettre au feu, afin qu'elle acquiere le double de dureté ; 9°. qu'elles ne ſoient pas expoſées à ſécher à un trop grand ſoleil, avant d'être miſes
au four ; 10°. qu'elles ſoient de même garanties du trop grand ſoleil en été,
en les couvrant de paille ou de ſable.

De la Poudre à Canon.

Lorsque dans les travaux de la fouille on arrive aux couches pierreuſes,
on eſt ſouvent obligé d'employer la poudre à canon.

Dans les Mines métalliques où l'on a affaire à des rocs de la plus grande
dureté, on a l'expérience que la quantité de poudre dont peut ſe remplir un
trou de fleuret de 8 à 9 lignes, produit tout l'effet que l'on deſire.

Le vide qui réſulte de la *Brokette de Mine*, employée à Liége (voyez
page 221) & faite en forme de tuyau, differe par plus ou moins de profondeur, & la quantité de poudre qui s'emploie dans les opérations de Houillieres, eſt ordinairement de demi-livre ou trois quarterons, plus ou moins.

---

(1) Troiſieme article de cette derniere Section ; *Expoſition raiſonnée de différentes manieres
de ſe ſervir du Charbon de terre, pour les Arts, &*
pour les uſages domeſtiques.
(2) Au mot *Brique*, Tome *II*, page 422.

Parmi les différents agrès qui compofent un équipage de Mine, on ne doit pas oublier un approvifionnement de cordes : elles font employées à quantité d'ufages : dans les foffes de peu de conféquence, on s'en fert pour enlever les coffres de charbon hors de la Mine ; elles font alors office de leviers : comme telles, nous en parlerons lorfque nous en ferons aux machines à l'action defquelles on fait concourir les cordes, & qu'Agricola appelle *Machinæ funiculares.*

De la fituation favorable d'une Mine.

REMARQUES générales fur la grandeur avantageufe des roues des voitures de tranfport ; éclairciffements fur le chariot à levier de la Mine de Workington en Angleterre, & fur la conftruction du chemin fait exprès pour cette voiture.

La néceffité indifpenfable de la principale partie des matériaux auxquels nous venons de nous arrêter, emporte avec elle une conféquence toute naturelle. Ce ne feroit pas affez de s'être affuré que tel ou tel endroit produira en Charbon de terre un bénéfice confidérable ; il faut encore que la fituation de cet endroit, foit favorable aux deux circonftances d'une exploitation, qui font 1°. la fouille, dans laquelle on doit comprendre tous les travaux, tant à la fuperficie qu'au dedans de la Mine ; 2°. l'exportation de la marchandife.

De-là deux manieres de confidérer un endroit où l'on fe difpofe à tirer du Charbon, quant à la fituation favorable ou non favorable.

La premiere confifte à examiner fi l'on fera à portée de fe procurer les ferrures néceffaires pour les outils, (dans le cas où on feroit une foffe de *petit athour*) ; fi dans le voifinage il y a quelque forêt qui puiffe fournir les bois néceffaires pour toute la charpente à établir à la fuperficie & dans les ouvrages fouterreins de la Mine ; fi l'on eft à la proximité de quelque carriere de pierres, ou de quelque terre à brique pour les maçonnages.

Le fecond point de vue fous lequel on doit envifager le local, eft relatif à la facilité du débouché, pour le Charbon forti de la Mine ; il fera plus ou moins favorable, felon la diftance plus ou moins grande d'une riviere navigable au moins dans quelques temps de l'année, ou felon la nature du chemin qui conduit de la Mine à cette riviere où peut fe faire l'embarquement de la marchandife. On n'a pas befoin de grands raifonnements pour fentir combien il eft effentiel d'être peu éloigné d'une riviere, à la faveur de laquelle on puiffe compter fur une défaite courante du Charbon ; car fi par la trop grande diftance les frais de charroyage à reverfer fur la vente du charbon devenoient trop confidérables, il faudroit y regarder à deux fois avant de fe décider à faire l'établiffement.

Cette diftance de la Mine à l'embarquement, lorfqu'elle eft pure & fimple, c'eft-à-dire, qu'elle n'eft point aggravée par de mauvais chemins, n'a pas tant

d'inconvénients

d'inconvéniens, & n'eft pas abfolument fi fâcheufe, d'après ce que nous avons obfervé dans la premiere Partie (1). On n'a pas la peine de voiturer le charbon au loin, lorfque la Mine eft fituée près d'une riviere ; la difficulté n'eft que dans l'extraction, parce qu'il faut aller le chercher plus profondément en terre : au contraire dans une Mine éloignée d'une riviere, la difficulté du charroyage eft compenfée par l'avantage de trouver le charbon plus près de la furface.

La nature du chemin de communication de la Mine à l'embarquement, eft un article de plus grande conféquence ; on fent aifément à cet égard la différence d'une Mine dont la pofition feroit telle que le charbon feroit exporté dans ce premier inftant, par une route peu détournée du port, un chemin uni, & dont le fond feroit dur & folide, fur une autre Mine dont il faudroit tranfporter le charbon par un chemin où l'on auroit à defcendre une côte roide & difficile ; ou bien dont le premier débouché ne pourroit fe faire qu'en traverfant des bois, dans lefquels les routes font d'ordinaire impratiquables la plus grande partie de l'année ; les Mines de Decize font dans ce cas : ce dernier inconvénient feroit aifé à corriger dans bien des endroits ; les pierres dures qui s'enlevent de la Mine, étant très-propres à entrer dans la conftruction d'une chauffée ; les Entrepreneurs de la Charbonniere de Fims, en ont tiré ce parti d'une façon très-avantageufe : voyez *page 578.*

Quoi qu'il en foit de la diftance de la Mine au magafin d'embarquement, ou de la nature du chemin qui conduit de l'une à l'autre, l'attention qu'un Maître de Mine doit porter fur les voitures qu'il emploie eft toujours la même, quant au point effentiel de leur conftruction : je n'entends point parler ici ni de leur coût, ni de leur folidité, ni de leur charge qui eft une chofe connue (2).

Le point auquel je veux en venir, tient à la confervation autant qu'à la commodité des animaux employés au tirage ; c'eft la grandeur à donner aux roues proportionnellement à la taille des chevaux, les inégalités qui fe rencontrent dans cette partie des tombereaux, celles du terrein, forment toutes les difficultés, & doivent être combinées enfemble.

Le Volume de l'Académie des Sciences pour l'année 1733, (3) renferme fur tous ces objets un Mémoire rempli de recherches très-curieufes : nous nous contenterons d'en extraire les principes généraux qui peuvent fervir de vues pour fe guider dans la grandeur à donner aux roues des voitures ; nous y joindrons le réfultat de quelques expériences fur la même matiere, que nous avons tirées des Tranfactions philofophiques ; enfin nous placerons ici un éclairciffement très-circonftancié fur le charriot dont nous avons donné une courte defcription *page 698.*

(1) Des Veines de Houille, & de leur marche, *page 62.*

(2) La charge d'une voiture à deux roues eft évaluée à trois milliers pefant, & quelque cho-

fe au-delà ; & chaque roue porte la moitié de la charge totale.

(3) *Réflexions fur le tirage des charrettes & des traîneaux,* par M. Couplet, *page 49.*

Dans les voitures montées fur roues , chaque roue qui tourne peut être regardée le plus fouvent comme un levier du fecond genre , qui fe répete autant
de fois qu'on peut imaginer de points à fa circonférence ; le point d'appui de
chaque roue , eft l'extrémité inférieure qui porte fur le terrein ; la regle à
fuivre en conféquence , eft que la charge & l'axe de la roue doivent être de
même hauteur que la puiffance ; & que le tirage , autant qu'il eft poffible , doit
fe faire horizontalement au rayon d'appui de la roue ; les grandes roues ,
(on appelle ainfi celles qui ont 5 à 6 pieds de diametre) , ou celles d'une grandeur moyenne (1) , répondent à ce que l'on doit chercher à cet égard , c'eft-
à-dire , préviennent en partie les difficultés provenantes des inégalités du chemin , & des inégalités des roues, qui ne font jamais exactement rondes.

Le poitrail du cheval d'où fe fait le tirage , fe trouve un peu au-deffus du
centre de l'effieu , & par conféquent le tirage toujours fuppofé parallele au
fol a pour levier tout le rayon de la roue.

L'avantage des grandes roues dans toutes fortes de voitures eft conftaté par
les expériences fuivantes que nous avons promis de communiquer ; quoiqu'elles ayent rapport aux voitures à quatre roues, elles fe rapportent affez à notre
fujet pour les faire connoître.

1°. Quatre roues de 5 ½ pouces de haut , c'eft-à-dire, de moitié plus petites
que celles qu'on emploie ordinairement dans les charriots , ont tiré un poids de
50 ½ livres *Aver du poids* (2) fur un plan incliné , avec une puiffance moindre
de fix onces, que deux des mêmes roues employées avec deux plus petites ,
dont la hauteur n'étoit que de 4 ¾ de pouces de haut.

2°. Toute voiture eft tirée avec plus de facilité dans les chemins rabotteux ,
lorfque les roues de devant font auffi hautes que celles de derriere , & que le
timon eft placé fous l'effieu.

3°. Qu'il en eft de même dans les chemins d'une terre graffe , ou dans ceux
de fable.

4°. Que les grandes roues ne font pas des ornieres fi profondes que les
petites.

5°. Que les petites roues font meilleures lorfqu'il s'agit de tourner dans un
petit efpace.

Après avoir confidéré d'une maniere générale le charroyage de la Mine à l'embarquement , il ne refte plus qu'à m'arrêter à une circonftance particuliere ,
qui pourroit le rendre autrement difficile ; c'eft celle qui réfulteroit d'une
colline à defcendre avec une voiture chargée, pour aller à l'embarquement(3).

(1) Les plus grandes doivent avoir 6 à 7
pieds de diametre.

(2) Poids valant 14 onces ¼ d'une liv. de Paris.

(3) Le Docteur Défaguliers , dans fa Phyfique
expérimentale , n'approuve pas l'ufage où l'on
eft généralement d'employer des bêtes de fomme au tranfport du Charbon, attendu la pofition des parties du corps de l'homme , mieux
fituées pour grimper que celles d'un cheval. Ce
Phyficien prétend que trois hommes feroient
mieux pour tirer au haut de cette colline, qu'un
cheval , fi la colline eft efcarpée : chaque homme grimpe en haut plus vîte , étant chargé de
100 livres, qu'un cheval chargé de 300 livres.

La difficulté qu'essuieroit à cet égard le transport du charbon au magasin, sera la moins embarassante, lorsque l'on voudra ; il ne s'agira que d'imiter ce qui se pratique dans les Mines de Workington, à 8 milles de Wittehaven en Angleterre, pour conduire en quelque saison que ce soit le charbon dans les magasins qui sont au bord de la mer: le seul coup d'œil sur la Planche XXXIV, N°. 3, donne une idée précise du charriot dont on se sert à cet effet, & du méchanisme ingénieux imaginé pour rallentir son mouvement progressif, lorsqu'il descend chargé sur une pente inclinée artistement planchéïée.

La différence essentielle de ce charriot avec les voitures ordinaires, consiste en un bras de levier *D*, dirigé obliquement sur une des roues de derriere (de bois,) *C* (1), & dont l'extrémité est soutenue par une corde ou par un crochet de fer, pour que ce bras de levier ne touche la roue qu'à volonté.

Il y a de ces charriots qui ont de chaque côté un de ces bras de levier, réunis ensemble à leur extrémité par un morceau de fer ou de bois, de maniere qu'un seul homme peut faire agir ces deux leviers en même-temps ; d'où cette voiture peut très-bien s'appeller *Charriot à levier.*

Les inventions utiles ne sauroient être décrites d'une maniere trop circonstanciée : l'ouvrage de feu M. Jars, publié depuis notre troisieme Section, me met à portée de faire connoître ici de nouveaux détails sur les roues de ce charriot, & en particulier sur le chemin qui se construit pour faciliter ce charroyage ; c'est de lui que nous avons emprunté les trois figures *a b c* que nous avons ajoutées à la Planche LVII.

Quoique la construction de tous ces charriots soit la même, étant uniquement différente par les dimensions, à raison des grandeurs comme dans toute espece de voiture, selon la distance que ces charriots ont à parcourir ; les roues sont de même plus ou moins hautes selon le plus ou moins de pente du chemin.

Ces parties du charriot à levier sont en bois, comme la roue *C*, ou en fer coulé d'une seule piece, comme la roue *B*.

Celles qui sont de fer coulé, sont à jour, afin de leur donner de la légéreté ; elles ont en dedans un rebord d'un pouce ou d'un pouce & demi ; ce rebord sert à diriger les roues sur les pieces de bois dont le chemin est revêtu, & à les empêcher de sortir de la route *E*, représentée en plan, lettre *a*, Planche LVII.

Il y a toujours deux roues plus hautes que les deux autres, en proportion de la pente du chemin ; par ce moyen la partie supérieure du charriot est aussi horizontale qu'il est possible, & le charbon ne se perd pas en chemin.

Il ajoute en conséquence de cette remarque, que ceux qui ont cru tirer un grand avantage du poids d'un cheval, en l'appliquant à une machine, n'ont pas trouvé dans l'exécution ce que le calcul du poids de cet animal leur avoit promis, parce qu'à chaque pas, le cheval grimpe réellement une élévation, lorsqu'on fait usage de son poids, & par conséquent il va plus lentement.

(1) On doit se rappeller que lorsque le charriot remonte, cette partie *A* se trouve partie de devant ; ainsi la petite roue *C*, n'est roue de derriere que dans le voyage en descendant.

C'eſt le contraire quand les charriots montent à vuide, parce que le cheval, qui alors n'a que la voiture à tirer, s'attele indifféremment des deux côtés, par deux ſimples crochets de fer, & des cordes.

Les eſſieux ſont de fer, & ſont fixés très-ſolidement aux roues, de maniere qu'ils tournent avec elles; ils ſont arrêtés ſeulement par des chevilles de bois, fixées au cadre formant le fond de la caiſſe, afin que cette caiſſe puiſſe être enlevée de deſſus les quatre roues lorſqu'elle a beſoin d'être réparée.

La conſtruction du chemin ſur lequel paſſe ce charriot, a auſſi, comme nous l'avons dit, une grande influence ſur la marche rallentie de cette voiture; il ſera facile d'en juger par la deſcription ſuivante (1).

Depuis la Mine juſqu'à la riviere, on tire un nivellement exact, & l'on diviſe la pente, autant qu'il eſt poſſible, ſur toute la diſtance. Ces routes doivent toujours avoir une pente depuis la Mine juſqu'à la riviere. Elles ne doivent jamais monter, être tout au plus de niveau, par les raiſons que l'on verra. S'il y a des petites hauteurs à traverſer, on les coupe, afin de rendre le chemin de niveau.

Lorſqu'on a tracé le chemin de ſix pieds de large, & qu'on a fixé les pentes, on fait un foſſé de la largeur du chemin, plus ou moins profond, ſelon que l'exigent le nivellement & la ſolidité du terrein; on arrange enſuite tout le long de ce foſſé des morceaux de bois de chêne, de quatre, cinq, ſix & huit pouces d'équarriſſage; on les y place en travers & à la diſtance de deux à trois pieds les uns des autres.

Ces bois n'ont beſoin d'être équarris qu'à leurs extrémités, ſur leſquelles on fixe d'autres bois bien équarris & ſciés, d'environ ſix à ſept pouces de large, ſur quatre à cinq d'épaiſſeur, avec des chevilles de bois. Ces bois ſe mettent des deux côtés du chemin de toute leur longueur; on les place ordinairement à quatre pieds de diſtance; ce qui fait la largeur intérieure du chemin *E*.

On voit que ces nouvelles routes ne ſont autre choſe qu'un grillage fait en bois. Tout l'intervalle entre les pieces de bois ſe garnit avec des pierres que l'on y entaſſe le plus qu'il eſt poſſible, pour rendre le chemin ſolide; le tout ſe recouvre de ſable & de gravier; on en met entre les pieces de bois qui ſont en long, & ſeulement juſqu'à environ deux pouces de leur épaiſſeur. De cette façon on conſerve les pieces qui ſont enterrées, & l'on rend la route très-ſolide; au ſurplus on a ſoin d'y faire les réparations néceſſaires.

Quand on a de petits vallons à traverſer, ou des ruiſſeaux, on fait des ponts en bois, obſervant toujours de mettre les deux pieces de bois de chaque côté du chemin, qui doivent être à quatre pieds de diſtance l'une de l'autre, ſaillantes au-deſſus de la ſurface du pont, comme elles le ſont au-deſſus de celle des chemins. Toutes les pieces de bois doivent être exactement aſſemblées à

(1) Tirée de l'Ouvrage de feu M. Jars, *page* 200, dixieme Mémoire.

leurs extrémités ; on met quelquefois des bandes de fer dans cette partie.

Les angles & les détours que fait le chemin, exigent dans ces endroits de la route une conſtruction particuliere, pour que le charriot puiſſe dans ces coudes de la route, ſuivre les pieces de bois. Nous avons porté à la Planche LIV la figure qu'a donnée M. Jars, du profil du plancher, placé à chaque angle ou détour des routes : ce plancher, fixé par ſon milieu à un pivot qui le fait tourner en tout ſens, eſt formé en rond, & du diametre de la longueur du charriot : ſur ce plancher, il y a également les deux pieces de bois, que l'on peut appeller les *deux guides de la route.*

Le tout eſt fait très-ſolidement : quand le charriot eſt ſur le plancher, on dételle le cheval ; le Voiturier tourne facilement le charriot avec le plancher, le met ſur la direction de l'autre route, & atele de nouveau ſon cheval : on évite autant qu'on peut ces angles le long des routes ; mais il y en a à preſque tous les ponts qui conduiſent au magaſin ; de diſtance en diſtance on eſt obligé de faire un chemin de côté pour éviter la rencontre des charriots qui vont, avec ceux qui reviennent ; quelques Entrepreneurs ont même pratiqué un double chemin tout le long de la route.

Quand les charriots ſont arrivés au magaſin, on dételle le cheval, & le Voiturier pouſſe ſon charriot juſque ſur une des trapes du magaſin ; il ôte une cheville pour ouvrir la porte du fond ; alors le charbon tombe dans la trape, & ſe rend ainſi dans le magaſin ou dans un bateau. Ces magaſins F, *Pl. XXXIV,* n°. 3, deſtinés à recevoir le charbon, ſont des bâtiments très-longs, conſtruits au bord de la riviere, dans un endroit où il y a aſſez d'eau dans le temps de la haute marée, pour que les bateaux deſtinés au tranſport du charbon, puiſſent aborder ſur toute la longueur des bâtiments. Les magaſins ſont traverſés par une eſpece de pont, qui n'eſt autre choſe que la continuation des mêmes routes ci-deſſus, dont l'entre-deux des quatre pieds s'ouvre en pluſieurs endroits par des couliſſes, & forme des trapes d'intervalle en intervalle. Sous la plupart de ces trapes, il y a un canal dirigé diagonalement en dehors du bâtiment, dont l'extrêmité va répondre ſur la riviere, cinq à ſix pieds au-deſſus de la ſurface des eaux de la haute marée.

Au-deſſous de ces canaux ou couloirs, on amene les bateaux pour les charger ; & c'eſt au-deſſous de ce pont qu'eſt le grand bâtiment pour renfermer le charbon, lorſqu'il n'y a pas de bateaux ſur la riviere pour le recevoir à meſure qu'il eſt amené par les charriots : comme ce magaſin eſt toujours élevé au-deſſus de la ſurface de l'eau, il y a également des couloirs ou eſpeces de trémies, qui ſont dirigées diagonalement ſur la riviere comme les précédentes.

COMMENTAIRE SUR QUELQUES PRINCIPALES CIRCONSTANCES PRATIQUES , ET SUR DIFFÉRENTES MANŒUVRES DE L'EXPLOITATION.

LES différents préparatifs achevés , toute l'affaire concernant l'entreprise arrêtée , arrangée , tant pour les fonds , que pour les Employés & Ouvriers dont il faut se pourvoir , les vues doivent se tourner uniquement & entiérement sur l'exécution.

Nous allons suivre , dans le même ordre que nous avons tenu dans le courant de l'Ouvrage , chacune des circonstances & des opérations principales sur lesquelles nous avons à revenir , pour de plus grands éclaircissements.

Des FAILLES: Le. _Spring. Flon-Flone_; _Rubbles_ ; _Rubbish_ ; _Dikes_ , _Traps._ An. _Gags._ Sc. _Fall. Sprung._ G. _Besawer._ Su. (1).

M. Triewald , auquel on peut s'en rapporter , est du sentiment que ces montagnes souterreines n'observent point de direction réguliere : ce que nous avons observé nous-mêmes sur la nature de ces masses pierreuses , qui sont un composé de différentes matieres , semble prouver assez qu'elles ne peuvent pas avoir une direction réglée; il ne paroît pas au reste , si elles en ont une , qu'il soit bien aisé de la reconnoître.

M. Genneté , que j'ai cité _page_ 248 , note 3 , avance néanmoins sur cela une opinion toute contraire dans un nouvel Ouvrage publié en 1774 (2): nous rapporterons ici ce qu'il dit sur l'épaisseur & la direction de ces massifs pierreux.

Selon lui , une faille dans son sommet , c'est-à-dire , la partie qui approche le plus du jour , aura depuis 42 jusqu'à 175 pieds d'épaisseur dans son en-

---

(1) Dans les Mines d'Etain de Cornouailles , ces pierres qui interrompent le filon , sont appellées _Jams._

(2) Intitulé: _Connoissance des Veines de Houille ou de Charbon de terre, & leur exploitation dans la Mine ; avec l'origine des fontaines , & de-là , des ruisseaux , des rivieres & des fleuves ; avec Planches relatives au Charbon de terre._ Nancy , 1774 , in-8°. Cet Ouvrage qui paroît fait anciennement , quoique donné récemment , ne répond point du tout à ce qu'annonce le titre ; il manque d'ailleurs par plusieurs défauts essentiels; il n'est pas à beaucoup près assez développé ; il n'y regne point de clarté ; beaucoup d'expressions présentent des idées fausses ; quelques opinions particulieres à l'Auteur visent à la singularité. Nous en releverons quelques - unes quand l'occasion & le besoin l'exigeront.

La seule chose digne de remarque , à mon avis , dans cet Ouvrage de 149 pages , est un état très-curieux (en le supposant exact) des Veines de Houille qui font partie du massif de la montagne de _S._ Gilles près de Liége , dont j'ai parlé _page_ 87.

Cet état est beaucoup plus circonstancié que celui que j'ai donné ; il comprend jusqu'à 61 Veines. M. Genneté les désigne par les noms qu'elles avoient alors : il indique les membres , (qu'il appelle improprement _branches_) dont chacune est composée , au moyen des _nerfs_ de séparation ou _layes_ , que les Houilleurs de ce temps nommoient _houages._ Voyez dans la Table des matieres la définition que M. Genneté donne de ce terme.

De cette description de l'intérieur de la montagne de _S._ Gilles , considérée dans l'ensemble de ces 61 Veines , il résulte pour somme totale de leur épaisseur , un solide de Houille de 22 toises 6 pouces & demi (_toise de montagne de_ 7 _pieds_) , au lieu de 7 toises 5 pieds 4 pouces , pour produit des 26 veines seulement , dont j'ai donné l'énumération ; & qui , en y comprenant 564 toises 1 pied de _stampes_ ou intervalles de séparations , composées de terres ou de rochers , fait 586 toises 1 pied 6 pouces & demi pour tout le massif de la montagne.

foncement à une profondeur de 3182 pieds; il affigne fon épaiffeur de 420 pieds, & prétend qu'elles font toutes inclinées.

Ayant eu occafion de fréquenter pendant plufieurs années les Houillieres de Liége, il a eu connoiffance des deux failles que nous avons diftinguées, comme le font les Houilleurs Liégeois, en *grande* & *petite faille*, & même d'une troifieme; il les a repréfentées dans une Planche de fon Ouvrage.

La *grande*, qu'il prétend prendre fon commencement à la veine nommée *Bomme* ou *Baume*, & couper toutes les veines qui font au-deffous, a, d'après fes obfervations, une marche réglée du Levant au Couchant. Il ajoute que cette direction a été obfervée depuis Aix-la-Chapelle jufqu'en Angleterre; qu'elle coupe la grande traînée des veines de Houille qui s'étend d'Aix, Liége, Huy, Namur, Charleroy, Mons, Tournay, & de là par-deffous l'Océan, jufque dans les Mines de Charbon de la grande Bretagne, où elle fe trouve comme dans les autres Houillieres, & felon la même direction.

Son inclinaifon du Nord au Midi, eft de 16 ½ degrés, & n'eft pas toujours réglée.

La *petite faille* eft éloignée de la premiere de 2100 pieds, à fon Oueft; elle n'a, ainfi que la fuivante, aucune marche fixe, point de parallélifme entre elle ni avec la premiere; au contraire, elles viennent fe rapprocher à fon Orient.

Une troifieme *faille*, que M. Genneté dit être de 60 toifes, ou 420 pieds d'épaiffeur, paffe au Levant de la premiere, & fe trouve au fond de la terre entre la 56e veine, qu'il appelle *le Moine*, & la 57e veine nommée *Belle au jour*.

On conviendra qu'il n'eft pas trop poffible d'imaginer comment l'Obfervateur a pu s'y prendre, pour déterminer ces dimenfions d'une maniere fi précife.

Les failles pouvant rencontrer & couper les veines par le haut, par le bas, ou dans leur enfoncement en profondeur, ou dans leur trajet en longueur, ou entre leur longueur & leur largeur, les obfervations qui peuvent avoir été faites fur les dérangements qui en réfultent dans le corps ou dans une partie des veines deviennent intéreffantes: nous rapporterons ici celles de M. Triewald; (1) nous fuppofons au préalable que l'on eft inftruit par ce que nous avons dit en général, *pages 60 & 309, Partie I*, des principales circonftances relatives à ce fujet.

Une veine, par exemple, qui s'abaiffe vers le Sud-Eft, ayant été féparée dans fon enfoncement, la faille qui la coupe, s'étend vers le Nord-Eft, & vers le Sud-Oueft. La longueur d'une veine marchant vers le Nord-Eft, & vers le Sud-Oueft, venant à être coupée, la faille fe répand vers le Sud-Eft, & vers le Nord-Eft.

Comme ces interruptions peuvent fe faire entre la largeur & la longueur

---

(1) Troifieme Mémoire; *Actes de l'Académie de Suede.* Année 1740.

d'une veine, la direction de la veine étant vers le Sud-Oueft & vers le Nord-
Oueft, & l'enfoncement & l'élévation de celle-là, fe dirigeant vers le Sud-
Eft, & le Nord-Oueft, il faut que la faille fe répande vers l'Oueft-Sud-Oueft,
& vers l'Eft-Sud-Eft.

En travaillant à une veine qui s'enfonçoit vers le Sud-Oueft, on rencontra
une faille qui interrompoit la veine ; après avoir percé ce rocher, on ne retrou-
va point de l'autre côté le moindre *indice* de charbon (1) : cependant en perçant la gallerie 200 pas au-delà, on découvrit la croupe d'une veine qui étoit
plus baffe que celle qui avoit été perdue.

Il n'étoit plus difficile alors de la retrouver ; les couches qui l'accompa-
gnoient en-deffus & en-deffous, & qui furent reconnues, montrerent que c'é-
toit la même ; & ce qu'il y avoit de remarquable, c'eft que la faille difparut du
côté de l'Oueft, & que les deux parties de la veine fe retrouverent unies enfemble, après avoir été féparées l'une de l'autre à une diftance confidérable.

Lorfqu'on eft dans le cas de pratiquer une gallerie ou efpece de *bacnure* au
travers d'une faille, on doit fe reffouvenir de l'attention qu'il faut avoir de
fuivre le *lyon*, pour conduire cette route en conféquence de l'élévation ou de
l'abaiffement de cette *trace* du charbon.

La veine eft toujours meilleure alors à trouver *fous le pied*, comme difent
les Mineurs, ou *fous la main*, parce qu'alors la veine remontant d'une plus
grande profondeur, traverfe certainement une plus grande étendue de terrein,
avant de reffortir au jour ; & qu'alors on peut la travailler plus long-temps.

Nous avons indiqué, *Partie I*, *page* 64, la maniere dont les Veines fe
rihoppoient, en en-haut ou en en-bas, dans les plattures : les Planches III &
XI de la premiere Partie, & la Planche I, de cette feconde, rendent fenfibles
ces changements qui arrivent à l'occafion des failles ; il n'eft pas moins important d'avoir quelque exemple des *rihoppements*, dans les relévements de veine.

M. Triewald en a rencontré un affez rare : voyez *fig.* 7, *Pl. XLII.*

La ligne *A B* indique la furface du terrein ; le point *B*, eft l'extrêmité
de la veine qui s'enfonce du Nord-Oueft vers le Sud-Eft ; de *C*, elle commence à remonter vers l'Eft, en prenant fa direction vers le point *E* de la
montagne fituée vis-à-vis, où l'on devroit trouver la croupe de la veine ; mais
au lieu de s'étendre jufque-là, elle s'arrête en chemin & fe renfonce du point
E vers le Sud-Eft, au point *D*, d'où elle remonte vers la furface *A*, où fa
derniere extrêmité *fope* au jour ; ce qui la forçoit de quitter fa direction naturelle, étoit vraifemblablement le trouble exprimé en *E* au-deffus de la réunion de la veine *D C*.

A ce fujet M. Triewald fait obferver que la plupart des veines qui remontent du fond vers la furface, fans être interrompues dans cette marche,
ont une defcente égale, qui court du dehors de la ligne horizontale, tirée du

(1) *Voyez page* 311 & 374.

point

point de la furface juſqu'au point le plus bas de la profondeur, ont une quar-
rure rectiligne, c'eſt-à-dire, qu'une veine qui, de ſon extrémité ſupérieure,
deſcend en ligne droite, fait un angle rectiligne avec la ligne horizontale,
quoique du reſte cet angle ſoit plus aigu dans les uns que dans les autres,
comme on le voit par les figures 5 & 8, *Pl. XLII.*

Dans ces deux figures, *A B* indique la ligne horizontale; *B*, eſt la tête de
la veine; *B C*, eſt la veine, dont la direction eſt oblique, & qui joint la ligne
A B au point *B*, en faiſant avec elle un angle rectiligne; du reſte les angles
A, *B*, *C*, ſont plus grands dans la figure 8 que dans la 5e.

On conçoit que ces dérangements peuvent varier à l'infini : en jettant les
yeux ſur la Planche II, Partie II, on voit que la faille qui vient couper les
grandes veines ou plattures des trois maîtres Roiſſes, occaſionneroit un dérangement bien plus conſidérable, & dérouteroit bien autrement la pourchaſſe
des travaux, ſi elle donnoit dans le point de rencontre où les trois veines ſont
relévement de pendage en angle aigu; toute cette partie entiérement détruite
& occupée par la faille, ôteroit ſans contredit toute facilité de retrouver les
grandes veines, dans la portion où elles reviennent alors du fond, ſur-tout
ſi leur *rihoppement* étoit en *en-bas*, au lieu d'être *rihoppement en-haut.*

M. Triewald remarque qu'il arrive ſouvent, qu'une veine de charbon avant
de parvenir juſqu'à une faille, s'étend à une grande diſtance en formant une
eſpece d'arc ; cette inflexion eſt repréſentée par la figure 10 de la Planche
XLIV, où *a b* indique le *Trouble*, *E F* la veine principale, *C D* le toît formé
par un *cos* ſablonneux, appellé par les Mineurs Suédois *Bryn* (1), *G H* une
couche ſchiſteuſe, *I K* la veine ſupérieure, & *L M* ſon toit qui eſt un banc
de pierre.

Des Eaux, des Fentes aqueuſes ou *Ouvertures qui donnent de l'eau dans les
Mines, & de l'iſſue qu'on pratique à ces eaux au pied d'une Montagne.*

L E S eaux que l'on eſt ſujet à rencontrer dans les fouilles de Mines, ſont à
conſidérer dans pluſieurs points de vue diſtincts, comme par rapport à la place
qu'elles occupent davantage, par rapport aux couches ou lits qui en donnent
le plus, & quant aux fentes par leſquelles elles ſe font jour, ou quant aux temps
où elles paroiſſent plus abondantes.

La partie de la Mine où il ſe trouve plus d'eaux, devroit être univerſellement décidée par les gens du métier ; leurs relations ne ſont cependant rien
moins que conformes les unes aux autres : quelques Mineurs avancent d'après
l'obſervation, que plus ils creuſent, plus les eaux diminuent, & qu'elles ſont
plus abondantes vers la ſuperficie. L'Auteur des Mémoires manuſcrits ſur les

(1) Qui vraiſemblablement eſt le *Fréeſtone.* Voyez note 4, *page* 93.

Carrieres de Houille d'Anjou , dit la même chofe ; & nous avons fait une remarque à ce fujet : voyez *page* 548 , note 1.

L'expérience des Houilleurs Liégeois eft toute contraire ; plus on *dilate* ,
plus on découvre d'eaux ; plus on fait d'ouvrage , plus on eft gagné par les
eaux ; voilà leur dire ; & ils ne font à cet égard nulle diftinction de la partie la
plus élevée , ou de la plus enfoncée dans la Mine ; leur expreffion ne peut être
prife que dans la réalité du fait , & l'on peut affurer que la chofe doit être ainfi , au
moins en général , fur-tout dans les Carrieres de Houille : l'organifation des
terreins qui renferment ce foffile , & que nous avons développée avec foin par-
tout où nous avons pu le faire , établit inconteftablement que l'épaiffeur premiere ou la plus fuperficielle eft de nature à tenir un très-grand volume d'eaux ,
que la partie de la Mine la plus profonde en contient de même un pareil ou
un plus grand volume , voyez *page* 50 *&* 268 : que ces eaux pour lefquelles
on eft obligé de recourir aux cuvellements , aux plattes-couves , afin de les
empêcher de tomber dans les ouvrages , voyez *page* 276 , appartiennent en
particulier à chacune de ces deux parties différentes de la Mine ; que celles du
haut ne peuvent defcendre en-bas , lorfqu'on ne fait pas d'ouverture dans cette
premiere épaiffeur , & que celles de la partie la plus profonde de la Mine , fi
elles ne font pas emprifonnées dans des grottes , dans des vides immenfes ,
trouvent dans les bandes fupérieures , un obftacle à leur élévation perpendiculaire même en vapeurs.

On a vu quelquefois de ces eaux profondes affez abondantes , pour n'être
point diminuées par cinq machines à feu , qui rapportoient enfemble un ruiffeau d'un pied de *coupe*.

Un Savant Académicien de Stockholm (1) , dans un Mémoire communiqué
à cette Compagnie , prétend que l'eau qui embarraffe les Mines , provient
principalement & proprement de la hauteur de la colonne d'eau la plus voifine ,
& que fa preffion plus ou moins confidérable fur les veines , canaux , & fentes fouterraines , ne doit pas être attribuée à la plus ou moins grande étendue
fuperficielle & horizontale ; qu'elle n'eft qu'en proportion de la profondeur
horizontale des foffes fous ces maffes d'eau.

Pour ne nous en tenir qu'à des faits , nous ajouterons à ce que nous avons
rapporté dans la premiere Partie , fur les couches aqueufes , que l'eau ne fe
trouve jamais dans la *klaye* lorfqu'elle eft ferme & dure ; qu'il s'y en trouve
quelquefois , mais très-peu , lorfqu'elle eft lâche & fablonneufe ; qu'enfin les
lits aqueux font ordinairement ceux qui font placés au-deffous des couches noires
& lâches : les eaux provenant par des fentes naturelles , font encore différentes par rapport à ces ouvertures ; ces fentes font communes dans toutes les

(1) Quelques Régles démonftratives concer- | Docteur en Médecine, & Archiatre du Royau-
nant la marche des minéraux , l'ouverture des | me. An. 1745.
Mines , & leur étayement , par M. Brandt, |

matieres qui compofent l'intérieur de la terre ; elles doivent former une partie des connoiffances de quiconque s'occupe des travaux fouterrains.

Leur largeur varie depuis la petite ouverture jufqu'à plufieurs toifes, & felon les matieres où elles fe trouvent.

Dans les fubftances molles & dans les lits profondément enfouis , elles font affez éloignées les unes des autres , & plus étroites.

Dans les matieres calcaires , elles font perpendiculaires à l'horizon.

Dans les bancs de grès & de roc vif ; elles font obliques & irréguliérement placées.

Dans quelques matieres compactes , comme marbres , pierres dures , & dans les premieres couches , elles font plus multipliées & plus larges ; fouvent elles defcendent depuis le fommet des maffes jufqu'à leur bafe ; d'autres fois elles pénétrent jufques dans les lits inférieurs.

Les unes vont en diminuant de largeur , d'autres ont dans toute leur étendue les mêmes dimenfions.

Pour ce qui eft des temps auxquels on doit s'attendre davantage à la rencontre embarraffante des eaux ; il eft d'obfervation qu'elles font en général plus abondantes en hiver fuivant l'efpece de température , & fuivant les pluies ; c'eft ordinairement en Mars qu'elles donnent davantage à caufe des fontes de neiges ; on les a vu quelquefois très-baffes à Noël. Ces remarques ne font pas indifférentes , par rapport au temps favorable pour la premiere fouille , & que nous indiquerons lorfque nous entrerons en matiere fur les foffes ou puits de Mines (1).

Lorfqu'on peut former au pied d'une Mine une *Areine* , l'exploitation fe fait avec un double avantage, par la facilité d'extraire une partie du charbon, & de fe débarraffer des eaux par cette gallerie , qui devient en même-temps aqueduc. C'eft ce qu'on nomme dans quelques endroits de France *percement*, *gallerie de pied*, en langue Suédoife, *Watin-Stoll*, en latin *cuniculus* (2).

L'Ouvrage le plus confidérable que nous ayons dans ce genre en France , eft celui des foffes de Frênes, qui a onze cents treize toifes de longueur, dont une grande partie eft conftruite fur pilotis , & revêtue de bois dans l'intérieur, à caufe de l'inftabilité du terrein.

Celui du puits du Roc, Paroiffe de Chalonne en Anjou, eft encore remarquable ; mais l'une & l'autre ne fervent que de canal pour les eaux.

Les ouvrages du Bure *Pellé-Thier*, vis-à-vis le Val-Benoît, à Liége, qui étoit abandonné depuis 40 ans , viennent tout nouvellement d'être attaqués de cette maniere, dans l'intention de tirer par cette gallerie la Houille, & les eaux s'il eft befoin.

(1) Dans tous les approfondiffements , les eaux ont été reconnues au thermometre , à-peu-près du même degré de température inférieure au terme de dix degrés du thermometre de Réaumur ; en hiver elles font moins froides qu'en été.

(2) On peut voir dans Agricola , beaucoup de détails fur ce Canal , Livres IV & V.

C'eſt un objet de dépenſe forte à la vérité , mais de conſéquence pour cer-taines Mines , relativement à leur ſituation. Dans les Mines d'Allemagne ; les Entrepreneurs d'un percement ont le neuvieme du minerai qui ſe détache de la Mine qu'ils ont débarraſſée.

L'abondance des eaux qui ſe trouvent dans quelques Mines , exige qu'on veille avec attention à ce canal , dans lequel elles occaſionnent toujours des éboulements , des dépôts conſidérables de limon , qui interrompt leur cours , & ferme l'aqueduc.

C'eſt à cauſe de ces dommages qu'il n'eſt permis dans aucun pays de s'em-parer de ces travaux ſans le conſentement des Propriétaires ; voyez *page* 328, les Uſages & Coutumes du pays de Liége ſur tout ce qui eſt relatif à ces Areines.

Détails circonſtanciés ſur la marche particuliere que les Veines de Charbon tiennent dans la terre.

ON doit ſe rappeller que c'eſt dans les pays montueux , & non dans les pays unis , que ſe trouvent les Mines de Charbon de terre ; ce ne ſont cependant pas les montagnes compoſées d'un roc vif , & qui s'élevent bruſquement , qui ſont les plus propres à l'exploitation ; d'une autre part , les terreins bas ſont trop ſujets à être inondés ; on regarde donc comme les plus favorables les mon-tagnes ou terreins qui s'élevent en pente douce , & qui retombent de même.

Il eſt facile de juger par la marche que l'on a décrite des couches qui for-ment la maſſe que l'on a à fouiller , que le travail y eſt plus aiſé , & d'ailleurs les eſpérances ſont fortifiées par d'autres circonſtances qui font varier la maniere d'exploiter ; telles ſont le local , la facilité plus ou moins grande à reconnoî-tre la tête ou le pied de la veine , comme dans les autres Mines.

La maniere de rechercher les Charbons de terre , dans des endroits où on n'en connoît pas , conſiſte d'abord , ſelon M. Triewald , à obſerver comment la ſurface de la campagne ſe tient dans ſa montée ou dans ſa pente ; ce Savant prétend même que de cet examen , on peut aiſément inférer de quel côté le lit de Charbon s'éleve au jour.

Pour l'ouverture de la Mine , pour l'endroit propre à aſſeoir le Bure , la con-noiſſance de la direction & du pendage des Veines , eſt un préalable impor-tant , d'où dépend la ſûreté de diriger l'ouvrage vers l'élévation , & de ſe dé-barraſſer naturellement des eaux ; on a vu auſſi que ces deux circonſtances , for-ment l'objet pratique de la Géométrie ſouterreine.

On conçoit qu'il eſt fort intéreſſant de ſavoir vers quelles régions ſe répan-dent les veines ; l'expérience fait connoître qu'elles obſervent toutes la regle conſtante , qu'en s'enfonçant ou en s'élevant vers quelque point du ciel , elles s'étendent de côté dans les deux régions oppoſées , de ſorte que les charbons

s'enfonçant

s'enfonçant vers le Sud-Eſt, il faut que les régions de l'enfoncement & de l'élévation ſe trouvent en Sud-Eſt, en Nord-Oueſt; or ces deux régions étant oppoſées l'une à l'autre, il faut néceſſairement que l'extenſion de la veine du côté ſe faſſe vers le Sud-Oueſt & le Nord-Oueſt, régions qui partagent la bouſſole en deux parties égales.

M. Genneté dans l'Ouvrage dont j'ai parlé plus haut, établit une double marche des veines de Charbon de terre, une qu'il nomme *marche particuliere*, & une autre qu'il appelle *marche générale*.

Ce qu'il appelle *marche particuliere*, comprend ce que les Houilleurs nomment *pendage*, c'eſt-à-dire, la maniere dont les veines de Houille parcourent une étendue limitée de terrein, en ſuivant une inclinaiſon différente.

La marche qu'il appelle *générale*, eſt la ſérie continue, ou la traînée de toute une bande de Charbon de terre, qui ne pouvant être ſuivie dans ſa profondeur, eſt ſuppoſée ſe retrouver au loin dans un autre pays; c'eſt ce que nous avons nommé *Allure*.

Les Mines du Hainaut, du Namurois, du pays de Liége, de Boheme, & des environs de Schemnitz en Hongrie, ont, ſelon cet Auteur, une marche générale qui ſe dirige du Couchant au Levant, en déclinant de deux à trois degrés vers le Midi.

La traînée de Houille qui file d'Aix-la-Chapelle par Liége, Huy, Namur, Charleroy, Mons & Tournay, juſqu'en Angleterre en paſſant ſous l'Océan; & qui d'Aix-la-Chapelle traverſe l'Allemagne, la Boheme, la Hongrie, &c. il conjecture que de l'Aſie, elle s'étend juſqu'en Amérique, où elle peut ſe ſuivre comme en Aſie & en Europe.

Cet Auteur ajoute qu'en même-temps que la marche particuliere des veines les porte du Midi au Nord, la direction de la trace où elles ſe trouvent toutes, leur donne une marche générale ou traînée d'environ deux lieues de largeur qui va du Couchant au Levant, en déclinant de deux à trois degrés vers le Midi.

Direction, Cours, Allure des Veines, Stryka, Su.

Maniere de déſigner cette circonſtance par les degrés de la Bouſſole.

Ordinairement une extrêmité de la Veine pointe à l'*Oueſt*, s'étend de-là à l'*Eſt*, & ſur vingt aunes de longueur, c'eſt-à-dire, 35 pieds 10 pouces environ, elle en gagne ſix de profondeur.

Quelquefois les veines s'écartent un peu de cette marche, il s'en trouve qui pointent pour la plus grande partie au Sud-Oueſt & au Nord-Eſt; mais elles ſe plongent également toutes plus ou moins vers l'Eſt.

Cette direction des Veines vers quelque point de l'horizon, nommée par les Houilleurs Liégeois *Allure*, ſe déſigne communément ſelon la marche des Veines vers l'un ou l'autre de ces points de l'horizon , ou d'un point à l'autre , comme de l'Orient à l'Occident , ou du Midi au Nord.

Affez communément elle fe défigne encore par les degrés ou les heures de la Bouffole ; quand , par exemple , une Veine court *Nord-Eft & Sud Oueft* , ce qui fe marque *N. E. S. O.* on dit qu'elle va par *les trois heures* : ce font les Veines qu'on nomme *Dreffant* (1) , relativement au pendage horizontal ; car elles ne font jamais d'à-plomb : on pourroit les appeller *Veines furplombées.*

Si une Veine court *N. S.* c'eft-à-dire , Nord-Sud , on dit qu'elle va par les *douze heures*.

Celles qui vont de neuf à onze heures , font celles qui font Sud-Eft. Nord-Eft , comme celles de Wettine.

On appelle *Veines du matin* ou *Veines du Levant* , celles qui ont leur cours depuis huit heures jufqu'à fix , ou qui fe trouvent entre trois & fix heures.

Les filons dont la direction eft entre fix & neuf heures , font nommés *filons du foir* ou *du Couchant.*

Pour reconnoître , au moyen de la Bouffole , l'heure dans laquelle court la Veine qu'on a trouvée , on préfente la Bouffole de main dans le milieu de la Veine : l'Ouvrier doit placer l'inftrument de façon que le Levant foit à gauche , & le Couchant à droite : dans l'ufage , on place la ligne méridienne dans le milieu de la gallerie , le Septentrion felon fa direction.

Lorfque l'aiguille eft arrêtée , on tire une ligne droite en traverfant la Bouffole , & ayant attention qu'elle foit parallele à la direction de la Veine : l'heure , c'eft-à-dire , le degré fur lequel cette ligne paffe , eft l'heure dans laquelle la Veine fe dirige.

Pendage des Veines ; maniere de le défigner par les degrés de la Bouffole , de le reconnoître à l'aide de cet Inftrument & de différentes méthodes.

Il n'eft pas moins effentiel d'avoir égard à la feconde circonftance que nous avons obfervée dans les Veines de Charbon *pages* 64 , 97 , 121 , 205 ; nous voulons parler de leur pente ou fituation relative à l'horizon , & qui fe nomme *pendage , inclinaifon*.

A l'article du pays de Liége , *page 65* , j'ai eu recours pour rendre fenfible les différents degrés qui fe remarquent dans cette inclinaifon , à la fuppofition d'un parallélogramme dont la diagonale fervant de mefure moyenne , déterminoit les degrés d'inclinaifon fupérieure ou inférieure à cette diagonale. J'ai indiqué d'une maniere précife , mais générale , les variétés remarquables dans cette marche , lorfqu'elle s'enfonce en terre & lorfqu'elle fe releve ; il ne refte

---

(1) *Vena propendens* , qui répond aux filons appellés dans les Mines métalliques *filons précipités* , dont la direction eft réellement perpendiculaire , comme on l'a repréfentée figure 11 , Pl. LXII.

plus qu'à faire connoître la maniere dont les Ouvriers de Mines défignent ces différences par les degrés de la Bouffole, & à développer quelques points intéreffants fur cette inclinaifon : afin de donner d'un même coup d'œil une idée complette de ces pendages, nous avons raffemblé dans la Planche XLIV les figures qui fe trouvent à la fuite d'un Mémoire de M. Triewald (1), d'où les Editeurs de l'Encyclopédie les ont tirées (2) : les éclairciffements dont ce Savant a accompagné ces coupes de Mines, & la maniere de s'affurer du cours du Charbon, termineront cet article.

Les Mineurs appellent *horizontal* un filon dont l'inclinaifon eft moindre que de 5 degrés.

Un filon dont le cours eft depuis neuf heures jufqu'à douze heures, ou qui eft incliné du cinquantieme degré jufqu'au vingtieme, eft nommé *filon incliné, filon prolongé.*

Celui dont l'inclinaifon eft au-deffous de 20 degrés, eft défigné par le nom de *filon couché.*

Le filon incliné depuis le 90e jufqu'au 8e degré, eft appellé *filon perpendiculaire* ou *droit, filon debout;* on dit auffi qu'il court depuis douze heures jufqu'à trois, ou qu'il tombe entre les heures douze & trois.

De là il réfulte deux efpeces principales, dont les autres ne font que des fubdivifions.

Celles qui font un angle avec la ligne horizontale, depuis zéro jufqu'à 45 degrés, font des Veines à *pendage de platture.*

Les deux couches de la Mine de Zuickau n'ont pas plus de 25 à 30 degrés d'inclinaifon.

Celles de la Mine d'Edimbourg ont environ 40 à 45 degrés d'inclinaifon du côté du Midi.

A Champagné en Franche-Comté, l'inclinaifon de la Mine eft eftimée prefqu'à 45 degrés.

Les Veines qui font un angle avec la même ligne depuis 45 degrés jufqu'à 90, font Veines à *pendage de roiffes;* prefque toutes celles qui font en Ecoffe font de ce genre, il ne s'en trouve qu'un très-petit nombre à excepter.

Il eft à propos dans la pratique de l'exploitation, de fe rappeller l'évaluation reconnue par l'expérience de la perpendiculaire qui appartient à chaque degré de pente de la Veine, & dont nous avons fait mention en différentes occafions *pages* 115 *&* 299. Dans les couches de Falkire, province de Sterling en Ecoffe, l'inclinaifon des couches eft d'une toife perpendiculaire fur 10; du côté du Sud-Eft, elles en ont 12 de longueur.

La Mine de Witte-Haven a communément en pente une toife perpendiculaire fur 6 à 7 de longueur.

(1) *Tome I*, de l'Académie de Suede.
(2) *Tome VI*, Minéralogie, Charbon minéral.

Cette différence dépend de la nature du pays, que parcourent les Veines ; voyez *page* 205 ; la *Cultellation* (1) faisant voir à-peu-près la même chose, c'est-à-dire, qu'il se trouve des terreins dont la pente est de 4 pieds par toise, & que la différence de la base à la superficie, est souvent d'un 10e, d'un 8e, d'un 6e, même d'un quart.

On a pu aisément remarquer que dans la Flandre & dans les autres Pays unis, les Veines sont en *plattures* plus ou moins décidées ; qu'au contraire, dans les pays montueux, il se rencontre des Veines qui font avec la ligne horizontale un angle depuis 6 ou 7 jusqu'à 10 degrés.

Il est constant en général que si l'on descend dans une gallerie de 100 toises de longueur, faite sur les Mines par couches ou par lits, telles que celles de Charbon, dont la pente pour l'ordinaire est plus douce que celle des Mines par filons, on aura à peine sur ces 100 toises (selon que le pendage sera roisse ou tiers de roisse) 10, 12, 15, 20 toises de perpendiculaire.

Quoique dans le courant de notre Ouvrage nous n'ayions rien omis de tout ce qui peut donner une connoissance entière du Charbon de terre, considéré dans les différences de pente qu'on lui remarque dans sa marche, nous avons cru cependant ne pouvoir nous dispenser de donner place ici à un Mémoire très-intéressant de M. Triewald sur cette matiere ; c'est un hommage que nous devons & que nous rendons avec plaisir à cet Observateur, le premier qui a écrit sur les Charbons de terre.

» Tous les bancs de Charbon de terre peuvent être rangés, quant à leur » pendage, dans une de ces deux classes, ou de *platture* ou de *roisse*, & il faut » établir comme un principe certain, que nonobstant le plus ou le moins d'é- » tendue que ces bancs peuvent avoir, ils suivent constamment jusqu'au jour » la même direction avec toutes les couches qui les accompagnent.

» En cherchant la *Veine principale*, il arrive souvent que l'on en rencontre » d'autres qui, n'ayant qu'un pied ou un demi-pied d'épaisseur, ne valent pas la » peine d'être *chassées* ; ces petites *veinettes* suivent en tout la direction de la » Veine principale, à moins qu'elles ne soient *débauchées*.

» Du reste on peut voir par la figure 4, Planche XLII de cette seconde » Partie, comment dans le pendage roisse les Veines de Charbon & les bancs » de pierre qui accompagnent la Veine principale, s'élévent avec elle en » ligne parallele jusqu'à son extrêmité supérieure ; la ligne *A* marque une » ligne horizontale tirée sous la surface du terrein où l'on fouille les Veines » *I C* ; *E G L*, sont les couches (Wharf) ou les bancs de pierres placés en- » tre les Veines de Charbon *I C*, & qui suivent la même direction.

» Ces distances des extrêmités des Veines de charbon suivent en cela la

(1) Terme dont se servent quelques Auteurs, pour signifier la mesure des hauteurs & des dis- tances pieces par pieces, c'est-à-dire, par des instrumens qui ne donnent ces hauteurs & ces distances que par parties, & non tout à la fois par une seule opération.

» proportion

» proportion des diſtances perpendiculaires , & de ce quantum de la deſ-
» cente : plus les Veines de charbon & les couches ſituées au-deſſus ou au-
» deſſous d'elles ſuivent dans leur direction une pente douce, plus l'extrêmité
» de la Veine inférieure devance celle de la Veine ſupérieure, comme il eſt
» aiſé de le concevoir par les figures 3 & 2 , qui repréſentent auſſi des Veines
» roiſſes paralleles entr'elles.

» Or quoiqu'une ligne perpendiculaire ſuppoſée tirée entre les deux Vei-
» nes , (dans la figure 2 , depuis la tête de la Veine *E* , & dans la 3<small>e</small> vers le
» milieu de la ligne horizontale) ait la même longueur dans les deux triangles
» réſultants de l'incidence de la perpendiculaire ſur la ligne horizontale, elle ſera
» pourtant beaucoup moins longue dans la figure 2 , que celle de la figure 3 ;
» la raiſon en eſt toute ſimple, l'angle formé par cette ligne perpendiculaire
» & par la ligne horizontale, étant plus grand dans la figure 3<small>e</small> que dans la
» 2<small>e</small>, la baſe doit néceſſairement être plus grande dans la premiere que dans
» la derniere.

» Il n'eſt pas difficile de conclure de ce que l'on vient de dire, que les
» Veines de charbon appellées *plattures*, ont de beaucoup l'avantage ſur cel-
» les que l'on nomme *roiſſes* : en creuſant des puits de la même profondeur,
» pour percer l'une & l'autre eſpece de Veine , il eſt évident qu'on tireroit
» beaucoup plus de charbon de la premiere que de la ſeconde, ce qui pro-
» vient de ce que les lignes horizontales, ſont plus longues dans la figure 3<small>e</small>
» que dans la 2<small>e</small> (1).

» Ce ſeroit ici le moment de demander ſi la ſurface du terrein, qui renfer-
» me les Veines de charbon, venant à s'élever, & à former une montagne, la
» direction des couches vers les deux côtés, reſte toujours la même à l'égard
» de leur élévation ou de leur enfoncement ; mais l'expérience ayant fait voir
» que quelques-unes des couches des terreins montueux, ont toujours conti-
» nué de monter vers la hauteur de la montagne, tandis que d'autres ont
» ſuivi une direction toute oppoſée, on ne peut encore établir une regle
» certaine ſur cette demande.

» Il ſe préſente encore une queſtion touchant la pente d'une Veine
„ (*Sluttand*) & ſon relevement au jour ; une Veine de charbon ainſi que
» toutes les couches qui l'accompagnent, ſupérieurement & inférieurement,
» s'étant enfoncée conſidérablement depuis la ſurface du terrein, & venant
» quelquefois à changer d'allure de l'Oueſt à l'Eſt , cette Veine remonte-t-elle
» au point duquel elle avoit commencé ſa marche en deſcendant ? Par exemple,
» dans la coupe de Mine, *fig.* 6 , la couche a deſcendu depuis la ſuperficie *A*
» vers *B*, qui eſt ſuppoſée la moitié de ſa marche ; a-t-elle remonté enſuite de
» *B* vers *C*, ou a-t-elle continué ſa marche dans la même proportion depuis

---

(1) J'ai rendu la choſe très-ſenſible par la **Planche** 1, de la II<small>e</small>. Partie : *voyez* auſſi l'éclairciſſement y relatif, *page* 208.

» B jufqu'à D, qui eft l'hémifphere oppofé à celui d'où elle eft par-
» tie ?

    » Je n'ofe rien affurer fur une matiere qui n'eft pas encore éclaircie ; ce-
» pendant j'expoferai un fentiment fondé fur ma propre expérience : je re-
» marque d'abord que la fituation de toutes les Veines, où l'on n'a jamais apperçu
» de changement de direction, s'eft toujours oppofée à un examen fuivi, de
» maniere à pouvoir en tirer des conféquences décifives ; ou bien ces Vei-
» nes étoient fituées fur le bord de la mer, & s'enfonçant du côté de l'eau,
» il n'a pas été poffible de continuer leur fouille, parce que quand bien mê-
» me, elles feroient remontées vers la furface de la terre, quittant leur direc-
» tion, leur derniere extrêmité fe feroit trouvée dans le fond de la mer ; ou
» bien elles fe font enfoncées vers le pied d'une montagne, enforte que le
» terrein s'eft élevé au même endroit où les Veines defcendoient, & qu'on
» n'a pu les fuivre, ni obferver par conféquent fi elles changeoient de direction,
» ni comment s'opéroit ce changement ; ou bien elles ont été interrompues
» par des *failles*, de maniere qu'il n'a pas été poffible de rien conftater fur leur
» *direction* ; mais j'ai auffi rencontré des Veines qui alloient en defcendant
» & en remontant : par exemple, je fuis defcendu fous terre, *même fig. 6*, au
» point C : de là j'ai fuivi l'enfoncement de la defcente de la Veine de char-
» bon jufqu'à B, où elle change de direction, & j'en fuis remonté au jour près
» du point A, qui indique une région tout-à-fait oppofée à C ; ce changement
» de *direction* ne pouvoit être attribué ni à un krin, ni à une faille ; car il
» n'y avoit point de ces accidents, les charbons que donnoit la Veine étoient
» bons, & couchés dans une ligne exactement droite. Une autre obfervation
» m'a confirmé dans l'opinion où je fuis, que toutes les Veines de charbon
» remontent de leur extrêmité inférieure, par la même extrêmité dont le trop
» grand enfoncement apporte obftacle à leur pourchaffe jufqu'au bout, parce
» qu'il n'y avoit pas moyen de décharger les eaux fouterraines ou de procurer
» à la Mine le changement d'air néceffaire ; car j'ai trouvé que les Veines que
» l'on fouilloit à leur oppofite leurs répondoient exactement (2).

    » J'ai encore vu une Veine de Charbon, qui d'abord fuivoit une pente fi
» douce qu'à peine on pouvoit diftinguer fon inclinaifon ; à une certaine dif-
» tance, cette Veine s'éleva un peu davantage, & monta enfuite avec tant de
» promptitude, qu'au lieu de s'être élevée d'abord d'un feul pied en 12 ou
» 14 pieds de longueur, elle vint à monter d'un pied en trois : *voyez* la coupe
» de Mine repréfentée par la figure 9 (1). A, B, indique la ligne horizontale ;
» D, C, marquent la Veine de Charbon qui monte tout doucement ; mais

(1) L'obfervation générale eft conforme à ce qu'avance ici M. Triewald, (*voyez page* 63, *Part. I*), & paroît lever abfolument le doute que ce Savant n'a laiffé fubfifter que par la crainte de fe tromper, en ne fondant fon opi-nion que fur fa propre expérience.

(2) Elle repréfente une *grande Veine* ou *plat-ture de roiffe*, telle que ce pendage en forme à chacune de fes extrémités. Voyez ce qui a été dit *pages* 63 & 205, fur les deux extré-mités oppofées des Veines, dans quelque pen-dage que ce foit.

» arrivée à *C*, elle s'éleve fur le champ vers la lettre *A*, où eſt ſon extrêmité
» ſupérieure.

» La Mine de Jarl Winton, ſituée dans le Comté de Tranent (1), me
» fournira un autre exemple très-remarquable de changement de direction
» dans les Veines de Charbon. Celle de cette Mine qui eſt très-conſidérable, &
» qui a 10 ou 12 pieds d'épaiſſeur, commence près la ville de Tranent,
» où on la fouille ; de là elle s'éleve vers le marais du Comté Elphingſtons, ſi-
» tué au Sud-Oueſt, & paſſe par-deſſous la maiſon de ce Seigneur ; elle ſe
» renfonce enſuite vers le marais ſitué entre Elphingſtons, & Omiſton, vers
» le Sud-Eſt.

» Je dirai encore un mot d'un cas aſſez rare à la vérité, mais qui peut ce-
» pendant arriver ; la ſingularité du changement de direction m'a engagé de
» le repréſenter, voy. figure 7e. La ligne *AB*, indique la ſurface du terrein ;
» le point *B*, eſt l'extrêmité de la Veine qui s'enfonce du N. O. vers le S. E.
» & elle commence à remonter vers l'Eſt, en prenant ſa direction vers le point
» *E* de la montagne ſituée vis-à-vis, où la croupe de la Veine devroit ſe trou-
» ver ; mais au lieu d'aller juſque-là, elle s'arrête en chemin, & ſe renfonce
» enſuite du puits *F* vers le puits du S. E, marqué par *D*, d'où elle remonte
» vers la ſurface en *A*, où ſa derniere extrêmité reſſort au jour : on doit ob-
» ſerver au reſte qu'en *E* la Veine rencontre un *trouble*, qui vraiſemblable-
» ment l'a forcée de quitter ſa direction naturelle.

» Les figures 5, 8, 9, acheveront de donner une idée claire de la maniere
» dont les Veines de Charbon deſcendent en platture ou en roiſſe, toutes les
» fois qu'elles ne ſont point interrompues dans leur marche par quelque faille.
» Dans ces trois coupes de Mines, *A B* marque l'extrêmité ſupérieure ou la
» tête de la Veine. La ligne *A C* tombe perpendiculairement de la ligne
» horizontale, indiquée *A C fig.* 8, & *B D*, *fig.* 9. La ligne *B C* dans la
» premiere, eſt la Veine principale, qui deſcend de l'extrêmité *B*, & qui fait
» voir la véritable deſcente de la couche. *A*, indique l'endroit où il faut aſ-
» ſeoir le Bure, quand on a découvert près du point *B* l'extrêmité de la Vei-
» ne qui eſt la plus abondante, & de meilleure qualité que la Veine de
» deſſous.

Différents moyens pour la perquiſition de l'Allure & du Pendage des Veines.

Lorsqu'une fois, à la faveur d'un puits, on eſt tombé ſur la Veine, l'opération la plus ordinaire pour parvenir à reconnoître le pendage, conſiſte à
s'orienter avec la bouſſole, de la maniere que nous en avons décrit le procédé
à l'article de Liége *pages* 299, 332.

M. Triewald pour reconnoître & le pendage & la direction des Veines,

(1) Au Comté de Haddington, province de Lothiane, à l'Orient du Bailliage d'Edimbourg.

recommande de multiplier les puits (1) : voici fa méthode, pour laquelle le Lecteur doit recourir à la Planche XLII : la figure 1, eft le terrein dans lequel
on veut faire des recherches ; dans les points *P*, *O*, *K*, *L*, *M*, *N*, fe montrent au jour plufieurs **Veines**, & la principale que l'on veut reconnoître.

» Je procede de la maniere qui fuit : fur toute la furface de *P n*, *o K*, après
» avoir percé perpendiculairement en-bas, de *K* jufqu'à ce que j'arrive à *G L*,
» alors je marche dans la même direction, & je pratique perpendiculairement
» un petit puits en *L*, jufqu'à ce qu'on arrive à la Veine *M H*, ou bien au
» fecond lit de pierre *ften beid* ou couche (*Wharf*), enfuite on marche
» encore dans la même direction ; & à une pareille diftance, on fait au point
» *M*, un petit puits qui tombe perpendiculairement en *I*, à l'endroit où l'on
» trouve du Charbon de pierre qui s'éleve de *I* en *N*.

» Si l'on n'y trouvoit point de cours de Charbon, ce feroit une mar-
» que que les lits de pierre que l'on a rencontrés en faifant le puits, font au-
» deffous du cours du Charbon ; & par conféquent il faut marcher en arriere
» dans la même direction, faire un puits perpendiculaire en *o*, & dans le cas
» que *L K* ne fuffent point des couches de Charbon, on le trouvera certai-
» nement de la maniere fufdite en *o* ou en *p*.

» Lorfque l'on fait comment les couches ou *ftrata* s'élevent ou penchent,
» on procede de même, & l'on continue ainfi en enfonçant des puits de la
» maniere qui vient d'être détaillée ; il n'y a point d'autre différence à y obfer-
» ver finon qu'en forant (*Bora*) il faut bien remarquer, & mettre de côté la
» pouffiere qu'on rapporte avec la cuillier n°. 8 ou n°. 9, de la tarriere de
» terre.

» Cette pratique par laquelle on va, comme difent les Anglois, à la décou-
» verte de la pente des Métaux ou des Charbons par le fommet, eft à la vérité
» plus difpendieufe que celle des trous de fonde ; mais quand la perquifition
» porte fur un terrein neuf, & qu'on ne connoît point de Mine de Charbon dans
» le voifinage, cela eft bien plus fûr pour découvrir la *puiffance*, & la pente
» des Charbons, chofes très-effentielles à connoître fi on veut tirer un parti
» convenable de ces Mines, dont il fera parlé plus au long, quand il s'agira
» de la maniere de bien exploiter les (*Cours*) Charbons de terre lorfqu'ils
» ont été découverts.

» Si au contraire on veut chercher du Charbon de terre dans un terrein où
» il n'y a ni mer, ni riviere à haut rivage qui puiffent indiquer l'élévation ou
» l'abaiffement des cours (*flot*, *ftrata*) couches ou lits ; il faut enfoncer au
» hafard, jufqu'à ce qu'on foit parvenu au travers de la terre nourriciere du
» fable (*Mo*) ou au travers de l'argille (*Lera*), qui, ni l'une ni l'autre, ne
» courent point avec les lits inférieurs, & montent leurs têtes jufqu'au jour ;

_____

(1) Art. IV. Maniere de rechercher les Charbons de terre dans les endroits où l'on n'a pas encore fouillé. *An.* 1740, *Tome I.*

» &

» & quand on trouve la premiere pierre ou lit d'ardoife, on peut exactement
» voir & obferver fa direction, fon élévation, fa marche montante ou fa mar-
» che defcendante ; alors on procede comme il a été dit, puifque, pour dé-
» couvrir des couches de Charbons, qui dans un tel champ, peuvent fe trou-
» ver les unes fur les autres, il n'y a pas de moyen plus fûr que celui dont j'ai
» donné la defcription & la figure.

» En faifant la recherche des Charbons, foit avec la tarriere, foit avec des
» puits, il faut marcher en avant ou en arriere, & percer (*Bora*) dans la di-
» rection, dans laquelle on trouve que les lits s'élevent ou s'abaiffent vers le
» centre de la terre ».

Pour peu que l'on ait faifi les principes fur lefquels les Houilleurs Liégeois conduifent leur exploitation, on reconnoîtra que leur application au cas
dont il s'agit, a un grand avantage fur le moyen propofé par M. Triewald.

Dès l'inftant que le petit bure ouvert au point *F*, a rencontré du Charbon, dont l'élévation eft reconnue de *F* en *O*, l'enfoncement de nouveaux bures ne préfente aucun motif d'utilité : il paroît bien plus naturel de
procéder alors à l'établiffement du même bure dans la partie la plus baffe du
pendage, pour aller rencontrer en montant toutes les Veines qui ne peuvent
manquer d'avoir été traverfées par le bure : les Planches II, III, IV &
XXXIII, de la IIe Partie, mettent dans le plus grand jour la fupériorité de
la méthode Liégeoife par bacnures, pour paffer d'une Veine dans une autre
fans recourir à autant de puits de jour, qu'il y a de Veines.

Cette répétition de fouilles, confeillée par M. Triewald, entraîne vifible-
ment une dépenfe qui, dans les endroits où les mains-d'œuvres font cheres,
peut être d'autant plus confidérable qu'elle eft multipliée pour quatre ou plufieurs bures : ce n'eft pas un médiocre inconvénient ; il a frappé un autre Savant de Suede, auffi de l'Académie de Stockholm, qui a cherché à
l'éviter, & il y a réuffi dans les Mines de la province Schonen ou Scanie ;
(1) au lieu de bures, il fait feulement avec la tarriere fur les couches mêmes
de Charbon trois trous de fonde ; voyez *page 392*, éloignés les uns des autres de plufieurs centaines d'*aunes* : ces trois ouvertures à égale diftance les
unes des autres, forment un triangle, qui, par la marche & l'abaiffement des
Veines, indique la direction des couches (2). Il paroît par ce que nous avons
rapporté à l'article des Mines de Charbon d'Angleterre, (Sect. IIIe, de cette IIe
Partie, *page 399*,) que cette maniere de juger de l'inclinaifon des couches, eft
connue & pratiquée dans ce Royaume : il eft des circonftances dans lefquelles
elle a fon mérite ; l'avantage particulier qu'on doit lui reconnoître, eft relatif aux pays, où les Veines feroient irregulieres & fujettes à des kreins : on

(1) Troifieme Volume des Mémoires de l'Aca- | rapportée à l'article de la Géométrie fouterrai-
démie de Suede, *page 149*. | ne, *page 806*.
(2) L'Auteur en a donné la démonftration |

n'a pas de peine à concevoir que, dans la fuppofition qu'on fe bornât à un feul trou de fonde, on pourroit aifément être induit en erreur, fi l'on venoit à tomber fur un krein, dont on ramèneroit la pouffiere dans le fouilloir ; mais le fecond ou le troifieme forage, en tombant fur une partie de Veine qui ne feroit pas altérée par cette défectuofité, donnera la connoiffance de ce que l'on cherche.

L'ufage de la fonde ou tarriere de terre, quelque difpendieufe qu'il foit, peut donc avoir fon mérite ; par exemple, dans une entreprife en grand & en particulier fur un terrein où l'on voudroit uniquement s'affurer de la *puif-fance*, & de la direction d'un banc de Charbon qu'on auroit reconnu peu éloigné de la fuperficie. Un Directeur de Mine doit par conféquent avoir une idée nette & précife de cet outil important ; nous invitons le Lecteur à jetter de nouveau les yeux fur la Planche XXXIV, relative à cette tarriere (1), & fur ce que nous en avons dit Section IIe, *pag.* 393.

En 1770, M. Geis a publié à Vienne une defcription fort détaillée de ce *Perçoir de Montagne*, appellé par les Suédois, *Jord Booren* ; c'eft celle dont l'Auteur de l'efpece de traduction de l'Ouvrage de l'Académie de Freyberg a fait ufage ; il en a porté les développements, à la Planche 18 & 19, où l'on trouve le même appareil difpofé pour deux percements dont je n'ai pas parlé, celui de *bas en-haut*, & celui dans *une direction horizontale*.

Planche XXXIV, *Figure* 1.

a, *B b*, *c c*, Tige de la tarriere ou fonde, compofée de plufieurs pieces de fer, qui s'affemblent à vis les unes aux autres ; leur nombre eft indéterminé , ainfi que leur longueur, ce qui dépend de la profondeur à laquelle on veut fonder.

Dans la Figure adoptée par les Auteurs de l'Encyclopédie, chaque piece au lieu d'être *frettée* au milieu de fa longueur, comme au n°. 1, eft percée d'un trou dans lequel on introduit un boulon de fer, pour fixer une partie de la tarriere , quand on veut en viffer ou déviffer une autre ; la conftruction de ces pieces fe voit diftinctement dans les figures fuivantes.

N°. 1. Premiere piece de la tarriere, traverfée dans fa tête d'un trou pour le *manche* ou *foreur F F* ; entre ces deux frettes, eft une gorge qui reçoit le levier n°. 2, vu en fituation dans le petit appareil *fig.* 3 : à fa partie inférieure cette piece eft taraudée en écrou, afin de recevoir la vis de la

(1) D'ailleurs cette tarriere connue dans le l Economes de campagne. Vers l'année 1750 ;

fraife n°. 6 , nommée auffi *cifeau* ou *trépan* ; elle eft propre à percer certaines pierres ou couches de terre : cet écrou reçoit encore la vis de la feconde piece de la tarriere , lorfqu'on a befoin d'une plus grande longueur.

N°. 2 , Levier fourchu de l'appareil *fig.* 3 ; fes branches embraffent la gorge de la premiere piece.

N°. 3 , Barre de fer terminée fupérieurement par une vis retenue dans l'écrou inférieur de la premiere piece , ou dans celui des autres pieces ; il y manque au milieu le trou pour recevoir le levier fourchu de l'appareil *fig.* 3 , au moyen duquel on viffe les pieces les unes aux autres : à fa partie inférieure , elle eft creufée en écrou , pour recevoir la vis d'une des meches , cuillers , trépans , ou celle d'une piece femblable , fi le trou eft affez approfondi pour l'exiger.

N°s. 4 & 5 , Deux différentes lanternes, meches ou cuillers (1), pour les terreins glaifeux ; les parties inférieures de ces deux pieces ne paroiffent pas formées convenablement à l'objet auquel on les deftine , de retenir & d'amener les échantillons de la fubftance dans laquelle on les introduit.

Il faut avoir une provifion de ces deux efpeces de meches.

N°. 6, Meche ou trépan ; c'eft la même qui eft adaptée à la premiere piece en 6.

N°. 7, Autre trépan ou foret en langue de ferpent, pour percer les rochers les plus durs.

N°s. 8 & 9, Deux autres cuilliers ou lanternes, pour rapporter les échantillons des terreins fablonneux.

N. 10 , Clef ou tourne-à-gauche fervant à viffer & dévifer les différentes pieces de la tarriere ou les meches, trépans , cuillers qui s'y adaptent ; la partie inférieure recourbée embraffe la partie quarrée de chacune de ces différentes pieces.

N°. 11 , Bonnet de la fonde de l'appareil *fig.* 2 ; ce bonnet s'adapte à la vis de la premiere piece. Le crochet qui vient du treuil, doit être mobile au centre du bonnet, ainfi qu'un émerillon (2), afin que la fonde puiffe tourner fans tordre la corde qui fert à le fufpendre.

N°. 12, Entonnoir de fer qui s'adapte à l'extrêmité inférieure de la partie de la tige qu'on a retirée de la fouille lorfque cette tige eft caffée , & qu'il en eft refté une portion dans la fonde.

Pour cela la partie intérieure de l'entonnoir eft taraudée & acérée ; fon ouverture inférieure étant defcendue perpendiculairement dans la fonde, elle faifit la partie de la tige qui y eft reftée , en tournant du fens convenable pour faire mordre les filets intérieurs ; par ce moyen, on retire la partie de la tige qui étoit reftée dans la fouille.

La manœuvre qui s'exécute avec la fonde , ne tient pas feulement comme

---

(1) *Nafware.* Su.
(2) *Emerillon*, terme de Cordier ; crochet de fer , difpofé dans fon manche de maniere qu'il peut y tourner avec beaucoup de facilité.

on l'a vu à l'action d'enfoncer en terre les différentes pieces qui forment fa longueur ; cela ne peut fe faire fans être obligé de temps en temps de fubftituer une piece à une autre ; delà il réfulte deux actions différentes, l'enfoncement en terre, & l'élévation hors de terre : elles ont été détaillées *pages 392, 393* ; nous les rappellerons ici en peu de mots, afin d'aider le Lecteur à en prendre une idée nette & précife.

Un Ouvrier fait tourner le moulinet *h*, *fig.* 2, pendant que l'autre va au fouilloir nos. 4, 5, 8, 9, & pofe fur la boîte un levier fourchu *s*, fous l'entaille de la piece du milieu la plus baffe ; fur ce levier fourchu, pofe alors tout le fouilloir, tandis qu'avec les deux clefs *p v*, l'Ouvrier les déviffe, autant qu'il paroît élevé au-deffus de la fourche.

Enfuite l'Ouvrier prend par un bout la piece dévissée, & la porte fur le bord en terre, en même-temps que l'autre Ouvrier lâche la corde du *devidoir*.

Alors les pieces du milieu fe mettent en terre jufqu'à ce qu'on en ait befoin ; mais le bonnet de la fonde eft replacé fur la longueur ou fur le bout du fouilloir qui repofe en attendant dans le trou fur le bonnet de la fonde.

On enleve enfuite ce crochet, & l'Ouvrier va au moulinet, afin d'aider l'autre Ouvrier, & foulever encore une longueur, & on continue jufqu'à ce que tout le fouilloir foit retiré. Eft-il encore queftion de le redefcendre dans le trou ? on l'y replonge à la longueur qu'il fe trouve fufpendu à la corde, jufqu'à ce que la derniere piece du milieu foit entrée dans la caiffe ; alors on pofe le levier fourchu fous l'entaille, on fouleve une autre longueur que l'on viffe, & l'on continue.

Premier Appareil, Fig. 2.

x x x x, platte-forme de charpente au niveau du terrein, à laquelle eft fixé le guide de la tarrière.

T, efpece de chevre formée de trois longues perches, dont on n'en a fait voir que deux fervant à fufpendre la poulie, par le moyen de laquelle on releve la fonde pour vuider les cuillers ; une de ces perches eft garnie de ranchers par lefquels on monte à la poulie.

h, Treuil dont le fupport eft fixé en terre, ou chargé d'un poids fuffifant, pour que la corde qui fufpend la fonde, & qui s'enroule fur cette poulie ne puiffe pas l'entraîner quand on veut relever la fonde.

Dans la Planche de l'Encyclopédie, au lieu de la tarriere repréfentée ici hors de l'appareil, c'eft un gros cordage qui réunit les trois perches en *T*, & les maintient en fituation verticale ; ce *hauban* eft *haubané* (1), fur le terrein, dans la même direction que l'on voit la tarriere.

---

(1) *Haubaner*, en terme de Marine, c'eft arrêter à un piquet ou à une groffe pierre, le hauban ou cordage d'un antin ou d'un gruau, | afin de le tenir ferme lorfqu'on monte quelque fardeau.

Second

Second Appareil. Fig. 3.

Dans ce difpofitif pour la même fin, la platte-forme $x\,x\,x\,x$, eft tra-verfée par la fonde.

c, eft le levier que l'on paffe dans l'œil de la troifieme piece de la ta-riere pour la faire tourner.

k, exprime la gorge qui eft reçue dans la fourche du levier au moyen du-quel on releve la tariere du chevalet a, nommé auffi *mainteneur*, dont les côtés verticaux font percés de plufieurs trous, dans lefquels on paffe un bou-lon de fer qui fert d'appui à ce levier.

Des Foffes ou *Puits de Mines confidérés dans leur nombre, profondeur, &c.*

M. N. qui ne s'eft pas fait connoître autrement, a adreffé en 1770, à l'Auteur d'une Feuille périodique (1), fes idées, qu'il a qualifiées *Affertions Phyfiques fur le choix d'un emplacement pour établir une foffe d'extraction de Charbon de terre.*

L'Auteur de cet Ecrit fommaire paroît avoir eu uniquement en vue, la re-cherche du niveau de l'eau, dans un terrein fuppofé d'une demi-lieue de pente, afin de porter la foffe d'extraction fur l'élévation de la pente au Midi, & d'éviter de la placer à l'endroit de la pente la plus baffe du terrein, où l'eau fouterraine eft plus volumineufe, & l'écoulement, felon lui, plus difficile, &c. Quand on fuppofe une chofe abfurde, il n'eft pas étonnant que les confé-quences qu'on en tire, s'en reffentent : la prétendue difficulté de l'écoulement dans la partie inférieure, & où fe porte précifément le plus grand volume d'eau, me difpenfe de difcuter un fyftême fondé fur un pareil principe ; ce qui a été dit *page 243*, fait voir que l'écoulement des eaux n'eft pas la feule circonftance qui décide le choix de l'emplacement du bure (2).

Lorfqu'on eft au moment de *rendre ouvrable une Mine de Houille*, il eft à propos, autant qu'il eft poffible, de favoir à quoi on doit s'attendre fur la facilité de cet ouvrage, fur la profondeur du bure, &c ; ces objets importants tiennent à plufieurs points, comme la faifon dans laquelle on fe trouve, la nature du fol, &c.

Toutes les faifons ne font pas indifférentes pour l'entreprife d'une foffe ; (voyez *page 873*,) l'automne eft la feule qui foit favorable, parce qu'alors les pluies qui peuvent avoir été amaffées fous terre, font en partie defféchées : le temps le plus avantageux eft depuis le mois d'Août jufqu'à la Touffaints.

(1) Gazette du Commerce, n°. 98, *page* 777.
(2) D'ailleurs le fujet que l'Auteur s'eft pro-pofé de traiter, ne peut l'être d'une maniere plus bifarre qu'il l'eft dans cet Ecrit ; je n'en fais mention que par rapport au Journal dans lequel il a été inféré, & pour montrer que rien de ce qui a pu être publié fur cette matiere, n'a échappé à mes recherches.

La nature du fol, la maniere dont s'y trouve le Charbon de terre, font beaucoup pour l'enfoncement plus ou moins embarraffé de la fouille : dans les endroits où les Veines montent à la fuperficie avec les rochers, comme cela fe voit dans le pays de Liége, de Namur, & dans une partie du Hainaut Autrichien, ces fouilles font peu embarraffantes, & l'ufage du perçoir de montagne feroit fort avantageux pour reconnoître à la fois le pendage & l'allure de la Veine.

Il n'en eft pas de même du Hainaut François : dans les Houillieres qui s'y exploitent, on a 20, 30, 40, 50, quelquefois jufqu'à 120 toifes de terrein fans confiftance à paffer au travers des torrents d'eau, avant d'arriver au rocher, fous lequel eft placé le Charbon de terre.

De là la néceffité de fortes machines, des meilleures pompes, de beaucoup de chevaux à employer à les mouvoir, afin de gagner promptement un terrein propre à y établir des cuvelages pour y renfermer tour à tour les eaux de chaque niveau. La différence du fol de cette Province & de celle d'Anjou, par exemple, eft telle qu'en fouillant une carriere de Charbon dans le Hainaut, il eft très-ordinaire d'avoir pour cent mille francs de dépenfe, avant d'être au niveau des rochers qui font dans les Mines d'Anjou, quand on commence à les rencontrer (1).

Du nombre des *Bures* ou *Puits de Mines fur une Houilliere.*

POUR l'ordinaire on fait deux Bures, un à *pompe*, & un qui eft à la fois *Bure d'extraction* & *Bure d'airage*, quelquefois même le *Bure d'extraction* eft en même-temps *Bure à pompe*; (voyez page 286,) il ne s'agit que de lui donner affez d'étendue pour que les eaux puiffent être pompées d'un côté, & les Charbons remontés de l'autre.

Ce Bure, nommé *Maître Bure*, tel que nous l'avons décrit pour la forme, doit toujours être enfoncé de maniere que la longueur de la bafe foit dirigée contre l'inclinaifon de la Veine, afin que le puits ait plus de folidité : voyez page 244; l'affermiffement dépendant de la charpente de revêtiffement, fera détaillé à part dans fes regles générales.

Le plus fouvent toutes les veines d'une Mine que l'on travaille, s'exploitent par un feul & même bure; il eft néanmoins des circonftances où l'on peut augmenter le nombre des bures d'extraction : dans les petites foffes aux bras, par exemple, lorfque la *chaffe* des ouvrages eft trop en avant, & qu'il en réfulte une trop grande étendue à parcourir pour amener la Houille au

(1) Un Ouvrage très-curieux, que je donnerai à part, & qui pourra être réputé fuite de celui-ci, donnera complettement l'idée de ces différentes couches, quant à leur nombre & confiftance, dans plufieurs pays; c'eft un *Catalogue raifonné d'une Collection d'échantillons des lits qui* compofent les Montagnes par couches, auxquelles font propres les Charbons de terre, ainfi que des différents Charbons de terre répandus parmi ces mêmes couches, format in-folio. Cette Collection précieufe, que j'ai été à même de faire, eft certainement unique.

chargeage, on préfere d'enfoncer d'un nouveau bure à l'endroit dans la perpendiculaire du point auquel on eſt parvenu, afin de rapprocher l'extraction ; dans ces occaſions, cela ſe fait auſſi préciſément ſur ce point de la Veine, quand bien même elle feroit pluſieurs tours, que ſi on pouvoit ſe conduire à l'œil, & y jetter le plomb : l'*airage* & les *xhorres* deviennent alors peu embarraſſants, étant bien plus aiſé de puiſer les eaux, & de mettre de l'air dans un puits de 20 toiſes, que dans un autre de 60.

Cette pratique, applicable dans ce cas particulier, n'a lieu, & ne doit avoir lieu que pour les petites Houillieres où les bures ne ſont pas bien profonds, & où la dépenſe n'eſt pas conſidérable.

Dans les Mines de *Doué* en Anjou, il s'eſt vu à la fois quatre puits ſur une longueur de trois cents toiſes en ſuivant la même Veine : cette maniere d'exploiter ne doit point du tout être donnée pour modele. Si dans les Mines du Hainaut François on ſe conduiſoit ainſi, les Entrepreneurs feroient bientôt ruinés ; un ſeul bure, dans cette Province, coûte autant qu'il en coûte à *Doué* pour un très-grand nombre (1).

Ce ſont donc la nature du ſol, la ſituation, la qualité, la rareté de la Mine, la ſituation des Veines en roiſſe, leur irrégularité, l'étendue des travaux ſouterreins, qui doivent diriger ſur ce point : voyez *page* 300.

Il eſt enfin un cas particulier où l'on fait pluſieurs bures, mais qui n'ont point de rapport à l'exploitation : on doit ſe rappeller que dans la coutume de Liége, les Maîtres de foſſes ou Entrepreneurs, (s'ils ne ſont pas eux-mêmes *Areniers*, & ne faiſant pas la dépenſe de l'*Areine*) ſont aſſujettis, entre-autres au cent d'*Areine*, c'eſt-à-dire, au droit appartenant à celui qui fait faire à ſes frais cette gallerie, & qui eſt ſelon les différents diſtricts où ſont ſituées les Mines du quatre-vingt-unieme ou du centieme trait franc & libre : il eſt quelquefois beſoin de ſavoir alors ſous quel lieu ſont ſituées les Veines que l'on chaſſe, afin d'en payer le droit d'Areine ; ou bien il s'agit de reconnoître l'endroit auquel on eſt parvenu dans la Veine, & d'être ſûr à quel point répond la tête de la Veine, dans le cas où l'on voudroit faire un nouveau bure.

Quant à la profondeur des foſſes ou puits de Mine, il eſt aiſé de juger qu'elle peut varier ſelon la ſituation plus ou moins enfoncée des Veines auxquelles on a à parvenir par cette foſſe, ſelon l'étendue des ouvrages en *vallées*, &c.

Le bure actuellement le plus remarquable par ſa profondeur dans le pays de Liége, eſt celui qui eſt établi ſur le champ de Saint-Gilles, nommé *Peri*, appartenant à M. Maſſillon, anciennement Propriétaire de celui de Saint-Laurent.

_____

(1) La ſeule conſtruction de deux foſſes dans le Hainaut, peut revenir à ſoixante & dix mille livres.

Ce bure eft conftruit en deux parties, dont chacune a 150 toifes de profon-deur, (chaque toife de 7 pieds) le fecond bure ou bure inférieur, différent de ce qu'on nomme *parti-bure*, enfoncé à fept pieds de diftance du bure fupérieur, eft improprement appellé *Bouxtay*, fans doute parce qu'il eft *avallé* plus bas que le premier: voyez page 262, (1).

Pour donner quelques exemples de la profondeur d'un bure, en propor-tion de l'enfoncement de la Veine que l'on veut atteindre, nous placerons ici ce que rapporte M. Triewald (2).

» Lorfqu'une Veine, telle que celle indiquée *B C, fig. 8, Pl. XLII*, » Partie feconde, s'enfonce d'une braffe fur une étendue de quatre, & que » l'on enfonce la Mine à cent vingt braffes de l'extrêmité de la Veine, le » puits, avant d'arriver jufqu'au Charbon, aura trente braffes de profondeur; » & c'eft toujours ainfi en proportion.

» Quand une Veine comme celle qui eft indiquée n°. 2, *Pl. IV*, de la » première Partie, ou celles de la Planche I, Partie feconde, s'enfoncent de » trois braffes dans une étendue de 60, le puits qui fe trouve à l'extrêmité » de la ligne horizontale, n'aura que trois braffes de profondeur; enfor-» te que fi une Veine de cent vingt braffes de longueur s'enfonçoit dans » la même proportion, le puits auroit fix braffes de profondeur, & ainfi du » refte.

» Les foffes ou puits de jour font prefque toujours creufés d'à-plomb; on » doit fe rappeller que pour certains cas, les Houilleurs Liégeois ont imaginé » devoir creufer de ces puits de jour dans la même direction en pente d'une » Veine qui fe trouve avoir cette marche: voyez page 242.

La Veine *B D, fig. 5, Pl. XLII*, eft exploitable par cette méthode; la différence de l'endroit où M. Triewald confeille de porter l'œil d'un bure en *A*, pour venir joindre la Veine en *D*, donne lieu à des réflexions qui nous ont paru mériter d'être propofées.

La marche des Veines roiffes, qui, après un certain trajet, prennent un pen-dage de roiffe; (voyez page 302,) eft conftatée par l'obfervation des Experts en Houillerie au pays de Liége; cette circonftance & la grande expérience des Houilleurs Liégeois, qui jamais ne fe font une difficulté d'aller chercher & la Veine la plus profonde, & la partie la plus enfoncée de cette Veine, ne font point du tout favorables à l'opinion de M. Triewald, lorfqu'il juge qu'*en enfonçant le puits à la même diftance de l'extrémité de la Veine, pour chercher à fuivre la ligne perpendiculaire* A C, *il feroit impoffible d'atteindre cette Veine.*

On juge par la figure même, que le trajet de ce puits traînant de *A* jufqu'à

(1) Une perfonne digne de confiance m'a affuré, que malgré cette profondeur, on peut, en fix heures de temps, tirer par chacun de ces deux bures quarante *traits*, chaque coufade de

16 paniers, pefant quatre mille livres; ainfi le panier feroit de 250 livres.
(1) Article I, du Mémoire de M. Triewald, *Tome I*, page 191.

D, confeillé par M. Triewald, pour venir dans ce point D, s'ouvrir à la Veine, aura toujours une longueur au moins auffi confidérable (puifqu'elle fe trouve déja l'être bien davantage,) que le trajet d'un bure enfoncé à-plomb, comme en *A C*, dans un point de la ligne horizontale *A B*, plus ou moins rapproché de la Veine, felon que cette Veine fe trouvera roiffe, tiers de roiffe, quart de roiffe, &c.

Il feroit en conféquence bien plus fimple d'affeoir le bure en *B*, & de le conduire comme font les Houilleurs Liégeois, en *pittant* dans le corps de la Veine même.

En portant les yeux fur la Planche IV, feconde Partie, où la Veine du milieu auroit pu être travaillée de cette maniere, par un bure traîné entre le fol de la Veine même & le toît, qui s'appelle alors *Trouffement*, l'avantage de cette maniere du bure creufé à l'ordinaire en ligne perpendiculaire fur la méthode de M. Triewald, eft inconteftable; on voit fenfiblement avec quelle facilité, les Houilleurs Liégeois, à la faveur de leurs Bacneures ou Efpetteures, fe mettent à portée & des roiffes correfpondantes, paralleles à celle dans laquelle ils fe font fait jour en pittant ou autrement, & du pendage de roiffe qui fuccede au maître roiffe.

De l'Etançonnage des Puits & des Galleries de Mines.

LA maniere de difpofer les bois & les planches dans les différentes parties intérieures des Mines, où l'on n'a pas befoin de maçonnerie, conftitue ce que nous avons appellé *Architecture fouterraine*.

Elle forme dans l'Art de l'Exploitation un point d'autant plus intéreffant, qu'outre fon importance, voyez *pages* 231, 240, il eft impoffible, felon la remarque judicieufe de M. Brandt (1), de donner aucune regle fi générale, qu'on puiffe l'appliquer à toutes les Mines, & à toutes les circonftances, de même que pour l'exploitation; l'intelligence, le génie du Charpentier ou du Maître de Mines, font la bafe des opérations relatives à l'étançonnage.

Nous nous bornerons en conféquence à défigner d'une façon générale les bois les plus propres à tels ou tels épaulements; nous décrirons enfuite l'étançonnage des puits & des galleries, en Angleterre & en France; le Mémoire de M. de Tilly (2), l'Ouvrage de feu M. Jars, me fourniront le détail qui va fuivre.

On doit remarquer d'abord, avec M. de Tilly, que le *bois blanc* étant caffant & facile à fe pourrir, on doit, pour l'ordinaire, bannir des revêtiffements, toute efpece de ce bois.

Celui de *Saule*, de *Peuplier*, peuvent être employés dans certains cas, comme, par exemple, pour épauler les terres fafcinées avec de la *Ramure*; on

(1) Dans fon Mémoire cité *page* 872. | (2) Chapitre III, Section I, des Bois.

peut auſſi s'en ſervir à *coulanter* (1) , & à planchéyer les foſſes , afin de ména-ger le bois de Chêne.

Les bois que l'on emploie aux revêtiſſements , doivent être équarris au moins ſur deux faces.

Pour eſtimer d'ailleurs la force du bois, ſuppoſé bien choiſi, il ſuffit de ſavoir qu'un morceau de bois de la groſſeur du bras peut ſoutenir 10 ton-nes de terre , & qu'il dure long-temps.

On peut même ſe ſervir de celui qui a déja ſervi de temps immémorial, ou que l'on ſauroit être dans la Mine depuis 200 ans.

Ce bois, quoique mol & noir , étant expoſé au ſoleil & au vent pendant deux ou trois jours, reprend une dureté, qui cede à peine à la hache ; on en a employé qui ſervoit depuis 400 ans.

Dans les petites foſſes où l'on ne travaille qu'un an, on pourroit par écono-mie préférer le bois blanc au bois de chêne, il pourroit ſoutenir ſuffiſamment les terres ; mais ordinairement, il eſt de l'intérêt des Entrepreneurs de n'em-ployer dans ces revêtiſſements, que le bois de Chêne.

Feu M. Jars rapporte que dans les environs de Newcaſtle, les foſſes ou puits de Mines, ſoit pour les eaux, ſoit pour le Charbon ſont ronds , & de 10 pieds de diametre depuis la ſurface du terrein juſqu'au rocher, ou plus bas ſi le terrein ne peut ſe ſoutenir de lui-même ; ils ſont revêtus en bois, dont l'aſſemblage forme un polygone d'une infinité de côtés ; mais plus communé-ment ils ſont compoſés de pluſieurs morceaux de bois coupés en portions de cercles : ainſi le boiſage d'un puits conſiſte en pluſieurs cercles placés à deux ou trois pieds de diſtance les uns au-deſſus des autres, afin de ſoutenir les plateaux poſés perpendiculairement derriere ces cercles, & qui retiennent la terre ou le rocher. Entre chaque cercle, il y a des pieces de bois droites pour les ſupporter ; quelquefois la partie qui n'eſt pas ſolide ſe bâtit en gazon ou en mottes de terre, placées les unes ſur les autres, & ſéparées de temps en temps par une rangée de bois aſſemblés, ou en maçonnerie ſoit de pierre, ſoit de brique : le reſte du puits ouvert dans le rocher, n'a beſoin d'aucun ſoutien. La partie en bois ou en gazon eſt recouverte de planches clouées tout autour du puits, afin que le panier ou les ſeaux puiſſent gliſſer en montant ou en deſcendant ſans être arrêtés : cette conſidération également importante pour les Ouvriers a donné lieu depuis pluſieurs années de creuſer les puits en ovale.

Dans toutes les exploitations, les puits de Mines, à meſure que l'on avan-ce dans l'approfondiſſement, ſont ou *étreſſillonnés*, ou *faſcinés*, ou *cuvelés* ſelon le beſoin ; c'eſt ce qu'on appelle dans les Mines d'Anjou *habiller le puits*.

Pour un puits d'extraction de 7 pieds de longueur ſur 5 ou 6 de largeur,

(1) C'eſt garnir en planches, le trajet d'une foſſe, dans ſa direction montante.

les bois d'étançonnage peuvent avoir 6 à 7 pouces d'équarissage.

Pour un puits d'airage de 4 ou 5 pieds de long sur 3 ou 4 de large, on doit leur donner 4 ou 5 pieds.

Il n'eft befoin pour la récapitulation fuivante, que de fe rappeller que les planches d'un ou de deux pouces d'épaiffeur, dont on fe fert communément pour latter les puits, font nommées *coulantes*; lefquelles fe clouent fur les traverfes des *croifures* ou *chaffis*; & qu'on peut mettre les planches derriere, & du bois de brin fendu, cloué avec foin en dedans des croifures, afin de lier & de fortifier les croifures enfemble.

Le Charpentier doit obferver dans la conftruction des croifures de ménager les entretailles pour faire des coins; ces coins fervent à ferrer ce chaffis, les étançons & les lattes.

Si on ne coulante point la foffe, il faut la *latter* avec des planches de Chêne ou de Peuplier.

La direction des foffes qui vont en *pittant*, & que l'on appelle en Anjou *Defcenderies*, exige que toute la force du bois porte fur le toît, en laiffant une moindre diftance entre les croifures, que pour les foffes d'à-plomb.

Les étançons font deux poteaux, dont l'épaiffeur eft fuivant la nature du toît & de la muraille de la Veine. Ces poteaux font furmontés d'un bois tranfverfal appellé *chapeau* (1).

Les étançons ou étréfillons fe difpofent dans des diftances réglées fur la folidité du terrein à deux pieds & demi, ou même davantage fi le terrein eft peu confiftant, & trois pieds au plus s'il eft ferme & folide.

Les Veines fe foutiennent avec du bois de charpente ou du bois rond, plus ou moins gros fuivant la charge qu'il a à porter; ce qui eft facile à juger, par l'épaiffeur & la largeur de la Veine: avant de placer les épaulements, on a foin de bien garnir l'endroit où ils feront pofés.

Il paroît par la defcription inférée dans l'Ouvrage de feu M. Jars, que dans la Mine de Carron, en Angleterre, cet étançonnage fe fait affez finguliérement: on ne laiffe point de piliers en travaillant; mais on ne travaille que d'un côté, & les Ouvriers foutiennent le rocher avec des morceaux de bois droit, de 6 à 8 pouces de diametre, qu'ils retirent à mefure qu'ils vont en avant, laiffant derriere eux les déblais fur lefquels le rocher s'affaiffe fans aucun inconvénient, étant toujours foutenu par des étançons dans les endroits où l'on travaille.

Le cuvelage des madriers ne fe pratique que dans le cas où les eaux nuifent par une chûte trop forte; alors on conftruit un cuvelage ferré, afin d'empêcher les eaux de pénétrer; finon on fe fert de bois ronds & jointifs placés contre les terres, derriere les poteaux, étréfillons & montants, entre chaque

_____

(2) En Architecture, *Chapeau d'étai* eft une piece de bois horizontale qu'on met en haut, d'un ou plufieurs étais.

chaffis : ils fuffifent pour retenir les terres, & entraînent bien moins de dépenfes.

Les machines conftruites fur le pas du bure, pour amener au jour le Charbon détaché des Veines, font une dépendance des foffes ouvertes pour cette
extraction ; en les confidérant fous ce point de vue, nous pourrions paffer
maintenant à l'examen particulier que nous nous propofons de faire fur leurs
forces & fur leurs effets ; mais ayant à envifager de cette même maniere les
différentes machines auxquelles on a recours dans les travaux de Mines, foit
celles employées pour renouveller l'air, foit celles pour épuifer les eaux, nous
porterons en même-temps un feul & même coup d'œil fur celles deftinées à
enlever hors de la Mine le Charbon de terre, qui toutes fe rapportent dans leurs
effets au mouvement & à fes propriétés générales. Cette matiere ainfi rapprochée, fera beaucoup mieux éclaircie. Nous allons réfumer à part différents
articles, tels que les Galleries fouterraines, le Mefurage, & la maniere de
fuivre avantageufement une Veine de Charbon.

Réfumé abrégé fur quelques points de l'Exploitation, à la maniere des
Houilleurs Liégeois & des Houilleurs Anglois (1).

Les deux premieres galleries qui partent du fond du puits, menées
parallélement ou à-peu-près, & qui font appellés *Levays* au pays de Liége,
fe communiquent par d'autres galleries qui traverfent le maffif de la Veine,
entre le fol & le toît (2), & dont les extrémités fe terminent par d'autres
galleries, de maniere qu'il s'établit un courant d'air par le puits à pompe, &
par le puits d'extraction.

Il s'enfuit qu'il faut diftinguer deux fortes de galleries, celles appellées
Levays ou *Niveaux*, & celles qui peuvent en être regardées comme des
rameaux.

Le niveau eft proprement la voie qu'on pourchaffe en *avant-main*, c'eft-
à-dire, en *ligne de l'ouvrage*, quand on commence l'exploitation.

Outre le niveau appellé dans l'exploitation *niveau de la xhorre*, & dans
la pratique contentieufe, *voie de conquefte*, il s'en établit plufieurs au-
deffus l'un de l'autre, felon que l'on eft empêché par l'interruption de la
Veine, ou que l'on a des Bagnes à éviter : voyez *page* 255.

Lorfqu'on a avalé un bure, & qu'on eft à la veine, on tourne dehors un
levay du bure ; c'eft ce qu'on nomme *premier levay*.

---

(1) L'impoffibilité de réformer le langage de Mine dans aucun pays, & d'en faire adopter un qui foit uniforme, les confidérations que j'ai al-léguées pag. 200, me déterminent à m'en tenir dans ce court réfumé, aux termes Liégeois, qui me font plus familiers.

(2) On ne voit pas pourquoi, dans les Mines de S. Georges, de Chatelaifon, où la Veine a cinq pieds d'épaiffeur, il fe trouve une gallerie, pouf-fée dans l'épaiffeur de la chemife (voyez *page* 554) & non dans la Veine ; cela paroît fingulier.

On

On fait enfuite un Bouxtay , & s'il y a veine d'aval ou d'amont, on fait un fecond levay , qui eft le premier levay du Bouxtay.

On enfonce un fecond Bouxtay, par conféquent un troifieme levay : voyez *page* 303.

A mefure que l'on avance du bure par un niveau, on pratique un ouvrage qui fe prend à angle droit du côté où la veine s'éleve ; c'eft ce qu'on nomme une *Montée* , qui d'abord n'a que 4 ou 5 pieds de large, afin de laiffer des maffifs de Charbon appllés *Serres*, qui dans le cas où l'on rencontreroit de l'eau, puiffent fervir de *contreforts* (1) pour appuyer la digue. On dilate enfuite, pour faire une taille de 5 à 6 toifes de largeur, nommée *Coitreffe* ou *Queftreffe*, dans laquelle on fait fouvent de diftance en diftance une voie d'airage.

Les montées des niveaux du bure, fe prennent toutes de 10 en 10 toifes, de maniere que les tailles achevées, il refte une épaiffeur en Charbon de 3, 4, jufqu'à 5 toifes, auquel on ne touche qu'à la fin de l'exploitation, lorfqu'on n'a plus à craindre les eaux.

Au principal chargeage on prend en angle droit à la direction de la Veine & felon fa pente, un ouvrage nommé par les Houilleurs Liêgeois *Vallée, Vallay*. Quand la couche eft en roiffe, la vallée eft prife en ligne oblique, & prend le nom de *Borgne vallée*.

On obferve pour les vallées, comme pour les niveaux du bure, de tenir d'abord l'ouvrage étroit, & de laiffer des *Serres*.

Etant avancé de 10, 12, 15 ou 20 toifes, fuivant la nature du toît, on forme à droite & à gauche de nouvelles galleries de l'efpece appellées *Coitreffes*, d'abord par un ouvrage étroit, qui va enfuite ens'élargiffant pour faire une taille.

On continue de la même maniere en defcendant auffi bas que le terrein le permet, s'il n'a pas trop d'étendue ; s'il en a trop, on forme un autre ouvrage en defcendant, & ainfi de fuite lorfqu'on ne veut ou qu'on ne peut aller plus bas ; en procédant ainfi, on a l'avantage d'extraire tout le Charbon, toujours en remontant jufqu'au niveau du Bougnou. De 10 en 10 toifes, on fe ménage de femblables coitreffes, au commencement defquelles on laiffe un chargeage.

Un des principaux ouvrages, eft celui à la faveur duquel on s'occupe en approfondiffant le bure, de fe débarraffer d'avance de la plus forte partie des eaux qui gêneroient le travail ; la précaution confifte, quand la pofition eft favorable, à creufer un canal qui part du flanc de la montagne, & fe prolonge en remontant jufqu'à la rencontre de la gallerie que l'on veut deffécher, de

(1) En Architecture on appelle ainfi des piliers | des ouvrages difpofés à écrouler.
de maçonnerie deftinés à appuyer ou à foutenir |

maniere qu'il n'y ait point de *contre-pente* (1).

S'il s'en faut de quelques toifes pour atteindre cette gallerie, on pratique à côté de la bufe du bure une *tranche* (2), qui va rencontrer cette grande décharge des eaux, connue dans les travaux de Liége fous le nom d'*Areine* ou *Xhorre*.

Parmi les Mémoires que M. Triewald (3), a publiés fur la matiere que nous traitons, il s'en trouve un qui concerne cet aqueduc; je me fais un devoir de l'inférer ici, pour fervir de récapitulation fur cet objet en particulier.

Quand on a travaillé, conformément à la méthode décrite précédemment, (4) une Mine de Charbon de terre dans un terrein, qui n'a pas encore été fouillé, & qu'on s'eft bien affuré de la direction du courant, de fa pente (*Falla*), & de fa montée (*Stiga*), & qu'on a trouvé au grand jour l'élévation fuperficielle de la veine, on *retourne en arriere*, en fuivant auffi loin que l'on peut la pente du Charbon, afin de reconnoître fi par hazard il eft poffible d'entrer avec un *Wattu-Stoll* au pied de quelque vallée, ou au bord de quelque riviere ou ruiffeau, de maniere que par le moyen de cette gallerie, on puiffe atteindre, finon le centre de la pente du courant (*Flot*), du moins la partie la plus *aval pendage*.

D'après les détails auxquels nous venons de renvoyer plus haut, la chofe n'a pas befoin d'être éclaircie par une figure, & nous avons jugé pouvoir fupprimer celle qui accompagne le Mémoire de M. Triewald (5). Dans le cas où il s'agiroit d'une Veine de Charbon, allant en pente vers une riviere, on eft fûr en perçant au pied de la colline un *ftoll* d'eau, pour aller rencontrer le cours du Charbon, de fe rendre maître de tous les Charbons qui s'étendent du point de rencontre du ftoll dans la campagne, & qui s'élevent au jour; puifqu'avec la moindre dépenfe, la plus grande affluence d'eau poffible, ne peut empêcher l'exploitation de tout ce *Flot* de Charbon, quelque longueur qu'il puiffe avoir dans la ligne de niveau, en s'étendant au-delà du point de rencontre.

L'endroit où doit fe commencer ce *ftoll* d'eau, eft fouvent indiqué par cette eau rouillée dont j'ai parlé dans l'Article quatrieme, & qui, felon quelques Anteurs, annonce la préfence du Charbon de terre dans le voifinage. Voyez page 400.

Si auparavant on a découvert le cours des Charbons à l'aide de la tariere de montagne, alors on peut en découvrir la continuation en avant (*Fram Stryka*,) dans la riviere ou fur le bord: cela eft d'autant plus heureux, fi la

---

(1) Dans le canal d'un ruiffeau ou d'un aqueduc, on qualifie de ce nom l'interruption du niveau de pente, qui feroit que les eaux s'arrêtent; foit qu'on eût mal conduit le niveau, foit que l'affaiffement du terrein eu fût la caufe.

(2) *Aquarius Salcus*. Rigole pour conduire les eaux.

(3) Mémoires de l'Académie de Stockholm, fecond trimeftre; an. 1740, *Tome I*, *page* 309; Art. V. Maniere d'exploiter avantageufement une Veine de Charbon dans fon trajet (*Flot*).

(4) *Page* 882.

(5) Les Auteurs de l'Encyclopédie, l'ont inférée parmi les Planches relatives au Charbon de terre, *Tome VI*, *Pl. II.*

partie que l'on a atteinte, eft la veine principale, (*Hufwad Flot*) ; mais fi au lieu de cette maîtreffe veine, ce n'étoit qu'une petite veinette moins profitable, & pofée au-deffous de la veine capitale, ce *ftoll* ne feroit pas encore inutile, & fa dépenfe ne feroit pas perdue ; car dans le cas où la veine capitale fe trouveroit à 6 ou 8 braffes plus bas, le *Stoll* d'eau procureroit toujours l'avantage, que fi le courant fupérieur du Charbon ne valoit pas la peine d'être exploité, (ce qui néanmoins arrive rarement) on pourroit en établiffant un puits en amont pendage, pratiquer au bas du Stoll un trou de *tarré,* (*Naf-ware-hol*), parlequel l'eau s'écouleroit, & ne s'oppoferoit point à la continuation du puits, jufqu'à ce qu'il conduife horizontalement en bas jufqu'au *Stoll.*

Quand au contraire on arrive plus bas, il fuffit fimplement d'élever l'eau dans le *Stoll* ; au lieu que fans cela, on feroit obligé de l'éconduire jufqu'au jour par le bure, & lorfqu'étant parvenu à l'enfoncer jufqu'au *courant capital* du Charbon, on voudroit faire de cette foffe un puifard (*Wattudunt*), ou le prolonger encore plus bas, il fuffira d'élever l'eau par des pompes ou autrement jufque dans le Stoll, par lequel enfuite elle auroit fon décours.

La circonftance permettant d'établir un aqueduc depuis la partie la plus baffe du terrein, jufqu'au courant du Charbon principal, ce conduit, dans les travaux Anglois, prend le nom de *Freé-lud,* parce que l'écoulement des eaux fe fait librement fans le fecours d'hommes, de chevaux ou machines, qui deviennent très-difpendieux, les Mines de Charbon étant beaucoup plus fujettes aux eaux que toutes les autres Mines. J'ai vu moi-même dans les Mines de Charbon de Iar-Wlintin en Ecoffe, couler hors de ce *Freé-lud,* une fi prodigieufe quantité d'eau, qu'elle fuffifoit pour faire aller quatre moulins.

Le favant Auteur de ce Mémoire n'a pas négligé d'infifter fur l'attention à avoir pour le nivellement de cet aqueduc ; il fuffit d'être prévenu, comme l'obferve très-bien M. Triewald, que la perte d'un feul pied du nivellement, qui feroit hauffer le canal plus qu'il ne devroit, occafionneroit une perte confidérable de Charbon, qui ne pouroit plus être exploité, fur-tout fi le pendage de la veine eft affez égal.

Si quand le bure eft profondé à-peu-près au niveau de la xhorre de la veine inférieure, un peu plus en pendage de veine, on n'eft pas entièrement xhorré, les Houilleurs Liégeois ont une pratique fort fimple ; elle confifte à faire fur les ouvrages de cette veine inférieure un trou de taré, dans lequel ils adaptent une bufe de fer-blanc par laquelle s'écoulent les eaux ; & afin qu'elles puiffent y couler fans être chargées de *fouages* ou autres immondices, qui boucheroient l'ouverture, on ménage auprès du trou un petit bougnou ou réfervoir dans lequel les eaux dépofent en y venant les matieres qu'elles ont d'abord entraînées avec elles.

Les eaux, ainsi que le manque d'épaisseur de la veine, obligent encore à d'autres précautions; si l'on a les eaux à craindre, on établit des planches sur la voie, afin que l'eau puisse s'écouler dessous. Dans le second cas, on prend à la profondeur que le terrein le permet, la Mine qui est sous la main ; cette manœuvre s'appelle *travail par basse Taille*.

La méthode d'exploiter dans les Mines de Wittehaven, décrite sommairement comme il suit, par M. Jars, est de suivre la couche en angle droit à sa direction, c'est-à-dire, suivant sa pente ; pour cela les maîtres Mineurs tracent avec de la craie blanche tout le long du toît une ligne qui sert de guide aux Ouvriers.

Il est de regle de faire communément cette excavation de 15 pieds de large, en coupant 7 pieds & demi de chaque côté de la trace marquée avec la craie ; cet ouvrage se continue toujours ainsi sur la même dimension ; toutes les sept toises & demie, on coupe à droite & à gauche pour former une excavation également de 15 pieds de large ; ensorte que les piliers de Charbon qu'on laisse pour le soutien de la Mine, sont de sept toises en quarré. Cette regle, quoique générale dans cette Mine, ne l'est cependant que pour les endroits où le toît est dur & peut se soutenir de lui-même; de cette maniere on emploie peu de bois : s'il arrive quelquefois des éboulements, ils ne sont pas considérables, & ne proviennent que du manque de soin de la part des Ouvriers.

Maniere d'exploiter avec avantage une Veine de Charbon à pendage de platture, qui ne peut être entamée par une gallerie de pied, par M. Triewald (1).

L E seul moyen alors est de remonter tant que l'on peut, depuis l'endroit où l'on a rencontré le cours du Charbon dans la direction indiquée par sa chûte ou sa pente, jusqu'à la fin du terrein.

Cette maniere consiste à procéder (après avoir enfoncé le puits) par des galleries prises en longueur, coupées par d'autres galleries tranversales; & en pourchassant depuis le grand jour (*Dag*) pratiquer à chaque distance de 75 brasses, tant dans la direction capitale, que dans les directions transversales, un puits : l'utilité de cette fosse ne se borne pas à l'enlèvement du Charbon en très-grande quantité, mais s'étend encore sur la commodité de donner un suffisant changement d'air.

Cet ouvrage supposé regardé à vue d'oiseau, pourroit se rapporter à la partie quarrée représentée à droite & à gauche du bure *A*, *Pl. XXIV. Part. II*, dans laquelle on n'auroit laissé subsister que les piliers de Charbon, continués en longueur en plus grand nombre ; afin néanmoins de faciliter l'intelligence

(1) Continuation du V᷎ Mémoire, qui commence par l'établissement d'un Aqueduc.

du Mémoire de M. Triewald, nous donnons ici à part la figure dont il l'a accompagné.

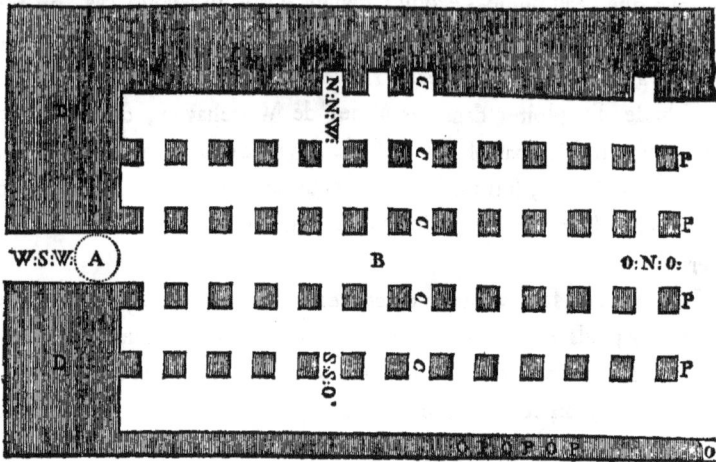

A l'endroit où l'on a rencontré le cours du fil dans la direction, on perce un puits en *A*, & on l'approfondit jusqu'à ce qu'on arrive à une Veine (*Flot*) de Charbon qui vaille la peine d'être exploitée ; quand, par exemple, ce *Flot* monte vers O. N. O. (Eft-Nord-Eft), & qu'il penche vers W. S. W. (Ouest-Sud-Ouest), on continue l'ouvrage dans la même direction en profondeur, tant que les eaux n'y mettent pas d'empêchement ; & alors la partie de pendage qui commence du puits *A*, s'appelle le Courant capital occidental (*Wæstra huf-wud Stræclan*) ; la partie qui remonte vers la direction du fil des Charbons, se nomme le Courant capital oriental ; alors on ouvre des tranchées & des traverses dans le *Flot* des Charbons, en parties égales, selon la direction de la Bouffole , comme des rues alignées dans une Ville.

Car si, comme il a été dit, le *Flot* du Charbon remonte par hazard vers Eft-Nord-Eft, & qu'il penche vers Ouest-Nord-Ouest, on pousse, par le secours de la Bouffole, la direction capitale, depuis le puits *A*, vers le point Eft-Nord-Eft, & l'on chasse également vers Ouest-Sud-Ouest, où les Charbons se penchent (*Sacuka*) ; & au défaut de *Stoll* pour l'écoulement des eaux, on pousse plus loin cette derniere direction capitale, & l'on tâche de hâter, autant qu'on le peut, l'exploitation des Charbons de ce côté, Ouest-Sud-Ouest, vers lequel le *Flot* penche , afin d'abandonner à l'eau les vuides d'où on a enlevé les Charbons, pour s'y amasser. Les Mineurs appellent cette opération jetter l'eau derriere soi (*Kasta Watnet Bakom fig.*). Cette méthode est pratiquable quand les eaux ne sont pas abondantes , & qu'on peut leur faire place, ce qui est facile dans les terreins qui n'ont pas été travaillés.

Dans les cas où les eaux seroient trop abondantes, il faut alors destiner le premier puits que l'on pratique, à servir de réservoir d'eau (*Wattudunt*), dont l'épuisement se fait avec des machines ou à air, ou à feu, ou hydrauliques, par des chevaux, & alors on ne s'embarrasse point de travailler les petits endroits *C, C, C, C, C*, ou soi-disants direction capitale de N. N. W. & S. S. O. (1); mais dans les endroits où les Ouvriers croyent pouvoir avancer jusqu'à 40 ou 50 brasses, ils ouvrent, à l'endroit qu'ils appellent la *direction capitale occidentale*, un autre puits qui devient un puisard d'eau au point *A*; par ce moyen ils gagnent d'autant plus du fil des Charbons, pourvu toutefois qu'ils puissent se rendre maîtres du concours de l'eau avec des machines à chevaux ou hydrauliques, lorsque le puits n'est pas profond, & avec des machines à feu, *Eld*, ou à air, *Luft*, dans le cas opposé.

Alors ils exploitent aussi les endroits moins larges, qui sont comme des transversales de la direction capitale, en allant toujours en grande égalité avec le fil des Charbons; & comme alors l'ouvrage est plus difficile pour les (*Kol huggarne*) Coupeurs de Charbons qui n'ont point de Veines, *œdrorna*, ni fentes (*Klyfta*) de Charbon qu'ils puissent suivre, & dans lesquelles ils puissent enfoncer leur coin (*Kila*); comme de plus ils sont obligés de couper transversalement le flot du Charbon, on leur donne une plus forte paye.

Quand le puits *A* se trouve à l'extrémité du terrein, on est obligé de le destiner à être le réservoir, & alors on se dépêche d'exploiter la *direction capitale* capitale, dès que l'on parvient avec le puits au Charbon jusqu'au point Est-Nord-Est, à une longueur de 75 brasses.

Pendant qu'on est occupé à cet ouvrage, on entame à la superficie un nouveau puits, à la même distance de *A*, & dans la même direction, comme la direction orientale, sous terre, de maniere qu'en avançant avec ce puits jusqu'au Charbon, on rencontre précisément la *direction* capitale.

Ce puits, dès qu'il est achevé, vient à l'aide du premier, tant pour ce qui a rapport au changement d'air, que pour l'extraction du Charbon, & alors on s'occupe d'exploiter, le plus promptement que faire se peut, le flot du Charbon, en laissant des piles (*Pelare*), comme on le voit dans la figure, afin que l'eau qui ne pourroit pas être enlevée par les machines aussi-tôt qu'elle arrive, venant à s'amasser dans le voisinage du puits *de réservoir* A, (*Wattu dunt Skakt*) n'empêche pas l'ouvrage.

Il est très-essentiel que l'ouvrage se fasse très-réguliérement; & le Directeur doit bien, par cette raison, examiner quelle est la direction capitale; il faut aussi qu'il porte attention à ce que les endroits capitaux (*Traversans*) soient conduits dans une ligne exactement droite, de maniere que les Ouvriers puissent, en suivant la boussole, se couper dans leurs alignements exacts, en angles droits de 90 degrés. Si, par exemple, le fil des Charbons remonte de

(1) Nord-Nord-Ouest, Sud-Sud-Est. *W* signifie ici *Ouest*, & *O* signifie *Est*.

Oueſt-Sud-Oueſt , vers Eſt-Nord-Oueſt , il faut que les galleries en alignemens ſoient faites également larges , & parfaitement égales dans la même direction , & que les galleries tranſverſales marchent de même en égale largeur de Nord-Nord-Oueſt , vers Sud-Sud-Eſt. Ces galleries ſont de la largeur de deux braſſes , & les *tranſverſales* ſont larges d'une braſſe (1).

Dans les galleries capitales on coupe ainſi deux tiers de Charbon , & on en laiſſe un tiers pour pilier (*Pelare*) comme *O* ; les galleries tranſverſales coupent ces piliers , & les laiſſent ſeulement de la grandeur d'une braſſe quarrée , comme *P , P , P , P* , qui ſont ſuffiſantes pour ſoutenir la pierre du toît *Tak Sten.* Voyez *page* 447.

Ces piliers , qui ſont un cube d'une braſſe , lorſque le *Baed* ou lit de Charbon a une braſſe d'épaiſſeur , demeurent intacts juſqu'à ce qu'on ait exploité les Charbons du terrein ; & quand on ne trouve plus de fil entier (*Hel kol Flo*) de Charbon , comme en *D D D* , en remontant , on marche en arriere , & on deſcend vers la pente (*Fallande*) du Charbon , autant qu'on le peut , & l'on coupe les piliers par rang : de cette façon on laiſſe tomber librement le toît.

Cet ouvrage n'eſt pas plus dangereux pour les Ouvriers que le précédent , puiſque le toît , par ſon craquement , les avertit ſuffiſamment pour leur laiſſer le temps de ſe retirer , d'autant plus qu'il n'y a pas plus d'une braſſe de diſtance d'un pilier à l'autre , qu'ils coupent par ordre , ſelon la direction du Charbon , & cela en commençant par la baſe de la pile , juſqu'à ce qu'ils arrivent à l'endroit où le Charbon ſe montre au grand jour.

Menſuration , meſure de Mines ; maniere de ſe paſſer de l'Aimant pour communiquer la vertu magnétique à la Bouſſole.

La diviſion des héritages eſt une des occaſions les plus fréquentes de procès dans les travaux ſouterreins. Un Propriétaire ayant ouvert ſon terrein & rencontré une Veine , tombe ſur un terrein qui ne lui appartient pas : de-là naît une conteſtation , & dès le premier inſtant la ceſſation de l'ouvrage , par l'oppoſition du Voiſin. Ces anticipations ſur les Mines contiguës , ſont difficiles à éviter ; ce cas & pluſieurs autres , comme on l'a vu , ne peut ſe juger qu'à la faveur de l'opération de meſurer la Mine.

Meſurer , c'eſt , en Géométrie , rechercher & définir la grandeur d'une choſe ſelon une meſure établie , qui répond aux propriétés de la choſe même. Le terme *meſurer* , convient particuliérement lorſque la grandeur à déterminer eſt une ligne.

Lorſqu'il s'agit des figures , on dit *trouver l'aire* ou *la forme*.

Les quantités , c'eſt-à-dire , ce qui peut être augmenté ou diminué , ſe

(1) Environ 5 pieds la braſſe.

mesurent ou sur la terre ou sur le papier; sur la terre, on fait usage des mesures courantes, telles que la chaîne ou une corde, la toise, la perche, qui contiennent certaines mesures; sur le papier, on mesure les lignes droites avec une *échelle*, & les angles par l'arc de cercle décrit par sa pointe : voyez *page* 781.

En terme de Géométrie souterreine, *mesurer*, signifie marquer la pente, le montant, la direction des Veines, celle du souterrein, lever le plan d'une Mine qui appartient à une Société, déterminer ses confins, & les marquer au jour avec des pierres, des pieux ou autres marques : c'est ce qu'on appelle quelquefois mal-à-propos, *tirage d'une Mine* (1); dans les carrieres du Lyonnois *boulage*, & assez généralement *mesure*, *mensuration*.

La Géométrie-pratique appliquée à cette mesure des Mines, des souterreins, des creux, selon leurs angles, leurs directions, & leurs différentes déclinaisons, afin de connoître l'intérieur des Mines, a pris naissance en Allemagne, où les hommes ont eu principalement des intérêts à discuter dans les entrailles de la terre : elle a été long-temps gardée & soigneusement conservée comme un secret, entre quelques Ouvriers.

Erasme Reinhold le Médecin, est le premier Auteur qui a dévoilé ce secret au Public, dans ses *Institutions de Géométrie* (2). L'ouvrage de Weidler dispense entiérement de nous livrer à aucun détail sur ce sujet. Nous nous tiendrons en conséquence à ce que cette pratique renferme en général, & nous ajouterons deux exemples.

Voigtel distingue deux manieres de faire cette opération, qu'il appelle *mesurer dans les regles*, l'autre qu'il nomme *mesurer à toise perdue*.

La *mesure dans les regles*, consiste à examiner avec attention les souterreins, à en faire le plan dans la direction de la Veine, & à transporter le tout au jour.

C'est sur ces mesures, qu'on accorde aux Intéressés un droit héréditaire sur tant de terrein que la Société doit posséder.

S'il ne s'agit, de la part d'un Maître de Mine, que d'une recherche ou mesure sur le terrein pour sa propre information, il n'a pas besoin d'un mesurage si régulier; ayant pris la Veine dans la Mine, ou marqué sa direction avec des bâtons, il indique les Mines trouvées par la toise, tant qu'elle porte sur les inégalités de la montagne : c'est ce qu'on nomme *mesurer à toise perdue*, comme qui diroit *mesurer à peu-près*, parce que cela suffit dans cette circonstance.

Quoiqu'un Ingénieur ne soit pas responsable de la détérioration d'une Veine, il lui est cependant indispensable, avant d'entreprendre la mensuration d'une Mine, de s'instruire avec soin de la nature du souterrein qu'il doit mesurer, pour pouvoir faire son rapport avec plus de certitude.

Pour cela il faut qu'il descende dans la Mine, afin qu'il sache comment il

---

(1) Ce terme ne présente point une idée exacte, & peut être confondu dans le langage déja peu recherché des Mineurs, avec l'enlevement des denrées, ou avec l'exploitation de la roche & de la Mine, par le secours de la poudre à canon : il faut donc bannir cette expression.
(2) Voyez page 779, note 1.

peut tendre la toife, & employer fes inftruments pour faire fes obfervations.

Les principales parties de cette opération font expliquées comme il fuit dans la *Géométrie foutertaine* de Woigtel.

1°. Voulant mefurer une longue gallerie peu éclairée, on plante de diftance en diftance un piquet dans le roc; on marque leurs lieux au jour; on y fait les mêmes marques, & on les rapporte fur le plan, afin que fi de la gallerie on vouloit creufer à côté, on ait des lignes fur lefquelles on puiffe fe régler.

Lorfque la gallerie eft éclairée d'en-haut par plufieurs puits, ils peuvent fuffire pour marquer la direction de la gallerie : il eft cependant toujours à propos de faire dans le roc des marques près de ces lumieres, afin de fe régler là deffus en cas de befoin.

2°. Quand on emploie à cette opération une *corde*, on doit la garantir, autant qu'il eft poffible, de l'humidité, *voyez pages* 214 & 783, parce qu'elle fe retire promptement en fe féchant, & fe garder d'ufer d'un cordeau trop long, dans le cas de fe ployer par fon propre poids, ou de marquer fauffement le changement, l'inflexion des lignes; pour bien faire, il ne doit pas être étendu au-delà de fix ou huit *pas*, c'eft-à-dire, de 30 ou 40 pieds (1); & fi en mefurant, on rencontre des endroits qui forment des faillies ou des avances, on marque exactement à quelle diftance, à quelle toife cet endroit s'eft rencontré.

3°. Il faut remarquer fi la *Veine principale* que l'on chaffe dans telle ou telle gallerie, refte dans la même heure & dans fa pente d'un côté à l'autre.

4°. La toife, comme la corde, fi on s'en fert, doit être tendue avec des vis (2) de cuivre garnies de têtes de bois, ou des vrilles, auxquelles le cordon puiffe être fixé dans les endroits convenables, lorfqu'il fe trouve dans la Mine des bois pour pouvoir les y appliquer; & quand la chofe n'eft pas pratiquable, il faut, autant qu'on peut, la tendre d'une autre maniere.

Une cinquieme & derniere attention, lorfqu'on travaille en droiture ou dans les galleries, eft de fufpendre le *niveau*, autant qu'il eft poffible, au milieu de la toife; & lorfqu'on travaille dans les creux, le niveau doit être fufpendu aux deux extrémités de la toife.

Enfin pour mefurer avec la plus grande précifion, on fe fert de deux toifes; la premiere eft en corde, la feconde en laiton, & divifée très-exactement: cette derniere fert à mefurer la premiere.

La maniere d'appliquer la chaîne à la mefure des longueurs, eft affez connue, d'après ce qui a été dit, *page* 333, pour n'avoir pas befoin d'être décrite. Nous remarquerons feulement que quand on enregiftre les dimenfions prifes par la chaîne, il faut féparer la chaîne & les chaînons par des virgules. Par exemple, une ligne qui a de longueur 63 chaînes & 55 *chaînons*, fe marque

___

(1) En prenant la mefure nommée ici par l'Auteur, pour le *pas Allemand*, qui eft le *pas Géométrique*, appellé auffi le *grand pas*, eftimé à 5 pieds.

(2) On trouve la figure de ces vis, *Planche I,* de Weidler.

en cette forte : 63 , 55. Si le nombre des chaînons n'eft exprimé que par un feul caractere, on met alors un zéro au-devant ; ainfi 10 chaînes, 8 chaînons, s'écrivent de cette façon: 10 , 08.

La méthode de menfuration que nous avons décrite peut, dans une circonftance, s'abréger en évitant de marquer les demi-pieds & les demi-pouces ; c'est lorfqu'il arrive qu'un Mefureur vient à *plomber* la ficelle *deffous la main* (1), & un autre *deffus la main* (2); fi dans ce cas tous deux font conformes fur la largeur de la voie, les mefures font bonnes, en prenant le milieu des deux mefures.

On trouve dans l'Encyclopédie (3), la defcription de deux procédés pour la mefure des Mines, dans deux cas particuliers : nous les inférerons ici, afin de ne rien ometre de tout ce qui a été donné touchant l'exploitation des Mines.

Le premier cas eft le même que celui qui fait l'objet du treizieme problème dont nous avons donné la folution *page* 812, felon la méthode d'Agricola.

Il s'agit de *déterminer la direction d'un lieu à un autre, dans une Mine où l'on veut profonder un bure qui vienne s'ouvrir précifément à l'extrémité d'une gallerie.*

» Commencez par obferver dans la Mine quel angle fait le pôle boréal de » la bouffole, ayant la direction de la gallerie ; & faites cette obfervation à l'ex-» trémité de la gallerie qui fe trouve au bas de quelque bure déja établi : & » ayant mefuré fa longueur, faites la même opération en dehors, au haut du » bure; mefurez cette longueur dans la ligne qui fait, avec la bouffole, le » même angle que faifoit avec elle la direction de la gallerie, & dans le même » fens, cela déterminera le point où il faut ouvrir le bure que vous vous propo-» fez de creufer.

Le fecond cas eft au fujet des fubftances magnétiques, dont il s'agit de recon-noître le voifinage.

» Dans le milieu de la gallerie, & dans fa direction, tendez un cordeau de la » plus grande longueur poffible, & faites en forte qu'il foit bien exactement en » ligne droite ; à l'extrémité de ce cordeau, placez la bouffole de maniere que » la *ligne fiducielle* ou le diamétre de l'inftrument d'où on commence à compter » les divifions, foit bien dans la direction de la gallerie : obfervez fi l'aiguille » co-incide avec cette ligne, ou fous quel angle elle s'en écarte, & de quel » côté: répétez cette obfervation d'efpace en efpace, en avançant vers le fond de » la gallerie. Si l'aiguille aimantée conferve toujours la même direction par rap-» port au cordeau dans toute fa longueur, rien, vraifemblablement, ne dérange » l'aiguille de fa direction naturelle, au moins à droite ni à gauche ; mais fi fa » direction varie en différents endroits le long du cordeau, le lieu où elle s'é-» cartera le plus de la direction qu'elle a dans le plus grand nombre de points,

---

(1) C'eft-à-dire, à droite quand on marche au Levant.

au Levant.

(2) C'eft-à-dire, à gauche quand on marche

(3) *Tome II*, au mot *Bouffole*, page 578.

» fera le plus proche du corps qui la détourne ; c'eſt pourquoi tirez par ce point
» une perpendiculaire oppoſée au côté vers lequel l'aiguille paroît le plus détour-
» née, & donnez le plus de longueur que vous pourrez à cette perpendicu-
» laire : tirez par différents points de cette perpendiculaire des paralleles au cor-
» deau, & examinez aux points où ces paralleles coupent la perpendiculaire,
» ſi l'aiguille fait avec les paralleles le même angle qu'elle faiſoit avec le cor-
» deau dans la plupart des points où vous n'avez pas eu lieu de ſoupçonner
» qu'elle fût détournée ; ſi elle fait le même angle, vous pouvez conclure que
» vous êtes hors de la ſphere d'attraction du corps magnétique, & vous con-
» noîtrez de cette maniere, & par différentes épreuves, la force & l'étendue
» de ces ſortes de corps.

À l'Article de la Bouſſole, j'ai traité auſſi au long que mon ſujet pouvoit le
demander, de la propriété communiquée à l'aiguille par l'aimant. Il pourroit
quelquefois n'être pas aiſé de ſe procurer une bonne pierre d'aimant, & alors
on pourroit recourir à une autre maniere d'aimanter. Elle conſiſte à ſe ſervir
d'un morceau de fer ou d'acier, qui a d'abord été touché méthodiquement par
la pierre d'aimant : on a même trouvé le moyen de ſe paſſer de la pierre pour
rendre ces barreaux magnétiques, & propres à tranſmettre leur effet à d'autres
pieces de fer ou d'acier. Ce barreau de fer ou d'acier aimanté, ſe nomme
Aimant artificiel, parce qu'il ne differe en rien de l'aimant, quant aux effets.
Ces aimants artificiels, ne ſont autre choſe que pluſieurs lames de fleuret, bien
trempées, polies & bien calibrées, en ſorte qu'elles ſoient égales en longueur,
largeur & épaiſſeur : elles ont environ depuis 2, 3 & 4 pouces, juſqu'à 6 pouces environ de long : ces dernieres doivent avoir 5 lignes de largeur, & une
ligne d'épaiſſeur. Si on augmente la longueur, on augmente les autres dimenſions en même raiſon.

Chaque lame bien aimantée ſéparément ſur le pole d'un excellent aimant bien
armé, on les contient toutes appliquées les unes ſur les autres par une Armure
(1) qui les ſerre & les embraſſe par des boutons poſés vers leurs extrémités ;
l'épaiſſeur des jambages, auſſi bien que celle des boutons, doit être d'autant
plus grande, qu'il y a un plus grand nombre de barres aſſemblées. Toutes ces
barres diſpoſées les unes ſur les autres entre les deux jambages, de maniere que
les pôles du même nom ſoient tous de même côté, on les aſſujettit dans cette
ſituation par le moyen de vis.

On ſe contente quelquefois d'unir enſemble pluſieurs lames de fleuret aimantées chacune ſéparément, & auxquelles on conſerve toute leur longueur.

La méthode de faire de ces aimants artificiels, a été beaucoup perfectionnée
par les Anglois. Le premier Inventeur (le Docteur Knight) (2) étoit même

---

(1) On appelle ainſi en général pluſieurs plaques de fer qu'on attache à une pierre d'aimant,
& par le moyen deſquelles on augmente prodi-

gieuſement la force.

(2) Voyez les Tranſactions Philoſophiques,
année 1750.

parvenu à changer à volonté les pôles d'un aimant naturel, & à les placer en d'autres points de sa pierre d'aimant. Les progrès qu'a fait cet Art depuis une quinzaine d'années, n'ont pas été publiés. M. le Monnier, l'Astronome, qui a beaucoup travaillé sur cette matiere, a bien voulu me communiquer une partie d'un nouvel ouvrage qu'il se propose de donner sur l'Aimant, dont on sera bien aise de trouver ici un extrait, relativement à ces barreaux magnétiques.

Dans le nombre des méthodes les plus nouvelles, celle de M. Michell, & celle de M. Antheaume, Syndic des Tontines à Paris, méritent particuliérement d'être connues : nous nous arrêterons à celle que décrit ce dernier Auteur, tant pour faire de ces barreaux magnétiques, que pour aimanter ces barreaux sans le secours d'aucune pierre d'aimant (1).

Chaque barre qu'il veut employer, est d'abord rougie au feu un peu plus qu'il ne conviendroit pour la tremper ; alors la faisant tenir par une autre personne, il la frotte une ou deux fois sur les deux principales faces en même temps, avec un morceau de savon qu'il tient de chaque main ; & pendant cette friction la barre revient à la couleur convenable à la trempe, qu'il lui donne tout de suite. Cette qualité de trempe lui a toujours bien réussi : il a cependant observé qu'au lieu d'employer le savon, si, lorsque la barre est rouge couleur de cerise, on la trempe dans une forte dissolution d'une partie de sel ammoniac, sur trois parties d'eau commune, elle recevra encore mieux, étant trempée de cette façon, la vertu magnétique.

Sur une planche inclinée de 70 degrés pour Paris, du côté du Nord, & dans la direction du Méridien magnétique, il place de file deux barres de fer quarrées de 4 à 5 pieds de longueur, sur 14 à 15 lignes d'épaisseur, limées quarrément par leurs extrémités qui se regardent, entre lesquelles il laisse un intervalle de 6 lignes : il applique à chacune de ces extrémités, une espece d'armure formée avec de la tôle de 2 lignes d'épaisseur, de 14 à 15 lignes de largeur, & une ligne de plus en hauteur que les barres. La surface de la tôle qui doit être appliquée à la barre, est limée plane : trois des bords de l'autre surface sont taillés en biseau ou chanfrein, & le quatrieme, qui doit excéder d'une ligne l'épaisseur de la barre, est limé quarrément pour former une espece de talon ; pour remplir le reste de l'intervalle, on met entre les deux armures une petite languette de bois de 2 lignes d'épaisseur.

Le tout étant ainsi disposé & placé dans la direction du courant magnétique, on glisse sur ces deux talons à la fois, suivant la longueur des barres de fer, la barre d'acier qu'il s'agit d'aimanter, la faisant aller & venir lentement d'un de ses bouts à l'autre, comme on feroit si on aimantoit sur les deux talons d'une pierre d'aimant. L'Auteur a été surpris de voir qu'il aimantoit ainsi tout d'un

(1) Dans un Mémoire qui a remporté, en 1760, le Prix proposé par l'Académie des Sciences de Pétersbourg, sur les Questions pour l'année 1758 : 1°. Quelles sont les prérogatives des Aimants artificiels par rapport aux naturels : 2°. Quelle est la meilleure méthode de les faire ; 3°. &c. imprimé à Pétersbourg en 1759, avec figures.

coup non-feulement de petites barres, mais auffi de groffes barres d'acier d'un pied de hauteur, & même plus longues : il ajoute qu'une autre expérience faite enfuite, lui a fait connoître que cette opération produit des effets encore plus furprenants, en y employant des barres de fer de dix pieds de longueur chacune; que la force magnétique communiquée pour lors à la barre d'acier qu'on aimante, égale celle qu'elle recevroit d'un bon aimant.

M. Antheaume, à la fuite de fon Mémoire, ajoute que lorfque deux barres de quatre, cinq & fix lignes, & même d'une plus grande épaiffeur, font trempées par la méthode qu'il indique *page* 10, il faut faire attention que le fluide magnétique doit néceffairement pénétrer plus avant, & qu'on a befoin en ce cas d'une plus grande faturation ou d'un plus grand reflux : donc pour leur donner la vertu magnétique, on placera la premiere des deux barres que l'on veut aimanter, horizontalement & de file entre deux barres magnétiques, de façon que ces trois barres forment enfemble une ligne droite. A l'égard de la feconde barre qu'il s'agit d'aimanter, on la placera comme la premiere, entre deux autres barres magnétiques, formant une feconde ligne parallele à la pre-miere : on laiffera entre ces deux paralleles quelques pouces de diftance, fui-vant la groffeur des barres; mais il eft néceffaire d'obferver l'oppofition des poles, c'eft-à-dire, qu'à notre premiere ligne de barres, il faut que le pole Sud de la barre magnétique qui fe trouve à droite, réponde au pole Nord de celle qui eft à gauche; & au contraire, dans la feconde ligne parallele, la barre magnétique placée à gauche, préfentera fon pole Sud au pole Nord de la barre magnétique placée à droite. Préfentement il faut unir ces deux lignes paralleles par de petites regles de fer nommées *contaĉts*, & qu'on place aux extrémités, & on débouchera d'abord les pores des deux barres qu'il s'agit d'aimanter, y employant pour cet effet les faifceaux des barres de M. Michell. Quant aux lames de fer appellées *contaĉts*, l'expérience, ainfi que le tourbillon magnétique formé autour de ces regles, ont indiqué qu'il falloit les conftruire en demi-cercle.

On fait paffer fucceffivement & plufieurs fois ce faifceau tenu perpendicu-lairement fur les deux furfaces de chacune des deux lignes paralleles, en les retournant à plufieurs reprifes, fans néanmoins déranger l'ordre des poles def-dites barres magnétiques. On aura auffi l'attention de préfenter le faifceau fur la furface defdites lignes, de façon que l'ordre de fes poles fe trouve d'accord avec les poles des barres magnétiques qui compofent ces deux lignes paralleles.

Enfin fans défaffembler ces lignes ni leurs contaĉts, on emploiera la méthode de M. Antheaume au fujet des aimants artificiels, pour parvenir à communi-quer à ces fortes barres la plus grande vertu magnétique.

La raifon qui oblige à laiffer quelques pouces de diftance entre les deux barres placées parallélement, c'eft afin que le faifceau dont on fe fert lorfqu'il paffe fur une des deux lignes de barres, ne puiffe pas nuire à la ligne parallele en troublant le fluide magnétique qui y circule, ce qui ne manqueroit pas d'arriver si les deux paralleles étoient trop proches l'une de l'autre.

Pour mieux aimanter encore l'acier, & rendre le centre magnétique plus senfible, on pourroit prefque dire plus déterminé, on a recours à la méthode connue à Londres fous le nom de la *double touche*.

1°. On prend deux barreaux magnétiques, qu'on applique par leurs extrémités, & en les inclinant d'environ 15 degrés fur la regle horizontale & vers fon milieu, en forte que leurs extrémités défignent des poles contraires, & que ces poles s'approchent l'un de l'autre fans fe toucher.

2°. On fait glisser ces barreaux magnétiques également & lentement, en les écartant toujours l'un de l'autre fous la même inclinaifon, & ayant attention de ne pas aller au-delà des extrémités de l'aiguille qu'on veut aimanter.

3°. On recommencera plufieurs fois cette opération, jufqu'au terme de faturité indiqué par l'ufage, obfervant toujours de ne pas déborder inégalement l'aiguille qu'on frotte avec les barreaux magnétiques, ni de paffer au-delà de fes extrémités.

4°. Si l'acier de l'aiguille eft bien choifi, fur-tout felon la direction des fibres qui le compofent, & s'il eft homogene, le centre magnétique fe trouvera au milieu de cette aiguille, c'eft-à-dire, que les deux poles des extrémités auront des forces égales. On pourroit y procéder en appliquant toujours fous le même angle, un cifeau tranchant fur ce point du milieu, & commençant à faire couler les deux barreaux fur ce cifeau avant que de defcendre fur l'aiguille, qu'on aura foin de parcourir comme ci-devant. On aura attention de faire mouvoir en arriere les deux barreaux, jufqu'à ce qu'ils parviennent en même temps à chacune des extrémités de l'aiguille qu'on veut aimanter.

Cette pratique eft ufitée à Paris dans le Temple, par le fieur Digg, qui a indiqué par-là le meilleur moyen de découvrir le centre magnétique, qu'il a toujours la liberté de placer ainfi où il le juge à propos; fi c'eft au milieu, il lui eft facile, avec un compas, de divifer fa regle ou aiguille en deux également, & d'y appliquer fous un angle de 15 à 20 degrés, (& d'équerre à l'aiguille qu'il s'agit d'aimanter) le cifeau par où il faut commencer à conduire de haut en bas les barreaux magnétiques. On continue de la forte fans interruption & d'un mouvement non-interrompu, qui foit uniforme, jufqu'à chaque extrémité de la regle ou de l'aiguille qu'on fe propofe d'aimanter.

Des Travaux de Mines qui s'exécutent par le secours des Machines.

Nécessité de la Méchanique pour le succès de ces opérations.

Se donner de l'air dans une Mine, c'est-à-dire, y faire entrer un nouvel air, ou aider à la libre circulation de celui qui s'y trouve ; se débarrasser des eaux qui gêneroient considérablement, ou empêcheroient même la pourchasse des Veines ; enlever le Charbon du fond des souterrains les plus éloignés hors du puits d'extraction, sont les trois opérations les plus considérables des travaux de Mines : elles sont principalement remarquables par la nature des difficultés particulieres à chacune d'elles, & par l'industrie variée qu'elles exigent pour pouvoir être surmontées.

Ces moyens, dûs, la plupart du temps, dans leur origine, au pur hazard, à des conjectures heureuses & imprévues, à un instinct méchanique, aux ressources d'un tâtonnement attentif & patient, sont aujourd'hui universellement connus & mis en pratique. En traitant la maniere d'exploiter en différents pays, nous avons décrit les inventions qui y sont en usage pour l'airage, pour l'épuisement des eaux, pour l'enlévement des Charbons ; l'expérience a tellement constaté la bonté de ces machines, que l'on diroit presque qu'il ne s'agit que de les copier avec précision, & qu'elles ne consistent que dans une exécution de routine. Mais cet heureux succès est réellement fondé sur les loix de la Méchanique (1). Qu'une machine soit mûe par l'eau, par le vent, ou de toute autre maniere, l'effet qu'elle produit est toujours le résultat de la juste proportion des pieces qui la composent, avec la nature & la direction de l'agent qui en est le principe moteur. Ainsi, en général, la pratique des machines doit être éclairée par la théorie, & ce moyen est même le seul qui puisse lui faire faire des progrès rapides & certains.

L'application raisonnée des loix de l'équilibre & du mouvement à la construc-tions de machines que j'ai ici en vue, est tellement nécessaire, que sans ce secours, toutes les descriptions les plus exactes & les mieux détaillées, les Planches les mieux faites & les mieux développées, deviennent absolument inutiles ; les unes les autres ne peuvent plus être regardées que comme des esquisses grossieres, inca-pables de guider dans de pareilles constructions : on sera toujours dans l'exécu-tion, loin du succès que l'on cherche pour enlever plus ou moins promptement, une plus ou moins grande quantité d'eau ou de Charbon du fond d'une Mine,

---

(1) On appelle *Méchanique* ou *Science des Forces mouvantes*, l'art de faire mouvoir commodément des corps pesants, & qui a pour objet le mou-vement des corps & l'équilibre des forces op-posées.

ou pour fixer, felon les circonſtances, un choix éclairé entre les machines les plus ſimples & les plus compoſées, même pour conſtruire une machine ſemblable à celle que l'on veut imiter. Cette conſidération théorique de la partie des Mathématiques qui tient à mon objet, ne doit pas entrer dans mon plan. Je dois, comme je l'ai fait pour la Géométrie, me borner à recommander aux Ingénieurs de Mines, de ne point négliger les Eléments de Statique & de Dynamique, puiſque ce ſont les fondements de la Méchanique pratique & uſuelle.

Divers Ecrits de nos Géometres François, ont rendu ces connoiſſances faciles à acquérir : on les trouve raſſemblées d'une maniere étendue dans pluſieurs ouvrages qu'on peut conſulter (1).

Je me propoſe uniquement, en finiſſant ce ſecond Article, d'enviſager les opérations qui concernent l'airage des Mines, l'épuiſement des eaux & l'enlévement du Charbon au jour, dans leur rapport avec la Phyſique, les Mathématiques & la Méchanique.

La plupart des Machines employées à ces trois différentes opérations, ont été examinées & ſoumiſes au calcul par pluſieurs Savants Méchaniciens ; mais ce qu'ils ont publié à cet égard, eſt épars dans des Ouvrages conſidérables dont ils font partie, & qui ne peuvent que difficilement être compris dans la Bibliothéque des Directeurs de Mines.

L'importance de la matiere m'a ſuggéré l'idée d'une tâche à remplir de ma part, celle d'abréger ces recherches, de raſſembler les réſultats de ces travaux, concernant *la démonſtration phyſique & pratique* de ces machines, & le calcul de leurs effets. Dans un Ouvrage qui m'eſt parvenu depuis peu, l'Auteur a employé le ſeptieme Chapitre de la ſeconde Section à cet examen, dont il eſt bien fait pour ſentir l'importance (2).

Toute machine compoſée étant formée de machines ſimples, il m'a paru néceſſaire de faire précéder cette rédaction des définitions générales des machines ſimples : elles feront d'autant moins inutiles, que nous en rapprocherons auſſi tout ce que les meilleurs Ouvrages renferment de plus frappant & de plus

(1) Traité de Dynamique, par M. Dalembert, 1743.

Traité de l'Equilibre & du Mouvement des Fluides, pour ſervir de ſuite au Traité de Dynamique ; nouvelle édition revue, corrigée & augmentée par l'Auteur, 1770.

Traité d'Hydro-Dynamique, par M. l'Abbé Boſſut. 2 vol. 1771, & celui de Méchanique, par le même Auteur, nouvelle édit. 1775.

Traité de Méchanique, par M. l'Abbé Marie.

(2) *Art d'exploiter les Mines, démontré tant par ſes principes théoriques, que par les régles de la pratique, & accompagné d'un Traité ſur les maximes politiques, financieres, concernant l'exploitation des Mines*, à l'uſage de l'Académie Impériale &

Royale de Schemnitz ; par M. Chriſtophle François Delius, Conſeiller actuel des Commiſſions de la Cour Impériale, Royale & Apoſtolique, pour le département de la Monnoie & des Mines ; à Vienne en Autriche, 1773, in-4°. Cet Ouvrage, poſtérieur à celui que je déſirois voir traduire, contient 519 pages, & 24 Planches de grandeur double de celles qui compoſent le premier. Un Etranger, Connoiſſeur en matieres de Mines, Homme de Lettres, & actuellement en France, eſt rempli de la meilleure volonté pour le traduire en notre Langue ; il a eu la complaiſance de me communiquer la traduction qu'il a faite, à ma ſollicitation, de pluſieurs Chapitres : une entrepriſe auſſi utile ſeroit bien digne de la protection du Gouvernement.

interreſſant

intéreffant en expérience, relativement aux effets des machines fimples ; en écartant ainfi de ces notions communes l'efpece de fécherefle qu'elles pourroient avoir aux yeux de nos Lecteurs, qui n'auroient encore aucune teinture de Méchanique, elles auront pour eux un certain attrait : elles tiendront lieu d'introduction aux favantes recherches dont nous allons faire ici notre profit, & conduiront les Ingénieurs de Mines, à prendre quelque idée des conditions propres aux machines.

Puiffances Méchaniques, plus proprement dites, *Forces mouvantes.*

Force mouvante, eft proprement la même chofe que *Force motrice* ; cependant on ne fe fert guere de ce mot que pour défigner des forces qui agiffent avec avantage par le moyen de quelque machine ; ainfi on appelle parmi nous *Forces mouvantes*, ce que d'autres appellent *Puiffances Méchaniques*.

En Méchanique on appelle *Machine*, tout ce qui a une force fuffifante, foit pour élever un poids, foit pour arrêter le mouvement d'un corps.

On y diftingue trois forces : le *point d'appui*, fur lequel agiffent les forces oppofées.

Le poids ou l'obftacle à vaincre, qu'on nomme *réfiftance.*

L'effort oppofé, qui porte le nom de *puiffance*, de *caufe*, de *force mouvante* ou *force motrice* (1), eft tout ce qui oblige un corps à fe mouvoir.

On divife les machines en *fimples* & en *compofées* ; les premieres, de la combinaifon defquelles font formées les fecondes, fe diftinguent en plufieurs efpeces ; favoir, le *levier*, la *poulie*, le *treuil*, le *plan incliné*, la *vis*, le *coin*, la *machine funiculaire* ; encore le treuil, la poulie & le coin fe réduifent au levier, & la vis au levier & au plan incliné, de maniere que toutes les machines fimples pourroient fe réduire à trois efpeces. Le principe dont elles dépendent les unes & les autres, eft le même, & peut s'expliquer de la même maniere.

Tous les Méchaniciens ne comptent pas au nombre des machines fimples le plan incliné : il eft cependant vrai que par fon moyen on peut élever des fardeaux, qu'on remueroit bien difficilement par toute autre machine fimple ; d'ailleurs la théorie du plan incliné (2) eft bien établie ; on peut en conféquence le laiffer dans la claffe des machines fimples.

Pour connoître l'effet de ces différentes machines, il faut le calculer dans le cas de l'équilibre ; car dès qu'on a la puiffance capable de foutenir un poids, alors en augmentant tant foit peu cette puiffance, on fera mouvoir ce poids.

Le principe de l'équilibre eft un des plus effentiels de la Méchanique, & on

(1) On ne doit entendre par le terme *puiffance*, dont on fe fert communément en Méchanique, que le produit d'un corps par fa vîteffe ou par fa force accélératrice.

(2) On appelle de ce nom le Plan qui fait un angle avec un Plan horizontal.

peut y réduire tout ce qui concerne le mouvement des corps qui agiſſent les uns ſur les autres, de quelque maniere que ce ſoit.

Le point eſſentiel ſe réduit à déterminer les conditions qui ſont propres aux machines, pour établir un parfait équilibre entre deux puiſſances oppoſées.

Du Levier : Vectis, Porrectum.

Le Levier, qui n'eſt autre choſe qu'une eſpece de balance ou peſon deſtiné à élever des poids comme la balance, eſt une barre inflexible, conſidérée ſans peſanteur, ſur laquelle trois puiſſances ſont appliquées en trois points différents, en ſorte que l'action de deux puiſſances eſt directement oppoſée à la troiſieme qui leur réſiſte. Le point où agit cette puiſſance, ſe nomme quelquefois par les Latins, *Hypomochlium*, ordinairement *point d'appui*; c'eſt ce que les Ouvriers appellent *orgueil* ou *cale*, qui ſe met ſous les pinces ou Leviers, lorſqu'ils veulent remuer des fardeaux avec une pince quelconque.

Selon que le point d'appui eſt placé, eu égard au poids & à la puiſſance, on diſtingue le Levier en pluſieurs genres.

On appelle *Levier du premier genre*, celui où le point d'appui eſt placé entre la puiſſance & le poids.

Levier du ſecond genre, celui où le poids eſt entre la puiſſance & le point d'appui.

Levier du troiſieme genre, celui dont la puiſſance eſt entre le point d'appui & le poids.

Dans ces trois Léviers il y a équilibre, lorſque les poids & les diſtances du point d'appui ſont en raiſon réciproque, c'eſt-à-dire, que les produits des poids, (on prend ici *la puiſſance* pour un *poids*, leur effet étant le même) par leur diſtance à ce point, ſont égaux ; ſans cette condition, le plus grand produit l'emportera ſur le plus foible, & l'équilibre ſera rompu en raiſon de ce dernier produit ſur l'autre. Il eſt aiſé de déterminer la force néceſſaire pour vaincre une réſiſtance appliquée à un Levier quelconque, cette réſiſtance & ſon éloignement au point d'appui étant connus. Suppoſons, par exemple, que deux perſonnes portent un poids, & qu'on demande ce que chacune en porte en particulier ; ſi le poids eſt au milieu du Levier, il eſt clair, par les principes établis, qu'elles en portent autant l'une que l'autre. Au contraire, le poids partage-t-il le Levier en deux parties inégales ; la charge que chaque perſonne ſoutiendra, ſera en raiſon réciproque de leur diſtance au point d'appui ; ainſi cette diſtance étant double par rapport à la premiere perſonne, celle-ci ne ſupportera que la moitié du poids ; ſi elle eſt triple, le tiers, &c.

On voit bien par-là que la puiſſance peut avoir un avantage conſidérable ſur le poids, en lui donnant un long *bras* (1) de Levier ; & qu'il n'eſt point de fardeau

(1) On nomme *Bras de Levier* les perpendiculaires abaiſſées du point d'appui ſur la direction

qu'on ne pût élever, s'il étoit poffible d'avoir une longue barre inflexible & un point d'appui : dans tout cela on confidere la perfonne comme agiffant fur le Levier par la preffion, abftraction faite de toute direction.

De quelque figure que foit un Levier, il a toujours les mêmes propriétés qu'un Levier droit, c'eft-à-dire, que les puiffances font entr'elles en raifon réciproque des perpendiculaires abaiffées du point d'appui fur leurs directions. Ce point doit toujours fe trouver dans le plan de la direction des deux puiffances, fans quoi il feroit impoffible de former un parallélogramme de ces trois directions.

Dans chaque cas où on emploie cette machine, elle doit avoir une groffeur & une réfiftance proportionnée s à fa longueur, à la matiere dont elle eft faite, & aux efforts qu'elle eft obligée de fupporter.

Voilà toute la théorie des Leviers fimples ; celle des Leviers compofés eft différente, felon qu'ils font compofés de plufieurs branches, ou que ces Leviers font *droits* ou *coudés*, lefquels font alors nommés *Leviers contigus*. La théorie des Leviers compofés, s'applique à plufieurs autres machines fimples, comme on le verra par la fuite.

Des Poulies & des Roues, autrement appellées Mollettes ; Le. Rolles ; *en Latin* Trochlidium, Monofpaftes, orbiculus, Trochlea fimplex.

O n nomme *Poulie*, (N°. 14 , *Pl. XXXIV.*) une efpece de roue mobile dans fon effieu (1), creufée dans fa furface fupérieure, pour y recevoir une corde deftinée à faire tourner la Poulie.

L'affemblage de plufieurs de ces petites Roues, prend le nom de *Mouffle* (2), qu'on donne encore au chaffis de la Poulie ; dans la Mouffle, les Poulies font pofées ou les unes au-deffus des autres, ou les unes à côté des autres : on les appelle *Poulies moufflées* ; elles ne font que des affemblages de leviers correfpondants. Parmi les Poulies employées en Houillerie, il ne s'en trouve pas qui puiffent être précifément appellées de ce nom. Nous n'avons ici à parler que des Poulies fimples, qui entrent dans la conftruction de plufieurs des machines que nous avons décrites.

L'effieu fur lequel la Roue tourne, *F F ff, Pl. XIV, Part. IIe.* eft nommé *Goujon, Boulon* (3) *Tourillon* ; l'efpece d'étau *A A A a a,* dans lequel paffe le goujon, s'appelle *Chappe, Capfa.*

Quand la Poulie eft attachée à un point fixe, on la nomme *Poulie fixe* ; toutes

des deux puiffances qui lui font oppofées ; & on confidere le point d'appui comme une réfiftance, puifqu'il réfifte aux deux autres.
(1) *Effieu, Axe,* chez les Latins *Cathetes,* en Méchanique, eft proprement une ligne, ou un morceau de bois ou de fer en longueur, qui paffe par le centre d'un corps, & qui fert à le faire tourner fur lui-même.

(2) Polyfpaftius.
(3) Tout morceau de fer qui, dans une Machine quelle qu'elle foit, fait la fonction de boulon ou de goujon dans une Poulie, porte en général le nom de *Boulon* ; dans une Poulie, c'eft le petit Axe placé dans le centre de la Poulie, qui unit la chappe à la Poulie, & fur lequel la Poulie tourne.

telles employées dans les machines de Houillerie, font de ce genre : elle est dite *Poulie mobile*, lorsqu'elle peut s'approcher ou s'éloigner du point fixe auquel l'extrémité de la corde est attachée.

Les *Poulies fixes* n'augmentent point la force de la puissance : elles ne servent qu'à changer les directions & à diminuer les frottements, qui seroient très-considérables, si la corde ne tournoit pas avec la Poulie, & qu'elle fût obligée de glisser sur un cylindre immobile ; car il ne s'agit guere avec cette machine, que du frottement qui se fait de la Poulie contre son essieu, frottement incomparablement plus petit que celui de la corde sur un cylindre immobile.

Ainsi si une puissance soutient un poids par le moyen d'une Poulie fixe, la puissance sera égale au poids.

Il n'en est pas de même des *Poulies mobiles* ; si une puissance soutient un poids attaché à une Poulie mobile, cette puissance sera la moitié du poids, lorsque la direction du poids & celle de la puissance seront paralleles ; car dans ce cas le diametre de la Poulie mobile est un levier du second genre, dont le point d'appui est à l'extrémité, la puissance à l'autre extrémité, & le poids au centre.

Quand une puissance soutient un poids à l'aide d'une poulie dont la chappe est immobile, la puissance est égale au poids. Ces Poulies, nommées *Poulies de renvoi*, comme celle qui se voit en jeu, *Pl. XXI*, changent la direction, & empêchent les frottements que feroit un cylindre immobile.

Si une puissance soutient un poids à l'aide d'une Poulie, à la chappe de laquelle le poids soit attaché, les cordes étant paralleles, la puissance n'est que la moitié du poids.

Si une puissance soutient un poids à l'aide de plusieurs Poulies, la puissance est au poids, comme l'unité au double du nombre des Poulies d'en-bas.

La multiplication des Roues est extrêmement utile en Méchanique, soit pour aider, soit pour accélérer le mouvement ; mais elle entraîne d'un autre côté une plus grande quantité de frottements, qui peut quelquefois devenir si considérable, qu'elle absorberoit la plus grande partie de la force mouvante

Du Treuil, & des Machines qui s'y rapportent.

Le Treuil ou Tour, lettre *S*, *Pl. XXXVII*, est une machine formée d'un cylindre ou *rouleau*, c'est-à-dire, d'un morceau de bois de forme cylindrique, appellé aussi *Tambour* (1), qui repose sur deux appuis inébranlables.

Les extrémités ou *tourillons* du cylindre, sont disposés de maniere à pouvoir tourner facilement dans les deux trous ou fentes des appuis.

Cet ensemble forme le *Treuil* ou *Tour*, c'est-à-dire, un gros cylindre ou

---

(1) En Méchanique, *Tambour*, en latin, *Tympanus*, *Peritrochium* est une espece de Roue placée autour d'un axe ou poutre cylindrique, au sommet de laquelle sont deux bâtons ou leviers enfoncés, afin de pouvoir plus facilement tourner l'axe pour soulever les poids qu'on veut enlever. Voyez *Axe*, dans le Tourneur.

essieu

effieu en forme de rouleau, qui fuppofe particuliérement l'arbre ou le cylindre parallele à l'horizon, & dans le milieu de ce cylindre, une roue fixée perpendiculairement, ou des barres en travers pour le faire tourner.

Dans les Mines, au lieu de roues & de leviers, on fe fert fouvent d'une manivelle (1), comme on le voit dans le petit treuil placé fur la bouche du *Burtay A, Pl. II, Iere. Partie*, dans les *techements*, lettre *S*, *Pl. XXXVII*, & dans les *Hernaz*, *fig. 2 & 3*, *Pl. XVI, IIe. Partie*.

La roue que la puiffance s'efforce de faire tourner, ou la *manivelle*, entraînent dans leur révolution le tambour, auquel eft attachée une corde qui foutient le fardeau, & qui l'éleve peu-à-peu à mefure que le cylindre tourne. A chaque révolution du tour, la puiffance aura parcouru la circonférence entiere de la roue, & le poids aura monté dans le même temps d'une quantité égale à la circonférence du cylindre.

Lorfque la puiffance eft fort petite, relativement au poids qu'on veut élever, il faut, pour qu'il y ait équilibre, que le rayon de *la roue* foit extrêmement grand; on remédie à cet inconvénient, en augmentant le nombre des roues & des effieux, & en les faifant tourner les unes fur les autres par le moyen de dents & de pignons qui rendent la machine compofée, de fimple qu'elle étoit: nous en parlerons à cet Article.

En regardant ces leviers comme autant de rayons d'une même roue, on voit bien que c'eft la même machine; il paroît feulement que la révolution du tambour, produite par la force des leviers, eft moins uniforme que celle qui s'opere par la roue; mais auffi le volume des leviers eft moins embarraffant.

Axe dans le Tambour, ou Effieu dans le Tour; Roue dans fon Effieu, ou fimplement Tour: Axis in Peritrochio.

CETTE Machine, employée à élever des poids, eft compofée d'une efpece de Tambour mobile avec une poutre cylindrique, qui lui eft concentrique autour de l'axe; ce cylindre pofé horizontalement, s'appelle l'*Axe* ou l'*Effieu*, & le tambour fe nomme le *Tour*.

Les leviers adaptés au cylindre, fans quelquefois qu'il y ait de tambour, portent le nom de *rayons*, en Latin *Scytala*.

Dans le mouvement du Tour, une corde fe roule fur le cylindre, & fait monter le poids.

On rapporte à l'effieu dans le Tour, toutes les machines où l'on peut concevoir que l'effort fe fait par le moyen d'une circonférence ou tambour fixé fur un cylindre, dont la bafe eft dans le même plan que cette circonférence, comme dans les Moulins, les *Cabeftans*, les *Grues*.

---

(1) *Manivelle*, dans les Machines, eft une piece de fer coudée, qui donne le mouvement à l'axe de la machine: il y en a de fimples; | d'autres fe replient deux fois à angles droits; d'autres fe replient trois fois, comme dans la Manivelle à tiers-point.

Le treuil ou Tour, dont le rouleau eſt perpendiculaire à l'horizon ; change de nom : on l'appelle dans les ouvrages ordinaires *Vindas* ou *Cabeſtan*. Comme pour les travaux de Mines on augmente ſa force par des poulies différemment placées dans la charpente qui le couvre, il eſt diſtingué en France par le nom de *Machine à mouffles* ; au pays de Liege, *grand Hernaz*, &c ; alors le Treuil devient une machine compoſée, ainſi que la Grue. Nous réſervons les détails qui en dépendent, au moment où nous parlerons des Machines compoſées que l'on met en uſage pour élever les eaux & le Charbon hors d'une Mine.

La *Vis*, qui ſe réduit au plan incliné & au levier, eſt un cylindre droit, revêtu d'un cordon ou d'un filet de ſpirale, dont la groſſeur eſt uniforme, & dont l'inclinaiſon à l'axe du cylindre eſt conſtamment la même dans toute ſa longueur. Un tour entier du filet de la Vis, s'appelle *ſpire* ; & l'intervalle qui ſépare, parallelement à l'axe de la Vis, deux ſpires conſécutives, ſe nomme le *pas de la Vis*.

L'*Ecrou* eſt comme le moule de la partie de la vis qui s'y trouve engagée ; c'eſt un ſolide ſillonné intérieurement, de maniere qu'il puiſſe s'inſinuer peu-à-peu dans ce filet, en rampant, pour ainſi dire, tout le long de ſes ſpires.

Tantôt la vis eſt fixe ; & alors ſes filets gliſſant ſur ceux de l'Ecrou, on fait mouvoir à ſon gré l'Ecrou même. Ces ſortes de vis ſervent beaucoup pour unir fortement deux corps enſemble ; mais il eſt encore plus ordinaire d'employer la vis mobile, quand il s'agit de caſſer ou de preſſer certains corps : en faiſant tourner ſon cylindre, le filet de la vis s'introduit peu-à-peu dans les ſillons de l'écrou, & il en réſulte une preſſion conſidérable.

Machines Funiculaires, Funes Ductarii ; *Cordes*, G. *Gepel Seil*.

Les liens avec leſquels on attache les uſtenſiles dans leſquels on éleve au jour les Charbons ou les eaux de la Mine, ſont ou des cordages ou des chaînes, ſelon la force des Machines employées à ſoutenir ces différents poids, ſelon la grandeur de ces uſtenſiles, ou ſelon la profondeur du puits.

Dans les Mines de fer de Dannemora (1), il n'y a point d'échelles ; les Machines d'extraction élevent tout avec des cordes de cuir & de chanvre. Tous les Ouvriers, hommes, filles, femmes & garçons, montent & deſcendent hardiment ſur les ſeaux, & s'y mettent juſqu'à cinq perſonnes à la fois. Dans les Mines de fer de Nordmark, on préfere pour les endroits ſecs, les cordes de cuir ; il en eſt qui ont juſqu'à 30 toiſes de longueur : elles coûtent de 1000 à 1200 livres, & durent une dixaine d'années, à ce que l'on aſſure, ce qui dédommage de la cherté.

(1) Province de Roſlagie, en Upland.

Le plus communément on fait usage en France de grosses cordes, & M. de Tilly leur donne la préférence sur les chaînes ; mais en faisant attention à la besogne qui se passe au principal chargeage, & à l'usage où les Ouvriers sont, la plupart du temps, de descendre dans la Mine & de remonter avec les seaux & les paniers, on reconnoît qu'il paroît difficile de se ranger de l'avis de M. de Tilly sur ce point d'économie. Les Ouvriers sont déja assez inattentifs sur tous les risques qu'ils courent ; c'est au Directeur des travaux à pourvoir à la sûreté de ceux qu'il emploie, & on ne peut trop s'occuper de la conservation des hommes. Quand il ne s'agit que d'élever des seaux ou des caissons dans des fouilles de peu de conséquence, il est tout simple de préférer des cordes ; mais hors de ces occasions, si on veut s'en servir, on ne sauroit trop s'assurer de la force de celles que l'on veut employer, après avoir choisi celles qui ont tout le degré de perfection possible. La résistance des cordes doit aussi, par toutes sortes de raisons, entrer dans le calcul de la puissance des Machines. Feu M. Amontons, & de nos jours M. Duhamel, se sont appliqués à connoître tout ce que l'on doit attendre des cordes, quant à leur qualité, eu égard au nombre des fils, & à leur poids, quant aux proportions de leur résistance, leur roideur, & tout ce qui résulte de leur frottement dans les Machines où l'on en fait usage (1).

Les expériences de M. Duhamel, pour éprouver la bonté & la force des cordes, ont été publiées en 1758, dans les Journaux d'Angleterre, & insérées dans le Journal Œconomique du mois de Janvier de cette même année ; & depuis, elles ont été détaillées par l'Auteur dans un de ses Ouvrages (2). Ces différentes recherches se rapportent assez à notre objet, pour en placer ici le résultat.

De la force des Cordes comparée avec la somme des forces des fils ou brins qui les composent, & avec leurs poids.

» 1°. Une Corde de chanvre de Clérac, composée de six fils, unis dans toutes » leurs parties, c'est-à-dire, par-tout d'une égale épaisseur, & également tords » par-tout, deux fils à chaque cordon, fut essayée comme il suit :

» Quatre pieces de quatre brasses de longueur chaque, furent essayées dans » leur force à la *romaine* ; leur force moyenne se trouva être de 631 livres.

» On prit ensuite une autre Corde comme la précédente, avec le même fil, » de la même longueur, & diminuée en proportion égale en tordant les cor- » dons ; mais elle fut composée de neuf fils, trois à chaque cordon : sa force se » trouva être de 1014 livres.

» On commanda une autre Corde, qui ne différoit des précédentes, qu'en ce

(1) On appelle *Frottement*, la résistance qu'apporte au mouvement de deux corps l'un sur l'autre, l'inégalité de leur surface.

(2) Traité de la Corderie. Edition de 1769 ; page 437.

» qu'elle avoit 12 fils, 4 à chaque cordon ; sa force parut être de 1564 livres.

» On fit ensuite une pareille Corde de dix-huit fils, six par cordon : sa force » parut être de 2148 livres 12 onces.

L'Auteur remarque » que si la force des Cordes augmentoit en proportion du » nombre des fils, celle de six fils ayant supporté le poids de 631 livres, celle » de neuf ne devoit supporter que 946 livres 8 onces ; mais par l'expérience » elle porta 1014 livres.

» La Corde de douze fils, en comparaison de celle de six, suivant la même » observation, ne devoit supporter qu'un poids égal à 1262 livres, au lieu » qu'elle en a porté 1564 ; & si l'on veut comparer la Corde de douze fils avec » celle de neuf, on trouvera qu'elle devoit supporter simplement 1352 livres, » au lieu de 1564.

» La Corde de dix-huit fils, comparée avec celle de six, ne devoit supporter » que 1893 livres, comparée avec celle de neuf, 2028, & avec celle de douze, » 2346 livres ; mais on trouva par l'expérience, qu'elle ne cassa que quand elle » fut du poids de 2148 livres trois-quarts.

» Ainsi la Corde de dix-huit fils comparée avec celle de six, s'est trouvée à » l'essai de 255 livres trois-quarts plus forte qu'elle ne devoit être ; comparée avec » celle de neuf, de 120 livres trois-quarts ; mais comparée avec celle de douze, » elle s'est trouvée trop foible de 197 livres un quart.

» 2°. Une Corde de six fils ayant supporté 706 livres un quart, une de neuf » ne devoit porter que 1059 livres 6 onces ; mais par expérience elle a porté » 1075 livres. Une Corde de six fils ayant porté 706 livres 4 onces, une de » douze devoit supporter 1412 livres & demie ; cependant à l'épreuve, elle a » porté 1512 livres & demie.

» Une Corde de neuf fils ayant porté 1075 livres, une de douze devoit por-» ter 1433 livres cinq onces ; cependant à l'épreuve elle a porté 1532 livres 8 » onces. Une Corde de six fils a supporté 706 livres 4 onces ; donc une de dix-» huit n'auroit dû porter que 2118 livres 12 onces : cependant elle a supporté » 2451 livres 4 onces.

» Une Corde de six fils a supporté 706 livres 4 onces ; donc une de trente » auroit dû porter seulement 3531 livres 4 onces : mais à l'examen elle a porté » 4077 livres.

» Il a fallu une force de 706 livres 4 onces, pour casser une Corde de six fils ; » donc une de vingt-quatre auroit dû ne porter que 2825 livres ; mais, suivant » l'expérience, elle a porté 3325 livres.

» Une Corde de douze fils a porté 1532 livres 8 onces ; donc une de vingt-» quatre ne devoit porter que 3065 livres : mais à l'épreuve elle a supporté » 3325 livres.

» Une Corde de dix-huit fils a supporté 245 livres 4 onces ; une de vingt-» quatre devoit donc porter seulement 3268 livres 5 onces : cependant il en » a fallu 3325 pour la casser.　　　　　　　　　　　　　　　» Une

» Une Corde de neuf fils ayant fupporté 1075 livres, une de vingt-fept de-
» voit porter 3225 livres, néanmoins elle en porta 3583.

» Ces expériences démontrent que les Cordes augmentent en force plus que
» proportionnellement au nombre des fils qui les compofent, de maniere qu'il
» feroit poffible d'établir une gradation de proportions qui pourroit ne pas beau-
» coup s'écarter de la vérité, pourvu que les Cordes foient faites avec un fil
» égal, & cablées de même, en un mot pourvu qu'elles ne different que par le
» nombre des fils.

On a enfuite procédé à examiner fi l'augmentation de la force des Cordes,
étoit proportionnelle à leur poids. Voici les obfervations qui ont été faites.

» Une Corde pefant neuf onces, a fupporté 706 livres 4 onces. Une autre
» faite du même fil, & pefant treize onces, devoit porter 1020 livres 2 onces;
» cependant à l'épreuve elle a fupporté 1075 livres; par conféquent elle s'eft
» trouvée de 54 livres 14 onces plus forte que par l'analogie.

» Une Corde du poids de neuf onces, a fupporté 706 livres 4 onces : donc
» une autre de dix-fept onces auroit dû porter 1334 livres; mais elle a fupporté
» 1532 livres 8 onces; conféquemment elle étoit de 198 livres 8 onces plus
» forte que par l'analogie.

» Il réfulte de toutes ces expériences, que les Cordes de toutes efpeces aug-
» mentent en force plus que la proportion de leur poids. On doit cependant
» obferver 1°. qu'on ne peut décider abfolument la quantité précife de la force
» des Cordes, au-deffus de la proportion de leur poids; mais comme dans toutes
» les expériences précédentes, cette fupériorité fe trouve conftamment mani-
» fefte, & comme on la diftingue auffi par le nombre des fils, on peut être
» convaincu de fa réalité, & on conçoit qu'elle dépend des raifons qui fe trou-
» vent rapportées dans une remarque précédente. Mais quoique l'on convienne
» que les expériences font prefqu'inévitablement accompagnées d'erreurs, qui,
» quoique petites, font un obftacle fuffifant à une gradation décifive de propor-
» tion, il paroît évidemment que l'excès de la force l'emporte de beaucoup fur
» la différence des pefanteurs.

» On doit obferver encore, que quoiqu'on puiffe inférer de ces expériences,
» que telle Corde eft environ d'un cinquieme, d'un tiers ou de moitié plus
» forte qu'une autre, ces quantités ne doivent pas être prifes dans toute l'exac-
» titude géométrique, mais comme des approximations phyfiques, qui ne s'éloi-
» gnent pas beaucoup de la vérité ».

La connoiffance de la réfiftance caufée par le frottement des parties d'une
Machine, & par la roideur des cordes qui font obligées de fe plier pour fon
action, n'eft pas moins néceffaire pour bien juger de l'effet d'une Machine, que
l'eft celle des différents rapports des parties qui la compofent, & qui communiquent le mouvement les unes aux autres. L'obfervation fait voir qu'une corde
eft d'autant plus difficile à courber, 1°. qu'elle eft roide & plus tendue par le poids

qu'elle porte ; 2°. qu'elle est plus grosse ; 3°. qu'elle est plus courbée, c'est-à-dire, qu'elle enveloppe un plus petit cylindre.

Des expériences faites par M. Amontons (1), pour s'assurer des proportions dans lesquelles ces différentes résistances augmentent, il s'ensuit que la roideur de la corde, produite par le poids qui la tire, augmente à proportion du poids, & que la roideur qui vient de l'épaisseur de la corde, augmente à proportion de son diametre ; enfin que la roideur qui vient de la petitesse des poulies autour desquelles la corde doit être entortillée, est plus forte pour les plus petites circonférences que pour les grandes, quoiqu'elle n'augmente pas dans la même proportion que ces circonférences diminuent.

D'où il s'ensuit que la résistance des cordes dans une Machine étant estimée en livres, devient comme un nouveau fardeau qu'il faut ajouter à celui que la Machine doit élever ; & comme cette augmentation de poids rendra les cordes encore plus roides, il faudra de nouveau calculer cette augmentation de résistance : ainsi on aura plusieurs sommes décroissantes qu'il faudra ajouter ensemble, comme quand il s'agit du frottement, & qui peuvent se monter très-haut.

En effet, en faisant cette opération sur toutes les résistances que produit la roideur des cordes, lorsqu'on s'en sert dans une machine, & toutes celles que le frottement occasionne, la difficulté du mouvement se trouvera si considérablement augmentée, qu'une puissance méchanique qui n'aura besoin que d'un poids de 1500 livres pour en élever un de 3000 livres, par le moyen d'une *mouffle simple*, c'est-à-dire, d'une *poulie mobile*, & d'une poulie fixe, doit, selon M. Amontons, en avoir un de 3942 livres, à cause des frottements & de la résistance des cordes.

Ces considérations doivent servir de regle dans l'usage des *Treuils* & des autres Machines pour lesquelles on se sert de cordes. Si on négligeoit de compter leur roideur, on tomberoit infailliblement dans des erreurs considérables, & le mécompte se trouveroit principalement dans les cas où il est très-important de ne se point tromper, c'est-à-dire, dans les grands effets ; car alors les cordes sont nécessairement fort grosses & fort tendues.

C'est d'après ce principe, que M. Camus, dans les Mémoires de l'Académie (2), examine quelle est la meilleure maniere d'employer les seaux pour élever de l'eau.

Les conséquences qui se déduisent de la résistance des cordes, sont, 1°. qu'on doit préférer les plus grandes poulies aux petites, non-seulement parce qu'ayant moins de tours à faire, leur axe a moins de frottement, mais encore parce que les cordes qui les entourent y souffrent une moindre courbure, &

---

(1) Mémoires de l'Académie des Sciences, année 1699, sur la roideur des cordes que l'on emploie dans les Machines.
(2) Année 1739.

ont par conféquent moins de réfiftance. Cette confidération eft d'une fi grande
conféquence dans la pratique, qu'en évaluant la roideur de la corde felon la
regle de M. Amontons, on voit clairement que fi on vouloit élever un fardeau
de 800 livres avec une corde de 20 lignes de diametre, & une poulie qui n'eût
que 3 pouces, il faudroit augmenter la puiffançe de 212 livres, pour vaincre la
roideur de la corde; au lieu qu'avec une poulie d'un pied de diametre, cette
réfiftance céderoit à un effort de 22 livres, toutes chofes d'ailleurs égales.

Il faut ajouter à cela que la roideur des cordes eft d'autant plus grande,
qu'elles font obligées de plier plus vîte, de forte qu'on doit y avoir égard dans
le calcul d'une Machine, lorfqu'il fe trouve des cordes qui plient avec différentes viteffes.

Les cordes neuves réfiftent plus à fe courber que les vieilles, ce qui fait
qu'elles éloignent la direction du poids du diametre horizontal de la poulie, &
qu'allongeant le bras de levier, elles obligent la puiffance à un plus grand
effort; d'ailleurs les cordes neuves chargées de tout le poids qu'elles peuvent
porter, font plus fujettes à fe rompre, que lorfqu'on les charge fucceffivement
pour les rendre fouples.

Enfin la circonférence du Treuil augmente felon la groffeur des cordes; ainfi
quand elles ne font qu'un tour, il faut, dans le calcul des Machines, ajouter le
demi-diametre de la corde au rayon du Treuil, pour former le bras de levier; &
fi elle doit faire plufieurs tours les uns fur les autres, il faut eftimer la puiffance
réfiftante dans le cas où le bras du levier, qui lui répond, fera plus allongé par
la groffeur de la corde.

M. Saverien, de qui nous empruntons cet extrait (1), termine cette théorie
par la folution d'un problême curieux & utile, pour en faire comprendre
l'ufage.

Quelle eft la force néceffaire pour élever un poids de 800 livres avec une
poulie fixe de 24 pouces de diametre, fon boulon ayant un pouce, & la corde
18 lignes?

1°. D'abord pour être en équilibre avec le poids, la puiffance doit être de
800 livres.

2°. Pour furmonter la roideur de la corde, je multiplie 800 livres par 18,
diametre de la corde, & je divife 14400 livres par 24, diametre de la poulie:
le quotient eft 600 onces, qui font 37 livres & demie, valeur de la force
néceffaire pour furmonter cette roideur. A l'égard de la réfiftance caufée par le
frottement de la poulie contre le boulon, il faut d'abord faire attention que
cette poulie eft chargée de deux fois celui de 800 livres & de 37 & demie,
fomme totale de 1637 livres & demie; de cette fomme je prends 819 pour le
frottement, que je multiplie par le rayon du boulon, & divife par celui de la
poulie: le quotient donne 34 livres pour le frottement réduit à l'extrémité du

(1) Au mot Poulie, *Tome II.*

bras de levier; ainſi en ajoutant ces trois nombres 800, $37\frac{1}{2}$, 34, j'ai $871\frac{1}{2}$, qui exprime la puiſſance capable de faire monter le poids. Si, tout le reſte étant égal, la poulie n'avoit que 4 pouces de diametre, la puiſſance ſeroit de 1253, au lieu de 871, ce qui fait voir combien il eſt important de préférer les grandes poulies aux petites.

C'eſt ainſi que ces différentes Machines facilitent l'action des puiſſances pour mouvoir des poids (1), non pas en augmentant réellement ces puiſſances, mais en favoriſant leur action, par la maniere dont elle eſt appliquée. Ainſi dans la poulie, par exemple, la puiſſance doit être égale au poids, cependant la poulie aide la puiſſance, parce que la maniere dont la puiſſance y eſt appliquée, facilite ſon action, & la met en état d'agir commodément.

Il y a dans toutes les Machines une proportion néceſſaire entre le poids & la puiſſance motrice. Si on veut augmenter le poids, il faut auſſi augmenter la puiſſance, c'eſt-à-dire, que les roues ou autres agents doivent être multipliés, ou, ce qui revient au même, que le temps doit être augmenté, ou la vîteſſe diminuée.

Des Machines compoſées en général.

L ᴇ s Machines ſimples ont, comme on l'a vu, différentes deſtinations: elles ont chacune leurs propriétés, leur objet particulier, & toute la perfection dont elles ſont ſuſceptibles; ainſi tant qu'elles peuvent avoir lieu, les Machines les plus ſimples ſont toujours préférables; mais faute de connoître les meilleures proportions de leurs parties, on n'en tire pas toujours le ſervice qu'on pourroit en attendre : on les néglige, & on leur en ſubſtitue ſouvent mal-à-propos d'autres plus compoſées, qui demandent un plus grand entretien. En même temps, néanmoins, il eſt rare qu'on puiſſe, dans le travail des Mines en grand, produire par le moyen d'une Machine ſimple, l'effet dont on a beſoin. Il eſt donc néceſſaire & indiſpenſable de faire uſage de Machines de l'eſpece appellée *compoſée*; & on appelle ainſi les Machines qui réſultent de pluſieurs Machines ſimples jointes & combinées enſemble, ou de la même répétée un certain nombre de fois.

Mais le tout conſiſte également, en employant une Machine compoſée, à la rendre la moins compliquée que faire ſe peut; à éviter, tant qu'il eſt poſſible, les frottements & autres réſiſtances étrangeres au produit effectif que l'on veut obtenir. La Machine de ce genre la plus parfaite, ſera celle où la force mouvante ſe tranſmet, avec le moins de déchet qu'il eſt poſſible, au fardeau à élever.

---

(1) *Poids* en Méchanique, ſe dit de tout ce qui doit être élevé, ſoutenu ou mû par une Machine, ou de ce qui réſiſte, de quelque maniere que ce ſoit, au mouvement que l'on veut imprimer.

Toute Machine compofée étant le réfultat de Machines fimples, il fuit que dans toute Machine de cette efpece, *le rapport de l'effort de la puiffance à la réfiftance avec laquelle elle eft en équilibre, eft compofé de tous les rapports qui auroient lieu féparément dans chaque Machine.*

Ce rapport fe trouve en comparant les efpaces parcourus dans le même temps par la puiffance & le poids, dans un même mouvement des Machines ; ces efpaces font en raifon inverfe, de la puiffance au poids.

Pour faire l'application de cette regle à une Machine compofée, il faut y confidérer quatre *quantités.*

1°. La puiffance ou la force motrice qui meut la Machine ; (cette force peut être ou des hommes, ou des animaux, ou des poids, ou un courant d'eau.)

2°. La vîteffe ou le chemin de ce poids dans un temps donné.

3°. La force de la réfiftance ou du poids mû par la Machine.

4°. La vîteffe ou le chemin de ce poids dans le même temps donné.

Si l'on compare enfemble ces quatre quantités, le rapport des deux puiffances fera l'inverfe de celui des deux dernieres ; ou, ce qui revient au même, le produit des deux premieres, qui exprime la quantité de mouvement de la puiffance, fera égal au produit des deux dernieres, qui exprime la quantité de mouvement de la réfiftance. Or, felon le principe fondamental de la Méchanique, dans toutes les Machines, les quantités de mouvement font toujours égales.

C'eft de cette égalité de rapport, qu'ont les produits de ces deux quantités de mouvements, qu'on détermine, par des regles fimples & sûres, le plus grand effet qu'on attend d'une Machine ; car trois de ces quantités étant connues ou données, on trouve la quatrieme. Si, par exemple, la force & le chemin de la puiffance font donnés, & le chemin de la réfiftance, alors la premiere, la feconde & la quatrieme quantités font connues : d'où l'on trouve la troifieme, ou la force de la réfiftance, en divifant le produit des deux premieres par la quatrieme : le produit donne la force de la réfiftance, ou la valeur du poids mû par la Machine.

Pour calculer les effets des Machines compofées, & connoître les proportions les plus avantageufes qu'il faut leur donner, on doit confidérer ces Machines dans l'état d'équilibre, c'eft-à-dire, dans l'état où la puiffance qui doit mouvoir le poids, ou furmonter la réfiftance, eft en équilibre avec le poids ou la réfiftance : il n'eft pas poffible, felon la remarque d'un favant Ecrivain fur cette matiere (1), d'avoir une idée jufte de l'effet des Machines, fi l'on n'a pas fait une étude approfondie des loix générales de l'équilibre. Les Ingénieurs de Mines font invités à fe procurer cet Ouvrage, dans lequel la théorie phyfique de l'Equilibre des Machines, eft jointe à celle de leur Equilibre mathématique.

Comme toute Machine eft deftinée à fe mouvoir, on doit ainfi la confidérer

_____

(1) Traité élémentaire de Méchanique, avec des notes fur plufieurs endroits, par M. l'Abbé Boffut. Paris, 1775. Difcours préliminaire.

dans l'état de mouvement ; & alors il faut avoir égard 1°, à la maſſe de la Machine qui ſe combine avec la réſiſtance qu'on doit vaincre , & qui doit augmenter
par conſéquent la puiſſance ; 2°, au frottement qui augmente prodigieuſement la
réſiſtance, & qui, dans ſa quantité, dépend d'une infinité de circonſtances,
telles que la nature des ſurfaces qui frottent, leur grandeur, la preſſion qui les
applique l'une à l'autre, leur vîteſſe, la longueur du levier, auquel on peut
regarder comme appliquée la réſiſtance dont il s'agit.

Ces principes, ces loix, ces effets du mouvement, ſont le ſujet d'un autre
Ouvrage qu'il ſeroit utile de connoître, afin de ſe mettre convenablement au
fait de la Statique & de la Dynamique, qui ſervent de fondement aux autres
branches de la Méchanique (1).

Parmi les Machines compoſées dont on fait uſage pour les travaux de Mines,
il en eſt une en particulier dont le méchaniſme a beſoin d'être connu, comme
faiſant ſeule une Machine compoſée, dont l'effet eſt très-conſidérable, & étant,
par cette raiſon, ajoutée à d'autres Machines compoſées très-fortes : c'eſt ce
qu'on nomme en général *Rouet* ou *Rouages*.

Des Rouages, ou Roues dentées.

ON comprend ſous le nom de *Rouages*, toute eſpece de Machine formée par
pluſieurs roues ou par d'autres pieces qui, dans leur action, tournent en maniere
de roues. Afin que ces roues puiſſent agir les unes ſur les autres, & ſe combiner, leur circonférence ou leurs eſſieux ſont partagés en dents, au moyen deſquelles ces roues s'engrenent les unes dans les autres, ce qui fait qu'on les
nomme *Roues dentées*.

Les deux roues ou pieces tournantes en maniere de roue, ſont diſtinguées
entr'elles par deux noms différents. En général, la plus petite des deux roues
qui engrenent l'une dans l'autre, s'appelle *pignon*, & ſes dents s'appellent des
aîles ; cependant on donne ce nom plus particuliérement à la roue qui eſt menée :
c'eſt dans ce ſens qu'il faut le prendre dans tout ce que nous dirons en parlant
des pignons & des dents, où tout ce qui ſera dit de la forme des dents des roues
& des aîles des pignons, doit s'entendre de ces dents & de ces aîles, en tant
que la roue mene, & que le pignon eſt mené.

Quelquefois, & particuliérement dans les grandes Machines, le pignon que
l'on emploie afin d'accélérer le mouvement, eſt une eſpece de cylindre creux,
nommé *pignon à lanterne*, ou tout ſimplement *lanterne* (2). Sa ſurface convexe
n'eſt point garnie de dents : elles ſont remplacées par des *fuſeaux* cylindriques

(1) Traité élémentaire de Méchanique & de Dynamique, par M. l'Abbé Boſſut. 1763.
(2) Ce nom de *Lanterne*, qui, en Méchanique, déſigne une roue dans laquelle une autre roue engrene, eſt donné auſſi dans les Machines hydrauliques, à une piece particuliere dont nous parlerons à ſa place.

paralleles entr'eux, & difposés à des diftances égales, de maniere que ces intervalles forment au dedans du corps même de la lanterne, des trous dans lefquels
doivent entrer les dents d'une autre roue, & que ces fufeaux produifent alors
le même effet que les dents ordinaires : c'eft en quoi la lanterne differe des
pignons, en ce que les dents du pignon font faillantes, & placées au-deffus &
tout autour de la circonférence.

Par le jeu de ces Machines, on juge que les différents Rouages ne font autre
chofe que des treuils, dans lefquels la puiffance agit fur la grande roue à l'aide
de fes propres dents ; ce qui tient alors lieu du cylindre, eft une roue dentée
beaucoup plus petite, adaptée fur l'axe ou tige de la grande roue, de maniere
qu'elle ne peut tourner que la grande roue ne tourne auffi.

Les dents des roues font ordinairement taillées dans leur plan, c'eft-à-dire,
en allant de la circonférence vers le centre ; mais il n'eft pas rare d'en voir qui
font taillées perpendiculairement au plan des roues : alors la roue s'appelle *Roue
en couronne*, ou *Roue de champ*.

Dans l'exécution de ces Machines, on doit faire attention à plufieurs chofes ;
la figure, la durée des dents, leur engrenage & la douceur du mouvement.

On peut avoir parfaitement calculé le rapport des roues aux pignons, & en
conféquence l'effet que doit faire telle ou telle puiffance dans une Machine ;
mais fi la figure des dents des roues & des ailes des pignons fur lefquelles elles
agiffent, n'eft pas telle qu'il en réfulte un mouvement uniforme de ces pignons,
c'eft-à-dire, que l'effort que font les roues pour les faire tourner, ne foit pas
conftamment le même, un pareil calcul n'apprendra rien du véritable effet de
la Machine ; car l'effort des roues étant tantôt plus grand, tantôt plus petit, on
ne pourra tabler que fur l'effet de la Machine dans le cas le plus défavantageux,
effet qui fera fouvent très-difficile à connoître : de-là on voit la néceffité dont
il eft que ces dents ayent une figure convenable. Quoique les Machines où l'on
emploie des roues dentées datent de plufieurs fiécles, ces confidérations avoient
été entiérement négligées ; les Ouvriers chargés de cette partie de l'exécution
des Machines, ne fuivoient d'autre regle que de faire les dents des roues & les
ailes des pignons, de façon que les engrenages fe fiffent avec liberté, & de
maniere à ne caufer aucun arrêt.

Plufieurs Savants de l'Académie Royale des Sciences de Paris, M. Rœmer,
premier inventeur, M. Camus, s'en font occupés.

Une autre chofe de grande importance, c'eft la perfection des engrenages,
c'eft-à-dire, la maniere dont les dents d'une roue entrent dans les ailes du
pignon, & la maniere dont elles agiffent fur fes ailes pour le faire tourner ; fi
ces engrenages ne font pas faits avec précifion, il en réfulte de grands frottements, beaucoup d'ufure, & quelquefois même des arrêts ; deux grands défauts qu'on doit chercher à éviter.

L'effentiel eft l'uniformité de l'action de la dent de la roue fur le fufeau ou fur le pignon, pour que l'engrenage ne foit ni trop fort ni trop foible, c'eft-à-dire, que la quantité dont les dents de la roue entrent dans les aîles du pignon ne foit pas trop grande ni trop petite. Dans le premier cas, les dents des roues font fujettes à _quoter_ (1), de forte que ni la roue ni le pignon ne peuvent fe mouvoir. Dans le fecond, les extrémités des aîles du pignon font fujettes à toucher & arc-bouter, lorfqu'elles fe préfentent à la dent qui doit les pouffer; d'où il réfulte très-fouvent des arrêts: il eft à propos même de remarquer que c'eft le défaut le plus ordinaire des engrenages.

Ces deux défauts ont encore un autre inconvénient, c'eft qu'il eft impoffible que la roue mene le pignon uniformément; avantage très-important dans un engrenage.

Les engrenages font fujets à varier, fur-tout à devenir plus foibles par l'ufure des trous dans lefquels roulent les pivots des roues & des pignons; mais c'eft à quoi on doit tâcher de remédier, par la difpofition refpective de ces roues, qui évite les frottements le plus qu'il eft poffible, dont l'expérience feule peut apprendre la nature & les véritables loix.

En ayant foin de graiffer avec du favon noir les engrenages des roues dans les lanternes, on rend le mouvement plus doux, & on les fait durer davantage.

Les roues dentées n'étant autre chofe que des leviers du premier genre multipliés, & qui agiffent les uns par les autres, on leur applique la théorie des leviers compofés, laquelle, par la même raifon, peut aifément s'appliquer aux roues; en effet, par ce moyen on trouve le rapport qui doit être entre la puiffance & le poids pour être en équilibre. La force de la roue dentée, dépend du même principe que celle de la roue fimple, qui eft, par rapport à l'autre, ce qu'un levier fimple eft à un levier compofé.

Lorfqu'on veut élever un poids par le moyen de plufieurs roues dentées, on doit prendre les rayons des roues pour les bras des leviers qui font du côté de la puiffance, & les rayons qui font du côté du poids ou de la réfiftance; alors dans l'état d'équilibre, la puiffance eft au poids, comme le produit des rayons des pignons eft à celui des rayons des roues; car on démontre que le rapport de la puiffance au poids, eft comme le produit des rayons des pignons, au produit des rayons des roues; en effet dans chaque roue & fon pignon la puiffance eft au poids, comme le rayon de la premiere roue eft au rayon du pignon.

Ainfi chaque roue donnant ce produit, le rapport de la puiffance au poids, fera comme le produit des pignons au produit des rayons des roues, ainfi qu'il vient d'être établi: par-là on voit combien une Machine de roues dentées, fituées perpendiculairement les unes au-deffus des autres, peut augmenter l'effort d'une puiffance.

Par cette analyfe très-fuperficielle, un Maître ou un Directeur des ouvrages,

_____

(1) C'eft-à-dire, que les deux pointes des deux dents voifines, vont toucher les deux faces oppofées des deux aîles du pignon.

peut aifément fentir l'utilité des différentes Machines fimples & compofées, qui s'employent lorfqu'il s'agit de vaincre les obftacles réfultants , foit de l'air & des eaux ramaffées dans le fond des Mines , foit des grandes charges de Charbon à en- lever par les bures : cette partie de l'exploitation fourniroit feule la matiere d'un Ouvrage intéreffant. Le fixieme Livre du Traité d'Agricola , ne roule que fur cet objet. J'ai fait inutilement la recherche d'un Traité fort ancien fur cette matiere (1). Nous allons terminer ce fecond Article , par l'expofé raifonné des moyens empruntés de la Méchanique pour ces trois opérations, en commençant par les Machines relatives à l'air : nous viendrons enfuite à celles pour les eaux ; puis enfin aux Machines d'extraction.

Ces trois efpeces de petits Traités, expofés de fuite , deviennent un Ou- vrage prefque neuf par la forme que je leur ai donné , par le choix des détails curieux & utiles que j'ai rapprochés de chaque Machine à laquelle ils convien- nent : ils méritent , ainfi que l'efpece d'Introduction qui les précede , l'attention des Ingénieurs de Mines. En leur préfentant ainfi une matiere qui n'eft pas de mon reffort, j'ai eu foin de confulter fur le tout les Savants les plus diftingués qui s'occupent de cette partie des Mathématiques : indépendamment de l'attache donnée à mon Ouvrage par MM. le Roy & Lavoifier, Commiffaires de l'Acadé- mie pour cette Seconde Partie de la Defcription de l'Art d'exploiter les Mines de Charbon , M. l'Abbé Boffut a bien voulu fe donner la peine d'examiner ce fragment de mon Ouvrage , comme MM. le Monnier , Bézout & Meffier , ont eu la complaifance de voir tout le premier Article de cette quatrieme Section. Je n'ai pas héfité , pour la perfection d'un travail de cette conféquence, entre- pris & exécuté dans le fein de l'Académie , de mettre le Public dans le cas de partager fa reconnoiffance entre plufieurs Savants de cette Compagnie.

(1) *Strato Lampfacenus* ; (de Lampfac ou Lampfaco , ville de Myfie ; dans l'Afie Mineure :) *De Ma- chinis metallicis.*

Généralités phyfiques fur l'Air, appliquées aux vapeurs ou exhalaifons
fouterraines , & au choix des moyens propres à établir
dans les Mines un libre courant d'Air.

Des Vapeurs fouterraines, ou de l'Air des Mines, & des phénomenes
qui lui font ordinaires.

LES mauvais effets de l'air retenu fans mouvement dans le fond des Mines,
ne font pas ce qu'il y a de moins embarraffant dans les travaux minéralogiques.
De toute ancienneté les Ouvriers de Mines, gens groffiers, & qui n'ont que
l'inftinct du Métier; quelques Philofophes mêmes, leurs contemporains, dé-
pourvus des lumieres de la Phyfique, ont attribué les effets nuifibles & deftructeurs de cet air fouterrain, à de mauvais génies qu'ils ont cru fréquenter ou
habiter les fouterrains de Mines. A la faveur de l'efprit vifionnaire des Ouvriers,
ces fpectres, auffi chimériques que le phantôme qui troubla Caffius à la bataille
de Philippe, ont été vivifiés ; ils ont enfuite été décrits & défignés par des dénominations particulieres. Agricola, dans fon Livre *de animantibus fubterraneis*,
compofé dès l'année 1550, fait de ces *follets* malins, devant leur exiftence aux
idées des Mineurs, une mention expreffe (1); abftraction faite de tout ce qui doit
être regardé dans l'énoncé du Philofophe comme pure imagination des Ouvriers,
on y reconnoît bien diftinctement la nature fubtile & très-déliée des deux
efpeces de Moffettes des Mines, auxquels fe réduifent ces gnômes perfonnifiés
par les Mineurs Allemands : voyez *page 33 , Ie. Part.* de cet Ouvrage.

Lorfque, par exemple, il y eft dit qu'à Anneberg (2), *un de ces génies tua de*
fon feul fouffle plus de douze Ouvriers, on n'apperçoit pas de différence entre ce
follet & le *bad air, foul air, common Damp* des Anglois, le *ftink* des Mineurs
de Newcaftle, le *crowin* ou *fouma* des Liégeois ; ce mauvais brouillard nommé
auffi dans Agricola *Vergifte luft, Schwaden, gravis halitus*, ôte l'ufage de la
voix, produit une irritation incommode dans l'œfophage & dans les yeux, des
bourdonnements d'oreilles, des palpitations de cœur, & va quelquefois jufqu'à
fuffoquer. Cette vapeur immifcible à l'eau (3) éteint la lumiere fans s'y enflam-

(1) Il n'eft venu dans l'idée d'aucune perfonne raifonnable, de reprocher à cet Auteur de
n'avoir pas penfé fur cela différemment des Ouvriers de Mine. Tout le monde fait combien il
s'eft paffé de temps, dans beaucoup de pays,
avant que l'efprit de lumiere & de philofophie ait
diffipé des opinions non moins bizarres fur des
objets de cette nature. On fe fouviendra toujours avec étonnement, que ce n'a été que vers
la fin du fiecle dernier, en 1672, qu'on s'eft
dépouillé en France de la crédulité aveugle fur
l'exiftence des Sorciers ; & il n'y a pas fi long-
tems qu'en Allemagne qu'en n'exiftent
plus que dans l'idée d'une portion du peuple.
(2) Quelques-uns difent Saint-Annenberg, ou

Saint-Annæberg, c'eft-à-dire, Mont Ste. Anne ;
c'eft une petite ville d'Allemagne en Mifnie,
dans la haute-Saxe, près de la Bohême, autrefois nommée *Schreckemberg*, qui fignifie la montagne de l'épouvante ou la montagne effrayante,
près un bain d'eau chaude appellé *Bain de Sophie*
ou *Bain du Saint homme Job*. Anciennement les
gens de Mines avoient dans cette ville une Cha-
pelle, où le fervice ne fe fait plus depuis le
changement de religion arrivé dans cet endroit
en 1527.
(3) M. Genneté affure à plufieurs reprifes,
pages 7, 10 & 144, que l'eau qui a féjourné
dans les *Bagnes*, s'allume en jailliffant à la lumiere des lampes. Selon le même Ecrivain, ce

mer ; & ces différents effets variés ou modifiés felon différentes circonftances, font auffi prompts que fâcheux : il en eft fait mention dans cet Auteur, *Liv. VI.*

Si l'on vient à comparer ce qui eft rapporté au même endroit, d'un de ces génies, qui, à Schnecberg (1), dans la Mine d'argent appellée *Georgienne*, autrement dit *Mine de George*, enleva avec impétuofité un Ouvrier au haut des ouvrages : on trouvera que c'eft le même météore fulminant par lequel le jeune Dobby-lech fut fi fort maltraité dans les montagnes de Hafleberg, où il eut les bras & les jambes rompus, & tout le corps difloqué. L'explofion de ce mauvais brouillard, eft fouvent accompagnée de feu ; & à cela près que ce feu ne fond pas le fer & l'acier, comme l'avance M. Genneté, (*Art. II , pag.* 7) le danger de cette vapeur & fes ravages, font confidérables.

Ce qui acheve de completter la conformité entre ces génies prétendus, & les deux météores aëriens ordinaires dans les Mines, c'eft la matiere épaiffe dont le follet de la premiere fe trouve enveloppé ; ce voile (de la nature de la pellicule qui fe trouve quelquefois fur la furface de l'eau après la chûte du brouillard, quand il eft mêlé d'exhalaifons) eft la feule chofe apperçue clairement par les Ouvriers expofés à être tués dans les Mines par le *fouma*, ou à être emportés dehors par le *feu grieux* ; le gnôme, dérobé à leurs yeux par ce nuage, n'eft qu'une explication, à leur maniere, des effets violents qu'ils en éprouvent.

Une des propriétés les plus fingulieres de la vapeur fulminante, c'eft celle de pouvoir être ramaffée & enfermée comme toute efpece de fluide, & tranfportée où l'on veut, fans rien perdre de fa difpofition à l'inflammabilité. Voyez *page* 403.

Dans le grand nombre de pays dont le fol renferme des Mines ou carrieres de Charbon de terre, il n'en eft pas où les Savants fe foient autant occupés que ceux de l'Angleterre à examiner les phénomenes de ces exhalaifons fouterraines. Le Journal Etranger du mois d'Avril 1758, contient une obfervation très-curieufe fur les différents périodes de l'accroiffement du *Glop Damp*, ou de la *vapeur formée en globe*, qui eft en même temps *fulminante*. Quoiqu'elle n'appartienne pas aux Mines de Charbon, elle nous a paru mériter d'être inférée ici : en voici la teneur.

Le Surintendant d'une Mine d'étain en Cornouaille, apperçut au niveau du fond de la Mine, dans un coin qui étoit épuifé, un petit globule de vapeur blanche : elle étoit du volume d'une noix, & s'agitoit fur la furface ; on jugea

---

mélange croupiffant d'air, d'eau & de débris de Houille pendant des 30 à 40 ans, dans les vides laiffés après l'extraction du Charbon, eft auffi inflammable que la poudre à canon, & à peu-près autant que la matiere du tonnerre. Ces allégations font deftituées de tout fondement, & l'Auteur fe trouve en contradiction avec ce qu'il avance ailleurs. Il a oublié, *page* 123, ce qu'il dit de cet amas infect & deftructeur ; il y fubftitue une réproduction prefque complette

de Houille, dans le même efpace de 30 ou 40 ans. Les vifites des Areines, qui fe font réguliérement à Liége depuis des fiecles, feroient bien propres à vérifier ce phénomene, auquel M. Genneté prétend que les Houilleurs font habitués : jamais on n'a trouvé dans ces fouterrains le moindre figne de cette réproduction.

(1) Lettre de Martin Lifter, Tranfactions Philofophiques, *An.* 1675 , *Art. VI.* N°. 117.

que c'étoit le commencement d'une exhalaifon. Peu de jours après, on vit un autre globule. Le Surintendant curieux de fuivre le progrès de la nature dans la formation de ce météore, defcendoit tous les jours dans la Mine: il vit le corps nébuleux toujours flottant, & toujours augmentant de volume. Le quatrieme jour, il étoit de la groffeur d'une balle de paume; le quinzieme il avoit acquis celle de la tête d'un homme, toujours d'une forme globuleufe; fa couleur étoit plus blanche qu'au commencement. Ce qu'il y a de remarquable, c'eft que ce corps, à mefure qu'il groffiffoit, au lieu de plonger en-bas, s'élevoit davantage en-haut: au refte comme il étoit dans un coin, par conféquent hors du chemin où paffoient les Ouvriers, & qu'il n'incommodoit perfonne, on le laiffa quelque temps. Cependant l'Entrepreneur effrayé du progrès qu'il faifoit, fe mit en devoir de le diffiper en prenant les précautions convenables, & faifant retirer les Ouvriers. Ayant attaché une lumiere à une corde dont la communication avoit 28 verges de long, il y porta le feu; l'explofion qui en réfulta, fut auffi confidérable que celle de plufieurs canons faifant feu enfemble; le bruit, au haut du paffage de la Mine, où s'étoit retiré l'Entrepreneur, parut plus confidérable que ne le feroit une décharge de 1000 canons à la fois; l'air s'enflamma jufqu'à l'endroit même où étoient les Ouvriers: il fortit dans le moment de l'explofion, hors de la Mine, une colonne de feu couleur de falpêtre, qui s'éleva à la hauteur de 40 pieds. L'expérience eut pour la Mine le plus heureux fuccès: elle fut délivrée de ce météore périlleux; mais le volume de l'incendie extérieur n'avoit pu être prévu par le Surintendant: il fe trouva malheureufement dans le voifinage une chaumiere fur laquelle le feu tomba; elle fut écrafée, le Propriétaire tué, & toute la famille eftropiée.

On connoît plufieurs Mines dans lefquelles le feu grieux fe conferve depuis long-temps; nous en avons cité quelques-unes. Dans la Mine de Mulheim (1) fur Roer, près de Doësbourg; l'odeur de la fumée qui accompagne ce feu, reffemble à celle de la poudre à canon enflammée.

Nous ne nous arrêterons pas ici au moyen d'éteindre & d'arrêter le feu lorfqu'il s'empare des ouvrages; on prétend qu'on a été quelquefois obligé alors de faire traverfer un grand courant d'eau dans la Houillere. Cet expédient eft infaillible; mais pour l'employer, il faut ignorer les dommages, les difficultés, l'impoffibilité même, & l'inutilité de *xhorrer* & d'*affenier* une Mine fubmergée. L'expérience apprend que les fouterrains en deviennent à jamais impraticables; & ce feroit en général peine perdue de reprendre l'exploitation d'une Mine qui auroit été fecourue de cette maniere. Ce moyen, indifcrétement projetté il y a plus de quinze ans, pour la Mine de Charbon de S. Genis-terre-noire (2), a été auffi légérement adopté & pratiqué par un Ingénieur mandé fur les lieux à cette occafion (3); & c'eft avec raifon que M. Genneté, *page 13* de fon Ouvrage, a

(1) Mulheim, proche du Rhin, à une lieue au-deffous de Cologne.
(2) Voyez l'hiftoire que j'ai donnée de cette Mine, *pag.* 502.
(3) Gazette de France du 27 Décembre 1773.

relevé ce fait, qui a eu trop de publicité pour que je néglige d'en faire mention ici en paſſant.

Si l'on veut uniquement (& cela eſt naturel) en appeller ſur cela à l'expérience des endroits où, depuis des ſiecles, il s'exploite une grande quantité de Mines, le pays de Liege eſt celui où il faut aller chercher des leçons & des exemples. Il n'eſt pas rare que le feu prenne dans les Houillieres, malgré la diſtribution intelligente donnée aux routes ſouterraines, malgré la poſition avantageuſe des *burtays*, & faſſe périr quelquefois des Ouvriers ; mais en fermant l'entrée du bure, le feu s'étouffe ſouvent en peu de temps, & s'éteint ſans faire de ravages, ſans même avoir brûlé aucune partie des bois des ouvrages. On ne cite à Liege l'exemple que d'un ſeul endroit où le feu de la Mine ait brûlé, & ſe ſoit fait jour à la ſortie du bure : on le voit dans une petite montagne à côté & dépendante d'un terrein faiſant partie du jardin du Prélat du Val-Saint-Lambert, ſur lequel eſt établi un belveder : voyez *page 36*. La terre & les rochers ſuperficiels de ce monticule, ſont fendus de lézardes, que la tradition veut être provenues d'un feu ſouterrain.

A chaque pays où nous avons parlé de l'air & des différentes vapeurs de Mines, nous avons rapporté la plus grande partie de ce que les Houilleurs avancent ſur cet objet. Nous avons fait remarquer, *Art. II, pag. 38*, de la premiere Partie, que quelques-uns de ces dires, paroiſſent être en oppoſition les uns aux autres ; c'eſt une raiſon de plus pour ne pas leur refuſer de l'attention. Ces dires ne peuvent être fondés que ſur des faits auxquels il ne manque qu'un éclairciſſement ; c'eſt l'affaire des Phyſiciens à portée d'obſerver les choſes par eux-mêmes, & de les conſtater : eux ſeuls ſont ſuſceptibles de cette attention néceſſaire qui ne peut être que l'effet du goût, & une ſuite du plaiſir que l'on prend à approfondir un fait. Nous allons donc raſſembler ici quelques-unes de ces différentes remarques : elles formeront des eſpeces de matériaux intéreſſants pour chercher l'enchaînement qui lie ces faits les uns aux autres, & aux circonſtances qui y apportent des variétés.

Les principaux points d'obſervation à faire ſur le courant naturel de l'air dans les Mines, peuvent être réduits aux ſuivants, fixés par différents Auteurs.

Agricola, dans ſon cinquieme Livre, *page 82*, remarque que l'air extérieur ſe répand de lui-même dans les ouvertures faites en terre ; & lorſqu'il peut y pénétrer, il s'en retourne de nouveau en dehors (1) ; mais ce courant paroît dépendre de pluſieurs circonſtances, & entr'autres des différentes températures de l'air, qui diſtinguent les quatre ſaiſons de l'année. Dans la ſaiſon du printemps & dans celle d'été, il vient ſe rendre dans le puits le plus profond, & de-là traverſe le ſouterrain, & ſort par le puits le moins profond. Dans ces mêmes ſaiſons, l'air s'engage dans la gallerie la plus profonde, & ſe répand par le puits

_____

(1) On a obſervé dans quelques Mines, que cet air ſortant par la bouche du puits, eſt auſſi froid que quand il gele.

d'entre-deux, dans la gallerie la plus profonde, & en reſſort ; dans l'automne au contraire, & dans l'hiver, il entre par le puits & par la galerie la moins élevée, & ſort par le plus profond : d'où vient que ſelon les temps ou les ſaiſons on ferme l'un ou l'autre bure, lorſqu'ils ſe renvoient l'air de l'un à l'autre, ce qui s'appelle au pays de Liege, *Téhet*. Dans les pays tempérés, ce changement de courant d'air ſe fait au commencement du printemps & à la fin de l'automne ; & dans les pays froids, à la fin du printemps & au commencement de l'automne ; mais dans l'une ou l'autre de ces ſaiſons, il ſe paſſe toujours une quinzaine de jours en variations & en inſtabilité dans cette marche avant qu'elle ſoit fixe ; l'air paſſe tantôt dans le puits ou dans la galerie la plus profonde, tantôt dans le puits ou la galerie qui l'eſt moins (1).

Tant que l'air eſt ſec, ces vapeurs ne montent pas ; au contraire, elles reſtent dans la partie la plus baſſe du puits, qui en paroît rempli, dans une moindre ou dans une plus grande étendue.

Quand le temps devient pluvieux, le mouvement & la quantité de ces vapeurs augmentent, & non-ſeulement on les voit monter juſqu'au bord du puits, mais encore elles en ſortent & s'élevent au-deſſus ſous une forme nébuleuſe : d'où il s'enſuit que cette vapeur eſt, ſelon les variations de l'air, ſpécifiquement plus peſante ou plus légere. Cette différence de température de l'air ſouterrain avec l'air extérieur, ſuivant les ſaiſons, eſt une des circonſtances importantes à remarquer.

Il paroît auſſi qu'il y a quelque rapport entre les vapeurs de Mines & les eaux qui s'y rencontrent toujours. Ces exhalaiſons ſont plus communes & plus fortes dans les Mines, toutes les fois qu'il y a aſſez d'eau pour couvrir le fond des *pahages*.

D'après les remarques du nommé (2) Jean-Gille, expert dans le travail des Mines, toutes les fois que les Mineurs trouvent de l'eau à une certaine profondeur ſous terre, ils ne manquent jamais d'air ou de vent ; mais s'ils manquent d'eau, ce qui leur arrive quelquefois à 10 ou 12 braſſes de profondeur, ils ſont privés de l'air néceſſaire pour leur reſpiration ou pour leurs chandelles ; c'eſt du moins l'obſervation des Ouvriers des Mines de Cornouaille.

Lorſqu'ils trouvent dans une Mine profonde beaucoup d'eau froide & ſtagnante, ils ont coutume de s'en débarraſſer par un conduit qu'ils pratiquent ; & auſſi-tôt que cette eau commence à couler, ils ſont en grand danger d'être mis en pieces contre les bords de ce conduit ; l'air qui étoit renfermé dans cette eau dormante, ſort avec le même bruit que feroit un coup de canon, & avec tant de violence, qu'il emporte tout, & qu'il ébranle les rochers bien avant dans le canal qui lui ſert de conduite.

(1) Feu M. Jars a fait la même remarque dans la Mine de cuivre de Cheſſy, en Lyonnois : il rapporte que le courant d'air qui s'établit en été dans les galeries, a une direction abſolument oppoſée à celle du courant qui a lieu dans l'hiver.
(2) Communiquées à M. Colpreſſe, *Tranſact. Philoſoph. An.* 1667, N°. 26.

Cette obſervation doit être rapprochée de celle de M. Triewald, avec laquelle elle ſe rapporte ſinguliérement.

Il a remarqué 1°. que ce mauvais air ſe trouve principalement dans les Mines ſituées de façon que l'eau qui avoit d'abord eu ſon cours dans les fentes, en avoit été entiérement déchargée par un aqueduc, & avoit été remplacée enſuite par l'air, qui avoit perdu (ainſi que celui mêlé dans les ſources) toute communication avec l'air libre & le mouvement.

Il prétend 2°. avoir remarqué que dans les anciennes Mines abandonnées, & où les eaux des ouvrages les plus profonds ont remonté juſqu'à la ſurface du jour, où par conſéquent elles ont retenu l'air dans les vides réſultants de l'extraction du Charbon; cet air, quand on vient à reprendre les travaux au pied de la veine, ſe trouve tellement chargé de vapeurs acides & ſulphureuſes, que venant à r'ouvrir le puits & à en épuiſer l'eau par les Machines à feu & à air, cette vapeur cauſa ſubitement la mort à un Ouvrier, & auroit produit d'autres accidents, ſans l'expédient qu'il employa depuis, des *fourneaux à feu.*

Nous terminons ce réſumé par faire remarquer 1°. que l'air des Mines ne communique avec le reſte de l'atmoſphere, que par une ouverture très-étroite; 2°. que l'air contenu dans ces ſouterrains, eſt chargé plus ou moins d'humidité, de vapeurs; qu'en conſéquence il eſt plus peſant que l'air de l'atmoſphere; qu'il tend donc, comme on le voit communément, à occuper la partie baſſe, & à ſtagner néceſſairement dans l'intérieur de la Mine; le contraire qui s'obſerve dans quelques Mines où cette exhalaiſon gagne le ciel des galleries ſous la forme de globe, (voy. *pag.*33 *&* 402) paroît tenir à l'étendue des ſouterrains en largeur & en hauteur; 3°. que la diſtribution même des galeries, peut entretenir de plus en plus l'air dans cet état de ſtagnation; 4°. enfin que dans une Mine qui n'eſt pas ſuffiſamment aérée par les puits d'airage ou d'extraction, le mauvais air s'y trouve quand certains vents ſoufflent à l'extérieur; que cela ne provient pas néanmoins du vent, mais de la ſituation de la Mine, & de la ſituation du puits à l'égard du jour, des collines & des vallons, & principalement du défaut des moyens propres à produire un renouvellement d'air : auſſi les Ouvriers, dans ces endroits, avant de deſcendre dans le puits, ont ſoin d'examiner d'où vient le vent. Voyez *page* 264.

Une ſorte de routine a long-temps ſuppléé aux lumieres de la Phyſique, pour vaincre ou pour diminuer les obſtacles qu'apporte au ſuccès des travaux de Mines, l'air qui y ſéjourne. Agricola, dans lequel on trouve preſque tout ce qu'il y a à dire ſur la pratique de l'exploitation, décrit des Machines qui rempliſſoient leur objet; j'en ferai connoître quelques-unes. La ſcience des cauſes naturelles & de leurs effets, perfectionnée depuis par le ſecours de l'obſervation & des expériences, a réduit en véritables principes, les moyens de travailler les Mines avec le moins de danger poſſible de la part de l'air & de la part des eaux. Le ſuccès, à cet égard, ne permet pas de douter

que la phyſique de l'air tient à la ſcience d'exploiter : les notions auxquelles nous ſommes obligés de nous reſtreindre ici ſur cet objet , ne peuvent
être que les plus générales ; mais elles ſeront aſſez préciſes pour laiſſer entrevoir
à un Directeur de Mines , qu'il peut en déduire des vues propres à ſe conduire convenablement pour le changement d'air ; à juger ſelon les cas quel doit
être le meilleur moyen , & à imaginer ſelon les circonſtances , ſelon le local ,
des expédients particuliers , qui , en corrigeant les effets dangereux ou incommodes de l'air , abregent les travaux de l'exploitation , en diminuent les dépenſes , facilitent la pourſuite des ouvrages , &c.

C'eſt auſſi ce qui a ſervi de baſe générale aux différentes théories propoſées
par M. Triewald , & depuis lui , par feu M. Jars , de l'Académie des Sciences
de Paris. Nous donnerons place aux Ouvrages de ces deux Savants , dans l'expoſé
qui va ſuivre , de tous les moyens employés pour l'airage des Mines.

Des Propriétés & des qualités de l'Air en général.

L'Air eſt une matiere fluide , qui , à ſa ſubtilité près , peut être comparée à
l'eau : elle en a la peſanteur , pénetre de même dans les ouvertures les plus profondes de la terre , & eſt ſujette aux mêmes regles de l'*Hydroſtatique* (1).

Sa fluidité , ſa gravité & ſon élaſticité , ſont ce qu'on appelle ſes *propriétés* ,
parce qu'elles lui ſont propres , c'eſt-à-dire , qu'elles réſident conſtamment &
eſſentiellement dans toute une maſſe d'air , & dans chacune de ſes parties , de
maniere qu'elles conſtituent la nature de l'air. Ces propriétés de l'air doivent ,
comme on le voit , être diſtinguées de ce qu'on appelle *ſes qualités* ; j'entends
par cette expreſſion la chaleur , la froideur , la ſéchereſſe , l'humidité , qui peuvent bien être combinées accidentellement & paſſagerement avec les propriétés
de l'air , mais qui , priſes dans le ſens vulgaire , ne ſont point conſtamment
inhérentes au tout ni aux parties de l'air.

En commençant par les propriétés de l'air , celles qu'on doit y conſidérer ,
ſont ſa gravité & ſon expanſibilité : elles ſont égales en force , & ſervent dans
l'hydraulique à expliquer beaucoup de faits.

Son exacte gravité ſpécifique (2) ne ſauroit être déterminée : elle varie à raiſon des parties peſantes dont il ſera plus ou moins chargé dans un temps ou dans
un endroit que dans d'autres , ou ſelon qu'à l'occaſion de courants d'air , de
vents , il s'amaſſera plus dans un lieu que dans un autre.

L'air a cette propriété commune à tous les fluides , que ſon poids ou ſa preſſion
agit comme celui de l'eau , en ligne perpendiculaire , en raiſon de la hauteur de

(1) Partie de la Méchanique qui s'occupe des recherches néceſſaires pour déterminer les condi-tions de l'équilibre entre les fluides.

(2) La peſanteur ſpécifique d'une matiere quelconque , eſt la peſanteur abſolue d'un volu-me connu de cette matiere.

fa colonne (1) : de-là il arrive qu'en portant dans une Mine un Barometre de mercure, ce fluide s'y éleve à mesure qu'on descend, ce qui prouve que plus la colonne d'air qui presse sur le mercure est haute, plus elle pese & plus elle presse le mercure.

Ce fait a été vérifié, comme l'a remarqué M. Triewald (2), par plusieurs expériences des Savants du premier ordre, tels que Rohaut, Mariotte, Cassini, de la Hire, Cassini le jeune, Picard, Scheuzer & autres, qui ont marqué les hauteurs du Barometre à la base & sur le sommet des montagnes, des tours, &c. Il résulte de même de semblables expériences faites dans les Mines en pays étrangers, par les Professeurs Celsius & Vallerius, des différences sensibles & très-remarquables dans la pesanteur de l'air qui a pénétré en terre, que cette pesanteur est à raison des différentes profondeurs. Dans une plus grande profondeur, par exemple, on observe qu'il est plus pesant que dans une moindre, & que plus il est profond, plus il est *condensé* (3), & plus, par conséquent, il a de ressort : il s'ensuit que s'il vient à être renforcé par la chaleur souterraine, il est capable d'effets prodigieux.

Ces expériences prouvent encore que dans le froid, l'air se condense, se resserre & augmente de poids ; que dans la chaleur il se *raréfie*, c'est-à-dire, qu'il s'étend, se dilate, & augmente de volume, de maniere que l'augmentation du ressort de l'air, suit sa condensation & la diminution de son volume.

L'espece particuliere d'élasticité ou d'expansibilité, & la propriété *compressible* de l'air, sont encore plus marquées que sa pesanteur ; c'est-à-dire, que les parties dont il est composé, sont capables d'occuper un espace plus petit lorsqu'on les comprime, & de se dilater ou reprendre leur premier état, quand la cause qui les réduisoit à un petit volume, cesse ; de maniere que ces deux termes opposés, l'expansibilité qui n'est autre chose qu'une tendance à occuper un espace plus grand, & la compressibilité qui s'en suit, n'expriment que deux effets nécessaires d'une propriété unique, l'expansibilité, ou la force répulsive.

Il se comprime en des espaces proportionnels au poids dont il est chargé, & s'étend de nouveau à proportion que la force compressive est ôtée ; plus cette compression est grande, plus grande est sa densité (4) ; ses parties ont le pouvoir

---

(1) *Le poids d'une colonne d'air*, (*les diametres étant supposés les mêmes*) *est égal à une colonne de mercure de* 27½ *pouces à* 30½.

(2) Description de tous les moyens de procurer un bon & suffisant changement d'air dans les Mines de Charbon de terre. *Art.* VII. Mémoires de l'Acad. de Stockolm. *An.* 1740, *Tom* I, *pag.* 444.

(3) Condensation, *signifie réduction à un moindre espace. Par ce mot on entend, en Physique, le rétrécissement que cause le froid à un corps, en lui faisant occuper un espace plus étroit ; ce terme est sur-tout fort en usage dans l'Aréométrie, par rapport à l'air que l'on condense très-aisément.*

(4) La masse & le nombre des parties maté-

rielles d'un corps, dépend de son volume, & de ce qu'on appelle sa *densité*. Comme les corps sont pénétrés d'un très-grand nombre de vides, qu'on appelle *pores*, leur quantité de matiere n'est pas proportionnelle à leur volume ; mais sous le même volume il y a d'autant plus de matiere, que les parties sont plus serrées ; & c'est cette plus ou moins grande proximité des parties, qu'on nomme *densité* : en sorte qu'on dit, *un tel corps est plus dense qu'un tel autre corps*, auquel on le compare, lorsqu'à volume égal, il renferme plus de matiere que ce dernier : on dit au contraire *qu'il est moins dense ou plus rare*, lorsqu'à volume égal, il renferme moins de matiere ; ceux des corps qui ont la même densité

de fe repouffer & de s'écarter les unes des autres, fuite de leur élafticité (1).

L'air ne perd jamais de lui-même fon élafticité, quoiqu'il ne l'exerce que
lorfqu'il eft réduit en maffe.

Quant à la compreffibilité, il faut auffi qu'elle ait certaines bornes, ainfi que
la rareté & la denfité: elle ne fauroit aller au-delà de la quantité d'eau & autres
fubftances incompreffibles renfermées dans l'air.

Il y a quelque chofe de très-difficile à entendre dans la gravité & dans l'élafticité de l'air; car il ne pefe rien lui-même.

Sa denfité augmente en raifon directe de fa compreffion, & par conféquent
à mefure qu'on approchera de la furface de la terre, à caufe de la plus grande
hauteur de fa colonne.

L'air s'étendra au contraire, & deviendra plus rare en vertu de fon élafticité,
à proportion qu'on montera plus haut. Les parties fupérieures de l'air font toujours beaucoup plus *raréfiées* que les parties inférieures.

L'air eft donc différent, c'eft-à-dire, affecte différemment, felon qu'il eft
plus ou moins élaftique, felon qu'il eft chargé de parties plus ou moins
fubtiles, comme de vapeurs animales, végétales, fulphureufes, qui le changent
& le dénaturent, ou felon qu'il eft plus ou moins chaud, froid, fec, humide:
c'eft ce que je nomme *qualités* de l'air, lefquelles peuvent être paffageres ou
locales & variables.

Parmi les mélanges qui détruifent une partie de fon reffort, les vapeurs animales, telles que les exhalaifons du corps humain, des chandelles, vapeurs
fulphureufes, tiennent le premier rang: l'air, échauffé par ces exhalaifons, n'eft
plus propre aux fonctions animales; les exhalaifons des parties affluentes de
tous les corps, & qui demeurent fufpendues en l'air, en augmentent la pefanteur: l'air humide, c'eft-à-dire, furchargé de vapeurs, affoiblit l'élafticité de
l'air.

M. Triewald croit être autorifé, par ce qu'il a obfervé, & dont nous avons
fait mention *page 933*, à penfer que les vapeurs humides font contracter à l'air
des Mines, une qualité auffi nuifible que les vapeurs acides & fulphureufes.

Il infere de fa premiere obfervation, que l'air s'altere comme l'eau qui a
croupi & s'eft chargée de vapeurs nuifibles, attendu que ce mauvais air fe
trouve rarement dans les Mines, dont les eaux s'épuifent par le moyen des
réfervoirs, dans lefquels on ne les laiffe pas long-temps féjourner, & d'où on les
tire par des machines.

---

dans toutes leurs parties, font appellés *homoge-*
nes; & ils font dits *hétérogenes*, fi leurs parties ont
différentes denfités.

(1) Il ne faut point, rigoureufement parlant,
confondre la *compreffion* avec la *condenfation*,
quoique dans l'ufage ces mots fe confondent affez
fouvent. *Compreffion* eft proprement l'action
d'une force qui preffe un corps, foit qu'elle le
réduife en un moindre volume, ou non; *conden-*
fation, eft l'état d'un corps, qui, par l'action de
quelque force, eft réduit à un moindre volume.
Ainfi ces deux mots expriment l'un la force,
l'autre l'effet qu'elle produit, ou qu'elle tend à
produire.

Le froid & le chaud dilatent ou compriment l'air, & en changent par conféquent la pefanteur.

Le froid augmente l'élafticité de l'air en augmentant fa denfité, à laquelle la force élaftique eft proportionnelle. Dans les gelées, tous les ingrédients de l'air different confidérablement: voilà pourquoi le brouillard eft plus fréquent en hiver que dans aucun autre temps, parce que le froid de l'atmofphere condenfe très-promptement les vapeurs & les exhalaifons.

La chaleur augmente auffi le reffort de l'air, mais feulement lorfqu'elle ne peut augmenter fon volume, ou l'augmenter fuffifamment.

L'air d'été differe encore confidérablement de celui d'hiver, à raifon des exhalaifons végétales qui s'y mêlent. La vapeur obfervée dans les Mines d'une Province d'Angleterre (1), & qu'ils appellent *fleur de Pois*, n'a lieu que dans l'été.

Des Inftruments propres à déterminer les différents changements qui arrivent à l'Air, confidéré comme corps à reffort, ou comme pefant, & fes degrés de température.

L'avantage du Barometre pour juger par la hauteur à laquelle le mercure refte fufpendu dans le tube, la preffion que l'air exerce fur la furface des corps, eft auffi démontré que l'utilité du Thermometre, pour connoître, ou plutôt pour mefurer les degrés de chaleur & de froid dans les Mines, en certains temps, en certains lieux.

Des Barometres.

Les Barometres inventés pour le premier objet, font ou fimples, c'eft-à-dire, chargés uniquement de mercure, ou bien ils font doubles, c'eft-à-dire, que outre le mercure, on y emploie encore une feconde liqueur, qui eft ordinairement de l'huile de tartre, à laquelle on a donné une teinture.

Les Barometres fimples ont cet inconvénient, que leur hauteur moyenne étant le plus ordinairement de 27 pouces 6 lignes, l'étendue de leur mouvement eft fort médiocre; les différences qu'ils donnent font en conféquence bien moins fenfibles que celles des Barometres doubles. Il n'y a autre chofe à faire, pour éviter l'erreur, lorfqu'on les emploie, que de donner une table de correction, qui montre les quantités proportionnelles dont la chaleur fait allonger la colonne de mercure de l'hiver à l'été, & retrancher en conféquence des hauteurs indiquées par le Barometre.

En voulant mefurer avec cet inftrument la pefanteur de l'atmofphere, fes variations, la profondeur des fouterrains, un Directeur de Mines doit être inftruit de quelques circonftances effentielles.

(1) En Derbishire. Voyez *page* 32.
(2) Mémoires de l'Académie Royale des Sciences, *An.* 1704, *p.* 271.

Il doit fur-tout faire attention à la différence qui doit réfulter dans le mouvement du mercure dans cet inftrument, felon les différents diametres des tubes ;
& felon les méthodes différentes qui ont été obfervées pour les charger : ces
trois circonftances influent finguliérement fur l'exactitude de l'inftrument,
comme l'a démontré M. le Cardinal de Luynes, dans un Mémoire fur ce fujet (1);
dont nous invitons à prendre connoiffance, fi l'on peut en avoir la facilité (2).
Il eft encore à obferver que le Barometre indique uniquement le poids de la
colonne de cet air groffier, qui ne fauroit paffer à travers les pores du tube &
du mercure, & nullement le poids abfolu de toute la colonne d'air en général,
ou de tel autre fluide qui ne fait pas moins partie de l'atmofphere terreftre,
que cet air groffier.

A l'égard de la hauteur à laquelle monte le mercure, il eft de fait qu'il ne
fe foutient pas conftamment à la même hauteur dans un même lieu ; cela varie
felon que la compreffion occafionnée ou par le poids, ou par le reffort de l'air,
augmente ou diminue ; ainfi le reffort de l'air pouvant augmenter ou diminuer
par la chaleur ou par le froid, on ne doit pas attribuer les variations du mercure
dans le Barometre, uniquement aux changements du poids de l'air (3).

Enfin les variations du Barometre ne font fenfibles qu'à des changements de
hauteur de quelques toifes. M. de la Hire pere a trouvé, par des expériences
répétées en différents temps à l'Obfervatoire, qu'une ligne de mercure répondoit
à 12 toifes 2 pieds & 2 tiers. M. Bézout évalue en gros 12 toifes de différence
de hauteur, à une ligne de différence dans le Barometre.

Il eft particuliérement effentiel de fe rappeller que les expériences Barométriques font voir que les mêmes différences de hauteur de mercure, répondent
à une même hauteur perpendiculaire, foit que ce foit fur une montagne, ou
que ce foit en terre, & même dans des Mines affez profondes, où l'on auroit
pu foupçonner que les vapeurs qui y font en grande quantité, auroient rendu
une partie de l'atmofphere plus pefante, qu'une partie qui lui auroit été égale
hors de terre.

Depuis quelques années on a imaginé des Barometres portatifs, dans lefquels
on rend la colonne de mercure immobile, quand on veut tranfporter l'inftrument, & qui peuvent foutenir toutes fortes de fituations fans fe déranger. Nous
indiquons ici les plus connus (4).

(1) *Obfervations fur le mouvement du mercure dans les Barometres, &c. Memoires de l'Académie des Sciences.* An. 1768, pag. 247.
(2) M. *Caffini le fils*, en 1705, a auffi donné une Table très-intéreffante de la hauteur de l'air, qui répond à la hauteur du mercure dans le Barometre. *Voyez le volume des Mémoires de l'Académie de cette année*, pag. 61.
(3) Il fuit des expériences rapportées par M. Amontons, dans fon Mémoire, 1°. que le poids du mercure eft à celui de l'efprit-de-vin, en maffe égale, environ comme 16¾ à 2, quand on n'é-

prouve ni un grand froid ni un grand chaud ; 2°. qu'en France, dans les grands froids, le poids du mercure eft à celui de l'efprit-de-vin, comme 16 à 1.
(4) Celui de l'invention de M. Briffon, de l'Académie des Sciences. Voyez le volume des Mémoires, pour l'année 1755. Hiftoire, pag. 140.
Celui perfectionné par M. Boiffiffandeau, Correfpondant de l'Académie des Sciences. Voy. le volume des Mémoires. *An.* 1758. Hiftoire, page 105.
Celui du fieur André Bourbon ; il a foutenu

Des Thermometres.

Pour ce qui eſt des Thermometres, ceux dont on eſt dans le cas de ſe ſervir, ſe trouvant ſouvent conſtruits ſelon différentes méthodes, qu'il faut alors réduire en degrés des autres Thermometres dont on veut connoître les obſervations comparées, nous donnerons ici la Table ſuivante, qui eſt fort utile : on y trouvera d'un coup d'œil tous ces différents rapports. L'Auteur dont nous l'empruntons (1), a choiſi la proportion des degrés de tous les Thermometres connus, avec celui de feu M. de Réaumur, qui eſt le plus adopté en France. Cette Table indique auſſi le degré de chacun de ces Thermometres, qui répond au terme de la congélation fixé par cet Académicien.

Table comparée des degrés des Thermometres les pius connus, avec le Thermometre de M. de Réaumur.

Noms des Thermometres.	Rapport avec celui de M. de Réaumur.		Terme de la Congélation.
	DEGRÉS.	R.	DEGRÉS.
Delifle.................	$1\frac{7}{8}$:	1	150
Fahrenheit.............	$2\frac{1}{4}$:	1	32
Hauksbée..............	5 :	2	77
Celfius & Chriftin...........	$0\frac{1}{4}$:	4	0
Barusdorf ou Lange.........	20 :	1	7
Michely de Creift...........	9 :	21	$9\frac{u}{4}$
Frike..................	$1\frac{4}{7}$:	4	33
De la Hire ou Florence.......	1 :	1	30
Amontons..............	$1\frac{1}{4}$:	4	$51\frac{1}{2}$
Poleni.................	1 :	10	$47\frac{1}{2}$
Crucquius..............	12 :	2	1070
Newton................	2 :	5	0
Fowler.................	16 :	5	34
Hales..................	13 :	8	0
Edimbourg..............	35 :	8	$8\frac{1}{3}$
Jean Patrice.............	7 :	10	82

la comparaiſon qu'on en a faite à un Baromètre portatif Anglois, de la conſtruction de Siſſon, & il y a toute apparence que la méchanique en eſt la même. Voyez le volume des Mémoires de l'Académie Royale des Sciences, An.

1771, *page*
(1) Traité de Météorologie, par le P. Cotte, Prêtre de l'Oratoire, Curé de Montmorency, Correſpondant de l'Académie Royale des Sciences. 1770.

Obſervations Barométriques & Thermométriques faites dans pluſieurs Mines métalliques, & dans quelques carrieres de Charbon de terre.

Pour parvenir aux différentes recherches que l'on ſe propoſe, avec le ſecours ſoit des Barometres, ſoit des Thermometres, il ne ſuffit pas de ſe précautionner ni de s'être ſervi de tout ce qu'il y a de mieux en fait de ces inſtruments, ces expériences doivent être regardées comme dépendantes de pluſieurs circonſtances relatives à la Mine dans laquelle on y procede; il eſt néceſſaire par conſéquent, ſi l'on veut apprécier les hauteurs que marquera le Barometre, & les températures annoncées par le Thermometre, de faire entrer en conſidération les qualités locales de l'air, qui ſont plus permanentes dans les calmes que dans les vents, le nombre, la forme, les dimenſions des ouvertures ſur la Mine, leur poſition à l'égard de tout ce qui les environne, leur ouverture ſur le penchant ou ſur le haut d'une colline, le nombre, la hauteur, la largeur, la profondeur des galeries auxquelles ils communiquent; le mouvement de l'air doit recevoir une altération par les collines, maiſons ou autres obſtacles qui ſe trouvent à la proximité du puits: il faut encore faire attention que les brouillards, qui ſont ſuite des calmes, & qui ſe diſſipent lorſque le vent vient à ſouffler, ſont retenus long-temps dans les Mines, & encore plus dans les vallées, que ſur la cime des montagnes.

C'eſt ainſi qu'à la Mine de Windschacht, près Schemnitz, dont le territoire eſt coupé de pluſieurs montagnes très-élevées, il fait très-froid dans quelques endroits, tandis que dans d'autres le chaud eſt ſi conſidérable, que les Ouvriers ne peuvent s'y tenir habillés; c'eſt toujours à l'endroit où l'on travaille, que cela s'obſerve.

Les expériences faites en France & en Pays étrangers dans les Mines, avec ces inſtruments, laiſſent, pour la plupart, à deſirer la connoiſſance de ces circonſtances, qui, certainement, influent ſur les réſultats. Ces expériences ſont conſéquemment incomplettes à mon avis. Je n'ai cependant pas cru inutile de les inſérer ici, en ſuppléant, autant que je le pourrai, à ce qui leur manque relativement à ce que je viens de faire remarquer, c'eſt-à-dire, en y ajoutant quelques-unes de ces circonſtances qu'il me ſera poſſible d'en rapprocher. Je m'étois propoſé de joindre à cette ſorte d'obſervations, celles que j'ai faites moi-même le 14 Mai 1772, dans la Mine de Fims en Bourbonnois, où mes Thermometres n'avoient pas encore été ſujets aux accidents de voyage, comme lorſque j'arrivai en Auvergne, où ils furent hors d'état de me ſervir. Ces obſervations ne ſe retrouvant pas pour l'inſtant ſous ma main, je ſuis forcé de les renvoyer à la Table des matieres, dans le cas où je les recouvrerai (1).

(1) Je trouve ſeulement ſur le plumitif du Journal de mon voyage, qu'au moment de deſcendre dans la Mine, le thermometre d'eſprit-de-vin étoit à 15° & demi; & qu'au bas du puits il étoit preſqu'à 11 & demi, & au ſortir de la Mine à 10 & demi. Celui de mercure, qui,

*Obſervation Thermométrique, faite dans la Mine de Charbon de terre d'Ardinghem,
le 15 Juillet 1741, avec le Thermometre de Micheli (1).*

CETTE Mine a 447 pieds de profondeur. On avoit placé dans cette Mine
deux *Thermometres à grand point* (2), c'eſt-à-dire, de ceux où les quarts de
degré ſont marqués fort diſtinctement : on n'y travailla point le lendemain 16 ;
le ſur-lendemain 17 au matin, le Maître de la Mine y étant deſcendu, trouva
tous les deux Thermometres préciſément au point de la température des caves
de l'Obſervatoire. Cette expérience, qui a été faite avec ſoin & intelligence,
paroît renverſer l'hypotheſe du feu central, & confirmer l'autre.

On avoit placé ces Thermometres dans la même Mine le 14 Juillet, & on les
avoit trouvés le lendemain 15, à un demi-degré au-deſſus de cette température ;
mais cette différence provenoit ſans doute d'un reſte de chaleur du jour précédent, procuré dans la Mine par les Ouvriers & par les lumieres, & qui eut le
temps de ſe diſſiper dans l'intervalle du 15 au 17, que ſe fit l'obſervation dont
on vient de parler.

*Obſervations Barométriques (3) faites dans la Mine de Sahlberg en Suéde, dans
la Weſtmanie (4), par le Profeſſeur André Celſius (5).*

A l'ouverture du puits, ſon Barometre étoit à 30 $\frac{11}{100}$ pouces de Suéde (6).
En arrivant au bas de la Mine avec le même Barometre, à la profondeur de 636
pieds, il trouva que le mercure avoit monté à 30 $\frac{85}{100}$ pouces. Lorſqu'il revint à
l'ouverture du puits, il trouva que le mercure étoit redeſcendu au même degré
qu'auparavant : ſavoir, 30 $\frac{11}{100}$. Le jour ſuivant, le mercure étoit (au bas de l'Egliſe
de Sahlberg) à 30 $\frac{45}{100}$ pouces ; & au haut de la tour, qui a une élévation de
145 pieds, il étoit à 30 $\frac{21}{100}$ pouces.

avant d'entrer dans le puits, étoit à 11° & demi,
étoit au bas du puits à 11, & au ſortir de la
Mine au-deſſus de 18. Ces thermometres étoient
conſtruits par Bourbon, ſur les principes de M.
de Réaumur.

(1) Il eſt à-peu-près conſtruit ſur les principes qui ont ſervi de fondement à ceux de M.
Deliſle & de M. de Réaumur. Les points fixes d'où
il part, ſont ceux de l'eau bouillante, & de la
température des caves de l'Obſervatoire de Paris. Le rapport de ce thermometre à celui de M.
Deliſle, eſt comme 2 eſt à 3 ; à celui de M. de
Réaumur, comme 20 à 21 ; à celui de M. Faren-
heit, comme 5 à 8.

(2) Ainſi nommés, parce que les quarts de
degrés y ſont marqués. L'Auteur donne l'exclu-
ſion au mercure pour remplir ſes thermometres. La

deſcription de ce Thermometre univerſel a été
publiée à Paris, en 1741, 16 pag. in-12, dont
cette obſervation fait partie.

(3) Extraites du Mémoire de M. Triewald,
Art. VII, Tome I, page 444.

(4) Cette Mine eſt une mine d'argent appellée
Nygruſwar, qui a 140 braſſes de profondeur, ſur
autant de largeur, du Sud-Eſt au Nord-Oueſt. Le
premier étage où l'on deſcend, a 90 braſſes de
profondeur, le ſecond vingt de plus, & le troiſieme trente-cinq autres de plus.

(5) L'Echelle de M. Celſius, & celle de M. de
Réaumur, ſont entr'elles comme 5 à 4.

(6) Les Suédois diviſent leur pied en 10 parties, & chaque dixieme en 10, qu'ils appellent
ligne, & chaque ligne en 10 parties.

Observation Barométrique faite à la sollicitation de M. de la Hire le fils, en 1711 (1), par M. Vallerius, Directeur des Mines de Fahlun, nommées aussi Copperberg, en Dalécarlie (2), dans les Puits de Flemengienius, ou Flemingsschater, extraite d'une Lettre écrite d'Upsal.

Les expériences furent commencées à l'entrée de la Mine : c'étoit dans l'été, le ciel étant plein de nuages, & la chaleur étant adoucie par un vent un peu fort : elles furent faites avec deux Barometres qui étoient parfaitement de même hauteur quand elles furent commencées, & qui se sont parfaitement accordés pendant toute la durée des observations.

A l'entrée de la Mine, le Barometre étoit à $\frac{11}{10}$ & $\frac{1}{100}$ de pied de Suéde (3). Le Directeur descendit ensuite avec le même instrument dans une de ces Mines, jusqu'à la profondeur de 45 brasses (qui valent 41 toises un pied 2 pouces une ligne & demie de France), & il trouva que la hauteur du mercure étoit à $\frac{11}{10}$ 7 lignes (qui valent de notre mesure 27 pouces une ligne & $\frac{16}{100}$ de ligne) & par conséquent que le mercure étoit remonté de 3 lignes de Suede pour 45 de leurs toises, ce qui vaut de notre mesure 3 lignes & $\frac{474}{700}$ de ligne pour 41 toises 1 pied 2 pouces une ligne & demie des nôtres.

Il continua encore de descendre 45 toises de Suede, qui étoit le plus bas où il pût descendre, & y ayant observé la hauteur du Barometre, il trouva que le mercure étoit à 25 dixiemes de Suede, & ainsi qu'il étoit remonté de 3 lignes de Suede, comme il avoit fait dans les premieres 45 brasses ou toises, c'est-à-dire, 27 pouces 5 lignes de notre mesure.

Donc il étoit remonté de 3 lignes & $\frac{474}{700}$, comme dans la précédente

(1) Cette observation se trouve insérée dans le Mémoire de M. Triewald, dont j'ai tiré la précédente, mais abregée de même ; ce qui ne remplit pas aussi bien le plan sur lequel je pense que doivent être faites ces sortes d'expériences. J'ai jugé nécessaire de la donner en détail, telle qu'elle a été donnée par M. de la Hire le fils, dans les Mémoires de l'Académie Royale des Sciences de Paris, année 1712, pag. 108. Réflexions sur les élévations du Barometre.

(2) La Mine de Cuivre, dont on a donné le nom Copperberg à la ville de Fahlun, peut elle-même être regardée comme une seconde ville souterre. Tous les Bourgeois de Fahlun ont part aux Mines, sans cela ils ne pourroient acquérir le droit de Bourgeoisie ; on les appelle *Bersmans*, c'est-à-dire, homme de la compagnie ; & ceux qui y font travailler par eux-mêmes, sont appellés *Brukande Bersemans* : la plupart, au lieu de bâton, portent de petites haches ; ils ont des chapeaux sans boutons, des gants & des baudriers, des habits de la même couleur sans poches.

Des chevaux qu'on descend dans cette grande ville, suspendus par des cables, y restent à demeure, dans leurs écuries, qu'on y a construites au nombre de deux ; il y a aussi une boutique de Maréchal : on s'ouvre le chemin dans la pierre par le secours du feu, ce qui doit faire une dif-

férence à remarquer quant aux exhalaisons abondantes ; il se trouve de ces chemins qui ont jusqu'à 30 & 40 pieds de largeur, & dont les extrémités communiquent à la superficie, par de très-grands puits. M. le Monnier, l'Astronome, & M. l'Abbé Outhier, Correspondant de l'Académie, qui ont visité les ouvrages intérieurs de la Mine de Fahlun en 1736, rapportent dans l'Histoire de leur voyage, que l'un des plus grands puits est profond de 350 aunes de Suede, faisant 640 pieds de France, & que dans le fond de ce puits les vapeurs se résolvent en une véritable pluie dont on est mouillé jusqu'à plus de deux tiers de la hauteur de la fosse.

Léopold, dans la relation de son Voyage de Suede, remarque que les Forges des environs du lac de Warpan, & du lac Rund, renvoient quelquefois sur la ville de Copperberg une fumée si noire & si épaisse, que lorsque le vent d'Ouest souffle, l'obscurité qui en résulte dans toute la ville, oblige les habitans d'allumer des chandelles en plein midi.

(3) Qui valent, mesure du pied de Paris, 26 pouces 9 lignes, & $\frac{11}{100}$ de ligne, suivant les mesures qu'en a données M. Picard, dans l'Ouvrage intitulé : *Divers Ouvrages de Mathématique & de Physique.*

obſervation ; en ſorte que pour 90 toiſes de Suede, il trouva 6 lignes de différence de hauteur de mercure, ce qui donne 7 lignes $\frac{444}{100}$ pour 82 toiſes 2 pieds
4 pouces 3 lignes, meſure de Paris.

Pour s'aſſurer de la juſteſſe de ces obſervations, M. Vallerius en fit deux nouvelles en remontant, leſquelles partageoient toute ſa profondeur en trois parties
égales, au lieu qu'il n'en avoit fait qu'une au milieu en deſcendant ; c'eſt pourquoi ayant remonté de 30 toiſes de Suede, il obſerva la hauteur du mercure, &
il le trouva deſcendu de 2 lignes de Suede, ce qui répond, de notre meſure, à
2 lignes & $\frac{444}{100}$ pour 27 toiſes 2 pieds 6 pouces 9 lignes.

Il continua de monter encore de 30 toiſes de Suede, & ayant obſervé la hauteur du mercure, il le trouva encore baiſſé de 2 lignes de Suede.

Enfin ayant encore monté de 30 toiſes de Suede, & étant arrivé à l'entrée
de la Mine, il trouva que le mercure étoit encore baiſſé de 2 lignes de Suede,
& qu'il étoit à $\frac{44}{10}$ 4 lignes, comme il étoit lorſqu'il avoit commencé à y deſcendre.

M. Vallerius ne ſe contenta pas des obſervations qui viennent d'être rapportées, il continua d'en faire d'autres ſur la montagne *Grufriis-Berget*, qui
tient à la Mine d'où il venoit de remonter ; ce terme de comparaiſon n'eſt
point à négliger lorſqu'on fait de ces ſortes d'expériences : nous l'inférerons
ici (1).

En examinant les obſervations qui viennent d'être rapportées, on trouve que
depuis le fond de la Mine juſqu'à 27 toiſes 2 pieds 6 pouces 9 lignes de hauteur
perpendiculaire ſur la montagne, il y a 109 toiſes 4 pieds 3 pouces 0 lignes,
pour leſquelles le mercure a deſcendu de 10 lignes & $\frac{264}{500}$, & que le mercure
a baiſſé dans toute cette hauteur ; de façon qu'une ligne de différence de hauteur de mercure, a toujours répondu à 10 toiſes 1 pied 6 pouces 4 lignes, le
mercure étant au fond de la Mine à 27 pouces 5 lignes, & ſur la montagne où
finiſſent les 109 toiſes 4 pieds 3 pouces depuis le fond de la Mine à 26 pouces
6 lignes & $\frac{316}{100}$ (1).

(1) M. Vallerius ayant monté ſur la montagne, enſorte qu'il étoit élevé perpendiculairement de 15 toiſes de Suede, il obſerva
la hauteur du mercure, qu'il trouva d'une ligne
de Suede plus petite qu'elle n'étoit au pied de
la montagne ou à l'entrée de la Mine ; ce qui
répond, en meſure de Paris, à une ligne & $\frac{444}{100}$
de ligne, pour 13 toiſes 4 pieds 3 pouces 4 lignes $\frac{1}{2}$.

Il continua de monter encore de 15 toiſes de
Suede, & il obſerva la hauteur du mercure, qu'il
trouva plus petite que dans la précédente obſervation, encore d'une ligne de Suede.

Enfin, étant arrivé au haut de la montagne,
qui étoit de 22 toiſes de Suede, plus élevé que
la précédente obſervation, & par conſéquent de

52 toiſes de Suede plus haut que l'entrée de la
Mine, il trouva que le mercure avoit baiſſé
d'une ligne & $\frac{1}{10}$ de Suede, & ainſi que le mercure étoit à 24 dixiemes de pied de Suede, &
$\frac{1}{10}$ de lignes, c'eſt-à-dire, qu'il avoit deſcendu
pour 52 toiſes de Suede, de 3 lignes & $\frac{1}{10}$ de
Suede, ce qui fait de notre meſure 4 lignes &
$\frac{105}{100}$ pour 47 toiſes 3 pieds 2 pouces 10 lignes & $\frac{5}{10}$.

Enſuite, en deſcendant de la montagne, il
obſerva la hauteur du mercure dans les mêmes
endroits qu'il l'avoit obſervée en montant, & il
trouva les mêmes différences ; d'où il conclut
que 9 lignes & $\frac{1}{10}$ de Suede, répondent à 142
toiſes de hauteur perpendiculaire, ce qui donne,
de notre meſure, 12 lignes & $\frac{444}{100}$ pour 129 toiſes 4 pieds 10 pouces une ligne & $\frac{330}{500}$.

Expérience Barométrique faite dans les Mines, par M. Sſtroemer.

Dans les Mines de Norvege, la deſcente du mercure s'eſt trouvée inégale ; & une chûte d'une ligne Suédoiſe a répondu tantôt à 52, tantôt à 71 aunes du pays.

Dans les Mines de Clauſthal, le mercure eſt tombé d'un pouce d'Angleterre, lorſque le Barometre a été porté à la profondeur de 108 *lachters.*

Obſervation Thermométrique & Barométrique, faite en hiver dans la Mine de Cheiſſy (2), *en Lyonnois, par M. Jars, avec le Thermometre de M. de Réaumur.*

L E Thermometre placé dans une Mine à 48 pas de l'embouchure d'une de ſes galeries, ſe tenoit à zéro (3). Dans l'intervalle de cette diſtance, il a trouvé de la glace ; mais en avançant dans la Mine la liqueur du Thermometre eſt montée peu à peu juſqu'à 11 & 12 degrés, c'eſt-à-dire, 1 & 2 degrés au-deſſus de la température des caves de l'Obſervatoire, qui eſt la même dans les Mines (4).

Obſervations Thermométriques, faites dans des jours chauds de l'été, dans la même Mine de Cheiſſy, par M. Jars.

E TANT entré dans la Mine par la même galerie inférieure, *fol.* 1, il ſentit d'abord de la fraîcheur ; il poſa ſon Thermometre, dont la liqueur étoit à 20 degrés au-deſſus de zéro, à une toiſe, intérieurement de l'embouchure de la galerie.

Après l'y avoir laiſſé une demi-heure, la liqueur deſcendit à 11 degrès ; il ſentit la même fraîcheur dans toute la Mine.

Dirigeant ſa marche du côté d'un *échelon montant* (5), par lequel on ſort de la Mine (c'étoit alors l'ouverture la plus élevée), je remarquai avec ſurpriſe, dit-il, qu'à meſure que j'approchois de l'embouchure, l'air s'échauffoit.

Je plaçai mon Thermometre à 4 toiſes de ladite embouchure : il monta à 18 degrés.

L'Auteur conclut de ces obſervations, qu'il a répétées pluſieurs fois & dans pluſieurs Mines, que l'air qui, dans l'hiver, entroit dans la Mine par les ouvrages inférieurs, pour reſſortir par les ouvrages ſupérieurs, prend, pendant l'été, une route contraire, ce qui a été remarqué par Agricola.

Il eſt néceſſaire de rapprocher de ces obſervations Barométriques & Thermo-

---

(1) D'où M. de la Hire fils, en comparant ces obſervations avec celles de ce pays-ci, trouve qu'une ligne de différence de hauteur de mercure en Suede, répond à une plus petite hauteur que celle trouvée dans ce pays-ci, par MM. Caſſini, Picard & de la Hire.

(2) Ou Cheſſey, Mine de cuivre ouverte dans la pente d'une colline, ſous laquelle les galeries s'enfoncent preſque horizontalement, & percée d'eſpace en eſpace de pluſieurs ponts de reſpiration, dont la bouche eſt plus ou moins haut ſur les collines. Il y a dans cette Mine une voûte qui a été creuſée horizontalement de plus de 200

pieds de profondeur.

(3) L'air d'un ſouterrain à 10 degrés, eſt tempéré ; mais dans l'hiver, l'air de l'atmoſphere eſt à zéro, terme de la glace.

(4) Le degré de température dans des ſouterrains très-profonds, comme les caves de l'Obſervatoire, eſt de 10½. M. Jars attribue les deux degrés au-deſſus de ce terme, à l'air échauffé par les Ouvriers & par les lumieres.

(5) M. Jars définit *un échelon montant,* ou *un ouvrage en montant,* une élévation irréguliere faite de bas en haut, en ſuivant un filon, pour en extraire le minéral.

métriques, celles qui ont été faites par le même Auteur, & qu'il rapporte *page* 340 de son Mémoire, de la maniere qui suit.

Le Thermometre de M. de Réaumur, placé en hiver dans une Mine (1), à 45 pas de l'embouchure d'une des galeries, se tenoit à zéro ; dans l'intervalle de cette distance, il s'est trouvé de la glace ; mais en avançant dans la Mine, la liqueur du Thermometre est montée à peu-près jusqu'à 11 & 12 degrés, c'est-à-dire, un & deux degrés au-dessus de la température des caves de l'Observatoire.

On peut voir aussi les observations de M. le Monnier le Médecin, dans le puits de la Forge, en Auvergne, *pag.* 158.

Ces sortes d'observations demandent la plus grande précision ; on ne sauroit trop s'occuper des moyens qui peuvent l'assurer, tant par rapport aux répétitions comparées qu'il faut en faire en différents endroits, en différents temps & moments, que par rapport au point d'équilibre que l'on doit donner aux instruments.

L'Auteur des expériences qui ont été faites dans la carriere de Charbon d'Ardinghem, & que nous avons rapportées plus haut, paroît s'être occupé fort judicieusement de ces circonstances. Nous rapporterons ici la maniere dont il termine son référé, comme pouvant conduire à imaginer encore quelque chose de mieux. Cependant il est dit en finissant, qu'on venoit de faire dans la cave de l'Observatoire de Paris, l'épreuve du Thermometre appareillé de la maniere qui va être décrite, & qu'il y avoit très-bien réussi.

» Afin de faire ces sortes d'observations avec plus de commodité, & même » de justesse, on a pensé qu'il falloit les faire dans le fond des puits de Mines » abandonnées depuis quelque temps, ou dans d'autres puits.

» Pour cet essai on a fait construire un Thermometre à *grand point* : il doit » s'enchâsser bien juste dans une piece de bois, dont il est enveloppé de toutes » parts, de façon qu'il faut beaucoup de temps à ce Thermometre pour acqué- » rir ainsi son point d'équilibre, & conséquemment pour le perdre lorsqu'il l'a » une fois acquis. Au milieu de cette piece de bois, qui s'ouvre à charniere, » & dont la grandeur n'est que de quelques degrés au-dessus & au-dessous de » la température, on a pratiqué une embrasure à fenêtre, à dessein de pou- » voir découvrir, lorsqu'on l'ouvrira, le point que marquera la liqueur dans le » tuyau, qui est d'un verre épais. Voici maintenant la maniere de procéder.

» On descendra ce Thermometre avec une corde dans le puits où l'on vou- » dra faire l'observation, y attachant un poids par-dessous, afin qu'il reste tou- » jours debout. On le laissera dans ce puits tout le temps nécessaire pour lui » faire acquérir son point d'équilibre ; après quoi le retirant de ce puits, & ou- » vrant sa fenêtre, on aura le temps suffisant, avant qu'il varie, d'examiner à

_____

(1) Le pays où étoit située cette Mine, n'est point nommé.

» son aife & fort jufte, le degré de température qu'il aura contracté dans le
» fond du puits : en répétant l'opération, on s'affure de ce degré ».

Différents moyens de changer l'air des Mines.

La comparaifon ou la combinaifon heureufe de l'air de l'atmofphere, avec
celui renfermé dans les fouterrains de Mines, exigeroit, pour parvenir fans raifonnement à obtenir une circulation avantageufe de ce dernier, que la nature
de cet air, & la caufe qui produit les moffettes, fuffent auffi connues que leurs
propriétés ; mais les defcriptions les plus exactes, les nombreux & fâcheux
accidents des vapeurs fouterraines, les expériences auxquelles elles ont été foumifes par plufieurs Savants (1), n'ont encore pu rien faire découvrir de pofitif
fur leur caufe (2).

En conféquence il n'eft pas non plus bien décidé fi, lorfqu'il s'agit de remédier aux inconvéniens réfultans de ce qu'on appelle *mauvais air*, le moyen
véritable eft ou de chaffer en dehors l'air des fouterrains, ou de lui en fubftituer
un autre du dehors.

M. Genfanne eftime que tout provient de l'air trop denfe, trop chargé de
parties hétérogenes, qui en empêchent la circulation. D'après ce qu'il éprouva
dans une femblable circonftance, dont nous parlerons bientôt, il fe croit autorifé à juger qu'en introduifant un nouvel air, on ne feroit qu'augmenter le
volume de celui qui y eft déja, & qui étant plus pefant que celui de l'atmofphere, ne pourroit être chaffé au dehors par celui qu'on y améneroit par
le ventilateur ; & qu'en conféquence au lieu de chercher à introduire un nouvel air dans ces ouvrages, on devroit au contraire s'attacher à en retirer celui
qui y eft.

Voulant nous occuper effentiellement des points de fait, nous ne nous
arrêterons pas à cette difcuffion, elle nous écarteroit. En prenant pour les donnés de la queftion, les quatre points expofés *page 933*, nous regarde-
rons comme décidé, que lorfqu'il eft queftion de donner de l'airage, ce qui eft
à faire confifte à ménager fimplement un libre écoulement de l'air dans les
Mines, c'eft-à-dire, à établir entre cet air renfermé & la maffe aërienne, une
communication aifée. Nous fuppoferons que d'autres fois il faut amener dans les
fouterrains un nouvel air, les décharger de celui qui y eft, en l'amenant au

(1) De la vapeur dangereufe qui fe trouve
dans les Mines, par M. Triewald, *Tome I. des
Actes de l'Académie de Stockolm*, *Art. VI.*

(2) M. Baumé, de l'Académie Royale des
Sciences, a fort judicieufement fait cette remarque dans fa *Chimie expérimentale & raifonnée, Tome III, page* 370. *Il expofe fes conjectures
fur cette matiere délicate ; il défireroit fur-tout être
à portée d'examiner chimiquement la vapeur nommée*
*par les Liégeois Feu Brifou. Comme les Ouvriers
s'amufent quelquefois de ces étincelles, & les manient
fans danger, il invite les perfonnes qui auroient occafion de defcendre dans ces Mines, à en ramaffer une
certaine quantité dans une bouteille, & à lui en envoyer. L'Auteur prévient qu'il feroit prudent de les
contenir dans la bouteille avec de l'eau, comme on le
fait à l'égard du Phofphore d'urine qu'on veut conferver.*

dehors

dehors par le puits ; ou lorsque cet air est échauffé jusqu'à un certain point dans la Mine, & qu'il a perdu son élasticité, le détruire par le feu ; ou s'il est surchargé de vapeurs, les dissiper par tout ce qui peut lui imprimer du mouvement, & éviter par-là qu'il ne soit stagnant ; faire en sorte, de quelque maniere que ce soit, que ces exhalaisons se mêlent à un air libre, ou diminuent de quantité, ou soient dégagées de ce qui s'y trouve d'étranger & de nuisible.

C'est toujours dans les vues générales, que l'on cherche à donner de l'*airage* aux Mines : beaucoup de circonstances relatives aux vents qui regnent dans le pays, à l'endroit où la Mine est située, à la nature des travaux, &c ; la possibilité plus ou moins favorable de remplir ce but à moins de frais possible, exigent sans doute que ces moyens soient variés de plus d'une maniere ; le choix en est quelquefois très-embarrassant, faute de connoître bien précisément la nature des inconvénients que l'on cherche à faire disparoître.

En 1764, feu M. Jars avoit rédigé en deux Mémoires présentés, en 1768, à l'Académie des Sciences, des vues qui viennent en tout à l'appui de ce qui se trouve sur cette matiere dans les Actes de l'Académie de Stockholm publiés en 1740, où sont insérés deux Mémoires de M. Triewald. Nous avons jugé n'avoir rien de mieux à faire, pour mettre les Directeurs de Mines à portée de se décider selon leurs idées particulieres, que de leur présenter l'extrait de ces différents Mémoires, en commençant par celui du Mémoire de M. Jars, tel qu'il est donné par l'Historien de l'Académie des Sciences ; les notions abrégées qui ont précédé, sur les propriétés & sur les qualités de l'air, aideront à saisir le point sur lequel on peut se guider.

Observations sur la circulation de l'Air dans les Mines,
par feu M. Jars (1).

» Lorsqu'une galerie est, comme celles de Chessy, percée par un puits de
» respiration, il y a, tant à l'embouchure de la galerie qu'à celle du puits,
» une colonne d'air qui s'étend jusqu'au sommet de l'atmosphere. La colonne
» qui appuie sur l'orifice de la galerie, est composée toute entiere de l'air exté-
» rieur & a la même température que lui ; celle qui appuie sur l'orifice du puits,
» est, à l'extérieur, composée du même air ; mais depuis l'orifice du puits jus-
» qu'à la galerie, l'air de la colonne est à la température des caves. Les deux
» colonnes sont donc nécessairement inégales en poids, quoiqu'égales en lon-
» gueur ; en hiver, l'atmosphere étant plus froide, & par conséquent plus
» pesante que l'air de l'intérieur de la Mine, la colonne du puits, composée
» en partie de ce dernier, est plus légere que celle qui se présente à l'em-

---

(1) Extrait du Volume des Mémoires de l'Académie Royale des Sciences, pour l'année 1768. *Hist.* page. 18. Les personnes qui auront entre les mains l'Ouvrage de ce Minéralogiste François, l'y trouveront en entier, *page* 339.

» bouchure de la Mine : celle-ci chaffe donc l'air de la galerie, & le fait fortir
» par le puits. En été, au contraire, l'air extérieur étant plus léger & plus
» chaud que celui de la Mine, la colonne du puits, compofée en partie de ce
» dernier, devient la plus pefante, & l'air fortira par l'ouverture de la galerie.

» De cette obfervation, & de la théorie à laquelle elle fert de bafe, il
» réfulte que lorfque l'air extérieur fera à la même température que celui de la
» Mine, les deux colonnes étant alors de même poids, il ne s'établira dans la
» galerie aucun courant, & c'eft effectivement ce qui arrive dans ces Mines &,
» dans beaucoup d'autres femblablement fituées, dans lefquelles on eft obligé
» de fufpendre les travaux à la *pouffe* & à la *chûte des feuilles*, c'eft-à-dire, pour
» parler le langage de la bonne Phyfique, dans les temps où l'air extérieur
» eft à la même température que celui des Mines.

» Le même inconvénient fe trouvera encore dans les Mines dont les galeries
» font horizontales, & placées fous une plaine qui l'eft auffi ; inutilement ten-
» tera-t-on d'y donner de l'air en perçant un grand nombre de puits, l'égalité
» de toutes les colones d'air qui pénétreroient par-là dans la Mine, les mettroit
» en équilibre, & il ne s'y établiroit aucun courant.

» On peut cependant rappeller ces efpeces de Mines à l'état de celles qui
» font percées dans les collines ; l'art, aidé des principes de M. Jars, peut
» donner ce qu'avoit refufé la nature : il ne s'agit pour cela que d'établir une
» inégalité de poids dans les colonnes qui infiftent fur deux puits, pour qu'il
» s'établiffe un courant d'air dans la galerie qui joint ces deux puits ; & voici les
» moyens qu'emploie M. Jars pour l'obtenir.

» Si la galerie eft percée dans la pente d'une montagne, tant qu'elle n'ira
» pas plus loin que l'endroit où l'on peut percer un puits, il fera aifé d'y avoir
» une circulation d'air ; mais fi on veut pouffer la galerie plus loin, la circula-
» tion ceffera dans la partie qui eft au-delà du puits. »

Pour l'y établir, M. Jars a adopté la conftruction propofée par M. Triewald,
d'une efpece de plancher formé à quelque diftance du fol de la galerie, &
dont nous ferons connoître la conftruction d'après l'Auteur Suédois.

» Ce plancher, très-utile d'ailleurs pour le roulage des brouettes & le paffage
» des eaux, forme un canal qui fe prolonge jufqu'au fond de la Mine ; l'air
» n'ayant plus alors de communication avec la galerie, à caufe de la porte, eft
» obligé de repaffer par le puits : il fe trouvera donc alors deux colonnes iné-
» gales en pefanteur, le courant d'air s'établira.

» Il s'établiroit de même au fond d'un puits creufé au bout de la galerie, en
» y conduifant, au moyen d'un tuyau, l'air qui paffe fous le plancher dont il
» vient d'être parlé, & qui entre par l'ouverture de la galerie.

» Dans tout ceci l'Auteur fuppofe que l'orifice de la galerie eft dans une
» colline, & plus bas que l'orifice du puits de refpiration ; mais fi la galerie
» étoit percée horizontalement fous une plaine à peu-près de niveau, tous

»˝les puits feroient également profonds , & toutes les colonnes d'air en équi-
» libre : par conféquent il n'y auroit aucune circulation ». La *cheteure* élevée
fur la bouche des bures , à la maniere des Houilleurs Liégeois , eft le moyen
que M. Jars propofe pour cette circonftance.

Il obferve » que la maçonnerie de cette efpece de cheminée doit être affez
» épaiffe pour conferver à l'air qu'elle contient , la même température qu'à celui
» du puits ; il eft clair que par ce moyen l'équilibre entre les colonnes fera
» rompu , & le courant d'air s'établira dans la galerie.

» Toute cette circulation d'air aura donc lieu dans les galeries , d'un fens
» pendant l'hiver , & du fens oppofé pendant l'été ; mais dans le printemps
» & dans l'automne , où l'air extérieur & celui de la Mine ont la même tem-
» pérature , il n'y auroit aucun courant d'air , & il faudroit abandonner les ou-
» vrages ».

L'établiffement du Fourneau ventilateur de M. Sutton fur l'embouchure
d'un puits , paroît indiqué dans ce cas ; auffi M. Jars confeille-t-il d'y recourir.

De la marche de l'Air dans les puits de Mines , comparée avec celle du courant de l'Air dans les cheminées , par M. Franklin.

Les phénomenes journaliers , & qu'on pourroit appeller les plus vulgaires ,
font fouvent ceux dont l'examen eft le plus délicat , & conféquemment le plus
négligé ; dans le nombre de ceux qui appartiennent aux Mines , le rapport
entre l'entrée & la fortie des vapeurs fouterraines par les puits de Mines , &
entre l'élévation & le refoulement de la fumée ou de l'air dans les cheminées ,
eft un point fur lequel toutes les perfonnes qui ont vifité des Mines , s'accordent affez ; mais aucune , jufqu'à M. Franklin , n'avoit apporté à cette conformité , ce degré d'attention qui donne l'effort à des réflexions intéreffantes &
utiles. Dans une matiere qui , à chaque pas , ne préfente que des problèmes
embarraffants , on nous faura gré de recueillir tout ce qui peut conduire à leur
folution , & fur-tout quand les éclairciffements ont pour Auteur un homme
exercé à promener fes regards dans les fentiers les plus myftérieux de la Phyfique. Voici le fragment que nous tirons des ouvrages du favant Anglois (1).

» Dans une cheminée où on ne fait pas de feu , il y a , en été , un courant
» d'air qui y monte continuellement depuis environ 5 à 6 heures du foir , juf-
» ques vers 8 ou 9 heures du matin , où ce courant commence à s'affoiblir &
» à balancer quelque peu pendant environ une demi-heure , après quoi il fe met
» à defcendre avec la même force , & continue dans cette nouvelle direction
» jufques vers 5 heures du foir , où il s'affoiblit de nouveau & balance de

---

(1) *Œuvres de M. Franklin , de la Société Royale de Londres , traduites en François.* Paris, 2 vol. in-4°. 1774. | *Lettre de M. Franklin à Jean Baudouin , Ecuyer à Bofton , fur l'ufage des cheminées , tant en été qu'en hiver.* Tome 2, pag. 202.

» même , tantôt en montant un peu , & tantôt redefcendant pareillement un
» peu , pendant l'efpace d'une demi-heure , environ ; après quoi il fe rétablit
» un courant conftant de bas en haut , qui fe maintient toute la nuit , jufques
» vers 8 ou 9 heures du matin fuivant. Les heures varient un peu fuivant que les
» jours s'allongent ou fe raccourciffent ; & un changement de temps fubit les
» fait quelquefois varier auffi ; comme fi , après de grandes chaleurs d'une lon-
» gue durée , le temps commence à fe rafraîchir dans l'après-midi , tandis que
» l'air a fon cours du haut en bas de la cheminée , dans cette circonftance le cou-
» rant changera de meilleure heure qu'à l'ordinaire , &c. »

L'illuftre Citoyen de Philadelphie , en donnant fon fentiment fur la caufe de
ces variations du courant journalier de l'air frais dans les cheminées , en tire une
induction fort jufte , fur ce qu'il convient de faire dans les puits de Mines ,
pour y avoir un air frais & falubre. La marche de fon raifonnement eft très-
digne d'attention.

» Pendant l'été il y a , généralement parlant , une grande différence par rap-
» port à la chaleur de l'air à midi & à minuit , & conféquemment une femblable
» différence par rapport à fa pefanteur fpécifique , puifque plus l'air eft échauffé ,
» plus il eft raréfié. Le tuyau d'une cheminée étant entouré prefqu'entiérement
» par le refte de la maifon , eft en grande partie à l'abri de l'action directe des
» rayons du foleil pendant le jour , & de la fraîcheur de l'air pendant la nuit :
» il conferve donc une température moyenne entre la chaleur du jour & la fraî-
» cheur des nuits , & il communique cette même température à l'air qu'il con-
» tient. Lorfque l'air extérieur eft plus froid que celui qui eft dans le tuyau de la
» cheminée , il doit le forcer , par fon excès de pefanteur , à monter & à fortir par
» le haut. L'air d'en bas , qui le remplace , étant échauffé à fon tour par la cha-
» leur du tuyau , eft également pouffé par l'air plus froid & plus pefant des cou-
» ches inférieures ; & ainfi le courant continue jufqu'au lendemain , où le foleil ,
» à mefure qu'il s'éleve , change par degré l'état de l'air extérieur , le rend d'a-
» bord auffi chaud que celui du tuyau de la cheminée , (& c'eft alors que le
» courant commence à vaciller , & bientôt après le rend même plus chaud) ;
» alors le tuyau étant plus froid que l'air qui y entre , le rafraîchit , le rend plus
» pefant que l'air extérieur , & conféquemment le fait defcendre ; & celui qui
» le remplace d'en-haut étant refroidi à fon tour , le courant defcendant conti-
» nue jufques vers le foir , qu'il balance de nouveau & change de direction , à
» caufe du changement de la chaleur de l'air du dehors , tandis que celui du
» tuyau qui l'avoifine , fe maintient toujours à peu-près dans la même tempéra-
» ture moyenne.

» Sur ce principe , fi on bâtiffoit une maifon derriere la montagne du Fanal ,
» & qu'on ménageât un conduit horizontal de l'une de fes portes à la monta-
» gne , où on le fit aboutir à un puits creufé perpendiculairement fous le fom-
» met de la montagne , il me paroît vraifemblable que ceux qui habiteroient

» cette

» cette maifon, auroient conftamment, pendant la chaleur du jour, dans le
» temps même le plus calme, un courant d'air auffi frais qu'ils le pourroient
» defirer, qui traverferoit la maifon, & réciproquement pendant la nuit la plus
» tranquille, un femblable courant d'air en fens inverfe.

» Je penfe auffi que les Mineurs pourroient tirer quelque avantage de cette
» propriété; par exemple, lorfque leurs trous ou puits font creufés perpendi-
» culairement dans la terre, & qu'ils communiquent dans le fond par des gale-
» ries ou traverfes horizontales, comme cela fe pratique ordinairement, fi l'on
» conftruifoit une cheminée de 30 ou 40 pieds de haut fur un de ces puits, tout
» autre air en étant exclus, que celui qui monteroit ou defcendroit par le puits,
» on produiroit par ce moyen un changement d'air continuel dans les paffages
» de traverfe du fond de la Mine, & ce renouvellement d'air préferveroit les
» Ouvriers des accidents des vapeurs; car il pafferoit prefqu'inceffamment de
» l'air frais, foit montant du puits dans la cheminée, foit defcendant de la che-
» minée dans le puits ».

On voit que l'idée de M. Franklin fe rapproche beaucoup de la pratique reçue
de tout temps au pays de Liége, comme on l'a vu *page* 248.

Cet expédient, ceux rappellés dans le Mémoire de M. Jars, & autres moyens
qui ont été imaginés ou pratiqués, & qui peuvent être de quelque utilité, vont
être paffés en revue, en commençant par les plus fimples, & nous viendrons
enfuite à ceux qui emportent la complication de quelque Machine ou de quelque conftruction particuliere.

Cette façon méthodique de procéder, s'accordera avec les deux efpeces de
changements d'air, diftingués fort à propos par M. Triewald (1); favoir, le
changement d'air naturel, & le changement d'air artificiel : en développant
fucceffivement ces deux différences, nous nous fervirons des expreffions reçues
parmi les Ouvriers de Mines, fans nous garantir fi elles font bien exactes.

Du changement d'Air naturel dans les Mines.

Cette expreffion, que nous avons adoptée de M. Triewald, défigne affez
bien le changement d'air, qui eft, pour ainfi dire, le réfultat naturel de l'inégalité de la profondeur des puits ouverts fur une étendue de galerie.

L'idée que l'Académicien étranger s'en eft formée, fe trouve en contrariété
avec le fentiment de feu M. Jars; pour ne pas rifquer d'altérer l'opinion de l'un
& de l'autre, dont le Lecteur voudra bien lui-même être juge, je donne la traduction littérale de la premiere partie du Mémoire de M. Triewald, concernant
le changement d'air naturel; je détacherai de celui du Minéralogifte François,

---

(1) Defcription de tous les moyens propres à l'Académie de Stockolm. *An.* 1740, *Tome* 1;
donner un bon & fuffifant changement d'air dans *Art.* VII, *pag.* 444.
les Mines de Charbon de terre. Mémoires de

l'objection qu'il oppofe à l'Académicien Suédois , & par-là les deux feront plus rapprochées. Si , en m'abftenant de faire connoître mon avis particulier , je me permets quelques obfervations , c'eft uniquement pour aider le Lecteur à prononcer entre deux.

» J'ai conftamment remarqué dans toutes les Mines que j'ai eu occafion de » vifiter, dit M. Triewald (1) , que le changement d'air fe fait en entrant par le » puits le plus profond , & que l'air reffort par le puits qui l'eft moins, quand » ces deux foffes ont entr'elles une communication (2) ; cela ne vient que de la » pefanteur inégale des colonnes d'air contenues dans les deux puits , confor- » mément aux loix de la preffion de l'air , & aux obfervations Barométriques » de Celfius & de Vallerius (3) : or ces deux colonnes n'étant point égales en » pefanteur , elles ne fauroient non plus fe tenir en équilibre ; ajoutez à cela » que l'air eft un fluide qui tend toujours à l'état d'équilibre, comme l'eau que » l'on verfe dans un fiphon recourbé : quelle que foit la quantité qu'on y verfe » par le tuyau le plus long, elle ne s'y arrêtera pas, mais reffortira par le tuyau le » plus court. Il en eft de l'air renfermé dans un puits de Mine, quand le chan- » gement d'air eft naturel , comme de cette eau dans un fiphon ».

Afin d'éclaircir cette comparaifon , foient le puits A & le puits B, Fig. 1, Pl. XVIII, Part. II , que je fubftitue pour cet objet à la figure de M. Triewald , en fuppofant feulement que les deux puits A & B, qui, dans cette figure, font prolongés au-delà de la veine (parce qu'ils vont atteindre d'autres veines plus profondes), fe terminent à la veine devenue galerie, conduite depuis le bas du puits A , jufqu'au bas du puits B ; en conféquence le puits de 35 braffes A, qui eft fur la partie d'amont-pendage, eft de quelques pieds moins profond que le bure de 45 braffes B, qui tombe fur la partie d'aval-pendage (4).

» Le Barometre placé en D , fig. 9, Pl. XLII , dans le puits B , doit être » d'une ligne plus bas qu'au fond C dans le puits A : il s'enfuit que la colonne » d'air BD, jufqu'au fond, eft plus pefante que la colonne d'air AC, juf- » qu'à la veine CD ; que par conféquent elles ne peuvent jamais fe balancer , » mais que la colonne plus courte & la plus légere du puits A, doit céder à » celle du puits B, qui eft plus longue & plus pefante ; or , il eft impoffible » qu'aucune partie de la colonne perpendiculaire AC, ou de la colonne de » communication CD, puiffe s'élever, fans que la colonne BD rempliffe » l'efpace qu'elles auroient quitté : par ce moyen, le mouvement & le change- » ment d'air une fois commencés par la communication CD, établie entre les » deux puits AB, doit toujours continuer à être le même, tant que les circonf-

____

(1) Sect. 8. de fon Mémoire.

(2) Voyez page 944 la reftriction obfervée à ce mouvement de l'air dans les puits fuivant les fai- fons.

(3) D'où il réfulte non-feulement que l'air a une certaine pefanteur, mais que fa preffion aug- mente en raifon de la profondeur; & ces pro-

priétés correfpondantes , jointes à l'élafticité ou l'expanfibilité de l'air, font la bafe de tous les changements d'air dans les Mines.

(4) La figure 9, Pl. XLII, pourroit auffi fervir à cette démonftration , en fuppofant au lieu de la veine oblique AC, un fecond puits perpendi- culaire A, dont le pied feroit en C.

» tances en feront les mêmes, & le courant d'air doit toujours continuer de *B* en
» *D,* & delà par *DC* jufqu'en *A* : il s'en fuit également que plus la différence eft
» confidérable entre les profondeurs des deux puits, plus le courant d'air doit
» être fort ; de même que dans un fiphon recourbé, plus l'un des tubes furpaffe
» l'autre en longueur, plus l'eau fortira avec violence par le tube le plus court,
» lorfqu'on la verfe par le tube le plus long, & cela dans la proportion que les
» deux tuyaux auront entr'eux.

L'exactitude de cette obfervation eft révoquée en doute par M. Jars (1), en
ne pouvant fe perfuader que M. Triewald ait obfervé par lui-même ce qui l'a
conduit à fon raifonnement. Voici comment raifonne le Minéralogifte François.

» Si je confidere les embouchures *A* & *B* fig. 9, *Pl. XLII,* du puits fuppofé
» en *A C,* & du puits *B D,* que je fuppofe au même niveau, je dis que les
» colonnes d'air de l'atmofphere qui répondent au puits *A* & au puits *B,* font
» en équilibre, puifqu'elles font de la même hauteur, & qu'elles ont le même
» degré de chaleur ; ni l'une ni l'autre ne peuvent donc déterminer l'air con-
» tenu dans le fouterrain *B D C A,* à en fortir, puifqu'il eft lui-même en
» équilibre ».

Cet Académicien remarque que dans la Mine où l'Auteur Suédois a fait fon
obfervation, il y avoit peut-être un bâtiment fur l'embouchure d'un des puits, &
que M. Triewald n'aura pas pris garde au changement produit dans la denfité
d'une des colonnes d'air par ce bâtiment, qui, en effet, eft capable de faire rompre l'équilibre. L'Académicien François a cru pouvoir conjecturer que le Minéralogifte Suédois étoit perfuadé que l'air prend la même route dans toutes les faifons. Cette conjecture eft détruite par le détail dans lequel M. Triewald entre
fur les tuyaux ou conduits à air dont nous allons parler bientôt ; fes remarques
fur leur effet différent en différents temps, font bien éloignées de faire naître
le foupçon qu'un homme expérimenté fur toute la matiere des Mines, habitué à
en obferver les opérations en Phyficien, ait ignoré foit le cours naturel de l'air,
tracé exactement par Agricola, & obfervé par tous les Mineurs, foit la différence qu'il fuit en hyver & en été. D'un autre côté M. Jars ne pourroit-il pas
avoir négligé de faire attention que les colonnes d'air, contenues dans les deux
puits perpendiculaire *A B,* y exiftoient avant la communication établie entre-
eux par le canal ou par la veine travaillée ; que cette ouverture faite, le mouvement a dû s'établir indépendamment de l'air extérieur ; & qu'une fois établi, il
doit continuer de même, en fuppofant même l'équilibre de l'air extérieur.

(1). *Pag.* 348 de fes Ouvrages Métallurgiques, avec une figure.

Du changement artificiel d'Air dans les Mines.

Dans les Mines *exploitées en grand* (1), les mouffettes, de quelque nature qu'elles foient, doivent, *à chofes égales*, être moins fréquentes, moins abondantes & moins difficiles à diffiper. De tout temps il paroît, d'après l'Hiftorien Liégeois, *Fifen*, que les Houilleurs, fes compatriotes, fe font garantis affez généralement des dangers qu'entraînoient le *crowin* & le *feu grieux*, en battant l'air de toutes les façons que l'inftant ou la pofition peuvent fuggérer (2). L'air agité par un moyen quelconque, peut bien fuffire, dans quelques occafions, pour chaffer une partie de l'air de la Mine, & pour le renouveller par d'autre; dans ce cas, l'air de l'atmofphere peut être confidéré comme étant à l'air ftagnant dans la Mine, à peu-près comme du vin qu'on fait nager fur de l'eau: on fait que la moindre agitation eft fuffifante pour occafionner ce mélange.

Mais dans maintes circonftances, ce fimple ébranlement de l'air avec des feuillages, avec de l'eau, &c. feroit très-infuffifant, comme je l'ai fait obferver *page 263*. Il a donc fallu imaginer des pratiques plus décifives.

Ce font ces inventions, pratiques, ou méthodes, comme on voudra les nommer, qui conftituent le changement appellé par M. **Triewald**, *changement d'air artificiel*, voulant fans doute défigner par cette expreffion, qu'on eft obligé de recourir à l'art pour remédier au défaut de circulation d'air, provenant de l'égalité de la profondeur des puits, entre lefquels il n'y a aucune communication.

Les moyens que propofe ce Savant, font établis fur les mêmes principes qui ont fervi de fondement aux moyens dont on fe fert pour opérer, ce qu'il nomme *le changement naturel de l'air*.

Comme la plupart de ces moyens font méchaniques, & que nous les fuivrons dans un certain ordre, qui nous a paru le plus commode & le plus convenable, nous ne ferons ufage du Mémoire de M. Triewald, que partie par partie, relativement à la divifion que nous établiffons du changement d'air artificiel : 1°. par quelque conftruction appropriée dans le puits ; 2°. par l'ufage de tuyaux prolongés felon les circonftances & le befoin ; 3°. par des conftructions particulieres dans les fouterrains ; 4°. par l'établiffement de Machines à feu ou autres, à la bouche des puits.

---

(1) J'entends par cette maniere de m'exprimer, une Mine percée de grandes & nombreufes galeries, dans laquelle il y a toujours beaucoup d'Ouvriers en action, & de laquelle on éleve perpétuellement des Charbons & des eaux, de maniere que le travail n'eft prefque pas interrompu. Ces grandes Houilleres font celles que les Liégeois nomment *Foffes de grand Athour*.

(2) *Nec alid re ullâ magis extinguitur, quàm aeris (quo nimirum denfiore nutritur.) agitatione, & quæ hanc confequitur raritate ac puritate.* Part. I, page 272.

Puits à Air ; leurs différences.

Le langage des Houilleurs Liégeois spécifie, comme on l'a vu *page 281*, deux différentes especes de puits à air ; les uns ne sont que des petites fosses, dont l'enfoncement a uniquement pour but de donner une échappée à l'air, & faciliter la libre respiration des Ouvriers dans certains cas, d'où on pourroit très-bien les nommer *Puits de respiration.*

Les autres sont construits pour établir dans les endroits les plus reculés d'une *fosse de grand Athour*, une circulation non interrompue de l'air renfermé dans la Houilliere. Nous commencerons par les puits de respiration.

Puits de respiration ; *Soupiraux, Burtaux des Liégeois* ; G. *Windschacht* ; Lat. *Putei spiritales.*

Lorsque la marche des veines en plature & leur situation peu enfoncée, permettent de multiplier sur leur trajet des puits d'extraction, ces fosses, doublement utiles d'ailleurs, obvient pour l'ordinaire assez bien au défaut de circulation de l'air. Il est aisé d'en juger, d'après ce qui a été dit sur la marche naturelle de l'air, & par la commodité de pouvoir ouvrir ou fermer tantôt l'un de ces bures, tantôt un autre ; mais ces bures multipliés ne peuvent être avantageux que dans les cas qui viennent d'être rappellés en peu de mots: voyez *page* 888. Cette voie dispendieuse est néanmoins employée dans une des Mines de Schemnitz, appellée sans doute par cette raison *Windschacht*. Au-dessus de toutes les portes, aussi bien que sur tous les chemins où l'on travaille, on place des barils en maniere de soupiraux, qui servent de conduits pour l'entrée & pour la sortie de l'air. Vraisemblablement il y a quelque motif particulier dans cette conduite ; car on verra bientôt que dans une autre Mine de ce quartier, on se procure un nouvel air par le moyen de porte-vents dont nous parlerons.

Dans les cas où l'on est obligé de percer des galeries au travers de quelque faille, les Ouvriers se trouvent souvent embarrassés pour parvenir à avoir de l'air, sur-tout quand la faille à travers de laquelle il faut s'ouvrir un chemin, est très-épaisse, qu'elle a, par exemple, 50 brasses ou plus, alors le puits de changement d'air est très-éloigné de la faille ; les Ouvriers ne connoissent d'autre façon que d'ouvrir en bas un second puits de respiration sur la galerie qui est commencée.

M. Triewald a senti le grand embarras & la dépense qu'entraîne cette fouille d'un puits à air. Il y a suppléé tout simplement & avec succès, dans une galerie de plus de 50 brasses d'étendue, par des tuyaux prolongés du dehors au dedans de la Mine, pour servir d'écoulement à l'air, & disposés de maniere qu'en même temps ils forment une efpece de plancher nommé *Treppen-Werk*. Cet ufage des canaux à air , connu , comme nous le dirons bientôt , dans les Mines de Cornouailles, eft une dépendance principale des puits que l'on doit appeller véritablement *Puits à air* ; nous nous y arrêterons d'abord en particulier.

Des Puits à Air, ou Puits d'airage proprement dits.

JE diftingue par ce nom, les foffes particuliérement deftinées à procurer une grande circulation dans toutes les routes fouterraines d'une Mine exploitée en grand. On conçoit d'abord, & l'expérience venue à l'appui du fimple raifonnement, a montré peu-à-peu que pour produire cet effet, il étoit indifpenfable de recourir à quelque conftruction particuliere, foit fur la tête, foit dans la bufe de cette foffe.

De toutes les différentes manieres de fe conduire pour l'airage des Mines en différents puits , celle des Houilleurs Liégeois me paroît être celle qui eft portée au plus haut degré de perfection, ou qui en approche davantage, puifqu'elle fatisfait à toutes les vues qu'on cherche à remplir dans les autres pratiques : voyez *page* 248. Feu M. Jars n'a pas manqué, dans fes Ouvrages, de louer cette induftrie ; mais je trouve qu'il n'eft pas entré à ce fujet dans les détails que mérite une conftruction dont il faifoit cas. La defcription fommaire qu'il en a donnée, & que je vais placer ici, par rapport aux obfervations dont il l'a accompagnée, aidera le Lecteur à en faire la comparaifon avec les autres méthodes que je vais faire connoître.

Bure d'airage felon la méthode Liégeoife.

» BURE ou puits que l'on approfondit en même temps que le grand bure, &
» qui eft deftiné à la circulation de l'air dans tous les ouvrages fouterrains.

» Il eft affis depuis 6 jufqu'à 30 toifes de diftance de ce grand bure, fur l'alignement du côté long du puits, & dans la partie fupérieure des couches.

» On lui donne d'abord la forme ronde, enfuite longue de 4 pieds, fur 3
» de largeur.

» Ce petit bure s'approfondit en perpendiculaire dans la premiere ou même
» dans la feconde veine de Charbon ; alors on le pourfuit dans cette veine, ce
» qui lui fait rejoindre le principal bure dans une direction oblique : on le
» continue enfuite le long du grand bure, dont il eft féparé par un petit mur
» maçonné en brique, qui empêche toute communication entre le petit & le
» grand bure. Quand ce mur eft parvenu à la veine que l'on veut exploiter,
» on y fait une galerie d'environ 2 pieds de largeur, fur 10, 12, 15 toifes de
» longueur. Cette galerie n'eft qu'un chemin d'airage, qui n'a de communica-
» tion avec le grand bure, qu'après que l'air a circulé dans tous les ouvrages

» à l'aide des voies & des portes d'airage » : voyez *pag.* 266, le détail que j'ai donné des chemins *pour mener le vent.*

La partie qui n'eſt ni la moins eſſentielle ni la moins remarquable dans ces bures d'airage à la Liégeoiſe, c'eſt le tuyau élevé ſur la bouche du bure en forme de cône, juſqu'à la hauteur de 30, 40 à 60 pieds, ce qui augmente, comme le remarque M. Jars, la peſanteur de la colonne d'air, en proportion de la hauteur qu'on donne à cette eſpece de cheminée.

La circulation de l'air établie dans les galeries par cette cheteure, produit l'effet dont M. Franklin a eu l'idée ; cette *cheteure* rompt l'équilibre entre les colonnes d'air, & eſt très-avantageuſe pour l'hiver, ainſi que pour l'été ; mais dans la ſaiſon du printemps & dans celle de l'automne, où l'air extérieur & l'air de la Mine ſe trouvent être de la même température, la *cheteure* ſeroit inſuffiſante : il n'y auroit aucun courant d'air, & il faudroit alors abandonner les ouvrages.

Un braſier entretenu avec une certaine attention dans le bas de ce conduit de brique, en déterminant l'air extérieur à ſe porter dans les ſouterrains de la Mine, raréfie l'air, corrige les exhalaiſons, & établit par ce moyen une vraie circulation à la faveur de la diſtribution réguliere des routes ſouterraines, des voies d'airage, &c : voyez *page* 267.

M. Jars loue cette induſtrie, & reconnoît le ſuccès qui lui eſt propre pour faciliter la circulation de l'air ; mais il penſe » qu'il conviendroit de faire le petit » bure totalement ſéparé du premier, c'eſt-à-dire, *auſſi loin qu'il eſt poſſible* ; la » circulation, ſelon cet Auteur, ſeroit bien plus aiſée à établir, & demanderoit » moins de conduits ſouterrains. Dans *les endroits où l'on a deux puits*, l'un plus » élevé que l'autre, on pourroit ſe diſpenſer du puits d'airage. Il n'arrive point » ici, comme dans les autres Mines, que l'air entre par une ouverture ou par » l'autre, ſuivant les ſaiſons.

» En faiſant toujours du feu dans le bas de la *cheteure*, l'air eſt plus dilaté, » par conſéquent plus léger : il doit toujours être pouſſé par la colonne oppoſée ; » mais *ſi on ne fait pas le feu plus fort en été qu'en hiver*, la circulation doit » être plus difficile », ſuivant les principes établis dans le Mémoire, dont nous avons donné l'extrait.

» Sur ce qu'il arrive encore de temps en temps des accidents, & qu'en 1766, » que M. Jars étoit à Liége, l'air d'une Mine vint à prendre feu, ſans cepen- » dant qu'il y eût perſonne de bleſſé : cet Ecrivain deſire que les Entrepreneurs » s'occupent d'augmenter la circulation, & *de ſe régler ſuivant la ſaiſon*. On » pourroit auſſi, ajoute-t-il, avec grand avantage, faire uſage des galeries d'é- » coulement, pour introduire beaucoup d'air dans les Mines ; ces galeries étant » trente, quarante, juſqu'à 50 toiſes plus baſſes que l'embouchure du puits, on » auroit une différence conſidérable dans la peſanteur de la colonne d'air ».

En ſuivant M. Jars dans les quatre points ſur leſquels portent ſes remarques, auxquelles nous avons cherché à rendre le Lecteur attentif, je ne fai trop fi ces réflexions conſervent toute leur force.

1°. Quant à l'éloignement auquel il conſeille que ce bure d'airage ſoit du grand bure, la diſtance de trente toiſes qu'il remarque lui-même, n'eſt-elle pas totalement ſuffiſante ?

2°. Dans les endroits où l'on enfonce deux bures pour une même Mine, le bure d'airage a-t-il lieu communément ? Je ne le penſe pas.

3°. Pour ce qui eſt de l'augmentation du feu qu'il recommande, avec raiſon, ſelon les ſaiſons, on voit par ce que nous avons obſervé, en parlant du *Fer d'airage*, que l'expérience a appris aux Houilleurs Liégeois la maniere différente d'entretenir le feu dans ce grillage : voyez *pages* 230 & 265.

4°. Les Entrepreneurs, en ne ceſſant d'élever la *cheteure* que lorſqu'ils voyent qu'elle produit l'effet qu'ils cherchent, paroiſſent remplir les vues que leur préſente M. Jars.

Il n'eſt pas difficile de préſumer que cette conſtruction diſpendieuſe peut n'être pas néceſſaire pour une foſſe de petit Athour ; alors c'eſt le cas de recourir ou à la petite hutte de M. Triewald, ou à d'autres moyens peu embarraſſants, dont la bonté a été expérimentée dans quelques Mines.

Tuyaux à Air, Canaux à vent ou *Porte-vents*, nommés, *dans les Mines métalliques*, Ventouſes.

D e's le temps d'Agricola, on traitoit l'air des Mines dans des principes auſſi juſtes que nous le traitons aujourd'hui ; on lui ménageoit, par des conduits de bois, un écoulement aſſez bien raiſonné. Les tuyaux que cet Auteur, dans ſon Traité de *Re metallicâ*, a donnés pour cet uſage, ſont des eſpeces de portes-vents de bois, placés de maniere qu'ils communiquent de l'extérieur de la Mine à l'intérieur (1) ; leur avantage eſt ſi décidé, qu'on les emploie encore de nos jours dans les Mines. On verra dans ce qui va ſuivre, les différentes manieres dont on en tire parti dans différentes Mines.

Les *Pitmans*, en Angleterre, qui travaillent à des Mines ſujettes au *Dampfire*, ne manquent jamais de faire paſſer un courant d'air dans leurs ſouterrains, afin de prévenir cet accident ; mais (2) cette précaution, au jugement de M. Jean de Beaumont, ne s'accorde pas avec ce que les Ouvriers de ces Charbonnieres avancent ſur les Mines les plus ſujettes à s'enflammer : voyez *I*ᵉʳᵉ. *Part. page* 38.

(1) Pour remplir le même objet vis-à-vis des Ouvriers employés aux travaux de Mines, ſoit dans les fouilles de Charbon de terre, ſoit dans les ſiéges de place (M. Deſbarrieres) propoſa en 1723, un Porte-vent de cuivre : voyez l'Hiſtoire des Machines approuvées par l'Académie des Sciences, *Tome V, page* 120. L'Hiſtorien juge cette différence profitable dans certaines occaſions.

(2) *Lettre de M. Jean de Beaumont, ſur les Vapeurs enflammées des Mines, contenant, entr'autres choſes, des réponſes aux queſtions que M. Boyle avoit faites à M. Juſop, ſur les Mines* ; Collection philoſophique de Robert Hook. L'Auteur ajoute qu'il ſeroit intéreſſant de rechercher la cauſe de cette contradiction entre le témoignage & la pratique des Ouvriers.

Quoiqu'il

Quoi qu'il en foit, » lorfqu'on a fait un puits, il n'eft pas néceffaire d'avoir
» de *foupiraux* jufqu'à ce qu'on foit venu à la Mine. Les Ouvriers, pour fe procu-
» rer de l'air dans les Mines d'étain de Cornouailles (I), ont des boîtes d'orme
» bien fermées, d'environ 6 pouces dans œuvre, avec lefquelles ils portent l'air
» à 20 braffes de profondeur; où ils font, à peu de diftance du puits, une
» tranchée qu'ils couvrent avec du gazon & des fafcines, de maniere qu'on peut y
» adapter un tuyau, que l'on fait entrer de côté dans le puits, à 4 pieds du fommet.

» Quand ils font parvenus à la Mine, & qu'ils ont befoin d'un foupirail, ils
» en creufent un à 4 ou 5 braffes du puits, & lui donnent une largeur conve-
» nable, & la même forme qu'au puits d'extraction & d'airage ».

A Schemnitz, en creufant les foffes de Léopold, qui ont 150 braffes de profondeur, voici comment on s'y prit pour n'être pas incommodé par les vapeurs.
Au côté du puits ou foupirail, on fixa un tuyau du haut-en-bas; on fit entrer
de force une planche large qui touchoit de toute part les côtés du puits, excepté
à l'endroit où étoit ce tuyau: on fit fortir tout l'air de la foffe par ce conduit,
ce qu'on fut obligé de répéter plufieurs fois.

Les vieux travaux de la couche fupérieure de la Mine de Workington, à environ huit milles de Wittehaven, font aërés de cette maniere, par le moyen
d'un conduit ou tuyau dont l'embouchure n'a pas plus d'un pouce & demi (2).
Le *Damp* qui y brûle continuellement, eft en fi grande abondance, qu'on le
voit jaillir en flamme au-deffus de l'ouverture du tuyau, d'environ un pied de
hauteur. Feu M. Jars y a allumé une chandelle, en la préfentant au moins à 6
pouces au-deffus; on l'éteint aifément avec un coup de chapeau, & fi l'on
porte enfuite le doigt dans l'embouchure, on fent un air frais qui en fort.

Au-deffus des Mines de Wittehaven, il y a eu pendant quelque temps un
tuyau pareil à celui adapté dans la Mine de Workington; le Directeur avoit
eu un projet fort fingulier pour tirer parti de la flamme qui en fortoit:
il avoit propofé aux Magiftrats de conduire de la Mine, dans chaque rue
de la ville, plufieurs tuyaux pour éclairer pendant la nuit. On doit au moins
conclure de cette imagination, que la quantité de cette matiere contenue dans
la Mine, étoit bien confidérable.

Lorfque M. Jars vifita les ouvrages de Wittehaven, ils étoient très-commodes pour y procurer naturellement un renouvellement d'air, y ayant des puits
dont les embouchures étoient beaucoup plus élevées les unes que les autres (3).

(1) Tranfactions Philofoph. *An.* 1668, N°. 39.
(2) Les ouvertures de cette Mine font prefqu'au même niveau.
(3) L'exploitation de cette Mine eft d'une très-grande étendue; les travaux font ouverts dans le trajet d'un mille & demi ou d'une demi-lieue de France, toujours en fuivant la pente de la couche, c'eft-à-dire, en angle droit à la direction. Cette remarque de M. Jars eft entiére-

ment conforme à ce que rapporte M. Franklin, qui a auffi vifité cette Mine en 1758; il parvint, en fuivant la veine, & defcendant peu-à-peu vers la mer, jufqu'au deffous de l'Océan, où le niveau de fa furface étoit à plus de 800 braffes au-deffus de fa tête; les Mineurs lui affurerent que leurs travaux fouterrains s'avançoient jufqu'à quelques milles au-delà, en defcendant toujours par degrés au-deffous de la mer.

Lorfqu'il eft queftion de percer tranfverfalement des galeries pour arriver à d'autres veines, M. Triewald infifte avec raifon fur le renouvellement de l'air par le moyen de ces mêmes tuyaux, auxquels, à l'exemple d'Agricola, il adapte une *trémie* en forme d'entonnoir (1). Nous allons fuivre M. Triewald dans la defcription qu'il donne de la conftruction de ces tuyaux (2).

» Le moyen le plus ufité, lorfqu'il faut faire des puits auffi étroits que l'exigent » les Charbons, & dont les Ouvriers fe fervent jufqu'à ce qu'ils arrivent au » Charbon, & qu'ils atteignent une communication avec quelques autres puits, » confifte dans ce qui fuit.

» On fabrique des conduits avec quatre planches, dont deux font rendues » exactement quarrées fur la bordure, (*Troumma*, conduit d'air pour les orgues) » & joints enfemble; les deux autres planches reçoivent feulement un coup de » rabot fur l'un des côtés des extrémités; enfuite on les gaudronne à l'endroit » où ils doivent être joints, ou bien on met de gros papier entre, en les clouant » enfemble, de maniere qu'elles foient en état de réfifter à l'air : on rend poin- » tue chaque extrémité de ces conduits, avant que de les clouer enfemble, de » la grandeur de 2 pouces, à l'une des extrémités du côté extérieur, & 2 pouces » à l'autre bout du côté intérieur, de façon qu'on puiffe, en les joignant, faire » une continuité de ces tuyaux auffi longue qu'on le fouhaite. Quelques-uns ont » coutume de coller fur ces joints des lambeaux de parchemin, comme les Fac- » teurs d'Orgues font à leurs tuyaux à vent. Lorfque le puits eft avancé de » quelques braffes, & que les Ouvriers s'apperçoivent qu'il commence à y faire » chaud, ou qu'ils ont de la peine à refpirer, ils pofent un de ces tuyaux dans » un coin du puits, & l'y affermiffent dans les *Klyft* d'ardoife, ou dans quelque » couche de Charbon qu'ils rencontrent; enfuite ils ajoutent un fecond tuyau, » & le prolongent jufqu'à ce que le conduit foit élevé d'une braffe ou deux » au-deffus de l'ouverture du puits : alors ils font avec une ouverture ronde » de 4 pieds de diametre, une bafe, fur laquelle ils pofent horizontalement » une boîte en entonnoir, avec un petit tuyau de fer-blanc ajufté dans ce trou, » & qui fert uniquement à ce que cette trémie puiffe commodément être » tournée contre le vent & le recevoir.

M. Jars fait remarquer, à l'égard de ces tuyaux, lorfqu'on en pratique dans les Mines, qu'on doit avoir attention de leur donner le plus de capacité qu'il fera poffible; la raifon qu'il en donne, eft que plus on augmentera la furface de la bafe de l'air, plus la colonne de l'atmofphere acquerra de pefanteur : cela eft d'autant plus néceffaire, felon cet Auteur, que les tuyaux de conduite pour l'air, auront plus de longueur, & que l'air éprouve en conféquence le long des

---

(1) *Trémie*, vaiffeau de bois en forme de pyramide renverfée, ou efpece de cage en boîte, large & ouverte par le haut, étroite par le bas; ce qui lui a fait donner par les Auteurs Latins le nom d'*infundibulum*.

(2) Voyez le Mémoire intitulé : *Defcription de tous les moyens de fe procurer un bon & fuffifant changement d'air dans les Mines de Charbon de terre.* Tom. I, An. 1740, page 444.

parois de ces conduits, un plus grand frottement, qui peut être porté au point de détruire ou d'abforber entiérement l'effort de la colonne de l'atmofphere ; & comme il eft dans l'année des temps où l'air extérieur eft prefqu'en équilibre avec l'air intérieur, il s'en fuit que la différence ne peut être fenfible qu'autant que la colonne de l'atmofphere eft plus pefante, ou par fon volume, ou par fa denfité.

Dans le cas où l'on veut éviter l'enfoncement d'un bure d'airage pour chaffer une galerie au travers d'une faille, M. Triewald difpofe d'une maniere particuliere les conduits d'airage en planch es décrits précédemment.

» J'ai pris, dit ce Savant, _page_ 112, _du même Mémoire_, de ces conduits
» de planches quarrées ; je les ai fait placer horizontalement à terre, dans
» les galeries, depuis l'endroit où j'ai remarqué que le changement d'air
» étoit bon, jufqu'à l'endroit où on travailloit : il en a réfulté une très-bonne
» circulation d'air ; la force du vent a même été telle aux deux extrémités de
» ces conduits, que lorfque je tins une chandelle allumée (par exemple en _A_,
» _fig._ 9, _Pl. XLII_), à la diftance de 4 pouces du tuyau, le tirement du vent
» l'éteignit, & qu'à l'autre extrémité _B_, il fouffla la lumiere à la diftance de 6
» pouces. _Néanmoins j'ai obfervé que cet expédient ne réuffiffoit pas toujours éga-_
» _lement, & que la différence de réuffite avoit quelque rapport avec le temps qu'il_
» _faifoit en-haut ; cela étoit fur-tout fort peu fenfible lorfqu'il faifoit un temps_
» _mou, chaud & lourd : alors on ne s'appercevoit de prefqu'aucune circulation,_
» _& il falloit ceffer l'ouvrage_ (1) ; mais tout cela n'eft plus arrivé depuis que
» j'ai fait ufage du feu pour obtenir un changement d'air ».

Machines à Air, Machinæ pneumaticæ, Machinæ fpiritales ;
G. Ge$z$eige, _Sowetter Bringen._

Sous ce nom on doit comprendre indiftinctement toutes les Machines qui s'établiffent fur la bouche des puits de Mines, pour le renouvellement de l'air fouterrain, foit qu'elles agiffent par le fecours de l'air extérieur, foit qu'elles foient mifes en action d'autres manieres ; ainfi les _Herna$z$_ ou _Moulins à vent_, les _Soufflets_ en ufage dans quelques Mines, les _Fourneaux à feu_, & en général toutes les Machines comprifes fous le nom de _Ventilateurs_, font des Machines à air ; celles par le moyen defquelles on tranfporte dans un puits de Mine une partie de l'atmofphere extérieur, ont dû fe préfenter les premieres à l'idée des Ouvriers de Mines : ce fera par elles que nous commencerons.

---

(1) Cette remarque de M. Triewald eft celle fur laquelle j'ai prévenu le Lecteur, _page_ 953, à l'occafion de la différence de fentiment entre l'Auteur Suédois & M. Jars, touchant la pefanteur des deux colonnes d'air dans les deux puits de la _fig._ 9, _Pl. XLII._

Des Machines à Air mues par l'Air extérieur seul, ou par l'Air extérieur aidé de quelqu'autre puissance.

AGRICOLA (1) décrit trois especes de ces Machines : elles ne different que par la configuration de la piece à laquelle on pourroit donner le nom de *récipient*, qui est destinée à prendre l'air extérieur au-dessus de l'œil du bure, & à lui donner sa détermination dans cette ouverture, par des tuyaux à air, & de-là dans les souterrains.

La plate-forme de fondation, sur laquelle la Machine s'assied, est la même pour toutes les trois : elle est traversée, dans sa longueur & dans sa largeur, d'entretoises qui séparent l'ouverture superficielle du bure en quatre parties, de maniere que ce *chassis* de rebord (2) forme quatre ouvertures ; c'est sur ces entre-toises, qui barrent l'œil du bure en forme de croix, que portent les Machines à air.

La premiere espece qui attire ou ramene l'air du fond du puits, se divise en troisautres.

La premiere consiste en quatre especes de panneaux élevés d'à-plomb sur la longueur de chaque entre-toise, de maniere qu'étant alternativement unis les uns aux autres par les rebords de leur montant, elles présentent au vent, de quelque côté qu'il souffle, quatre cavités angulaires, dans lesquelles il est arrêté.

Pour que l'air qui s'éleve en-haut, ne résiste pas & puisse retourner en arriere, les panneaux sont quelquefois couverts, dans le haut d'un chapeau figuré en rond, d'où nécessairement le vent entre dans le puits par quatre ouvertures. Dans les endroits où cette Machine peut s'établir de maniere que le vent arrive par la partie d'en haut, elle n'est pas terminée par cette couverture.

La seconde espece de ce genre, introduit l'air dans le puits par un canal prolongé en longueur : elle est formée de quatre planches jointes ensemble, & enduites dans les joints de terre grasse.

De cet assemblage, il résulte un tuyau quarré, qui tantôt est prolongé hors du puits, & tantôt ne sort pas de l'œil du bure.

Dans le premier cas, cette extrémité, *Pl. XLIII, fig.* 4, présente à l'air une espece de *trémie* à quatre faces, de 3 à 4 pieds de hauteur, plus large & plus ouverte que le reste du conduit, afin que le vent puisse s'y engager plus aisément.

---

(1) De Re Metallicâ, *Livre VI.*

(2) Il y a peu d'Arts, & même assez peu de Machines considérables, où il ne se rencontre des chassis ou des parties qui en font la fonction sous un autre nom. *Chassis*, se dit en Méchanique & dans les Arts, généralement de tout assemblage de fer ou de bois, quarré, destiné à environner & à contenir un corps : le chassis prend souvent un autre nom, selon le corps qui le contient, selon la machine dont il fait partie, & relativement à une infinité d'autres circonstances : on verra à l'article des Machines hydrauliques ce que c'est que la piece à laquelle on donne le nom de *chassis.*

Si le tuyau ne fort pas du puits, il conferve la même largeur à cette extrémité, qui vient fe terminer au jour, *fig.* 3 ; mais du côté d'où vient le vent,
on attache des panneaux qui lui préfentent un arrêt, & qui le portent dans le
tuyau.

Dans la troifieme Machine, ce que j'appelle *Récipient de l'air*, eft une caiffe
mobile figurée en tonneau, de la hauteur de 4 pieds, & large de 3, fixée fur
le tuyau fupérieur de la maniere qu'on le dira tout-à-l'heure : elle eft bien cer-
clée de cerceaux en-haut & en-bas, comme une vraie barrique ; de fa partie
fupérieure déborde une grande girouette auffi en bois, qui a plus de battant que
de guindant, c'eft-à-dire, de longueur que de largeur, & dont la queue ou le
pivot eft difpofé horizontalement, comme celle qui fe voit au haut de la che-
teur de la petite Machine à Charbon de Newcaftle, *Pl. XXXIV*, N°. 2. Cette
girouette n'eft pas mobile ; dans un des ais de la barrique, on ménage une
ouverture quarrée, deftinée à donner entrée au vent, & à le conduire dans
le puits par un ou plufieurs tuyaux allongés.

La partie fupérieure du tuyau eft affujétie, du côté de cette ouverture, dans
une ouverture circulaire pratiquée au fond du tonneau, de maniere que ce
barril puiffe jouer en tournant. Dans la partie où le tuyau tient au tonneau,
eft placé un petit effieu qui, en paffant à peu-près par le milieu du barril, fe
termine à un trou de la partie fupérieure, qui en eft comme le couvercle.

Au moyen de cette conftruction & de la girouette pouffée par le vent, le
barril, au moindre fouffle d'air, tourne autour de l'effieu immobile & du
tuyau ; le vent, de quelque côté qu'il vienne, frappe fur la girouette, qui
eft pouffée droit vers la partie qui lui eft oppofée : de cette maniere la barrique
ou caiffe tourne fa bouche du côté du vent même, qui, en y entrant, eft
porté du tuyau ou des tuyaux dans le puits.

Les autres Machines d'Airage, décrites par Agricola, & qui font accompagnées de figures, confiftent dans les fuivantes :

Un *Hernaz* ou *Moulin à vent*, un *Treuil* courbé dans fa longueur, & dans
cette même direction de volants (1) ou d'éventails diverfement figurés ; une
grande Roue creufe qui agit à bras d'hommes, ou par une fimple manivelle,
ou par un levier à quatre rayons, & qui, en tournant, reçoit dans des ouvertures pratiquées à deffein, l'air extérieur, afin de le conduire dans un tuyau
prolongé dans le puits.

Les deux premiers moyens n'étant de fervice que lorfqu'il fait du vent, ne
font plus guere d'ufage que pour faire agir des corps de pompes à eau. Nous
en dirons un mot.

Le fecond moyen, le plus embarraffant, n'eft, ainfi que les autres, nulle-

---

(1) Pieces ainfi nommées dans les Moulins à
vent, qui font attachées, en forme de croix, à
l'arbre du tournant, & qui font en dehors de la
cage du Moulin ; c'eft ce qu'on appelle auffi
Volées & Ailes du Moulin.

ment comparable avec tout ce qui fe pratique de nos jours ; la connoiſſance abrégée que je viens d'en donner, a uniquement pour but de faire appercevoir les rapports que ces machines ont en général avec pluſieurs inventions modernes.

Quelque groſſiérement que ſoient imaginées toutes celles dont on ſe ſervoit anciennement dans les Mines, il n'eſt pas difficile de reconnoître que la Machine de M. Triewald, le Soufflet continu de M. Ragnu, la Roue à ſoufflet de M. Deſaguliers, ſont conſtruits ſur les mêmes principes. Nous terminerons cette énumération des Machines à air, dont l'effet dépend uniquement de l'air extérieur, par l'invention de M. Triewald : nous paſſerons enſuite aux différentes eſpeces de Soufflets & aux Fourneaux à feu.

Pour apprécier convenablement l'application ingénieuſe que M. Triewald a faite des Récipients à air, élevés au-deſſous de la bouche des puits de Mines, on doit ſe rappeller ce qui a été dit de la marche particuliere des Charbons de terre : en jettant les yeux ſur la Planche IV, *Part. I*, il eſt évident que ſi l'on enfonce deux puits ſur une même veine, (cette veine ſeroit-elle une platteure des plus régulieres, comme celle N°. 2,) il eſt rare, on peut dire impoſſible, que ces deux puits, placés à une grande diſtance l'un de l'autre, ſoient l'un & l'autre d'une profondeur égale ; alors, ſoit à raiſon de la nature du Charbon, ſoit à raiſon de la maniere dont la Mine eſt percée & diviſée en galeries, les exhalaiſons demandent que l'on ſe procure un changement d'air très-fort : pour cela M. Triewald procede, ſur l'œil du bure, à une conſtruction qui augmente la profondeur du puits, & qui arrête dans ſon enceinte le vent extérieur : voici la deſcription qu'il en donne (1).

Hutte ou Baraque à Air, de l'invention de M. Triewald.

» Sur la bouche du puits, *fig. 4*, *Pl. XLIV*, *Part. II*, je fais élever une » cage quarrée, conſtruite en charpente, & élevée à la hauteur de quel- » ques braſſes, proportionnellement à la largeur du puits ; les joints des ma- » driers ſont garnis ſoigneuſement avec de la mouſſe, & même toute la char- » pente eſt enduite au dehors de *Bauge* ou glaiſe bleue ; enſuite, pendant qu'on » ne tiroit rien du bure, j'ai fait adapter à l'embouchure extérieure de cette » cage, une couverture de planches très-minces, ſemblable à un *chapiteau* de » moulin, c'eſt-à-dire, diſpoſées en forme de cône tronqué ; ce cône étoit ou- » vert en *A*, du côté du puits, & en *B* dans la partie élevée, de maniere que » ce chapiteau étoit ouvert dans environ le quart de ſon total.

» Afin de pouvoir le tourner avec facilité contre le vent, & de donner à l'air » qui y ſeroit reçu, une direction dans le puits, je fis faire une croix de poutres, » retenue par les quatre côtés de la charpente du puits : au milieu de cette croix

(1) Mémoires de l'Acad. de Stockholm, *An.* 1740. *Tome I*, *Sect.* 9 & 10.

» étoit élevée une perche, laquelle reſſortant en dehors par la partie ſupérieure
» du cône ou chapiteau *B*, tournant librement dans une entaille, ſervoit de
» pivot à une girouette qui marquoit le vent ».

Des Soufflets ſimples.

AGRICOLA décrit auſſi la conſtruction de grands Soufflets ſemblables à ceux
des forges, & avec leſquels on conduit l'air dans les Mines par des hommes ou
des chevaux, ou un courant d'eau (1). Par l'effet ſenſible de cet inſtrument ſur
l'air ou le vent, qu'il attire d'abord, & qu'il comprime enſuite pour le renvoyer avec précipitation par une ouverture étroite, ce moyen ſemble avoir dû
être un des premiers qui ſe ſoit préſenté à l'idée des Ouvriers de Mines; mais
ces Soufflets ſont difficiles à mettre en jeu.

En Hongrie, dans les Mines de cuivre de Herngroundt, où il y a des boyaux
de 500 braſſes de longueur, on emploie, pour *faire le temps*, c'eſt-à-dire, pour
aider la circulation de l'air, une grande paire de Soufflets, que l'on fait agir
continuellement pendant pluſieurs jours; mais le plus ordinairement on ſe ſert
d'un grand tuyau qui conduit l'air, & qui met les Ouvriers en état de chaſſer
les ouvrages ſans éprouver de difficulté de reſpirer. On met auſſi de ces tuyaux
ſur toutes les portes & ſur toutes les routes où l'on creuſe en droite ligne dans
une grande longueur, & où il n'y a point de paſſages de traverſe.

Dans la Mine de Château-Lambert, (en Franche-Comté) (2), M. de Gen-
ſannes (3), *pag.* 158, employa d'abord un grand Soufflet, qui, par le moyen
d'un tuyau régnant dans toute la longueur, portoit l'air frais & extérieur au
Mineur, dans le goût du Ventilateur de M. Halès, dont nous parlerons tout
à l'heure; mais ce moyen, après avoir d'abord réuſſi en apparence, dévint
tout au moins inutile quelque temps après; l'air de la Mine s'épaiſſit davantage : il n'étoit plus poſſible d'y tenir de la lumiere, ce qui forçoit d'abandonner les ouvrages.

Il prit de-là l'idée dont il a été fait mention plus haut, & fit conſtruire une
eſpece de Soufflet qui, au lieu de refouler l'air comme le faiſoit le premier,
faiſoit au contraire l'effet d'une pompe aſpirante; à meſure qu'il aſpiroit le
mauvais air du fond par le moyen du tuyau qu'il avoit adapté, le poids de
l'atmoſphere en introduiſoit un nouveau par le percement; en ſorte qu'en moins
de 24 heures l'air fut auſſi ſain dans le fond de la Mine qu'il l'étoit au dehors,
& que depuis il s'eſt maintenu tel.

(1) *De Re metallicâ*, Lib. 6, pag. 166, 167.
(2) Il faut obſerver que cette Mine a un *perce-*
ment, c'eſt-à-dire, une *galerie de pied.*

(3) Voyez le *Mémoire cité, Part. I, pag.* 149 ;
note 1ᵈᵉ.

Réflexions sur les moyens précédens.

L A plupart de ce que nous avons appellé *Machines à Air*, ont, pour rafraîchir les souterrains, besoin du vent, de maniere que dans les temps de chaleur & de calme, où précisément l'air des Mines est stagnant & mal sain, on se trouve dépourvu de secours.

L'usage des Soufflets pour l'airage des Mines, n'est pas non plus sans inconvénient; le Docteur Désaguliers l'a très-bien observé (1): outre qu'ils sont difficiles à mettre en jeu, & qu'ils exigent la force de plusieurs hommes pour produire leur effet, ils ne sauroient avoir l'avantage de devenir tantôt foulants, tantôt aspirants: ils sont même plus chers. Le Docteur Etienne Hales s'est occupé avec succès de corriger ces défauts dans des Soufflets qui chassent l'air en se haussant & en se baissant, ce que ne font pas les autres. En 1772, le Docteur Désaguliers a perfectionné l'opération de M. Hales, ou plutôt publié sa propre découverte, qui, avant ce moment, n'étoit pas tout-à-fait inconnue de M. Hales. Nous allons essayer de donner une idée de ces deux Machines.

Des Soufflets nommés Ventilateurs.

P A R M I les différents moyens de renouveller l'air dans les endroits où ce renouvellement est nécessaire, la Machine connue sous le nom de *Ventilateur*, en usage dans quelques Mines de la Grande-Bretagne, est une des inventions les plus remarquables.

Le *Ventilateur*, ainsi appellé, n'est autre chose qu'un assemblage particulier de Soufflets, dont l'effet est de renouveller l'air d'un endroit enfermé, soit en y introduisant d'une maniere insensible un air nouveau, soit en pompant celui qu'on veut ôter, & qui est aussi-tôt remplacé par l'air extérieur.

Machine; Roue à Soufflets, Roue centrifuge du Docteur Etienne Hales.

L ES Soufflets qui la composent, au nombre de deux, sont de figure quarrée & en planches; ils n'ont point de panneaux mobiles comme les Soufflets ordinaires, mais seulement une cloison transversale, que l'Auteur appelle *diaphragme* (2), attachée d'un côté par des charnieres au milieu de la boîte, à distance égale des deux fonds ou panneaux, & mobile de l'autre, au moyen d'une verge de fer vissée au diaphragme: cette verge est attachée à un levier dont le milieu porte sur un pivot, de maniere que lorsqu'un des paneaux baisse, l'autre hausse, & ainsi alternativement.

(1) Cours de Physique expérimentale, *Tome II*, page 473.
(2) L'expression est reçue en Méchanique pour exprimer, dans une Machine, toute séparation dirigée d'un côté à un autre, dans une situation horizontale.

A

A chaque Soufflet, il y a quatre soupapes tellement disposées, que deux s'ouvrent en dedans, deux en dehors; deux donnent entrée à l'air, & deux sont destinées à sa sortie. Il est aisé de concevoir que celles qui donnent entrée à l'air, s'ouvrent en dedans & les autres en dehors.

La partie de chaque Soufflet où se trouvent des soupapes qui servent à la sortie de l'air, est enfermée dans une espece de coffre placé au-devant des Soufflets, vis-à-vis l'endroit ou les endroits où l'on veut introduire l'air nouveau. L'arrangement de ces Soufflets, & la construction totale du Ventilateur, forment un détail qui fait le sujet d'un Livre curieux (1). Nous nous bornerons à relever ici ce qui a rapport à l'introduction de l'air nouveau dans le coffre. Elle se fait par le moyen de tuyaux de bois de sapin, formés en quarré, ayant 10 pouces de large en dedans; ces conduits, qui s'adaptent au coffre, sont de plusieurs pieces susceptibles de se démonter & de se joindre les unes aux autres en aussi grand nombre qu'on peut le desirer. Cette commodité, qui les rend portatifs, donne un grand avantage à la machine, qui en a déja un très-considérable, celui de pouvoir, en une minute, décharger du fond de la Mine, à l'aide d'un homme seul, environ 13 pieds cylindriques, ou 10 pieds cubiques de vapeurs.

Cette Machine, dont l'action gît dans l'effet de donner plus de vitesse à une espece d'air, pour le substituer à une autre espece, a été aussi l'objet des recherches de M. Desaguliers, que nous allons faire connoître, sans entrer dans le détail de sa construction.

Soufflets Ventilateurs du Docteur Desaguliers.

Ces Soufflets semblables, à certains égards, à ceux employés en Hesse par Papin, en different cependant beaucoup; la description en a d'abord été publiée dans les Transactions Philosophiques de l'année 1727, N°. 400 (2) l'Auteur l'a ensuite inférée dans son Cours de Physique expérimentale (3).

La Machine consiste en trois *cranks*, faisant mouvoir trois pompes foulantes & aspirantes, qui tirent & forcent l'air par le moyen de trois régulateurs (4), & qui sont alternativement destinés à pousser l'air dans un endroit, ou à l'en retirer à travers un tuyau.

Comme les vapeurs sont spécifiquement plus légeres que l'air commun, on peut les chasser hors de la Mine, ou si elles sont plus pesantes, on peut les en

(1) Description du Ventilateur par le moyen duquel on peut renouveller facilement, & en grande quantité, l'air des Mines. Cet Ouvrage a été traduit en françois par M. Desmouis, dans l'intention de faire renouveller l'air des Prisons, des Hôpitaux, des Maisons de force & des Vaisseaux. Paris, *in*-12, 1744, *pag*. 19.

(2) Expérience faite en présence de la Société Royale, pour montrer de quelle façon on peut tirer des Mines les vapeurs & l'air corrompu, par le moyen d'une Machine de l'invention du Docteur Desaguliers.

(3) Détail des expériences faites pour tirer des Mines les vapeurs & l'air corrompu, *Tom*. II, *pag*. 471.

(4) On entend en général par ce mot, l'assemblage de plusieurs pieces de fer, en Anglois *crank*, qui concourent ensemble à ouvrir & à fermer alternativement les orifices d'impulsion & de fuite.

pomper par l'opération de cette Machine, qui eſt arrangée de façon à pouvoir être variée pour cet effet ; ſon exécution eſt telle, qu'on peut changer dans une ſeule minute, tout l'air contenu dans un eſpace de 8 pieds cubes, & qu'un cheval fait quatre fois plus d'ouvrage qu'un homme. Il ſe rencontre cependant des Propriétaires de Mines qui ſont oppoſés à ſon uſage ; au ſurplus il a beaucoup perdu depuis la reſſource induſtrieuſe dont je vais parler.

Du Feu appliqué à l'embouchure des Mines, pour y renouveller l'air des ouvrages ſouterrains.

DE tous les moyens connus aujourd'hui pour purifier l'air, l'obſervation & l'expérience ont démontré qu'il n'en eſt pas de plus efficace que le feu ; la propriété qu'on lui connoît inconteſtablement, de *raréfier* (1) dans une très-grande latitude, d'occaſionner même une ſorte de deſtruction de l'air, eſt de nature à pouvoir être appliquée utilement à beaucoup d'uſages

Les Houilleurs Liégeois, à la faveur d'une longue & ancienne pratique, réuſſiſſent, par la maniere dont ils portent & dont ils gouvernent le feu dans leur bure d'airage, à renouveller l'air de leurs Mines.

M. Deſandrouins allumoit tout ſimplement du feu de diſtance en diſtance dans ſes ouvrages ſouterrains pour remédier au défaut d'air, &c. *page* 482 ; les Chimiſtes étoient les ſeuls Artiſtes qui, dans leurs laboratoires, mettoient habituellement à profit la propriété du feu ſur l'air ambiant. Leurs fourneaux, dans leſquels ils enferment des matieres embraſées, pour obliger le feu d'agir différemment ſur différentes ſubſtances, ont certainement donné naiſſance à quantité d'idées heureuſes.

Des découvertes de conſéquence ſur un élément qui ne peut ſe définir, ont ſuffiſamment éclairé les Phyſiciens modernes pour les rendre entreprenants. Il s'en eſt trouvé d'aſſez ingénieux pour ne pas héſiter à appliquer le feu, comme inſtrument, à des opérations importantes, ou par la force qu'elles exigent, ou par leur deſtination. On voit un exemple du premier dans la Machine, autrement appellée *pompe à feu*, que nous allons bientôt examiner dans tous ſes développements. La Machine qui ſuit, eſt un exemple non moins remarquable, dans une opération très-délicate, des reſſources que l'art a ſu tirer du feu & de l'expanſibilité de l'air, pour vaincre en quelque ſorte la nature.

_____

(1) C'eſt-à-dire, étendre dans un plus grand eſpace les parties qui compoſent un corps, en diminuer ou en faire ceſſer l'union & la cohérence.

Du Fourneau Ventilateur de M. Sutton, nommé en Ecoſſe, Lampe à Feu.

CETTE invention, dans laquelle on retrouve en petit la méthode des Houil-leurs Liégeois dans leurs bures d'airage, a été exécutée à **Londres**, & a valu une récompenſe à M. Sutton. Elle conſiſte dans un fourneau repréſenté en perſ-pective ſur l'ouverture d'un puits de Mine, *fig.* 2, *Pl. XLIV*, où l'on voit auſſi, *fig.* 3, la coupe du même fourneau & des ſouterrains.

L'Auteur, qui en fait le ſujet d'un Livre (1), veut qu'au fond de l'âtre du fourneau, on adapte un tuyau qui, diviſé en branches, communique dans les endroits dont on veut purifier l'air, la chaleur dilatant l'air qui l'environne; celui qui paſſe par les tuyaux, vient prendre continuellement ſa place, & eſt lui-même remplacé par celui de dehors.

Au moyen de cette conſtruction ſimple & peu coûteuſe, on réuſſit à établir juſqu'aux extrémités les plus reculées d'une Mine, un courant d'air très-rapide, capable non-ſeulement de fournir à la libre reſpiration des Ouvriers, mais encore d'entraîner ou d'abſorber les vapeurs pernicieuſes à meſure qu'elles ſe forment.

Un des avantages que l'on doit remarquer à cette Machine, outre ſa ſimpli-cité & ſon prix modique, c'eſt de produire toujours un effet égal, quelque temps qu'il faſſe, ce qui manque dans la plupart des moyens méchaniques: auſſi ce fourneau eſt-il adopté dans beaucoup de pays pour l'airage des Mines. Celui de Liſtry, dont nous avons parlé *page 569*, & repréſenté à la figure 1 de cette même Planche, n'eſt qu'une application du Fourneau ventilateur de M. Sutton, dont on pourroit, avec quelques légers changements, tirer parti dans tous les endroits où l'on voudroit renouveller l'air, comme dans les ſalles d'Hôpitaux, de Spectacles, &c.

On en fait uſage dans le Nord de l'Ecoſſe, où on l'appelle *Lampe à feu*: il eſt auſſi employé dans beaucoup de Mines des environs de **Newcaſtle**, où les galeries ont généralement beaucoup plus d'étendue que dans beaucoup d'autres pays; & l'on y eſt perſuadé que par ce moyen on a beaucoup diminué les dan-gers de la vapeur fulminante. Il eſt cependant à obſerver qu'il n'eſt pas uſité dans tous les puits de Mines de ce quartier: cela ſuppoſe quelques raiſons par-ticulieres; elles ne peuvent être bien connues que par les Propriétaires de ces Mines, & il feroit intéreſſant de les approfondir (2).

M. Lehmann faiſoit cas de cette invention. Nous empruntons de ſon Ou-vrage la deſcription ſuivante.

A côté de l'ouverture d'un puits, on éleve un fourneau de brique *A*, *fig.* 3, *Pl. XLIV*, dont le cendrier eſt *B*, & le foyer en *c*; le tuyau *D D* paſſe par le

(1) Nouvelle maniere de renouveller l'air des vaiſſeaux.
(2) On doit obſerver que dans l'intérieur de l'Angleterre, où les vents ſont variables, il en

eſt qui paroiſſent ſuivre certaines heures, comme le vent d'Oueſt, qui eſt aſſez fréquent ſur le ſoir, le vent du Sud dans la nuit, & le vent du Nord le matin.

foyer du fourneau ; ce tuyau fera det ôle ou de fer de fonte dans la partie qui
approchera du feu, & les parties D E & EF qui defcendent dans les fouterrains,
pourront être de bois ou de planches affemblées, dont les jointures feront bouchées avec la plus grande exactitude, foit avec de la colle-forte, foit avec des
bandes de parchemin ; ces tuyaux feront prolongés à proportion de la profondeur des Mines, en ajuftant plufieurs tuyaux les uns au bout des autres : on
pourra pareillement leur faire faire autant de coudes & de détours qu'on voudra, pourvu qu'on ait grand foin de bien boucher les jointures. Il eft à propos
que l'extrémité F du tuyau, qui eft fous terre, foit faite en entonnoir, afin que
l'air y entre plus fortement. Lorfque la Machine fera ainfi établie, on allumera
du feu dans le foyer c du fourneau ; quand il fera bien allumé, on fermera la
porte du foyer c, & celle du cendrier B ; alors le feu attirera fortement l'air
des fouterrains, qui entrera par F dans le tuyau ; & il ira s'échapper par
la cheminée G du fourneau : plus le tuyau de cette cheminée fera élevé, plus
l'air des fouterrains fera vivement attiré par le feu ; l'air extérieur, en tombant
par le puits H, remplacera celui que la Machine aura pompé.

Exécution du Fourneau Ventilateur de M. Sutton, dans la Mine du fieur
Richard Ridley, appellée Biker, à quelques lieues de Newcaftle,
par M. Triewald ; & remarques du Conftructeur à ce fujet.

M. Triewald ayant d'abord réuffi, en fouillant le puits de cette Mine,
à fe procurer un bon changement d'air avec le tuyau à air terminé en
entonnoir, *voy. page 960*, il s'apperçut, lorfqu'on eut atteint une profondeur
de 40 braffes, que ce moyen ne produifoit plus d'effet. Il prit le parti d'établir
le fourneau ventilateur. Afin de fuivre M. Triewald dans la maniere dont il
procéda, il eft néceffaire de recourir à la figure 1 de la Planche *XLV*, qui
achevera de donner l'idée de la conftruction de cette Machine, & de la force
qu'elle a.

A, eft la cheminée du Fourneau.

B, le cendrier.

C C C, le tuyau quarré de bois.

D, le puits.

E, la Machine à chevaux pour enlever les Charbons.

F, la porte du Fourneau, de 3 à 4 pouces au-deffous de la grille, qu'il falloit fermer très-exactement quand le feu avoit commencé à brûler.

M. Triewald commença par ôter la trémie & toute la partie du tuyau quil or-
toit hors du puits ; préfumant en même temps qu'on placeroit fur ce puits
une Machine à chevaux, il fit faire un foffé, dans lequel le tuyau pourroit
être couché horizontalement, fans barricader le chemin du cheval (1). »L'extré-
»mité de cette rigole à l'œil du bure, fut incontinent jointe au tuyau qui

(1) Cette tranchée eft marquée dans la figure avec des points.

» descendoit perpendiculairement dans le puits, l'autre bout fut muré en C,
» dans le cendrier du fourneau, que l'on construisoit en tuile à une bonne
» distance du puits. Dans le fourneau, au-dessus du cendrier, je fis poser un
» grillage de fer, dont les barreaux ne pouvoient laisser passer que la cendre,
» & non le charbon ».

» Tout disposé comme on le voit, le feu étant bien allumé dans le fourneau,
» je fis murer la porte du cendrier, & toute communication de l'air avec le feu,
» (excepté de l'air qui venoit par le tuyau bien garni de terre grasse,) fut inter-
» ceptée ; dans l'espace d'une demi-heure l'air mauvais qui remplissoit le puits,
» se trouva dissipé : le changement d'air fut si prompt & si fort, qu'en présentant
» une chandelle au bas du puits, à l'extrémité du tuyau, à la distance d'un pied,
» elle étoit éteinte ; car dès que l'air du tuyau se consumoit par le feu du four-
» neau, une nouvelle colonne d'air descendoit naturellement dans le puits, en-
» troit dans le tuyau, & passoit par son canal dans le feu du fourneau.

» Depuis ce moment on a employé cet expédient pendant trois mois, en en-
» tretenant continuellement le feu du fourneau, avec cette différence que lors-
» qu'il falloit ouvrir le cendrier pour le nétoyer, le fourneau tiroit si fort, que
» l'on pouvoit y fondre, dans un très-court espace de temps, de très-grandes
» pieces de fer battu & fondu.

» Je ne dois pas oublier d'avertir que dans les premieres vingt-quatre heures,
» cette exécution exigea une correction, quoique le tuyau n'entrât que de 2 à 3
» pouces dans le mur du cendrier, il fut brûlé, le feu y ayant pris par quelques
» petits charbons qui avoient passé par la grille ; j'y substituai pour lors un vieux
» cylindre de fer, de 9 pouces de diametre ; & comme il avoit 9 pieds de lon-
» gueur, son extrémité, qui fut jointe au tuyau de bois, ne put jamais s'échauf-
» fer assez pour s'enflammer & se brûler ; mais l'effet du changement d'air en
» devint encore plus fort ».

*Réflexions générales sur les différentes manieres d'établir la circulation de l'Air
dans les Mines, & sur ce qu'il y auroit à faire pour les porter au degré
de perfection dont elles peuvent être susceptibles.*

Tout ce que nous avons pu recueillir dans notre Ouvrage de faits & de
dires, même opposés entr'eux, sur les vapeurs ordinaires dans les Mines, établit
évidemment des différences dans ces vapeurs ; du moins à en juger par les effets
très-diversifiés, les unes éteignent les lumieres, *voyez page 37*, les autres semblent dangereuses lorsqu'elles s'échauffent, sont toujours prêtes à s'enflammer,
& s'enflamment réellement dans tous les temps avec détonnation si on en approche du feu ; l'exhalaison inflammable, plus légere que l'air, se rassemble au
haut des voûtes des galeries, en sorte que les Ouvriers sont obligés de tenir &
de placer leurs lumieres le plus près du sol qu'ils le peuvent ; d'autres occupent

toujours cette partie des galeries (1): de-là s'enfuivroit naturellement la néceffité de varier les moyens employés pour corriger les unes, diffiper les autres
felon leur *quiddité*, pour me fervir d'une expreffion d'école, qui me femble
rendre mieux ce que l'on appelleroit ici leur *nature*.

Malgré l'ignorance abfolue où l'on eft à cet égard, les pratiques dont on
vient de donner l'énumération, exécutées ou variées, convenablement appliquées aufli à propos & avec autant d'intelligence qu'il eft poffible, ont, généralement parlant, un effet certain pour préferver les travaux fouterrains du mauvais air, dans quelque état qu'on le confidere, ou en fimple vapeur, ou en
vapeur difpofée à s'enflammer. C'eft du moins la conféquence qu'il eft permis de
tirer du fuccès affez ordinaire que l'on éprouve de l'emploi des uns ou des autres
de ces moyens, dans le plus grand nombre des Mines. Comme cependant il
n'exifte dans aucun genre, de pratique ni de méthode dont l'effet foit abfolument général, on fe doute aifément qu'il y aura toujours des cas fujets à de
grandes difficultés.

Nous efpérons que les Directeurs de Mines, actuellement plus inftruits,
feront moins indifférents & moins embarraffés dans les occafions qui pourroient
être matiere à recherches, ou qui demanderoient une attention réfléchie. Avant
de terminer ce qui concerne l'air des Mines, fur lequel nous ne reviendrons
plus que pour examiner comment agiffent les vapeurs fouterraines *détonnantes*
ou *fuffoquantes*, lorfqu'elles tuent les Ouvriers, nous ne pouvons nous difpenfer de propofer deux de ces cas.

Nous n'avions pu faire mention que par oui-dire, du fecret que les Houilleurs prétendent avoir d'envoyer le fouma d'une Mine à une autre: *voyez*
page 264.

Il n'eft pas à préfumer que des Ouvriers, quelque fins & quelque rufés qu'on
puiffe les fuppofer, ayent aucune connoiffance des mélanges artificiels qui produifent des fermentations tranfportables, comme celles dont les expériences
ont été faites par feu M. de Brémond, *voyez page 404*, & par M. Triewald,
dans une féance de l'Académie de Stockholm (2); il n'y a nulle apparence
qu'ils fe doutent de la poffibilité de renfermer dans une veffie, & de transférer
où l'on veut la vapeur inflammable. Mais s'il eft certain qu'ils puiffent exécuter
ce trait de vengeance, il feroit très-curieux & très-intéreffant de découvrir
comment les Ouvriers y parviennent: un Directeur de Mines qui s'occuperoit
de cette recherche, ne perdroit pas fon temps.

Une circonftance non moins importante & très-particuliere, eft, lorfque la
difficulté de réuffir à *faire le temps*, tient à l'air qui communique quelquefois
des travaux du voifinage dans la Mine où l'on travaille. Ce cas peut & doit arriver affez fouvent; mais faute de réflexion & d'attention, on ne fe doute point

---

(1) On ne parle ici de cette vapeur que dans
fon état non enflammé; car lorfqu'elle a pris feu
elle tend conftamment à s'élever en hauteur, de

maniere qu'elle n'attaque que peu ou point tout
ce qui fe rencontre en-bas.
(2) Art. VII, *Tome I, page* 382.

de la caufe d'où le mal peut provenir, & alors il eft fans remede. Il eft vrai
que la conféquence peut n'être pas grande, fi cet embarras ne fe préfente que
dans une exploitation qui vife à fa fin, lorfqu'on approche du temps où il faudra l'abandonner, n'y ayant plus que peu de Charbon à en tirer. L'inconvénient qui peut néanmoins en réfulter, pourroit n'être pas médiocre : un Maître
de Foffes s'entête à employer contre ce défaut d'air, des moyens dont aucun ne
doit réuffir, puifqu'ils ne vont point à la caufe, & alors ce font des frais &
du temps perdu. Je vais donner en peu de mots l'idée de la chofe, & on verra
qu'il n'y a qu'une maniere de vaincre, dans ce cas, l'obftacle qui traverfe la fin
de l'opération.

Quand deux Mines font contiguës, ou lorfqu'une même veine eft exploitée
par deux Compagnies & par deux puits, de maniere que la pourchaffe, à mefure
qu'elle fe fera de part & d'autre, vienne fe terminer à un même point de rencontre, par exemple, à quelque partie de la Mine dont on voit un plan orthographique, *fig.* 2, *Pl. XXXIX.* Il fe trouvera dans ce moment que ces
deux Mines, dont je fuppofe que les travaux s'approchent de quelqu'une
des routes fouterraines que l'on apperçoit, ne feront plus féparées l'une de
l'autre que par une épaiffeur plus ou moins confidérable ; c'eft dans cette maffe
mitoyenne, que l'air d'une de ces carrieres fe fait paffage dans l'autre par quelques *layes*, ou quelques ouvertures ou fentes très-imperceptibles.

En me rappellant la pofition de la Mine d'*Engermignon*, (près Decize)
avoifinante celle des Minimes, & le point où en étoient les travaux refpectifs de
ces deux carrieres, dans l'année 1770 : voy. *Sect. III, page 575* : j'ai rapporté au
cas préfenté ici, la difficulté qui, trois années après, arrêtoit la pourfuite des ouvrages de la Mine d'Engermignon, & pour laquelle la Compagnie recevoit de
Paris des inftructions. Je communiquai mon idée ; il eût été aifé de s'éclaircir
du fait, en levant un plan des deux Mines. J'ai rendu compte de l'opération
exécutée à cette occafion avec le fourneau ventilateur, conformément aux indications qui en furent envoyées fur les lieux, & il ne m'a pas été poffible d'être
informé des réfultats définitifs. Je fuis borné à faire part ici des queftions que
les Intéreffés propofoient, lorfqu'ils étoient arrivés au point où fe termine le
Journal (1).

On demande ici » fi après avoir continué fans fuccès l'expérience pendant
» quelques jours, on ne feroit pas bien de boucher les *cornues* actuels pour les
» rendre nuls, & de commencer enfuite l'opération au haut du puits, c'eft-à-
» dire, de faire defcendre de pied en pied, de toife en toife, les tuyaux depuis
» le poële ou fourneau, jufqu'à ce qu'on eût trouvé le bon air au fond du
» puits ».

» Le 31 Mars on mandoit que les effais n'avoient pas eu un fuccès foutenu ;

(1) Inféré *page* 775, & dont il eft néceffaire de rapprocher les queftions.

» que le fourneau avoit établi la circulation de l'air pendant quelques heures ;
» que les Ouvriers étoient defcendus au fond de la Mine , & avoient commencé
» à y travailler ; mais que le mauvais air avoit regagné , ce qui avoit obligé de
» retirer promptement les Ouvriers ».

Dans les occafions où la caufe de l'embarras fe trouveroit être celle que je préfume , il feroit fans doute abfurde de chercher à aller reconnoître d'où peut venir
la communication de l'air ; outre la difficulté , cela feroit fort inutile : il fuffiroit
donc de s'affurer de la direction réciproque des ouvrages , pour juger feulement
de l'étendue de la maffe qui forme la cloifon commune entre deux Mines , &
dans l'une ainfi que dans l'autre , d'élever contre toute cette épaiffeur de forts
ferrements , foit en *ftouppures* , *fouayes* ou maçonnerie , ou en planches.

Avec cette efpece de double & de triple mur , qui intercepteroit exactement
la communication de l'air d'une Mine à l'autre , on fent qu'on réuffiroit à épuifer
entiérement , fans aucune incommodité , la Mine qui étoit embarraffée ; à n'être
point forcé de laiffer , en abandonnant la Mine , les ferres & ftappes nombreufes
qui pourroient s'y trouver ; fi même il reftoit encore d'un autre côté une partie
de Charbon dont on feroit le maître , on en reprendroit la pourchaffe avec
avantage.

Si l'obftacle dépend d'une caufe ordinaire , les détails précédents fur le renouvellement de l'air dans les Mines par le fecours du feu , & fur la conftruction du
fourneau de M. Sutton , doivent conduire à faire ceffer l'embarras ; mais alors
on ne peut avoir trop étudié tout ce qui a rapport à cette matiere.

Les Anglois remarquent que le *Dampfir* commence vers la fin de Mai , continue tout l'été , augmente pendant cette faifon , & reparoît plufieurs fois dans
le même été. On n'a encore pu déterminer bien précifément ces périodes particuliers , ni fi ces exhalaifons inflammables font plus fréquentes dans les Mines
où il y a beaucoup d'eau , que dans celles qui font moins humides. Il feroit
utile , fur-tout , d'être attentif aux phénomenes peu conftatés , peu examinés ,
de la relation de l'air extérieur avec l'air des fouterrains de Mine ; par exemple ,
les réfiftances que les vents éprouvent de tout ce qui fe trouve à la furface du
terrein aux environs du bure , ce qui eft caufe qu'ils font plus forts dans les
endroits élevés que dans les endroits bas ; la fituation , la largeur des côtes ou des
montagnes du voifinage , qui rétréciffent quelquefois le paffage des vapeurs &
de l'air agité , & par-là produifent de l'accélération dans leur mouvement , &c.

Ce ne fera qu'à l'aide de ces examens , de ces réflexions , que le Fourneau
ventilateur , & la plupart des moyens adoptés pour vaincre les difficultés que le
défaut d'air apporte en bien des manieres à l'exploitation des Mines , feront fufceptibles de quelque perfection.

La conftitution de l'air des Mines n'a point encore été obfervée d'une maniere affez fuivie ; nous l'avons remarqué en rapportant plufieurs obfervations
Barométriques & Thermométriques ; ces expériences demanderoient à être

faites

faites jour par jour, en laiſſant tant à la bouche que dans des diſtances convenables du bure, & dans des places marquées des galeries, des Inſtruments météorologiques, correſpondants entr'eux, d'après leſquels on annoteroit réguliérement le ſoir, le matin & à midi, l'état ou la diſpoſition de l'atmoſphere extérieur, & de l'atmoſphere des ſouterrains, par rapport à la chaleur ou au froid,
au poids, à l'humidité, & les changements qui s'y feroient remarquer.

Il eſt eſſentiel de ne point perdre de vue, dans ces recherches, la remarque
que nous avons faites *pag.* 938, de faire particuliérement attention qu'en même
temps que le mouvement du mercure dans le Barometre, univerſellement
reconnu comme un effet immédiat de la preſſion plus ou moins grande de l'air,
eſt le moyen le plus propre à indiquer la raréfaction qu'on ſe propoſe de connoître; il eſt auſſi bien décidé en Phyſique, que les colonnes de mercure ne
s'élevent également dans ces ſortes de tubes, que quand les diametres ſont
égaux. Il eſt donc important, pour bien juger du degré de raréfaction de l'air,
en le comparant à un Barometre, de s'aſſurer exactement ou de l'égalité, ou
encore mieux du rapport de leurs diametres.

L'exécution de ce projet feroit très-facile à un Maître-Ouvrier, ou un Pi-
queur intelligent, au moyen d'une table diviſée ſur une feuille de papier,
qui pourroit être conſidérée comme la coupe de la partie du puits où feroient
placés, à côté l'un de l'autre, un Barometre & un Thermometre dans trois parties de la profondeur, à une couple de braſſes au-deſſous de l'entrée, vers le
milieu & au bas du puits.

Je préſente ici un modele de cette Table, diviſée dans ſa longueur en deux
colonnes, l'une pour le Barometre, l'autre pour le Thermometre, à côté l'une
de l'autre; chacune de ces colonnes eſt compoſée de trois échelles, pour les
degrés du matin, pour ceux de midi & ceux du ſoir, les jours du mois ſont ſur
la gauche.

BAROMETRE.	THERMOMETRE.
Haut du Puits à deux brasses.	*Haut du Puits à deux brasses.*

Mois	DEGRÉS du matin.		DEGRÉS de l'après-midi.		DEGRÉS du soir.		Mois	DEGRÉS du matin.		DEGRÉS de l'après-midi.		DEGRÉS du soir.	
Jours	*Heures.*	*Degrés.*	*Heures.*	*Degrés.*	*Heures.*	*Degrés.*	*Jours*	*Heures.*	*Degrés.*	*Heures.*	*Degrés.*	*Heures.*	*Degrés.*
1	à 6	. . .	à 3	. . .	à 6	. . .	1	à 6	. . .	à 3	. . .	à 0	. . .
2	à 6	. . .	à 3	. . .	à 6	. . .	2	à 6	. . .	à 3	. . .	à 6	. . .
3	à 6	. . .	à 3	. . .	à 6	. . .	3	à 6	. . .	à 3	. . .	à 6	. . .

Milieu du Puits.	Milieu du Puits.	Milieu du Puits.	Milieu du Puits.	Milieu du Puits.	Milieu du Puits.

Bas du Puits.	Bas du Puits.	Bas du Puits.	Bas du Puits.	Bas du Puits.	Bas du Puits.

Recherches & Conseils de Médecine sur les Maladies & Accidents qui mettent en danger la santé & la vie des Ouvriers de Mines.

SOIT imperfection dans quelque partie des opérations relatives à l'airage ou aux eaux, soit imprudence, soit négligence des Ouvriers, il ne leur arrive encore que trop souvent des accidents; les uns sont tués par la déflagration du *Crowin*, les autres suffoqués par le *Fouma*, ou même submergés par les eaux.

Vraiment digne du titre de Philosophe, Agricola, en traitant de toutes les opérations de Mines, ne s'est pas moins montré l'ami de l'Art qu'il a décrit, que des Ouvriers qui s'y adonnent. Touché des maux & des dangers auxquels ils sont sans cesse exposés, il avertit formellement les Préposés de Mines, (en leur donnant le conseil dont nous avons fait mention *page* 740, de prendre quelques idées de Médecine,) que ces Ouvriers, dans les accidents qui leur arrivent, doivent recevoir d'eux les premiers secours; il instruit les Directeurs de leurs devoirs sur toutes les précautions qui ont rapport à la santé des Employés. Cet Ecrivain, qui méritera dans tous les temps, & à plus d'un titre, les éloges que lui a donnés le grand Boerhaave, ne s'en est pas tenu là; il s'est occupé à instruire les Ouvriers eux-mêmes : il leur indique les moyens de se mettre à l'abri des incommodités qui sont le triste appanage de leur Métier (1).

Voué par état au soulagement de l'humanité, comme l'étoit le célebre Ecrivain dont l'Ouvrage a servi de plan à cette derniere Partie de mon travail, puis-je, dans une matiere qui intéresse la santé & la vie des Ouvriers, perdre de vue mon modele ? Les Directeurs des Mines de Charbon de terre, les Seigneurs de Paroisse, qui ont dans leurs terres ou de ces Mines ou des habitants qui s'en occupent; cette classe d'hommes laborieux, dont une circonstance de ma vie m'a fourni l'occasion d'être l'Historien, quant à leurs opérations, leur industrie, tous, sans doute, attendent de moi les mêmes marques de zele & d'affection qu'Agricola a données aux Ouvriers attachés aux Mines métalliques. Si l'engagement sacré d'un Médecin, d'être, toutes les fois qu'il le peut, utile à tous les Citoyens de l'univers, si l'inclination ne me faisoit pas un devoir de suivre l'exemple que j'ai devant les yeux, des motifs particuliers, qu'il ne m'est pas

(1) En Suede, le Gouvernement, auquel les travaux des Mines métalliques sont de la plus grande importance, a adouci la rigueur du sort des Mineurs, en entretenant aux dépens de l'Etat, dans un Hôpital fondé en 1696, les Ouvriers qui ont eu le malheur d'être blessés ou mis hors d'état de travailler. On leur donne par mois 18 thalers (de cuivre), valant 10 sols & demi de France.

Dans la partie de l'ancienne Législation Françoise sur les Mines, nos Rois, non moins bienfaisants ni moins attentifs, avoient pourvu convenablement à la difficulté que l'éloignement des paroisses & des villages, où peuvent être si-

tuées les Mines, apportent aux secours dont les Ouvriers ont besoin dans les accidents. Il est ordonné *qu'un trentieme du provenant net de la Mine, quel qu'il soit, sera mis entre les mains des Trésorier & Receveur général des Mines, pour ces deniers être employés à l'entretenement d'un ou deux Prêtres, d'un Chirurgien, & à l'achat des médicaments, afin que les pauvres blessés soient secourus gratuitement; & par cet exemple, les autres Ouvriers plus encouragés au travail desdites Mines.* Arrêt donné le 14 Mai 1604, par le Roi, séant en son Conseil, sur l'ordre & réglement que Sa Majesté veut être gardé au fait des Mines & Minieres de son Royaume.

permis de laisser ignorer, m'auroient seuls décidé à m'arrêter sur un point aussi intéressant. C'est, comme on le sait, dans les plaines du pays de Liége, que j'ai puisé les notions de Houillerie ; au tableau que j'en ai tracé en grand, on a pu s'appercevoir, & je dois le dire, que c'est le seul pays où j'aie trouvé complettement les facilités qui m'ont conduit à faire cet Ouvrage, & à lui donner la derniere main. Les occupations de mon état, bien opposées à celles du Cabinet, les difficultés dont ce travail est hérissé de toutes parts, ont mille fois conspiré, tour-à-tour, à me décourager dans mon entreprise. L'accueil flatteur dont mon Ouvrage a été honoré dans ce même pays, le suffrage du Prince (1), les marques d'estime de MM. les Bourgmestres & Conseil de Ville (2), sont devenus pour moi des encouragements successifs auxquels je n'ai pu être insensible. Je ne ferai nulle difficulté d'avancer que si dans les endroits où mon Ouvrage parviendra, il en résulte quelque utilité, quelque perfection dans le genre des travaux dont j'ai traité, cet avantage sera dû autant à ces circonstances, qu'au desir sincere dont j'ai été animé de diriger les regards du Gouvernement François, sur les richesses qu'il possede en Charbon de terre. Accueilli d'ailleurs personnellement par le Collége des Médecins de Liége (3), & inscrit sur leur tableau, pourrois-je dédaigner de partager dans cette circonstance leurs fonctions vis-à-vis des Houilleurs, ces hommes utiles, avec lesquels j'ai été en liaison pour connoître, étudier & décrire leurs pratiques, & qui n'ont point craint de les voir transmettre à des Etrangers. Presque tous habitants d'une grande Capitale où il y a quatre Hôpitaux, & à portée de recevoir, pour leur santé, des secours éclairés & intelligents, ils ont sans doute moins besoin des conseils que je vais exposer, que les Houilleurs des autres contrées, dont les travaux s'exercent la plupart loin des villes. Cependant ayant à présenter sur un point important & négligé jusqu'à ce jour, des idées qui méritent une attention sérieuse, quelque part qu'elles puissent être connues, je suis assuré d'être agréable au Collège de Liége, & d'entrer dans les vues bienfaisantes du Prince & du Conseil de la Cité, en cherchant à me rendre directement utile à un Corps nombreux, l'une des principales sources de la richesse du pays, les Houilleurs ; c'est à eux que je consacre publiquement les réflexions & les recherches qui vont suivre.

La nature du Charbon de terre, bien différente de celle des substances métalliques sujettes à de vraies *mouffettes* pernicieuses ; les émanations qui peuvent appartenir à ce fossile, plutôt médicamenteuses que nuisibles (4), ne fournissent pas matiere à de grands détails sur les maladies des Houilleurs ; ces

---

(1) Voyez le volume des Mémoires de l'Académie Royale des Sciences de Paris, pour l'année 1768, *Hist.* pag. 129.

(2) Lettres de Bourgeoisie du 3 Décembre 1770, présentées de la part de MM. les Bourgmestre & Conseil, par M. le Chevalier de Heusy, ancien Bourgmestre, Conseiller privé de S. A.

alors son Ministre, à Paris.

(3) Lettre d'association, du 25 Avril 1761.

(4) Voyez *Part.* I. pag. 39, & la Lettre de M. Del-waide, très-habile Médecin de Liége, Note A, à la suite du détail des avantages des feux de Houille, *Art.* IIIe. de cette derniere Section.

Ouvriers n'en connoiffent qu'une feule, dont l'efpece eft très-bénigne (1). On ne voit pas même que ceux qui travaillent dans des Mines où ils font obligés d'être toujours couchés fur le dos, foient fujets à l'incommodité qui afflige les Ouvriers des Mines métalliques, ou de ceux qui travaillent l'ardoife à Manf-feld (2).

Sans m'écarter de la divifion fuivie par Agricola pour indiquer les maladies des Mineurs, contre lefquelles il défigne des préfervatifs, je diftinguerai ces maladies en deux claffes, les maladies que les Houilleurs peuvent contracter à la longue, & les accidents fubits & violents qui les expofent à perdre la vie, au point qu'ils ont fur leurs perfonnes toutes les apparences de la mort.

Des Incommodités ou Maladies que les Houilleurs peuvent contracter à la longue.

AGRICOLA a obfervé que les Ouvriers de Mines, lorfqu'ils viennent à un âge avancé, font fujets à beaucoup d'incommodités, & particuliérement à des maux de jambes; il les attribue à la fraîcheur & à la qualité des eaux qui abondent dans les Mines. Les eaux des Houillieres font, à tous égards, exemptes de toute efpece de reproche (3). Je penfe néanmoins que les Houilleurs fe trouveroient bien de faire ufage de guêtres ou bottines de cuir, qu'Agricola confeille aux Mineurs. Indépendamment de la nature falubre ou non des eaux, l'état humide des lieux où elles féjournent ou coulent, ne mérite-t-il pas ici quelques confidérations?

Pour garantir les yeux & la poitrine de la pouffiere toujours en mouvement & très-abondante dans quelques Mines (métalliques,) Agricola engage les Ouvriers de fe couvrir lâchement le vifage. Ce confeil eft fondé fur ce que dans les Mines du mont Crapatz (4), il étoit ordinaire de voir beaucoup de femmes veuves de fept maris, tous fuccombés à cette pouffiere de Mine qu'ils avoient refpirée.

La rareté de la féchereffe dans les Houillieres, le défaut de mauvaife qualité du pouffier de Charbon de terre, rendent affez inutile la précaution propofée par Agricola, quoiqu'avantageufe d'ailleurs dans les Mines de plomb, de cuivre,

---

(1) Voyez Part. I, *pag.* 40.

(2) *Cols tors, Torticollis.* G. *Krum Halff,* d'où les malades font appellés en Allemand *Frump-Helfe* : *foffores qui colla gerunt intorta.*

(3) *Voyez* Part. 2. *pag.* 28, l'Analyfe des eaux des Houillieres de Liege. Celle que M. Monet a faite des eaux de la Mine de Littry en baffe Normandie, & qui eft inférée dans fon Traité des Eaux minérales, *pag.* 167, démontre qu'elles contiennent de la félénite, du fel de Glauber, & l'union de l'acide vitriolique avec le fer, dans l'état que l'on appelle *Eau mere.*

(4) *Carpates,* Mont Crapack, longue chaîne de montagnes qui environnent la Hongrie & la Tranfylvanie du côté du Nord, où il y a beaucoup de Mines; elle prend différents noms, felon fes différents voifins. Les Allemands la nomment *Weiffemberg,* c'eft-à-dire, *montagne blanche;* ils l'appellent auffi *Schneeberg,* c'eft-à-dire, *montagne couverte de neige;* c'eft le nom qu'elle a entre la Moravie & la Hongrie. Les Efclavons la nomment *Tatari;* du côté de la Ruffie & de la Tranfylvanie, on la nomme *Crampach & Scepeffi;* plus au Levant, les Ruffiens l'appellent *Bias fciadi,* & entre la Pologne & la Hongrie, *Tarchal* en Hongrois, & *Der Munch* en Allemand.

& autres. Ce que l'on pourroit appréhender de cette pouſſiere reſpirée, ſe réduiroit, en ſpéculation, à l'effet qu'elle pourroit produire comme corps étranger, introduit en certaine quantité dans les bronches pulmonaires, & qui alors pourroit être réputé concourir comme cauſe éloignée à la difficulté de reſpirer, dont nous allons, dans un inſtant, eſſayer d'aſſigner la vraie cauſe. Un fait certain, c'eſt que cette incommodité n'eſt pas ſenſiblement marquée dans le plus grand nombre des Ouvriers de Mines de Charbon, qui jouiſſent, en général, de la ſanté donnée au commun des autres hommes. Il eſt encore auſſi certain que dans aucun des pays où il s'exploite une grande quantité de ces Mines, le terme de la vie des Houilleurs, eſt celui qui eſt ordinaire, & ne préſente point à leurs femmes, comme à celles des Mineurs de Schneberg (1), l'occaſion de ſe déſoler juſqu'à ſept fois de la perte de leurs époux (2).

Difficulté de reſpiration ; ſa cauſe & ſa curation.

Les perſonnes qui ne ſavent juger des choſes que par les noms dont les Ouvriers ſe ſervent pour exprimer leurs idées, qui ſe rappellent en même temps que quelques Charbons, quelques veines ſont appellées *Veines ſoufreuſes*, *Charbons ſoufreux*, ne manqueront point d'imputer au ſoufre l'incommodité dont il eſt queſtion. On eſt aſſez prévenu, par ce que nous avons eu occaſion de dire à ce ſujet dans le courant de cet Ouvrage, *pag.* 21 *& ailleurs*, du peu de fondement de ce premier ſoupçon. La remarque de M. Zimmermann, dont j'ai fait uſage *page* 26, ſe rapporte ſur-tout à cet Article. Pour pouvoir prendre quelqu'idée juſte des parties conſtituantes du Charbon de terre, il eſt indiſpenſable de ſoumettre aux expériences Chimiques un auſſi grand nombre qu'il eſt poſſible de Charbons de terre de différents pays, ou de comparer tous les travaux faits en ce genre. Je n'ai pas négligé cette maniere, la ſeule capable de former un tableau diſtinct ſur cet objet. En mon particulier, j'ai analyſé pluſieurs Charbons de terre ; d'autres l'ont été à ma ſollicitation, dans le laboratoire de l'Hôtel Royal des Invalides, par MM. Parmentier, Demachy & Deſyeux ; j'ai recueilli un nombre conſidérable de ces analyſes faites en différents pays ſur différents Charbons de terre, par pluſieurs habiles Chimiſtes ; je ne puis trop répéter qu'il réſulte des uns & des autres, que l'idée où l'on eſt aſſez communément de l'exiſtance du ſoufre dans le plus grand nombre des Charbons de terre, eſt abſolument un faux préjugé dont on reviendra certainement (3).

(1) Ce *Schneeberg*, dont il eſt parlé ici, eſt une partie des monts *Crapack*, qui eſt depuis le confluent de la Moravie & du Danube, dans la petite Pologne ; ce ſont les plus hautes des montagnes de ce quartier, & elles ſont connues chez les Latins ſous le nom de *Sarmaticæ rupes*, *Sarmatici montes*.

(2) Pour les Ouvriers qui travaillent aux Mines métalliques & aux Fonderies, on peut conſulter le Précis d'un Traité des Maladies auxquelles ils ſont expoſés, parmi les Œuvres de M. Henckel, 1762, *pag.* 459 ; l'Auteur y préſente ſur-tout des détails ſur la Phthiſie des Mineurs.

(3) Une aſſez grande quantité de perſonnes ſoutiennent à Liege, que l'on tire du ſoufre en canon de la ſuie de Houille. Cette opinion, abſolument fauſſe, tire ſon origine du langage du peuple Liégeois, qui

Quelque foin que nous ayons pris, dans ces analyfes, pour y découvrir l'acide fulphureux volatil, ou le foufre dans un état de combinaifon, rien n'a pu l'y démontrer; & fi dans certains cas les Charbons de terre offrent des traces ou d'acide fulphureux volatil, ou d'acide vitriolique, l'acide marin paroît pourtant être celui qui les conftitue effentiellement (1). Parmi les Chimiftes diftingués qui ont analyfé ce foffile, & qui ne regardent pas les Charbons de terre comme compofés de foufre, M. Zimmermann obferve que lorfque les vapeurs qui s'en exhalent *font concentrées*, elles defféchent les glandes & les membranes bronchiales, ce qui le porte à penfer qu'elles pourroient être la caufe des maladies des Ouvriers employés à ces Mines. La combuftion du Charbon de terre n'en développe non plus rien de contraire à la fanté : je l'ai prouvé dans la Thefe à laquelle j'ai préfidé aux Ecoles de Médecine, en **1771** : (voyez *note premiere*, *page* 424) (2); on en fera convaincu dans le troifieme Article de la derniere Section de cette feconde Partie, où il fera traité de la *nature du feu de Houilles*, *relativement à la fanté*. Si donc les vapeurs de Mines de Charbon de terre ne font point en elles-mêmes mal-faifantes, ce n'eft plus que par quelque changement particulier qu'elles acquierent. J'ai fait connoître dans fes particularités effentielles, le défaut d'air appellé improprement *mauvais air*, mieux qualifié par Agricola, *Aer gravis*, d'autres fois *Aer immobilis* (3).

Le différent genre d'altération de l'air des Mines, ou chargé de vapeurs qui fatiguent le tiffu des poumons & gênent la refpiration, ou chaud, & produifant la fuffocation, ou condenfé au-delà de fon état ordinaire, ce qui rend la refpiration pénible, ces différentes manieres dont l'air peut fe vicier, font bien fuffifantes pour affecter les Houilleurs : ces Ouvriers le feront différemment, felon la difpofition qui leur eft particuliere, le volume d'air qui entre dans les poumons, pouvant être depuis 10 jufqu'à 12, 13 pouces, & même 16 ou 17 dans les infpirations ordinaires, telles qu'elles font dans un état fort tranquille (4), ce qui dépend du petit diametre & de l'axe de la poitrine. A raifon de cette difpofition, fans doute, les hommes peuvent vivre dans un air de denfité très-différente : auffi l'on voit qu'en général elle peut être d'un dixieme, & que l'on peut conferver la vie dans des airs où cette denfité eft double, comme le prouvent les Ouvriers qui travaillent dans le fond de quelques Mines où le mercure des Barometres eft à 31 pouces.

---

appelle *le foufre en canon*, foufre de Brocal, c'eft-à-dire, *foufre d'allumettes*, & la *fuie de Houille*, foufre de cheminée.

Cette commune dénomination a induit à penfer que le foufre exifte dans la fuie, & que ceux qui la fabriquent, l'en font fortir par des opérations particulieres : ces Ouvriers accréditent l'erreur, afin de dépayfer ceux qui feroient tentés de partager avec eux leur gain en les imitant. Voyez l'*Analyfe de la fuie du Charbon de terre de Fins*, dans la *Traduction des Récréations Phyfiques, Economiques & Chimiques de M. Model, par M. Parmentier, pag. 493. Tom. I.*

& *Corollaire V. de la Thefe citée ci-deffus.*

(1) Voyez la traduction des Récréations Phyfiques de M. Model, où cette analyfe eft inférée, pag. 490, *Tome I.*

(2) L'Auteur de la traduction des Récréations Chimiques, en a inféré un extrait détaillé à la fuite de l'analyfe du Charbon de terre de Novogorod, *page* 480, *Tome I.*

(3) *Quem interdum domini, non arte, non fumptu emendare & corrigere valent.* Libr. VI, *De Re Metalld.*

(4) Effais phyfiques fur l'ufage des parties.

En envisageant les exhalaisons de Mines, préjudiciables à raison de l'augmentation du poids de l'air, M. Hales propose de respirer au travers d'une piece de flanelle, dans laquelle l'air s'imbibe, se filtre & s'affine, pour ainsi dire, en laissant sur cette étoffe ce qu'il contient d'étranger & de nuisible; l'Auteur prétend, par ce moyen, prévenir efficacement la suffocation immédiate, & mettre ainsi l'Ouvrier en état de supporter plus long-temps le mauvais air dans un cas de nécessité. Ce défensif, imaginé par une théorie qui n'est pas, à beaucoup près, certaine, seroit très-insuffisant, à moins que l'étoffe ne fût imbibée d'alkali fixe (1), & encore son effet ne seroit-il pas de longue durée, si tant est que cet alkali lui-même ne portât aucune influence sur l'air qui auroit été combiné avec lui avant d'être attiré par l'inspiration.

Dans les Mines où la vapeur est de nature inflammable, cette piece d'étoffe seroit même dangereuse, d'après ce qu'avance M. de Tilly, sur la facilité singuliere avec laquelle le *feu grieux* s'attache à la laine : nous en parlerons bientôt. En tout il paroît que les vrais préservatifs de cette vapeur, consistent uniquement dans les différentes manieres de faire circuler l'air, & que l'on ne doit pas regretter le secret aussi merveilleux que douteux, dont il est fait mention dans les écrits de Boyle (2).

Il ne reste qu'à examiner quels sont les remedes qui conviennent à l'asthme chronique que les Houilleurs contractent quelquefois, & que nous avons appellé *Asthma montanum*. Ramazzini en indique plusieurs propres à garantir de cette maladie: les causes qui peuvent donner lieu à cette incommodité, étant toujours plus ou moins existantes par la fréquentation journaliere des ouvrages souterrains, il paroît que dans ce cas la Médecine doit être un Art muet.

Lorsque l'Ouvrier a renoncé au Métier, la disposition invétérée ne permet guere non plus de tenter de remede: heureusement, comme je l'ai dit, ce mal n'est pas général. Horstius, *Liv.* 7, *Obs.* 25, décrit, d'après l'expérience, un traitement très-efficace contre l'action des évaporations minérales; mais c'est en faveur d'Ouvriers travaillants au grand air, & à des opérations sur des métaux, ce qui fait une très-grande différence : néanmoins les remedes prescrits par cet Auteur, seroient très-appropriés si l'état du malade en exigeoit : ils rentrent absolument dans le genre de préparations bien perfectionnées aujourd'hui, qui sont le *Kermès minéral*, & la *poudre du Comte de Warvick*, connue plus généralement sous le nom de *poudre de Cornachine*, ou *poudre de tribus*, désignée dans quelques Ouvrages sous le nom de *Cerberus triplex*.

(1) Comme le sel alkali de tartre, & la liqueur alkaline de tartre, vulgairement nommée *huile de tartre par défaillance. Alkali* signifie en général tout sel dont les effets sont différents & contraires à ceux des acides.

(2) Il y est rapporté que Corneille Drebbel ayant fait une espece de Vaisseau, pour aller sous l'eau, ceux qui hazardoient d'y entrer manquoient d'air frais, & qu'il imagina un secret pour remédier à ce défaut. Lorsque l'air étoit surchargé des exhalaisons qui sortoient de ceux qui étoient dans le bateau, & qu'il n'étoit plus propre à la respiration, on débouchoit une bouteille remplie d'une liqueur; une grande quantité de corpuscules, qui alors s'exhaloient dans l'instant de la phiole, corrigeoient l'air, & le rendoient, pendant quelque temps, propre à la respiration. *Expl. Physico-Mech. expl.* 41.

Des

Des accidents graves & subits auxquels sont exposés les Ouvriers de Mines.

Les effets les plus graves & les plus fâcheux, résultants de l'air renfermé dans les Mines, peuvent être rangés dans le genre de maladies, qualifiées en Médecine, *Morbus attonitus & syderatus*, puisqu'en effet l'Ouvrier qui a éprouvé soit la commotion de la vapeur fulgurante, soit l'effet de la vapeur suffocante, reste & peut rester long-temps sans mouvement, comme un homme frappé de la foudre, & que cet état est souvent suivi d'une mort absolue. Les Houilleurs qui ne sont pas tués par l'explosion, & qui n'ont pas eu le temps de se jetter sur le sol des galeries, en sont quittes ordinairement pour des brûlures & des meurtrissures. Nous commencerons par nous arrêter à ces accidents, dans lesquels les Ouvriers blessés ou par des éruptions d'eaux, ou par des explosions enflammées qui les ont entraînées, sont évidemment susceptibles de secours. Avant d'entrer en matiere, il est à propos, comme nous l'avons fait pour la vapeur suffocante, d'exposer ce que l'on peut penser de la nature de celle qui s'enflamme dans les Mines.

De la nature du Feu grieux.

Tout ce que nous venons de rapporter, il n'y a qu'un instant, concernant ce que l'on doit penser de la présence du soufre dans le Charbon de terre, nous exempte de combattre l'idée où pourroient être quelques personnes, que cette inflammation ou détonation de vapeurs de houille dans les souterrains, appellée *feu grieux*, est le produit d'un principe sulphureux. M. de Tilly la regarde comme une dilatation de l'huile essentielle contenue dans les Charbons de terre, & opérée tant par la chaleur qui s'évapore des Ouvriers, que par celle de leurs lumieres. Laissons à part l'explication qu'il donne de son sentiment, & la preuve qu'il apporte de l'existence d'une huile essentielle dans ces matieres bitumineuses. Je crois devoir m'arrêter uniquement à une idée particuliere de l'Auteur, sur l'analogie de l'effet de son huile avec celui des huiles enflammées. Selon M. de Tilly, de même qu'un alkali volatil uni à une huile essentielle, (par la facilité naturelle qu'il suppose aux alkalis quelconques, de s'unir avec les huiles quelconques,) se trouvant décomposé par la déflagration, détruit particuliérement tout ce qui appartient au regne animal, & ne produit aucune altération sur les substances végétales; de même, dit-il, le feu grieux s'attache par préférence à ce qui appartient au regne animal, & n'a aucune prise sur ce qui est du regne végétal; conséquemment à ce principe, autant l'habillement en toile, dont les Ouvriers ont coutume de se servir, est pour eux une sauve-garde assurée contre la brûlure de cette inflammation, autant ils seroient en danger de perdre la vie s'ils étoient vêtus en laine ; ces vêtements seroient consumés en un instant.

Je crois avoir entrevu que l'idée de M. de Tilly n'est absolument fondée que sur la facilité & sur la promptitude avec lesquelles, dans les inflammations spontanées des vapeurs de Mines, la flamme active & rapide qui s'en échappe, consume la barbe & les cheveux des Ouvriers qu'elle rencontre dans son chemin : il n'y a cependant dans cet effet rien que de très-facile à concevoir.

Il y auroit une façon très-aisée de s'assurer du point de fait ; & comme rien n'est à négliger, même dans les choses de curiosité, qui peuvent tôt ou tard devenir utiles, je desirerois que dans les Mines sujettes à ce feu, on engageât quelques Ouvriers à avoir toujours sur leurs épaules ou sur leurs bonnets, une poignée d'étoupes ou de foin bien sec ; je suis très-porté à croire, & un Physicien en sentira la raison, que ces deux substances s'enflammeroient tout aussi promptement que les cheveux & la barbe de ces Ouvriers.

Si l'observation de M. de Tilly est certaine, la précaution de respirer au travers d'une piece de flanelle, comme l'a proposé M. Hales, pour se garantir de la suffocation immédiate, ne feroit pas, à beaucoup près, sans inconvénient dans les Mines où le feu prend aisément : il vaudroit mieux s'en tenir à une toile en canevas.

Les Ouvriers des Mines de Lancastre, en Angleterre, qui sont dans l'usage (lorsqu'ils vont attaquer le *Glop-damp*) de s'envelopper des pieds à la tête d'un *paltot* de gros drap (1), ont doublement raison de le mouiller avec autant de soin qu'on a coutume de le faire pour les simples souquenilles en toile, dont on se sert communément dans toutes les autres Mines.

Méthode usitée parmi les Ouvriers des Mines, pour ceux qui ont été brûlés par le Feu grieux.

Les Ouvriers qui n'auroient pas été attentifs à la marque infaillible que nous avons donnée en son lieu, de l'explosion ou inflammation prochaine de ces vapeurs, aisée à prévoir par l'allongement de la flamme des lumieres, qui précede toujours ce malheur, sont exposés, entr'autres accidents, à des brûlures dont les différents degrés sont plus ou moins fâcheux, & même mortels. La flamme vive & approchante de celle de l'esprit-de-vin ou de la poudre à canon, quelque prompte qu'elle soit à suivre sa route pour s'échapper, produit quelquefois des escarres très-profonds, qui vont jusqu'aux chairs, aux veines & aux nerfs, & qui sont toujours accompagnés du plus grand danger, principalement si la blessure a attaqué le visage. Les secours appropriés à cette circonstance, dans laquelle le mal dégénere souvent en affection chronique, ne peuvent être détaillés ici, ils tiennent à une pratique méthodique & variée suivant les accidents, & qui exige un homme de l'Art.

_____

(1) Espece de Sarreau à manches, dans lequel on conserve seulement, à la partie qui répond | aux yeux, deux ouvertures garnies de glaces, afin que l'Ouvrier puisse se conduire.

En 1749, lorfque je fuivois l'Hôtel-Dieu de Lyon, au mois de Juillet, je vis un Malade bleffé par le feu d'un météore, qui pouvoit n'être pas bien différent de celui dont il s'agit; l'obfervation que j'en communiquai alors à la Société Royale de Lyon, & dont il fut fait mention dans le Mercure de France, du mois d'Août 1753, a été inférée en entier dans le Journal de Médecine d'Avril 1755 (1).

Dans le cas de brûlure fimple & légere, pour laquelle on n'auroit befoin que d'aftringent & d'adoucir la douleur, on pourroit envelopper la partie dans de la boue, foit de la Mine, foit d'autre, ou la baffiner avec une décoction de lierre, ou encore baigner dans de l'eau fraîche la partie brûlée, jufqu'à ce qu'on n'y reffente plus aucune douleur.

Dans les cas de grandes plaies, la méthode des Ouvriers des Mines de Mendipp, eft d'expofer la plaie à un grand feu, de baigner enfuite la partie malade dans du lait de vache chaud, & d'appliquer enfuite de l'onguent pour la brûlure, dont le Directeur des travaux doit toujours avoir provifion. Lorfque les douleurs font paffées, on aide la confolidation & la cicatrice de la plaie felon les circonftances.

Il arrive encore dans les accidents de Mines, un cas qui ne demande pas moins d'attention, quoique l'Ouvrier foit entièrement fain; c'eft lorfqu'à la fuite des grands bouleverfements, les travailleurs ont été long-temps enfermés fous terre. Nous avons donné, *page* 454, l'hiftoire du traitement employé par M. Santorin, vis-à-vis d'un Ouvrier de la Mine de Charleroy.

Moyens pratiqués dans les Mines pour fecourir les Ouvriers étouffés par le Fouma.

CETTE fuffocation doit être diftinguée en deux efpeces; l'une arrive à l'occafion des vapeurs de feu de Charbon de terre allumé dans les galeries, & eft du même genre que les fyncopes occafionnées par les exhalaifons de Charbon de bois dans un endroit renfermé.

L'autre efpece, auffi dangereufe, eft celle qui eft produite par le *Crowin*. Ce qui mérite le plus d'attention de la part des Ouvriers, c'eft la promptitude avec laquelle cette *moffette* exerce fon action, & le peu de profondeur à laquelle elle fe rencontre quelquefois (2). Il eft donc important d'abord de pré-

(1) C'étoit un Vuidangeur qui, fe difpofant à vuider des latrines, plaça la chandelle allumée fur le bord de la foffe: auffi tôt que la pierre qui la couvroit fut levée, il en fortit un nuage très-épais. Cette vapeur ayant rencontré la lumière, s'enflamma tout-à-coup, brûla jufqu'au vif les mains & le vifage de l'Ouvrier, & s'élevant tout de fuite dans l'air, fortit par la fenêtre, & mit le feu à un chaffis de papier, qui étoit au quatrieme étage de la maifon: il faifoit alors de très-grandes chaleurs.

Le malade, tranfporté à l'Hôpital, fut traité avec le plus grand foin; & cependant les brûlures du vifage étoient à peine guéries au mois d'Octobre fuivant. Au mois de Novembre, une rétention d'urine, fuivie d'enflure & d'une violente diarrhée, emporta le malade en très-peu de temps.

(2) M. Triewald obferve dans fon Mémoire fur cette vapeur, qu'elle agit quelquefois fur la

voir fa préfence : pour l'ordinaire cela eft très-poffible. On doit fe rappeller que la difficulté qu'on remarqueroit à la chandelle ou à la lampe, de fe maintenir allumée, ou que l'Ouvrier éprouveroit lui-même pour refter dans la Mine ou avancer plus loin, feroient des avertiffements fuffifants du danger de fuffocation.

Les moyens convenables pour fecourir un Ouvrier ramené hors de la Mine fans aucun figne de vie, font de deux efpeces, les remedes internes & les remedes externes. En fait de remede intérieur, on commence par chercher à ranimer promptement avec de l'efprit-de-vin donné dans de l'eau tiede ; cela procure un vomiffement abondant de matieres noires ; ce fecours n'eft cependant pas regardé comme radical : le malade refte incommodé toute la vie d'une toux convulfive, qu'il doit peut-être à l'âcreté extrême de l'acide vitriolique, appellé très-indiftinctement *acide fulphureux*, âcreté que développe la chaleur de l'eau avec laquelle il eft mêlé & tout combiné.

Le procédé fuivi par les moyens externes, eft particulier ; il confifte, au rapport de M. Triewald (1), à couper un gazon de la grandeur d'environ un pied quarré, à coucher enfuite l'homme fur le ventre dans une attitude telle que la bouche & le nez foient appliqués fur le fond du trou réfultant de l'enlévement de la piece de gazon : on pofe le gazon fur la tête nue du fujet. Il eft des endroits où l'on fe contente d'appliquer la bouche du malade fur un trou creufé en terre ; & lorfque cela ne réuffit pas, on remplit ce trou de bierre fans houblon : fi le fujet n'a pas été véritablement fuffoqué par le mauvais air, il reprend peu-à-peu fes fens, le pouls fe fait fentir, le malade s'éveille comme d'un doux fommeil ; une pefanteur & une douleur de tête qui lui reftent, fe diffipent au bout de quelques jours. Tous les Mineurs regardent ce procédé comme infaillible ; & M. Triewald affure qu'il lui a fauvé la vie, ainfi qu'à beaucoup d'autres perfonnes ; mais lorfque ces différents moyens font fans fuccès, on défefpere de la vie du malade.

Des Ouvriers tenus pour morts par l'effet de la Mouffette explofive, & de la Mouffette fuffocante.

Nous venons d'expofer fimplement la routine obfervée parmi les Ouvriers, pour fecourir ceux de leurs Camarades qui font rapportés fans mouvement, fans pouls, fans refpiration, & donnant dans tout leur extérieur l'idée de cette *proftration générale & effrayante de toute la nature*, qui a fervi à Gallien pour définir briévement la mort. On voit que pour un état auffi grave, les fecours auxquels fe bornent les Ouvriers de Mines, ne font pas, à beaucoup près, affez énergiques ; que le court efpace de temps donné à ces fecours, eft bien au-deffous

---

lumiere avec laquelle on defcend dans un puits de Mines, lorfqu'à peine on eft arrivé à une couple de braffes en profondeur, & que des Ouvriers en ont été affectés au point de tomber, de

l'anfe de la corde qui les attache, avant d'avoir pu donner le moindre avertiffement.

(1) Dans fon Mémoire fur cette vapeur.

de celui qu'il faudroit les prolonger ; qu'en un mot c'est bien légérement que ce malheureux est réputé mort & sans ressource. Il est bien reconnu que le mouvement du cœur & la circulation peuvent demeurer assez long-temps, & même plusieurs jours, suspendus, sans que la mort suive nécessairement cette interception ; ce sont bien, à la vérité, des signes palpables, mais non des preuves immédiates & absolues de la perte de la vie.

Le seul symptôme, quoique fautif, qui paroisse faire suspendre un jugement définitif, c'est ce que l'on remarque le plus ordinairement sur les Ouvriers suffoqués par l'air des Mines ; leur corps conserve de la chaleur dans les jointures assez long-temps, & ce n'est qu'après deux ou trois jours que les membres se roidissent. M. Brovallius rapporte cette observation faite sur deux Mineurs suffoqués dans une Mine de Norwege, retirés du puits trois jours après leur accident (1). La vapeur qu'on y éprouve commence par se faire sentir sur les levres, par une saveur douce ; un engourdissement aux doigts gagne successivement tout le corps ; l'ouie s'affoiblit, ainsi que la vue, & ensuite tous les membres ; la respiration devient pénible, & l'évanouissement succede.

Cette même circonstance de la souplesse des extrémités, a été assurée à M. Jars, par les Charbonniers de la Mine de Workington (2) ; c'est sans doute ce qui lui a donné lieu, dans son Mémoire sur ces Mines, de témoigner sa surprise de ce qu'on n'emploie pas tous les moyens imaginables pour sauver des malheureux qui, vraisemblablement, ne meurent réellement que long-temps après qu'ils ont été suffoqués, & que l'*extinction de chaleur naturelle, jointe à l'absence des signes de vie* a, en apparence, constaté la mort, ainsi définie par plusieurs Auteurs. Au surplus, de même que la pâleur du visage & le froid du corps, la roideur des extrémités, l'abolition des mouvements extérieurs, ne sont point des preuves de mort ; la flexibilité des membres n'est également qu'une marque incertaine que le sujet soit en vie.

Le cas se réduit donc à celui d'une mort violente dans lequel un homme peut être mort & peut ne l'être pas, & dans lequel, en conséquence, une espece de pressentiment naturel avertit de se conduire en tout, vis-à-vis des Ouvriers réduits à cet état, comme on se conduiroit vis-à-vis d'un homme que l'on sauroit être sujet à de fortes & longues syncopes ; d'employer sans relâche, & pendant du temps, tout ce que l'humanité peut inspirer, & tout ce que l'Art de la Médecine peut indiquer, les apparences de la mort ne décidant de rien, comme l'a remarqué le Commentateur de l'Anatomie de Heister (3).

Pour asseoir une méthode sur la recherche des moyens convenables à la situation dont il s'agit, il seroit important de savoir à quoi s'en tenir sur une

(1) Mémoire sur les vapeurs mortelles qui ont suffoqué des Ouvriers dans la Mine de cuivre Pyriteuse de Quekna. Actes de l'Académie de Suede, Tome IV, second Trimestre de l'année 1743, page 129.

(2) Voyages Métallurgiques, second Mémoire, Mine de Workington, page 244.

(3) En traitant de l'action des organes de la respiration.

queſtion qui ſe préſente naturellement à réſoudre, de quelle cauſe provient cette ſuffocation ?

La perte totale de reſpiration peut procéder de différentes cauſes, telles que la reſpiration d'un air trop chaud, trop condenſé, ou qui n'ayant pas de commerce avec l'air extérieur, & ne pouvant point alors être renouvellé, ſe charge d'exhalaiſons groſſieres non reſpirables, la privation d'air dans le vide, &c. D· quelle cauſe provient la ſuffocation qu'éprouvent les Ouvriers de Mines ? eſt-ce par défaut d'air ou non ? Eſt-ce toujours par l'une de ces deux cauſes contraires, que les Ouvriers de Mines ſont ſuffoqués ? l'effroi, le grand étonnement qui ſuſpendent tous les ſens, n'y entrent-ils pas quelquefois pour beaucoup !

L'obſervation qui devroit être ici, comme en toute choſe, le point de ralliement, n'a encore rien éclairci ſur ce ſujet. En ſe partageant ſur l'obſervation, on s'eſt partagé ſur le raiſonnement, & les lumieres de la Phyſique ne paroiſſent, en conſéquence, avoir répandu qu'un faux jour dans l'explication de phénomenes qui, par la promptitude avec laquelle ils agiſſent, ſe dérobent aux eſprits les plus pénétrants. Ce ne ſera cependant que par la recherche des faits, par l'attention à les comparer, à les circonſcrire, les aſſembler, les placer dans leur rang, en un mot par la connoiſſance exacte des démarches de la Nature, qu'on pourra remonter aux cauſes, & prononcer ſur celle de la mort, imparfaite ou abſolue, de ces Ouvriers, juſqu'à préſent auſſi difficile à connoître que celle des Noyés, ou de ceux qui ſont tués ou qui paroiſſent tués par la foudre. Quoique l'ouverture des cadavres ait répandu peu de lumieres ſur ces genres de morts, ce moyen pourroit être profitable pour découvrir comment s'opere, dans les Ouvriers de Mines, cette ſyncope ſubite & violente, qui peut les conduire à la mort ; je ne ſache point qu'on ait fait en leur faveur aucune recherche de ce genre : il eſt à deſirer qu'elle puiſſe avoir lieu dans l'occaſion. Au défaut d'éclairciſſements ſur ce point, tels qu'il en faudroit encore beaucoup, je vais expoſer ce qui a été avancé par des perſonnes qui ont viſité des Mines, & par quelques Phyſiciens célebres.

Différentes opinions touchant la maniere dont les Vapeurs ſuffocantes & exploſives, agiſſent ſur les Ouvriers de Mines.

L'OPINION générale ſur ce point, eſt que dans les ouvrages de Mines & autres endroits mal-ſains, c'eſt par défaut d'air que l'on eſt ſuffoqué. M. de Genſanne penſe que c'eſt préciſément le contraire: voyez *page* 946. M. le Monnier, d'après l'expérience qu'il a faite lui-même de cette vapeur dans la Mine de la *Forge*, en Auvergne, la range dans la claſſe de celles qui fixent ou détruiſent l'élaſticité de l'air, & le rendent non-reſpirable. L'obſervation de cet Académicien, que nous avons rapportée *page* 158, prouve que dans l'endroit où une vapeur s'élevoit, l'air y étoit plus denſe, parce que l'air y étoit plus comprimé ; &

l'on fait que l'air appellé *naturel* ou *libre*, eft une compreffion habituelle, telle que fi cet air venoit à perdre tout-à-coup fa pefanteur, il tendroit à s'écarter de toutes parts avec une force confidérable (1) ; ce qu'il y auroit d'intéreffant, ce feroit de pouvoir déterminer le rapport de la condenfation, à la force comprimante.

Pour ce qui eft de l'inflammation de cette vapeur, M. de **Tilly** avance, j'ignore fur quel fondement, qu'elle n'arrive que dans les veines *nitreufes* ; il ajoute que quoiqu'il femble que la flamme ne puiffe être excitée que par le reffort de l'air, il eft néanmoins prouvé par l'expérience, que cet accident n'arrive dans les Houillieres, que quand l'air ne peut jouer librement, ce qui, au contraire, n'arrive jamais lorfque fon reffort eft actif. Je conçois, dit cet Auteur, *page* 117 de fa Brochure, que l'air qui, par fa condenfation, a occafionné l'affemblage de toutes les particules inflammables qui fe détachent du Charbon, fe trouvant agité par l'approche de l'Ouvrier, met en mouvement ces mêmes particules, & les enflamme avec explofion. Mais ofons le dire, M. de **Tilly** eft le feul qui conçoive cela.

Quelque peu de fond que l'on puiffe faire fur les obfervations des Ouvriers, elles ne doivent cependant jamais être négligées. Il eft néceffaire de fe rappeller ici celle des Houilleurs Liégeois, relativement à l'efpece de retour de la vapeur inflammable fur elle-même, après avoir exercé fa force expanfive : voyez *page* 264. Il paroît que la chofe fe paffe uniformément dans toutes les Mines : M. Triewald l'a éprouvé lui-même dans la Mine nommée *Bilker*, appartenante à M. Ridley, près Newcaftle (2). M. Jars (3) compare l'effet de cet air fulminant, à celui de la poudre à canon qui feroit enfermée dans un endroit où il n'y auroit pas de circulation d'air, & qui prendroit feu tout-à-coup ; il affure, d'après les Charbonniers, que lorfqu'il y a explofion du mauvais air, il y a moins d'Ouvriers tués par le feu, que par ce qu'on appelle *retour de l'air*, qui peut être nommé fa *condenfation*. Un Maître Mineur qui avoit été brûlé quatre ou cinq fois, & qui en portoit des veftiges au vifage & fur les mains, a dit à M. Jars, s'être toujours garanti du mauvais air en fe jettant (c'eft-à-dire, fans doute, en reftant) ventre à terre & le vifage dans la boue. Deux Ouvriers péris dans une explofion, à laquelle le même Maître Mineur s'étoit auffi trouvé expofé, avoient été tués par le retour du mauvais air, & n'avoient aucune brûlure, tandis que leurs Camarades qui étoient avec eux, & qui avoient pris la précaution dont on vient de parler, étoient brûlés, mais fans danger de perdre la vie. De-là M. Jars conclut que les Ouvriers fouffrent par la grande & fubite dilatation de l'air, & que la forte condenfation & compreffion qui lui fuccede, eft ce qui les fuffoque. Il paroîtroit affez naturel, en effet, de croire

---

(1) Ou fi l'on veut on peut entendre par *état naturel de l'air*, la denfité qu'il avoit avant d'être comprimé.

(2) De la vapeur dangereufe qui fe trouve dans les Mines.

(3) Dans le Mémoire que nous venons de citer.

que cette explosion vient de l'air qui, resserré auparavant, se dilate tout d'un coup avec force; mais le danger de ce mouvement de l'air en arriere, doit encore varier en proportion de bien des circonstances, comme le *recul* des pieces d'Artillerie, soit en raison, pour ainsi dire, de la charge de matiere fulgurante & explosive qui a agi, soit à raison des espaces dont elle est partie & qu'elle a parcouru avant de faire son explosion; car alors plus la charge aura été forte, *cæteris paribus*, plus le recul aura dû être considérable. Ajoutons à cela que toute explosion chassant devant elle l'air contenu dans les galeries & dans les puits, à peine cet effet subit & violent a-t-il lieu, que l'air extérieur rentre dans les souterrains, & y rentre avec une énergie capable d'étouffer ceux qui se trouvent à son passage. Cette cause de la suffocation est plus naturelle encore que celle qui suppose que l'air se condense; ce n'est pas que dans le premier refoulement de cet air nouveau, il ne puisse y en avoir une partie, celle qui occupe les culs-de-sac, qui soit comprimée; mais toujours est-il vrai que cette compression est un accident, une suite de la rentrée précipitée de l'air nouveau, qui suffit seule pour occasionner l'étouffement.

Ne pourroit-on pas penser aussi que l'explosion chassant l'air de l'endroit où elle agit, ou lui faisant perdre son ressort, les Ouvriers se trouvent alors comme dans le vide ou dans un air trop rare pour qu'il puisse être propre à la respiration? C'est l'explication donnée par M. Duvernay & par Pitcarn, de l'effet de toute espece d'explosion.

On connoît encore l'effet de la grande frayeur, de repousser le sang & les liqueurs au-dedans du corps, de suspendre tous les sens; les parties voisines du cœur sont saisies d'un resserrement qui entraîne celui des autres parties du corps, leur refroidissement, la pâleur du visage, & qui va jusqu'à la suffocation: l'effroi n'entreroit-il pas, vis-à-vis de certains sujets, pour quelque chose dans cette syncope? Ces différentes causes ne doivent-elles pas indiquer une différence dans la maniere de remédier à cette suffocation?

Considérations sur la possibilité de rappeller, d'une mort apparente à la vie, les Houilleurs suffoqués ou tués dans les Mines; motifs qui doivent engager à mettre en usage, pour cet effet, tous les moyens imaginables.

L'ERREUR fatale dans laquelle on peut être induit sur les signes apparents de la mort, a été pour plusieurs Anatomistes Physiciens, l'objet d'une sollicitude digne de la plus grande attention. Quelques-uns l'ont fait éclater dans des Ecrits qui sont entre les mains de tout le monde, & il n'est pas possible de se dissimuler qu'ils sont suffisamment étayés par d'autres Ouvrages, où se trouve consignée l'histoire de faits précieux sur des secours par lesquels on a réussi en plusieurs pays, à rappeller à la vie des hommes qui venoient d'être submergés, & que l'on croyoit morts.

Tandis

Tandis que l'induſtrie a fait par-tout de ſi grands progrès, & a joui d'une activité prodigieuſe fur les objets de lucre & de luxe ; n'eſt-il pas ſurprenant, & même honteux, que l'on ſoit reſté auſſi pauvre & auſſi inattentif ſur les reſſources qu'offre la Médecine dans les cas les plus déſeſpérés, & contre la mort même ? C'eſt bien au moins dans ce ſens que doit être appliqué à notre ſujet ce que dit Hippocrate : ce Prince de la Médecine, éclairé par la ſaine Phi-loſophie dans la connoiſſance de la nature & de ſes mouvemens, penſoit que, quelqu'immenſes que fuſſent les reſſources de la Nature, celles de l'Art lui étoient preſqu'égales. Voici ſes propres paroles : *Le pouvoir de l'Art s'étend fur les maux les plus graves: l'Art guérit non ſeulement des maladies, des douleurs, mais même de la mort ; quantité de faits ſont garans que la Méde-cine a évidemment des ſecours contre tous ces maux* (1). Les Médecins ſavent comment Gallien caractériſoit les déciſions de ce Pere de l'Art de guérir.

Dès ces premiers temps, un *Empédocle*, un *Aſclépiade*, apprirent à ceux qui devoient embraſſer le même état, que le Médecin peut étendre juſqu'aux morts, ſoi-diſant, l'exercice de ſa profeſſion. Le premier fut l'objet de la véné-ration de l'antiquité, pour avoir rendu l'uſage de la vie à une fille que l'on croyoit morte. Le ſecond ſe retirant à ſa maiſon de campagne, rencontra une pompe funebre ; malgré les murmures, les railleries & les oppoſitions des per-ſonnes qui compoſoient le cortége, il examina tout le corps enveloppé d'aro-mates, & l'ayant fait reporter à ſa maiſon, il lui rendit la vie & la ſanté.

Les faſtes de la Médecine ont immortaliſé les noms de ces hommes qui, ſur la terre, ont ſans doute été regardés par leurs Concitoyens, comme des Anges tutélaires. L'Hiſtoire de tous les temps conſervera de même avec honneur, les noms de pluſieurs Médecins & de pluſieurs Chirurgiens qui ont eu des occaſions auſſi heureuſes, de devenir les Libérateurs de quelques particuliers en danger de mourir, parce qu'on les croyoit morts.

M. Greaulme, Médecin de la Faculté de Paris, & Ambroiſe Paré, ſe trou-verent, en qualité de Médecin & de Chirurgien du Châtelet, dans une cir-conſtance auſſi flateuſe.

M. Toſſach, Chirurgien à Edimbourg, M. Rigaudeau, Chirurgien-Major à Douay, M. Louis, à l'Hôpital de la Salpêtriere, & pluſieurs autres que je voudrois pouvoir tous nommer ici, comme autant de Bienfaiteurs de la Société, ne ſeront pas regardés avec moins de conſidération par quiconque s'intéreſſe à l'humanité.

Les occaſions qu'ils ont eues, prouvent de reſte, 1°. que les ſignes de la mort ſont, en certains cas, de nature à en impoſer ; 2°. qu'on s'y eſt peut-être trompé plus ſouvent qu'on n'oſe le croire ; 3°. que plus d'une fois on a réuſſi à rendre à la Société des ſujets que toutes les apparences extérieures avoient condamnés à l'oubli du tombeau ; 4°. enfin ces exemples juſtifient complettement

___

(1) *Ægrotantes verò artis operâ, à maximis malis, morbis, laboribus, dolore & morte vindicantur ;* | *omnibus enim his, Medicina manifeſtam medelam adhi-bere deprehenditur.* Hippocrat. Lib. de Flatibus.

les Savants qui ont furmonté, à ce fujet, la crainte de voir regarder leurs Ecrits comme des rêves de bons Citoyens.

Ce que nous avons de plus nouveau, en France, fur cette matiere, eft la Thefe foutenue, le 12 Avril 1740, dans les Ecoles de Médecine de Paris (1), fous la Préfidence d'un petit-neveu de l'illuftre Stenon, & naturalifé François (2). Son humanité lui faifoit appréhender pour les autres le danger auquel il avoit été expofé deux fois dans fa vie (3). Des réfurrections naturelles, fi l'on peut parler ainfi, dûes à un heureux hafard, ou à un concours de circonftances inattendues & citées dans cette Thefe, donnent néceffairement le foupçon que d'autres perfonnes auroient pu, de même, ne pas être précipitées dans le tombeau, fi elles avoient été examinées & fecourues par des gens de l'Art, plus occupés du bien de l'humanité, que ne le peuvent être les perfonnes affligées ou confternées de leur perte.

Cet Ouvrage fommaire, donné au Public par un Médecin que les fuffrages de toute l'Europe mettoient dès-lors à la tête des Anatomiftes, fit impreffion (4); les idées fe tournerent particuliérement fur les Noyés. Feu M. de Réaumur penfoit que les hommes ne perdent pas la vie fous l'eau auffi vîte qu'on le croit; & qu'entre ceux qu'on retire de l'eau après plufieurs heures, il y en a qui pourroient être fecourus avec fuccès, quoiqu'ils paroiffent morts (5). Dans la même année, il fortit de l'Imprimerie Royale, un *Avis, pour donner du fecours à ceux que l'on croit noyés* (6), qui avoit été rédigé par feu M. de Réaumur, de l'Académie des Sciences, & qui fut envoyé dans toute la France. Une des chofes particulieres aux Licences de la Faculté de Médecine de Paris, c'eft l'ardeur des Bacheliers à fe diftinguer, en choififfant pour point de leurs Thefes, des fujets intéreffants, ou par la nouveauté, ou par la circonftance. Au mois de Décembre, il fut foutenu une Thefe de Phyfiologie fur la caufe de la mort des Noyés (7), déja traitée par d'autres Auteurs (8). A Brunfwick, dans la Baffe-Saxe, il parut un Ouvrage Allemand, anonyme, ayant pour Auteur *Rud-Aug. Behrens* (9). Peu de temps-après M. Bruhier, Docteur en Médecine, publia une Differtation mal rédigée, mais importante, *fur l'incertitude des fignes de la mort*, avec une indication des épreuves & des fecours qui peuvent être employés contre la mort imparfaite.

(1) Sur l'incertitude des fignes de la mort.
(2) Jacques-Benigne Winflow, Docteur-Régent de la Faculté de Médecine de Paris, Profeffeur d'Anatomie & de Chirurgie au Jardin Royal, &c.
(3) Corollaire V.
(4) Le nom de l'Auteur, le rang que ce Programme fe trouve avoir, par fa date, dans le nombre des Ecrits qui ont paru fucceffivement fur cette matiere, ne font pas les feuls points de vue qui le rendent remarquable; il eft facile de juger qu'il paroit avoir été la premiere époque de l'attention du Gouvernement fur ce fujet.
(5) Ce Savant venoit de donner la publicité

de cette opinion, dans le dixieme Mémoire pour fervir à l'Hiftoire des Infectes.
(6) Deux pages, petit *in-folio*, caractere *cicéro*.
(7) *An demerforum vitæ fomes ultimus, refpiratio ? Prefide Magiftro Benjamino-Ludovico Lucas de Laurembert, proponente Silveftro-Antonio le Moine, die* 22 Décemb. 1740.
(8) Parmi les Modernes, M. Littre, M. Senac, M. Gauteron, de la Société Royale de Montpellier, Mémoire lu à la Séance publique de cette Compagnie, en 1728.
(9) Et pour titre : *Méthode pour rappeller les Noyés à la vie.* Brunfwick, 1740.

Une douzaine d'années après, ce fujet devint la matiere d'une Brochure, dont le titre eft tout oppofé à celui de l'Ouvrage de M. Bruhier (1); on y remarque qu'en même temps que l'Auteur fe propofe de démontrer l'infuffifance des preuves données par M. Bruhier, de l'incertitude des fignes de la mort, il ne révoque point le fait en doute (2); favoir, que fous de fauffes apparences de la mort, on a quelquefois enterré des perfonnes vivantes. Je ne fai trop fi, en étant ainfi d'accord avec M. Bruhier, la démonftration la plus fuivie & la mieux raifonnée de la certitude des fignes de la mort, par des recherches, par du favoir, & même par des faits, a rempli le but annoncé par le titre, de mettre le calme dans l'imagination allarmée des Citoyens, ou de la perfonne à qui ces Lettres font adreffées : prétendre ou prouver que ceux qui font ainfi retranchés du nombre des vivants, fans aucun examen, fans aucune épreuve pour s'affurer de leur fort, ne font victimes que d'une innatention, & non d'une méprife, n'eft pas, à mon avis, préfenter un motif bien confolant (3).

Le Bureau de la Ville de Paris eft toujours refté perfuadé, comme l'avoient été MM. Réaumur, Winflow & Bruhier, de la fréquence de ces méprifes auxquelles les fymptômes équivoques de la mort expofent particuliérement les perfonnes que l'on retire de l'eau; ce Corps Municipal a fait diftribuer, en 1758, l'Avis rédigé par feu M. de Réaumur, & c'eft, felon toute apparence, à cette attention foutenue du Bureau de Ville, que l'on fut redevable d'un travail fur ce fujet, qui a été couronné en 1762, par l'Académie de Befançon (4).

Les habitants d'Amfterdam, effrayés du nombre prodigieux que l'on pouvoit compter annuellement d'hommes noyés, fur-tout dans les Provinces de leur diftrict, ont formé, en 1767, en leur faveur, une Société au-deffus de tous les éloges. Une Feuille périodique Hollandoife (5), du 24 Août de cette même année, a annoncé de fa part, une diftribution de Prix pour ceux qui auroient fecouru des Noyés, même infructueufement. Notre Journal d'Agriculture & de Commerce (6), vient de faire connoître l'Hiftoire & les Mémoires de cette Société.

Le Bureau de l'Hôtel-de-Ville de Paris, qui n'avoit point perdu cet objet de vue, comme il eft aifé d'en juger par l'empreffement avec lequel il avoit fait répandre, en 1758, la feconde Edition de l'Avis de M. de Réaumur, vient d'en faire diftribuer de nouveaux exemplaires (7).

(1) Lettres fur la certitude des fignes de la mort, où l'on entreprend de raffurer les Citoyens de la crainte d'être enterrés vivants, &c. Par M. Louis, Paris, in-12. 1752.

(2) .°. Lettre, page 55.

(3) Cet Ouvrage, au furplus, eft fuivi d'un Mémoire intéreffant fur la caufe de la mort des Noyés, que l'Auteur avoit communiqué en 1748 à l'Académie Royale des Sciences de Paris, & de l'Avis imprimé au Louvre en 1740.

(4) Le Cri de l'Humanité en faveur des Noyés, ou moyens faciles pour les rappeller à la vie. Par M. Ifnard, in-8°. Paris, 48 pages.

(5) Intitulée le Philofophe, N°. 85, Hift. & Mémoires de la Société formée à Amfterdam, en faveur des Noyés. Amfterd. chez Pi. Meyer, 3. Part. 1768.

(6) Du mois de Mai 1769, que cette Partie de l'Ouvrage fur les Mines de Charbon de terre, étoit prête pour l'impreffion.

(7) En 1769. Perfonne n'ignore l'heureufe révolution que nous avons vue depuis 1772 s'opérer en France & en Angleterre, à l'exemple de la Hollande, de l'extinction de la barbare coutume d'abandonner à la mort les Noyés. En fuivant l'ordre des dates, qui fe préfentent ici, on reconnoît l'époque à laquelle on peut faire remonter cet établiffement honorable pour la

Si des hommes noyés en allant prendre des bains pour leur plaifir ; fi d'autres affez fous pour attenter, en s'étranglant eux-mêmes, fur une vie dont ils ne font pas libres de difpofer, & qu'ils doivent à celui dont ils l'ont reçue ; fi des criminels, qui ont mérité de la Juftice ce genre de mort, ont fixé avec fuccès l'attention compatiffante & éclairée des Anatomiftes pour prolonger leurs jours, combien de Citoyens expofés dans leur état à perdre la vie par des accidents imprévus, du genre contre lequel ces Ecrits propofent des fecours, ont droit de prétendre aux mêmes foins officieux qui ont rendu des Noyés à leur famille, à la Société !

L'illuftre Auteur de la Thefe foutenue aux Ecoles de Médecine, avertit expreffément (1) que dans les perfonnes fuffoquées, ou par un air infuffifant à la refpiration, ou autrement mal-faifant par le mélange de vapeurs nuifibles, ou qui, par quelque caufe de cette nature, ont été réduites dans des fyncopes mortelles, que dans ces différentes occafions les apparences de mort ne font point du tout décifives (2).

Quoi qu'il en foit, il eft toujours plus que probable que par les moyens employés pour les Noyés, ou par d'autres plus appropriés, & que l'expérience feule fera connoître, on pourra parvenir à arracher des bras de la mort, au moins quelques-uns de ces Ouvriers fuffoqués dans les Mines ou par l'eau ou par les vapeurs fouterraines.

Qu'il me foit permis de plaider ici fpécialement leur caufe. L'efpece de prédilection particuliere que je montre en leur faveur, ne portera ni le trouble ni la jaloufie, puifque les mêmes moyens, ou d'autres mieux indiqués, peuvent convenir à beaucoup de cas différents ; d'ailleurs c'eft rendre fervice à l'humanité entiere, de procurer la réimpreffion de cette Feuille par la voie de mon Ouvrage. S'il donne quelque part occafion de rappeller à la vie un Ouvrier de Mine, je m'eftimerai fort heureux de pouvoir penfer que j'ai contribué à ce fuccès.

Cet avis ne pourra manquer d'être utile dans ces cas de *mort imparfaite*: c'eft le nom qui convient à cet état, dans lequel il n'y a qu'un fimple inexercice des fonctions vitales, & où les organes, inftruments de ces fonctions, font encore en état de recommencer leur jeu. Quand, au furplus, ces fecours employés infructueufement, n'auroient d'autre avantage que de venir à l'appui des moyens que j'indiquerai pour conftater la mort abfolue, n'eft-ce pas un genre fuffifant de confolation & de dédommagement ?

Comme il doit arriver le plus ordinairement que les perfonnes qui fe

fiecle. Je m'arrête avec d'autant plus de plaifir à cette réflexion, qu'elle me donne lieu, par l'événement, de revendiquer la premiere origine de ces établiffements à deux Corps diftingués, auxquels j'ai l'honneur d'appartenir, la Faculté de Médecine de Paris, & l'Académie Royale des Sciences.

(1) Corollaire II.
(2) Le célebre Auteur du *Synopfis praxeos Medicæ*, eft du même avis, & l'annonce formellement dans l'Article dont nous parlerons bientôt, où il traite des fecours à apporter aux Noyés & aux Suffoqués.

trouvent préfentes à ces accidents de Mines, & à portée de fe charger des tentatives indiquées dans le Mémoire, n'auroient pas pour cela autant d'intelligence
que de bonne volonté, j'effaierai ici de guider leur zèle, en faifant fuivre cet
Avis de quelques courtes réflexions.

L'Auteur du Mémoire fur les Noyés, a jugé avec raifon cet éclairciffement
néceffaire pour un fujet qu'il traitoit *ex profeffo*. Il auroit pu, je penfe, entrer
dans un plus grand détail qu'il ne l'a fait. Ne devant ici me propofer que de
préfenter des idées générales, je renfermerai dans des bornes très-étroites, les
obfervations dont j'accompagnerai chaque Article de l'Avis imprimé; mais
j'efpere qu'elles ne feront point abfolument inutiles (1): elles feront applicables à la maniere de fecourir les Ouvriers fuffoqués, dont je m'occuperai à part
en finiffant.

*Avis pour donner des fecours à ceux que l'on croit Noyés, d'après la Copie
imprimée au Louvre en 1740.*

1. Apre's avoir ôté les habits au malheureux qu'on vient de retirer de l'eau, au lieu de le
laiffer étendu fur le rivage, comme on ne le fait que trop fouvent, ce qu'il y a de plus preffé,
c'eft de l'envelopper de draps & de couvertures, pour le mettre à l'abri des impreffions de l'air
froid, & pour commencer à le réchauffer.

Pour le réchauffer plus efficacement, on le mettra enfuite dans un lit dont les draps feront
bien chauds, & pendant qu'il y fera, on appliquera fouvent fur fon corps, des nappes & des
ferviettes chaudes.

On a l'exemple de Noyés fur qui le foleil chaud & brûlant, auquel ils ont été expofés, a
produit l'effet que les linges chauds ont fait fur d'autres. Il y en a qui ont été réchauffés dans
des bains d'eau chaude: mais on n'a pas toujours la commodité de tenter ce dernier moyen.

2. Il s'agit ici de remettre en jeu les parties folides de la machine, afin qu'elles puiffent
redonner du mouvement aux liqueurs. Pour remplir cette vue, on ne laiffera pas le Noyé
tranquille dans fon lit: on l'y agitera de cent façons différentes, on l'y tournera & retournera,
on le foulevera & on le laiffera retomber, & on le fecouera en le tenant entre fes bras.

(1) L'inftant où cette Partie de mon Ouvrage
paffe à l'impreffion, fupplée, on ne peut pas
plus heureufement, à la néceffité où j'ai dû
me trouver, d'éviter toute efpece de détail. Il
faut efpérer qu'on viendra au point de prendre
quelques idées précifes fur cette matiere, devenue le fujet des recherches des Antomiftes:
on peut confulter l'Obfervation de M. Grum-
mer, *de Submerforum reficitatione, Expériences
& Obfervations fur la caufe de la mort des Noyés, &
les phénomenes qu'elle préfente*, Lyon, 1758. L'Ouvrage de M. de Villiers, Docteur en Médecine
de la Faculté de Paris. (*Méthod. de rappeller les
Noyés à la vie*, A Louvre 1771, in-4°), rapproche, d'une maniere très-intéreffante, tous les
objets relatifs à la maniere de fecourir les Noyés.
S'il étoit poffible que quelqu'un eût befoin
d'être encouragé à prêter fes mains où fes lumieres dans les occafions, il lui fuffiroit de prendre connoiffance de la Brochure qui a commencé à paroître en 1773, & qui fe continue tous
les ans. Les fuccès que l'Etabliffement de l'Hôtel-
de-Ville de Paris a eus en différentes Provinces de
France, doivent immortalifer ce Corps Municipal. On doit en particulier la reconnoiffance la
plus étendue au zele du Citoyen refpectable,
que ce Corps a choifi dans fon fein, pour être
le Directeur de ces fecours. Ceux qui ont l'avantage de connoître ce Citoyen eftimable, favent
qu'il ne pouvoit être fervi plus à fon gré, qu'en
étant à portée de confacrer le temps de fa retraite à faire du bien. L'Hiftoire dont il s'eft
chargé, de faits qui font honneur au fiecle, à
l'humanité entiere, lui affigne, parmi les Jour-
naliftes nombreux de toute efpece, la premiere
place, & aucun n'ofera la lui difputer. Ces
Ephémérides viennent d'être augmentées de la
defcription de la Boîte de Pharmacie, nommée
Boîte entrepôt, dans laquelle font renfermés les
fecours qu'on eft dans l'ufage d'adminiftrer aux
Noyés, conformément à l'Etabliffement que la
Ville de Paris a fait en leur faveur. La chofe m'a
paru affez intéreffante pour ne pas balancer
d'en enrichir cet article de mon Ouvrage; c'eft
la feule addition que je me fuis cru permis d'y
faire.

3. On doit auſſi lui verſer dans la bouche des liqueurs ſpiritueuſes ; & c'eſt faute d'en avoir eu de telle qu'on la vouloit, qu'en différentes occaſions on a verſé dans la bouche des Noyés de l'urine chaude, qui a paru produire de bons effets. On a preſcrit une décoction de poivre dans du vinaigre, pour ſervir de gargariſme.

4. On cherchera auſſi à irriter les fibres intérieures du nez, ſoit avec des eſprits volatils, & avec des liqueurs auxquelles on a recours dans les cas d'apoplexie, ſoit en picotant les nerfs qui tapiſſent le nez, avec les barbes d'une plume, ſoit en ſoufflant dans le nez avec un chalumeau, du tabac ou quelque ſternutatoire plus puiſſant.

5, 6. Un des moyens auxquels on a eu recours pour des Noyés qui ont été rendus à la vie, a été auſſi de ſe ſervir d'un chalumeau ou d'une canule pour leur ſouffler de l'air chaud dans la bouche, pour leur en ſouffler dans les inteſtins ; on l'a même introduit avec ſuccès dans ceux-ci avec un ſoufflet. Une ſeringue y peut être employée ; peut-être même vaudroit-il mieux employer la ſeringue pour y porter des lavements chauds capables de les irriter, & propres à produire plus d'effet que l'air qu'on eſt plus en uſage d'y faire entrer.

Mais tout ce qu'il y a de mieux, peut-être, c'eſt de ſouffler dans les inteſtins la fumée du tabac d'une pipe ; un de nos Académiciens a été témoin du prompt & heureux effet de cette fumée ſur un Noyé : une pipe caſſée peut fournir le tuyau ou chalumeau par lequel on ſoufflera dans le corps la fumée qu'on aura tirée de la pipe entière.

7. Aucun des moyens qui viennent d'être indiqués, ne doit être négligé ; enſemble ils peuvent concourir à produire un effet ſalutaire : ils ſeront employés avec plus de ſuccès, quand la fortune voudra qu'ils le ſoient ſous les yeux d'un Médecin qui ſe ſera trouvé à portée. Si la fortune donne auſſi un Chirurgien, on ne manquera pas de tenter la ſaignée, & peut-être eſt ce à la jugulaire qu'elle doit être faite ; car dans les Noyés, comme dans les pendus, & dans ceux qui ſont tombés en apoplexie, les veines du cerveau ſe trouvent trop engorgées de ſang ; ſi les vaiſſeaux peuvent être un peu vuidés, ils en ſeront plus en état d'agir ſur la liqueur qu'ils doivent faire mouvoir.

8. Enfin quand les premiers remedes qui pourront être tentés, ne ſeront pas ſuivis de ſuccès, ce ſera probablement le cas où le Chirurgien pourra avoir recours à la bronchotomie, c'eſt-à-dire, à ouvrir la trachée-artere. L'air qui pourra entrer librement dans les poulmons par l'ouverture qui aura été faite au canal qui le leur fournit dans l'état naturel, l'air chaud même qui pourra être ſoufflé par cette ouverture, redonnera peut-être le jeu aux poulmons, & tous les mouvements de la poitrine renaîtront.

Mais de quoi doivent être ſur-tout avertis ceux qui aimeront à s'occuper d'une ſi bonne œuvre, c'eſt de ne ſe pas rebuter ſi les premieres apparences ne ſont pas telles qu'ils les déſireroient. On a l'expérience de Noyés qui n'ont commencé à donner des ſignes de vie, qu'après avoir été tourmentés pendant plus de deux heures. Quelqu'un qui a réuſſi à ramener à la vie un homme dont la mort étoit certaine ſans les ſecours qu'il lui a donnés, doit être bien content des peines qu'il a priſes ; & ſi elles ont été ſans ſuccès, il ſe ſait gré au moins de ne les avoir pas épargnées.

Réflexions ſur les différents moyens conſeillés dans cet Avis, & ſur leur adminiſtration.

Il n'eſt pas néceſſaire d'avoir été témoin du ſpectacle que préſente un homme que l'on vient de rapporter d'une Mine dans laquelle il a été noyé ou ſuffoqué, pour s'en repréſenter l'image ; l'anéantiſſement général de la machine eſt tout récent : il n'eſt pas encore porté à ce dernier degré où, je ne ſai par quelle horreur ſecrette, l'aſpect ſeul du ſujet inſpire le preſſentiment de ſa perte ; le viſage ſe ſoutient encore, il n'eſt ni changé ni flétri : le tableau qu'il offre, ne frappe point la vue par le hideux de ce *biſtre de la mort*. Ma maniere de voir, lorfque je fuivois les Hôpitaux, m'a fuggéré cette expreffion, qu'on me permettra de conferver. Je crois qu'elle défigne affez bien cette efpece de *lèvis* de couleur jaunâtre ou verdâtre mêlée d'un livide plombé, qui, fur le cadavre d'un homme fuccombé en détail à une maladie interne plus ou moins longue, eft l'annonce finiftre de la colliquation des chairs fous la peau, & un véritable certificat mortuaire.

Dans l'*Afphyxie* dont eft attaqué le Noyé ou le Suffoqué, la figure eft morne & fombre, les traits ne font plus animés par la penfée ; dans quelques occafions le froid, la pâleur font répandus fur le corps, &c. (1) ; l'infenfibilité léthargique, l'abfence de tout ce qui caractérife extérieurement la vie, ont dû naturellement faire naître l'idée du befoin de ranimer, tant à l'extérieur qu'à l'intérieur, les reftes de la chaleur naturelle qui menace de s'éteindre, la fenfibilité perdue : c'eft auffi, pour l'ordinaire, par où l'on débute, vis-à-vis de toute perfonne privée, par un accident fubit & violent, des principaux attributs de la vie, & réduite dans une fituation dans laquelle des fymptômes palpables & fenfibles font foupçonner ou appréhender la mort, felon que le vifage s'éloigne de l'état naturel, ou felon qu'il eft plus ou moins méconnoiffable.

On feroit néanmoins très-fondé à douter que ce premier fecours extérieur, ainfi que les différentes manieres généralement ufitées pour remplir ce but, foient indiquées bien pofitivement aux Noyés, qui font l'objet de l'inftruction publiée plufieurs fois depuis quelques années ; l'examen feul, foit de l'indication qu'on a cru appercevoir unanimement, de réchauffer l'extérieur du corps, foit des moyens à choifir, feroit la matiere d'une controverfe qui entraîneroit une difcuffion fort longue ; les bornes de mon fujet ne me permettent pas de m'y engager. Je me contenterai d'expofer fimplement ce doute, que je crois très important, & auquel je n'ajouterai que de courtes réflexions.

D'ailleurs, faute de favoir précifément de quelle nature eft le premier défordre qui a porté dans toute l'économie animale le trouble auffi effrayant qu'inquiétant, dont on apperçoit les effets fur toute la perfonne d'un Houilleur tenu pour mort après une fubmerfion, ou par la vapeur explofive, ou par la vapeur fuffocante, on ne peut fe diffimuler qu'il n'eft pas poffible d'avoir un plan de traitement bien fûr, & on eft obligé en même temps d'avouer qu'il eft en conféquence affez difficile au Médecin d'agir dans cette occafion en homme éclairé & en homme prudent.

En faifant même abftraction de l'ætiologie du mal, encore enfevelie dans les ténèbres les plus profondes, fi l'on veut fimplement envifager l'état du Noyé ou du Suffoqué, comme fyncoptique ou comateux, on fait combien le traitement en eft délicat, & exige une fage lenteur & une attention fcrupuleufe, à raifon ou de la caufe ou du degré qui font inconnus, ou du temps qui s'eft écoulé entre l'accident & l'application des fecours.

S'agit-il des Noyés, il s'en eft vu qui ont été rappellés à la vie par la chaleur d'une peau de mouton, dans laquelle on les a enveloppés, par la chaleur d'un bon feu, d'un bain de cendres ou d'eau, ou de fumier échauffé, ou par la chaleur du lit, du foleil : on a réuffi à en fauver d'autres, en étendant le corps fur le pavé froid, & en faifant tomber de haut & par jet, de l'eau froide fur les membres.

C'eft bien là un de ces cas dont Hippocrate difoit, en commençant fes Aphorifmes, que *l'expérience eft trompeufe*, & *le jugement difficile*. Ne pourroit-il pas arriver que le lit bien baffiné, le tas de fumier fuffent, dans quelques occafions, plutôt dangereux qu'efficaces ? La premiere impreffion du chaud & du froid, décidée avantageufe, fon application continue ne pourroit-elle pas être nuifible ? Ces queftions toutes nues, font affez voir combien il feroit important de chercher l'explication des différents fuccès obtenus par des moyens tout-à-fait oppofés.

Quoiqu'il y ait une différence grande & réelle entre l'évanouiffement profond, appellé *Syncope*, & la *Lipothymie*, qui n'en eft qu'un premier degré, & l'*Afphyxie* qui conftitue l'état des Noyés & des Suffoqués ; ce qui fe pratique très-ordinairement dans le premier degré que l'on fait être très-fréquent, mérite ici une attention particuliere.

La fueur & la tranfpiration infenfible, condenfées par le froid, font répandues en gouttes fur toute l'habitude extérieure du corps ; l'idée ne vient point alors de réchauffer ; le fecours eft tout oppofé : on court à l'eau fraîche, on en jette fur le vifage de la perfonne évanouie. Qu'en réfulte-t-il ? le malade fe ranime fur le champ ; le mouvement du cœur fe rétabliffant, détermine dans le fujet une agitation précipitée, une efpece de fecouffe automatique, peut être comparable à celle que l'enfant qui vient au monde éprouve en éternuant.

Quelques obfervations apprennent les heureux fuccès de l'immerfion fubite des Léthargiques dans l'eau froide.

S'il y avoit fur cet objet un parti à prendre dans cet embarras, le plus fûr, ou qui préfenteroit moins d'inconvénients, feroit de recourir aux frictions feches, qui n'éveillent pas tumultueufement la chaleur naturelle.

Dans le cas où l'on jugeroit néceffaire de réchauffer le corps du malade, il feroit encore de la plus grande conféquence de bien faire attention à la différence de la faifon dans laquelle il s'agiroit d'employer ce moyen.

Il paroît plus que raifonnable de penfer qu'il eft des temps où la grande chaleur donneroit une exclufion abfolue à ce moyen, & qu'il feroit plutôt néceffaire de fonger à corriger la température brûlante & animée de l'air extérieur ; je voudrois même qu'on eût foin de jetter force feaux d'eau fraîche autour du corps. Dans cette occafion fur-tout, que rifqueroit-on de lui en jetter fur

le

le corps ? La feule apparence d'analogie entre la fimple défaillance dans laquelle on pratique ce moyen, & un évanouiffement fyncoptique, eft de nature à fuggérer & à autorifer l'application du même moyen (1). Je laiffe juger les perfonnes de l'Art, pour lefquelles l'occafion d'être appellées, ou de fe trouver préfentes à ces événements, doit être une obligation d'approfondir ces réflexions, que je leur foumets volontiers, & je paffe à la révifion fuccincte que j'ai annoncée, de chaque Article de l'Avis imprimé.

1. La premiere chofe eft donc de porter le corps au grand air, d'éviter même (fur-tout fi c'eft en été & en temps chaud) de le porter dans une chambre ; & dans le cas où cela fera jugé plus convenable, de n'y admetre abfolument que le monde néceffaire, afin de ne pas échauffer l'air d'un endroit qui peut déja fe trouver étroit & peu aéré.

2. La faute qui fe commet le plus ordinairement & le plus facilement dans ces fortes d'occafions, font les violences que l'on fait au corps du fujet, foit en lui donnant des attitudes forcées & contre nature, foit en mettant trop de précipitation pour le tranfporter de l'endroit où il eft d'abord dépofé, à celui où on le traite, & dans les différentes poftures que peuvent exiger les moyens convenables à fa fituation.

Quelque fecours qu'on adminiftre en pareil cas, on doit avoir grande attention à éviter toute efpece de fecouffe rude : il faut toujours avoir préfente à l'idée la poffibilité que le fujet n'eft pas mort, & qu'il eft dans le plus grand danger

(1) *Depuis que ceci eft difpofé pour l'impreffion, j'ai été à portée de faire cette réflexion, avec grand regret de n'avoir pu mettre mon idée à exécution. Le 26 Juin 1772, à trois heures après-midi, je me trouvai, dans mes courfes d'affaires, fur le quai de la Grève, fortant de la rue des Barres, pour gagner le port Saint-Bernard, au moment qu'une grande affluence de peuple, fur les deux quais, me fit foupçonner qu'il venoit de fe noyer quelqu'un. L'idée en vint à l'inftant que je pourrois être de quelque utilité dans cette conjoncture : une chaleur infoutenable, qui n'avoit pas befoin d'être jugée par l'infpection du Thermometre, m'annonçoit que l'opération des fecours, dans l'endroit fixé par l'Hôtel-de-Ville, feroit des plus pénibles pour les perfonnes qui voudroient y prendre part. (Chez moi, où je n'avois pas diné, elle parut fi extraordinaire, qu'elle fut marquée à mon thermometre à 32 degrés; & il fut rapporté, à notre féance de l'Académie du lendemain, que le Thermometre de l'Obfervatoire avoit marqué le même nombre de degrés). Le malaife que j'éprouvai n'ébranla point l'efpoir & le défir que j'avois d'être témoin & participant des tentatives qui alloient être faites ; je retournai fur mes pas, & me jettai à la hâte dans le Corps-de-garde qui eft fur le port, avant que la foule en eût rendu les approches difficiles. Quelques minutes après, on y porta un jeune homme, qui venoit d'être retiré de l'eau (Louis Gafcouins, noyé depuis 25 minutes. Voyez pag. 37, de la Brochure citée pag. 995, Note 1).J'eus le chagrin d'être fruftré d'une fatisfaction qui eût été une des plus touchantes pour moi, celle d'avoir concouru à la réuffite. L'air étouffant que l'on refpiroit dans le Corps-de-garde, ne permettant point d'en attendre, je me retirai deux heures après,* mon habit pénétré de ma fueur, laiffant ceux qui manœuvroient dans une fituation qui ne peut fe décrire, par la maniere dont la fueur degouttoit de leur vifage. Les obfervations dont je fis part, à cette occafion, à Meffieurs du Bureau de Ville, viennent tout à fait à mon fujet : je vais les placer ici.

« Dans les grandes chaleurs de l'été, le Corps-de-» garde n'eft pas un endroit propre à l'adminiftration » de ces fecours : ce Bâtiment eft écrafé, & ne reçoit » du jour, pour l'ordinaire, que par une fenêtre & » par la porte; l'air y eft trop refferré & privé de » l'élafticité qui, dans le cas dont il s'agit, eft encore » plus néceffaire que dans toute autre occafion ; il con-» viendroit alors d'exécuter tout ce qui eft néceffaire » fur la riviere, dans un bateau. On y trouveroit de » plus l'avantage d'être débarraffé de toutes perfonnes » inutiles, uniquement moyen d'avoir accès dans le » Corps-de-garde, & qui ne font que gêner, par leur » curiofité, les opérations, priver davantage l'air de » fon refort, &c.

» Il conviendroit donc d'interdire ftrictement l'en-» trée à toute efpece de perfonne, quand le nombre de » ceux qui font utiles ou néceffaires eft fuffifant : ce ne » fut pas une des moindres de mes occupations, de faire » fortir quantité de monde qui fe fuccedoit fans ceffe.

» Pour les premiers commencements, où l'on n'a » point encore l'ufage & l'expérience de cette pratique, » le petit Avis inftructif devroit être collé fur l'inté-» rieur du couvercle de la Boîte, qui eft à la garde du » Sergent, (ce qui a été fait depuis ;) cet Officier » dans le cas où il n'y auroit ni Médecin ni Chirurgien, » feroit procéder à chaque manœuvre dans l'ordre fuc-» ceffif indiqué.

d'en être à ce point ; en conféquence on fent de combien de ménagements on doit ufer en voulant le fecourir ; la pofition de la tête eft particuliérement à confidérer : cette partie doit être un peu inclinée en devant, la pofition ren-verfée en arriere eft contraire au retour du fang.

3. Après avoir irrité & agacé le nez, le palais de la bouche, s'il eft poffible, avec des barbes de plume, on ne doit fonger à recourir aux liqueurs fpiri-tueufes dans la bouche, que lorfqu'on juge que le malade eft en état de les avaler.

5, 6. Parmi les différents moyens qui pourroient être confeillés, (après que l'on auroit débarraffé les inteftins par des lavements, ou de quelqu'autre maniere,) l'infufflation de l'air dans les poumons, feroit, à mon avis, le plus efficace comme le plus facile. L'Hiftoire conferve la mémoire du fuccès de ce fecours, infpiré à un Domeftique par l'attachement pour fon Maître, dont il devint le bienfaiteur en lui rendant la vie. Un Houilleur fuffoqué ne trouveroit-il pas au moins dans fa femme, dans fes enfans, ou dans quelqu'un de fes camarades, ce même intérêt? Il n'en eft pas de la fituation à laquelle il s'agit ici d'apporter ce remede, comme des circonftances maladives propres à faire naître une répu-gnance affez naturelle, ou à faire craindre le moindre danger ; beaucoup d'ex-périences ont conftaté l'utilité de cette transfufion du fouffle vital dans les organes qui font le principal mobile de la refpiration. Vis-à vis d'un homme récemment étouffé, la générofité de celui qui appliqueroit ce moyen, ne pour-roit l'expofer à aucun rifque, & répandroit certainement fur fes jours, au cas de réuffite, la plus vive & la plus douce fatisfaction qu'un homme puiffe éprouver.

Feu le célebre M. le Cat avoit fait plufieurs expériences fur ce fujet, à cela près qu'il auroit dû, ce me femble, ne pas choifir de jeunes animaux nou-veaux nés ; ce qu'il penfoit de la maniere de communiquer, dans ces occafions, de l'air dans les poumons, mérite confidération. Cet Anatomifte Phyficien défiroit, pour perfectionner cette premiere méthode, que l'on inventât un fyphon qui pût être introduit par la glotte dans la trachée artere, en relevant l'épiglotte avec quelqu inftrument convenable. Il fouhaitoit encore qu'à ce fyphon on adaptât un petit foufflet : fon idée étoit qu'après avoir réchauffé les poumons par l'infufflation immédiate ou autrement, l'air extérieur, & modéré-ment frais, introduit par ce foufflet, feroit alors beaucoup plus propre que celui de la bouche, à rétablir la circulation des liqueurs.

Dans les cas où il feroit bien décidé que l'air frais ne fût pas préférable, je pencherois fortement pour l'infpiration immédiate bouche à bouche, douce-ment & par degrés : il fuffit en général d'être prévenu pour cette opération, de quelque maniere qu'on s'y prenne, que les mâchoires du fujet, fouvent très-ferrées l'une contre l'autre, doivent d'abord être écartées, & que la force néceffaire pour cela, doit cependant être ménagée à un certain point, fans quoi on rifqueroit de luxer la mâchoire inférieure. Cet écartement fait, il ne s'agit plus, en procédant à l'infufflation, que de fermer le nez & la bouche du fujet le plus exactement poffible.

Quand on eftime à propos de faire des injections de vapeurs en maniere de lavements, il feroit quelquefois néceffaire de vider le gros inteftin des matieres dont il pourroit être embarraffé, & qui s'oppoferoient à l'introduction de la fumigation.

Que les lavements foient de vapeurs ou de liquides, il eft effentiel, pour le fuccès de ce moyen, de porter grande attention à l'attitude qu'il convient de donner au corps, qui doit décrire une courbe, & être penché fur le côté droit, en évitant que le ventre éprouve aucune forte de compreffion.

7. La faignée de la jugulaire pour fecourir les Noyés, paroît évidemment utile; comme dans cette circonftance la compreffe ne peut guere être affujétie, fans inconvénient, fur la plaie après l'opération, il paroît tout fimple d'y fuppléer par une petite languette de *fparadrap*, ou de tout autre emplâtre agglutinatif, appliqué fur la plaie, & contenu avec la main jufqu'à ce qu'à l'aide de cette chaleur il fe foit collé fur la peau.

Quant à la Bronchotomie propofée dans l'Avis imprimé, ainfi que par plufieurs Praticiens, comme un fecours très-utile, l'Auteur des Obfervations fur les Noyés, remarque judicieufement que cette opération de Chirurgie eft confeillée fans raifon; il a difcuté cet Article en homme éclairé; mais cela n'étoit pas bien néceffaire: l'infufflation qui remplit l'intention de faire paffer de l'air dans les poumons, exclut décidément la Trachéotomie.

Tentatives à faire fur les Ouvriers fuffoqués dans les Mines, pour les rappeller à la vie, ou au moins pour conftater la mort abfolue de ceux qui ont éprouvé foit cet accident, foit celui de la fubmerfion.

Nous avons rendu un compte fimplement hiftorique de ce qui fe pratique parmi les Houilleurs, vis-à-vis de leurs camarades fuffoqués dans les Mines, quand l'accident n'eft qu'à un degré affez léger pour céder aux moyens dans lefquels leur expérience eft circonfcrite.

Dans les cas où l'Afphyxie eft portée au plus haut point, jugée par le nonfuccès fans reffource, c'eft à la Médecine à ajouter de nouveaux moyens: elle feule peut fubftituer à une routine, ou qui abandonne légèrement la partie, ou qui fe déconcerte aifément, une marche méthodique foutenue, autant que la fituation permet raifonnablement d'efpérer encore de la vie du malade.

S'il eft poffible de parvenir un jour à un but auffi defirable, il eft hors de doute que ce ne fera qu'en revenant, avec une férieufe attention, fur les différentes relations connues qui renferment quelque détail, quelques circonftances, foit fur l'état qu'ont éprouvé ces Ouvriers avant d'être entièrement suffoqués, soit sur ce qu'ont rapporté ceux qui ont été assez heureux pour échapper à la mort, soit enfin sur ce qui se fait remarquer dans leur individu lorsqu'ils ont été guéris. Les observations de M. Triewald, qui a lui-même *tâté* cette vapeur suffocante ; celles de M. l'Abbé de Sauvages, que nous avons rapportées, *page 154* ; celles de M. le Monnier le Médecin, *page 590*, & toutes celles que l'on pourra recueillir sur cet objet, sont de la plus grande conséquence, & doivent servir de base à toutes les méthodes à imaginer pour le traitement d'un accident qui tient à ce que l'on connoît de plus compliqué dans la méchanique du corps animal, je veux dire la respiration.

Il n'est pas indifférent de rapprocher de ces relations ce qu'ont pensé sur la situation en elle-même dont il s'agit, quelques Ecrivains de poids ; tout, en pareille matiere, peut concourir à faire appercevoir ce que l'on cherche. Je vais essayer d'aider à découvrir une route sûre dans ce traitement, en exposant ce qu'ont avancé M. Triewald, M. Henckel & M. Broyallius. La suffocation dont parle ce dernier & M. Henckel, dans son Traité des Maladies des Mineurs, est occasionnée par des moffettes métalliques ; selon toute apparence, elles ne font pas comparables, dans tous les points, aux vapeurs des carrieres de Charbons, si on en excepte celles dont le Charbon est pyriteux, ou selon nous *pyritofo-bituminofùm* (1). La masse d'air ramassée dans ces Mines, est en général, quant au mélange de parties étrangeres, bien différente de celle des Mines de cuivre, de plomb, &c ; cependant les phénomenes de la suffocation dans toute espece de souterrains, se rapportent assez entr'eux dans les points essentiels. Les observations sur cette matiere dans les Mines métalliques, ne sont donc pas absolument étrangeres à celles qui ont été faites dans les carrieres de Charbon(2).

Il paroît qu'on est en conséquence fondé à raisonner à peu-près de la même maniere sur la méthode de secourir les Ouvriers étouffés dans tout endroit renfermé, sauf l'augmentation que le volume de l'air peut avoir acquis, par une addition à sa matiere propre, & qui peut donner sujet à interprétation ou à restriction relativement à ce mélange.

M. Triewald assure que dans une Mine chargée de vapeurs, il ne s'est pas trouvé autrement incommodé, quand la lumiere s'éteint, que de se sentir lourd & gagné par une envie de dormir. Il croit pouvoir juger par son expérience, que ceux qui périssent de l'effet de cette vapeur, périssent d'une mort très-douce, & n'éprouvent que ce que ressentiroit une personne qui périroit de l'effet d'une grande lassitude. Il rapporte que les Ouvriers retirés à temps & promptement d'une Mine où ils ont été surpris par l'effet résultant de cette

---

(1) On doit remarquer que toutes les fois que nous avons conservé le mot *sulphureux*, adopté dans le langage des Ouvriers de Mines, nous entendons *pyriteux*, pour marquer l'alliage particulier qui se trouve avec la portion bitumineuse.

(2) M. Broyallius, dans son Mémoire, pense aussi que la suffocation ou l'assoupissement dans les Mines de Quekna, peut autant provenir du défaut de circulation de l'air, que de la nature arsenicale prétendue de ces moffettes, quoique M. Henckel ait démontré la présence de ce poison, en petite quantité, dans la pyrite jaune, alliée ordinairement au cuivre.

exhalaifon, reviennent entiérement lorfqu'ils font ramenés à l'air froid, quoi-qu'ils ne donnent aucun figne de vie.

Dans les Mines d'Angleterre, le *Common-Damp* donne des convulfions aux Ouvriers (1); les vapeurs des Mines d'Alais, portent d'abord à la bouche un goût d'amertume (2), & enfuite de l'étouffement (3). Celles des Mines d'Auvergne ont fait éprouver à M. le Monnier, un gonflement du vifage & de la gorge, cuiffon aux yeux, larmoyement, tintement des oreilles, étourdiffe-ment (4).

Selon M. Henckel, dans un Ouvrier fuffoqué par les moffettes métalliques, la tête & les poumons font affectés. Cet Auteur penfe, pour ce qui eft de la tête, que ces vapeurs en pénétrant par le nez jufqu'au cerveau, exercent immé-diatement leur action fur ce vifcere, ce qui produit l'étonnement & la perte de fentiment qui précede même la fuffocation.

Quant à l'affection des poumons, qui eft un accident concomitant de l'état des Houilleurs, M. Henckel opine que la mouffette prive ces organes de l'air néceffaire à leur développement; il eftime que par le refferrement qu'elle occafionne dans les cellules pulmonaires, & dans les ramifications des bronches, elle interrompt la circulation, & produit la fuffocation.

Le traitement propofé par cet Auteur, fe réduit à faire refpirer au malade un air frais, le fecouer, lui fouffler de l'air dans la bouche, le faigner, lui donner quelqu'infufion chaude, pour chercher à le faire fuer.

Dans la maniere dont M. Henckel juge de l'état de fuffocation par les mof-fettes métalliques, on entrevoit qu'il a regardé comme maladies diftinctes, deux léfions de fonctions, qui, l'une & l'autre, ne dépendent que d'une même caufe, & qui font fympathiques, foit par les nerfs, foit par les vaiffeaux fanguins.

L'Auteur paroît tenir au fentiment des Anciens, qui admettoient comme poffible la communication immédiate de vapeurs quelconques dans le cerveau. Il eft arrivé quelquefois que des perfonnes font tombées dans un profond fom-meil pendant la diftillation de fubftances fomniferes. Un Auteur a publié quel-que part que confervant dans fon cabinet des pommes de Mandragore, il s'étoit trouvé fort affoupi, ce qu'il attribuoit aux émanations de ces fruits. L'obferva-tion la plus frappante en ce genre, & la plus finguliere fans contredit, fi elle étoit vraie, c'eft celle rapportée dans le *Sepulchretum* de Bonnet, de taches de foufre remarquées dans le cerveau d'un homme qui fut tué par la foudre (5); mais elle paffe toute croyance, & les connoiffances anatomiques ne permet-

(1) Parce que peut-être il eft chargé d'acide vitriolique.
(2) Qui pourroit indiquer une exhalaifon bitu-mineufe.
(3) Sans doute à raifon de l'épaiffeur & de la pefanteur de cette moffette.
(4) Ces fymptômes demandent, comme pour

les autres Mines, à être rapprochés de la na-ture du Charbon des Mines d'Auvergne, qui eft en général un mauvais Charbon *pyriteux*, & de l'effet de la vapeur de la Mine de cuivre pyri-teufe de Quekna: voyez *page* 987.
(5) *De Suffocatione.* Lib. II. Sect. II, Obf. XLV.

tent pas d'expliquer, comme M. Henckel, l'embarras qui fe manifefte dans la tête des Ouvriers étouffés par les vapeurs de Mines : le cerveau n'eft ici affecté que *per confenfum.*

« Une des circonftances qui me femble remarquable, c'eft la maladie confécutive qui fe déclare dans les Ouvriers échappés du danger de la mort, où les jettoit ce profond évanouiffement à la fuite de la fuffocation ; cette toux qu'ils confervent toute leur vie, *voyez pag.* 986, ne pourroit-elle pas jetter quelque jour fur l'état primitif? Dans le Recueil d'ouvertures de cadavres, par Bonnet, l'obfervation *XXXIX, Sect. III, Lib. I* (1), eft accompagnée d'un Commentaire fuccinct, qui n'eft pas ici indifférent : *An lethargus à pulmone effe poteft ? ita fane, &c.* Il étaye fon fentiment fur un paffage d'Hippocrate, 2 & 3 *de Morb.* touchant les Maladies léthargiques, & particuliérement fur un endroit de fes Prognoftics (2), qui a été diverfement interprété par les Commentateurs, où Hippocrate fait entendre que fouvent la léthargie dépend des affections de poitrine, & fe termine par une affection de cette capacité. Il nous fuffit d'avoir dirigé ou fixé fur ce point l'attention des perfonnes de l'Art qui feront dans le cas de fuivre ces fortes d'obfervations. Nous allons maintenant nous occuper des fecours convenables aux Ouvriers fuffoqués dans les Mines. La méthode générale expofée par M. Lieutaud, remplit à cet égard ce que l'on peut fouhaiter. Afin d'aider le Lecteur à en faire une comparaifon utile & raifonnée, avec ce qui doit être remarqué dans la pratique des Mineurs, nous donnerons la traduction de cette partie de l'Ouvrage de l'habile Médecin (3).

Dans les différents Ecrits publiés en faveur des Noyés, on a grand foin d'avertir les perfonnes qui entreprennent de prêter la main aux fecours qu'on adminiftre en pareil cas, de ne point fe décourager d'un manque de réuffite ; fouvent elle n'a lieu que plufieurs heures après une perféverance foutenue. Il nous a femblé intéreffant d'affigner en quelque façon les limites qui peuvent féparer l'efpérance du fuccès, de ce qui annonce le non-fuccès.

Cette courte addition que nous avons jugé devoir faire, nous a femblé propre à foutenir le zele & l'empreffement charitables dans ceux qui fecourront ces malheureux.

---

(1) *De foporofis affectibus : lethargus fymptomaticus, à pulmonum vitio inductus.*

(2) *Prænotion. coac.* N°. 145.
(3) Lib. I, Sect. III, *Suffocatio.*

Méthode abrégée pour secourir les personnes suffoquées accidentellement.

Indice auquel on peut juger du temps qu'il convient d'abandonner les tentatives.

« Transporter le malade au grand air, lui jetter de l'eau froide sur le
» visage (1), lui souffler dans la bouche, présenter au nez du vinaigre & toutes
» sortes de liqueurs pénétrantes, & employer d'abord la saignée.

» Quelques-uns proposent l'émétique. Le savant Auteur ajoute : *Num rectè ?*
» *cæteris judicandum relinquimus* (2).

» Les anti-spasmodiques & les tempérants qui paroissent avoir réussi quelque-
» fois, sont encore assez équivoques », *par la difficulté de juger si l'état est compliqué de spasme, comme on a vu que cela arrive quelquefois.*

» Les sternutatoires actifs, les lavements âcres & stimulants, les frictions
» avec des étoffes rudes, les ventouses scarifiées, & ce que l'Art prescrit en
» général dans les affections soporeuses & comateuses ».

Dans les Mines de Quekna en Norwege, les seuls remedes employés, sont
le vinaigre & la thériaque : cela ne réussit pas toujours.

Veut-on enfin, conformément au louable précepte de Zacchias, ne rien
omettre de tout ce qui peut aider à découvrir au moins si la vie subsiste encore,
ou si elle est éteinte, on doit, avant de renoncer à toute espece de tentative,
consulter les yeux du sujet ; c'est une des remarques de l'Auteur recommandable dont nous empruntons la méthode de secourir les hommes suffoqués
accidentellement. Cet avertissement ne pouvoit être négligé par un Ecrivain
qui réunit dans sa personne le savoir avec l'amour de l'humanité.

L'observation qui, de la part des hommes auxquels l'autorité publique confie
la santé des Citoyens, doit s'étendre jusques sur les cadavres, établit pour fait
constant & certain, qu'après la mort les yeux deviennent flasques & mous,
s'affaissent & se détruisent d'une maniere particuliere à l'occasion d'une diminution de l'humeur vitrée ; que la prunelle se rétrécit un peu, & quelquefois
d'une façon marquée ; que jamais elle n'est beaucoup dilatée (3). Il est en même
temps bien reconnu qu'on ne connoît pas d'exemple de ce changement dans
aucune des autres révolutions qui arrivent au corps animal, au point que cet
affaissement & cette mollesse du globe de l'œil, joints à cette apparence de

(1) Je crois que ce seroit bien là le cas d'en jetter sur tout le corps du malade ; néanmoins si l'on pouvoit être sûr, dans un Houilleur suffoqué, que la frayeur est entrée pour quelque chose dans l'état où il est réduit, n'y auroit-il pas du risque à ne pas le réchauffer ?

L'air frais ou tout autre, présenté à l'inspiration, qui peut n'être pas entierement abolie, paroit, d'après l'expérience des Houilleurs, être capable d'un effet très-heureux : il pourroit convenir de même dans les cas de suffocation par la vapeur du Charbon.

(2) L'application du vomitif, qui est très-indiqué pour les Noyés, pourroit être fâcheux pour les Houilleurs suffoqués, si l'état provenoit de l'effet de la frayeur.

(3) Cet état est vulgairement désigné par les gens du peuple, en plusieurs pays, & même en France, par cette expression *les yeux sont crevés, le larmier est crevé.*

toile glaireufe dans un fujet qui ne porte fur les paupieres aucune marque de maladie antérieure, paroiffent pouvoir fournir des preuves de la mort. Il n'eft pas, en conféquence, inutile de rapporter en entier ce qu'a dit à ce fujet le célebre Anatomifte, Auteur de la Thefe fur l'incertitude des fignes de la mort (1).

Premiérement en écartant ou en ouvrant tout doucement les paupieres, la cornée tranfparente eft couverte d'une efpece de membrane ou de toile glaireufe très-fine, qui fe fend en plufieurs morceaux quand on y touche, & que l'on emporte facilement en effuyant la cornée.

Dans ceux qui meurent les paupieres ouvertes, cette toile ternit quelquefois la cornée au point de faire prefque difparoître la prunelle; cette toile paroît être formée d'une lymphe qui fuinte naturellement par les pores de la cornée tranfparente, dont Stenon parle dans fon Traité des glandes & des mufcles.

On fera bien enfuite, felon le confeil de M. Lieutaud, de recourir à l'application de larges veficatoires & de fers rouges à la plante des pieds.

Pour exciter la vigilance & l'humanité des perfonnes qui fe trouveroient à portée d'affifter ces Ouvriers dans cette fituation, l'Auteur termine le plan de traitement qu'il propofe, par une invitation à laquelle nous croyons devoir donner place ici (2).

Dès l'inftant qu'il eft démontré que la vie des Ouvriers de Mines, noyés ou fuffoqués, dépend des fecours à leur donner, & de la maniere d'y procéder, la négligence, encore plus l'indifférence fur ce point, feroient impardonnables. Les Propriétaires, Entrepreneurs, Directeurs ou autres Intéreffés dans les Mines, doivent en conféquence regarder maintenant comme meuble indifpenfable de Houillerie, un appareil de tout ce qui convient à ces fecours. J'aime à croire que dans les endroits où ces travaux s'exécutent par des Particuliers, un Seigneur, un Curé de Paroiffe, s'emprefferont de pourvoir généreufement le Corps des Ouvriers de cette précaution, ce qui me détermine à donner ici, comme je l'ai annoncé, l'état de ce qui entre dans la caiffe nommée à Paris *Boîte-Entrepôt*.

(1) Obfervation fur la porofité de la cornée tranfparente, par M. Winflow. Mémoires de l'Académie Royale des Sciences, *An.* 1721, *page* 10.

(2) *Quæ omnia altâ quidem fanè mente tenere debent Medici fuis muniis perfunctoriè hærentes; ne priùs quàm moriantur, horrendum dictu! fepulturæ tradantur quâvis caufâ fuffocati.*

Description de la Boîte portative, contenant les choses qui servent à secourir les Noyés, d'après l'Etablissement que la Ville de Paris a fait en leur faveur, Pl. LV.

Cette Boîte, qui est faite de bois, a 12 pouces de haut, 18 pouces de long, 9 pouces de large, } y compris les épaisseurs des bois, qui ont 5 lignes.

Toutes les parties en sont assemblées solidement & proprement en queue d'aronde.

On a pratiqué dans cette Boîte, différentes séparations, dont deux reçoivent chacune une bouteille de pinte remplie d'Eau-de-vie camphrée, animée avec l'esprit volatil de Sel-Ammoniac. Une troisieme séparation est destinée à recevoir le bonnet & les deux frottoirs de laine roulés ensemble, dans lesquels on a enfoncé (de maniere à les faire appercevoir en ouvrant la Boîte) deux tiges de la canule fumigatoire, & la canule à bouche.

Au-dessous du bonnet & des deux frottoirs, dans le fond de la Boîte, on a placé les deux bandages à saignée, roulés avec leur compresse. Ces deux bandages sont le seul article essentiel qu'on n'a pû représenter dans le détail en apperçu qu'on va faire de la Boîte.

Une quatrieme séparation est une tablette pratiquée pour la Machine fumigatoire, dans le fourneau de laquelle on loge le flacon bouché en crystal, qui contient l'esprit volatil de Sel-Ammoniac.

Une cinquieme séparation est une autre tablette apparente à l'ouverture de la Boîte & à sa surface interne, faisant le dessus de la Machine fumigatoire. Cette tablette est fermée de tous les côtés, & forme à peu-près un quarré d'un pouce & demi de haut, dans lequel on voit quatre rouleaux de tabac à fumer, d'une demi-once chaque, & une petite boîte renfermant plusieurs paquets d'Emétique, de trois grains chaque.

Dans le fond de cette *Boîte-Entrepôt,* & sous la Machine fumigatoire, on apperçoit le soufflet.

On voit, dans cette Boîte, un petit piton à vis, d'où pend, par le moyen d'une ficelle, un nouet de soufre & de camphre, uniquement ajouté ici pour la conservation de la couverture & des autres ustensiles de laine dont il occupe toujours le milieu.

Par-dessus la couverture, on voit la canule fumigatoire, la cuiller de fer étamé, & les Brochures contenant les détails des succès obtenus depuis l'Etablissement: (on a soustrait ces brochures comme inutiles à représenter figurément).

Pour l'intelligence & la facilité dans l'administration des secours à donner, on a

pensé qu'il seroit utile de coller en dedans du couvercle de cette Boîte, l'usage qu'on doit faire des différents articles ci-dessus comportants les secours.

Et enfin, au-devant de la Boîte, on affiche une feuille imprimée, qui présente, en précis & par ordre, les secours à administrer aux Noyés, & les conditions qu'on fait aux personnes qui veulent bien s'en charger.

La serrure de cette Boîte est solide & proprement faite; &, pour empêcher qu'elle ne soit susceptible de la rouille, on a eu l'attention de faire appliquer par-dessus deux couches de vernis.

On a évité de la fermer avec une serrure à clef, parce qu'on a fait réflexion que la serrure peut se mêler, que la clef peut se perdre; & que, lorsqu'on voudroit faire usage des secours (si cet accident arrivoit), on seroit obligé, pour ne pas perdre de temps, de briser la Boîte, en faisant sauter la serrure.

On voit, par ce détail, qu'on a tâché de tout prévoir, autant qu'on l'a pu.

Inventaire indicatif & figuré de la Boîte portative, dont on a supprimé le couvercle ainsi que le devant, afin qu'on puisse plus facilement voir, dans sa place, chacun des objets indiqués par des lettres relatives.

(A) Quatre rouleaux, chacun d'une demi-once de tabac à fumer.

(B) Une petite boîte renfermant plusieurs paquets d'Emétique, de trois grains chaque.

(C) Une bouteille de pinte remplie d'Eau-de-vie camphrée, animée avec l'esprit volatil de Sel-Ammoniac: (on ne voit qu'une partie du col de cette bouteille; le reste se trouve caché, dans la profondeur de la Boîte, par la tunique ou chemise de laine, fig. 3.)

(D) Flacon de crystal contenant l'esprit volatil de Sel-Ammoniac; (il ne paroit pas dans la Boîte, parce que sa place est dans le fourneau de la Machine fumigatoire où on la tient logée, lorsqu'on ne se sert pas de la Machine).

(E) Tuyau ou Canule fumigatoire.

(F) Cuiller de fer étamé.

(G) Nouet de soufre & de camphre.

(H-H) Couverture de laine en forme de tunique.

(I-I) Deux tiges du tuyau fumigatoire, pour faire parvenir la fumée de tabac dans les intestins; l'une supplée à l'autre, lorsqu'elle se trouve engorgée.

(K) Canule à bouche.

(L-M) Bonnet de laine roulé avec les deux ſrottoirs de laine.

(N) Seconde bouteille de pinte remplie d'Eau-de-vie camphrée, animée d'eſprit volatil de Sel-Ammoniac.

(O) Soufflet à une ſeule ame ou ſoupape, en cuir.

(P) La Machine fumigatoire repoſant ſur une tablette pratiquée exprès : elle loge, dans ſon fourneau, le Flacon d'eſprit volatil de Sel-Ammoniac (D).

(Q) Corps de la Boîte-Entrepôt, dont on a ſupprimé le devant & le couvercle.

Nota. On n'a pu repréſenter à l'œil deux bandages à ſaignée, des plumes pour chatouiller le dedans du nez & de la gorge, & des Imprimés qui indiquent la manière de faire uſage de toutes les choſes contenues dans la *Boîte-Entrepôt.*

Développement de la Boîte.

FIG. 1re. La *Machine fumigatoire* montée avec ſon ſoufflet (A), fixé (B) par une fiche de fer qui traverſe le manche (C) de la Machine (D), par le moyen d'un trou qu'on a pratiqué au manche (C) & à la douille (E) du ſoufflet (A) ; de manière qu'on peut faire faire à la Machine, ainſi aſſujettie, tous les mouvements poſſibles, en les dirigeant avec le ſoufflet ; & on eſt diſpenſé de toucher à la Machine lorſque le tabac eſt allumé, autrement on ſe brûleroit.

(F) Chapiteau ou couvercle de la Machine.

(G) Tubulure ou cheminée du chapiteau.

(H) Bouchon de liege, fermant la cheminée (G) du chapiteau (F), dont l'uſage eſt de pouvoir juger à quel point le tabac fournit de la fumée.

(I) Bec ou canal du chapiteau (F) qui conduit la fumée du tabac juſques dans les inteſtins.

(K) Bout de cuivre étamé, ou gorge dans laquelle s'inſere le bec (I) du chapiteau (F), pour la direction de la fumée juſques dans les inteſtins.

(L) *Tuyau fumigatoire* : c'eſt une ſpirale en reſſort à boudin, de fil de laiton recouvert d'une peau blanche de mouton, collée avec de bon empois.

(M) *Canule* de buis terminant le tuyau fumigatoire. Cette canule eſt compoſée de deux pieces, dont le n°. 3 eſt fixé au tuyau fumigatoire (L), & fait corps avec lui ; & le n°. 4 eſt la tige d'une canule ordinaire, qu'on peut retirer & remettre à volonté, pour pouvoir lui ſubſtituer une autre tige dans le cas où, pendant l'opération des ſecours, la première viendroit à s'engorger, par la matiere qui ſe trouve quelquefois retenue dans les gros inteſtins.

Le *Soufflet* (A) a cinq pouces & demi de long, depuis ſa partie circulaire (A) juſqu'à ſon muffle (a-a) ; ſa plus grande largeur eſt de trois pouces quatre lignes. Le muffle (a-a) a ſeize lignes, réduites à douze, près de la tuyere ou douille (E), laquelle a deux pouces & demi de long, & eſt percée dans toute ſa longueur, pour communiquer le vent du ſoufflet.

La Machine fumigatoire (A-A), *fig.* 2, ſans ſon couvercle, a trois pouces de haut, y compris la gorge (B-B), qui, ſeule, a trois quarts de pouce ; cette gorge eſt de cuivre jaune, poli au tour, & a près de deux lignes d'épaiſſeur. Le manche (C) a trois pouces & demi de long, & dix lignes de diametre. Le corps de la Machine eſt de cuivre rouge étamé, & toutes ſes parties ſont braſées à ſoudure forte ; de maniere que, quelle que ſoit la chaleur qu'on peut faire endurer à cette Machine, il n'y a pas à craindre que les ſoudures manquent, ce qui interromproit l'opération.

Le diametre de la gorge de la Machine (A-A) eſt de vingt-une lignes, & celui du fond du fourneau eſt de vingt-quatre.

Le couvercle, ou chapiteau (F), a deux pouces de haut, non compris ſa tubulure ou cheminée (G), qui a ſix à ſept lignes de haut, ſur autant de diametre.

Le bec ou canal (I) du chapiteau (F) eſt long de quatre pouces : il a ſix à ſept lignes de diametre à la baſe qui eſt ſoudée au chapiteau, & ſe réduit à deux lignes à l'extrémité qui s'ajuſte à la gorge du tuyau fumigatoire (L).

Le tuyau fumigatoire (L) a quatorze à quinze pouces de long ; c'eſt une ſpirale en reſſort à boudin de fil de laiton, recouvert d'une peau blanche de mouton, collée avec de bon empois ; ſa partie ſupérieure n°. 1, eſt de cuivre rouge étamé ; elle forme la gorge dans laquelle on inſere le bec (I) du chapiteau (F), lorſqu'on veut faire manœuvrer la Machine. Ce tuyau (L), n°. 2, eſt terminé par une canule, n°. 4, compoſée de deux pieces, dont le n°. 3 eſt fixé au tuyau fumigatoire (L), & fait corps avec lui ; & le n°. 4 eſt la tige d'une canule ordinaire qui peut être changée, à volonté, dans le cas où elle s'engorgeroit pendant l'uſage qu'on en feroit ; & c'eſt pour cette raiſon que, dans l'inventaire de la Boîte, on a mis deux tiges de canule indiquées par les lettres (I-I).

On obſerve que le tuyau fumigatoire (L), adapté à la Machine toute montée, eſt coupé, pour ne pas le repréſenter deux fois dans toute ſa longueur ; mais il eſt figuré en entier, & indiqué par les chiffres 1, 2, 3, 4, *fig.* 9.

LA FIGURE 2 repréſente la Machine fumigatoire (A-A) ouverte ; on en a fait la deſcription aſſez détaillée dans la figure première, pour n'y pas revenir.

FIG. 3. La couverture de laine en forme

de tunique ou de chemife ; on a donné la forme d'une tunique à cette couverture qui fert à envelopper les Noyés, pour la facilité de les couvrir promptement, & de *les garantir de l'impreffion de l'air extérieur* (1). On voit affez combien cette forme eft commode à tous égards. On a placé, dans la partie fupérieure de cette couverture, des rubans en couliffe pour pouvoir être ferrés, afin que les épaules foient couvertes ; & les cordons qu'on a coufus aux parties latérales de ladite couverture ou chemife, ainfi qu'aux manches, peuvent être noués, fi on le juge à propos.

Fig. 4. Flacon bouché en cryftal, rempli d'efprit volatil de Sel-Ammoniac. (La place de ce Flacon, dans la Boîte-Entrepôt, eft dans le fourneau de la Machine fumigatoire).

Fig. 5 & 6. La cuiller de fer étamé vue en différents fens. Son cuilleron eft terminé par un petit bec, pour la facilité d'introduire, dans la bouche des Noyés, de l'Eau-de-vie camphrée, ou autre Liqueur, pour peu que les dents foient defferrées. Ce cuilleron eft plus profond que celui des cuillers ordinaires, afin qu'il contienne plus de Liqueur, & qu'il puiffe fuppléer à un gobelet ; fon manche eft dirigé de maniere à pouvoir placer la cuiller pleine, fans qu'elle foit expofée à répandre ; & l'extrémité du manche eft faite

pour fervir de levier, afin d'écarter les dents fi elles étoient trop ferrées, en prenant toutefois les précautions néceffaires pour ne pas rifquer de luxer la mâchoire du Noyé qu'on voudroit fecourir.

Fig. 7. Canule à bouche : c'eft une canule ordinaire divifée en deux pieces réunies enfuite par un boyau de peau large d'un pouce & long de deux, afin d'intercepter, à volonté, le fouffle récurrent, & de garantir la perfonne qui fouffle des exhalaifons de l'eftomach du Noyé lorfqu'il commence à revenir. Pour éviter le défagrément qui réfulte du retour de ces exhalaifons, il fuffit de pincer, avec deux doigts, le boyau de peau lorfqu'on ceffe de foufffler, & qu'on veut reprendre haleine.

La tige de cette canule eft plus forte que celle des canules ordinaires, pour ne pas fe caffer entre les dents des Noyés ; ce qui eft arrivé dans le commencement de l'Etabliffement : elles n'étoient pas fi fortes qu'on les a faites depuis.

Fig. 8. Seconde tige de la canule fumigatoire, pour être fubftituée à la premiere, fi elle étoit engorgée.

Fig. 9. Tuyau fumigatoire repréfenté dans toute fa longueur avec fes divifions 1, 2, 3, 4, dont le détail fe trouve développé à la lettre (L).

(1) Voyez les Obfervations générales, fous le titre : *Réflexions fur les differents moyens confeillés dans l'Avis publie en 1740*, page 996.

L'achat de cette Boîte, qui eft du prix de 48 livres, une fois fait, conftitue prefque la feule dépenfe, n'y ayant plus qu'à renouveller les Médicaments employés, qui ne fe montent gueres qu'à 9 ou 10 livres.

Idée générale des Machines Hydrauliques qui fe conftruifent à la fuperficie des Mines, pour en tirer les eaux.

Les inconvéniens que produit l'affluence des eaux dans les Mines, ne font ni moins nombreux ni moins difficultueux que ceux qui viennent d'être détaillés, & qui réfultent de l'air ; à moins qu'on ne détourne, qu'on ne ramaffe les eaux, qu'on n'en diminue le volume, elles portent à la pourchaffe des ouvrages un préjudice infurmontable : elles nuifent même aux Travailleurs, qui peuvent quelquefois être fubmergés.

En faifant attention à la nature de l'eau, on conçoit que l'enlévement de ce fluide du fond d'une Mine, forme une des opérations importantes de ces fortes de travaux. Les parties dont l'eau eft compofée, font ou peuvent être regardées comme abfolument dures ; prifes en maffe, elles font incompreffibles, c'eft-à-dire, qu'elles ne peuvent être réduites à occuper un volume moindre que celui qu'elles occupent dans leur état naturel : lors même que la circonftance permet de procéder à leur épuifement par *tinnages*, c'eft-à-dire, dans des feaux ; cet enlévement des eaux, par raport à leur pefanteur (fixée ordinairement à 70 livres par pied cube) eft un travail pénible & lent ; les eaux alors rentrent dans la claffe des corps pefans qu'il faut enlever, ce qui fait que nous remettons à traiter cette maniere de fe débarraffer d'une partie des eaux de Mines, lorfque nous examinerons ce qui concerne les Machines deftinées à enlever des poids en général.

Quant à préfent, les eaux feront confidérées, dans le cas qui eft le plus ordinaire dans les fouilles profondes, où leur volume confidérable exige des moyens & des agens proportionnés, par la force & la continuité, à l'obftacle énorme qu'elles mettent aux travaux, c'eft-à-dire, lorfqu'on eft obligé, pour les tirer hors d'une Mine, de recourir à quelque méchanique compliquée.

Toute Machine qui fert à élever l'eau d'une profondeur, quelle qu'elle foit, eft diftinguée en général par le nom de *Machine hydraulique* ; les Pompes, les Vis fans fin, les Chapelets, les Roues mêmes pourroient être appellées *Machines hydrauliques fimples* ; c'eft à quoi fe réduit dans le fond le grand nombre de Machines hydrauliques que l'on a imaginées. Les autres font compofées de celles-là ; & à mefure qu'elles font ou variées ou mûes par des agens différens, ou plus compofées en elles-mêmes, elles deviennent auffi difpendieufes qu'elles font indifpenfables dans les Mines profondes ; au furplus les effets des unes & des autres fe déterminent, comme ceux de toutes les Machines, par les loix connues de la Méchanique : il ne s'agit que d'appliquer ces loix à celles de l'*Hydraulique*. Sous ce nom qui, dans le fens le plus étendu, peut fignifier cette partie de la Méchanique qui détermine en général les loix du mouvement des fluides, je ne comprends ici que la Science du mouvement

des

des eaux , foit que ce mouvement fe fafle felon une direction perpendiculaire , ou felon une direction oblique , ce qui forme deux parties, l'une & l'autre très-étendues & très-difficiles à approfondir ; néanmoins ces connoiffances réunies à celles de la Phyfique , peuvent feules diminuer l'inconvénient inévitablement attaché à ces fortes de Machines , fur-tout de conftituer dans de grandes dépenfes (1). Leur conftruction , l'enfemble des différentes parties qui les compofent , doivent être affujétis à un examen rigoureux, dépendant de principes qu'un Directeur de Mines ne peut puifer que dans ces différentes Sciences.

Les Ouvrages indiqués dans l'article des *Travaux qui s'exécutent par le fecours des Machines* , pag. 909 , nous difpenfent , de refte , d'entrer dans aucun de ces détails ; nous ne nous propofons même pas de multiplier ici les defcriptions , foit de Machines hydrauliques , foit de Machines à enlever des poids quelconques , auxquelles nous viendrons enfuite ; notre but eft uniquement de faciliter l'intelligence de celles qui fe trouvent répandues dans plufieurs Ouvrages, & de donner des idées précifes de la conftruction & du méchanifme des unes ou des autres.

De toutes les Machines hydrauliques employées à élever l'eau continuellement , les Pompes font les plus communes & les plus avantageufes. Une efpece de développement de leurs parties effentielles, fuffira pour ce que nous avons en vue : nous y joindrons une Notice générale des pieces qui en dépendent, ainfi que des principales parties qui entrent dans leur conftruction , de quelque maniere qu'elles foient mifes en jeu. Enfin ces généralités feront accompagnées de tout ce qui peut fervir d'éclairciffement fur la partie de l'Architecture hydraulique des Mines , dont nous allons effayer de donner une idée.

---

(1) A Nordmarck , en Suede , où les Mines s'épuifent par un *Feldgeftange* , les Propriétaires, la plupart Payfans & Ouvriers , n'étant point en état de faire cette dépenfe , on a obligé ceux des Fonderies à y contribuer dans la proportion des Minerais qu'ils tirent de leurs Mines , & au jugement du Maître des Mines. Pour rendre la balance égale, vis-à-vis les Propriétaires des Fonderies , on a fait une taxe des Minerais, qui eft renouvellée chaque année par le Berg-Meifter , & à laquelle les Propriétaires de Mines font obligés de fe conformer : le prix eft inférieur à celui que fe vendent les Minerais des autres Mines. *Jars , page 111.*

Des Pompes en général.

LES Pompes dont on ne peut se passer dans les *fosses de grand Athour*, pour aller chercher les eaux du fond de la Mine, sont variées à l'infini : elles peuvent cependant, en général, se rapporter à trois especes, qui ont chacune des avantages particuliers, ou même à deux, la *Pompe foulante* & la *Pompe aspirante.*

La premiere agit par pression ou par refoulement, & porte l'eau à une hauteur, sans aucune reprise, ce que la Pompe aspirante ne peut faire que dans la longueur d'une tringle de fer, qui passe dans son tuyau montant; cette derniere même égale, dans toutes ses parties, à la Pompe foulante, amene toujours moins d'eau qu'elle.

Dans la Pompe aspirante ou commune, l'eau est élevée de bas en haut jusqu'à la hauteur de 32 pieds tout au plus, & jamais au-delà : elle se répete autant de fois qu'il est nécessaire.

La troisieme, qui éleve l'eau beaucoup au-dessus de son niveau, agit par aspiration, & contraint l'eau, par refoulement, de monter dans des conduits posés verticalement, ou le long d'un plan incliné. On l'appelle *Pompe aspirante & refoulante.*

Les parties de ces trois especes de Pompes sont les mêmes, n'y ayant de différence que dans leur position : nous commencerons par en donner une connoissance abrégée, & nous renfermerons dans des Articles particuliers, les détails qui concernent chacune d'elles.

Une Pompe est formée d'un piston & de deux tuyaux fermés, pour l'ordinaire, dans leur jonction ou dans leur ouverture commune, par une soupape (1) qui s'ouvre de bas en haut; quelquefois elle se met plus bas.

De ces deux tuyaux, l'un toujours de *potin* (2) ou de cuivre, (& par économie en bois,) reçoit le piston, & en conséquence est le plus grand : il se désigne particuliérement par le nom de *Corps de Pompe*, sous lequel on comprend aussi le piston qui, par son mouvement dans ce tuyau, y fait monter l'eau, auquel on donne intérieurement un grand poli, pour la liberté du jeu du piston.

L'autre tuyau, qui trempe dans l'eau qu'on veut élever, est nommé *tuyau*

(1) Dans les Machines hydrauliques, on appelle *salvule, soupape, clapet, crapaudine,* un couvercle ou bouchon dans une ouverture, laquelle peut s'ouvrir pour laisser passer l'eau, mais qui bouche exactement l'ouverture, pour que l'eau ne s'échappe plus. Il sera traité à part de ces soupapes, dans tous les détails qui leur sont particuliers.

(2) *Potin,* espece de cuivre dont il y a de deux sortes, l'un composé de cuivre jaune & de quelque partie de cuivre rouge, & nommé ordinairement *Potin jaune,* qui est celui-ci; l'autre, qui n'est composé que de toutes les scories sortant de la Fabrique du laiton, auxquelles on mêle du plomb ou de l'étain, pour le rendre plus doux; c'est celui dont on se sert pour les robinets. On l'appelle *Potin gris,* à cause de sa couleur terne & grisâtre; quelquefois il est appellé *Arcot,* qui est le nom que lui donnent les Fondeurs. Il se vend 3 à 4 fois de moins par livre.

montant, ou *tuyau d'aspiration* ; il est un peu évasé, afin que l'eau s'y introduise plus aisément ; & afin qu'en montant elle n'apporte point avec elle aucunes saletés, on place une plaque de tôle au-dessus de cet évasement.

Depuis quelques années on garnit le tuyau montant de la Pompe foulante, d'une espece de tambour creux, fermé au dehors de tous côtés, mais qui communique avec le tuyau interrompu dans la partie où il vient déboucher dans ce tambour. Ce tambour est appellé *réservoir d'air*, parce qu'il contient de l'air qui a même densité que celui du dehors ; lorsqu'on éleve le piston, l'eau qui y monte se répand en partie dans le réservoir à air : elle condense l'air qui y est contenu, elle le réduit à n'occuper que l'espace du réservoir. Lorsqu'ensuite on abaisse le piston, l'air ainsi condensé se dilate par son ressort, force l'eau à descendre du haut du réservoir à air, à son milieu, & à s'élever par conséquent dans la branche qui traverse ce tambour : en continuant le même jeu, on voit qu'il monte sans cesse de l'eau dans cette branche, & que le jet, à l'endroit du dégorgeoir, doit être continu, du moins sensiblement. Des Faiseurs de Pompes prétendent que ce réservoir augmente de moitié l'effet de la Machine, mais il ne fait que rendre le jet continu ; & la force motrice demeurant la même, le produit du jet est toujours le même. Ce réservoir d'air est donc inutile dans les Pompes qui ont simplement pour objet d'élever l'eau : il n'est avantageux que pour les Pompes à incendies.

Le piston, nommé quelquefois *appareil de Pompe*, & dans une Pompe à bras, qui n'a pas de corps de Pompe, *barillet*, est une espece de cône tronqué renversé, dont la grande base (pour qu'il entre avec force dans le corps de Pompe) est entourée d'une bande de cuir qui est un peu évasée en entonnoir vers le côté de l'ouverture supérieure du corps de Pompe. Cette espece de cylindre de bois, quelquefois de métal, étant levé & baissé par les tringles d'une manivelle dans l'intérieur du corps de Pompe, aspire ou pousse l'eau ou l'air, & souvent la comprime & la refoule : il est ouvert dans le milieu, & garni d'une soupape de cuir : lorsque cette soupape est abattue, elle déborde du trou d'un demi-pouce ; & pour qu'elle ferme plus exactement, on la charge d'une plaque de plomb : enfin le piston a une queue faite du même morceau de bois dont il est composé, attachée à une tige de fer.

Des différentes especes de Pistons.

Les Pistons dont on se sert communément, peuvent se réduire à deux especes, qui sont les *Pistons percés*, & les *Pistons pleins*. Les uns & les autres se font ordinairement de bois ; mais ils ne sont pas aussi commodes en bois qu'on se l'étoit imaginé, parce qu'on ne peut les percer par un trou d'une grandeur raisonnable, sans risquer de les rendre trop foibles, & sujets à de continuelles réparations.

Cependant le bois de hêtre qui est très-bon dans l'eau, seroit propre à faire des Pistons, ainsi que le bois de charme ou d'orme.

Les *Pistons pleins*, tels qu'on les emploie communément aux Pompes refoulantes, durent peu s'ils sont de bois, & sont sujets à ne pas si bien joindre de toutes parts contre le corps de Pompe, qu'il ne passe de l'eau quand la colonne qu'il refoule est fort élevée, le cuir ne pouvant résister au grand effort que l'eau fait pour s'échapper ; car, comme il est moralement impossible qu'on puisse *aleser* si parfaitement un tuyau, qu'il ne reste des inégalités imperceptibles, le cuir s'use plus d'un côté que d'un autre, & fournit des passages à l'air ou à l'eau.

Le principal inconvénient des Pistons percés, vient du trou qui affoiblit considérablement le *barillet*, sur-tout quand il faut faire ce trou un peu grand, afin que l'eau qui doit y passer quand le Piston descend, puisse monter sans contrainte, pour ne pas éprouver une trop grande résistance, sur-tout s'il est obligé de parcourir un grand espace dans un temps fort court, comme, par exemple, dans la Machine à feu de Fresnes. Rien ne doit être forcé dans les Machines ; autrement on emploie, sans le savoir, une partie de l'action du moteur, à la destruction de la Machine même.

Pour ne point tomber dans ce cas, il faut avoir pour maxime que lorsqu'un Piston percé descend, son propre poids doit suffire pour contraindre l'eau qui est dans le fond du corps de Pompe, à passer naturellement au travers du trou, dans le temps qu'il met à descendre. Or, comme ce temps est déterminé par la vîtesse que doit avoir la Machine, relativement à celle du moteur, on voit que cela dépend de la quantité d'eau que le Piston aspire à chaque relevée, & de la grandeur du passage qu'il doit traverser. Il faut donc les percer relativement au diametre du corps de Pompe, au poids du Piston, à son jeu & à sa vîtesse.

Les tringles de fer qui sont le long du tuyau montant, pour donner le mouvement au piston, & qui sont attachées aux manivelles, soit simples, soit à tiers-point, sont appellées *chassis*. Dans les Machines hydrauliques, on donne ce nom à un assemblage de bois ou de fer, qui se place au bas d'une Pompe, afin de pouvoir, par le moyen de deux coulisses pratiquées dans un dormant de bois, la lever au besoin, & visiter le corps de Pompe.

Ces dormants (1) qui, dans leurs feuillures, reçoivent le chassis à coulisse de l'équipage des corps de Pompe, servent à les monter en-haut pour les réparer.

Dans la Pompe foulante, il y a des tringles qui portent aussi le nom de *chassis*.

La Pompe foulante est composée d'un corps de Pompe recourbé, attaché par

_____

(1) Chassis de bois scellé dans le mur, & qui reçoit les ventaux des croisées.

deux vis au tuyau montant ; à la jonction de ce tuyau est une soupape.

» Dans la *Pompe foulante*, le Piston est renversé, & il y a quelque diffé-
» rence dans la position du corps de Pompe, qui doit tremper dans l'eau.

» Le Piston est attaché à un chassis de fer, qui est mû par la tringle du ba-
» lancier ou de la manivelle, & le tuyau montant est dévoyé pour laisser agir
» la tringle perpendiculairement. Le Piston, que l'on suppose presqu'au bas du
» corps de Pompe, y laisse, en descendant, un espace vuide rempli d'un air
» très-dilaté ; alors l'eau de la superficie, poussée par les colonnes d'eau des
» côtés, & aidée du poids de l'atmosphere, est poussée de bas en haut ; elle
» ouvre le clapet du Piston, passe au travers, & monte dans le corps de
» Pompe : quand le Piston remonte, le clapet se referme pour empêcher l'eau de
» retomber, & l'eau au-dessous étant refoulée de bas en haut, ouvre le cla-
» pet supérieur du corps de Pompe, & passe dans le tuyau montant qui, suc-
» cessivement, le remplit jusqu'à sa chûte dans le réservoir ».

Le principal siége de l'action de la Pompe foulante, étant sous la surface de
l'eau, cette Pompe est très-difficile à rectifier quand elle se dérange ; c'est pour
cela qu'on n'a recours à cette Pompe, que lorsqu'on ne peut s'en passer.

» Dans l'*aspirante*, le Piston étant levé par la tringle du balancier de la
» manivelle, presqu'au haut du corps de Pompe, y laisse un grand vuide rem-
» pli d'un air si dilaté, qu'il n'est plus en équilibre avec l'air extérieur ; cet
» air, par sa pesanteur, oblige l'eau de monter, & par son ascension éleve le
» clapet, & l'eau entre dans le corps de Pompe ; la portion d'air renfermée
» dans le tuyau montant, se trouve si affoiblie, qu'elle donne lieu au poids de
» la colonne de l'atmosphere, qui presse extrêmement sur la superficie de
» l'eau dans laquelle trempe le tuyau aspirant, & fait monter cette eau dans ce
» tuyau jusqu'à une certaine hauteur ; le Piston, en descendant, ferme le cla-
» pet du tuyau aspirant, afin d'empêcher l'eau de descendre dans le bas, &
» ouvre le sien pour laisser passer à travers l'eau qui est dans le corps de Pompe :
» enfin le Piston se levant plusieurs fois de suite, l'eau du tuyau aspirant parvient
» dans le corps de Pompe au-dessus du clapet du Piston : l'eau qui se trouve
» refoulée par la descente du Piston, passe en dessus, & en se succédant s'éleve
» peu-à-peu par le tuyau montant, jusqu'à la cuvette du réservoir, où elle tom-
» be. C'est donc à l'action de l'air intérieur, & aux mouvements successifs des
» deux clapets, qu'on doit tout le jeu de cette Pompe ».

Afin que ce Piston puisse se mouvoir librement dans l'intérieur du cylindre,
on y adapte un levier. On emploie souvent l'une & l'autre de ces Pompes dans
la même Machine, la Pompe foulante simple, & la Pompe aspirante simple,
n'ayant lieu que pour des fouilles peu profondes ; & voici comme s'établit la
Pompe aspirante, qui est à la fois aspirante & refoulante.

» On place dans le bas d'une riviere ou d'un puits, la Pompe aspirante, qui
» porte l'eau jusqu'à 25 pieds dans une bache ou cuvette, ou dans un corps de

» Pompe, d'où elle s'élève succeſſivement dans le tuyau montant juſqu'au
» réſervoir. Quand la hauteur où l'on veut porter l'eau, eſt conſidérable, ou
» qu'on veut la tirer d'une grande profondeur, on met dans cette bache une
» Pompe foulante qui reprend l'eau, & la porte juſqu'au réſervoir : alors c'eſt le
» même mouvement qui fait agir les deux Piſtons liés par une tringle au deſſus l'un
» de l'autre, de maniere qu'un Piſton aſpire, pendant que l'autre refoule l'eau ».

Quelquefois on diſpoſe la Pompe aſpirante & foulante, de maniere que le
Piſton, au lieu d'aſpirer en montant & de fouler en deſcendant, aſpire en
deſcendant, & foule en montant ; mais la force motrice, dans les deux cas,
ne ſe calcule point autrement que dans les cas ordinaires, en ayant égard
convenablement au poids du Piſton.

Sur le corps de Pompe s'emboîtent des tuyaux de cuivre nommés *fourches* (1), qui ſe maintiennent avec des *brides* (2) jointes par des écrous de
cuivre & des rondelles (3) de plomb ou de cuivre entre-deux.

Il eſt naturel que ces fourches ſoient de même diametre que le corps de
Pompe, ainſi que le tuyau montant.

De l'Equipage d'une Pompe en général.

En Hydraulique, on comprend ſous l'expreſſion d'*Equipage de Pompe*, la
roue, la *manivelle* ou le *balancier*, les *corps de Pompe*, les *piſtons*, les *cuirs*, &
même des parties en charpente, telles que les *moiſes* (4), par leſquelles les
Pompes ſont attachées à des *chaſſis à couliſſes*, & qui peuvent ſe gliſſer dans
les rainures des dormants ou bâtis de charpente ſcellés dans les puits ou cîternes
où l'on conſtruit des Pompes.

Les roues employées dans la Méchanique, ſont de différentes formes, ſuivant le mouvement qu'on veut faire donner, & ſuivant l'uſage qu'on veut en
faire ; pour les mêmes raiſons, les parties ſaillantes qu'on réſerve dans ces roues,
ou qu'on leur ajoute, ſont diverſement configurées, & alors les roues prennent un nom diſtinctif, comme celles appellées *Hériſſons, Roues à aubes*,
&c.

La roue de l'eſpece nommée *Hériſſon*, eſt ainſi nommée, parce qu'elle
eſt garnie de rayons aigus qui ſont plantés directement ſur la circonférence du
cercle : elle ne reçoit le mouvement que d'une lanterne dans laquelle ces

(1) On appelle encore *Fourche* une broche ou
tuyau qui ſe ſoude ſur un autre, dans la conduite des eaux.

(2) *Bride*, toute piece qui ſert à retenir ou à
ſoutenir : en particulier, on donne ce nom aux
extrémités des tuyaux de fer faites en platine,
avec quatre écrous dans les angles pour les joindre & les brider, en y mettant des rondelles de
cuivre ou de plomb entre deux, avec du maſtic
à froid.

(3) Les *Rondelles*, autrement nommées *Viroles*,

ſont des morceaux de plomb coupés en rond,
pour mettre entre les brides d'un tuyau de fer.

(4) Dans les Arts méchaniques, on appelle
Moiſes, des liens de bois, embraſſant les arbres
& les autres pieces d'un aſſemblage de charpente
qui montent droit dans les Machines, cela ſert à
les entretenir. Ces moiſes ſont accollées avec
des tenons, des mortaiſes & des chevalets ou
des boulons de fer qui les traverſent, & qui
étant clavetés, peuvent s'ôter facilement. Il y
en a de droites & de circulaires.

rayons s'engagent. Ce que l'on appelle *Lanterne* dans les Machines hydrauliques, est une piece à jour faite en lanterne, avec des fuseaux qui s'engrenent dans les dents d'une roue pour faire agir le piston dans le corps de Pompe.

Quand les Machines font mûes par l'impulsion de l'eau, les roues font appellées *Roues à aubes*; les aubes font des planches fixées à la circonférence de la roue, & sur lesquelles s'exerce immédiatement l'impulsion du fluide qui les chasse les unes après les autres, ce qui fait tourner la roue. Ces planches ou aubes font, par rapport aux moulins à eau, & aux roues que l'eau fait mouvoir, ce que font les aîles du moulin à vent.

Il y a d'autres especes de roues qui font garnies à leur circonférence de *Pots* ou d'*Augets*, & qui font mues par le poids de l'eau, qu'elles reçoivent par en haut : on les appelle *Roues à pots*, ou *Roues à augets*.

La piece la plus essentielle d'une Machine hydraulique, & sur-tout des Machines qui font agir des Pompes aspirantes ou refoulantes, c'est la *manivelle*, désignée, dans quelques cas, par le nom de *Tourillon* (1), espece de levier de fer, qui s'ajuste différemment, selon les circonstances, que l'on double même dans certaines occasions, & auquel on imprime un mouvement de rotation. La manivelle a l'inconvénient de ne pousser le piston dans le cylindre, que tantôt d'un côté, & tantôt d'un autre, ce qui ruine absolument le piston & le cylindre, & nuit en même temps à la puissance par le frottement résultant de cette espece de vibration.

Pour changer la direction du mouvement, il arrive souvent qu'au lieu d'employer un levier droit, on dispose les deux bras de maniere qu'ils font un angle au point d'appui.

Ces leviers angulaires, nommés *Manivelles coudées*, font très en usage pour les Pompes, & dans une infinité d'occasions où l'action ne peut se transmettre que par des voies indirectes.

On doit se rappeller ce qui a été dit *page 913*, qu'une manivelle, soit droite, soit courbe, a toujours la même puissance, & que celle qui est courbe est toujours considérée comme droite ; en effet, dans cette espece de Machine simple, la quantité de la force dépend de sa distance au centre, quelle que soit sa figure.

La puissance augmente d'autant plus, & en même proportion, que la ligne abaissée du centre perpendiculairement sur la direction du poids : d'où il suit que dans le mouvement de la manivelle, sa situation la plus avantageuse est l'horizontale, parce qu'alors cette ligne est plus longue qu'en toute autre situation. Au reste la force doit être appliquée très-inégalement en faisant tourner la manivelle, où elle n'agit que pendant la moitié de la rotation, ce qui fait que dans les grandes Machines on préfere aux manivelles fimples, les *manivelles multiples* (1), avec lefquelles les puiffances agiffent fucceffivement, & dont les unes travaillent pendant que les autres font en repos : cette inégalité de la force de la manivelle, fe corrige par le fecours d'un *difque ovale* ou fpiral, qui tourne du bras de la manivelle, fur lequel roule une corde ou une chaîne, en forte que le poids étant le plus éloigné qu'il fe peut du centre de repos, la chaîne foit fur la plus grande périphérie, & fur la plus petite lorfque le poids eft près du point d'appui.

Quelquefois on adapte dans l'œil d'une manivelle, une piece de fer tournante, appellée *Bielle*, qui, à chaque tour, fait faire un mouvement de vibration à un valet ou varlet (efpece de balancier) fur fon effieu en le tirant à foi, ou le pouffant en avant. Voyez B, *fig.* 4, *Pl. XLVI.*

On attache quelquefois aux extrémités d'une piece de bois, comme en C, *fig.* 2, *Pl. XLVI*, de ces *bielles pendantes*, qui font accrochées, par une des extrémités, à un varlet, & par l'autre à un des bouts d'un balancier.

La partie qui, dans une Machine, regle le mouvement, eft nommée, d'un terme générique, *Balancier*; c'eft un morceau de bois fretté par les deux bouts, qui fert de mouvement dans une Pompe, pour faire monter les *tringles* des corps, comme en H, H, *fig.* 2, *Pl. XLVI* (2).

La conftruction de cette principale piece d'une Machine, eft variée de plufieurs manieres, felon les Machines. Quelquefois fon affemblage repréfente une forte d'échelle, dont le jeu eft facile à concevoir, en jettant les yeux fur les *Feld-geftanges*, *Pl. XLVI.*

On fait ufage, en Hydraulique, d'une forte de balancier nommé *Varlet*, qui eft de bois équarri, gros dans fon milieu, & fe terminant en deux cônes tronqués, comme en I, *fig.* 2, *Pl. XLV*, frettés & boulonnés, afin de recevoir dans fon milieu les queues de fer des pieces que le varlet met en mouvement. Par la ftructure de ce balancier, qui entre dans la compofition des *Feld-geftanges*, on voit que les varlets peuvent être dans différentes pofitions, comme dans la *fig.* 2, *Pl. XLVI*, & fe multiplier autant qu'on en a befoin; qu'une feule *chaffe* (3) peut même en faire agir deux, ainfi qu'il fe voit aux figures de la Planche XLV, & à la figure 1, de la Planche XLVI, dont l'explication a été donnée *page* 466.

Bafcule, en langue Saxonne, eft *Schwin*; en Méchanique, une piece de bois

(1) Affemblage de plufieurs manivelles, comme la moufle eft une poulie multiple.

(2) Ces tringles prennent différents noms, felon qu'elles font dans une Pompe foulante ou dans une Pompe afpirante.

(3) *Chaffe*, en Méchanique, terme appliqué à un grand nombre de Machines: il fignifie prefque toujours un efpace libre, qu'il faut accorder foit à la Machine entiere, foit à quelqu'une de fes parties, pour en augmenter ou du moins pour en faciliter l'action: le trop ou le trop peu de chaffe nuifent à l'action; la jufte quantité ne peut fe déterminer que par l'expérience.

Dans la fcie, pour fcier une planche ou une pierre, la quantité précife, dont cet inftrument doit être plus long que la piece à fcier, pour que toute l'action du Scieur foit employée fans lui donner un poids de fcie fuperflu, qu'il tireroit & qui ne feroit point appliqué fi la chaffe étoit trop longue.

qui monte, defcend, fe hauffe & fe baiffe par le moyen d'un effieu qui la traverfe dans fa longueur , pour être plus ou moins en équilibre. On en voit
dans les différents *Feld-geftanges*.

En général , une *Bafcule* eft proprement un levier de la première efpece ;
où le point d'appui fe trouve entre la puiffance & la réfiftance : il eft aifé d'en
prendre l'idée , en fe repréfentant une longue piece de bois appuyée par fon
milieu , & chargée , à fes extrémités , de deux poids , dont l'un eft élevé
par l'autre , d'où l'on voit que la Bafcule eft mobile.

Les *Cuirs* des piftons & des foupapes , forment un article qui eft encore de
conféquence dans la conftruction des Pompes.

Ces Cuirs (1) , dans les grandes chaleurs, ou lorfque les Pompes ne jouent
point continuellement , ne font leur effet que très-imparfaitement.

Pour obvier à ces inconvénients , & d'abord à la fécherefle des Cuirs , il
faut verfer de l'eau deffus par le haut de la Pompe , afin de les humecter ; &
cela eft particuliérement néceffaire à quelques Pompes afpirantes.

Les Pompes afpirantes & refoulantes ne font pas entiérement exemptes de
cet inconvénient , à moins qu'elles ne foient plongées dans l'eau , comme le
font quelques-unes; mais c'eft une grande fujétion pour la difficulté de les
retirer toutes les fois qu'il faut y travailler , foit pour renouveller les cuirs ,
ou nétoyer les foupapes & les piftons , qui , à la longue , fe chargent de vafe ;
d'un autre côté les afpirations ont prefque toujours quelqu'imperfection , à
caufe du raccommodement des tuyaux , qui ne font jamais joints affez exactement
pour que l'air ne puiffe s'y infinuer tant foit peu , de même quand le cuir du
pifton n'eft pas affez humecté , il ceffe d'adhérer à la furface intérieure du
corps de Pompe , & l'air s'introduifant dans l'efpace vuide , fait ceffer l'afpiration , fur-tout quand elle eft grande.

C'eft pourquoi il faut bien prendre garde de faire l'afpiration la plus petite
qu'il eft poffible , c'eft-à-dire , d'élever le moins qu'on pourra le corps de la
Pompe au-deffus de la furface de l'eau qu'on veut puifer , fans avoir égard à
tout le poids de l'atmofphere , qui ne peut avoir lieu qu'avec des conditions
qui fe rencontrent rarement. Il fuffit de favoir que plus l'afpiration eft petite ,
plus l'eau monte avec vîteffe , & maintient les cuirs humectés.

---

(1) Le cuir de Bréfil eft recommandé pour les | le meilleur que l'on puiffe mettre en œuvre pour
piftons; celui de Liège, felon M. Belidor, eft | les rondelles ou viroles.

●

Sur les meilleures proportions des Pompes.

Nous avons fait connoître féparément les parties qui compofent une Pompe, telles que *le corps de Pompe* ou *tuyau montant*, le *piflon* & les *foupapes*; ces trois parties, confidérées enfemble, font fufceptibles d'un détail & d'un examen particulier, les foupapes, fur-tout, comme principalement néceffaires pour élever l'eau à une hauteur confidérable par le moyen des Pompes : en effet, la force de l'air ne pouvant élever l'eau qu'à la hauteur de 32 pieds, il eft certain, comme l'a remarqué M. Camus (1), que fi on vouloit tranf-porter, par le moyen d'une Pompe fimple, une certaine quantité d'eau dans un lieu élevé, on ne pourroit jamais la tranfporter à plus de 32 pieds de hauteur; les foupapes, par leur folidité & leur conftruction, font deftinées à foutenir l'eau qui eft au-deffous, & par conféquent déchargent, pour ainfi dire, l'atmofphere de la force qu'il faudroit qu'elle employât pour les tenir en équilibre, ou pour les élever, de forte que le furplus de cette force eft employé à élever une nouvelle quantité d'eau.

Après avoir porté attention que les bras de levier foient bien ménagés, & que les corps de Pompe foient bien aléfés, premieres conditions effen-tielles pour une pleine exécution des Machines hydrauliques, un Directeur de Mines ne doit pas ignorer combien la pefanteur & le reffort de l'air influent dans l'action de ces Machines; c'eft uniquement fur ces deux propriétés que porte la théorie relative au jeu des Pompes, dépendant abfolument de la force à appliquer au piflon. Nous n'en donnerons qu'une idée très-fommaire, en invi-tant les Directeurs de Mines de fe mettre au fait de cette matiere importante & délicate, dans quelques Ouvrages dont nous indiquons ici les principaux (2).

Théorie fondamentale fur l'action des Pompes.

La regle qui établit la hauteur de l'afpiration des Pompes, eft que le poids ou la preffion de l'atmofphere qui nous environne, eft égal à une colonne d'eau de bafe égale, & de 32 pieds de haut, ou à une colonne de mercure de 28 pouces de hauteur, & de même bafe (3); comme ce degré de l'infpiration dépend de la compreffion de l'air extérieur fur la furface de l'eau dans laquelle

(1) Mémoires de l'Académie Royale des Sciences, *An.* 1739, fur les meilleures propor-tions des Pompes, & des parties qui les compo-fent.

(2) Feu M. Bélidor, dans fon livre intitulé : *Architecture hydraulique*, Tom. II, liv. 3, chap. 3, contre lequel cependant on doit fe tenir en garde fur ce point, la théorie de cet Auteur, fur le méchanifme des Pompes, étant extrê-mement fautive, de l'aveu des Géometres.

Le Docteur Défaguliers, a traité cet objet d'une maniere plus concife, dans fon *Cours de Philofophie expérimentale, Vol. II*, let. 8, pag. 169. L'Ouvrage de M. Martin, ayant pour titre, *Philof. Britannica*, au tom. II, pag. 288; & le Mémoire de M. Euler, dans les Actes de Berlin, an. 1752, tiennent une place diftinguée parmi les Traités relatifs à cette matiere.

(3) La pefanteur fpécifique du mercure eft à celle de l'eau, comme quatorze eft à un.

trempe le tuyau d'aspiration , ce que nous avons dit des propriétés de l'air , en général , & des variations du mercure dans le barometre , se rapporte naturellement à l'expérience qui a réglé la hauteur de l'aspiration des Pompes. L'air étant en état de faire équilibre à une colonne plus ou moins grande de mercure , & par conséquent à une colonne d'eau plus ou moins grande : il s'ensuit que la plus grande hauteur à laquelle on puisse élever l'eau par le moyen d'une seule Pompe , varie selon la hauteur du mercure dans le Barometre ; d'où il suit que les plus grandes hauteurs auxquelles on peut élever l'eau par le moyen d'une seule Pompe , varient suivant les hauteurs auxquelles on est élevé , & sont proportionnelles à la hauteur du Barometre en ces endroits.

Ainsi cet équilibre de la colonne d'eau avec la colonne d'air , se connoît par l'instrument météorologique , dans l'endroit où la Pompe est placée.

Pour la Pompe foulante avec laquelle on peut élever l'eau à une hauteur proposée , il est donc question (pour se borner ici à la regle fondamentale) d'estimer la puissance motrice capable de faire équilibre à la pression que la base du piston éprouveroit si , lorsqu'une lame de fluide a atteint la hauteur proposée , le tout demeuroit en équilibre.

A l'égard de la Pompe aspirante , pour juger de son effet , il ne suffit pas d'évaluer la puissance , il faut examiner avant tout , si l'eau pourra parvenir jusqu'au piston , & même s'élever au-dessus ; car il y a des circonstances où l'eau s'arrête à une certaine hauteur , quelque nombre de coups de piston que l'on donne : on en trouve le calcul dans plusieurs ouvrages , & entr'autres dans l'Hydro-Dynamique de M. l'Abbé Bossut , où l'expérience marche presque par-tout à la suite de la théorie.

Si la Pompe aspirante étoit établie à une hauteur ou à une profondeur différente de celle à laquelle le poids de l'air est équivalent à une colonne d'eau de 32 pieds , il faudroit mettre moins ou plus de 32 pieds. Ce moins ou plus peut se déterminer par le Barometre , en comptant autant de fois 14 lignes de plus ou de moins à l'égard de 32 pieds , que le mercure marquera de lignes au-dessus ou au-dessous de 27 pouces & demi.

Quelles que soient la figure & les dimensions du corps de Pompe , ainsi que du tuyau d'aspiration , le piston porte toujours le poids d'une colonne d'eau de même base que lui , & qui a pour hauteur la distance verticale du point où l'on veut élever l'eau au niveau de celle du réservoir : ajoutant à ce poids celui du piston même , la somme sera la force que l'on doit appliquer au piston dans le simple état d'équilibre.

Mais pour mettre la Machine en mouvement , il faut augmenter cette force d'une certaine quantité , tant pour produire le mouvement , que pour surmonter la résistance des frottements & des autres obstacles qui peuvent naître de l'imperfection de la Machine: on sent que le piston descendant par sa pesanteur , la force motrice n'a , en conséquence , aucun effort à soutenir pendant cette partie du temps.

Lorsqu'on veut appliquer cette théorie à la pratique, on doit savoir ce que pesent le pied cube & le pied cylindrique d'eau (1) ; la force motrice calculée pour l'état d'équilibre, doit être augmentée, pour l'ordinaire, du tiers de sa valeur, pour passer à l'état de mouvement; mais cette détermination n'a rien de fixe: elle dépend de la nature du frottement, & de la vîtesse qu'on veut imprimer au fardeau à élever.

Ainsi en supposant que la Pompe soit parvenue à un mouvement uniforme & permanent, ce qui est l'état qu'on cherche à lui procurer, il sera aisé de trouver son produit quand on connoîtra la vîtesse avec laquelle le Piston est mû.

Dans le cas néanmoins où la hauteur est fort petite, & où par conséquent l'eau monte avec peu de vîtesse dans le corps de Pompe, il faut tellement modérer la vîtesse & le jeu du Piston, qu'il ne se forme pas de vide entre sa tête & l'eau qui le suit ; autrement il y auroit du temps perdu dans le mouvement de la Pompe ; il peut se faire qu'une Pompe mûe très-vîte, ne produise pas sensiblement plus d'eau que lorsqu'elle marche avec lenteur. Il est donc à propos de combiner les dimensions de la Pompe, avec la vîtesse & le jeu du piston, de maniere que l'agent emploie sans cesse utilement toute la force qu'on est en droit d'attendre de lui ; c'est sur ces considérations que s'estime la force à employer.

Des Soupapes, & de leurs différentes especes.

La Pompe bien construite, l'évacuation plus ou moins complette de son intérieur, dépend, en beaucoup de points, des Soupapes; la grandeur de ces pieces influe souvent aussi sur les proportions les plus avantageuses qu'on peut donner à une Pompe : elles lui sont donc essentielles, & il est par conséquent indispensable de les faire connoître dans toutes leurs circonstances. Nous commencerons par en faire connoître les différences: elles seront ensuite examinées dans leur construction, leur position, leur largeur, leur solidité & leur épaisseur. Après nous être arrêté aux dimensions du corps de Pompe & du Piston; après avoir dit un mot des dérangements qui arrivent le plus ordinairement dans le jeu des Pompes, nous jetterons un coup d'œil général sur les différentes manieres de faire agir les Pompes pour l'épuisement des Mines.

Les Soupapes sont de différentes especes: sans parler ici de celles qui se désignent, dans la Machine à feu, par des noms relatifs à leur usage particulier, on connoît celles dites à coquille, les Soupapes appellées axes, de forme ronde & en pointe, comme un cône ou foncet, & qui retrécissent le passage de

(1) Le pied cube d'eau-douce pese environ 70 livres; le pied cylindrique d'eau, c'est-à-dire, | un cylindre qui a un pied de hauteur, & un pied de diametre, pese environ 55 livres.

l'eau;

l'eau ; les Soupapes rondes & convexes, appellées *fphériques* ; enfin les Soupapes toutes plates, nommées *à clapets*, peu différentes des Soupapes fphériques, & les *crapaudines*, efpece de Soupape qui repréfente le clapet, & qui fe place au fommet des corps de Pompe, pour empêcher que l'eau ne redefcende quand une fois elle eft montée.

Ce qui fait la jonction des deux pieces d'une Soupape, eft nommé *boîte* ; de quelque maniere que les Soupapes foient conftruites, cette boîte doit être foudée aux tuyaux, s'ils font de quelque métal ; lorfqu'ils font de bois, il faut feulement y forcer la boîte, & alors il convient d'avoir un *anneau* de fer pour la retirer dans le befoin.

Les Soupapes fe conftruifent entiérement ou de cuir, ou de bois, ou de laiton & de cuir.

Dans les Machines à vent hydrauliques, de même qu'aux piftons des Pompes, les Soupapes font ordinairement de cuir.

Quelquefois elles font entiérement de métal ; la bonne conftruction demande alors qu'elle foit rôdée avec du fable extrêmement fin dans fa coquille.

D'autres fois elles font faites de deux morceaux de cuirs ronds, renfermés entre deux plaques de cuivre, comme les *Clapets* ; alors elles font garnies d'un petit reffort ou d'une petite queue de cuir, qui doit être affez flexible pour lui permettre de fe fermer exactement d'elle-même en donnant paffage, lorfque ce petit reffort eft preffé fortement, & en ramenant la Soupape fur l'ouverture fitôt que la force ceffe de preffer.

Des différentes Soupapes, la moins imparfaite à cet égard, en ce qu'elle laiffe un libre paffage à l'eau, eft celle nommée *à clapet*, que nous allons faire connoître en particulier : elle eft néanmoins fujette à de fréquentes réparations ; il arrive fouvent à ces Soupapes, lorfqu'elles retombent, de s'écarter d'un côté plus que d'un autre, & de ne pas toujours fermer exactement, ce qui les rend incommodes pour la fermeture des grands tuyaux.

Des Clapets ou Soupapes à clapets en particulier, & des ouvertures qu'elles couvrent.

Le Clapet eft une efpece de Soupape faite d'un rond de cuir, fortement ferré entre deux platines de métal, par le moyen d'une ou de plufieurs vis. Le rond de cuir tient par une queue à une couronne de cuir, laquelle eft fortement ferrée entre le collet du tuyau fupérieur au Clapet, & le collet du tuyau inférieur ; c'eft fur cette queue, qu'on fait beaucoup plus étroite que le Clapet, que fe fait le jeu du Clapet, comme fur une charniere.

La platine de métal qui eft fur le cuir du Clapet, eft plus grande que l'ouverture du *diaphragme* que le Clapet doit ouvrir ; & la platine de deffous, qui doit se loger dans l'ouverture du diaphragme quand le Clapet se ferme, est un peu plus petite que cette ouverture.

Le Clapet étant ainsi construit, lorsqu'il est fermé, le cuir porte exactement sur les bords du diaphragme, & empêche l'eau de passer ; la platine de métal qui est sur le cuir, le garantit du poids de la colonne d'eau, & en porte toute la charge, que le cuir ne pourroit pas soutenir. La plaque de métal qui est sous le cuir, sert aussi à deux choses : 1°. elle sert, avec la platine supérieure, à comprimer le cuir pour le rendre plan ; 2°. elle empêche que l'eau qui pourroit s'insinuer entre la platine supérieure & le cuir, n'enfonce le cuir & ne le fasse passer par l'ouverture du diaphragme : il suit de là que la platine de métal qui est sur le dessus du cuir, doit être assez forte pour porter seule & sans ployer, la charge de la colonne d'eau qui est au-dessus du Clapet.

La platine inférieure doit avoir assez de force pour soutenir, sans ployer, le serrement de la vis, qu'on serre assez fortement pour faire joindre exactement le cuir contre la platine de métal.

Feu M. le Camus, de l'Académie des Sciences, dont nous empruntons cette description & tout ce qui va suivre (1), remarque que tous ces petits détails qui paroissent des minuties, augmentent considérablement le poids du Clapet, qui, de lui-même, ne doit pas être fort pesant. Il observe que toutes les pieces de cette Soupape ont dans l'eau un poids plus grand que celui d'une Soupape. Le même Auteur estime enfin que dans la pratique, les Clapets & les Soupapes doivent faire à peu-près le même effet à même diametre, lorsqu'ils sont également solides ; ainsi il n'y a pas d'avantage à préférer l'un à l'autre, quand on n'a égard qu'au passage de l'eau.

La difficulté que la colonne d'eau éprouve en passant par les Soupapes, est une des principales considérations dont ceux qui entreprennent d'établir des Pompes doivent s'occuper : l'importance de l'objet nous détermine à fixer l'attention du Lecteur sur cette matiere, avant de passer aux différents moyens employés pour faire agir les Pompes. Les Mémoires de l'Académie renferment beaucoup de recherches pratiques & théoriques relatives à cet objet en particulier, & aux Pompes ; nous nous contentons d'indiquer ici les plus essentielles (2).

---

(1) Mémoires de l'Académie des Sciences, année 1739, sur les Machines à élever l'eau.

(2) Observation de M. Amontons, sur l'inconvénient des Soupapes trop bien faites, trop bien polies, &c. *Hist. an.* 1703, *pag.* 96. Mémoire sur les Pompes, par M. le Chevalier de Borda, *an.* 1768, *pag.* 418.

De la bonne construction des Soupapes.

La premiere qualité d'une Soupape, c'est d'être fidelle; pour être telle, elle doit 1°. se fermer exactement sitôt que rien ne l'oblige à rester ouverte; 2°. lorsqu'elle est fermée, elle doit retenir l'eau, & ne rien laisser échapper s'il est possible.

La position & la construction d'une Soupape, contribuent beaucoup à sa fidélité; sa position la plus avantageuse, c'est d'être horisontale, & de se fermer perpendiculairement du haut en bas. Une Soupape qui se fermeroit de bas en haut, ne vaudroit rien : elle ne pourroit pas se fermer, à moins que l'eau, par une grande vitesse, ne l'y obligeât; mais avant qu'elle fût fermée, il s'échapperoit une quantité d'eau assez considérable. Si pourtant on étoit obligé de faire fermer une Soupape de bas en haut, on pourroit le faire en faisant pousser par un ressort la Soupape contre l'ouverture qu'elle doit boucher. Une Soupape qui se fermeroit latéralement, c'est-à-dire, par un mouvement horisontal, ne se fermeroit pas d'elle-même aussi fidélement qu'un Clapet horisontal, elle pourroit bâiller, & laisser échapper une quantité d'eau considérable, avant que cette eau eût acquis une vitesse assez grande pour l'obliger à se fermer.

La seconde qualité d'une Soupape, consiste dans sa grandeur; car il est une grandeur la plus avantageuse à donner à une Soupape.

On avoit cru pendant long-temps qu'on ne pouvoit donner un trop grand diametre à l'ouverture des Soupapes de Pompes; & sur ce principe très-vrai, qu'une certaine quantité d'eau passera plus facilement par une grande ouverture, on étoit dans l'usage de donner à la Soupape un diametre égal à la moitié de celui du piston. La fausseté de ce principe a été démontrée par M. le Camus ; ce Savant a prouvé du moins que le contraire est fort possible. L'éclaircissement sur ce point est très-remarquable, si la fonction d'une Soupape ne consistoit qu'à laisser passer l'eau par son ouverture, ce principe auroit lieu sans difficulté; mais une Soupape a deux autres fonctions à remplir.

1°. Il faut qu'après avoir laissé passer l'eau, & dès qu'il n'en passe plus, elle retombe & ferme le passage par où l'eau est entrée dans le corps de Pompe.

2°. Il faut qu'étant retombée sur son ouverture qu'elle ferme, elle porte toute la colonne qui est entrée.

Pour le premier effet, il lui faut une pesanteur spécifique, plus grande que celle de l'eau, sans quoi elle ne retomberoit pas, malgré la résistance de l'eau, comme elle doit faire. Pour le second effet, il lui faut une solidité proportionnée à la colonne d'eau qu'elle soutiendra. Les deux effets s'accordent à exiger en général la même chose.

Le favant Auteur fuppofe une Soupape parfaite, celle qui s'ouvre ou s'é-
leve, fe referme ou retombe à fouhait, qui ait précifément la folidité néceffaire pour foutenir la colonne d'eau entrée dans le corps de Pompe. Il fuppofe
enfuite que pour y faire entrer l'eau plus aifément qu'elle n'y entroit, on augmente l'ouverture de cette Soupape: tout le refte demeurant de même, qu'ar-
rivera-t-il? En augmentant l'ouverture, il aura fallu néceffairement augmenter
le diametre de la Soupape, & par conféquent fon poids; l'eau qui n'aura que
la même vîteffe, & qui n'ouvre ou n'éleve les Soupapes que par cette force,
élevera donc moins la nouvelle Soupape ou la Soupape plus pefante, & le
paffage de l'eau fera rétréci & rendu plus difficile, tout au contraire de l'intention qu'on avoit eue.

Les ouvertures des Soupapes ou des Clapets, ne dépendent donc pas des diametres des tuyaux ou des corps de Pompe; la maniere de déterminer le meilleur diametre de ces valvules, eft par la quantité d'eau qui doit paffer, dans
un temps donné, par l'ouverture de la Soupape; ainfi deux Pompes qui fourniffent, dans un temps donné, la même quantité d'eau, doivent, pour être
également bonnes, avoir des Soupapes de même diametre: or, deux Pompes
peuvent fournir la même quantité d'eau, dans un temps donné, fans avoir le
même diametre. En conféquence, deux Pompes peuvent, pour être également bonnes, avoir les Soupapes de même diametre, fans avoir elles-mêmes
des diametres égaux. Ainfi ce n'eft pas fur les diametres des Pompes ou des
piftons feulement qu'il faut régler les ouvertures des Soupapes, mais fur le
diametre d'une Pompe & fur la vîteffe de fon pifton.

Les principes fur lefquels il faut déterminer l'ouverture des Soupapes, font
bien fimples; le premier eft qu'il faut laiffer à l'eau le plus de paffage qu'il eft
poffible. Ce n'eft pas qu'il faille conclure de-là que les Soupapes doivent être
les plus grandes poffibles; mais la quantité d'eau étant donnée, une Soupape
dont l'ouverture fera médiocre, laiffera à l'eau le plus grand paffage qu'il eft
poffible, de maniere que fi on fait la Soupape plus grande ou plus petite, on
aura un moindre paffage.

Cette théorie eft éclaircie dans le Mémoire auquel nous renvoyons, & où
l'Auteur détermine, par un problême très-intéreffant, le diametre convenable
des Soupapes, celui de la Pompe & la vîteffe du pifton étant donnés. Nous
ne nous arrêterons ici qu'à la pefanteur, à la folidité & à l'épaiffeur des Soupapes, qui tiennent à la théorie de l'Auteur.

La Soupape devant fe fermer par fon propre poids, dès que rien ne l'oblige
de refter ouverte, fon poids doit être plus grand que celui d'un pareil volume
d'eau; fi elle n'étoit pas plus pefante, elle flotteroit, & ne retomberoit pas fur
l'ouverture qu'elle doit fermer.

Elles font ordinairement de cuivre, qui eft environ neuf fois auffi pefant
qu'un pareil volume d'eau. On pourroit donc fuppofer avec l'Auteur, que la
pefanteur

pesanteur spécifique d'une Soupape & celle de l'eau, sont entr'elles comme 9 est à 1, & que la pesanteur d'une Soupape dans l'eau est, à celle d'un pareil volume d'eau, comme 8 est à 1.

Une Soupape doit avoir assez de solidité pour soutenir la colonne d'eau qui est au-dessus d'elle; elle doit donc avoir une épaisseur raisonnable, & d'autant plus grande, que la colonne qu'elle soutient est plus haute, & qu'elle a elle-même un plus grand diametre.

Dans les Pompes qui font monter l'eau à 60 ou 80 pieds, on fait *l'épaisseur réduite* (1) de la Soupape, égale à environ la dixieme ou la huitieme partie de son ouverture.

Du Corps de Pompe & du Piston.

DANS les Pompes ordinaires, le Piston est de même diametre que le Corps de Pompe dans lequel il se meut; ainsi tout ce qui est à dire touchant le diametre de l'un, convient également à l'autre.

Trois choses peuvent concourir à déterminer les dimensions d'une Pompe; 1°. la quantité d'eau que doit fournir la Pompe; 2°. le diametre de la soupape; 3°. dans les Pompes aspirantes seulement, la hauteur dont l'eau doit être aspirée dans le corps de la Pompe.

La premiere regle dérive du diametre de la soupape ou du clapet, soit qu'ils soient dans le Corps de Pompe même, ou qu'ils soient dans le tuyau montant ou descendant, qui se *raccorde* (2) avec la Pompe.

Une Pompe donnant, par exemple, 7 pouces d'eau dans une seconde, & dont le clapet a les conditions supposées, doit avoir au moins 4 pouces 8 lignes ⅔ de diametre; cette dimension est la plus petite que l'on puisse donner à la Pompe & au tuyau qui renferme un clapet: il n'y auroit aucun inconvénient de leur donner un plus grand diametre.

Si néanmoins on vouloit employer le plus petit diametre, il faudroit avoir attention de ne pas placer le clapet au milieu de la section perpendiculaire à la Pompe ou au tuyau; car en le mettant ainsi, le passage qui se trouveroit entre le clapet & le tuyau, quoique égal au passage par le diaphragme, seroit mal disposé par rapport au passage que l'eau a entre le *diaphragme* & le clapet.

Le clapet étant *incliné sur le diaphragme*, le passage que l'eau trouve entre ces deux pieces, n'est pas égal de tous les côtés, mais très-serré du côté de la queue du clapet, & fort large du côté opposé; ainsi il passe très-peu d'eau vers

(1) Epaisseur qu'elle auroit, si elle étoit réduite en plateau rond, d'épaisseur uniforme, & de même diametre que son ouverture.
(2) En l'hydraulique, on appelle *raccordement*, la réunion de deux corps à un même niveau ou à une même superficie. C'est encore la jonction de tuyaux inégaux de diametre, par un tambour de plomb, réunissant les différentes grosseurs qui se distribuent où l'on veut.

la queue du clapet, & il en paffe d'autant plus par les autres endroits, que ces endroits font plus éloignés de la queue du clapet.

Après que l'eau a paffé entre le diaphragme & le clapet, il faut qu'elle paffe entre le clapet & le tuyau ; ainfi il faut arranger ce nouveau paffage, & le ménager de maniere que fa plus grande partie foit la plus éloignée de la queue du clapet, & que fa pente plus petite foit à la queue du même clapet ; par conféquent il ne faut pas placer le clapet au milieu du tuyau, mais le mettre de façon que la partie qui tient à la queue, foit très-proche des bords de la feétion du tuyau.

Des Caufes les plus ordinaires des dérangements qui arrivent dans le jeu des Pompes.

LES étranglements & les accidents fréquents dans les Machines hydrauliques, oppofent fans ceffe des obftacles ou à la facilité, ou à l'abondance de l'élévation des eaux. Tout ce qui peut occafionner ces retards & ces embarras, tient à la conftruétion particuliere de chacune de ces Machines, qu'un Directeur de Mines doit poffeder à fond. Nous ne parlerons point ici des caufes de frottement communes à toutes les Machines, comme celles qui proviennent de l'engrenage des roues, &c ; nous ne voulons parler ici que des difficultés dépendantes des parties qui entrent dans la compofition des Pompes, comme les tuyaux, les paffages des foupapes, les robinets, les coudes & jarrets des conduits, les platines d'ajuftage, &c ; il fe fait dans tous ces endroits, contre les parois d'un tuyau, fur-tout dans les coudes & jarrets des conduites tournantes, un frottement important à éviter : le moyen eft d'interrompre le diametre ordinaire de la conduite, pour y mettre deux ou trois toifes de fuite de plus gros tuyaux, & reprendre enfuite le diametre de la conduite.

Les ouvertures des foupapes & robinets, fujettes aux étranglements, peuvent encore s'éviter, en y employant des foupapes & des robinets d'un plus grand diametre.

La plupart des Pompes foulantes qui agiffent par une manivelle à tiers-point, avec trois corps de Pompe, dont l'un afpire, pendant que les deux autres foulent & contre-foulent l'eau, font fujettes à un très-grand défaut ; c'eft l'étranglement des *fourches*, où l'eau eft fi refferrée, que ne pouvant y paffer, elle caufe un ébranlement à toute la Machine, qui la met en rifque d'être brifée. Si, par exemple, un des corps de Pompe a 8 pouces de diametre, il y paffera 64 pouces circulaires d'eau ; & fi la fourche qui reçoit l'eau de ce corps de Pompe, & qui fe raccorde au tuyau montant, n'a que 4 pouces, il n'y paffera que 16 pouces d'eau ; or, 64 pouces d'eau du corps de Pompe, ne peuvent paffer dans 16 ; il faudroit donc, pour parer à l'inconvénient dont il s'agit ici, que chaque fourche de cet équipage, eût le même diametre que les corps de Pompe, ou au moins qu'elle l'eût par le bas, en venant diminuer à 6 pouces par en-haut, pour se raccorder au tuyau montant, lequel aura de diametre celui du corps de Pompe, qui est ici de 8 pouces.

Des différentes Forces appliquées aux Pompes.

Les Pompes destinées à l'épuisement des Mines, sont mûes aussi par différents agents qui résultent d'autant d'especes de Machines.

La premiere puissance qui, sans doute, ait été employée, est celle des bras d'hommes ; les chevaux ont ensuite été appliqués à mouvoir les Pompes : on juge aisément que cette seconde force adaptée au *hernaz*, est bien supérieure à la premiere ; la comparaison qu'en ont faite, par le calcul, des Physiciens attentifs & exacts, se rapproche davantage de l'examen dans lequel nous nous proposons d'entrer sur les Machines destinées à élever les coffres ou *couffats* de Charbon, & les seaux remplis d'eau : nous le renvoyons à cet article.

Outre ces deux agents, les hommes & les chevaux, on a imaginé de faire concourir à l'épuisement des Mines, selon le local, les trois éléments, le vent, l'eau, & même le feu. Il ne sera ici question que de l'application de ces trois Forces différentes.

Dans un Ouvrage latin, dont je n'ai eu connoissance que depuis peu, est rassemblée, en un petit volume format *in-4°*. (1), la description des Machines les plus connues employées à cet usage. M. Delius, dans l'Ouvrage Allemand que j'ai cité, s'est aussi fort étendu sur cette matiere importante.

Hernaz ou Machines à vent Hydrauliques, ou Moulins à Pompes à la Hollandoise.

Dans les endroits éloignés des rivieres & ruisseaux, tel que peut être un lieu élevé sur quelque côteau très-exposé au vent, & où on n'auroit pas besoin d'une Machine dont l'effet fût uniforme & continu pendant plusieurs mois, ainsi que dans une plaine qui n'est pas masquée par quelque bois qui arrêteroit l'air, les Moulins à vent conviennent parfaitement.

Ces Moulins, très-usités en petit dans la Hollande, ressemblent à des Moulins à vent ordinaires ; ils ont cependant une plus grande commodité, qui est de se mettre d'eux-mêmes au vent, par le moyen d'une queue en forme de gouvernail, composée d'ais fort minces, portant sur un pivot qui se tourne de tout sens.

---

(1) *Jo. Frid. Weidleri Tractatus de Machinis hydraulicis in toto orbe maximis, Marlyensi, Londinensi, & aliis rarioribus, similibus, in quo mensuræ* | *propè ipsas Machinas usitatæ describuntur, & de viribus earum luculenter disseritur ; cum figuris æneis. Vittembergæ. in-4°. 1728.*

Ceux dont nous voulons parler, qui élevent l'eau à une hauteur plus confidérable que les autres, font agir, par le moyen de leurs aîles & d'une manivelle, le piston d'une Pompe aspirante; le mouvement du piston dépendant de
l'action des aîles, l'élévation plus ou moins grande de l'eau, dépendra de la
vitesse du vent, & de la grandeur du corps de Pompe: la Machine se dirige
d'elle-même au vent, par le moyen de la girouette, n'y ayant qu'un chassis qui
tourne avec cette queue & les aîles; le corps de Pompe étant bien arrêté par
l'assemblage de charpente qui l'accompagne, reste immobile. M. Bélidor, dans
son Architecture hydraulique, où il donne la théorie des Machines mûes par
le vent, & la maniere de calculer leur effet, a représenté une de ces
Machines (1).

Le Hernaz à vent a le mérite de n'exiger d'autre assistance que celle nécessaire à l'entretien des pistons, & un seul homme peut veiller à plusieurs de ces
Machines; mais l'inconvénient de dépendre d'un élément aussi variable que le
vent, dont on ne pourroit tirer du secours pendant une partie de l'année, a été
cause, sans doute, qu'on a abandonné ces Machines. Comme néanmoins la
Machine à feu est d'une grande dépense dans son entretien, comme on va le
voir, il y auroit des occasions dans lesquelles, après les premiers épuisements
par la Machine à feu, le Hernaz à vent pourroit convenir, lorsqu'y ayant une
taille d'un côté & une *taille* de l'autre, avec de grandes *paxhisses*, les eaux
pourroient se garder en abondance. Nous allons, par cette raison, donner la
description d'un de ces Moulins à vent, projetté & exécuté en modele pour
les Salines de Castiglione, dans le Mantouan (2).

Machine à vent, décrite par M. Louis-Guillaume de Cambray, Sieur de Digny.

CETTE Machine à vent est composée seulement d'un axe perpendiculaire avec
les aîles horisontales; au lieu que dans les Moulins à vent, elles sont verticales.

L'axe étoit garni d'un cylindre ou tambour, sur lequel étoit creusée une spirale, qui, emboîtant l'extrémité d'un levier, le forçoit à baisser, & ainsi
élevoit, par l'autre extrémité, le piston d'une Pompe, & ensuite lui donnoit
la liberté de descendre pour le relever successivement. Ce qui est dit ici d'un
levier, étoit applicable à un plus grand nombre.

Cette Machine avoit deux parties remarquables; la premiere consistant en
cette spirale, qui, malgré son analogie aux roues ondées, employées en d'autres Machines, a le mérite de la nouveauté dans l'application; la seconde,
plus particuliere encore, est la construction des aîles pour faire qu'en tournant
horisontalement, elles prissent & quittassent le vent alternativement; ces aîles

(1) Pl. 3, fig. 3, *Liv. III, Chap. II, Tome 2.* | nes de cette espece les plus connues, & sur quelques
(2) Chap. 2e. de l'Ouvrage intitulé: *Des-* | *autres Machines hydrauliques, &c.* Parme, in-4.
cription d'une Machine à feu, construite pour les | 1766.
Salines de Castiglione; avec des détails sur les Machi- |

s'ouvroient

s'ouvroient en guife de foufflets en fe préfentant au vent, fe dérobant à fon impreffion à mefure qu'elles étoient remplacées par l'aîle fuivante. Dès que le foufflet fe préfentoit au vent, il s'ouvroit, & le vent y acquéroit des degrés de puiffance toujours augmentants, jufqu'à ce que l'aîle formât, avec fa ligne de direction, un angle de 90 degrés ; alors l'aîle continuant fa route, la force du vent décroiffant fur ladite aîle, fe réduifoit à zéro ; mais comme il paffoit fix aîles l'une après l'autre, l'accroiffement de l'action du vent jufqu'à 90 degrés, compenfoit la diminution de fon choc fur les aîles qui avoient paffé cet angle, & qui déclinoient ; les fix aîles étoient placées, avec jufte réflexion, dans trois plans différents, pour que l'une ne dérobât point à l'autre l'action du vent. Lorfqu'elles avoient paffé fous l'impulfion du vent, elles auroient dû, en lui préfentant à leur retour leur face oppofée, en recevoir le choc avant d'avoir fini un cercle entier ; mais les foufflets étant à charniere, & ouverts dans le moment d'inaction feulement de 15 degrés, au lieu de 80 degrés dont ils s'ouvroient en tenant le vent, l'aîle fermée ne faifoit perdre à l'aîle ouverte que 3 $\frac{7}{17}$ de fon action. Ce méchanifme rendoit le mouvement fort uniforme, fauf les variations du vent. On a vu des roues à aubes pliantes, pour être mûes horifontalement dans un courant, celles qui fe prêtent à fon choc s'ouvrant, & fe repliant quand elles ont paffé la ligne de direction ; mais c'eft une nouveauté d'en avoir fait l'application au vent, & la conftruction des aîles eft auffi nouvelle qu'ingénieufe.

L'Auteur avoit reconnu que, d'une jufte grandeur, cette Machine pourroit produire 17184 pieds cubes d'eau en 24 heures ; mais le calcul étant fondé fur la plus grande vîteffe du vent, qui eft évaluée 10 milles d'Italie par heure, il doit fe réduire à une vîteffe moindre. On eftime le choc ou l'impreffion du vent, par le quarré de fa vîteffe ; d'où il s'enfuit que les vîteffes de deux vents étant inégales, leurs impreffions refpectives fur des furfaces égales, feront comme les quarrés des vîteffes. L'effet augmente donc ou diminue en proportion ; or, prenant 6 milles d'Italie pour vîteffe moyenne, l'effet alors ne feroit à l'effet calculé, que comme 36 à 100, c'eft-à-dire, de 6186 pieds cubes ; & on voit qu'il auroit été néceffaire de beaucoup multiplier ces Machines à vent.

Le Dictionnaire Encyclopédique renferme (1) une defcription très-détaillée & accompagnée de cinq planches, touchant un Moulin de cette efpece, qui puife l'eau d'un puits au jardin d'une maifon du Fauxbourg Saint-Sever, à Rouen.

Ce Moulin eft un de ceux qu'on nomme *Moulins à pile*, c'eft-à-dire, que le corps du Moulin eft une tour de maçonnerie, & que le comble tourne fur la maçonnerie lorfqu'on veut expofer les aîles au vent.

Afin de faire comprendre comment ces parties font affemblées, & en quoi

(1) Tome X, au mot *Moulin*, page 803.

confifte leur folidité, on s'y eft étendu fur les forces de ce Moulin, & fur la maniere dont elles font dirigées.

Les perfonnes qui voudroient en conftruire un femblable, peuvent confulter cet Ouvrage, où elles trouveront tout ce que l'on peut fouhaiter fur la conftruction du Moulin, de la Machine qui y eft appliquée, & de la Pompe dont on a fait ufage.

Ce Moulin, (c'eft-à-dire, la tour, la Pompe, l'intérieur du puits & toute la Machine) fans y comprendre le puits & les réfervoirs, qui étoient d'ancienne date, n'a coûté que 3000 livres au plus.

Le même Ouvrage a auffi expofé, *Tome V, page 5*, dans une Planche, tout le méchanifme intérieur du Moulin à vent de la Ferme de Villebon, dans le Parc de Meudon, qui fert à élever de l'eau. Ce Hernaz fait le fujet du troifieme Chapitre de l'Ouvrage de M. Weidler (1).

Des Machines Hydrauliques mues par l'eau.

Lorsqu'on eft à la proximité d'un ruiffeau ou d'un courant d'eau un peu fort, ou de quelque riviere, on en profite pour faire agir les Pompes ; cela s'exécute par le moyen de plufieurs fortes de Machines, qu'on peut véritablement nommer *Hydrauliques*.

Le ruiffeau a un avantage inconteftable, qui eft de fournir jour & nuit un moteur égal ; cependant, à moins que ce ne fût une fource un peu forte, il eft démontré que les Pompes à chevaux fourniffent plus d'eau en une heure, qu'une fource ordinaire n'en amene en quatre jours.

Nouvelle Grue propre à élever des poids par l'action de l'eau.

Il a été annoncé, dans les Papiers publics, une nouvelle efpece de *Grue hydraulique*, propre à tirer des Mines & Carrieres, avec plus de facilité qu'on ne l'a fait jufqu'à préfent, les feaux, les facs, l'eau, le Charbon, le minerai, &c. Il peut être utile d'avoir connoiffance de cette annonce, d'autant plus que les perfonnes qui voudroient des éclairciffements, font averties de s'adreffer au fieur Chriftophe Gallet, Anglois, qui en eft l'Inventeur (2).

Elle agit par le moyen d'une roue de 10 pieds de diametre feulement. Cette roue a un mouvement toujours égal & uniforme ; quoique rapide, on l'arrête dans l'inftant : elle fe meut par le moyen de l'eau ; le moindre courant d'eau fuffit. Si ce moteur manque, la perfonne chargée de vuider les feaux & les baquets, peut elle-même la mettre aifément en jeu fans avoir rien à craindre : on la gouverne fans peine & fans rifque. Les Ouvriers qui fe trouvent

(1) *De duabus moletrinis hydraulicis, quarum alæ vento verfantur*, pag. 50.
(2) Privilégié du Roi de la Grande-Bretagne, pour la conftruction de ces Machines dans le Duché de Cornouailles, rue Tariftock, à Devon.

dans la Mine ou dans la Carriere , peuvent , en fe mettant dans un baquet , ou en s'attachant à un feau , fe faire tirer en haut fans le moindre danger.

Cette Machine peut d'ailleurs fervir à beaucoup d'autres ufages ; par exemple , dans les Moulins à papier & autres : elle eft d'une conftruction fort fimple ; on peut en avoir une en place , propre à élever un poids de mille livres , pour la fomme de 30 livres fterling.

De tous les moyens de faire fervir l'action d'un courant à mouvoir une Machine , il n'y en a pas de plus fimple , de plus commode & de moins fujet à inconvénient , que de garnir cette Machine d'une ou de plufieurs roues , munies à leur circonférence d'aîles ou *aubes* , qui reçoivent l'impulfion du courant d'eau , & la tranfmettent aux roues qu'elles font tourner.

La Machine de Nymphembourg , exécutée par le Comte de Walh , Directeur des Bâtiments de l'Electeur de Baviere (1) , eft de ce genre. Dans fa fimplicité , & pour élever l'eau à 60 pieds , elle eft bien entendue ; fon produit feroit plus confidérable fi les fourches n'avoient le défaut commun dans prefque toutes les Pompes , du manque de proportion entre les corps de Pompe qui , dans cette Machine , ont 10 pouces de diametre , & les fourches qui n'en ont que trois : la roue en a 24.

Nous n'entrerons point en particulier dans le détail des effets d'aucune de ces Machines ; il ne s'agit toujours ici , comme dans toutes les autres , que de bien connoître le principe moteur ; car ce qu'on nomme proprement *la Machine* , ne fert qu'à augmenter & à régler la force mouvante ; ce n'eft ni la force ni la folidité des matériaux qui font le mérite de l'invention ; les Machines mûes par un courant d'eau apporté foit par une riviere , foit par un ruiffeau , recevant leur force motrice de l'impulfion de cet agent , par fon poids ou par fon choc fur les aubes , en deffus ou en deffous , la partie effentielle de l'Hydrodynamique , confifte dans l'examen de la meilleure maniere d'employer la force de l'eau comme principe moteur. Les confidérations néceffaires enfuite pour porter les Machines de cette efpece à leur plus haut point de perfection , font la recherche du nombre & de la difpofition la plus avantageufe des mêmes aubes , relativement au diametre de la roue , à la quantité dont elle trempe dans l'eau , & à la vîteffe du courant ; ce dernier article , & en conféquence le nombre des aubes ou vannes à oppofer au courant , font difficiles à déterminer , & il n'eft pas étonnant que plufieurs Savants fe foient trompés fur cette matiere. La nature d'un fluide perpétuellement inégal dans fon volume & dans fa force , donne évidemment à penfer que malgré la Phyfique la plus exacte , & la plus fubtile Géométrie , la folution de ces problèmes ne peut gueres comporter une certaine précifion : c'eft une remarque faite par

(1) Décrite dans le Traité de l'Elévation des eaux , par l'Auteur , *Munich* , 1716 , *page* 122. Dans l'Encyclopédie , au mot *Moulin* , avec deux Planches , *Tome V* ; dans Bélidor , *Tome II* , *page* 141 , avec fes différents développements en une Planche.

un Savant ; qui a porté dans la théorie de l'Hydrodynamique, la même lumiere qu'il a répandue fur la Méchanique des corps folides, & fur toutes les matieres qu'il traite. M. Dalambert ajoute qu'il eft peut-être impoſſible de réſoudre mathématiquement la plupart de ces problêmes, & que l'expérience feule peut conduire à leur folution ; c'eſt auſſi la voie qu'a adoptée M. l'Abbé Boſſut, pour fuppléer aux fecours pénibles, ou même impuiſſants, qu'offre la Géométrie pour perfectionner l'Hydrodynamique. Dans fon Ouvrage, qui embraſſe l'Hydroſtatique & l'Hydraulique, il établit avec clarté & avec méthode, des principes confirmés par l'expérience, qui doivent aider à réſoudre le problême dans chaque cas particulier, ainſi que la maniere de trouver la meilleure proportion entre la hauteur & la largeur d'une aîle, qu'il importe quelquefois de connoître. Les Auteurs de l'Encyclopédie ont adopté fur cette matiere la Théorie établie dans un Mémoire de M. Pitot (1). Quoique les principes qui y font avancés foyent aujourd'hui reconnus fautifs, nous donnerons ici une place à ce Mémoire : il pourra de cette maniere être comparé avec l'examen plus approfondi que d'autres Savants ont fait de ce fujet ; il fera furtout à propos de prendre connoiſſance, dans le Volume de l'Académie de 1759, du Mémoire de feu M. Deparcieux.

Des Aubes, & de la diſpoſition la plus favorable à leur donner.

LES Aubes font diverſement placées, ou diverſement configurées, felon que les roues font deſtinées à être mûes par la chûte, ou par l'impulſion de l'eau, ou quelquefois par l'impulſion & la chûte de cet agent, ou ſelon qu'elles font deſtinées à faire agir des Pompes.

Les roues fur leſquelles l'eau tombe en chûte dans des augets, fe nomment *Roues à eau fupérieure.*

Celles que l'on fait mouvoir en venant frapper des Aubes, font diſtinguées par le nom de *Roues à eau inférieure.*

Il faut diſtinguer deux fortes d'Aubes : celles qui font fur les rayons de la roue, & dont par conſéquent elles fuivent la direction felon leur largeur ; elles s'appellent *Aubes en rayon* : celles qui font fur des *tangentes* tirées à différents points de la circonférence de l'arbre qui porte la roue, ce qui ne change rien au nombre ; on appelle celles-ci *Aube en tangentes.*

» Si l'on confidere que la vîteſſe de l'eau n'eſt pas la même à différentes pro» fondeurs, & pluſieurs autres circonſtances, on conjecturera que le nombre & » la diſpoſition les plus favorables des Aubes fur une roue, ne font pas faciles à » déterminer. 1°. Le nombre des Aubes n'eſt pas arbitraire ; quand une Aube eſt » entiérement plongée dans l'eau, & qu'elle a la poſition la plus avantageuſe » pour être bien frappée, qui eſt naturellement la perpendiculaire au fil de

(1) Inféré dans le volume de l'Académie des Sciences, pour l'année 1729.

l'eau,

» l'eau, il faut que l'Aube qui la fuit & qui vient prendre fa place, ne faffe
» alors qu'arriver à la furface de l'eau & la toucher; car pour peu qu'elle y
» plongeât, elle déroberoit à la premiere Aube une quantité d'eau proportion-
» née, qui n'y feroit plus d'impreffion; & quoique cette quantité d'eau fît
» compreffion fur la feconde Aube, celle qui feroit perdue pour la premiere,
» eût été faite fous l'angle le plus favorable, & l'autre ne peut l'être que fous
» un angle qui le foit beaucoup moins.

» On doit faire en forte qu'une Aube étant entiérement plongée dans l'eau,
» elle ne foit nullement couverte par la fuivante; & il eft vifible que cela
» demande qu'elles ayent entr'elles un certain intervalle; & comme il fera le
» même pour les autres, il en déterminera le nombre total.

» Les Aubes attachées chacune par fon milieu, à un rayon d'une roue qui
» tourne, ont deux dimenfions, l'une parallele, l'autre perpendiculaire à ce
» rayon; c'eft la parallele que l'on appellera leur *hauteur*; fi la hauteur eft
» égale au rayon de la roue, une Aube ne peut plonger entiérement, que
» le centre de la roue ou de l'arbre qui la porte, ne foit à la furface de l'eau;
» & il eft néceffaire qu'une Aube étant plongée perpendiculairement au cou-
» rant, la fuivante, qui ne doit nullement la couvrir, foit entiérement cou-
» chée fur la furface de l'eau, & par conféquent faffe, avec la premiere, un
» angle de 90 degrés, ce qui emporte qu'il ne peut y avoir que quatre Aubes:
» d'où l'on voit que le nombre des Aubes fera d'autant plus grand, que leur
» largeur fera moindre (1).

» L'Aube en rayon & l'Aube en tangente entrent dans l'eau & en fortent
» en même temps, & elles y décrivent, par leurs extrémités, un arc circulaire,
» dont le point de milieu eft la plus grande profondeur de l'eau à laquelle
» l'Aube s'enfonce: on peut prendre cette profondeur égale à la largeur des
» Aubes. Si on conçoit que l'Aube en rayon arrive à la furface de l'eau, & par
» conféquent y eft auffi inclinée qu'elle puiffe, l'Aube en tangente qui y arrive
» auffi, y eft néceffairement encore plus inclinée; & de-là vient que quand
» l'Aube en rayon eft parvenue à être perpendiculaire à l'eau, l'Aube en tan-
» gente y eft encore inclinée, & par conféquent en reçoit à cet égard, & en
» a toujours jufques-là moins reçu d'impreffion. Il eft vrai que cette plus grande
» partie de l'Aube en tangente a été plongée, ce qui fembleroit pouvoir faire
» une compenfation; mais on trouve au contraire que cette plus grande partie
» plongée reçoit d'autant moins d'impreffion de l'eau, qu'elle eft plus grande
» par rapport à la partie la plus petite de l'Aube en rayon plongée auffi, & cela
» à caufe de la différence des *angles d'incidence* (2): jufques-là l'avantage eft
» l'Aube en rayon.

(1) M. Pitot a ajouté dans ce Mémoire une petite Table calculée du nombre & de la lar-geur des Aubes.

(2) Angle que fait la direction d'un corps avec le plan fur lequel il tombe.

» Enfuite l'Aube en tangente parvient à être perpendiculaire à l'eau, mais
» ce n'eft qu'après l'Aube en rayon; le point milieu de l'arc circulaire qu'elles
» décrivent, eft paffé; l'Aube en rayon aura été entiérement plongée, &
» l'Aube en tangente ne le peut plus être qu'en partie, ce qui lui donne du
» défavantage encore, dans ce cas même, qui lui eft le plus favorable : ainfi
» l'Aube en rayon eft toujours préférable à l'Aube en tangente.

» On a penfé à donner aux Aubes la difpofition des aîles du Moulin à
» vent, & l'on a fait ce raifonnement : Ce que l'air fait, l'eau le peut faire : au
» lieu que dans la difpofition ordinaire des Aubes, elles font attachées à un
» arbre perpendiculaire au fil de l'eau; ici elles le font à un arbre parallele à ce
» fil. L'impreffion de l'eau fur les Aubes difpofées à l'ordinaire, eft inégale d'un
» inftant à l'autre : fa plus grande force eft dans le moment où une Aube étant
» perpendiculaire au courant, & entiérement plongée, la fuivante va entrer
» dans l'eau, & la précédente en fort. Le cas oppofé eft celui où deux Aubes
» font en même temps également plongées. Depuis l'inftant du premier cas,
» jufqu'à l'inftant du fecond, la force de l'impreffion diminue toujours, & il eft
» clair que cela vient originairement de ce qu'une Aube, pendant tout fon mou-
» vement, y eft toujours inégalement plongée; mais cet inconvénient cefferoit
» à l'égard des Aubes mifes en aîles de moulin à vent : celles-ci étant tout
» entieres dans l'air, les autres feroient toujours entiérement dans l'eau. Mais
» on voit que l'impreffion doit être ici décompofée en deux forces, l'une pa-
» rallele, & l'autre perpendiculaire au fil de l'eau, & qu'il n'y a que la per-
» pendiculaire qui ferve à faire tourner. Cette force étant appliquée à une
» Aube nouvelle, qu'on auroit faite égale en furface à une autre pofée felon
» l'ancienne maniere, il s'eft trouvé que l'Aube nouvelle qui reçoit une impref-
» fion conftante, en eût reçu une un peu moindre que n'auroit fait l'Aube
» ancienne dans le même cas.

» D'ailleurs, quand on dit que la plus grande vîteffe que puiffe prendre une
» Aube ou aîle mûe par un fluide, eft le tiers de la vîteffe de ce fluide, il faut
» entendre que cette vîteffe réduite au tiers, eft uniquement celle du centre
» d'impulfion, ou d'un point de la furface de l'Aube, où l'on conçoit que fe
» réunit toute l'impreffion faite fur elle. Si le courant fait 3 pieds en une fe-
» conde, ce centre d'impulfion fera un pied en une feconde; & comme il eft
» néceffairement placé fur le rayon de la roue, il y aura un point de ce rayon
» qui aura cette vîteffe d'un pied en une feconde, fi ce point étoit à l'extrémité
» du rayon, qui feroit, par exemple, de 10 pieds, auquel cas il feroit au
» point d'une circonférence de 60 pieds, il ne pourroit parcourir que 60 pieds,
» ou la roue qui porte les Aubes, ne pourroit faire un tour qu'en 60 fecondes,
» ou en une minute; mais fi ce même centre d'impreffion étoit pofé fur un
» rayon à un pied de diftance du centre de la roue & de l'arbre, il parcourroit
» une circonférence de 6 pieds, ou feroit un tour en fix fecondes, & par con-
» féquent la circonférence de la roue feroit auffi fon tour dans le même temps.

» & auroit une vîteſſe dix fois plus grande que dans le premier cas. Donc
» moins le centre d'impreſſion eſt éloigné du centre de la roue, plus la roue
» tourne vîte. Quand une ſurface parallélogrammatique, mûe par un fluide,
» tourne autour d'un axe immobile, auquel elle eſt ſuſpendue, ſon centre
» d'impreſſion eſt, à compter depuis l'eau, aux deux tiers de la ligne qui la
» diviſe en deux ſelon ſa hauteur. Si la roue a 10 pieds de rayon, l'Aube nou-
» velle, qui eſt entiérement plongée dans l'eau, & dont la largeur ou hauteur
» eſt égale au rayon, a donc ſon centre d'impreſſion environ à 6 pieds du cen-
» tre de la roue. Il s'en faut beaucoup que la largeur ou hauteur des Aubes
» anciennes, ne ſoit égale au rayon, & par conſéquent leur centre d'impreſſion
» eſt toujours plus éloigné du centre de la roue, & cette roue ne peut tourner
» que plus lentement; mais cet avantage eſt détruit par une compenſation preſ-
» qu'égale dans le mouvement circulaire de l'Aube: le point immobile ou point
» d'appui, eſt le centre de la roue; & plus le centre d'impreſſion auquel toute
» la force eſt appliquée, eſt éloigné de ce point d'appui, plus la force agit
» avantageuſement, parce qu'elle agit par un long bras de levier. Ainſiquand
» une moindre diſtance du centre d'impreſſion au centre de la roue, fait tour-
» ner la roue plus vîte, & fait gagner du temps, elle fait perdre du côté de la
» force appliquée moins avantageuſement, & cela en même raiſon: d'où il
» s'enſuit que la poſition du centre d'impreſſion eſt indifférente.

» La propoſition énoncée en général, eût été fort étrange; & on peut ap-
» prendre par beaucoup d'exemples à ne pas rejetter les paradoxes ſur leur pre-
» miere apparence. Si l'on n'a pas ſongé à donner aux aîles de moulin à vent, la
» diſpoſition des Aubes, comme on a ſongé à donner aux Aubes la diſpoſition
» des aîles de moulin, c'eſt que les aîles de moulin étant entiérement plongées
» dans le fluide, ſon impreſſion tendroit à renverſer la Machine en agiſſant
» également ſur toutes ſes parties en même temps, & non à produire un mou-
» vement circulaire dans quelques-unes ».

Une des conditions que doit avoir une roue chargée d'Aubes, c'eſt de tourner toujours uniformément, & pour cela il faut qu'elle ſoit telle, que dans
quelque ſituation que ſoit une roue, l'effort du fluide contre toutes les Aubes
ou parties d'Aubes actuellement enfoncées, ne produiſe aucune accélération,
ou que la ſomme des efforts poſitifs pour accélérer la roue, ſoit égale à la ſomme
des efforts négatifs pour la retarder; ainſi le problême qu'il faudroit d'abord
réſoudre, ce ſeroit de ſavoir le nombre d'Aubes qu'il faut donner, pour que,
dans quelque ſituation que ſoit la roue, l'effort du fluide, pour accélérer ou
pour retarder la roue, ſoit nul.

Parmi les Machines hydrauliques qui peuvent ſervir à élever l'eau hors des
Mines, il en eſt une connue très en grand en France, mais uniquement pour
tranſporter de l'eau fort au loin (1). En Allemagne, où elle a été inventée,

_____

(1) Sur la riviere de Seine, entre Saint-Ger- | ſecond endroit, qui doit une partie de ſes em-
main & Marly, d'où elle porte le nom de ce | belliſſements à cette Machine. M. Weidler, dans

& où elle est en usage depuis très-long-temps pour les Mines, elle est connue sous les noms de *Feld oder Streken Gangen*, *Feld Geslangen* : on l'appelle aussi *Stangen-Kunst*, ce qui veut dire littéralement *Machine* ou *Angin à barres*. Dans le Traité de l'exploitation des Mines, traduit de l'Allemand, sur lequel nous avons inséré une note, *page* 744, cette Machine est décrite, §. *III*, *Part. IV*, *pag*. 207, d'après l'Ouvrage de l'Académie de Freyberg, sous le nom de *Machine avec des tirants horisontaux* : nous en avons parlé sommairement à l'article des Machines employées au pays de Liége, pour épuiser les eaux des Houillieres. La figure 2, *Pl. XLVI*, que nous avons empruntée de M. Saverien, donne une idée générale du jeu de ces Machines, qui tient à un arrangement particulier de *tirants* ou de longues pieces, soit de bois, soit de métal, assemblées à fourchettes les unes aux autres, & soutenues d'espace en espace par des bascules ou des leviers mobiles sur une de leurs extrémités.

La figure 4 de la même Planche, représente un de ces *Feld-geslangen*, comme l'appelle M. *Wolf*, & que nous tirons de même, ainsi que la description, du Dictionnaire de M. Saverien, *Tome I*, *page* 365. Elle est composée d'une roue verticale *A*, & agissant par le moyen d'une manivelle *c*, à laquelle est un bras *B*, d'un balancier *B M N G*, construit en forme d'échelle, & suspendu par échelons dans des especes d'essieux *K*, *K*, *K*, *K*, que portent des pieux *P*, *P*, *P*, *P*, ou quelquefois des tréteaux ou chevalets.

Cette roue est mûe ordinairement par un courant d'eau, quand on a cette facilité, en lui ménageant en avant un *courfier* (1), ou par quelqu'autre agent; cette roue en tournant, tantôt tire le balancier *B M N G*, tantôt le pousse suivant que la manivelle *c* avance ou recule : c'est tout le contraire quand elle pousse. Voilà en quoi consiste le mouvement de la Machine. Pour en tirer parti, on attache aux extrémités *N*, *N*, de ce balancier, opposées à la roue, une piece de charpente en forme de croix, dont deux bras sont attachés aux pistons de deux Pompes placées dans l'eau que l'on veut élever. On comprend, par le mouvement de ce balancier, comment les pistons sont élevés & abaissés successivement, & comment cette Machine, au moyen du balancier qui peut se prolonger à volonté, fait monter l'eau, de quelqu'endroit qu'on veuille la tirer.

Il y a diverses sortes de ces Machines, selon le nombre de corps de Pompes qu'elles font agir, ou selon qu'elles peuvent être assises directement à la bouche du

___

son Ouvrage, paroît avoir été informé de l'origine de cette construction, d'une maniere absolument conforme à l'anecdote historique que j'ai rapportée, relativement à son Constructeur *Renequin*. Sans savoir lire ni écrire, c'étoit, dit M. *Weidler*, un Ouvrier excellent & expérimenté dans ce genre de travail ; mais attendu qu'il n'étoit pas en état de vanter à la Cour son travail, ni d'en garantir le succès, *Deville*, associé avec lui, suppléoit à ce qui manquoit à Ren-

nequin ; & comme, en avançant dans les ouvrages, il a pu ajouter quelque chose du sien, il est arrivé qu'il a passé pour l'Inventeur de la *Machine de Marly*.

(1) En Hydraulique, un *Courfier* est un chemin que l'on construit pour l'eau entre deux piloris, afin qu'elle puisse arriver aux Aubes d'une roue, & que l'on ferme quand on veut en baissant une vanne au-devant de la roue.

puits à Pompes, ou qu'elles en font éloignées. On nomme *Machines simples*, celles qui n'élevent l'eau que dans un feul corps de Pompe ; & on appelle *Machines doubles*, celles qui élevent l'eau dans deux corps de Pompe. La premiere efpece eft peu ufitée, & demande à être travaillée avec un foin particulier, pour pouvoir être de quelqu'utilité. L'autre eft le plus fouvent en ufage pour l'épuifement des Mines ; fa conftruction eft pareillement variée, en raifon de la diftance qu'il y a de la roue au puits de la Machine, & qui peut être depuis 50, 100, jufqu'à 800 *lachters*. Les eaux de la Mine de Nordmark, en Suede, font élevées par une Machine de cette efpece, compofée d'une roue, à laquelle font adaptés trois rangs de *tirants*, qui font mouvoir des Pompes afpirantes dans trois différentes Mines.

A *Dannemora*, dans la Mine de *Storagrufvan*, qui eft la plus confidérable de ce quartier, & où les eaux font fi abondantes que l'épuifement s'en fait aux frais de la Couronne, par un *percement*, qui de néceffité, aura cinq lieues de longueur, les eaux extérieures qui font mouvoir une femblable Machine, font extrêmement éloignées ; la roue fe trouve à plus de 850 toifes de diftance de la Mine.

Le *Feld-geftangen* dont nous avons parlé, *pages* 238 & 378, qui épuife les eaux de la foffe nommée *Chaudtier*, près le village de Bëine, à une lieue de Liege, eft compofé, comme celui de Marly, de plufieurs jeux de Pompes qui agiffent par le moyen d'une grande roue à feaux : elle eft mife en mouvement par une chûte d'eau, formée en partie des eaux que donnent ces Pompes, & en partie de celles d'un réfervoir d'eau, ménagé à la proximité.

La différence du jeu de ces Pompes avec celui de la Machine de Marly, eft que dans cette derniere ces Pompes ont deux mouvements, le mouvement afpirant, & le mouvement foulant. Dans cette Machine, les Pompes font feulement afpirantes.

Tout l'ouvrage de cette Mine eft fitué fur une hauteur, à portée d'une colline ; c'eft fur le penchant de cette côte, qu'on a établi ces Pompes, à la diftance du bure de 1100 pieds ; & la grande roue qui met toute cette Machine en mouvement, eft placée fur la même colline, à 1640 pieds plus bas, afin qu'une partie de fes eaux puiffe être conduite dans le baffin qui forme cette chûte d'eau.

De la fuperficie du bure à exploiter jufqu'au niveau des Pompes, il y a 24 toifes de *plomb*, & huit repos ou efpeces de baffins, dans lefquels les Pompes verfent les eaux pour être élevées, de proche en proche, par d'autres Pompes fupérieures, jufqu'à un canal fouterrain. A chaque repos, il y a deux Pompes, & les deux dernieres fupérieures font celles qui fourniffent une partie de l'eau à fon mouvement.

On aura facilement l'idée de l'effet de cette Machine, en faifant attention à fon affife fur le penchant d'une colline.

A peu-près à mi-chemin des Pompes, jufqu'à la roue du mouvement, on a pratiqué un réfervoir qui fe remplit en partie des eaux venant des *Arênes bâtardes* de quelques petites Houillieres qui s'exploitent plus haut, & en partie des eaux d'entre deux terres, & comme il a été dit de celles que lui fourniffent les Pompes fupérieures.

Comme ce réfervoir ne pourroit pas toujours fournir affez d'eau pour faire agir la roue, on a fait un canal qui vient depuis le repos fupérieur du jeu des Pompes, jufqu'à ce baffin, où les deux Pompes fupérieures verfent leurs eaux; en même temps comme la montagne fur laquelle eft élevée cette Machine, & la côte qui fournit au réfervoir une partie des eaux, laiffent, en fe réuniffant à la hauteur de la retenue des eaux, un bas-fond, les eaux du canal fe trouveroient, au point de ce baffin, plus bas que fon niveau; c'eft pourquoi on a pratiqué, à 50 pieds de diftance du réfervoir, deux puits pour recevoir les eaux que lui amene le canal des deux Pompes fupérieures; ces deux puits étant maçonnés, les eaux qui s'y trouvent font forcées de s'élever & de fe porter dans un petit canal qu'on y a fait pour les conduire jufqu'au réfervoir.

Dans le fond de ce puits eft une décharge, avec une bonde qui fe tire à volonté : de-là enfin les eaux font conduites jufqu'à la grande roue, par un canal fouterrain qui fe ferme avec une palle.

A 70 pieds du point de la roue, on a conduit les eaux de ce canal jufqu'à leur chûte, par une rigole de bois; & comme on a en vue de faire tourner cette roue avec peu d'eau, on a été obligé de donner à la roue 53 pieds de diametre, ce qui fait qu'on n'a pu donner que 2 pieds & demi d'élévation à fes points d'appui, pour n'être pas obligé d'amener les eaux fur cette roue d'une hauteur prodigieufe. Ainfi on a creufé, par cette raifon, une efpece de baffin pour recevoir fa partie inférieure : tout fon mouvement eft double.

Sans pouvoir dire la quantité d'eau que cette Machine épuife en un temps donné, on fait qu'elle épuife promptement toute la Mine.

Par la figure détaillée des *Feld-geftangen*, *fig.* 2, 3 & 4, *Pl. XLVI*, qui fe trouve dans l'Ouvrage de l'Académie de Freyberg, & dans la Traduction Françoife, on juge combien l'éloignement du principe moteur, à la Mine que l'on veut puifer, ainfi que la longueur du trajet de tout cet attirail, rendent la Machine difpendieufe, en proportion de la quantité de tirants qui viennent faire jouer les trains des Pompes, & combien les frottements ainfi multipliés font perdre de force.

Comme cependant, au défaut de meilleur moyen, on doit compter pour quelque chofe cette commodité, de faire ufage d'une force, quelqu'éloignée qu'elle foit, dont on a befoin, il eft bon d'en avoir quelqu'idée. J'ai penfé, pour cette raifon, pouvoir placer ici ce qui fe trouve fur ce fujet dans l'*Art des*

Mines, par Lehmann (1) , & qui a été omis dans la defcription fommaire de l'exploitation des Mines métalliques, que les Auteurs de l'Encyclopédie ont empruntée de cet Ouvrage (2).

La Planche qui accompagne la defcription de l'Auteur, dans l'Ouvrage même , ne repréfente que la partie de la Machine qui appartient au premier mobile , c'eft-à-dire , la roue menant des manivelles , les manivelles menant des tiges de piftons qui élevent l'eau dans des Pompes , d'où enfuite l'eau eft forcée , par d'autres piftons , de monter plus haut : le refte de l'attirail n'eft apperçu qu'en perfpective. Voici la defcription qu'il donne de ces Machines. Je détaillerai enfuite les articles de conftruction qui y ont rapport; ils rempliront la promeffe que j'ai faite *page 278*, d'en donner les développements.

» La premiere chofe néceffaire pour établir cette Machine , c'eft d'examiner » fi l'on aura toujours affez d'eau pour la faire mouvoir. Lorfque la Machine eft » au-deffus de la terre, il faut néceffairement que les eaux qui la font marcher, » foient auffi au-deffus de la terre ; on fe fert pour cela d'une riviere ou d'un » ruiffeau du voifinage, qui ayent pendant toute l'année affez d'eau , & qui ne » tariffent point en été. Quand on eft privé de cet avantage , on eft obligé de » creufer à force de bras des réfervoirs , pour y raffembler les eaux des fources » & des fontaines du voifinage, que l'on tient à une certaine hauteur par le » moyen d'éclufes , afin de remédier aux inconvénients qui peuvent furvenir » dans des temps de féchereffe , & on n'en laiffe fortir que l'eau qui eft nécef- » faire pour faire aller la Machine , auffi bien que les boccards ou pilons, & » les lavoirs.

» Si la Machine à eau eft placée dans les fouterrains, on fera encore obligé » de la faire mouvoir à l'aide des eaux qui font à la furface de la terre , ou de » celles que fourniffent les galleries des Mines. Quand on aura fuffifamment » d'eau , on la fera tomber fur la *roue* par des auges deftinées à cet ufage , ou par » des tuyaux femblables à ceux qui ont été décrits pour le renouvellement de » l'air. On n'a pas befoin de la même quantité d'eau pour faire marcher toutes les » roues ; cela dépend de leur grandeur , & de la maffe d'eau qu'on veut faire » monter. Lors donc qu'il s'agit de conftruire la *Machine à eau*, la premiere » chofe à examiner , eft la poffibilité de placer la roue au-deffus du puits à Pom- » pes , ou bien , quand c'eft à la furface de la terre , s'il faut fe fervir de barres » ou de *tirants de fer* enchevêtrés les uns dans les autres , en forme de *balanciers*; » ou , fi c'eft dans l'intérieur de la terre , on verra s'il faut fe fervir de *barres de* » *fer*, qui tiennent fur la place au pifton.

» Quand cette Machine eft placée directement au-deffus du puits d'épuife- » ment la roue qui met la Machine en mouvement , peut avoir depuis 18 , 20,

» 24 ou 28 aunes de diametre , & même davantage , fuivant l'exigence des cas ;
» on regarde celles qui n'en ont que 21 , comme les meilleures , parce qu'elles
» ne font pas tant travailler le bois.

» Lorfque la manivelle tourne , elle fait en même temps foulever la *barre de*
» *tirage* , ou elle la laiffe retomber en-bas: c'eft au bas de cette barre de tirage ,
» que le *pifton* eft attaché par un écrou , comme aux Pompes ordinaires. Ce
» pifton eft un morceau de bois arrondi , qui a 5 pouces de hauteur , & eft
» rempli de trous ; c'eft au-deffus de cette piece qu'on met la foupape ou un
» morceau de cuir qu'on appelle *clapet*. Ce pifton s'attache à la *barre de tirage*
» par une vis , & il éleve l'eau dans le corps de la Pompe. Les corps de Pompe
» font ou de bois ou de fer ; ou , ce qui vaut encore mieux , de cuivre jaune
» battu à froid : ces derniers font les plus durables : on leur donne une épaif-
» feur & un diametre proportionné à la quantité d'eau que l'on veut tirer. Ou ces
» corps de Pompe verfent l'eau dans une auge , ou bien on y joint encore par
» le bas des tuyaux de bois: lorfque ces tuyaux font bas , ils n'élevent point
» l'eau au-deffus de cinq verges. Un équipage de Pompe de cette efpece , eft
» compofé d'un corps de Pompe & de trois *allonges* ; mais lorfqu'ils font plus
» longs , ils élevent l'eau jufqu'à douze ou quinze verges ; alors ils font com-
» pofés de cinq tuyaux ou allonges ajuftées les unes au bout des autres. L'eau
» qui tombe de la furface de la terre pour faire aller la Machine , eft reçue dans
» une *auge* qui la détourne: ou l'eau tombe par en-haut fur la roue , ou bien
» elle la fait mouvoir par en bas ; c'eft pourquoi on fait des roues qui ont de
» *doubles aubes* , afin de pouvoir tourner des deux côtés.

» S'il n'eft pas poffible de placer la Machine à eau directement au-deffus du
» puits deftiné à l'épuifement des eaux , il faut , comme on a dit plus haut ,
» former des *repos* , *palliers* ou emplacements faits exprès pour la recevoir ;
» & pour lors on attache des barres immédiatement à la roue : elles font affujé-
» ties dans l'endroit où la barre joint l'extrémité de la manivelle coudée , attendu
» que ces *palliers* ou *repos* ne vont point toujours tout droit , mais forment fouvent
» des angles , ce qui eft caufe que la barre doit faire plufieurs coudes : auffi ces
» Machines font-elles fujettes à fe détraquer. Les barres dont on fe fert pour
» cela , font adaptées les unes aux autres avec des clavettes : on y ajoute des
» *bras en croix* , afin qu'elles puiffent continuer à fe mouvoir , lors même que
» l'un viendroit à fe rompre , & une Machine dont les barres feroient conduites
» dans la pleine campagne.

» Ces barres font faites comme les précédentes , & peuvent defcendre per-
» pendiculairement dans le fein de la montagne , jufqu'à 60 verges de profon-
» deur , même davantage.

» Il pourroit arriver que la roue , par la trop grande quantité d'eau qui fort
» des fouterrains , ceffât de fe mouvoir. Pour être averti de cet inconvénient ,

» on adapte un marteau, qui, à chaque tour de roue frappe fur un corps fo-
» nore : c'eft ce qu'on nomme un *furveillant.*

» Quelquefois le fouterrain eft à une fi grande profondeur, que la Machine
» ne peut plus en tirer les eaux. Lorfque les Mines en valent la peine, on
» place quelquefois trois, quatre ou cinq de ces Machines à eau les unes au-
» deffus des autres : elles fe fourniffent de l'eau réciproquement.

» De cette maniere on peut remédier à l'inconvénient qui réfulte des eaux ,
» & on peut les tirer des endroits les plus profonds, de la même maniere qu'on
» peut en faire fortir le mauvais air, & y introduire de l'air frais ».

La figure 3 de la même Planche, repréfente un de ces *Feld-geftangens*, dont
l'Ouvrage de l'Académie de Freyberg détaille, de la maniere fuivante, les
différentes parties. Depuis la barre de manivelle, jufqu'au puits nommé *Kunft
Schachte*, *puits de la Machine*, la manivelle (*Kurbel*), autrement dite le
tourillon (*Krum mer ʒapfen*), tient à la roue enfermée dans la hutte, a le
plus fouvent une aune de hauteur, & peut fe mouvoir par la roue à eau, fupérieure ou inférieure, qui, quelquefois, n'a qu'une manivelle d'un côté feulement, & quelquefois une à chaque côté. On la voit auffi en *B*, *fig.* 4.

La barre par laquelle le mouvement de la manivelle eft communiqué à la
bafcule qui l'avoifine, *B b*, *fig.* 4, s'appelle *barre de manivelle* (*Korb ftange*);
c'eft ce que nous nommons en françois *Bielle* : on voit qu'elle eft attachée à
l'extrémité inférieure de la premiere ou *principale Bafcule* (*Hompt-fchwinge*)
dans la face oppofée à celle où le barrage inférieur vient s'attacher ; de maniere
que fi cette premiere ou *principale bafcule* eft pouffée par la manivelle vers le
puits, tout le barrage fupérieur eft ramené vers la roue qui a fait agir la manivelle, & entraîne alors dans le même mouvement les quatre autres bafcules, que
l'on diftingue fimplement de la principale, par le nom de *montants*, & qui font
rangés fur une ligne entre des *barres fermantes* (*Schoffer*) à la diftance les unes
des autres de 15 aunes : on les voit à part en *c*.

Les pieces qui compofent le barrage fupérieur & inférieur *d*, font
appellées *barres de trait* (*Zug ftangen*), & communément en françois *tirants* ;
leur longueur eft de 18 aunes, leur hauteur de 5 pouces, & leur largeur de 4
pouces. Malgré la petite dimenfion de la figure, on peut juger comment
elles font ajuftées aux *montants* ou *barres fermantes*, repréfentées en *e*,
qui font de la longueur de trois-quarts d'aune, & enchâffées en cré-
maillieres, avec quatre anneaux ou frettes bien ferrés, ce qui épargne des
vis, pourvu que les entailles foient bien juftes ; quand la barre eft très-
longue, on place ordinairement deux vis dans les *montants* les plus proches
de la roue, jufqu'à moitié de la longueur, dans chaque montant, entre les
anneaux, pour donner plus de folidité. Ces *barres de trait* doivent être de
même longueur que les *montants*, & faits felon un modele : on doit même
avoir de ces tirants & de ces bouts de tirants, ainfi que des autres parties qui

compofent les appareils de Pompe , toutes prêtes , pour en avoir fur le champ fous la main quand il faut en remplacer quelques-unes.

Les *montants* ou *barres fermantes* peuvent être arrangés de façon qu'ils entrent dans le milieu des *bafcules* , parce qu'alors ils font moins fujets à fe caffer (1) ; ils peuvent en outre être recouverts d'un petit toît , fait de deux petites planches minces , afin de les garantir de la dégradation provenant de l'humidité.

Les *fupports* (*Strung-baume*) ou *chevalets g g*, *fig.* 3 , & *P P* , *fig.* 4 , doivent toujours êtrepofés en ligne droite , fur quoi on doit pourvoir à la difficulté qu'il pourroit y avoir d'y parvenir , à raifon de l'inégalité du terrein , en employant des treteaux plus ou moins exhauffés ; mais les barres doivent toujours être en montant & en defcendant , & retenues au bout des lignes au moyen d'une forte cheville de fer , afin qu'elles puiffent avoir du jeu.

Les barres romproient quelquefois s'il falloit monter une hauteur trop efcarpée , & dans ce cas on place des *tournants*. Ce font des arbres ou effieux avec des demi-croix , de la même forme qu'eft repréfentée la croix entiere ou *tourniquet n* , dont les bras font égaux , & dont les bras horifontaux font attachés aux tirants perpendiculaires , auxquels répondent les piftons.

Les *montants c* peuvent avoir 6 aunes de longueur dans les barres qui doivent chaffer loin ; quant à leur groffeur , elle eft proportionnée à la longueur de la barre , & à la profondeur d'où elle doit s'élever : on ménage dans leur milieu un trou quarré , pour y faire paffer l'axe de fer *i i i* , qui entre dans les *fupports* , ou bien on le pofe dans un moyeu de bois dur , & ajufté dans les fupports , ce qui diminue un peu le frottement de l'axe de fer.

Les *montants* font garnis , outre cela , de *jumelles* de fer *k* , *k* , dont on voit la forme en *i i* ; ces jumelles (*Wangeneifer*) doivent être ajuftées à point aux trous dans lefquels paffent les chevilles de fer *i* , *i* : elles font enfoncées dans le bois , & rallentiffent la trop grande célérité du jeu des *montants*.

Sur ces chevilles portent les *barres* , & fur les *barres fupérieures* on affujétit , au lieu de mauvais bouts de bois , des garnitures de fer *m* , que l'on fait entrer dans les barres , & qu'on y retient avec des clous : elles ont l'avantage d'empêcher que les barres ne s'ufent trop tôt , & de faire qu'on peut enlever toujours le *barrage* : pour les *barres inférieures* , elles font garnies vers le bas feulement avec des fers de rencontre un peu effilés , ou avec une raie au-dedans , & alors pofés fur les chevilles fans bouts de fer.

Il y a quelques-uns de ces ouvrages , conftruits de façon que les chevilles paffent immédiatement à travers les montants ou les barres ; mais comme dans cette maniere les barres tombent trop facilement des trous , & que le barrage va & vient par conféquent de tout côté , ce qui en fait perdre la volée en plus

(1) Pour empêcher qu'une des barres de fer qui compofent les chaines, venant à fe caffer , n'en faffent rompre plufieurs autres, par le grand effort de la manivelle qui les fait agir, Renne-quin Sualem, a placé de 12 en 12 toifes, dans la Machine de Marly, une chaine brifée qui obéit.

grande partie, où fon élévation eft la principale intention, particuliérement
dans un conduit latéral, on garnit les barrages de cette façon ou de la maniere qui vient d'être expliquée; c'eft-à-dire, que ces bois ou efpeces de
madriers, coupés d'un quart d'aune de longueur, & de quatorze ou quinze
pouces de hauteur, font cloués aux barres, ajuftés au train, & percés de
chevilles. Si le trou s'en eft échappé, il eft plus facile d'y rajufter un bout ou
une garniture, que de changer ou d'y remettre de nouvelles barres: cependant
ces fortes de garnitures ne laiffent pas que de fatiguer des barres longues, &
de leur ôter leur légéreté, objet qu'il faut principalement ne point négliger.

Au-deffus des puits, pend une *croix* N, aux deux bouts de laquelle font
attachés les barrages, & aux deux autres bouts les barres du puits. Tout au
milieu paffe l'axe de fer *o*, qui roule, comme les montants, fur un appui de
bois dur, ou dans une fente de fer repréfentée dans cette croix; on voit en
P & *Q*, les ferrures & la préparation du bois.

Lorfque deux barrages jouent à côté l'un de l'autre, & font portés fur les
mêmes treteaux, il faut auffi deux croix.

L'établiffement de ces angins, exige de conftruire un plancher ou une affife
en pierres aux endroits où il faudra des chevalets, afin qu'ils ne puiffent
pas s'enfoncer, ce qui produiroit un inconvénient fâcheux & continuel.

La diftance des treteaux les uns des autres, doit néanmoins être de huit
longueurs d'aune, & c'eft fur la longueur des barrages, qu'il faut en proportionner le nombre, étant effentiellement néceffaire que les fupports reftent
dans leur jufte affiette; car fans cela le barrage porte d'un côté, va de travers,
& caufe du dérangement.

Les treteaux, les fupports, les montants & les barres de trait fe font de bois
tendre; mais les montants fupérieurs & les croix ou tourniquets font de bois
dur.

Les trous percés dans les montants qui paffent par les deux côtés du train,
doivent être percés droits de l'un à l'autre.

Il faut auffi que les barres ayent leur fituation jufte & exacte fur les chevilles,
fans être trop longues ni trop courtes, afin qu'un montant ne foit pas plus long
qu'un autre, & qu'il ne joue point çà & là, & que le mouvement du *barrage*,
tant fupérieur qu'inférieur, foit égal.

On doit pourvoir avec foin que les principaux montants, les manivelles
& les croix ou *tourniquets*, foient toujours tenus bien graiffés: quand ces fortes
de conduits font vieux, les barres fermantes fe tirent, & pour lors les barres
deviennent plus longues qu'il ne faut; on les arrête ordinairement de la maniere
fuivante.

On attache une chaîne autour des barrages, & au moyen d'un *tourniquet*,
après avoir dégagé les *fermoirs*, on la ferre le plus qu'il eft poffible; on voit
enfuite la longueur qui eft à diminuer.

Une autre attention que demande la justesse de cette Machine, est que les bras de leviers soient suffisamment tendus, & que les chevilles ayent assez de jeu pour que le frottement soit moindre qu'il est possible.

On doit sur-tout rapporter à cette construction, une remarque faite à l'Observatoire de Paris, sur l'allongement d'une barre de fer dans l'été, & le raccourcissement de cette même barre dans l'hiver (1). M. Weidler, à la fin de sa description latine de la Machine de Marly, en a pris occasion d'avertir en général, que les *tirants* de fer qui composent le barrage de ces angins, varient en longueur, en raison du grand froid de l'hiver & du grand chaud de l'été, de maniere que ce métal étant resserré dans le froid, les barres de trait ne peuvent pas jouer librement, & qu'étant relâchées dans l'été par la châleur du soleil, elles jouent difficilement.

Quand une barre de fer ne s'allongeroit que de deux tiers de ligne du grand froid au grand chaud, sur cent toises, ce seroit plus de six pouces d'allongement; en voilà assez pour faire sentir combien le jeu des pistons seroit dérangé, si cette longue chaîne qui leur communique le mouvement, souffroit, sans correction, les changements que les différentes températures peuvent y causer.

Pour remédier à cet allongement des barres de fer & à l'effet qui en résulteroit, M. Weidler fait la remarque, qu'à l'endroit de la jonction de ces barres, on est obligé de pratiquer plusieurs trous, afin de les mettre en état d'allonger ou de raccourcir la chaîne que les tirants forment par leur assemblage, en faisant entrer plus ou moins le bout d'une barre dans la fourchette de l'autre, où elle s'arrête avec une cheville.

On trouve dans la description de la Machine de Marly, par M. Bélidor, une maniere de manœuvrer commodément, lorsqu'on veut tirer les cadres hors des baches, pour réparer ces cuvettes. *Tom. II, pag.* 199.

Toutes ces différentes parties ont besoin d'être conservées soigneusement dans un état de souplesse qui est essentiel. L'Académie de Freyberg, pour les parties en cuir, conseille les matieres grasses, comme un mélange de suif avec un peu d'huile.

Pour les parties en fer, les résineux, comme de la térébenthine mélée avec de l'huile de poisson ou de l'huile de navette, le gaudron même & toutes les matieres tenaces, sont recommandées.

_____

(1) Par M. de la Hire, Histoire de l'Académie des Sciences, *An.* 1689, *page* 62.

*Machine hydraulique, qui peut être auſſi mue à volonté par le vent,
par des hommes, par un ou pluſieurs chevaux.*

UNE Machine, ſans contredit, la plus parfaite & la plus intéreſſante
après la Pompe nommée *Pompe à feu,* dont il va être parlé, eſt la Machine
exécutée à Pontpéant en Bretagne, par feu M. Laurent, pour épuiſer les
eaux de la nouvelle & de l'ancienne Mine de plomb qui s'y exploite. Nous
invitons nos Lecteurs à prendre connoiſſance de la deſcription qui en a été
donnée par M. Gouſſier, dans l'Encyclopédie (1) ; deſcription éclaircie par
deux Planches qui développent l'élévation ou profil & le plan de la Machine
de la nouvelle Mine, & par trois autres Planches pour la Machine avec laquelle on épuiſe l'ancienne Mine. L'une & l'autre ſont une application, conſidérablement perfectionnée, d'une invention de M. Dupuis (2), ſimplifiée
enſuite par l'Auteur, & ſoumiſe en 1740, par ſa veuve, à l'examen de
l'Académie de Sciences. L'Approbation des Commiſſaires, en date du 20
Décembre, fait une ſimple mention de la premiere Machine qui avoit été
préſentée à l'Académie: elle étoit connue du Docteur Déſaguliers, qui en a
donné une courte deſcription dans ſon Ouvrage, avec une figure, quoiqu'il
n'en eût pas une opinion bien favorable. Nous n'en donnerons ici qu'une idée
ſommaire, telle que les Auteurs de cet Ouvrage l'ont inſérée (3).

» Cette Machine eſt compoſée, dans ſon intérieur, de deux baſches ou
» caiſſes de bois poſées l'une au-deſſous de l'autre, qui ſe garniſſent en dedans
» de plaques de cuivre de trois côtés, excepté celui où eſt attachée la plate-
» forme, qui eſt garnie de cuir, avec une rainure dans ſon épaiſſeur, pour éviter
» le trop de frottement.

» Le coffre où ſont les mouvements, eſt ſéparé en dedans par une cloiſon :
» ces deux baſches ſont dans l'eau, dont la ſuperficie eſt comprimée par l'air
» extérieur.

» La plate-forme, qui eſt mouvante & garnie de fer, eſt inclinée dans la
» caiſſe, tenant par un bout à un *boulon* (4) de fer attaché à la caiſſe en forme
» de charniere, & de l'autre taillé en portion de cercle, formant un arc de 90
» degrés, montant & agiſſant ſur un autre quart de cercle, ſuivant lequel eſt tail-
» lée une des parois du coffre, garni de cuir fort ou de bourre, pour empêcher
» l'eau de deſcendre. Cette plate-forme eſt percée de deux ouvertures garnies
» de clapets, donnant paſſage à l'eau dans le temps du jeu de la plate-forme,

(1) Au mot *Pompe*, Tome XIII, page 9.
(2) M. Dupuis, Maître des Requêtes, Intendant du Canada.
(3) Au mot *Hydraulique*, Tome VIII, page 365,
ſous ce titre : *Nouvelle Machine de M. Dupuis,* avec
deux Planches, *Tome V.*
(4) *Boulon*, groſſe cheville de fer qui a une

tête ronde ou quarrée, & qui eſt percée par
l'autre bout, & arrêtée par une chevil'e pour
retenir un *tirant* ou une autre pièce d'une Machine. On en met auſſi deſſous les robinets,
pour empêcher qu'ils ne ſoient levés par la force
de l'eau.

» que fait agir une tringle de fer inclinée par le moyen de deux mouffles
» ou d'un chaffis à deux branches, & qui fe raccorde à un des bouts de la
» tête de la plate-forme, & va fe rendre à la manivelle & au moteur.

» Ce moteur, dans la Machine pour la nouvelle Mine, eft une roue à augets
» de 16 pieds de diametre, & de 8 pieds d'épaiffeur ; les augets font au nombre
» de 40, & l'arbre de la roue a 13 pieds de longueur, & eft terminé par des
» manivelles doubles.

» La roue de la Machine de l'ancienne Mine, eft garnie de 80 augets, difpo-
» fés, comme dans l'autre ; elle a 33 pieds de diametre, & 3 pieds d'épaiffeur ;
» fon axe a 3 pieds 4 pouces de groffeur, fur 10 pieds de longueur, & eft
» embraffé, dans fa partie quarrée, par les rais de la roue; fes deux extrémités
» arrondies & garnies de plufieurs frettes, font terminées par une manivelle
» fimple.

» Par le mouvement de la plate-forme, l'eau qui entoure les deux coffres &
» qui y entre continuellement, étant comprimée par l'air extérieur ou par l'at-
» mofphere, fait lever deux clapets de la plate-forme mouvante, & force à
» fe lever deux autres clapets correfpondants, placés fur le deffus de la caiffe,
» au moyen de quoi l'eau paffe dans une efpece de hotte de cheminée, pour fe
» communiquer dans le tuyau montant qui porte l'eau au réfervoir, ou dans
» l'endroit deftiné.

» Cette Machine étant ainfi établie pour l'épuifement d'une Mine, l'eau
» eft premiérement attirée par une Pompe afpirante, à la hauteur de 24
» pieds, dans un bafche ou coffre de bois, & eft reprife par une ou plu-
» fieurs Pompes fucceffivement jufqu'en haut. Le mouvement eft une tringle de
» bois qui fait agir tous les coffres par le moyen de deux *bielles* & d'une trin-
» gle de fer coudée qui y eft attachée, & qui fe rend par-deffous dans le coffre
» où eft la plate-forme : en-haut c'eft un rouet & une lanterne que font mouvoir
» deux chevaux attelés dans un manege.

» On ne fait monter l'eau qu'à 24 pieds, & à plufieurs reprifes, que
» pour foulager la colonne d'eau ou tuyau montant ; car on pourroit élever
» l'eau tout d'un coup à 200 pieds par une Pompe foulante. Le minéral eft
» monté à bras dans des feaux par le moyen d'un treuil.

» L'avantage de cette Machine eft de n'avoir point de piftons ni de corps
» de Pompe, & d'avoir peu de frottements, de s'ufer moins qu'une autre,
» d'être de peu d'entretien, de coûter moins dans l'exécution, qui ne paffe pas
» ordinairement, étant fimple, la fomme de 1200 livres; de fe loger dans
» les puits fans échafaudage & fans grande préparation ; d'être mife en mou-
» vement par des hommes, par des chevaux & par le vent ; & avec tout cela
» d'amener, dans le même efpace de temps, le double de l'eau que peut
» fournir la meilleure Machine qui ait été exécutée jufqu'à préfent (fi ce
» n'eft la Pompe à feu).

» La raifon en eft fort fimple : le coffre où eft renfermée la platte-forme
» mobile a ordinairement deux pieds & demi de long fur neuf pouces de
» large, & un pied environ de haut, & par fa capacité & étendue a plus
» de jeu, contient plus d'eau, & s'agite plus violemment qu'un corps de
» Pompe d'un pied de diametre, avec un pifton qui lui feroit proportionné.

» Cette Machine peut donc être mue par le courant d'une riviere, ou par une
» chûte d'eau, que l'on conduiroit fur les aubes de la roue, qui feroit agir
» une manivelle coudée, à laquelle feroient attachées les tringles de fer, corref-
» pondantes aux coffres percés dans· la partie baffe de l'eau.

» Si elle étoit exécutée en grand avec une manivelle à tiers-point, une platte-
» forme percée de trois clapets, qu'elle fût mue par un feul cheval, dans un
» manege avec un train, un rouet, & une lanterne, ce qui augmente beaucoup
» la force du moteur, elle fourniroit huit muids au moins par minute, le refte
» du produit abandonné pour les frottements ; ce qui feroit par jour 11520
» muids.

» Sans manege, cette Machine mue par quatre hommes, fournit, fuivant le
» rapport de l'Académie, quatre muids & quatre cinquiemes d'eau par minute,
» à feize pieds de hauteur.

» Il eft à remarquer que quand la manivelle eft fimple, il n'y a qu'une platte-
» forme dans le coffre ; lorfqu'elle eft coudée, ou à tiers-point, il y a une ou
» deux féparations dans le coffre, pour y loger deux ou trois platte-formes, ce qui
» ne change rien à la méchanique de la Machine, & qui revient aux trois corps
» de Pompe ordinaire.

» La tringle eft fimple pour une platte-forme ; quand il y en a deux la tringle
» fe termine en-bas par une patte à deux branches, qui prend fur la platte-
» forme. Un moulin à vent peut auffi faire agir de la même façon cette Machine,
» en mettant la manivelle dans le haut, & correfpondante à l'une des deux
» aîles ; alors la tringle paffe à travers un arbre creufé, tourne de tout fens,
» & vient fe communiquer à un balancier que levent les tringles qui vont faire
» agir les platte-formes des coffres, qui font pofés au bas de la cîterne.

» Enfin on peut appliquer cette Machine à une Pompe à cheval (1).

Des Pompes ou Machines dont la force motrice eft empruntée du feu.

D E tout ce que l'efprit inventif des hommes a pu imaginer, dans la vue
d'imprimer du mouvement à une Machine, rien n'eft plus ingénieux, & ne
mérite davantage la préférence, (lorfqu'on peut en faire les frais,) pour faire
agir des Pompes dans des Mines profondes, que l'application de la propriété
connue à l'air de fe dilater confidérablement par la chaleur, & de fe condenfer
par le froid : c'eft uniquement en cela que confifte le méchanifme de la Machine

(1) Cette application eft repréfentée dans la figure 5, de la Planche II de l'Encyclopédie.

de *Griff* en Angleterre , & de *Fresnes* au Hainaut François, dont nous avons donné une description détaillée , & qui en remplissant leurs opérations, donnent une puissance égale à tel poids que ce soit. Le nom Anglois, *Steam Engine* ou *Machine à vapeur* , désigne bien mieux cette Machine par son moteur, que le nom de *Pompe* ou *Machine à feu* , sous lequel on peut confondre les Pompes employées pour éteindre le feu , & que nous appellons en François *Pompes à incendies* (1).

A la premiere vue d'une de ces Machines, les parties qui la composent paroissent extraordinairement multipliées & compliquées; cependant elles ne sont qu'en nombre suffisant pour l'utilité de sa justesse & de ses opérations: l'exactitude des descriptions dont j'ai fait usage, ne m'avoit rien laissé à y ajouter, que la partie de construction, telle qu'il convient qu'elle soit connue au moment qu'on entreprend d'établir une Machine de cette espece: l'Ouvrage de M. Blakey ne m'a point permis de balancer un instant à changer le travail que j'avois disposé sur cela.

La nouvelle forme sous laquelle je présente ici cette partie, viendra à l'appui de la description de l'Art de construire les Pompes à feu, par M. Blakey; c'est un recueil historique, théorique & pratique, qui complettera tous les éclaircissements que l'on peut souhaiter sur cette sorte de Pompe : les Directeurs de Mines, persuadés de la nécessité des connoissances qu'Agricola exige d'eux, relativement aux Machines , me sauront gré d'avoir rassemblé tous les objets qui vont être rapprochés les uns des autres sur une invention dont plusieurs Nations se disputent la découverte ou la perfection.

Comme les différents points sur lesquels je vais revenir, exigent que le Lecteur ait présent à l'esprit l'essentiel des descriptions qui ont été insérées à leur place, je ferai une révision des principales parties de ces Machines sur les Planches qui ont servi à l'intelligence de ces mêmes descriptions ; elles serviront ainsi à rappeller une idée générale des Machines à feu. Je donnerai une description sommaire de quelques parties de plusieurs de ces Machines ; j'entrerai dans le détail des particularités les plus intéressantes sur la construction, le jeu, le mouvement de cette Machine, sur le calcul de son effet ; & je finirai par un état sommaire des différentes pieces qui la composent, qui ont besoin d'être changées, réparées, entretenues. Cet article de construction sera suivi d'un espece de tableau de décomposition, qui renfermera une indication de leurs développements, de la précision des dimensions de la plupart d'entr'elles ; enfin d'un état des frais & de dépense totale pour pourvoir à l'entretien de la Machine.

---

(1) Il y a environ trois ans , que les papiers publics ont annoncé un Mémoire sur la meilleure maniere de construire les Pompes à feu, par M. Tillaye, fils du Pompier privilégié du Roi, & qui a remporté, en 1772 , le prix proposé par l'Académie Royale des Sciences de Copenhague : ce Mémoire a uniquement pour objet les Pompes à incendies, que l'idiôme Danois a rendu vraisemblablement par l'expression *Pompes à feu, Pompes pour le feu.*

Pour dire un mot de l'époque de cette magnifique découverte, il y a sur cela une singularité assez remarquable; c'est que tandis que M. Papin, Docteur en Médecine & Professeur de Mathématiques à Marbourg, essayoit à Cassel en Allemagne de faire servir dans la Méchanique la vapeur de l'eau, mise en activité par le feu, que Leibnitz avoit de son côté la même idée, le Capitaine Savery exécutoit une semblable Machine à Londres, & M. Amontons, en France, étoit occupé d'employer d'une autre maniere la force de cet élément ; ne désespérant point d'en tirer à l'avenir autant de service que de l'air ou de l'eau pour remplacer la force de ces éléments par celle du feu : ce Savant donna en 1669, dans les Mémoires de l'Académie, le Projet d'une espece de Moulin, qui devoit être mu par l'action du feu. Je ne sache pas qu'elle ait été exécutée en grand : il comparoit son effet, pour la force, à l'effet de 39 chevaux au moins.

Ainsi trois Nations de l'Europe, ont concouru en même-temps à l'exécution de cette magnifique Pompe, due cependant à une expérience du Baron de Worcester, qui la publia en 1663, (1) & aux premieres découvertes de M. Papin, & devenue ensuite l'objet de l'attention de tous les Méchaniciens.

Leupold, dans son *Theatrum Machinarum,* (2) a rassemblé, dans plusieurs Planches, des coupes & des profils de la Machine de M. Amontons, de M. Papin, de M. Savery ; on y trouve aussi le dessin de celle qui a été exécutée pour les Mines de Konisberg en Hongrie, par le sieur Potters (3). Les unes & les autres sont accompagnées, dans le cours de l'Ouvrage, d'une explication abrégée.

Les descriptions les plus détaillées & les plus répandues, sont celles dont nous avons fait usage : la premiere, qui est du Docteur Desaguliers, est surtout intéressante par les détails & les recherches dans lesquels l'Auteur est entré sur l'histoire & le méchanisme de cette Pompe ; la seconde, qui est de M. Bélidor, ne l'est pas moins dans la maniere dont cette Machine est développée & calculée dans son effet, relativement à la force de l'eau bouillante, à la résistance de l'atmosphere & à celle du poids de la colonne d'eau qu'on veut élever ; la description de la Machine de Bois Bossu, près S. Guilain, au Hainaut Autrichien, est, mot pour mot, la même que celle de Fresne, décrite par M. Bélidor. Les Planches qui accompagnent cette description, présentent beaucoup de développements de conséquence pour l'intelligence de la Machine.

L'essai de Physique par Musschembroeck en renferme une description, qui a été inférée depuis en extrait, dans l'Ouvrage du sieur Cambray de Digny, (4) qui, dans la Machine à feu de Castiglione, développée en sept Planches, s'est

(1) Centuries d'inventions.
(2) Tome II, imprimé en 1725, *Tab.* XLII, & XLIII.
(3) *Id.* Tab. XLIV.

(4) Description d'une Machine à feu, construite pour les Salines de Castiglione, *in-4°.* 1766, Chap. V, *page* 190, Chap. III, *page* 32.

occupé de remédier à quelques inconvénients de la Machine de Papin &
de Defaguliers.

M. l'Abbé Boffut a inféré dans fon Hydrodynamique (1), une defcription de celle de Frefnes, près de Condé, qui lui a été envoyée par M. le
Chevalier de Buat, Ingénieur ordinaire du Roi.

En 1723, A. de la Mortraye, dans fes Voyages imprimés en Anglois
& en François (2), donna le deffein & l'explication des Machines ou Pompes
à feu, placées fur les bords de la Tamife pour en diftribuer l'eau, par des tuyaux
dans les Cuifines & Brafferies de Londres.

Les Volumes des Machines préfentées à l'Académie Royale des Sciences
de Paris, renferment les plans, coupes & profils, de plufieurs Machines à
feu : voyez *page 156.*

Une en 1726, (3) de MM. Mey & Meyer, Anglois de nation & affociés,
auxquels il fut accordé le 6 Juillet 1727, un Privilége exclufif pour établir
& enfeigner, pendant l'éfpace de 50 ans, à mettre en pratique cette efpece
de Pompe (4).

M. de Bois-franc (5), Architecte, en préfenta une dont les effets font produits par les mêmes caufes, & dont l'exécution eft affez femblable : elle a été
donnée d'une maniere plus détaillée en quatre Planches. Elle ne differe de la
Pompe à feu de M. Meyer, qu'en ce que l'ouverture & la fermeture des
robinets s'operent par un hériffon ; de plus les tuyaux d'épreuve font différemment pratiqués, & la valvure donnant iffue à la vapeur, quand elle eft trop
forte dans le cylindre, eft différemment placée. Dans la même année, le
même Auteur en propofa une feconde, repréfentée dans le Volume, N°. 288,
en une Planche.

En 1751, M. François Watkins, Opticien du Prince de Galles, donna
un modele de cette Machine, en gravure *in-fol.* avec des explications & des
détails en langue Angloife (6), & dont la plupart font tirés de Defaguliers.

M. de Tilly, dans fa brochure, a rapporté une courte defcription de cette
Machine, *page 68*, éclaircie par une gravure, qui eft la figure 2 de la Planche I de Bélidor.

---

(1) Tome I, Partie I, Chapitre II, *page 125.*

(2) *In-fol.* Chapitre V, *page 361.*

(3) An. 1726, *tome IV*, N°. 282, 283, *page 185.*

(4) Au mois d'Août 1737, ces Etrangers propoferent au Corps de Ville de Paris, de conftruire une de ces Machines pour élever une certaine quantité d'eau fur la place de l'Eftrapade, aux conditions qu'on leur donneroit neuf cents mille francs, deux cents mille livres pour honoraires, qu'ils auroient la direction de cette Machine, & cinquante mille livres, pour les frais de fon entretien annuel : ce qui faifoit un fonds de deux millions cent mille livres.

(5) An. 1727, N°. 284, 285, 286, 287, *page 101.*

(6) Dans le courant de cette année 1775, Mef-

fieurs *Périer* freres, ont appliqué le méchanifme des Pompes à feu, à des femi-Pompes, deftinées à l'élévation de l'eau pour la décoration des jardins, & pour les befoins domeftiques : ils en ont exécuté deux qui ont réuffi, l'une chez M. le Duc d'Orléans, à la chauffée d'An- tin ; l'autre au fauxbourg du Roule, dans le jardin de M. le Duc de Chartres.

La première marche par le moyen d'un poële, & elle a le double avantage d'échauffer, tout l'hiver, les ferres & les appartements, en éle- vant encore, fuivant l'annonce de MM. Périer, 30 à 40 muids d'eau, par heure, à 35 pie ls au- deffus de la furface de l'eau du puits. On dit 30 à 40 muids, parce que cette Machine va plus ou moins vite, felon le degré de feu. On peut, au moyen des foupapes pratiquées dans le clia-

Différentes especes de Machines nommées MACHINES A FEU : *particularités remarquables dans quelques-unes.*

TOUTES les différentes Machines à feu, ou propofées ou exécutées ou décrites ou gravées, doivent fe rapporter à deux efpeces principales uniquement différentes par leurs forces, à raifon de la différence de méthode fur laquelle elles font conftruites; favoir, celles qui font à piftons & à leviers; & qui à proprement parler font des Pompes à feu : le récipient fe vuide par répulfion.

Les autres que l'on pourroit appeller *Machines de Savery*, ou de *Newcomen & Cawley*, qui les premiers les ont exécutées, ou perfectionnées vers l'année 1705 ; elles peuvent très-bien être diftinguées des autres par le nom de *Machines à balancier.*

Machine à feu fans Balancier.

LA Machine à feu fans Balancier, originairement eft la Machine de M. Savery, décrite dans le *Lexicon Technicum* de Harris, enfuite par Defaguliers, & Muffchembroeck. Ses parties principales font un alambic, dont la forme eft ordinairement fphérique, & un ou deux récipients. De l'alembic la vapeur paffe dans le récipient, communiquant par fon fond, avec le tuyau ou les tuyaux d'afpiration, & avec le récipient qui fe vuide par l'action répulfive de la vapeur; c'eft-à-dire, que cette vapeur venant à frapper l'eau, la comprime & la chaffe hors du récipient : cette marche rend fort lente l'opération qui, par elle même, eft déja très-bornée, ne pouvant guere élever plus de 5 tonneaux d'eau par heure, cette quantité étant proportionnée à la capacité ordinaire du récipient ; à la vérité, on n'eft pas obligé de faire dans cette Machine plus de feu qu'on n'en fait dans une grande cheminée ordinaire.

minée, échauffer les ferres chaudes & faire marcher la Machine en même-temps, ou chauffer feulement la Machine fans les ferres, ou les ferres fans la Machine. Elle marche déja depuis longtemps, fans avoir éprouvé le moindre dérangement, parce qu'elle eft extrêmement fimple, & qu'elle n'a befoin d'autre agent que le feu.

Cette Pompe occupe fort peu d'efpace & peut fe placer par-tout où l'eau n'eft pas à plus de 20 ou 25 pieds de profondeur ; fi elle étoit beaucoup plus baffe, on feroit obligé de faire ce qui a été exécuté dans le jardin de M. le Duc de Chartres, au fauxbourg du Roule, où les puits ont 70 à 80 pieds de profondeur : la Machine à feu a été placée au deffus d'un puifard qui a été rempli une première fois par un moyen quelconque : l'eau de ce puifard élevée par la Machine eft poufée à l'autre bout du jardin, par des tuyaux de conduite, fur une roue de moulin qu'elle fait tourner, & dont

l'action donne le mouvement à des Pompes ordinaires ; après quoi elle retourne au puifard d'où elle a été tirée, par un canal en forme de riviere.

Ces Machines peu coûteufes, exécutées en grand, pourroient être fort utiles à beaucoup de Manufactures fituées dans des Pays où les matieres combuftibles font à bon marché : elles peuvent faire marcher des ufines de toute efpece. Dans un Supplément, à la fuite de l'Ouvrage de M. de Digny, on trouve la defcription d'une petite Pompe à feu de 12 pouces de diametre fur 18 pouces de hauteur, qui produit 990 livres d'eau par minute, fauf les déchets.

MM. *Périer* conftruifent actuellement chez eux, plufieurs de ces Pompes, dans une forme portative; ils pourroient même les difpofer à agir par le feu d'une Cuifine. Peut-être parviendront-ils à les adapter à beaucoup d'autres objets.

Quoique cette Machine n'ait communément qu'un récipient , M. Defaguliers ne regarde pas comme tout-à-fait inutile la méthode de M. Savery , dans laquelle on en emploie deux pour un feul alambic ; il la juge même préférable dans certaines occafions , moyennant quelques corrections ; mais ce Savant reconnut , dans un modele propre à agir , tantôt avec deux , tantôt avec un feul récipient , qu'un feul récipient peut fe vuider trois fois , pendant que les deux qui s'empliffent fucceffivement , ne peuvent fe vuider qu'une fois chacun : en forte qu'une Machine par ce moyen feroit auffi fimple , agiroit plus aifément , coûteroit prefque la moitié moins , & éleveroit un tiers plus d'eau. Il conftruifit , d'après cette expérience , une Machine qu'il décrit dans fon Ouvrage , & qu'il a accompagnée d'une Planche (1). Sur ce modele , il en a conftruit enfuite plufieurs , dont la premiere fut pour le Czar Pierre , qui la plaça dans fon jardin de Péterfbourg ; il en a auffi conftruit , à Kinfington , une qui va très-bien avec un feul récipient ; il en avoit même une chez lui qui élevoit l'eau à 35 pieds , dont il faifoit voir le jeu & les effets dans fes Cours.

M. Cambray de Digny a joint à cette Machine fimple une Machine à levier , conftruite fur les principes de Bélidor , & propre à élever l'eau à une grande hauteur , plus convenable que celle de Savery , pour fournir une grande quantité d'eau à tous les degrés d'élévation où peut porter la preffion de l'atmofphere.

Afin que la Machine opérât tous fes mouvements par elle-même , il a imaginé une roue , mue par un courant d'eau ménagé avec l'eau même du réfervoir qui recevroit l'eau que produiroit la Machine.

Dans l'intention d'éviter de faire refouler l'eau , pour évacuer les Pompes , il les a ouvertes par le flanc , où il a ajouté un mouvement qui les ferme fi exactement dans l'inftant du vuide , que l'eau ne fauroit y pénétrer.

Il a imaginé des mouvements particuliers , foit pour l'entretien de la chaudiere , foit pour donner cours à l'eau d'injection & l'intercepter , pour élever l'eau au fommet de la Machine , & relativement à ces deux derniers objets , pour ouvrir & fermer fucceffivement le paffage à la vapeur , de même que pour ouvrir & fermer fes Pompes : je renvoye pour un plus grand détail à l'Ouvrage de l'Auteur.

Machines à Balancier , ou à *Levier*.

Ces Machines , nommées fouvent *Machines de Newcomen* , parce que c'eft lui & Cawlay qui , les premiers , l'ont exécutée , de maniere à produire tous fes effets , font celles qui font décrites par Defaguliers , enfuite par Bélidor : elles font mieux nommées , *Machines à Balancier* , du nom de la principale piece qui les fait mouvoir.

(1) Planche 40.

C'eft

C'eſt un grand Balancier mobile ſur un axe qui le traverſe perpendiculairement : l'une des extrémités du Balancier fait mouvoir les *Pompes* deſtinées
à tirer l'eau du fond des puits, ou à élever l'eau du réſervoir tandis que l'autre
extrémité eſt appliquée à un piſton qui monte & deſcend alternativement dans
le cylindre où ſe fait ſucceſſivement l'élévation & la condenſation de la
vapeur de l'eau ; ce cylindre communique à une *chaudiere* où ſe forme la
vapeur qui remplit le cylindre dont nous venons de parler, & en faiſant équilibre avec l'air extérieur donne lieu à l'action prépondérante de l'autre bras
du Balancier.

Le piſton étant arrivé à ſon plus haut terme, un mouvement particulier
interrompt, par le moyen d'un *régulateur*, la communication d'entre le cylindre & la chaudiere : en ce moment un filet d'eau froide amenée par un tuyau
condenſe la vapeur du cylindre, dont la force s'anéantit, opere le vuide,
& donne lieu à la colonne d'air de refoucler le piſton juſqu'en bas; alors le
mouvement agiſſant en ſens contraire ferme le robinet d'injection, r'ouvre le
régulateur & laiſſe à la vapeur la liberté de monter dans le cylindre, & le
jeu de la Machine recommence ; ainſi toute cette manœuvre dépend des actions
ſucceſſives de l'eau en vapeurs, de l'eau froide, & du poids de l'atmoſphere.

Lorſque cette Machine à Balancier eſt bien réglée, ſes opérations s'exécutent en 4 ſecondes, dont 2 pour la levée du piſton, & 2 pour ſa chûte.
Ces Machines ont différentes grandeurs, ſelon l'objet qu'on ſe propoſe en les
conſtruiſant; il y en a dans leſquelles le cylindre a 5 à 6 pieds de diametre
intérieur, & le piſton 6 à 7 pieds de jeu : il y en a de plus grandes encore,
& alors on y met ordinairement deux chaudieres qui communiquent avec le
même cylindre, & qu'on fait bouillir alternativement.

Les dimenſions des autres parties de la Machine ſe reglent à proportion,
de maniere qu'elle donne une puiſſance égale à tel poids que ce ſoit. Car ſi
le diametre du cylindre, par exemple, de 2 pouces & demi de diametre, étoit
augmenté de 10, ou de 100 fois, ſon mouvement ſeroit auſſi facile, quoique
ſa puiſſance fût augmentée comme les quarrés de ces nombres.

Mais en même-temps cette Machine a auſſi ſes bornes : elle ne doit pas
être trop petite ; car elle auroit un trop grand frottement à proportion de
l'eau qu'elle éleveroit, & elle ſeroit trop diſpendieuſe, étant compoſée d'autant de parties que les plus grandes Machines, qui reviennent à meilleur
marché, à cauſe de la proportion de l'eau que la Machine éleve. Le frottement eſt toujours comme le diametre du cylindre, au lieu que la quantité
d'eau qui s'éleve, eſt comme le quarré du diametre, & la partie de la puiſſance
qui eſt employée à mouvoir tout le petit méchaniſme, beaucoup plus grande
à proportion dans une petite que dans une grande Machine.

C'eſt cette Machine à *Balancier*, la ſeule uſitée actuellement dans les Mines
d'Angleterre, & ailleurs, qui va être le ſujet d'une réviſion particuliere, dans

plufieurs points de conftruction : nous commencerons par quelques-unes de ces Machines les plus remarquables en Angleterre ; nous viendrons enfuite à celles qui font établies en France.

Particularités de quelques Machines à feu en Angleterre.

Dans quelques quartiers de la ville de Londres, il y a de ces Machines, pour diftribuer l'eau de la Tamife , par des tuyaux , dans les Cuifines & Brafferies ; une entre autres , dont il va être parlé , & une à *Chelfea* : toutes ont été détruites & rétablies à plufieurs reprifes différentes.

Les viciffitudes qu'elles ont éprouvées , fe reffentent fort des contradictions qu'a effuyées l'introduction du Charbon de Terre dans cette même Capitale ; voyez *page* 422. Soit difficulté particuliere & momentanée de l'application continue de ces Pompes , l'ufage qu'on en faifoit , foit (comme l'a voulu l'Auteur d'une Feuille hebdomadaire) , (1) *incommodité que la fumée du Charbon de Terre, néceffaire pour le fervice de ces Pompes, répandoit dans la Ville, du côté où le vent portoit* : on y avoit pendant long-temps abandonné leur ufage ; mais on y eft revenu , ou parce que les premieres difficultés fe font applanies avec le temps , ou *faute de meilleurs expédient* (2).

Celle de ces Machines qui a été placée , en 1728, fur le bord de la Tamife, & qui après avoir été détruite , a été rétablie & fimplifiée , n'eft pas tout-à-fait la même dans fa conftruction que celle de Frefnes : les petites différences qui s'y trouvent , ont fait juger aux Editeurs de l'Encyclopédie que la defcription de cette Machine méritoit d'avoir place dans leur Ouvrage (3) : je vais emprunter cette defcription , & j'y joindrai celle que M. Bélidor a donnée de la Pompe afpirante & refoulante de cette Machine.

Defcription du Steam-Engine établi à Londres , à York-Buildings , fur le bord de la Tamife ; & de la Pompe afpirante & refoulante exécutée dans cette Machine.

» Cette Pompe eft placée dans un bâtiment où l'on a conftruit un four-
» neau , au-deffus duquel eft une grande *bouilloire* de cuivre , fphérique par en-
» haut , bien fermée & entourée de par-tout d'une petite gallerie extérieure ,
» laiffant circuler la fumée du fourneau , qui entretient la chaleur de l'eau
» bouillante dont la bouilloire eft remplie aux trois quarts.

(1) M. Deparcieux , dans fon troifieme Mémoire fur la riviere d'Yvete , con proit pour un obftacle à l'établiffement de ce même moyen pour la ville de Paris , la dépenfe annuelle & journaliere de ces Machines , les accidents aux-quels elles font fujettes , & qui entrainent un nombre d'embarras confidérables & d'emplace-

ments fur la riviere ou à côté, fur les ports, & fur les quais. *Voyez le Volume des Mémoires de l'Académie pour l'année* 1767.

(2) Avant-Coureur , Lundi 15 Avril 1772, No. 33 , pag. 524 , où l'on rend compte du troifieme Mémoire de M. Deparcieux.

(3) Tom. VIII, pag. 355, au mot *Hydraulique*.

» Le *cylindre* de la Pompe eſt de cuivre, & d'un diametre proportionné.
„ Il eſt garni de ſon *piſton*; ce piſton deſcend & s'éleve dans le cylindre:
» ce n'eſt qu'une plaque de cuivre roulée & bordée de cuir; il en eſt plus
» léger, & la vapeur le chaſſe d'autant plus facilement.

» Il y a une chaîne de fer, dont l'anneau eſt accroché à la tige du piſton,
» & tient à la courbe d'un balancier dont l'axe tourne ſur un tourillon dont
» les parties portent ſur un des pignons du bâtiment.

» Un bout de tuyau tranſmet la vapeur de l'eau bouillante dans le cylin-
» dre, & la partie de la Machine qu'on appelle *régulateur*, ouvre & ferme en
» dedans & au haut de l'alambic l'extrémité du *tuyau de vapeurs*.

» Ce régulateur eſt un fléau, ou une couliſſe de bois attachée à une petite
» courbe concentrique à la piece cintrée du balancier auquel elle eſt fixée, qui
» ſe hauſſant par ce moyen & ſe baiſſant, donne le jeu au régulateur & au robi-
» net d'injection, en retenant par des chevilles fixées dans pluſieurs trous faits
» dans ſon épaiſſeur, les axes recourbés & communiquants au robinet & au
» régulateur, dont on rend l'effet plus ou moins prompt en hauſſant & baiſ-
» ſant ces chevilles.

» Le *tuyau de l'injecteur* deſcendant du réſervoir au-deſſus, & ſe coudant
» pour entrer dans le cylindre, y jette environ neuf à dix pintes d'eau froide
» à chaque injection, par un robinet qui s'ouvre & ſe ferme continuellement
» au moyen des chevilles fixées le long de la couliſſe.

» Il y a un petit tuyau qui fort le l'injecteur, & qui a un robinet toujours
» ouvert; il jette de l'eau priſe dans le réſervoir au deſſus, en couvre le piſton
» de cinq à ſix pouces: c'eſt ainſi que l'entrée eſt fermée à l'air, & le cuir du
» piſton eſt humecté.

» On appelle *robinets d'épreuve*, ceux de deux tuyaux, dont le plus court
» atteint ſeulement la ſurface de l'eau de la bouilloire, & l'autre va juſqu'au
» fond; ils indiquent tous deux l'excès ou le défaut de la quantité d'eau ou
» de vapeurs conſervées dans l'alambic ou la bouilloire.

» Un tuyau communiquant à la capacité du cylindre, laiſſe écouler l'eau
» injectée, & la renvoye à la bouilloire; un autre tuyau attaché au cylindre
» donne iſſue à l'eau, qui d'abord croît lorſque le piſton eſt relevé; on y pra-
» tique un robinet qui jette l'eau ſur la ſoupape du tuyau qui laiſſe ſortir &
» l'air du cylindre & celui qui eſt amené par l'eau froide.

» Une valve'e ou ſoupape couverte de plomb, laiſſe évacuer l'eau de la bouil-
» loire, quand elle a trop de force; au-deſſus du piſton, il y a un tuyau de
» décharge du cylindre, & au-haut du bâtiment un tuyau de décharge du
» réſervoir.

» Deux autres courbes placées à l'autre extrémité du levier, font aller une
» *Pompe renverſée* qui fournit un petit réſervoir, & des Pompes aſpirantes
» poſées dans un puits, d'où l'eau eſt portée dans un grand réſervoir. Le trop

» de fumée de la bouilloire fort par une cheminée : l'eau portée dans le petit
» réservoir fournit la Machine ; celle portée dans le grand réservoir fert à tel
» ufage que l'on veut ; c'eft elle qui mefure le vrai produit de la Machine.

Defcription des parties du Pifton des Pompes du Steam-Engine de York-Buildings (1) : voyez Pl. XLVII, fig. 3 & 4.

» LE tuyau d'afpiration A B , eft uni au corps de Pompe C D E F,
» comme à l'ordinaire , ayant une foupape à l'endroit de jonction : le tuyau
» montant F G K L, eft auffi accompagné d'une foupape N, pour fermer
» la fortie I H, de la partie coudée G I. Jufques-là, cette Pompe ref-
» femble affez à celle qui eft exprimée par la fixieme figure de la Planche
» deuxieme ; mais le refte en eft tout différent : le Pifton O P Q, eft un
» cylindre creux, de cuivre, qu'on remplit de plomb, pour lui donner un poids
» capable de refouler l'eau qui doit paffer dans le tuyau montant ; & comme
» la hauteur de cette eau pourroit être telle, que le poids du Pifton ne fuffiroit
» pas, on le furcharge avec des tables de plomb marquées T, qu'on enfile
» dans la verge V, en auffi grand nombre qu'il eft néceffaire ; c'eft pourquoi
» la tête du Pifton qui n'entre point dans le corps de Pompe, a une figure
» quarrée d'une capacité fuffifante pour fervir de bafe au poids T.

» Pour éviter le frottement du Pifton contre la furface intérieure du corps de
» Pompe, qui feroit confidérable, s'il avoit lieu fur toute fon étendue, on a donné
» au diametre du Pifton deux ou trois lignes de moins qu'à celui du corps de Pom-
» pe, afin de laiffer un intervalle entre deux ; cependant pour empêcher la com-
» munication de l'air extérieur, qui feroit un obftacle à l'afpiration, & qu'en
» reculant, l'eau ne forte par l'entrée C D du corps de Pompe, on a dif-
» pofé cette entrée d'une maniere fort fimple & fort ingénieufe, mais qu'on
» ne peut bien entendre qu'avec le fecours de la figure fixieme, qui n'eft autre
» chofe que la partie C D mife en grand.

» L'entrée L L, du corps de Pompe, eft accompagnée d'un rebord K L,
» qui regne tout autour, & coulé avec elle, comme font les brides ; fur le
» rebord font appliquées deux ou trois rondelles de cuir E F G, repliées
» autour de la furface intérieure du corps de Pompe ; enfuite eft un anneau
» de cuivre, dont le diametre du petit cercle tient un milieu entre celui du
» Pifton, & celui du corps de Pompe ; là-deffus font pofées d'autres rondelles
» de cuir A, B, Z, repliées comme les précédentes, mais d'un fens oppofé,
» le tout recouvert d'un fecond anneau de cuivre H H, dont le petit dia-
» metre I I, eft égal à celui du corps de Pompe ; cet anneau eft lié avec le
» rebord K L, par des vis C D, ajuftées dans leurs écrous ; ainfi l'anneau
» du milieu fert de guide au Pifton, qui ne touche qu'au cuir Z G, avec

(1) Architecture Hydraulique, Tome II, Chap. III, Liv. III, page 61.

lequel

» lequel il eſt intimement uni ; car comme il y a toujours de l'eau dans la
» cuvette *X Y*, le cuir ſe maintient renflé ; cette eau ne pouvant s'écouler,
» empêche que l'air extérieur ne puiſſe s'introduire dans le corps de Pompe,
» & cela de la maniere du monde la plus commode ; puiſqu'on peut, quand il
» eſt néceſſaire, renouveller les cuirs, & maintenir la Pompe en bon état,
» ſans être obligé de démonter aucune de ces parties.

» Pour que l'eau de la Pompe même, puiſſe entretenir la cuvette pleine,
» on a ajouté un petit robinet *R*, qui a communication avec le corps de
» Pompe, & qui eſt fermé par une clef *S*, comme aux fontaines ordinaires.
» Quand le Piſton refoule, à cauſe du jeu qu'on lui a donné, l'eau monte dans
» le robinet ; & quand on veut qu'elle ſe rende dans la cuvette, on ne fait
» que tourner la clef *S* ; & comme la violence avec laquelle elle eſt pouſſée
» par l'effort du Piſton, la feroit jaillir avec impétuoſité, on lui oppoſe une
» plaque de cuivre *Z*, portée par quatre branches, liées enſemble comme la
» figure le montre : ce robinet ſert encore au commencement de l'aſpiration,
» pour chaſſer l'air de la Pompe plus promptement que s'il étoit obligé de
» ſortir par le ſeul tuyau montant : on ouvre & ferme la clef *S*, alternative-
» ment quand le Piſton monte & deſcend, comme à la Machine du vuide.

Deſcription de la Pompe à feu, établie ſur une Mine ouverte dans l'année 1765,
à 6 milles de Newcaſtle.

M. Jars, de qui nous empruntons cette deſcription (1) & celle qui va
ſuivre, prétend qu'on n'avoit point encore vu de Machine à feu, exécutée
avec autant de préciſion que celle-ci, & dont le jeu ſoit auſſi aiſé.

Le diametre du cylindre eſt de 60 pouces : on y a mis auſſi trois tuyaux
d'injection.

L'axe du balancier n'eſt pas fait comme les autres ; c'eſt une piece de fer
fondu, d'environ 2 pieds en quarré, & de 2 pouces d'épaiſſeur, ſous le milieu
de laquelle eſt l'axe en forme de demi-cercle, dont le rayon peut avoir trois
pouces ; le tout ne fait qu'une ſeule piece. La partie platte & quarrée a quatre
trous à chaque extrémité de l'axe, pour le fixer au-deſſous du milieu du balancier, avec des lames de fer qui l'embraſſent entiérement, & qui ſont aſſu-
jeties avec des écrous ; cet axe eſt placé au milieu dans une boîte *de bronze*,
qui le renferme dans toute ſa longueur, & qui eſt toujours pleine d'huile
ou de graiſſe : on préfére cette méthode à celle des *tourillons*. On la croit
auſſi la meilleure, eu égard au poids prodigieux qui fait continuellement effort
ſur l'axe.

Cette Pompe à feu a deux chaudieres ; elles ſont ſéparées du cylindre, &
communiquent leurs vapeurs par un tuyau, qui répond à un autre petit cylindre

(1) Page 198.

ou tuyau, dont il fera parlé à la Machine qui va être décrite.

Les chaudieres font entiérement en fer forgé, dont les plaques font exacte-ment clouées enfemble, & enduites d'un vernis particulier, dont je renvoie la compofition à l'article où je donnerai une récapitulation de toutes les pieces de la Machine à feu.

Outre les deux petits tuyaux qui fe trouvent à toutes les Machines à feu, pour régler la hauteur de l'eau dans la chaudiere, on en a placé un de plomb fur le milieu de chaque chaudiere, qui a environ deux pouces de diametre, & dont l'extrémité extérieure eft toujours ouverte; l'extrémité intérieure prend prefque fur la calotte qui fait dans cet endroit le fond de la chaudiere, & par conféquent de beaucoup au-deffous de la furface de l'eau bouillante; mais fi un Ouvrier eft négligent, & vient à s'endormir, lorfque l'eau a baiffé jufqu'à l'embouchure du tuyau, la vapeur fort avec beaucoup de violence & de bruit, ce qui avertit qu'il n'y a pas affez d'eau : on prévient auffi par-là, l'inconvé-nient de brûler le fond de la chaudiere.

On a donné au Pifton une levée de huit pieds. C'eft la premiere à laquelle on en ait donné autant : elle produit jufqu'à 12 coups dans une minute.

Defcription d'une Machine à feu de la Mine de Walker, à trois milles à l'Eft de Newcaftle, (1).

CETTE Machine, au jugement de M. Jars, eft la plus confidérable de toutes celles qui font établies dans les Mines du Nord de l'Angleterre, & peut-être la plus grande qui ait été faite jufqu'à préfent en Europe.

Elle fert à élever l'eau d'une Mine qui a 100 toifes de profondeur perpen-diculaire; mais elle ne l'éleve que de 89 toifes, attendu qu'à 11 toifes de profondeur, on a pratiqué une gallerie d'écoulement de 4 pieds de hauteur, fur 250 toifes de longueur (2), ayant fon embouchure à la riviere : elle a été prife au niveau de la haute marée, de forte qu'on peut compter fûrement que la couche de Charbon dans cette Mine, eft environ à 88 toifes au-deffous du niveau de la mer (3).

Le diametre du cylindre eft de 74 pouces, ce qui fait 69 pouces pied-de-Roi, ou de 6 pieds 2 pouces Anglois, & fa hauteur de 10 pieds & demi; on compte qu'il pefe plus de 13 milliers.

Pour fournir la vapeur néceffaire à ce cylindre, il y a quatre chaudieres très-grandes, dont trois font toujours échauffées; une des quatre eft de relais, pour s'en fervir lorfqu'on a des réparations à faire.

Toute la partie des chaudieres qui eft expofée au feu, eft faite avec du

(1) Voyages Métallurgiques, *page* 195. 1039.
(2) Voyez la longueur de celle de Frefnes, *page* 873, & de la Mine de *Stora-Grufvan*, *pag*.
(3) Voyez la Note, inférée, *page* 959, de la feconde Partie de notre Ouvrage.

fer battu réduit en tôles , qui font clouées enfemble de la même maniere que les poëles pour les falines. La partie fupérieure qui forme un dôme , eft faite avec du plomb jetté en tables , à l'exception de celle qui eft placée immédiatement au-deffous du cylindre, dont toute la calotte, au lieu d'être en plomb, eft en cuivre ; mais cet ufage de faire des chaudieres de matieres différentes, n'a plus lieu actuellement ; on les fait totalement de fer.

Le fond des chaudieres n'eft point plat, mais formant une efpece de voûte très-élevée, ayant la figure d'un cône, afin de préfenter plus de furface au feu. Chacune des chaudieres a fon fourneau & fa cheminée : il y a une très-grande grille fous toute la capacité du fond de la chaudiere , fur laquelle on met le charbon, par une porte de fer pratiquée fur le devant ; le fourneau eft difpofé de façon que la flamme avant de parvenir à la cheminée, circule tout autour de la chaudiere en forme de fpirale : on profite ainfi de la chaleur le plus qu'il eft poffible.

La chaudiere , dont le dôme eft en cuivre , eft placée au-deffous du cylindre ; mais entre deux il y a un autre *petit cylindre* feulement de 3 pieds de haut & de 30 pouces de diametre , que l'on peut nommer le *réfervoir pour la vapeur*, parce que c'eft là où fe rend la vapeur des trois chaudieres qui font échauffées par des tuyaux de communication ; delà elle paffe dans le grand cylindre, à l'aide du régulateur. Il eft actuellement d'ufage de placer ce réfervoir à vapeur au-deffous de chaque cylindre de Machine à feu, & même de n'avoir aucune chaudiere au-deffous de ce réfervoir. La principale raifon eft que l'on fait les cylindres fi grands, qu'une feule chaudiere ne fuffit pas ; d'ailleurs, il eft effentiel d'en avoir toujours une en cas de réparation , pour ne point arrêter la Machine , & ne pas mettre les Entrepreneurs dans la néceffité de fufpendre l'exploitation, puifque les eaux monteroient en fort peu de temps, & noyeroient les Ouvrages. L'intérieur du cylindre eft fi vafte, qu'un feul tuyau d'injection pour fournir les eaux froides qui condenfent la vapeur, n'auroit pas été fuffifant ; on en a mis trois également diftants les uns des autres , & qui font un très-bon effet.

Le Pifton du cylindre eft fait d'une feule piece de fer fondu ou coulé, dans lequel il y a cinq trous ; celui du milieu fert à fixer la branche qui le foutient ; les quatre autres fervent pour quatre tiges de fer qui répondent à la branche principale à laquelle elles font foudées. Tout autour de cette piece de fer, il y a un rebord, que l'on garnit bien avec des morceaux de vieux cables ou cordages ; on met du cuir par-deffus, afin que le Pifton joigne bien au cylindre, empêche l'eau, qui eft toujours par-deffus, d'y entrer, & que le vuide s'y faffe beaucoup mieux.

On eftime que cette Machine a une puiffance de 34 mille quatre cents feize livres, & qu'elle n'a que trente & un mille quatre-vingt-feize d'effort à faire, & qu'ainfi on épargne, quant à préfent, trois mille trois cents vingt livres , dont on peut la charger en cas de befoin.

La levée du Piſton de cette Machine, & par conſéquent des Pompes, puiſque le balancier a ſon point d'appui au milieu, eſt de 6 pieds : elle donne depuis huit juſqu'à dix coups de Piſton dans une minute.

Des Machines à feu, dites à RÉPÉTITION; c'eſt-à-dire, à pluſieurs corps de Pompes.

DANS les Pompes de ces ſortes de Machines, l'eau ne paſſe dans le tuyau montant que par intervalle, c'eſt-à-dire, quand le piſton refoule, & le temps de l'aſpiration eſt un temps perdu ; c'eſt pourquoi dans les grandes Machines pour élever beaucoup d'eau, il y a toujours au moins deux corps de Pompe ſéparés, qui répondent au même tuyau montant par des branches qui s'y réuniſſent. Alors, tandis qu'un piſton aſpire, l'autre refoule, & l'eau ne ceſſe pas de monter. Ces Machines qui font mouvoir pluſieurs corps de Pompes, comme à Montrelay, en Bretagne, & dans d'autres endroits, ſont appellées *Machines à Répétition.* Nous allons en donner un exemple dans celle qui épuiſe les eaux de la Mine de Walker, qui fait mouvoir trois corps de Pompe, & dont M. Jars a donné la deſcription qui ſuit.

La répétition partant du fond de la Mine, eſt compoſée d'une ſeule Pompe, de 37 toiſes de hauteur ; le diametre du corps de Pompe où joue le Piſton, eſt de 10 pouces.

La ſeconde répétition eſt compoſée de deux corps de Pompes de 18 toiſes de hauteur, dont une a 13 pouces de diametre, & l'autre 7 pouces ſeulement.

Enfin la troiſieme répétition qui a 34 toiſes de hauteur, eſt compoſée également de deux Pompes, dont l'une a 12 pouces de diametre, & l'autre neuf ſeulement ; cette augmentation de diametre des Pompes en remontant eſt en proportion de l'eau qu'on a élevée, puiſqu'on en ramaſſe à différentes hauteurs, afin d'avoir à l'élever d'une moindre profondeur.

Cette augmentation du nombre de corps de Pompes eſt une des choſes les plus intéreſſantes dans la pratique, par l'utilité qu'on en retire, de diminuer d'une façon marquée la réſiſtance que produiſent les étranglements ; M. le Chevalier de Borda, dans le Mémoire où il s'eſt occupé de la recherche des effets des étranglements dans les Pompes, a appliqué particuliérement la méthode dont il s'eſt ſervi pour cet examen, aux Pompes miſes en action par les Machines à feu, & en particulier à celle établie aux Mines de Charbon de Montrelay : nous en donnerons ici l'extrait rédigé par l'Hiſtorien de l'Académie (1).

Dans la Machine de Montrelay, les piſtons des Pompes ont 6 pieds ½ de jeu. La Machine donne neuf coups de piſton par minute, ce qui donneroit 6 ſecondes ⅓ par vibration ; mais comme il y a un peu de temps perdu entre

(1) Hiſtoire *page* 122, & 423 des Mémoires.

la defcente & la levée du pifton, M. Borda croit qu'on peut légitimement fixer le temps de chaque vibration à 5 fecondes $\frac{1}{7}$, & par conféquent celui de chaque demi-vibration à 2 fecondes $\frac{1}{7}$.

Le calcul appliqué aux éléments, qui fervent de bafe à la recherche, (& que nous omettons ici) donne pour réfultat, que la force néceffaire pour mouvoir cette Pompe eft à celle qui fuffiroit, s'il n'y avoit point d'étranglement, comme $61 + 4,88$ eft à 61, ou, ce qui revient au même, qu'il y a de chef plus d'un treizieme de la force perdue.

Le même calcul a encore été appliqué à une autre Machine à feu, employée au defféchement d'un grand lac (c'eft celle de Moers, près Dunkerque); elle n'élevoit l'eau qu'à 5 pieds de hauteur ; le jeu de chaque pifton étoit de 6 pieds, & elle faifoit dix afpirations par minute ; mais le temps de fa montée étoit un peu moindre que celui de fa defcente, & il y avoit entre l'un & l'autre un petit intervalle d'environ une demi-feconde. La mefure des ouvertures des foupapes lui fit juger que leurs paffages contractoient la colonne de fluide dans la raifon de $4\frac{1}{7}$ à 1 ; mais que les foupapes inférieures produifoient une contraction un peu plus grande. Le calcul fait d'après ces données, il en réfulte que la force néceffaire pour mouvoir ces Pompes eft à celle qui auroit fuffi, s'il n'y avoit aucun étranglement, dans le rapport de $7,868$ à 5, ou prefque comme 8 eft à 5.

Cette recherche l'a conduit à une réflexion très-importante : Puifque la réfiftance occafionnée par les étranglements, croît comme le quarré de la vîteffe du pifton, on peut en diminuant cette derniere d'une certaine quantité, diminuer l'autre bien plus confidérablement ; fi, par exemple, au lieu de quatre piftons, ayant chacun 6 pieds de jeu, on en mettoit 8 qui ne jouaffent que de 3 pieds, la Machine ne feroit pas plus chargée, & la réfiftance caufée par les étranglements feroit réduite au quart de ce qu'elle étoit ; avantage bien réel, & que l'on doit aux recherches de M. de Borda. On doit donc, dans la pratique, augmenter plutôt le nombre des corps de Pompes, que d'augmenter la courfe & la vîteffe des piftons.

Particularités de quelques Machines à feu, en France.

La Mine de Charbon de Montrelay, aux confins de l'Anjou & de la Bretagne, ainfi que quelques Charbonnieres du Hainaut François, tire avantage, pour l'épuifement des eaux, des Machines à feu ; les détails des proportions des principales pieces de ces Pompes à feu ont été publiés dans différents Ouvrages ; nous ne faifons ici que les raffembler.

Dans la Mine de *Montrelay*, où cette Machine regardée mieux conftruite que celles du Hainaut, éleve l'eau par fix répétitions de Pompes, qui ont 3 pouces & demi de diametre ; les proportions font indiquées comme il fuit.

Par M. le Chevalier de Buat, (1).

CYLINDRE, 52 pouces & demi de diametre, (mesure de Roi) sur 9 pieds ½ de hauteur.

Jeu du piston, environ 6 pieds ½.

Chaudiere, 15 pieds & demi de diametre ; il n'y en a qu'une, & son fonds est convexe.

Balancier, 25 pieds de longueur, sur 36 pouces d'équarrissage à son milieu.

Profondeur de laquelle l'eau est élevée, 600 pieds.

Dans la Machine de Bois-Bossut, l'Encyclopédie donne les proportions suivantes.

DIAMETRE du piston, 30 pouces & demi, mesure de Roi, c'est-à-dire, 730 pouces & demi de surface.

Jeu du piston, 6 pieds juste.

Nombre de coups par minute, 14.

Diametre des Pompes, 8 pouces 3 lignes.

Profondeur dont l'eau est élevée, 242 pieds.

Six cents quatre-vingt pieds de barres, qui font mouvoir les quatre Pompes, faisant un attirail du poids de 3000 liv. environ.

Poids de l'eau élevée pour le service de la Machine par une petite Pompe particuliere pour le grenier ou réservoir d'eau, nommée *Pompe de la Bache*, 238 livres.

Volume d'eau élevé à chaque coup de piston, 6288 livres.

Machine de Fresnes, proche Condé, par M. l'Abbé Bossut, (5).

DIAMETRE du cylindre, 44 pouces.

Hauteur, 9 pieds.

Piston, (jeu du) 6 pieds.

Balancier, longueur, 25 pieds.

Par M. de Borda, (2).

DIAMETRE du Piston ou cylindre, 56 pouces Anglois, revenant à 52 pouces ½, mesure de Roi.

Jeu du Piston, 6 pieds 3 pouces.

Nombre de coups par minute, 8 ¼.

Diametre des Pompes, 8 pouces 6 lignes.

Profondeur de laquelle l'eau est élevée, 612 pieds.

Poids des attirails, tout compris & déduction faite de la quantité qui est supportée par le contrepoids, 600 livres.

Dans la Machine de la Fosse d'Anzin, nommée le Corbeau, M. Lavoisier, indique les proportions suivantes, (3).

DIAMETRE du cylindre, ou piston, 44 pouces mesure de Roi.

Levée du piston, 5 pieds 6 pouces.

Par minute, de 7 à 8 coups.

Diametre du piston des Pompes, 7 pouces & demi.

Profondeur d'où elle éleve l'eau, 431 pieds 9 pouces mesure de Roi.

Poids des attirails de toute espece, 8000 livres, (4).

Par M. Bélidor.

CYLINDRE, diametre, 30 pouces.

Epaisseur, 18 lignes.

Hauteur, 9 pieds.

Piston jouant dans le cylindre, sur une hauteur de 6 pieds, a 28 pouces 16 lignes de diametre.

Pistons des Pompes, diametre, 7 pouces.

Levée, 6 pieds.

Remarque sur les Pistons pour les grandes Pompes, construits comme ceux qui sont exécutés dans la Machine de Fresne.

CE Piston percé, est tout ce qu'il y a de mieux imaginé pour les grandes Pompes ; il a mérité la préférence sur tous les autres qui ont été essayés, étant d'une solidité à toute épreuve, & l'eau pouvant le traverser sans contrainte, quelque vîtesse qu'elle puisse avoir en descendant : on en trouve la description dans le Cours de Physique Expérimentale du Docteur Désaguliers (6), ainsi que

---

(1) Hydrodynamique de M. l'Abbé Bossut, Chap. II, Part. 1, pag. 139.

(2) Calculs & observations sur le projet d'établissement d'une Pompe à feu, pour fournir de l'eau à la ville de Paris, par M. Lavoisier. Mémoires de l'Académie des Sciences, an. 1771, pag 17.

(3) Qu'il a mesurées lui-même sur une toise

étalonnée. *Voyez* le Mémoire cité précédemment.

(4) M. Lavoisier observe que les deux bras du balancier ne sont point égaux ; celui qui répond au cylindre n'a que 14 pieds, tandis que celui qui tient aux Pompes en a 15.

(5) A la suite de la description de la Machine de Bois-Bossut, par M. le Chevalier de Buat.

(6) Leçon 8e ; page 173.

dans l'Architecture de M. Bélidor, qui les a lui-même deffinés fur les lieux : nous ferons connoître, d'après ce dernier Auteur, la conftruction de ces Piftons, après avoir fait obferver leurs avantages d'après M. Défaguliers.

Les principaux avantages de ces fortes de Piftons, font qu'ils donnent un libre paffage à l'eau, d'où il réfulte le moins de frottement poffible, parce qu'ils ne touchent le corps de Pompe qu'à l'extrémité fupérieure de la boîte de cuivre, & que le fable ou le gravier mêlé ordinairement avec l'eau, ne peuvent s'introduire avec le Pifton & le corps de Pompe, à caufe de l'anneau de cuir qui eft plus élevé que le tuyau de cuivre ; car fi cela arrivoit, il fe feroit un grand frottement, & le corps de Pompe feroit bientôt gâté ; mais après cela tout le fable tomberoit en bas fur les foupapes, d'où il feroit aifé de le tirer ; de plus, fi par accident le mouvement d'un côté de la foupape étoit arrêté, l'autre y fuppléeroit, en attendant que le premier fût remis en place.

Conftruction du Pifton des Pompes & des Soupapes de la Machine à feu de Frefne, deffinés & décrits par M. Bélidor (1).

» Le corps du Pifton, figuré en cône tronqué, avec un rebord *c*, *c*, » *fig.* 5, eft une boîte de cuivre, à-peu-près femblable à celles qu'on met » dans les moyeux des roues. La *fig.* 7, en fait voir le profil. Cette boîte » dans fon plan fupérieur, eft traverfée d'une barre percée d'une mor- » taife : fur la furface de la boîte eft appliquée une bande de cuir *A*, *A*, » *fig.* 7, embraffée par le bas d'un cercle de fer, que l'on encaftre dans l'é- » paiffeur du cuir qui a près de trois lignes, ce qui fe diftingue encore mieux » dans la figure fixieme.

» Le Pifton eft couvert d'une foupape de cuir, fortifiée par des plaques de » tôle ou de cuivre faites en fegment de cercle ; au-deffous de la foupape » il y a auffi de femblables plaques, mais d'un plus petit diametre, afin qu'elles » entrent dans le corps du Pifton, n'y ayant que le cuir & les plaques fupé- » rieures qui repofent fur le bord de la boîte : ainfi le cuir fe trouve ferré » entre-deux, à l'aide des quatre vis, accompagnées de leurs écrous.

» Cette foupape s'applique fur la boîte, en forte que le milieu, foit pofé » fur la barre ; & pour lier le tout enfemble, on fe fert d'une croix de fer, » qui eft un profil coupé fur la longueur de la barre : une partie de cette croix » de fer fe pofe fur le milieu de la foupape ; alors un tenon *O P*, *fig.* 8, traverfe » le trou *E*, *fig.* 7, enfile une barre de fer *Q R*, dont les extrémités *X X* s'en- » caftrent moitié par moitié dans l'intérieur de la boîte, & dans fon épaiffeur, qui

» eſt échancrée en cet endroit, de même que le cercle *B B*, qui ſe trouve
» ſoutenu par ce moyen & ſerré contre la boîte, en faiſant entrer une cla-
» vette *V* dans un trou *M*, comme on peut en juger par la figure 8, qui eſt
» encore un profil du Piſton coupé à angle droit avec le précédent.

» Quant à la tige *L O*, on l'ajuſte avec une barre de fer, à l'aide d'un
» tenon qui eſt à ſon ſommet, & de la mortaiſe qui paroît dans le milieu,
» & des deux viroles ſervant à les ſerrer l'une contre l'autre ; cette barre eſt
» pendue à une manivelle ou à l'extrémité d'un balancier.

Réviſion générale de la Machine à feu, ſur les Planches.

Un Maître Ouvrier, un Directeur de Mines, ne peuvent avoir trop complettement & trop exactement l'idée de toute cette Machine & de ſon
méchaniſme. Le Maître Ouvrier, pour réuſſir dans ſa conſtruction, & donner
à toutes les pieces qu'il aſſemble la juſteſſe & la préciſion néceſſaires ; le
Directeur, pour reconnoître les cauſes des dérangements qui peuvent ſurve-
nir, & y apporter remede. En faveur du Conſtructeur & du Directeur, nous
rappellerons d'abord le méchaniſme des *Pompes à feu*, par l'explication & le
développement des Planches de la Machine de Griff, d'après l'Auteur même
de la deſcription que nous avons donnée *page* 408. Nous employerons à ce
même uſage les Planches de la Machine de Freſnes, dans le courant du tableau
général de décompoſition de ces Pompes, qui nous a paru très-commode,
pour rappeller la qualité, l'ordre, la diſpoſition, la quantité des différents
matériaux qui entrent dans la conſtruction de ces Machines.

Explication détaillée des parties de la Machine à feu, à levier, établie à Griff, en Angleterre, démontrée par les Figures.

La Poutre perpendiculaire, nommée ſouvent *Couliſſe*, dont la figure 1 de
la Planche XLVII ne repréſente qu'une partie *Q*, eſt vue en entier *Pl.* XLIX,
lettre *L*, avec toutes ſes dépendances relatives à l'ouverture & à la fermeture
du régulateur, ainſi que du robinet d'injection ; mais dans la Planche XLVIII,
la figure 18 développe à part tout ce méchaniſme plus en grand, en recou-
rant en même-temps aux autres figures de renvoi.

Aiſſieu tournant du Régulateur.

Entre les deux pieces perpendiculaires de bois de chaque côté, & marquées *A*, *B* dans la figure 18 de la Planche XLVIII, il y a un *aiſſieu* de fer
quarré (repréſenté ſéparément *Pl.* XLVIII, *fig.* 13,) qui porte quatre pieces
de fer pour ſervir à faire tourner le *Régulateur*, en pouſſant en avant, &

tirant

tirant en arriere la *fourchette* attachée au *manche* du Régulateur ; elle eſt marquée Q , O , E , L , *fig.* 18 , *Pl.* XLVIII , (ou par les lettres N , O , M , *fig.* 14) ; la fente de la couliſſe perpendiculaire eſt faite de maniere que ſes chevilles agiſſent en avant, au milieu & en arriere pour élever & abaiſſer les leviers 5 , 4 , qui meuvent l'aiſſieu de fer, autant qu'il eſt néceſſaire, autour de ſon centre. Mais le Lecteur concevra mieux la choſe par l'inſpection des pieces dans la Planche XLVIII , & il ſera en état de les bien comprendre dans la Planche XLIX.

Les lettres *A B*, de la figure 13 de la Planche XLVIII , repréſentent l'aiſſieu de fer dont on a parlé , & qui eſt marqué par les mêmes lettres dans la figure 18 ; il y a une piece *ce D E*, qui ſe nomme Y, parce qu'elle repréſente cette lettre par ſes deux branches, excepté ſeulement qu'elles ſont renverſées, avec un poids *F*, qui doit entrer dans ſa partie ſupérieure, où on le pouſſe plus haut ou plus bas, ſelon qu'il convient, par le moyen d'une *clef* ou d'un coin. Cet Y étant inféré dans le bout *B* de l'aiſſieu de fer , y eſt arrêté par une *clef* ou *goupille* en *e* ; il y a enſuite une eſpece d'*étrier J K J*, avec une longue cheville *L*, qui doit être fixée dans ſes trous ſelon l'occaſion , de chaque côté de *K*. Cet *étrier* eſt ſuſpendu par ſes crochets *J , J*, ſur l'aiſſieu en *i, i* ; enſuite on place la clef ou manche *G* 4, ſur l'aiſſieu de l'autre côté, enſorte qu'il ſoit placé & fixé en *g*, à angles droits avec l'Y. On fixe encore un *levier* ou *manche* plus court à angle demi-droit avec celui-ci, (c'eſt-à dire, entre la longue branche de l'Y & *G* 4) , ſur l'aiſſieu en *h*, où il eſt arrêté.

On voit toutes ces pieces de la maniere qu'elles ſont arrêtées enſemble ſur l'aiſſieu dans la figure 18 , où l'on peut obſerver que lorſque la couliſſe monte , elle éleve le bras *H* 5 , par le moyen d'une *poulie* qui roule dans ſon milieu , ce qui faittourner l'aiſſieu autant qu'il le faut pour pouſſer l'Y , avec ſon poids *F*, de *C* vers 6 ; & dans cette direction, après avoir paſſé la perpendiculaire , il continueroit de ſe mouvoir vers *Q*, s'il n'étoit arrêté par une bande de cuir fixée à ſon ſommet en *E*, & arrêtée aux points *m , n*, de maniere qu'elle laiſſe à l'*Y* la liberté de faire ſes vibrations autour d'un *quart de cercle*, lorſqu'il tombe en avant ou en arriere après avoir paſſé la perpendiculaire.

La figure 14 , *Pl.* XLVIII , repréſente la *fourchette* horiſontale *M O N*, qui doit être attachée par ſon bout *O*, au *manche* du *Régulateur P q , Q* 10, y ayant différents trous dans ces pieces, afin que chaque partie de l'extrémité *O* puiſſe s'arrêter dans chaque partie de la fente du manche, ſelon que cela eſt néceſſaire pour faire mieux mouvoir les deux pieces : on peut voir cela dans la figure 18 , où l'autre extrémité de la *fourchette* eſt arrêtée au bas de l'*étrier* en *E K N L*, par une longue cheville horiſontale *L*, enſorte que la fourchette peut continuer d'être horiſontale : à meſure qu'elle eſt pouſſée en avant & tirée en arriere, par les coups que *E* & *D*, les deux branches de l'Y , donnent alternativement à la partie de devant ou de derriere de la cheville

L, pour pouſſer en avant ou tirer en arriere le manche *P* 10, ou pour ouvrir ou fermer le *Régulateur*, de la maniere qui ſera expliquée plus au long. Il ſuffit de remarquer quant à préſent qu'il y a une piece horiſontale *h l*, placée de façon que l'extrémité 10 du manche peut porter ſur elle & en être ſoutenue, à meſure qu'il gliſſe en avant & en arriere.

Voici donc la ſituation préſente de la Machine, telle qu'elle eſt repréſentée par cette figure 18 de la Planche XLVIII. Le *Régulateur* eſt ouvert, comme on le voit, en ce que ſa plaque *T y*, eſt écartée de deſſous la communication ou tuyau *S S*, qui entre dans le cylindre. Le *Piſton* eſt à préſent en haut du cylindre; par conſéquent, la grande poutre & la *couliſſe perpendiculaire* ſont preſqu'à leur plus grande hauteur, & la poulie qui eſt dans la fente de la couliſſe ſur la chaudiere, a tellement élevé le bras *H* 5, que le poids ou la tête de l'Y a été porté de deſſous *n* juſqu'à paſſer la perpendiculaire ſur l'axe, & étant ſur le point de tomber vers *m*, il donne un grand coup de ſon manche *E* ſur la cheville *L*; & amenant la *fourchette O N*, horiſontalement vers la *couliſſe perpendiculaire*, celle-ci tirera le bout 10 du manche du *Régulateur* vers *l*, & par ce moyen il ſe fermera en faiſant gliſſer la plaque Y ſous le tuyau *S S*. La figure 1, *Pl.* XLVII, repréſente la Machine dans cette ſituation. Mais dans la Planche XLIX le coup eſt déja donné, & la communication fermée, comme on peut le voir en faiſant réflexion que le poids qui eſt à la tête de l'Y eſt arrivé en 6, auſſi loin que le lien *P* 6, (marqué *n* 6, dans la figure 18 de la Planche XLVIII,) peut lui permettre d'aller.

Deſcription particuliere du Régulateur, *fig.* 15, Planche XLVIII.

Un robinet qui donneroit quatre pouces de paſſage à l'eau, & qui ſeroit aſſez gros pour laiſſer entrer l'eau de l'alambic dans le *cylindre*, auroit eu tant de frottement, étant bien joint, qu'il auroit fallu une grande force pour le tourner, ſur-tout dans la néceſſité où l'on étoit de l'ouvrir & de le fermer trente-deux fois dans une minute : c'eſt pour cela qu'on lui a ſubſtitué le *Régulateur*.

La piece de cuivre *R*, que l'on apperçoit ici en *R R*, *fig.* 18, & en *L*, *fig.* 8, au milieu du chapiteau de l'alambic, de même qu'en *D E*, *fig.* 1, *Pl.* XLVII, eſt ſoudée avec le tuyau *S S S*, de 4 pouces de diametre, & bien polie & applanie auprès de ſon ouverture en-deſſous, afin qu'elle ſe joigne bien avec une autre piece polie *y Y y*, qui lui eſt appliquée en-deſſous (la preſſion de la vapeur tient ces deux pieces unies lorſqu'elles ſont l'une ſous l'autre). Il y a auſſi dans la piece *R R*, un tuyau fort court ou conique plus petit en bas qu'en haut, pour recevoir la piece *V W X*, qui y étant entrée, peut ſe mouvoir circulairement ſans y laiſſer paſſer l'air ou la vapeur. Il y a une cheville quarrée ZZ, qui traverse cette derniere piece lorsqu'elle est dans son trou, & qui y est fortement arrêtée dans sa partie supérieure Z.

La clef du *Régulateur* se place ensuite, & s'arrête en V & W, comme on le voit dans la figure 18, *Pl.* XLVIII, où toutes les parties du *Régulateur* sont en place. Ce Régulateur s'ouvre fort vîte, & dix fois plus aisément qu'un robinet de même calibre: il y est aidé par le poids F de l'Y, lorsqu'il a passé la perpendiculaire, tombant avec grande force, & faisant donner un grand coup au bras qui est dessous, soit en-dedans de la fourchette ou en-dehors, pour pousser cette fourchette & tirer le manche du *Régulateur* du côté opposé à celui où le poids tombe: ce poids est cause que le Régulateur se ferme, lorsqu'il tombe de son côté, & qu'il s'ouvre lorsque le poids tombe de l'autre côté.

Dès que le Régulateur est fermé, le robinet d'injection s'ouvre pour pro-duire le vuide, & il se ferme immédiatement après que le piston a commencé à descendre (car le vuide se fait dans une seconde de temps), & cela s'expli-que par la figure 16 de la Planche XLVIII: $d\,e$ représente par deux lignes ponc-tuées le fond du cylindre vers l'injection; & n, l'ajutage du tuyau d'in-jection en dedans du cylindre; $a\,b$, une partie du tuyau qui vient du réservoir d'injection; $c\,b$, le robinet, & e, la clef du robinet qui a un trou long, droit & étroit, au lieu d'un trou rond, afin qu'il soit ouvert plutôt. Au haut de cette clef est attaché le quart d'une roue dentée, qui tourne par l'engrenement d'un autre quart de roue i, suspendue en bas autour de l'axe $g\,h$, lequel se meut par le levier $h\,k$, que l'on nomme communément F. *Voyez* la figure 18 de cette Planche XLVIII, où ces pieces sont réunies, & où l'on voit comment la coulisse perpendiculaire les fait mouvoir par ses chevilles.

Un moment après que le *Régulateur* est fermé, la coulisse ne perdant pas d'abord tout son mouvement vers le haut, la cheville s, sur sa partie extérieure, éleve l'extrémité i, de F, $h\,k\,i$, & ouvre le *robinet d'injection*; l'injection produisant d'abord après un vuide, la coulisse commence à descendre, & la cheville r (que l'on peut placer plus haut ou plus bas) abaissant le F, ferme le *robinet d'injection*; alors la coulisse continuant à descendre, la poulie p ap-puyant sur le manche $G\,4$, tire en arriere l'Y, dont le bras D, pousse en avant la *fourchette*, & ouvre le Régulateur, afin de laisser entrer la nouvelle vapeur de la maniere qui a été déja expliquée: cette vapeur est arrêtée dès que le Régulateur se ferme, jusqu'à ce que le robinet pour l'injection de l'eau froide soit encore ouvert, &c. (1). Au centre c du F, kf, *fig.* 19, il y a une piece

(1) Au lieu de cette méthode d'ouvrir & de fermer le robinet d'injection, il y en a une par le secours des quarts de cercle; elle est plus en usage, & l'Auteur la croit beaucoup meilleure, en ce qu'elle meut le robinet d'injection, par une secousse, qui est le meilleur moyen de sur-monter le frottement.

double *H*, qui forme un angle, pour prendre entre fes deux côtés le *manche* *H G* de la *clef du robinet*, qu'elle peut tourner fuffifamment pour ouvrir & fermer le paffage de l'eau ; à la plus courte extrémité de *F*, on a fixé un poids *W*, à un demi-pouce en-dedans de cette extrémité. Lorfque l'injection doit être fermée, le bout du *F*, en *K*, fe place fur une coche d'une piece pendante en *K D* ; mais lorfqu'une partie du méchanifme dérivé de la cou-liffe, pouffe la piece *K*, *D* en-dehors, l'extrémité du *F*, avec fon poids *W*, tombe en-bas avec force fur le bloc de bois *B*, où ce poids refte jufqu'à ce que l'une des chevilles de la couliffe preffant fur l'extrémité *f*, du *F*, place l'extré-mité oppofée, & le poids *W*, en *D*, arrêtant par ce moyen l'injection qui fe renouvelle au coup fuivant par l'éloignement de *D*, &c.

Maniere de joindre enfemble les verges de fer des Pompes qui
puifent l'eau dans le puits.

Figure 20, Planche XLVIII.

A B, eft un bout d'une verge quarrée qui a une petite piece cylin-drique plus courte que la barre n'eft épaiffe, & qui lui eft fixée à angles droits auprès de fon extrémité *B*, en 2, & un trou en 1, la barre étant un peu plus mince en *B* que par-tout ailleurs. L'extrémité de l'autre verge *C*, a un petit cylindre 1, qui doit entrer dans le trou 1 de l'autre barre dont on vient de parler, & un trou en 2, pour y recevoir le petit cylindre 2 de l'autre barre. Lorfque ces verges ont leurs extrémités pofées l'une fur l'autre, les petits cylindres font cachés, & les barres paroiffent n'avoir qu'une enflure quarrée comme en *F* ; enfuite prenant le collier quarré de fer *D*, on le fait paffer fur les barres en *G*, pour le conduire en *F*, où il refte fixe, fur-tout parce que *E* eft la partie la plus baffe de la verge, & que la moindre fecouffe en *F* contribue plutôt à fixer qu'à dégager le collier de fer.

Même Planche XLVIII, Figure 9.

Lorsque l'eau qu'il faut élever, eft à une grande profondeur, comme ici de 50 verges, fi l'on veut élever d'un feul coup, on brifera les Pompes infé-rieures, à moins qu'elles ne foient de fer, ce qui feroit coûteux ; mais celles de bois peuvent fort bien fervir, fi l'on divife le tout en trois coups de 50 pieds chacun : on peut le faire en divifant la verge de fer qui va au fond de la Mine en trois, & faifant agir trois Pompes tout à la fois avec deux réfervoirs en chemin, & le troifieme en haut à l'ordinaire.

La première Pompe ou la plus baffe *P O*, eft faite en cette maniere : *O o*, eft l'*arbre afpirant* au fond du puits, qui a fa *foupape afpirante* auprès de *o* ; *o p*, eft un corps de Pompe de cuivre ou de fer, dans lequel le piston agit ; *P*, l'arbre supérieur ou *l'arbre de délivrance*, par lequel l'eau est conduite en-haut, & d'où elle sort en *Z*, pour tomber dans le réservoir *Z P Q* ; on place une *seconde Pompe* dans la partie inférieure de ce réservoir pour en tirer l'eau qui s'y élève pour tomber dans le second réservoir *S R* 2.

La verge *Z Z*, qui tire l'eau du fond, est divisée en *W y*, en deux branches, dont la seconde *W y* est séparée de la premiere par le petit *traversier* horisontal ʒ *y*, & ainsi elle passe par *R*, *arbre de délivrance*, pour mouvoir son piston dans la Pompe *r*, & tirer l'eau de 1, par *l'arbre aspirant Q*, de la maniere expliquée précédemment. Cette seconde verge monte vers *W W*, pour joindre la principale ou *premiere verge* qui vient de la poutre en *V*, d'où elle se partage en deux branches, dont l'une vers *T*, traversant *l'arbre de délivrance T*, fait jouer son piston dans la Pompe *t*, qui est fixée à l'arbre aspirant *s S*, du dernier coup au plus bas du second réservoir *S* 2 (1).

Description particuliere des corps de Pompes, & des Arbres percés,
Planche XLVIII, Fig. 10, 11, 12.

La dixieme figure représente un *cylindre* de fer fondu ou de cuivre, qui est ici de 7 pouces ¼ de diametre en-dedans, d'environ 9 pieds de longueur, fort poli en-dedans de *P* en *O*, avec les tourillons *R R*, comme aux canons, pour le mieux saisir, un *collet* en *S* & *Q*, & une diminution conique aux extrémités de *Q* en *P*, & de *S* en *O*, pour faire entrer sa partie inférieure dans *l'arbre aspirant*, *fig.* 11, en *L B*, où elle est arrêtée par un cerceau de fer chassé dans le bout de l'arbre, comme on le voit par le cercle ponctué, tout le calibre de l'arbre en-dessous étant aussi marqué par des lignes ponctuées de chaque côté de *N* & *O*. *H H*, est un anneau quarré de fer pour mieux assujettir *l'arbre aspirant*, soit lorsque la Pompe y est poussée en-dedans, ou que la cheville quarrée *K J* (2) qui bouche un trou quarré, aboutit à la soupape aspirante qui est fixée à la hauteur de *H H*.

Au fond de *l'arbre aspirant*, on insinue un petit tuyau de fer plein de trous *C* 3 *O*, pour empêcher la poussiere & les charbons d'entrer avec l'eau, & l'on chasse ensuite un bon cerceau de fer *A G*, dans le bout inférieur du tuyau pour tenir tout en raison. Lorsque la Pompe *P Q R R S O*, est fixée à *l'arbre aspirant* en *L*, *l'arbre foulant Z W X T V Y*, de la figure 12, (qu'on nomme quelquefois *arbre de force*) est poussé à son ouver-

---

(1) Le piston de cette Pompe (qui est *foulante & aspirante*, employée dans la Machine de Griff,) & les soupapes dans les arbres, sont décrits à part dans l'Ouvrage, Leçon huitieme, n . 17, *page* 171, où il est parlé des Pompes :

leurs différentes parties, sont représentées par les figures 7 , 8 , 9 , 10 , 11 , 12 , 13 , 14 , 15 , 16 , de la Planche 14.

(2) Cette cheville est assujettie en place par des barres de fer & des vis.

ture VT fur l'extrémité conique QP de la Pompe, y étant auffi affujetti par un cerceau de fer entre V & T, & par un autre qui eft octogone en Y: le pifton & la verge tombent d'en-haut dans cet arbre, & le pifton defcend jufque dans la Pompe. Si le pifton vient en certains temps à fe falir, on le tire en haut dans cet arbre entre VTT & YX, pendant qu'un homme defcend dans le puits, & nettoye le pifton en tirant la cheville qui eft en X.

Examen de la bâtiffe où la Machine eft établie; particularités de la conftruction de l'Alambic & du Cylindre; maniere de placer l'Alambic dans un fourneau de briques, & d'arrêter le Cylindre au milieu de la bâtiffe, Pl. XLVIII, Fig. 1.

La premiere figure repréfente l'emplacement de la Machine. $EBCD$, eft le plan des murailles de la maifon; fff, le plan de l'Alambic; c, celui du Cylindre; ab, ab, celui des poutres qui fupportent le Cylindre, entre lefquelles la grande poutre joue; cd, cette grande poutre, dont un bout en c eft fur le cylindre, & l'autre fur le puits en d.

Pl. XLVII, Figure 2. *Coupe verticale des quatre murailles de la bâtiffe, dont CD & EB font fuppofés être vis-à-vis l'une de l'autre.*

Les portes & les fenêtres fe trouvent dans ces murailles: les deux DE & BC, font auffi oppofées. La muraille DE, eft percée d'un arc $mlnk$, fous lequel l'Alambic eft arrêté, & la cheminée de la fournaife eft marquée par des lignes ponctuées. Il y a ici quatre trous a, a, a, a, dont les deux plus hauts reçoivent les extrémités des poutres fupérieures entre lefquelles la grande poutre fait fon jeu, & les deux inférieurs reçoivent les extrémités des poutres qui foutiennent le Cylindre. Dans l'autre muraille BC, bb repréfentent les trous dans la maçonnerie pour recevoir les autres extrémités des poutres qui fupportent le Cylindre; & en g, il y a une fenêtre par où fort le bout du Cylindre, fes tourillons appuyant fur le cuivre dans deux pieces au-deffus aa: le paffage de la *Pompe nourriciere* du réfervoir d'injection, eft ici marqué par des lignes ponctuées.

Figure 2, Pl. XLVIII. *Plan ou Coupe horifontale du Fourneau de briques qui eft fous l'Alambic.*

abb, eft le devant de cette bâtiffe, avec la porte du foyer au milieu; bd, cd, font les barres fur lefquelles on met le charbon; le feu s'étendant au-deffus de l'efpace $bdedc$, va dans le tuyau de cheminée e, & ainfi il environne l'Alambic dans le canal *f g h*, & monte dans la cheminée.

N. B. On a obfervé qu'un petit paffage entre *d* & *d*, avec un grand feu pour entrer dans le tuyau de cheminée, eſt d'un grand avantage pour rendre la chaleur plus vive.

Figure 3. *Coupe verticale de l'Alambic & du Fourneau.*

Voyeɀ Planches XLVII & XLIX. Où tout autour du fond *o o*, & fous les bras *r s* de *o*, en *s*, le feu qui vient de *n* eſt conduit obliquement en haut tout autour de l'Alambic ; entre *K* & *I*, eſt la force du Fourneau ; en *q*, la furface de l'eau ; en *l*, le tuyau de la vapeur, & en *m*, le cendrier.

Figure 4.

LA quatrieme figure fait voir la maniere de joindre enſemble & de river les plaques de fer de l'invention de M. Parrot, qui durent plus long-temps & coûtent cinq fois moins que les Alambics de cuivre : *u u u*, eſt le fond, & *u w x y*, fait voir comment les côtés s'élevent pour former les collets ou rebords.

Repréfentation du Cylindre & *du fommet de l'Alambic.* Figures 6, 7 & 8, Planche XLVIII.

LA fixieme figure *B A C D*, repréſente la ſection du Cylindre fondu & calibré ; *a b*, eſt le premier collet poli en haut pour porter contre un plancher ou fous des poutres, & empêcher que le Cylindre ne foit pouſſé en haut ; *d*, *c*, eſt un collet plus fort au milieu, pour empêcher le Cylindre de tomber en bas ; il a des pieces qui avancent en *s* & en *e*, (*voyeɀ* la figure 8) & qui s'arrêtent fur les poutres qui le ſupportent. Il y a un autre collet au fond en *D C*, avec des trous tout autour pour y recevoir des clous à vis qui le fixent. Sa coupe eſt repréſentée dans la figure 7 ; *l G*, eſt le tuyau de communication, dont le bas a auſſi un collet pour le joindre à un autre tuyau qui eſt au haut de celui de la plaque du *Régulateur*, & que l'on voit dans les figures 15 & 18 de la Planche XLVIII. La huitieme figure eſt la perſpective du Cylindre vu par-deſſous, pour marquer les différentes parties du fond & du Cylindre en-deſſous ; *h h*, ſont les vis & les écrous en-deſſus pour lier ce fonds au Cylindre, ou affermir l'un avec l'autre par le moyen d'un anneau de plomb qui eſt entre deux ; *E*, eſt un tuyau qui conduit au *cliquet reniflant* ; *F*, conduit au tuyau d'évacuation, & *G*, à l'Alambic. *H*, eſt une nouvelle invention pour mieux entretenir l'Alambic, de la maniere ſuivante.

Maniere d'entretenir l'Alambic.

» L'Alambic eft entretenu avec l'eau chaude venant du haut du pifton ;
» on a préféré de s'en fervir plutôt que d'eau froide qui auroit trop diminué
» le bouillonnement, & auroit obligé à entretenir un plus grand feu : mais
» après que la Machine eut fervi pendant quelques années, ceux qui y étoient
» intéreffés, s'apperçurent que l'eau d'injection , lorfqu'elle fortoit par le tuyau
» d'évacuation, étoit bouillante, tandis que celle qui venoit du haut du pifton
» n'étoit que tiéde ; ils crurent donc que ce feroit un grand avantage de nourrir
» l'Alambic de cette eau d'évacuation ou d'injection , & ils le firent de la ma-
» niere fuivante, qui donna un ou deux coups de pifton de plus à la Machine.
» Au petit tuyau fous le fond du Cylindre, *Fig.* 8 , *Pl.* XLVIII , on joi-
» gnit un tuyau de plomb *H*, de la longueur d'un peu plus d'un pied, &
» recourbé en haut vers *J*, avec une foupape fur le bout *J*, plombée d'en-
» viron deux livres pour chaque pouce ; précifément au-deffous de la foupape on
» ménagea une communication avec le tuyau nourricier *J i* , enforte que
» l'Alambic étoit nourri à chaque injection de la vapeur.

Opération ou maniere de mettre en mouvement la Machine à feu ,
Pl. XLVIII, fig. 18 , & Pl. XLIX.

» Avant que d'abandonner à l'élévation & à la chûte de la couliffe le foin
» de tourner les robinets , & de régler le mouvement de la Machine par fes
» chevilles & poulies, l'Ouvrier qui en eft le conducteur, fixe fa marche de la
» maniere fuivante : les chevilles & les poulies étant toutes prêtes pour la cou-
» liffe , fans y être encore placées, jufqu'à ce qu'il ait trouvé le point qui leur
» convient, le Régulateur étant fermé, il obferve le temps où la vapeur qui
» s'éleve de l'eau bouillante eft affez forte pour élever un peu le *cliquet* ;
» alors prenant de la main droite le manche 4 du levier , il l'abaiffe & fait
» par ce moyen faire à l'aiffieu *A B*, une partie d'un tour ; par-là il pouffe
» l'Y vers *n*, & la branche *D*, frappant fortement la cheville *L*, pouffe en
» avant la fourchette & le manche du Régulateur, qui s'ouvre par ce mouve-
» ment. La vapeur entrant immédiatement après dans le Cylindre, le pifton
» s'éleve avec la grande poutre. Lorfque le pifton eft à fa plus grande hau-
» teur en *C W*, *Pl.* XLIX , l'Ouvrier (quoiqu'il ne le voie pas) le
» connoît par certaines marques fur la couliffe *Q Q*, qui s'éleve toujours en
» élevant le manche 4 ; il pouffe l'Y vers *m*, & ferme le Régulateur ; mais
» il marque avec de la craie, vers 5 , la place de la cheville & de la poulie,
» qui dans le coup fuivant doit en montant élever le levier 5 *H*, qui eft dans
» fa fente, & qui doit, en donnant environ un quart de tour à l'aiffieu *A B*,
» d'abord

» d'abord après pouſſer en arriere l'Y , vers *m* , & fermer le Régulateur.
» Enſuite l'Ouvrier ayant ſaiſi l'extrémité 1 du *F* , *fig.* 1 l'éleve en-haut , mar-
» quant la couliſſe en *s* , pour y mettre la cheville *s* , & il ouvre l'injection
» qui produit un vuide dans environ une ſeconde de temps ; enſuite il ferme
» l'injection qui a fait ſa fonction , & le piſton deſcend fort vîte , lequel (par
» l'ouverture du Régulateur) rencontre la vapeur qui l'éleve de nouveau.

» *N. B.* On peut voir dans la Planche XLIX , *fig.* 1 , qu'il y a une forte
» poutre ſur laquelle tombent deux bons reſſorts de bois , afin que ſi l'arc du
» levier venoit à deſcendre trop bas , le piſton ne fît aucun dommage , & que
» tout le coup fût porté ſur les deux reſſorts de bois , par de fortes chevilles
» de fer qui doivent y être arrêtées.

» Mais lorſque l'Ouvrier a bien fixé toutes ſes chevilles ſur la couliſſe , il
» faut que la grande ſe meuve aſſez réguliérement pour s'approcher beau-
» coup des reſſorts ſans les toucher dans cent coups différents. Alors la Machine
» agit entiérement par elle-même , & l'Ouvrier n'eſt occupé qu'à avoir ſoin du
» feu & à empêcher qu'il n'arrive quelque accident. Dans les pays à Charbons
» de pierre , lorſque les Ouvriers vont dîner & boire , ils abandonnent ſouvent
» la Machine à elle-même pendant 3 ou 4 heures ; cette Machine eſt telle-
» ment à la diſpoſition de l'Ouvrier , que j'ai vu une Machine à feu dont le
» piſton deſcendoit avec une force de 20000 livres chaque fois , qui fut arrêtée
» dans une occaſion par un cheveu qui s'étoit gliſſé au-deſſus du bout ſupérieur
» du levier *o i* , appelé *F* ; & qui , en le pouſſant , empêchoit l'injection.

Ces détails explicatifs ſur leſquels nous ne craindrons pas de nous appé-
ſantir , en les repréſentant ſous différentes formes , font aſſez appercevoir le
champ qu'ils ouvrent aux recherches d'un Directeur de Mines qui veut conduire avec intelligence les Pompes à feu ; on juge facilement qu'il n'eſt pas ,
à beaucoup près , ſuffiſant d'être entendu & verſé dans la Méchanique ; les
lumieres les plus exactes de Phyſique ne ſont pas ici de trop , pour connoître ,
autant qu'il eſt poſſible , la puiſſance motrice de ces Machines : ce que nous
venons d'emprunter du Cours de Phyſique Expérimentale du Docteur Deſaguliers , eſt accompagné dans l'Ouvrage d'éclairciſſements intéreſſants ſur les
points les plus difficultueux ; pluſieurs queſtions que l'Auteur ſe propoſe à
lui-même , y ſont diſcutées d'une maniere ſatisfaiſante. Nous nous contenterons de réduire en propoſitions générales , les différents points de fait ou d'obſervations , ſur leſquels un Directeur de Mines peut ſe rendre attentif.

Propoſitions générales ſur les principaux phénomenes de la vapeur
de l'eau bouillante.

Dans la Machine à feu , ſelon la méthode du Capitaine Savery , où la
vapeur eſt deſtinée à preſſer immédiatement ſur l'eau , il eſt démontré par

plufieurs expériences, que la vapeur chaffe l'air, & qu'elle le fait à proportion de fa chaleur, quoiqu'elle flotte & s'éleve dans l'air libre comme une fumée : dans l'état forcé qu'elle acquiert au degré de l'eau bouillante, elle devenoit huit ou dix fois plus forte que l'air ordinaire, enforte qu'elle faifoit quelquefois l'effort d'environ 150 livres, pour pouffer en-dehors chaque point quarré de la furface intérieure des récipients tenant lieu d'alambics dans cette Machine, qui ne peuvent foutenir cet effort fans être fphériques & confidérablement plus épais. Dans la méthode de Newcomen, qui eft aujourd'hui la méthode reçue; la chaleur du feu n'a pas befoin d'être plus grande que celle avec laquelle on fait bouillir une braffiere : afin de mieux recevoir la chaleur du feu, on fait l'alambic creux au fond, avec des rebords, & la vapeur n'eft qu'un peu plus forte que l'air.

Tout le méchanifme des Pompes à vapeur tient donc uniquement à la prodigieufe dilatabilité de la vapeur de l'eau ; dilatabilité qui furpaffe de beaucoup celle de l'eau & celle de l'air.

Il eft prouvé par nombre d'expériences & d'obfervations qu'ont faites plufieurs Savants, que l'eau réduite en vapeur, par une chaleur médiocre, acquiert un volume 13000 ou 14000 fois plus grand, & une force beaucoup plus grande que celle qu'on imagine communément ; fon reffort eft alors fept ou huit fois plus grand que celui de l'air, & même d'après une expérience de Muffchembroeck, fupérieure à celle de la poudre à canon : ce qu'il y a de conftant, c'eft que fon effort eft capable de vaincre les obftacles les plus confidérables.

La vapeur n'eft cependant pas toujours la même : quelquefois elle eft plus forte, quelquefois elle eft plus foible, que l'air ordinaire : M. Defaguliers eftime néanmoins que cette différence en plus ou en moins n'eft jamais de $\frac{1}{4}$; cette force changeant continuellement, felon que le pifton eft plus ou moins élevé, c'eft-à-dire, felon que l'efpace eft plus ou moins grand. On conçoit que cette force de la vapeur fe perd par degrés, à mefure que la chaleur diminue ; cela eft fi pofitif que la vapeur étant affez affoiblie pour ne pas excéder la force de l'air extérieur, ce fluide qui agiffoit avec tant de force par fon reffort, le perd entiérement ; fon grand volume, fes parties fe raprochent, & il devient eau comme il l'étoit auparavant : cette remarque a paru à M. Defaguliers, fuffifante pour en conclure que la force expulfive de la vapeur, vient de la chaleur de l'eau.

Calcul de la force de la Machine à feu.

Pour juger de la force de cette Machine, il faut confidérer quel eft le poids de la colonne de l'atmofphere qui preffe fur le pifton, lequel eft toujours proportionnel au quarré du diametre du cylindre.

En ne confidérant ici que l'élévation du coup, le poids de l'atmofphere de 48 quintaux, éleve facilement un poids de 32 quintaux avec une vîteffe de 6 pieds en deux fecondes : de maniere que la Machine de Griff, dans l'état où elle vient d'être décrite, décharge autant d'eau qu'elle le faifoit dans le temps qu'on employoit à fon épuifement cinquante chevaux, & qu'on y dépenfoit au moins 900 livres par an. Il en étoit de même d'une autre efpece de Machine établie à Frefnes, pour l'épuifement de la Mine, avant qu'on eût fait ufage de la Pompe à feu ; voyez *page 467.*

M. Bélidor, à la fuite de la defcription de la Pompe à feu de Frefnes, calcule la puiffance qui fait agir cette Machine, & donne une formule générale pour déterminer les dimenfions des principales parties qui entrent dans leur conftruction (1). Ce calcul n'eft pas fi difficile qu'il pourroit d'abord le paroître aux perfonnes non exercées à ces fortes de recherches ; il ne s'agit que d'évaluer convenablement le poids appliqué au levier ou balancier ; & réglant ce poids de maniere que le pifton ait en montant la même vîteffe qu'en defcendant, tout fe réduit, comme le remarque M. l'Abbé Boffut, à combiner la force de la vapeur, & la preffion de l'atmofphere avec les autres poids, dont les deux bras du balancier font chargés, & à faire enforte que la fomme des *moments* (2), de toutes les forces qui font monter le pifton, foit égale à la fomme des moments de toutes les forces qui le font defcendre ; par là on connoîtra la quantité d'eau que les Pompes peuvent tirer du puits en un temps donné.

A l'aide d'une formule que donne M. l'Abbé Boffut, on trouve que le poids feroit égal au poids d'une colonne d'eau qui auroit même bafe que la tête du pifton, & feize pieds de hauteur.

M. Defaguliers a inféré dans fon Ouvrage l'extrait d'une expérience faite par M. Beighton, fur une Machine à feu, pour trouver combien un pouce cubique d'eau produit de vapeur.

Ce Savant a reconnu plufieurs fois, au moyen d'une *romaine* divifée fur le cliquet, autrement nommé *foupape de fûreté*, placée au-deffus des alambics à *Griff* & à *Wafington*, que lorfque le reffort de la vapeur étoit précifément d'une livre *aver du poids* (3) fur un pouce quarré, elle fuffifoit pour faire travailler la Machine, & que cinq pintes environ par minute fourniffoient à l'alambic autant qu'il confumoit de vapeurs pour donner 16 coups par minute dans le cylindre. Celui de *Griff* contenoit 113 gallons de vapeurs dans chaque coup, × par 16 coups par minute = 1808 gallons de bierre ; ainfi cinq pintes d'eau produifoient 1808 gallons de vapeurs, 38,2 pouces cubiques dans une pinte ; donc 38,2 pouces : 108 gallons : 1 pouce 47 gallons trois dixiemes ; par où l'on voit qu'un pouce cubique d'eau, qui bout jufqu'à ce que

---

(1) *Page* 323, *Tome II.*
(2) Ce terme, qui en Méchanique fignifie quelquefois la même chofe qu'*impetus*, ou la quantité du mouvement d'un mobile, défigne plus proprement & plus particuliérement dans la Méchanique Statique, le produit d'une puiffance par

le bras du levier auquel elle eft attachée, ou, ce qui eft la même chofe, par la diftance de fa direction au point d'appui.

(3) Voyez l'explication de ce poids, page 864, & à fa lettre dans la Table des Matieres, où je me fuis étendu fur ce poids.

son ressort soit capable de surmonter environ $\frac{1}{15}$ de l'atmosphere, doit produire 13 milles 338 pouces cubiques de vapeur. L'expérience a fait reconnoître à M. Beighton, qu'il sortoit à chaque coup un gallon d'eau de la soupape d'évacuation du cylindre de 32 pouces : il est surprenant que la vapeur n'étant composée que d'environ 3 pouces cubiques d'eau, puisse échauffer un gallon d'eau froide, de maniere qu'elle en sorte bouillante, comme elle fait, & que le cylindre dans toutes ses parties supérieures, ne soit chaud que lorsque le piston est en-bas.

Calcul de la force du Steam-Engine, par M. Henri Beighton.

Diamet. du Calibre,	Il contient dans une Verge,	Il tire par un coup de 6 pieds,	Le poids dans une Verge,	A seize coups par minute,	63 Gallons dans un muid,	Dans une heure,	Diametre du Cylindre en pouces. Profondeur d'où l'on tire l'eau en verges.												
Pouces.	*Gallons.*	*Gallons.*	*liv. Averd.*	*Gallons.*	*Muid. gal.*	*Muid. gall.*	15	20	25	30	35	40	45	50	60	70	80	90	100
12	14, 4	28, 8	46,	462,	7, 21	440	18 ½	21 ¾	24	26 ½	28 ½	30 ½	32 ½	34 ½	37 ½	40	39 ½		
11	12, 13	24, 26	123, 5	338,	6, 20	369 33	17	19 ¾	22	34 ¼	26 ¼	28	29 ¾	31 ¾	34 ¼	37	36		
10	10, 02	20, 04	102,	320,	5, 5	304 48	15 ½	18	20	22	23 ¼	25 ¼	27	28 ¼	31 ½	33 ¾	33	38 ¾	40
9	8, 12	16, 2	82, 7	259, 8	4, 7	247 7	14	16 ¼	18	20	21 ¼	23	24 ¼	25	28	30 ½	31	35	36 ½
8 ½	7, 26	14, 5	73, 9	232, 3	3, 43	221 15	13 ½	15 ¼	17 ¼	19	20 ¾	21 ½	23	24	26 ¼	28 ½	29	32 ½	35 ¼
8	6, 41	12, 8	65, 3	205, 2	3, 16	165 22	12 ½	14 ½	16 ½	18 ½	19	20 ½	21 ½	23	25	27	28	30 ½	32 ½
7 ¾	6, 01	12, 2	61, 2	192, 3	3, 2	182 13	12	14	15 ½	17 ½	18 ¾	19 ¾	21	22	24 ¼	26	27	29 ½	31 ¾
7 ½	5, 66	11, 3	57, 6	181, 1	2, 55	172 30	11	13 ¼	15	16 ½	18	19	20	21 ¼	23 ¼	25	25 ½	28 ½	30 ¼
7	4, 91	9, 8	50, 0	157, 1	2, 31	149 40	10 ½	13	14	15 ½	16 ¾	18 ¼	19	20 ½	22	24	23	27	28 ½
6 ½	4, 23	8, 4	43, 0	135, 3	2, 9	128 54	10	12	13	14	15 ½	16 ½	18	19	20	22	22	24 ½	26 ¼
6	3, 61	7, 2	36, 7	115, 5	1, 52	110 1	9 ½	11	12	13	14	15 ½	16	17	19	20 ½	20	23	24 ½
5 ½	3, 13	6, 2	31, 8	99, 2	1, 36	94 30		10	11	12	13	14	15	15 ¼	17	19	18 ½	21	22 ¼
5	2, 51	5, 0	25, 5	80, 3	1, 7	66 61			10	11	11 ¼	13	13 ¼	14	15 ½	16 ¼	16	19 ½	20 ¼
4 ½	2, 02	2, 4	20, 5	64, 6	1, 1	60 60				10	11	11 ¼	12	13 ½	14	15	14	17	18 ¼
4	1, 6	3, 2	16, 2	51, 2	0, 51	48 51					9	10	11	11 ½	12	13 ½		15	16

Exemple de l'usage de cette Table.

SUPPOSONS qu'il soit question de tirer 150 muids par heure, à 90 verges de profondeur; je trouve dans la septieme colonne le nombre le plus approchant, 149 muids; & à côté, dans la premiere colonne, je trouve 7 pouces de calibre; ensuite sous 90 profondeur, à main-droite dans la même ligne, j'ai 27 pouces, diametre du cylindre propre à ce dessein, & ainsi des autres (1).

Remarque de M. Desaguliers.

IL est à observer que cette Table de M. Beighton est calculée sur ce principe, que le gallon de bierre, de la contenance fixée ci-devant, rempli d'eau pure courante, pese deux livres 3 onces aver du poids; & qu'un pouce superficiel dans le vuide, soutient environ 14 livres 13 onces de l'atmosphere, quand le mercure du barometre est dans son état moyen.

Mais ayant égard aux différents frottements, & pour donner une vîtesse considérable à la Machine, l'expérience nous a appris à ne prendre qu'un peu

(1) La différence du gallon de bierre, dont on paroît faire usage dans ces calculs, ou du gallon de vin, n'influe en rien dans le fond, parce que le muid & le tonneau est le même; il faut seulement observer, que le gallon de vin contient 231 pouces cubiques.

plus

plus de 8 livres, pour une coupe de bafe cylindrique, afin qu'elle donne environ 16 coups par minute, d'environ 6 pieds chaque coup.

Il est encore à remarquer que ce calcul n'est que pour la force ordinaire dans la pratique; car avec de grands alambics, elle doit donner ordinairement 20 à 25 coups par minute, & chacun de 7 à 8 pieds, & alors une Pompe de 9 pouces de calibre, doit décharger plus de 320 muids par heure, & ainsi des autres grandeurs à proportion.

Pour faire connoître, comme nous l'avons annoncé, tout ce qui peut avoir été publié relativement à notre sujet, nous joindrons à cette remarque du Docteur Desaguliers, sur ces différences de force dans plusieurs Machines, les observations insérées dans le Mémoire cité *page* 1064, *note* 2.

Réflexions générales sur les caufes qui diminuent l'effet des Machines à feu, par M. *Lavoisier.*

S'IL n'y avoit aucune perte de force dans la Machine à feu, l'effet qu'on devroit naturellement en attendre feroit de foulever à chaque coup de piston une colonne d'eau de même bafe que le cylindre, & de 31 pieds & demi de hauteur; mais un grand nombre de caufes concourent à détruire une partie de cet effet; 1°. le vuide n'est jamais abfolu dans le cylindre, de forte que jamais le piston n'est chassé par le poids total de l'atmosphere; 2°. une partie de la puissance (1) est employée à foulever le poids de l'attirail des Pompes, & il en résulte une perte égale de la quantité pondérique de l'eau élevée par la Machine; 3°. les frottements & l'inertie de toutes les parties, l'étranglement des corps de Pompes à l'endroit des foupapes, font autant de caufes qui détruifent encore une partie de la force. Enfin il est nécessaire de laisser dans la Pompe à feu un avantage assez confidérable à la puissance sur la résistance, autrement les variations de pesanteur qui surviennent dans la pesanteur de l'atmosphere, réduiroient souvent la Machine à l'impossibilité d'agir.

Le concours de ces différentes caufes, diminue de près de moitié l'effet des Machines à feu; on trouve par le calcul, que celle de Montrelais, au lieu de foulever une colonne d'eau de 31 pieds & demi de hauteur, n'en fouleve qu'une de 16 pieds 1 pouce & demi; que celle de Bois-Bossu, n'en fouleve qu'une de 17 pieds 8 pouces; qu'enfin celle des fosses d'Anzin, n'en fouleve qu'une de 12 pieds 6 pouces & demi.

La différence remarquable qui fe trouve entre ces trois réfultats, n'aura rien de furprenant si l'on confidere que dans la Machine de Bois-Bossu, & dans celle de Montrelais, & fur-tout dans cette feconde, la plus grande partie du poids de l'attirail des Pompes est foutenue par un contrepoids, de

(1) La puissance a d'autant plus d'avantage, toutes chofes d'ailleurs égales, & fon moment est d'autant plus grand, qu'elle agit par un bras de levier plus long.

forte qu'il ne refte d'excédent de force du côté des Pompes que ce qui eft néceffaire pour en faire redefcendre le pifton ; la même chofe n'arrive pas dans la Machine des foffes d'Anzin, le contrepoids placé du côté des Pompes eft très-foible , & il exifte de tout côté un excès de pefanteur qui diminue d'autant la quantité d'eau que devroit élever la Machine.

Les légeres différences qui fe rencontrent entre ces trois Machines à feu , & qui femblent être au défavantage de celle de Montrelais, peuvent, felon M. Lavoifier , n'avoir d'autre caufe que la différence de hauteur à laquelle ces Machines font fituées, par rapport au niveau de la mer ; il eft conftant que le fol de Montrelais eft plus élevé que celui de la Flandre : au lieu donc de calculer la puiffance qui fait mouvoir la Machine , d'après le poids d'une colonne de mercure de 28 pouces de hauteur, il faudroit peut-être calculer d'après le poids d'une colonne de 26 pouces & demi, ou de 27 pouces tout au plus : on fent aifément que cette façon de calculer mettroit tout l'avantage du côté de la Machine de Montrelais , & on a lieu de croire en effet qu'elle eft la mieux conftruite des trois.

Obfervations & recherches fur le nombre des impulfions que donne une Machine à feu , & fur la quantité d'eau élevée à chaque.

LES oreilles & les yeux d'un Curieux , qui vient examiner une Machine à feu en mouvement, ne peuvent manquer d'être frappés par deux circonftances ; 1°. un bruit confidérable qui fe fait entendre d'affez loin , qui occafionne même un ébranlement, une forte de fecouffe très-fenfible dans tout l'enfemble de la Machine ; 2°. la répétition de ce bruit à des diftances réglées ; cet *ifochronifme* (1) bruyant fixe fur-tout l'attention du fpectateur , par le court intervalle de temps qui fe paffe entre chaque battement , & par l'efpece de vapeur alternative , qui fort (comme l'haleine des animaux) des joints imperceptibles de la chaudiere ; tout cela n'eft pas non plus des objets de moindre confidération pour le Phyficien , fans même être prévenu par une connoiffance antérieure de la Machine.

Il ne lui eft pas difficile , en examinant les chofes, d'appercevoir qu'à l'afpiration qui attire le pifton , par le moyen d'une injection d'eau froide partant du réfervoir dans le cylindre, il fuccéde une defcente de ce même pifton dans toute la longueur du cylindre, & en conféquence l'abaiffement du balancier, qui par la rentrée de la vapeur dans le cylindre, fe remet enfuite dans fon équilibre, & fait rehauffer de nouveau le pifton ; il reconnoîtra en un mot, que cet abaiffement fucceffif du balancier eft l'effet alternatif de la preffion de l'atmofphere fur une aire circulaire de 36 à 40 pouces de diametre, & à la force de la vapeur de l'eau bouillante, en action contraire : en

_____

(1) *Ifochrone ,* qui fe fait dans un même efpace de temps.

s'attachant donc fur - tout à bien comprendre l'action alternative des deux pieces, par lefquelles le mouvement fe perpetue dans la Machine (le régulateur & le robinet d'injection) on aura l'idée exacte & précife de tout le méchanifme de ces fortes de Pompes.

Ce mouvement de *vibration* (1) opéré par la pefanteur de l'air, fe défigne pour l'ordinaire parmi les Auteurs qui en ont écrit, par le nom d'*impulfion*, comme étant l'action d'un corps qui en pouffe un autre, & qui tend à lui donner du mouvement, ou qui lui en donne en effet.

On fait exactement d'où provient ce jeu fucceffif; mais il ne paroît pas qu'on foit également d'accord fur le nombre d'impulfions que donne une Machine.

Pendant long-temps, on regardoit comme certain que dans une minute de temps la Pompe à feu donne 14 coups pleins; la Machine de Savery en donnoit ce nombre; c'étoit chofe reçue à Anzin, au Bois-Boffu près Saint - Guilain, où il y a de ces Machines. Les fieurs Mey & Meyer, dans celle dont nous avons parlé, en avoient fait entendre feize.

L'Auteur d'une brochure intitulée : *Projet patriotique fur les Eaux de Paris* (2), prétendoit que la Pompe à feu de fa conftruction, dont nous dirons un mot, par rapport au moyen d'économifer le feu, donneroit jufqu'à 20 coups par minute.

Selon M. de la Lande, de l'Académie des Sciences, la Pompe à feu de Chelfea, en Angleterre, bat quatorze fois par minute, & éleve à chaque coup dix-huit gallons d'eau de 190 pouces ⅞ cubes. M. Lavoifier eftime pouvoir en conclure qu'elle fournit une quantité d'eau de 71 pouces des fontainiers; il penfe auffi que cette Machine eft extrêmement imparfaite, & qu'il y a quelqu'erreur, foit dans la quantité d'eau élevée, foit dans l'objet de confommation, dont il fera queftion à part.

Ce nombre d'impulfions, dans les Machines à feu, eft devenu depuis quelques années un article douteux; quelques Phyficiens y foupçonnent de l'exagération.

M. Lavoifier regarde comme prouvé, qu'on ne peut foutenir le mouvement à ce degré de vivacité, fans en faire perdre à la Machine plus qu'on ne lui en procure.

Plufieurs Obfervateurs eftiment néanmoins qu'elle donne depuis 12 coups jufqu'à 16, & que le mouvement d'une Machine bien montée & d'une grandeur moyenne, doit être réglé de maniere qu'elle ne produife pas plus de 15 coups de balancier par minute.

La petite Pompe à feu, conftruite par M. Cambray de Digny, (*voyez* note 9, *page* 1052,) donnoit 12 impulfions par minutes.

---

(1) En Méchanique, fe dit d'un mouvement régulier & réciproque d'un corps, qui étant fufpendu en liberté, balance tantôt d'un côté, tantôt d'un autre; & fignifie ici génériquement le mouvement régulier d'un corps qui va alternativement en fens contraires.

(2) Ou *Mémoire fur les moyens de fournir à la ville de Paris des Eaux faines* : Brochure *in-*12, 1765 ; par M. D. A. O. R. D. R. D. A.

M. Jars, au rapport de M. Deparcieux, prétendoit qu'il n'y avoit que 8 à 10 impulsions par minute, &, selon lui, c'étoit encore beaucoup pour des pistons qui ont 6 à 7 pieds de marche; il regardoit comme impossible que ces Machines pussent résister avec une pareille vitesse entretenue de quatorze impulsions.

M. Cambray de Digny, en décrivant sa Pompe à feu (1), a trouvé par une méthode de réduction des principales pieces de celle qu'il a fait construire, qu'elle ne peut donner que cinq impulsions par minute, avec deux Pompes contenant ensemble 30 pieds cubes.

Au surplus, comme il seroit possible de faire une Machine qui ne donnât qu'un coup par minute, & d'en faire une autre qui en donnât davantage, le point important, est d'évaluer par le nombre d'impulsions la quantité d'eau que peut produire chaque coup; aussi cet article a été le principal objet des recherches de tous les Physiciens: nous donnerons ici un abrégé des résultats trouvés, pour celles dont nous avons parlé.

La Machine à feu établie à Castiglione, donnant cinq impulsions par minute, produit 192000 pieds cubes d'eau en 24 heures.

D'après la Table de M. Beighton, *page* 1078, la Pompe décrite par M. Desaguliers, est capable, pour l'ordinaire, d'élever depuis 48 jusqu'à 440 muids par heure, à la hauteur depuis 15 jusqu'à 100 verges (2).

M. Bélidor dit que la Machine de Fresnes rapporte, à chaque coup au moins une tonne du pays de 52 pots; à quatorze impulsions, on voit que dans le même temps la Machine épuise une colonne d'eau de 15 toises de hauteur, sur 7 pouces de diametre, ou 155 muids par heure, dont environ 25 pintes montent à chaque impulsion dans la cuvette supérieure, & le reste se décharge dans un petit canal, *fig.* 1, *Pl.* LIII, qui la porte où l'on veut.

L'effet de la Machine de *Bois-Bossu*, d'après les calculs de M. Lavoisier, est dans la supposition d'une hauteur de 242 pieds (3), d'élever à chaque coup de piston une colonne d'eau de 8 pouces 3 lignes de diametre, sur 6 pieds de hauteur, c'est-à-dire, 3849 pouces cubiques un huitieme.

Ce produit multiplié par 14, (qui font le nombre de coups dans une minute) donnera 53887 pouces cubiques pour la quantité d'eau élevée par chaque minute, ou suivant le langage des Fontainiers, 80 pouces un sixieme.

Tout porte M. Lavoisier à croire que cette Machine ne peut guere élever plus de 180 pouces d'eau, à 110 pieds d'élévation.

L'effet de la Machine de la fosse d'Anzin, nommée la fosse du *Corbeau*, est de soulever en 7 coups par minute une colonne d'eau de 228870 pouces cubes, ou 140 pouces de Fontainiers.

(1) Explication du jeu de la Machine, *page* 79.
(2) La Verge d'Angleterre contient sept neuviemes de l'aune de Paris.

(3) La pesanteur d'un pied cube d'eau douce, est de 70 livres: l'eau salée peut peser 4 à 5 livres de plus.

Dans la Machine d'Ingrande, à une hauteur fuppofée de 110 pieds, la maffe d'eau foulevée à chaque coup de pifton, formeroit une colonne de 410698 pouces & demi de folidité ; le diametre d'une pareille colonne feroit de 29 pouces 7/10 ; ce fera le diametre des Pompes dans la fuppofition de 110 pieds : le produit de la Machine fera d'après cela à chaque coup, (la levée du pifton toujours fuppofée de 6 pieds 3 pouces) de 23676 pouces cubiques ; ce qui donne pour le produit par minute, 201246 pouces ou 4192 pintes 1/7, & en pouces des Fontainiers, 299 1/7.

Tout évalué, on ne peut guere élever avec cette Machine plus de 310 pouces d'eau à une hauteur de 110 pieds.

L'Auteur de la Brochure fur les moyens de fournir à la Ville de Paris des eaux faines, propofoit des Machines à feu, dont le corps de Pompe de cylindre auroit 4 pieds de diametre intérieur fur 10 pieds de longueur, pour que chaque coup de pifton fût de 8 pieds, & capable d'élever plus de 600 pouces d'eau à 80 pieds.

Principales efpeces de Matériaux néceffaires pour la conftruction d'une Machine à feu.

Bois & Charpenterie.

P O U T R E S & *Pontvelles* de différentes fortes.

Poteaux, appartenant au Régulateur, pour foutenir l'aiffieu, & fes dépendances.

Madriers, pour former le réfervoir provifionnel.

Chevrons ; pieces de bois, ainfi nommées, du rapport qu'elles ont avec les pieces de bois, qui s'élevant par paires fur le toît des maifons, s'y rencontrent dans leur fommet, & forment le faîte.

Chevron pendant, ou *couliffe* appartenante au Régulateur, & fendue dans fon milieu.

Chevrons à refforts, qui limitent le mouvement du balancier.

Poulies fur lefquelles paffe une corde, à laquelle eft attachée une foupape.

Jantes ; pieces de bois de charpente courbée, dont font formés les balanciers, & que l'on nomme ainfi à caufe de leur forme femblable à celle des pieces de bois qui font partie du cercle d'une roue. La poutre qui forme le balancier, foutenu dans fon milieu par deux tourillons, eft accompagnée à fes extrémités de plufieurs de ces *jantes*.

Métal.

Ajutages ou *Ajutoirs* différents, qui font des cylindres de métal percés de plufieurs manieres, & qui fe viffent fur leur écrou, que l'on foude au bout d'un tuyau montant, appellé *fouche*.

Fer.

L E grand *Pifton* du cylindre , en fer fondu, quelquefois de cuivre.

Manche , qui prend le pifton au milieu & qui eft attaché en-deffous par un écrou ou par une clef, afin que l'air n'y paffe point.

Fond des cylindres.

Pivots , *Tourillons* , groffes chevilles ou boulons de fer , fervant de pivot ou d'aiffieu , fur lequel tournent les vis & autres pieces de bois , dans une Machine.

Chaîne qui porte le pifton du cylindre.

Chaîne qui porte la tige qui meut les Pompes afpirantes.

Les deux *chaînes* des balanciers.

Barres qui font mouvoir les Pompes.

Dans la Machine de Bois-Boffu, où il y a cinq Pompes, il y a 680 pieds de barres.

Dans la Machine de Griff, on compte 73 verges de barres de fer, pefant enfemble environ neuf quintaux.

Fer battu réduit en tôles.

Pour la partie des chaudieres qui eft expofée au feu.

Collets ou morceaux de fer en *virolles* ou *anneaux* , deftinés à embraffer & à fortifier d'autres pieces.

Refforts différents, pour foutenir le Régulateur , &c, &c, &c.

Clavettes , *clous à vis* , *barres* , *anneaux* , &c.

Grille du fourneau.

Pattes , ou petits morceaux de fer , plats , droits ou courbés , fendus ou pointus par un bout , & à une queue d'aronde par l'autre , fervant à retenir des pieces enfemble.

Fourche dont la queue aboutit à la clef du Régulateur.

Broche de fer dépendante de la clef du robinet d'injection.

Cuivre.

POUR les plaques qui forment le dôme de l'*Alambic.*

Pour le *Godet* au fond duquel eft la foupape reniflante.

Pour la *Plaque* elliptique, placée fur le chapiteau de l'alambic, & qui peut s'enlever pour entrer dans l'alambic, lorfqu'il a befoin de réparation.

Pour la *Plaque* circulaire & horifontale.

Pour les bouts de tuyaux.

Plomb.

POUR *tuyaux* , *foudures* , & poids de la Machine.

On a toujours de ces *poids* ou *rouleaux* en plomb de furcroît, afin d'en ajouter selon la force de la vapeur que l'on veut avoir.

Pour la *Coupe* attachée avec une bride fur le rebord du cylindre.

Pour charger les *Soupapes.*

Pour l'*Anneau* dont on charge le cuir qui couvre la couronne du Pifton.

Pour *Bafches.*

Pour *Citerne* & *Cuvette.*

Pour doubler l'intérieur des madriers, qui forment le réfervoir provifionnel.

Pour les cinq pieces plates & circulaires, que l'on place fur la platine du pifton, afin d'empêcher que le cuir n'abandonne les côtés du cylindre, & ne fe refferre de lui-même.

Cuir.

Pour revêtir le boulon dont la fente de la *couliffe* eft traverfée.

Pour la piece femblable à la bride d'un cheval, en cuir, longue & étroite, qui environne le pifton (afin que l'air ne fe gliffe point autour de fa cir-conférence qui doit joindre le cylindre) de maniere que fes côtés joignent bien ceux du cylindre en-dehors des trous.

Quelquefois, à la place de cuir, une longue meche ou étoupe molle bien trempée, tient le pifton ferré.

Huiles, Graiffes, Enduits & Vernis différents.

Les pieces de fer qui forment la chaudiere étant expofées à l'air, on emploie différents moyens pour les garantir de la rouille, & différentes pré-parations pour fouder intérieurement les joints de ces plaques de fer.

Vernis & Ciment généralement adoptés dans les Mines de Newcaftle, pour les jointures des Chaudieres de la Machine à feu, afin de les empêcher de couler.

Minium (1) amalgamé avec de l'huile, en confiftance épaiffe, appro-chant de celle du ciment, pour empêcher la rouille.

On en enduit chaque jointure de la Chaudiere en-dehors ; & on le rend plus clair, & moins épais, pour peindre l'intérieur & l'extérieur de la Chaudiere, afin de la conferver & de la préferver de la rouille.

Quelques-uns préférent de mettre entre les jointures des plaques de fer un ciment compofé de fang de bœuf & de chaux vive : on y trouve les in-convéniens de fe trop durcir, & de ronger le fer.

De ces différents matériaux préparés, conformés différemment, réfultent les pieces également nombreufes & variées qui entrent dans la conftruction

_____
(1) Préparation de plomb, calciné en rouge.

d'une Pompe à feu. Lorfque nous avons décrit plufieurs de ces Machines, ces pieces n'ont été confidérées que dans leur affemblage, felon leur
différente deftination, & relativement à leur ufage ; nous allons les faire
connoître d'une autre maniere, détachées, & féparées les unes des autres,
comme dans les cas, où il eft queftion de les réparer ou de les renouveller ;
on doit même obferver que fi l'on veut être fûr des travaux d'une foffe pour
fon épuifement, il eft néceffaire d'avoir deux Machines à feu, afin que tandis
que l'une fe repofe ou qu'on y travaille, l'autre puiffe agir : cette feconde
s'appelle *Machine de fecours*.

État abrégé en forme de Devis, ou Mémoire général des parties & articles
de conftruction de l'équipage d'une Machine à feu, expliqués en détail & par
renvoi, foit aux Defcriptions, foit aux Planches, avec les qualités, façons,
proportions, dimenfions, &c.

La totalité des pieces dont l'enfemble forme une Machine à feu, peut
être diftinguée en trois claffes.

1°. Les principales pieces, favoir, le Fourneau, l'Alambic compofé de fa
chaudiere ou cucurbite, le Cylindre ou corps de Pompe à vapeur, le Pifton,
le Balancier.

2°. Les pieces qui concourent au jeu des précédentes, & qui confiftent
en Tuyaux, Robinets, Leviers, Cuvetres, &c.

3°. Enfin des parties que j'appelle *pieces de conftruction*, parce qu'il en
entre de femblables ou à-peu-près dans toute efpece de Machines, comme
Crampons, Pattes, Griffes, Anneaux, Refforts, &c : nous fuivrons cette
même divifion pour préfenter un tableau féparé de chacune de ces pieces.

Première Classe.

En confidérant l'Alambic dans toutes fes dépendances, le Fourneau à l'aide
duquel l'eau contenue dans l'Alambic bout continuellement, fait partie de
cette piece ; on doit enfuite remarquer la fituation de l'Alambic dans le bâtiment de la Machine, fa forme, fon fond & fon chapiteau.

La figure 1, *Pl.* XLVIII, fait voir l'emplacement de la Machine de *Griff* ;
la figure 2, *Pl.* XLVII, une coupe verticale des quatre murailles de la bâtiffe.

Fourneau.

La figure 2, de la Planche XLVII, repréfente une coupe horifontale du
Fourneau de cette même Machine ; & la figure 3, une coupe verticale de l'A-
lambic & du Fourneau (1).

(1) Le plus grand nombre des renvois à la Defcription appartiennent à celle de la Machine de
Frefnes, par M. Bélidor, *page* 468.

La

Les figures 2 & 3, *Pl.* L, repréfentent le plan & le profil du Fourneau, coupé fur l'alignement *fig.* 2, *Pl.* XLIX.

Dans la petite Machine à vapeur de Watkins, le Fourneau a 8 pouces de diametre, & 8 pieds de profondeur.

Le feu qu'on entretient dans le Fourneau, eft toujours avec du Charbon de terre : vis-à-vis la porte par laquelle on jette le Charbon, fe trouve une iffue par où la flamme fe porte, & va circuler autour des côtés de la chaudiere dans l'efpace vuide qu'on appelle *cheminée de la chaudiere*, de maniere qu'elle fait un tour entier autour des côtés & du plat-bord de la chaudiere, avant de fortir par un tuyau de cheminée ordinaire, placé à côté de l'iffue dont il vient d'être parlé; fans cette circulation de la flamme autour des parois de la chaudiere, l'eau qu'elle contient, ne s'échaufferoit pas fuffifamment pour produire la grande quantité de vapeurs dont on a befoin : du refte, on peut remarquer que la chaudiere porte fur la maçonnerie du fourneau, par la circonférence de fon fond, & que de plus le plat-bord eft auffi foutenu de même.

L'Auteur du *Projet patriotique* évalue l'évaporation de l'Alambic à un pouce & demi par heure; il prétend que les Machines actuelles donnent une quantité de vapeurs moins confidérable qu'elles ne devroient, & perdent encore une très-grande quantité de celles qu'elles donnent; il prétend être le maître de forcer la vapeur de fe multiplier en donnant plus de force au feu, quoiqu'il économife ce moteur : je renvoie le détail qu'il a publié fur cela, à l'article de la dépenfe & des frais d'une Machine.

Alambic.

Dans les Machines à feu, on appelle de ce nom, par rapport à la reffemblance des vaiffeaux dont on fe fert pour faire des diftillations (1), un vaiffeau deftiné à contenir & à faire bouillir plufieurs tonnes d'eau, lefquelles font continuellement recrutées par une nouvelle eau froide, tandis qu'un autre tuyau ou robinet emporte l'eau réduite par l'ébullition en vapeurs.

La figure 2 de la Planche XLIX, fait voir une coupe horifontale, la fituation & l'emplacement de l'Alambic dans le bâtiment où il eft renfermé, dont on voit le premier étage en plan élevé d'environ 10 pieds au-deffus du rez-de-chauffée, avec le revêtiffement de maçonnerie qui foutient le chapiteau.

Ce vaiffeau eft différemment configuré, fuivant les méthodes adoptées pour cette Machine; dans celles où la vapeur eft beaucoup plus forte que l'air, fa forme doit être fphérique, felon l'opinion de M. Défaguliers.

---

(1) Garni d'un chapiteau prefque rond, terminé par un tuyau donnant paffage aux vapeurs condenfées, & qui font reçues dans une bouteille ou matras qu'on y a ajouté, & qui alors fe nomme *Récipient*.

Le diametre de l'alambic varie auffi dans la hauteur compofée de fa chaudiere & de fon chapiteau. Dans **Défaguliers & Bélidor**, il ne fe trouve aucun détail fur la maniere de donner à la chaudiere une dimenfion, telle que toutes fes parties ayent entr'elles un rapport déterminé. M. Cambray de Digny, dans fon Ouvrage fur la Machine de Caftiglione, s'eft attaché à cet objet, en cherchant les moyens de réduire les proportions à une théorie générale, qui puiffe fervir dans tous les cas où l'on voudroit conftruire des grandes ou des petites Machines.

L'Auteur du *Projet patriotique*, fe propofoit de donner à l'alambic de la Machine qu'il vouloit exécuter, 9 pieds de diametre; cette capacité, qui eft celle que l'on donne en Angleterre, produit, felon lui, une vapeur fuffifante au corps de Pompe qu'il vouloit employer.

Grand axe . . . . 18 pouces.

Dans la Machine de Frefnes, la plaque elliptique de l'alambic (*Voy*. Art. XVI) a dans fon petit axe . . 14.

Chaudiere ou fond de l'Alambic, appellée auffi Cucurbite.

Ronde en plan, un peu évafée par le haut.

Dans les anciennes Machines à feu, on faifoit le fond plat; mais on a reconnu que cette forme n'eft point propre à bien tranfmettre à l'eau la chaleur du feu.

Aujourd'hui on le fait convexe, comme on le voit dans la coupe de toute cette piece, *fig.* 1, *Pl.* LII.

Dans toute efpece de vaiffeau employé à faire continuellement bouillir de l'eau, les parties terreufes qui étoient en diffolution dans l'eau, fe raffemblent à la longue, & s'attachent aux parois intérieures du vaiffeau; felon la nature de ces parties terreufes, elles forment, fur-tout dans le fond du vaiffeau, un dépôt folide & pierreux qui y tient fortement (1); l'eau chaude qui s'évacue de la chaudiere de la foffe Saint-Gilles, à Liége, & qui conferve fa chaleur, fort au loin de la Machine, dépofe, dans tout le trajet qu'elle parcourt, une grande quantité de limon de *marle*; ce limon fe durcit dans tout le trajet qui fert de lit ou de canal à cette eau, incrufte même les pierres, les branchages, & tout ce qui fe rencontre fur fon paffage.

On juge par-là de la néceffité de nettoyer le baffin de la chaudiere; il ne

(1) Derriere la grande marmite de la grande cuifine de l'Hôtel Royal des Invalides, eft une petite marmite dans laquelle il y a toujours de l'eau qui bout; cette eau fournie par le grand puits y forme une croûte pierreufe, qui devient infenfiblement fi épaiffe qu'on eft obligé, tous les quinze jours environ, de caffer à grands coups cet enduit qui diminue la capacité de la marmite; on fe contente d'en enlever une partie; j'en ai vu fouvent enlever à-peu-près dix ou onze livres.

faut pas manquer à cette attention toutes les femaines.

Les tuyaux & robinets de la chaudiere, feront récapitulés à part.

Chapiteau, Dôme, ou *Couvercle.*

FORMANT une efpece de dôme, *fig.* 8, *Pl.* XLVIII, quelquefois un peu furbaiffé, comme dans les Planches fuivantes, ordinairement de plomb (& il foutient fort bien toute la preffion de la vapeur), d'autres fois en plaques de cuivre.

Ces plaques de cuivre dont la chaudiere & le chapiteau font formés, ont 3 pieds en quarré, & 3 à 4 lignes d'épaiffeur ; elles font liées enfemble avec de fortes rivures très-voifines les unes des autres.

La figure 4, de la Planche XLVIII, repréfente ces plaques en fer folide-ment jointes enfemble, & rivées à la maniere inventée par M. Parrot.

On a foin quelquefois de garnir de maçonnerie ce Chapiteau jufqu'à une certaine hauteur, afin de lui donner plus de force contre l'effet des vapeurs, & pour le garantir des coups qui pouroient le boffuer.

La figure 1 & 2, de la Planche LI, eft la repréfentation en grand de la furface du Chapiteau, où l'on doit remarquer plufieures pieces que nous paffereons en revue chacune à leur place, &, entre autre, différents tuyaux.

Le principal, qui porte le nom de *cheminée de l'Alambic*, eft de cuivre, & va aboutir hors du bâtiment ; il eft fermé dans cet endroit d'une foupape chargée de plomb, & fe nomme alors *ventoufe.*

Cylindre ou *corps de Pompe à vapeur.*

CE Cylindre, qu'on peut bien diftinguer par le nom de *Corps de Pompe à vapeur*, eft toujours de métal & calibré.

M. Défaguliers avertit, quant aux Cylindres de fer fondu dont quelques-uns fe fervent pour les Machines à feu, qu'il n'en confeille point l'ufage, attendu que quoiqu'il y ait des Ouvriers en état de les bien adoucir en de-dans, cependant on ne peut pas les fondre à moins d'un pouce d'épaiffeur, & par conféquent ils ne peuvent ni s'échauffer ni fe refroidir auffi-tôt que les autres, ce qui peut faire la différence d'un ou deux coups par minute ; d'où il fuit qu'on éléveroit huit ou dix fois moins d'eau : on a fondu un Cylindre de cuivre des plus grands fous $\frac{1}{7}$ d'un pouce d'épaiffeur, & l'on a eu l'avantage de l'échauffer & de le refroidir promptement ; ce qui récom-penfe la différence de la premiere dépenfe, fur-tout lorfqu'on fait attention à la valeur intrinféque du cuivre.

Dans les Machines à feu des Mines de Carron, en Anglererre cette partie a 50 pouces de diametre.

Dans celle qu'on a fait venir d'Angleterre pour les Mines de Perſberg, près de Philipſtad, 45 pouces de diametre ſur 10 pieds de hauteur.

Dans la petite Machine de Watkins, cette partie a 9 pouces & demi de diametre : les différents collets ou tuyaux cylindriques qui ont rapport au Cylindre, auront place dans la récapitulation des tuyaux qui contribuent au jeu de la Machine à feu.

La figure 3, *Pl.* LI, repréſente l'Alambic & le Cylindre vus de face du côté du réſervoir proviſionnel.

Les figures 1, *Pl.* L & *Pl.* LII, font voir l'élévation & le profil du Cylindre, accompagné de ſes tuyaux.

Grand Piſton, ou Piſton du Cylindre, Planche *LIII*. Fig. 11, 12 & 13.

CETTE piece en cuivre, exactement polie, a 30 pouces de diametre.

Dans une Machine de 60 pouces, ſon diametre a 19 pieds & $\frac{7}{4}$ de ſurface.

La tige du piſton de la Machine de Freſnes a 4 pieds de hauteur.

Quadre du piſton du Cylindre.

Le piſton & la cucurbite, ſont les pieces les plus capitales d'une Machine à feu; la premiere, comme conſidérable par ſon poids & par ſa grandeur; la ſeconde, par la préciſion qui lui eſt eſſentiellement néceſſaire.

Les Anglois ont été pendant fort long-temps les ſeuls qui euſſent l'art de jetter en moule la cucurbite; mais à préſent, les Liégeois les coulent avec autant de ſuccès, & réuſſiſſent de même dans le reſte.

LA figure 13 repréſente le piſton, qui eſt une platine épaiſſe de cuivre, avec un manche de fer qui la prend au milieu, & qui eſt attachée en-deſſous par un écrou ou par une clef, afin que l'air n'y paſſe pas. Pour empêcher auſſi que l'air ne ſe gliſſe autour de ſa circonférence qui doit joindre le cylindre, on l'environne d'un long morceau de cuir étroit ſemblable à la bride d'un cheval, enſorte que ſes côtés joignent bien ceux du cylindre en dehors des trous ou points. Pour empêcher que le cuir n'abandonne les côtés du cylindre, & ne ſe reſſerre de lui-même, on a placé ſur la platine du piſton 4 ou 5 pieces de plomb plattes & circulaires dont les bouts tournent en haut; enſorte qu'elles touchent exactement le cuir en dedans, & qu'elles le pouſſent en dehors dans le mouvement du piſton, étant jointes légérement les unes aux autres par de petites pointes, de maniere que toutes enſemble elles forment une circonférence d'un cercle qui ſe dilate, & ſe reſſerre

aiſément

aifément pour preſſer ou pour relâcher le cuir, à meſure que le piſton monte & deſcend.

N. B. Quelquefois une meche ou une étoupe molle bien trempée, tient le piſton ferré à la place du cuir.

Fig. 11, 12, 13, *Pl.* LIII, conſtruction, plans & profils d'un piſton qui joue dans le cylindre.

Fig. 1, 2, 3, 4, *Pl.* LIII, tiges des piſtons.

Balancier.

DANS la Pompe à feu, pluſieurs pieces ſont nommées *Balanciers* ; mais on entend principalement par ce nom, cette grande poutre mobile verticalement ſur ſon centre, *fig.* 1, *Pl.* XLIX, terminée à chacune de ſes extrémités par un arc voûté ; à l'un de ſes bras eſt attachée, par le moyen d'une chaîne, la tige du grand piſton, pour être toujours élevée perpendiculairement.

L'autre fait mouvoir des Pompes ou tels poids que l'on veut ; ainſi le méchaniſme d'une Pompe à feu dépend en général de cette piece.

La figure 4, *Pl.* L, repréſente le plan du troiſieme étage du bâtiment où il eſt renfermé, & où l'on voit la ſurface ſupérieure du Balancier, avec les parties qui l'accompagnent, & le plan de la cuvette.

On doit y remarquer particuliérement ſa forme, relative à ſon action.

Sa ſituation eſt auſſi différente, quand la Machine ne joue point, & quand elle eſt en action ; dans le premier cas, le Balancier eſt incliné du côté du puits, comme on le voit *fig.* 1, *Pl.* XLVII, parce que l'air pénetre dans l'intérieur du cylindre, & que le bras de levier du côté du puits eſt plus chargé que celui du côté du cylindre ; d'où l'on juge que le piſton eſt alors élevé au plus haut point de ſa courſe : c'eſt ſa ſituation naturelle.

La figure 1, *Pl.* XLIX, repréſente le Balancier dans un ſens contraire, c'eſt-à-dire, lorſque l'injection d'eau froide ayant condenſé la vapeur renfermée dans le cylindre, le poids de la colonne d'air fait baiſſer le piſton ; alors l'eau du puits eſt aſpirée, & celle de la baſche refoulée dans la cuvette.

La figure 4, de la Planche L, & les figures 1 & 4, de la Planche LI, ſont relatives au Balancier, aux jantes qui l'accompagnent, aux chaînes, au grand piſton, au grand chevron, à la baſche, à la jante qui fait agir le régulateur, à la chaîne à couliſſe qui ſert à ouvrir & à fermer le robinet d'injection & à mouvoir le régulateur, enfin à la cuvette.

La ſeconde piece, appellée dans les Machines à feu *Balancier*, eſt un petit levier communément déſigné par la lettre capitale *F*, & nommé de même *F*, à cauſe de deux crochets qui y ſont diſpoſés comme les deux traits qui forment cette lettre : ce levier reſſemble cependant davantage au balancier d'une petite romaine, avec un poids au bout, afin d'accélérer ce mouvement : cette *F* tourne ou ferme alternativement la clef d'un robinet appellé *robinet d'injection*; voyez *fig.* 1, *Pl.* XLIX, & *fig.* 4, *Pl.* LI.

Régulateur ou Diaphragme.

En Méchanique, on entend par la premiere expreſſion l'aſſemblage de pluſieurs pieces de fer, qui concourent enſemble à ouvrir & à fermer alternativement les orifices d'impulſion & de fuite.

Dans la Machine à vapeurs, le Régulateur eſt une plaque de cuivre circulaire & horiſontale de 7 pouces de diametre, ſituée ſur le chapiteau de l'alambic, & munie d'une queue ou manche mobile autour d'un axe vertical.

Cette plaque s'applique exactement contre la baſe inférieure d'une ouverture ſervant de paſſage à un tuyau, par lequel la vapeur de la chaudiere communique dans le cylindre, & qui pour cela eſt adapté au fond du cylindre.

L'uſage de cette plaque pour ouvrir & fermer alternativement l'entrée du cylindre, en tournant autour de ſon axe, lui a fait donner le nom de *Régulateur*; c'eſt de cette maniere qu'elle fait régler tout le mouvement de la Machine, en laiſſant entrer la vapeur dans le cylindre, afin d'élever ou de laiſſer deſcendre le piſton en retenant la vapeur, pour la faire condenſer par l'injection de l'eau froide, qui faiſant un vuide, abaiſſe à l'inſtant le piſton par le poids de l'atmoſphere

Dans la Pompe à feu de Yorck Buildings, le Régulateur eſt un fléau ou une couliſſe en bois, attachée d'une maniere particuliere au bâtiment; voyez *page* 1057.

Les principales dépendances du Régulateur, ſont :

Sa plaque.

Le tuyau qui y eſt implanté.

Divers leviers qui ouvrent & ferment le Régulateur.

Sa queue ou ſon manche mobile.

La fourchette attachée à ſon manche.

La manivelle qui ferme cette plaque.

L'aiſſieu de fer, qui porte quatre pieces de fer, ſervant à tourner le Régulateur, en pouſſant en avant & tirant en arriere la fourchette.

La pointe qui fait agir le Régulateur.

Fig. 8 & 9, *Pl.* LIII, plan & profil du Régulateur, accompagné de ſon manche dont l'extrémité *T*, *fig.* 8, eſt percée quarrément pour recevoir l'aiſſieu vertical *a b*, *fig.* 7.

Dans la figure 1, *Pl.* LI, ſont détaillées les pieces qui font mouvoir le Régulateur, *fig.* 14, *Pl.* LIII.

La figure 10 , *Pl.* LIII , fait voir la plaque *A B* , & l'anneau *V S* , relatifs au jeu du pivot de l'aiſſieu du Régulateur, détaillé Art. XIV, de la deſcription.

La figure 1 , *Pl.* LI , a rapport à la couliſſe qui joue du même ſens que le piſton, & qui ſert à communiquer le mouvement au Régulateur, & au robinet d'injection , &c, Voy. l'Art. XXXIV.

Les figures 2, 3, 4, 5, 6, 7, 8, *Pl.* LII , ſont relatives à la conſtruction des piſtons, aux chevrons à reſſort qui amortiſſent le mouvement du Balancier, & à la conſtruction des parties qui appartiennent au Régulateur.

SECONDE CLASSE.

Ouvertures , Cylindres ou Tuyaux qui en dépendent.

LA régularité du mouvement dans la Pompe à feu , ne peut être produite ou entretenue qu'à l'aide de pluſieurs tuyaux, dont quelques-uns ſont garnis de robinets ; les mouvements combinés du Régulateur, & particuliérement du robinet d'injection, qui ſont toute l'uniformité du jeu d'une Machine à vapeurs, ne ſont pas difficiles à concevoir, en jettant les yeux ſur la Planche LI, & ſur la figure 1, de la Planche L, où ſe voyent ces tuyaux dans différentes diſpoſitions relatives à leurs diſtributions.

Les ouvertures d'entrée & de ſortie pour ces cylindres ſont renforcées dans leur pourtour, afin que les tuyaux qui y paſſent ſoient maintenus fermes en ſituation : ces trous ſont ſouvent appellés *Collets* ; à l'alambic, on en voit un de 3 pouces de ſaillie, ayant à ſa baſe un relief de 4 lignes de hauteur, formant une couronne de 6 lignes de largeur. Art. XIII.

Le cylindre eſt percé de même en pluſieurs endroits de ſemblables trous. Art. IX.

Une autre dépendance des tuyaux , ſont des robinets, des godets ou coupes de métal, & différents réſervoirs.

Nous comprendrons ces pieces dans une récapitulation particuliere, à la ſuite de l'énumération des différents tuyaux qui appartiennent aux autres parties de la Machine.

Tuyau d'injection , qui amene de l'eau froide dans le cylindre ; il eſt de plomb, & garni d'un robinet appellé *Robinet d'injection*; il eſt fortifié à ſon extrémité par un ajutage ou bout de tuyau , dont l'œil a 6 lignes de diametre. Art. XI. de la deſcription.

Tampon du Robinet d'injection : ce tampon eſt ſoudé avec une *patte d'écreviſſe* qui embraſſe une broche tenant au manche d'un grand marteau mobile ſur la charniere.

Tuyau de 4 pouces de diametre deſtiné à recevoir le ſuperflu de l'eau portée par un tuyau horiſontal au-deſſus du piſton, & la conduire dans un reſervoir placé en dehors du bâtiment : on l'appelle quelquefois *Tuyau aſpi-rant.* Art. XII.

A l'oppoſition du tuyau d'injection, eſt adapté au cylindre un autre tuyau qui porte un godet, muni dans ſon fond d'une ſoupape.

Tuyau par lequel s'échappe cette eau, & qui communiquant par un bout avec le fond du cylindre, eſt fermé hermétiquement par l'autre bout.

Deux autres tuyaux adaptés à ce tuyau : le premier, par lequel il ſort environ les trois quarts de l'eau d'injection, qui vont ſe perdre dans une cî-terne, plonge par ſon extrémité dans la cîterne, & eſt recourbé verticalement en contre-mont.

Le ſecond, tranſmet le quart reſtant de l'eau d'injection à un tuyau ver-tical qui pénetre preſque juſqu'au fond de la chaudiere, pour rendre de l'eau & réparer la chaudiere, de la perte qu'elle fait par l'évaporation ; cet uſage lui a fait donner le nom de *Tuyau nourricier.*

Il a 18 lignes de diametre dans la Machine de Freſnes, Art. XXII.

Tuyau dont la branche inférieure porte un *godet,* muni dans ſon fond d'une ſoupape, & par lequel on introduit de l'eau tiéde du haut du cylindre dans les tuyaux précédents, par le moyen d'un tuyau deſcendant : cette eau tiéde ſert à chaſſer l'air des tuyaux où on la fait entrer, quand la Machine commence à jouer.

Tuyau de décharge de la coupe jointe au cylindre, afin que la coupe ne ſoit pas trop pleine, & ne verſe point quand le piſton s'éleve au ſommet du cylindre : ce tuyau eſt fort utile ; car l'eau étant devenue chaude par ſon ſéjour dans le cylindre, eſt beaucoup meilleure pour la chaudiere, que l'eau totalement froide.

Le bout de tuyau en cuivre, de 5 pouces de diametre, & ſoudé verticalement ſur le chapiteau de l'alambic, pour donner échappée à la vapeur, hors du bâti-ment, eſt nommé par cette raiſon *cheminée de l'Alambic* ; il eſt muni à ſon ſommet d'une ſoupape qui porte le nom de *Ventouſe.*

Deux petits tuyaux inégaux, garnis chacun à leur ſommet d'une clef du robinet, & qu'on nomme *Tuyaux d'épreuves* ou *Probatoires,* parce qu'ils ſer-vent à faire connoître ſi l'eau eſt à une hauteur convenable dans la chaudiere ; l'un trempe ſeulement juſqu'à la vapeur, l'autre pénetre juſqu'à l'eau : voyez *fig.* I, *Pl.* LII.

Quand la hauteur de l'eau eſt bien réglée, le plus long donne de l'eau, & l'autre des vapeurs. Si tous deux ſuintoient ou donnoient des vapeurs, dans le premier cas, l'eau ſeroit trop baſſe, la chaudiere ſeroit en danger de brûler ; dans le ſecond, elle ſeroit trop haute : on remédie alors à l'un ou à l'au-tre inconvénient, en introduiſant de l'eau dans la chaudiere, ou en laiſſant échap-per l'excédent de celle qu'elle contiendroit.

Deux

Deux tuyaux garnis de robinets, pour remplir & pour vuider d'eau la chaudiere quand on veut ; l'un servant par conséquent à faire entrer de l'eau ; l'autre, à évacuer la chaudiere quand la vapeur entre dans le cylindre, est nommé *Tuyau* ou *Rameau d'évacuation* ; il a 2 pouces de diametre. Art. XXI.

Tuyau qui amene de l'eau sur la base supérieure du grand piston, pour empêcher les cuirs de se sécher, & pour fermer toute entrée à l'air extérieur dans la partie inférieure du cylindre où passe la vapeur ; il a 1 pied de hauteur, 6 pouces de diametre en dedans : il communique au tuyau descendant dont il a été parlé, par lequel passe une partie de cette eau.

Dans la Machine de Watkins, ce tuyau de communication a un demi-pouce de diametre.

Tuyau par lequel s'échappe l'autre partie de cette eau.

Tuyaux aboutissants au réservoir provisionnel ; 4 pouces de diametre.

Tuyaux de la cîterne ; l'un de décharge de la superficie ; l'autre du fond de la cîterne. Art. XIX.

Soupapes à Cliquets (1) ; *Ventouses.*

Les Soupapes sont aussi de différentes especes, & désignées dans les Machines à feu par des noms relatifs à leur effet ou à leur usage.

La Soupape adaptée au sommet du tuyau soudé verticalement à la surface du chapiteau de l'alambic, & destinée à donner de l'air à l'alambic afin que la vapeur ne devienne pas trop forte, s'appelle *Ventouse*, à l'instar des tuyaux ainsi nommés en Hydraulique, qui ne donnent issue qu'aux vents, & qui font les seuls moyens de soulager les longues conduites, & d'empêcher les tuyaux de crever : dans la Machine de Griff & de Watington, en Angleterre, on la nomme *Cliquet* ou *Soupape de sûreté* ou *d'assurance*, *Cliquet de marionnette* : elle s'ouvre & s'éleve selon les occasions. Art. XVII. On doit se rappeller qu'elle est fixée avec un fil de métal placé perpendiculairement au-dessus, afin qu'elle soit assujettie avec des poids de plomb, selon le degré de force dont on a besoin que soit la vapeur, de maniere que si la vapeur est trop forte, elle puisse soulever la soupape, & sortir.

La soupape servant à évacuer l'air que la vapeur chasse du cylindre lorsqu'on commence à faire jouer la Machine, & ensuite l'air amené par l'eau d'injection, qui empêcheroit l'effet de la même Machine, si l'air n'avoit pas la liberté de s'échapper, se nomme *Soupape reniflante* ou *d'injection*. Cette soupape

---

(1) Nom d'un petit levier usité en Horlogerie, toujours déterminé dans une certaine position, au moyen d'un ressort qui appuie sur l'une de ses extrémités ; le cliquet s'emploie ordinairement lorsqu'on veut qu'une roue tourne dans un sens, sans qu'elle puisse retourner dans le sens contraire. Dans un moulin. c'est la piece qui sert à faire tomber peu-à-peu le grain de la trémie sur les meules, en faisant du bruit.

est chargée de plomb, & suspendue à un ressort de fer qui la maintient toujours dans la même direction. On lui a donné ce nom, parce que l'air, en traversant cette Soupape, produit un bruit semblable à celui que fait un homme enrhumé.

Soupape du tuyau qui plonge dans la cîterne; elle est toujours baignée dans l'eau, pour empêcher que l'air ne pénetre dans le tuyau: quand le piston descend, elle est fermée; quand le piston monte, elle s'ouvre, parce qu'alors toute sa force expulse l'eau contenue dans le tuyau.

Soupape nommée *aspirante*, parce qu'elle est à l'extrémité du tuyau au travers duquel la vapeur introduite dans le cylindre chasse l'air, qui a pu y être apporté par le jet d'eau froide.

Robinets.

On a vu que plusieurs de ces tuyaux peuvent s'ouvrir & se fermer à volonté par des Robinets ou Clefs, pour régler les quantités d'eau qui doivent passer par les tuyaux. Ces Robinets sont distingués par le nom de la fonction du tuyau.

Le Robinet du tuyau d'injection est appellé *Robinet d'injection*; en tournant sur son axe dans un sens ou dans un autre, il arrête ou laisse passer l'eau; dans le second cas, l'eau jaillit de bas en haut par un tuyau de 4 pouces de hauteur sur autant de diametre, fortifié à son extrémité par un *ajutage*; l'eau en venant frapper la base inférieure du grand piston, retombe en pluie, condense la vapeur, & entraîne la descente du piston par la pression de l'atmosphere.

Coupes, Godets.

Godet que porte la branche inférieure du tuyau, par lequel s'échappe l'eau injectée par l'ajutage, garni dans son fond d'une soupape.

Coupe jointe au cylindre & d'un diametre un peu plus considérable, afin de bien contenir, & conduire sans perte l'eau versée par le robinet dans le cylindre, pour entretenir l'humidité du cuir du piston, & le rendre impénétrable à l'air.

Coupe de plomb de 18 pouces de hauteur, évasée par le haut, attachée avec une bride sur le rebord qui regne autour du bâtiment. Art. VI.

Fontaines, Cuvettes, Bassins, Réservoirs.

Outre les Cuvettes de plomb placées de 24 en 24 pieds dans la buse du bure, & dont nous parlerons à la suite des pompes, il est différentes sortes de bassins, qui forment une dépendance de la Machine, & que l'on apperçoit en considérant le bâtiment qui renferme une Pompe à feu. Nous les rappellerons à l'Article des Pompes.

Au niveau du rez-de-chauſſée *fig.* 1 , *Pl.* XLIX , ſe voit en *K* , une *baſche* , dans laquelle les Pompes aſpirantes viennent décharger l'eau du puits qu'on y entretient toujours à une certaine hauteur.

De cette baſche , l'eau eſt amenée par une Pompe refoulante , dans une *Cuvette* (1) placée dans un des étages ſupérieurs du bâtiment ; entre pluſieurs de ſes uſages , celui d'entretenir le robinet d'injection qui vient aboutir dans ſon fond, lui a fait donner le nom de *Cuvette d'injection :* on en voit le plan en *M*, *fig.* 1 , *Pl.* XLIX , elle a 4 pieds quarrés de baſe , & 3 pieds de hauteur : ſa contenance eſt d'environ un muids ; elle eſt ordinairement vuide lorſque la Machine ne joue pas.

Dans la Machine à feu , conſtruite à Schemnitz , en Hongrie , la Cuvette d'injection reçoit au moyen d'un tuyau l'eau d'un autre Réſervoir , pour la tranſmettre au tuyau d'injection ; le premier tuyau porte un robinet qui en ouvre & qui en ferme alternativement le bout , par un méchaniſme particulier , développé de la maniere ſuivante par M. l'Abbé Boſſut.

A l'axe horiſontal parfaitement mobile ſur ſes pivots , ſont fixées deux branches de fer ; l'une portant un tonneau ou barril qui flotte ſur l'eau ; l'autre portant une patte d'écreviſſe ou une petite roue dentée qui engrene avec la tête du robinet , déſigné ci-deſſus , & qui le fait tourner. L'écoulement par le tuyau d'injection étant ſuſpendu , à meſure que la ſurface de l'eau s'eleve dans la Cuvette , elle ſouléve le tonneau , & le robinet ſe ferme , enſorte qu'il eſt entiérement fermé quand la Cuvette l'eſt ; ſi au contraire la Cuvette ſe vuide par le tuyau d'injection , le tonneau deſcend , & le robinet s'ouvre pour laiſſer paſſer dans la Cuvette la nouvelle eau que le tuyau receveur a amenée , ainſi de ſuite ; il eſt clair que par-là , il paſſe en temps égaux des quantités égales d'eau dans le tuyau d'injection.

Au niveau du premier étage , en dehors du bâtiment , ſur une platte-forme de maçonnerie ſont placés deux Réſervoirs , *fig.* 1 , *Pl.* LII ; le premier, où l'on fait aboutir dans le fond le tuyau d'une Pompe aſpirante , contient 33 ou 34 muids d'eau , provenant du ſuperflu de la Cuvette d'injection , d'où on le nomme *Réſervoir proviſionnel.*

Le ſecond , appellé la *Citerne* , placé ſous l'arcade de la platte-forme , eſt une Cuvette de plomb ſervant de décharge à la plus grande partie de l'eau d'injection ; pour cet effet , on y a ménagé les deux tuyaux qui ont étés énoncés à leur places , dont l'un décharge la ſuperficie , l'autre décharge le fond. Art. VI.

_____

(1) En bâtiment on appelle *Cuvette* , un vaiſ- ſeau de plomb qui reçoit les eaux d'un chéneau ou canal, & les conduit dans un tuyau de deſcente.

TROISIEME CLASSE.

Principaux Articles de construction.

Nous renfermerons sous ce titre les principales pieces nécessaires à la construction ou à l'assemblage des précédentes, & qui ont également besoin d'être souvent réparées ; il est même à propos d'en avoir toujours de toutes prêtes, en état d'être substituées à celles qui se dégradent ou qui viennent à manquer.

Jantes cannelées, pieces de bois de charpente de 2 à 6 pieds sur 5 pouces par les deux bouts, dont l'une porte le grand piston, l'autre la tige des Pompes aspirantes ; dans la Machine de Fresnes, elles ont 8 pieds 2 pouces de long, sur 20 ou 22 pouces de grosseur.

Deux autres *jantes*, pareilles aux deux précédentes, dont l'une est pour le mouvement du régulateur & la fermeture du robinet d'injection, l'autre pour soutenir la chaîne aboutissant au cadre du piston de la Pompe refoulante.

Dans la Machine de Fresnes, elles ont 6 pieds de longueur sur 5 pouces par les deux bouts, dans le milieu 11 pouces sur 3 pouces d'épaisseur.

Chevrons à ressort qui limitent le mouvement du balancier, & qui sont soutenues de deux poutres.

Chevrons qui soutiennent les pistons ; ils ont 3 pouces quarrés.

Chevron auquel ceux-ci sont suspendus, 6 pouces en quarré.

Madrier qui maintient la coulisse ou le *chevron pendant* dans une situation verticale en descendant dans un trou, *fig.* 1, *Pl.* LI, lettre *Q*. Art. XXXIV.

Poutrelles auxquelles sont suspendues les tiges des pistons de Pompes ; 24 pieds de longueur. Art. III.

Deux *Poutres*, entre lesquelles est enclavé le cylindre.

Aissieu vertical, ayant son centre de mouvement éloigné de 6 pouces 8 lignes du régulateur. Le pivot inférieur de cet aissieu joue dans l'anneau de fer placé en-dedans du chapiteau de la chaudiere. Son bout supérieur reçoit une clef, par le moyen de laquelle est mu le régulateur.

Dans le même aissieu, sont fixées une patte à deux griffes, deux branches de fer, & la tige d'un poids tenu par une courroie lâche attachée au sommier. Art. III.

Aissieu horisontal, (soutenu par deux poteaux) qui tourne dans les anneaux d'un étrier, lequel est traversé d'un boulon. Art. V, *Pl.* XLVIII, *fig.* 18, en *Q*, *O*, *E*, *L*, & *fig.* 4, *Pl.* LI, *N*, *O*, *M*.

Cadre du piston de Pompe refoulante, lettre *N*, *Pl.* XLIX, *fig.* 1.

Marteau mobile sur une charniere, engagé par la tête dans une espece de *déclit*, formé par une coche ou crochet, fait dans une piece de bois horisontale, tenue à charniere, & suspendue avec une corde ; voyez *tampon du robinet d'injection*.

Supports

Supports du régulateur , 4 pouces 6 lignes de hauteur , Art. XV.

Manche du régulateur , ne faifant qu'un même corps avec lui : cette piece eft traverfée quarrément par un *axe* ou *aiffieu vertical* , Art. XIV.

Clef qui communique le mouvement au régulateur.

Anneau de métal horifontal , placé au dedans du chapiteau de la *chaudiere* , & fufpendu à ce même chapiteau par 4 fupports ou montants verticaux, *fig.* 14, *Pl.* LIII , Art. XV ; largeur 2 pouces , diametre intérieur 12 pouces.

Fourche, Fourchette dont la queue aboutit à la clef du régulateur, Art. XXXIV.

Déclit , levier mobile à fon extrémité autour d'un boulon , & fufpendue en l'air par l'autre bout , à l'aide d'une ficelle attachée au plancher, Art. XXV, *fig.* 1 , *Pl.* LI.

Bride , pour raccorder la piece circulaire qui termine le fommet du chapiteau , avec le tuyau de communication de l'alambic au cylindre , Art. XIV.

Patte à deux griffes , appartenante à l'aiffieu horifontal , lefquelles griffes font mouvoir l'étrier.

Patte d'écreviffe qui embraffe une broche , à laquelle tient le manche d'un marteau mobile , Art. XXV.

Patte d'écreviffe , qui ferme le robinet d'injection.

Boulon traverfant un étrier , & autour duquel jouent les anneaux d'une fourche dont la queue tire ou pouffe horifontalement la clef du régulateur.

Deux *Tourillons* , dont les paliers portent fur un des pignons du bâtiment de la Machine.

Reffort , deftiné à preffer le régulateur contre l'orifice du collet du cylin-dre : contre ce reffort s'appuie le bouton du régulateur , en defcendant de *Z* en *N* pour l'ouvrir , & allant de *N* vers *Z* , lorfqu'il fe ferme, *fig.* 14, *Pl.* LIII : ce reffort, dans la Machine de Frefnes , a 2 pouces de longueur ; il doit être poli.

Etrier (1) , (relatif au régulateur & au robinet d'injection).

Goupilles, Clefs, Chevilles, Ecrous, Clavettes, Griffes ou *Crochets.*

Griffe qui frappe le boulon & chaffe l'étrier en arriere , & conféquem-ment la manivelle qui ferme alors le régulateur , Art. XXIV, *fig.* 1 , *Pl.* LI.

Pompes.

LES tuyaux de Pompes inférieures pour élever l'eau d'un feul coup, à une grande hauteur, doivent être de fer ou de cuivre, ou de bois d'aulne : le bois eft plus économique ; on le gaudronne ou on l'enduit avec de l'huile cuite, afin d'empêcher qu'il ne fe pourriffe dans l'eau.

En général , dans tout le Nord de l'Angleterre , les Pompes font entiére-

---

(1) *Etrier* en Architecture , efpece de lien de fer coudé quarrément en deux endroits , qui fert à retenir par chaque bout une chevêtre de charpente , affemblée à tenon dans la folive d'en-chevêtrure , & fur laquelle l'étrier eft attaché : il fert auffi à armer une poutre qui eft éclatée.

ment en fer coulé. Dans les Mines de Carron, on se sert de hautes Pompes, dont le diametre est communément de 13 pouces (1).

Dans la *fig. 6*, *Pl.* LIII, on voit la maniere dont les tiges des Pompes sont liées les unes aux autres pour composer un train.

La *Pompe aspirante Q*, autrement dite *Arbre aspirant*, se voit dans le troisieme étage, (*fig.* 1 , *Pl.* XLIX); c'est elle dont le tuyau aboutit vers le fond du réservoir provisionnel.

La figure 12 , *Pl.* XLVIII, marque la *Pompe refoulante*, autrement dite *Arbre supérieur* ou *refoulant*, *Arbre de force* ou *de délivrance* ; voyez *page* 1071.

Dans la figure 2 , *Pl.* XLVII, on voit le trajet de la *Pompe nourriciere du* réservoir d'injection ; voyez *page* 1072.

Les pistons représentés dans Désaguliers en cylindres de fer fondu ou de cuivre, ont 7 $\frac{1}{7}$ pouces de diametre en-dedans; ceux de la Machine de Fresnes, 7 pouces de diametre, sur 6 pieds de levée.

Dans le modele de Watkins, on voit des poids de plomb qui mettent le piston en état d'agir, en forçant, ou, comme un *Plongeur*, en poussant l'eau élevée du réservoir par la soupape dans le tuyau par lequel l'eau est forcée de monter dans le besoin.

On doit regarder comme dépendances des Pompes, les especes de *cuvettes* ou *basches* de distribution, quelquefois partagées en deux bassins, & placées de hauteur en hauteur, (quand on emploie des Pompes à répétition) pour recevoir l'eau de chaque corps de Pompe, rompre le coup du piston, & renvoyer l'eau dans un réservoir élevé à un même niveau.

État des frais & de dépense totale pour l'établissement d'une Machine à feu ;
& pour la consommation du fourneau, dans les Mines les plus connues.

ON se doute sans peine que pour l'établissement d'une Pompe à feu, la dépense varie selon la profondeur de laquelle on veut élever les eaux, à raison de la nature du terrein, & du prix des matériaux dans l'endroit.

On fait monter la dépense qu'a occasionnée celle de la Mine de Walker, dont les eaux s'enlevent de 89 toises de profondeur, entre 4 à 5000 livres sterling, & la dépense de toute l'entreprise, avant d'avoir pu retirer du Charbon, se monte à plus de 20000 livres sterling.

Nous placerons ici le détail des frais auxquels M. de Cambray de Digny estime que pourroit monter la construction d'une Machine pareille à la sienne, qui éléveroit 192000 pieds cubes d'eau en 24 heures, d'une profondeur de 28 pieds.

(2) La description particuliere des corps de Pompes, & des arbres percés, est démontrée dans la Planche XXXIX de Désaguliers, *fig.* 10, 11 ,12.

Il compte pour le bâtiment où eſt placée la. Machine.   .   10000 liv.

la chaudiere & les Pompes.   25000

les attirails, & la main-d'œuvre.   .   .   .   15000

Total 50000 liv.

Pour frais d'Adminiſtration.

Gages annuels d'un Machiniſte. .   .   .   .   1200 liv.

Trois Maîtres au fourneau jour & nuit, pendant 6 mois. .   .   1400

Trois Manœuvres pour le même-temps.   800

Bois pour l'entretien du feu.   1800

Tranſports & réparations extraordinaires.   2800

Total 8000 liv.

En Allemagne, une Pompe à feu ordinaire, coûte cinq, ſix, ſept çents *Reichedales*, argent peſant (1).

L'Auteur de la Brochure Angloiſe, dont j'ai parlé *page 376*, avance que dans les Provinces où les matériaux ſont généralement à meilleur marché que dans d'autres, la conſtruction d'une Machine à feu, coûte depuis cent juſqu'à mille livres ſterling, & plus.

La Machine de Bois-Boſſu, qui eſt une des plus parfaites de celle des environs, a coûté, y compris le bâtiment dans lequel elle eſt renfermée, environ 30 mille livres, ci. .   .   .   .   30000 liv.

Le puits dans lequel doivent être montées les Pompes, les bois pour garnir les parois, & ceux pour ſoutenir & entretenir les Pompes, y compris la main-d'œuvre, a coûté environ 25 mille livres, ci.   25000

Total 55000 liv.

Le ſervice de la Machine n'emploie que deux hommes, un Chef chargé de la faire manœuvrer, nommé quelquefois le *Conducteur*, & un ſecond qui veille à l'entretien du fourneau.

Il paroît que M. le Vicomte Déſandrouins évaluoit la dépenſe de cette conſtruction à 60 ou 80 mille livres.

La conſommation du charbon qu'exige le fourneau, eſt d'autant plus à conſidérer, qu'elle eſt différente ſelon la qualité des charbons, & que cette différente qualité influe auſſi ſur le jeu de la Machine.

Quelques Maîtres de foſſe croyent pouvoir, par économie, employer pour le feu de la Machine, tout le rebut de Houille; mais le jeu de cette Pompe demandant un feu violent, & dont l'ardeur ne ſoit ni rallentie ni interrompue, auſſi long-temps que l'on veut prolonger ſon action, il eſt plus à propos d'employer tout ce qu'il y a de meilleur; le rebut étant toujours de défaite pour les

(2) Le Reichedale, vaut trois livres, ce qui fait deux mille cent livres.

pauvres, qui l'achetent à bas prix ; les Maîtres de foſſe qui ſont curieux d'un bon feu, n'y ſont point même rejetter les braiſons, ni les fragments de Houille qui s'échappent entre les barres dont eſt formé le gril du fourneau. Il vaut mieux les abandonner pour partie de ſalaire aux Ouvriers qui entretiennent le feu.

La Mine de Walker conſomme en 24 heures, pour les trois chaudieres, 200 bushels ou deux chaldrons & demi de Newcaſtle.

Dans la Machine de Griff, les frais pour réparations, entretien de charbon & autres circonſtances, ne coûtent pas plus de 150 livres par an.

La Machine de Chelſea, ſelon M. de la Lande, conſomme par ſemaine neuf chaldrons de charbon, chacun de 36 boiſſeaux, de la contenance d'environ un pied ⅛ meſure comble ; ce qui, à raiſon de 64 livres le pied cube, donne 104 livres pour le poids du boiſſeau, 3744 pour le poids du chaldron, & enfin pour la conſommation de la Machine en 24 heures, 4814 livres. En diviſant cette quantité par le nombre de pouces, on aura 68 livres pour la conſommation de chaque pouce d'eau.

Cette conſommation, qui eſt à-peu-près du double de celles de Bois-Boſſu, d'Anzin & de Montrelay, comparées par M. Lavoiſier, fait conjecturer à cet Académicien, qu'il y a erreur, ſoit dans la quantité d'eau élevée, ſoit dans l'objet de conſommation.

La Machine à feu d'*Yorck-Buildings*, à Londres, conſomme pour 300 louis de charbon par an, en travaillant 8 heures par jour.

La quantité de charbon pour entretenir l'eau bouillante dans la Machine de Watkins, eſt évaluée de 20 à 30 boiſſeaux, toutes les douze heures.

Des relevés de la conſommation de la Machine de Montrelay, tirés des comptes rendus par le Directeur aux Entrepreneurs, il réſulte que la Machine de Montrelay, conſomme en trois cents trois heures de travail, 1132 portoirs de charbon (1) ; d'où l'on peut conclure, ſelon M. Lavoiſier, qu'en 24 heures elle conſomme 12124 livres de charbon ; ce qui, à raiſon de 310 pouces d'eau, donne pour chaque une conſommation de 39 livres en 24 heures.

La Machine de Bois-Boſſu, ſelon l'Encyclopédie, conſomme ſix muids de Charbon de terre en 24 heures, chaque muid de 13 pieds cubes, c'eſt-à-dire, 78 pieds cubes en 24 heures ; la quantité totale eſt donc 4836 livres de charbon ; ce qui, en diviſant cette quantité par le produit de la Machine en pouce, c'eſt-à-dire, par 180, donnera 27 livres pour la conſommation néceſ-ſaire en 24 heures, pour élever chaque pouce à la hauteur de 110 pieds.

Suivant les relevés des comptes rendus aux Entrepreneurs, la Machine d'Anzin conſomme, en 24 heures de travail conſécutif, vingt meſures de charbon du poids de 230 livres chacune, ce qui fait au total 4600 livres poids de marc :

(1) Le portoir de 135 livres.

d'où

d'où l'on voit qu'en partant du produit de la Machine, à 140 pouces des Fontainiers, la confommation du charbon pour chaque pouce d'eau eft de près de 33 livres pour les 24 heures.

M. Lavoifier, dont le Mémoire nous fournit cet article, celui de Montrelay & celui d'Anzin, obferve qu'en réduifant au moins à douze coups par minute, le nombre des impulfions, qu'il croit exagéré à quinze, cette correction porte environ à 31 livres & demie en vingt-quatre heures la quantité de Charbon de terre néceffaire pour élever chaque pouce d'eau à une hauteur de 110 pieds.

En 1742, lorfque je vifitois, uniquement en Voyageur, la Machine de Frefnes, il me fut dit que pour échauffer la chaudiere pendant 24 heures, il falloit cinq mille livres pefant de charbon, cela ne s'éloigne pas abfolument de la confommation indiquée par M. Bélidor, de deux muids de Charbon de terre, chacun contenant environ 14 pieds cubes; ce qui, felon M. Lavoifier, à raifon de 64 livres le pied cube, ne donneroit pour chaque pouce que 8 livres de confommation, c'eft-à-dire, environ le quart des Machines de Bois-Boffu & d'Anzin, & le cinquieme de celle de Montrelay. M. Lavoifier préfume à ce fujet qu'il s'eft gliffé quelque erreur dans la contenance du muid, & que M. Bélidor a peut-être négligé d'avoir égard à la différence d'une mefure raze à une mefure comble.

La Machine dont M. le Comte d'Hérouville fe fert à Moërs, près Dunkerque, & dont nous avons parlé *page* 1063, ne dépenfe, en 24 heures, que 12 rafieres de charbon qui pefent enfemble un peu moins de 6000 livres, quoiqu'elle ait 39 pouces 4 lignes de diametre.

D'après les Mémoires imprimés pour M. le Marquis de Cernay, dans fon affaire avec M. le Vicomte Defandrouins (voyez *page* 477,) on ne peut porter à plus de 25000 livres la totalité de la confommation annuelle (en Charbon & autres frais de réparation) d'une Machine à feu, qui élévera 600 pouces d'eau.

La dépenfe de ces Machines, avec les changements que M. Dauxiron a propofés pour donner de l'eau fans interruption à la Ville de Paris, ne monteroit, felon lui, qu'à 80 ou 100 mille livres par an pour la partie de confommation.

Le moyen propofé par l'Auteur de ce Projet pour augmenter la quantité de vapeur & diminuer la confommation du combuftible, trouve ici fa vraie place; nous croyons utile de le faire connoître pour qu'on puiffe en juger.

Moyens d'économifer le combuftible dans le fourneau des Machines à feu, en diminuant la fumée; & d'augmenter la quantité de vapeurs dans l'Alambic.

» A u lieu de fe contenter de mettre du feu fous l'alambic, & de bâtir
» une cheminée à côté, pour que l'air qui entre par une ouverture quarrée
» de deux pieds de côté, pratiquée fur le devant, y emporte le feu, il faut def-

» cendre les parois de l'alambic jufqu'à l'entablement du foyer ; (on peut
» donner à l'alambic telle forme que l'on veut , en le faifant de pieces de fer
» foudées , comme on en fait en Angleterre) de forte que le feu foit comme
» au centre de l'alambic, au lieu d'être deffous ; puis fermant l'ouverture de
» devant, par une piece mobile pour pouvoir jetter le combuftible, il ne faut
» donner au feu pour cheminée qu'un tuyau qui monte en fpirale à travers de
» l'eau même dans l'intérieur de l'alambic.

Par ces changements, l'Auteur prétend que » le tuyau où la plus grande
» partie du feu fe trouve réunie, n'agit que fur la partie de l'eau qui environne
» fa furface ; que le feu agit fur plus de points, l'alambic lui en préfentant
» bien davantage ; qu'il agit plus long-temps, agiffant encore tout le long du
» tuyau après avoir frappé l'alambic; qu'il eft refferré, n'ayant abfolument qu'un
» tuyau fpiral pour s'échapper.

Enfin il ajoute à la Machine deux foufflets qui donnent au feu renfermé
l'air néceffaire pour ne pas s'éteindre , & qui jouant plus ou moins fort , à
volonté , lui donnent le degré d'activité qu'on veut.

» Ces foufflets tirent leurs mouvements de l'arbre qui donne le mou-
» vement aux Pompes ; on eft maître de les arrêter tout-à-fait , & de les faire
» jouer auffi doucement que l'on veut (ce qui eft important dans cette méthode)
» en les y adaptant de la maniere fuivante.

» Il attache les foufflets à l'arbre qui fait mouvoir les Pompes, chacun par
» une chaîne que l'arbre puiffe faire jouer fans les mouvoir ; quand on voudra
» les faire jouer , il n'y aura qu'à raccourcir cette chaîne ; on le fera en établif-
» fant entre deux couliffes un cylindre mobile auquel la chaîne fera fixée ;
» en tournant le cylindre plus ou moins , on raccourcira la chaîne auffi plus
» ou moins; & alors le cylindre & les foufflets étant tirés en haut par le mou-
» vement de l'arbre , joueront proportionnellement au raccourciffement de la
» chaîne.

» Comme il faut que les foufflets agiffent en fens contraire , on fera agir
» un des foufflets par un renvoi (1).

» Les foufflets font la principale caufe de la diminution dans la confom-
» mation du bois ; il n'eft pas d'autre moyen d'entretenir un petit feu , que de
» le foutenir par des foufflets ; fans eux, on feroit obligé d'entretenir toujours
» un grand feu fous la chaudiere ; fans les foufflets, on feroit obligé de don-
» ner au feu de larges iffues, comme on eft dans l'ufage de le faire , & ou-
» tre ce qui s'y en perdroit par ces iffues, il n'y en monteroit prefque point
» par le tuyau fpiral où il a fa principale force.

» Afin d'empêcher que les forces qui agiffent fur le cylindre ne le faffent
» tourner , au lieu de le mouvoir de haut en bas, on embarrera dedans un
» levier qui portera fur une cheville.

(1) Selon M. Defparcieux ces, foufflets aug- | bois, & détruiroient la Machine en peu de temps:
menteroient de beaucoup la confommation du | ce qui fuit , eft la réponfe à ces objections.

» Une autre économie du feu, c'eſt que l'eau qui ſera dans l'alambic
» n'aura que deux pieds de hauteur moyenne, au lieu de quatre qu'elle a eue
» juſqu'ici dans toute ſa capacité : c'eſt le préjugé le plus directement contraire
» à la vérité, que de croire que plus il y a d'eau dans un vaſe, moins il brûle ;
» cela ne ſeroit tout au plus vrai qu'à feu égal, mais lorſqu'il eſt queſtion de
» faire évaporer une maſſe d'eau, & de donner à une groſſe maſſe autant de
» chaleur qu'à une petite, il eſt évident que plus la maſſe ſera groſſe, &
» plus il faudra de feu, & plus à tous égards le vaſe doit ſe brûler, tant parce
» qu'il eſt choqué plus fortement, que parce qu'il y aura toujours plus de
» différence entre les degrés de chaleur des deux ſurfaces de ſon fond.

» Le feu peut encore brûler un vaiſſeau lorſque s'étendant le long de ſes
» côtés, il touche à des points que l'eau ne raffraîchit point : on voit ici que
» cela ne peut arriver ; ainſi l'Alambic ne brûlera pas plus, brûlera même
» moins avec peu d'eau qu'avec beaucoup ».

*Des Machines pour élever les Eaux & les Charbons dans des ſeaux & dans
des caiſſes ; & des différentes puiſſances qu'on y applique.*

L E S Machines employées à cet objet ſont en raiſon des puiſſances qu'on
eſt obligé d'y appliquer ; ces dernieres ſont elles-mêmes en raiſon des charges
à élever ; il eſt facile de juger, que s'il ne s'agit que des déblais ou des premieres eaux qui ſe rencontrent en fouillant une *Avalereſſe*, ou de travailler
une *foſſe de petit athour*, les caiſſes ou paniers, ainſi que les ſeaux, ſont
d'une capacité moyenne & ſuſceptibles la plûpart du temps d'être amenés
au jour par les Machines les plus ſimples de l'eſpece dont pluſieurs ont été
décrites à leur place.

Dans le cours de l'exploitation d'une *foſſe de grand athour*, on ſe débarraſſe
même des eaux pendant la nuit par *tinnages*, c'eſt-à-dire, par des ſeaux, qui
alors ſont d'une grandeur un peu conſidérable, & à l'aide de Machines qui
commencent à s'éloigner des Machines ſimples (1).

Enfin pour les charges conſidérables, telles que celles qui proviennent
d'une foſſe de grand athour, & telles qu'on en amene au jour dans quelques
Mines, les Machines ne peuvent être que plus ou moins compoſées, & miſes
en action par une force proportionnée ; cette force ne peut ſe trouver que
dans l'homme ou dans les animaux.

(1) Il ſemble naturel de croire que le temps de la nuit où les ouvrages ſont interrompus, n'eſt employé à cet épuiſement que pour ne point gêner les travaux qui ſe font de jour. M. le Chevalier de Delomieu, Officier des Carabiniers, a avancé ſur cela une opinion particuliere, qu'il a publiée par la voye du Journal de Phyſique de M. l'Abbé Rozier (*Juillet*, 1771, *Tom. VI*) nous inférons ici cette réflexion, en invitant les Phyſiciens à conſtater le fait, avant de l'expliquer.
On a obſervé conſtamment dans les *Mines*, entre-autres dans les *Mines de Charbon de Montrelay*, de *Plomb à Pontpéan*, & autres *Mines de Bretagne*, que les eaux & ſources ſouterraines ſont plus abondantes & plus fortes la nuit que le jour ; c'eſt-à-dire, une quantité quelconque de ſeaux d'eau tirée pendant le jour, faiſant baiſſer l'eau des fonds d'un ou deux pieds ; la même quantité, tirée pendant la nuit, la fera baiſſer au plus de quelques pouces, & encore le plus ſouvent ne ſuffira que pour la retenir à ſon niveau.

Que ce foit l'un ou l'autre de ces deux agents que l'on mette en œuvre pour mouvoir les Machines, on doit connoître très-exactement la force dont celui que l'on emploie eft capable relativement aux réfiftances qu'il eft obligé de vaincre; fans cela on s'expofe au défagrément de conftruire une Machine difpendieufe, qui ne marchera pas, ou qui aura un effet très-inférieur à celui qu'on attendoit.

Les recherches par lefquelles on s'eft propofé de connoître les agents animaux, relativement à leur puiffance, donnent pour réfultats que le travail d'un homme eft la moitié de celui d'un âne, la feptieme partie de celui d'un cheval, &c; ainfi toutes les fois que les circonftances le permettent, on doit employer pour mouvoir une Machine, l'âne, le cheval, préférablement à l'homme.

Il eft beaucoup de cas où l'homme a de l'avantage, tant dans fon intelligence, que pour fe procurer des Machines plus fimples, & conféquemment moins fujettes au frottement ou aux autres réfiftances, qui abforbent en pure perte une partie de la force mouvante dans ces Machines; on doit fur-tout s'attacher à proportionner tellement les bras de levier, que les hommes ne prennent pas une trop grande vîteffe, fi l'on veut tirer tout le parti poffible de leurs forces.

Ces forces font encore différentes, felon qu'elles font difpofées d'une maniere ou d'une autre; ainfi en connoiffant leur effet en général dans la conftruction la plus fimple d'une Machine (voyez *page* 837) on doit confidérer en particulier ces forces relativement à leur difpofition, dans les Machines petites ou grandes, fimples ou compofées.

Examen de la force des hommes ou des chevaux, pour faire agir des Machines.

Des hommes appliqués aux Machines à élever.

M. l'Abbé Boffut, dans fes Eléments de Méchanique, en examinant l'action dont un homme eft capable, eftime, avec M. Bernoulli, qu'on pourroit donner pour tâche à un homme d'enlever 120 livres, à un pied de hauteur, à chaque feconde de travail.

Si l'on applique un homme à une manivelle d'un treuil ordinaire, l'expérience apprend qu'il peut agir pendant 8 heures, & faire faire à la manivelle trente tours par minutes, en fuppofant 1°. que le rayon du cylindre & celui de la manivelle font égaux, & chacun de 14 pouces; 2°. que le poids appliqué à la furface du treuil eft de 25 livres.

Le principal point de cette Machine, eft que la groffeur de l'aiffieu foit proportionnée à la longueur du levier, enforte que deux hommes puiffent y

travailler

travailler pendant affez long-temps, fans fe fatiguer ; il faut encore que les leviers & les pieces qui portent le vindas, foient proportionnées à la hauteur d'un homme.

La Grue, qui eft un compofé du treuil & de la poulie, entre auffi parmi les Machines employées dans les travaux de Mines.

Il n'y a point de regles déterminées pour la conftruction de cette Machine ; c'eft, autant qu'il eft poffible, felon l'ufage qu'on veut en faire, & principalement felon le poids que l'on veut enlever ; ce qui en fait varier la conftruction, quant à la difpofition de fes parties dont les principales font le pied, le bec ou le rancher, & les poulies. Voy. *page* 237, & *Pl.* XII, & *page* 1032.

En appliquant à la Grue ce qui a été dit du treuil & des poulies, *page* 914, on connoîtra l'effet & la force de cette Machine.

La différence du produit réfultant de la force des hommes & des chevaux, appliquée à une grande Machine, eft très-remarquable.

Les Anglois qui ont comparé enfemble ces deux forces, ont reconnu que pour tirer, cinq, fix ou fept Travailleurs font égaux en force à un cheval, & peuvent avec la même facilité pouffer en rond le levier horifontal dans un trottoir de 40 pieds ; mais trois des mêmes hommes poufferont circulairement dans un trottoir de 19 pieds, un levier qui ne pourra pas être tiré par un cheval, d'ailleurs égal à cinq hommes (1).

Les calculs du Docteur Défaguliers peuvent fervir de guides dans les obfervations relatives à ce point de Méchanique pratique : voici le paffage de fon Ouvrage (2).

» Lorfqu'un homme fait tourner un rouleau horifontal ou un *vindas* avec » une manivelle ou autre manivelle, il n'a pas plus de 30 livres pefant qui agif- » fent contre lui, s'il travaille 10 heures par jour, & s'il éleve le poids à en- » viron 3 pieds & demi dans une feconde, ce qui eft la vîteffe ordinaire avec » laquelle un cheval tire un poids ; je dis 30 livres, en fuppofant le diametre » du vindas égal à la diftance du centre au coude de la manivelle ; car s'il » y a, comme à l'ordinaire, quelqu'avantage méchanique, enforte que le dia- » metre de l'arbre fur lequel la corde eft entortillée foit 4 ou 5 fois moin- » dre que le diametre du cercle que la main décrit, alors le poids fera (en y » comprenant la réfiftance qui vient du frottement & de la roideur de la » corde) quatre ou cinq fois plus grand que 30 livres, c'eft-à-dire, autant » que le poids fe meut plus lentement que la main.

» Dans cette opération, la force d'un homme varie dans chaque partie du » cercle que la manivelle décrit ; la plus grande force eft, lorfqu'un homme » tire la manivelle en haut, d'environ la hauteur de fes genoux, & la moin-

---

(1) Les François fuppofent toujours un cheval égal à fept hommes : le Docteur Défaguliers adopte cette évaluation. Il eft à propos d'obferver en paffant que les expériences qui fe trouvent fur ce fujet dans le Cours de Phyfique Expérimentale de ce Savant, ne font pas toutes également précifes.

(2) Tome I, Leçon IV.

» dre force eſt lorſque (la manivelle étant au plus haut) un homme la pouſſe
» horiſontalement contre lui : enſuite l'effet devient plus grand à meſure que
» l'homme agit par tout ſon poids pour pouſſer en bas la manivelle ; mais cette
» action ne peut pas être auſſi grande que lorſqu'un homme tire en haut, parce
» qu'il ne peut pas y appliquer au-delà du poids de ſon corps, au lieu qu'en
» tirant en bas, il agit avec toute ſa force ; enfin l'homme n'a que très-peu
» de force, lorſqu'il tire vers lui horiſontalement la manivelle arrivée au point
» le plus bas.

» Si deux hommes travaillent à l'extrémité d'un rouleau ou d'un vindas ,
» pour tirer d'une Mine des charbons ou des pierres, ou pour tirer de l'eau
» d'un puits, il leur eſt plus aiſé de tirer en haut 70 livres, (en ſuppoſant
» toujours que le poids & la puiſſance ont des vîteſſes égales) qu'à un homme
» d'en tirer 30 livres, pourvu que le coude de l'un des manches ſoit à angles
» droits avec l'autre ; car alors un homme agira au point le plus fort, tandis que
» l'autre agira au point foible de ſa révolution ; & par ce moyen les deux hom-
» mes ſe ſoulageront mutuellement & ſucceſſivement.

» La maniere ordinaire eſt de placer les manches à l'oppoſite l'un de l'autre ,
» ce qui ne peut pas donner l'avantage dont on vient de parler, quoiqu'on
» gagne même dans cette poſition un peu de force, parce qu'un homme tirant
» pendant que l'autre pouſſe, travaille au plus fort des deux points foibles ,
» pendant que l'autre travaille au plus foible , ce qui l'aide un peu.

» Il eſt vrai qu'il y a un moyen de faire enſorte qu'un homme travaille un
» tiers de plus avec un vindas, lorſque le mouvement eſt fort rapide, comme
» d'environ 4 ou 5 pieds par ſeconde, & c'eſt par l'application d'un *volant* (1) ,
» ou plutôt (ce qui vaut beaucoup mieux) par le moyen d'une roue peſante
» à angle droits ſur l'aiſſieu du vindas ou du rouleau ; par ce moyen la force
» de la puiſſance que l'homme auroit perdue, ſe conſerve dans le volant, & ſe
» diſtribue également dans toutes les parties de la révolution , enſorte que
» pendant quelque-temps, un homme peut agir avec la force de 80 livres,
» c'eſt-à-dire, ſurmonter une réſiſtance continuelle de 80 livres, & travailler
» tout un jour lorſque la réſiſtance n'eſt que de 40 livres.

M. Camus (2) a propoſé pour tirer d'un puits de profondeur ou d'une
carriere ou d'une Mine, de l'eau & des pierres, une Machine dans laquelle
il a imité ingénieuſement le méchaniſme des fuſſées de montre.

(1) En terme de Meunier, un *Volant*, déſigne deux pieces de bois qui ſont attachées en forme de croix à l'arbre du tournant, miſes au dehors de la cage du moulin à vent, & qui étant gar- nies d'échelons & vêtues de toile, tournent lorſ- que les aîles ſont étendues, & qu'il vente aſſez pour les faire aller: on les appelle auſſi *volées* & *aîles de Moulin.*
(2) Mémoires de l'Académie en 1739 ; Cours de Mathématiques, *Tome IV*, *page* 163.

Machine qui agit par un seul homme, proposée par M. Camus.

Cette Machine est composée de deux *bobines* (1), coniques & égales qui ont le même axe horifontal, & qui font adossées par leurs plus grandes bafes.

Deux cordes qui fe roulent en fens contraires fur ces bobines, foutiennent deux feaux, dont l'un monte, pendant que l'autre defcend; chaque feau, lorfqu'il eft prêt à fe vuider ou qu'il vient immédiatement d'être vuidé, eft appliqué au plus petit rayon de fa bobine.

La Machine eft mue par un homme qui marche dans la roue, & qui changeant alternativement la direction de fon mouvement, fe trouve toujours placé du côté du feau qui defcend.

On voit que les poids des cordes étant néceffairement affez confidérables, doivent entrer en ligne de compte dans le calcul de la Machine, & que la figure rigoureufe de chaque bobine devroit être telle que dans une pofition indéterminée des deux feaux, il y eût équilibre, fans que le poids de l'homme ceffât d'agir exactement fuivant la même ligne verticale : il s'en faut trèspeu de chofe que cette condition ne foit remplie lorfque les deux bobines ont la forme de cônes tronqués; ainfi cette figure, qui eft d'ailleurs la plus commode à exécuter, peut être employée dans la pratique fans craindre d'erreur fenfible.

M. l'Abbé Boffut, en faifant cette remarque, l'a accompagnée d'une théorie générale, pour mettre en état de conftruire les deux cônes tronqués, en connoiffant le grand & le petit rayon que doit avoir chaque bobine, & leur hauteur ou leur côté : fon calcul donne pour le bras de levier du poids de l'homme, la fixieme partie du rayon de la roue. Il finit par obferver, que la hauteur d'un homme pouvant être d'environ 5 pieds & demi, on doit donner au moins 6 pieds de rayon à la roue, afin que l'homme en marchant ne fe heurte pas la tête contre l'arbre de la roue, qui peut avoir environ un pied de diametre : il a foin d'avertir, que le poids d'un homme ordinaire eft d'environ 150 livres; qu'un pied cube d'eau douce pefe 70 livres à très-peu près (2); qu'une corde de 1 pouce de diametre, pefe environ 2 livres fur 6 pieds de longueur.

Nous finirons par une obfervation importante de M. l'Abbé Boffut. Cette Machine occupant néceffairement une place affez confidérable, & exigeant, pour pouvoir être employée, que le diametre du puits foit plus grand que le double de la longueur d'une bobine, plus le diametre d'un feau garni de fon armure, il eft un moyen d'y fuppléer, lorfque la chofe ne peut avoir

(1) *Bobine* en général eft un cylindre de bois, qui a plus ou moins de diametre & de longueur, & qui eft percé fur toute fa longueur, d'un petit trou dans lequel on fait paffer une broche qui fert d'axe.

(2) Chaque pied cube contenant 36 pintes mefurées jufte, faifant un huitieme du muid de Paris.

lieu, c'eſt-à-dire, que l'ouverture du puits eſt proportionnellement trop petite.

Au lieu de deux bobines coniques, on peut employer deux bobines cylindriques, ſur leſquelles les cordes font pluſieurs tours concentriques les uns ſur les autres ; ces bobines occupent évidemment moins de largeur que les bobines coniques, puiſqu'on eſt maître de ne donner aux premieres que la longueur ſimplement requiſe pour que les ſeaux ne ſe rencontrent pas, & ne ſe gênent point dans leurs mouvements.

De la force des chevaux appliquée à élever les Eaux ou les Charbons au jour.

Pour élever un ſeau de 150 pieds de profondeur, un cheval emploie 8 minutes, compris le temps de la charge & décharge ; & au lieu de 1800 toiſes par heure qu'il devroit parcourir dans le travail le plus ordinaire, il n'en parcourt que 1056, & ne fait l'extraction que d'environ 80 pieds cubes d'eau (1) ou 10 muids par heure.

Ce qu'un cheval peut tirer en haut du fond d'un puits, ſur une poulie ſimple ou ſur un rouleau (fait de maniere que le frottement ſoit le moindre poſſible) eſt proprement le poids qu'un cheval peut tirer.

On eſtime que dans les travaux ordinaires, un cheval ne peut tirer que 246 livres : quand il agit avec toute ſa force, il ne lui eſt pas poſſible de tirer plus du double de ce poids ; d'où on peut évaluer à environ 200 livres, le poids que deux chevaux l'un dans l'autre peuvent tirer de la maniere dont il s'agit, en travaillant huit heures par jour, & faiſant à peu-près deuxs mille & demi par heure, c'eſt-à-dire, environ trois pieds & demi par ſeconde.

Cette force d'un cheval, que l'on regarde en général plus propre pour pouſſer en avant, eſt prodigieuſement augmentée dans les grandes Machines à mollettes, connues dans quelques endroits de France ſous le nom de *Baritel*, *Baritel à chevaux*, pour les diſtinguer du *Baritel à eau* (2).

Par ce que nous avons dit du nombre de *Traits* de charbon que l'on eſtime à Liége être enlevé par jour d'un puits de Mine, du poids de 4000 liv. chaque, *pages* 838, 890, il eſt aiſé de ſupputer la charge énorme de l'enlévement total auquel on parvient en ſix heures de travail avec huit chevaux.

On entendra facilement cette eſtimation, en ſe repréſentant cet enlévement tel qu'il a été décrit à l'article de l'Exploitation au pays de Liége, & en jettant les yeux en même temps ſur la fig. 1 de la *Pl.* X, enſuite ſur la fig. *B*, *Pl.* VIII, ſur celle numérotée 1, *Pl.* XI, *Part. I*, & ſur la *Pl.* XXI, *Part. II*.

Au poids de quatre mille livres, réſultant de 40 traits, il faut ajouter celui

---

(1) Peſant 70 livres : le pied cylindrique peſe 55 livres ; un cylindre d'eau, qui a un pied de diametre & un pied de hauteur peſe, ſix onces, & un gros, à fort peu de choſe près.

(2) Cette Machine à eau, inconnue en Fran- ce, & employée à *Altemberg*, Margraviat de Miſnie, eſt décrite & gravée dans l'Ouvrage de l'Académie de *Freyberg*, ſous le nom de *Waſ-ſer Goepel*, *Kehrrade*, Machine à eau, Machine à roue.

des chaînes, qui est de 35 livres par toise, faisant, pour 50 toises de profondeur, 1750 livres, non compris encore le poids inconnu du *Couffade* & du *Vay*, tiré du fond de la vallée, pendant que le couffade (dont il est moitié) monte dans le bure.

Cela supposeroit que l'extraction peut aller par jour (c'est-à-dire dans l'espace de douze heures de travail), en comptant cinquante traits de 2500 livres chacun, à 125000; de 2600 à 130000; & de 3000 à 150000, & en comptant 80 traits du poids ci-dessus, on tireroit pour le premier, par douze heures, 200000, pour le second 208000, & pour le troisieme 240000.

En ne supposant l'extraction par jour, c'est-à-dire, en douze heures, qu'à 40 traits, elle produiroit, savoir : à 25000, chaque trait 100000.

$$2600 \quad . \quad . \quad . \quad . \quad 104000.$$
$$3000 \quad . \quad . \quad . \quad . \quad 120000.$$

En supposant 80 traits par 24 heures,

$$\text{à} \quad 2500 \quad \text{rapporteroient} \quad . \quad . \quad . \quad . \quad 200000.$$
$$2600 \quad . \quad . \quad . \quad . \quad . \quad . \quad 208000.$$
$$3000 \quad . \quad . \quad . \quad . \quad . \quad . \quad . \quad 240000 \ (1).$$

Dans la Mine de Carron, on économise un cheval, au moyen d'une Machine à moulette, dont voici la description.

A l'embouchure du puits est fixée une potence (2) tournante, avec une corde qui enveloppe un treuil; cette corde passant sur une poulie de renvoi à l'extrémité de la potence, laisse pendre directement dans le puits un crochet de fer; de sorte que quand la caisse qui apporte du charbon est en haut, on l'accroche à la corde, & on défait le crochet du cable de la Machine à moulette, auquel on accroche une autre caisse vuide; la caisse pleine se trouve ainsi suspendue à la potence que l'on tourne de côté : on ouvre le fond de cette caisse, & le charbon tombe dans la place qui lui est destinée; on referme le fond, on tourne la potence pour remettre la caisse sur le bord du puits, en attendant que celle qui monte soit arrivée. Cette Machine a le mérite de ne demander que deux chevaux pour son service.

Parmi les Machines les plus composées, la plus remarquable, sans contredit, est celle dont nous avons donné l'explication sommaire, avec une Planche cotée XXXIV. N°. 2, dont nous sommes redevables au célebre M. Franklin.

---

(1) On doit observer que le poids de cette charge change, lorsque le Couffade montant & le Couffade descendant se rencontrent à la même hauteur dans le puits.

(2) En Charpenterie, c'est une piece de bois de bout, comme un pointal, couverte d'un chapeau ou d'une semelle par-devant, avec un ou deux liens en contrefiches, qui sert pour soulager une poutre d'une trop longue portée, ou pour en soutenir une qui est éclattée.

Machine à Moulettes d'une nouvelle invention, avec laquelle on enleve le Charbon de la Mine de Walker, aux environs de Newcastle.

Il est à observer que les paniers de Charbon *fig.* 2, *Pl.* XXXIV, Nº. 1, appartiennent à cette Machine.

Ils enlévent jusqu'à six quintaux, & on ne peut se servir de plus grands paniers attendu la difficulté & même l'impossibilité qu'il y auroit de les charrier dans l'intérieur de la Mine.

Ce Panier se remplit chaque fois à l'endroit même du travail, & est traîné au chargeage d'où il est enlevé à l'œil du bure : là un Ouvrier le détache pour le mettre sur le petit traîneau ; aussi-tôt il accroche à sa place un autre panier vuide, afin de perdre moins de temps : le panier chargé est traîné par un cheval à une distance de 3 ou 4 toises du puits, où l'Ouvrier le verse sur le tas.

Cette Machine, comme on le voit *Pl.* XXXV, differe de celles appellées à *Moulettes*, en ce qu'elle est composée d'un grand rouet horisontal, consistant en différentes portions de cercles armés de dents, le tout en fer coulé, & réunis ensemble pour former le rouet.

Les dents engrenent dans une *lanterne* (1), qui n'est autre chose que le tambour de la Machine : au bas & autour de cette lanterne sont des fuseaux en fer forgé, de 6 à 7 pouces de hauteur seulement : quoique le diametre du tambour soit assez grand, il l'est pourtant moins que celui du rouet ; au-dessous du rouet, il y a quatre bras de leviers, à chacun desquels sont attachés deux chevaux.

Nous avons fait remarquer *page* 696, l'art avec lequel il paroît qu'on s'est occupé dans cette Machine de sauver les frottements, & de concilier la vîtesse : feu M. Jars, qui a visité cette Machine, & qui en donne la construction sommaire que je viens de rappeller, trouve qu'elle présente des inconvénients dans l'augmentation des frottements, quoique d'ailleurs il reconnoisse qu'elle est faite avec beaucoup de soin & de précision, & qu'on y a réussi à augmenter la vîtesse, puisqu'en deux minutes on enleve de cent toises de profondeur un panier de Charbon chargé seulement de six quintaux ; mais comme cet enlévement est le produit de 8 chevaux qu'on y emploie toujours, & qu'on fait aller au grand trot, il ne paroît pas bien démontré à M. Jars que le but qu'on s'est proposé soit rempli complettement ; cet Académicien prétend encore qu'il y auroit à examiner si au lieu de remplir ces paniers à l'endroit du travail, on ne feroit pas mieux de les remplir au fond du puits, & si on ne regagneroit pas cette double manœuvre par la grandeur des seaux ou paniers qu'on éléveroit par la Machine ; il

(1) Espece de pignon, ayant la forme d'un cylindre à jour, & où les fuseaux sont placés | entre deux disques : voyez *page* 924.

ajoute qu'une Machine faite avec un très-grand tambour, tiendroit lieu de celle qui est faite avec rouet & lanterne, & qu'elle auroit moins de frottements à vaincre.

Nous nous contentons d'exposer ici les réflexions présentées par l'Auteur des Voyages métallurgiques ; elles portent sur un point en général très-difficultueux, je veux dire la plus grande perfection des Machines composées de roues dentées, dans lesquelles on ne peut compter sur une précision parfaite, & où il faut, pour ainsi dire, que le pignon & la roue ne fassent simplement que se toucher. *Voy. pag.* 925.

Le Directeur de Mines ne peut trop en conséquence étudier leur construction. M. Camus, dans son Cours de Mathématiques (1), s'est attaché à déterminer la meilleure figure qu'on peut donner aux dents des roues plattes & de champ, les diametres que deux roues qui engrenent ensemble doivent avoir, relativement au nombre de leurs dents, & la quantité de leur engrenage.

Cette partie de ce Traité renferme sur les pignons de 7, 8, 9 & 10 *ailes* (2), des observations particulieres, qui rendent plus facile & plus utile l'application de la théorie de l'Auteur.

Du Manege ou Trottoir en général, appellé par les Houilleurs Liégeois, le *Pas du Bure.*

Un article sur lequel des observations de détail ne sont pas, à beaucoup près, indifférentes, c'est l'étendue à donner à l'*aire* que doit parcourir un cheval attelé à ces Machines. « Le plus ou moins de force qu'y acquierent les chevaux, » est sans contredit attaché à l'espace qu'on donne au Manege, qui doit être » assez large en diametre : autrement le cheval ne pourra point agir avec toute » sa force en tournant ; car dans un petit cercle la *tangente* dans laquelle le » cheval doit tirer, s'écarte plus du cercle où le cheval est obligé de marcher, » qu'elle ne fait dans un grand cercle. » Le Docteur Désaguliers, dans son Cours de Physique Expérimentale (3), observe & démontre savamment cette proposition qui sert de base aux regles à observer sur ce point. Nous croyons devoir rapporter ici en entier tout ce qu'en dit cet illustre Physicien.

» Pour bien faire, ce *Trottoir* ne doit pas avoir moins de 40 pieds de dia- » metre, quand il y a assez de place pour cela, & ordinairement ce n'est » point ce qui manque dans les établissements de Machine pour les Mines : » dans un petit Trotoir, comme on en fait quelquefois lorsqu'on est gêné » par la place, le même cheval perd considérablement de sa force, parce

(1) *Tôme* 2e. Eléments de Méchanique Statique. *Livres dixieme & onzieme.*

(2) Dans les grandes Machines, les dents des pignons sont appellées *Ailes,* quand elles sont d'une même piece avec le corps du pignon, comme on nomme, en terme de riviere, *Alluchons*

les dents qui sont chacune d'une piece rapportée, & *Fuseaux,* quand elles sont des cylindres assemblés dans des tourteaux, & qu'elles composent une lanterne.

(3) Leçon IV.

» qu'il tire dans une corde du cercle tirant la poutre horizontale derriere lui
» à angles aigus ; tellement que dans un Trottoir de 19 pieds de diametre,
» j'ai vu (dit l'Auteur) un cheval qui perdoit deux cinquiemes de la force
» qu'il avoit dans un Trottoir de 40 pieds de diametre (1).

» Dans la plupart des grandes Villes où l'on a befoin de ces Trottoirs,
» les Charpentiers de moulins n'aiment point à faire de grands Trottoirs, même
» quand ils ont de la place, parce qu'ordinairement le terrein eſt précieux dans
» les endroits où l'on eſt obligé de s'établir, & on eſt accoutumé à faire les
» *barres à tourner* pour de petits Trottoirs, en imaginant qu'il ſuffit de donner
» la même vîteſſe proportionnelle à la puiſſance & au poids que l'on donne
» dans les plus grands Trottoirs, (parce que ſi la *grande roue* (2) eſt d'un
» diametre ſi petit que le cheval tire près du centre, la difficulté de tirer,
» ſi ce n'étoit pour l'entortillement du cheval, feroit toujours la même) ne
» faiſant pas réflexion à l'effort que l'on fait faire au cheval ; ou lorſqu'ils ont
» trouvé par expérience combien un cheval peut tirer aiſément, & quels
» ſont les déſavantages qui réſultent d'un tournoyement ſubit, ils ne veulent
» pas profiter de l'avantage que leur donneroit un plus grand eſpace, en éloi-
» gnant cette difficulté, parce qu'ils tiennent à la méthode à laquelle ils ſont
» habitués ; mais les Charpentiers de moulins, qui ont travaillé aux Mines
» de Charbon de pierre, ſont plus intelligents en cette matiere, ayant été
» accoutumés à de grands Trottoirs pour les chevaux dans les Mines.

(1) Dans les Carrieres d'ardoiſe, en Anjou, on donne ordinairement 24 pieds de diametre au manége.

(2) Le Traducteur de l'Ouvrage a rendu d'une maniere que nous n'avons pu adopter, quoiqu'elle l'ait été par les Rédacteurs de l'Encyclopédie, où ſe trouve ce fragment, le mot *Cogwheel*, qui en Anglois ſignifie, lorſqu'on parle de Machines, toute eſpece de Roue armée de pointes ou de dents, nommées *Alluchons*. La par-

tie ſupérieure des Roues, dont on ſe ſert dans les Ardoiſieres d'Anjou pour élever les eaux & les ardoiſes au jour, eſt garnie de ces Alluchons perpendiculaires au plan de la roue, qui eſt horiſontale.

Nous avons auſſi rendu le mot Anglois Gᴇʀʀ, par l'expreſſion *barres à tourner*, qui convient davantage que celle employée dans la Traduction Françoiſe.

ARTICLE TROISIEME.

L'ART

D'EXPLOITER LES MINES

DE

CHARBON DE TERRE

Par M. MORAND, Penfionnaire ordinaire de l'Académie Royale des Sciences.

SECONDE PARTIE.

SUITE DE LA QUATRIEME SECTION.

ESSAI DE THÉORIE-PRATIQUE

SUR LES DIFFÉRENTES MANIERES D'EMPLOYER LE CHARBON DE TERRE

POUR LES MANUFACTURES, ATTELIERS ET USAGES DOMESTIQUES.

M. DCC. LXXVII.

ARTICLE TROISIEME.

Idée générale des différentes manieres de se servir du Charbon de terre pour les Arts, & pour les usages domestiques;

Et exposition raisonnée de celles qui sont les plus importantes.

LES travaux dispendieux, pénibles & continus, auxquels on ne fait pas difficulté de se livrer pour exploiter en grand une Carriere ou Mine de Charbon de terre, ne laissent aucun doute sur l'utilité de ce fossile: ses avantages sont prouvés de reste, quand on vient à se représenter la multitude de personnes auxquels il fournit, en différents genres, matiere à occupation, depuis le premier instant qu'on en soupçonne la présence dans un endroit, jusqu'au moment où on va le chercher à des profondeurs considérables. Ce fossile ne fait pas seulement l'occupation du Propriétaire, de l'Entrepreneur de la Mine, des Ouvriers qui le détachent des entrailles de la terre, ou de ceux qui l'emploient comme combustible: réduite, par l'ignition, en corps ou masse, calcinée en cendres, en suie, la Houille n'est pas encore une matiere de rebut, entiérement dépourvue d'utilités; plusieurs Arts tirent parti de ses différents résidus. Tandis que le Physicien médite sur les travaux connus auxquels la Houille donne lieu, pour éclairer les Artistes & perfectionner leur main-d'œuvre, l'homme de Commerce ou de Finance les soumet à ses calculs, le Politique à ses spéculations; l'homme d'Etat & le Souverain mettent à profit leurs spéculations réunies: l'exploitation, l'exportation du fossile est favorisée, les efforts que fait l'industrie pour appliquer le feu de ce fossile à différentes opérations des Arts, sont encouragés. Voyez la Préface.

Telles sont les faces multipliées sous lesquelles le Charbon de terre se prête à des recherches de différents genres, tant spéculatives que pratiques. Parmi les Arts auxquels ce fossile fournit une ressource, le plus noble de tous, la Médecine, sœur de la Philosophie, qui a sous sa sauve-garde l'humanité entiere, considere à sa maniere ce fossile ou ses mines, & cette maniere n'est ni la moins variée ni la moins digne d'attention; tantôt seule & tantôt aidée par la Chimie, elle embrasse tout à la fois l'Histoire naturelle, physique & médicinale, tant du Charbon de terre que de ses mines; elle s'étend encore sur ce que l'on pourroit appeller la Médecine préservative & curative des Ouvriers de mines. En effet, la nature des évaporations du Charbon de terre dans les galeries, reconnues par les recherches du Médecin Physicien, exempte de cette qualité dangereuse & malfaisante particuliere aux autres sortes de mines, devient un sujet de consolation & d'encouragement pour le Houilleur déja enhardi, ou par fa propre expérience ou par l'exemple qu'il a fous fes yeux , des autres Ouvriers qu'il voit s'adonner aux mêmes travaux fou-terrains.

Le même Houilleur eft-il confidéré dans fes atteliers, expofé aux incon-véniens de l'humidité , du défaut d'air , du feu, des inondations ? Ces dangers ont été l'objet de l'attention bienveillante de plufieurs hommes cé-lebres ; Agricola, Ramazzini, Henckel, Lehmann, ont pris foin en parti-culier de pourvoir à la fûreté des Ouvriers de mines ; la Médecine moderne n'y veillera pas avec moins d'avantage , en perfectionnant les méthodes déja pratiquées de fecourir efficacement les Houilleurs fuffoqués ou noyés dans les mines. Voyez page 977.

S'agit-il des hommes raffemblés en fociété dans l'enceinte des Villes , & qui , par la fuite des temps, feroient dans le cas d'ufer du Charbon de terre pour le chauffage ; la Médecine , à qui appartient la connoiffance des chofes falubres ou nuifibles, raffure les Nations contre les préjugés défavorables à ce feu. Les Hoffmann, & d'autres Praticiens dignes de toute confiance, n'héfitent pas à prononcer que la fumée de ce chauffage eft propre à foulager les phthifiques, les fcorbutiques, & peut même être utile dans la rougeole, &c. Enfin la voie d'analyfe , de diftillation, de diffolution , de décompofition , ou autres, adoptée ou employée par la Chimie pour découvrir la texture & la nature foit du Charbon de terre, foit des couches qui l'avoifinent, décélent dans ces fubftances des principes médicamenteux; rien ne feroit fi facile que de les approprier, fuivant l'exigence des cas, à la confervation du Houilleur qui fe voue à paffer une partie de fa vie dans l'obfcurité, à la confervation de l'Ouvrier qui emploie ce combuftible, à celle de l'Agriculteur, des Artiftes qui en tirent avantage, du Commerçant, du Financier, du Politique, de l'homme d'Etat, du Philofophe.

Le Charbon de terre en nature peut lui-même fervir à imiter plufieurs remedes de conféquence qu'il faudroit aller fouvent chercher au loin; cette circonftance mérite grande attention, puifque par-tout où il y a le moindre Ouvrier en fer, on eft fûr de trouver auffi du Charbon de terre.

Ces différens points de vue utiles, fous lefquels ce foffile fe préfente, font tracés affez en détail dans le courant de notre Ouvrage : il ne nous refte, en le terminant, qu'à rapprocher dans ce dernier article fous un coup d'œil général les ufages variés auxquels s'applique le Charbon de terre , & éclaircir par une théorie pratique, comme nous avons fait pour l'exploitation, quel-ques-unes des méthodes employées pour des ufages effentiels : voici l'ordre dans lequel nous parcourrons les différents Arts qui font entrer pour quelque chofe dans leurs opérations, ou le Charbon de terre ou quelque partie qui en réfulte.

La fanté étant le premier de tous les biens, qui feul donne la facilité de cultiver les Arts ; les ufages médicinaux du Charbon de terre , pour rétablir la fanté , doivent tenir la premiere place dans notre récapitulation.

Aucun Art, après la Médecine, n'eft plus utile, n'a plus d'étendue, & ne touche l'homme de plus près, que celui qui s'occupe de la fertilité de la terre, qui bonifie nos moiffons, qui pourvoit à notre fubfiftance, &c, pour augmenter cette fécondité admirable & améliorer cette immenfe quantité de végétaux, dont les racines, les feuilles, les fleurs & les fruits fourniffent à difcrétion foit aux hommes, foit aux animaux, une variété de nourritures égales à la fantaifie des premiers & aux befoins des feconds : l'Agriculture applique avec fuccès à l'amendement de certaines terres, les cendres de Houille. Cet Art noble par fon objet, par fa premiere origine, par fon premier Maître, fon premier Inventeur, mérite auffi d'être mis à la tête des Arts dans l'efpece de revue qui va faire la matiere de cette derniere Section.

Après avoir rappellé fommairement les différentes fubftances qui fe retirent du Charbon de terre, nous confidérerons ce foffile dans les différents Arts auxquels il eft néceffaire comme combuftible ou économique, ou plus avantageux pour leurs opérations (1).

Nous terminerons, en l'examinant de la maniere la plus détaillée poffible, comme combuftible propre au chauffage ; nous difcuterons les avantages de ce chauffage ; les préventions que l'on a dans plufieurs pays fur ce point, nous ont paru mériter d'être difcutées en particulier : il ne tiendra pas à nous que la Houille ne prenne dans l'idée des François la place qu'elle mérite parmi les combuftibles utiles.

Propriétés médicinales du Charbon de terre dans la mine même, & hors de la mine.

Les Chimiftes font ceux d'entre les Phyficiens qui fe font le plus attachés à connoître la nature du Charbon de terre ; mais ce foffile eft de toutes les productions des trois regnes, celle qui préfente plus de fingularités & de difficultés à l'analyfe. Les réfultats des analyfes de Charbons de terre de plufieurs pays font tous différents ; quelques-uns de ces foffiles demanderoient, je crois, à être foumis à cet examen au fortir de la mine.

(1) En 1772, les Etats de la province de Languedoc, où la difficulté de fe procurer du bois à brûler, peut fe réparer par l'ufage du Charbon de terre, dont il y a plufieurs carrieres dans cette province, ont demandé pendant leur affemblée un corps d'inftructions fur l'emploi du Charbon de terre, comme combuftible propre à différents Arts ; ces inftructions ont fait le fujet d'un Ouvrage publié en 1775, fous le titre : *Inftructions fur l'ufage de la Houille, plus connue fous le nom impropre de Charbon de terre, pour faire du feu ; fur la maniere de l'adapter à* toutes fortes de feux, & fur les avantages tant publics que privés qui réfulteront de cet ufage : l'Auteur étoit M. Venel qui avoit été chargé de cette partie : la recherche des différents endroits de la province où il fe trouve des mines de Charbon a été confiée à M. de Genffanne, qui vient de publier à ce fujet *l'Hiftoire naturelle de la province de Languedoc, partie minéralogique & géoponique, avec un Réglement inftructif fur la maniere d'exploiter les mines de Charbon de terre* (compofé de 46 articles) 1776. Tome 1.

On fait en gros que les principes conftituants du Charbon de terre font tous terreux, falins, bitumineux, &c. Voyez page 22 & fuivantes.

Il eft certain que la Médecine pratique n'en tire aucun fervice. M. Lieutaud, en obfervant qu'il eft de peu d'ufage dans l'art de guérir, ajoute: *Virtute tamen refolvente gaudet, & faufè admovetur tumidis glandulis cervicis, cæterarumque partium* (1).

Plufieurs recherches, fur-tout d'anciens Auteurs, comme Libavius, Théophrafte, Sennert, Fréderic Hoffmann le vieux, donnent auffi à préfumer felon l'obfervation de M. Kurella (2) que loin d'être inutile, & à méprifer dans l'art de la Médecine, le Charbon de terre peut au contraire fournir des remedes affez avantageux, pour mériter dans quelques occafions, fur d'autres remedes, la préférence, & peut-être une forte de réputation lorf-qu'on en auroit obfervé attentivement les effets.

Ces différentes autorités, &, ce qui eft encore plus fort, l'intérêt général de l'humanité, font des motifs bien fuffifants pour réveiller l'attention des Médecins: ceux en particulier auxquels le voifinage d'une mine de Charbon de terre peut donner les facilités de foumettre à l'expérience des remedes auffi fimples ou auffi répandus, ne doivent point négliger ce moyen d'enrichir l'art de guérir: nous leur frayerons ici le chemin que nous leur indiquons, en commençant par confidérer les mines de Charbon de terre, dans les avantages particuliers qu'on peut en retirer pour la fanté, abftraction faite du foffile qu'elles produifent (3).

On a déja eu occafion, dans la premiere Partie de cet Ouvrage, de faire voir que les exhalaifons de l'air naturel, des fouterrains d'une Houilliere bien airée, peuvent être refpirées avec fuccès dans quelques affections de poitrine. Voyez page 39.

On a vu auffi Premiere Partie, page 28, que les eaux qui fe font jour à travers des mines de Houille, s'impregnent des parties falines, graffes ou bitumineufes, onctueufes, minérales, & deviennent médicamenteufes; elles font même, ainfi que les eaux falées & les terres alumineufes, regardées comme indices.

De l'analyfe faite par M. Monnet des eaux de la Houilliere de Littry en baffe Normandie, il réfulte (4) que ces eaux contiennent de la félénite (5),

(1) *Synopfis univerfæ praxeos-Medicæ*, nova edit. 1760, tom. 2, p. 347.
(2) Sect. 19.
(3) Les argilles mêmes, fi communes dans les couches de Charbon de terre, ne font pas inutiles à la Médecine. En Hollande, on emploie en cataplafme pour les rhumatifmes le chou blanc bouilli dans un pot de terre avec de la terre à Potier, & fuffifante quantité d'eau pour la détremper, jufqu'à ce que le chou foit réduit en pulpe; du tout on fait un onguent qu'on appliquera un peu chaud fur la partie. J'ai

fouvent prefcrit avec fuccès aux pauvres ce topique, indiqué par M. Chomel pere, lequel avoit connu à Paris plufieurs perfonnes qui avoient été guéries avec ce remede.
(4) Traité des Eaux minérales, avec plufieurs Mémoires de Chimie relatifs à ces objets. Paris, 1768, *in-12*.
(5) En Chimie, on entend par ce nom un fel neutre produit par la combinaifon de l'acide vitriolique & d'une terre calcaire, telle que la craie, la marne. Ce fel eft en aiguilles très-déliées, & n'eft plus ou prefque plus foluble dans l'eau.

du fel de Glauber (1), & l'union de l'acide vitriolique avec le fer dans l'état qu'on appelle *Eau-mere* (2).

Le même Chimiste, dans un autre Ouvrage (3), prétend que la terre qui enveloppe la mine de Charbon de Littry, en basse Normandie, n'est presque entiérement que la terre même du sel d'Epsom (4), mais combinée avec du soufre.

Il dit que cette terre calcinée se convertit en sel d'Epsom; que l'acide du soufre se combine alors avec elle, la dissout, & forme ce sel d'Epsom.

Après cette opération, il en a obtenu ce sel, au moyen du lavage & de la cristallisation, & l'a trouvé mêlé avec un peu d'alun.

Dans l'avant-derniere guerre, les Anglois attaqués de la dyssenterie, & cantonnés dans le pays de Limbourg, avoient trouvé leur guérison dans la boisson de l'eau d'une fontaine de cette espece, venant d'une Houilliere, située derriere *Argenteau* sur la Meuse: la remarque qui en fut faite, détermina à faire garder la source par des sentinelles.

Plusieurs Charbons lessivés à l'eau froide donnent à l'évaporation une bonne quantité de vitriol de Mars, bien cristallisé, assez semblable au vitriol verd du commerce.

Les eaux imprégnées naturellement ou artificiellement de Charbon de terre, laissent appercevoir en général les mêmes choses qui se remarquent toutes les fois qu'on dissout du vitriol martial: il se précipite au fond de la dissolution une terre jaunâtre, produite par la décomposition du fer qui est contenu dans ce sel, & qui est ce qu'on appelle *ocre factice*, qui acquiert par la calcination une couleur rouge assez vive dont on fait le crayon rouge, & une couleur propre aux Peintres.

Ces différentes observations de fait, toutes simples qu'elles sont, peuvent s'appliquer au Charbon de terre, considéré dans le temps qu'il est voituré au loin par bateaux. Dans le cours d'un voyage, il essuie successivement l'action des eaux du ciel, qui séjournent au fond du bateau, & la chaleur du Soleil qui occasionne une sorte de digestion chimique artificielle.

Ces Charbons ainsi lessivés à l'eau de pluie, précipitent une assez grande abondance de la terre martiale, des sels, & de la graisse minérale, soit du

(1) Ce sel neutre en colonnes transparentes, facile à s'effleurir à l'air, & qui se fond aisément au feu, résulte de la combinaison de l'acide vitriolique avec la base du sel marin.

(2) On appelle ainsi en Chimie une liqueur saline, inconcrescible, résultante des dissolutions de certains sels, & qui est le résidu de ces dissolutions épuisées du sel principal par des évaporations & des cristallisations répétées: les eaux-meres les plus connues sont celles du nitre, du sel de Mars, du vitriol, & celle du sel de Seignette.

(3) Hydrologie.

(4) Sel vitriolique à base terreuse, qui est la même combinaison que le sel de Glauber, excepté qu'au lieu de la base marine, c'est la terre dégagée de cette base qui est combinée avec l'acide vitriolique. Cet acide, le plus général, répandu dans notre atmosphere & dans le sein de la terre, domine dans la Houille; étant en quelque maniere plus acide que les autres, il possede à un plus haut degré les propriétés communes à tous les acides.

bitume du fer attaché à la terre métallique jaune , foit du bitume du vitriol
où le feu eft déja très-divifé ; cette eau préfente par conféquent une eau
minérale factice que l'on pourroit encore rendre plus efficace , & convenable
à plufieurs cas , en la coupant avec de l'eau de chaux , ou en y ajoutant felon
les circonftances quelque fel neutre : les Ouvriers de mine & les Pauvres
pourroient en faire ufage , foit en bain , foit en boiffon. Il ne feroit queftion
que de connoître par l'analyfe , les différentes combinaifons générales des
principes qui s'y trouvent noyés dans des proportions vraifemblablement affez
inégales.

Ce travail auquel nous invitons les perfonnes à portée de le fuivre ,
enrichiroit la Médecine , & donneroit quelques nouvelles lumieres fur la nature
de la Houille. Nous ferons connoître dans un inftant d'autres manieres de
fe procurer des eaux minérales factices avec le Charbon de terre , lorfqu'on
s'en eft fervi aux feux domeftiques.

Les boues naturelles des eaux minérales de S. Amand en Flandres ont été
jugées , par MM. Geoffroy & Boulduc , tenir leur vertu du bitume & de l'acide
du Charbon de terre.

L'expérience a conftaté l'efficacité des boues minérales artificielles , préparées avec ce foffile , pour les mêmes maladies dans lefquelles on emploie
ordinairement comme derniere reffource les boues des fontaines de S. Amand
(1). De femblables découvertes de moyens de guérir les malades , fans qu'ils
foient obligés de fe déplacer de chez eux , ne fauroient trop être connues ;
& leurs Auteurs , ne ceffant point d'être utiles après leur mort , ont un droit
impreferiptible fur la reconnoiffance de toute la poftérité.

Ces boues factices , dont l'idée & les premiers effais font dûs à mon pere ,
(voyez Part. 1 , pag. 30 , *note* 1) font aujourd'hui recommandées avec raifon
dans la pratique (2).

M. Lieutaud , dans le même Ouvrage , en confeillant le Charbon de terre
broyé & mêlé avec de l'huile de lin en confiftance d'onguent , ajoute : *Luto
thermarum minimè cedit.*

Une des parties conftituantes , principalement remarquable dans le Charbon
de terre , eft fa partie graffe ou bitumineufe : felon quelques Naturaliftes ,
elle eft de la nature des huiles végétales ; c'eft auffi ce que donne à penfer
le nom *Kedria* , donné par les Grecs à la poix minérale , appellée auffi
Naphthe , *Afphalte* , *&c* , fans doute pour exprimer différents degrés de
pureté (3).

(1) Les cas de foibleffes de membres , gon-
flements de jointures , rétractions des tendons
& des nerfs , à la fuite des grandes bleffures.
Voyez les Mémoires de l'Académie royale de Chirurgie,
tom. 3 , *p.* 6.

(2) En 1756, lorfque j'étois Médecin des Camps
de la Hougue & de Cherbourg, le Secrétaire d'Etat
ayant le département de la Guerre, avoit envoyé
à tous les Médecins des Hôpitaux militaires
établis fur les côtes, une Lettre circulaire pour
employer les boues artificielles.

(3) Voyez au mot *Végétal* , Table des matieres
de la Ire. Partie de cet Ouvrage , pag. 179.

Quoi qu'il en foit, la préfence du bitume dans ce foffile eft évidente, ainfi que fon rapport avec le pétrole (1).

Les eaux factices ou naturelles, réfultantes d'une imprégnation de Charbon de terre bitumineux, feroient, avec une addition de fel marin, des bains très-efficaces, affez femblables à ceux d'eau de mer.

Les anciens Médecins employoient cette partie bitumineufe du lithanthrax, & lui attribuoient, lorfqu'elle étoit pure, les mêmes vertus qu'à l'huile de fuccin. M. Wolkman (2) remarque que ce foffile, diftillé par la cornue, donne un efprit acide & une huile furnageante, laquelle rectifiée avec l'acide nitreux concentré, devient claire, fubtile, & fi agréable qu'elle furpaffe l'odeur fuave du fuccin & du mufc : il ajoute qu'elle peut aller de pair pour la vertu & l'efficacité avec le pétrole naturel.

Sthal eft d'avis que l'huile de Charbon de terre, fur-tout lorfqu'elle eft bien rectifiée, peut être fubftituée à l'huile de foufre minéral dans les maladies vénériennes. Suivant Buinting, elle n'eft pas à méprifer pour les écrouelles, les accès de goutte, & dans les douleurs invétérées. L'Auteur d'un Ouvrage connu foupçonne (3) que le foufre diffous dans cette huile rectifiée, fourniroit un médicament que l'on pourroit appeller *baume univerfel, terreftre & minéral.*

Glauber vante cette même huile pour deffécher les abfcès, pour la teigne & pour les dartres écailleufes : il prétend qu'en projettant dans une cornue tubulée du falpêtre & du Charbon de pierre, il en fort un efprit très-propre à mondifier & à réunir les plaies. M. Kurella a obfervé que, dans cette opération, il s'eft fait une violente détonation par la combuftion du phlogiftique : l'acide nitreux s'eft détaché, & a paffé dans un récipient où il avoit mis de l'eau diftillée, qui s'eft trouvée avoir une faveur acidule ; mais ce qui reftoit dans la cornue, n'étoit autre chofe que l'alkali du nitre avec un peu de cendres du Charbon que quelques perfonnes prétendoient être un excellent remede pour l'afthme.

Cet efprit & cette huile de lithanthrax, ont place dans la Pharmacopée de Londres de 1691, traduite en Anglois par Guillaume Salmon, Profeffeur en Médecine ; on y trouve la maniere d'obtenir ces produits par la diftillation, & la dofe à laquelle il faut les donner (4). Cette dofe eft depuis quatre jufqu'à douze gouttes ; les propriétés qui leur font attachées, fe rapportent avec ce qui vient d'être dit d'après les Anciens : ils font anodins & antihyftériques, vulnéraires & adouciffants dans les cas de plaies, bons réfolutifs pour les tumeurs, les nodus ; ils conviennent dans la goutte, les obftructions de la rate, les douleurs

---

(1) L'huile diftillée de la pierre de Shropfire qui appartient aux couches de Charbon de terre, voyez page 417 eft réputée pouvoir fuppléer pour les ufages médicinaux, au Piffafphalte, à l'huile de pétrole & à l'huile de térébenthine : on s'en eft fervi comme d'un calmant.

(2) *Silefia fubterranea*, Cap. 12.
(3) Minéralogie de la montagne des Géants.
(4) » Il faut diftiller le Charbon de terre comme » le fuccin ; & alors on a un efprit & une huile » qui, étant rectifiés, ne font pas inférieurs à l'huile » & à l'efprit de fuccin ». Ch. 12, Liv. 3, p. 403.

hyſtériques, les coliques d'inteſtins avec tranchées, les convulſions, les migraines; ils guériſſent les paralyſies, les apoplexies, les épilepſies.

Tout ce qui ſe rapporte à mon ſujet, conſidéré ſur-tout de la maniere dont je le traite pour l'inſtant, doit fixer mon attention : un ancien Journal de Trévoux, qui m'eſt tombé, il y a peu de jours, ſous la main, & que j'ai parcouru, renferme une relation aſſez ſinguliere, envoyée aux Auteurs de ce Journal, dans le mois de Juin 1713, par M. Muratori, concernant la guériſon d'un épileptique, opérée en très-peu de temps avec une eſpece de Charbon de terre. Le fait en lui-même, les circonſtances dont il eſt accompagné, l'âge du malade, le genre de foſſil, déſigné par le nom de *Charbon* (1), ſont des points intéreſſants qui ſont encore à vérifier, à éclaircir & à conſtater par des expériences réitérées : l'obſervation ſemble avoir été négligée dans le temps où elle a été publiée, & être reſtée entiérement dans l'oubli ; il ne peut être qu'utile de la faire revivre. La nature d'un mal auſſi fâcheux que l'épilepſie, & dont on ne connoît pas encore le remede, doit inviter, & les malades qui en ſont affligés, & les Médecins auxquels parviendra mon Ouvrage, à éprouver un remede ſimple & innocent (2).

Machefer.

QUELQUES Charbons de terre laiſſent, après une entiere ignition, une maſſe noirâtre, ſpongieuſe, en partie vitreuſe dans les uns, à demi ſcorifiée dans les autres, & qui, dans quelques-uns, reſſemble beaucoup au récrément des forges, appellé indiſtinctement *Laitier*, à cette eſpece de métal groſſier à demi vitrifié, qui ſe ſépare du fer fondu. Cette eſpece d'écume durcie, appellée auſſi quelquefois *Laitier* (3), & plus ordinairement *Machefer*, préſente

(1) Le Monte Viale, quelques collines ſablonneuſes & argileuſes de la vallée de Signori, & d'autres endroits du Vicentin, du Véronois, & d'autres cantons de l'Etat Vénitien, préſentent des couches de Charbon de terre.

(2) *Epilepſie guérie par une eſpece de Charbon de terre.*

« Un jeune homme fut attaqué d'épilepſie : » les Médecins lui preſcrivirent des ſucs d'herbes » particulieres, à prendre dans la ſaiſon de la » canicule. Ce temps venu, le pere vint un jour » ſe conſoler avec le Pere Maur Lazarelli, » Bénédictin : ce Religieux demanda au pere, » s'il étoit préſent quand ſon fils avoit éprouvé » la premiere attaque d'épilepſie, & s'il ſe ſou-» venoit préciſément de l'endroit & de la ſitua-» tion où étoit ſon fils lorſqu'il tomba ; le pere » répondit, qu'il ſe ſouvenoit diſtinctement que » ſon fils étoit alors dans une certaine chambre » près d'une table : Je vous enſeignerai un re-» mede infaillible, reprit le Bénédictin, faites » fouiller la terre perpendiculairement, à la » profondeur de quatre ou cinq braſſes ; vous » trouverez une motte de terre qu'on appelle

» à Veniſe *Charbon* ; tirez-la, & faites en prendre » à votre fils quelques drachmes en poudre pen-» dant un mois. Le pere crut qu'on ſe moquoit ; » le Pere Lazarelli l'aſſura que le remede avoit » réuſſi à Veniſe, où l'on dit qu'un Médecin Grec » l'a apporté. Le pere du malade tenta l'aven-» ture, il fit fouiller, il trouva la motte de terre » tendre encore, mais qui ſe durcit bientôt à » l'air, il en donna en poudre au malade, qui » n'a depuis reſſenti aucun accident de ſon mal ». *Journal de Trévoux*, *Décem.* 1714, *Nouv. d'Italie.*

(3) Le réſidu de toutes les parties du minéral qui ne ſont point métalliques, des portions métalliques décompoſées & vitrifiées, des fondants & même des aliments du feu, ſe nomment dans les forges *Laitier*, ce qui répond au mot géné-rique *Scorie*, employé par les Chimiſtes. M. Grignon, qui donne cette définition, re-marque, que dans les forges on abuſe du terme de *Laitier*, pour exprimer généralement toutes les matieres qui ne ſont point métalliques & qui ſortent fluides des fourneaux, quoique ces laitiers different beaucoup entre eux, comme on le fait, en nature, couleur, conſiſtance & qualité. *Mémoires de Phyſique*, in-4°. Paris 1775. III. Sect. pag. 296.

deux variétés générales, selon qu'elle est uniquement le résultat d'un Charbon consumé au feu pour des usages domestiques, ou selon que cette scorie est le produit d'un Charbon de terre, qui aura été employé au feu de forge.

Si l'on considere ce laitier , quant aux propriétés médicinales qu'il peut avoir, on ne peut s'empêcher de distinguer ces deux especes : la premiere comme simple , sur-tout si la terre argilleuse du Charbon est naturellement alliée avec beaucoup de mars : l'autre, comme un composé particulier , à raison des portions ou des débris du fer qui a été rougi & travaillé au feu, qui se trouvent ajoutés avec des parties indestructibles du Charbon, ou avec le fer propre à tout Charbon de terre ; ce qui est cause que quelques Houilles, sans avoir été employées au feu de forge, se changent en une scorie noire charbonneuse , comme fait une espece de *Manganaise* de Stirie, *Braun-stein* , dont parle M. Bruchmann, qui ne ressemble en rien à celle des Verriers ; comme fait aussi la pierre connue sous le nom de *Pierre de Périgueux* (1).

Les Chimistes ont constamment tourné leurs vues & leurs expériences sur le *Caput mortuum* du Charbon de terre distillé. M. Kurella est le seul que je sache qui ait porté ses recherches sur le machefer proprement dit, que j'appelle de la premiere espece, ou *Machefer simple.*

Les expériences faites par ce Chimiste avec le résidu du Charbon de terre, réduit par l'ignition en scorie, n'ont occasionné aucune séparation métallique ou martiale sensible, & n'ont démontré qu'une terre argilleuse, brûlée, & quelque base martiale en assez grande quantité.

Quant à la seconde espece de Machefer, résultant du Charbon employé au feu de forges , la combinaison qui s'est faite des cendres de la Houille avec une portion de fer qui a contribué à leur donner de la fusibilité , étant entrée pour quelque chose dans la fusion dont il est le produit, on peut présumer que ce Machefer doit tenir de la vertu , non-seulement de celle du fer fondu , mais encore des propriétés réunies & des parties bitumineuses du fer, & de celles que le Charbon de terre lui a transmises. On sait qu'il y a dans le fer une matiere grasse du genre des bitumes, qui n'est pas parfaitement unie avec les autres principes, ou qui est en trop grande quantité.

La difficulté de purifier cette scorie, l'extrême dureté de cette masse, de-venue insoluble dans les aqueux, pourroit rendre équivoque son usage, peut-être même suspect de blesser les entrailles en substance ; mais pénétré

---

(1) Ce n'est pas seulement dans les forges des Ouvriers en fer, qu'il se produit du machefer ; dans les endroits où l'on fait du charbon de bois, il s'en fait une espece dont la formation est due à la vitrification qui se fait des cendres avec une portion de sable & avec la portion de fer contenue dans toutes les cendres des végétaux ; la pierre de *Périgueux*, du moins la plus ordinaire qui se trouve sur la surface des terres en plusieurs endroits, autres que le voisi-nage des petites fonderies ou des volcans, est peut-être une pierre de cette espece.

Quelque machefer que l'on prenne, soit de Houille, soit de Charbon de bois, si on le broie, on y trouve toujours une petite quantité de fer pur & du sablon ferrugineux que M. de Buffon estime absolument semblable à celui de la platine.

de parties bitumineuſes, le Machefer probablement n'eſt pas ſi dur que le fer qui a été mis en fuſion par le ſoufre, & il n'y a nulle abſurdité à penſer qu'en faiſant éprouver à cette ſcorie une grande diviſion ſur le porphyre, elle pourroit être employée en Médecine, de même que le fer & l'acier, qui, étant bien alkooliſés, ſe ſubdiviſent à l'infini dans les aqueux, & dont on ne craint rien ; ou comme la rouille de fer, ſur laquelle il pourroit peut-être mériter la préférence.

Parmi les remedes uſités autrefois à l'Hôtel-Dieu de Paris, le Machefer s'employoit pour les pâles couleurs & pour lever toutes ſortes d'obſtructions : j'infere ici cette préparation pour l'utilité des Pauvres des Villes & des Campagnes.

℞. Du Machefer le plus léger, la quantité de deux livres ; pilez-les, juſqu'à ce qu'elles ſoient réduites en poudre impalpable ; lavez pluſieurs fois cette poudre dans de l'eau de fontaine, juſqu'à ce que l'eau qui aura ſervi à cette lotion en revienne parfaitement claire ; alors, laiſſez bien ſécher la poudre, & mettez-la en infuſion pendant deux fois vingt-quatre heures dans une chopine de la plus forte eau de canelle diſtillée toute pure ; retirez enſuite la poudre, faites-la ſécher dans un plat d'argent, ſur un réchaut, juſqu'à ce que toute l'humidité en ait été ſéchée ; alors, gardez-la pour l'uſage.

Cette poudre ſe donne à la doſe de douze grains, deux fois le jour, dans du pain à chanter ; la premiere le matin, & la ſeconde quatre heures après dîner ; obſervant de laiſſer, pour manger enſuite, deux heures d'intervalle. On continue cette poudre pendant quinze ou vingt jours, & on ſe purge avec une tiſanne laxative.

Des ſcories d'un Charbon de terre très-ferrugineux, il ſeroit poſſible de faire auſſi une teinture ou liqueur aſtringente, en les arroſant de vinaigre, & les laiſſant en digeſtion juſqu'à ce que le menſtrue prenne une couleur rouge ; alors, en mettant le tout dans un pot de fer, & le faiſant réduire à la conſiſtance mellagineuſe, on tirera la teinture par le moyen de l'eſprit-de-vin.

L'analogie de la partie bitumineuſe du Charbon de terre avec le pétrole, d'où s'enſuit naturellement une ſimilitude de propriétés entre ces deux ſubſtances, a fourni à M. Navier (1) l'idée d'une combinaiſon de cette partie graſſe de la Houille avec l'alkali minéral, pour en former une maſſe ſavonneuſe minérale dont nous parlerons dans un inſtant, & qui a les propriétés de certaines eaux médicinales, comme celles de Plombieres, & autres de cette nature.

Le Médecin de qui nous tenons cette préparation, l'a employée avec ſuccès ; elle conſiſte en une eſpece de bitume dur & caſſant, fait avec le Soufre commun, le Charbon de terre, le Pétrole, le Succin & le

_____

(1) Correſpondant de l'Académie royale des Sciences, & Praticien très-eſtimé à Châlons-ſur-Marne.

Natrum (1), le tout intimement uni par le moyen d'une substance ferrugineuse, de maniere que le Karabé y est ouvert & en état de donner à l'eau une grande quantité de ses principes ; ce qu'il ne peut faire, comme on le fait, que difficilement dans les dissolvants spiritueux ; d'une autre part, la partie alkaline du *Natrum* se trouve jointe au soufre & aux parties grasses du lithanthrax & du pétrole, d'où il résulte un foie de soufre fin, savonneux & pénétrant. La matiere ferrugineuse qui entre dans le bitume, contient un peu de sel de Glauber ; ensorte qu'une once de ce bitume, pulvérisé & infusé dans quatre pintes d'eau bouillante, leur communique environ un gros de sel de Glauber & demi-gros de *Natrum* uni aux substances sulphureuses & onctueuses.

Si l'on avoit besoin d'user du Machefer avec moins d'apprêt pour faire une eau minérale, on pourroit s'y prendre de la maniere suivante :

℞. Scories de Charbon de terre lavées, une once ;

    Vin blanc, une chopine ;

laissez le tout pendant vingt-quatre heures ; ensuite, passez par un linge ployé en double dans un vaisseau rempli de trois pintes d'eau de riviere ; gardez cette eau bien fraîche dans des bouteilles bien bouchées, pour en faire une boisson ordinaire pendant 15 jours, en faisant de l'exercice, & après avoir fait précéder une purgation.

Scheutzer (2) indique une maniere très-simple & fort intéressante de faire au coin de la cheminée une eau minérale, semblable aux eaux de *Schintznach*, connues autrement sous le nom de *Habsbourg* (3) : il ne s'agit que de prendre des pelotes fabriquées à la façon Liégeoise, ou autre de cette sorte, pendant qu'elles sont au feu & tout embrasées, & de les éteindre dans de l'eau froide.

Cette eau, dit l'Auteur, exhale une odeur & prend un goût semblable à l'odeur & au goût des eaux de *Schintznach*, & à la couleur noire de la dissolution de la pyrite de *Horge*, dont la nature a été indiquée page 560 (4). Il seroit facile, par ce procédé, d'avoir deux eaux artificielles différentes, savoir, celle qu'on pourroit faire avec le Charbon *bitumineux*, & celle qui pourroit se faire avec le Charbon que j'appelle *pyriteux* ou *sulphureo-bitumineux* : cette derniere, à mon avis, approcheroit fort de celle préparée par M. Scheutzer.

Dans l'hiver de l'année 1772, en Février, j'ai composé des eaux minérales

(1) Sel froid, alkali fixe, tout fait par la nature.

(2) *Itineris Alpini descriptio.*

(3) Bains chauds, ainsi nommés du village de *Schintznach*, vis-à-vis duquel ils sont situés, au Canton de Berne, Bailliage de *Lintzbourg*, au-dessous de *Habsbourg* ; l'un sort du milieu même de la riviere de l'*Aar*, dont on a détourné le cours, afin de conduire les eaux par des canaux dans les Bains : ils conviennent pour toutes especes de blessures & de vieilles plaies.

(4) M. Venel, en parlant de l'usage des Forgerons de mouiller leur Charbon de terre de temps en temps, a remarqué, page 221, que ces Charbons, dans le moment même où ils éprouvent une diminution soudaine de chaleur, répandent la vapeur sulfureuse, propre à leur état languissant ; & il observe que cette analogie mérite quelque attention.

de cette espece, en éteignant à plusieurs reprises dans de l'eau de Seine du Charbon de terre de Fims, embrasé, & qui avoit été empâté avec de l'argille à la façon Liégeoise.

Une de ces imprégnations étoit avec de ces *hochets* en pleine flamme ; dans la seconde eau, où pareille extinction avoit été faite, les *hochets* ne flamboient plus & étoient encore rouges. La premiere espece étoit jaune, le syrop de violette y a verdi ; la seconde étoit de couleur citronnée ; toutes deux ont paru être chargées d'huile, dans un état savonneux. J'avois mis de côté ces eaux dans deux bouteilles, pour les examiner à loisir ; les ayant négligées jusqu'en 1776, je m'apperçus, dans la gelée extraordinaire de cette année, qu'elles étoient glacées, & que les bouteilles étoient cassées : j'ai alors veillé à ne point les perdre lorsqu'elles viendroient à dégeler ; & nous les avons examinées M. Desyeux & moi, après les avoir laissé reposer ; toutes deux avoient formé un dépôt ferrugineux (1), & avoient perdu l'odeur désagréable qu'elles avoient ; une chopine de la premiere eau, imprégnée de hochets enflammés, a été évaporée jusqu'à siccité ; les réactifs n'ont rien donné ; elle ne contenoit point de sélénite, & il ne s'y est trouvé qu'un demi-grain de résidu terreux ferrugineux (2) ; une chopine de la seconde eau, qui s'est trouvée avoir le goût très-ferré, a noirci par tous les réactifs ; la dissolution du mercure a formé une précipitation jaune, elle contenoit de la sélénite, & a donné deux grains de résidu beaucoup plus ferrugineux que la premiere eau.

J'avois encore composé avec M. Parmentier, dans le laboratoire des Invalides, une autre eau de cette espece, mais plus pure, en y éteignant de très-bon Charbon de Fims pur : dans le fort de son embrasement, l'imprégnation bitumineuse étoit sensible au goût & à la couleur ; l'opération avoit fait contracter de toute nécessité un goût & une odeur de fumée à cette eau ; nous l'avions mise dans une bouteille, pour voir si, avec le temps, elle perdroit ces deux qualités accidentelles ; comme dans ce dessein nous n'avions pas mis de bouchon à la bouteille, le Garçon du laboratoire la confondit avec d'autres vaisseaux dont le soin le regardoit, & notre examen n'a pu avoir lieu : depuis ce temps, il m'étoit facile de revenir sur ces expériences, mais je n'en ai pas eu le loisir. Quelqu'imparfaites qu'elles soient, j'ai cru devoir les faire connoître ici en faveur des personnes qui voudront s'en occuper ; il ne peut manquer d'en résulter de l'utilité : j'ajouterai seulement que la bouteille, dans laquelle on met cette eau, doit être bouchée sur le champ.

(1) La décomposition que la glace a dû occasionner dans ces eaux est à remarquer, relativement à l'examen qui en a été fait.

(2) Je crois me ressouvenir que l'eau de cette premiere extinction étoit de l'eau distillée.

Différents Arts, dans lesquels le Charbon de terre en substance, sa suie, ses cendres, son machefer, ou quelques autres de ses produits sont de quelque usage.

Agriculture.

L'Agriculture trouve différentes ressources dans l'ouverture des mines de Charbon de terre; on a vu qu'une espece de glaise bleue ou noire qui se rencontre dans ces mines, & qui peut être regardée comme un Charbon informe, est très-bonne pour les terres chaudes, & sur-tout pour les prés. Voyez pages 49, 377, 378.

Il est reçu que toutes les cendres contiennent un sel extrêmement propre à la fertilité des terres, & sont les meilleurs engrais qu'on puisse employer pour les terres froides & humides, sur-tout quand on garde cet engrais dans un endroit sec où la pluie ne puisse pas emporter leurs sels : les cendres de Houille, quoique différentes des cendres des végétaux, ne pouvant n'être réputées que des terres brûlées, des especes de *Pozzolane* (1), ne sont pas à beaucoup près sans propriétés : il n'en est pas de meilleures pour tuer les vers, ou qui durent davantage. Les Agriculteurs conviennent unanimement que ces cendres fournissent un bon amendement pour les terres labourables. Ces cendres doivent-elles cette qualité aux sels ou à la terre qui y sont contenus (2)?

M. Kurella n'a reconnu aucun atôme salin dans les cendres de Houille qu'il a examinées (3); la terre calcaire y est en petite quantité; celle qui s'y trouve, est de nature alkaline; & on sait que les terres de cette espece fournissent les engrais les plus utiles.

A Saint-Etienne en Forez, on emploie beaucoup les cendres de Charbon de terre pour amender les terres; elles réussissent très-bien pour les prairies & pour les terres à bled, sur-tout mêlées avec le fumier de bœuf ou de cheval (4). En Angleterre, les cendres de Charbon de terre réduits en braises

(1) Plusieurs sortes de terre de ce genre, telles que celles des environs de Naples, de Toscane, du Mont-d'Or en Auvergne, sont exprimées par le mot Italien *Pozzolane*, que les Auteurs Latins désignoient autrefois par le mot *Carbunculus*, qui s'applique à tout ce qui a été réduit en charbon; de maniere qu'on appelloit de ce nom toute terre qui contenoit des morceaux pierreux & noirs, (quoique les *Pozzolanes* soient ordinairement rougeâtres): un champ dont le terrein étoit de cette nature s'appelloit *Carbunculosus ager*.

(2) M. Venel ne regarde pas du tout comme certain qu'elles contribuent au bon effet de la *Cendrée de Tournay* : la raison qu'il donne de son opinion, est que cette propriété, pour l'engrais des terres, est reconnue même à un point éminent dans la chaux pure; mais en total l'expérience est tout-à-fait opposée aux doutes de M. Venel.

(3) Les Charbons dont ce Chimiste s'est servi pour ses essais, sont celui d'Angleterre, celui de Silésie & celui de Wettin. M. Venel n'a point trouvé de sel lixiviel dans les cendres de la Houille de *Graissesac*, de la meilleure espece de Houille d'*Alais*, ni de celle de *Fuveau* en Provence.

(4) Selon M. de Gensanne, on pourroit employer la cendre de Houille avec modération à l'engrais des mûriers, comme étant très-propre à corriger la trop grande ténacité de la seve de ces arbres, sans altérer la feuille, ni être préjudiciable aux vers-à-soie.

nommées *Cinders*, font employées avec fuccès aux mêmes ufages (1). Il paroît qu'à cet égard il eft à propos de faire une différence, en raifon de la qualité des Charbons, pour choifir la cendre de tel ou tel autre felon la nature des terreins trop arides, trop vifqueux, &c. La cendre de Houille graffe eft très-bonne pour l'engrais des marais, des potagers & autres terreins où l'on cultive des légumes: celle de Houille maigre eft très-propre à fer-tilifer les prairies; on s'en fervoit autrefois dans beaucoup de pays pour ces ufages. Le tombereau pefant environ cinq muids, fe vendoit neuf livres. On en tiroit autrefois beaucoup du pays de Mons; mais, depuis quelques an-nées, on préfere les *cendres de mer*, qu'une Compagnie, formée à Valen-ciennes en 1731, a tirées de Hollande (2).

Agricola fait mention d'un onguent, qu'il ne fpécifie pas autrement qu'en difant, que les Gens de la Campagne tirent du Charbon de terre une graiffe qui préferve les vignes de toute efpece d'infecte: ce pourroit être avec les cendres ou la fuie de ce foffile.

De la Suie.

CE produit de la combuftion du Charbon de terre, eft préférable à tous les autres pour l'engrais des terres; il eft très-bon pour le foin & pour le grain.

Dans le pays de Liege, cette fuie eft employée à fertilifer les terreins froids: on la répand auffi au pied des plants de houblons, afin d'en écarter ou de faire périr une forte d'infecte (*ver mineur*) qui dévore tous les ans une grande quantité des feuilles de cette plante.

La pratique ordinaire en Angleterre, eft de mettre quarante boiffeaux par *Acre* de terre (3): il y a cependant des terres qui en demandent davantage. Cet engrais produit un foin très-gras & très-doux, détruit les vers & toutes les mauvaifes herbes.

Si on emploie cette fuie pour les terres à bled, il faut attendre le mois de Février, pour que les pluies & les neiges ne la diffolvent pas trop; il ne faut pas non plus différer plus tard, afin que la féchereffe ne la brûle point.

Les cendres réfultantes de la Houille qui a fervi au feu après avoir été empâtée avec de l'argille, font également propres à cet ufage, & forment encore fur la fabrication une économie véritable pour celui qui confomme de ce chauffage.

---

(1) Ces cendres fe vendent à Newcaftle trois pinces (faifant à-peu-près fix fols de France) la tonne ou vingt un quintaux: il fera queftion à part de la fabrication de ces braifes.
(2) On appelle ainfi les *cendres de Tourbe*, auxquelles on fubftitue auffi les cendres de terres combuftibles de *Beauvais*, d'*Amiens*, quoiqu'elles ne foient pas de même qualité que celles de Hollande. Voyez pages 166, 167 & 603.
(3) La mefure de terre ainfi nommée dans plufieurs pays, eft en Angleterre, comme en Normandie, de 160 perches quarrées.

ARCHITECTURE, MAÇONNERIE.

Différentes préparations de Mortier & de Ciment , dans lesquelles entrent le Charbon de terre brut , ou ses cendres, ou son machefer (1).

LES Charbons de terre, selon M. Bomar, abondent si fort en terre calcaire, que la plupart en donnent après leur uftion : il prétend que c'eft de là que, dans certains pays, on eft dans l'ufage de brûler diverfes efpeces de Charbons *très-maigres* , pour en obtenir une chaux propre à l'Architecture : il s'explique (2) fur ce qu'il entend par *Charbons maigres* , en difant que c'eft en phlogiftique ; car fi ces Charbons contenoient une égale abondance de phlogiftique & de chaux , l'acide préféreroit à s'unir au phlogiftique, & laifferoit la fubftance calcaire.

On ne voit pas trop fur quoi eft fondée cette opinion de M. Bomar: l'effervefcence marquée , quoique médiocre & paffagere , que produit l'acide nitreux fur les cendres de quelques Charbons de terre , annonce que la terre calcaire y eft en petite quantité.

*Ciments , Mortiers , avec la Houille brute , ou en cendres ,
mêlée avec de la chaux.*

DEPUIS quelques années , on a inventé pour les baffins & les canaux dans lefquels on veut retenir des eaux, un mortier ou ciment, dans lequel on fait entrer le Charbon de terre : la préparation de ce mortier confifte à prendre une partie de briques pilées & paffées au fas, deux parties de fable fin de riviere, de la chaux vieille éteinte en quantité fuffifante & paffée à la claie ; le tout étant bien broyé , on y ajoute de la poudre de Charbon de terre & de la poudre de Charbon de bois; alors on l'emploie promptement.

Ciment de Fontainier, ou Ciment perpétuel.

LA poudre artificielle dont on fait affez fouvent ufage fous ces différents noms , eft compofée de pots & de vafes de grès caffés & pilés, de morceaux de machefer auffi réduits en poudre , mêlés d'une pareille quantité de ciment, de pierre de meule de moulin & de chaux ; on en compofe un mortier excellent, qui réfifte parfaitement dans l'eau.

(1) La fuie du Charbon de terre, mêlée avec de l'eau , comme cela fe pratique pour corroyer le mortier & le faire prendre promptement , pourroit être de bon ufage dans les pays où le plâtre eft rare.

(2) V^e vol. des Savants Etrangers , pag. 624.

Cendrée de Tournay, appellée dans l'idiome Languedocien Cendrailles.
Voyez pag. 460.

Dans la sixieme partie des Mémoires de l'Académie de Suede, il est fait mention de la découverte de l'emploi du Charbon de terre pour crépir les caves voûtées.

Ce moyen paroît se rapprocher de l'usage connu des cendres résultantes des fours à chaux, où on emploie la Houille, & qui ne sont autre chose que de la chaux, dont une partie calcinée, une autre réduite en cendres, s'est mêlée en tombant sous la grille avec des parcelles de Charbon de terre; on l'appelle vulgairement *Cendrée*, & souvent *Cendrée de Tournay*, parce qu'il s'en tire beaucoup des environs de cette Ville, où se cuit au feu de Houille d'excellente pierre à chaux; le mortier qu'on en fait, convient singuliérement aux ouvrages qui se bâtissent dans l'eau, par la propriété qu'il a de s'y durcir en très-peu de temps, & entr'autres par celle qui le différencie de la plupart des autres ciments, de ne point se gercer, & de ne jamais éclater lorsqu'on l'emploie dans une saison convenable.

La fabrication du mortier avec la cendrée de Tournay a été publiée au Louvre; nous la placerons ici, en rappellant le doute que nous avons annoncé pag. 460, sur la confiance que l'on peut avoir dans l'exactitude de l'Ecrivain; elle sera précédée de ce qui se trouve sur le même sujet dans l'Encyclopédie, où l'on a rapporté des circonstances dignes d'attention, & qui sont omises dans la description de M. *Carrey*.

Maniere de faire de bon Mortier avec de la Cendrée de Tournay, par M. Lucotte (1).

Il faut d'abord nettoyer le fond d'un bassin qu'on nomme *Batterie*, qui doit être pavé de pierres plates & unies, & construit de la même maniere dans sa circonférence, dans laquelle on jettera de la cendrée; elle se mêle quelquefois avec un sixieme de tuileau pilé; M. Bélidor préfere la *cendre de Hollande* (2): on éteindra ensuite dans un autre bassin qui communique au premier, de la chaux, avec une quantité d'eau suffisante pour la bien dissoudre; après quoi on la laissera couler, dans le bassin où est la

(1) Dictionnaire encyclopédique, Tome IX, pag. 823. *Maçonnerie.*
(2) Poudre grise employée aux Pays-Bas, & en France, pour la construction des ouvrages dans l'eau, au défaut de Pozzolanne; elle est faite d'une terre qui se cuit comme le plâtre, qui s'écrase & se réduit en poudre avec des meules de moulin: il est assez rare que cette poudre soit pure & non sophistiquée; quand elle est pure, elle est excellente, résiste également à l'humidité, à la sécheresse & à toutes les saisons, & unit fortement les pierres ensemble. La cendrée de Tournay, la terrasse de Hollande & la pozzolanne, s'emploient les unes pour les autres.

cendrée, à travers une claie faite de fil d'archal ; tout ce qui ne pourra pas passer par cette claie sera mis au rebut : enfin on battra le tout ensemble dans cette batterie pendant dix à douze jours consécutifs & à différentes reprises avec une demoiselle ou cylindre de bois ferré par-dessous, du poids d'environ trente livres, jusqu'à ce qu'elle fasse une pâte bien grasse & bien fine.

Ainsi faite, on peut l'employer sur le champ, ou la conserver pendant plusieurs mois de suite, sans qu'elle perde sa qualité, pourvu que l'on ait soin de la couvrir & de la mettre à l'abri du soleil, de la poussiere & de la pluie.

Il faut encore prendre garde, quand on la rebat pour s'en servir, de ne mettre que très-peu d'eau, & même point du tout s'il se peut ; car à force de bras, elle devient assez grasse & assez liquide ; c'est pourquoi ce sera plutôt la paresse des Ouvriers, & non la nécessité, qui les obligera d'en remettre pour la rebattre ; ce qui pourroit très-bien, si on n'y faisoit pas attention, la dégraisser & diminuer beaucoup sa bonté.

Ce mortier doit être employé depuis le mois d'Avril jusqu'au mois de Juillet, parce qu'alors il n'éclate jamais.

Procédé du Ciment fait avec la Cendrée de Tournay, par M. CARREY.

» LA chaux de Tournay & des environs, cuite avec le Charbon de terre,
» est distinguée en trois especes.

» 1°, La chaux & la cendre, telle qu'on la retire du four.

» 2°, La chaux pure, c'est-à-dire, la chaux séparée de la cendre.

» 3°, La cendrée pure, qui n'est autre chose que la cendre du Charbon
» de terre, mêlée d'une infinité de particules de chaux, extrêmement divisées
» par l'action du feu ; elle pese un quart plus que la seconde espece.

» C'est avec la cendrée pure que se fait le ciment pour bâtir contre l'eau ;
» on commence par en mettre une demi-manne (1) en un tas, que l'on
» ouvre ensuite pour y jetter un peu d'eau, & éteindre les particules de
» chaux sans aucun mélange.

» Cette demi-manne étant éteinte, on en éteint encore une autre que
» l'on entasse avec la premiere, & ainsi de suite jusqu'à ce qu'il y en ait une
» quantité suffisante pour entretenir l'Ouvrier pendant un jour & même plus ;
» on peut laisser reposer ce tas aussi long-temps qu'on veut pendant l'été
» sans aucun danger, & même la cendrée se bonifie, pourvu qu'elle soit
» à l'ombre ; il n'en est pas de même en hiver, loin de se bonifier, elle se
» gâte.

(1) Mesure d'osier que les Ouvriers appellent *Mande*, en usage aussi dans ce pays pour le | Charbon de terre, mais différente selon toute apparence. Voyez page 486.

» La cendrée ainfi éteinte, on en emplit une auge de deux pieds en quarré
» jufqu'à deux tiers ou environ: les bords font élevés de neuf pouces, afin
» que la cendrée ne s'échappe pas en la battant; la quantité qu'on y peut
» mettre eft d'environ une brouettée (1) ou, fans s'arrêter à la brouettée,
» une demi-manne, qui eft un peu plus petite.

» La quantité de cendrée qu'on met dans l'auge à chaque reprife, fe nomme
» *Battée*: il eft néceffaire d'écrafer la cendrée jufqu'à ce qu'elle faffe une
» pâte unie & douce au toucher, par la feule force du frottement, & fans
» y mettre que le peu d'eau qu'il y faut pour l'éteindre.

» Pour faciliter le travail de l'Ouvrier, on place l'auge contre un mur,
» dans lequel on enfonce le bout d'une perche, dont l'extrémité oppofée
» vient rendre fur le milieu de l'auge; on conçoit que fa fituation doit être
» horizontale: les Manœuvres l'appellent *Rejet*.

» On fufpend au bout de cette perche une efpece de demoifelle, que
» les Ouvriers nomment *Batte*, avec laquelle on pile la cendrée; cette
» demoifelle eft de fer ou de bois armé de fer, & a trois pieds de hauteur
» fur deux pouces & demi à trois pouces de diametre, elle en a moins lorf-
» qu'elle eft de fer; fa forme eft d'un cône, furmonté d'un anneau immobile,
» par où l'on paffe une corde, par le moyen de laquelle la demoifelle eft
» fufpendue au bout de la perche, qui fait le reffort, comme celles dont fe
» fervent les Tourneurs; ainfi le Manœuvre n'a d'autre peine que d'appuyer
» la demoifelle fur le mortier & de la conduire, la perche ayant par fon élafticité
» une force fuffifante pour l'enlever par un mouvement contraire au fien.

» Il eft aifé de fentir par cette manœuvre que l'auge doit être faite d'une
» pierre dure, & capable de réfifter à la chûte & aux coups réitérés de la
» demoifelle.

» On choifit pour cet effet à Lille un grès que l'on trouve auprès d'Arras,
» en tirant du côté de Douay, & qui eft la meilleure pierre qu'on emploie
» dans cette capitale de la Flandre Françoife, qui n'a dans fes environs qu'une
» pierre de craie tendre & blanchâtre.

» L'Ouvrier a foin de ramaffer de temps en temps le mortier avec une
» pelle au milieu de l'auge, dont le tour peut n'être que de bois, mais
» dont le fond doit néceffairement être de pierre; il continue de piler
» chaque battée pendant une demi-heure ou environ, après quoi il la retire
» de l'auge, & en fait un tas: comme l'Ouvrier a onze heures de travail,
» hors les repas, il y a environ vingt battées dans un jour d'été.

» Il ne fuffit pas de battre ce ciment une premiere fois, on doit laiffer
» repofer le tas jufqu'à ce qu'il ait atteint le dernier point de féchereffe, qui
» permet encore de rebattre la cendrée fans y mettre d'eau, & au-delà duquel elle
» deviendroit fi dure, qu'elle feroit une maffe intraitable & abfolument inutile,

(1) Jauge de Lille.

» L'ufage feul peut apprendre quand il eft temps de recommencer à
» battre un tas de cendrée ; comme cette matiere eft très-fujette aux influences
» de l'air, on doit fe régler fur la température du froid & du chaud ; c'eft
» beaucoup que d'attendre trois jours dans les grandes chaleurs ; & dans une
» grande humidité, ce n'eft pas trop de fix.

» On ne rifque jamais rien de battre la cendrée auffi fouvent & auffi
» long-temps qu'on le veut, fût-ce pendant une année ; car plus elle eft
» broyée & battue, mieux elle vaut ; il y a cependant des bornes à ce
» travail.

» En effet, à force de battre la cendrée, on la réfout en une pâte qui
» devient toujours plus liquide ; & fi l'on continuoit trop long-temps de fuite,
» elle le deviendroit au point de perdre une forte de confiftance qui lui eft
» néceffaire pour être battue ; c'eft pourquoi l'on reftreint le broiement de
» chaque battée à une demi-heure, après lequel temps on la laiffe repofer
» deux ou trois jours ; alors on la reprend pour la remettre au même état
» qu'elle étoit quand l'Ouvrier l'avoit quittée.

» Toutes les fois qu'on rebat la cendrée, l'économie veut qu'on le faffe
» toujours à propos, c'eft-à-dire, qu'on attende le moment qui précede im-
» médiatement celui où il commenceroit à être trop tard de le faire ; avec
» ces intervalles, il fuffit de rebattre dix fois la cendrée, pour qu'elle acquiere
» un degré de bonté dont on doit fe contenter ; au lieu qu'en la rebattant
» coup fur coup, on recommencera plus de vingt fois, fans qu'elle foit meil-
» leure que fi on ne l'eût battue que dix fois, mais dans les temps conve-
» nables ; & par ce moyen les frais de main-d'œuvre, qui font les plus con-
» fidérables, fe trouveroient doublés en pure perte.

» La cendrée étant ainfi préparée par un broiement répété dix fois ou
» davantage, s'il furvient un embarras qui empêche de l'employer, on ne
» doit pas difcontinuer de la rebattre tous les trois jours plus ou moins felon
» les faifons, fans quoi elle fe durciroit, & ne feroit propre, comme on
» l'a dit, à aucun ufage.

» En prenant ces mefures, un tas de cendrée peut fe conferver des années
» entieres : mais on fent qu'alors l'excellence du mortier feroit trop achetée,
» par la dépenfe & la fujétion de le rebattre : cependant il peut y avoir des
» cas où cette dépenfe eft encore préférable à la perte d'un tas de cendrée,
» dont la préparation a déja coûté beaucoup de frais ; il faut en pareille cir-
» conftance le dépofer dans un fouterrain ou dans un endroit inacceffible aux
» rayons du foleil & à la chaleur ; l'humidité qui y regne s'infinue à travers
» les pores du mortier, & l'entretient dans fon état de pâte molle, qu'il
» conferve une fois plus long-temps que s'il étoit dans un lieu fec ; on eft
» par conféquent obligé de rebattre la cendrée moitié moins fouvent, ce
» qui diminue les frais dans la même proportion.

» L'excès du froid & du chaud eſt également nuiſible ; on remédie aux
» grandes chaleurs en couvrant l'ouvrage d'une couche de terre glaiſe , de
» paillaſſons & de planches , & oppoſant aux rayons du ſoleil une épaiſſeur
» qu'ils ne puiſſent pénétrer : il y a moins de remede pour la gelée , qui détache
» la cendrée lorſqu'elle la ſaiſit avant qu'elle ait pu ſécher ; une ſaiſon tem-
» pérée ou même humide , eſt celle qui convient le mieux ; & ſi la cendrée
» a le temps de ſécher ſans être atteinte ni de la gelée ni d'une chaleur
» exceſſive , elle devient inaltérable à l'un comme à l'autre , & le temps qui
» détruit tout , ne fait qu'augmenter ſa ſolidité ; enſorte qu'il eſt beaucoup
» plus aiſé de pulvériſer les pierres & les briques , que de la pulvériſer elle-
» même.

» La cendrée pourroit être employée à tous les uſages auxquels on emploie
» le mortier de ſable & de chaux , ſi l'on vouloit en faire la dépenſe ; car
» elle réſiſte à trois éléments auxquels rien ne peut réſiſter , le feu , l'air &
» l'eau ; mais elle a ſur-tout une propriété merveilleuſe contre ce dernier ;
» quelques minutes après qu'elle a été appliquée , lui ſuffiſent pour faire corps
» avec la pierre , après quoi il n'y a nul inconvénient de lâcher les eaux
» contre l'ouvrage , pourvu qu'elles dorment comme dans un baſſin , & que
» ce ne ſoit pas une riviere dont le cours fût aſſez rapide pour la dégrader.

» Dans ces derniers cas , on doit avoir la précaution de retenir les eaux
» un jour , ou ſeulement quelques heures ; & ſi cela ne ſe peut pas , il con-
» vient d'enduire l'ouvrage d'une couche de glaiſe , que l'on défend encore
» avec des planches contre l'effort de l'eau.

» Une muraille ainſi conſtruite durera pluſieurs ſiecles au milieu d'une riviere,
» ſans qu'il ſoit à craindre que ſa violence , quelque grande qu'elle ſoit , la
» faſſe crouler , ni même qu'elle l'endommage ; elle aura donc toute la ſolidité
» qu'on peut déſirer , mais les eaux pourront filtrer au travers ; & ſi l'ouvrage
» eſt deſtiné à les retenir , la conſtruction doit être en conſéquence (1).

Mortier ou Maçonnerie du Beton.

On y emploie indiſtinctement la *terraſſe de Hollande* ou la *pozzolane* (2)
ou la *cendrée de Tournay*, ou même le *machefer* , à la quantité de douze parties
de l'une de ces matieres ſur une de chaux , meſurée ſans doute vive , & éteinte
en même temps qu'on fera le mortier , afin que l'efferveſcence qui ſe fera
puiſſe produire plus exactement la diſſolution de la blocaille & de la pozzolane
qu'on doit y incorporer. M. Bélidor , dont nous empruntons cette compoſition (3) , dit qu'il a été conſtaté , qu'après deux mois de ſéjour dans la

---

(1) Nous avons cru pouvoir omettre ici celle qu'a décrit M. Carrey.

(2) La *pozzolane* , réſervée en général pour la conſtruction des édifices hors de l'eau , eſt plus tendre que le tuf , & plus dure que le ſable ordinaire. M. Hill croit que c'étoit la *terre*

de Tymphéa, propre à dégraiſſer les habits, ap-pellée par les habitants de Tymphéa & des en-droits voiſins *Gypſe*, *Gypſum Tympheicum*.

(3) Architecture hydraulique, Tom. IV, pag. 186—189.

mer, cette maçonnerie compofoit un corps fi dur qu'on trouva plus de difficultés à féparer fes parties que celles d'un bloc de la meilleure pierre.

Comme quelques détails fur la maçonnerie de Beton ne peuvent manquer d'intéreffer les perfonnes qui pourroient fe trouver dans le cas de l'employer, nous rapporterons ici des expériences très-exactes faites à Toulon fur la quantité de matériaux de chaque efpece qui entrent dans une toife cube de cette maçonnerie, leur poids, le temps qu'il faut pour la faire & la plonger dans l'eau, entre 10 & 18 pieds de profondeur.

Pour remplir une fondation qui contenoit 16 toifes cubes, on a employé, favoir :

942 pieds cubes de *pozzolane* rouge, à 90 livres le pied, pefant ensemble 84780

471 pieds cubes de fable à 115 livres, pefant enfemble . . 54165

1020 pieds cubes de recoupes de pierre à 110 livres, pefant ensemble 112200

235 pieds cubes de *machefer* concaffé, pefant enfemble . . 18800

706 pieds cubes de chaux vive concaffée, pefant chacun 76 l. & enfemble 53596

618 pieds cubes de pierre à 160 liv. chaque, & enfemble . . 98880

Total trois mille neuf cents quatre-vingt-douze pieds cubes de matériaux, pefant enfemble 422421

Verrerie, Encre d'Imprimerie, Bleu de Pruffe, Teinture en petit teint, Peinture, Deffins, &c.

LES Verriers font généralement dans l'idée que le mélange des cendres de Houille ne peut être utile dans les matieres propres à faire du verre : la fimple infpection de ce qu'on appelle *machefer*, où on apperçoit diftinctement une efpece de vitrification, rend très-douteufe l'opinion des Verriers (1).

A Sultzbac, Principauté de Naffau, la fuie du Charbon de terre que l'on calcine dans le fourneau dont nous parlerons tout à l'heure, étant recueillie dans la chambre où débouche la cheminée, eft employée très-utilement en place du noir d'ivoire pour entrer dans la compofition de l'encre d'Imprimerie ; elle peut auffi, felon M. de Genfanne, fervir à faire la fécule bleue, nommée le *bleu d'Erlinghen*, qui ne le cede en rien au plus beau *bleu de Pruffe*, que l'on fait n'être autre chofe que la terre martiale précipitée par l'alkali phlogiftique.

(1) M. Venel, Chap. 2, Sect. 3, affure, d'après fa propre expérience, que ces cendres pouffées au feu dans des creufets entrent en fonte, même fans addition, & qu'elles fe convertiffent en une matiere vitreufe analogue au machefer.

Teinture.

Les Teinturiers en soie, laine & fil, emploient la suie de cheminée pour les couleurs brunes, musques, & autres semblables, désignées en général sous le nom de *petit teint* (1). La suie de Houille ne pourroit-elle pas servir à ce même usage ? Je n'ai pas eu le loisir de m'en assurer par l'expérience, aisée à faire cependant, & il est probable qu'elle réussiroit ; les analyses de cette suie démontrent qu'il n'y a entre elle & celle des feux de bois, d'autre différence que la présence du bitume dans l'émanation de la fumée du feu de Houille (2).

Les Teinturiers ont deux sortes de préparations de suie, l'une nommée *Bidanet*, & l'autre *Bistre* ; ce dernier nom appartient sur-tout à la suie la plus recuite & la plus brillante, pulvérisée, passée ensuite au tamis pour être mise en petits pains, après avoir été pétrie dans un peu d'eau gommée.

Cette préparation de suie, affectée au *petit teint*, & qui donne une couleur brune, couleur de terre ou un peu jaunâtre, appellée *Bistre*, est aussi d'un grand usage pour l'enluminure & le lavis des plans. On s'en sert encore pour peindre en mignature : la maniere de le composer, consiste à broyer de la suie de cheminée avec de l'urine d'enfant sur l'écaille de mer, jusqu'à ce qu'elle soit parfaitement affinée ; on l'ôte de dessus la pierre pour la mettre dans un vaisseau de verre de large encolure, & on remue la matiere avec une spatule de bois, après avoir rempli le vaisseau d'eau claire ; on la laisse ensuite reposer pendant une demi-heure ; le plus gros tombe au fond du vaisseau, & l'on verse doucement la liqueur par inclinaison dans un autre vaisseau ; ce qui reste au fond est le bistre le plus grossier, qu'on jette ; on fait de même de ce qui est dans le second vaisseau ; on remet la liqueur dans un troisieme, & on en retire le bistre le plus fin, après l'avoir laissé reposer pendant trois ou quatre jours.

On doit procéder de la même façon pour faire toutes les couleurs dont on doit se servir en lavis, afin d'avoir des couleurs qui ne fassent point corps sur le papier, ce qui feroit un mauvais effet à l'œil ; car la propreté que demande le dessin ne souffre que les couleurs transparentes.

On prépare encore le bistre en faisant bouillir la suie de cheminée cinq ou six gros bouillons avec de l'eau à discrétion dans un chauderon exposé sur un grand feu ; on la remue de temps en temps avec un petit bâton ;

(1) L'Art de teindre, par rapport aux étoffes de laineries, se distingue en France en grand & bon teint, & en petit ou faux teint : le premier est celui où il ne s'emploie que les meilleures drogues, & celles qui font des couleurs assurées : le petit teint est celui où il est permis de se servir de drogues médiocres, & qui font de fausses couleurs ; de maniere que les moindres étoffes sont réservées pour le petit teint, renfermé dans le fauve & le noir. Le bon & le petit teint expriment différents mélanges prescrits par les Ordonnances, & d'où résultent des couleurs plus ou moins fines.
(2) Voyez la These soutenue aux Ecoles de Médecine de Paris, citée page 424.

on s'en fert pour les mêmes ufages après avoir fait évaporer , cette couleur liquide , & réduite en petits pains ou paftilles , qu'on nomme *Biftre* (1).

Vernis, Goudron, Cambouis, Huile.

E N faifant bouillir le Charbon de terre dans de l'huile cuite ou dans un vernis gras , comme celui des Peintres (2) , on a , felon M. Kurella , un beau vernis tanné qui fe feche bien.

Avec l'huile de pin , épaiffie au foleil , on a une chaleur douce ; il donne un beau vernis jaunâtre , qui demande feulement beaucoup de temps pour fécher : en faifant bouillir partie égale de Charbon de terre & de poix blanche , & les tenant long-temps au feu & les y remuant fans ceffe , il réfulte une matiere tenace qui s'attache fi fortement au bois & au fer , qu'on pourroit en faire une efpece de goudron pour préferver les navires de la piquûre des vers , & empêcher le fer de fe rouiller dans l'eau.

Le Mémoire de M. de Bafville fait mention d'un Charbon & réfine minérale dans le Diocefe de Béziers , dont on fait une fubftance molle & tenace comme le goudron.

Le Grand Prieur de Lure a imaginé de tirer de l'huile du Charbon de Rouchamps.

M. de Genffane , dans l'Ouvrage qu'il vient de publier , avance que lorfque le Charbon , qui fe tire des mines des environs du Saint-Efprit en Languedoc , a peu de confiftance , & fur-tout lorfqu'il eft molaffe (3) , on peut en extraire un cambouis ou une matiere huileufe , fort gluante , à demi-fluide , très-propre à graiffer les voitures. On fera bien aife de comparer ce procédé avec celui pratiqué fur la pierre de Shropfire ; il confifte à faire bouillir le Charbon de terre avec de l'eau dans des chaudieres de fer , & à écumer le bitume qui furnage à l'eau. Quand il ceffe d'écumer , le dépôt fableux ou terreux , ordinairement blanchâtre , qui refte au fond de la chaudiere , fe retire ; on remet de nouveaux Charbons dans l'eau , & on continue jufqu'à ce qu'on ait autant de graiffe qu'on en veut. Cette matiere eft mife dans des vafes de bois pour repofer ; on en ôte l'eau qui s'en eft féparée , le bitume eft mis de nouveau fur le feu , & on le fait bouillir feul jufqu'à ce que toute la partie aqueufe foit évaporée : il eft à remarquer que cette graiffe a beaucoup d'odeur , mais n'a rien de nuifible.

(1) Voyez l'expérience de M. Deflandes avec le Charbon de terre d'Angleterre , Part. Ire , p. 21. Le Dictionnaire Encyclopédique & le Dictionnaire de Trévoux font mention d'un noir de terre qu'emploient les Peintres qui travaillent à frefque , & qu'ils difent être une efpece de *Charbon foffile* , qui néanmoins n'eft que la terre d'ombre calcinée. Voyez *Argilla* dans la Table des matieres.

(2) L'huile graffe que les Peintres mêlent dans leurs couleurs pour les faire fécher , & qui eft compofée d'huile de noix ou de lin & de litharge , qu'on fait bouillir , puis on laiffe repofer la litharge au fond du vafe; & ce qui furnage eft l'huile graffe.

(3) Cette forte de Charbon , appellé par l'Auteur Charbon *jayet* , (& dont je n'ai nulle idée) eft quelquefois , felon lui , fi mou qu'on le pelotte dans la main. *Hift. Natur. du Languedoc.*

L'Art d'extraire du Charbon de terre le bitume & le foufre furabondant,
fans détruire ce compofé qui conferve le principe inflammable, & peut par
conféquent être fubftitué aux Charbons de bois, eft connu en Angleterre, au
rapport de M. Jars : la même pratique s'eft établie par les foins & aux frais
du Prince de Naffau Saarbruck aux forges de *Sultzbach*, dans la Principauté
de Naffau ; on y a cru pendant long-temps qu'on retiroit de ces braifes de
Charbon un grand avantage pour la fonte de la mine de fer : nous parlerons
de cet ufage à fa place. M. de Genffane a eu occafion de voir cet établiffement,
qui confifte en fourneaux compofés fur le modele des fourneaux de *Coupelle* (1). La cornue pour épurer le Charbon eft une grande *moufle* (2)
de terre, capable de réfifter au feu, & qui ne reçoit la chaleur qu'au travers
de fes pores : le bitume fondu & détaché par la chaleur, coule en bas, &
eft reçu dans un vafe, tandis que le foufre volatilifé monte dans une chambre
fupérieure par un canal. Le Chapitre XII du Traité de M. de Genffane
renferme une defcription complette de cet établiffement, la conftruction,
l'ufage de ces fourneaux, les dimenfions & les proportions qui leur conviennent (3). Nous nous bornerons ici à faire connoître la méthode pour
ce qui a rapport à la diftillation du bitume *per defcenfum* (4), & à l'évaporation qui fépare le foufre.

Les deux opérations fe font en même temps dans une efpece de four,
dont l'effet eft à-peu-près le même que celui d'une cornue ; on en prendra
la premiere idée fur la Planche LVIII, où l'on a repréfenté les principales
parties, que nous expliquerons après une defcription fommaire.

Ce four, conftruit d'une pâte ou mortier très-réfractaire, fe ferme exactement lorfqu'il eft rempli de Charbon. Au bas de fa capacité eft une rigole
& une feule ouverture ronde, garnie d'un long tuyau de cuivre incliné ; ce
tuyau va s'emboucher dans une marmite de *fer fondu*, qui fert de récipient
pour le bitume coulant ; un autre tuyau de cuivre, montant perpendiculairement, eft implanté fur le tuyau defcendant ; celui-ci fert à l'évaporation
des vapeurs du *foufre* (5). Cette efpece de four eft enveloppé d'une voûte
qui lui fert de fourneau, ayant une grille, un cendrier & une cheminée

(1) Des *Coupelles*, font des vaiffeaux pour
purifier l'or & l'argent des différents métaux avec
lefquels ils peuvent être alliés : ces Coupelles
font faites d'une matiere qui a la propriété de
tenir en fufion tous les métaux parfaits & imparfaits, tant qu'ils confervent leur état métallique, & de les abforber, ou pour parler le langage du métier, de les boire, dès qu'ils font
vitrifiés.

(2) Petit four mobile différemment conftruit,
faifant partie effentielle du fourneau d'effai ou
de coupelle.

(3) De la conftruction & de l'ufage d'un
fourneau propre à la préparation du Charbon
de terre, pour le mettre en état d'être employé
à la fonte des mines de fer, & à tous les autres

ufages auxquels on emploie le Charbon de bois;
pag. 263, Tom. I.

(4) *Diftillation par le bas*, c'eft-à-dire, dans
laquelle l'appareil eft conftruit de maniere
que les matieres foumifes à l'opération fortent
du vaiffeau par la partie inférieure.

(5) L'Auteur a fuivi dans cette expreffion
l'opinion générale dont nous ne croyons devoir
faire reproche à perfonne : il nous fuffira que
l'on foit prévenu de notre fentiment à cet égard,
& que réellement cette partie dite fulphureufe
eft une huile très-légere, un alkali volatil réfous
& très-aqueux, qui fe diffipent dans l'air, au
moyen d'une efpece de foupirail, adapté au
tuyau, par lequel les principes moins volatils
font portés dans le récipient.

qui

qui débouche dans une chambre conftruite au-deffous où circule la fumée du Charbon qu'on brûle pour chauffer ce four : on mêle le Charbon avec du bois pour l'allumer ; lorfqu'il eft rougi , on le maintient moyennement dans cet état ; & à ce degré de chaleur, le bitume coule dans la marmite de fer qui eft à moitié enterrée ; le foufre s'évapore par le tuyau de cuivre vertical : lorfque ces vapeurs ceffent de fortir, l'opération , qui dure ordinairement trois fois vingt-quatre heures , eft achevée.

Le Fourneau vu dans fa capacité extérieure E , F , G , H , *Planche* LVIII, *fig.* 2.

I , K , L , M , la capacité intérieure du fourneau.

a , c , n , m , d , b , P , q , les deux *chauffes* (1) du fourneau.

e , f , g , h , les portes des chauffes.

t , u , intérieur de la cornue.

r , s , tuyau de cuivre par où coulent l'huile & le bitume.

v , tuyau d'évaporation.

P , marmite de fer qui fert de récipient , dans laquelle fe rendent l'huile & le bitume, & qui eft couverte d'un couvercle bien jufte.

Q , R , porte de la cornue.

z z, grille des chauffes.

Coupe du Fourneau, fig. 2, *fur la ligne* t u *de la fig.* 3.

E , G , F , H , murs du fourneau.

N , o , X , u , t , dedans du vafe faifant fonction de cornue.

x , fol du terrein.

Q , R , porte inférieure de la cornue.

Y , porte fupérieure de la cornue.

y , cheminée du fourneau.

r , s , tuyau de cuivre par où fortent l'huile & le bitume.

v , tuyau d'évaporation.

O , mammelon du récipient , dans lequel emboîte le tuyau de cuivre.

P , marmite de fer qui fert de récipient.

Coupe tranfverfale du Fourneau. Fig. 4.

N , u , X , fol de la cornue, formant une rigole au milieu , par où s'écoulent l'huile & le bitume.

O , voûte de la cornue.

(1) Les Ouvriers entendent par cette expreffion , le foyer qui contient l'aliment du feu.

e f g h , deſſous de la chauffe , par où l'air s'introduit ſous la grille.

T , voûte en croiſillon , ou chambre ſupérieure.

V , cheminée du fourneau.

Elévation du derriere du Fourneau. Fig. 6.

On ne voit pas ici la porte de deſſous la chauffe , par où s'introduit l'air ſous la grille , ni les portes du fourneau , mais bien en *l l 4 4* , les tirants de fer avec leurs clefs , ſervant à empêcher que les murs ne ſe fendent.

O , mammelon du récipient , dans lequel s'emboîte le tuyau de cuivre.

P , marmite de fer qui ſert de récipient.

v , le tuyau d'évaporation.

Le bitume , provenant de cette opération , eſt très-gras , & peut être ſubſtitué au meilleur cambouis pour graiſſer les roues des voitures (1). A l'égard de l'huile , elle diffère du pétrole , en ce qu'elle eſt moins inflammable ; les Payſans s'en ſervent en guiſe d'huile pour s'éclairer , comme il ſe pratique près de Beckal en Sibérie avec le malte qui ſe tire de quatre puits.

Lumiere pour éclairer l'entrée des Ports & des Rivieres.

Les feux qu'on allume de nuit ſur les phares pour ſervir de guide aux vaiſſeaux , pourroient être de Charbon de terre flambant ; la clarté en ſeroit augmentée conſidérablement à l'aide d'une plaque de métal poli , placée à une diſtance convenable du foyer , du côté qui n'a pas beſoin d'être éclairé pour faire effet de réverbere. Chaque bâtiment , abordant au port , ſeroit tenu d'être leſté d'une certaine quantité de Charbon de terre pour cet uſage. Dans l'un des ouvrages extérieurs des fortifications de la ville d'Oſtende , on a conſtruit , par ordre de Sa Majeſté Impériale & Royale , un fanal qui éclaire avec ce combuſtible (2).

De l'uſage économique du Charbon de terre , comme combuſtible ; pour les Arts.

Lorsque l'on enviſage le Charbon de terre comme combuſtible , propre à pluſieurs Arts , ou aux uſages domeſtiques , on préſume d'abord qu'il eſt important que l'on ſache en faire un choix convenable , ou pour rejetter ceux de mauvaiſe qualité , ou pour diſcerner ceux dont la chaleur & la

---

(1) Becher , à ce qu'il paroît dans ſon Ouvrage , intitulé : *La folle Sageſſe* , N°. 36 , connoiſſoit la maniere de purifier le Charbon de terre , & d'en tirer une eſpece de cambouis ou de goudron auſſi bon que celui de Suede.

(2) Le 15 Décembre 1772 , on l'a allumé pour la premiere fois ; la colonne de feu , d'environ cent pieds de haut , eſt ſurmontée d'un grillage de fer , dans lequel on entretiendra toute la nuit un feu de Charbon de terre , qui pourra être découvert de loin.

flamme font les plus favorables aux opérations auxquelles on veut les ap‑
pliquer, ou pour tirer parti de ceux dont on eſt à portée.

Les différents degrés de feu ou de chaleur à donner, fur-tout aux fers que
l'on forge, felon leur nature, c'eſt-à-dire, felon qu'ils font les uns ou les
autres capables de fe dilater ou de fe condenfer par différents degrés de
chaud, felon la diverfité des ouvrages, doivent dépendre beaucoup de
la nature du Charbon que l'on emploie ; il en eſt de même de tous les
autres Arts auxquels on applique le feu de ce combuſtible : il eſt probable‑
ment plus ou moins convenable à quelques opérations felon ſa qualité : la
vivacité de ſa flamme, de ſa chaleur, & cette différence des phénomenes,
réfultant de la diffolution de ce foffile par l'embrafement, ne peuvent être
que relatifs, foit à la texture du Charbon dont on fe fert, foit à la différente
combinaifon de ſes parties conſtituantes. Dans un grand nombre de Houilles,
leur organifation particuliere eſt aifée à reconnoître en fuivant attentivement
des yeux la maniere dont fe détruit un Charbon de terre que l'on foumet
à l'ignition, voyez pag. 554 ; la portion effentiellement combuſtible eſt
raffemblée & cantonnée dans des alvéoles parallélogrammiques (1).

Selon que ces molécules font plus ou moins analogues à la matiere du feu,
c'eſt-à-dire, bitumineufes, felon que leurs enveloppes ont de confiſtance,
ou que leurs pores font plus ou moins ouverts, que leur communication eſt
diverfement interrompue par des matieres hétérogenes, le feu que produira
tel ou tel Charbon de terre fera différent ; il faudra plus ou moins de temps
pour que ſon action fe tranfmette dans le Charbon mis au feu, le progrès
de l'embrafement eſt rallenti, &c.

La connoiffance du Charbon de terre, dans les variétés les plus commu‑
nes, eſt par conféquent à ajouter à celle de l'Art même, pour lequel s'emploie
le feu de ce combuſtible ; les difficultés que comporte cette connoiffance,
ne font ni moins réelles ni moins confidérables. Dans les petites forges, où
il eſt tout auffi néceffaire que pour d'autres travaux de difcerner les qualités
de Charbon de terre, on voit que tout fe réduit de la part des Ouvriers à
une fimple routine que l'expérience n'a point encore perfectionnée : nous
la difcuterons à part, ainfi que la maniere ordinaire de juger de ce foffile,
lorfque nous le confidérerons employé pour les travaux métallurgiques.

Il feroit très-poffible que les Charbons de terre, confidérés & examinés
attentivement dans les circonſtances qui fe découvrent à la fimple vue, four‑
niffent fur leur qualité des inductions capables d'éclairer le Confommateur
fur les propriétés des uns & des autres, & de le guider dans les ufages
qu'on peut en faire. Le Pere Grammont, Miffionnaire à Canton en Chine,
remarque dans un Mémoire communiqué par M. le Docteur Maty, à la Société

(1) Ce qui feroit juger que ce que l'on pour‑ | pas la figure cubique apperçue par M. l'Abbé de
roit appeller les molécules de Charbon, n'ont | Sauvages, Voyez pag. 535.

Royale de Londres (1), que les Charbons de terre de Chine pourroient donner quelques idées fur la formation, les qualités, l'ufage & la nature du Charbon de terre.

Ces fignes, quels qu'ils puiffent être, méritent d'être appréciés expérimen-talement par les Artiftes intelligents ou par les perfonnes curieufes, à même de vérifier ces caractères extérieurs des Charbons de terre. Nous nous fommes contentés de les faire preffentir dans la première Partie, *page 73*, il eft à propos de les développer ici, après nous être arrêtés fur la propriété générale de ce foffile de donner de la chaleur.

De la chaleur que donne le feu de Houille en général.

La propriété commune à tout Charbon de terre, comme combuftible, eft de répandre en brûlant plus ou moins de chaleur, ou felon l'efpece de Charbon employé, ou felon le volume foumis à l'ignition, &c. Nous n'avons ici à confidérer cette chaleur que quant à fon intenfité, & quant à l'action qui peut lui être particuliere fur les uftenfiles ou vaiffeaux que l'on chauffe avec le Charbon de terre: la chaleur du feu de Charbon de terre eft com-munément eftimée de feize degrés, & celle du grand feu de bois de dix-fept degrés.

Suivant le Chevalier Newton (2), la chaleur d'un petit feu de Charbon de terre, & celle du fer qu'on y avoit fait rougir, étoit de ($\frac{191 \times 180}{34} + 32 =$) 1049 degrés; & une verge d'acier échauffée dans le feu jufqu'à ce qu'elle fût rouge, a été trouvée par le Docteur Muffchenbroek (*Tentamen Acad. Com. II, p. 48 & 49*), allongée de 364 degrés; par conféquent, elle avoit été échauffée jufqu'à notre ($\frac{364 \times 180}{56} + 32 =$) 1095e degré; ce qui differe bien peu de la chaleur du petit feu de Charbon, dont il vient d'être parlé d'après Newton.

Ce grand Phyficien (*Phil. Tranf. ibid.*) donne la chaleur d'un petit feu de bois, comme plus grande, montant peut-être à fon 200 ou 210eme degré; ce qui correfpond à notre ($\frac{210 \times 180}{34} + 32 =$) 1408e degré; & il regarde avec juftice un plus grand feu, comme encore plus chaud, particuliérement fi on le pouffe avec des foufflets.

M. Venel, dans fes *Inftructions*, n'a pas négligé de s'arrêter à cette cir-conftance du feu de Charbon de terre: cet Auteur compare ce foffile embrafé pour tous fes phénomenes aux métaux rougis au feu; il lui reconnoît une chaleur très-ardente, mais ne s'étendant pas au loin, & d'une expanfibilité inférieure à celle du bois; il fait cependant la diftinction des cas dans lefquels

(1) Sur les différentes étuves Chinoifes pour chauffer les appartemens, & dont nous ferons ufage à l'article du chauffage.
(2) Effai fur l'Hiftoire naturelle & expéri-mentale des différents degrés de chaleur des corps, par le Docteur Martine, de la Société Royale de Londres, Sect. VII.

cette chaleur eſt animée par les ſoufflets ou par différentes conſtructions de ſourneaux propres à opérer une ventilation : il obſerve qu'alors le feu de Houille peut, non-ſeulement être élevé au plus haut degré, mais encore être porté au loin avec toute ſa chaleur, & même ſous la forme d'une flamme vive. L'Auteur a ſoin de faire remarquer, en même temps, que ce peu d'expanſibilité de la chaleur ſpontanée de la Houille brûlante, ne doit pas faire croire que cette chaleur ſoit peu conſidérable ; qu'elle eſt au contraire fort vive & très-ardente dans le ſein & auprès du foyer, tandis que le feu y eſt dans ſa plus grande force. Cette façon dont l'Auteur s'exprime ſur ce point eſſentiel, ne donne, à mon avis, qu'une idée incomplette, & même inexacte, de la flamme & de la chaleur du feu de Charbon de terre, annoncées peu expanſibles en ſoi, c'eſt-à-dire, tant qu'elles ne ſont excitées que par la ventilation à-peu-près néceſſaire pour produire & maintenir ces phénomenes. Les perſonnes qui ne connoiſſent ce feu que par ce qui ſe voit journellement dans les Villes, chez les petits Ouvriers en fer, en prendroient une médiocre opinion. Je crois pouvoir aſſurer que cette chaleur, dans la maniere dont elle ſe propage, eſt au moins égale à celle de toute autre eſpece de feu : la choſe m'a paru telle pendant pluſieurs mois que j'ai paſſés de ſuite, ſoit à Liege, ſoit ailleurs, où l'on ne ſe chauffe qu'avec de la Houille : pendant deux hivers conſécutifs, j'ai uſé à Paris de ce chauffage, ſans avoir rien changé à la conſtruction du foyer de ma cheminée ; & mon expérience propre m'a confirmé dans l'opinion, que s'il y a ſur cela une différence, telle qu'elle puiſſe être déterminée, les Ecrivains, qui en ont jugé au déſavantage de la Houille, en ont jugé par des Charbons de l'eſpece que l'on nomme *foible*, & nullement par ceux que l'on appelle quelquefois Charbons *flambants*, dont la flamme fournit beaucoup de phlogiſtique, puiſqu'elle ſort d'un Charbon très-bitumineux.

En 1740, l'Ingénieur en chef du Lyonnois, chargé par le Miniſtere de faire des recherches ſur ce ſujet, a vérifié que les avantages du Charbon de terre ſont en raiſon ſupérieurs à celui du bois de hêtre pour la durée & pour la chaleur, comme de cinq à un : l'Auteur, qui étoit de l'Académie des Beaux Arts de Lyon, fit part de ſon travail à cette Compagnie ; les liaiſons que je me ſuis fait un plaiſir d'entretenir depuis 1750 avec la Société Royale de Lyon (1), l'une des premieres Académies qui m'aient honoré de leur bienveillance, m'ont donné la facilité d'avoir communication du Mémoire en entier, avec permiſſion d'en faire uſage : l'utilité de l'objet m'engage à profiter de cette liberté.

---

(1) La même que celle établie pour la premiere fois, ſous le nom d'*Académie des Beaux Arts* en 1713, & confirmée par Lettres-Patentes en 1724, honorée en 1748 du titre de *Société Royale des Beaux Arts* par Lettres-Patentes du Roi, réunie par de nouvelles Lettres-Patentes en 1758, ſous le titre d'*Académie des Sciences, Belles-Lettres & Arts*, à une Société Littéraire formée dès l'année 1700 dans la même Ville, ſous le nom d'*Académie des Sciences & Belles-Lettres*.

Obſervations & Expériences ſur la chaleur du feu de Charbon de pierre &
de terre, comparées à celles du feu de bois, faites à Lyon, par ordre de
la Cour, dans des Poëles, en 1740; communiquées à la Société Royale
de Lyon, par feu M. DEVILLE, Ingénieur en chef du Lyonnois.

ON a pris trois thermometres, ſavoir, celui conſtruit ſelon les principes
de M. de Reaumur, placé au Nord en plein air; les deux autres poſés,
l'un dans une grande ſalle où il n'y avoit point de feu, l'autre dans une
grande ſalle de 68 pieds de longueur, ſur 29 de largeur, & 16 de hauteur;
cette ſalle, percée de deux portes & de dix fenêtres, cinq au Nord, cinq
au Sud: le thermometre de M. de Reaumur étoit à un degré au-deſſus de
la congélation, les deux autres à 9 degrés & demi au-deſſous du tempéré;
il étoit alors 7 heures & demie du matin. Au milieu de la grande ſalle étoit
un poële non allumé, de 24 pouces de longueur, 15 pouces de largeur,
& 27 pouces de hauteur, ces dimenſions priſes dans œuvre. A cette même
heure, on a chargé le poële de 28 livres de Charbon de terre, & de deux
ou trois livres de fagot pour l'allumer; & les fenêtres étant fermées, on a
mis le feu au poële. Les portes ont été tantôt ouvertes, tantôt fermées;
elles donnent dans l'intérieur de la maiſon. Le feu ainſi mis à 7 heures &
demie du matin, a duré juſqu'à 7 heures du ſoir; & pendant cette opération, on a attentivement examiné le thermometre de demi-heure en demi-
heure, juſqu'à midi que la liqueur s'eſt trouvée montée dans le tube de 10
degrés & demi; & baiſſant inſenſiblement, elle s'eſt encore trouvée à ſept
heures du ſoir à ſept degrés & un quart au-deſſus de ce qu'elle étoit à
ſept heures & demie du matin. La température de l'air a été aſſez égale
ce jour-là, les deux autres thermometres n'ayant varié que d'un demi-degré;
ce qui établit que c'eſt abſolument la chaleur du poële qui a fait monter
celui de la ſalle de 10 degrés & demi.

Après donc avoir conſtaté que 28 livres de Charbon de terre ont fait
monter le thermometre de 10 degrés & demi, on a voulu voir de combien
pareille quantité de bois feroit élever la liqueur dans le même thermometre.
Pour cela, le lendemain, les choſes diſpoſées comme le jour précédent,
le thermometre de M. de Reaumur à un degré & demi au-deſſus de la congélation, & les deux autres à 10 degrés & demi au-deſſous du tempéré,
on a mis dans le même poële de la grande ſalle 28 livres de bois de hêtre,
& deux à trois livres de fagot, & les fenêtres auſſi fermées, on a mis le
feu au poële.

Le feu ainſi mis à la même heure que la veille, c'eſt-à-dire, à 7 heures
& demie du matin, n'a duré que juſqu'à onze heures, & le thermometre
n'a monté que de 8 degrés & demi; ce qui fait, dans l'eſpece préſente,

deux degrés de différence de la chaleur du Charbon de terre à celle du bois.

La température de l'air s'eſt également ſoutenue durant cette matinée, au rapport des deux autres thermometres. Le réſultat de ces deux opérations comparées, eſt que 28 livres de Charbon de terre ont fait monter le thermometre de dix degrés & demi, & ont duré douze heures ; que 28 livres de bois n'ont fait monter le thermometre que de huit degrés & demi, & n'ont duré que trois heures ; d'où l'on peut conclure que la chaleur du bois eſt à celle du Charbon de terre comme 4 eſt à 5, la durée de l'un & la durée de l'autre comme 3 eſt à 12 ; par conſéquent la raiſon compoſée comme 12 eſt à 60 ; c'eſt-à-dire, qu'en ſuppoſant l'égalité dans la valeur, il y a les quatre cinquiemes à épargner dans l'uſage de ce Charbon. Mais cette épargne ſeroit véritablement déplacée, ſi d'ailleurs le Charbon, dont il eſt queſtion, pouvoit intéreſſer la ſanté : j'ai fait là-deſſus quelques recherches dans la ville de Saint-Etienne, qui eſt le lieu où l'on en brûle le plus ; & je n'ai point appris qu'il occaſionnât aucune maladie particuliere, il n'y a que les poitrines foibles, & principalement les aſthmatiques qui s'en trouvent incommodés, attendu l'épuiſement de l'air.

Plus grand détail.

E X P É R I E N C E.

Le 23 Mars 1740.

DANS une grande ſalle ſur le rez-de-chauſſée, qui a en œuvre 68 pieds de longueur ſur 29 pieds & demi de largeur, & 16 pieds de hauteur, il y a un poële au milieu, dont la longueur en œuvre eſt de 2 pieds, la largeur un pied huit pouces, & la hauteur 2 pieds 3 pouces ; cette ſalle a cinq fenêtres au Nord, & autant au Sud, & une porte à chaque fond. On avoit laiſſé quelques fenêtres ouvertes le matin, & un thermometre vis-à-vis le poële entre deux fenêtres, qui marquoit à 7 heures & demie du matin 9 degrés & demi au-deſſous du terme qui déſigne le tempéré. On a mis dans le poële 28 livres de Charbon de pierre, & deux à trois livres de fagot pour l'allumer : on a fermé les fenêtres, & on y a mis le feu à 7 heures & demie, les portes ont été tantôt ouvertes & tantôt fermées, elles donnent toutes les deux dans l'intérieur de la maiſon :

Le feu mis à 7 heures & demie du matin.

A 8 heures le thermometre étoit à 7 degrés ſous le tempéré.

A 8 heures & ½ . . . . à 5 degrés.

A 9 heures . . . . à 3 ½

A 9 heures & ½ . . . . . . à 2

A 10 heures . . . . à o $\frac{1}{2}$ degré au-dessus.

A 11 heures . . . . à o $\frac{2}{3}$ degré.

A cette heure les Pensionnaires sont venus dîner ; il y avoit 150 personnes sans compter les domestiques qui servoient (1) ; au sortir du dîner, vers le midi, le thermometre étoit à 4 degrés au-dessus du tempéré.

A midi & $\frac{3}{4}$ . . . . à 1 degré, &c. dessus.

A une heure . . . . . . à $\frac{1}{4}$

A 1 heure & $\frac{1}{2}$ . . . . . au tempéré.

A 2 heures . . . . à 1 degré $\frac{1}{4}$ dessous.

A 2 heures & $\frac{1}{2}$ . . . . . à 2 degrés $\frac{1}{2}$.

A 3 heures . . . . à 3

A 4 heures . . . . à 4

A 5 heures $\frac{1}{2}$ . . . . . . à 5

A 6 heures, le feu entiérement éteint, 6 degrés au-dessous du tempéré.

A 7 heures . . . . à 6 $\frac{1}{4}$ dessous.

Les Pensionnaires sont venus souper, & après le souper le thermometre étoit à 2 degrés sous le tempéré.

Le thermometre de M. de Reaumur étoit le matin au point du jour à 1 degré au-dessus de la congélation ; le temps a été tout le jour nébuleux & pluvieux, le matin le chaud & le froid ont été assez uniformes. On a dit que le thermometre de M. de Reaumur est exposé au Nord en plein air. Un thermometre qui est dans une grande chambre, où l'on ne fait point de feu, étoit entre midi & une heure au même degré qu'entre 7 à 8 du matin.

Le 24 Mars.

Le thermometre de M. de Reaumur, au point du jour, étoit à 1 degré & $\frac{1}{2}$ sous la congélation ; les choses disposées comme hier, le thermometre qui est dans la salle de l'expérience marquoit vers les 8 heures que l'on a allumé le poële, 10 $\frac{1}{2}$ degrés au-dessous du tempéré, c'est-à-dire o de glace : on a mis dans le poële 33 livres de bois de *moule* de *hêtre*, & un peu de fagot pour allumer.

A 8 heures & $\frac{1}{2}$ le thermometre marquoit 9 degrés.

A 9 heures . . . . 6 $\frac{1}{3}$

A 9 heures & $\frac{1}{2}$ 4

A 10 heures . . . . 2 $\frac{1}{2}$

A 10 heures & $\frac{1}{2}$ 2

A 11 heures, le feu éteint, 2 degrés au-dessous ; de sorte que la chaleur n'est pas montée aujourd'hui jusqu'au degré qui désigne le tempéré ; le thermometre ci-dessus, qui ne varia pas hier depuis 7 à 8 heures jusqu'à midi, n'a varié que d'un demi-degré.

(1) Cette circonstance est à remarquer.

De

De l'effet du feu de Charbon de terre fur les Chaudieres & autres uftenfiles de ce genre, chauffés avec ce combuftible.

PLUSIEURS expériences montrent que le phlogiftique, fourni par la flamme du Charbon de terre, n'eft pas pur. Dans les atteliers où on travaille le fer, les plus fortes barres, ou grilles de fourneaux, font corrodées en peu de temps : les plaques de fonte, qui couvrent la voûte, fous l'ouvrage des fourneaux de fonderies, font fouvent détruites en un an ou deux ; elles deviennent plus caffantes que le verre. La premiere idée qu'ont préfentée ces obfervations de fait, réunies à l'odeur de foufre qui fe fait fentir dans les forges, & dans quelques fourneaux où il n'y a pas de fer, a porté fur un principe fulphureux, allié à ce foffile ; Chimiftes, Phyficiens, Ouvriers, Spectateurs, tous fe font donné le mot pour ne point chercher d'autre caufe qu'un véritable foufre brûlant & vorace (1). En même temps, cet effet, connu au feu de Charbon de terre, d'attaquer le métal qui eft expofé à fon action, donne lieu affez généralement d'appréhender l'ufage de ce combuftible dans quelques atteliers où les chaudieres & autres uftenfiles de ce genre, que l'on a befoin de chauffer continuellement, font adaptées fur un fourneau, de maniere que la chaleur du feu porte, non-feulement fur toute l'étendue du fond extérieur de ces uftenfiles, mais agit encore beaucoup fur leurs parois (2).

On doit convenir qu'il feroit difficile de reprocher à un combuftible un plus grand défaut que le défaut d'être deftructeur, & d'obliger de renouveller trop fouvent des uftenfiles qui, dans ces Manufactures, font l'agrêt principal ; mais l'opinion où l'on eft fur cela, eft-elle bien fondée même d'après ce qui fe voit dans les forges ?

Le Forgeron porte fa barre directement dans le foyer d'un feu concentré, & même réverbéré (3), qui a la propriété de fcorifier toutes les matieres vitrifiables qu'on lui préfente, fur-tout fi la flamme eft accompagnée d'un degré de feu confidérable ; ce n'eft pas tout, l'Ouvrier excite l'embrafement par une ventilation foutenue & réitérée foigneufement. Dans les fourneaux à chaudieres, ces chaudieres n'éprouvent point la chaleur de la même façon ; fi le Charbon qu'on emploie eft du Charbon flambant, la flamme qui n'eft

(1) Nous nous contenterons, quant à préfent, de faire remarquer que les anciens Chimiftes & les anciens Naturaliftes donnoient le nom de *foufre* à toutes les fubftances huileufes & à toutes les graiffes des trois regnes, aux bitumes, & à toutes les matieres inflammables.

(2) Il n'eft pas trop facile de voir fur quel fondement M. Genneté attribue le peu de durée de l'alembic de la machine à feu de Saint-Gilles près Liege, à l'encrouftement ou dépôt qu'y for-ment les eaux qui fortent de la veine *Domina* ; comme M. de Tilly attribue cet effet dans la machine de Litry, en baffe Normandie, aux eaux de la mine. Voyez pag. 569.

(3) En Phyfique, on appelle en général *Réverbération*, l'action d'un corps qui en repouffe & en réfléchit un autre, après en avoir été frappé. *Réverbérer*, c'eft frapper une feconde fois. *Flamme réverbérée*, ou qui fe réfléchit fur elle-même,

point la partie la plus chaude du feu, venant à rencontrer à une certaine hauteur le fond du vaiſſeau, s'y applatit, devient divergente, & perd encore de ſa force. La ventilation, opérée par un courant d'air précipité du cendrier dans un foyer eſpacé, d'où les vapeurs du feu & l'air prennent iſſue par un débouché, eſt toute différente de la ventilation des fourneaux de forges : il n'y a donc point de comparaiſon à faire entre ces deux manieres.

La queſtion, réduite d'ailleurs à une queſtion de fait, devient facile à réſoudre : on ne manque pas de Manufactures où l'on ſe ſert de Houille pour chauffer les chaudieres ; c'eſt à ceux qui ſont à la tête de ces atteliers à prononcer (1).

Quant aux barreaux ou grilles de fer, perpétuellement expoſées à l'ardeur de ce feu, on ne peut encore ſavoir préciſément à quoi s'en tenir ſur leur dégradation, que dans les grandes Manufactures (2).

Les grilles des foyers de chauffage & de cuiſine, dans les pays où l'on ne ſe ſert que de la Houille, durent en général aſſez long-temps, pour qu'onn'aye point fait ſur cela de remarque préciſe ou exacte juſqu'à un certain point. Il eſt vrai qu'il y a une grande différence dans la maniere dont le feu agit ſur les grillages qui le contiennent.

J'ai cependant voulu obſerver par moi-même l'effet de ce feu ſur une barre de fer qui y ſeroit, pour ainſi dire, expoſée continuellement : je crois utile de rapporter cette expérience, qui n'a été faite par perſonne. Pendant les deux hivers de 1770 & 1771, que je me ſuis chauffé à la Liégeoiſe, la conduite de ceux qui s'étoient chargés de l'entrepriſe des nouveaux chauffages économiques, m'ayant fait juger qu'elle n'auroit pas de ſuite (3), je n'avois rien changé à la conſtruction de mes cheminées, & j'avois donné le même conſeil à des perſonnes en place qui ſe propoſoient de faire arranger leurs cheminées convenablement à ce chauffage particulier ; les grillages, ou *fers à feu*, étoient ſimplement placés contre la plaque dans une très-grande piece de mon appartement, où le feu étoit entretenu du matin au ſoir, & on ne l'éteignoit pas pour la nuit ; le grillage, ſoutenu ſimplement ſur mes chenets, étoit plein, & compoſé ſur chaque face de trois barreaux d'un demi-pouce d'équarriſſage ; ceux qui formoient la longueur du gril, ſur le devant & ſur le derriere, avoient quatorze pouces de longueur.

(1) M. Venel, Chap. V, Sect. I, pág. 148, avance que les chaudieres de cuivre de la Raſinerie de ſucre établie à Montpellier, de l'épaiſſeur de trois ou quatre lignes, expoſées continuellement à un feu violent de Houille, durent des trente années. Ce même Savant a encore obſervé que les plaques de fer fondu, qui forment les poêles des étuves de la même Manufacture, durent cinq à ſix ans.

(2) Des barreaux de deux pouces d'équarriſſage au plus, qui forment les grilles des fours de Verreries ſervies avec de la Houille, réſiſtent à ce feu énorme juſqu'à trois ou quatre jours ; & c'eſt beaucoup, ajoute M. Venel, ce feu étant tel, qu'il eſt capable de fondre le fer.

(3) Tant qu'il ne ſera rien innové dans ce que j'ai arrêté pour le choix des Charbons, tant qu'on ne s'écartera pas des attentions néceſſaires pour les façonner, je puis répondre que l'uſage de ce nouveau chauffage ſe maintiendra ſuffiſamment parmi nous, pour gagner avec le temps. Je m'exprimois en ces termes dans l'Avertiſſement placé à la tête de l'Edition *in-12* publiée en 1740, des Mémoires qui termineront ce dernier Article.

Afin d'être sûr de l'expérience que je voulois faire, la même face étoit toujours appuyée contre le contre-cœur de la cheminée; les trois barreaux de cette partie du grillage ont par conséquent éprouvé toute l'activité du feu pendant deux hivers. Voici ce qu'on y a remarqué ensuite: le barreau supérieur étoit entiérement détruit dans son milieu, & laissoit un vuide de deux pouces deux lignes; les portions restantes qui se répondoient l'une à l'autre avoient éprouvé dans leur surface, à commencer à-peu-près à la moitié de la longueur restante, une diminution telle qu'elles représentoient deux forts pitons, bien aigus à leur extrémité, & abaissés sensiblement à cette extrémité, comme s'ils avoient été ramollis; le barreau suivant, qui étoit celui du milieu, étoit aussi diminué dans son calibre, & manifestement déjetté de dedans en dehors, ce qui annonçoit qu'il avoit aussi éprouvé un amollissement suffisant pour qu'alors il eût cédé de temps en temps au poids de la pile de Charbon, chaque fois que ce combustible étoit dans le fort de l'embrasement.

Caractères de bonté dans les Charbons de terre en général.

Le Charbon provenant d'une mine, disposée par *veines*, & celui qui provient d'une *mine en masse*, doivent avoir des qualités différentes. Toute impénétrable que soit la nature dans son premier secret de la formation des mines, ce que nous avons dit, page 73, & le bon sens donnent à penser que les mines disposées en couches, bancs ou filons, nommées *veines*, resserrées dans une enveloppe qui leur est propre, qui les accompagne partout, qui contient, comme dans une barriere, les efflux minéralisants, seront mieux conditionnées, plus parfaites; que celles au contraire qui se présentent sous une forme d'entassement, sont des mines déformées qui non-seulement ont souffert dans leur union intime, dans leur concrétion originaire, mais qu'elles ont encore perdu, si l'on me permet de m'exprimer ainsi, une partie de leur *minéralité*; cette qualité primordiale ne s'y sera pas conservée aussi entiere que si elles fussent toujours restées dans leur matrice: elles ont éprouvé, du moins à l'instant du bouleversement dont elles portent toute la marque, un *événement*, qui n'a cessé d'avoir lieu qu'après que tout ce mélange confus a, avec le temps, fait un nouveau corps (1).

(1) Le volume considérable de ces mines de Charbon en masses n'a rien qui doive étonner, & qui infirme le sentiment où je suis, que plusieurs mines de Charbon sont de ce genre; il doit même s'en rencontrer un plus grand nombre pour ce fossile que pour les mines métalliques, où l'on en connoît d'une très-grande étendue; tel, par exemple, que celui d'une des quatre mines exploitées du département d'Altemberg, dont M. Hellot fait mention en note dans la Traduction de Schulter, tom. 2, p. 591 & 592. Il ne s'en trouve point de semblable dans toute l'histoire des Mines: il a environ 20 toises de circonférence, & fournit de la mine d'étain depuis le jour jusqu'à 150 toises de profondeur perpendiculaire. Ces sortes de filons en masse n'ont que rarement une direction réglée; mais ils ont leurs bornes, qui quelquefois est une pierre seche, quelquefois un roc, que les Mineurs appellent *séparateur*, & qui vraisemblablement est ce qu'Agricola nomme *intervenium*, lequel, dit ce savant Auteur, est tout-à-fait hors de la portée de la vue, lorsqu'il appartient aux veines dilatées; & au contraire dans les veines précipitées, qu'il appelle *profondes*, laisse découvrir son sommet, & son pied se perd dans un grand enfoncement.

De tout cela, il doit réfulter, entre les mines de la premiere & les mines de la feconde efpece, une différence réelle & marquée; on obferve même dans ces *mines en maffe*, plus que dans celles qui font par *veines*, un défaut d'égalité dans la qualité du Charbon qu'elles donnent dans tout le temps de leur exploitation, quelque confidérable qu'il puiffe être. Cet inconvénient eft tel qu'on ne peut jamais efpérer ni préfumer que toute la maffe foit également bonne ou également mauvaife: cela eft très-différent dans les mines de la premiere claffe, tant que la veine continue fa marche, elle contient pour l'ordinaire Houille & Charbon de même qualité; on n'en excepte, *d'après l'opinion affez reçue par-tout où l'on connoît de ces carrieres*, que les Charbons fuperficiels, qui font réputés d'une qualité inférieure à ceux qui font plus enterrés. Cette maniere de juger de la qualité du Charbon minéral a été difcutée Section IXᵉ de la premiere Partie: on fe contentera de faire obferver qu'il y a des exemples du contraire, voyez pag. 110 de la premiere Partie. Le Charbon pourroit auffi avoir une qualité différente, felon qu'il provient d'une veine en pendage de *platture* ou de *roiffe*.

Dans quelques endroits les Houilles, qui ont été tirées du milieu de l'eau, paffent pour avoir acquis par ce féjour un degré de bonté; c'eft fans doute d'après l'effet avantageux, produit par l'infperfion de l'eau fur le Charbon de pierre dans les travaux ordinaires, que cette idée a acquis une forte de vraifemblance; mais lorfque nous en ferons à examiner les moyens de reconnoître à l'ufage le bon Charbon de terre, nous ferons voir que cette induction eft fautive.

De toutes les circonftances extérieures du Charbon de terre, il eft des fignes qui peuvent auffi mériter attention; celui qui fe fait remarquer le premier, & qui eft une des propriétés effentielles de ce foffile, c'eft la *couleur*: nous commencerons donc par nous y arrêter.

Les nuances de noir fourniffent des renfeignements affez juftes: s'il eft d'un beau noir, luifant, on pourra le regarder de la meilleure qualité; ce brillant lui vient de la quantité & de la pureté du bitume; en conféquence, felon qu'un Charbon s'en éloignera, il deviendra moins bon; de maniere que ceux qui, à l'œil, font ternes & fombres, qui paroiffent plutôt gris que noirs, ne valent rien, & ne tiennent pas le feu long-temps: ceux-là auxquels je donne le nom de *Charbons terreux*, pourroient former une troifieme efpece de Charbon.

Quant à ceux qui font d'une couleur autre que de couleur noire, comme elle n'eft qu'accidentelle, & provenant d'un mélange étranger, on en parlera à leur place.

Un caractere qui fûrement n'eft point fondé en conjectures, eft la *confiftance*; en total, les Charbons different entre eux, comme on l'a vu page 73, de la premiere Partie, par la dureté & par la friabilité; & fouvent

on

'on ne diftingue les Charbons qu'en Charbon dur & compact, & en Charbon tendre & friable.

Le Charbon décidément folide, compact, plus analogue à la pierre, & d'un beau noir luifant, tel que celui que les Houilleurs Liégeois nomment *Charbon ferré*, & à Rive-de-gier *Charbon peyrat*, eft en général réputé de bonne qualité : on verra tout-à-l'heure en quoi elle confifte.

La maniere dont il fe fépare quand on le rompt, eft encore une annonce affez conftante ; celui qui fe caffe quarrément, eft en général le meilleur ; celui qui fe caffe, comme ils difent, *en filets*, d'où on l'appelle Houille *toirchée*, Houille *filandreufe*, eft inférieur. On doit obferver que la texture de cette efpece n'eft point en fils droits. D'autres font fi tendres qu'ils fe féparent en pieces de toutes fortes de formes.

Pour décider de l'excellente qualité du Charbon, ce n'eft pas affez qu'il foit compact, il faut encore qu'il foit *pur*; on doit entendre par-là, exempt

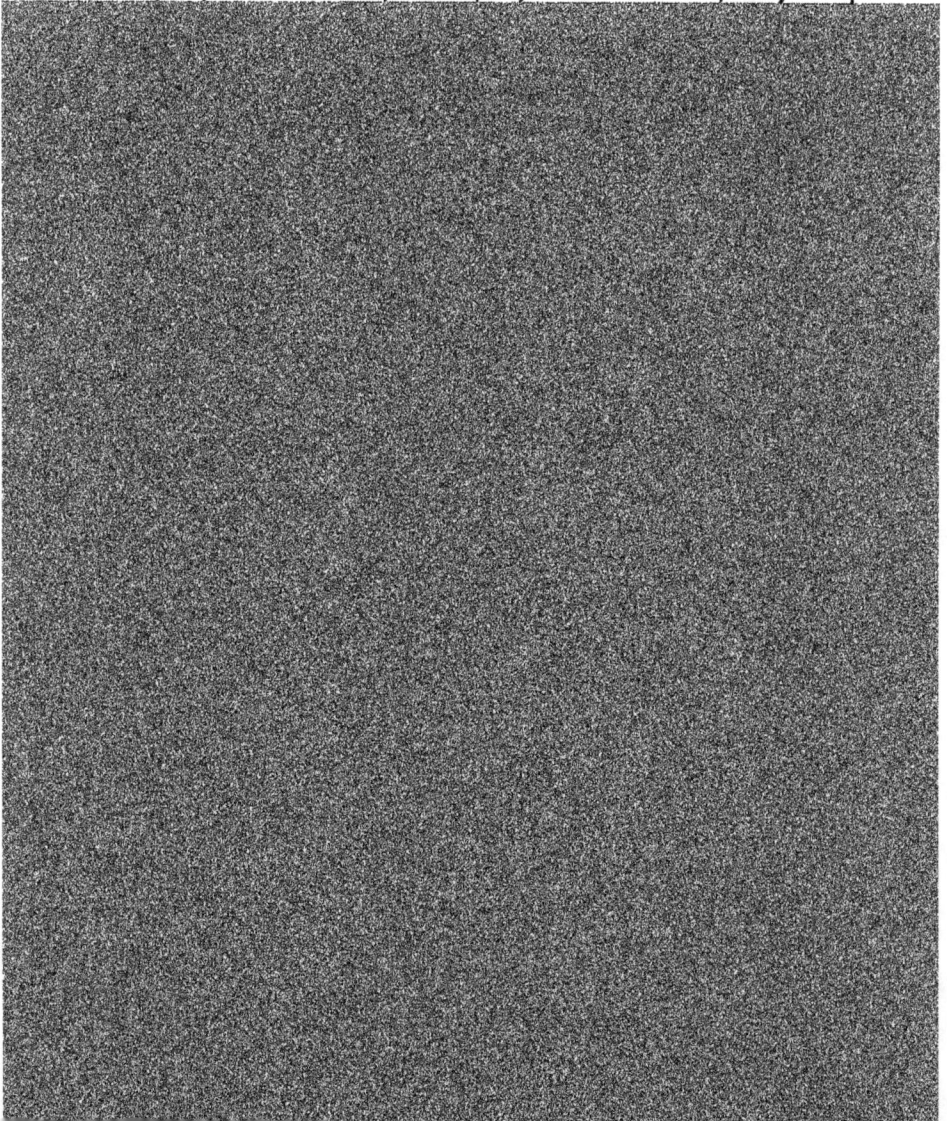

Il eſt aſſez naturel de croire que ce foſſile eſt encore plus ou moins peſant ſelon qu'il eſt chargé de pyrites ; les Houilleurs Liégeois donnent à la Houille mêlée de pyrite blanche, le nom de *Houille argentée*. Moins la Houille eſt légere, meilleure elle eſt en général ; car il s'en trouve qui, quoique légere, eſt de très-bonne qualité : telle eſt celle décrite parmi les Houilles chaudes, page 77 de la premiere Partie ; elle eſt nommée par les Liégeois *Houille à œil de crapaud*, à cauſe des petites facettes arrondies & luiſantes dont elle eſt ſemée : on pourroit la nommer *Houille à miroirs*, *lithanthrax ſpeculare*.

Qualités de la Houille à déduire, de la maniere dont elle s'embraſe & dont
elle flambe au feu, de la fumée, de l'odeur qu'elle répand
& du réſidu de ſa combuſtion.

Les Charbons de terre brûlent d'autant plus long-temps qu'ils prennent difficilement le feu ; ils ſe conſument d'autant plus promptement qu'ils s'enflamment plus aiſément : ces circonſtances ſont plus ou moins marquées ſelon que les Charbons ſont purs, bitumineux & compactes ; ainſi celui qui s'allume difficilement en donnant une belle flamme claire & brillante, comme fait le Charbon de bois, en brûlant longuement & durant long-temps avant de ſe conſumer, eſt réputé de la meilleure eſpece ; à cet égard, elle a quelque rapport avec les huiles graſſes qui s'enflamment plus tard que l'eſprit-de-vin ou que l'eſprit-de-térébenthine, mais dont l'embraſement porte un degré de chaleur bien plus conſidérable ; ſi au contraire le Charbon de terre ſe décompoſe ou ſe déſunit facilement, s'il ſe conſume auſſi aiſément qu'il prend flamme, il eſt d'une qualité inférieure.

Une des propriétés du Charbon de terre eſt de s'étendre en s'enflammant comme l'huile, le ſuif, la cire, la poix, le ſoufre, le bois & autres matieres inflammables ; on doit en général juger avantageuſement d'un Charbon qui, au feu, ſe déforme d'abord en ſe griffant, & qui acquiert enſuite de la ſolidité ; les unes, & ce ſont les meilleures, comme la *Houille graſſe*, le Charbon dit *de Maréchal*, flambent, ſe liquéfient plus ou moins en brûlant comme de la poix, ſe gonflent, ſe collent enſemble ; dans les vaiſſeaux fermés, ils ſe réduiſent entiérement en liqueſcence. On remarque que cette eſpece ne ſe diſſout ni dans l'eau, ni dans les huiles, ni dans l'eſprit-de-vin ; les autres enfin s'embraſent & ſe conſument ſans donner ces phénomenes.

Le Charbon de terre eſt encore de bonne eſpece quand il donne peu de fumée, ou lorſque la fumée qu'il répand eſt noire, quand ſon exhalaiſon eſt plutôt *réſineuſe* que *ſulphureuſe*, & qu'elle n'eſt point incommode.

Toutes ces circonſtances, tant dans la maniere dont il brûle que dans les phénomenes réſultants au feu ſur-tout, dépendent, comme de raiſon, de la qualité plus ou moins *bitumineuse*, plus ou moins *pyriteuse* du Charbon.

Un Charbon qui eſt en grande partie, ou en totalité, bitumineux, brûle fort vîte, en donnant une odeur de *naphthe* : celui qui l'eſt peu, ne ſe ſoutient pas facilement en maſſe quand le feu l'attaque à un certain degré ; il en eſt qui eſt d'aſſez bonne durée, mais le feu diſſipant promptement la portion de graiſſe qui y étoit alliée, les petites alvéoles ou loges dans leſquelles elle étoit renfermée, ſe déſuniſſent, ſe ſéparent par petites parcelles, quelquefois aſſez grandes ; ou ſelon l'expreſſion des Liégeois, ils tombent en *Heurre*. Ces ſortes de Charbons ne peuvent tenir au ſoufflet, le vent les enleve, & ils ſont très-peu profitables au feu ; d'autres au contraire qui étoient friables, ſont d'un bon uſage, leurs parties ſe réuniſſant & ſe collant au feu.

De même que le bitume eſt dans quelques Charbons le ſeul principe inflammable, il s'en trouve d'autres qui doivent à la pyrite preſque ſeule leur inflammabilité : la mine de Zuickaw en Saxe, celle de Wettin en Miſnie, en fourniſſent de cette eſpece. C'eſt ainſi que les Charbons, ſelon qu'ils ſont plus ou moins chargés de pyrite, ſe conſument plus ou moins lentement : celui de Newcaſtle eſt long à ſe conſumer ; mais celui de Suntherland, au comté de Durham, qui eſt très-pyriteux, brûle plus long-temps encore juſqu'à ce qu'il ſe réduiſe en cendres.

Liſter (1) paroît être de ce ſentiment, en obſervant que les Charbons de terre durent au feu d'autant plus qu'il y a de pyrite ou de ſoufre mêlé parmi les matieres ſchiſteuſes. Ce Docteur, au rapport de M. Bertrand (2), avoit un morceau de Charbon d'Irlande qu'on diſoit pouvoir conſerver avec une couleur rouge la forme qu'il avoit, & une grande chaleur pendant vingtquatre heures. J'ai tout lieu de croire que ce Charbon par ſon poids & ſa couleur reſſembloit beaucoup à la pyrite même, & n'étoit abſolument autre choſe.

Il eſt facile, à mon avis, de décider les yeux fermés de la qualité que j'appelle primitive du Charbon de terre : l'odeur qui lui eſt propre, lorſqu'il brûle, eſt variée, de maniere à en diſtinguer deux principales. La premiere eſt une odeur dépendante de l'eſpece d'acide allié avec ſon pétrole, & que l'uſage général taxe d'odeur de ſoufre, ce qui fait appeller ces Charbons *ſulphureux* (3). La ſeconde eſt l'odeur mêlée qu'exhalent les Charbons que je diſtingue par le nom de *pyriteux*, & qui ſe rapproche véritablement de l'exhalaiſon ſulphureuſe plus ou moins décidée, & qui pourroit plutôt que les autres les faire appeller *ſulphureux*.

Perſonne, ſelon moi, n'a mieux que le célebre M. Hoffmann, défini la nature du Charbon de terre qu'il a obſervé ; les expreſſions dont il ſe ſert

(1) *De fontibus medicatis Angliæ.*
(2) Tremblement de terre, p. 313.
(3) Le Tage Kholen de Loebegin, & ſurtout de Wettin, eſt ſemé de lames minces ſulphureuſes, comme la *Pyrite*, (indice ordinaire de ſoufre) & comme le *God-Silber.* Voyez *page* 448.

pour fpécifier celui de *Wettin* & de *Loebegin*, renferment tout, & font d'un Obfervateur attentif: celle de *bituminofo-fulphurei*, appliquée aux Charbons de Wettin, caractérife dans ces Charbons la préfence du bitume dans une proportion au moins égale à la pyrite, & celle de *fulphureo-acidi*, indique dans ceux de Loebegin la pyrite furabondante au bitume. Notre célebre Ecrivain établit par-là d'une maniere exacte & précife la difparité des Charbons à raifon de la diverfité du phlogiftique qui fait leur partie conftituante, & à raifon de la diverfité de la proportion dans laquelle il y eft uni.

Cette différence de combinaifon influe néceffairement pour beaucoup fur l'odeur différente qui s'exhale du Charbon de terre dans fa combuftion, ainfi que fur les différentes efpeces de ce même foffile, que font appercevoir les opérations chimiques.

J'ai recueilli un très-grand nombre de ces analyfes faites en différents pays par plufieurs Savants fur différents Charbons.

En mon particulier, j'en ai fait plufieurs dans le Laboratoire de l'Hôtel Royal des Invalides, avec M. Demachy, M. Parmentier & M. Defyeux; je ne faurois trop répéter que de toutes ces analyfes qui forment un tableau des plus intéreffants, il réfulte inconteftablement que l'idée reçue de l'exif-tence du foufre dans les Charbons de terre quelconques, n'eft pas auffi fondée qu'elle avoit paru l'être (1). Il fe déclare en effet dans la combuftion de ce foffile une exhalaifon plus ou moins décidée, plus ou moins fugace d'acide *fulphureux volatil*; dans les Charbons *pyriteux* ou *fulphureo-acides*, elle paroît plus caractérifée que dans ceux que j'appelle Charbons *bitumineux* (2). Nous laiffons aux Chimiftes l'explication de cette combinaifon artificielle, ou de cette exhalaifon d'un principe fulphureux qui fe reconnoît pareillement dans des cas où on n'a point à l'imputer au Charbon de terre. Un poële de fonte de fer, par exemple, qui n'eft échauffé que par le brafier qu'il contient, répand dans l'étuve, échauffée par ce poële, une odeur fulphureufe incommode; & fon effet eft d'autant plus violent que le feu eft ardent, que le poële eft neuf, que le lieu eft clos, &c. On fent pour l'ordinaire quand on allume les fourneaux une odeur de foie de foufre, quelquefois même de foufre brûlant; dans la fonte en fufion, & dans les forges, cette exhalaifon eft confidérable, & la plupart du temps elle provient autant du fer rouverain que du Charbon de terre.

Au lieu de cette odeur fimplement bitumineufe, ou fimplement fulphu-

(1) M. de Genffane, dans fon *Hiftoire Natu-relle du Languedoc*, affure que le Charbon de terre renferme tous les principes du foufre, & que, dans le moment de la combuftion, ces mêmes principes fe développent, fe combinent enfemble, & forment un véritable foufre. Il porte à cet égard les chofes plus loin que per-fonne; felon lui, le Charbon de terre eft une mine de foufre plus caractérifée que la pyrite même, parce que ce dernier foffile ne contient que le principe acide qui, dans la calcination, fe combine avec le principe inflammable du bois ou du charbon, & donne le foufre, au lieu que le Charbon de terre contient tout à la fois le principe acide & le principe inflammable.
(2) Voyez la Thefe foutenue aux Ecoles de Médecine de la Faculté de Paris en 1771. Co-rollaire II, pag. 5, & Coroll. III, page 7.

reufe,

reufe ; pour me fervir de l'expreffion commune, il en eft de différentes & particulieres à quelques Charbons ; celle qu'exhale les Charbons, nommés à Liege *Bouxtures*, eft très-pénible à l'odorat (1), ainfi que ceux qui font femés de *Poutnures*. Ces petits nerfs appellés *Poutnures*, voyez p. 21 & 71, produifent dans les Charbons qui en font femés la même vapeur incommode, défignée dans les Charbons de bois par le mot *fumeron*, & par les Allemands *Brand* (2). On trouve encore dans plufieurs pays des Charbons dont l'ex-halaifon eft d'une nature contraire à la fanté, comme à Peterwiff près Drefde, & dans plufieurs autres pays ; ce font fans doute ceux dont parle Boetius de Boot (3), & probablement c'eft une femblable efpece dont le commerce a été in-terdit il y a une vingtaine d'années par un Arrêt du Parlement de Metz (4).

Il en eft partïculiérement une efpece, qui eft la plus fujette à donner une odeur, non-feulement fétide & défagréable, mais encore nuifible ; il eft facile de la reconnoître au premier coup-d'œil avant de l'employer : elle eft remarquable par une couleur changeante, pareille à celle que l'on voit à la furface des eaux minérales ferrugineufes, ou fur les verres reftés long-temps en terre ou expofés à l'air. Les Minéralogiftes ont diftingué une efpece

---

(1) Le mot *Brafil*, par lequel on défigne dans quelques Mines d'Angleterre une forte de mé-tallifation ou de *marcaffites*, fans doute à caufe de leur couleur de cuivre jaune (appellé du même nom *Brafil*,) qui eft auffi celle de plu-fieurs pyrites dont plufieurs Charbons de terre font femés, fourniroit une explication plau-fible de la dénomination de la troifieme couche de la Mine de Charbon de Weidneifbury, ap-pellé *Corn* ou *Brafil*, qui pourroit bien n'être autre chofe qu'une *Bouxture*. Voyez page 107.

M. Genneté, dans la defcription des veines de la montagne Saint Gilles à Liége, avance que la douzieme veine, dite *Domina*, placée fous un lit de Bouxtures qui fe rencontrent même dans le corps de la veine, pue tellement quand elle brûle, qu'on eft obligé de quitter l'en-droit ; il ajoute que la fumée produite par ce Charbon, tombant fur les habits, les brûle, comme feroit la chaux-vive. Je puis affurer que ces deux allégations font auffi imagi-naires : la premiere pourroit fe foutenir quant aux Bouxtures, relativement à la vapeur qui en réfulte ; auffi n'en fait on point d'ufage à caufe de cette odeur pénétrante, approchante de l'o-deur d'ail ou de l'arfenic, produite peut-être par la préfence de quelque partie de zinc connu pour être inflammable, & à la génération du-quel on fait que la pyrite concourt ; d'ail-leurs la Bouxture, proprement dite, n'eft point un Charbon de terre : la feconde allégation qui fe rapproche fort des dires ordinaires, quant aux Charbons de terre, a été avancée, avec quel-ques différenc s de termes, dans un Ecrit très-grave & très-férieux par fon objet : elle fera dif-cutée en particulier.

M. Venel prétend que l'exhalaifon légere *d'a-cide fulphureux volatil*, qui n'eft pas différente de la vapeur propre au foufre brûlant en plein air ne fe remarque dans les Charbons de terre qu'a-vant leur entiere deftruction au feu, & unique-ment à l'inftant où le feu eft languiffant ou ex-pirant. Ce Savant penfe que c'eft ce que les Liégeois ont voulu exprimer par le mot *Pout-nures* ; mais en cela il n'a point pris garde à la diftinction que j'ai faite de ces Poutnures & des Bouxtures qu'il a confondu mal à pro-pos.

(2) Je n'ai pu vérifier fi la Houille de Can-tabre, dans le Diocefe de Vabres, dont parle M. Venel, & qui exhale une odeur fétide dans les premiers temps de fa combuftion, eft de cette efpece, à moins que ce ne foit une Houille de l'efpece de celle d'Aubaigne, voyez page 529. J'ai cependant trouvé depuis mes pre-mieres obfervations, que ce Charbon d'Aubai-gne, brûlé long-temps après avoir été tiré de la mine, ne répand plus cette mauvaife odeur.

(3) *Ob eam quâ pollent virtutem, majoris efficaciæ quàm ulla ligna, ignem efficiunt, capiti tamen ob virulentos habitus, multum incommodi afferunt.* Voy. pag. 340.

(4) M. de Genffane, Chapitre premier, de l'*Hiftoire Naturelle du Languedoc*, fait mention d'une efpece qui m'eft totalement inconnue. D'après ce qu'il en rapporte, il appartient à une veine qui s'exploite près du Pont-Saint-Efprit ; il s'y rencontre affez fréquemment de très-beaux morceaux de fuccin, fi pur & fi tranfparent, qu'à l'odeur près, on le prendroit pour de l'ambre. Je ne puis me défendre du doute que j'ai que ce foit véritablement du Charbon de terre, mais feulement du *Charbon de bois tourbe* : il ajoute que la fumée & l'odeur de ce Charbon font fi péné-trantes qu'elles infeftent, même à une diftance affez confidérable, les raifins des vignobles cir-convoifins des fours à chaux où on l'emploie.

---

d'antimoine, ainſi coloré, par la dénomination *couleur de gorge de pigeon* ; les Anglois par celle de *queue de paon*. J'ai parlé de ce Charbon *Verron*, pages 100, 101 & 108 de la premiere Partie, ainſi que du *Schelly Veim*, qui annonce ſon voiſinage (1).

Il n'y a pas de pays où on ne rencontre de ce Charbon, il s'en trouve dans pluſieurs de nos mines de France, où il n'a point reçu de nom particulier de nos Ouvriers ; les Charbonniers Anglois ſont les ſeuls qui l'ayent diſtingué par une dénomination particuliere ; peut-être les Allemands ont-ils voulu le déſigner par l'expreſſion *Azur-kohl*.

La veine de la Houilliere du *Bois-Pedé*, au Duché de *Limbourg* (2), nommée l'*Inconnue*, découverte par M. le Mayeur Firket, qui l'a exploitée le pre-mier, donne un Charbon de cette eſpece, des plus puants & des plus mal-ſains. Je crois devoir à cette occaſion ne point paſſer ſous ſilence une remarque qui paroît confirmer le ſentiment de M. Triewald, voyez *pag.* 60.

Ce n'eſt que dans la partie de cette veine, placée entre deux *failles*, & de 6 poignées environ de hauteur, que le Charbon eſt coloré de cette maniere. Lorſqu'au ſortir du bois la veine reprend ſon allure, dans les prairies du Château & dans la campagne de *Houze*, elle eſt très-brune, quoique réduite à quatre bonnes poignées de hauteur.

Sans nous arrêter à examiner ici d'où cette couleur rouge mêlée eſt par-ticuliere à ce Charbon, il ſuffit d'être prévenu qu'en général celui qui eſt de cette eſpece eſt regardé comme très-nuiſible au fer, *venenum ferri*.

On n'a pas de peine à concevoir que tous les différents changements que le feu opere ſur différents Charbons, dépendent de leur compoſition ; & attendu qu'elle peut quelquefois être jugée en général au ſeul coup-d'œil, il eſt de même poſſible de juger d'avance une partie de ce qui doit réſulter de la combuſtion d'un Charbon dans lequel l'*argille* ou la *glaiſe* dominera, ou de la combuſtion d'un autre Charbon, qui annoncera, comme c'eſt le plus ordinaire, une baſe martiale.

Par l'épreuve du feu, & par le réſidu de l'ignition du Charbon de terre, on diſtingue trois eſpeces de ce foſſile : il en eſt, comme, par exemple, la *Houille graſſe*, que le feu réduit toute en cendres ; parce que, ſelon M. Hill, cette eſpece contient plus de bitume pur, voyez *pag.* 114. Ce produit, appellé par les Anglois, du moins à Newcaſtle, *Fraiſil* (3), pré-

(1) J'avois cru que cette expreſſion déſignoit uniquement la texture feuilletée ou écailleuſe de ce lit ; mais j'ai vu dans le cabinet de M. Sage, mon confrere à l'Académie des Sciences, un morceau de cette couche, ſemée en effet de débris de coquilles ayant encore une partie de leur nacre, parmi leſquelles on diſtingue une moitié de l'elline.

(2) A Houze, appartenante à l'Abbaye du Val-Dieu.

(3) Il paroît que cette expreſſion déſigne par-ticuliérement les cendres de Charbon de terre en général, ſoit qu'elles ſoient en pouſſiere, ſoit qu'elles ſoient pelotonnées ou raſſemblées ſous une forme concrete ; de maniere qu'un Charbon éteint, à demi-conſumé, & recouvert de ce pouſſier cendreux, eſt quelquefois appellé *Fraiſil*, voyez *pag.* 414 & 421, nom donné dans quel-ques Ateliers au pouſſier de Charbon.

fente dans quelques Houilles des variétés de couleur ; les cendres de Charbon d'Uſſon ſont blanchâtres ; le Charbon de Suntherland donne des cendres rouges qui annoncent une baſe martiale.

Quelques Charbons, comme la *Houille maigre*, demeurent noirs après la combuſtion, & laiſſent un corps poreux, léger, ſpongieux, très-ſemblable à la pierre ponce.

Ce qui reſte de quelques autres, lorſqu'ils ſont entiérement brûlés, eſt cette maſſe nommée *Machefer* ; les *Charbons d'Ardoiſe* en donnent beaucoup, & demandent un feu léger & découvert : par cette raiſon, ils ne peuvent point aller dans les forges ; mais ils ſervent ſeulement pour les beſoins du ménage.

Cette maſſe ſcorifiée eſt différente ſelon la matrice *glaiſeuſe* ou *pierreuſe* du Charbon qui a ſubi l'action du feu ; dans quelques-uns, ce réſidu reſſemble beaucoup au laitier, voyez *page 3*.

Les Chimiſtes inſtruits que l'argille n'eſt point propre à dégénérer en ſcorie, & qu'il n'en eſt pas de même de la *glaiſe*, ſont par-là en état de juger de la nature de la terre qui eſt entrée dans la premiere compoſition de la Houille, & de l'eſpece de feu, de chaleur que peut donner tel ou tel Charbon.

Il eſt donc important de raſſembler ici, pour le choix des Charbons à employer au chauffage & à d'autres uſages, les connoiſſances que nous avons cherché à inculquer, pour aider à diſtinguer les eſpeces qu'on appelle à Liege *maigres, fortes, graſſes, chaudes, moyennes, douces, tendres, &c.*

La maniere de déſigner la Houille ou le Charbon par ces épithetes, s'applique également à la Houille & au Charbon ; elle eſt néanmoins plus uſitée quand on parle des Charbons ; à Liege, on ſe ſert plus communément des qualifications *gras, chaud.*

Pour commencer par les Houilles, on a vu, page 78 de la premiere Partie, ce que c'eſt que la Houille *graſſe*, & ce que c'eſt que la Houille *maigre*.

La Houille *chaude*, à beaucoup d'égards, eſt meilleure que la Houille *graſſe* ou *forte* ; par exemple, pour les Verreries, les Braſſeries, les Briqueteries, les Chimiſtes, les Métallurgiſtes.

A ſon défaut, on ſe ſert pour ces uſages du Charbon moyen, ou de la Houille *moyenne*, qui eſt une Houille *douce*, communément appelée *Houille à uzine*, parce que les Forgerons & les Maréchaux s'en ſervent auſſi pour échauffer leur fer.

Les Houilles employées ſeules, ou quelquefois avec du Charbon léger en boulets ou pelottes à l'apprêt économique, ſont du menu Charbon gras.

Un Charbon qui peut être employé ſeul s'appelle *Charbon moyen*, parce qu'avec ce Charbon on mêle à-peu-près un quinzieme de *dieille* ou d'*arzée*:

cette Houille *moyenne*, ou ce Charbon *moyen*, font préférables à tous les autres pour les cuifines (1). Pour chauffer les casseroles, & faire les ragoûts fur les fourneaux, on emploie feulement les *Krahays* ou braifons de Houille maigre.

Pour les Charbons, c'eft le contraire des Houilles; on fait peu de cas des Charbons *maigres*, *chauds* ou *légers*, (car c'eft la même chofe), ne pouvant être employés qu'avec un mélange d'un quart, d'un tiers, de trois quarts ou de deux tiers de Charbon *fort*; aufli ils font réfervés pour la cuiffon des briques, & pour les Chauffourniers, voyez *pag.* 81.

Ce qu'on appelle *Charbon doux*, *Charbon tendre*, n'eft autre chofe que de la *Terroule*, dans le fens que l'entendent les Liégeois.

On peut revoir ce que nous avons dit, dans la premiere Partie, des Charbons pour les ouvrages de forge, *p.* 3, des Charbons *gras*, & des Charbons *maigres*, *p.* 76 & 77; des Charbons *foibles* ou *tendres* ou Charbons des Cloutiers & des petites forges, *pag.* 80.

Du Charbon de terre pour les ouvrages de forge & pour les travaux métallurgiques.

La propriété combuftible du Charbon de terre a dû néceffairement, dès le premier inftant qu'elle a été reconnue, être appliquée à tous les travaux qui s'exécutent par le moyen du feu, principalement à ceux qui demandent un feu vif, une chaleur forte & active.

Les Métallurgiftes qui ont befoin pour toutes leurs opérations d'un combuftible finguliérement actif, par l'énergie de la chaleur réfultante de l'embrafement, n'ont pas été fans doute les derniers à employer le Charbon de terre dans leurs ateliers, pour chauffer leurs fourneaux de fonderie, de macération, d'affinage, de chaufferie, &c. Mais on s'eft bientôt apperçu que ce foffile ne préfentoit pas à beaucoup près pour toutes les opérations de Métallurgie, les avantages que l'on croyoit d'abord pouvoir fe promettre, foit par fa chaleur trop active, foit par quelque principe qu'on ne connoît pas encore, quoique qualifié expreffément *fulphureux*; le Charbon de terre, fuivant fes différentes qualités, nuit aux fontes de métaux dans différents degrés; il en a été banni, & eft refté le combuftible des petites forges, où il n'eft queftion que de ramollir le fer, & de lui donner des formes particulieres comme font le Serrurier, le Maréchal, & autres de ce genre; encore eft-il vrai comme nous aurons bientôt occafion de le faire voir, que la pratique ou plutôt la connoiffance expérimentale des Charbons de terre dans ces ateliers, quoique fuffifante pour les ouvrages groffiers qui s'y exécutent, n'eft pas bien précife.

(1) M. Triewald eftime que les Charbons provenant des veines en roilles font les meilleurs pour ces deux ufages, des cheminées & de la cuifine.

Comme

Comme nous avons fait un article à part du fer, considéré à la forge, nous examinerons d'abord séparément le Charbon de terre dans cet atelier, par rapport aux différentes qualités qui peuvent y être employées, & aux manieres de juger celles qui conviennent à ces ouvrages.

Nous nous attacherons ensuite d'une façon particuliere à donner une connoissance exacte du procédé, par lequel on peut parvenir à rendre ce fossile propre à plusieurs opérations importantes de Métallurgie.

Nous passerons de là à celles des opérations métallurgiques auxquelles ce combustible est effectivement appliqué, ou peut l'être; en nous bornant cependant à exposer sommairement ou à indiquer les principales.

Le Pere Grammont, dans la lettre envoyée au Docteur Maty, que j'ai citée plus haut, rapporte que les Chinois prisent beaucoup pour l'usage de leurs forges, le Charbon qui pétille & qui se brise au feu (1); quand la flamme en est bleue, le feu en est très-ardent; mais ils regardent alors le Charbon de mauvaise qualité, parce que selon eux le soufre y domine.

Parmi nos Ouvriers en fer, les Charbons réputés les plus propres à la forge sont de l'espece compacte & pesante, se réduisant en scories, & tenant plus du principe *bitumineux* que du principe nommé par les Ouvriers *soufreux*, ce qui les fait durer plus long-temps au feu, & donner une flamme plus vive, plus constante.

Cette adoption par préférence d'un Charbon bitumineux, c'est-à-dire, gras & non soufreux, est un motif raisonnable de suspecter, au moins dans les travaux de forges, l'usage de toute espece de Charbon qui donne des indices de soufre, & d'exclure en conséquence les Charbons que j'appelle *pyriteux*; à moins qu'en les mêlant avec ceux que l'on nomme *bitumineux*, on ne leur rende le principe huileux qui leur manque, ils paroissent devoir être exclus de ces ateliers (2).

C'est particuliérement pour les ouvrages en fer, que la consistance, le poids, & autres renseignements tirés de l'extérieur du Charbon de terre, ont besoin

(1) Ils attribuent ces effets à l'abondance du nitre. Cette propriété de pétiller au feu, connue aussi dans les Charbons de bois, paroît moins marquée dans les Charbons de bois tendre que dans ceux qui sont d'un bois plus compacte; ceux qui ont pris de l'humidité, pétillent aussi & s'écartent de toute part, en conséquence de l'explosion que leur cause l'humidité.

(2) M. Venel a cependant fait une remarque intéressante sur un Charbon de Languedoc, qui est de nature pyriteuse; c'est celui de Carmaux, nommé à Bordeaux *Charbon de Gaillac*, lieu de son entrepôt. Ni dans les premiers instants de la combustion, ni dans aucune circonstance particuliere, cette Houille, quoique pyriteuse, ne donne pas le moindre vestige d'exhalaison d'un principe sulphureux quelconque; elle se comporte dans le feu comme parfaitement exempte de tout alliage de soufre; & il ajoute, qu'à la forge elle ne produit pas sur le fer le même effet rongeant & calcinant de la Houille de Fuveau, qui est aussi pyriteuse; d'où il conclut que les Houilles de cette nature peuvent être propres aux Forgerons: il appuie encore son opinion, p. 531, sur la Houille de Fims en Bourbonnois, principalement employée pour les forges des Maréchaux, Serruriers, Taillandiers, &c, & il la dit singuliérement marquée de taches pyriteuses. J'aurois fort desiré être en état d'apprécier moi-même l'observation & l'opinion de M. Venel, que je ne crois pas bien exactes: il eût été pour cela nécessaire que je connusse par moi-même la Houille de Carmaux & la Houille de Fuveau; mais je n'en ai pas trouvé dans ma collection: je puis seulement assurer que ce Savant a été induit en erreur par l'échantillon de Charbon de Fims, d'après lequel il a porté son jugement. *Voy. pag. 65*, la maniere de juger d'une mine.

d'être décidés par l'expérience, soit qu'ils puissent être employés seuls, soit que par raison d'économie, on cherche à marier un Charbon foible avec un plus fort, soit lorsqu'il est nécessaire de mêler un Charbon de moindre qualité avec un meilleur, pour corriger ce que les Charbons inférieurs ont de défectueux, & leur ajouter ce qui leur manque; c'est ainsi que les Charbons de Newcastle se mêlent avec ceux d'Ecosse, *pag.* 413, qui ne sont pas si bons pour la forge, quoiqu'en Ecosse ils y soient employés, *pag.* 420 & 421.

Dans tous les pays à Charbon, ce mélange est un point essentiel, voyez *pag.* 69 & 80; mais il paroît que, dans un même atelier, tel Charbon est préféré par quelques Ouvriers, & peu estimé par d'autres; que tous ne portent pas un jugement uniforme sur un même Charbon; & qu'en conséquence, ils ne se conduisent pas de la même maniere lorsqu'ils marient différents Charbons ensemble.

Nos Serruriers de Paris, qui n'ont que trois especes de Charbons de terre à employer, estiment que celui d'*Auvergne* (1) est sableux, qu'il ne se soutient pas au feu, ne donne que du machefer, & ne produit pas beaucoup de chaleur.

Celui de Moulins passe pour donner le plus de chaleur, & est très-bon mêlé avec celui de l'Auvergne.

Le Charbon de Saint-Etienne est regardé le meilleur après celui de Moulins; il y a plus d'acquit à s'en servir; il est parfait lorsqu'il est en gros morceaux, & non en menus.

Ces trois Charbons, mêlés ensemble dans des proportions étudiées, sont très-bons: ils rendent au feu la barre blanche, & ne crassent point le fer.

Dans l'épreuve du Charbon de terre à la forge, qui est un moyen sûr lequel on peut compter, les renseignements que donne ce fossile sont de deux sortes, les uns se marquent au feu, les autres sur le fer.

Au feu, ce sont sa durée, sa flamme, sa chaleur, la maniere dont il s'y comporte en s'élevant en forme de voûte, ce qui le rend très-propre à forger le fer; la consistence, la durée de l'espece de croûte qu'il forme.

(1) C'est-à-dire, celui qui vient aujourd'hui des mines de cette province, & qui est décidément inférieur à tous les autres; car autrefois il en venoit de très-bon de la mine de *la Fosse*, abandonnée en 1768, voyez *pag.* 593, qui a été reprise en 1774, appellée maintenant *Mine de Sadourny*. Ce que j'ai vu de cette nouvelle fouille est en masses vraiment pierreuses, très-dures, & difficiles à mettre en morceaux; elles se séparent en pieces de forme & de volume inégaux & différents comme les corps pierreux; c'est une réunion de parcelles de Charbon micacées, disposées quelquefois en petites bandes ou filets confus & interrompus: le Charbon est beau, éclatant & argentin. Cette dissémination abondante, quoiqu'irréguliere de Charbon, fait que ces grosses pierres, en s'échauffant, rougissent peu à peu, prennent feu en bouillonnant à l'extérieur, se gonflant; se collant, se gerçant, se fendant & se tourmentant comme les masses d'argille devenues compactes & pierreuses; elles donnent une flamme rouge, foncée & ardente, accompagnée d'une bonne fumée, & se consomment comme l'argille en cendres grises; quelques portions donnent des cendres rouges: le poussier de ce Charbon ne paroît pas se coller, & paroît n'être que de la terre.

On vient aussi de reprendre la mine appellée la *taupe*, qui étoit fouillée il y a environ cinq ans à la profondeur de 36 pieds, & qui avoit été fermée, afin de faire passer le Charbon de la Fosse. Cette nouvelle fouille, qui a aujourd'hui 45 pieds de profondeur, tombe dans ce qu'ils appellent en Auvergne une *Carpe de Charbon*.

Les Ouvriers donnent comme un figne décifif d'excellente qualité, lorf-que ce foffile brûle & chauffe mieux étant humecté ou arrofé d'eau; per-fonne n'ignore l'ufage où ils font de le tremper, pour y ajouter, à ce qu'ils imaginent, une qualité, ou pour augmenter celle qu'il a. On fait encore que cette propriété de l'eau d'augmenter l'inflammation des bitumes, eft avancée par des Auteurs anciens (1).

Cette propriété reconnue dans le plus grand nombre de Houilles, de donner une plus longue braife quand elles ont été mouillées, n'eft cepen-dant pas fi particuliere qu'elle ne puiffe être entendue & expliquée de plus d'une façon. Le feu, quand il agit en force fuffifante, produit des effets d'autant plus grands que fon action a été plus retardée; quand une fois cette action devient victorieufe, elle dilate, elle agit avec d'autant plus de promp-titude, & d'une maniere d'autant plus complette que les parties de cette maffe lui ont oppofé plus de réfiftance avant de céder; ainfi, quoique le Charbon de pierre mouillé aye plus de peine à s'allumer, le feu en dure effectivement davantage: l'Ouvrier, quand il s'apperçoit que fon fer brûle un peu trop à la fuperficie (2), ramaffe encore fon Charbon allumé, l'af-perge de nouveau avec de l'eau, pour concentrer la chaleur, rendre fon feu plus actif, & plus fort & plus long-temps; en effet, il forme par ce moyen une efpece de voûte, dont il empêche foigneufement l'embrafement, fous laquelle le feu, comme dans un petit fourneau de réverbere, fe concentre & exerce prefque entiérement fon action fur le métal qu'on chauffe: tout cela eft pour diriger la vivacité de fon feu à volonté; & felon le befoin, en retarder la confommation, & non précifément pour l'animer.

L'idée des Forgerons n'eft donc qu'une induction à leur guife de ce que leur apprend l'expérience, puifqu'il eft aifé de concevoir que les parties du Charbon allumé que l'on a mouillées, ne pouvant fe diffiper & fe heurter violemment, le feu doit, de toute néceffité, en devenir plus concentré.

Cette propriété de l'eau, au furplus, fur le Charbon de terre au feu, fouffre des exceptions, & peut en fouffrir; on rencontre des efpeces de Charbons, tels que, par exemple, ceux que j'appelle *pyriteux*, qui, certainement, ne pren-droient point feu fi on y jettoit de l'eau. Le contraire, qui en effet s'ob-ferve plus communément, eft donc encore à expliquer; cela tient-il à la qualité de ces Charbons de terre? cela ne pourroit-il pas dépendre des veines d'où ils ont été tirés? Quelques Charbons font fujets aux inflammations fpon-tanées (3), & peut-être à occafionner des tremblements de terre. Les

(1) *Aquá accenditur, oleo verò reftinguitur; quod in fabrorum officinis quotidie obfervare licet; qui aquam in accenfos Carbones fpargunt, ut nimis ex-panfum calorem reprimant, ac in centro vividiorem ignem efficiant.* AGRICOLA.

(2) On dit que le Charbon brûle le fer, lorf-qu'il en détache trop d'écailles & de fcories.

(3) M. Venel regarde ces embrafements de Houille comme douteux. M. le Chevalier de Solage, propriétaire des mines de *Carmaux*, dont le Charbon a cette qualité de s'échauffer, même fort peu de temps après qu'il eft mis en tas, a remarqué fur cela, que le plus grand effet de cette chaleur avoit été de brûler four-

Phyſiciens ont obſervé que ceux qui ſont les plus diſpoſés à former un incendie ſouterrain, ſont ceux qui ſont placés aſſez ſuperficiellement en terre, pour que les premieres couches qui les couvrent ne faſſent pas obſtacle à ce que les Charbons puiſſent recevoir l'action de la chaleur du Soleil. Y auroit-il quelque rapport de cette particularité à celle de la ſituation ſuperficielle des Houilles dans la mine?

Si l'on veut diſcerner au feu, c'eſt-à-dire, par l'eſſai, le bon Charbon de terre d'avec le mauvais, on poſera un ſoc de charrue, ou un morceau d'acier quelconque, ſur un morceau de fer; ſi le Charbon eſt de bonne qualité, l'acier eſt auſſi-tôt joint avec le fer; quand il eſt mauvais, l'acier eſt plus long-temps à ſe joindre, & il faudra augmenter la quantité de Charbon.

L'avant-coureur a publié (1) une Méthode, éprouvée par M. de M . . . . ., pour juger de la qualité des Charbons, relativement à l'uſage qu'on en fait le plus communément.

Elle conſiſte « à remplir un creuſet du Charbon que l'on veut éprouver; à » placer au milieu de ce Charbon, un ou deux petits barreaux de fer, & » à tenir ce creuſet exactement luté au plus grand feu, pendant cinq à ſix » heures, dans un *fourneau de fuſion*, ou même au feu de la forge.

» Si le Charbon eſt de mauvaiſe qualité, il ſe formera à la ſurface du » fer, pendant cette eſpece de *cémentation* (2), une croûte qui ſera d'autant » plus épaiſſe que le Charbon ſera d'une qualité plus inférieure; on peut » s'aſſurer que cette croûte n'eſt pas formée par le Charbon, mais que c'eſt » réellement une portion de la ſubſtance du fer; en en détachant quelques » parties, & les préſentant à l'aimant, elles ſeront ſur le champ attirées, » parce que le fer brûlé dans les vaiſſeaux clos, conſerve cette propriété (3) ».

En 1774, le Miniſtre de la Marine fit faire dans les Ports de Rochefort & de Breſt des épreuves de comparaiſon de deux eſpeces de Charbons, & de celui d'Angleterre: dans l'Extrait qui a été imprimé de ces épreuves, un de ces Charbons n'eſt point nommé (4); l'autre eſt celui de Saint-Georges, dont nous avons fait connoître la qualité d'après M. de Voglie, *pag.* 564, & que le Procès-verbal du Subdélégué de Saumur en 1757, déclare s'être trouvé dans un eſſai fait à la Verrerie de Saint-Florent, d'une qualité inférieure, pour ces fontes, à celui du Forez, de plus d'un cinquieme.

dement, c'eſt-à-dire, de noircir ou de couvrir d'une couche légere de Charbon, des morceaux de bois qu'on enfonçoit dans le tas. *Voy. pag.* 62.

(1) N°. 36, 4 Septembre 1769.

(2) *Cémentation*, priſe dans le ſens le plus étendu, eſt une opération chimique, par laquelle on applique des métaux enfermés dans un creuſet, dans une boîte de fer, même dans une cornue, & ſtratifiés avec des ſels fixes, avec différentes matieres terreſtres, & quelquefois des phlogiſtiques, à un feu tel que ces métaux rougiſſent plus ou moins, mais ſans entrer aucune-

ment en fuſion.

(3) Ce que l'on nomme *Battitures*, & qui eſt une chaux, *calx martis*, qui ſe détache par écailles du fer rougi & calciné, ſont du fer privé d'une bonne partie de ſon phlogiſtique, mais qui en conſerve aſſez pour être entiérement attirable par l'aimant.

(4) Les mêmes raiſons que j'ignore encore, pour leſquelles on a ſimplement deſigné ce Charbon, ſans le nommer, ont empêché que je n'aye pu ſavoir de quel canton il eſt; vraiſemblablement c'eſt de quelque mine voiſine.

Ce Charbon de Saint-Georges pefe 7 livres par pied cube plus que celui de * * *, & 5 livres plus que celui d'Angleterre ; on attribue cet excédent de pefanteur à une plus grande quantité de parties onctueufes.

On a remarqué, dans la premiere épreuve faite à Breft, que ce Charbon a offert un intérieur de la plus grande netteté, qu'il eft d'un noir plus foncé, qu'il paroît plus gras & plus liant que celui de * * * ; il en a réfulté, dans cette épreuve, une économie de matiere affez confidérable.

Dans la premiere épreuve, faite à Rochefort, il a été trouvé pour la qualité, la durée au feu, & la chaleur qu'il rend prefqu'au même degré que le Charbon d'Angleterre, & fupérieur en tout à celui auquel on le comparoit. Ces épreuves, imprimées en extrait (1), nous ont paru pouvoir fervir de modeles, pour fe rendre compte à foi-même, ou dreffer un rapport de femblables opérations ; ce qui nous détermine à donner ici cet extrait.

*Extrait des Epreuves faites par ordre du Miniſtre de la Marine dans les Ports de Breſt & de Rochefort, des Charbons de Saint-Georges-Châtelaiſon, d'Angleterre, & de * * *.*

Extrait du Procès-verbal de la ſeconde Epreuve faite à Rochefort.

Nous avons jugé, après l'effai, que celui d'Angleterre a le feu plus vif, chauffe un peu plus promptement le fer que celui de Saint-Georges ; que ce dernier forme également bien la voûte, qu'il differe peu en bonté de celui d'Angleterre, & qu'il eft bien fupérieur à celui des mines de * * * qui a peu de confiftance, & rend beaucoup de craffe ; celui de Saint-Georges n'en fournit gueres plus que celui d'Angleterre : la confommation eft à-peu-près la même dans l'emploi ; il chauffe bien le fer, n'eft point fulphureux, & dure affez long-temps à la forge ; conféquemment nous l'avons reconnu de bonne qualité, & très-propre à être employé pour le fervice du Roi. En foi de quoi, nous avons figné, collationné par ordre du Roi. *Signé* VALLIET.

Extrait d'une premiere Epreuve faite à Breſt, les 19 & 20 Décembre 1774.

CHARBONS DE * * *		CHARBONS DE S. GEORGES.
Charbon délivré	500 liv.	. . . . . . 500 liv.
A refté après l'ouvrage . . .	86	 152
Employé	414	 348
Charbon non-confommé . . .	52	 84
Cendres	120	 64
Fer délivré	225	 225
Mâchefer	23	 23
Corps mort forgé (2) . . .	192	 194
Fer de retailles (3) . . .	$7\frac{1}{2}$	. . . . . . $4\frac{1}{2}$
Déchet	$25\frac{1}{2}$	. . . . . . $26\frac{1}{2}$
Nombre de Chaudes . .	10	 9
Durée de l'ouvrage, 4 heures $\frac{1}{4}$.		. . 4 heures 41 minutes.
Nombre d'hommes, 12.		 12

(1) Petit *in*-4° de quatre pages.
(2) Piece ordinairement de bois, mife en travers dans la terre, & où tient une chaîne pour amarrer les vaiffeaux.
(3) Rognures.

La voûte du four que ce Charbon a formé a été d'une affez grande folidité pour fupporter après la premiere chaude trois coups de pelle fans être entamé , & a duré jufqu'à la quatrieme chaude : fa flamme paroiffant graffe, & d'un blanc jaunâtre ; fon feu concentré eft très-vif ; ces qualités font l'effet d'un grand nombre de parties huileufes qu'il contient.

Ce Charbon eft d'un noir plus foncé , paroît plus gras & plus liant que celui de ***. Il en a réfulté une économie de matiere affez confidérable.

Extrait de la feconde Epreuve , faite à Breft avec du Charbon extrait de la Mine de Saint-Georges depuis plus de deux ans.

CHARBON DE ***	CHARBON DE S. GEORGES.
Charbon délivré . . . . . . 500 liv.	. . . . 500 liv.
Refté après l'ouvrage 190	. . . . 185 $\frac{1}{2}$
Employé 310	. . . . 314 $\frac{1}{2}$
Charbon non-confommé . . . 89	. . . . 92 $\frac{1}{2}$
Cendres 57	 45
Fer délivré 225	 225
Mâchefer . . . . 33 $\frac{1}{2}$	. . . . 28 $\frac{1}{2}$
Poids du corps forgé 180	 168
Fer provenant des retailles . . 4 $\frac{1}{4}$	. . . . 7 $\frac{1}{4}$
Déchet . . . . 40 $\frac{1}{2}$	. . . . 49 $\frac{1}{2}$
Nombre de Chaudes . . 12	 13
Durée de l'ouvrage, 5 heures 55 minutes.	. . 6 heures 50 minutes.
Nombre d'hommes, 12.	. . . 12.

NOTA. Il n'eft fait dans cet extrait aucune mention de la folidité de la voûte du Charbon de Saint-Georges qui eft une qualité des plus effentielles; elle a duré jufqu'à la quatrieme chaude ; & il a fallu la brifer : celle de * * * n'a pas réfifté à la premiere chaude. On voit que ce Charbon a rendu un dixieme de mâchefer , & $\frac{1}{4}$ de cendres de plus que celui de Saint-Georges; ce qui prouve qu'il contient beaucoup plus de parties hétérogenes.

La différence de 4 livres & $\frac{1}{2}$ de Charbon , & de 9 livres de fer de déchet fur des objets auffi confidérables ne fignifie rien ; elle eft d'ailleurs l'effet du peu d'activité des Ouvriers ; ce qui eft prouvé par une chaude qu'ils ont employée de plus pour le Charbon de Saint-Georges, tandis qu'il devoit y en avoir une de moins par la confiftance de la voûte qui rendoit néceffairement le feu plus vif : on s'en rapporte fur le tout aux plus habiles Forgerons.

Extrait de la troisieme & derniere Epreuve faite à Brest.

CHARBON DE ***	CHARBON D'ANGLETERRE.	CHARBON DE S. GEORGES.
Piece de fer pour former une clef de mât du poids de 104 liv.	. . . . 104 liv.	. . . . 104 liv.
Réduit forgé à . . 91	 88	 92
Retaille . . . . . $\frac{1}{2}$	 1	. . . . $\frac{1}{2}$
Déchet . . . . . 12$\frac{1}{2}$	 15	. . . . 11$\frac{1}{2}$
. . . . 104	 104	 104
Charbon délivré . . 207	. . . . 207$\frac{1}{4}$	 207
Charbon enflammé non-consommé . . 46	. . . . 48$\frac{1}{4}$	 61
Charbon neuf restant 40	. . . . 78$\frac{1}{4}$	 78
Mâchefer 11	 11	. . . . 5$\frac{v}{1}$
Cendre & C. consommé 110	 69	. . . . 62$\frac{1}{4}$
. . . . 207	 207	 207

Rien ne prouve mieux la qualité supérieure du Charbon des mines de Saint-Georges, que ce résultat de la derniere épreuve faite à Brest.

Du feu de Charbon de terre, appliqué à la réduction des Minerais, en particulier de la Mine de fer.

Histoire des procédés, connus pour rendre ce combustible propre à ces opérations. Connoissances fondamentales de Métallurgie à rapprocher de ces tentatives faites ou à faire.

De tous les métaux, le fer est celui auquel le feu de Charbon de terre est le plus défavorable ; les ouvrages les plus grossiers, dans les forges ordinaires, ne laissent point de doute sur le défaut qui est particulier au feu de ce fossile de recuire les parties du fer que l'on veut dissiper (1), si le fer est de nature sulphureuse.

Les soufres du Charbon de terre, selon Swedemborg, ajoutés à celui du fer, durcissent & rendent réfractaire ce que le métal a par lui-même de doux & de ductile, ou bien ce qu'il a de plus parfait, & les scorifient, sur-tout quand les Charbons agissent sur la mine ; & comme la partie sulphureuse saisit le fer par préférence, elle le fait évaporer en fumée, ou désunit la partie nerveuse de ce métal, le rend en conséquence aigre & difficile à traiter, au point que, soit qu'on le travaille à chaud ou à froid, il s'ouvre, se gerce, ensorte qu'on ne peut faire une barre qui ne soit fendue par-tout ; ce

(1) *Fabri ærarii, & ferrarii, Carbonum vice, lithanthrace utuntur, sed quia suâ pinguedine inficit ferrum, & fragile facit, qui subtilia opera efficiunt, eo non utuntur.* Agric. de Nat. Fossilium, Lib. IV.

fer, en un mot, ne peut être d'un grand ufage, à moins qu'il ne foit combiné avec un autre de meilleure qualité.

L'expérience démontre de même que le Charbon de terre, dans l'état où il fe tire de la mine, eft abfolument contraire à la réduction du minerai de fer, il ronge & détruit fur-tout une grande quantité de métal dans les fontes. Dans le *fourneau à manche* (1), il brûle le métal qui ne fe fépare pas des fcories ; ces dernières ne fe liquéfient point affez pour couler hors du fourneau.

Les raifons qu'en donne M. Grignon (2), font 1°, que fon phlogiftique eft uni à un acide vitriolique abondant qui forme du foufre, & que l'abondance de ce foufre rendroit la fonte de fer trop pyriteufe, fi l'on ne fe fervoit point d'intermede pour abforber une partie du foufre qui s'eft formé dans ce foffile ; 2°, que le Charbon de terre contient ordinairement trop de principe terreux qui ne pourroit être vitrifié qu'avec une perte confidérable de fa chaleur, laquelle feroit une fouftraction trop grande, peut-être notable, à celle que l'on fe propoferoit d'appliquer à la réduction du minerai.

L'abondance de ce principe terreux & des intermedes ou correctifs pour enlever au Charbon de terre le foufre qui s'y eft produit, faifant un volume trop confidérable, diminueroient l'intenfité de la chaleur, au point de caufer des embarras fans remede.

Quel que foit le vice particulier à ce foffile, foit qu'il réfulte de la graiffe ou de l'acide, ou de la fumée, foit qu'il réfulte de la trop grande activité du feu que donne ce combuftible, on s'eft occupé férieufement dans plufieurs pays des moyens d'approprier aux opérations Métallurgiques le feu & la chaleur que fournit le Charbon de terre. Bécher, dans un de fes Ouvrages, rapporte qu'un Allemand, nommé Blavenftein, avoit enfeigné en Angleterre une façon de travailler la mine de fer avec ce foffile ; c'étoit peut-être en faifant des boules de mine & de Charbon, afin de les expofer au feu de réverbere, fans doute pour appliquer immédiatement le phlogiftique à la mine. Le Prince Robert, en Angleterre, a fait beaucoup de tentatives pour réuffir par ce procédé avec le *Pick-kohl* (3). Par les expériences qui ont été continuées pendant quelques femaines, voyez *pag.* 416, on a obfervé que le foyer fe trouvoit toujours rempli de craffes & d'une matiere tenace & bourbeufe ; l'autre maniere, décrite par Swedemborg, confifte, comme nous l'ayons dit auffi.

---

(1) Appellé auffi *fourneau Allemand* ou *fourneau courbe*, qui a un baffin de réception, & un baffin plus petit pour la percée ; il faut comprendre fous la dénomination de fourneau courbe tous ceux qu'autrefois on appelloit *fourneaux d'écoulements*, c'eft-à-dire, qui donnent écoulement à la fonte, les fourneaux de *rafraîchiffement* & de *liquation* pour le cuivre tenant argent, ainfi que plufieurs autres. La hauteur de tous les fourneaux courbes eft à-peu-près la même ; mais

ils font différemment conftruits. La Pl. XXVII de la fonte des Mines, traduit par M. Hellot, repréfente un fourneau courbe ordinaire.

(2) Mémoire de Sidérotechnie, contenant des expériences, obfervations, & réflexions fur les moyens de laver & de fondre les mines de fer avec économie. *Sect.* 11, *pag.* 102, des Mémoires de Phyfique, *in*-4°, Paris 1775.

(3) Voyez *pages* 3 & 124 l'efpece de ce Charbon.

à

à employer ce Charbon après l'avoir préalablement étouffé, de la même maniere qu'il se pratique pour les Charbons de bois, & lui avoir enlevé par une combustion portée à un certain degré de torréfaction, ou la matiere grasse qui le rend impropre au traitement des mines, ou cet acide qui est difficile à se marier avec le fer.

Swedemborg, en rapportant le procédé en entier tel que nous l'avons rapporté, ne s'en déclare pas à beaucoup près le partisan; on vient de voir qu'il n'ignoroit pas les inconvénients du feu de Charbon de terre pour la fusion de la mine de fer, & qu'il ne le regardoit point du tout propre à la purger de ses hétérogénéités.

A en croire cependant la tradition de Château-Lambert en Franche-Comté, on tiroit de l'or des mines de cuivre de cet endroit, & c'étoit par le moyen du feu de Charbon de terre (1). Les Chinois s'en servent pour la fusion du cuivre; la maniere qui étoit employée à Château-Lambert n'est point connue; le moyen employé par les Chinois est ignoré; ensorte que dans le traitement des mines, l'usage du feu de Houille est restreint à ce qui concerne le grillage & les fontes préliminaires, après avoir fait essuyer à ce fossile un procédé préalable. C'est ainsi que les Anglois l'emploient à rôtir les mines de fer, & n'ont besoin du Charbon de bois que pour fondre avec moins de perte la mine rôtie & désoufrée; ils s'en servent aussi pour griller les mines de cuivre, & en *affiner* le métal (2).

Le fourneau dont on se sert dans la Grande-Bretagne pour affiner avec ce fossile le plomb tenant argent (3), autorise à ne point douter qu'il ne soit également possible de tirer parti du Charbon de terre pour les *demi-métaux* (4), & les métaux imparfaits qui sont d'une facile fusion : l'Auteur du Traité de la fonte des Mines, par le feu de Charbon de terre, est persuadé qu'il y auroit un bénéfice de moitié sur la dépense des fontes, & d'un dixieme sur le produit du minéral (5); il pense aussi qu'il seroit possible de parvenir à fondre toutes sortes de mines par le feu de Charbon de terre. Sur ces principes, il a imaginé une construction de fourneau dont il a publié la description parmi tous ceux qui composent son Traité (6).

Les difficultés attachées à l'emploi du Charbon de terre pour la fonte des métaux, ont de tout temps été apperçues, & n'ont pas été unanimement regardées comme insurmontables. Après Bécher, Tholden (7), Krautermann (8),

(1) Voyez le Mémoire de M. de Genssane, sur l'exploitation des mines d'Alsace & du Comté de Bourgogne, 4e Vol. des Savans étrangers, p. 159.

(2) Purifier, dégager des *parties hétérogenes.*

(3) Décrit dans l'Essai sur les mines, tom. 5, *pag.* 95.

(4) Appellés aussi *faux métaux,* pour les distinguer.

(5) Préface du Tome I, *pag.* xj.

(6) Cet Ouvrage dont le second volume paroit actuellement, & les *Voyages Métallurgiques* de M. Jars, renferment tout ce que l'on peut désirer touchant le point de vue, sous lequel le Charbon de terre seroit à considérer ici. Les personnes qui connoîtront le Traité de la fonte des Mines de Schlutter, le Recueil qui vient d'être donné par M. Grignon, la Description de l'Art des Forges & Fourneaux à fer, & surtout le Supplément au Tome II de l'*Histoire du Cabinet du Roi,* ne risqueront point de s'égarer dans les essais auxquels elles pourroient se livrer.

(7) Haligraphie, *en Allemand,* C. 3, *pag.* 2 &89.

(8) *Regnum minerale,* p. 128.

font dans cette idée ; Zimmermann eft de ce fentiment : pourvu, felon luí, que les Charbons de terre ne foient pas trop *écailleux* (1), ils peuvent être purifiés & employés fans danger à la fonte des métaux : d'un autre côté, M. Henckel rejette formellement l'ufage du Charbon de terre pour ces opérations, comme plus propre à retarder la fufion, à caufe de l'acide de fon foufre qui eft, felon lui, un obftacle à la fufibilité.

La façon, d'abord groffiere & imparfaite de corriger cet inconvénient, perfectionnée en Angleterre où elle a pris naiffance, exécutée avec avantage dans ce pays & dans plufieurs autres, affoiblit affez l'opinion de ce Savant, pour autorifer à penfer que l'on ne doit pas défefpérer de tirer encore un meilleur parti de ce combuftible.

Aujourd'hui que l'on a fort approché de la connoiffance de la nature des matieres qui font parties effentielles du compofé métallique, nommé *fer*, que le choix du *fondant* (2), celui des Charbons de bois, autre dépendance de l'Art de la Métallurgie, font fixés par l'expérience, ou guidés par les lumieres de la Chimie ; aujourd'hui fur-tout que la fcience de conduire le feu a fait de grands progrès, les recherches à faire pour fubftituer dans la fonte du fer les Charbons de terre aux Charbons de bois, ou les mêler enfemble, doivent rencontrer bien moins de difficultés, & conduire enfin à cette découverte importante, fi elle eft faifable.

Un coup-d'œil général fur la fonte des mines dans chacun de ces articles expliquera mon idée, c'eft-à-dire, la maniere dont j'envifage la chofe.

Coup-d'œil général fur la fonte des Mines, dans les principales circonftances qui conftituent cette opération.

L'objet qu'on fe propofe dans la fonte du fer, c'eft de le *purifier*, c'eft-à-dire, de lui laiffer les parties convenables du nerf & du rempliffage, felon la qualité effentielle de chaque efpece de mine. L'Artifte eft pour cela obligé d'en mêler de plufieurs fortes, dont les effais l'ont mis à portée de connoître la nature, de déterminer la quantité de chaque, de les traiter différemment, felon qu'elles font plus ou moins chargées de foufre dans les pays où elles font de cette efpece.

Le fuccès des opérations métallurgiques tient donc à ces différens points.

Des Mines de fer.

Quant aux différentes efpeces de mines de fer connues, fans vouloir ici

---

(1) L'Auteur, par cette expreffion, a vrai-femblablement défigné ceux que l'on nomme quelquefois *Charbons maigres*.

(2) Matieres propres à faciliter la fufion, en vitrifiant les fubftances terreufes & pierreufes avec lefquelles la mine eft mêlée.

les confidérer ni en Naturalifte ni en Chimifte , on eft affez généralement
dans l'opinion que leur nature eft autant diverfifiée que leurs bafes , & autant
que le font la couleur & la forme fous laquelle elles fe rencontrent ; ce
qui y domine toujours particuliérement , eft une fubftance bitumineufe , alliée
avec un fel vitriolique , embarraffée de beaucoup de terre métallique vitrifiable.

Selon que le fer eft diverfement minéralifé , felon qu'il eft chargé de
parties hétérogenes , ou à proportion de la groffeur du grain de ces mines ,
elles font réfractaires ; les parties terreufes , alliées à la mine de fer , nûifent
différemment à fa fonte , le rendent fragile , felon leur nature , felon qu'elles
y font en trop grande ou en trop petite quantité. Les mines de fer qui proviennent , par exemple , d'une terre fablonneufe ou caillouteufe , font plus
faciles à fondre ; celles qui fe tirent d'un terrein gras , font plus réfractaires.
On a l'expérience que les mines , venues dans l'*arbue* (1) , portent avec elles
un degré , foit de réfraction , foit de facilité à la fufion proportionnée à
l'arbue dont elles reftent pénétrées ou imprégnées ; celles produites dans la
caftine (2) ont les mêmes qualités , dans un degré proportionné aux parties
de caftine qu'on n'a pu leur ôter.

Les mines de fer ne font pas moins vicieufes , lorfqu'elles contiennent du
foufre , comme les *mines en roche* (3) , qui fe tirent à de grandes profondeurs ,
& qui précifément conviennent aux ouvrages de fonderies auxquels toutes
les mines ne font pas également propres ; mais on verra bientôt que les autres
mines ne contiennent pas ce principe.

Il en eft même qui contiennent de l'arfenic , comme le *mica ferrugineux*
que l'on travaille quelquefois dans les forges , & qui , à raifon de l'arfenic ,
donne communément un fer aigre & caffant (4).

Si l'on en croit Swedemborg , la mine de fer du pays de Liege eft
dans quelques endroits de ce territoire de l'efpece de celle qui conftitue une
efpece de mine de zinc ferrugineufe, telle eft auffi la mine de zinc des environs de
Goflar , regardée par M. Henckel comme une vraie mine de fer : il s'en trouve
même qui , à raifon du zinc qu'elles contiennent , forment au haut des

(1) *Herbue, Aubue*, efpece d'argile ou de terre vitrifiable , douce au toucher, de couleur rou-geâtre.

(2) *Catzen-ftein, chat*, gros gravier calcaire & fans mélange de terre ; felon M. de Buffon , il s'en trouve de plufieurs efpeces. Nous aurons bientôt occafion de parler de l'arbue & de la caftine , comme *fondants* , ajoutés ordinairement dans la fonte des mines : il eft important de con-noître les effets que leurs différents mélanges produifent dans le feu.

(3) Formées de parties de fer , réunies en-femble par le moyen de l'eau , & qui ont pris de la folidité à mefure que l'eau s'eft repofée ; les mines de Suede & d'Allemagne font de cette efpece.

(4) Cette fubftance argileufe, graffe, fer-rugineufe , nommée à tort *mica ferrugineux, Eifen-Glimmer* en Allemand, fe trouve commu-nément entremêlée dans les endroits où il y a de l'hématite, fur-tout de l'hématite d'un rouge vif ; le nom de *fer de chat* qu'on lui donne auffi, lui convient mieux pour annoncer la médiocrité de cette mine ; ce n'eft que de l'hématite dé-compofée ; elle eft d'un brillant obfcur, noir, rouge , couleur d'or ou d'argent ou gris-de-fer, & peut fe réduire entre les doigts en petites par-celles qui y laiffent leur couleur , leur luifant ; c'eft ce qui fe débite dans quelques endroits fous le nom de *Brand* ou *rouge fin d'Angleterre*.

fourneaux des fublimations naturelles de *cadmie* en croûtes très-épaiſſes (1).

De ces variétés de mines de fer & des produits différents qui s'en obtiennent, il ne faut cependant pas conclure que les mines de fer ſoient réellement autant diverſifiées qu'on ſeroit naturellement porté à le croire : ce n'eſt abſolument qu'une erreur accréditée par l'ancienneté ; & probablement elle ſubſiſteroit encore, ſi un Savant de nos jours, conformément à ſon génie, qui ne lui permet d'enviſager & de voir les choſes qu'en grand, n'avoit ſuivi la voie des expériences, pour approfondir cette matiere (2). Les travaux de M. de Buffon ont conſtaté ſur tout cet objet des faits de la plus grande conſéquence qui trouvent ici leur place.

Il eſt certain, d'après ce Phyſicien, que toutes les mines de fer, du moins les *mines en grains* (3), ſont également fuſibles, qu'elles ne different les unes des autres que par les matieres, dont elles ſont mélangées, & point du tout par leurs qualités intrinſeques, qui ſont abſolument les mêmes ; qu'enfin le fer, comme tout autre métal, eſt un dans la nature. Nous ajouterons à cela une autre obſervation non moins importante, qui eſt encore dûe au même Auteur ; ſavoir, que toutes nos mines de fer en grain, telles que celles de Bourgogne, Champagne, Franche-Comté, Lorraine, Nivernois, Angoumois, &c, c'eſt-à-dire, preſque toutes les mines dont on fait nos fers en France, ne contiennent point de ſoufre, comme les mines en roche, ou en contiennent ſi peu qu'on n'en ſent pas l'odeur quand on les brûle : de cette différence, il réſulte un très-grand avantage que nous ferons remarquer quand il ſera néceſſaire.

Sans trop ſavoir ce qui diſtingue entre elles les différentes eſpeces de fer, réſultantes des opérations métallurgiques, & qui ſe réduiſent, par rapport au produit qui en eſt différent, à deux ſeulement, le fer fort à la lime, & le fer tendre, voyez *pag.* 843, il nous ſuffit, pour notre objet, de rappeller ici que ce qui conſtitue ces qualités ou autres qui peuvent être appellées *qualités relatives du fer*, viennent du travail ; & qu'il eſt auſſi facile d'altérer que d'épurer le fer, par tel degré de chaleur ou de travail, d'affermir ou d'apauvrir le nerf, la liaiſon, &c. Il eſt encore prouvé, qu'avec toutes ſortes de mines on peut toujours obtenir du fer de même qualité ; qu'enfin, c'eſt un préjugé abſolument faux, quoique très-ancien, que la qualité du fer dépend de celle de la mine.

(1) Je ne puis me rappeller l'Ouvrage dans lequel eſt avancée cette obſervation que je ſuis ſûr d'avoir extraite dès le commencement de mon entrepriſe de la deſcription de l'Art d'exploiter les mines de Charbon de terre : j'ai même communiqué cette notice à M. Grignon, lorſqu'il lut à l'Académie ſon Mémoire, dans lequel il prouve que les mines de fer de France contiennent beaucoup de zinc, & qui eſt renfermé dans ſon Ouvrage, *pag.* 250 : ce Phyſicien n'a nulle connoiſſance de cette obſervation.

(2) *Hiſtoire Naturelle générale & particuliere, ſervant de ſuite à la Théorie de la Terre, &c.* Suppl. Tome II, Neuvieme Mémoire.

(3) Dont quelques-unes ſont nommées *mines grainelées*, à cauſe de la compoſition de leur maſſe.

C'eſt uniquement de la conduite du feu & de la manipulation de la mine que dépend la bonne ou la mauvaiſe qualité de la fonte du fer & de l'acier. Les magnifiques expériences de M. de Buffon, dont on peut voir le détail dans ſon Ouvrage, ſont déciſives ſur ce point : avec une mine qui donnoit le plus mauvais fer de la Bourgogne, ce Phyſicien a fait du fer auſſi ductile, auſſi nerveux, auſſi ferme que les fers du Berry, qui ſont réputés les meilleurs de France.

Des Fondants.

POUR ce qui eſt des terres ou pierres dont on ſe ſert comme de fondant & de correctif dans les forges, telles que la *caſtine*, l'*herbue*, il eſt prodigieux combien il y a de différence dans chacun de ces deux fondants ; il paroît que chaque pays a ſa caſtine & ſon herbue, ou plutôt il eſt tout ſimple que dans chaque endroit on emploie les eſpeces qui s'y trouvent.

Dans les mines de fer de Nord-mark, à trois lieues de Philip-ſtads, la caſtine dont on ſe ſert eſt une pierre à chaux, blanche, à facettes dans ſa caſſure, laquelle ſe trouve en aſſez grandes maſſes dans ces cantons.

Dans le Comté de Stolberg, en Thuringe, on en trouve de différentes eſpeces.

Attenant le Couvent d'Ildefud, aux environs de Nord-hauſen près du Hartz, on rencontre une montagne qui n'eſt qu'un compoſé d'une pierre peſante, employée en guiſe de caſtine ou de fondant dans les forges du voiſinage, où elle facilite la fuſion de la mine de fer.

Dans pluſieurs provinces de France, il s'en tire dont la couleur ne diffère point de l'*herbue* : on en fouille dans les plus mauvaiſes terres ; c'eſt un gros ſable de riviere.

Communément c'eſt une eſpece de pierre à chaux, qui eſt blanche dans le Berry & dans le Nivernois, griſe dans d'autres pays ; il s'en voit qui n'eſt qu'une marne commune, d'autre qui n'eſt qu'une marne graveleuſe ; ailleurs c'eſt une eſpece de terre mêlée avec du ſable & de la pierraille ; les cailloux même, & le ſable, peuvent être regardés comme une eſpece de caſtine, mais qui s'emploie plus rarement. On emploie avec ſuccès pour telle la marne, la craie, les teſtacées, foſſiles & vivants, & le gravier calcaire de riviere ; ce dernier même eſt le plus commode de tous, par la facilité de s'en procurer, & par ſon état de comminution.

M. Grignon remarque que la caſtine n'eſt pas abſolument un corps naturel particulier : tout corps ayant pour baſe une ſubſtance calcaire, une terre abſorbante, qui n'eſt point ſaturée d'acide, eſt propre à ſervir de caſtine, parce que l'effet de ce fondant, devenu chaux par un premier degré de chaleur, abſorbe les parties ſulphureuſes du minerai ; elle fait alors fonction de corroſif.

Cette chaux unie aux parties quartzeufes, fulphureufes & terreufes du minerai ; aux parties argilleufes de l'*herbue* aux cendres des Charbons, compofe une maffe de matieres hétérogenes qui fe fervent mutuellement de fondant, & fe réduifent en une fubftance vitreufe qui perfectionne la fufion, couvre le métal en bain, le préferve par-là de la trop grande action du feu.

La caftine de bonne qualité fe connoît aifément au microfcope par toutes les parties qui en font tranfparentes & propres à la calcination : il ne faut cependant pas prendre pour caftine des pierres qui portent des grains brillants, & qui réfléchiffent la lumiere comme le grès ; la meilleure efpece eft celle qui occafionnera le plus aifément la fufion.

Malgré l'obligation indifpenfable où l'on eft de faire ufage de la caftine que l'on a fous la main, toute efpece ne doit cependant pas effectivement être égale pour toute efpece de mine ; elle doit être auffi mefurée proportionnément à la quantité, & relativement à la qualité du minerai.

Les mines les plus difficiles à fondre & les plus aifées à brûler, demandent différentes caftines. La caftine qui convient aux mines en gros morceaux, ne convient pas à celles qui font déliées ; celle qui eft en pierre ou en marne, eft employée pour les groffes mines ; on la concaffe en morceaux gros comme des noix, ou au plus comme des œufs. Pour les mines en grains fins, comme celles de Bourgogne, de Franche-Comté, on emploie pour caftine une efpece de terre graffe qui fe tire en maffes affez groffes & très-dures ; elle eft femblable à la *terre d'herbue*, que les Forgerons emploient pour empêcher leur fer de brûler, & dont nous dirons un mot à part. Si on employoit pour les mines en gros morceaux une caftine trop aifée à fondre, la caftine fe fondroit & fe rendroit en *bas de l'ouvrage*, avant que la mine eût eu le temps d'être affez chauffée pour fe fondre ; il y a cependant des mines en grains fins, comme celles d'Allen, Bailliage de Beaune, pour lefquelles on fe fert d'une caftine, qui eft une efpece de pierre compofée de feuilles très-minces.

M. de Buffon eft d'avis que c'eft une erreur de croire que l'on ne peut fe paffer de caftine. Lorfqu'une mine de fer eft nette & pure, il eft poffible de fe paffer de toute efpece de fondant ; ces fortes de mines qui n'en ont pas befoin, font nommées *Mines vives* ou *pliantes* : il eft vrai qu'alors il fe brûle une quantité affez confidérable de mine qui tombe en mauvais laitier, & qui diminue le produit de la fonte. Il s'agit donc, pour fondre le plus avantageufement qu'il eft poffible, de trouver d'abord le fondant approprié à la mine ; & enfuite la proportion dans laquelle il faut ajouter ce fondant, pour qu'elle fe convertiffe entierement en fonte de fer, & qu'elle ne brûle pas avant d'entrer en fufion.

Lorfque la mine de fer ne contient point de matieres vitrifiables, & n'eft mélangée que de matieres calcaires, il n'eft queftion que de reconnoître la proportion de fer & de matiere calcaire : on eft alors inftruit de tout ce qui eſt néceſſaire pour fondre avec ſuccès ces mines qui portent avec elles leur caſtine (1) ; car ſi elle s'en trouve naturellement ſurchargée en grande quantité, il faut, au lieu de ce fondant, employer de l'*aubue* ou *herbue* pour la fondre avec avantage.

Selon la qualité de la mine & de la caſtine, on fait entrer plus ou moins de ce fondant dans chaque charge. Dans différents pays, & même peu éloignés, on ſuit là-deſſus différents uſages ; mais preſque par-tout on peche par l'excès de caſtine qu'on met dans les fourneaux ; il y a même des Maîtres de forge aſſez peu inſtruits pour mettre de la caſtine & de l'herbue enſemble ou ſéparément, ſelon qu'ils imaginent que leur mine eſt trop *froide* ou trop *chaude*.

La trop grande quantité de caſtine ſe reconnoît aux craſſes trop liquides ; celles qui ſont tenaces & gluantes, annoncent trop d'*herbue*.

On juge de l'excès ou du défaut de proportion de caſtine ou d'herbue par les laitiers ; lorſque ces récréments ſont trop légers, ſpongieux & blancs, preſque ſemblables à la pierre ponce, c'eſt une preuve certaine qu'il y a trop de matiere calcaire : en diminuant la quantité de cette matiere, on verra le laitier prendre plus de ſolidité & former un verre ordinairement de couleur verdâtre, qui file, s'étend, & coule lentement au ſortir du fourneau ; ſi au contraire le laitier eſt trop viſqueux, s'il ne coule que très-difficilement, s'il faut l'arracher du ſommet de la *Dame* (2), on peut être ſûr qu'il n'y a pas aſſez de caſtine, ou peut-être pas aſſez de Charbon proportionnellement à la mine.

La conſiſtance, & même la couleur du laitier, ſont les indices les plus ſûrs du bon ou du mauvais état du fourneau, & de la bonne ou mauvaiſe proportion des matieres qu'on y jette : il faut que le laitier coule ſeul, & forme un ruiſſeau lent ſur la pente qui s'étend du ſommet de la dame au terrein ; il faut que ſa couleur ne ſoit pas d'un rouge trop vif ou trop foncé, mais d'un rouge pâle & blanchâtre ; & lorſqu'il eſt refroidi, on doit trouver un verre ſolide, tranſparent & verdâtre, auſſi peſant, & même plus, que le verre ordinaire. Rien ne prouve mieux le mauvais travail du fourneau ou la diſproportion des mélanges que les laitiers trop légers, trop peſants, trop obſcurs ; & ceux dans leſquels on remarque pluſieurs petits trous ronds, gros comme les grains de mine, ne ſont pas des laitiers proprement dits, mais de la mine brûlée qui ne s'eſt pas fondue.

L'eſpece d'argille, connue dans les forges ſous les noms d'*Erbue*, *Arbue*, *Arbuc*, & employée dans certains cas, de même que la caſtine, à fondre les mines de fer, eſt très-commune : les Taillandiers s'en ſervent auſſi, en la faiſant ſécher & la réduiſant en pouſſiere ; cette terre eſt préférable, dans la

(1) Les mines qui ont beſoin de fondant, ſont appellées par les Métallurgiſtes *Mines ſeches*.
(2) Dans les groſſes forges, on nomme ainſi une piece d'environ un pied de hauteur qui ferme la porte du creuſet, qui donne dans la chambre, à la réſerve d'un eſpace d'environ 7 à 8 pouces, nommée *la coulée*, & par lequel paſſe toute la fonte contenue dans le creuſet.

façon du fer, aux autres matieres vitrifiables, parce qu'elle eſt plus aiſée à fondre que les autres caſtines, les cailloux & les autres matieres vitrifiables. Elle eſt plutôt en état d'agir contre la mine, & d'empêcher l'action immédiate du fer, qui, au lieu de fondre, brûleroit promptement le fer de ces petits grains; on briſe cette terre d'herbue avant de la jetter dans le fourneau; on la mêle même dans quelques endroits avec un gros ſable de riviere, ou de ſemblable qualité: il s'en trouve de différentes couleurs; celle de Bourgogne eſt rouge; en Franche-Comté, il y en a de rouge & de griſe.

L'*arbue* du meilleur uſage, ſe reconnoît lorſqu'elle n'eſt point mélangée d'autres corps; qu'au toucher elle eſt douce; que la couleur n'en eſt point d'un rouge foncé; que pétrie avec un peu d'eau, elle devient bien compacte, ſeche à l'ombre ſans crevaſſe, & réſiſte long-temps au feu.

Celle que la charrue a travaillée eſt la plus *nerveuſe*, la plus douce & la plus huileuſe, ſoit parce que les plantes en ont pompé une partie des ſels, ſoit que le ſoleil & la végétation ne laiſſent que les parties les plus nerveuſes des engrais, comme moins propres à la ſublimation. Le mélange qui peut s'y rencontrer des parties de certains fumiers la rendent plus graſſe, plus compacte, plus tenue, & par conſéquent plus en état de réſiſter au feu.

L'arbue qui, mêlée à la mine, réſiſte le plus long-temps au feu, eſt de la meilleure eſpece; c'eſt à ſa vitriſcibilité qu'elle ſe reconnoît, comme la caſtine ſe reconnoît à ſa nature calcaire. Ces fondants ſe mêlent enſemble avec la mine pour la fonte; ſi on les mettoit ſéparément, la caſtine fondroit d'abord, & la mine tomberoit toute crue; l'arbue, qui réſiſte plus long-temps, reſteroit; au lieu que, dans le mélange, tout deſcend uniformément.

Des Charbons de bois.

Eſſai de comparaiſon entre eux & les Charbons de terre.

L'ARTICLE des Charbons de bois, dans une fonte de mine, n'eſt pas le moins intéreſſant, ſoit qu'il s'agiſſe de ne point forcer la conſommation déja conſidérable du combuſtible, ſoit qu'il s'agiſſe de n'employer que les Charbons qui conviennent; & il en eſt de même pour toute eſpece d'opération métallurgique.

Sur la quantité préciſe, néceſſaire à une fonte, M. de Buffon a reconnu le point fixe; après un grand nombre d'eſſais réitérés, il eſt parvenu à trouver qu'il ne faut qu'une livre ſept onces & demie, ou tout au plus une livre huit onces de Charbon pour une livre de fonte: ce calcul ne ſouffre point de difficulté; avec 2800 livres de Charbon, lorſque ſon fourneau a été pleinement animé, notre Savant a obtenu conſtamment des gueuſes de 1875, 1000 & 1050 livres.

Quant

Quant aux degrés de chaleur, proportionnée aux opérations qui demandent un feu brillant, chaud, moelleux, on connoît ceux que donne telle ou telle espece de Charbon de bois; il est constant, dans la pratique, que tout feu violent, trop continué, fait avec des bois aigres, gommeux ou salins, loin de donner de la qualité au fer, attaque sa propre substance, la détruit & l'appauvrit; tandis qu'un feu de bois doux, comme les especes de peuplier, de saule, & autres analogues résineux, lui donnent toujours de la qualité. Il n'est pas indifférent de se rappeller, pour la comparaison qui pourroit s'établir entre les Charbons de bois & les Charbons de terre, que les Charbons de bois tendre donnent une moindre chaleur, & que dans les uns ou dans les autres la trop grande vétusté est réputée pouvoir diminuer la force du feu.

La théorie & l'expérience, qui s'éclairent mutuellement, ont fait voir successivement que ces Charbons ne sont pas tous indistinctement propres aux opérations de chaque Artiste, ou à celles qui s'exécutent dans les uzines.

Que les Charbons de bois de terreins différents ne sont pas tous le même effet dans les foyers à fondre les mines de fer (1), ou dans ceux à affiner le métal.

Ce n'est sûrement pas du premier coup-d'œil qu'on a reconnu que les Charbons de bois dur, tels, par exemple, que ceux du hêtre, du chêne, sont moins utiles pour les forges que ceux qui sont doux à un certain degré; qu'ils brûlent & détruisent le fer, en détruisant le nerf.

Pour les Ouvriers en fer ou en acier, le Charbon de frêne, de chêne, de saule, de châtaignier, est excellent; aux Orfevres, il faut des Charbons d'une espece; aux Fondeurs, il en faut d'une autre.

Dans l'état où sont les différentes connoissances, qui font le nœud des opérations de Métallurgie, peut-être ne s'agit-il plus que de faire une étude comparée des effets & des qualités des Charbons de bois & des Charbons de terre. Ce qui est connu, à cet égard, sur l'un & l'autre de ces combustibles, rapproché attentivement, laisse du moins entrevoir des motifs raisonnables de présumer qu'on pourroit parvenir, comme on y a réussi pour le Charbon végétal, à fixer la nature, la qualité des Charbons de terre, propres à fondre différentes mines de fer, & que cet emploi doit ou peut être susceptible d'une marche à-peu-près semblable à celle qu'a éprouvé l'emploi du Charbon de bois. L'examen extérieur des deux combustibles n'est déja point défavorable à la comparaison qu'on voudroit faire de l'un & de l'autre; le Charbon végétal, comme le Charbon de terre, tire plus ou moins sur le noir; il en

_____

(1) On appelle *Foyer de forge*, quelquefois *Creuset*, *Ouvrage*, un endroit pratiqué dans l'aire de la cheminée, & arrangé avec des plaques de fer, pour recevoir le fer, ou bien l'endroit dans lequel s'opere la cuisson ou la liquation du fer crud que l'on prépare à être étendu sous le marteau: en Latin, il est appellé *Catinus*, & en général *Sigillum*; en Suédois *Hœrd.*

est où ce noir est semé de couleur d'iris; dans d'autres, tels que les Charbons de bois blancs & de bois résineux, il est pâle, tirant sur le fauve.

Dans quelques Charbons de terre brutes, mais sur-tout lorsqu'ils ont passé au feu, & qu'ils ont été éteints, la vue seule fait remarquer une texture absolument pareille à celle qui s'observe dans quelques Charbons de bois (1). Je ne serois pas éloigné de croire, qu'il seroit très-possible d'en distinguer qui, par la nature de leur feu, se rapprochent de la qualité des Charbons de bois blanc & des Charbons de bois dur.

M. Bellot, Directeur de la Verrerie de Seve, a fait cette remarque, à mon avis, très-judicieuse (2); & je crois qu'on ne doit pas la perdre de vue dans les recherches auxquelles on pourroit se livrer, sur l'emploi du Charbon de terre, soit dans les travaux métallurgiques, soit dans son application aux Arts qui ont besoin du feu. A cette observation, il faut ajouter que le Charbon de bois ne donne pas, à beaucoup près, autant de chaleur que le Charbon de terre.

M. de Genssane, malgré l'opinion où il est sur le Charbon de terre, voyez *pag.* 1154, estime que le phlogistique renfermé dans ce fossile est pour le moins aussi analogue aux métaux que le Charbon de bois. Les Ephémérides d'Allemagne avancent que le Charbon de terre, à raison de sa partie huileuse, rend le fer plus doux, & plus traitable sous le marteau (3); mais que pour peu qu'on augmente la chaleur, le fer se fond, & n'est plus facile à employer.

D'après cette observation, les défauts que le fer contracte au feu de Houille ne viendroient-ils pas en partie de la chaleur trop prompte & trop vive que donne ce fossile? En s'attachant, comme on l'a fait jusqu'à présent, à chercher dans l'acide du Charbon de terre, la cause unique qui le rend impropre à la fonte des mines, & sur-tout des mines de fer, n'a-t-on point été trop esclave de cette première idée? au moins est-il sûr qu'il y a quelque analogie entre le feu de quelques Charbons de terre & celui qui est particulier à chaque espece de bois. On sait que ce dernier, selon sa qualité moyenne, selon sa pesanteur, & d'autres circonstances dont quelques-unes dépendent même du local, donne un Charbon différent par un feu plus ou moins vif, par plus ou moins de phlogistique.

Je dois me borner quant à présent à ces résultats sommaires, sur les Charbons de bois employés dans les travaux métallurgiques, & sur les rapports que

(1) Stedlen rapporte qu'on en a trouvé en Franconie, près de Grunsbourg, une espece dans lequel cette ressemblance étoit frappante, & que l'endroit de la fracture étoit luisant comme de la poix. Ce n'est pas de ceux-là, que je crois pouvoir appeler *Charbon de bois tourbe*, dont je parle ici.

(2) Voyez le Mémoire de M. Lavoisier, cité *pag.* 1064.

(3) C'est vraisemblablement ce qu'entendent quelques Ouvriers, en disant d'un bon Charbon de terre, qu'il *manie bien le fer*. Le langage des étrangers que nous avons entendus se servir de cette expression, nous l'a fait interpréter autrement page 577, en parlant des Charbons de Décize; mais il paroît qu'elle ne signifie point *manger le fer*, & qu'elle désigne au contraire une bonne qualité.

l'on pourroit appercevoir entre ce combustible ordinaire & le Charbon de terre : à mesure que j'indiquerai les opérations des grandes forges, qui s'exécutent avec ce fossile, j'aurai soin de fixer davantage l'attention du Lecteur sur ces différents rapports, dont l'idée m'a semblé mériter d'être approfondie, & qui pourroient ouvrir de nouvelles vues sur les tentatives à faire, ou perfectionner celles déja faites pour priver le Charbon de terre de ce qui le rend contraire à la fonte des mines.

Pour répandre sur cette matiere tout le jour dont elle est susceptible, nous commencerons par les différentes manieres de préparer le Charbon de terre.

Différentes especes de braises de Charbon de terre ; leur fabrication en grand.

PARMI les différents tempéraments, imaginés pour purifier le fer en le séparant des matieres étrangeres à son essence, & pour retenir de son minerai tout ce qu'il peut fournir, on doit regarder comme principale l'espece de combustion que l'on fait essuyer au bois pour le réduire en Charbon, qui doit être l'aliment du feu. Quand on a songé à employer au même usage le Charbon de terre qui exigeoit visiblement une sorte de purification, il a été assez naturel de chercher à rapprocher ce fossile de l'état dans lequel le Charbon végétal est reconnu propre à cette opération.

Dans la fabrication Angloise, pour priver les Charbons de leur acide *sulphureux*, si on veut le qualifier tel, on s'y prend de deux manieres : j'ai décrit sommairement, *pag.* 415, celle qui sans doute a été la premiere usitée, & qui d'ailleurs a la commodité de pouvoir être exécutée d'un instant à l'autre. Chaque fabrication se réduisant à un appareil, dont la façon ne coûte rien aux Ouvriers, il ne sera pas inutile de faire connoître ici ce procédé tel qu'il est pratiqué, nommément dans deux endroits de l'Angleterre. L'Auteur des *Voyages Métallurgiques*, de qui nous empruntons ces descriptions, nous donnera la facilité d'y joindre la maniere de faire cette préparation dans des fours, dont nous n'avons rien dit.

Les Charbons soumis à l'action du feu, de l'une ou de l'autre maniere, donnent une braise connue pour être de deux sortes, ou du moins distinguée vaguement par les noms de *coaks* & de *cinders*. Les différences de l'une à l'autre braise n'a pas trop bien été spécifiée par les Ecrivains qui en ont parlé ; leur fabrication peut un jour devenir de la plus grande importance dans beaucoup de pays : je me flatte de rendre sa réussite plus assurée par la maniere dont je vais la dévelloper dans toutes ses circonstances.

Fabrication de Braises de Charbon de terre, nommées en Angleterre Coaks, *pour fondre le Minerai de fer*, Iron-Stone (1), *à Carron en Ecosse* (2).

« CETTE opération est à-peu-près la même que celle pour convertir le bois
» en Charbon ; elle consiste à former en rond, sur le terrein, une couche
» de *clod-coal*, voyez *pag.* 383 & 415, de douze à quinze pieds de diametre,
» autour duquel il y a toujours un mélange de poussiere de Charbon & de
» cendre des opérations qui ont précédé.

» Cette couche circulaire est arrangée de façon qu'elle n'a pas plus de
» sept à huit pouces d'épaisseur à ses extrémités, & un pied & demi au plus
» d'épaisseur dans son milieu ou son centre ; c'est-là qu'on place quelques
» Charbons allumés qui, en peu de temps, portent le feu dans toute la
» charbonniere. Un Ouvrier veille à cet embrasement, & avec une pelle de
» fer prend de la poussiere qui est autour, en jette, dans les parties où le
» feu est trop ardent, la quantité suffisante pour empêcher que le Charbon
» se consume, & point assez pour éteindre la flamme qui s'étend sur toute
» la surface : c'est alors une marque de la destruction du bitume, véritable
» objet de l'opération. Le poussier qu'on jette dessus sert à éteindre le Charbon
» lorsqu'il est privé de son bitume, qui n'y est pas fort abondant ; l'opération
» dure environ quarante heures.

» Le Charbon, réduit en coaks dans les forges de Carron, est beaucoup
» plus léger qu'il ne l'étoit avant d'être grillé, il est aussi moins noir ; cependant
» il l'est plus que les coaks, appellés *cinders*: il ne se colle point en brûlant ».
M. Jars est porté à présumer de là que le Charbon, de l'espece de celui de
Newcastle, n'auroit pas les mêmes propriétés, quoiqu'on en fasse le même
usage.

A Coal-Brook-Daal, en Shropsire, on fait une quantité considérable de
coaks pour les usages particuliers de cent milliers de fer par semaine.

Fabrication de Braises de Charbon de terre, nommées Cinders, *pour fondre
le Minerai de fer dans la forge de* Clifton, *entre la ville
de* Cockermouth *& celle de* Wittehaven (3).

« ON fait une place ronde d'environ 10 à 12 pieds de diametre que l'on
» remplit avec de gros Charbons, rangés de façon que l'air puisse circuler
» dans le tas, dont la forme est d'un cône d'environ cinq pieds de hauteur

(1) Il doit être essentiel, pour appliquer ces braises à la fonte d'un minerai quelconque, de faire attention à la qualité du minerai, de même qu'à celle de la braise dont on se sert : lorsque nous en serons à ces opérations, nous ferons connoître ces circonstances particulieres.

(2) Par M. Jars, *Voyages Métallurgiques*, Troisieme Mémoire, *pag.* 272.
(3) *Voyages Métallurgiques*, 12e *Mémoire*, Forges & Uzines du Duché de Cumberland, *pag.* 236.

» depuis

» depuis le fommet jufqu'à fa bafe. Le Charbon ainfi rangé, on en place
» quelques-uns allumés dans la partie fupérieure, après quoi on couvre le
» tout avec de la paille, fur laquelle on met la terre & la pouffiere de Charbon
» qui fe trouve tout autour, de façon qu'il y en ait au moins un bon pouce
» d'épaiffeur fur toute la furface.

   » On a toujours plufieurs de ces fourneaux allumés à la fois; deux Ouvriers
» dirigent toute l'opération, l'un pendant le jour, l'autre pendant la nuit;
» ils doivent avoir attention d'examiner de quel côté vient le vent, & de
» boucher les ouvertures, lorfqu'il s'en forme de nuifibles à l'opération, ce
» qui contribueroit à la deftruction des coaks après qu'elles ont été formées.

   » Ces braifes de Charbon ne reffemblent point aux coaks qui fe font à
» Carron, mais plutôt à des *cinders* très-poreux.

Préparation de Braifes de Charbon de terre, nommées Cinders, *dans des fours*
à Newcaftle.

O n compte à Newcaftle jufqu'à neuf fourneaux attenants les uns aux
autres, placés fur un même allignement. Dans quelques endroits les fourneaux forment trois corps de maçonnerie; chaque corps renferme dans fa
conftruction trois fourneaux: il y en a de grands & de petits, par conféquent
de différente contenance, voyez *pag.* 416, mais tous à-peu-près femblables (1).

   La bafe de ce fourneau eft quarrée; dans une des quatre faces eft une ouverture qui fait environ le tiers de fa longueur, & qui eft prife fur prefque
toute la hauteur; elle eft munie d'une porte de fer.

   Au-deffus de l'alignement de cette ouverture, chaque paroi du fourneau
commence à fe rapprocher l'une de l'autre pour s'élever infenfiblement en
pointe, de maniere qu'elles forment fupérieurement vers le fommet un cône
tronqué, terminé en un foupirail étroit: cette partie exhauffée du fourneau
repréfente abfolument la même forme d'un grillage de mine, tel qu'il s'exécute pour les mines métalliques (2) à Rammelsberg en Saxe, au-deffus de la
ville de Goflar.

   Quoique la bafe du fourneau foit quarrée extérieurement, le fol intérieur
eft rond, & toute la capacité intérieure eft conique, au-deffus des parois
quadrangulaires; c'eft uniquement dans ce bas fond, prefqu'au niveau de fa
hauteur, que l'on place le Charbon, dont le tas ne s'éleve pas plus haut.
Voici maintenant comment s'exécute l'opération (3).

---

(1) La Planche XI des *Voyages Métallurgi-*
ques, repréfente une vue, une coupe, & le fol
d'un de ces fourneaux. Nous avons cru qu'il
fuffiroit d'en donner une courte defcription, à
laquelle il ne manquera pour la plus grande exactitude que les dimenfions qui ne fe trouvent pas

dans l'Ouvrage de M. Jars.
   (2) Voyez *lett. E, Planche* VII de l'Ouvrage
de Schlutter, traduit par M. Hellot.
   (3) *Voyages Métallurgiques*, Dixieme Mémoire,
pag. 209.

» Quand on a mis dans le four à griller la quantité de Charbon néceſſaire,
» on y met le feu avec un peu de bois, ou avec du Charbon déja allumé,
» que l'on prend dans un des autres fourneaux ; rarement néanmoins on eſt
» obligé de s'y prendre de cette maniere, attendu que pour l'ordinaire on
» introduit le Charbon lorſque le fourneau eſt encore chaud & preſque rouge,
» ainſi il s'allume de lui-même.

» On ferme enſuite la porte, & l'on met de la terre dans les jointures,
» ſeulement pour boucher les plus grandes ouvertures qui proviennent de la
» dégradation de la maçonnerie ; car il faut toujours laiſſer un paſſage à l'air,
» ſans lequel le Charbon ne pourroit brûler. L'ouverture qui eſt en-deſſus
» du fourneau, & qu'on peut appeller *cheminée*, eſt deſtinée pour la ſortie
» de la fumée, & par conſéquent pour l'évaporation du bitume ; l'embou-
» chure de cette cheminée n'eſt pas toujours également ouverte. La ſcience
» de l'Ouvrier conſiſte à ménager le courant de la fumée, ſans quoi il riſqueroit
» de conſumer les *cinders* à meſure qu'ils ſe forment. La regle qu'on ſuit
» à cet égard, comme la plus ſûre, eſt de n'ouvrir la cheminée qu'autant
» qu'il le faut, pour que la fumée ne reſſorte point par la porte ; pour cela
» on a une grande brique que l'on pouſſe plus ou moins ſur l'ouverture à
» meſure que l'opération avance, & que par conſéquent le volume de la
» fumée diminue : à la fin on bouche preſque entiérement l'ouverture de la
» cheminée.

» Cette opération dure 30 à 40 heures ; mais communément on ne retire
» les *cinders* qu'au bout de 48 heures. Le Charbon, réduit en *cinders*, forme
» dans le fourneau une couche d'une ſeule maſſe, remplie de fentes & de
» crevaſſes, diſpoſées en rayons perpendiculaires au ſol du fourneau, de toute
» l'épaiſſeur de la couche ; on pourroit auſſi les comparer à des briques placées
» de champ : quoique le tout faſſe corps, il eſt fort aiſé de le diviſer pour
» le retirer du fourneau. A cet effet, lorſque l'Ouvrier a ouvert la porte,
» il met une barre de fer en travers devant l'ouverture, afin de ſupporter
» un rable de fer avec lequel il attire une certaine quantité de *cinders* hors
» du fourneau, ſur leſquels un autre Ouvrier jette un peu d'eau ; ils prennent
» enſuite chacun une pelle de fer en forme de grille, afin que les cendres
» & les menus *cinders* puiſſent paſſer au travers : ils éloignent ainſi de l'em-
» bouchure du fourneau les *cinders*, qui achevent de s'éteindre par le ſeul
» contaĉt de l'air.

» Le fourneau n'eſt pas plutôt vide qu'on y met de nouveau Charbon,
» néceſſaire pour une ſeconde opération ; & comme ce fourneau eſt encore
» très-chaud & même rouge, le Charbon s'y enflamme auſſi-tôt, & le pro-
» cédé ſe conduit comme ci-devant.

» On eſtime à un quart le déchet du Charbon dans cette opération, c'eſt-à-dire,
» le déchet du volume ; quant au poids, il eſt bien moindre, voyez *pag.* 416.

» Les cendres qu'on retire du fourneau, font paſſées à la claie, fur une
» claie de fer, pour en féparer les petits morceaux de *cinders*, leſquels font
» vendus féparément.

Des Braiſes de Charbon de terre en Cinders, *réſultantes des fourneaux à
deſſécher, ou de diſtillation, employés dans les forges de* Sultzbach, *pour
la fonte de la mine de fer, que l'on croyoit propre aux Manufactures
de fil d'archal* (1).

L<small>A</small> fabrication des braiſes, exécutée en alumelle ou dans des fours, rend
ce foſſile propre à la fonte du fer & à quelques opérations métallurgiques
intéreſſantes, auxquelles ce foſſile n'auroit, fans cette eſpece de purification,
jamais pu être appliqué ; mais en même temps que la chaleur, à laquelle on
ſoumet ce foſſile, diſſipe, volatiliſe ce qu'il renferme de plus délié & de
plus ſubtile, que l'on appellera *ſoufre* ſi l'on veut, la même chaleur deſ-
ſeche, détruit une autre matiere fixe, dont l'exiſtence y eſt bien plus démontrée, & dont on peut tirer parti pour d'autres uſages ; cette conſidération n'eſt pas indifférente ; elle avoit conduit à chercher un moyen de féparer
à peu de frais cette partie fixe & cette partie volatile par la voie de la diſtillation & de l'évaporation libre tout à la fois. Les fourneaux en grand,
employés à Sultzbach, dont nous avons repréſenté une partie, *fig.* 2, *Pl.* LVIII,
produiſoient ce double effet, dont la dépenſe étoit payée à-peu-près par le
bitume & par l'huile qui ſe retiroit. Nous avons donné, *pag.* 1138 une idée
de cette opération, dans laquelle le bitume tombe par le tuyau *r s* dans
la marmite ou récipient *P*, tandis que la vapeur *ſulphureuſe*, forcée de ſortir
également par le même tuyau, ne pouvant ſe rendre dans la marmite où
elle ſe trouve trop condenſée, s'évapore par le tuyau *v*.

Nous devons ici conſidérer ce fourneau pour la fabrication des *coaks*,
& chercher à déterminer la différence entre ces braiſes & celles qui réſultent des autres manieres de les préparer. Ce fourneau, tel qu'on le voit *fig.* 2,
Pl. LVIII, tient à pluſieurs autres placés en alignement, afin de communiquer enſemble : chacun eſt de neuf pieds & demi de long, ſur huit pieds
& demi de large *I M*, de ſix pieds & demi de longueur, & en *I K* de ſix
pieds de largeur dans ſa capacité intérieure ; les murs ont dix-huit pouces
d'épaiſſeur ; les deux angles *I K* ſont arrondis, de maniere que depuis les
points *I*, *K*, juſqu'au commencement de l'arrondiſſement aux points *a*, *b*, il
y ait un pied neuf pouces de diſtance, ce qui forme une eſpece de cintre
à anſe de pannier, comme on le voit dans la figure.

(1) M. de Genſſane, depuis la publication de
cette Méthode dans le premier volume de ſon
*Traité de la fonte des Mines avec le Charbon de
terre*, a appris que pour obtenir ce fer doux
& propre aux filieres, on étoit obligé d'affiner
la gueuſe au moins deux fois, ce qui occaſionne
un travail & un déchet ſi conſidérables qu'on a
abandonné cette méthode. *H:ſtoire Naturelle du
Languedoc*, *Diſcours préliminaire*, page 17.

» Le Charbon voituré auprès du fourneau (1) en morceaux bien nets, de
» la groffeur des deux poings, plus ou moins, un homme entre dans le vafe (2),
» & à mefure qu'un autre homme le lui fert avec une *couche*, il l'arrange
» tout à l'entour, comme s'il faifoit un mur à fec, en prenant bien garde
» d'endommager le vafe, & en reculant toujours vers la porte à mefure que
» le fourneau fe remplit ; de maniere qu'étant parvenu jufqu'au bord de la
» porte Q R, il fort par là, en la rempliffant jufqu'au bord ; après quoi il
» entre par la porte fupérieure *y*, & remplit tout l'efpace vide X, *o*, *u* qu'il
» n'a pu remplir en bas ; enfuite il ferme ces deux portes, qu'il a foin de bien
» luter avec la même matiere dont eft fait le vafe, mêlée d'un peu de fiente
» de cheval (3).

» La charge du fourneau achevée, ce qui emploie environ deux milliers pefant
» de Charbon crud (4) ; & pour le chauffer, neuf cents pefant de pareil
» Charbon, mais du plus mauvais, qui a été féparé de celui deftiné à la
» cuiffon ; on allume le feu fur les grilles avec un peu de bois, & par-deffous
» du même Charbon de terre qu'on a trié du premier, & l'on conduit ainfi
» le feu par degrés jufqu'à ce que le vafe devienne légérement rouge ; pour
» lors on entretient le feu à ce même degré, c'eft-à-dire, dans un état moyen ;
» la chaleur fe communique peu à peu au Charbon qui eft dans le vafe, &
» liquéfie fa partie bitumineufe : lorfque le Charbon eft dépouillé de fon bi-
» tume, il commence à devenir légérement rouge, c'eft le degré du feu le
» plus convenable pour lui faire abandonner fa partie fulphureufe, & il ne
» refte de ce Charbon que ce qui eft néceffaire pour qu'il conferve encore
» la propriété combuftible.

» Le fourneau avertit de lui-même lorfque le cuifage eft achevé : le tuyau
» d'évaporation *v* fume confidérablement dans toute la durée de l'opération,
» & exhale une forte odeur de *foufre* ; mais dès que le Charbon eft cuit,
» ce tuyau ceffe de fumer, & ne rend prefque plus d'odeur ; on ouvre alors
» la porte d'en bas de la cornue, & avec un rable on retire la braife encore
» toute rouge, & qui s'éteint auffi-tôt qu'elle eft hors du fourneau ; dès qu'elle
» eft refroidie, on la porte au magafin.

» Il y a toujours au moins trois de ces fourneaux allumés pendant que les

(1) Chap. XII, pag. 278, tome I.
(2) Selon M. de Genffane, ce vafe, *fig.* 3,
Pl. LVIII, doit avoir fix pieds de longueur fur
trois pieds fix pouces de largeur, le tout de
dehors en dedans.

(3) Dans les premiers temps de l'établiffement,
ce vafe étoit de fortes feuilles de tôle, clouées
enfemble, dont on lutoit bien les jointures ;
on s'apperçut bientôt que le feu les cribloit
de toutes parts, & les réduifoit en *crocus* ;
les Charbons fe réduifoient en cendres. Après
bien des effais, on s'en eft tenu à faire ce vafe
avec les mêmes matieres dont les Verriers fe

fervent pour faire leurs pots ou creufets. M. de
Genffane qui fait cette remarque, confeille de
fe fervir des matieres propres à faire les creufets
pour la fonte du laitier.

(4) Le fourneau, conftruit fur les principes de
M. de Genffane, en contiendra un peu davantage, parce qu'il n'y refte aucun vide ; & il
eftime que c'eft toute la grandeur qu'on peut
lui donner. Si on les faifoit plus grands, le
Charbon qui fe trouve vers les parois, rifqueroit d'être trop cuit, avant que la chaleur eût
pénétré celui qui eft au centre.

» autres

» autres fe refroidiffent ; quand le Charbon eft à moitié cuit dans les trois
» premiers , on met le feu à trois autres ; & à demi-cuiffon de ceux-ci , on
» allume les trois derniers.

» Comme la cuiffon dure ordinairement trois fois vingt-quatre heures, on
» retire chaque jour le Charbon cuit de trois fourneaux, on en charge trois
» autres, & le Charbon cuit dans trois autres.

» Il eft vrai que le fourneau ne confomme point tout le Charbon que l'on
» cuit chaque jour ; mais comme on eft obligé de faire de temps à autre
» quelques réparations aux fours à cuire, on a la précaution de fe faire une
» provifion de Charbon d'avance, pour ne point être expofé à un chomage
» qui, comme on fait, eft très-coûteux dans une forge.

Les deux milliers pefant de Charbon perdent dans l'opération, fuivant
M. de Genffane, un huitieme de leur pefanteur, qui fe trouve alors être
à celle du Charbon de *hêtre* à-peu-près comme cinq eft à trois.

Pour ce qui eft des propriétés qu'il conferve après ce reffuage, M. de
Genffane remarque qu'il n'exhale plus la moindre odeur quand il brûle, &
qu'il a fur le Charbon de bois l'avantage de durer au feu au moins le double ;
il peut au refte s'employer fans aucun inconvénient aux mêmes ufages.

*Cuiffon de Charbon de terre , exécutée en meule à Sain Bel en Lyonnois ,
par M. JARS (1).*

» APRÈS avoir formé un plan horizontal fur le terrein, on arrange le Charbon
» morceau par morceau, pour en compofer une pile d'une forme à-peu-près
» femblable à celle que l'on donne aux alumelles pour faire du Charbon de
» bois, & de la contenue d'environ cinquante à foixante quintaux : il eft né-
» ceffaire de ne point donner à ces Charbonnieres trop d'élévation, quoique,
» dans le même diametre ; l'inconvénient eft encore plus grand, fi on avoit
» placé indifféremment le Charbon, & de toutes groffeurs.

» Une Charbonniere, conftruite de cette maniere, peut & doit avoir dix,
» douze, & jufqu'à quinze pieds de diametre, & deux pieds & demi au
» plus de hauteur dans le centre.

» Au fommet de la Charbonniere, on ménage une ouverture d'environ fix
» à huit pouces de profondeur, deftinée à recevoir le feu qu'on y introduit
» avec quelques Charbons allumés quand la pile eft arrangée ; alors on la
» recouvre, & on peut s'y prendre de diverfes manieres.

» La meilleure & la plus prompte, c'eft d'employer de la paille & de
» la terre franche qui ne foit pas trop feche ; toute la furface de la Char-
» bonniere fe couvre de cette paille, mife affez ferrée pour que l'épaiffeur

(1) Voyages Métallurgiques, *Quinzieme Mé-* | additions, & corrections relatives à l'Art du
moire, pag. 325, *année* 1769, inféré dans les | Charbonnier de bois, *page* 8.

» d'un bon pouce de terre & pas davantage , placé deſſus , ne tombe pas
» entre les Charbons , ce qui nuiroit à l'action du feu.

» On peut ſuppléer au défaut de paille , par des feuilles ſeches , lorſqu'on
» eſt dans le cas de s'en procurer : j'ai auſſi eſſayé de me ſervir de gazons ou
» mottes ; mais il n'en a pas réſulté un bon effet.

» Une autre méthode qui , attendu la cherté & la rareté de la paille ,
» eſt miſe en pratique aujourd'hui aux mines de Rive-de-gier , par les Ouvriers
» que les intéreſſés aux mines de cuivre y emploient à cette opération , avec
» un ſuccès que j'ai éprouvé , eſt celle de recouvrir les Charbonnieres avec
» le menu Charbon ; cela ſe fait comme il ſuit :

» L'arrangement de la Charbonniere étant achevé , on en recouvre la partie
» inférieure , depuis le ſol du terrein juſqu'à la hauteur d'environ un pied
» avec du menu Charbon crud , tel qu'il vient de la carriere , & des déblais
» qui ſe font dans le choix du gros Charbon ; le reſtant de la ſurface eſt
» recouvert avec tout ce qui s'eſt ſéparé en très-petits morceaux , des coaks.

» Par cette méthode , on n'a pas beſoin , comme par les autres , de pra-
» tiquer des trous autour de la circonférence pour l'évaporation de la fumée ;
» les interſtices qui ſe trouvent entre ces menus *coaks* , y ſuppléent & font
» le même effet ; le feu agit également par-tout.

» Lorſque la Charbonniere eſt recouverte juſqu'au ſommet , l'Ouvrier ap-
» porte , comme il a été dit , quelques Charbons allumés qu'il jette dans
» l'ouverture , & acheve d'en remplir la capacité avec d'autres Charbons ;
» quand il juge que le feu a pris , & que la Charbonniere commence à
» fumer , il en recouvre le ſommet , & conduit l'opération comme celle du
» Charbon de bois , ayant ſoin d'empêcher que le feu ne paſſe par aucun
» endroit , pour que le Charbon ne ſe conſume pas , & ainſi du reſte juſqu'à
» ce qu'il ne fume plus , ou du moins que la fumée en ſorte claire , ſigne
» conſtant de la fin du *déſoufrage* : pour toute cette manœuvre , l'expérience
» des Ouvriers eſt très-néceſſaire.

» Une telle Charbonniere tient le feu quatre jours , & pluſieurs heures
» de moins ſi l'on a recouvert avec de la paille & de la terre : lorſqu'il ne
» fume plus , on recouvre le tout avec la pouſſiere pour étoufer le feu , &
» on le laiſſe ainſi pendant douze ou quinze heures ; après ce temps , on
» retire les coaks partie par partie à l'aide des rateaux de fer , en ſéparant
» le menu qui ſert à couvrir d'autres Charbonnieres.

» Lorſque les coaks ſont refroidis , on les enferme dans un magaſin bien ſec ;
» s'il s'y trouve quelques morceaux de Charbons qui ne ſoient pas bien dé-
» ſoufrés , on les met à part pour les faire paſſer dans une nouvelle Charbon-
» niere : on en a de cette maniere pluſieurs en feu , dont la manœuvre ſe
» ſuccede.

» Trois Ouvriers ayant un emplacement aſſez grand , peuvent préparer

» dans une femaine trois cents cinquante , jufqu'à quatre cents quintaux de
» *coaks.*

Par le décompte détaillé des Charbons de terre des mines de Rive-de-gier,
mis en défoufrage à Sain Bel depuis le 20 Janvier 1769 jufqu'au 10 Mars
fuivant, rapporté à la fuite du Mémoire de M. Jars (1), il eft conftaté que
ces Charbons perdent ou déchetent dans cette opération de trente-cinq pour
cent, c'eft-à-dire, que cent livres de Charbon crud font réduites à 65 livres
de braifes.

Ce fait a été vérifié plufieurs fois aux mines de Rive-de-gier, où, depuis
le premier Avril 1769, les Intéreffés des mines de Lyonnois occupent trois
Ouvriers à cette préparation ; d'où il réfulte que le quintal de ces braifes,
rendu à Sain Bel, revient, tous frais faits, achat du Charbon, façon des Ouvriers, emplacement pour la préparation, provifion & tranfport, à environ
deux livres quatre fols poids de marc.

Je renvoie l'opération de la fonte exécutée avec le feu de ces braifes à
l'article qui va fuivre, dans lequel je raffemblerai plufieurs de ces tentatives.

Moyen propofé par M. DE MORVEAU, *pour rendre le Charbon de terre
propre à l'ufage des fourneaux de fonte, en privant ce foffile de fon
humidité furabondante* (2), *ou en l'employant en pelottes.*

M. DE MORVEAU convaincu par l'analyfe qu'il a faite du Charbon de terre
de Montcenis, que ce Charbon brut ne contient pas plus de foufre que le
Charbon végétal, n'appréhende point en conféquence qu'il brûle le fer ; il
penfe que ce n'eft pas par le *défoufrage* que la coction le rend propre
à l'ufage des fourneaux de fonte (3). Selon lui « cette préparation deviendroit
» inutile, même défavantageufe pour cette efpece, puifqu'elle ne fe fait
» qu'avec un déchet confidérable, & que le feu en eft, felon lui, moins ardent ;
» mais Monfieur de Morveau a éprouvé que l'humidité dont ce Charbon eft
» chargé, l'emporte au premier degré de chaleur, au point de lui faire faire
» voûte. Cette voûte s'épaiffiffant fans ceffe par les nouvelles charges, obftrue
» le fourneau, y laiffe un vide dans lequel les mines fe calcinent & où le
» foufflet ne fert plus qu'à refroidir la partie inférieure : cet inconvénient

(1) Sous le titre *Obfervations*, pag. 12.
(2) Il paroit que M. de Morveau comprend
fous ce nom la partie graffe volatile unie à ce
Charbon ; il pourroit être utile de rapprocher
de cette opération l'analyfe faite par ce Savant
du Charbon de Montcenis, comparé avec celui
d'Epinac, & qu'il a publié dans le Journal de
M. l'Abbé Rofier en Décembre 1773, *tom.* II,
pag. 448.
(3) M. de Morveau, dans le même Mémoire
lu à l'Académie de Dijon, obferve que ce Charbon crud prend feu plus promptement & le

conferve fenfiblement plus long-temps que les
Charbons fragiles, & il le range par cette raifon dans la claffe des Charbons durs, quoiqu'affez légers & très-friables ; il rapporte qu'a-
près la combuftion, il donne une matiere bour-
foufflée, noire, fpongieufe & brillante, & que
fon réfidu ne fe laiffe point attaquer par l'huile
de vitriol, même à l'aide de la chaleur ; l'odeur
qui s'en exhale lui a paru quelquefois approcher
de celle que donne toute huile végétale, groffiere, telle que celle dont on fe fert pour les
lampes, feule remarque différente de la mienne.

» feroit peut-être moins fenfible dans les grands fourneaux, ou plus aifé à
» prévenir : au refte, même en fuppofant qu'il lui fallût une préparation ;
» il feroit facile d'en remplir l'objet d'une maniere moins difpendieufe, moins
» embarraffante, qui entraîneroit moins de perte que la méthode de faire des
» coaks ; une fimple torréfaction dans une efpece de bafcule fufpendue au-
» deffus du gueulard (1), fuffiroit pour lui enlever cette humidité furabondante,
» d'autant plus que l'huile à laquelle elle tient eft très-volatile. On pourroit
» encore effayer de parer à l'inconvénient dont je viens de parler, en for-
» mant avec ce Charbon, *aifé à fe réduire en pouffiere,* des efpeces de pe-
» lottes qui, fe touchant en moins de points, defcendroient avec plus de
» facilité, & feroient moins fufceptibles de fe réunir en maffes ».

Qualité générale du feu de Braife de Charbon de terre, pour les opérations Métallurgiques.

D E quelque maniere que le Charbon de terre ait été torréfié, foit qu'il
l'ait été à l'air libre, foit qu'il l'ait été dans des fours, comme à Newcaftle,
ou dans les fourneaux de l'efpece employée à Sultzbach, l'expérience ne lui
a encore été avantageufe que pour les ouvrages qui fe jettent en moules. (2)
Dans les grandes opérations métallurgiques, ce Charbon, fi l'on veut fuivre
l'idée commune, dont nous ne voulons faire un crime à perfonne, n'eft pas
encore fuffifamment *défoufré* ; les braifes qu'il donne ne rempliffent pas à
beaucoup près le but qu'on fe propofe (3). Le fer provenant des forges
de Sultzbach, & qui, porté à la filiere, fe trouvoit une *fonte grife* & fort
douce (4), a été reconnu être le produit de plufieurs affinages. En total,
la fonte du fer qu'on obtient avec leur feu, a toujours deux défauts confidérables ; on convient d'abord généralement que la qualité du fer eft avilie,
qu'il eft caffant & hors d'état de rendre beaucoup de fervice (5). Dans la
quantité de métal fondu au feu de Charbon de terre crud, ou converti en
braifes, il fe trouve toujours un déchet confidérable ; dans l'efpace d'une

(1) On appelle *Regiftre* ou *Gueulard* une ouverture pratiquée à l'ouverture fupérieure du
fourneau, pour fervir de paffage aux vapeurs &
au torrent de l'air.
(2) M. Jars, dans une tournée qu'il fit en 1768
aux forges d'Hombourg en Alface, en fit faire un
effai qui réuffit très-bien. Voy. le Mémoire *in-folio.*
p. 337. Une cédule du Roi d'Efpagne (en 1771)
pour l'exploitation de deux mines de Charbon
dans une province de ce Royaume, annonçoit
qu'on fe propofoit d'employer ce foffile feul
dans les Fonderies royales de l'artillerie : il n'eft
rien venu à ma connoiffance fur cette opération.
(3) Quoi qu'en dife M. Venel, qui avance que
les coaks, même de l'efpece la moins bonne,
font employés à la fonte du fer dans les *hauts
fourneaux,* c'eft-à-dire, qui ne peuvent fe char-

ger qu'en portant la compofition qu'on veut y
verfer au haut d'un efcalier de plufieurs marches,
& aux fontes analogues dans les *fourneaux à
manche.* Addition au Chapitre quatrieme, I. *Part.*
p. 532.
(4) La fonte de fer grife eft, felon M. Grignon, celle que l'on obtient par une jufte proportion du minerai, des fondants, des correctifs & de la chaleur, d'où il réfulte une fufion
exacte des parties métalliques : cette efpece de
fonte produit le meilleur fer ; enforte qu'il eft
poffible de tirer de bon fer des plus mauvaifes
mines, en obfervant de les réduire en fonte
grife.
(5) M. Venel, *troifieme Part.* Chapitre troifieme,
ne paroît pas être entiérement perfuadé de ce
défaut.

femaine,

femaine, on avoit fondu à Lancashire, avec le feul Charbon de bois, quinze ou feize *tonnes* de fer (1) ; & avec les Houilles, on n'en a eu que cinq ou fix.

Cet inconvénient fe marque également pour toutes les autres efpeces de mines : un fourneau de reverbere Anglois, chauffé avec le bois de hêtre, même avec des fagots, fait rendre à la mine de plomb dix pour cent de plus que lorfqu'on le chauffe avec le Charbon de terre.

Depuis plus de quarante ans on a commencé à vouloir l'employer, mais inutilement, pour la mine de cuivre : il y a 28 ans qu'on avoit encore voulu effayer en France, dans le travail d'une mine de cuivre, d'introduire l'ufage du Charbon de terre, tant pour le grillage que pour la fonte du minéral ; on le mettoit fur du bois dans le grillage, & on en mêloit neuf parties avec une partie de Charbon de bois dans le fourneau Allemand pour la fonte. Une portion du cuivre, traitée de cette maniere, s'eft trouvée détruite, & a caufé des pertes confidérables qui ont obligé les Entrepreneurs d'abandonner cette fabrication.

A cette époque, & dans toutes celles qui pourront en être rapprochées par la circonftance du prix du Charbon de bois inférieur ou égal au prix du Charbon de terre, on fera fondé à regarder de femblables entreprifes comme folles & hazardeufes ; mais il eft plus que permis de fe transporter en idée dans les temps à venir, où la difette de bois, qui par-tout devient de jour en jour plus fenfible, ne laiffera pas la reffource du choix entre ce combuftible & le Charbon de terre : le déchet de métal dans les fontes, obtenues par le feu de ce foffile, ne pourra alors, quelque confidérable qu'il puiffe être, entrer en ligne de compte, ou bien il faudra renoncer à toutes les richeffes dépendantes des mines, à tous les Arts auxquels elles fourniffent ou des matériaux ou des inftruments ; les travaux, les tentatives faites d'avance fur cet objet, ne font donc point à négliger. Le moment où il n'y aura plus à balancer fur l'ufage du Charbon de terre, fera celui où nos obfervations feront précieufes : nous fommes affurés de rendre fervice, en raffemblant tout ce qui a rapport foit à la maniere de préparer le Charbon de terre, foit à la façon de l'employer dans les opérations métallurgiques ; il ne nous refte plus, quant au premier article, que de l'éclaircir par quelques remarques qui puiffent fixer des vues fur les moyens de perfectionner les méthodes ufitées. Ces obfervations feront fuivies d'un précis hiftorique des opérations qui ont été exécutées, même fans fuccès ; nous terminerons par une récapitulation abrégée des différentes opérations, des grillages, fonderies & autres, qui peuvent s'exécuter ou qui l'ont été avec ces braifes de Charbon de terre.

Quelques-unes de ces opérations feront décrites en entier d'après Schlutter ;

---

(1) La tonne pefe environ deux milliers.

cet Ouvrage doit être entre les mains de tout Fondeur & Maître de forges : nous aurions pu nous contenter d'y renvoyer ; mais nous avons cru utile , ainsi que nous l'avons annoncé , de rapprocher de chacune de ces descriptions les différentes considérations , relatives , soit aux especes de Charbons de bois, appliquées dans l'usage ordinaire à telle ou telle autre opération , soit aux especes & qualités de mines dont nous ferons connoître le traitement avec le feu de Charbon de terre. Ces especes de renseignements ou d'avertissemens , propres à fixer l'attention sur ces pratiques dans les points où elles sont comparables , avec les mêmes pratiques exécutées au feu de bois , auroient perdu leur mérite si elles n'étoient point rapprochées de cette maniere des descriptions auxquelles elles se rapportent.

Recherches sur la réduction des Charbons de terre en Braises.

A en juger par les descriptions que nous venons de rapporter, rien de si simple que ces procédés , rien de plus facile à imiter ; le succès qu'a eu M. Jars , & depuis lui plusieurs autres personnes , donne cette idée ; néanmoins avec quelques réflexions , on reconnoît bientôt l'insuffisance de ces descriptions ; elles ne présentent point les vues qui constituent ce qu'on doit appeller une vraie méthode , & elles laissent par conséquent à désirer l'essentiel : *voyez pag.* 355.

Il est à propos de se rappeller que cette fabrication de braises s'exécute principalement par deux procédés en apparence les mêmes , & néanmoins différents ; dans l'un , l'opération se fait à feu plus exactement clos, que dans l'autre : le degré de chaleur particulier à chacune de ces combustions , & même au ressuage dans une cornue, (quand bien même les Charbons, qui y sont soumis, ne seroient pas différents) , doit nécessairement influer sur la propriété conservée aux braises qui en proviennent ; & comme dans la fabrication en meule , l'ignition est inévitablement inégale , souvent imparfaite ; tandis que par la cuisson dans des fours, les braises doivent approcher très-aisément d'un état de calcination ; toutes les especes de Charbon, par l'une ou par l'autre combustion, ne peuvent manquer de se trouver altérés diversement dans leur volume, dans leur poids, dans leur couleur, dans toute leur forme extérieure , changés enfin en braise d'un genre analogue à leurs parties constituantes & intégrantes, qui rendent les uns disposés à se renfler en masse spongieuse, les autres à se convertir en scories, les autres à se réduire en cendres, selon le degré de feu qu'ils essuyent. *Voy. pag.* 1157.

De là il suit clairement, que soit à raison de la nature du Charbon étouffé dans le feu, ou desséché à la chaleur par un même procédé, soit à raison de la différence du procédé qui aura été employé pour réduire une même espece de Charbon , le genre de braise sera différent ; c'est-à-dire , qu'il doit

y avoir en conféquence une forte de dépendance entre le procédé à employer pour cette opération, & la nature du Charbon qu'on fe propofe d'y
foumettre. On a dû, par exemple, remarquer que les braifes du Charbon
de Carron en Angleterre reffemblent davantage à des *cinders* très-poreux,
ou braifes qui fe font à Newcaftle ; que ces mêmes braifes font différentes
de celles du Charbon de Clifton, qui brûle plus difficilement que celui de
Carron : dans cet endroit, ainfi qu'à Clifton, la fabrication s'exécute cependant par le même procédé. Quelle eft la caufe de cette différence ? Elle
provient probablement de l'efpece de Charbon que donnent les mines de
l'un & de l'autre endroit. M. Jars trouve dans les braifes que l'on appelle
coaks une couleur plus foncée que dans les *cinders* ; eft-ce l'efpece de Charbon,
ou l'efpece de procédé, qui produit cette autre différence (1) ?

M. Jars, à qui l'on a en France l'obligation d'avoir le premier donné la
connoiffance de ces procédés, pratiques Angloifes, M. de Genfanne qui en a
parlé dans fon Ouvrage, ne paroiffent pas s'être occupés de faire remarquer
les circonftances qui répandent du jour fur la pratique. On ne voit pas que
M. Jars fe foit attaché à la faire fentir. Nous nous propofons d'y fuppléer,
c'eft-à-dire, d'effayer de donner une jufte idée de l'effet du *cuifage* en *alumelles* (2), & de celui à feu clos ; de maniere que le procédé général, pour
l'une & l'autre fabrication, puiffe fervir de bafe à une pratique raifonnée.

Les mêmes Ecrits dont nous venons de faire ufage, ceux de M. Jars,
de M. de Genfanne, feront les fources dans lefquelles nous puiferons les
principes & les réflexions que nous établirons : n'ayant fur cet article en
particulier aucune notion qui nous foit propre, nous n'avons pu prendre
d'autre guide ; mais les connoiffances fuivies que nous avons prifes fur toute
cette matiere, depuis feize ans, nous ont mis fuffifamment en état d'analyfer
les remarques éparfes dans les Mémoires de M. Jars, de les éclaircir dans
quelques points, & d'en déduire des regles qui affurent le fuccès de cette
pratique dans l'appareil préliminaire, & enfuite dans la maniere de gouverner
le feu.

Une confidération, tirée de la chofe même, mettra d'abord fur la voie
le Lecteur le moins au fait du fujet que nous allons traiter.

(1) M. Venel s'eft, je crois, trop preffé de
conclure fur ce point, *pag.* 532. *Addition.* La
couleur grife & cendrée des *cinders*, moins
noire que celle des *coaks*, même dans les coaks
préparés en alumelles, n'eft point décidément
une preuve que ces braifes font plus pauvres ;
le degré de calcination qu'elles auroient éprouvé
ne feroit-il pas ici pour quelque chofe ?

(2) Tas de bois que l'on arrange en pile pour
les Charbonnieres de bois : nous nous fervirons
pour la fabrication des braifes de Charbon de
terre, à l'air libre, des termes employés pour
les Charbonnieres, où le tas achevé en pile,
habillé & prêt à recevoir le feu, comme il eft repréfenté Planche XXXV, fe nomme *Fourneau* ; le
tout allumé s'appelle un *feu.* Le lieu où s'affied
la pile, ou le fourneau, fe nomme *place à Charbon, foffe à Charbon, Charbonniere, Faulde* ; & a,
pour les grands fourneaux, huit enjambées de
diametre ; le fol fe nomme l'*aire du fourneau.*

Obſervations générales ſur les Braiſes reſtantes d'un feu ordinaire de Charbon de terre, & ſur les différents états par leſquels le Charbon de terre paſſe ſucceſſivement avant d'être conſumé.

Il ne faut qu'avoir vu quelques feux de Houille, & en avoir uſé en chauffage, pour avoir remarqué que la plupart du temps la braiſe de ce Charbon éteint pourroit être priſe pour de la braiſe de Charbon de bois ordinaire. Si l'on examine avec quelque ſoin de ces Charbons, on reconnoît que les uns ſe ſont éteints plutôt, les autres plus tard, avant d'être conſumés, & tous ſont voir clairement à l'œil les différentes modifications que leur ont fait ſubir les différents degrés de chaleur qu'ils ont éprouvés. Il eſt aiſé d'en conclure, que ſi l'on cherchoit à avoir deux ou trois braiſes différentes, il ne s'agiroit que de rallentir, retarder ou arrêter la combuſtion de la Houille ; & que ſelon le point d'ignition, plus ou moins avancé, ces différentes braiſes ſeroient propres à donner de nouveau au feu une chaleur différente, & ſe trouveroient applicables en conſéquence à différents uſages.

Le premier degré, par exemple, ne conſiſteroit qu'à avoir laiſſé ſécher le Charbon à un feu très-doux, pour lui enlever uniquement l'exhalaiſon humide & la partie la plus groſſiere de ſon bitume, de maniere qu'il n'auroit proprement éprouvé qu'un *reſſuage*, & qu'il ne ſeroit exactement que *greſillé*.

Ce que j'appellerois ſecond degré, ſe rapporteroit à celui où le feu plus continué & une chaleur plus ſoutenue, ménagés cependant avec attention, auroient cuit & même recuit le bitume du Charbon, qui enſuite pourroit s'allumer de nouveau, plus facilement encore qu'il n'eût fait avant ce *cuiſage*, donner de la flamme comme le Charbon *greſillé* par un premier degré de feu, & moins de fumée.

En laiſſant agir le feu ſur un autre Charbon aſſez complettement pour le priver de toute ſa vapeur graſſe ſans le convertir en mâchefer, ni préjudicier à la cohéſion de ſes parties, rapprochées d'un état de calcination, on auroit une troiſieme eſpece de braiſe brillante à l'œil, ſonore comme un Charbon de bois ſec, ſemblable en tout à une véritable braiſe éteinte de Charbon végétal, & qui remis au feu rougiroit & donneroit encore de la chaleur. Telles ſont les trois différences que l'on pourroit établir dans les braiſes qui réſultent journellement d'un grand feu, éteint de lui-même ou avec de l'eau, ou étouffé à volonté lorſqu'il eſt parvenu à différents degrés d'intenſité : ce ſont ces braiſes qu'on appelle vulgairement à Liege *Krahays*, à Valenciennes *Groueſſes*, en Auvergne *Eſcarbilles*, en Provence *Eſcabrilles*, en Lyonnois *Greſillons*, *Recuits*, dénominations qui caractériſent aſſez bien deux altérations diſtinctes : les *coaks*, les *cinders*, ſubſtitués par les Anglois au Charbon de bois, dans pluſieurs circonſtances, ne ſont pas autre choſe.

II

Il eſt certain que par cette combuſtion arrêtée de quelque maniere que ce ſoit, le Charbon de terre devenu dans le même état, où l'on réduit le bois pour en faire du Charbon, eſt converti en une ſubſtance purement combuſtible, dépouillée plus ou moins des parties qui exhalent cette fumée qu'on reproche à ce foſſile ; qu'il eſt purgé ou de ſon bitume, ou de ſon ſoufre, ou de l'acide quelconque qui lui eſt propre, & qui eſt contraire à certaines opérations ; qu'il pourroit en un mot être employé avec plus de ſuccès en cet état à pluſieurs uſages.

Il y auroit un moyen très-facile d'avoir ſur cela une obſervation en petit aſſez complette ; ce ſeroit d'allumer pluſieurs feux, & de ne faire entrer dans chacun de ces feux qu'une ſeule & même eſpece de Houille ou Charbon en morceaux, à peu-près d'un volume égal ; comme de *Houille graſſe* ou *Houille chaude*, de *Houille maigre*, de *Clutte*, de *Charbon fort*, de *Charbon foible*, & en particulier de *Fouaille* : on s'attend ſûrement & avec raiſon, qu'après avoir étouffé ou éteint ces feux d'une maniere quelconque, l'examen qui ſeroit fait des braiſes de chacun de ces feux préſenteroit des différences ſenſibles.

Selon les qualités des Charbons ſoumis à ces différents degrés de combuſtion, les uns conſumés en partie, ſeroient conſéquemment réduits à un moindre volume qu'ils n'avoient avant de paſſer au feu ; les autres, au contraire, ſeroient gonflés, renflés comme une eſpece d'éponge, & diminuent de poids, ainſi qu'il arrive à ceux de Montcenis, & à quelques-uns des carrieres de la Limagne. *Voy. pag.* 574 & 593.

Toutes les eſpeces ne peuvent donc point être ſoumiſes à une même intenſité de feu ; les Houilles maigres, par exemple, & celles que j'appelle *Houilles pyriteuſes*, ne peuvent ſubir qu'une ſorte de réduction que l'on pourroit nommer un *reſſuage* ; les Houilles graſſes, ou qui, comme diſent les Anglois, forment croûte ou gâteau, *Caking coal*, *pag.* 74, 413, ſont ſeules ſuſceptibles d'être ſoumiſes, ſelon l'intention, aux trois différents degrés, mais bien entendu par trois degrés de feu déterminé. Il eſt facile de concevoir maintenant que la fabrication exécutée par le procédé en grand, comme les *Alumelles*, eſt incomplete & fautive pour obtenir à volonté ces différentes ſortes de braiſes : pour peu que le *baugeage* ou l'*habillement* (1) du fourneau ſoit mal fait, l'air s'introduit dans la maſſe du Charbon embraſé, tout ſe conſume & ſe réduit en cendres ; ſi la communication de l'air eſt interceptée, tout s'éteint, le cuiſage eſt manqué ; & c'eſt probablement l'idée de M. de Genſſane, lorſqu'il avance dans ſon Traité de la Fonte des Mines avec le Charbon de terre (2), qu'on a vainement tenté de cuire le Charbon de terre en meule, comme celui de bois, en couvrant le tas avec de la terre &

_____

(1) *Bauger*, couvrir de terre. | (2) Chapitre XII, tome I, page 265.

du gazonnage (1). Examinons maintenant en détail la pratique des Anglois, le procédé exécuté par M. Jars, & la conduite qu'il conviendroit de tenir.

Analyse des procédés indiqués pour faire des Braises de Charbon de terre en Alumelles, & dans des Fours.

QUEL que puisse être le procédé auquel on voudroit donner la préférence pour la réduction des Charbons de terre, il faudra toujours distinguer deux temps dans cette fabrication, l'appareil préliminaire, & le gouvernement du feu.

Pour mettre de l'ordre dans l'examen de ces deux principales circonstances, nous commencerons par celle qui compose le préparatif, quant au choix du Charbon, à sa qualité, sa pureté, quant au volume des morceaux qui doivent former la masse, quant à la quantité de Charbon qui peut être convertie à la fois en braise, enfin, quant à la maniere d'arranger, d'habiller la pile ou le fourneau, & à la préférence à donner à la préparation en meule, ou à la fabrication dans des fours, selon la nature des Charbons.

La marche de l'embrasement, comprendra ce qui tient à la conduite & à la durée du feu, ce qui regarde les signes auxquels on peut reconnoître que l'opération est achevée, & qu'il faut étouffer les braises, le déchet marqué dans une partie de la substance du Charbon par l'altération de son volume, la diminution de son poids primordial.

Préparatif & Appareil.

COMME tous les Charbons de bois ne sont pas propres à donner un bon Charbon, les Houilles sont dans le même cas. La perfection de la méthode pour faire des *gresillons*, des *recuits*, des *cinders*, qui sont les trois modifications différentes, indique la nécessité de spécifier positivement les qualités du Charbon les plus favorables à l'opération, soit en Alumelle, soit dans des Fours.

En Angleterre, l'espece de Charbon, seule employée à tous les ouvrages métallurgiques, est celui de Newcastle, connu plus généralement sous le nom de *Pitch coal*; voy. *pag.* 3 : on doit cependant observer, & c'est la même chose dans tous les quartiers de quelque pays que ce soit d'où l'on tire de ce fossile, que le Charbon n'est point d'une bonté égale dans toutes les mines de Newcastle ; il s'y en trouve de plus ou moins bitumineux, pyriteux, & même pierreux ; cette derniere qualité y est même très-commune.

_____

(1) La différence du *cuisage* en Alumelles, au désavantage de celui fait dans des Fours, est sensible à cet égard, quoique M. Venel juge la seconde moins parfaite, & ne procurant pas le moindre avantage de plus : on ne voit pas pourquoi cet Auteur rejette la préparation des Cinders, comme une mauvaise fabrication obtenue avec un appareil inutile ; il est vrai que dans ces braises, le phlogistique est presque détruit ; mais cet état peut être désirable pour certains usages.

Le nom de *Charbon de poix*, par lequel on a rendu en François le mot Anglois, exprime la qualité du Charbon favorable à ces opérations : il est gras, se fond au feu comme la poix, dont il a le brillant ; il se colle en masse ou gâteau, *Caking coal* ; plus communément il est distingué sous les dénominations de *Charbon de forge*, *Charbon de maréchal* : pour le désigner plus convenablement, abstraction faite des dénominations, c'est celui qui au sortir de la mine, se trouve dur, compacte, sonnant, sec & d'un beau noir luisant. Les caractères extérieurs de ce fossile que nous avons rassemblés sous un même article, fourniront ici des renseignements suffisants pour ne point employer un Charbon terreux, pyriteux, impur, & s'en tenir simplement à celui qui est de nature bitumineuse, voyez *pag.* 1150.

En s'attachant à ce genre de qualité qui n'est pas toujours dans des proportions également riches, il pourroit être à propos, pour quelques-uns de ces Charbons, de ne point soumettre à cette fabrication ceux qui auroient été trop exposés à l'air ou à la pluie. « Pour exécuter cette opération par fourneaux, » ainsi que par la distillation, on préfère le menu Charbon ou celui qui » se réduit en petits morceaux ; c'est toujours ce qui foisonne le plus dans les » mines, & qui se vend quelquefois par cette raison à meilleur marché, que » le Charbon qui est en gros morceaux (1) ».

Dans les Charbons de bois, il n'y a pas jusqu'à l'humidité & aux malpropretés dont ils peuvent être mêlés, qui souvent donnent au fer de mauvaises qualités ; les braises de Houille, à raison du second défaut, peuvent de même nuire aux fontes. Le Charbon de terre, tel qu'il se vend au pied de la mine, ou lorsqu'il a passé dans le commerce par plusieurs mains, est souvent mêlé de Charbon d'ardoise, *pag.* 70 & 126, ou de *Slipper coal*, *pag.* 105, de pierrailles schisteuses, & autres rebuts de mine, ou même de portions du toît ou du plancher, résultantes d'une mauvaise exploitation qui a entrepris sur ces enveloppes : ce sont autant de parties étrangères qu'il faut soigneusement retrancher du Charbon destiné à être converti en braise : ces pierres nommées *nerfs*, *gorres*, voyez *pag.* 70 & 518, restées adhérentes dans les cinders, s'y apperçoivent aisément, & les rendent d'un mauvais débit. M. Jars exclut aussi de l'opération, le Charbon mêlé de *nerfs*.

Il est essentiel, dit cet Académicien, de bien dépouiller le Charbon, de la roche & des pierres qui peuvent y être mêlés : on a éprouvé que soit par défaut d'expérience des ouvriers, soit par leur négligence, plusieurs Charbonnieres n'ont produit que des coaks imparfaits, qui, dans la fonte, ont occasionné beaucoup d'embarras. M. Jars en conclut que l'acide du Charbon n'avoit pas été suffisamment détruit, & que l'on n'en avoit pas séparé les pierres qui ne fondoient pas & s'accumuloient dans l'intérieur du fourneau (2).

L'inconvénient de ces corps étrangers a été reconnu dans l'essai fait de la Houille de Sainte-Foy-l'Argentiere, à trois lieues de Sain Bel, qui a eu les mêmes défauts au bout de quelques heures de fonte, étant unie à une grande quantité d'une espece de schiste réfractaire, & par conséquent peu propre à cette opération ; tandis que les coaks résultants de la Houille *choisie* des Mines de Rive-de-Gier (1), ont procuré dans la fonte des minerais de cuivre, tout le succès qu'on pouvoit en attendre (2), comme on pourra en juger par le détail que l'on verra bien-tôt.

La grosseur des morceaux de Charbon qui doivent entrer dans la masse soumise à la combustion, n'est pas indifférente, d'après la description de M. Jars ; en se mettant à séparer des Charbons les arrêtes pierreuses, nerveuses, qui s'y trouvent mêlées, (ce que l'on ne peut faire qu'en les cassant,) M. Jars veut qu'on conserve aux morceaux qui en résultent, la grosseur de trois ou quatre pouces cubes ou de très-gros œufs ; cette attention est peut-être nécessaire pour que le feu puisse s'étendre & agir également dans toute la meule : il pourroit se faire que cela ne fût pas d'une nécessité absolue, sur-tout lorsque la fabrication s'exécute dans des fourneaux, comme à Newcastle ; la chaleur du feu communiquée à la cheminée du fourneau, étant capable de pénétrer les Charbons d'un volume plus considérable que celui indiqué par M. Jars. En jettant les yeux sur la *Pl.* XXXV de la seconde Partie, on prendra une idée générale de l'arrangement & de la forme à donner à l'entassement (3).

La quantité de Charbon qui peut être soumis à une fabrication, semble aussi, d'après M. Jars, être un point à observer ; cet Auteur est d'avis que l'on ne doit pas en cuire à la fois plus de 50 à 60 quintaux ; il pense que dans une masse d'un plus grand volume, l'action du feu sur chaque morceau de Charbon ne seroit pas convenablement égale & uniforme, qu'il y en auroit alors d'entiérement calcinés, & d'autres qui n'auroient éprouvé aucune sorte d'altération.

En supposant la fabrication exécutée en Alumelle, on ne voit pas trop à quoi tient la difficulté de préparer à la fois une bien plus grande quantité de Charbon, que celle à laquelle l'Historien s'est borné ; il est certain que si dans une très-grande meule composée avec un Charbon très-abondant en bitume, on ne porte d'abord qu'autant de matiere enflammée qu'il en faudroit pour embraser une petite meule, le Charbon éloigné du centre venant à se gonfler par la chaleur, ne formeroit en se collant qu'une masse croûteuse à

(1) C'est-à-dire de la bonne espece, & débarrassée de *gorres.*
(2) A cela près, le déchet dans la fonte.
(3) M. Venel avoit été visiter à la ferme de Gravenant, sur la montagne de Rive-de-Gier, les Alumelles de Charbon de terre : la différence convenable qu'il établit entre elles & celles du Charbon de bois, est que ces dernieres au lieu d'être en cônes allongés & assez élevés, ne sont que des bases de cônes surbaissés, peu épaisses, de 15 à 16 pouces tout au plus, ou des cônes surbaissés & tronqués à la hauteur de 15 à 16 pouces. Il apprit de l'Ouvrier qui dirige l'opération, que le feu ne prendroit pas jusqu'au fond si les tas étoient plus épais ; les bords en sont uniformément rabattus & considérablement inclinés, &, à cela près, tout le dessus du tas est à peu-près plat ou applati. *Chapitre IV. Especes artificielles de Houille, Sect. I. du Coak ou Charbon de Houille,* note *pag.* 76.

travers laquelle le feu ne pourroit pénétrer, d'où il réfulteroit un obftacle à un *cuifage* uniforme ; mais il eft clair qu'on peut facilement obvier à cet inconvénient, en portant dans la meule plus ou moins de bois enflammé, felon le volume de l'entaffement de Charbon : il paroîtroit cependant plus fûr en général, de ne point en préparer à la fois plus de 60 quintaux environ.

L'habillement de la meule confifte, felon M. Jars, « à recouvrir les Char-» bonnieres dans la bafe de la pile, depuis l'*aire* du fourneau, jufqu'à la hau-» teur d'environ un pied, avec du menu Charbon crud, tel qu'il vient de la » carriere, & avec des déblais qui fe font dans le choix du gros Charbon, » & d'achever le refte de l'habillement fuperficiel avec les menus braifons » reftants des fabrications précédentes ». Il obferve en même-temps, » que cette » maniere difpenfe de pratiquer, comme pour les autres méthodes, des trous » autour de la circonférence, afin de favorifer l'évaporation de la fumée, » & que les interftices qui fe confervent entre ces même coaks, y fuppléent & » font le même effet pour que le feu agiffe également par-tout (1) ».

Cuifage du Charbon ; Gouvernement du Feu.

APRÈS avoir pourvu à ce que le tout s'allume enfemble & uniformément, le plus difficile eft d'affurer le feu, c'eft-à-dire, lui donner & lui conferver par-tout une force égale. « Lorfque la Charbonniere commence à fumer, » l'Ouvrier recouvre le fommet, & conduit l'opération comme celle du Char-» bon de bois, ayant foin de reboucher les ouvertures par lefquelles le feu » a paffé, pour empêcher que le Charbon ne s'y confume ; il continue cette » manœuvre jufqu'à ce qu'il ne fume plus, ou du moins jufqu'à ce que » la fumée en forte très-claire, figne certain de la fin de l'opération ».

A Carron, on reconnoît d'une autre maniere la deftruction du bitume du Charbon ; c'eft lorfque la flamme s'étend fur toute la furface de l'alumelle (2).

Ces deux renfeignements font également bons, celui de la fumée fur-tout. Le volume & la couleur de cette exhalaifon, pourroient même dans le courant de l'opération, aider utilement à juger du point où en eft la fabrication.

Cette fumée qui précede la flamme dans le Charbon de terre, doit, comme dans le Charbon de bois, varier, à raifon de l'effet qu'y produit la différente progreffion de la chaleur que lui communique le feu ; dans le feu

(1) Selon M. Venel, le feu agit fucceffivement du centre à la circonférence. Des fumées blanches mêlées d'efpace en efpace de quelque flamme légere, partent de ce centre, & paroiffent fucceffivement contenues dans des cercles à peu-près concentriques, qui vont s'aggrandif-fant à mefure que le feu s'infinue dans le centre, & gagnent de fuite & affez uniformément la circonférence, *Chapitre IV. pag.* 79.

(2) Voyages Métallurgiques, treizieme Mémoire, *page* 273.

de bois , lorſque le principe humide eſt ſurabondant , cette vapeur, la fumée, eſt blanche, & n'eſt que de l'eau raréfiée.

Cette premiere eſt ſuivie d'une fumée noire, quand l'embraſement s'avance. A cette ſeconde ſuccede une troiſieme fumée d'un rouge obſcur , ſignal de la flamme prête à ſe développer, laquelle montre elle-même des nuances graduées , ſelon qu'elle eſt encore plus ou moins embarraſſée de la partie humide ; de brune , elle devient d'un blanc pâle, & prend enſuite la couleur d'un blanc vif, dans laquelle on apperçoit, quand elle eſt pure , les couleurs qui ſe diſtinguent dans un verre priſmatique.

Ces diverſes apparences remarquées par M. Grignon, dans la fumée du feu de bois , ne ſeroient pas difficiles à étudier dans un fourneau de Charbon du terre en alumelle. Quand ſur-tout la flamme vient à ſe montrer à la ſuperficie , elle s'y promene, s'y interrompt à pluſieurs repriſes, en papillotant & en badinant , il n'y a point de doute alors qu'elle a achevé ſon action ſur-tout le corps de la meule , & que le Charbon eſt dépouillé de la partie la plus groſſiere de ſon bitume : c'eſt ordinairement l'affaire de quarante heures en alumelle, & de trois fois vingt-quatre heures dans des fours , comme à Newcaſtle. La durée de ces différentes cuites, par quelque procédé que ce puiſſe être, doit toujours être en raiſon de la qualité du Charbon que l'on traite; celui, par exemple, qui ſera fort gras, demandera plus de temps à cuire, que celui qui l'eſt moins. M. de Genſſane a fait cette judicieuſe remarque pour le *cuiſage* à la maniere de Sultzbach. Il ſe préſente encore ſur cela une obſervation à faire , & ſur laquelle il ne ſe trouve rien dans les deſcriptions de M. Jars ; c'eſt la différence du temps auquel la force du feu ſera plus ou moins capable de réſiſter. Lorſqu'il pleut, la combuſtion à l'air libre éprouvera un retard qui peut être conſidérable ; il en ſera de même à feu clos, dans un fourneau, dont la chemiſe ne pourra point rougir ni s'échauffer comme en temps ſec.

Il doit donc y avoir pour ces préparations une ſaiſon favorable , comme les mois de Juillet, Août, Septembre & Octobre.

Les changements qui ſe font remarquer ſur les Charbons de terre convertis en *greſillons*, ou en *recuits*, ſont de deux eſpeces; dans le poids, il y a un déchet ſenſible. M. Jars a obſervé ſur la Houille de Rive-de-Gier, que la *benne* de Charbon nommé *Charbon de forge*, peſant 270 à 280, doit peſer de 170 à 180 lorſqu'il eſt réduit en coaks : l'Auteur ne parle ici que des Charbons qu'il a employés ; mais il doit y avoir à cet égard une différence dans les Charbons fort gras, & dans ceux qui le ſont moins.

A Newcaſtle, on eſtime à un quart le déchet du volume du Charbon (1).

(1) Dixieme Mémoire, *Voyages Métallurgiques* , page 211.

Dans une fabrication faite à Alais, dont parle M. Venel, les Charbons de
la premiere qualité ainſi réduits en braiſes, avoient ſouffert un déchet de
moitié; il ſoupçonne à cette occaſion de la mépriſe dans les Mémoires qui
lui ont été fournis, ou quelque mal-façon dans la préparation (1). Quant au
changement de volume qu'éprouve le Charbon après cette fabrication, ce
doit être en général (à moins que ce ne fût un Charbon pyriteux ou très-
maigre) le contraire de ce qui arrive au Charbon de bois (2). La Houille,
pour peu qu'elle abonde en bitume, doit augmenter aſſez conſidérablement de
volume, puiſqu'elle ſe renfle, ſe bourſoufle en brûlant, & elle ne commence
à diminuer qu'en ſe conſumant. Ainſi le Charbon de Newcaſtle dont on eſtime
à un quart le déchet du volume (3), eſt un Charbon ou pierreux ou pyriteux;
ou bien cette altération annonce décidément la différence de l'effet des
fourneaux à feu clos, peu propres à *deſſécher & cuire* ſimplement le Charbon,
mais bien à le réduire en braiſes qui approchent d'un état de calcination marquée par l'extrême poroſité, & peut être déſignée par le mot *cinders, qui in
cineres abeunt.*

M. Venel a accompagné de quelques remarques la deſcription de
M. Jars; il dit qu'il ne conçoit pas comment les Charbons ainſi préſentés au
feu, peuvent acquérir du volume : les tas ou les Charbonnieres après la
cuite, ne lui ont point paru gonflés : il avance encore qu'il a interrogé ſur
cela les Ouvriers, & qu'ils ſont convenus qu'ils n'avoient ſur cela rien apperçu de ſenſible; voyez *page* 416.

Ce ſçavant Chimiſte, en ajoutant qu'il regarde cette circonſtance comme
peu importante, paroît n'avoir pas aſſez réfléchi ſur la nature des Charbons
qui communément ſont ſoumis à cette fabrication; ce ſont des *Charbons de
poix*, c'eſt-à dire, *gras*; tous ceux de cette claſſe ſe bourſoufflent néceſſairement au feu plus ou moins, & de ce que celui du Gravenand a conſervé ſon
même volume, de ce que celui de Newcaſtle en perd un quart, celui d'Alais
environ la moitié, on ne peut qu'en déduire avec certitude une différence
ou dans la qualité de la Houille ou dans le cuiſage, c'eſt-à-dire, dans le degré
de feu que le Charbon a éprouvé. M. Venel a été auſſi induit en erreur
par la comparaiſon qu'il a faite de ces braiſes factices réſultantes de la combuſtion, & de celles qui ſont le réſidu d'un Charbon diſtillé.

Dans la fabrication en alumelle, il doit ſouvent y avoir des braiſes dont la
combuſtion eſt manquée; & de même que les Charbons de bois mal cuits exhalent une humidité acide huileuſe qui peut nuire aux opérations, ceux-ci ne
peuvent non plus ſervir aux opérations auxquelles on veut employer les *coaks*
bien faits.

---

(1) Chapitre IV, Partie 1, Sect. I. *page* 81.
(2) Dans les Charbonnieres de bois, on remarque en général, que le bois ne devient Charbon
qu'en perdant à peu-près les trois quarts de ſon
volume.
(3) Dixiéme Mémoire, *page* 211.

M. Jars eſt d'avis de faire repaſſer ces braiſes une ſeconde fois dans les Charbonnieres ; mais je ne crois pas ce conſeil bon à ſuivre : il vaut mieux garder ces coaks pour des feux domeſtiques ou de quelques Manufactures, comme Verreries ou autres.

Par tous ces éclairciſſements, il eſt facile de voir que la méthode de faire des braiſes de Houilles, quoique facile en quelque maniere, porte ſur une connoiſſance plus exacte & plus étendue qu'on ne le croit communément, de la nature des Charbons ; c'eſt eſſentiellement à l'aide de cette connoiſſance, que l'on peut juger les différentes altérations ou modifications dont tel ou tel Charbon eſt ſuſceptible par un degré d'intenſité de feu déterminé.

Les *coaks* & les *cinders* qui ſe fabriquent dans un endroit, ne reſſemblent point aux *coaks* & aux *cinders* qui ſe fabriquent dans un autre, parce que ce n'eſt pas le même Charbon : voyez *page* 415.

Tel Charbon qui eſt dur & compacte, ne peut ſe réduire en coaks par le même procédé.

» Les cinders de Newcaſtle font une braiſe d'un gris cendré très-poreux, » mais ayant beaucoup plus de conſiſtance que ce qu'on appelle coaks, & qui » ne font auſſi qu'un Charbon privé de ſon acide ſulphureux, mais par un » procédé différent (1) ».

Au contraire les cinders du Charbon de Kinneil en Ecoſſe, ceux des environs d'Edimbourg, ceux employés à Winlington pour les limes, ne reſſemblent en rien à ceux de Newcaſtle ; ces dernieres braiſes en particulier font très-poreuſes, très-légeres, moins conſiſtantes & plus noires ; elles ne donnent pas de fumée ſenſible, & donnent moins de flamme que le Charbon de bois (2).

Ce qui ſe pratique pour préparer au moment qu'on en a beſoin, des coaks ou braiſes propres à quelques ouvrages particuliers, dans l'York Shire, acheve de venir à l'appui de ces différentes remarques, & notamment de celles que fournit l'examen attentif d'un feu de Charbon de terre conduit & entretenu dans une cheminée ; on regarde comme certain que le bitume du Charbon de terre augmente le déchet de l'acier, & même qu'il en gâte la qualité ; la Ville de Sheffield eſt renommée pour ſes fabriques de limes, « auxquelles on emploie » communément l'acier cementé ; mais avant de les forger, ainſi que tous ouvra- » ges quelconques en acier, on prive le Charbon de ſon bitume ; à cet effet, on » met une très-grande quantité de Charbon (3) ſur le foyer ; on ſouffle juſqu'à ce

---

(1) Dixiéme Mémoire, *page* 212.

(2) Dans la Ville de Newcaſtle, les cinders ſe vendent communément un tiers de plus que le pareil volume de Charbon de terre qui les a produit ; la meſure en eſt différente de celle pour le Charbon : le chaldron des cinders n'eſt que de la moitié du chaldron des Charbons, & contient ſeulement douze brouettes.

Vingt-quatre brouettes de Charbon coûtent communément dix à douze ſchelings, & produiſent dix-huit brouettes de cinders, dont les

douze brouettes ſe vendent neuf à dix ſchelings : ils ne ſont pas d'un ſi bon débit lorſqu'ils ſont mêlés de nerfs pierreux. Les petits morceaux de *cinders* qu'on retire des cendres des fourneaux de Newcaſtle, ſe vendent trois ſchelings les douze brouettes, pour être mêlés avec le Charbon employé à cuire la chaux. *Voyages Métallurgiques*, dixieme *Mémoire*, page 211.

(3) Ce Charbon eſt à peu-près de même nature que celui de Newcaſtle, cependant moins bitumineux.

» que le tout soit allumé, & que la flamme & la fumée du bitume soit détruite ;
» alors on retire le Charbon & on l'éteint avec un peu d'eau. C'est avec cette
» espece de coaks ou cinders qu'on forge les ouvrages en acier (1) ».

Le Charbon de terre avec lequel on chauffe l'acier dans la même Ville & aux
environs, où il se convertit une grande quantité de fer en acier, est aussi réduit
en coaks pendant l'opération même, & la façon en est bien simple.

» Comme il y a presque toujours dans le foyer un très-gros feu, on a
» soin de mettre le nouveau Charbon par-dessus le tas, de sorte que quand
» ce Charbon arrive à l'endroit où est l'acier, il est privé de son bitume (2) ».

*Réflexions sur le cuisage du Charbon de terre dans les Fourneaux distillatoires,
à la maniere usitée aux Forges de Sultzbach.*

LA combustion du Charbon en alumelle ou dans des fours, la premiere
sur-tout qui se fait à l'air libre, chasse de ce fossile & y détruit beaucoup
plus de principes, que le cuisage dans une espece de cornue, comme à Sultzbach ; cette derniere maniere y accumule au contraire, suivant le sentiment
de M. Venel (3), une grande quantité de matiere inflammable, dans l'état
que les Chimistes appellent fixe, ce qui rend alors la braise susceptible d'un
embrasement vif & de durée. Cette fabrication pourroit bien à cet égard avoir
quelque avantage sur la combustion en meule & celle dans des fours.

M. Venel a cherché à s'assurer en petit, des différences par la voie de
comparaison. Ce Savant avoit distillé (4) au fourneau de reverbere dans une
cornue de verre lutée, quatre livres de bonne Houille concassée de mine,
appellée *mine de la forêt*, près Alais (5). Le résidu de cette distillation à un
feu poussé graduellement, pesoit trois livres & demie, & avoit par conséquent
perdu demi-livre (6), & il s'est consumé au feu en s'embrasant & rougissant
médiocrement, sans répandre ni odeur ni fumée. Dans deux semblables dis-
tillations, le *caput mortuum* représentant les coaks préparés à Sultzbach par
la distillation en grand, a été, selon M. Venel, à peu-près les sept hui-
tiemes de la Houille qui avoit été soumise à l'opération, ou, (pour s'exprimer
autrement), la Houille avoit perdu, comme dans la distillation en grand,
un huitieme de sa pesanteur seulement, c'est-à-dire, douze & demi pour cent ;
tandis que selon les observations de M. Jars, les Charbons brûlés en meule,
perdent trente-cinq pour cent ; M. Venel en infere que les coaks préparés par la distillation en grand, & qui ne perdent qu'un huitieme de
leur pesanteur dans cette opération, sont plus riches, c'est-à-dire, moins

(1) Onzieme Mémoire, *pag.* 229, 233.
(2) Voyages Métallurgiques, douziéme Mémoire, *page* 259.
(3) Chapitre IV. Sect. I. *page* 87. *Part.* 1.
(4) Chapitre II. Section V. *Analyse de la
Houille. Part.* 1.

(5) Ce Charbon fort terreux, comme il en
juge très-bien par la quantité de produits de sa
distillation, est vraisemblablement celui employé
pour la cuisson de la chaux : voyez ce que j'en
ai dit, *page* 153 & 530.
(6) Chapitre I. Section V. *page* 48. *Part.* 1.

épuifés de matiere combuftible que les braifes fabriquées en alumelle ; & que cette braife, la plus riche auffi bien que la braife la plus pauvre, poffede la propriété defirée, favoir, celle de brûler d'une part fans flamme, de l'autre fans fe ramollir & s'empâter au feu.

Ces réfidus contenus dans le fond de la cornue, n'ont point paru s'y être beaucoup gonflés; dans la diftillation, la quantité confidérable des parties ter-reufes unies au bitume de cette Houille, s'oppofe à ce bourfouflement, & a certainement influé auffi, comme dans toute efpece de combuftion, fur la pefan-teur qu'il s'eft trouvé avoir : M. Venel, en eftimant cette qualité par la quantité de bitume, ne paroît point faire affez attention aux parties terreufes.

De la chaleur propre aux braifes de Charbon de terre préparées convenablement.

Nous avons expofé en général les qualités du feu de Charbon de terre pour les opérations métallurgiques ; il refte à confidérer en particulier ce même foffile cuit ou réduit en braife, quant à ce qu'il conferve de propriété inflam-mable, néceffaire pour les travaux de Métallurgie auxquels on voudroit l'appliquer dans cet état.

D'après les principes que nous croyons avoir fuffifamment établis fur la différence des Charbons, & fur l'action graduée ou modifiée du feu pour les fécher ou reffuer, & pour leur faire effuyer une forte de cuifage, on recon-noît qu'il eft dans ce cuifage ménagé convenablement, un point que l'on pour-roit appeller *point moyen*, par rapport à l'état des braifes qui réfultent de cette fabrication ; c'eft ce que j'entends par *braifes préparées convenable-ment*. Des Charbons choifis d'abord avec connoiffance, & foumis au cuifage par un feu gouverné avec attention, arrêté à point, ne font pas épuifés de leur partie inflammable ; ils reftent tout à fait fufceptibles de recouvrer dans le feu, non pas uniquement l'éclat d'une fimple incandefcence, mais de prendre flamme, & de produire tous les effets propres à un combuftible doué de la plus grande activité.

M. Jars (1), & M. de Genffanne (2), fondés fur leurs obfervations, font d'accord pour attribuer à ces braifes de Charbon de terre, une chaleur encore bien plus vive & plus durable que celle du Charbon végétal ; & felon M. de Genffanne, les *coaks* de Sultzbach durent au feu au moins le double du temps du Charbon de bois.

M. Jars, en parlant de cette circonftance, remarque que ces braifes s'al-lument plus difficilement que le Charbon crud : c'eft encore un point qui peut

---

(1) Maniere de préparer le Charbon de terre pour le fubftituer au bois dans les travaux métal-lurgiques. Addition au Charbonnier de bois, *p.* 7.

(2) Préface, tome I. *page* ix ; & Chapitre XII. *page* 180.

dépendre ou de la qualité du Charbon, ou du degré de cuisage ; il pourroit par conséquent n'être pas regardé comme général pour toute espece de braise de Houille.

Opérations Métallurgiques exécutées & tentées avec le feu de Charbon de terre brute, ou de ses braises.

L ES travaux qui vont être passés en revue, font une dépendance directe de la préparation des braises de Charbon de terre que nous avons essayé de faire connoître à fond : de toutes les opérations qu'embrasse ce que l'on doit appeller proprement *la Métallurgie*, nous nous bornerons, comme de raison, à celles pour lesquelles on peut substituer au feu de bois, celui ou du Charbon de terre brut, ou du Charbon de terre converti en braises, & à en décrire uniquement les procédés ; c'est tout ce qui convient aux Maîtres Fondeurs, tels qu'ils font le plus ordinairement *gens de routine rarement habiles* (1), & qui ne doivent plus être réputés que des Ouvriers. Il faut à ces Ouvriers, dit M. Hellot (2), non des instructions qui demandent de la réflexion, mais des exemples dans lesquels ils puissent appercevoir aisément ce qui se rapproche de leur routine, & ce qui en differe. Ce ne sera point s'écarter du sentiment de ce célebre Chimiste, que d'indiquer sommairement à chaque opération la nature du minerai qu'on y traite, ou de rappeller en même temps d'une maniere générale les qualités de Charbons de bois, ou degrés de feu déterminés par l'expérience. Le Lecteur a été prévenu de l'utilité que nous attachons à ces additions.

La premiere forme sous laquelle un métal quelconque passe dans le Commerce & dans les Arts, est le minerai qu'on jette dans le fourneau de fonderie ; la seconde est lorsqu'il fort du fourneau sous différents degrés de pureté, de consistance, de couleur & de propriété ; c'est ce qu'on appelle *premiere fonte* ou *fonte à dégroffir*, en Allemand *Roh-smalzem*, & dont les résultats subséquents font encore distingués par différents noms ; les Allemands désignent par le nom de *Rohstein*, la matiere impure & mélangée qui s'obtient après cette premiere fonte ; & par celui de *spurstein*, la *premiere matte* ou *matte crue*, matiere moyenne entre le minéral & le métal ; mais on prépare le minerai à cette fonte par une opération nommée *grillage*.

Grillage ou Rôtiffage des Mines. (Ustulatio). G. Rostung.

C E feu préliminaire que l'on fait essuyer aux mines, ouvre & dissipe, dans celles qui font soufreuses, les soufres qui ont minéralisé le métal, & qui ne lui font pas liés dans la mine : il est très-avantageux pour toutes especes de

---

(1) Préface, *page* xlvij.
(2) Préface de la Traduction de Schluter, tome I I. *page* x.

mines de fer, même aigres & réfractaires, pour en obtenir un fer de bonne qualité & en grande quantité, fur-tout des mines pyriteufes & quartzeufes ; ce grillage y influe beaucoup, ainfi que la qualité douce du Charbon.

Ce grillage, pour les mines auxquelles cette préparation eft néceffaire, fe pratique ou au feu de bois, ou au feu de Charbon : la plupart des Métallur-giftes préférent le feu de bois à celui du Charbon, foit par économie, foit parce qu'il ne chauffe pas fi vivement, & qu'il remplit les mêmes vues ; le meilleur bois eft fans contredit le bois de pin & de fapin ; à leur défaut, le bois dur, comme celui de chêne ou de hêtre ; on peut auffi fe fervir de fagots : il y a des endroits où on emploie du bois vert & mouillé ; mais l'expérience ne laiffe point de doute fur l'avantage du bois fec. Au furplus le grillage fe pratique, ou avant de donner aux mines la premiere fonte au fourneau de fufion, ou bien il fe pratique fur la *matte*, ce qui fait qu'on diftingue deux efpeces de grillage, celui de la mine, & celui de la matte.

La grande diverfité qui fe trouve dans la combinaifon des différentes mines, eft caufe que les méthodes qu'on emploie pour l'un & pour l'autre grillage, ainfi que pour les autres opérations, font très-variées, & différent autant que les mines elles-mêmes : de là vient auffi qu'on eft obligé d'en griller quel-ques-unes un très-grand nombre de fois, & que d'autres n'exigent qu'un très-petit nombre de grillages : nos mines de fer de France n'ont pas même befoin pour la plupart d'être grillées ni traitées de la même maniere que les *mines en roche*, & ne demandent pas à beaucoup près autant de travaux ; il fuffit de les laver : il ne fera ici queftion que de la maniere ufitée dans les forges d'Angle-terre, pour griller la mine de fer au feu de Charbon de terre.

Des Minerais de fer, qui fe traitent dans quelques Forges en Angleterre, & de leur grillage.

L'Iron Stone, *minera ferri faxea*, page 105, note 5, fe trouve par couches nombreufes & très-variées dans beaucóup de mines de Charbon, tantôt au-def-fus, tantôt au-deffous du Charbon, comme près de Litchefield & de Dudley. L'Auteur du petit Traité Anglois fur les mines de Charbon, penfe que la pierre métallique dont j'ai parlé, *page* 108, qui fe trouve près de Vigan en Angleterre, eft de cette nature. Dans les mines de Lancashire, cette efpece de pierre fe trouve auffi non-feulement dans les pays à Charbon, mais encore dans beaucoup d'autres où on ne connoît point de Charbon ; quelquefois elle forme une couche enfoncée à une très-grande profondeur : l'Auteur de cette Brochure en a rencontré quelques-unes à la profondeur de quarante aunes avec des feuillets minces de Charbon qui y tenoient, & de l'épaiffeur d'un écu environ. Cette efpece reffemble à quelques autres *Iron Stone* qu'on tire des mines près de Dudley. (*Voyez page* 104).

Selon

Selon M. de Buffon, le nom de *pierre de fer* pourroit être donné en général à la mine en roche, c'est-à-dire, en masses dures, solides & compactes, qu'on ne peut tirer & séparer qu'à force de coins, de marteaux & de masses.

M. Jars a observé (1) que *l'Iron Stone* se tire d'une terre molle & argilleuse, & se trouve en morceaux près la superficie de la terre; elle est très-séche & très-pauvre.

» La mine de fer proche Carron, en Ecosse, est en rognons dans une espece
» de couche d'argille approchant de la ligne horisontale; son inclinaison est
» au Sud-Est : la plus commune est plate & arrondie à ses extrémités; au-
» dessous de la couche d'argille, il y en a une de plusieurs pouces d'épaisseur
» d'un schiste bleu noirâtre, semblable à celui qui se trouve au-dessus de
» chaque couche de Charbon; & en effet il sert aussi de toît à un lit de cinq
» à six pouces d'épaisseur d'assez bon Charbon.

» Quelquefois le Charbon touche immédiatement le minerai de fer. Au-
» dessus de la couche d'argille qui renferme le minerai de fer, sont plu-
» sieurs couches irrégulieres d'un schiste un peu blanchâtre, & par dessus
» un rocher de sable qui sert de soutien aux ouvrages pratiqués pour extraire
» le minerai, à l'aide de quelques petits piliers de bois droit.

» La nature du minerai est d'un gris noir, & d'un grain serré. Le même
» Sçavant dit qu'il ne ressemble à aucun des minerais de fer qu'il connoisse.
» Il y a des morceaux qui, en les cassant, ont différentes cavités dans l'inté-
» rieur, sans aucune forme réguliere; les cavités sont enduites d'une matiere
» blanchâtre, fort tendre : on prétend que ce minerai est le meilleur (2) ».

L'Iron oar ou *mine de fer*, est à-peu-près ce que les Allemands nomment GLASS-KOPFT, regardé par quelques Naturalistes comme une espece d'*hématite*; les Anglois l'appellent KIDNEY OAR, *mine en roignons, tête vitrée*; elle n'a, comme l'hématite, pas besoin d'être grillée; on la fond crud avec les autres minerais; elle est plus riche que l'*Iron Stone* : deux parties en donnent une de fer; elle se subdivise en deux autres especes; l'une est chargée de soufre, l'autre n'en a point (3).

Grillage de la Mine de fer aux Forges de Carron, & à Clifton en Angleterre (4).

» O N étend sur le terrein de gros Charbon de terre, dont on fait une
» couche de dix-huit à vingt pieds de long, de six à sept pieds de large, &

(1) Voyages Métallurgiques, troisieme Mémoire, page 270.
(2) Voyez ses différences dans l'état des Mines d'Angleterre, & à la Table des Matieres, premiere Partie.
(3) La mine de fer qui se trouve aussi dans les couches de Charbon de terre de Littry, en basse Normandie, est, selon toute apparence, de la même espece que celles dont il est parlé ici; elle a fait le sujet des recherches d'un Membre de l'Académie de Caen : si son travail peut me parvenir avant que l'impression de mon Ouvrage soit achevée, je le placerai à la fin. Il est dit dans l'Etat des Mines de France, placé a la tête de la Traduction de Schlutter, qu'elle est très-aigre, au rapport des Maréchaux de Caen.
(4) Voyages Métallurgiques, treizieme Mémoire, page 272.

» de fix pouces d'épaiſſeur, ſur laquelle on met le minerai de fer en morceaux
» de ſept, huit, neuf, dix livres ; on le forme en dos-d'âne, dont la perpen-
» diculaire abaiſſée du ſommet a environ trois pieds.

» Cela fait, on met le feu à une des extrémités en y portant quelques
» charbons allumés ; à meſure que le feu gagne en avant, on recouvre le tout
» avec du pouſſier de charbon & la cendre qui ſe trouve autour, afin de con-
» centrer la chaleur. Il faut pluſieurs jours avant que le feu ait pénétré toute
» cette maſſe, laquelle eſt rôtie ſuffiſamment après cette opération ; elle
» prend alors une couleur rougeâtre, & reſſemble à un minerai de fer ordinaire.

» A Clifton, comme le charbon ne brûle pas ſi aiſément que celui de
» Carron, on y rôtit le minerai par un autre procédé qui eſt à peu-près le
» même. On a des fourneaux à peu-près ſemblables à ceux dont on fait uſage
» en Angleterre & en France pour brûler la chaux ou le Charbon de terre :
» on met le charbon & le minerai ſucceſſivement, & l'on en grille de cette
» maniere auſſi longtemps qu'on veut ».

M. Jars ne fait pas mention du déchet qui ſe trouve dans le minerai qui a
été ſoumis à cette opération.

Il paroît d'après l'obſervation de M. de Buffon, que la quantité de matiere
humide ou volatile que la chaleur enleve à la mine de fer, eſt en général à peu-
près d'un ſixieme de ſon poids total ; & il eſt perſuadé que ſi on la grilloit à
un feu plus violent, elle perdroit encore plus.

De la fonte des Minerais en général.

CERTAINS métaux ſe fondent très-aiſément, & ne doivent, pour ainſi dire,
que paſſer au travers du fourneau de fuſion ; d'autres ne ſe fondent qu'avec
peine, & doivent y ſéjourner très-longtemps ; il en eſt, tels que l'étain & le
plomb, que le feu diſſipe ou calcine & change promptement en chaux,
tandis que d'autres réſiſtent plus fortement à ſon action. Les fourneaux de
fuſion doivent en conſéquence être analogues à la nature des mines ou des
métaux que l'on a à traiter, & proportionnés pour la hauteur & la capacité à la
durée & à l'intenſité de la chaleur qu'on veut leur faire éprouver : ces différences de fourneaux à employer à raiſon de ces circonſtances, n'entrent pour rien
dans mon objet.

Il nous ſuffira de remarquer que ceux dont on ſe ſert, ſont de l'eſpece
appellée *fourneaux de reverbere* (1) ; ceux employés pour les mines de plomb
& de cuivre dans toute l'Angleterre, où on les nomme *cupols*, vraiſemblable-

(1) Ainſi nommés, de la maniere dont le feu s'y conduit, & dans leſquels la flamme réfléchie par les parois du fourneau ou par d'autres obſ-tacles, ne peut s'échapper librement, & eſt dé-terminée à retomber ſur elle-même ou à ſe frapper continuellement. Cette action reverbératrice de la flamme, a donné lieu de diſtinguer quelques fourneaux ſous le titre de *fourneaux de reverbere*, comme ceux où le feu excité par l'air qui entre par le cendrier dans le foyer qu'on nomme *la chauffe*, porte & réfléchit ſa flamme ſur le corps qui lui eſt ſoumis, ſans circuler autour ; tel eſt le grand *fourneau Anglois*, tels ſont encore ceux employés à l'affinage.

ment à caufe de leur conftruction voûtée en coupole, font aujourd'hui généralement adoptés dans les travaux métallurgiques, parce qu'on y exécute avec avantage, prefque fans diftinction, le grillage & la fonte des métaux les plus réfractaires, les affinages de cuivre, la liquation, l'opération des coupelles, &c.

L'avantage particulier qu'on retire de ces fourneaux, c'eft que comme ils n'ont pas de foufflets, on n'a pas befoin d'un courant d'eau pour les faire agir, ainfi on peut les conftruire près de l'endroit d'où fe tire le minerai. En France, ils font connus fous le nom de *fourneaux Anglois*; ce font les mêmes que ceux appellés en Allemagne *fourneaux à vent*; & on comprend fous cette dénomination tous ceux dont le feu n'eft point animé par les foufflets, mais feulement par le jeu de l'air; en forte que le nom de *fourneaux à air* leur conviendroit mieux. Les fourneaux fervant à fondre les métaux, & qu'on appelle *fourneaux de fufion*, font plus fouvent de cette forte; quelquefois ils vont par le moyen du foufflet.

La durée d'une fonte, bien conduite d'ailleurs, dépend auffi de la qualité du Charbon. Comme à la forge & dans l'affinage des fontes, on obferve que fi au lieu de fe fervir de Charbons de bois doux, on emploie des Charbons violents, foit pour l'effence du bois, comme du chêne ou autre bois gommeux crûs dans des terreins arides, foit par la cuite qu'ils ont effuyée, le fer devient fragile, & brûle plutôt que de fe chauffer : on doit pour les grands fourneaux à fondre les mines de fer, préférer le Charbon de bois de chêne. Le meilleur eft cependant le Charbon mêlé; l'opération eft fort lente quand on emploie du Charbon fans mélange, fur-tout de celui fait avec de vieux hêtres.

Fonte des Minerais de fer dans des hauts Fourneaux, aux Forges de Carron, en Ecoffe.

M. Jars n'a point vu ces fourneaux; fur le rapport qui lui en a été fait (1), ils font femblables à ceux ufités en Allemagne & dans plufieurs Provinces de France; leur hauteur eft de trente pieds; l'intérieur forme un ovale dont le grand diametre a huit pieds. Chaque fourneau a deux très-grands foufflets de cuir fimples (2), mus par une très-grande roue, à l'arbre de laquelle il y a quatre mentonnets pour chaque foufflet.

La flamme qui fort de ce fourneau, eft tellement femblable à celle que donne la fonte au Charbon de bois, qu'il eft impoffible d'en faire la différence : l'opération s'y fait auffi abfolument de la même maniere; chacune eft d'environ quarante quintaux.

Les minerais qui fe fondent dans ces fourneaux, font, au rapport de M. Jars, de fix différentes efpeces; favoir, cinq de celui nommé *Iron Stone*, & qu'on

(1) Voyages Métallurgiques, treizieme Mémoire, *page* 274.

(2) Comme le fourneau appellé en Angermanie, Twekilling, *fourneau à deux vents.*

grille auparavant ; & la fixieme efpece eft ce qu'on nomme *tête vitrée* ; on en ajoute très-peu à chaque charge, & on la fond crue ; on y mêle un peu de *pierre à chaux* pour fervir d'abforbant ; on recouvre le tout avec les coaks : on y affine cette gueufe en la mêlant avec d'autres ; on prétend même qu'on l'affine toute feule au feu de Charbon de terre. Après que le fer eft forti de l'affinerie & a été battu une fois, on le chauffe une feconde fois dans un foyer dont le feu eft tout en Charbon de terre.

La gueufe provenant de cette fonte au Charbon de terre, qui ne peut jamais produire un bon fer battu, eft très-douce ; on la lime, on la coupe prefque auffi aifément que le fer forgé, avantage très-confidérable pour mouler toutes fortes d'ouvrages en fer coulé : c'eft auffi le principal objet de cet établiffement ; on y coule fur-tout les plus gros cylindres pour les machines à feu d'Ecoffe & d'Angleterre, à l'inftar d'une forge très-confidérable dans la Principauté de Galles. M. Jars a vu jetter un cylindre de cinquante pouces de diamétre.

Fourneau à Vent, ou Fourneau Anglois, en ufage à Newcaftle & à Swal-weel, pour fondre la gueufe de fer, avec le CLOD COAL, *réduit en une efpece de* CINDERS *appellé* Coak, *fans aucune addition de Charbon.*

» C'est celui décrit par Schlutter, à l'article de la fonte des mines de
» plomb & de cuivre en Angleterre : il eft à-peu-près femblable à celui exécuté
» dans les mines de Pompean, en baffe Bretagne ; il en diffère néanmoins,
» felon M. Jars (1), en ce que devant le milieu, il n'a qu'une ouverture qui
» eft bouchée pendant l'opération : elle fert pour refaire le fol du fourneau, &
» pour y introduire la matiere ; après quoi on rebouche entiérement cette ouver-
» ture : à l'extrémité du fourneau, du côté oppofé à la *chauffe*, c'eft-à-dire,
» du côté de la cheminée, il y a une ouverture d'un pied en quarré, elle fert
» à retirer les craffes dans le fourneau pour la fonte du minerai de plomb.
» Cette porte eft fermée pendant l'opération avec une brique de la grandeur
» de l'ouverture, au milieu de cette brique, il y a un trou d'environ un pouce
» & demi de diametre que l'on bouche avec un petit cylindre de terre, &
» que l'on ôte chaque fois qu'on veut voir fi la matiere eft fondue & quel
» eft fon degré de chaleur, ce que l'expérience apprend au Fondeur : au-
» deffous de la porte eft pratiqué le trou pour la percée.
» Le fol du fourneau fe prépare avec du fable de mer battu tout uni-
» ment dans le fourneau, & l'on ménage une pente affez forte du côté
» où doit fe faire la percée ; on y forme même un très-grand baffin.
» Le fourneau étant ainfi préparé, (ce qui fe fait tous les matins de la
» même maniere), on ferme avec une porte faite en brique la grande ouverture

(1) Voyages Métallurgiques, onzieme Mémoire, page 213.

» qui eſt devant le fourneau ; les briques font aſſemblées par un grand
» lien de fer qui en fait toute la circonférence ; on met du Charbon de terre
» dans la chauffe par une ouverture qui n'a pas plus de ſix pouces en quarré,
» & qui ſe bouche avec du Charbon. Lorſqu'on en a mis ſuffiſamment,
» on continue de la même maniere chaque fois qu'on remue le Charbon
» pour faire tomber les cendres qui ſont ſur la grille, & ajouter de nouveaux
» Charbons. On chauffe ainſi le fourneau pendant trois ou quatre heures, au
» bout deſquelles on ouvre la grande porte de brique qui eſt ſuſpendue à une
» chaîne de fer paſſée ſur une poulie, & l'on met dans le fourneau tout le *fer de*
» *gueuſe* qu'on a deſſein de fondre (1) ; il peſe communément quarante à qua-
» rante-cinq quintaux pour chaque fonte ; on ferme enſuite exactement toutes
» les ouvertures, & l'on donne un feu violent pendant quatre, cinq & ſix
» heures, temps néceſſaire pour mettre toute la matiere en fuſion.

  » La conſommation du Charbon pour fondre la quantité de matiere qui
» vient d'être dite, eſt eſtimée de vingt-deux ou vingt-trois quintaux, & quel-
» quefois plus.

  » Pendant que l'on chauffe le fourneau & qu'on fond la gueuſe, on prépare
» les moules pour tous les ouvrages qu'on veut couler, de la même maniere
» qui ſe pratique par-tout. A l'extrémité du fourneau, il y a une foſſe très-
» profonde, on y range les moules pour les groſſes pieces (2). Les moules
» des groſſes ſe placent dans la foſſe verticalement ; on bat bien du ſable tout
» autour juſqu'à ce que la foſſe ſoit pleine ; enſuite on charge le tout avec
» des poids de fer, afin que le feu ne faſſe faire aucun effort ; on forme enſuite
» un canal qui va répondre au trou de la percée, & on le diviſe en deux
» branches proche de la piece. Quand la matiere eſt dans une parfaite fuſion,
» on perce avec une forte baguette de fer ſur laquelle on frappe à coups de
» maſſe ; la fonte ſe rend alors dans les moules. Deux Ouvriers avec des
» morceaux de bois arrêtent dans le canal la craſſe qui vient avec la matiere,
» afin de l'empêcher d'entrer dans les moules : auſſi-tôt qu'il eſt plein, ainſi que
» les canaux, on bouche le trou de la percée avec un gros morceau d'argille
» mis au bout d'un bâton ; on couvre enſuite avec du petit Charbon de bois
» le ſurplus de la matiere qui eſt dans les canaux, afin qu'elle ne ſe refroi-
» diſſe pas trop promptement, & que la piece qui eſt dans le moule ne
» coure aucun riſque de caſſer.

  » On ouvre enſuite la porte qui eſt au-deſſus de la percée, & avec de
» grandes cuilleres de fer enduites auparavant d'argille & bien chauffées,

---

(1) L'Auteur obſerve que la gueuſe de fer
que l'on fond de cette maniere, ſe tire d'Ecoſſe
& d'Amérique ; elle vient en morceaux de deux
ou trois quintaux peſant ; mais on fond ſur-tout
des débris de fer coulé, comme marmites caſſées, petits canons de fer, &c.

(2) M. Jars y a vu couler un tuyau de pompe
de quinze pieds de longueur ; on n'y peut pas
fondre des cylindres qui ayent plus de vingt-deux
pouces de diametre, le fourneau n'étant pas aſſez
grand pour contenir la matiere d'une plus grande
piece.

» on puife par l'ouverture la matiere fondue, & on va la verfer dans
» différens moules préparés à cet effet ; ce qui ne fert que pour former de
» petites pieces, comme marmites, pots ou autres dont les modeles ont été
» fournis en bois. On les moule dans du fable mis dans des cadres ou chaffis
» de bois, comme font ordinairement tous les Fondeurs.

» Comme il arrive prefque toujours qu'il refte de la matiere qui n'eft pas
» fondue dans les extrémités intérieures du fourneau, & qu'elle en retient
» d'autre qui eft en fufion, on a un grand ringard de fer que l'on paffe par la
» porte, & avec lequel on forme un levier afin de détacher du fol les morceaux,
» & que le *fer fondu* (1) puiffe fe rendre dans le baffin. Si l'on voit que ce qui
» refte ne foit pas bien fondu ou ne foit plus affez chaud, on referme la porte,
» & l'on donne de nouveau une chaleur violente au fourneau, pour pouvoir
» jetter en moule ce qui refte de matiere, à l'aide des mêmes cuilleres ou
» d'autres femblables, préparées & chauffées de la même maniere.

» C'eft ordinairement le foir qu'on coule la matiere qui a été fondue pen-
» dant la journée ; on nétoye bien le fourneau pendant qu'il eft chaud, & on
» ouvre toutes les ouvertures afin qu'il refroidiffe pendant la nuit, & qu'on
» puiffe le lendemain matin y former un nouveau fol pour la fonte du jour.
» Pendant que l'on prépare & que l'on commence à chauffer le fourneau,
» on ôte de la foffe la piece qui a été fondue la veille, afin d'y fubftituer un
» autre moule pour la fonte fuivante. Le fer coulé provenant de cette fonte
» paroît de la meilleure qualité ; la lime y fait prefque le même effet que fur
» le fer forgé ».

Des Fenderies.

Le but qu'on fe propofe dans le travail des fenderies (2), eft de difpofer le
fer à être employé à différents ufages, en épargnant le temps, les charbons &
le travail : l'opération confifte à divifer une lame en plufieurs baguettes
fuivant l'échantillon que l'on juge à propos. Pour faire cette divifion avec
méthode, il faut que les barres de fer foient de la même épaiffeur, ce qui
fe fait par des cylindres.

Il ne feroit pas poffible d'applatir & de fendre une barre de fer fi elle n'étoit
adoucie au feu, ce qui donne lieu à une efpece de conftruction de four,
pour les chauffer en grand nombre & à peu de frais.

Le fer dans les fenderies où on fe fert de Charbon de terre, comme celles
qui font dans le Forez fur la riviere de Gier & ailleurs, qui refendent fix à

---

(1) Des Auteurs donnent à la fonte de fer
le nom de *Fer fondu*. M. Grignon trouve cette
expreffion d'autant plus impropre, que le fer
proprement dit, ne fond point ; que lorfqu'il
a été fondu, il n'eft ni fer, ni fonte, & que la

fonte n'a pas encore acquis l'état de fer & fes
propriétés, *Mémoire de Sidérotechnie*, pag. 62.
(2 On ne fait guere ufage de fenderies, que
dans les forges où le fer eft aigre.

sept millions de fer, se chauffe dans des cheminées bâties comme une *chauf-ferie avec soufflets* (1) ; le fer s'y place par barres de deux pieds & demi à trois pieds de longueur dans la quantité de trois à quatre cents pesant à la fois, qu'il faut environ une heure pour chauffer : on emploie environ pour six francs de Charbon pour fendre un mille de fer ; une fournée de mille peut être fondue en une heure.

De la maniere de fendre & couper le Fer en baguettes, ainsi que de l'étendre & de l'applatir sous les cylindres, selon la méthode usitée dans le pays de Liege, en Angleterre & en Suede.

S ANS s'arrêter ici au détail de la machine & des fours, pour l'intelligence desquels il faudroit des figures, il suffit de dire (2) que dans quelques Fende-ries le four est simple, dans d'autres il est double. On y place les bandes de fer ; ces bandes sont quelquefois épaisses de deux doigts, & larges de quatre ; on les casse de la longueur d'environ un pied neuf pouces : le cendrier est sous le foyer. On met dans un four environ deux cents morceaux de fer que l'on arrange obliquement les uns sur les autres, afin que la flamme & le feu puis-sent aller librement par-tout ; on les dispose ainsi afin qu'ils forment une espece d'arc sous lequel on met les Houilles (3) ; les morceaux de fer ainsi chauffés au reverbere, sont tirés du four pour être applatis sous deux cylindres d'acier.

Lorsqu'un morceau de fer, de la dimension donnée ci-dessus, a passé sous les cylindres, il est allongé & étendu de façon qu'il a deux aunes de long & six doigts de large ; les morceaux applatis se remettent une seconde fois au four ; & quand ils sont chauds, on les repasse sous les cylindres qui leur donnent environ cinq aunes de longueur. Quand le fer sort d'entre les cylindres, un Ouvrier le saisit avec une tenaille, & le présente aux taillants, qui le divisent en trois, quatre, six verges ou baguettes, suivant qu'on le juge à propos. Une fenderie qui travaille tous les jours, peut fendre cinq à six mille poids de marine de fer dans un an.

Il faut observer que pendant que le fer passe entre les cylindres ou les taillans, il y a un courant d'eau qui tombe continuellement sur les cylindres & le fer rouge ; on croit que sans ce secours le fer passeroit difficilement ; d'ail-leurs les cylindres qui sont d'acier, s'échaufferoient & perdroient leur dureté.

Du Fourneau où l'on font la mine de Fer au feu des C OAKS, *à Sultzbach.*

L ES mines de fer qui se fondent dans cette forge, sont de deux especes,

(1) *La Chaufferie* en général, est un creuset destiné à recevoir les pieces pour les chauffer, à mesure qu'on acheve de les battre.
(2) Extrait de Swedemborg, traduit dans la quatrieme Section des Forges & Fourneaux à fer, *pag.* 129, *Pl. IX. Fig.* 29, de cette traduc-tion.
(.) Les Charbons employés à Liege pour les Fenderies dans les fours à reverbere, sont de l'es-pece nommée *Charbons doux.*

& femblables à celles dont on fait ufage dans le pays de Treves & dans quelques forges de la Lorraine Allemande (1).

La premiere eft une forte de fchifte ferrugineux, de couleur d'ocre, feuilleté à fa furface, & plat pour l'ordinaire ; d'autres morceaux ont la figure d'une lentille avec un noyau fouvent creux, comme celui des pierres d'aigles ; c'eft le minéral auquel, dans quelques forges de France, on donne le nom de *mine à gallet*.

L'autre efpece eft noire, marquetée de taches rouges, & ne fe trouve guere que dans des couches de fable ; c'eft en effet un fable ferrugineux qui eft très-commun en France ; ce minéral n'eft point riche, & rend au plus le tiers de fon produit en fonte, & fon produit paffe rarement trente à trente-deux pour cent : il fe fond crud fans être rôti.

Quant au premier, on le calcine légérement au feu de coaks préparés dans le fourneau, décrit *page* 1181 ; pour cela on prend la pouffiere & le plus menu de ce qui a été retiré du fourneau, & l'opération fe fait à peu-près de la même maniere que l'on cuit la chaux en France avec le Charbon de terre, mais avec un feu bien inférieur.

Le fourneau où elles fe fondent, eft entiérement femblable à ceux des autres forges, & differe très-peu pour les dimenfions de celles que M. le Marquis de Courtivron a déterminées dans fon Mémoire fur l'Art des Forges.

Les précautions que l'on prend dans le travail de la fonte, n'ont point paru à M. Genfarine différentes de celles qu'on a coutume de prendre pour les fontes au charbon de bois, fi ce n'eft qu'il lui a femblé que le vent des foufflets eft un peu plus vigoureux, & que l'œil de la *tuyere* (2) a moins d'éclat que lorfqu'on fond au charbon de bois.

On charge le fourneau de la maniere qui fuit : on commence par y jetter deux couches de mine calcinée, pefant chacune environ cinquante livres ; enfuite cinq panniers de charbon de cinquante à cinquante-cinq livres chacun ; puis trois couches de mine crue, à peu-près du même poids ; enfuite trois couches femblables de pierre à chaux ou caftine, & par-deffus le tout on met cinq couches de mine calcinée.

De-là on voit que chaque charge eft compofée d'environ cinq cents pefant de minéral, de foixante & quinze à quatre-vingt livres pefant de caftine, & de deux cents cinquante à deux cents foixante livres de coaks ; on charge fix fois toutes les vingt-quatre heures, & par conféquent on confomme pendant ce temps environ cinq milliers de minéral, fept à huit quintaux de pierre à chaux,

---

(1) Traité de la Fonte des Mines par le feu de Charbon de terre, *tom. I. Chap. XII. pag. 266.*
(2) Conduit par où paffe le vent des foufflets. Cette partie eft différente dans un fourneau de fonte & dans un fourneau d'affinage ; dans la tuyere d'un fourneau de fonte nommée par les Allemands, *Formen,* il y a deux foufflets ; dans la feconde appellé *Kannen,* il n'y en a qu'un ; aux fourneaux à fondre du bas Hartz, les tuyeres font de cuivre ; dans le haut Hartz, elles font de fer fondu ; & dans les fourneaux d'affinage, elles font de tôle ou de fer battu.

&

& deux mille fix cents pefant de Charbon de terre, ce qui produit pendant le même intervalle de temps, une gueufe d'environ mille fix cents livres.

Au refte, ajoute l'Ecrivain, ces dofes ne concernent que cette forge : on fent parfaitement que lorfqu'on a des mines différentes à fondre, on doit fe régler fur la qualité du minéral.

La fonte qui provient de ce fourneau eft fi douce, qu'elle ne diminue à l'affinerie que de vingt-cinq à vingt-fix pour cent, & rend un fer de la plus haute qualité ; il eft entiérement nerveux, & n'a prefque pas de grain (1).

Chaufferie & perfectionnement de l'Acier ; trempe des Limes au feu
de Charbon de terre, en Suede & en Angleterre.

En Suede, à Forfmak, dans la chaufferie de l'acier, les loupes réfultantes des morceaux de petite *gueufe* fondue fur un foyer de forge, &c. font chauf-fées avec un feu de Charbon de terre qu'on fait venir d'Angleterre (2).

L'acier obtenu à Newcaftle par la cémentation, eft perfectionné au feu de Charbon de terre par une autre opération abfolument femblable à celle qui fe pratique en Stirie ; on la nomme *réduire en acier d'Allemagne*, parce qu'alors, l'acier reffemble parfaitement, pour le grain & pour la qualité, à l'acier qui fe fabrique en Allemagne (3).

A Sheffield & dans les environs de cette Ville (4), on convertit une grande quantité de fer en acier, dans des fourneaux la plupart femblables à ceux employés à Newcaftle pour la même opération, mais plus petits : le fer qu'on emploie eft celui de Suede, & s'arrange dans le pot avec le pouffier de charbon ; le tout fe recouvre avec du fable. L'acier cementé, qui eft alors ce qu'on appelle *acier bourfoufflé*, eft porté dans les martinets : on y chauffe l'acier avec du charbon tout à fait recuit, c'eft-à-dire prefqu'entiérement privé de fon bitume, lorfque ce charbon arrive à l'endroit où eft l'acier, *voyez pag.* 1199 ; l'Ouvrier a feulement l'attention, en remuant fon feu, de ne point faire tomber le nouveau charbon proche de la tuyere.

Les limes fe fabriquent encore à Sheffield (5) avec le Charbon de terre ré-duit ainfi en coaks dans le foyer même, *voy. pag.* 1198.

Les limes fe forgent de même d'une façon particuliere, & font mifes le foir dans une grille de feu de Charbon de terre, telle que les grilles d'appartement: on les y laiffe pendant toute la nuit pour les attendrir, après quoi on les porte aux meulieres pour être polies groffiérement fur les meules, enfuite on les taille à bras d'homme à l'ordinaire : après les avoir trempées & fait fécher devant

---

(1) *Voy.* Note 1, Article des Braifes de Charbon préparées à Sultzbach, *page* 1181.
(2) Voyages Métallurgiques, huitieme Mé-moire ; *Fabrique d'Acier par la fonte*, p. 142.
(3) Onzieme Mémoire, *page* 226.

(4) Douzieme Mémoire, *Converfion du fer en acier*; *page* 256.
(5) Fabrique de limes, à Sheffield, douzieme Mémoire, *page* 259 & 260.

le feu, on les chauffe avec des coaks, & on les trempe dans l'eau froide.

A Winlington-Mill, à quatre milles de Newcastle, il y a des Manufactures de limes (1) auxquelles on emploie aussi l'acier sorti de la cémentation, forgé au martinet & réduit en ce qu'on nomme *acier commun*.

Afin d'attendrir davantage les limes forgées & refroidies convenablement, il y a deux procédés; dans l'un les limes se mettent tout uniment pendant la nuit dans une grille avec un feu de Charbon de terre.

Dans l'autre, les limes se mettent dans un petit fourneau de reverbere, qui consiste en une place pour mettre l'acier destiné pour les limes, au-dessus de laquelle il y a une cheminée; de chaque côté, on place un petit fourneau à vent, afin d'y faire du feu avec le Charbon de terre; on chauffe l'acier dans ce fourneau pendant sept à huit heures, après quoi on polit chaque piece sur la meule.

Le charbon dont on fait usage pour tremper les limes, a d'abord été réduit en cinders sur le même foyer de la forge qui sert à chauffer les limes pour les tremper, de maniere qu'ayant été ressué lentement il s'est boursoufflé, est devenu poreux, très-leger, & plus noir que les cinders qui se font à Newcastle; les braises ne paroissent pas donner de fumée en brûlant, & donnent moins de flamme que le bois.

A deux milles de Newcastle, les petites limes se font comme à Winlington-Mill, à la trempe près, qui est un peu différente (2) : à la forge on emploie des cinders préparés comme dans le même endroit, mais réduits en plus petits morceaux, gros à peu-près comme une noisette; on en met devant le soufflet, & par-dessus un vieux pot ou poële de fer, de façon que cela fasse une petite voûte; le pot est recouvert avec un peu de cinders : c'est sous cette petite voûte qu'on met trois, quatre, cinq & jusqu'à six petites limes à la fois; la chaleur que donnent ces cinders est assez marquée, pour que l'Ouvrier doive être très-attentif à examiner le degré de chaleur. Afin que les limes ne se déforment pas, l'Ouvrier les retourne de temps en temps; à mesure qu'il en voit une prendre la couleur de cerise, il la retire & la trempe.

Nous nous sommes crus obligés de nous en tenir sur ces différentes opérations, à rapprocher les simples notices que nous donnons relativement au combustible qu'on leur applique; on peut du reste consulter les Mémoires de M. Jars, que nous indiquons, dans lesquels on en trouvera tous les détails.

(1) Onzieme Mémoire, *page* 228, *Manufactures de Limes.*

(2) Voyages Métallurgiques, douzieme Mémoire, *page 233.*

*Essais faits dans le Marquisat de Franchimont aux Forges de Theux,
pays de Liege, par M. de Limbourg l'aîné, Docteur en Médecine.*

Tous les endroits qui possedent des mines de fer & des carrieres de Houilles,
sont singuliérement intéressés à la réussite de l'application de ce fossile aux
opérations métallurgiques : le pays de Liege riche en Charbons de terre
singuliérement différents , & en mines de fer de la premiere qualité (1) , est
un de ceux auxquels la perfection de ces moyens seroit de la plus grande importance. Le feu Comte d'Outremont, Evêque & Prince de Liege, entre divers
avantages utiles & honorables qu'il avoit en vue de procurer à sa Patrie, mais
dont elle a été frustrée par la mort de ce Prince, étoit particuliérement occupé
des moyens de faire constater , de fixer la méthode de faire usage des Charbons
de terre dans les ouvrages métallurgiques. A la faveur d'encouragements de
toute espece , M. de Limbourg l'aîné s'occupoit de ce travail aux forges
de Theux. M. Jars paroît avoir eu connoissance de ces essais : dans son
Mémoire sur la maniere de préparer les braises de Charbon de terre, qui est de
1769 , il avance que les Liégeois emploient à la fonte des mines de fer, les
charbons purifiés. M. Venel (2) ajoute que cette préparation & les opérations
qui s'y rapportent, sont perfectionnées à plusieurs égards par M. de Limbourg;
mais ce succès n'est rien moins que complet , & il n'est plus question de la
continuation de cette entreprise , depuis la mort du Prince qui en étoit le
principal moteur ; des circonstances d'administration détournent encore pour le
présent l'attention du nouveau Prince & des Etats de dessus cet objet ; il y
a tout lieu de présumer que dans un temps plus heureux & plus favorable, ce
travail sera repris & secondé comme il mérite de l'être. Le Prince & les Etats,
en mettant à profit les facilités que le sol leur fournit en abondance, pour
varier & réitérer toutes sortes d'essais, & travaillant pour l'intérêt de la Patrie ,
jouiront de la douce satisfaction d'être utiles à toutes les contrées qui ont un
même intérêt au succès de ces tentatives. En mon particulier , je n'envisage
point sans plaisir, dans la rédaction que j'expose ici, & qui pourra guider leurs
travaux, l'espoir de contribuer quelque chose à la gloire qui en reviendra au
Prince & aux Etats. En attendant , on sera bien aise de savoir où en étoit

---

(1) Swedemborg rapporte que la mine de fer du
pays de Liege , est ordinairement jaune ou rouge ; qu'elle se tire de plusieurs endroits dans les
marais & sous la terre végéta'e , ce qui est cause
qu'elle est enveloppée de beaucoup de terre. Après
la calcination qui est seulement de vingt-quatre
heures , elle reste de couleur rouge. Cette description succinte de Swedemborg, rapporte la
mine de fer du pays de Liege , à celle désignée par Vallerius , *ferrum Argillâ mineralisatum , minerâ intrinsecâ colore ferreo vel cœruleo.*
Minera ferri subaquosa , appellée MYRMALM par

les Suédois. Le fer qui provient de la mine
du pays de Liege est , continue Swedemborg , très-tenace & très-sonore quand on le
frappe, ce qui fait qu'on le coule en lames minces
pour former différentes marchandises , comme
pots , marmites , &c. Il ajoute que quand le fer
est mis en barres cent livres de fer crud, rendent
quatre-vingt-six livres de fer battu ; & que la
perte ou le déchet n'est que de quatorze pour
cent. *Descript. des Forges & Fourneaux à fer, p.* 90.
(2) *Troisieme Partie, Sect.* II. *Chap.* III. *pag.* 503.

M. de Limbourg, lorfqu'on paroiffoit dans l'intention de fuivre la chofe en grand, auffi loin qu'il eft poffible : l'état de la tentative à cette époque, fe trouve configné dans deux Ecrits de M. de Limbourg, qui m'ont été communiqués du vivant du feu Prince Comte d'Outremont, par fon Miniftre à la Cour de France ; je vais en donner un extrait.

UNE fonte commencée avec le Charbon de bois, fut continuée vingt-neuf heures ; on en obtint douze à treize quintaux de fer, qui fut du fer fort, mais brifant chaud, quoique travaillé de nouveau à une forge de Maréchal ; mais en petit, il fut très-malléable.

Il eft à remarquer, avec l'Auteur, que ce fer devoit participer du Charbon de bois employé immédiatement auparavant. Le fourneau fut furchargé de mines, & la fonte précipitée par la chaleur de ce Charbon, y fit d'ailleurs quelque dérangement qui rend ce premier effai moins concluant.

Ayant enfuite fait conftruire un fourneau de moitié de hauteur & de largeur des fourneaux ordinaires, c'eft-à-dire, ne contenant qu'un huitieme, M. de Limbourg l'aîné & fon frere, fondit pendant trente-cinq jours, premiérement avec du Charbon de bois, enfuite pendant cinq jours confécutifs avec parties égales de Charbon de bois & de Charbon de terre.

Chaque fois on a obtenu moins de *fer en gueufe* qu'avec le Charbon de bois ; & celui de la premiere épreuve, a été très-difficile à affiner ; l'autre en partie facile & en partie difficile, & tous deux brifant chaud.

D'après ces effais, M. de Limbourg foupçonne que l'inconvénient du Charbon de terre, ne provient que de l'excès de quelque matiere vitrifiable ; il établit pour queftions, s'il fuffiroit de diminuer la *caftine*, ou s'il faudroit y ajouter d'une terre réfractaire telle que de *l'argille* ; mais on eft affuré que cette terre, quoique non fufible par elle-même, ne la feroit pas par la rencontre de la caftine & d'autres matieres mêlées avec le métal dans la mine ; & fi cela arrive, peut-on s'attendre que le fer fe combine moins avec ces matieres, lorfqu'il y aura de l'argille, que quand il n'y en aura pas ?

L'Auteur de ces Mémoires n'ignoroit point dès-lors la mauvaife réuffite des opérations du fourneau de Naffau-Sarbruck, annoncée (1) dans les obfervations faifant partie des additions & corrections relatives à la defcription de l'Art de Charbonnier de bois, par M. Duhamel, *page 5* : il obferve que les Entrepreneurs voyant que le produit en gueufe étoit à peu-près le même par la fonte avec le Charbon de terre qu'avec celui de bois, du moins n'en appercevant pas alors la différence, (car à la fin on a obfervé qu'elle rendoit beaucoup moins de fer), refterent dans une entiere fécurité, jufqu'à ce qu'en ayant plus d'un million, ils trouverent à l'affinerie plus de déchet en les réduifant en barres,

(1) Par M. Dangenouft, Capitaine en premier dans le Corps Royal d'Artillerie.

&

& en obtinrent du fer brisant chaud, ce qui leur fit abandonner cette entreprise avec une perte considérable, malgré les plus belles apparences qu'ils avoient eues lors de leur fonte.

Il est donc constaté jusqu'à ce jour (poursuit l'Auteur des Mémoires), que de la fonte par le Charbon de terre, il résulte plusieurs mauvais effets; 1°. la moindre quantité de fer; 2°. sa pureté moindre à ce qu'il paroît par la difficulté de l'affinage, & par la mauvaise qualité du fer. M. de Limbourg pense que ces inconvénients pourroient provenir de ce que la Houille n'a point été dépouillée à la distillation d'une matiere vitrifiable, dont une partie s'attache au fer de la gueuse, & dont une autre partie se saisit d'une grande quantité de métal qui se trouve dans le laitier.

Ce Physicien fait consister la réussite à trouver une matiere qui ayant beaucoup d'affinité avec le laitier ou le verre, se combine avec lui, & fasse un composé ou un laitier nouveau, dont l'affinité soit moindre avec le fer, que celle du laitier précédent; ou bien, selon M. de Limbourg, il ne s'agit que de retrancher ou de diminuer la castine.

Résultat d'une Conférence tenue à Paris sur les Mémoires
& sur les Essais précédents.

LA question traitée dans les deux Ecrits de M. le Docteur Limbourg, sur la fonte des mines de fer par le feu de Houilles converties en braises, & que M. le Chevalier de Heuzy, ancien Bourg-Mestre de Liege, & Ministre de S. A. Celsissime le Prince Evêque près Sa Majesté, m'a remis en main, m'a paru mériter d'autant plus d'être pesée mûrement, que le dessein est d'en chercher la solution dans l'expérience en grand: j'ai cru devoir, par cette raison, commencer par soumettre l'objet d'un travail de cette conséquence aux lumieres de plusieurs de nos habiles Chimistes: M. Macquer, Docteur Régent de la Faculté de Médecine, & Associé ordinaire de l'Académie des Sciences; M. Dorcet, Docteur & ancien Professeur de Pharmacie, & M. Demachy, Apotiquaire de Paris & Membre de l'Académie des Sciences de Berlin, tous connus par des découvertes en Chimie.

La question avoit d'abord été proposée à chacun d'eux séparément, & ils ont bien voulu se rendre aujourd'hui, après la séance de l'Académie, dans la salle où se tiennent les assemblées, à une conférence à laquelle j'avois eu l'honneur de les inviter; on y a repris la lecture des Mémoires de M. le Docteur Limbourg, l'un fourni en Décembre 1770, l'autre daté du 14 Mars 1771, ayant pour titre: *Remarques ultérieures sur la Fonte des Mines de Fer, ajoutées au Mémoire donné à ce sujet au commencement de Décembre 1770.*

La chose a été discutée avec attention, & les Articles suivants ont été rédigés d'un avis commun.

M. le Docteur Limbourg est prié de nous dire si l'opération du Bocard, dont il parle dans le premier Mémoire, a été faite sur le laitier, s'il en a été fait un essai docimastique, & combien cet essai a rendu de fer.

Quant à l'essai fait, il y a deux ans, par MM. Limbourg, pour finir une fonte avec parties égales de Charbon de bois & de Houille, il a été observé qu'il seroit à propos que M. le Docteur Limbourg voulût bien encore faire deux fontes égales en poids & en qualité, l'une en Charbon de terre *dégraissé*, l'autre en Charbon de bois, & de nous en envoyer les résultats justes.

Il est encore nécessaire de savoir de quelle nature est la *Castine* qu'on emploie à Liege, pourquoi on l'emploie, à quelle dose & à quelle espece de mine de fer on l'applique.

Pour ce qui est du plan qu'on se propose de suivre dans l'opération, il comporte la consommation dont ci-joint l'état.

Cinq à six milliers de mines de fer qu'on est dans l'usage de traiter à Liege.

Environ quinze milliers en gros morceaux du Charbon de terre *à Uzuinne*, qu'on emploie ordinairement aux fontes; de la *Castine* en quantité double de ce qu'on a coutume d'en mettre pour la fonte du poids des mines.

Un échantillon de gueuse & du laitier provenu tant d'une fonte faite en Charbon de bois, que d'une fonte faite en Charbon de terre.

Afin d'assurer le succès du travail dont ces MM. se feront un honneur de se charger, il a été jugé que pour la conduite du fourneau, il seroit nécessaire qu'ils eussent à leur disposition deux des meilleurs Ouvriers de Liege expérimentés à ces opérations.

Fait au Vieux Louvre, dans la Salle des Séances de l'Académie Royale des Sciences, le 13 Avril 1771. *Signé* MORAND.

Sur la fin du mois de Février de cette année 1776, M. Blakey (1) étant à Liege, fit part à plusieurs personnes, qu'il avoit le secret infaillible de fondre la mine avec la Houille, offrant d'en donner les preuves réitérées à ses frais, pour ensuite vendre son secret à l'Etat de Liege, moyennant la somme de cinq cents mille livres, ou pour l'exécuter en société, moyennant, entre autres conditions, le produit pour lui d'un quart de l'utile, qui, comme il l'annonçoit, devoit être au moins à soixante-quinze pour cent: un Citoyen très-intelligent, instruit & zélé pour sa patrie, s'étoit chargé d'abord de former la société, & a eu en conséquence plusieurs pourparlers avec M. Blakey, tant sur la maniere dont la société acquerroit le secret, que sur les moyens de le mettre à exécution. M. Blakey proposoit d'établir ses fourneaux & ses forges contigus aux Houillieres, sans égard si elles sont ou si elles ne sont pas à portée de rivieres; il projettoit de tirer avec des machines

(1) Auteur de la Description de l'Art de construire les Pompes à feu, approuvée par l'Académie.

hydrauliques conftruites felon fes principes , une fuffifante quantité d'eau pour faire tourner toutes les roues qu'il emploie à fes opérations ; les four- neaux & les foufflets devoient être d'une toute autre forme que ceux ufités ; ces derniers étoient , felon lui , capables de renverfer d'un feul coup l'homme le plus robufte : la dépenfe de la conftruction d'un des fourneaux avec deux affi- neries , devoit fe monter à cent vingt mille livres , dont M. Blakey auroit la difpofition. La même perfonne chargée de ces entrevues , lui a repréfenté que fes Affociés lui propofoient d'abord la fonte dans des fourneaux ordinaires , & fe faifoient fort de ne point manquer d'eau fuffifante. L'affaire n'a point été fuivie ni de part ni d'autre.

Effai en petit fur la réduction de la Mine de Fer , par le Charbon de pierre de Montcenis , préparé en meule fur les lieux , (1) par M. DE MORVEAU , Avocat Général au Parlement de Bourgogne , Correfpondant de l'Académie Royale des Sciences de Paris.

» LE 5 de ce mois , j'entrepris de faire cette réduction ; je me fervis pour » cela d'un *fourneau de fufion* de forme fimplement cylindrique , n'ayant » d'ouverture qu'au cendrier , du diametre de huit pouces , de la hauteur de » vingt-deux pouces jufqu'à fon dôme , terminé par une ouverture de deux » pouces , pour recevoir les tuyaux dont on le furmonte ordinairement. Je » fais qu'il eft d'ufage de rétrécir le fond où la matiere doit fe raffembler ; mais » j'avois remarqué que cette forme qui peut être très-avantageufe en grand , » empêchoit la chûte des charbons , & caufoit un refroidiffement qui laiffoit » l'intérieur des matieres crues , & occafionnoit la calcination de leur furface » par l'éloignement du phlogiftique ; c'eft pour cela fans doute que M. Cramer » a également donné la forme cylindrique , feulement un peu renflée dans » le milieu , au fourneau qu'il a propofé pour fondre *Trans carbones* , dont on » trouve la defcription dans l'Encyclopédie (2).

» Je me contentai donc d'ôter la grille , de luter un talut fur le bord qui » la foutenoit , pour que rien ne s'y arrêtât , & de fermer le cendrier par une » brique , ne laiffant qu'une ouverture au - deffus pour placer le nez du » foufflet.

» Tout étant ainfi difpofé , j'ai jetté dans ce fourneau , par l'ouverture fupé- » rieure de fon dôme , des *coaks* ou charbons de pierre *cuits* à Montcenis , » fuivant la méthode de M. Jars , & dont M. de la Chaize m'avoit fait remettre » une fuffifante quantité ; j'avois eu attention d'allumer les premiers au feu » de la forge , parce qu'*ils prennent affez difficilement* : j'ai continué de charger

» ainſi le fourneau pendant cinq heures de nouveau charbon de la même
» qualité , ſans employer un ſeul morceau de charbon de bois ; j'y ai
» jetté à différentes fois de la mine de fer mêlée avec les ſeuls fondants dont
» on ſe ſert dans les travaux en grand , qui ſont l'argille & la pierre calcaire ;
» & j'ai trouvé après l'opération pluſieurs parties de régule de fer auſſi parfaites
» que l'on puiſſe l'eſpérer par le charbon de bois : leur couleur annonce une
» fonte bien pure ; auſſi cedent-ils à l'action de l'aimant avec une activité
» preſque égale à celle d'un morceau de fer de pareil volume.

» La forme de ces morceaux prouve néanmoins que la ſéparation du métal
» & des ſcories , ne s'eſt pas abſolument bien faite ; mais il eſt très-difficile de
» l'obtenir dans un eſſai en petit ; le volume de la matiere n'eſt pas aſſez
» conſidérable pour former un bain liquide, le défendre des impreſſions du
» froid , & l'entretenir aſſez long-temps pour que la peſanteur reſpective
» en faſſe la ſéparation. Je m'étois déja bien convaincu par l'expérience, qu'il
» eſt impoſſible dans ces ſortes d'eſſais de faire couler la fonte hors du fourneau,
» ni même le laitier , parce que le refroidiſſement eſt toujours très-prompt ;
» j'avois donc pris le parti de laiſſer former le culot ſous les ſcories , & de
» ne rien remuer juſqu'à ce que tout fût ſolide , au riſque d'entamer le four-
» neau pour en tirer le culot ; mais le peu d'épaiſſeur des petits fourneaux
» empêche qu'il n'y ait au fond aſſez de chaleur pour opérer cette ſéparation,
» à moins que l'on n'entretienne tout autour aſſez de charbons allumés pour
» le défendre du contact de l'air , comme je l'avois fait dans un précédent
» eſſai d'après le conſeil de M. Lewis. Au reſte , cette circonſtance ne change
» rien au réſultat, puiſqu'elle ne peut dépendre de la nature du charbon,
» & qu'il n'en eſt pas moins acquis par cette expérience , que les *coaks* du
» charbon de pierre de Montcenis peuvent réduire complettement la mine
» de fer ; & je ne dois pas omettre que ces charbons ont encore l'avantage
» de durer près de quatre fois autant que les charbons de bois , en faiſant un
» feu moins vif à la vérité que le charbon de pierre brute , mais plus fort que
» le charbon de bois ».

Tentative faite en Languedoc.

Dans le quartier d'Alais , il y a beaucoup de mines de fer (1) : elles
ont été pendant quelque temps exploitées avec avantage ; mais la cherté du
bois , devenu très-rare , en a fait abandonner depuis long-temps l'exploitation.

Il y a quelques années que M. de la Houliere , Brigadier des Armées de
Sa Majeſté , & Lieutenant de Roi à Salſes , inſtruit par feu M. l'Evêque d'Alais,
qu'il vit à Cotterets , de l'abondance des mines de Charbon de terre dans

_____

(1) Dans la Vallée de Trépalou , les veines de fer traverſent celles de charbon.

cette Province imagina , d'après l'ouvrage de M. de Genffane , de faire du fer fondu , & même du fer forgé, avec ce combuftible. M. de Genffane fut invité de fe rendre à Alais ; on conftruifit des fourneaux , on purifia le Charbon de terre , on fit venir des Ouvriers des Pyrénées (1) : mais toutes les opérations n'aboutirent à rien ; on n'eut point de fer. M. de la Houlliere, outre une fomme très-confidérable que les Etats donnerent pour favorifer cette entreprife , y a beaucoup dépenfé du fien : ce manque de fuccès ne le déconcerta point ; inftruit que ce procédé étoit connu & pratiqué en Angleterre, il s'y tranfporta aux frais du Gouvernement ; il fut témoin du fuccès de l'opération : au mois de Janvier 1776 , il eft revenu à Alais avec deux Anglois que le Gouvernement avoit chargés d'examiner avec M. de la Houlliere la nature du Charbon de terre, la bonté des mines de fer , &c. mais leur rapport n'a pas été favorable; leur avis a été , qu'il falloit renoncer au projet d'avoir du fer forgé , & fe borner à faire du fer fondu ; que le Charbon de terre tiré de la mine nouvellement ouverte à *Troulhay*, n'étoit pas même, quant à préfent, propre à cette opération ; ils firent obferver d'ailleurs que dans le cas où il s'en trouveroit par la fuite, l'entreprife deviendroit ruineufe par la fituation du local, & par les frais du tranfport.

Epreuves faites avec différentes proportions de mélange de Charbon de bois & de Houille.

Afn d'économifer le Charbon de bois dans les opérations métallurgiques , il feroit au moins poffible, en changeant quelque chofe à la conftruction intérieure du fourneau, en donnant fur-tout plus de chûte aux étalages; il feroit, dis-je, poffible de parvenir à une fufion parfaite. M. Dangenoux (2), parmi fes Obfervations, faifant partie des additions & corrections à la defcription de l'Art du Charbon de bois, rapporte que d'après les éclairciffements fournis par M. Jars fur les établiffements de Sarbruck, M. de Hayange a employé dans un de fes fourneaux pendant 34 heures, de la Houille dans les proportions fuivantes.

Quatorze charges (3) de mine avec cinq fixiemes de charbon , & un fixieme de houille.

Treize charges de mine avec deux tiers de charbon , & un tiers de houille.

Dix-huit charges de mine avec moitié de charbon, & moitié de houille.

Le réfultat de ces charges a été que les deux premieres proportions ont parfaitement réuffi; la fonte a été belle, & le *laitier* fort coulant ; mais avec la

(1) M. Venel fait une fimple mention de cette entreprife, *Chap. III. Sect. II. Part. III. pag.* 504.
(2) Cahier faifant partie de la Collection des Defcriptions des Arts & Métiers, *page* 5.
(3) *Charge*, quantité déterminée de matériaux

qui doivent opérer & fubir les effets de la digeftion, & qui fe mettent dans le fourneau dans des temps à peu-près également efpacés, au fur & à mefure de la confommation.

CHARBON DE TERRE. II. Part. G 14

derniere, la fufion a été plus lente, le creufet plus embarraffé, les fcories féches, & le Fondeur affujetti à un travail continuel; cependant la *tuyere* toujours claire.

Le produit du fourneau a été à l'ordinaire; on a forgé les différentes fontes avec fuccès; elles fe font trouvées aifées à affiner.

Fonte de Gueufe de fer, exécutée avec fuccès à la Forge d'Aizy, en Bourgogne; dans l'année 1775, avec le Charbon de terre de Montcenis.

AYANT été informé de cette opération lorfqu'elle a été exécutée, je fuis parvenu à avoir un morceau du fer qui en a réfulté, & qui eft très-bon, quoique la mine foit de médiocre qualité: les recherches que j'ai faites & les mouvements que je me fuis donnés pour être inftruit de toutes les circonftances de cette opération, m'ont procuré la lecture du réfultat détaillé & du procès verbal qui doivent être publiés à part: il ne m'a pas été permis de les inférer ici.

La braife de charbon qui a été employée, a été travaillée à Breteuil au Perche, chez M. le Vaché, Maître de Forges: l'échantillon que j'en ai, me fait juger que la préparation eft bien faite. J'étois principalement curieux de favoir par quel procédé on a obtenu ces braifes; mais la perfonne qui a conduit cette fabrication s'en réferve pour l'inftant le *fecret.* Cette particularité à laquelle je ne m'attendois nullement, fuppofe une méthode différente de celles qui font connues, ou digne de préférence, & feroit regretter qu'elle reftât ignorée; mais les Métallurgiftes doivent être exempts de cette crainte; tout le monde connoît le zèle du Miniftre qui a dans fon département la partie des mines; c'eft à fa protection que le Public eft déja redevable de plufieurs Ouvrages intéreffants fur le fait des mines & fur la Métallurgie. *Si* dans la maniere dont a été préparé le charbon employé à la fonte de la gueufe dans la forge d'Aizy, *il y a du nouveau ou quelque perfection,* M. Bertin occupé fans relâche de faire répandre en France des lumieres fur tout ce qui concerne les mines, de favorifer, de récompenfer à propos les entreprifes qui concourent à fes vues, faura bien lever le voile du fecret dont l'Auteur juge à propos de couvrir le procédé qui a été exécuté à Breteuil, & à en donner la connoiffance au Public.

Mines de Cuivre; leur Fonte.

IL n'y a que le fer qui, après le cuivre, foit plus dur & plus difficile à fondre; le cuivre rougit long-temps au feu avant d'entrer en fufion; il donne à la flamme une couleur qui tient du bleu & du verd: un feu violent & continué pendant long-temps, diffipe une partie de ce métal fous la forme de vapeurs ou de fumée (1), tandis qu'une partie est réduite en une chaux rougeâ-tre qui n'a plus sa forme métallique ; c'est ce qu'on appelle *chaux de cuivre,* ou *cuivre brûlé.*

Il y a différentes sortes de mines de cuivre ; la plupart sont si sulphureuses qu'il est impossible d'en chasser entièrement le soufre par les grillages ; ainsi ces mines ne rendent pas si facilement leur métal , que les mines de plomb & d'argent rendent *l'œuvre* (2). Elles ne donnent d'abord que de la *matte* ; il y a cependant quelques endroits, à la vérité ils sont rares, où la mine de cuivre contenant peu de soufre, rend du *cuivre noir* dès la première fonte.

Il est peu de mines auxquelles il faille donner un si grand nombre de feux pour les griller , & qui dans la fonte soient aussi chaudes & aussi ron-geantes. Le nombre des feux de grillage doit être réglé sur la qualité de la mine ; enfin le traitement de celles qui ne contiennent que du cuivre, est différent de celles qui contiennent cuivre & argent , cuivre , plomb & argent.

Dans la fonte des mines de cuivre , on observe encore de la différence suivant les fourneaux qu'on emploie. Ces méthodes peuvent se réduire à deux principales, indiquées par l'Auteur du Traité de la Fonte des Mines (3).

» 1°, Par la *percée* , proprement dite , dans laquelle sont compris l'usage des » hauts fourneaux & celui des fourneaux courbes ; 2°, par les fourneaux à » lunettes, ou à double bassin de réception (4).

» Si l'on a beaucoup de mine de cuivre *pyriteuse* ou de mine feuilletée » dite *en ardoise*, il convient de se servir du haut fourneau, parce qu'on y » peut continuer la fonte pendant plusieurs semaines. Lorsqu'on n'en a que de » petites quantités, il faut les fondre dans des fourneaux courbes , ou dans » des fourneaux à lunettes ».

» Quant à leur fusibilité & à leur résistance au feu , on doit observer que » celles qui sont dures, conviennent aux hauts fourneaux & aux fourneaux » courbes , parce qu'on les prépare avec une brasque pesante & dure , & la » matiere qui fond, peut tomber très-vîte & extrèmement chaude dans la trace : » au contraire, les mines fusibles rendent beaucoup de scories, & ne s'at-» tachent que rarement à la brasque ; ainsi on les fond aisément dans le » fourneau à lunettes , pourvu néanmoins que les scories soient tellement » fluides, que la *matte* (5) qui se forme dans le fourneau, puisse les traverser » & se précipiter pure & nette.

(1) Connue en Métallurgie sous le nom de *cendrée de cuivre* , parce que ce sont des petites parties cuivreuses qui s'élevent de la surface du cuivre comme de la cendre.

(2) Plomb riche.

(3) Schlutter , Chapitre CXXXII. *page* 600 , Tome II.

(4) Autrement nommé *Catin*, qui est un ma-çonnage fait dans l'intérieur ou au-dehors du fourneau, avec une matiere appropriée à l'opéra-tion , & qu'on appelle *brasque.*

(5) Parmi les produits résultants des différentes opérations sur le cuivre , on distingue les scories, la matte pauvre , riche, moyenne , & le cuivre noir. La *matte crue*, nommée aussi *pierre de cuivre ,* est la substance métallique qui provient de la

» La mine de cuivre feuilletée ou en ardoife convient au haut fourneau,
» parce qu'elle y demeure plus long-temps que dans un fourneau plus bas, &
» qu'elle a le temps d'achever de fe griller avant de fe fondre.

» A l'égard des fourneaux d'une hauteur extraordinaire, on fent que le
» charbon a perdu toute fa force lorfqu'il eft defcendu dans l'endroit où il
» doit fondre le minéral, parce qu'il refte très-long-temps dans le fourneau
» avant d'être parvenu à cet endroit ; au lieu que dans un fourneau courbe,
» il n'eft que deux heures à defcendre ».

De la Fonte des Mines de Cuivre, à Briftol en Angleterre (1), par un Fourneau à vent ou de Réverbere.

LES mines qui fe fondent dans ce fourneau, viennent du Comté de Cornouailles & du Devonshire, & de la Nouvelle York en Amérique. On les caffe
en morceaux de la groffeur d'une petite noix ; la flamme paffe par-deffus, &
en procédant lentement, elle commence par fe griller, finit enfuite par fe
fondre en *matte*. Après l'avoir fait couler de nouveau dans ce fourneau, on
la grille une feconde fois de la même maniere.

Ce fourneau (2), dit l'Auteur de qui nous empruntons le détail fuivant,
eft le même que celui dont nous parlerons dans un inftant, avec lequel on
fond auffi la mine de plomb à Flintshire ; il n'a point de foufflets, ce qui
fait qu'on n'a pas befoin de courant d'eau pour le faire agir, & qu'on peut
le conftruire auprès de la mine.

Ses murs font épais & retenus tout autour avec de groffes barres de fer ;
on fait au-deffous un canal pour faire évaporer l'humidité du terrain ; leur
longueur eft de dix-huit pieds en y comprenant la maçonnerie ; leur largeur de douze pieds, & leur hauteur de neuf pieds & demi ; le foyer eft
élevé de trois pieds au-deffus du fol de la fonderie : à côté de ce fourneau
eft la *chauffe* où la place du feu ; elle a un foupirail ou cendrier, & une
grille de fer ; de l'autre côté, on fait un foyer ou baffin de percée que l'on
entretient couvert de feu lorfqu'il en eft befoin : il y a à la face antérieure du
fourneau une cheminée qui reçoit la flamme du Charbon de terre après
qu'elle a paffé par-deffus le minéral qu'on a étendu fur le foyer ; ce foyer
qui eft dans l'intérieur du fourneau, eft fait d'une argile qui réfifte au feu ; c'eft
de la terre à pipe, pilée & humectée avec du fable de mer (3).

premiere fonte d'une mine qui a été traitée dans
le fourneau de fufion, & qui paffe par plufieurs
travaux fubféquents pour la dégager de plufieurs
autres fubftances étrangeres qu'elle contient encore, outre le métal qu'on a voulu en tirer.

On appelle *cuivre noir*, l'état dernier auquel on
tend, par les calcinations & les fufions réitérées, à réduire toute la mine, en la faifant paffer
par des états de matte différents : on lui a donné

ce nom, parce qu'ordinairement il fort noir de
fa fonte.

(1) Traité de la Fonte des Mines, par Schlutter, Chapitre CIII. page 496, Tome II.

(2) Chapitre XIII, Tome II. page 115.

(3) Ce fourneau & les deux qui vont fuivre,
fe rapportent à la Planche XLII de la traduction
de Schlutter, Tome II.

Le foyer de ce fourneau & le baſſin pour la percée (1), ſe préparent avec du ſable de mer, & on les chauffe quand ils ſont finis avec du Charbon de terre ; on y met la mine ſans la griller, & on la chauffe avec du Charbon de terre, ce qui tient lieu de grillage ; mais on n'y fait entrer d'abord que quatre quintaux de cette mine par l'eſpece de trémie qui eſt au haut de la voûte du fourneau, puis on ferme le trou de cette trémie ; & de quatre heures en quatre heures, on en ajoute une même quantité : il y a à côté de ce fourneau une chauffe ou réverbere à la grille, ſur laquelle on jette le Charbon de terre, dont la flamme entre dans la partie voûtée du fourneau ; elle y grille d'abord la mine, puis elle la fond ; ainſi il ſe forme des ſcories qu'on retire par une ouverture deſtinée à cet objet.

Quant à la matte, nommée dans ce pays *métal crud*, on perce toutes les vingt-quatre heures pour la faire couler : on tient ce fourneau en feu quelquefois plus d'un an ; & c'eſt ſur le même foyer que l'on grille la mine, qu'on la fond, & qu'on raffine le *cuivre noir* qui en vient à la fin de toute l'opération.

Après avoir caſſé en morceaux le métal crud qui a coulé du fourneau, on en remet deux milliers ſur le même foyer, où on le tient pendant dix-huit heures toujours échauffé par la flamme du Charbon de terre : on perce enſuite pour faire couler la matiere dans un baſſin qu'on fait avec du ſable de mer. Cette opération qu'on nomme encore *grillage*, ſe répéte huit fois, & quelquefois juſqu'à douze, avant d'avoir du cuivre noir : quand ce cuivre commence à paroître, on le fait couler en gros lingots dans un autre baſſin auſſi préparé avec du ſable, enſuite on le remet dans le même fourneau où on le chauffe juſqu'à ce qu'il ſoit entiérement purifié, après quoi on le fait couler dans le baſſin de ſable, d'où on le jette dans l'eau pour le *grenailler*.

Fonte des Mines de cuivre d'Ordahlen en Norwege, avec du Charbon de terre qu'on faiſoit venir d'Angleterre (2).

Vers 1726, quelques Anglois ayant pris à ferme des mines de cet endroit, & celles de *Konisberg*, ils conſtruiſirent dans le premier endroit où elle paroiſſoit riche & mêlée de mine bleue (3), un fourneau à l'Angloiſe de l'eſpece dont il s'agit.

Ces fourneaux, au rapport de Schlutter, ont un trou par-devant pour retirer les ſcories, & à côté, un foyer formé en creux avec du ſable, & dans

(1) Chapitre CIII, tome II, *page* 496.
(2) Traité de la Fonte des Mines, par Schlutter, Tome II, Chapitre XIII, *page* 115, & Chapitre CIII, *page* 497.
(3) Dite Mine d'Azur, Pierre d'Azur, Mine de cuivre azurée ; *Lapis lazuli, Lapis Cyaneus Antiquorum* ; pierre un peu cuivreuſe, reſſem-

blante, dans l'endroit où on la caſſe, à du verre, qui tient de la nature du jaſpe, & dont on prépare pour la Peinture à l'huile, & qu'on nomme *bleu d'Outremer* : Wolterdorff, la met au rang des Mines de cuivre ; mais tous les Auteurs ne la regardent point comme telle.

lequel on fait, pour cette fonte des mines de cuivre, des traces oblongues, dans lesquelles la matte & le cuivre noir se moulent en barres.

Voici le détail de construction que l'Auteur donne de ce fourneau (1).

Il y a dans ce fourneau au-dessus des canaux pour l'humidité, un sol de terre d'un pied d'épaisseur ; sur ce sol, un lit de sable de mer tamisé & humecté. Ce lit de sable est épais d'un pied quatre pouces autour de ses bords, & seulement d'un pied dans le milieu, avec une pente vers la percée ; par-dessus ce lit, on met du verre pilé qui étant fondu dans la suite, enduit le bassin d'une espece de vernis. On n'y laisse pas éteindre le feu ; & quoiqu'on y fonde rarement deux jours de suite, il n'en coûte jamais tant à y entretenir le feu, qu'à le chauffer quand on l'a laissé refroidir. On peut le chauffer pendant les trois ou quatre premieres heures avec du bois, pour le grillage de la mine ; mais ensuite on n'y emploie que des Charbons de terre qu'on fait venir d'Angleterre. Le bassin pour la percée se fait avec du sable, & l'on a soin de le bien chauffer.

On ne grille pas les mines avant que de les mettre dans ce fourneau ; on les pulvérise & on les y jette crues, sans y ajouter d'autre fondant qu'un peu de sel qu'on a soin de répandre sur la mine. Si la fonte paroît rebelle, on y met quelques baquets de vieilles bouteilles cassées ; on attend que le fourneau soit bien chaud pour y faire tomber par le trou de la trémie dix à douze quintaux de minéral, & l'on referme ce trou aussi-tôt ; puis avec du bois on fait un feu doux pendant trois ou quatre heures, remuant le minéral avec un rable de fer, jusqu'à ce qu'il soit suffisamment grillé ; ensuite on ferme le fourneau avec une porte de fer garnie de lest ; alors on chauffe vivement avec le Charbon de terre, ce qu'on continue jusqu'à ce que la mine se soit mise en fusion. Si le charbon de la chauffe ne donne pas assez de flamme, on le remue sur la grille avec un ringard (2) ; on retire les scories qui se forment avec le rable, & quand il n'en reste plus que très-peu, on fait couler la matte dans le bassin de percée. La fonte de ces douze quintaux de mine dure dix ou douze heures, au bout desquelles on en remet dans le fourneau dix à douze autres.

On ne grille pas la matte crue sur des grillages ordinaires ; mais après avoir ramassé celle de plusieurs fontes, & l'avoir cassée en morceaux un peu menus, on en met dix à douze quintaux dans le fourneau, & l'on chauffe doucement pendant trois ou quatre heures, remuant la matiere de temps en temps avec le rable ; c'est ce qui tient lieu du grillage : ensuite on ajoute des scories pilées & lavées, puis on fait le feu avec du Charbon de terre pour fondre la matiere ; on retire les scories, & l'on perce pour faire couler cette

(1) Chapitre CIII, tome II, page 498.
(2) Afin d'aider la séparation du métal ; cela
desserre le devant du fourneau, & donne aux crasses la liberté de sortir.

seconde matte ; on répete la même manœuvre huit ou dix fois, & l'on a du *cuivre noir*.

Le cuivre noir, provenant de toutes ces fontes, se rafine comme on l'a dit dans le même fourneau, où l'on fait le feu le plus violent, en remuant souvent le Charbon de terre sur la grille : le déchet du *cuivre noir* dans le raffinage, est de huit livres par quintal. On brûle pendant le travail entier, de douze heures en douze heures, six ou sept bariques de Charbon de terre. A l'égard des scories de toutes ces fontes, après les avoir pilées & lavées, comme on l'a dit ci-dessus, on les met au fourneau avec la *matte crue*.

Fonte des Mines de Cuivre de Konisberg en Norwege (1).

Le fourneau est pareil au précédent ; mais le travail fut, à quelques égards, différent de celui qui vient d'être décrit : on prit pour sa fonte de la mine de cuivre *ferrugineuse*, de la mine de plomb mêlée de blende, dont le quintal tenoit une once deux gros d'argent, trois livres de cuivre & dix-huit livres de plomb. Ces mines n'étoient ni triées, ni lavées, mais seulement cassées de la grosseur d'une petite noix ; on fit le bassin dans le fourneau avec du sable qu'on n'avoit point fait venir d'Angleterre, & qui ne tenoit point de fer ; puis on le chauffa doucement avec du Charbon de terre mis sur la grille du réverbere ; ensuite on mit sur ce bassin du verre pilé & des scories de cuivre, & on augmenta le feu pour fondre ces matieres ; on jetta par-dessus douze quintaux de mine concassée, & on ne fit qu'un feu doux pendant quatre heures ; puis on l'augmenta jusqu'à ce qu'elle fût en fusion, & on fit six percées pendant les vingt-quatre heures : il en vint de la matte riche en cuivre, mais point d'*œuvre* ; ainsi on n'eut point l'argent de cette mine ; on brûla pour ces douze quintaux de mine trois bariques & demie de Charbon de terre.

On mit ensuite quinze à dix-huit quintaux de matte crue sur le même foyer ; on la grilla à feu doux jusqu'à ce qu'elle parût spongieuse & percée d'une infinité de trous ; ensuite on la chauffa à grand feu pour la fondre & lui faire rendre son cuivre noir. Ayant amassé douze quintaux de ce cuivre noir, on le raffina dans le même fourneau avec le feu le plus violent.

Fonte de la Mine de Cuivre de Sain Bel en Lyonnois (2), avec des braises de Charbon de terre, en 1769, par M. Jars (3).

» Le 7 Mars 1769, à deux heures & demie après midi, on commença

---

(1) Traité de la Fonte des Mines de Schlutter, tome II, Chapitre CIII, *page 500.*

(2) Le minéral de cuivre de Sain Bel est ferrugineux : M. Piganiol de la Force, dans sa Description de la France, dit qu'une partie se trouve dans une pierre d'ardoise, l'autre dans une pierre sabloneuse semée de petites pointes dont il existe plusieurs sillons, & que c'est la même mine qu'à Cheysly, où la bonne mine est tantôt noire, tantôt verte, appellée *Malagiotte*, & qu'il y en a aussi de la bleue, comme l'Outre-mer.

(3) Voyages Métallurgiques, quinzieme Mémoire, *page 333* ; & page 10 des Additions & Corrections à l'Art du Charbonnier.

» la fonte de comparaison dans deux *fourneaux courbes* ou *à manches*, d'une
» grandeur semblable , & allant d'une égale vîtesse ; on garnit l'un en
» charbon de bois ordinaire, & l'autre en *coaks* (1). La fonte fut continuée
» jusqu'au 18 à la même heure ; elle avoit été interrompue pendant
» treize heures le Dimanche 12 , pour préparer & refaire les bassins
» d'avant-foyer & de réception : on employa donc pour le total de la fonte
» cent quatre-vingt-deux quintaux de minerai, mêlé de la mine du pilon &
» de celle de Chevinay (2), rôtis à quatre feux, suivant l'usage ».

Il résulte de cette fonte de comparaison, qu'avec une quantité de coaks
coûtant sept cents vingt-sept livres, on a retiré en deux cents cinquante-une
heures, de six cents soixante-douze quintaux de minerai, cent quatorze
quintaux de *matte*; & que d'un fourneau garni de charbon de bois, dont la
dépense fut sept cents quarante-deux livres douze sols, on retira dans le
même espace de temps de cinq cents dix quintaux de minerai, quatre-vingt-
neuf quintaux de matte; que par conséquent le coaks procure une épargne
de temps & de dépense, (le prix du coaks étant dans le lieu de l'expérience
deux livres quatre sols la voie, & celui du charbon de bois, deux livres
sept sols.)

M. Jars, dans le compte détaillé qu'il a publié de cette opération, a observé
que le fourneau où on a fondu avec les *coaks*, a été plus endommagé que
l'autre , c'est-à-dire, l'ouvrage, & qu'il s'y est formé dans l'intérieur des
cavités plus grandes ; ce léger inconvénient produit par la plus grande
activité du feu est peu de chose en comparaison des avantages qui résultent de l'usage de cette matiere ; toutefois pour le prévenir en partie , on
peut mêler les coaks à moitié ou au tiers avec le charbon de bois : cela se
pratiquoit depuis dans les Fonderies de Sain Bel, & on en avoit reconnu un
bon effet.

On comprend aisément, dit M. Jars, que le mélange dans la fonte de deux
matieres combustibles, ne donne pas les mêmes avantages que l'emploi des
coaks seuls ; mais ils seront toujours assez grands pour les faire préférer à
tous égards au charbon de bois sans coaks.

Les Ouvriers Fondeurs en ont remarqué la différence , & donnent la
préférence au mélange pour avoir une fonte plus égale ; d'ailleurs il est constant que de quelque maniere qu'on emploie les braises de Charbon de terre,
ils accélerent la fonte des matieres ; les fourneaux supportent une charge plus
forte de minerai sans augmenter la quantité de charbon, & la dépense est
moindre.

(1) On doit remarquer que la Houille convertie en braise, étoit, selon l'expression de
M. Jars, une *Houille choisie*.
(2) Tout ce quartier, vis-à-vis Saint-Pierre
de Chevinay & Sain Bel , dans les Montagnes
de Saint-Bonnet-le-Froid, est couvert d'une
argille fine, durcie, & d'une marcassite cuivreuse
grise : il renferme aussi une pierre dure avec des
paillettes cuivreuses. *Etat des Mines de France* , par
M. Hellot , premier volume de la traduction de
Schlutter , page 30.

Une

Une autre observation très - essentielle , c'est celle du degré de chaleur qu'acquiert la matte ou masse réguline dans l'intérieur du fourneau, pendant le cours de la fonte, dont il a fait plusieurs fois la comparaison dans les *percées* de l'avant-foyer, ou bassin de réception ; de cette augmentation de chaleur , résulte un très-grand avantage, on conçoit que la matte plus échauffée se purifie & se dégage d'autant plus des parties sulphureuses qu'elle renferme ; on l'obtient à la vérité en moindre quantité, mais elle est plus riche en métal , d'où naît nécessairement l'économie du bois dans les rôtissages qui suivent l'opération, & du charbon dans les fontes.

Raffinage du Cuivre par le feu de Charbon de terre crud , ou de ses braises.

Des expériences de M. Jars, il suit que les braises de Charbon de terre ont leur utilité pour les ouvrages qui se jettent en fonte, & que leur usage est très-bon pour *l'affinage des mattes* (1).

Le raffinage des mattes ou raffinage du cuivre, n'est autre chose que la fonte par laquelle on dissipe ce qui le constitue cuivre noir , pour le conduire de cet état à celui de cuivre de rosette. M. de Genssane est dans l'opinion que cette fonte réussit parfaitement au feu de Charbon de terre, il prétend même qu'elle s'y améliore, par un effet de la propriété qu'a toute matiere bitumineuse d'augmenter le phlogistique des métaux (2). Il n'est point de notre objet d'examiner cette raison sur laquelle M. de Genssane fonde son sentiment ; il est bien vrai que la flamme fournie par une matiere très-bitu-mineuse , donne une très-grande chaleur ; mais l'expérience laisse toujours de grandes présomptions contre la qualité avantageuse du phlogistique du Charbon de terre, qui détruit une partie du métal ; & on observe que la mine de cuivre près de Wiederstal, qui est assez fusible, & mêlée d'un peu de Charbon de terre, rend plus de *matte* que les autres.

Quel que soit le principe contenu dans le Charbon de terre, & favorable à l'affinage des cuivres, la persuasion où est M. de Gensanne à cet égard, l'a engagé à détailler dans son ouvrage la construction d'un fourneau de réverbere propre à cette opération, & qui est différente de celle des fourneaux servis au feu de bois (3): il ne s'agit, selon lui, que de connoître le degré de finesse du cuivre ; il donne sur cela les principaux indices qui caractérisent ces degrés: il ne s'agit encore, suivant lui, que d'être prévenu que ce métal exige un feu plus vif, & le plus court possible.

---

(1) *Affinage* se dit généralement de toute ma-nœuvre par laquelle on fait passer une portion de matiere solide sur-tout,quelle qu'elle soit d'ail-leurs , d'un état à un autre, où elle est plus dégagée de parties hétérogenes , & plus propre aux usages qu'on se promet.

(2) Chapitre V. *page* 148 , tome I.

(3) Tome I, Chapitre IV. *page* 74 , & Cha-pitre V, *page* 138. L'Auteur annonce aussi ce fourneau propre à plusieurs sortes de fontes , telles que la fonte du mélange du cuivre avec le plomb, pour la liquation & pour la fonte des cloches.

Liquation du Cuivre.

On comprend fous ce titre les différentes opérations à faire pour féparer du cuivre fondu & moulé en tourteaux ou gâteaux , (nommés *pains de liquation*), l'argent qu'il peut contenir. M. de Genffane dit qu'elles peuvent s'exécuter facilement dans le fourneau dont nous avons fait une fimple mention , *page* 700 ; nous nous fommes bornés auffi alors à en repréfenter feulement trois parties , *Figure* 1 , 2 & 3 , *Planche XXXV*. Nous achéverons d'en donner ici une idée par le détail de ces trois figures , d'après l'Auteur même (1).

On voit dans la figure 1 , le centre du fourneau en *R*, d'où la rigole qui doit régner de chaque côté fur le milieu du fourneau , part en *Q*, au bas de la porte de la coulée *T*, depuis l'extrémité *G H* de la chauffe , jufqu'à la porte de la coulée.

Les *pains de liquation* devant être pofés de champ fur les plans inclinés du canal , & leur configuration s'oppofant à ce qu'ils puiffent fe foutenir dans la fituation qu'ils doivent avoir dans le fourneau ; ils tomberoient les uns fur les autres : il en réfulteroit à la fin de l'opération un très-grand embarras , pour féparer les *tourteaux* les uns des autres.

On obvie à cet inconvénient par le moyen de chevilles de fer enduites de terre graffe , enfoncées de fix à fept pouces dans le mur du pourtour , & contre lefquelles les *pains de liquation* s'appuyent & font maintenus en fujétion ; une affife de briques de quinze à feize lignes d'épaiffeur fur quatre pouces & demi environ de largeur , eft rangée tout au pourtour , de maniere qu'il refte entre ces briques un vide d'un bon pouce & un quart , comme on peut le voir en *a b*, *fig.* 3 ; par-deffus on met une feconde affife de pierre ou de briques , ce qui forme autant de trous , dans lefquels on enfonce les chevilles de la moitié de leur longueur , & contre l'excédent defquelles on appuie les tourteaux à mefure qu'on les range dans le fourneau ; de cette maniere les pains fe touchant du côté de la chauffe par un feul point de l'extrémité de leur difque , font retenus par les chevilles à l'autre extrémité , & il refte entre eux affez de jour pour que la chaleur s'y introduife , & les pénètre par-tout également.

A deux pouces ou environ au-deffus des chevilles , on pratique trois portes ou ouvertures *V*, *V*, *T*, *Fig.* 1 , de cinq pouces de largeur , fur quatre de hauteur en dedans du fourneau , & de la même hauteur en dehors fur quinze pouces de largeur : ces fenêtres font uniquement pour examiner comment le tout fe paffe dans le travail , & voir s'il faut augmenter ou diminuer le

---

(1) Devis & proportions d'un fourneau propre à la liquation du cuivre , par le moyen du Char- | bon de terre , *Chapitre VI. Tome I*, *page* 149.

feu ; & comme le couronnement du fourneau fe termine à quinze pouces au-deffus du plan incliné , & que ce couronnement doit être fait, autant qu'il eft poffible , avec de bonne pierre de taille , il fera bon de tailler ces portes dans l'épaiffeur même de ces pierres.

Outre ces portes , il faut encore percer dans ces mêmes pierres quatre ouvertures *S* , de trois pouces de largeur fur huit de longueur ; ces quatre ouvertures doivent prendre naiffance dans l'intérieur du fourneau à la même hauteur des portes, & fortir par-deffus le fourneau fur le bord du commencement ; elles fervent tout à la fois & de cheminée & de regiftre à ce fourneau ; car lorfque le feu devient trop violent, on bouche ces ouvertures en gliffant une brique par-deffus , & on les ouvre lorfqu'on veut augmenter le feu ; de cette maniere , pour peu qu'on fache ménager le charbon, on donne à ce fourneau tel degré de feu qu'on peut fouhaiter.

La figure 2 , eft relative au *chapeau* : ce couvercle, formé en voûte, eft mobile , pour pouvoir l'ôter toutes les fois qu'il eft queftion de faire quelque réparation dans l'intérieur du fourneau , ou de charger le cuivre.

Il doit porter de trois pouces tout à l'entour fur le couronnement du fourneau ; & comme ce couronnement a quinze pouces d'épaiffeur, & que le fourneau a quinze pieds & demi de diametre , il s'enfuit que le diametre du chapeau doit être de fept pieds & demi de dehors en dehors ; & qu'en outre il doit former une calotte ou courbure en axe de quinze pouces au plus : en conféquence le cercle *E*, *fig.* 2 , de fept pieds & demi de diametre , fe forme avec des plates-bandes de fer de deux pouces de largeur fur quatre lignes d'épaiffeur, pofées de champ, bien rivées & foudées les unes au bout des autres. Alors on prend quatre autres barres de la même force & de longueur fuffifante que l'on coule, de maniere qu'elles forment le bombement ci-deffus : ces quatre barres doivent enfuite être affemblées par le milieu avec un fort rivet , de forte qu'elles forment huit rayons *a , b , c , d , e ,* &c. *fig.* 2 , qui viennent s'affembler à égale diftance fur le cercle ci-deffus , de la maniere qui vient d'être décrite ; puis on fait un fecond cercle *Z* , avec des plates-bandes de pareille force qui s'attachent avec de bons rivets fur le milieu de chaque rayon , de maniere que dans l'entre-deux des rayons, ce cercle foit un peu enfoncé , afin que la furface de deffous foit au niveau de celle des rayons.

On paffe enfuite quatre forts crochets au travers de quatre trous, qui doivent être percés aux extrémités oppofées de quatre de ces rayons, dont la courbure *h* doit faillir par-deffus , & où ils doivent être retenus par de fortes têtes qui fe trouveront au-deffus : on paffe dans ces crochets les anneaux des bouts de deux fortes chaînes *G G* , qui vont fe croifer au point *m* , où elles font faifies par un autre crochet *F* , dont la longue tige eft retenue par un boulon placé dans un œil au-deffus d'une bafcule deftinée à élever le chapeau , & qu'il eft facile de fuppofer ici , ainfi que l'autre petite grue deſtinée à porter les points de liquation dans le fourneau, & à les y arranger commodément, au moyen d'une corde dont on ne voit qu'une partie.

La cage du chapeau étant ainſi aſſemblée, on a de la forte tôle, nommée tôle à porte-cochere, dont on couvre toute la ſurface du deſſous de la cage, en l'attachant aux rayons avec de bons rivets placés de deux en deux pouces, au moyen de trous faits préalablement ſur toute la longueur du cercle du milieu & des rayons ; il faut obſerver que les têtes de ces rivets doivent être fabriquées de maniere qu'elles ſaillent d'un bon pouce par-deſſous hors de la tôle : ces têtes ainſi ſaillantes, qui ne ſe trouvent point aſſez marquées dans la figure, ſervent à contenir le lut dont le chapeau doit être enduit ; & comme on chaſſe ces rivets à force de coups de marteau qui applatiſſent & écachent un peu l'extrémité de leurs têtes, c'eſt ce qui les rend d'autant plus propres à l'uſage auquel ils ſont deſtinés.

A meſure que l'on ajuſte les feuilles de tôle ſur les rayons de la cage, on doit avoir ſoin de les courber un peu, afin que le tout prenne la forme d'un ſegment de ſphere concave.

Le caſſin de coulée **Y**, *fig.* 1, & *fig.* 2.

Le caſſin dans lequel ſe rend le plomb ſéparé du cuivre par la liquation & tombé dans le canal, eſt formé de trois pierres, ayant chacune deux pieds de hauteur ſur 22 pouces de largeur, & 5 à 6 pouces d'épaiſſeur.

Elles doivent être poſées de champ ſur leur hauteur, & enterrées de ſix bons pouces, enſorte qu'elles forment une eſpece de coffre **B**, **D**, **N**, **P**, *fig.* 2, qui ſaillira hors de terre de dix-huit pouces, & dont le deſſus ſe trouvera préciſément de niveau avec le bas de la porte de la coulée ; on remplit enſuite ce coffre de *braſque peſante*, bien taſſée & pilée juſqu'à ce que le tout ſoit d'une conſiſtance bien dure & compacte, dans laquelle on creuſe le caſſin **Y**, avec une eſpece de couteau courbe, & auquel on donne dix-huit à vingt pouces de diametre, ſur huit à neuf de profondeur, en le faiſant un peu empiéter dans la retraite **N**, **P**, qui fait partie du coffre.

Afin de procurer au canal une pente qui puiſſe déterminer le plomb à ſe rendre tout de ſuite dans le caſſin à meſure qu'il abandonne le cuivre, ſans ſéjourner dans le canal, on le garnit de braſque empilée & entaſſée, de maniere que cet enduit, ſans aucune fente ni gerçure, formant le ſol du canal, ſoit à 2 pouces de ſon bord en **Q**, *h*, *fig.* 1, & aille en pente vers **Q**, *q*, où il doit être à 9 pouces des bords du canal, & finit enſuite en baiſſant vers la coulée **T**, où il doit joindre la braſque du caſſin.

Fabrique de Laiton.

Pour les fourneaux propres à la fabrique du Laiton, on peut indifféremment employer le Charbon de terre, ainſi qu'il ſe pratique dans le Duché de Limbourg,

Limbourg, à Stolberg, dans la Thuringe, à Namur, & à Baptiſt-Mills près de Briſtol en Angleterre, où il ſe fond chaque année juſqu'à trois cents *tonnes* de laiton (1).

M. de Genſſane a décrit dans le plus grand détail les fourneaux de ces dif-férentes Manufactures, & l'a éclairci par pluſieurs planches (2). Toute cette partie eſt bonne à conſulter.

Nous nous bornons ici à faire connoître une pratique particuliere employée à Baptiſt-Mills, pour exalter la couleur du laiton, par une chauffe qu'on lui donne avant de le ſoumettre à l'action des martinets (3): le fourneau employé à cet uſage (4), & qui eſt chauffé avec du Charbon de terre, eſt long & large de cinq pieds en quarré, de quatre pieds de hauteur, & voûté intérieure-ment; les parois ont un pied & demi d'épaiſſeur; ſur les côtés du fourneau & à la naiſſance de la voûte, il y a deux trous par leſquels darde la flamme de la Houille, & qui peuvent s'ouvrir ou ſe fermer, ſelon que l'on a plus ou moins beſoin de vent pour entretenir l'action du feu. La chappe de ce fourneau qui a trois ou quatre pieds de long ſur deux de large, eſt conſtruite de barres de fer de fonte de ſix à ſept doigts d'épaiſſeur, & poſe ſur des rou-lettes; il y a encore d'autres barres de fer placées dans la longueur du fourneau, & recouvertes d'argille, ſur leſquelles on arrange l'un ſur l'autre, & deux à deux les creuſets qui contiennent le laiton: ces creuſets ſont recouverts de deux couvercles bien lutés, & on les porte dans le fourneau par le moyen d'un levier; il y a au-devant du fourneau une porte quarrée de fer, qui s'éleve & s'abaiſſe avec une chaîne: on tient ainſi les creuſets pendant deux ou trois heures à une chaleur égale & toujours la même.

Orfévrerie.

On a vu dans un attelier conſidérable les cinders employés avec avantage par un Orfévre (5); il avoit un fourneau à vent au-deſſus duquel étoit une cheminée pour établir un grand courant d'air; les creuſets dont il ſe ſervoit, étoient des creuſets d'Allemagne ordinaires où il mettoit l'argent. Dans un de ces fourneaux, il plaçoit ſon creuſet & rangeoit des cinders tout autour, comme ailleurs on diſpoſe le charbon de bois; l'opération eſt un peu plus longue, parce que les cinders ſont un peu plus difficiles à allumer, mais ces braiſes donnent un feu très-vif & une flamme peu différente de celle du charbon de bois; d'ailleurs elles produiſent abſolument le même effet, &

(1) La tonne équivaut à 3900 livres peſant, ou dix-neuf quintaux & demi, ſuivant le poids de Cologne. On doit obſerver que la *Calamine* d'Angleterre ſe tire d'une mine de plomb, & qu'elle eſt en grande partie chargée de ce métal, accompagnant conſtamment la mine, & y étant adhérente.
(2) Tome II, Chap. V & VI, page 51, Chap. XII, page 108, Chapitre XV, page 128.
(3) Il eſt peu d'endroits, ſelon M. de Genſ-

ſane, où l'on faſſe du laiton d'auſſi bonne qua-lité, & auſſi haut en couleur, qu'à Baptiſt-Mills.
(4) Extrait de Swedemborg, traduit par feu M. Baron, de l'Académie des Sciences, dans la Deſcription de l'Art de convertir le Cuivre rouge ou Cuivre roſette, en laiton ou Cuivre jaune, page 49.
(5) Voyages Métallurgiques, dixieme Mé-moire, page 212.

l'on en confomme moins à proportion : on s'apperçoit très-peu de la différence du temps, fi l'on a plufieurs fontes fucceffives à faire.

PLOMBERIE.

Fonte de Plomb à Fintfhire, Principauté de Galles, dans un Fourneau de réverbere nommé CUPOL.

CE fourneau d'ufage à Fintfhire, Principauté de Galles, eft le même que celui employé à Briftol, pour la fonte de la mine de cuivre, & que nous avons décrit précédemment. Le minerai fe met fur un plan couvert d'une voûte ovale, qui a fans doute fait donner à ce fourneau le nom de *cupol*, mais qui eft oblongue, & comme une cheminée couchée.

Le foyer où fe mettent les charbons, eft à l'un des bouts de cette voûte avec qui il communique par une ouverture. Le métal fondu va fe rendre dans un creux qui eft à côté ; la maniere dont s'opere cette fonte par le feul feu de la flamme qui ne touche point au charbon, s'entendra facilement au moyen du détail de la conftruction du fourneau & de l'opération, que Schlutter en a publié (1).

Sur le fol de maçonnerie, il y a un lit fort épais d'argille qui réfifte au feu, & fur lequel on forme un foyer avec du fable de mer & de la terre à pipes bien mêlés enfemble, pilés & humectés.

On trie la mine fur le lieu même de l'extraction ; on porte au bocard ce qui eft plein de gangues pour en avoir le *Schlich* (2), & l'on met le tout, fans être grillé, dans le fourneau par une efpece de trémie qui fe trouve dans fa voûte, & qu'on referme auffi-tôt qu'on a fait entrer le minéral, dont on met deux ou trois tonnes à la fois : la matiere demeure dans ce fourneau, depuis vingt jufqu'à trente heures fans fe fondre, ce qui lui donne le temps de fe griller ; lorfque cette quantité eft fondue, on la fait couler par une ouverture qui eft à l'un des côtés du fourneau, dans un baffin de réception formé avec du fable de mer, puis on remet de la mine dans le fourneau pour une autre fonte, ce qu'on continue tant que le fourneau peut fervir (3) ; on ajoute quelquefois de la chaux vive ou du fpath, ou d'une autre forte de pierre blanche qui fe trouve dans le pays, & dont on fe fert pour la fonte des mines d'argent & de cuivre, quand elles font difficiles à fondre ; parce que fans ces abforbants des foufres, toutes ces mines deviendroient fi pâteufes, que le métal ne pourroit jamais s'en féparer, & l'on eft même obligé dans quelques endroits de l'Angleterre d'ajouter de la ferraille pour faire couler le plomb de fa mine.

---

(1) Chapitre LX, *page* 353, *Tome II.*
(2) Les Allemands appellent *Schlich* ou *Chlique*, le minerai en poudre, lavé & préparé de maniere qu'on n'a plus qu'à le faire griller s'il en a befoin, & le porter au fourneau ; alors on lui joint les fondans néceffaires, & on le mêle avec du charbon.
(3) Il peut travailler plus d'un an de fuite fans être confidérablement endommagé.

Depuis quelques années (1) on se sert d'un *fondant* qu'on nomme Kole (2).

Ce fourneau de réverbere a une chauffe garnie d'une grille, sur laquelle on jette le charbon : le feu excité par l'air, qui entre sous cette grille par le cendrier, donne une flamme qui passe de la chauffe dans le foyer, où on a étendu le minéral, & comme la cheminée est à l'autre extrémité de ce foyer, & vis-à-vis la bouche de la chauffe, cette flamme circule sous la voûte du fourneau, grille le minéral & le fond. On retire avec un fer une partie des scories de cette fonte, le reste coule avec le plomb dans le bassin de sable ; on le leve de ce bassin pour le mouler en saumons ou culots de 250 à 300 livres. Communément 500 quintaux de mine rendent 300 quintaux de plomb bon à vendre.

Fonte de la Mine de Plomb en Ecosse, avec la Tourbe & le Charbon de terre.

Schlutter remarque (3) qu'il y a en Ecosse trois sortes de mines de plomb ; la premiere, nommée *Lump lead*, qui est presque plomb pur (4); la seconde, *Swelling lead* ou *Smethom*, est la mine triée ; la troisieme, est la *mine pauvre* (5) : on ne fond point la premiere ni la seconde ; on les vend aux Potiers de terre pour vernir leurs poteries (6).

L'Ecrivain qui nous fournit la matiere de toute cette Métallurgie au feu du Charbon de terre, a appris (7) de deux Seigneurs Ecossois, qui faisoient travailler eux-mêmes aux mines de ce pays, que ces fourneaux sont de fer fondu, dont les pieces sont ajustées ensemble ; que leur profondeur horisontale est de 20 pouces sur 15 de largeur, & qu'ils ont 2 pieds de haut ; qu'il y a au bas du fourneau une plaque de fer qui panche un peu vers le devant ; que cette plaque a une espece de rainure creuse, qui sert à faire couler le plomb dans un pot de fer que l'on met devant, & d'où on le puise pour le verser dans des lingotieres; enfin, que les soufflets sont placés derriere ces fourneaux, comme le sont ceux du Hartz.

Comme on n'emploie pas de *brasque* (8) à préparer ce fourneau, on y met

---

(1) En datant de l'année 1738, qui est celle de la publication de l'Ouvrage de Christophe-André Schlutter, à Brunswick, en 2 vol. *in-fol.* sous le titre : *Instruction fondamentale des Fonderies & Fontes*, &c.

(2) L'Auteur, en parlant ici de cette substance, ne la fait connoitre que d'une maniere très-vague. C'est, dit-il, une matiere noire, légere, qui se trouve avec le Charbon de terre, dans la Province de Galles & dans la Cornouailles. A l'article où il traite de la Fonte d'étain, dont nous dirons un mot, il ajoute que cette matiere differe du Charbon de terre ordinaire, en ce qu'elle a bien moins de soufre, & que l'huile qu'elle renferme, est moins inflammable, qu'elle a par conséquent moins de phlogistique. Ces différents caracteres se rapportent assez au charbon *Kulm.* Voy. ce que nous en avons dit, *page 4*

de la premiere Partie, & *page 445*, de la seconde.

(3) Chapitre LV, *page 323.*

(4) La dénomination Angloise pourroit se rendre par le mot de *mine en rognon.*

(5) On appelle *mines pauvres*, celles qui contiennent trop peu de métal, ou qui sont refractaires.

(6) C'est vraisemblablement *la galene* ou *mine de plomb en cubes*, qui est la mine de plomb la plus ordinaire, appellée dans le commerce Alquifoulx.

(7) Tome I, Chapitre X, §. 17, *page 98*, & Chapitre LV, *page 325.*

(8) Couche de frasin séché, c'est-à-dire, de charbon de terre en poudre, quelquefois mêlé avec de l'argille, & distinguée alors de la premiere, appellée *brasque legere*, par le nom de *brasque pesante.*

une plaque de fer qui a une rainure en forme de trace , pour faire couler le plomb fondu dans un pot de fer , fous lequel il y a toujours du feu.

Pour fondre le minéral , on le mêle avec de la chaux.

En 8 heures on fait paſſer par ce fourneau environ 20 quintaux de minéral, qui rendent 10 à 12 quintaux de plomb : on tire ce plomb du pot de terre pour le couler en petits ſaumons , & le vendre.

Affinage du Plomb en Angleterre.

L'AFFINAGE du plomb, c'eſt-à-dire, la ſéparation de l'argent qu'il renferme, a paſſé par différents degrés de perfection, avant de parvenir à celui où il eſt aujourd'hui.

Par la méthode qui eſt encore en uſage dans toute l'Allemagne , & qu'on appelle en conſéquence *affinage à l'Allemande* , ou *affinage ſous le cha-peau* (1) ; on réuſſit à diminuer beaucoup la perte du plomb occaſionnée par l'*affinage ſous buche*; mais cette perte ne laiſſe pas encore que d'être conſidé-rable (2).

Cet inconvénient & la difette de bois , ont fait imaginer aux Anglois des *coupelles* qui ſe chauffent avec du Charbon de terre dans des fourneaux , ſur le fond deſquels elles ſont adaptées (3).

La flamme roule par-deſſus le plomb & la coupelle : afin de refroidir & de changer en litharge le plomb , qui , comme les autres métaux imparfaits , ne peut point ſe vitrifier ſans le contact de l'air, les ſoufflets ſoufflent en croix ſur le plomb : ce moyen réuſſit d'autant que dans le fourneau qui fut imaginé , le plomb ſe convertit preſqu'entiérement en litharge , & qu'il s'en imbibe très-peu dans la cendrée , & que l'affinage y dure beaucoup moins. M. de Genſſane donne les proportions de cette eſpece de fourneau , & la maniere de le conſtruire (4) ; mais il eſt compoſé d'un grand nombre de parties auxquelles on ne ſauroit trop faire attention en le conſtruiſant ; néanmoins M. de Genſſane eſtime qu'elles ne nuiſent en rien à ſa ſimplicité, étant toutes à demeure, excepté la *coupelle*.

Nous nous en tiendrons ici à la deſcription tirée de l'Ouvrage de Schlutter (5).

Le fourneau dont on ſe ſert ordinairement , & tel qu'il avoit été conſtruit

(1) Par rapport à une eſpece de grande calotte de fer , dont on couvre le fourneau , comme dans celui repréſenté , *Planche XXXV. Figure 2.*
(2) M. de Genſſane a vu des affinages faits de cette maniere , où la perte du plomb a été juſqu'à 32 pour 100 ; & on regarde ces ſortes d'opérations comme très-bien faites , lorſque cette perte ne va qu'à 25 pour 100.
(3) Cette *coupelle* étant mobile, il eſt à propos,

comme le remarque M. de Genſſane , d'en avoir toujours au moins deux , afin que ſi pendant le travail, il arrivoit quelqu'accident à l'une , on puiſſe lui en ſubſtituer une autre.
(4) De la conſtruction d'un fourneau de cou-pelle , propre à ſéparer l'argent du plomb par le feu de Charbon de terre , *Tome V , Chapitre VIII, page* 198.
(5) Tome I, Chapitre IV, *page* 96.

à Pompéan en Bretagne, a 5 pieds de face, fur 4 pieds & demi de hauteur, & 6 pieds de longueur, à prendre du côté par lequel la *litharge* coule.

La profondeur de la *chauffe* eft de 4 pieds en terre, & de trois pieds au-deffus de la terre : dans le milieu, à 2 pieds & demi d'élévation de terre, eft la porte par laquelle on met le charbon.

Cette porte a 16 pouces d'embrafure, réduite à 8 pouces en quarré en dedans de la chauffe. Le foyer a 18 pouces de large & 2 pieds de long : il a 1 pied de hauteur au-deffus des barres, formant la grille, jufqu'à l'iffue ou fortie de la flamme. Cette iffue de la flamme qui réverbere fur la *coupelle*, eft de 18 pouces d'ouverture en dedans, & de 7 pouces de hauteur, réduite à 4 pouces en dedans, fur 22 pouces de largeur auffi en dedans. L'efpace dans lequel on difpofe la coupelle fur deux barres de fer enclavées dans les murs du fourneau, eft de 2 pieds & demi de large, fur 21 pouces de hauteur ; de façon que la coupelle doit être de 3 pieds 2 pouces en fa plus grande partie ovale, & de 5 pieds 5 pouces en fa plus petite. Il y a au-deffus de l'efpace de la coupelle, deux trous de 4 pouces chacun en largeur, fur 2 pouces & demi de hauteur, au niveau de l'iffue de la flamme ; c'eft par ces deux trous que la flamme eft portée dans la cheminée du fourneau. Le tuyau de la cheminée, de dedans en dedans, eft d'un pied quarré, & en dehors, de 5 pieds quarrés de maffe : la porte par laquelle s'écoule la litharge, a 16 pouces d'embrafure en dehors, réduite à 8 pouces en dedans, fur 7 pouces de hauteur : au-deffus de cette porte, eft une iffue pour la fumée & pour les foufres du charbon, chaffés par le vent du foufflet dans une petite cheminée d'un pied de diametre en dedans. Ce petit tuyau communique à celui de la maffe, par une ouverture qui y eft pratiquée à 8 pieds de hauteur de terre : derriere ce fourneau, font d'un côté l'entrée du foufflet, & de l'autre, l'entrée du plomb en barres que l'on met à l'affinage ; ces ouvertures ont chacune 6 pouces en quarré en dedans ; celle du plomb a 2 pieds & demi d'embrafure à prendre au milieu. Tous les murs de ce fourneau ont 16 pouces d'épaiffeur ; ils font faits de briques du pays en dehors, & en dedans, de briques que les Anglois qui travailloient à Pompéan faifoient venir de Windfor.

Affinage du Plomb, en Ecoffe, par le feu du Charbon de terre.

O n fond beaucoup de plomb en Ecoffe ; mais on en affine peu, parce qu'il n'eft pas riche en argent ; d'ailleurs le bois, & par conféquent les cendres y manquent : quand néanmoins on y trouve du plomb affez riche pour être regardé comme *œuvre* (1), on l'affine au feu de Charbon de terre, par la

---

(1) Quand le plomb a été fondu avec le cuivre dans le fourneau, les deux métaux que l'on obtient de ce mélange, fe nomment *œuvre*, dont on fait enfuite la féparation par un procédé nommé *liquation*, dans laquelle le plomb qui découle du fourneau, & qui a fervi à dégager l'argent contenu dans le cuivre noir, s'appelle particuliérement, *plomb d'œuvre.*

même méthode qui eſt uſitée en Angleterre. Le teſt ou fond de la coupelle, uniquement fait de cendres d'os ſans autre mélange, n'a, ſelon Schlutter (1), que 2 pieds de long, ſur 1 pied & demi de large; il eſt couvert d'un chapeau de fer fondu, placé ſur le fourneau, qui eſt auſſi de mé-tal.

On met deſſus 16 quintaux d'*œuvre*, mais peu à peu : le feu ſe fait avec du Charbon de terre qu'on jette ſur la grille d'une chauffe ou réverbere qui eſt à côté, & la flamme de ce charbon eſt forcée de circuler très-bas ſur l'*œuvre* en bain.

M. Hellot remarque que dans quelques Fonderies de France, on affine de même avec le Charbon de terre; mais que ce foſſile donne une flamme ſi ſul-fureuſe, qu'elle détruit toujours un peu d'argent; il ajoute que l'avantage de la flamme par la coupelle Angloiſe, par rapport à la célérité, ſur la coupelle Allemande, eſt compenſé, en ce que la litharge qu'on en obtient, tient quel-quefois juſqu'à 5 & 6 gros d'argent, au lieu que celle du Hartz n'en tient que 11 ou 12 grains.

Refonte de la Litharge fraîche (2) en plomb, en Ecoſſe.

La qualité de la mine de plomb de ce pays, qui eſt pauvre en argent, y rend très-rare l'opération dont il s'agit, qui ne doit ſe faire en général que quand la *litharge* (3) ne peut ſe vendre, ou être employée à des fontes de mines; cependant, lorſqu'on a amaſſé aſſez de litharge pour la revivifier en plomb, Schlutter rapporte (4) qu'on ſe ſert des fourneaux de fer fondu dont il a parlé, *page* 1233, & l'on fait le feu avec *des coaks*, qui ne donnent plus du tout de flamme; le plomb coule du fourneau dans un pot de fer placé devant, & qu'on chauffe avec du Charbon de terre ordinaire : on le leve avec une cuiller pour le mettre en ſaumons.

Calcination du Plomb.

Cette préparation qui ſe fait lentement & par la réverbération, & dont réſulte une *chaux de plomb* colorée en rouge mêlé de teinte jaune, connue ſous le nom de *Minium*, ne s'exécute guere en grand que dans les Manu-factures de Hollande.

Dans le Comté de Derbi-shire en Angleterre, le Minium ſe fait au feu de Charbon de terre.

(1) Chapitre LXXI, Tome II, *page* 397.

(2) A Freyberg, en Haute-Saxe, on diſtingue la litharge en 4 fortes, la noire qui vient après les craſſes, la rouge & la jaune qui ſe mettent à part pour être vendues, & la verte non friable & en gros morceaux; c'eſt cette derniere qui

ailleurs eſt appellée *litharge fraîche.*

(3) Minium pouſſé à un degré de feu plus vif que la chaux de plomb, le Maſſicot & le Minium proprement dit.

(4) Tome II, Chapitre LXXVIII, *page* 412.

Fonte de l'Etain.

La mine d'étain qui se trouve en Cornouailles, est d'une espece qui n'est connue en Angleterre que dans cette Province, à Schlakemberg, à Cinnvaldt en Bohême, à Ehrenfriedersdorf en Saxe (1) près d'Altemberg.

On la nomme Pierre d'Etain (2), & on la distingue dans le pays en Etain aigre & dur, & en Etain doux, riche ou pauvre : quelquefois elle est seule, quelquefois elle est mêlée avec de la mine crystallisée (3) ; d'autres fois en filons rangés par couches, & en Stok-werk ; enfin quelquefois en grenailles parmi le sable.

En même temps que le feu de Charbon de terre est employé à la fonte de l'étain en Cornouailles, on se sert encore de ce fossile en poudre, afin de lui donner du phlogistique ; mais ce n'est point le Charbon de terre ordinaire, qui, avec le phlogistique qu'on cherche à ajouter à l'étain, communiqueroit tout le soufre qu'il renferme, au minerai sur lequel on le jetteroit. On préfere pour cela le charbon *Kulm*, au charbon ordinaire & au *flux noir* (4), en même quantité de ce dernier.

M. Hellot, dans le premier volume de la Traduction de Schlutter (5), rapporte qu'à la Monnoie de Lyon, pour aider la calcination de l'Etain dans la coupelle, M. Grosse jettoit sur ce vaisseau un mélange de Charbon de terre & de salpêtre ; ce mélange qui y détonnoit, augmentoit de beaucoup l'action du feu à la superficie, pendant que le fer contenu dans le Charbon de terre se joignoit à l'étain qui se trouvoit mêlé au plomb, se calcinoit avec lui, le divisoit, & facilitoit par conséquent l'action du feu sur ce métal : ce moyen, ajoute l'Ecrivain, réussissoit fort bien.

(1) On peut voir dans le neuvieme Mémoire de l'Ouvrage de M. Frédéric Zimmermann, que j'ai cité, *page* 828, *note* 3, une Description de l'état de cette mine de Saxe en 1746, par M. Jean Gotleb Bluhr, Directeur des Mines.

(2) Ou *Etain minéralisé dans la Pierre* ; & qu'il ne faut pas confondre avec la *Mine purifiée*, à laquelle on donne le nom de *Pierre d'étain* ; c'est ce que Vallerius nomme *Minera stanni saxosa, vulgaris* ; *Lapides stanniferi* ; *Stannum ferro & arsenico mineralisatum, minerâ lapideâ, lapidibus simplicioribus simili* : *Stannum Amorphum petrâ variâ vestitum*, Wolt. *Zinn-Spath, Zinn-Graub.* Germanor. Elle n'a point de figure déterminée, & ressemble à une pierre ordinaire : elle est pesante, devient rouge au feu, & y exhale une odeur arsénicale.

(3) *Stannum polyèdrum, irregulare, plerumque nigrum*, Wolt. *Stannum mineralisatum ponderosum, crystallis arctè aggregatis compositum*, Cartheuser. *Minera Crystallorum Stanni. Stannum ferro & arsenico mineralisatum, minerâ irregulari, crystallis mineralibus Stanni minimis ac lapide composita*, Waller. *Zwitter Germanorum.*

(4) Le *flux* qui s'emploie dans la plupart des essais, est composé de deux parties de tartre & une partie de salpêtre. On les pile chacun à part ; on les passe par le tamis ; puis on les mêle ensemble, & on les garde dans une boîte pour l'usage ; c'est ce qu'on nomme *flux crud* ou *flux blanc*. La plupart des Essayeurs de mines font fulminer ce mélange ; & alors, comme le tartre se réduit en charbon pendant la fulmination, on le nomme *flux noir*. Ce tartre qui n'a pu être alkalisé, renferme un phlogistique qui absorbe une partie du produit. M. Crammer recommande de le faire à mesure qu'on en a besoin, parce qu'il ne vaut rien lorsqu'il a pris de l'humidité ; mais M. Hellot a observé qu'en le tenant dans un lieu sec & dans des bouteilles bien bouchées, il est encore très-bon au bout de deux ans. Au reste, si avant de l'employer on s'apperçoit qu'il est humide, il suffit de le faire sécher dans une cuiller de fer. Schlutter préfere le flux crud, au flux noir, dans les essais des mines.

(5) Tome XI, *page* 216.

Fourneau proposé par M. de Genssane, pour fondre toutes sortes de Mines par le feu du Charbon de terre (1).

CE fourneau, dont nous avons parlé, *page* 1167, propre sur-tout pour certaines mines de cuivre ferrugineuses & réfractaires, est un fourneau mixte, faisant à la fois les fonctions d'un fourneau à manche & d'un fourneau de réverbere. A l'égard des mines de fer, il estime qu'il conviendra d'augmenter un peu les proportions, sur-tout celles du cassin, qui dans ce cas doit contenir assez de métal pour former une *gueuse* médiocre (2).

L'Auteur avertit en donnant la description de ce fourneau, que ses effets ne pourront être connus que lorsqu'il aura été exécuté en grand, & il a soin de prévenir qu'il n'en a pas eu l'occasion (3).

Séparation du Bismuth, de l'Antimoine, du Mercure, de leurs Minerais, par le feu de Charbon de terre.

SELON M. de Genssane, ces trois demi-métaux n'exigent point de grandes précautions pour leur fonte, il ne s'agit que de la construction de fourneaux propres aux manipulations qui leur conviennent.

Pour ce qui est du Bismuth (4), il est d'usage de le fondre sur bûche, ainsi que l'Antimoine, à peu-près de la même maniere qu'on calcine les autres mines. M. de Genssane estime que cette opération peut se faire très-commodément au fourneau de réverbere, par le feu de Charbon de terre; il juge même qu'on aura alors l'avantage d'avoir le régule de *Speiss*, très-propre & séparé de toutes hétérogénéités (5).

Il conseille pour cette opération, le même fourneau qu'il a décrit pour la fonte des mines de plomb, avec quelque différence seulement dans la conduite du travail (6).

Il finit cependant par prévenir qu'il n'a point vu exécuter cette fonte en grand; mais que comme ce qu'il propose est la même mécanique du *test*

(1) Tome I, Chapitre X, page 236, & Chapitre XI, page 256.
(2) On appelle *gueuse* un gros lingot de fer, qui ordinairement est de 18 à 22 pieds de longueur, suivant le produit du Fourneau, ou suivant que le local le permet, & environ de 1500 à 2400 pesant.
(3) M. Grignon juge très-possible de se servir avec succès de réverbere pour la fonte du fer, en combinant le minerai avec du charbon de bois, pour lui donner du phlogistique, & lui appliquer le feu de Charbon de terre. En faisant l'éloge du travail de M. de Genssane sur cet objet, il pense que ce fourneau a besoin d'être perfectionné, afin que le minerai ne tombe

pas crud dans la fonte en bain; *Chap. I, Sect. II; du développement du feu & de son action sur le Minerai*, page 19.
(4) Connu sous le nom d'*étain de glace*.
(5) *Matte*, matiere très aigre, particuliere au Cobolt, & sur-tout au Bismuth, regardée par M. de Genssane comme un véritable régule de Cobolt, & en ayant toutes les propriétés: certaines mines de plomb, selon lui, donnent à la fonte une matte de cette espece, qui se forme au-dessus du plomb, après qu'on en a fait la coulée: les Fondeurs d'Alsace le distinguent sous le nom de *Porc*.
(6) *Tome II, Chapitre XXXIII; page 364.*

fous

fous la *moufle* où la chofe réuffit, il préfume qu'elle doit avoir le même fuccès dans le fourneau à réverbere.

Quelque fimple que foit la méthode ufitée en Hongrie pour fondre l'Antimoine par *defcenfum* & à vaiffeaux fermés, elle n'eft point pratiquable avec le feu de Charbon de terre; M. de Genffane a imaginé d'y fuppléer par un fourneau à chapeau, dont il détaille la conftruction dans fon Ouvrage (1): quatre ou cinq heures d'un feu vif & continuel, doivent fuffire, felon l'Auteur, pour faire rougir les creufets & fondre le minéral: il n'a point vu ces fortes de fontes en grand.

Le fourneau imaginé par le même Auteur pour la féparation du Mercure avec le feu de Charbon de terre (2), eft de toute néceffité fort compofé, par rapport à l'extrême volatilité du minéral qu'il s'agit d'y travailler; quoique M. de Genffane le juge exempt de défauts, & très-propre à l'ufage auquel il le deftine, foit qu'on veuille employer le feu de bois, foit qu'on veuille employer le feu de Charbon de terre; il s'en rapporte au jugement des connoiffeurs & à l'expérience.

Opérations fur les Calamines.

Les Calamines ou Mines de Zinc, ainfi que quelques mines arfénicales, font affez fréquemment riches en or & en argent pour mériter les frais de leur exploitation, fans avoir égard aux autres produits qu'on en obtient ordinairement; mais on y réuffit rarement par la méthode ordinaire. M. de Genffane a publié (3) la defcription d'un fourneau propre aux calcinations (que demande ce traitement) par le feu de charbon de bois, & encore mieux par le feu de Charbon de terre.

Extraction du foufre des Pyrites, & des autres matieres qui le recelent.

M. de Genffane croit qu'il feroit poffible de fe fervir utilement, en obfervant les mêmes manipulations, du fourneau dont il a donné la defcription pour les mines arfénicales; les feules différences à apporter, felon lui, confiftent à (4) conduire le feu avec ménagement, attendu que dans cette opération il fuffit que les creufets foient maintenus légèrement rouges; & qu'au lieu de *récipient* (5) fait avec de la terre à creufets, on y en emploie de grès ou de terre ordinaire, afin que pendant le travail, on

(1) Chapitre XXXVI, Tome II, page 416.
(2) Chapitre XXXV, Tome II, page 390.
(3) Chapitre XXXVII, Tome II, page 431.
(4) Voyez Tome II, Chapitre XXXVIII.

(5) On donne ce nom à toute efpece de vaiffeau propre à recevoir les produits des opérations.

foit à même de les remplir d'eau au tiers ; ce qui ne pourroit pas être s'ils étoient de terre à creufet.

Du Charbon de terre, comme combuftible, propre à chauffer foit fours, foit fourneaux à chaudiere pour Arts & Manufactures.

Il eft bien prouvé par le fait, qu'avec le feu de Houille, on peut fondre les métaux, jufques-là même que l'activité de fa chaleur les brûle & les détruit. On ne conteftera pas fans doute qu'il foit également propre, (fauf les conftructions particulieres des fourneaux,) à cuire des terres, à calciner des pierres, à fondre des fels, à faire bouillir promptement les plus grandes chaudieres.

Cette reconftruction de fourneaux, variée felon les différents objets auxquels on voudroit appliquer le feu de Houille ; le défaut d'habitude ou d'expérience pour conduire le feu, ne peuvent en rien contrebalancer les avantages d'un combuftible auquel il ne manque aucune des conditions, requifes pour remplacer le bois avec fuccès : les fours & fourneaux appropriés à cet ufage par leur conftruction, font plus commodes, moins embarraffants que ceux dans lefquels on brûle du bois. On y retrouve bientôt par l'épargne fur l'entretien du feu, un dédommagement marqué de la dépenfe de cette reconftruction.

L'économie, cet article de conféquence, dans toute efpece d'établiffement, fe fait fentir du premier inftant qu'on s'approvifionne de Charbon de terre, au lieu du combuftible ordinaire ; elle eft fenfible par la comparaifon aifée à faire, foit de la différence des frais de main-d'œuvre néceffaire pour préparer le bois, foit de la différence du local pour ferrer le Charbon de terre, qui n'a pas befoin d'autant d'efpace ; par la diminution qui s'enfuit du loyer des magafins, dont on pourroit même, dans les endroits peu éloignés de la mine, fe paffer en fe pourvoyant fucceffivement & à mefure aux entrepôts de mines ; enfin, au gain fur le capital ordinairement confidérable, deftiné à l'achat du bois, il eft raifonnable d'ajouter les moindres rifques d'incendie.

En fe retraçant à l'idée, les variétés nombreufes que l'on peut appercevoir dans les Charbons de terre de différents pays, les différents degrés de chaleur dont les uns & les autres font fufceptibles au feu, & qui à cet égard, fournissent peut-être plus de reffource que les charbons de bois ; en fe rappellant la même variété remarquable dans les braifes qu'on peut en préparer ; on entrevoit d'abord qu'il pourroit encore y avoir moins de difficulté, que pour le bois, à connoître par l'ufage, la qualité ou la quantité convenable à employer, ou de Charbon de terre brut, ou du même réduit en braifes, pour produire & pour entretenir la chaleur au degré capable d'exécuter les différentes opérations

qu'on fe propoferoit , depuis celles qui demandent le feu le plus vif, jufqu'à celles qui demandent la chaleur la plus douce : on reconnoîtra en un
mot, qu'il n'eft pas plus difficile de mettre à profit le feu de Charbon de
terre, que celui de bois, de graduer à volonté l'effet des fours & des fourneaux
dans lefquels on embrafe ce foffile.

Il eft donc de toute inutilité de s'arrêter ici à aucune des objections que l'on
voudroit alléguer contre l'introduction de ce combuftible dans les grands atteliers ; ces objections font moins des difficultés pertinentes & réelles, que
de fimples prétextes, tels qu'en fuggere tous les jours, ou une indifférence
mal-entendue, quand il s'agit des plus legeres améliorations, ou un affervif-
fement aveugle à l'autorité de l'ufage & de l'habitude ; heureufement ces
motifs d'oppofition, fondés uniquement fur un manque de réflexion, ne
rendent pas tous les hommes fourds à la raifon.

Pour s'y rendre , il fuffiroit prefque de confidérer les endroits où le
combuftible, quel qu'il foit, eft à un prix médiocre & à portée des Manufactures ; celles qui fe trouvent dans cette pofition, font celles qui fleuriffent
le plus.

L'accroiffement fucceffif du commerce intérieur de l'Angleterre dans les
Provinces feptentrionales , n'a d'autre origine que ces deux circonftances ;
les feules Manufactures auxquelles le bon marché & l'abondance du Charbon
de terre, à Liege & à Newcaftle , ont donné naiffance , ne peuvent fe
compter ; *Voyez page* 429 : on a vu qu'en France, le Forez (1) , l'Auvergne, le Bourbonnois & d'autres Provinces, tirent les plus grands avantages de cette production : nous avons fait connoître à chaque endroit où il
s'en trouve, foit en pays étranger, foit dans l'étendue du royaume, les ufages
particuliers auxquels on l'applique. Nous nous propofons ici de réduire
dans une efpece de tableau général, les Arts les plus importants auxquels
on applique ce combuftible , & ceux auxquels on commence dans quelques
endroits à étendre fon ufage.

Nous éclaircirons en même temps la pratique de quelques - uns de ces
Arts , auxquels le Charbon de terre eft connu avantageux.

Nous nous bornerons à renfermer l'ordre que nous fuivrons , dans la
divifion générale de *fours* & de *fourneaux à chaudieres* (2) ; nous finirons
par le chauffage.

(1) Introduction , *page* xiv.
(2) La troifieme Partie des *Inftructions fur
l'ufage de la Houille*, par M. Venel, roule particuliérement fur les opérations des différens *Arts
qui s'exécutent dans des chaudieres fixes ou placées à
demeure fur des fourneaux parfaits ou complets* ; il eft
entré fur tous les objets dans les plus grands dé-

tails , & les a accompagnés des principes fondamentaux de l'Architecture de ces fours ; *Ch. IV,
page* 540. Ces développemens étoient néceffaires dans un Ouvrage entrepris par M. Venel,
qui avoit pour but , de faire adopter dans le
Languedoc l'ufage du feu de Houille auffi univer-
fellement qu'il eft poffible.

Fours & Fourneaux de cuifage, pour calciner des terres & des pierres.

Fours à Chaux.

La chaux fe cuit, en général, dans des fours cylindriques avec toutes fortes de bois, même avec différentes fortes de broffailles; mais cette cuite réuffit mieux avec les bois *tendres*, autrement nommés bois *blancs*, qui, lorfqu'ils font bien fecs, font beaucoup de flamme claire & un feu ardent.

Les perfonnes qui ont voyagé dans la Weftphalie, la Hollande, la Flandre, le Hainaut, l'Artois, & quantité d'autres endroits, n'ignorent pas que l'on peut très-bien, pour cette cuite, & pour celle des tuiles & de la brique, fe fervir de Charbon de terre. Ce foffile donne même un feu plus propre que celui de bois, à s'étendre également dans tout le cercle du four, ce qui eft à defirer pour cette opération, & eft encore par-là beaucoup plus favorable à la calcination de la pierre. Philibert de l'Orme l'eftime auffi bien fupérieur au bois pour cuire la chaux; felon cet Ecrivain, il vaut beaucoup mieux, parce que non-feulement il rend la chaux beaucoup plus graffe & plus onctueufe, mais encore parce qu'elle eft plutôt cuite; au furplus, il n'y a rien à oppofer à l'expérience conftante des pays, qui font à portée d'avoir du Charbon de terre, & où de toute ancienneté les Chaufourniers s'en fervent de préférence au bois. Nous n'avons ici à confidérer l'opération de ces Ouvriers, que relativement à cet article.

C'eft, en général, le charbon menu & de la plus baffe qualité qu'on emploie à cet ufage dans plufieurs endroits; on le défigne en conféquence la plupart du temps, par des noms relatifs à cette propriété; en Auvergne, les Ouvriers l'appellent *Chauffine*; ailleurs *Charbon de chaux* ou *pour cuire la chaux*; les Anglois, Lime-coal, *Voy.* page 101 (1).

M. Bomare prétend même que ce n'eft qu'un pouffier noirâtre, luifant, d'un grain très-ferme & groffier, qui fe trouve directement fur la couche du bon charbon (2). Les Chinois l'employent en mortier fous le nom de *chaux noire* avec la chaux blanche (3). Dans quelques pays, le choix du Charbon

---

(1) Je n'ai pu avoir aucune forte de renfeignement fur l'efpece employée uniquement à cuire la chaux en Irlande, & que l'on nomme Peque. Gerard de Boate n'en dit rien dans la Section IV, du Chapitre XX, de fon *Hiftoire Nature'le d'Irlande*, où il parle de la maniere d'y faire la chaux dans des fours formés en cône ou en quarré, comme les fourneaux à fondre la mine de fer. L'efpece de pierre, felon cet Auteur, très-commune en Irlande, fur-tout dans les Provinces de Munfter & de Connaught, eft

grife, tirant fur le bleu brun, & donne quand on la caffe une pouffiere blanche; elle eft peu enfoncée en terre, & quelquefois placée abfolument à la fuperficie.

(2) Mémoires des Savants Etrangers, *Tome II*, page 251.

(3) En décrivant les étuves Chinoifes chauffées avec le Charbon de terre, il fera parlé de ce ciment, dont la *Cendrée de Tournay* eft une imitation imparfaite.

de terre pour les chauffours, porte fur les charbons les plus légers, les plus mols, les plus friables, qui s'allument plus difficilement, (parce qu'ils font terreux en plus grande partie), & pris dans l'efpece appellée par les Allemands TAGE-KOHLEN, *charbons du toît.*

Les Allemands regardent comme excellent pour cuire la chaux, le charbon qu'ils nomment *charbon fulphureux,* (parce qu'il n'eft point bitumineux, mais allié avec beaucoup de pyrites) comme celui de Gibunftern, à demi-lieue de Hall, & celui de Lay en Beaujollois (1).

Au contraire, dans les fours à chaux près Saint-Loup, aux environs de Bains en Lorraine, où l'on chauffe les fours à chaux avec la Houille de Champagné, celle qui eft très-pyriteufe, eft réputée la moins propre à cet opération, parce que le foufre qu'elle contient, diminue la qualité & la quantité de la chaux.

Le Charbon de terre vers Laudun, dans le Diocèfe d'Uzès, employé aux fours à chaux, n'eft réputé guere propre qu'à cet ufage, parce qu'il a le défaut d'être trop bitumineux, & qu'il a beaucoup d'odeur; il en eft de même du charbon qui s'exploite auprès du Pont-Saint-Efprit (2).

La différence marquée dans les qualités de Charbon de terre employé en divers endroits à cette fabrication, fembleroit d'abord impliquer une contradiction évidente; mais cela ne tient qu'à la différence, ou des pierres avec lefquelles on fait la chaux, & qui demandent des charbons en plus grande ou en plus petite quantité (3), & fufceptibles de degrés particuliers de chaleur ou à la différence de l'opération, c'eft-à-dire du four de cuifage, difpofé & arrangé felon que l'on fe fert d'un feu plus ou moins flambant, qui exige un foyer, ou felon que l'on fait ufage d'un petit feu, & pour lequel les matieres combuftibles doivent être ftratifiées avec les pierres.

Quant aux différentes matieres, ou pierres propres à faire de la chaux, les Naturaliftes favent qu'elles peuvent être renfermées dans deux claffes : les

(1) C'eft un charbon de l'efpece commune en Cumberland, & dans les Montagnes d'Alftonmoor, où on l'appelle *Crow Coal.* M. Jars remarque qu'il eft fans bitume, qu'il conferve fa chaleur, & ne donne point de fumée, d'où il eft affez bon pour chauffer les appartements.

Les couches de ce charbon ont tout au plus un pied d'épaiffeur, ce qui fait qu'elles ne méritent pas d'être exploitées en regle : plufieurs perfonnes en tirent de trois couches différentes pour leur ufage & pour cuire la chaux.

M. Briffon cité par M. Alleon du Lac, dans fon Ouvrage, auquel je m'en fuis rapporté, *page 527,* a publié en 1771, des Mémoires très-circonftanciés fur la Province de Beaujollois, qui lui eft parfaitement connue; il n'y fait mention que de cette mine de *Lay,* tout avoifinant Saint Symphorien, qui n'en eft pas éloigné d'un quart de lieue, ainfi celle de *Saint-Cyr le Chatoux,* de *Regny,* qui eft du Lyonnois & non du Beaujollois, & de *Montagny,* doivent être fupprimées de cet article.

(2) C'eft celui dont j'ai parlé, *pag. 1155, note 4.* Je ne puis me difpenfer de faire connoître ici le doute que j'ai fur la nature de ce charbon. M. de Genffane dit qu'il fe trouve affez fréquemment dans fes veines, de très-beaux morceaux de fuccin; il y en a de fi pur & fi tranfparent, qu'à l'odeur près, on le prendroit pour de l'ambre : cette particularité eft tout à fait neuve pour moi, & me donne tout fujet de préfumer que c'eft du *charbon de bois Tourbe* ou *Holtz kohlen.*

(3) Dans quelques endroits on eftime que pour la pierre dure ou pour la pierre tendre, il faut indiftinctement un quart ou 54 pieds de Houille par toife de chaux. M. Fourcroy a reconnu que certaines pierres exigeoient jufqu'au tiers de leur cube de Houille, & que d'autres n'en demandoient qu'un fixieme, quoique ces deux extrêmes lui aient paru rares. La proportion réduite

unes, telles que toutes les albâtres, tous les marbres, les spaths (1), sont plus compactes, sont aussi plus dures à calciner; les autres, telles que celles dont on fait la chaux ordinaire aux environs de Paris, ou qui sont pierres à plâtre, contiennent moins de parties capables d'être enlevées par le feu : il s'en trouve pourtant de ces pierres tendres qui résistent fort à la calcination, lorsqu'elles sont restées longtemps exposées à l'air, & sur-tout au soleil, ou roulées par les eaux, & arrondies par les frottements ; ces dernieres en particulier, sont bien moins favorables pour une calcination égale, que les pierres en moellons cassées irréguliérement (2), & on sent qu'en général les pierres tendres consomment moins de Houille, & diminuent dans le cuisage beaucoup plus que les pierres dures.

La facilité plus ou moins grande que certaines pierres ont à être calcinées, laisse à juger que la Houille capable de donner le feu le plus actif, le plus vif, n'est point contraire au succès de la cuite dela chaux pour quelques pierres, & qu'elle convient même à plusieurs d'entre elles : il y auroit donc de la mal-adresse ou de l'ineptie à s'attacher uniquement à un usage local, qui peut être bon pour la pierre employée dans un canton en particulier. Le choix de la Houille pour cette opération, doit dépendre essentiellement, ou du volume conservé au moellon, ou de la qualité de la pierre à réduire à chaux, dont l'une exigera de la grosse Houille, donnant un feu de flamme grande, vive & claire, principalement quand on emploie du bois, des broussailles, des bruyeres, & dont l'autre demandera un feu beaucoup moins flambant, quand le combustible est interposé couche par couche dans le corps de la charge (3).

Ainsi, quoiqu'il n'y ait pas grande industrie dans l'Art du Chaufournier, & que dans les fours de forme conique l'opération ne soit point astreinte à une grande précision pour ses degrés de chaleur, la connoissance de la pierre du canton où l'on veut établir des fours pour la réduire en chaux, n'est cependant pas, à beaucoup près, indifférente ; il existe, selon toute apparence, entre cette connoissance & la qualité de la Houille à préférer, ou même la construction du four de cuisage, un rapport qui peut servir de guide au Chaufournier, soit que l'on veuille donner au four à petit feu la forme en pyramide ou en

---

entre la pierre dure & la Houille nécessaire pour la convertir en chaux, dans les temps calmes, est à peu-près, selon cet Auteur, de 60 à 65 pieds cubes de Houille par toise cube de pierre du toisé des carrieres. Les Chaufourniers d'Alais & de Nismes dans le Languedoc, prétendent qu'il faut environ 18 livres de la plus mauvaise Houille, pour chaque quintal de chaux.

(1) Voyez *Calcaire*, *Calcarius lapis*, Partie I, au Catalogue alphabétique des différents Charbons de terre, & des substances minérales qui se rencontrent en les exploitant, ou dans leurs environs.

(2) Les pierres qui se cuisent au défaut de toute autre espece dans les fours à chaux, des bords du Rhône au-dessous de Lyon, & qu'on y appelle

improprement *gallets* ou *cailloux*, Voy. page 528, par rapport à leur forme accidentelle, ne sont que des pierres calcaires choisies sur le rivage du fleuve. M. de la Tourette, Correspondant de l'Académie, dans son Voyage au Mont-Pilat, page 49, a donné sur ces pierres, qu'il a reconnu n'être autre chose que des fragments de marbre ou de pierre à chaux, une note très-intéressante bonne à rapprocher de celle de M. Seillier, *Art du Chaufournier*, page 51.

(3) M. Gallon remarque que la grosse Houille, c'est-à-dire, en gros quartiers, perd moins à l'air que la Houille menue, & qu'il faut sur-tout ne point employer pour cette fabrication, la Houille anciennement tirée, qui s'est éventée.

cône renverfé (1), comme l'ont tous ceux de la baffe Meufe, de Liége, de l'Efcaut, de la Scarpe, du Lys, de la Flandre Maritime, du Boulonnois, de Vichy, du Lyonnois (2); foit qu'il s'agiffe d'avoir des fours à grande flamme de forme ellipfoïde comme en Lorraine, ou de forme cubique, comme en Alface, ou de forme demi-ellipfoïde, comme à Tournay; la premiere chofe à connoître, c'eft la pierre que l'on a à calciner (3).

Briquetier, Tuilier, Potier de Terre.

Les Arts de faire des briques, des tuiles, des carreaux, de la poterie de terre, ont beaucoup d'analogie avec celui du Chaufournier; ils ne different que par l'argille qui eft propre aux uns ou aux autres, & qui doit être pour les ouvrages de poterie plus forte que pour les tuiles, plus forte pour ces derniers ouvrages que pour la brique, &c. La connoiffance de ces terres, afin de bien juger de la qualité du Charbon & de l'activité du feu qui convient au fourneau, eft en conféquence auffi néceffaire pour ces fabrications, que la connoiffance des pierres à réduire en chaux l'eft pour le Chaufournier; c'eft même pour les Arts dont il s'agit ici le plus difficile & le plus embarraffant.

Le choix attentif de ces argilles, lorfqu'il s'agit de les amalgamer avec du Charbon de terre, pour avoir un chauffage plus économique, influe également fur la perfection de cette fabrication. Nous décrirons dans un inftant cette maniere d'augmenter l'avantage du feu du Charbon de terre; nous entrerons alors fur ces argilles dans des détails qui fe trouveront n'être point étrangers aux Arts dont il s'agit ici, que nous n'avons à confidérer que dans ce qui eft relatif à la fubftitution du Charbon de terre au bois. Les fours à briques dans lefquels on emploie ce dernier combuftible, ont l'inconvénient de vitrifier ce qui eft contigu au feu, avant que le refte de la fournée foit à moitié cuit: de cette cuiffon, il réfulte quantité de défauts, foit dans les briques, foit dans les tuiles & dans les ouvrages de poterie qui pourroient être cuits plus également avec le Charbon de terre, dans des fours exécutés convenablement.

La mauvaife qualité des carreaux fabriqués par nos Potiers de terre, fe fait remarquer depuis bien des années; le manque d'attention ou l'ignorance

---

(1) Ces fours où le feu ne s'éteint point tant que dure la fabrication, font appellés par les Ouvriers *fours coulants*, parce que l'on en foutire journellement la chaux à mefure qu'elle fe fabrique, comme cela fe fait dans les fourneaux où l'on fépare les métaux de leur minéral.

(2) Les fours coniques qui fe voyent dans le pays de Liége, ont ordinairement 40 ou 45 pouces de diametre par le bas. M. Fourcroy obferve qu'il eft défavantageux que ces fours confomment plus de Houille que ceux de la Flandre qui en ont 20 à 28, & qu'ils ne rendent par jour, réduction faite, qu'un cinquieme de ce qu'ils contiennent.

(3) Ces différents fours font décrits dans l'*Art du Chaufournier*, publié par MM. Gallon & Fourcroy.

(1) En Provence & dans le Languedoc, on fait dans les mêmes fours la chaux, la brique & la tuile. La *fig.* 1 de la planche 11, de la Defcription de l'Art du Briquetier, repréfente un de ces fours, & eft expliquée *page* 13.

dans le choix des terres propres, font entrés succeffivement pour beaucoup
dans cette détérioration ; mais les renchériffements succeffifs des matieres combuftibles, ont auffi probablement obligé les Ouvriers à économifer fur le
feu ; le carreau ne recevant pas alors le degré de chaleur convenable, l'ouvrage ne peut plus avoir la folidité requife ; & s'il ne peut être d'ufage, il fait
une perte pour le vendeur.

Les briques faites en France indiftinctement avec toutes fortes de terres,
quoique peu propres à cet objet, font encore très-fujettes à cette mal-façon,
commune dans tous nos ouvrages de tuileries & de poteries ; il eft vrai qu'il
s'en trouve affez rarement en France qui foit véritablement bonne ; auffi pour
ne pas en tirer de l'étranger, comme on fait pour quantité d'autres objets, nous
manquons abfolument de briques propres à des ufages de conféquence, telles
que celles qui ont à foutenir un feu violent & continu, comme dans les
fourneaux pour les réverberes, des fenderies, des ferblanteries, des verreries, &c. ou celles qui entrent dans des ouvrages expofés à l'air, dans les
ouvrages de fortifications, &c. Cette difette & ce manque de qualité dans nos
terres cuites, ne font pas feulement des défauts fâcheux pour la conftruction de
nos murailles, pour les revêtiffements des chauffées ou au moins des rues
détournées, battues uniquement par les gens de pied ; ils s'étendent encore
fur les tuiles, ces matériaux fi utiles pour les couvertures de bâtiments, que
l'on ne fauroit trop perfectionner (1). Si dans les Provinces à portée de
bonnes terres & de Houille, on profitoit du bon marché de ce combuftible
tiré de la premiere main, pour fabriquer des briques bien conditionnées, quel
avantage nos Villages, dont les rues font la plus grande partie de l'année des
bourbiers infects, ne trouveroient-ils pas à fe fervir de briques en guife de
pavé ? Dans le Hundington-Shire en Angleterre, les rues & plufieurs chauffées
de Saint-Yves font en briques, que l'on y cuit avec du *peath*, dont ils ont
en abondance ; la propreté des Villes, des Bourgs & Hameaux de Hollande,
eft en grande partie due à la facilité que donnent les tourbes de ce pays pour
cuire des briques, dont plufieurs routes & trotoirs des rues & des canaux font
pavées. Les pauvres Payfans de nos campagnes, dans leurs mauvaifes cabanes
conftruites en bauge & couvertes de chaume, ne feroient-ils pas plus féchement, plus fainement & plus décidément à l'abri des intempéries de l'air,
fi la tuile pouvoit être à bon marché ? Les incendies qui dévaftent fi fréquemment, & en un inftant, des hameaux entiers, ne feroient-ils pas plus rares &
moins fâcheux ?

L'Auteur d'un Mémoire fur la fabrication des briques, inféré dans le
Journal Economique (2), prétend que la chaleur du feu de Charbon de terre,

(1) Les Mémoires & Obfervations recueillies
par la Société Economique de Berne, année
1765, renferment un excellent Mémoire fur la
maniere de perfectionner les Tuileries, communiqué à cette Société, par M. Droz, Avocat
au Parlement de Befançon.
(2) Mois de Février 1759.

quoique beaucoup plus vive que celle du bois , ne s'étend pas à une fi grande diftance ni dans une proportion fi égale. Conféquemment à cette idée , il n'adopte l'application du Charbon de terre comme combuftible à la fabrication des briques , que quand le four aura d'abord été chauffé avec du bois , & qu'il n'en fortira plus que très-peu de vapeurs ; ou fi on fe fert de Houille , il avertit de donner moins d'élévation au four à briques.

L'Ecrivain aura fans doute été induit en erreur d'après l'emploi de quelque Charbon de terre extrêmement foible , & qui ne convenoit point à l'efpece de terre , qu'il a vu employée à faire de la brique , ou à la conftruction du four ; au furplus , l'avis qu'il donne , préfente toujours une économie fur le bois : mais bien loin que la Houille ne donne pas affez de chaleur , le feu de quelques-unes eft capable de vitrifier ou de mettre même en fufion certaines briques : il eft donc au contraire effentiel de prendre garde d'employer indiftinctement toute efpece de Houille ; en général , celle qu'on préfére eft celle qui eft très-brillante & argentée , plus en pouffiere qu'en morceaux, afin de pouvoir être répandue en *charbonnée* ou *en cayette* entre les champs de brique. On affure que M. Chauvelin , Intendant du Commerce , lorfqu'il étoit Intendant de Picardie, obligea tous les Briquetiers à ne fe fervir que de Charbon de terre ; malgré l'opinion populaire il fe trouva que les briques ainfi fabriquées , étoient beaucoup fupérieures à celles qu'on faifoit auparavant.

Dans la Defcription de l'Art du Briquetier , on fait monter la quantité de Houille à 6 à 7 pieds cubes par millier de briques à cuire, & dans d'autres fours , à moins de 4 pieds cubes par millier de briques.

La différence de la Houille maigre & moyenne , ou de la Houille d'une qualité plus forte pour la cuite des briques , doit dépendre de plufieurs circonf-tances , comme de la qualité des briques à cuire, de la conftruction du four , ou de la maniere d'y difpofer le combuftible plus ou moins favorable, pour que le four reçoive l'impreffion de la chaleur.

Dans les fours à chaux *coulants* , établis auprès de la Verrerie de Carmaux en Languedoc , on met à profit la plus grande partie des *efcabrilles* prove-nant de cette Verrerie : M. Venel eftime ces braifes très-propres à cuire de la brique & de la tuile , ce qui pourroit être , en diftinguant cependant fi ce font des braifes de Houille graffe ou de Houille maigre.

Fourneau de Boulanger & de Pâtiffier.

Les Anglois , dans les cuifines de vaiffeau, brûlent communément la Houille à plat , c'eft-à-dire , fans être exhauffée fur un grillage. Le Directeur de la Houilliere de Graiffefac a affuré à M. Venel , que les Ouvriers de cette carriere chauffoient leur four à cuire le pain de cette maniere, avec la Houille mife à plat au milieu du four. Cet Ecrivain juge l'emploi de la Houille très-propre à chauffer les fours de Boulangers & de Pâtiffiers , fans y faire aucun changement. Il propofe (1) pour en tirer un plus grand avantage, une conftruction qui eft abfolument la même que celle des grands réverberes : la Planche V de fon Ouvrage, repréfente une coupe de ce four. On peut confulter le détail qui y a rapport.

Cuite de la Porcelaine ; Chauffe des Verreries, des Glaceries.

M. Venel eftime (2) que tout bifcuit de porcelaine peut très-bien fe cuire au feu de Houille, & que toute porcelaine qu'on voudroit enduire d'une couverte jaune, brune, fablée, & peindre de couleurs peu éclatantes, fe prépareroit toute entiere avec fuccès à ce feu.

La belle porcelaine très-blanche, & qu'on voudroit peindre de couleurs éclatantes fur une couverte du plus beau blanc, ne peut pas être traitée au feu de Houille depuis la cuite du bifcuit.

Cet Auteur propofe d'appliquer à cette fabrication, l'expédient que les Anglois ont trouvé pour intercepter toute communication entre les pots dans lefquels ils fondent leur *Flint glaff* (3), & le foyer qui produit cette fufion ; cet Auteur croit auffi que les coaks ou braifes de Charbon de terre, peut-être même le Charbon de terre apprêté à la Liégeoife, pourroient opérer cette cuite avec fuccès dans des *cazettes* (4) abfolument fermées.

Les fourneaux de Verreries, dont on peut prendre une idée à Séve prés Paris, où l'on emploie le Charbon de terre, ont une forme approchante des fourneaux de coupelle, & ne font, à proprement parler, que des fourneaux de fufion, la vitrification n'étant elle-même qu'une fufion, mais qui demande un degré de feu fupérieur à celle des métaux.

Dans les Verreries établies à Ingrande & à Saint-Florent près Saumur, on emploie avec fuccès le charbon d'Anjou. Près de la mine de Charbon de terre de Saint-Jean de Valerifque en Languedoc, il y a une Verrerie où on emploie le Charbon de terre de cette mine, de même qu'à Hérepian le charbon de Graiffefac.

Quelques fourneaux de la Glacerie de Saint-Gobin, & de celle de Cherbourg en Baffe-Normandie, font chauffés avec la Houille, mais feulement jufqu'à ce qu'on écume. Après cette opération faite, on acheve de chauffer avec du bois jufqu'à ce que le verre foit fini.

Dans les fourneaux de Verrerie où les creufets demeurent toujours ouverts, la fumée de ce combuftible paroît être nuifible ; les verres prennent fouvent une teinte brune, ou bleuâtre, ou noire ; c'eft l'opinion de tous les Verriers François.

(1) Chapitre VI, Partie III, *page* 428.
(2) Chapitre II, Section II, Partie II, *p.* 485.
(3) *Verre à cailloux*, connu fous le nom de *Verre blanc* ou *Cryftal d'Angleterre*, qui, jufqu'à préfent, n'a pu être imité dans aucune Manufacture.

(4) On nomme ainfi des vafes de terre cuite, dans lefquels on place les pieces de porcelaine pour les cuire, fans pouvoir fe déformer & fe falir.

M. de Genſſane aſſure que cette allégation eſt fauſſe (1), & en ſuppoſant qu'il reſte quelque doute ſur cet article, il propoſe pour remede de couvrir les pots lorſqu'on mettroit de nouveau charbon, & de les découvrir ſi l'on vouloit lorſque la premiere fumée ſeroit paſſée.

Il prétend au ſurplus que cette précaution n'eſt pas néceſſaire ; car le feu de Charbon de terre étant bien plus vif que celui de bois, la fuſion des matieres ſe fera également bien, quoique les pots ſoient couverts ; à la bonne heure d'employer le bois aux heures de travail ; ce ſeroit même, ſelon M. de Genſſane, un avantage pour les Maîtres Verriers, que de les obliger de s'établir auprès des mines de charbon, parce que l'entretien de leur feu leur coûteroit beaucoup moins qu'avec du bois, qui en ruine beaucoup.

Quoi qu'il en ſoit, il eſt certain que les Anglois pour leur *Flint glaſſ*, ne ſe ſervent dans toute l'opération que du Charbon de terre ; ils ont pour fondre la *Fritte* (2), des creuſets exactement fermés qui ne communiquent point avec le foyer, & dont les couvercles ſont ſcellés d'une part au creuſet, & de l'autre au bord intérieur de fenêtres ou d'ouvertures par leſquelles on introduit la *Fritte* dans les creuſets.

Il ſembleroit poſſible d'abord d'adapter cette conſtruction aux fours de Glacerie. M. Venel rapporte que feu M. Roux (3) avoit eu cette idée ; mais que ce Savant avoit reconnu qu'elle n'étoit pratiquable que pour les glaces ſoufflées, attendu que pour les glaces coulées, il faut tranſvaſer la matiere du pot dans une cuvette, ce qui ne peut ſe faire qu'en plein fourneau, & par conſéquent en expoſant le verre dans l'un & dans l'autre vaiſſeau aux émanations de la Houille.

Obſervation communiquée à M. Venel, par M. Allut, de la Société Royale des Sciences de Montpellier, Entrepreneur & Directeur de la Glacerie de Rouelle près Langres, ſur l'emploi de la Houille pour la chauffe des Glaceries (4).

» La Houille s'emploie très-bien pour la chauffe des Verreries, & il » y a bien des Manufactures de ce genre qui s'en ſervent. La Verrerie de » Pierrebénite, celle de Givors, l'une & l'autre dans les environs de Lyon ; » celle de Seve près Paris, ne donnent pas d'autre aliment à leur feu. Celle » nouvellement établie à Hérepian en Languedoc, travaille de la même

(1) Tome I, Préface du Traité de la fonte des Mines avec le feu de Charbon de terre, *page ix*, & Tome II, Chapitre XXIX, p. 319.
(2) C'eſt ainſi qu'on appelle le mélange des différentes ſubſtances qui doivent être fondues enſemble, pour former un verre ou du cryſtal.
(3) Docteur-Régent de la Faculté de Médecine de Paris, chargé, lorſqu'il vivoit, par les Intéreſſés de la Manufacture Royale des Glaces de Saint-Gobin, des Recherches & Expériences tendantes au perfectionnement de ces travaux.
(4) Addition au Paragraphe *Verreries, Glaceries, page 534*, des Inſtructions ſur l'uſage de la Houille.

» manière. On a appliqué aussi l'usage de la Houille à la fabrication des glaces,
» soit à Saint-Gobin, soit à Tour-la-ville.

» Les fours qui chauffent avec de la Houille, sont intérieurement construits
» comme ceux qui chauffent en bois. Ils en diffèrent en ce que l'âtre & les
» *tonnelles* ne sont qu'une grille sur laquelle on pose la Houille, & que les
» fours sont établis sur 2 voûtes d'environ 8 pieds d'élévation, sur 6 pieds
» de large, qui se coupent à angles droits, & à la section desquels se
» trouve l'âtre du four. Les deux voûtes forment, comme on voit, quatre
» courants d'air absolument nécessaires pour faciliter la combustion, & servent
» en même-temps de réceptacle aux cendres.

» La Houille est d'un très-bon usage pour les Verreries en verre noir ou
» en verre verd ; mais elle n'est pas sans danger pour la fabrication de toute
» espèce de verre blanc. Les exhalaisons qui s'en élèvent, rendent le verre
» non-seulement moins blanc, mais encore moins transparent. Au commen-
» cement de la fusion, les parties de la *Fritte* laissent entre elles plus d'inter-
» valles que le verre bien fondu ; les vapeurs de la Houille s'introduisent
» dans les vides, & à mesure que la fusion s'avance, il en résulte un double
» inconvénient : partie de ces vapeurs peut demeurer enveloppée dans la
» masse du verre, qui alors est plus terne ; & partie de ces mêmes vapeurs, en
» se volatilisant, entraîne la *manganèze* (1), assez prompte à disparoître, & le
» verre est nécessairement moins blanc, puisque la présence seule de la
» manganèze lui donne cette couleur.

» Si l'emploi de la Houille peut nuire à l'état du verre blanc pendant la
» fusion, lorsqu'on destine ce même verre au soufflage, on est encore exposé
» à un danger réel pendant le travail. Il est impossible de tirer d'un creuset,
» en une seule fois, tout le verre nécessaire pour une pièce un peu considé-
» rable. On commence donc par envelopper la canne de verre, & on la
» retire du four, pour laisser la matière un peu durcir & pour l'arranger
» autour de la canne ; on augmente ensuite la masse de verre, en retrempant
» de nouveau la canne dans le pot. Si les vapeurs qui s'élèvent frappent le
» premier coup de verre, & dans le même instant se trouvent enveloppées
» par le second, elles forment dans le corps du verre une fumée qui détruit
» absolument la beauté de l'ouvrage.

» C'est pour éviter cet inconvénient qu'on a pris à Saint - Gobin l'usage

---

(1) Manganeça *officinarum, Magnesia. Magalea*, lapis *Manganensis*, CÆSALPIN. *Ferrum mineralisa-tum minerâ fuligineâ manus inquinante, quæ passim striis convergentibus constat*, WALL. *Ferrum nigri-cans, splendens, è centro radiatum*, WOLST. *Ferrum mineralisatum, nigricans, obsoletè splendens, fibro-sum*, CARTHEUS. *Braunstein*, GERMAN. MANGA-NESE ou MAGNÉSIE DES VERRIERS. Mine de fer pauvre, aigre pour l'ordinaire, quand le fer en-tre dans la composition de cette pierre, à laquelle il est comme étranger ; elle contient quelquefois un peu de plomb & d'étain, & se trouve tou-jours dans sa Minière en masses assez grosses & de différentes figures ; celle dont les Potiers de terre se servent communément pour noircir les cou-vercles de leurs Poteries, est d'une espèce parti-culière, qui est la Manganèse vulgaire.

» de chauffer en bois après l'écrêmage , parce que c'eſt l'inſtant où l'on
» commence à ſouffler les glaces , & que c'eſt d'abord pour le ſoufflage que
» l'on a employé le feu de Houille. Si , depuis ce temps , on a conſervé cette
» pratique au coulage , ce que j'ignore , il n'en peut réſulter qu'un bien ; ce
» ſeroit de purger le verre des vapeurs qui s'y ſeroient mêlées, & qui ſe diſſi-
» peroient par l'action d'un feu qui n'en fourniroit pas de nouvelles.

   » Je ne doute pas que l'emploi de la Houille n'équivalût en tout à l'uſage
» du bois, ſi l'on pouvoit prévenir les inconvénients que je viens d'expoſer ;
» mais on ne peut ſe diſſimuler la difficulté d'y réuſſir ; peut-être diminueroit-
» on le danger , en laiſſant à la voûte des fours une ou pluſieurs cheminées
» pour le paſſage des vapeurs qui , ſe dirigeant toûjours vers le haut , pren-
» droient aiſément cette route, comme on le fait dans quelques Verreries
» d'Allemagne , pour le paſſage des fumées , ſoit du bois, ſoit du ſel de
» verre ; mais on auroit à craindre que la voûte moins réguliere ne donnât à
» la flamme une direction moins favorable.

   » Je ne vois guere de meilleur moyen que de ſéparer la chaufferie des
» creuſets, comme elle l'eſt dans les fours à la Françoiſe, ou dans ceux
» dont on trouve le détail dans l'Art de la Verrerie de Kunckel. Il eſt vrai
» que ces ſortes de fours commencent à être peu en uſage pour les grands
» travaux; mais on pourroit les y rendre plus propres. On ſe trouveroit auſſi
» très-bien de couvrir les creuſets d'un couvercle qui joignît exactement
» la bouche du pot, & fût aboutir à *l'ouvreau* (1) , où il préſenteroit un ſecond
» orifice ; par-là l'Ouvrier auroit la facilité de cueillir ſon verre, la matiere
» ſeroit à l'abri des fumées & de toute eſpece de vapeurs : on en uſe ainſi en
» Angleterre pour la fabrication du *Flint glaſſ* ; & une Cryſtallerie qui avoit
» été établie à Chaumont-ſur-Loire près de Blois , a ſuivi quelque temps
» les mêmes erremens ».

   Dans la Verrerie nouvellement établie à Fromanteau , Paroiſſe de Juviſy
près Paris, où il ſe fait du verre blanc, MM. de Beaufleury ſe propoſent
d'eſſayer de chauffer entièrement leur four à la maniere des Anglois. J'ai
vu dans cette Manufacture le modèle d'un fourneau Allemand, qui ſera exécuté pour cet objet.

Calcination du Safre ; Vitrification du Smalt (2).

   C<small>ES</small> opérations , qui ſont une dépendance de l'Art de la Verrerie , pour le
travail de l'Emailleur, peuvent au moins , pour ce qui eſt du *calcinage* ;

---

(1) Fenêtre ou ouverture dont il a été parlé
ci-devant.

   (2) On appelle ainſi deux ſortes de marchan-
diſes qui ſe fabriquent dans les Manufactures de
bleu d'Email ; la première appellée *Saflor* ou

Safre, eſt un mélange du Cobalt & du Silex ;
deſtinée au verniſſage des Poteries & des Fayen-
ceries communes pour les peindre en bleu, &
pour quelques autres uſages; la ſeconde, nommée
Smalt ou *Schmalt*, verre coloré en bleu, pro-

s'exécuter au feu de Charbon de terre , d'autant plus qu'il est bien décidé aujourd'hui , que le *cobalt* (1) n'est pas le seul minéral propre à colorer le verre en bleu (2). Si au surplus les bluettes du feu de Charbon de terre comme plus terreux , pouvoient altérer la couleur du Smalt dans la vitrification , cet inconvénient ne feroit pas à craindre dans les fontes , ou au fourneau de vitrification.

Au fourneau d'usage dans les Manufactures de Smalt , & qui ne diffère en rien de ceux dont on fait usage dans la plupart des Verreries , M. de Genssane est d'avis qu'on substitue celui décrit par M. Crammer (dans sa Docimasie) , dont la voûte est d'une forme parabolique , & que M. Crammer nomme *fourneau de Verrerie*. M. de Genssane en donne la description (3) d'après celui qui est établi près de l'Abbaye de Fontfroide en Languedoc.

Les avantages que M. de Genssane s'est proposé dans le fourneau de M. Crammer , sont d'occuper par sa figure , un petit espace de terrein , de pouvoir y placer aisément jusqu'à huit creusets , & d'y donner place à huit Verriers ; quant à sa capacité intérieure , beaucoup moindre que celle des fourneaux quarrés , il en résulte que le feu y acquiert un degré de chaleur bien supérieur à ces derniers , qui est encore augmentée par la forme parabolique de sa voûte , & qui n'a pas besoin d'autant d'aliment du feu.

Dans le cas où la vapeur du Charbon de terre enflammée feroit capable d'être nuisible au Smalt , M. de Genssane croit qu'on remédieroit à cet inconvénient , en prenant la précaution de fondre à creuset couvert.

Fourneaux à Chaudieres.

Les Fourneaux de Brasseries , dans les pays où la biere sert de boisson ordinaire , sont ceux pour lesquels le Charbon de terre est un combustible de la plus grande conséquence. A Liége & dans le territoire de cet Etat , où il se brasse une grande diversité de biere , excellente & très-saine , ce

---

venant du mélange de Cobalt , de Silex & d'Alkali , réduits en poussiere impalpable , connus en France sous le nom de *Verre bleu* dit *Azur* , ou *Bleu d'Email* , parce qu'on l'emploie aux émaux , aux peintures , &c. Le fin & le superfin servent dans les Blanchisseries à donner aux toiles l'œil bleuâtre qui fait le beau blanc : ainsi , pour ce qui concerne les matieres qui entrent dans la composition du Saffre & du Smalt , il n'y a point de différence : mais le Safre n'est pas vitrifié ; il est seulement calciné jusqu'à un certain point : le Smalt , au contraire , doit non-seulement être réduit en verre , mais il doit encore supporter nombre de différentes préparations. *Traité de la fonte des Mines par le feu de Charbon de terre. T. IF,* pag. 294.

(1) Mine dans laquelle l'arsenic est la partie dominante ; mais toutes ces mines de Cobalt , non

plus que toutes les mines arsénicales , ne donnent pas la matiere du bleu dont on fait le Safre & le Smalt.

(2) Cette découverte , dont Becher , par amour pour sa patrie , faisoit un secret , a été publiée de nos jours par M. Gellert , Conseiller des Mines de Saxe ; elle prouve que parmi les matieres propres à la fabrique du Smalt , on peut ranger le *Speiss* que donnent certaines mines de plomb , & quelques pyrites arsénicales , fondues au fourneau à manche , comme les mines de cuivre à la fonte crue , c'est-à-dire , sans aucune calcination préliminaire. M. de Genssane , dont nous empruntons cet article , est entré sur toute cette pratique dans les détails les plus intéressants. *Tome II, Chapitre XXI, des Matieres propres à la composition du Smalt , page* 175.

(3) Tome II, Chapitre XXIX, *page* 309.

font les gros quartiers de charbon qu'on préfere pour échauffer le four (1), dans lequel on fait fécher le grain ; ces gros quartiers fe vendent plus cher, & il s'en exporte beaucoup en Hollande.

Outre différentes opérations particulieres, relatives fur-tout aux travaux métallurgiques auxquels on emploie les *cinders* en Angleterre, le principal ufage de ces braifes eft de chauffer ces étuves, dans lefquelles on fait germer, rôtir & réduire l'orge en *Malt* ou *Maltz*. Derby eft la premiere Ville qui ait fubftitué ces braifes à la paille pour cet ufage, ce qui donne à la biere qui s'y braffe, la blancheur & la douceur qui l'ont mife en réputation.

Les Teinturiers d'Aix-la-Chapelle & des environs de cette Ville, ceux de Verviers dans l'Evêché de Liége, n'emploient pas autre chofe dans leurs fourneaux à chaudiere que de la Houille. A Alais & dans quelques cantons de la baffe Provence, le même ufage commence à s'introduire parmi les Chapeliers, les Distillateurs d'Eau-de-vie, d'Esprit-de-Vin, foit fimple, foit parfumé, au rapport de M. Venel.

Ce dernier Art de retirer en grand, par le moyen de la diftillation des liqueurs vineufes, une feconde liqueur plus forte & plus inflammable, & des efprits ardents, peut même d'autant mieux s'exécuter au feu de Houille, qu'après un feu vif que donne ce combuftible, fa chaleur eft aifée à entretenir égale & uniforme ; il n'eft même aucun Art auquel le feu de Houille paroiffe plus approprié qu'à la diftillation des efprits ardents, dont le fuccès dépend de l'égalité inaltérable du feu, avantage qu'on ne peut attendre de celui du bois, pour lequel l'attention de fournir de temps en temps de la nouvelle matiere, eft chofe prefqu'impoffible à demander à un Ouvrier.

En 1772 & en 1773, M. Venel a exécuté dans l'attelier du fieur Clément, Fabriquant de Pézenas, à la faveur de fourneaux dont il donne la defcription (2), des diftillations de toutes les efpeces d'efprits qu'on a coutume de fabriquer au moyen de l'appareil ordinaire ; il obferve qu'il n'a jamais dépenfé au-delà de 60 livres de Houille (3) pour une chauffe, ou paffe entiere de vin, en y comprenant l'écoulement de la repaffe, de forte qu'il ne lui reftoit que très-peu de feu dont il eût pu profiter pour l'opération fuivante, excepté les *efcabrilles*, bonnes ou à mettre en train les chauffes qu'on auroit voulu commencer, ou à entretenir le feu.

M. Ricard, Négociant de la Ville de Cette, a fait auffi conftruire pour

---

(1) Cette partie principale d'une Brafferie, nommée en Wallon *Terray*, vulgairement *Touraille*, & dans laquelle M. Duhamel a corrigé l'inconvénient de la fumée en l'exhalant audehors, eft une étuve faite comme une trémie, ou pour mieux dire, c'eft le comble tronqué ou renverfé d'un pavillon quarré ; il n'y a de différence qu'en ce que le chaffis du haut de la

touraille eft la même chofe que les plattes-formes qui pofent fur les murs d'un pavillon.

(2) *Diftillation des Efprits ardents*, Sect. II, du Chap. V, de la troifieme partie de fon Ouvrage, page 379 avec une figure, N°. 1. Pl. VII.

(3) A Pézenas, la Houille coûte de 25 à 30 fols le quintal petit poids, & le bois 15 fols.

diftiller des Eaux-de-vie, des fourneaux où il emploie le Charbon de terre d'Alais dit de feconde qualité (1). De fes expériences, il réfulte que pour fabriquer la même quantité d'Eau-de-vie, il falloit au moins une quantité de bois double de ce qu'il faut de Houille ; d'où il fuit qu'en fe fervant de ce foffile, on trouve une économie de 20 fols par quintal. Cette économie fe trouve établie dans le Procès-verbal dreffé par le Subdélégué de l'Intendant de la Province. M. l'Abbé Rozier, qui a rendu compte en détail de cette opération, l'a accompagné d'un deffein du fourneau (2) ; il nous fuffira d'en donner ici une fimple notion & les dimenfions générales : la largeur du cendrier eft de 9 pouces, la hauteur du fol à la grille a 10 pouces, la profondeur eft la même que la longueur de la grille ; la porte du foyer eft de même largeur & hauteur que l'ouverture du cendrier ; la grille eft de 9 pouces, large de 10, fur 1 pied 10 pouces de longueur. Le diametre du foyer eft de 2 pieds 10 pouces.

La chaudiere ne doit avoir que 2 pieds 8 pouces de diametre dans fa plus grande circonférence, afin de laiffer un vide de 2 pouces entre celle-ci & la maçonnerie. Ce vide fe trouve couvert par les bords de la chaudiere qui portent fur la maçonnerie.

L'Auteur confeille de pratiquer à ces fourneaux un tuyau de cheminée, qui doit commencer à la hauteur des anfes de la chaudiere, vis-à-vis la porte du foyer & en forme de pyramide renverfée, ayant 3 pouces & demi en quarré à fa naiffance, & 6 pouces dans le haut, qu'on conduira dans les cheminées qui fervent aux fourneaux ordinaires.

En Angleterre & à Liege, la Distillation des Esprits acides ne s'exécute pas autrement qu'avec le feu de Houille, & on n'obferve rien de particulier dans les appareils.

M. Venel (3) propofe pour la diftillation du nitre, un grand vaiffeau de fer de fonte à deux becs, & adapté dans un petit fourneau de réverbere ordinaire pour être fubftitué aux cornues de verre, & aux vaiffeaux de terre qui ne font pas toujours bien bons.

Dans les Diocèfes d'Uzès & d'Alais, on eft affuré par l'expérience, que le feu de Charbon de terre de la plus mauvaife efpece, appliqué aux Fourneaux de tirage ou filature de Soie, n'eft pas nuifible à la qualité des foies. M. Venel remarque que la conftruction des fourneaux ordinaires dans lefquels on brûle du charbon de bois, outre différents vices de conftruction très-groffiere, a l'inconvénient d'expofer finguliérement la Fileufe (qui eft dans l'habitude de fe placer devant le fourneau) aux vapeurs pernicieufes du charbon de bois brûlant, & fouvent mêlé de fumerons.

---

(1) Qui eft celui dont les Chaufourniers font ufage.
(2) Janvier 1776, page 56, Planche II.

(3) Diftillation des Efprits acides, *Chap. VIII*, *Part. II*, page 437.

Les fourneaux que cet Ecrivain a vus à Alais, chauffés avec la Houille, ont un foyer régulier, pourvu d'un foupirail qui s'éleve plufieurs pieds au-deffus de la tête de la Fileufe, & d'une porte proprement dite, c'eft-à-dire, d'une ouverture plus étroite que le foyer auquel elle appartient ; on peut voir les dimenfions de ce fourneau dans l'Ouvrage (1).

Le feu allumé d'abord à l'ordinaire dans ce foyer, avec un feu de flamme, n'y brûle enfuite qu'à la maniere des feux fuffoqués, & fuffifamment pour porter en une heure de temps, une quantité d'environ 42 livres d'eau (petit poids) à un degré de chaleur marqué par le frémiffement, & même d'élévation dans la baffine, en communiquant à l'eau la blancheur qui eft le degré voifin de la pleine ébullition : chaque fourneau confume à Alais de 120 à 150 livres de Houille par jour.

M. Venel s'eft fort étendu fur les vices qui tiennent immédiatement à l'emploi & au gouvernement du feu dans toute la méthode ufitée au pays d'Alais, pour l'Art du *tirage de la foie* ; il propofe des corrections qui ren-droient cette opération plus commode pour les Ouvriers, & garantiroient la foie des effets quelconques de la fumée de Houille, & qui fur-tout diminue-roient de moitié la confommation qu'entraîne la méthode fuivie (2) ; il a fait chaque *Journée* (3) avec une quantité moyenne de 28 livres de Houille de Graiffefac du prix de 8 à 9 fols (4), favoir, avec environ 15 livres pour la premiere demi-journée, & 13 pour la feconde : les Fileufes trouvoient cent fois plus fupportables les fumées de la Houille, que les vapeurs de charbon de bois.

Près de Montpellier, fur la riviere Dulez (5), il y a un MOULIN A HUILE où les chaudieres font chauffées avec du Charbon de terre, ainfi qu'à Alais, & on épargne au moins moitié. M. Venel a perfectionné la conftruction de ces fourneaux, en appropriant les fourneaux ordinaires où l'on fe fert de bois à l'ufage du feu de Houille (6).

L'ART DE PURIFIER, BLANCHIR ET MOULER LE SEL ESSENTIEL DES CANNES A SUCRE, peut encore s'exécuter avec fuccès par le feu de Charbon de terre.

Dans les Rafineries de fucre d'Orléans & d'Angoulême, ce foffile eft employé à deux opérations ; lorfqu'il a fondu le fucre, & qu'il a perdu fa premiere ardeur, on le tire de deffous les chaudieres, fes braifes font mifes en monceau ; on les mêle enfuite avec du nouveau charbon qui n'a point encore paffé au feu, & on s'en fert ainfi une feconde fois dans les étuves pour fécher les fucres.

---

(1) Filature de foie, Section III du Chapitre V de la troifieme Partie, *page* 387.

(2) La Figure 1, *Pl. VIII* de l'Ouvrage de M. Venel, repréfente la coupe de fon fourneau.

(3) La journée à Pezenas eft de 10 heures ; elle eft partagée en deux demi-journées, à la fin de chacune defquelles on jette l'eau des baffines, & on y opere un même degré de chaleur qu'à Alais.

(4) Le prix commun eft de 25 à 30 fols le quin-tal ; & 35 livres environ de charbon de bois qu'il faut pour une journée, coûte 17 fols 6 deniers.

(5) Attenant le moulin à bled de Sauret, à un quart de lieue de Montpellier.

(6) Moulins à huile, *Section I du Chapitre V, Part. III, page* 346.

La Rafinerie établie à Montpellier , chauffe ſes chaudieres & ſes poëles avec de la Houille.

M. Venel (1) propoſe des corrections économiques dans les poëles des étuves de cette Manufacture , pour, avec 15 ou 16 livres de Houille, renou-vellée trois fois en 24 heures tout au plus , produire une chaleur plus que ſuffiſante à une très-grande étuve.

L'ART DU SAUNIER , ou l'Art de retirer le ſel marin par l'évaporation de l'eau ou de la mer ou des lacs ou des puits ſalants , & d'enlever le même ſel des mines de ſel-gemme , peut également s'exécuter avec le feu de Charbon de terre.

M. de Genſſane obſerve que trois ou quatre ſalines que nous avons en France , font une conſommation étonnante de bois , tandis que les habitants de leur voiſinage en manquent pour leurs beſoins. En fait d'opérations auſſi ſimples , l'exemple devroit ſervir de loi & de raiſon : il n'eſt pas aiſé de concevoir ce qui a empêché & ce qui empêche d'imiter à cet égard ce qui ſe pratique dans quantité d'endroits, comme à *Halle* , & ailleurs en pays étranger , où les Ouvriers qui font le ſel marin font évaporer leur ſaumure au feu de Houille : il y auroit ſur cela d'autant plus à gagner , que la Houille de plus baſſe qualité eſt bonne à cet uſage (2) ; on pourroit ajoûter à cette conſidération , qu'il eſt peu de ſource ſalée qui ne ſoit dans le voiſinage de quelque mine de Charbon de terre.

Opérations de Chimie & de Pharmacie.

M. Spielmann (3) exclut des laboratoires chimiques les Charbons de terre ; il en donne pour raiſon, 1°, la ventilation dont il penſe que ce foſſile a indiſpenſablement beſoin ; 2°, l'odeur & la fumée ; 3°, les cendres réſultantes de ce combuſtible ſujettes à ſe pelotonner en maſſes plus ou moins fortes , & dont la ténacité eſt plus grande que celles du charbon végétal , ce qui exige des cendriers plus vaſtes & des grilles plus larges.

Le ſentiment de cet illuſtre Chimiſte me paroît fondé , ſur-tout quant à la quantité de cendres que donne le Charbon de terre ; M. Venel cepen-dant (4) ſe croit autoriſé à avertir les Chimiſtes & les Pharmaciens , que tous leurs feux , ſans diſtinction, peuvent ſe faire avec de la Houille , ou ce qui eſt la même choſe , ce ſont les termes de l'Auteur , qu'ils peuvent opérer avec cet aliment du feu dans toute la latitude de leur feu uſuel , depuis la digeſtion à la plus foible chaleur , juſqu'à la fonte des matieres les plus

---

(1) Rafineries de ſucre , Sect. IV. Chap. V, Part. III, page 412.

(2) En Angleterre les Sauniers, pour avoir une tonne ou 40 boiſſeaux de ſel , conſomment 3 chaldrons de charbon, coûtant 16 chellins

& 6 ſols.

(3) *Inſtitutiones Chemiæ*, Sect. XXI, pag. 17 , *Editio altera* , 1776.

(4) Chapitre I , Section II , de la troiſieme partie de ſon Ouvrage , *page* 473.

rebelles, & cela commodément, sûrement, efficacement & économiquement.

Je ne déciderai point entre ces deux Savants ; je crois feulement qu'en admettant les cas où l'on n'a rien à appréhender de l'impreffion de la fumée fur les corps traités dans ces deux Arts, & dans les vaiffeaux dont on fe fert, une folidité capable de réfifter long-temps à l'action du feu, il faudra toujours bannir les Charbons de terre dont la nature participe de la nature pyriteufe ou fulphuréo-acide.

Du Feu du Charbon de terre appliqué au chauffage, & aux ufages domeftiques.

E<small>N</small> démontrant la très-grande abondance de veines ou de mines de Charbon de terre répandues dans la furface du globe, en décrivant tout ce qui a rapport à fon extraction, mon deffein n'a pas été uniquement de préfenter aux curieux une idée générale quoiqu'exacte de la matiere que j'ai traitée ; on a dû certainement s'appercevoir que j'ai cherché à remplir ce que j'ai promis dans l'Avant-propos de mon Ouvrage, à être utile, à faire connoître & à rendre faciles, fur-tout en France, les travaux qu'exige l'exploitation d'un foffile plus précieux que bien d'autres, lorfqu'on voudra pourvoir à la néceffité inftante d'arrêter le dépériffement de nos Forêts ; qu'enfin je me fuis occupé d'exciter ma Patrie à profiter de l'exemple du pays de Liége & d'Angleterre, pour accroître fon commerce intérieur d'une branche à laquelle on n'a pas encore affez fait attention, & particuliérement pour remédier à la difette de bois dont on eft menacé dans tout le Royaume, même dans la Capitale (1).

On ne peut difconvenir que dans toutes les grandes Villes, le bois propre au befoin le plus répété & le plus effentiel, celui des cuifines & autres néceffités de ce genre, celui du chauffage pendant fix mois de l'année, eft maintenant, après la fubfiftance, l'objet le plus difficile, le plus difpendieux, comme le plus indifpenfable pour un ménage (2). Les habitants de Londres ont été infenfiblement réduits à la difficulté, puis à l'impoffibilité de trouver du bois à leur portée, *Voy.* page 422 ; ils font tellement accoutumés aujourd'hui à la Houille, qu'ils la préféreroient au bois s'ils en avoient. Le peuple Liégeois naturellement avifé, l'a été fur ce point plus que toutes les autres Nations ; une fage prévoyance, qui toujours garantit de plufieurs inconvéniens, a averti les Liégeois de faire ufage d'un foffile qu'ils ont en

(1) Feu M. Fagon, Intendant des Finances, avoit, dans cette même vue, introduit dans fes bureaux & dans fes anti-chambres, l'ufage du Charbon de terre.
(2) En 1730, la corde de bois fe vendoit à Arras tout au plus 14 livres ; elle coûte préfen-tement 30 à 35 livres ; en Picardie, le bois qui valoit 30 livres en 1740, vaut préfentement 40 livres; cette augmentation ne peut avoir pour principe que celui de la confommation, qui produit la dévaftation de nos forêts.

abondance (1), & dont ils pourroient avoir befoin ; mais ils n'ont pas attendu cette derniere extrémité.

En Angleterre particuliérement, & dans le pays de Liége , le feu de Charbon de terre eft généralement adapté à tous les ufages domeftiques ; la maniere de s'en fervir, non moins intéreffante , que pour exécuter les opérations de différents Arts , eft en foi fuffifamment connue , par ce que nous avons dit dans notre Ouvrage. Un objet de cette importance , foit pour le peuple des provinces , foit pour le rétabliffement de nos forêts , devenu douteux ou impoffible , fi par une délicateffe mal entendue on s'obftine à ne pas employer cette production , ne fauroit être trop développé dans tout ce qui y a rapport : c'eft ce que nous nous propofons ici , en confidérant de nouveau le Charbon de terre fous le même afpeét , c'eft-à-dire , comme reffource affurée , commode & peu difpendieufe , contre le prix exorbitant du bois de chauffage (2). Pour remplir notre but , il nous a femblé à propos , relativement à cet ufage , d'examiner d'abord , autant que cela fe peut , ce foffile par comparaifon , prix pour prix & dans fa durée au feu , avec le combuftible qu'il remplacera un jour chez nous , d'établir de même un parallele entre ces deux combuftibles , quant à la chaleur qu'ils donnent l'un & l'autre ; d'éclairer enfin d'avance fur les principales difficultés qui ne font ignorées de perfonne , concernant l'innocence de ce chauffage. Il n'en eft pas de ces difficultés fur lefquelles eft fondé l'éloignement à fe fervir de la Houille dans les foyers domeftiques , comme de celles que l'on pourroit oppofer à fon emploi dans les fourneaux de Manufaétures , *Voy. page* 1241 ; l'éloignement , l'inquiétude fur cet objet , tiennent à la confervation de la fanté ; ils demandent les plus grands égards , & à être traités à fond , ce qui ne pourroit fe faire ici , fans donner lieu à une digreffion trop longue : nous ne nous y arrêterons auffi pour l'inftant , de même qu'aux deux autres confidérations , qu'autant que cela peut être néceffaire pour difpofer le Leéteur à fuivre notre defcription avec un peu moins de préventions.

Les avantages généraux & particuliers du feu du Charbon de terre employé brut ou préparé , les objeétions que l'on a coutume d'oppofer à fon ufage , feront amplement difcutés à la fin de notre Ouvrage , dans les Mémoires que nous avons annoncés , *page* 486 (3).

_____

(1) Voyez l'Introduétion , page **iv**.

(2) L'*Obfervateur François à Londres* , troifieme Partie , Vol. II , Lettre LXXV , *pag.* 329 , remarque très-bien que quand ce combuftible ne feroit employé que dans les anti-chambres , les poëles , les cuifines , ce feroit un grand bien ; il en réfulteroit , dit cet Ecrivain , moins de confommation de bois , plus d'aétivité pour l'exploitation des mines de Charbon de terre , &, ce qui eft encore d'une grande conféquence , une grande diminution de dépenfe pour les particuliers.

(3) Imprimés auffi en format *in-12* , en faveur des perfonnes qui n'ont point la colleétion des Arts que publie l'Académie. Le célebre M. Wan-Swieten , dans une Lettre du 21 Septembre 1771 , marquoit à l'Auteur , que S. M. l'Impératrice penfoit très-avantageufement de l'ufage de la Houille , qu'elle donnoit des récompenfes aux Maréchaux ferrants , aux Faifeurs de briques , & aux Chaufourniers qui s'en fervoient , attendu la diminution des bois , & l'augmentation du prix de ce combuftible , & qu'en préfentant à fon

Du chauffage de Charbon de terre , comparé à celui de Bois ou de Charbon de bois , dans sa consommation , sa durée , sa chaleur.

LES expériences & les recherches auxquelles on voudroit se livrer pour connoître ces différences respectives , ne peuvent absolument comporter la précision requise ; les différences de Charbon de terre, celles des bois ou des charbons de ces derniers combustibles, leurs prix dans chaque Province n'étant pas les mêmes , ne donneroient toujours que des résultats difficultueux & fautifs (1). Le particulier seul est à même de fixer, autant qu'il est possible , cette comparaison par ses propres expériences; ce que l'on peut avancer sur cela en général , c'est que le progrès du feu sur les Houilles de bonne qualité & en gros morceaux, est plus lent que sur le bois, *Voy.* page 1152 ; en conséquence la consommation de Houille doit être moins rapide , en admettant ensuite comme certain , que les corps retiennent leur chaleur en proportion du temps qu'il a fallu pour les chauffer. On pourroit rapprocher avec avantage cete notion des questions à établir sur cet objet.

M. Deville est parti de ce principe (dans le Mémoire dont nous avons fait usage, *page* 1144) pour en déduire une estimation. Selon l'Académicien de Lyon , cette consommation comparée est à peu-près en même raison que trois à douze , c'est-à-dire, que si vingt livres de bois durent trois heures , vingt livres de Charbon de terre en dureront douze.

Entr'autres façons d'apprécier la quantité du feu par sa durée & par ses effets, celle que M. Venel a suivie mérite considération ; & je pense comme ce Savant , qu'on peut en faire des applications fort étendues : j'en donnerai ici une idée (2).

« Dans un fourneau à chaudiere où l'égalité des circonstances a été
» observée autant qu'il a été possible , où la même chaudiere a été chargée
» de la même quantité de liqueur , d'eau du même puits , par exemple , on a
» fait du feu avec des quantités égales de différentes matieres mises en
» comparaison , par la même température de l'air, autant qu'il a été possible ,
» ou en tenant compte de la variété à peu-près inévitable de ces températures ,
» on a observé le progrès de la chaleur dans l'eau , la durée de la plus grande
» chaleur ou de l'état d'ébullition , & enfin la quantité d'eau qui a été éva-
» porée par l'action entiere de chaque feu.

» On a exécuté des expériences équivalentes dans le feu ouvert tel qu'il

---

Auguste Maîtresse , un exemplaire de ces Mémoires, il l'avoit prié de le lire & de le faire lire par son Conseil.

(1) Dans l'Annonce publiée en 1770 d'un établissement tenté pour procurer au peuple de Paris un chauffage de Houille apprêtée , il a été fourni une note très-défectueuse sur le prix & la quantité de ces pelottes, comparés avec le prix & la quantité de ce qu'il faudroit de bois en falourde, pour cuire trois pots au feu de trois livres de viande.

(2) Comparaison du feu de Houille & du feu de bois , relativement à l'économie particuliere , *Sect. II, Chap. VI. Part. I, page* 186.

» l'eſt dans les âtres de cuiſine , de chauffage , &c ; enfin on a pouſſé à la forge
» les matieres de chaque claſſe qu'on a coutume d'y employer , ſavoir , d'une
» part, la Houille brute, les braiſons ou eſcarbilles ; & de l'autre, le charbon de
» bois que les Maréchaux, les Serruriers, &c, emploient dans les pays où ils
» n'ont point de Houille, les Orfévres par-tout , & les Chimiſtes preſque
» généralement auſſi.

» Il a réſulté de toutes les expériences faites d'après ces attentions , que
» les feux de buches & de rondins de différents bois ſecs dans les foyers
» ordinaires, coûtent (dans le Languedoc) à peu-près plus du double que
» les pareils feux de Houille faits ſur les grilles ordinaires, & encore en
» négligeant la valeur , très-réelle néanmoins , des braiſons ou eſcabrilles que
» laiſſe le feu de Houille , & auxquelles rien ne correſpond dans les feux de
» bois ; car le feu de bois vif, ne laiſſe pas ou preſque point de braiſe ».

Non-ſeulement la chaleur du feu de Houille eſt plus ardente que celle du
feu de bois , mais lorſqu'on vient encore à comparer cette chaleur avec celle
du charbon de bois, ce dernier combuſtible n'aura point la ſupériorité. L'expérience apprend que dans toutes les occaſions où l'on emploie le Charbon
de terre , un boiſſeau de ce combuſtible fait autant d'effet que trois boiſſeaux
de charbon de bois, qu'il donne en même temps moins d'embarras à l'Ouvrier,
& produit de meilleur ouvrage ; ainſi en ſuppoſant un boiſſeau de Charbon
de terre , revenant à un prix plus cher qu'un boiſſeau de charbon de bois, il y
aura toujours un bénéfice à s'en ſervir.

Economies particulieres que l'on peut ſe procurer dans le chauffage du Charbon de terre.

LES braiſes & les cendres de feu du Charbon de terre, préſentent ſpécia-
lement une particularité que nous ne devons point paſſer ici ſous ſilence ,
attendu le bénéfice réel qu'on peut en retirer dans les petits ménages qui
doivent s'occuper d'économie : tout le temps que dure l'embraſement , il ſe
détache du Charbon de terre employé brute ou empâté avec des argilles, des
morceaux plus ou moins volumineux ; ces *Krahays* ou braiſons tombés hors
du *fer à feu*, ne peuvent plus ſe ſoutenir dans l'état d'ignition ; ils s'éteignent ,
mais ils ne ſont point conſommés, & ils ſont encore combuſtibles ſelon qu'ils
ont éprouvé un degré plus ou moins fort de chaleur plus ou moins ſoutenue (1) ; un feu ordinaire produit une quantité conſidérable de ces braiſes,
principalement ſi on attiſe le feu trop fréquemment. Le rateau introduit

---

(1) On ſuppoſe ici que les Houilles employées ſont de bonne qualité : car ſi elles étoient
mêlées de *nerfs* ou *d'arrêtes*, on n'auroit que des
vraies pierres , à peine changées de figures , ou
diminuées de volume, & qui ne peuvent être ſuſceptibles d'un nouvel embraſement. M. Venel,
page 53, range parmi les mauvais charbons ,
celui nommé à Rive-de-Gier , *Charbon Perat* ;
mais il a confondu celui qui eſt mêlé de *Gorres*.

parmi les pieces de garnitures de fer, n'a été imaginé que pour féparer des cendres tout ce que l'on peut de ces braifes, & y en laiffer le moins poffible.

Ces deux réfidus méritent des obfervations fur leur quantité & fur leur qualité. M. Venel remarque que les bonnes Houilles brûlées dans un bon foyer à la quantité de 30 ou 40 livres, & en morceaux d'une livre ou deux, lui ont affez communément donné deux cinquiemes *d'efcabrilles* dans les foyers ouverts, & environ un tiers dans les foyers fermés (1); leur effet & leur durée au feu lui paroiffent tels qu'ils correfpondent au moins au quart du feu de Houille neuve; felon fon calcul, les efca-brilles réfultantes de 80 livres de Houille, par exemple, fourniffent un feu à peu-près équivalent à celui de 20 livres de Houille brute (2).

Tout ce qu'avance M. Venel eft bien pofitif, bien fpécifié, & eft conforme en tout à ce que nous avons fait remarquer fur les braifes d'un feu ordinaire, *page* 1190. M. Venel regarde avec raifon ces braifes comme un objet d'éco-nomie très-confidérable & donnant un très-bon feu (3). Dans le fait, ce font de vrai *cinders*, tels que ceux avec lefquels on eft dans l'ufage, en Angleterre, de chauffer les appartements, parce qu'ils ne donnent pas de fumée, & M. Venel reconnoît une grande analogie entre ces efcarbilles & les braifes nommées par les Anglois *coaks* (4), qui fe trouvent communément être fupérieures à la braife de bois.

On ne voit pas comment après s'être expliqué auffi précifément, l'Auteur annonce ailleurs, qu'on ne doit, pour les befoins domeftiques, faire nul cas de ces braifes, & pourquoi il regarde comme peu économique & mal entendu l'ufage qu'on voudroit en faire, ainfi qu'il prétend l'avoir prouvé dans plufieurs endroits de la premiere partie de fon Ouvrage (5).

Le chauffage de Houille donne beaucoup plus de cendres que le feu de bois. M. Venel s'eft encore occupé de déterminer la proportion de ce réfidu que donnent les bonnes Houilles (6); pour cela il a fait des feux de 30 à 40 livres, dans des fourneaux où la ventilation fpontanée étoit fimplement fuffifante; la proportion commune & moyenne des cendres à la Houille qui les a fournies, a été à peu-près d'un quart.

L'état particulier aux cendres de Houille, forme un fecond article digne d'attention; d'après ce que nous avons dit de la quantité de braifes qui fe détachent du feu, ces cendres ne font pas complettement des cendres (7); à moins qu'elles n'ayent été tamifées ou paffées fouvent & avec le plus grand foin au rateau, elles font toujours mêlées, ou de beaucoup de *Krahays* qui

(1) Section II, Chap. II, Part. I, *page 33, des Efcabrilles ou Efcarbilles.*
(2) Section II, Chap. VI, Part. I, *page 190.*
(3) Partie II, Chapitre VI, Section II, *Com-paraifon du feu de Houille & du feu de bois, rela-tivement à l'économie particuliere, page 190.*
(4) Section I, Chapitre IV, Partie, I, *page 73,*

Efpeces artificielles de Houille. Et ibid. page 91.
(5) Chapitre IV, Partie II, *Appropriation des efpeces tant naturelles qu'artificielles de Houille aux différens feux, page 276.*
(6) Section III, Chap. II, Part. I, *page 36.*
(7) M. Venel les qualifie *cendres imparfaites.*

peuvent aifément fe trier afin de ne point les perdre, ou de menus *Krahays* en poufliere; la preuve en eft, qu'en jettant fur le feu ces cendres, même celles du Charbon de terre apprêté & mis en pelottes, on en voit une partie s'enflammer, & une autre partie parvenir à un degré d'incandefcence marquée (1).

On n'eft point étonné après cela des différentes petites économies que ces cendres de *Houille graffe*, chargées fans ceffe de Krahays en poufliere imperceptible, peuvent fournir aux pauvres ou à ceux qui font dans le cas de chercher à ménager. Il ne paroîtra en conféquence rien d'extraordinaire dans ce qu'avance M. Kurella, qu'avec des cendres feules pêtries avec de l'eau, il ait réuffi à faire des gâteaux qui ont brûlé au feu auffi bien que des pelottes neuves, en donnant une chaleur d'une auffi longue durée. A Maftricht, les pauvres font par ce procédé des gâteaux quarrés, longs & plats de toute la grandeur du feu, pour recouvrir leur feu le matin & le foir.

On peut donc dire (en faifant grace à la maniere finguliere dont nous croyons pouvoir nous exprimer), (2) qu'il eft poffible de *tirer parti à l'infini de ces cendres*, & *qu'elles font propres à redonner fans ceffe un feu qui n'a pas de fin*; fi au furplus cette expreffion préfente quelque paradoxe, comme elle a paru à M. Venel (3), nous devons l'éclaircir ici, & cela eft facile. Nous convenons avec ce Savant, que cette propriété n'appartient qu'aux braifes ou Krahays, comme à la braife de bois, & point précifément à la cendre, qui pourroit néanmoins, chaque fois qu'on la repaffe au feu, s'imprégner de nouveau d'une fuffifante quantité de vapeur graffe inflammable.

M. Venel paroît dans ce moment avoir oublié la maniere dont il qualifie lui-même ces cendres de feu de Houille; c'eft parce qu'elles font *imparfaites*, & qu'elles le font prefque toujours, que nous les regardons fufceptibles de cette propriété, qui ne devient plus finguliere, autant qu'elle a paru l'être à M. Venel : je ne crois point du tout, comme lui, que ces cendres, quand elles font encore mêlées de quelques morceaux vraiment combuftibles, agiffent fimplement dans les nouveaux feux en les contenant, & non pas en contribuant à les entretenir (4). En admettant une fois, comme le fait M. Venel, des Krahays encore combuftibles dans ces cendres, c'eft une inconféquence manifefte de prétendre qu'elles ne font dans les feux de Houille que ce que font dans les feux de bois les cendres engendrées dans le foyer dont on couvre quelquefois ces feux ordinaires (5).

Sans que M. Venel s'en doute, la remarque par laquelle il finit, infirme fon propre dire, & vient à l'appui du mien.

---

(1) Il eft effentiel de ne point perdre de vue l'efpece particuliere de Houille, bonne à employer en chauffage à l'air libre, qui eft celle nommée par les Liégeois *Houille graffe*.

(2) Dans les Mémoires fur le feu de Houille ou de Charbon de terre, en traitant des avanta-

ges de ces feux pour le chauffage & pour les befoins domeftiques.

(3) Page 101, note a.

(4) Section I, Chapitre IV, Partie I, pag. 100; *Des cendres imparfaites.*

(5) *Ibidem.*

Cet Ecrivain dit, que le feu de Houille bien ardent & bien embrasé supporte mieux, que les feux semblables de bois, les cendres qu'on met dessus, & que le premier est contenu par ce moyen avec beaucoup plus d'avantage que le dernier : cette phrase ne diffère de la mienne, qu'en ce qu'elle est un foible apperçu du vrai point de fait; il se seroit présenté plus clairement à M. Venel, s'il avoit été à portée d'avoir quelque bonne Houille grasse, dont les Krahays sont toujours plus chauds que les Krahays de Houille maigre.

Il eût vu autrement la chose, s'il eût porté attention au parti que les pauvres, à Liége, tirent des cendres de leurs feux en les faisant entrer dans la composition de hochets économiques, à la quantité d'un boisseau, sur autant de terre grasse, avec deux boisseaux de *Fouaye*, afin d'animer le chauffage. M. Venel paroît avoir ignoré cette pratique, ou n'en avoir fait aucun cas ; mais elle ne suppose pas moins que ces cendres ont toujours dans l'opinion commune (sauf à être discutée) une sorte de valeur réelle pour donner de la chaleur. Ce mélange fraîchement corroyé, donne des pelottes qui font un feu joli, agréable & chaud : les pauvres qui l'ont imaginé, le font tout uniment dans le coin de leur cheminée : il a l'inconvénient, au moment qu'on le prépare, d'exhaler une odeur fétide d'*hépar*, mais qui se dissipe dans le desséchement à l'air ou au feu, & n'a nul désagrément. M. Venel paroît n'avoir pas pris garde non plus dans mon Ouvrage, *pag.* 81 & 362, que la *Teroule* fine & douce, amalgamée avec un peu d'*Arzée*, donne une chaleur très-appropriée à l'usage que les femmes font des chauffrettes, auxquelles il recommande avec raison de substituer un morceau de fer ou de brique chauffée (1).

Les expériences du genre de celle dont M. Venel a été chargé, les connoissances qu'elles donnent, sont sujettes aux mêmes inconvénients remarqués par M. Zimmermann, dans les Descriptions de Charbon de terre d'un seul pays, & dans les conséquences qu'on en tire, *Voy.* page 61. Ces expériences, ces connoissances pour être précises & sûres, demandent à être faites, prises & suivies par comparaison répétée, ou sur les charbons de diverses contrées, ou encore mieux dans les pays mêmes où ce chauffage est pratiqué généralement, où l'on voit à tout instant en grand & habituellement dans son foyer & dans celui des autres, les pratiques & les particularités de ce chauffage. M. Venel, pressé par les circonstances de travailler à la hâte sur une matiere qui étoit absolument neuve pour lui, au moment qu'il a entrepris d'en faire un objet de travail, n'a pu se former sur certains objets des idées fixes & invariables, ni connoître exactement tous les détails de l'usage des feux de Houille.

(1) Section V, Chapitre V, Partie I, *page* 158, *Manque de feu pour les chauffrettes.*

Remarques & Observations générales sur les dangers que l'on croit inséparables de l'usage du feu de Charbon de terre pour le chauffage.

Nous annonçons suffisamment par ce titre général, que nous ne prétendons point, ainsi que nous en avons déja prévenu, nous occuper pour l'instant en aucune maniere des objections que l'on a coutume d'opposer à ce chauffage, soit relativement à la santé, soit relativement aux incommodités qui lui sont attribuées; nous voulons uniquement mettre le Lecteur dans le cas de suspendre son jugement sur ses propres préventions. Tout ce que M. Venel dit, concernant cet objet (1), se rapporte absolument à ce que nous avons publié avant ce Savant, dans notre Mémoire sur les feux de Houille (*in*-12, 1770.) Pour calmer les premieres inquiétudes qui se présentent sur le fait de la santé, nous n'emprunterons de son Ouvrage que deux observations (2).

On a exposé un chardonneret dans sa cage, pendant une heure entiere, à une fumée très-épaisse & très-abondante de Houille, ensorte qu'il en étoit souvent enveloppé au point de ne pouvoir être apperçu : pendant tout ce temps, l'oiseau n'a pas donné le moindre signe de mal-aise; il a bu, il a mangé, & même de temps en temps fait un petit ramage. Les moineaux connus dans la contrée de Carmaux en Albigeois sous le nom de *moineaux verriers*, sont bien un autre exemple en grand, que la fumée de Houille brûlée, n'est point sulphureuse dans la maniere dont on l'entend communément, & n'est nullement comparable à la vapeur du soufre brûlant, dont on sait si bien se servir à la campagne, pour faire une espece de chasse aux petits oiseaux en plate campagne. Dans la Verrerie de Carmaux, où le fourneau est chauffé avec de la Houille, les pigeons & les moineaux nichent dans le toît de la halle où est renfermé le fourneau; les moineaux particuliérement s'y retirent pendant l'hiver, & habitent le toît par préférence à tous ceux des bâtiments voisins, sans doute à cause de la chaleur qu'ils y rencontrent. On ne peut douter qu'ils ne soient bien complettement exposés tant aux fumées de Houille, qu'aux cendres qui s'enlevent en même-tems; car leurs plumes en deviennent noires, & même la peau qui en est recouverte, ce qui a fait donner à ces moineaux enfumés, le nom de *moineaux verriers*.

Il est encore facile de présumer favorablement de l'innocence des exhalaisons de Houille enflammée, par l'usage où l'on est dans les Cévennes, non-seulement de faire éclore à la chaleur de ce feu des vers-à-soie, mais même d'élever ces vers dans des endroits fermés exactement & au milieu de la fumée de ce fossile. Il a été ajouté à M. Venel, que loin d'avoir observé que

(1) Section I, Chapitre II, Partie I, p. 14, *Des fumées & vapeurs*; Chapitre V, *Tableau général des préjugés ou erreurs populaires contraires à l'emploi de la Houille. Réfutation de ces erreurs*, page 112. — Chapitre VI, *Avantages des feux de Houille tant absolus que considérés en opposition aux désavantages ou aux moindres avantages des feux de bois*, pag. 161. (2) Section I, Chap. XII, Partie I, *page* 18.

ces fumées fuſſent nuiſibles aux vers-à-ſoie, elles paroiſſoient produire ſur eux des effets avantageux, que ces vers ſe trouvent plus vigoureux que ceux que l'on chauffoit avec le bois, & leurs produits étoient d'un ſixieme plus forts que celui des vers chauffés avec le bois *(1).*

Ces faits pourront paroître de peu d'importance; mais ils ſont diamétralement oppoſés à tous les préjugés répandus dans quantité d'Ecrits ſur ce point, & en particulier à ce qui ſe trouve conſigné dans un examen analytique de la tourbe, publié en 1758 par la voie d'un Journal (2). L'Auteur de ce Mémoire regarde la Houille comme un foſſile métallique; il admet dans ſa compoſition du mercure, des parties arſénicales; enfin, comme quelques autres perſonnes, il attribue à la Houille la manie de ſe tuer ſouvent par compagnie.

Cette maladie ſur laquelle nous ne négligerons pas de nous expliquer, autant que le permet le motif pour lequel nous en parlerons, fait le ſujet d'un Traité compoſé *ex profeſſo* par un Médecin, Anglois de nation (3). Il n'eſt ſeulement pas venu dans l'idée de l'Auteur d'inculper ni de diſculper les exhalaiſons du feu de Charbon de terre : au ſurplus, ce que je crois pouvoir avancer dans les Mémoires, ſoit pour perſuader de l'utilité de cette reſſource, ſoit pour raſſurer ſur les dangers regardés aſſez univerſellement comme inſéparables du feu de Houille, eſt ſuffiſamment étayé par les Pieces juſtificatives que j'ai placées à la ſuite de ce cahier : telles que l'Extrait des Regiſtres de l'Académie des Sciences, le Décret de la Faculté de Médecine (4). J'y ai joint une Lettre intéreſſante de M. Del-waide, Médecin de Liége, ſur l'opinion que la grande quantité de Houille qui ſe brûle dans cette Ville, rend ſes habitants très-ſujets aux maladies de poitrine; opinion à laquelle tiennent, outre le vulgaire, pluſieurs perſonnes faites pour être détrompées.

---

(1) Article intitulé : *Addition à la fin de l'Ouvrage.*

(2) Par le ſieur Dupré Daunay ; *Journal Economique*, Avril.

(3) *Angliæ flagellum, ſeu tabes Anglica, numeris omnibus inſtructa, ubi omnia quæ ad ejus tum cognitionem tum curationem pertinent, dilucidè aperiuntur,* Authore Theophilo de Garencieres, D. Medico, 1647.

(4) J'ai reconnu depuis par les anciens Regiſtres de la Faculté de Médecine, que dès l'année 1519 au commencement d'Août, cette Compagnie s'étoit déja expliquée favorablement ſur ce ſujet: voici la traduction littérale de ce qui s'y lit au Regiſtre IV.

La Faculté aſſemblée à la requiſition de MM. de la Cour de Parlement & du Prévôt de Paris, qui demandoient ſi l'uſage d'une certaine terre d'Angleterre néceſſaire aux Serruriers, n'étoit point nuiſible à la ſanté à cauſe de ſa mauvaiſe odeur; il fut conclu que la fumée de cette terre ne pouvoit apporter aucun dommage au corps humain, *dum recto & bono artificio præpararetur.*

Il eſt probable que c'eſt encore ſur cette même matiere que la Faculté fut conſultée en 1666 : les Regiſtres n'en ont conſervé aucune mention ; voici ce qui ſe trouve à ce ſujet dans les Lettres de Gui Patin, Lettre CLIII, du 22 Novembre 1666. Il y a ici un Italien qui dit avoir été mandé exprès pour un certain ſecret, qui eſt d'une terre compoſée qui échauffe incontinent une chambre ſans odeur & ſans fumée ; pluſieurs ont été nommés pour en voir l'épeuve, dont il y a eu deux Médecins, ſavoir M. Mathieu & moi. MM. Blondel, Guenaut, Bruyer & Moriſſet, s'y ſont auſſi trouvés ; nous avons ſigné que ces boules de terre faiſoient un feu beau & clair ſans fumée & ſans aucune mauvaiſe odeur : il nous dit qu'il en donnera un 100 pour 10 ſous. Chaque boule eſt plus groſſe qu'une bale de tripot : on a ordonné qu'on en chaufferoit le four, & que l'on nous donnera à chacun un des petits pains qui s'y cuira, pour en tâter : j'y ai ſalué M. le Premier Préſident, & rien davantage ; car il y avoit plus de 300 perſonnes.

Entre les témoignages de plusieurs Médecins très-éclairés & très-répandus dans la pratique, qui m'avoient assuré à Liége la fausseté de cette imputation, je m'étois borné dans mon Ouvrage à citer celui d'un d'entre eux instruit dans la bonne & véritable théorie, & doué de ce génie propre à l'observation, génie qui caractérise le vrai Praticien. Lorsque le Gouvernement prit connoissance de mes opérations sur nos Houilles de France, je songai que ma façon de voir & de penser touchant l'influence de ce chauffage sur la santé, ne pourroit être trop étayée ; persuadé que les Compagnies célèbres sur l'avis desquelles cette méthode prenoit faveur dans l'opinion des Ministres, ne verront qu'avec plaisir d'autres Sociétés savantes avoir les mêmes sentiments, & porter un jugement aussi éclairé sur le même objet, je me suis occupé à recueillir de toutes parts de nouveaux témoignages, sur-tout parmi l'étranger.

Les correspondances honorables que j'ai conservées dans Liége, ont dû naturellement me faire songer à m'adresser au Collége des Médecins de cette Capitale ; tous les Docteurs ou Licenciés qui y sont aggrégés, ont été assemblés extraordinairement par ordre exprès de M. le Baron de Haxhe de Bierset, Président du College, & Trésorier de la Cathédrale.

Le Préfet M. Maureal, premier Médecin de S. A. Celsiss. (1), y a fait la lecture de la Lettre par laquelle je demandois que cette Compagnie voulût bien examiner réguliérement une assertion défavorable du célèbre M. Hoffmann, sur ce qui regarde l'effet qu'imprime à l'air de la ville de Liége la Houille qu'on y brûle dans toutes les maisons. On verra que la décision des Médecins qui exercent dans cette Capitale, est formellement contraire à l'allégation du savant Professeur de Halle. Les réfléxions qu'ils lui ont opposées, se sont trouvées les mêmes que celles que j'avois fait entrer dans les Mémoires, auxquels j'assure que je n'ai fait sur cet article, ni addition, ni changement d'après la déclaration du Collége de Liége.

Peu de personnes ignorent que la coutume d'appliquer le feu de Houille aux usages domestiques, a passé dans le Hainaut François ; c'est depuis que les travaux de M. le Vicomte des Androuins ont mis cette frontiere du Royaume en possession d'un trésor qui n'y étoit pas connu. Cette heureuse époque n'est ni trop récente, ni trop éloignée pour qu'on puisse ne pas regarder comme assez constaté ce qui s'en est suivi d'avantageux & de désavantageux. Les Médecins de Valenciennes devoient par cette raison être consultés ; ils sont à portée de voir les effets qu'a pu produire sur les habitants l'exhalaison continuelle des feux de Charbon de terre, en comparant la constitution actuelle de leurs concitoyens avec celle dont ils jouissoient avant qu'on eût introduit chez eux le chauffage de Houille (2) ; leurs observations inférées

---

(1) Alors Comté d'Outremont.　|　Ville y exerce depuis le commencement de cet
(2) Le plus ancien des Médecins de cette　|　usage.

à

à la fuite du fecond Mémoire, donnent un nouveau degré d'évidence & de certitude à ce que j'ai avancé tant en général qu'en particulier, pour combattre un préjugé capable de retarder parmi nous l'introduction d'un combuftible qui devient de jour en jour indifpenfable : ces décifions de Compagnies faites pour prononcer, ou de perfonnes choifies dans leur fein, méritent effentiellement l'attention ; c'eft auffi la maniere dont le miniftere public ufe dans les affaires qui intéreffent le bien général : il y a apparence que lors de l'introduction de ce chauffage à la façon du Hainaut François dans nos corps-degardes, pour nos Troupes à Briançon, le Miniftre de la guerre fuivit cette même voie en confultant des perfonnes éclairées. J'ai trouvé dans les papiers de mon pere la minute d'une Déclaration dreffée à ce fujet (à Paris & à Verfailles), pour examiner le Charbon de terre du Briançonnois par comparaifon avec celui du Hainaut ; nous joignons ici cette Piece (1).

Des effets incommodes qui peuvent réfulter dans certains cas de la vapeur du Charbon de terre embrafé.

L'ACTION du feu fur les Charbons de terre, en diffipant une partie de l'acide vitriolique qu'ils contiennent, développe dans quelques-uns une odeur d'acide fulphureux volatil ; cette exhalaifon, la même que celle qui fe diftingue dans le voifinage des fours à brique & des fours à tuile, eft quelquefois marquée & peut être confidérable ; j'ai eu foin de prévenir quelque part, que cette vapeur avoit quelquefois produit des accidents graves dans les perfonnes qui y avoient été expofées ; nous avons auffi fait obferver que cet effet n'eft point particulier à la Houille.

M. Venel qui a reconnu dans certains temps de l'embrafement du Charbon de terre de ces bouffées de vapeurs fulphureufes, *Voy. page* 1155, prétend (2)

---

(1) Ce jourd'hui 30 Décembre 17.7, en exécution des ordres de Monfeigneur le Blanc, Miniftre & Secretaire d'Etat de la Guerre ; nous, fouffignés, avons fait pour la troifieme fois l'épreuve du Charbon de terre du Briançonnois comparé à celui de Flandres, & pour cela nous avons fait faire de ce charbon concaffé des boules de la groffeur d'une boule de mail, qui ont été arrangées par couches dans une grille de fer pareille à celles qu'on emploie dans le Briançonnois ; & après avoir fait mettre le feu, nous avons obfervé ce qui fuit ; favoir,

1°. Que le charbon du Hainaut, qui eft compofé de parties plus graffes, fulphureufes & bitumineufes, s'enflamme plus promptement que le charbon du Briançonnois, & qu'il produit de la flamme & une fumée épaiffe, noire, d'une odeur très-défagréable & difficile à fupporter.

2°. Que le charbon du Briançonnois qui paroît compofé de parties terreufes plus féches & moins bitumineufes que l'autre, a été allumé dans une demi-heure, & n'a produit ni flamme, ni fumée,

ni odeur capable de nuire à la poitrine.

3°. Que celui du Briançonnois fe confume moins vite, & paroît conferver plus de chaleur lorfqu'il eft bien pris, que celui du Hainaut.

Des expériences réitérées nous donnent lieu de croire que le Charbon de terre du Briançonnois ne peut point produire de vapeurs nuifibles à la fanté de ceux qui s'en fervent ; que la noirceur des habits qu'on attribue à quelques vapeurs élevées de ce charbon, vient plus vraifemblablement de la cendre qui doit être très-légere & très-affinée, le charbon étant du temps à fe confumer ; qu'enfin s'il brûle moins vite que celui du Hainaut, c'eft qu'on n'eft point auffi avancé dans les mines du Briançonnois que dans celles du Hainaut, & qu'il eft probable qu'en approchant du cœur de la mine, le charbon fera moins terreux & chargé de parties plus bitumineufes & plus combuftibles. En foi de quoi nous avons figné le préfent Procès-verbal le jour & an que deffus.

(2) Chapitre I, Partie II, *page* 216, *Maniere commune d'allumer & de gouverner les feux de Houille.*

qu'il n'y a rien de plus facile que de s'en délivrer ou de se les épargner d'avance. Le moyen qu'il propose consiste tout uniment à éteindre le feu lorsqu'il est voisin du temps de cette exhalation, temps qu'il est très-aisé de prévoir à l'aide de la plus légere habitude ; le conseil qu'il donne pour y parvenir en l'éparpillant, ou pour réussir encore plus promptement, en jettant dessus des cendres froides ou de l'eau, est sûr ; mais il faut avouer que s'il n'y avoit pas d'autre secret que de déranger ainsi ou d'éteindre le feu, il seroit bien plus simple de n'en pas faire.

Si c'étoit la peine (1), c'est-à-dire, si le temps pendant lequel le feu de Houille répand ses vapeurs produisoit un effet qu'il fût à propos de modifier, il y auroit encore, dit M. Venel, des expédients faciles pour y prévenir la génération de cette vapeur ou pour l'absorber ; *il est très-probable*, par exemple, que si on mêloit à la Houille quelque terre calcaire, comme marne, cendres végétales, &c, ou que si on formoit les pelottes avec une argille mêlée de terre calcaire, on obtiendroit cette *correction* ; mais ajoute M. Venel, cette exhalaison foible & passagere ne mérite pas d'être ménagée (2).

Nous sommes fâchés de dire que nous n'entendons rien à cette irrésolution, que l'Auteur laisse appercevoir sur l'existence, sur la durée, sur l'inconvénient de cette vapeur ; le fait est certain, cette moffete est commune à toute espece de feu renfermé ; personne ne l'ignore, non plus que la façon de s'en garantir. Les premieres & véritables attentions à avoir, comme pour toutes sortes de chauffages, sont de rejetter les fumerons, les pouxtures, les boutneures, & sur-tout de pourvoir à ce que cette vapeur ne soit pas renfermée ; on est sûr alors de ne ressentir aucune des incommodités dont il y a des exemples connus.

La Société Royale de Londres en a publié une Observation (3). L'équipage envoyé en 1596 par les Hollandois pour découvrir une nouvelle route en Chine, fut très-tourmenté par un semblable accident, étant arrêté à la Baye des Courants dans le port des glaces : la relation s'en trouve dans le troisieme Voyage des Hollandois par le Nord le long de la Norwege, &c, pour aller au Royaume de Cathai & de la Chine, par permission du Conseil de la Ville d'Amsterdam : la voici telle qu'on peut la lire dans un Ouvrage connu (4).

Le 7 Décembre 1596, le Conseil ayant décidé qu'on iroit chercher au

(1) *Ibid*, note a.
(2) *La grande probabilité*, insinuée ici par M. Venel, sur l'espece de *correctif* que donne au Charbon de terre un amalgame marneux, est essentielle à remarquer : lorsque nous traiterons de l'apprêt du Charbon de terre avec des terres grasses, le Lecteur voudra bien se ressouvenir qu'il ne paroit pas à M. Venel, ni évidemment vrai, ni évidemment faux, que le mélange de terre grasse corrige l'odeur du Charbon de terre enflammé.
(3) *Transactions Philosophiques*, Année 1763, Article 69.
(4) Tome I, page 72, du Recueil des Voyages qui ont servi à l'établissement & aux progrès de la Compagnie des Indes Orientales, formée dans les Provinces-Unies des Pays-Bas. Amsterdam. M. DCC. II.

vaiffeau le Charbon de terre qui y étoit, pour réfifter au froid, on fit un gros feu qui réchauffa merveilleufement les Voyageurs ; mais pour l'entretenir & en jouir le plus de temps qu'il leur feroit poffible, ils boucherent exactement leurs fenêtres & allerent fe coucher très-fatisfaits d'être bien chaudement, ce qui les avoit rendu plus gais qu'à l'ordinaire, & leur donna lieu de caufer long-temps enfemble après être couchés : à la fin, ils fe trouverent tous attaqués de tour- noiements de tête & de vertiges, dont celui qui s'en trouva le plus incommodé fe plaignit le premier ; tous avoient de la peine à fe foutenir, quelques-uns cependant furent en état de fe traîner à la cheminée & à la porte pour les ouvrir : le froid les rétablit.

Il eft donc très-poffible que le Charbon de terre, foit par défaut d'atten- tion à maintenir fon feu dans un air libre, foit par fa qualité particuliere, occafionne, de même que la braife, la fuffocation & un danger pour la vie ; nous ne pouvons encore oublier que même les loifirs du Médecin doivent, lorfque l'occafion le permet, porter l'empreinte de la Philanthropie. Nous avons payé notre tribut à l'égard des Ouvriers fuffoqués ou noyés dans les mines : lorfque nous préfentons le mérite du chauffage qu'elles procurent, feroit-il jufte que nous fuffions plus indifférents fur le danger que pourroient courir les perfonnes qui fe feroient expofées imprudemment à la vapeur qui en réfulte ? On fait que ces perfonnes qui ont éprouvé jufqu'à un certain point la malignité de cette moffette, paroiffent entiérement privées de la vie. Le favant Traducteur des Ouvrages de M. Franklin, compare avec raifon un homme en cet état, à une bougie nouvellement éteinte, dont la méche encore rouge & fumante n'a befoin que d'un fouffle pour fe rallumer (1) : en effet, l'expérience démontre que des impulfions variées à l'extérieur d'une maniere intelligente, diffipent avec fuccès la ftupeur mortelle dont les organes de la vie font affectés. Les accidents fubits de différents genres, dont celui-ci eft du nombre, excitent depuis plufieurs années la vigilance des Médecins, & ils ont l'avantage de voir leur zèle couronné par les fuccès les plus fatisfaifants ; leurs Mémoires & leurs Obfervations applaudis avec juftice du Public, ne nous donnent lieu ici qu'à un réfumé très-fimple & très-abrégé de ce qui peut être regardé comme plus effentiel dans la pratique de ce traitement important, & à une notice de la maniere de prévenir ces accidents.

Dans la Defcription de la Chine (2), il eft remarqué que la vapeur de charbon eft quelquefois fi défagréable, qu'elle fuffoqueroit ceux qui s'endorment près des poëles, s'ils n'ufoient de la précaution de tenir près d'eux un baffin rempli d'eau ; ils prétendent qu'il attire la fumée & en diminue beaucoup l'odeur. Le Pere

---

(1) M. du Bourg, Docteur Régent de la Fa- culté de Médecine de Paris. *Voyez* fa Lettre à M. Francklin : Paris, 15 Avril 1773, Tome I, *page* 322.

(2) *Hiftoire Générale des Voyages*, Tome VI, Section III, *page* 486.

Grammont , en donnant la Defcription qui va fuivre des étuves Chinoifes ; obferve que pour enlever les vapeurs nuifibles de l'air conftamment échauffé par le feu du Charbon de terre, les Chinois font dans l'ufage de tenir tou- jours dans les appartements de grands vafes remplis d'eau, qu'ils renouvellent de temps en temps : les poiffons dorés qu'on tient dans ces mêmes vafes, fervent en même-temps d'ornement & d'amufement au Palais de l'Empereur. A cette évaporation continuelle , fe joint celle de l'humidité de pots à fleurs, & de petits orangers qui décorent les appartements.

Les Philofophes de la Chine prétendent que c'eft-là le meilleur moyen d'adoucir l'air, & d'abforber les particules ignées qui y font difperfées ; ils ont foin en même-temps de laiffer deux carreaux ouverts nuit & jour au haut de chaque fenêtre, afin de renouveller l'air qu'ils croyent être trop raréfié par la chaleur. Les pauvres trouvent dans l'eau chaude qu'ils tiennent pour faire leur thé , les mêmes avantages d'une évaporation qui humecte l'air de la chambre.

M. de Gillibert, Major de l'Hôtel Royal des Invalides , occupé d'une collec- tion d'Hiftoire Naturelle intéreffante, dans laquelle il y a des oifeaux empaill- lés , a imaginé d'employer ce même expédient pour fe débarraffer de l'odeur que ces pieces répandoient dans fon cabinet , & s'en eft bien trouvé.

Les moyens de remédier à la vapeur du charbon, font , comme de raifon , d'un autre genre que ceux qui font propres à la prévenir.

Le fait qui n'eft que cité, *pag.* 991, regarde précifément un Ouvrier fuffoqué par des exhalaifons de charbon allumé dans une mine (1) ; ce malheureux étoit froid, fans mouvement, on n'y en fentoit pas le moindre , ni au cœur, ni dans les arteres , & il fut tenu pour mort trois quarts-d'heures dans la mine ; fes yeux étoient fixes & brillants, la peau froide. M. Toffack le rappella à la vie en lui foufflant dans la bouche jufques à enfler la poitrine ; le cœur fit fentir immédiatement après, fept ou huit battements très-vifs ; la poitrine reprit fon mouvement alternatif , & le pouls fe fit fentir : on lui ouvrit alors la veine au bras ; on frotta, on fecoua le malade vivement ; en une heure de temps il reprit connoiffance, quatre heures après il s'en retourna chez lui , & au bout de quatre jours il fe remit au travail.

On juge facilement que les malades peuvent, ainfi que l'a remarqué judi- cieufement M. LORRY (2), avoir été affectés par cette vapeur dans différents degrés, & qu'en conféquence, les moyens à employer peuvent être variés. Mais en tout ils fe rapportent abfolument à ceux que le célèbre M. Lieutaud indique , & que nous avons expofés, *page* 1005. Il paroît fur-tout conftaté aujourd'hui par d'heureufes expériences, que ce qu'il y a de plus preffé à

---

(1) La Mine de Charbon d'*Alloa* en Suiffe , qui prit feu par accident : ce fait vient d'être inféré dans le détail des fuccès de l'établiffement que la

Ville de Paris a fait en faveur des perfonnes noyées, quatriéme Partie, année 1775, p. 165. (2) Dans fa Thèfe de Baccalauréat, en 1747.

faire,

faire, (& l'impreſſion que l'on éprouve en entrant dans un endroit infecté par cette vapeur en dicte le conſeil) eſt de donner au malade de l'air frais même froid ; l'inſufflation de l'air dans les poumons, eſt auſſi un ſecours puiſſant : enfin on doit aſſigner un rang diſtingué parmi ces ſecours, à la projection ſubite, continuée, ſans interruption, ou réitérée, de l'eau froide au viſage & à une certaine diſtance ; l'immerſion précipitée dans l'eau la plus froide, tout ce qui peut produire un treſſaillement, & par-deſſus tout, perſévérance dans l'adminiſtration de ces moyens (1).

Ceux de nos Lecteurs qui ſeroient dans le cas de deſirer une connoiſſance plus entiere de ce qui convient dans ces ſortes de cas, doivent conſulter un Mémoire publié par M. Hermant, Médecin de Nancy, imprimé & diſtribué en extrait par les ſoins de M. Pia, ancien Echevin (2).

Remarques particulieres ſur quelques circonſtances relatives à l'emploi du Charbon de terre, au chauffage dans les cheminées, dans les poëles, &c.

A la rigueur, le Charbon de terre brut ou apprêté, poſé tout ſimplement à plat ſur le foyer de l'âtre, peut fournir dans une cheminée telle qu'elles ſont conſtruites par tout pays, un feu propre au chauffage ou aux beſoins ordinaires ; il faudroit ſeulement, pour hâter la communication du feu dans un tas de Houille à plat, ou dans un foyer fermé, tel qu'un four, avoir attention, comme remarque très-à propos M. Venel (3), de former ou d'établir ce tas ſur une couche de bonne braiſe brûlante, ou ſur des morceaux refendus de bois bien ſec.

Dans les âtres ordinaires, on conçoit que les cheminées conſtruites comme elles le ſont dans les pays où ce combuſtible eſt uſité (*Voyez Pl. XXX & XXXI, Partie II*) & les grillages dans leſquels on le contient, ſont plus décidément appropriés à ce feu. Avant de reprendre aucun détail de ce qui demande à être rappelé ici, ou de ce qui eſt à connoître ſur ce chauffage dans les cheminées, nous nous arrêterons à quelques circonſtances préliminaires ; nous ſuivrons la même marche pour ce qui eſt des poëles.

On a vu que ce foſſile brûlé, donne beaucoup de cendres ; mis en pelottes avec des terres argileuſes, il en fournit beaucoup davantage au moyen de l'addition du réſidu cendreux de ces terres ; cette quantité conſidérable de cendres exige qu'on s'en débarraſſe dans la journée à différentes repriſes,

(1) On doit maintenant eſpérer que les perſonnes frappées de la foudre, dont l'état pourroit être du même genre, lorſqu'il n'y a point de déchirement de fibres, de paralyſie nerveuſe, de corruption de liqueurs produite par l'accident, auront bientôt leur tour, dans l'empreſſement des perſonnes de l'art, à apporter du ſecours

contre des accidents qui étoient trop négligés.
(2) *Avis patriotique concernant les perſonnes ſuffoquées par la vapeur du charbon qui paroiſſent mortes, & qui ne l'étant pas, peuvent être rappellées à la vie,* par M. Pia : 1776, 15 pages.
(3) Chapitre I. Partie II, page 213, *Maniere commune d'allumer & de gouverner les feux de Houille.*

pour l'ordinaire, chaque fois qu'on renouvelle le feu, ce qui eſt deux ou trois fois en tout temps : dans les petits ménages, on en réſerve à chaque côté du fer à feu une pile ſuffiſante pour pouvoir ſervir à poſer la marmite ou quelqu'autre uſtenſile de ce genre.

Il n'eſt pas inutile d'avertir que les cheminées de tôle nommées *cheminées à la Pruſſienne*, ne ſont en aucune maniere favorables à ce chauffage ; le feu exhauſſé ſur le grillage, porte une grande partie de ſon action dans la couverture qui forme chapiteau, y eſt entiérement retenu & renfermé ; les rebords pendants de cette couverture empêchent que la chaleur ne s'étende dans tout l'appartement, & s'oppoſent d'une autre part à la facilité du ſervice du feu, ſoit pour le renouveller, ſoit pour l'accommoder quelquefois avec les pincettes ou autrement.

Comme ces cheminées, au ſurplus, n'ont d'autre utilité que de remédier à la fumée, on aura recours à tous les autres moyens connus ou poſſibles ; ces expédients n'ayant point de rapport ſpécial à notre objet, nous ſommes entiérement diſpenſés d'en rien dire, ſi ce n'eſt pour rappeller par occaſion le moyen adopté par les Chinois, *Voyez page* 1270, & une maniere ſinguliere qui lui eſt un peu analogue, & qui ſe trouve rapportée dans un Mémoire des plus intéreſſants (1), comme ayant été éprouvée dans un endroit où la cheminée fumoit beaucoup (2).

Quant aux grillages ou fers à feu, *fig.* 4 & *fig.* 5, *Planche XXXI, Part.* 2ᵉ, les barres qui les compoſent ſont ordinairement de fer battu, quelquefois bien limé. J'ai vu de ces fers à feu à l'Angloiſe ainſi polis à la lime. M. Venel n'y reconnoît point d'avantage particulier (3) ; mais j'aurois plus de confiance dans l'expérience d'une obſervation ſuivie, telle ſans doute qu'elle eſt conſtatée par les Anglois, qui ne connoiſſent d'autre maniere de ſe chauffer ; la remarque facile à faire par tout le monde ſur nos chenêts, celle que j'ai faite ſur mes fers à feu, dont je me ſuis ſervi pendant deux hyvers, & qui prennent, quand ils ne ſervent point, beaucoup de rouille, donneroient lieu de préſumer que ce poli à la lime a pour objet de rendre les barreaux de fer moins ſujets à cette rouille.

Pour ajouter à ces feux une chaleur réverbérée, ces grillages doivent être appuyés, comme nous l'avons dit *page* 359, ſur une maçonnerie de briques poſées en faiſant un rebord à plat, repréſentée *fig.* 6, *Pl. XXXI, Part. II* ;

---

(1) On étoit parvenu à ſe garantir de cet inconvénient, en ſuſpendant dans le milieu de la hauteur du tuyau une bouteille de pinte remplie d'eau. La cheminée commençant à fumer de nouveau, avertiſſoit que la bouteille étoit vuide, & qu'il falloit la deſcendre pour la remplir. *Diſſertation Phyſique, Chimique & Economique ſur la nature & la ſalubrité des eaux de la Seine.*

(2) M. Gennelé, dans l'Ouvrage que nous avons cité de lui, *page* 248, *note* 3, a donné auſſi pour cet objet la conſtruction en bois avec figures, de la tête d'une nouvelle cheminée ſur une ſeule, ou ſur un plus grand nombre de cheminées ordinaires, où l'on brûle de la Houille & des tourbes, *page* 34.

(3) Sect. I, Chap. II, Part. II, *page* 227, *Des grilles.*

& vue de profil en *e*, *fig.* 5, ainſi que dans la *fig.* 4, *Pl. XXXII.* De la grille au murray, il faut toujours qu'il y ait au moins une diſtance de 6 à 7 pouces pour les moindres feux, & pour les cuiſines, de 8 juſqu'à 9 & 10 pouces; à ce murray, on peut ſubſtituer une plaque de fonte de 3 ou 4 doigts d'épaiſſeur & percée de pluſieurs trous, afin d'empêcher qu'elle ne ſe fende.

Les grillages ou fers à feu les plus ſimples ou les plus ordinaires & à plus bas prix, comportent néceſſairement quatre montants principaux d'environ 12 pouces de hauteur, dont la partie inférieure forme 4 pieds, 4 traverſes de côté, 4 traverſes de face, qui peuvent être en ſens oppoſés aux 4 montants: la figure 4 de la Planche XXXI, en repréſente des deux façons. On eſtime que les barres poſées perpendiculairement, comme les 4 montants, ne ſont pas ſi avantageuſes pour retenir dans le grillage les charbons ou *Krahays*, à meſure qu'ils diminuent de volume en ſe conſumant, & deſcendent dans le fond du grillage, *Voyez page* 364. Les traverſes formant le fond du grillage, demandent à être remarquées ici par rapport à leur élévation, & par rapport à leur diſpoſition différente des autres placées en longueur.

Leur élévation au-deſſus du foyer peut varier ſelon la quantité du Charbon de terre; les feux de charbons chauds doivent être plus élevés que ceux de charbons *foibles*: pour la premiere qualité, il faut en général 4 à 5 pouces d'élévation afin de laiſſer un eſpace ſuffiſant pour les cendres qui tombent du grillage, & où l'air puiſſe agir librement. Aſſez communément, cette élévation n'eſt guere différente de celle qui ſe remarque aux chenets de bonne grandeur, de maniere que ſi abſolument on vouloit ne point fixer ce grillage au murray, on pourroit, en ajoutant deux autres traverſes oppoſées à celles de face, avoir ſimplement un grillage ſans pieds qui poſeroit ſur les chenets, & qui deviendroit portatif dans les différentes chambres où l'on voudroit avoir feu.

Quel que ſoit le grillage, il paroîtroit utile que les barreaux du fond, au lieu de préſenter leur quarré, préſentaſſent le tranchant, afin qu'il s'amaſſât moins de cendres dans ce fond: enfin il eſt à propos que les barres du fond qui ne tiennent point aux montants, au lieu d'être fixées à demeure comme les autres, ſoient ſimplement aſſemblées à crochet ſur les traverſes de côté; avec cette précaution, il ſeroit aiſé, quand à la longue elles viennent à ſe détruire, de leur en ſubſtituer de nouvelles, ſans être obligé de toucher au corps du grillage.

La qualité du fer à employer pour ces barres, ne peut être que dépendante des mines dont il eſt provenu, & qui eſt différente ſelon les Provinces où l'on voudroit faire uſage de ce chauffage (1); le prix, par rapport à la

(1) Le fer du Nivernois, de Senonches au Perche, eſt très-doux; celui de Roche eſt très- doux & très-fin, celui de Bourgogne l'eſt médiocrement; le fer de Vibrais, près Montmirail,

main-d'œuvre, varie aussi en conséquence : on donne à juger en passant de ce que ces grillages peuvent coûter par l'état suivant, fourni par un Ouvrier de Paris, & qui sans doute est encore susceptible de diminution même dans cette ville.

Un grillage construit, comme nous l'avons dit d'abord, de seize barres ou tringles de bon fer de Berry, excepté les quatre montants formant le corps, & les quatre pieds, peut donner en tout trente pieds de fer, tant quarré qu'applati, & le poids (1) de huit livres en tout, & revenir à six livres dix sols, & pourra durer quatre ans sans qu'on ait besoin d'y toucher.

Une grille des plus simples en fer en lame de *Berry*, de 18 pouces de hauteur, sur 15 pouces de large, 9 pouces des côtés, pésera environ 20 liv. & coûtera 12 livres.

Une autre de 25 livres pesant de pareil fer, coûtera 15 livres.

Une autre de 30 livres pesant de pareil fer, coûtera 18 livres.

Un gril de cuisine de 2 pieds de hauteur, sur 3 pieds 6 pouces de large, sur un pied des côtés de fer de *carillon* à double grille, pésera environ 200 livres, & coûtera 120 livres.

Une grille à l'Angloise avec pieds en roulettes, de 22 pouces de hauteur, à coulisses, de 3 pieds à 4 pieds & demi, sur un pied des côtés, à double grille de fer de *carillon*, pésera environ 220 livres, & coûtera, compris les roulettes & les pommes de cuivre, 150 livres.

Pour disposer, on commence par garnir le fond du *porte-feu* de morceaux de pelottes neuves & de quelques pelottes de la veille entremêlées jusqu'à l'épaisseur de deux ou trois doigts ; sur ce premier lit, on place quelques morceaux de menu bois, auquel on met le feu ; une allumette suffit pour cela : sinon quelques charbons & quelques coups de soufflet jusqu'à ce que le menu bois soit allumé, en font l'affaire ; on recharge le *porte-feu* jusqu'au comble de pelottes neuves & de pelottes vieilles. Il seroit à propos, & il sera indispensable pour les cuisines, d'entremêler le tout de *bon* charbon de terre pur (2), pour animer le feu & lui donner de la force : ces morceaux de Charbon de terre se placent sur le devant du grillage. On surmonte ce dernier lit, selon le degré de force qu'on veut donner au feu, d'une ou trois rangées de *pelottes* entieres & couchées en travers sur le côté, ce qui en comporte 4, 5 ou 6 en pyramide. Le tout se recouvre de pelottes restées du feu de la veille, réduites en braises, observant que dans cet entassement, l'air & le feu puissent se faire jour bien librement. Si les *pelottes* viennent

---

au Mans, est aussi de bonne qualité, mais plus ferme ; le fer de Champagne dont le grain est plus gros, est cassant ; celui de Normandie l'est encore davantage ; les fers de Suede & d'Allemagne sont la plûpart meilleurs ; le premier connu sous le nom de fer de *Carillon*, qui n'a

que 8 à 9 lignes en quarré, est très-bon & très-fort. Il revient à 11 sols la livre.

(1) Le poids de forge est de 40 livres par 1000.

(2) A Paris, Charbon de la mine de *Fims*.

à

à fe coller enfemble, ce qui arrive quelquefois, on les fépare avec l'efpece de broche repréfentée en *f, Pl. XXXIII*, ou avec une pincette.

Dans tout cet arrangement, il faut obferver avec grande attention de con-ferver par-tout beaucoup d'air, en évitant de trop entaffer ce chauffage en morceaux.

Lorfqu'on ne veut faire qu'un petit feu bourgeois, au lieu de mettre des pelottes entieres fur le haut, on acheve de furmonter le porte-feu de *pelottes* en morceaux, toujours recouvertes de *pelottes* reftées de la veille. Quand il eft allumé, on jette par-deffus, pour qu'il ne fe confume pas trop vîte, du pouffier de ces *pelottes*, trempé avec un peu d'eau.

Pour ce qui eft des caiffes ou bacquets deftinés à garder ou dans une anti-cham-bre, ou près de la cheminée, une provifion de pelottes pour un ou plufieurs jours (*Voyez Pl. XXXIII* lettres *a a*); il n'eft pas néceffaire d'obferver que ces caiffes doivent être proportionnées à l'approvifionnement que l'on veut tenir près de foi ; mais afin d'être plus fûr que le menu pouffier qui fe détache toujours des pelottes caffées ou entieres, ne s'échappe point de la caiffe, quelque bien jointes que puiffent être les pieces qui la compofent, il pourroit y avoir de l'avantage qu'elles fuffent fpalmées en dedans & en dehors avec du courroy.

Le petit marteau à pointe pour caffer les hochets, eft toujours dans ce petit baquet ; ce marteau fe voit en *b*, près d'un morceau de pelotte marquée *a*, qui a déja paffé au feu, & que l'on veut caffer pour avoir des braifes de différente groffeur ; & au-deffus, un morceau de charbon pur.

Les pincettes ou pinces à feu deftinées aux appartements, ne doivent point dans ce chauffage être regardées du même œil, que dans le chauf-fage avec le bois ; ces uftenfiles ne doivent ici abfolument fervir qu'au befoin pour ramaffer ce qui tombe du grillage, & l'y replacer ; l'arrangement du feu, l'économie de ce chauffage fouffriroient beaucoup fi on s'en fervoit lorfqu'il n'y a point de néceffité.

Les *poëles* employés pour le chauffage rentrent dans le genre des fourneaux ; on fe propofe fur-tout par leur conftruction, 1°, de tenir un appartement échauffé avec peu de feu ; 2°, de faire en forte que le char-bon s'enflamme par degrés & s'y confume ; 3°, de conduire la chaleur ou l'air qui en eft échauffé par différentes circonvolutions qui le retiennent, & le communiquent à celui de la chambre, au lieu d'être emporté dehors ; 4°, enfin de conferver long-temps la chaleur & le feu à la matiere échauffée.

Des différentes manieres imaginées pour répandre plus avantageufement dans tout un appartement la chaleur d'un feu peu confidérable, en le renfermant dans un fourneau qui s'exhale par un tuyau, les poëles prêtent plus aux recherches propres à varier, ou à multiplier les avantages de ce chauffage ; il n'eft point d'endroit où l'on n'ait travaillé pour perfectionner ces fourneaux à l'infini (1), foit dans la conftruction ordinaire à laquelle on a confervé le nom de *poëles*, foit dans celle défignée par les Chinois fous le nom d'*étuves*, foit dans celle appellée à Philadelphie *chauffoirs*.

M. Deville, dans fon Mémoire communiqué à la Société Royale de Lyon, prétend que les poëles où l'on brûle le Charbon de terre, confervent affez long-temps leur chaleur après que le feu en eft éteint, tandis que ceux chauffés avec le bois fe refroidiffent prefque fur le champ.

A Liége, on fe fert rarement de Houille pour les poëles, c'eft toujours du bois qu'on y emploie : la Houille maigre de Herftal feroit très-propre à cet ufage. D'après la pratique du Marquifat de Franchimont & du Limbourg, pour les feux de téroulles & les feux de poëles, *page 361 & 362*; on reconnoît, que fi l'on veut échauffer un appartement avec un poële, il ne faut point employer de Houille graffe, ni par conféquent de pelottes ou briques deftinées au chauffage dans les cheminées & formées de cette efpece de charbon; il en réfulteroit une chaleur trop forte, & en même-temps le fourneau en fouffriroit. Ces poëles doivent être munis de deux portes au-deffus l'une de l'autre, une pour la facilité de fe débarraffer des cendres plus abondantes dans toutes les Houilles *maigres*, & la feconde pour l'entretien & le fervice du feu; celle-ci peut être placée fur le derriere du poële, c'eft-à-dire, à l'oppofé de l'autre ouverture; mais elle doit être commode par rapport à l'ufage auquel elle eft deftinée; fans cela on ne pourroit ni arranger commodément les pelottes, ni en remettre facilement de nouvelles quand le befoin le demanderoit.

Les détails dans lefquels nous fommes entrés à l'article des feux de téroulles & des feux de poëles, donneroient à penfer que les fourneaux d'une petite grandeur, comme il s'en voit quelquefois, ne paroiffent pas pouvoir être échauffés avec ces pelottes, qui doivent toujours être arrangées de maniere à former des pyramides; cependant les poëles les plus communs, à couvercle, peuvent également être d'un très-bon ufage avec ce chauffage; lorfqu'une fois les pelottes y ont été arrangées & allumées, toutes celles qu'on y jette enfuite, en levant le chapiteau, comme on feroit pour y remettre de nouveau bois, y prennent feu & s'y confument fans avoir befoin d'aucune forte d'arrangement. Dans le Magafin établi à Paris pour ce chauffage en Novembre 1770, on ne fe fervoit que d'un poële de cette efpece à couvercle, & on n'y a reconnu aucune différence d'incommodité pour fon fervice; il eft à propos fur-tout de faire attention que plus la Houille dure, moins il faut ouvrir le poële.

Le grillage qui s'adapte fur le fol des poëles, doit avoir un rebord fur

---

(1) Nouveau poële ou fourneau très-économique, approuvé par la Société Royale de Berlin. *Gazette d'Agriculture & du Commerce*, &c, du Samedi 31 Août, année 1771, *page 553*, N° 70.

Poële hydraulique, économique & de fanté, approuvé par la Faculté de Médecine, en 1771. *Voyez* la Defcription imprimée, chez *Valade*, 1772.

le devant, fi la porte eft de côté, & il doit être élevé de quatre ou cinq doigts pour les cendres : on peut même fe paffer de gril ; on croife quelques morceaux de bois fec les uns fur les autres ; dès qu'ils commencent à brûler, on arrange les pelottes les unes fur les autres en les croifant, fans trop les ferrer ni les éloigner, de maniere que la flamme puiffe fe répandre par-tout.

Il eft de ces charbons dont le feu dure communément 12 à 15 heures, fans qu'il foit befoin d'y toucher ; on peut après ce temps les recouvrir avec du Charbon de terre en pouffier & mouillé ; ils peuvent alors fe continuer 6 à 7 heures de plus, ce qui arrive aux fortes téroulles des environs de Liége, qui font différentes de celles du Limbourg. Ce font uniquement les braifes de poëles dont on peut fe fervir pour les fourneaux de cuifine.

On ne peut rien imaginer de plus commode & de plus ingénieux dans fa fimplicité, que les poëles en ufage parmi les pauvres du Lyonnois, & qui fervent à la fois pour cuire les nourritures & pour chauffer ; ces poëles dont nous avons parlé *page* 524, font de fer fondu, & fe tirent de la Bourgogne & de la Franche-Comté ; il y en a de plus ou moins ornés, de différente grandeur & de différente forme. On leur affecte le plus communément la forme parallélipipede & la forme cylindrique ; cette derniere eft la meilleure ; la *figure* 2, de la *Planche LVIII*, repréfente un de ces poeles compofé de trois pieces, le pourtour, la grille, & le couvercle.

Ces poëles font montés fur des pieces de quatre à cinq pouces de haut, à la faveur defquelles on place un cendrier fous la grille.

Les poëles où il entre le moins de pieces, font préférables aux autres, parce qu'ils font plus exactement clos.

Un Phyficien Allemand (1) a publié la defcription d'un poële ou d'un fourneau très-fimple, qui, dans fa conftruction particuliere, réunit les avantages de ne point donner de fumée, d'augmenter la chaleur, d'échauffer en peu de temps & à bon marché : en voici la defcription qui peut fe fuivre fur la figure placée au-deffous de la *fig.* 5, marquée 6, & qui doit être 7.

Le tuyau eft courbé dans fes deux parties en *A* & en *B*, plus large en *A*, où eft un gril pour porter le chauffage, plus étroit en *B* ; l'air paffant davantage dans le tuyau plus large & plus court *A*, que dans le tuyau plus étroit & plus long *B*, la flamme ne tend point en *A*, mais en *B* : par cette raifon on fent du froid en *A*, & au contraire la chaleur eft vive en *B*, mais fans fumée : l'air preffant toute la fumée, & la flamme defcendant au lieu de monter ; les parties de la fumée font plus divifées & atténuées ; elles font converties en feu, de maniere qu'une grande chambre s'échauffe en peu de temps & à bon marché, par cette fumée fans aucune incommodité de fa part, & fans inconvénient pour la fanté.

(1) *Herman. Frid. Teichmeyeri Elementa Philofophiæ naturalis & experimentalis. Ienæ*, 1733, p. 48. Structura furni, fumo non molefti, & magnum conclave brevi tempore, pauciffimifque fumptibus calefacientis.

M. de Puifieux (1) a communiqué la defcription & le deffein d'un fourneau très-ingénieufement imaginé par M. Lewis, de la Société Royale de
Londres, & qui peut fervir de poële ordinaire : on en prendra l'idée par la
fig. 5, qui repréfente la coupe intérieure de ce fourneau, pofé fur un trépied
de fer, avec un plateau auffi de fer pour recevoir les cendres.

Ce fourneau, de forme ellipfoïde, peut être diftingué en deux parties,
celle qui forme le fond ou la partie la plus baffe, qui eft le foyer, muni de
fa petite grille ; la porte ne peut fe voir dans cette coupe, elle doit être
ouverte afin de laiffer entrer l'air ; la partie fupérieure du fourneau en cône
renverfé, eft chargée dans fon grand axe de pelottes neuves & de pelottes
faites avec des cendres, de forme ronde les unes & les autres, & foutenues
fur une grille ; par cet arrangement, il y a toujours des vuides entre toutes
les pelottes.

Un tuyau de fer inféré latéralement dans la plus grande partie du dôme,
relevé de 8 ou 10 pouces dans l'autre bout, communique avec la cheminée de la chambre. Le fourneau chargé de pelottes entretiendra une chaleur
modérée & à peu-près égale pendant plufieurs heures ; les pelottes y brûle-
ront lentement : on peut y remettre au befoin de nouvelles pelottes par la
porte qui eft au-deffus de la grille. L'obftacle que les boules apporteront au
mouvement de l'air à travers le fourneau, en rendra la confommation très-
lente ; & on peut encore la ralentir à volonté en bouchant une partie de l'ouverture qui donne entrée à l'air, ou l'ouverture du tuyau qui va dans la
cheminée ; mais cette derniere ne doit, pour plus grand fuccès, être fermée
que lorfqu'il n'y aura plus d'exhalaifon.

Les poëles ouverts, dont on fait ufage en Penfylvanie, & imités en Angleterre, font extrêmement avantageux, en ce qu'ils obvient aux inconvénients des feux de charbon allumés à découvert dans des endroits clos, que
de plus on y brûle moins de combuftible, qu'ils empêchent en même-temps
la fumée, & rendent les cheminées moins fujettes à fe remplir de fuie,
foit parce qu'on y brûle moins de combuftible. Cette maniere fe rapporte à
quelques égards aux cheminées en œil de bœuf que nous avons décrites,
page 364, & elle fe trouve détaillée dans un Ouvrage qui doit être entre
les mains de tout Phyficien (2).

(1) *Expériences phyfiques & chimiques fur plufieurs matieres relatives au Commerce & aux Arts*, Paris, 1768, Tome *I*, pag: 26, 68.

(2) Nouveaux Chauffoirs économiques de Penfylvanie pour y brûler du Charbon de terre : imprimé à Philadelphie en 1745, inféré dans le fecond volume des Ouvrages de M. Fran-klin, *page 81*.

Description de différentes especes de KANGS *, Fourneaux ou Etuves Chinoises, pour chauffer les appartements avec le Charbon de terre, ou autre combustible: par le Pere Grammont, Missionnaire à Canton* (1).

Le Kang est une espece d'étuve, chauffée par le moyen d'un fourneau qui y répand toute sa chaleur. Il y a en Europe bien des étuves, poëles & fourneaux, qui ressemblent en quelque chose au Kang; mais les Chinois paroissent avoir trouvé le moyen de réunir dans leur étuve tous les avantages connus aux autres.

Il y en a de plusieurs especes, savoir le *Ti-Kang* ou le Kang pavé ou carrelé, le *Kao-Kang* ou Kang dans lequel on se tient assis, & le *Tong-Kang* ou le *Kang* a cheminée, construits tous trois sur les mêmes principes, & composés d'autant de parties, savoir:

1°. Un fourneau.

2°. Un tuyau pour la chaleur.

3°. Une chambre ou étuve carrelée en briques.

4°. Deux conduits pour la fumée.

Il suffira donc de s'en tenir ici à la description du Kao-Kang dont on a pris le modele, *Planche LVIII* *, où l'on voit, *fig.* 2, la coupe & le profil de tout le fourneau Chinois; *fig.* 3, le fourneau détaché, vu par derriere & en dessous; *fig.* 4, une vue supérieure de la cave, servant de cendrier, sur lequel s'adapte le fourneau; & *fig.* 5, l'entrée de la flamme & de la chaleur dans l'étuve ou fourneau.

Le fourneau est proportionné à la grandeur de la chambre ou étuve qu'il doit chauffer. A, est le trou pour la cendre; B, la cave; C, le fourneau; D, l'ouverture ou la bouche qui conduit la flamme & la chaleur dans l'appartement; E, est le conducteur ou canal de la chaleur; F, commence à l'embouchure du fourneau D, & forme un canal qui tombe en angle droit sur un autre, qui passe entiérement d'un bout à l'autre au milieu de la piece sous le sol, & ce dernier canal est pourvu de trous à vent G, pratiqués çà & là; le sol ou plancher de la chambre est construit en briques H, qui étant supportées aux quatre bords par de petits piliers solides I, laissent un petit espace vuide entre elles & le pavé inférieur où la chaleur reste enfermée, & chauffent le parquet H; les conduits de la fumée sont aux deux extrémités de la chambre, avec une petite ouverture M au-dessus de l'étuve, & une autre en dehors N.

Rien n'est plus simple que l'effet résultant de l'assemblage de toutes ces

(1) Envoyée le 22 Octobre 1769, au Docteur Maty, Secretaire de la Société Royale de Londres, par M. Etienne de Visme; & insé- | rée dans le volume LXI des Transactions Philo-sophiques, pour l'année 1771, *Part. I, page* 59.

parties. La chaleur du fourneau D, chaſſée par l'air extérieur & attirée par l'air raréfié de l'étuve H, perce à travers l'ouverture, monte dans le conducteur E, ſe répand dans l'étuve par le moyen des trous à vent G, échauffe le parquet en carrelage, & en conſéquence tout l'appartement ; la fumée qui a un paſſage libre, s'échappe par les canaux L.

Cette courte deſcription, ſuffiſante pour l'intelligence du modele, demande maintenant à être éclaircie elle-même par le détail de ce qui a rapport à la conſtruction variée du *Kang*.

Le fourneau peut ſe placer, ou dans l'appartement même, ou dans une chambre voiſine, ou en dehors. Les pauvres qui ſe ſervent plus volontiers de l'étuve dans laquelle on ſe tient aſſis pendant le jour, & couché pendant la nuit, placent le fourneau D dans la chambre même (1) ; les gens aiſés le mettent dans la chambre voiſine ; les riches l'ont en dehors, & aſſez communément dans le côté du mur qui regarde le Nord.

Ce fourneau doit être placé beaucoup au-deſſous du niveau de l'étuve H ; afin de faire monter la chaleur & la flamme avec d'autant plus d'impétuoſité dans le conducteur D, & de ne pas faire monter la cendre : ce fourneau a la forme d'un cône un peu voûté, afin que l'activité de la flamme & de la chaleur ſe répande dans la totalité de l'étuve, & qu'elles ne s'échappent pas quand on vient à découvrir l'ouverture qui eſt au ſommet. Dans la partie baſſe du fourneau, on a ſoin de ménager un eſpace ſéparé uniquement par des planches, qui ne ſont point à demeure ; elles s'enlévent quand on veut deſcendre dans ce petit caveau, pour débarraſſer la cendre.

L'ouverture du fourneau C eſt étroite, & la partie inférieure du conducteur D, s'éleve en droiture dans les étuves H. Le conducteur doit être entouré bien étroitement de tous côtés d'une maçonnerie de brique, & bien cimenté avec un mortier fait avec de la chaux vive ; celui dont les Chinois ſe ſervent, eſt fait avec une partie de chaux blanche & deux parties de chaux noire (2).

La baſe ou le plancher de l'étuve H, peut être fait en terre glaiſe battue, ou, ce qui vaut beaucoup mieux, fait de briques couchées ſur le bord, ou de tuiles larges à pavés.

Les canaux conducteurs de la fumée L, doivent être faits avec grand ſoin ; quelques-uns les conſtruiſent de maniere qu'ils ſe terminent en petites cheminées, par leſquelles la fumée va ſortir au-deſſus du toit. Dans le modele, l'ouverture MN de ces canaux, donne dans la chambre ; & c'eſt ainſi qu'on

---

(1) Les Chinois emploient pour ſe chauffer toutes ſortes de combuſtibles ; la plus grande partie du peuple brûle du charbon de terre ; les pauvres de la campagne brûlent du genêt, de la paille, des bouzes de vache, &c.

(2) Cette chaux noire dont le Pere Grammont a envoyé un échantillon avec la deſcription, ſe trouve à ce qu'il dit, à l'entrée des mines de Charbon de terre, & ne lui paroît autre choſe que des charbons diſſous par l'eau de pluie ; il aſſure en même-temps que cette ſubſtance mêlée avec de la chaux blanche, forme le plus excellent mortier, & reſſemble très-fort au ciment ; il réſiſte au ſoleil & à la pluie : on s'en ſert pour couvrir & garantir, tout ce qui eſt expoſé à l'air.

les trouve chez les pauvres de la ville ; mais dans les campagnes & chez les personnes aisées, ils sont en dehors.

Il est essentiel que les petits piliers *I* qui supportent les briques du grand quarré du plancher *H*, soient très-solides, & que les briques soient bien épaisses & parfaitement quarrées : les Chinois les lient avec une espece de ciment fait avec de la *chaux noire* & blanche, mêlée avec du *Tong-yeou*, qui est une espece de vernis (1); nous présumons que l'huile de noix ou de lin bouillie rendroit le même service.

Dès que le Kang est achevé, on allume du feu dans le fourneau *C*, pour le rendre ferme & égal ; il faut aussi l'examiner soigneusement, afin de boucher tous les trous par lesquels la fumée pourroit s'échapper. Les riches, qui veulent rendre leur Kang plus propre & en modérer la chaleur, enduisent d'huile les briques du plancher *H*, & allument du feu pour faire pénétrer davantage l'huile & mieux sécher les briques. Cette huile est encore le *Tong-yeou*, auquel on pourroit suppléer, comme nous l'avons dit.

Le *Ti-Kang* ou *Kang pavé*, est fait comme le Kao-Kang, ou étuve dans laquelle on se tient assis, dont on vient de donner la description ; les seules différences consistent, 1°, dans le tuyau de la chaleur *D*, lequel s'éleve de la bouche du fourneau *C*, & s'étend vers l'extrémité opposée de l'appartement ; 2°, ce tuyau ne communique point avec un second, comme dans le modele ; 3°, les trous à vent *G*, qui conduisent la chaleur dans l'étuve, sont tous très-étroits près le fourneau, & s'élargissent du côté de l'étuve ; 4°, les conduits de la fumée *L*, aboutissent tous au-dehors, ou à de petites cheminées ; 5°, dans le **Palais de l'Empereur**, l'étuve est couverte de deux rangs de briques, pour contenir la fumée & tempérer la chaleur.

Notez que dans les appartements du Palais de l'Empereur, où l'on ne brûle que du bois ou bien une espece de charbon qui n'a ni fumée ni odeur, & qui brûle comme de l'amidon, les briques ont deux pieds en quarré, & quatre pouces d'épaisseur ; elles coûtent près de 100 couronnes (2) la piece ; leur beauté, leur qualité, leur dureté sont telles, qu'on ne sauroit s'imaginer rien de semblable en Europe ; elles sont de couleur grise, ce qui provient de la maniere usitée en Chine pour cuire les briques & les tuiles, laquelle approche plus de la maniere des anciens que de la nôtre. Quand ces briques sont peintes & vernies, elles paroissent aussi fines que le marbre.

La théorie des étuves à cheminées, & des Kangs, est la même ; elles different uniquement des étuves pavées par leur position perpendiculaire.

Le Kang s'échauffe en allumant du feu dans le fourneau *C* ; la fumée & même la flamme passent avec violence dans le tuyau *D*, & s'étendent

---

(1) Espece d'huile qui s'applique sur le *Tsi*, ou vernis, quand il est bien sec.   (2) Six cents livres.

dans toute l'étuve par le moyen des trous à vent *G* ; ainfi renfermées, les briques du plancher s'échauffent en 5 ou 6 heures ; & quand un Kang eft entiérement échauffé, il faut très-peu de feu pour l'entretenir dans cet état. Quoique pendant tout l'hiver le thermometre foit à 9, 10, même à 12, 13 degrés au-deffous du point de congélation, quoique tous les appartemens foient à rez-de-chauffée, & qu'ils n'ayent à toute la façade communément tournée vers le Sud, que de fimples fenêtres même de papier, la chaleur du Kang fuffit pour conferver la température à 7 ou 8 degrés au-deffus de la congélation, en y entretenant un feu très-modique. Dans les appartemens de l'Empereur, rarement la chaleur eft portée au-deffus de 4 à 5 degrés, à caufe du double rang des briques ; mais la chaleur en eft très-agréable & très-pénétrante (1).

Du Charbon de terre apprêté pour mitiger fa fumée, réprimer fon odeur au feu, & pour donner un chauffage économique, en retardant fa confommation, augmentant fa durée, &c.

Je crois pouvoir diftinguer par un nom particulier le Charbon de terre, qui, au lieu d'être brûlé pur, ou pour s'exprimer plus correctement, tel qu'il fort de la mine, reçoit préalablement un apprêt avec des terres graffes : cet apprêt ne confifte pas uniquement dans une impaftation de quantité & d'efpece arbitraires de Charbon de terre, avec toute quantité & toute efpece d'argille ; il fuffit pour s'en convaincre de fe rappeller & d'examiner par comparaifon ce même apprêt, dans les endroits où nous l'avons décrit. A Liége, la proportion ordinaire eft d'un huitieme ou d'un dixieme d'argille fur une charrée de Houille ; fi c'eft une Houille maigre, on met jufqu'à douze parties de *deie* : à la téroulle ordinaire, qui peut être regardée comme une efpece de Houille foible, c'eft une fixieme partie d'argille ; à la téroulle forte, c'eft une partie de *deie* fur cinq mefures de cette téroulle, & une partie de Fouaye. A Aix-la-Chapelle, pour les charbons de l'efpece qu'on y appelle *clutte*, la proportion eft de cinq parties de clutte, & de deux parties d'argille.

A Mons, c'eft deux livres de charbon (pour quelques-uns) fur deux tiers d'argille, qui fe trouve dans le pays. Suivant une note fournie à M. de la Lande, de l'Académie des Sciences, & qui a bien voulu, à ma priere, prendre auffi des renfeignemens fur ce point dans la même ville de Mons, on eftime

(1) Quoique la pofition de Pékin, qui eft la réfidence de l'Empereur, foit d'environ neuf degrés plus méridionale que celle de Paris, le climat de cette grande ville de la Chine eft très-différent du nôtre : le froid y eft fouvent beaucoup plus grand, & en général plus conftant qu'à Paris ; les vents y font auffi plus fréquents & plus confidérables : fix années d'obfervations météorologiques, faites dans cette ville par le Pere Amiot, Jéfuite, conftatent ces renfeignemens d'une maniere certaine ; elles ont été mifes en ordre par M. Meffier, de l'Académie des Sciences, & publiées dans le fixieme Volume des Savans Etrangers, *page 519.*

que de la quantité de charbon que contient une voiture (1), qui ensuite est passée au crible pour être paîtrie avec de l'argille délayée (2), il résulte environ 700 livres de charbon menu avec 175 ou un cinquieme d'argille, donnant à peu-près 875 livres, mise après avoir été piétinés, en boulettes de deux livres & demie, de six pouces de longueur sur trois de largeur, & deux & demie de hauteur, de deux livres & demie de poids chacune.

Dans une cheminée ordinaire, on brûle environ dix de ces briques par jour, ce qui fait vingt livres de charbon pur, & vingt-cinq livres en pelottes ou hochets (3).

Le *Mouy*, dont se servent les Chinois, *Voyez page* 353, n'est autre chose que leur Charbon de terre pilé, & réduit en molécules, comme du gros sable, mêlé ensuite avec un tiers, même avec parties égales de bonne terre glaise jaune.

Des pelottes fabriquées par M. Venel, d'après la méthode qu'a publiée M. Carrey, se font trouvées contenir, après la parfaite dessiccation, à peu-près parties égales de glaise & de Houille (4).

Il est clair par ces seules différences de proportions de charbons & de pâtes, que la description du procédé donné par M. Carrey, & imprimée au Louvre, *Voy. pag.* 460 & 486, est plus qu'insuffisante; il n'est pas moins évident encore que les offres annoncées dans ce même temps pour *voir à l'Ecole Vétérinaire d'Alfort, près Charenton, de ces sortes de briques, & les ustensiles nécessaires à leur manipulation* (5), n'étoient point propres à éclairer sur cette pratique, toute grossiere qu'elle est; on voit enfin que l'indication *d'un Ouvrier Flamand très-expert dans cette fabrication, pour la montrer au plus simple Ouvrier en deux heures de temps*, n'étoit point réfléchie, & péchoit par défaut d'une vraie connoissance de la chose. *Voyez page* 355.

Cet amalgame, qui fait le mérite de ces pelottes, & qui peut en altérer aussi la bonne qualité, est en proportion de la qualité du charbon; selon qu'il est plus ou moins gros, plus ou moins fin, plus ou moins sec, il est plus ou moins facile à s'amalgamer avec les argilles : le gros charbon est plus difficile à s'empâter, & le charbon *fin* est essentiellement celui qui demande moins de terre (6).

(1) De 6 muids, pesant environ 4800 livres du pays, qui font à peu-près égales aux liv. poids de marc.

(2) A la quantité d'un cuveau & demi chacun de deux pieds de diametre, sur 10 pouces de hauteur, ou 4530 pouces cubes, ce qui fait 10 boisseaux de Paris.

(3) Les personnes qui achetent ces briques toutes faites, payent 4 escalins par muid de charbon, & un escalin, tant pour la terre que pour la façon.

(4) Section IV, Chapitre IV, Partie I, p. 108: *Des Pelottes ou Briques.* Il n'est point dit quelle

nature de charbon avoit été employée, ni si ces pelottes ont bien réussi au feu.

(5) Gazette d'Agriculture, Commerce, Arts & Finances, *Année* 1770, *du Mardi* 11 *Septembre*; N°. 73, *page* 661, *Article de Paris du* 9 *Septembre.*

(6) Le nom de *charbon fin*, mérite d'être apprécié ici pour ne pas être confondu avec ce qu'on paie, ou qu'on doit appeller *poussier*, & qu'on nomme quelquefois *Fraisil* : dans les Pays où l'on passe au crible ou à la claye la Houille qui se vend pour être formée en pelottes ou briques, la partie de Houille triée par l'une ou par l'autre

M. Venel s'eſt occupé d'expériences utiles pour tâcher d'enrichir ces gâteaux de différentes matieres, qui lui avoient d'abord ſemblé pouvoir four- nir à la Houille une addition de combuſtible, comme de marc de raiſin, de tan, & ſur-tout de marc d'olives ; mais on juge bien, & M. Venel l'a eu bientôt reconnu, que ces mélanges ſe conſumant promptement & beau- coup plus que le fraiſil de Houille, ne produiſent plus alors d'effet (1). J'aurois deſiré que M. Venel eût eu plus de temps à lui, pour multiplier des recherches qu'il étoit bien capable de ſuivre. La partie de la Mer Méditer- ranée qui borne d'un côté la Provence, à laquelle ce Savant faiſoit hon- neur, fourniſſoit entre-autres la facilité de vérifier une propriété de l'algue- marine, très-abondante ſur-tout ſur les côtes du Languedoc.

Le Docteur Beal, *Collect. Acad. Tome II, page 76*, aſſure, d'après pluſieurs de ſes Confreres du Collége de Cambridge, que rien n'eſt compa- rable à cette plante pour remédier au froid, & qu'elle dure autant que deux feux de Houille (2). Les perſonnes qui habitent ſur les côtes de la mer où il croît des algues-marines, pourroient en conſéquence eſſayer de com- poſer des pelottes ou gâteaux avec cette plante & du Charbon de terre (ou de la tourbe, qui ſe trouve auſſi près de Toulouſe).

Si dans les différents endroits qui viennent d'être rappellés & dans plu- ſieurs autres, l'apprêt du Charbon de terre avec des argiles eſt pratiqué conſtamment, il eſt à préſumer qu'on reconnoît à cette façon quelques avan- tages particuliers ; il eſt permis d'en être le panégyriſte.

En ne propoſant point aux perſonnes accoutumées au feu de bois, de ſe modéler ſur les habitants de Londres, de Saint-Etienne-en-Forez, qui em- ployent ſans crainte le Charbon de terre *brut*, on a cru être fondé en raiſons.

Dans la maniere ſimple & toute naturelle de ſe ſervir de la Houille non apprêtée, le tas où l'amas de Houille qu'on allume, donne au premier moment & tout le temps qu'elle brûle, juſqu'à ce qu'elle ſoit réduite en krahays ou braiſes, une maſſe de fumée, une ſomme de vapeurs propor- tionnée eſſentiellement à la qualité ou à la quantité de matiere qui eſt en feu ;

---

opération, eſt du *charbon menu*, & n'eſt pas préci- ſément du *fraiſil* ; ce ſeroit une mal façon que de mettre en hochets du charbon fin en pouſſier ou fraiſil. M. Venel qui ne connoît point cette préparation, a pris une fauſſe idée de ce cribla- ge, & eſt tombé dans cette mépriſe en adoptant comme *moyen d'économie, la fabrication du fraiſil en hochets, pour rendre ce pouſſier propre à être employé dans les foyers domeſtiques, avec autant d'avantage que les gros morceaux, p.*192. Cette prétention eſt abſo- lument contraire à l'expérience ; le fraiſil ſeul ne ſeroit propre à être mis en forme de cette ma- niere, que pour contribuer à entretenir le feu

avec une certaine économie, ainſi qu'il ſe pra- tique à Saint Chaumont en Lyonnois, & c'eſt où M. Venel aura pris ſon idée : dans cet en- droit, on fait avec la cendre du feu, & quelque peu de menu charbon, une pâte mêlée avec un peu d'eau, dont on couvre le feu quand il eſt bien allumé, & qui s'embraſe elle-même après avoir beaucoup fumé.

(1) Chapitre IV, Section V, page 112 ; *Gâ- teaux ou mottes de marc d'olive, de marc de raiſin, de tan, avec du fraiſil de Houille.*

(2) *Tranſactions Philoſophiques, An.* 1666, N°. 21, *Art. IX.*

& connoît - on quelque chauffage qui ne donne pas de fumée avant de s'enflammer ?

La méthode ufitée à Liége & ailleurs, pour employer aux mêmes ufages la même matiere intimement liée avec des terres argilleufes, préfente dans la marche progreffive de l'embrafement & de la combuftion, une diffé-rence remarquable de phénomenes.

L'action du feu fur ce mélange de partie d'argille & de partie de Houille, ne fe fait qu'au fur & à mefure; ces dernieres ne commencent à être attaquées que lorfque la terre graffe perdant fon humidité, s'échauffant & fe def-féchant peu à peu, communique de proche en proche fa chaleur aux molé-cules de Houille qu'elle enveloppe; la graiffe, l'huile ou le bitume qui y eft incorporé, fe cuit par degrés au point de s'étendre auffi de proche en proche à ces molécules d'argille, & de venir à la furface de la pelotte, d'où elle découle quelquefois en pleurs, en gouttes. La maffe d'air fubtil qui n'a pas un libre effor, fe dégage en même-temps, s'échappe peu à peu; les vapeurs fulphureufes, bitumineufes, odoriferes ou même malfaifantes qu'on voudra y fuppofer, ne pouvant point fe diffiper enfemble & former un volume, s'en féparent & s'évaporent infenfiblement.

Dans cette efpece de corollaire, on entrevoit deux propriétés diftinctes qui appartiennent à la façon donnée au Charbon de terre, 1° une économie fur la matiere même, 2° une forte de correctif des vapeurs de Houille.

Le premier effet réfultant de cette impaftation paroît fenfible, puifque le feu n'a point une prife abfolue fur le combuftible foumis à fon action; l'argille ajoutée au charbon arrête la combuftion, retient, tant qu'elle ne fe con-fume pas, une portion de Houille, de maniere que cet amalgame, en ne réfiftant point trop au feu, y réfifte affez pour que la Houille ne s'en fépare point avant d'être confumée; la deftruction du charbon par le feu eft rallentie en conféquence; il s'en confomme néceffairement une moindre quantité dans un même efpace de temps, que fi le charbon recevoit à nud l'action de la flamme.

La Houille brûlée feule, lorfqu'elle eft parvenue au degré de combuftion qui la réduit en krahays, s'éteint, à moins que le feu ne foit entretenu par une matiere neuve; ces braifes reftantes, font toujours en affez grande quantité. La même chofe s'obferve dans le chauffage avec du *charbon apprêté*; mais je crois, fans pouvoir cependant l'affurer, que ce produit de braifons eft plus abondant, ce qui confirme l'économie de ce chauffage; il refte toujours pour le fecond feu près de la moitié, ou le tiers de ce qui compofoit la charge de la grille : à moins qu'on n'aye fouvent ajouté au feu des morceaux de charbon brut, qui ont accéléré la réduction des krahays en cendres.

Les Rédacteurs de l'Encyclopédie ne font point difficulté d'avancer que ces pelottes donnent une chaleur douce, durable ; mais plus durable & plus ardente que celle du Charbon de terre feul.

Les Chinois ne trouvent pas feulement que leur mouy, ou pelottes de houille, donne une chaleur beaucoup plus forte que le bois, & qui coûte infiniment moins ; outre l'avantage qu'ils y trouvent de ménager leur bois, ils prétendent encore par cet apprêt fe garantir de l'incommodité de l'odeur.

Plufieurs Auteurs Phyficiens font du même fentiment. M. Zimmerman (1) donne cette préparation, comme un moyen de brûler le Charbon de terre fans défagrément & fans danger. M. Scheutzer, dans fon *Voyage des Alpes* (2), que M. Venel cite à l'article de l'analyfe de la Houille, penfe de même ; l'opinion des Commiffaires nommés par l'Académie des Sciences, eft auffi pofitive fur ce point. M. Venel n'eft pas de cet avis, ni fur l'économie de ce chauffage, ni fur la modification des exhalaifons par l'addition de terres argilleufes.

En tout, cet Auteur regarde uniquement cette méthode (3) « comme » favorable, pour déguifer une matiere réputée incommode, & pour tromper » les dédains d'habitants d'une grande Ville, en leur annonçant des correc- » tions & des apprêts ». L'Auteur d'un Journal (de Bouillon, autant que je puiffe me le rappeller,) a prétendu avant M. Venel, que ces préparations n'étoient rien moins qu'utiles, & que l'établiffement qui a eu lieu à Paris, n'avoit pu prendre.

L'idée que je me fuis formée des avantages de l'impaftation du Charbon de terre avec des argiles, foit pour rendre fon chauffage plus économique que fi ce foffile étoit employé brut, foit pour corriger fa fumée, fon odeur (4), eft donc conforme au fentiment du plus grand nombre des perfonnes qui ont examiné ce point ; je n'ai cherché, dans la comparaifon rapprochée, d'un feu de Houille brut, & d'un feu de Houille *apprêtée*, qu'à rendre fenfible ou probable l'effet que produit fur une même quantité de Houille, l'amalgame argilleux proportionné en quantité & en qualité, à la nature du charbon. Je pourrois me contenter d'oppofer à M. Venel les fuffrages que je viens de citer, & refter attaché à mon opinion perfonnelle ; mais je n'y tiens pas plus qu'à celle que j'ai cru pouvoir avancer fur la propriété des cendres d'un feu de Charbon de terre, de retenir toujours du combuftible, & d'être par-là toujours avantageufes dans le feu ; c'eft précifément parce que cette idée fur cet objet ne m'eft point particuliere, que je me crois encore plus permis de la défendre & de la fauver du reproche tacite,

---

(1) Journal Economique, Avril 1751.

(2) Carbonum foffilium frufta groffa impaftavi, cum luto, experturus fum in furnis Chimicis & fub camino, qui ex voto fuccedit, & fœtidum carbonum ipforum odorem non parum temperat.

(3) Section IV, Chapitre IV, Partie I, p. 109, Des Pelottes, Briques ou Boulets.

(4) Que M. Venel qualifie aromatique, Ch. I, Part. I, page 5.

de n'être qu'une induction tirée sans réflexion de l'usage suivi de temps immémorial dans plusieurs pays ; & en effet, si cette impastation n'avoit aucun des avantages que l'on s'en promet, il seroit très-inutile de prendre cet embarras pour soi ; quant aux personnes qui auroient à acheter de ces briques ou pelottes toutes faites, ce ne seroit qu'un renchérissement de la chose. Pour discuter cet article avec une certaine attention, je n'ai plus, après ce que j'en ai déja dit, qu'à rendre fidelement ici, & à peser sans prévention ce qu'avance M. Venel ; le Lecteur jugera si je puis prendre le ton affirmatif.

» On a, dit-il, attribué à ces pelottes (1) beaucoup de propriétés particulieres.
» On a prétendu nommément que la glaise opéroit une espece de correction de
» la Houille, & que le mélange intime de ces deux corps prévenoit l'incom-
» modité de la fumée, & les autres inconvéniens les plus graves de la Houille
» brûlée. On a cru encore que l'usage de ce fossile, sous forme de pelottes,
» étoit beaucoup plus économique que celui de la Houille brute ou neuve.
M. Venel prétend que ses recherches & ses expériences sont absolument contraires à ces prétentions ; il a trouvé « que la Houille brute mérite tous
» les éloges qu'on a donnés depuis quelque temps aux pelottes de Houille,
» qu'on avoit encore nommées *Houille apprêtée*, & que cette derniere
» n'étoit pas même plus économique que la premiere ; enfin, que tous les
» avantages des pelottes de Houille sur la Houille brute, se bornoient peut-
» être à tirer un meilleur parti du fraisil, à dispenser de remuer, de fourgonner
» le feu, & peut-être enfin à se moins noircir les doigts en maniant ces
» pelottes, qu'en maniant la Houille brute.

M. Venel (2) avance » que les hochets ne lui ont jamais paru produire
» un plus grand effet dans le feu, que celui qui est proportionnel à la
» quantité de Houille qu'ils contenoient : des hochets formés avec parties
» égales de *fraisil* de Houille & de glaise, n'ont produit dans un fourneau
» à chaudiere un effet égal à celui de la Houille neuve, que lorsqu'on les a
» employés en une quantité double de celle de la Houille brute. Il a fallu,
» par exemple, 40 livres de pelottes, pour produire le même effet que
» 20 livres de Houille brute.

Ce Savant conclut « qu'on n'a qu'une vaine opinion de l'effet de la terre
» dans cette préparation ; il ajoute qu'on a trop compté sur la chaleur qu'elle
» retenoit après l'entiere extinction de la Houille, avec laquelle elle avoit
» été intimement mêlée pendant la combustion ; il pourra bien se faire, dit-il,
» que dans le chauffage cette terre qui s'est réellement très-échauffée, tandis
» que le feu a duré, pourra répandre un reste de chaleur plus considérable que
» celui qu'auroient retenu & répandu les *Escarbilles*, & les cendres qui auroient

---

(1) *Des Pelottes, Briques ou Boulets*, Sect. IV. | (2) Chapitre VI, Section II, Partie I,
Chap. IV, Part. I, page 108. | *page* 190.

» refté à nud dans le foyer ; mais cette fource de chaleur doit être bien
» foible , & encore un coup, elle a paru fans effet dans nos expériences
» les plus exactes ».

Quant à l'économie réfultante de la terre ajoutée au charbon, dans l'apprêt à
la Liégeoife , à la Flamande , à la Chinoife , pour peu qu'elle fût douteufe,
il vaudroit mieux négliger cette préparation ; le raifonnement employé par
M. Venel , pour en prononcer l'exclufion , feroit fans réplique ; il eft fimple ,
le voici mot pour mot.

» Le nom de *chauffage économique* appartient uniquement au feu de Houille
» brute , & non pas au feu de pelottes : les pelottes font le produit d'un Art.
» Or les opérations quelconques des Arts fe payent; quelqu'un gagne à faire des
» pelottes. Le prix de ce labeur eft à la charge du confommateur : donc les
» pelottes fourniffent fous ce rapport un chauffage moins économique , que
» la Houille brute qui n'exige point une préparation , & par conféquent une
» dépenfe préliminaire (1) ».

Cet argument , malgré la forme fyllogiftique , dans laquelle il eft préfenté ,
n'en eft pas plus concluant. M. Venel n'y fpécifie que les pelottes faites par
un Journalier , qui en emporte falaire pour fon travail , pour la pâte qu'il a
fournie , ou les pelottes fabriquées par des Entrepreneurs en fociété, dont les
opérations en grand font certainement encore plus difpendieufes ; mais cela
ne réfout point la queftion première : l'apprêt fait par le particulier lui-même ,
auquel il n'en coûte rien en conféquence que fon temps , ajoute-t-il ou
n'ajoute - t - il pas aux pelottes le bénéfice d'économie dont il s'agit ? Les
recherches & les expériences qu'a faites M. Venel pour s'affurer de l'un ou de
l'autre , font toutes contraires à l'affirmative (2) ; ce Savant prend parti pour
la négative : quelles font ces recherches, ces expériences ? Les pelottes exécutées par M. Venel felon la méthode de M. Carrey, contenoient environ parties
égales de terre & de Houille : en fuivant M. Venel , dans tout cet article de
fon ouvrage , les hochets qu'il compofoit étoient de *fraifil* ou de *pouffier* (Voy.
notre remarque 6 , *p.* 1283 : nous avons toujours cru reconnoître que les efpeces
employées par M. Venel , étoient des Houilles maigres ; & alors partie égale de
pâte appauvrit encore le chauffage qui en réfulte ; à plus forte raifon dans les
hochets fabriqués par M. Venel, compofés de fraifil ou de pouffier de Houille
de cette nature ; je n'ai pas de peine à croire ce qui a été remarqué par
M. Venel : une fabrication auffi peu conforme aux principes que nous avons
établis , & qui font fondés autant fur l'expérience que fur une vraie connoiffance du Charbon de terre , n'a pu produire un chauffage économique. Ce
n'eft point du tout du fraifil , ou du pouffier de charbon, mais du *charbon
menu*, qui peut être employé avec avantage à faire des briques ou pelottes , & en

---

cela le procédé Liégeois, à la faveur duquel il se fait un triage de menu charbon, *Voyez page* 356, est supérieur à l'usage du crible, à moins que les clayons ou séparations de cet ustensile, lorsqu'on s'en sert, soient assez & point trop écartés les uns des autres.

M. Venel convient expressément que « les pelottes de grosseur ordinaire ; » entieres, pesant environ 4 livres, sont encore plus difficiles à allumer » que les morceaux de Houille pure de pareille grosseur (1) ». La combustion est donc rallentie au moins dans ce moment, & vraisemblablement tout le temps que la pelotte dure au feu; donc il y a incontestablement économie ; cette conséquence nécessaire a échappé à M. Venel; ce Savant remarque même, à l'occasion d'essais qu'il a tentés avec des mottes de marc d'olive, de marc de raisin, de tan, avec du poussier de Houille », que les pelottes sont plus » avantageuses, parce qu'elles gardent leur forme & leur consistance dans le » feu pendant toute sa durée & même après l'extinction (2) ». N'est-ce pas encore laisser à entendre ce que nous prétendons, que ces pelottes ou briques donnent un chauffage économique ! Le particulier qui fabriquera lui-même son charbon, y trouvera certainement son compte ; il ne reste qu'à examiner si l'économie est assez marquée, pour que le moyen qui la produit ne soit pas onéreux à celui qui en paye la façon; cette appréciation, pour être faite au juste, demande à être cherchée dans les pays où l'usage des briques est adopté, où on a les mines à sa portée, où les mains - d'œuvre ne haussent pas trop le prix de la chose fabriquée; à cet égard on peut juger, par ce qu'il en coûte à Mons, *Voyez page* 1283, *note* 3, si cette augmentation du prix des briques mérite une attention bien rigoureuse : l'argumentation de M. Venel ne sera valable par conséquent que dans les grandes Villes où ces avantages ne se trouveront point, ou bien dans une entreprise en grand par une Compagnie; mais cet inconvénient local ne détruit pas le point de fait; & le principe mis en avant par M. Venel, & sur lequel il paroît avoir un peu compté dans sa maniere de raisonner, est avoué de tout le monde : « pour les matieres de premiere nécessité, passons-nous d'apprêt autant » qu'il est possible (3) ». Mais ce principe ne devient point applicable ici, je n'ai par conséquent pas besoin de m'arrêter à le discuter, ni comme vrai, ni comme faux.

La seconde propriété qui semble particuliere au Charbon de terre *apprêté*, n'est pas moins essentielle; elle intéresse sur-tout les personnes qui auroient de la peine à se déclarer en faveur du chauffage de Houille: Nous prouverons ailleurs qu'il n'a rien de préjudiciable à la santé ; mais dans la supposition que parmi les charbons dont on se serviroit, il s'en trouvât qui eussent

---

(1) Chapitre I, Partie II ; *Maniere commune d'allumer & de gouverner les feux de Houille*, p. 209.
(2) Section V, Chapitre IV, Partie I, *page* 111.
(3) Section I, Chapitre VI, Partie I, *Avan-* tages principaux & fondamentaux des feux de Houillé sur le feu de bois, déduits des phénomenes & des effets respectifs de l'un & de l'autre feu, page 180, note a.

été pris fans choix ; que quelques-uns fuffent unis à des parties décidément
fulphureufes, vitrioliques, même arfénicales, (ce qui n'eft pas connu,) ou
de toutes autres capables de nuire ; qu'enfin on employât des Houilles qui
donnent beaucoup de fumée, beaucoup d'odeur ; les argilles qui entrent dans
l'apprêt que nous difcutons ici, deviennent pendant le temps de la combuftion de la Houille une efpece de correctif qui met un frein aux différentes
évaporations qu'on pourroit reprocher au feu de Houille brute.

Sur ce point, M. Venel eft encore contraire, je ne dis pas à mon avis, mais
au jugement qu'en ont porté d'autres que moi, & à l'opinion reçue dans
les pays où cet apprêt eft ufité : ce Savant auroit dû au moins motiver fa réclamation. Il a jugé à propos de s'en tenir féchement à la négative (1). Je pourrois
n'avoir befoin ici de lui répondre que par ce qu'il avance lui-même ; on reconnoîtra d'abord qu'il avoit de cette propriété corrective des argilles mêlées
avec le Charbon de terre, quelqu'idée imparfaite, à la vérité, & fi imparfaite, qu'il n'a pu une feconde fois être d'accord avec lui-même.

La chofe lui fembloit probable, lorfqu'il parloit des bouffées de vapeurs (2).
En traitant de l'emploi du Charbon de terre pour les fourneaux de Verrerie,
M. Venel dit que « les pelottes diminueroient peut-être jufqu'à un certain
» point les émanations fuligineufes de la Houille » (3) ; c'eft, fi je ne me
trompe, foupçonner fortement la chofe même, & la chofe même qu'il a niée
expreffément.

Sur cela, je vais en tout plus loin que M. Venel : la propriété que nous
attribuons à l'impaftation de la Houille, n'eft pas à la vérité fufceptible d'une
démonftration auffi rigoureufe qu'on pourroit peut-être l'exiger ; mais on peut,
je crois, y fuppléer : l'examen attentif d'un feu de Charbon de terre brut,
comparé avec un feu de Charbon de *terre apprété*, fournit une explication
plaufible de l'effet des terres argilleufes ; quelqu'un qui fuivra des yeux ce
feu de pelottes, & qui ne fera point prévenu, fera porté à juger par la marche graduée plus lentement, & de l'embrafement & de l'ignition, que la
fumée ou vapeur qui contient la fuie & autres matieres, eft abforbée, détruite
& dévorée à mefure qu'elle s'échappe, ce que n'auroit pas le temps de produire un grand feu flambant, qui ne feroit qu'entraîner ces parties fubtiles dans
fon éruption ; du moins cette explication fimple paroîtra n'être pas affez
dépourvue de vraifemblance pour que l'on ne foit autant embarraffé à décider
pour, qu'à décider contre.

Nous fommes donc toujours fondés à regarder la chofe comme probable, ainfi
qu'elle fembloit l'être à M. Venel, lorfqu'il s'agiffoit des bouffées de vapeur,
& nous n'héfitons point à penfer, comme je l'ai avancé *page 354*, que toutes

(1) Sect. IV, Chap. IV, Part. I, *page* 108. (3) Sect. I, Chap. II, Part. III, *page* 480,
(2) Voyez l'obfervation que j'ai rapportée *Verrerie, Glacerie.*
page 1268, & la note 2.

les

les parties exhalantes du Charbon de terre, objet des préjugés de quelques perfonnes & de l'inquiétude de quelques autres, font réprimées autant qu'on peut le défirer, pour que la Houille fuppofée nuifible ne le foit plus, & que dans le dernier temps de la combuftion, ce que l'on peut qualifier du nom de *vapeurs*, foit beaucoup plus rare (1).

Une des plus fortes préfomptions que l'on pourroit faire valoir, à mon avis, contre la certitude pour laquelle je panche, des avantages de cette impaftation de Houille, ce feroit l'établiffement tenté pour l'hiver de 1770 à 1771 : perfonne n'ignore qu'il n'a pas eu de fuite ; peut-être eft-ce là la fource de l'efpece d'indécifion dont M. Venel n'a pu fortir. Dans un voyage très-court que ce Savant fit à Paris, après avoir publié le *Profpectus* de l'Ouvrage que nous analyfons ici dans les points qui ont befoin d'être difcutés, nous eûmes enfemble une converfation fur la matiere qu'il fe propofoit de traiter : je l'avois fait prévenir par un ami commun (2) de plufieurs méprifes, dans lefquelles je trouvois qu'il étoit près de donner ; il devoit définitivement, lorfqu'il eft parti, revenir chez moi prendre communication, que je lui avois promife, de toute cette derniere partie de mon Manufcrit, à laquelle j'ai été obligé depuis de joindre des remarques fur l'Ouvrage de M. Venel. Il n'a point été queftion entre nous deux du chauffage qui avoit été annoncé pour Paris & pour la Province. Si le Journal de Bouillon lui avoit laiffé quelque doute concernant la ceffation de l'entreprife, il avoit pu être éclairci, par ce que j'en ai dit *page* 601, & par l'Avertiffement qui a paru dans le temps fur ce fujet. C'eût été alors manquer au Public, qui avoit honoré ce projet de fon fuffrage ; c'eût été en particulier manquer d'égards pour les différents Corps de Magiftrats & de Savants, dont les avis favorables avoient forcé la confiance générale, que de ne pas inftruire, comme il a été fait (3), les Habitants de Paris & enfuite ceux de la Province (4), de la nature des empêchements qui fe font oppofés, non au fuccès, mais à la continuation de cette entreprife. L'hiftoire de cet établiffement, premier pas fait à l'introduction de cet ufage en France, peut-elle être mieux placée que dans un Ouvrage fur cette matiere confacré au Gouvernement & à la Nation : on verra d'ailleurs qu'il importe pour la fuite des temps qu'elle foit connue.

(1) On peut voir dans l'Ouvrage de M. Venel, le détail dans lequel il eft entré fur les différences de la fumée, & des vapeurs qu'exhale la Houille brûlante, Sect. I, Chap. II, Part. I. *Des fumées & vapeurs.*

(2) M. le Roi, Profeffeur en Médecine de l'Univerfité de Montpellier, Correfpondant de l'Académie Royale des Sciences, &c.

(3) *Avertiffement concernant l'établiffement du chauffage économique avec le Charbon de terre dans*

Paris. Mercure de France, Novembre 1771, *page* 188. Gazette d'Agriculture, Commerce, Arts & Finances, 22 Octobre 1771, *page* 673, N°. 85.

(4) *Avertiffement concernant l'établiffement du chauffage économique avec le Charbon de terre dans les Provinces.* Mercure de France, Décembre 1771, *page* 193. Gazette d'Agriculture &c, 26 Octobre, *page* 681, N°. 86.

Entreprise formée à Paris dans l'hiver de 1770 à 1771, pour faire connoître dans cette Ville, le chauffage avec LA HOUILLE APPRÊTÉE.

LES premiers jours que je me trouvai à Liége (dans une saison où l'on se chauffe), avant d'avoir reçu l'invitation de l'Académie de travailler sur la Houille, ce qui me frappoit le plus, c'étoit le spectacle d'un peuple nombreux, d'Ouvriers de toutes sortes d'atteliers & manufactures, vieillards, femmes, enfants, rentrant chez eux, gais & contents, oubliant tous dans leur petit ménage, vis-à-vis un bon feu, leur état de médiocrité, leurs fatigues, jouissants à l'aise de ce bonheur dont Plaute félicite les Serruriers, Taillandiers, Forgerons & autres Ouvriers de cette classe, d'être toujours dans le cas de ne point ressentir le froid : l'avantage que le peuple de Liége trouve dans ses Houillieres, de se procurer au jour le jour un combustible suffisant à la fois, pour le chauffage, pour les ouvrages & besoins domestiques, avoit produit sur moi la plus vive impression en faveur des pauvres de nos Campagnes, & de nos pauvres de Paris.

Les habitants du pays d'Aunis, du Poitou, & d'une partie de la basse-Normandie, savent que les Paysans de ces Provinces sont réduits à n'avoir d'autre moyen de se chauffer en hiver, que de brûler les excréments d'animaux qu'ils ont séchés, & dont ils ont fait soigneusement provision dans l'été : il n'est pas difficile de croire que mes réflexions sur une ressource aussi triste, se portoient ensuite sur Paris, où l'on compteroit aisément plus d'un quart de ses habitants hors d'état en hiver de se procurer du bois, frustré par conséquent d'une possession, qui, dans cette saison, peut bien être appellée la moitié de la vie : alors le Citoyen pauvre ou mal-aisé, est en proie aux maux les plus réels, à ceux qu'entraîne l'impossibilité de se garantir du froid. Cette classe d'infortunés, aussi précieuse que nombreuse, est toute composée de Journaliers, d'Artisans, de Manœuvres, tous nécessaires à l'Etat pour la population, tous utiles à la société par des talents divers : les plus viles de leurs occupations sont précisément celles dont on ne peut se passer ; les autres sont relatives à des secondes nécessités.

Dans quelque circonstance que l'on veuille considérer cette foule travaillante, la disette de chauffage les plonge inévitablement dans l'état le plus digne de compassion : ceux d'entre eux qui ont un métier, jouissent-ils d'une santé robuste, le froid oblige de suspendre leurs travaux ; leur existence, celle de leur famille, communément nombreuse, perd cette précieuse santé, & périt ; ont-ils le malheur d'être accablés de maladies, le froid, nouveau fléau, attaque avec plus de danger pour eux des corps défendus à peine par des haillons & des lambeaux, épuisés déja par de chétives nourritures ; ils se trouvent alors surcharger les Paroisses ; peres, meres de familles, veuves, enfants, orphelins ou maladifs, indigents de toute efpece, de tout âge; le furcroît de mifere attaché à la rigueur de la faifon, leur rend à peine fenfible les efforts des Pafteurs les plus zélés & les plus intelligents. Les perfonnes charitables, les Médecins, les Eccléfiaftiques reconnoîtroient ce tableau qu'ils font fouvent à portée de voir; avec une ame honnête & fenfible, on s'en fait aifément une idée fans l'avoir vu. En le comparant avec celui que m'offroit dans Liége, ville très-peuplée (1), la même claffe d'hommes à l'abri, grace à la Houille, d'être forcé dans aucun temps de fufpendre le travail ou de voir languir fa famille; je regrettois vivement que la France n'eût des mines de charbon, que pour ce qu'en confomment des ufages bien moins importants; ceux des Arts, qui ne marchent qu'après le néceffaire; alors j'ignorois nos richeffes en carrieres de Houille; en avançant dans mon travail, je les reconnus bientôt: ce point de vue me parut d'abord pouvoir devenir utile. Dès cet inftant je n'eus aucun doute que les défauts, les incommodités reprochés au Charbon de terre, ne puffent aifément s'effacer aux yeux & aux nez des malheureux habitants des villages d'Aunis, de Poitou, de baffe-Normandie; je me perfuadai auffi que l'empire de l'ufage fur l'efprit des pauvres de Paris, ne les empêche-roit point, lorfqu'ils pourroient voir de ce chauffage, de fentir la différence entre le feu actif & réel de la Houille, & la chaleur, fi peu digne de ce nom, qu'ils reffentent en confumant le charbon de bois, le pouffier, la braife, la fciure de bois, les mottes à brûler, &c.

L'efprit & le cœur pénétrés des avantages fans nombre attachés au chauffage de Houille, il me feroit impoffible de rendre le plaifir que j'éprouvai en m'arrêtant fur l'idée d'appliquer cette méthode à nos charbons de France, de la faire connoître de maniere à efpérer de la rendre familiere avec le temps; ne le devînt-elle abfolument que parmi le petit peuple, l'Etat s'en reffentiroit; la nouvelle confommation, en produifant un bénéfice aux poffeffeurs de mines, leur donneroit une émulation qui ne pourroit manquer de faire naître ou fleurir une nouvelle branche de commerce.

Parmi les différents fujets que j'embraffois dès-lors dans mon plan & qui font entrés dans mon Ouvrage, quelques-uns, entre autres, me flattoient agréable-ment à traiter, c'étoit ceux qui me rappelloient directement aux fonctions de mon état, vis-à-vis de l'humanité en butte aux maladies; de ce nombre étoit l'indication des remedes que l'art de guérir peut tirer des Charbons de terre & de fes mines; l'indication des moyens que la Médecine employe pour conferver la vie & la fanté des Houilleurs; l'avantage beaucoup plus étendu, le foulagement du pauvre que devoit produire l'adoption d'un chauf-

(1) Par un relevé fait en 1776, des morts & des naiffances de cette Ville; les naiffances excé-doient de plus d'un cinquieme le nombre des morts. *Effai fur le projet de l'établiffement d'un* *l'Hôpital-Général dans la ville de Liége, & fur celui d'extirper la mendicité, de la prévenir & d'occuper utilement les Citoyens,* in-4°. 1770.

fage à fa portée, étoit fait pour me toucher encore fenfiblement ; prendre
à tâche de fixer l'attention générale fur une pratique affurée, pour préferver
des rigueurs de l'hiver cette foule de Citoyens néceffiteux qui fe voyent dans
tous les quartiers de Paris & même dans la Province, étoit pour moi le
comble de la fatisfaction ; en réuffiffant à la faire connoître, le bien qu'auroient pu faire plufieurs Médecins enfemble, celui de conferver l'efpece
humaine, bien auffi flatteur affurément, que le foin de lui rétablir la fanté, je
jouiffois du plaifir de l'opérer.

Je commençai donc par m'occuper des Charbons de terre qui s'exportent
à Paris ; je les effayai de toutes les manieres propres à en reconnoître la nature,
la qualité, à fixer ceux qui étoient les plus convenables à être *apprêtés*, &
à préfenter un chauffage économique bien conditionné & exempt de toute
mauvaife qualité : mon deffein étoit de décrire enfuite les procédés de cette
fabrication d'une maniere affez circonftanciée pour en donner une idée jufte,
& principalement pour la rendre d'une exécution facile dans tous les endroits
où l'on feroit difpofé à la mettre en ufage ; mais la rédaction entiere de
mon Ouvrage, qui n'eft achevé qu'aujourd'hui, & dans lequel devoient avoir
place les détails qui vont fuivre, dans lequel devoient être développés tous
les avantages de cette méthode, n'a pas dû & n'a pas pu être l'affaire d'une
année ; quand même cela auroit été poffible, ce n'étoit encore rien faire connoître aux néceffiteux que j'envifageois feuls.

Le peuple auquel cette reffource eft particuliérement deftinée dans les
villes & dans les campagnes, n'eft pas ordinairement plus à même de fe
préparer ce chauffage ; fi le pauvre n'eft pas logé trop à l'étroit, il eft dans
le courant de la journée occupé à gagner par fon travail, foit hors de chez
lui, foit dans fon particulier la fubfiftance dont il a befoin pour lui & pour
fa famille.

Dans les villes cette fabrication ne pourroit guere être profitable au
Citoyen d'une condition aifée ; il en eft peu qui vouluffent employer chez
eux un domeftique ou un homme de journée à une préparation qui entraîne
de l'embarras, qui demande une place commode plus ou moins étendue, &
uniquement facrifiée pour fes différentes opérations. Le defir que j'avois d'alléger fur ce point la dépenfe du Citoyen mal traité par la fortune, de
rendre à l'indigent fa mifere moins onéreufe, fe trouvoit donc de toute part
nulle & infructueufe.

Ce n'eft pas non plus en voyant une chofe, même habituellement dans
un feul endroit, que l'on fe perfuade efficacement de fes avantages, ni
que l'on fe décide à en effayer ; l'exemple qu'avoit voulu donner M. Fagon,
Voyez page 1257, n'avoit eu aucun pouvoir, je ne devois pas me promettre
par les éclairciffements, les inftructions les plus détaillées, de voir aucune
fuite heureufe à la bonne envie que j'avois d'alléger dans ce point la dépenfe

du

du Citoyen mal-traité par la fortune ; on a beau parler fur tout au vulgaire, il ne change rien à fes manieres : ce qu'on lui confeille, fût-il de la plus férieufe importance, il ne fe détermine à en profiter, que lorfque les chofes lui font préfentées toutes faites ; il faut le mettre, pour ainfi dire, en jouiffance ; cette indolence paffive ne fe dément fur rien. Bien avant l'établiffement fait en faveur des Noyés, on réitéroit de temps en temps avec la plus grande publicité les avertiffements les mieux détaillés, fur les fecours à apporter dans cette malheureufe fituation ; ces avis n'ont été efficaces que de l'inftant que le Bureau de la Ville a imaginé de tenir tout prêt pour le befoin, ce qui étoit néceffaire à employer dans ces fortes de cas. Ce qui s'eft vu, touchant la méthode du nouveau chauffage, fe rapporte bien plus directement à ce dont j'étois inquiet lors de mes premieres idées : dans le même temps de l'entreprife, dont nous donnons ici l'hiftoire, la Capitale, les Provinces ont été inftruites, par la voie des Journaux, du procédé qu'a décrit M. Carrey ; perfonne ne s'eft déterminé, ni à faire foi-même, ni à faire fabriquer des pelottes pour fon ufage ; la facilité d'en voir exécuter à l'Ecole Vétérinaire, tandis qu'à l'attelier ouvert à la Rapée, chaque méteur en forme faifoit près d'un millier de pelottes dans une journée, n'a pas été plus efficace.

Je ne voyois d'autre parti à prendre, que de faire, foit chez des perfonnes connues, foit dans des endroits publics & à plufieurs reprifes, même continues & renouvellées chaque hiver, une montre de ce chauffage.

Dans une ville comme Paris, tout ce qu'on n'y a point encore vu, devient en peu de temps le fujet des converfations : après cette montre, mon deffein étoit de faire fabriquer publiquement dans une faifon favorable, une grande quantité de ce chauffage. Telle étoit la marche que j'avois projettée, pour faire dans le Public ce qu'on appelle *fenfation* : ce plan n'étoit point d'une difficile exécution ; pour la partie des frais, il n'étoit même point à ma charge ; je n'étois nullement embarraffé de trouver des perfonnes qui euffent concouru volontiers à une forte d'expérience publique ; le produit en eût toujours tourné à l'avantage du pauvre, qui n'auroit pas mieux demandé que d'en effayer ; les Hôpitaux, quelques pauvres Communautés, quelques *Guinguettes* des fauxbourgs de Paris, quelques Etrangers habitués à ce chauffage, s'en feroient fervi tant qu'ils en auroient trouvé : ce n'eft pas une fimple conjecture.

Je me doute très-fort que ce plan ne fera pas jugé bien bon, il peut même avoir quelque chofe de fingulier ; mais c'étoit le feul qui fixât mon idée, c'étoit ainfi que je voyois la chofe ; il manquoit encore à mon travail, à mes fabrications une derniere perfection. J'étois déja affez inftruit de la maniere dont le commerce de Charbon de terre fe fait dans Paris, pour fentir, attendu les mélanges auxquels il eft fujet malgré les défenfes précifes, que je ne pouvois pas compter entiérement fur mes expériences ; le charbon qui m'avoit été donné pour Charbon de Moulins, pour Charbon de Forez, étoit-il pur ? étoit-il bien de la mine dont on prétendoit qu'il venoit ? Pour indiquer les proportions exactes de pâte, qui convenoient à chacun des charbons des différentes mines de ces trois Provinces, il étoit nécessaire que je ne fusse point trompé sur ces articles.

Afin d'être plus certain de mes essais & de mes expériences exécutées avec soin à diverses reprises sur des Charbons de terre que j'avois fait acheter, soit au Port Saint-Paul, soit chez des Marchands, j'en faisois venir directement des trois Provinces qui approvisionnent Paris (1). Un Particulier fixé dans cette capitale, & qui appartient à une famille très-estimable, me procuroit quelques-uns de ces envois ; il étoit souvent, ainsi que tous ceux qui venoient chez moi, présent à mon travail ; il fut témoin par conséquent du succès avec lequel je parvins à donner à cette fabrication de nos charbons, la même perfection qu'elle a dans quelques Pays Etrangers : les vues que j'avois & que je viens d'exposer, n'étoient point un mystere ; il me proposa de remplir mon objet, en me sauvant à cet égard les embarras qu'entraînoit la route que je voulois suivre : n'ayant d'autre idée que de voir tourner cette partie de mon travail au profit du Royaume, l'offre ne pouvoit qu'être fort de mon goût ; celui qui me la faisoit, ne m'étoit personnellement pas connu autrement que par les relations que mon état me donnoit depuis bien des années, soit avec lui, soit avec partie de sa famille ; il me parut suffisant qu'il fût ce que je savois qu'il étoit, versé dans les opérations de calculs, intelligent dans ce qu'on appelle affaires, & qu'il eût du loisir, toutes choses qui me manquoient, & bon Citoyen, comme je le croyois, pour prendre à cœur le fond de mes idées : je ne sentis aucune répugnance à accepter ses offres ; je lui donnai en conséquence toutes les notes que j'avois rassemblées, concernant les droits sur les Charbons de terre, sur les Charbons de bois, sur les bois, pour déterminer une comparaison exacte entre la dépense de ces différents combustibles. Peu de temps après, le Ministre du département de Paris fut informé de mes recherches par ce Particulier ; il sentit qu'il seroit *important pour le peuple de Paris, & même de la plupart des Provinces, de pouvoir substituer le Charbon de terre à celui de bois, dont le prix est presque par-tout inaccessible pour lui ; qu'il étoit de plus intéressant, pour la ville de Paris en particulier, de diminuer cette consommation de première nécessité qui s'augmente tous les*

---

(1) Je n'ai pas fait difficulté ensuite de me détourner de mes occupations pour me transporter sur les lieux ; j'ai fait exprès un voyage dans le Bourbonnois & en Auvergne ; j'ai descendu dans les mines afin de constater leur état ; j'y ai réitéré mes expériences sur les différents Charbons qu'elles produisent, pour m'assurer de leur conformité, avec celles que j'avois faites ; les mêmes soins, comme on le verra bientôt, ont été donnés de ma part pour les matieres convenables à l'*apprêt* qu'ils doivent recevoir. En un mot, j'ai tellement rendu ce travail complet, que tant qu'il ne seroit rien innové dans ce que j'ai arrêté pour le choix des charbons, tant qu'on ne s'écarteroit pas des attentions nécessaires pour les façonner, je pouvois répondre que l'usage de ce nouveau chauffage, se maintiendroit suffisamment parmi nous, pour s'accréditer avec le temps.

jours, & devient effrayante (1). Defirant régler fur l'avis de l'Académie des Sciences, l'idée qu'il devoit prendre de ce travail, il fouhaita que je remiffe à cette Compagnie les différents Mémoires contenant le détail & les réfultats de mes recherches particulieres, afin de connoître de quel degré d'attention ils pouvoient être dignes.

L'efpece d'impoffibilité de la part des pauvres, comme de la part du citoyen aifé, d'apprêter chez lui du charbon, l'anéantiffement de cette reffource par cet obftacle, le manque d'apparence que jamais perfonne pût s'avifer d'entreprendre en grand pour le Public une fabrication & un trafic d'un fuccès auffi équivoque; ces réflexions & quantité d'autres, avoient toujours, comme on l'a vu, donné à mes idées une tournure qui fe fentoit affez de la difficulté que devoit fouffrir leur exécution.

Le premier coup d'œil porté fur cet objet par un Miniftre adonné dès fa plus tendre enfance à faire (tant que l'homme en place en a la pleine liberté,) le bien de fon Département, fixa mes appréhenfions & mes incertitudes.

Ce n'étoit pas néanmoins à beaucoup près fur les mêmes principes, que le Particulier qui agiffoit, dirigeoit fes démarches (2): les fuffrages donnés à mon travail par les Commiffaires de l'Académie des Sciences, par ceux de la Faculté de Médecine, favoriferent l'obtention d'un Privilége (en date du 13 Décembre 1769,) qui autorifoit l'entreprife projetée de préfenter aux habitants de Paris & même de la Province, un chauffage économique & bien conditionné, préparé avec du Charbon de terre : toutes les formalités ufitées, pour la vérification des Lettres-Patentes, furent favorables (3).

A la faveur des Lettres-Patentes, de l'Arrêt d'enregiftrement & de toutes les Pieces relatives à cette conceffion, le Particulier qui en étoit toujours refté nanti (& qui ne s'en eft défaifi que le 24 Novembre 1771,) trouva l'argent néceffaire pour mettre fon plan en exécution.

Les préparatifs de l'établiffement furent annoncés dans le mois d'Août & de Septembre 1770; ils furent accueillis de la maniere la plus favorable. On ne

(1) Lettre de M. le Duc de la Vrilliere, écrite de Fontainebleau au Secrétaire de l'Académie Royale des Sciences, le 14 Octobre 1769.

(2) On le verra par les motifs qu'il avoit fait énoncer dans les Lettres-Patentes.

(3) Toute cette réuffite fe trouvoit être véritablement le fruit de l'intelligence, fi on veut l'appeller ainfi, du Solliciteur; il y avoit mis la plus grande activité; le Privilége lui avoit été remis d'abord, avec injonction fpéciale d'en communiquer avec moi, pour voir fi les claufes étoient à mon gré : ainfi le porte la Lettre par laquelle je fus informé du fuccès, dans lequel, fans doute, mon travail entroit pour quelque chofe : ce fut alors, que pendant du temps, il ne me fut pas poffible d'avoir de l'homme & de ce qu'il étoit devenu, plus de nouvelles que s'il étoit abfent; celles que j'en eus à la fin, ou par lui-même en perfonne, ou par billets, finiffoient toutes par éluder ce qui lui avoit été prefcrit. J'eus à ce fujet une entrevue avec un de fes proches parents, homme judicieux & eftimable : mes intentions uniquement tournées vers la chofe publique, que je voyois avec plaifir fecondée dans tous les points, me déterminerent, pour ne pas y apporter du retardement, & par égards pour le parent du Négociateur, à regarder comme indifférents au fond de la chofe, tous les faux-fuyants que j'avois apperçus, & qui pouvoient m'être que particuliers. Je n'en fais ici mention en paffant, qu'à caufe du rapport qu'ils fe trouveront avoir par la fuite avec l'entreprife même, qui, fi elle eût été examinée bien férieufement, n'auroit point trouvé de fecours pécuniaires pour être exécutée dans Paris.

craint point de dire que peu d'entreprifes ne devoient autant que celle-ci s'attendre à des oppofitions & à des contradictions multipliées ; il n'en eft pas moins vrai qu'aucune n'avoit jamais eu plus de motifs d'encouragement : du premier inftant , cet établiffement fut regardé d'un œil bien différent de tous ces projets d'induftrie enfantés par le luxe , & qui ne confervent d'exiftence qu'autant que le goût ou la fantaifie du public ont de durée. En préfumant les Entrepeneurs fûrs de leurs calculs & de leurs combinaifons , il ne reftoit pas le moindre doute fur la certitude d'un bénéfice légitime pour eux ; leur fuccès étoit devenu un vœu unanime ; tout devoit affurer , aux habitants de Paris fur-tout , un établiffement auffi folide qu'il étoit jugé utile.

Cet efpoir étoit toujours combattu dans mon efprit par les préoccupations qu'y avoit jetté tout ce que je ne pouvois encore démêler dans la conduite extraordinaire du Sieur ..... elles m'infpiroient beaucoup de méfiance fur l'article de la geftion (1). Deux confidérations qui me paroiffoient de bon augure , me raffuroient un peu. Premièrement, le très-petit nombre de ce qu'on appelle dans une entreprife, Affociés ; celui qui avoit toujours été l'ame de l'affaire , & qui vraifemblablement étoit jaloux de jouer ce rôle exclufivement, tant qu'elle pourroit fe foutenir, ne s'étoit affocié que le Bailleur de fonds : la méfintelligence , fléau deftructeur de toutes les entreprifes les mieux concertées & les plus utiles , me fembloit ne pouvoir trouver accès entre deux perfonnes intéreffées l'une à gagner , l'autre du moins à ne pas perdre ; fecondement , & c'étoit encore le plus heureux à mon avis ; la fimplicité de l'affaire étoit telle , qu'en fuppofant quelqu'erreur de calcul de la part des fpéculateurs qui alloient exercer le privilége, il étoit de toute impoffibilité que celui qui y apportoit des fonds, courût aucun rifque de les perdre.

La difficulté giffoit dans un point aifé maintenant à appercevoir, par le tableau que j'ai donné des droits fur le Charbon de terre : ce combuftible qu'il s'agiffoit de fubftituer au bois pour le chauffage & pour les ufages domeftiques, étant arrivé aux portes de Paris, eft déja très-cher ; lorfqu'il eft pour être confommé dans la ville , fon prix doublé par tous les droits

---

(1) Dans les Lettres-Patentes , il s'étoit fait donner un rang qui ne lui convenoit nullement ; il étoit de plus défigné pour être l'un des auteurs du travail , & parvenu à force de facrifices , d'expériences auffi difficiles que difpendieufes , à procurer au Charbon de terre par une opération chimique, un degré d'utilité qui en fauvoit les inconvéniens. Sans doute ces motifs controuvés lui avoient paru propres à fervir de bafe au projet qu'il avoit tramé de fe rendre maître abfolu de toute la manutention ; il agiffoit & parloit comme ayant feul commiffion & pouvoir ; il avoit réuffi à perfuader au Bailleur de fonds , qu'il n'avoit befoin d'être guidé ni éclairé en rien dans les opérations de fabrication auxquelles, dans fon arrangement qui eut lieu, il devoit préfider feul : tout ce que je pus faire, ce fut d'exiger qu'il feroit dépofé à l'Hôtel-de-Ville un étalon des moules à fabriquer les pelottes ; mais la fuite fera voir que probablement il avoit fu déranger cette précaution , & fe mettre à l'abri de ce qui pouvoit en réfulter contre lui, & que l'étalon dépofé, étoit d'avance réduit à fa fantaifie.

auxquels

auxquels il eſt aſſujetti, devient exceſſif : cette premiere conſidération n'avoit pu manquer d'occuper l'attention au moins du premier ſpéculateur.

Le plan qu'il en avoit préſenté au Bailleur de fonds, avoit dû néceſſairerent être appuyé ſur le prix de cette marchandiſe ; le ſurcroît d'augmentation que le Charbon de terre à apprêter, devoit enſuite ſupporter par les différentes mains-d'œuvre, par les frais d'un établiſſement en grand, formoit le ſecond chef de ſupputation ; c'eſt où les Entrepreneurs ſe ſont abuſés, ſans qu'il ſoit trop facile d'imaginer comment la choſe a pu arriver à des perſonnes très-inſtruites, telles qu'elles étoient.

Peut-être eût-il été poſſible de trouver dans une ſage économie, un dédommagement raiſonnable de la mépriſe ; mais cette économie qu'ils avoient inconſidérément fait entrer dans leur calcul & dans leur plan, même dans l'exécution, portoit ſur des changements dont ces Entrepreneurs n'étoient point en état d'apprécier les défauts & les conſéquences.

Perſuadés qu'il ne devoit pas y avoir tant de façons à obſerver dans une fabrication que je déclarois moi - même n'être qu'une imitation, ils regarderent comme abſolument ſuperflus, les détails par leſquels je vais finir, & dont je leur préſentai des copies ; ils ne ſe doutoient point que ces Mémoires que je voulois leur communiquer pour être leur loi, étoient appuyés ſur la connoiſſance de la nature, de la qualité des charbons qu'ils avoient à employer, ainſi que des pâtes qui devoient entrer dans l'apprêt ; que tout le procédé en un mot, étoit fixé avec une préciſion étudiée & réfléchie d'une maniere convenable à la poſition où ils ſe trouvoient, d'avoir à éviter les moindres imperfections, les moindres négligences ; qu'il n'étoit pas poſſible enfin de s'écarter de la méthode particuliere à l'eſpece de charbons qu'ils employoient, de *rien innover dans le choix des charbons, dans les attentions néceſſaires pour les façonner*, &c, ſans riſquer d'enlever à ce nouveau combuſtible tous les avantages dont les Entrepreneurs eux-mêmes avoient conçu la plus haute idée (1).

Le ſieur....... travailla pendant 15 jours (& on verra la quantité immenſe de pelottes qui ſe peut faire dans cet eſpace de temps,) ſans retrouver les mêmes qualités d'un chauffage bien conditionné qui réſultoit de ma fabrication : à la pâte que j'avois fixée, il avoit ſubſtitué de ſon chef une mauvaiſe terre d'*alluvium* (2). Je ne parvins à contre-quarrer la continuation de ces opérations, qu'en menaçant de porter des plaintes ſur une fabrication dont les réſultats ne pourroient que tromper l'attente où étoit le Public d'un

(1) Par une ſingularité aſſez difficile à expliquer, & qui ne peut guere être qualifiée qu'un effet du hazard, le ſieur.... s'étoit complettement inſinué dans la confiance du Bailleur de fonds, au point d'endormir ſa vigilance & ſa prudence ſur ſes propres intérêts ; il étoit chargé de toutes les dépenſes, on s'en rapportoit à lui ſur-tout ; & il trouva même moyen d'éloigner aſſez long-temps la reddition de ſes comptes.

(2) Je parlerai en ſa place, de cette eſpece d'ineptie.

chauffage en même-temps économique & bien conditionné, tel que celui qui avoit été approuvé, & qui avoit eu le suffrage légal du Lieutenant Général de Police, & du Procureur du Roi au Bureau de la Ville.

L'Associé qui avoit apporté des fonds dans l'entreprise, commençoit à écouter mes avis sur les changements faits par le sieur .... dans le procédé que j'avois fixé, & dont je prétendois que l'exactitude assuroit à l'entreprise, supposée bien combinée, l'avantage de la Capitale & de l'affaire : pour achever de lui dessiller les yeux, j'avois fait travailler à différentes reprises en sa présence & celle des Ouvriers, un minot de charbon à ma façon : on y employoit pour les fabrications les moules que j'avois fait porter, qui étoient tels que devoit être celui déposé à l'Hôtel de Ville, & ceux de l'attelier ; il en résultoit toujours un nombre à très-peu-près égal de pelottes ; au contraire, des opérations du sieur .... faites avec les moules qui étoient à sa disposition, comme tout ce qui étoit à l'attelier, il résultoit dans chaque fabrication de fortes variations, qui annonçoient des défectuosités de différentes especes ; & le plus souvent ces variations se trouvoient, relativement à une marchandise qui se débitoit au compte, porter un préjudice notable aux acheteurs : la différence de la qualité du chauffage que cet Associé reconnut chez lui & vint reconnoître chez moi, n'étoit pas moins remarquable.

Tout devenant suspect dans ce Directeur, que rien ne pouvoit ramener (1), mon honneur & celui des personnes respectables que je voyois à la veille d'être compromises, me forcerent de prendre le parti d'instruire M. le Lieutenant Général de Police, & deux personnes en place, qu'il étoit à propos d'en imposer à l'Associé titulaire érigé en principal Commis : ses opérations arbitraires, le refus de s'en expliquer, avoient déja commencé, mais infructueusement, à exciter les réclamations du Bailleur de fonds ; ces réclamations se convertirent en plaintes motivées par écrit.

Les informations régulieres faites à l'attelier, sur les malversations du sieur ..... les interrogations & déclarations des Employés, des Ouvriers, étoient sur tous les points à sa charge ; les comptes enflés à son avantage, ses dépenses, dont il ne pouvoit justifier, mirent à découvert l'abus répréhensible d'une manutention dirigée dans toutes les parties à son profit, & firent reconnoître qu'il n'avoit été si jaloux d'être Titulaire principal du Privilége, Chef, Directeur, & le héros de l'affaire, que pour frauder sur la qualité, sur la

(1) Parvenu à maîtriser les Employés & les Ouvriers, il ne gardoit aucune retenue dans sa conduite, & le minot employé dans l'attelier (où il avoit fixé sa demeure) au mesurage du charbon qui se délivroit pour être fabriqué, étoit de grandeur fausse & inexacte ; les moules ou *lunettes* avoient été sans cesse rognés, diminués à sa fantaisie (sans doute pour les rapprocher de l'étalon qu'il avoit déposé à la Ville).

Dans le charbon de *Fims*, qui devoit être employé *pur* dans les pelottes pour les cheminées, il en mêloit de moindre qualité, comme celui des *lacs*, qui ne devoit entrer que dans les pelottes pour les poëles : les Ouvriers qui s'appercevoient des fautes & des déprédations de leur chef, croyoient & disoient tout naïvement & indiscrétement qu'il étoit gagné pour ne point faire réussir l'entreprise.

mesure, & sur le prix, pour distraire honteusement des sommes dont le maniement lui étoit confié, &c (1). Ce fut alors que la personne intéressée à la conservation de ses fonds, ne put s'empêcher de déclarer qu'il lui devenoit impossible de remplir l'engagement annoncé dans le Public, ou plutôt l'intention qu'elle avoit eu de contribuer au bien général : entre autres récompenses de ses peines & de ses soins, c'étoit la plus glorieuse sans doute, & celle dont un desir aveugle lui avoit probablement fait illusion ; ç'a été aussi le plus grand regret de l'homme honnête que le sieur.... avoit eu l'adresse de s'associer.

Je ne dois pas laisser ignorer les efforts qu'a faits le Ministere pour lever cette difficulté réelle qu'oppose la cherté du Charbon de terre à la continuation de cette entreprise dans la Capitale : lorsqu'elle a été abandonnée, M. le Contrôleur général, sur l'exposé de M. Trudaine & des Fermiers généraux, n'a pas fait difficulté de proposer l'abandon des Droits du Roi. Cette remise jointe à celle qui avoit déja été faite aux Entrepreneurs dès le commencement de l'établissement par les *Mesureurs & Porteurs*, se trouvoit trop médiocre pour donner à la suite de l'affaire une facilité suffisante pour la maintenir ; les mêmes Officiers marquerent encore dans ce moment de la bonne volonté pour favoriser une nouvelle consommation qui, par la suite, devoit faire un bénéfice de leur charge. Des circonstances relatives à ces charges, dont la conservation ne leur étoit plus assurée à cette époque, ne leur permirent point de prendre sur cela un parti.

Au milieu de ce désordre, qui n'avoit point une certaine publicité, l'intérêt que les habitants de Paris prenoient à cet établissement, la confiance même se soutenoient. Dans tout le courant de l'hiver de 1770 à 1771, M. le Duc d'Aiguillon avoit fait de ce chauffage une consommation suivie dans un cabinet ; ce Ministre trouvoit cet usage tellement à son gré, qu'il se proposoit de faire accommoder ses poëles & quelques cheminées de la maniere qui convient à ce feu, pour en augmenter les avantages. Je détournai l'exécution de ce projet, en informant que je doutois beaucoup que l'entreprise prît consistance. M. le Procureur du Roi au Bureau de la Ville, n'a point discontinué d'en user tant qu'il y en a eu des fournitures : dans une saison qui diminue partout le nombre des feux domestiques, & qui en conséquence avoit fait fermer la vente, (au mois de Mai 1771,) il avoit encore été débité plusieurs milliers de pelottes chez le nommé *Marville*, qui s'étoit accommodé du restant de l'entrepôt de la rue Betisi, où il n'avoit été porté qu'un triage aussi exact qu'il a été possible de le faire pour ne point mettre en vente ce qui avoit résulté d'opérations défectueuses. Dès la fin de Septembre suivant, on

(1) Ces différentes pieces ont passé entre les mains de l'Exempt de Police M. le Grand, du | Commissaire Laumonier, & au Bureau de la Police ; j'ai eu des copies de quelques-unes.

se présenta chez lui pour en acheter, & il s'en est vendu à 4 sols la douzaine, 1 livre 4 sols 13 deniers le cent, & 16 livres 13 sols 4 deniers le millier. Le succès d'une espece de montre publique, faite dans les Ecoles supérieures de la Faculté de Médecine (1), doit tenir ici sa place parmi les faits à rapporter en faveur de ce chauffage. Les Actes de la Licence commencent à 6 heures du matin & finissent à midi : les Docteurs qui viennent en grand nombre dans cet intervalle de temps entendre le Bachelier & juger de sa capacité, vont se chauffer dans une salle particuliere ; le premier Appariteur avoit substitué ce jour-là au feu de bois, celui qui faisoit la matiere de la Thèse. Parmi tous les Docteurs qui ont vu ce chauffage, il ne s'est trouvé aucun Censeur qui ait élevé sa voix, & beaucoup de Docteurs allerent à la chaire du Président, auteur de la Thèse, lui marquer combien ils étoient satisfaits de la démonstration ajoutée à la question agitée dans les Ecoles. A midi, le feu étoit encore dans toute sa vigueur, & il dura jusqu'à 6 heures du soir.

Les personnes qui en appellent au jugement des autres, & qui aiment à se décider sur l'expérience, en ont assez pour juger que l'appréhension ou l'indifférence sur cette maniere de se chauffage, ne peuvent provenir que du manque d'occasion de la connoître, ou de manque d'attention dans l'examen qu'on auroit pu en faire.

Plus on considere à quel point on commence aujourd'hui à s'inquiéter de la rareté & de la cherté du bois de chauffage, plus on doit regretter qu'une entreprise de l'espece de celle dont nous venons de donner l'histoire, ait été ou mal menée, ou faite légérement.

Tout le monde aujourd'hui parle uniformément de l'espece de disette où l'on est pour le bois. Les Citoyens qui sont les moins en état d'en raisonner, conviennent à cet égard, que le moment est venu de s'occuper des moyens propres à y remédier. Le remplacement du bois à brûler par le Charbon de terre, ou brut, ou apprêté, ne paroît déja plus une simple précaution sur laquelle on puisse penser arbitrairement ou raisonner diversement ; il est décidé expédient, indispensable, facile & certain : les habitants de Paris se sont trouvés si heureusement disposés, quand il en a été question ; ils ont marqué un si grand empressement à tirer parti de ce nouveau combustible, que les préjugés les plus enracinés contre cette pratique étrangere, n'ont pu se prévaloir des circonstances qui ont contre-quarré le début d'une entreprise qui, sans le prix excessif du Charbon de terre, pouvoit être utile ; le Public à su discerner judicieusement la chose telle qu'elle devoit être, d'avec celle qui a résulté de méprises d'Entrepreneurs inattentifs, d'une gestion fautive, &c. & n'a rien réformé dans le jugement

(1) Rapporté à la suite de l'extrait de cette | samedi 6 Avril, *page* 222.
Thèse, dans le Porte-feuille hebdomadaire du |

avantageux,

avantageux , qu'il avoit d'abord porté fur cet objet : l'époque de cette tentative abandonnée, feroit, dans le cas d'une reprife, fuffifante pour former des conjectures, & peut-être des conféquences plaufibles contre la chofe même : cet ufage ne pourroit alors être préfenté de nouveau, ni aux habitants de Paris, ni aux Miniftres, fans effuyer les plus fortes contradictions. L'intérêt que les habitants de la Capitale ont pris à cet établiffement, n'eft donc pas ici le feul motif qui a impofé l'obligation d'entrer, comme on l'a fait, en éclairciffement, fur les caufes qui en ont privé le Public; elles n'affoibliffent en rien l'utilité particuliere & l'importance politique de ce chauffage en lui-même ; le véritable empêchement n'eft que pour la capitale, où les droits confidérables fur le Charbon de terre aux entrées, enlevent pour le moment à fon ufage le mérite effentiel de l'économie.

En réfléchiffant un peu fur l'obftacle qui a annullé l'entreprife, il n'y a rien de déraifonnable à prévoir que le Gouvernement qui a faifi fous fes véritables points de vue, le projet de fubftituer le Charbon de terre à un combuftible prefqu'entiérement épuifé, pourra par la fuite des temps fe trouver dans la néceffité de favorifer efficacement, & s'occuper férieufement à aider l'introduction de ce chauffage dans Paris; d'après ce dont j'ai été temoin fur l'accueil accordé à ce projet, je me crois permis , & on voudra bien me le pardonner, d'envifager toujours la méthode de préparer ce foffile , pour rendre fon chauffage encore plus économique , comme devant tôt ou tard devenir une pratique Françoife : cette maniere de voir les chofes dans le lointain , plutôt pour l'intérêt de ceux qui viendront après nous, n'aura pas fans doute aux yeux de tout le monde le défaut du ridicule; les patriotes ne traiteront point mon travail auffi légerement ; d'ailleurs, la reffource que préfente le Charbon de terre apprêté pour le chauffage, refte dans fon entier pour les Provinces qui poffedent des mines de Charbon ; cette matiere dont le prix modique au pied de la mine ne monte pas à plus de 15 livres la voie au premier port, ne peut s'accroître à un certain degré, ni par les frais de premiere exportation, ni par ceux de location, de terrein, de main-d'œuvre ; tous ces objets d'un coût bien inférieur dans les endroits éloignés de Paris , comportent fi peu de dépenfe pour toute cette fabrication, qu'un Poffeffeur ou quelque Directeur de mine, ne rifqueroit rien de former un établiffement de ce genre dans l'endroit où ce foffile s'emmagafine au port de l'embarquement. Les pelottes du même volume que celles qui fe font fabriquées dans l'attelier de Paris, pourroient être vendues à moins de 2 fols la douzaine, à 16 fols le 100, & à 8 livres le millier (1). La générofité, la bienfaifance ne font point bannies de nos Provinces ; il s'y trouvera quelque

____

(1) Il eft feulement à propos de faire remar-quer qu'il conviendroit qu'elles fuffent plus grof-fes que celles qui font prifes ici pour exemple , parce que c'eft fur elles qu'a été faite la fup-putation que l'on préfente.

Citoyen animé du défir flateur de foulager la mifere de fon canton , & qui cherchera à tirer la reffource fur laquelle nous infiftons de l'anéantiffement où elle pourroit refter longtemps. Dans une grande Ville , les Directeurs de pauvres Communautés , les Adminiftrateurs d'Hôpitaux , les Curés de Paroiffes réunis enfemble pour concourir à cette fourniture de chauffage , comme j'avois projetté d'abord de les y inviter & de les y déterminer , feroient fûrs de faire un grand bien & à peu de frais. Je ne fouhaite plus que d'avoir fait une impreffion capable de tranfmettre quelque part ce défir ; c'eft effentiellement en faveur des pauvres , que j'ai expofé dans mon Ouvrage les différents points de vue fous lefquels ce chauffage agréable , commode & économique , peut convenir à toutes fortes de perfonnes. Afin d'achever de completter ce tableau , je vais le faire fuivre d'une defcription raifonnée de la fabrication du Charbon de terre apprêté , la détailler d'une maniere propre à la rendre pratiquable , & à avoir fon fuccès dans toutes nos Provinces : pour cela je commencerai par quelques inftructions fur les terres propres à l'impaftation en général qui conftitue cet apprêt ; ces notions pourront être utiles aux perfonnes qui voudroient entreprendre cette fabrication hors de la Capitale , où les charbons ne font point chargés des mêmes droits auxquels ils font affujettis , quand ils arrivent au Port Saint-Paul ; j'indiquerai fpécialement pour la ville de Paris , les terres graffes qui fe trouvent dans fes environs ; je viendrai enfuite aux détails capables de fervir de guides dans un établiffement fuppofé à faire dans la Province. Le plan détaillé & expliqué d'un attelier diftribué comme il conviendroit de faire , & éclairci par une planche des outils & uftenciles , rendra fenfible aux yeux toute la manipulation.

Renfeignements fur la fabrication du Charbon de terre apprêté ,
pour rendre fon chauffage plus économique.

Avant de décrire le procédé fuivi à Liége dans cette fabrication , nous avons fait obferver *page 354* , qu'il n'y auroit rien d'étonnant que cette méthode , toute fimple qu'elle paroît , ne réuffît point d'abord , à beaucoup près , comme il fembleroit qu'on devroit s'y attendre ; l'examen réfléchi que nous avons fait de ce chauffage , la difcuffion dans laquelle nous fommes entrés pour infirmer l'avis de M. Venel , laiffent appercevoir clairement que le procédé ne confifte pas encore uniquement dans le choix du Charbon deftiné à être formé en pelottes ou hochets : cette attention pour la matiere combuftible , eft bien effentielle fans doute ; mais elle ne doit pas être moindre pour la fubftance qui lui eft ajoutée : les terres de la nature de celles qui pourroient être employées , fe trouvent dans beaucoup d'endroits , & on peut fe fervir de quelques-unes qui font d'une affez médiocre qualité , telles que font celles de Try, près Valenciennes & ailleurs, où on n'est point délicat ni difficile; mais si l'on veut avoir de bonnes pelottes qui remplissent le mieux possible l'objet que l'on a en vue, toutes ces terres n'y sont pas également propres. Ce n'est point assez que par leur nature, par leur qualité, elles puissent se lier intimement avec le même charbon; il faut que cette liaison qu'on lui donne, soit plus ou moins susceptible de s'affermir dans le feu, de s'y maintenir dans sa consistance au point de se durcir en cuisant. Les Entrepreneurs de l'établissement formé à Paris en 1770, ont fait eux-mêmes désagréablement l'expérience de l'utilité de ce choix des terres; tout ce qui vient de précéder, démontre que le défaut de connoissances générales & particulieres sur les qualités des terres à appliquer à cette fabrication, influera désavantageusement sur la bonté ou la perfection de l'apprêt, ainsi que du chauffage qui en résulte.

Par la même raison que nous nous sommes arrêtés à indiquer tout ce qui peut aider à distinguer la nature des Charbons de terre, & ceux qui sont les plus propres au chauffage, *Voyez Partie I, page 77, & Partie II, page 1157*; nous devons en faire autant pour les pâtes d'amalgames.

*Des Terres d'impastation ou des Terres propres à la fabrication du Charbon de terre apprêté, & de leur choix. Instructions sur la différence de l'*Argille *& de la* Glaise.

Ce que nous nous proposons ici, est d'autant plus nécessaire, que les différences de noms appellatifs donnés aux argilles par les Manufacturiers, par les Naturalistes & les Chimistes, ne peuvent être d'aucun secours pour guider dans le choix, ou dans l'exclusion des terres que l'on auroit à appliquer à la fabrication, ni même pour désigner aucune de ces terres d'une maniere précise.

La glaise & l'argille, seule & même substance à la vérité, différentes néanmoins, ne sont point du tout assez distinguées par ces deux dénominations synonymes en Chimie & adoptées par l'usage; on en conviendra sans peine, puisqu'une argille n'est point glaise, & qu'en même-temps une glaise est de l'argille, ainsi cette maniere de désigner chimiquement l'argille, confond l'argille-Glaise avec l'argille, & avec une variété prodigieuse de terres de cet autre genre, qui sont néanmoins différentes; telles sont le Bol rouge & onctueux, nommé en Picardie *Bief*, l'*Erbue*, l'argille glaiseuse, chargée de beaucoup de substances étrangeres & métalliques, appellée *Bestieg*, *Letten*; plusieurs terres désignées par les Manufacturiers qui les employent sous les dénominations relatives à leurs usages, comme les terres nommées *terre à four*, la *terre à potier*, qui est la glaise; celles avec lesquelles se font les tuiles, qui approchent davantage de la terre à potier, & qui font bien fupérieures à la terre à brique ; quelques *marnes*, & quantité d'autres qui ne fe reffemblent même point à la vue.

Dans les Manufactures de Poterie, de Fayence, où l'expérience a établi la diftinction des matieres propres à cet ouvrage, on reconnoît deux fortes d'argilles : la premiere nommée *argille* ou *pâte longue*, eft celle qui fe manie facilement, qui eft extrèmement ductile, & qui par conféquent eft la plus propre à faire des ouvrages en grand ; la feconde appellée *argille* ou *pâte courte*, dont le *ka-o-lin* eft une efpece, fe manie moins aifément.

Les Naturaliftes n'ont pas fi bien diftingué l'argille & la glaife. L'argille, difent-ils, fe trouve à la fuperficie ; la glaife eft placée plus profondément en terre. L'idée que donne cette diftinction eft bien incomplette, puifqu'elle ne porte avec elle aucun des caracteres diftinctifs, que la fimple vue fait apper-cevoir dans l'argille proprement dite, & dans la glaife ainfi nommée.

Ayant ici à paffer en revue les différentes argilles ou terres graffes dont on peut tirer avantage dans la fabrication du Charbon de terre apprêté, & fur-tout à les défigner aux perfonnes qui voudroient entreprendre de faire de ces pelottes, j'établirai deux fortes d'argilles caractérifées, diftinguées, l'une par le nom d'*argille*, l'autre par le nom de *glaife*.

Je comprends fous le nom d'*argilles* ou *argilles communes*, parce qu'en effet beaucoup de terres & de fables font de ce genre, les matieres terreufes pla-cées fuperficiellement fur le globe, qui, à la confiftance terreufe, joignent plus ou moins fenfiblement les qualités vifqueufes & tenaces de la glaife proprement dite, dont elles tiennent une plus ou moins grande quantité de molécules ; c'eft à la préfence de ces molécules qui ne fe trouvent point liées entre elles, & qui n'ont point cette denfité, cette dureté propre à la glaife, que les argilles doivent cette propriété de fe réunir, de fe mouler, de fe durcir au feu, quelquefois jufqu'à donner alors des étincelles avec le briquet ; mais quand l'argille eft pure, ces parties ne peuvent point fe vitri-fier au feu le plus violent connu jufqu'ici.

On doit appeler, comme on fait, *glaife*, l'argille enfoncée profondément en terre, mais qui au lieu de cette apparence, de cette confiftance friable de terre propre à l'argille avant qu'on l'ait maniée, fe trouve en maffe liée, compacte, comme fi elle avoit déja été corroyée de maniere à ne pouvoir dans la fouille qu'on en fait, être coupée que comme des fubftances molles & conti-nues : ainfi l'argille nommée *glaife*, pourroit être nommée *argille en maffe*, *Argilla cumulata*, afin de la diftinguer de l'argille, dont les molécules ne font que contiguës : cette courte définition affigne mieux la différence que nous cherchons à établir, que la maniere dont la préfente M. Valmont de Bomare, qui dit (1), que la glaife ne fe rencontre pas feulement à la

_____
(1) *Dictionnaire d'Hiftoire Naturelle*, au mot *Glaife*.

furface,

Turface, mais encore à une très-grande profondeur ; il auroit fallu ajouter au moins que dans ce dernier cas, elle se trouve en bancs solides connus sous le nom de *glaise*.

Cet état glaiseux, ou si l'on veut argilleux, sous forme compacte, est le produit d'une espece d'affinage de l'argille délayée, humectée, ramassée en bande épaisse, que le plus ignorant reconnoîtra toujours pour être ce qu'on appelle *glaise*, & non ce qu'on appelle *argille*, quoique ce soit la même chose ; dans les fouilles de glaise, on rencontre toujours beaucoup d'eaux, & le terrein qui les renferme se trouve toujours avoisiner, ou avoir été autrefois voisin de quelque prairie, de quelque terrein marécageux, de quelque lit de ruisseau, de quelque bras de riviere ; ce sont ces eaux qui ont concouru à cette espece de dépôt particulier en couches solides, tantôt de *fausse glaise*, c'est-à-dire, qui perd plus aisément à l'air son humidité, s'y dissout en conséquence plus promptement, tantôt de la *véritable glaise* de bonne qualité (1). Le bois pourri, les détriments de racines ligneuses très-dures qui approchent de la nature des *Holtz-kohlen*, les petits lits même de tourbe qu'on trouve toujours en grande quantité dans la glaise ; les couches glaiseuses peu épaisses, qui se trouvent dans toutes les carrieres de pierres, sont des décompositions opérées par la présence de l'eau vitriolisée en terre.

En somme tout, un Chimiste pourroit dire que *l'argille* est la terre visqueuse, résultante de la destruction des végétaux sur la surface de la terre, & qui conserve encore assez de matieres végétales non détruites, pour lui devoir la propriété qu'elle a de se modeler. La *glaise* au contraire est la même terre enfouie plus profondément ; par cette position en terre, elle a été par succession de temps exposée à des délavations continuelles, qui en même-temps qu'elles la dépurent, y ont transporté quelque acide minéral, notamment le vitriolique, qui concourt à augmenter la ténacité de cette terre par l'état presque salin qu'il lui donne.

Pour suivre dans l'ordre le plus naturel, l'état que nous allons donner des différentes terres grasses, qui entrent dans notre manipulation ; nous commencerons par les argilles, proprement dites, placées à la superficie, plus que la glaise ; nous y comprendrons les sables qui tiennent de la nature de l'argille, ou les argilles qui sont mêlées avec beaucoup de sable ; nous passerons ensuite au second genre que nous appellons *glaise*.

De l'Argille commune EN GÉNÉRAL, & de ses especes.

L'ARGILLE, que j'appelle ainsi, pour la distinguer de l'argille-glaise, est

---

(1) Comme je l'ai remarqué dans le terrein qui a été fouillé pour la Garre, en face de l'Hôpital ; sur le bord de la Seine, & dans l'Isle, sur laquelle est aujourd'hui le nouveau Pont de Neuilly. *Voyez l'Histoire de l'Académie Royale des Sciences*, Année 1769.

une terre ordinairement placée superficiellement , & plus commune par cette raison que l'autre , composée de parties grainues , douces au toucher , tenant toujours une quantité plus ou moins considérable d'*humus* , de glaise , de sable , de gravier , de craie , de marne , de mica , de talc , de parties ferrugineuses & autres substances étrangeres , alkalines ou calcaires ; ces mélanges variés altérent à l'infini la ténacité & la viscosité des argilles , & produisent , quant à leurs diversités , quant à leurs proportions & leurs especes , les variétés essentielles que présentent non-seulement les différentes argilles , considérées ici , mais même celles qui sont enfouies profondément ; ce qui les fait distinguer par plusieurs Auteurs en quantité d'especes : Vallerius en compte dix ; Lister , en Angleterre , en porte le nombre jusqu'à vingt-deux.

Plus l'argille est exempte d'alliage , plus elle approche de l'*argille-glaise* , & plus elle est pure , de maniere qu'il seroit possible de distinguer l'une de l'autre , en appellant la glaise , *argille de premiere qualité* ; & l'argille commune , *argille de seconde qualité* , sans que néanmoins cette dénomination d'*argille pure* puisse être prise dans un sens strict , puisqu'il n'y en a point qui soit absolument de cette espece , & qu'elle ne l'est jamais que par comparaison : en parlant de la seconde espece d'argille ou argille-glaise , qui par l'homogénéité que l'on y remarque , se rapproche davantage de cet état de pureté ; nous indiquerons les différents signes auxquels on peut le reconnoître : nous n'avons ici qu'à indiquer les propriétés générales de l'argille.

Cette terre se distingue aisément à l'impression onctueuse qu'elle laisse sur la langue. Cette viscosité est tellement particuliere à l'argille , que l'eau dans laquelle on en met détremper , paroît glutineuse. Les parties qui la composent ne s'y résolvent pas avec facilité ; mais quand elles y sont une fois résoutes, elles s'en précipitent difficilement. Les argilles enfin ne se dissolvent point par les acides.

On doit ranger dans une classe séparée , une espece de terre , qui se trouve presque par-tout , dans les campagnes , sur-tout dans quelques Provinces & aux environs des terreins marécageux ou humides : les gens de pied qui passent dans ces endroits , connoissent bien vite ces terres à l'incommodité qu'elles ont de se pelotonner sous leurs pieds , de s'attacher aux souliers en grand volume ; les voitures qui charroyent en temps de pluie dans les terreins de ce genre , en remportent toujours sur toutes les parties des roues un enduit mastiqué par couches qui fait croûte très-dure & très-épaisse.

Quelques-unes de ces terres sont assez ductiles à la main pour pouvoir se manier en apparence , & susceptibles, à force d'être corroyées, de se tourner , ce qui les rapproche fort d'une véritable argille , même d'une glaise ; cette substance n'est cependant qu'un *humus* léger , très-peu fertile , plutôt vaseux & limoneux que gras & argilleux , & qui ne peut absolument être nommé ni *argille*, ni *glaise*. J'ai examiné plusieurs de ces terres : lavées & passées au tamis, elles en fortent affez facilement, prefque tout entieres , ne laiffant qu'un dépôt de fragments de coquilles, de petites pierres , &c; auffi une bonne moitié eft foluble dans les acides.

Les attériffements ramaffés dans le voifinage ou fur le bord des rivieres, font de la même efpece, mais d'une qualité moins inférieure ; il fe trouve de ces *alluvium* (1) qui fe font durcis à la longue, & forment des couches qui vont jufques à 15 pieds d'épaiffeur : il s'en eft trouvé dans la fouille faite pour la Garre (commencée au-deffus de la Salpétriere,) & qui portoit fur un lit d'argile maigre d'une épaiffeur de deux ou quatre pieds.

Dans l'enceinte de l'attelier établi à la Rapée, fur le bord de la Seine , par les Entrepreneurs du chauffage économique , préparé avec le Charbon de terre , il s'étoit trouvé une terre de cette efpece : le Particulier auteur du projet de privilége , qu'il gouvernoit & exploitoit prefque feul , n'ayant de l'apprêt en queftion que l'idée d'une impaftation , que cette connoiffance groffiere décrite par M. Carrey , avoit regardé cette terre *d'alluvium*, placée à la portée de fa befogne, comme propre par fa ductilité à remplir l'objet ; de fon chef, il la préféra à l'argile que j'avois adoptée.

Il paffa un temps confidérable à faire fabriquer fous fes yeux une grande fourniture de pelottes , dont le chauffage ne repréfentoit en aucune façon celui dont les Commiffaires de l'Académie & de la Faculté de Médecine avoient approuvé la qualité. Dans les endroits où on n'auroit pas de bonne argile, on pourroit à la rigueur tirer parti de ces limons ; mais leurs inconvénients font aifés à juger, & ils ne font pas indifférents : 1°, la difficulté que ces terres ont à être bien corroyées , eft un défaut pour la manipulation ; 2°, en fe defféchant au feu, elles fe féparent aifément, mettent en prife à l'action du feu tout le menu charbon ; c'eft précifément le contraire de ce que l'on cherche ; dès-lors l'ufage de cette terre ne remplit point l'objet qu'on fe pro-pofe dans l'impaftation : 3°, pour peu que ces terres foient vafeufes ou limo-neufes , elles peuvent dans le feu exhaler une odeur fœtide : dans le début d'une entreprife telle que celle dont il s'agiffoit, il étoit important de vifer à une fabrication la plus parfaite poffible , & l'emploi de cette terre , qui avoit l'avantage de ne rien coûter, devenoit une économie vicieufe à tous égards.

Les terres qui appartiennent vraiment à la claffe des argiles communes, & qui peuvent entrer dans la fabrication du Charbon de terre apprêté, font celles employées par plufieurs Manufacturiers en terres, fous le nom de *terres fortes* : nous allons les paffer en revue.

_____

(1) Sable ou limon apporté par degrés par les eaux, à la rive d'un fleuve ou d'une riviere.

Argilles communes ou Argilles-Terres , nommées par les Ouvriers Terres fortes.

PREMIERE ESPECE. *Argilles* dites TERRES A BRIQUES.

AU défaut de terre propre à faire de bonnes briques qui n'est pas commune en France , les Manufacturiers dont les opérations s'exécutent sur les terres communes , comme les Tuiliers, les Briquetiers sur-tout, & même ceux qui fabriquent des creusets, employent indifféremment , telles qu'elles se trouvent , pour peu qu'elles soient ductiles, différentes terres franches qu'ils nomment *Terres fortes* , & ils les appellent improprement *Terres à briques*.

Ce manque de choix est peut-être aussi (comme nous l'avons fait remarquer,) en partie cause des imperfections & des défauts de nos briques ; il faudroit pour ces Ouvrages une terre d'une qualité moyenne entre les argilles communes qui sont trop maigres, & l'argille-glaise ; dans ce pays, on emploie communément les différentes terres tenant argille , ou les sables de cette nature dont nous allons parler , en les mêlant avec la glaise appellée *belle* , & que les Ouvriers appellent par cette raison , mais mal-à-propos , *Terre à brique* , *Terre à tuile* , *Terre à Potiers* : la description de l'Art du Tuilier & du Briquetier , renferme tout ce qu'on peut desirer sur les especes de terres, appliquées en différents endroits à ces usages. Un Ecrivain (1) définit celle qui y conviendroit *une cinquieme qualité de glaise* , qui differe de la glaise , en ce que l'eau filtre aisément au travers , & qu'elle n'est point mêlée de pierres ; celle dont on se sert dans plusieurs pays , & avec laquelle on fait de très-bonnes briques fort dures & fort compactes, est une argille bleue, grossiere , rude au toucher , & qui se précipite aisément au fond de l'eau (2). Il s'en trouve près de Perpignan en Roussillon une très-bonne ; je n'en connois point la qualité.

Argilles communes dites TERRES A FOUR, TERRES DES POELIERS.

L'ARGILLE ou l'espece de terre argilleuse , nommée *Terre à four* , parce qu'on s'en sert pour la bâtisse des fours, celle dont se servent les Poëliers & qui en porte le nom, sont de la classe de celles qui sont connues sous la qualification générale de *Terres franches* , mais qui sont mêlées à une assez grande quantité de terre argilleuse , maigrie par une certaine proportion de

---

(1) Dont je ne puis me rappeller ni le nom, ni l'ouvrage.
(2) *Argilla plastica particulis crassioribus.* WALLER.

Argilla rudis martialis multo sabulo mixta , aut limus. WOLSTERD. *Argilla rudis arenosa martialis.* CARTHEUS.

sable ,

fable, ce qui fait qu'elles font moins fufceptibles de s'étendre & de fe gonfler dans l'eau, que les argilles : en raifon des proportions de fable, elles font plus ou moins légeres, & font diftinguées par les noms de *Terres fortes* ou de *Sables*; les différentes couleurs qui fe remarquent dans les unes & dans les autres, font dues à des terres ferrugineufes, & n'influent en rien dans les ufages auxquels on les applique.

Celle qui eft réputée la meilleure pour ces ouvrages & pour ceux des Potiers, eft nommée *Terre forte*, afin de la diftinguer des autres de ce genre, qui fe rapprochent moins des terres argilleufes; elle eft douce au toucher; dans l'état de ficcité, elle eft communément friable fous les doigts; légere & d'un jaune clair : dans l'eau elle s'étend & fe gonfle; au feu elle fe deffèche en fe gerçant.

Argilles communes.

SECONDE ESPECE. *Argilles - Terres* ou *Argilles - Sables.*

DANS cette claffe, il faut ranger des terres qui approchent plus de l'état fableux que de l'état argilleux, & qui femblent avoir perdu leur vifcofité par quelque caufe antérieure : fraîches ou feches, elles ne font point douces au toucher, comme celles appellées *Terres fortes*; leur compofition ordinaire eft formée de fables ou de particules quartzeufes égales, communément mêlés dans une proportion convenable avec une argile feche diverfement colorée, qui donne du corps à ce fable, & le rend propre en général à faire des moules pour les Fondeurs.

Ces différents fables affez communs dans plufieurs environs de Paris, ne font point effervefcence avec les acides : au feu ordinaire, ils pétillent, blanchiffent, fe durciffent fans fe gercer; pouffés à un degré plus violent, ils fe vitrifient.

Il s'en trouve de fecs, de friables, comme farineux & moins mélangés de parties argilleufes ou autres, ce qui fait qu'ils font blanchâtres, & ne peuvent point prendre la confiftance néceffaire pour qu'on puiffe y former le creux de ce qu'on veut y mouler (2); mais il y en a de gras au toucher, & qui n'entrent pas en fufion fans addition. Le côteau de Marly-le-Roi eft riche en terre franche de ce genre, un peu fableufe & affez graffe.

Les efpeces de ce fable diftinguées par les Naturaliftes, font au nombre de deux, favoir; LE SABLON TERREUX *ou* ARGILLEUX GROSSIER (3); le SABLON ARGILLEUX FIN (4).

---

(1) *Glarea Terrea, aut Argillofa : Glarea fuforia.*   (3) *Glarea Argillofa* craffior. WALLER.
(2) Sable ftérile des Fondeurs.   (4) *Glarea Argillofa* tenuior. WALLER.

Celui qui eft préférable à tous , eft celui qu'on nomme *fable jauné des Fondeurs* , connu fous le nom de *Terre forte* (1) , également jaunâtre ou pâle , & en maffes pelotonnées femblables à de la terre , c'eft-à-dire , friables & arides ; les parties en font groffieres , très-faciles à diftinguer , mais d'un grain égal , ce qui les rend un peu plus doux au toucher : la terre qu'on remarque autour de ces grains fableux , les rend propres à fe lier , & comme on dit , à fe *taper* ; la terre a quelque foupleffe & eft capable de compreffion ; d'où elle a de la difpofition à s'accrocher & à former ainfi un corps. L'ef-pece fupérieure & la plus eftimée parmi tous ces fables argilleux des envi-rons de Paris , eft celui de Fontenay-aux-Rofes , dont nous parlerons en parti-culier.

Les argilles de la premiere efpece pourroient entrer dans l'apprêt de la Houille pour le chauffage ; mais elles font affez rares dans les environs de Paris ; dans les endroits où il s'en trouveroit qui fuffent un peu trop fortes , & qui fe rapprochaffent de la glaife , on pourroit les maigrir en y ajoutant des terres de la feconde qualité. Ces dernieres qui pourroient convenir à l'apprêt de Houilles foibles ou moyennes , n'étant pas fuffifantes pour d'autres , elles ont l'avantage de pouvoir être employées utilement avec quelques bonnes terres franches , ou avec la glaife qu'il eft néceffaire de maigrir pour la rendre propre à cette fabrication , ou avec quelques marnes , dont la nature fe rap-proche de celle des argilles (2).

ARGILLE-GLAISE , *connue généralement fous le nom de* Glaife , *& quelquefois nommée* TERRE A POTIERS.

LA glaife eft proprement l'argille ; mais c'eft, comme nous l'avons dit , la portion la plus affinée de grains & de molécules bolaires diffolubles , qui conftituent l'argille-terre dont eft formée la premiere enveloppe du globe , où elles fe régénerent fans ceffe par la décompofition des matieres végétales & animales : ces parties argilleufes les plus tenues , quand elles fe font trouvées au-deffus de couches telles que celles qui fe reconnoiffent dans le maffif du terrein des glaifieres , ces parties ont éprouvé au travers de ces couches une forte de filtration , fe font dépofées dans une plus grande profondeur que l'argille-terre , fe font réunies en une maffe homogene d'une épaiffeur confi-dérable. Cette idée fur l'Hiftoire Naturelle & fur la formation de la glaife , différente de l'explication par les anciens attériffements de rivieres , & qui tient à l'hiftoire & à la théorie de la terre , fi magnifiquement développée par M. de Buffon (3) , prend un nouveau degré de probabilité , lorfqu'on porte

(1) *Glarea* , *Terra fortis dicta. Arena lutea fuforia.*

(2) Il fera bon fur ces différentes argilles ou marnes dont il va être parlé , de fe rappeller l'état que nous en avons donné dans le tableau général des Mines de Charbon d'Angleterre ,

Part. I , page 92 , & dans la *II*ₑ. *Sct. de la II*ᵉ. *Part.* page 376.

(3) Hiftoire générale & particuliere du Cabi-net du Roi , *Tome I* , *Article VII* , fur la produc-tion des couches du fol de la terre.

attention aux couches qui se rencontrent dans les fouilles où il se trouve de la glaise. Les différents bancs placés au-dessus des lits de glaise, sont la plupart de coquillages, de cailloutages, de sables, de tuf, de pierres tendres & légeres, de *stratum*, feuilletés, & autres matieres propres à servir de filtres aux eaux qui étoient parvenues jusqu'à elles ; j'en ai fait pour la premiere fois la remarque, en suivant la fouille exécutée en 1751, 1752 & 1753, dans une des avenues plantées derriere la cour du dôme de l'Hôtel Royal des Invalides, pour établir le grand puits de l'Ecole Royale Militaire ; le terrein dans lequel il est assis, n'est presque qu'un massif de lits glaiseux différents par la pureté, la couleur, la consistance, & qui ne sont interrompus dans une profondeur de près de 120 pieds, que par quatre bancs de rocs, dont un seul, à peu-près vers le milieu de la fouille, est dur & entier (1). Le banc de glaise de 102 pieds d'épaisseur, rencontré à 130 pieds de profondeur, en creusant un puits à Amsterdam, n'est précédé que de lits de sable, matiere parfaitement analogue à l'argille, & du même genre, selon la remarque de M. de Buffon, & que l'on reconnoît très-favorable à ce suintement de matieres limoneuses détrempées. La description d'une glaisiere publiée par M. Guettard (2) ; celle de la glaisiere du petit Gentilly, par M. Sage, & que nous donnerons ici, viennent absolument à l'appui de cette espece de transcolation de l'argille superficielle, pour former les argilles-glaises.

Dans cette profondeur où est placée *l'argille-glaise*, plus généralement connue du vulgaire que l'*argille-terre*, sa consistance est naturellement molle, au point de pouvoir recevoir différentes formes qu'elle conserve étant séchée & durcie, & d'être la seule qu'on puisse tourner à la roue : sa texture est fine, serrée, point grenue ; elle se corroye difficilement dans l'eau, & conserve très-longtemps l'humidité qu'elle contracte.

Sa couleur est d'un gris varié, depuis le plus foncé jusqu'au clair ; il s'en trouve aussi de couleurs plus relevées ; dans les ocrieres, il y en a de violettes, de bleuâtres, de gris-de-lin ; on distingue encore celle des Sculpteurs, que les Ouvriers employent par préférence. Il y en a de couleur verte : au petit Gentilly, près Paris, on tire de la glaise blanche ; à Vitry, situé sur la pente de la montagne de Villejuif, on en tiroit de la bleue dont se servoient les Potiers. M. Darcet (3) a remarqué que celle-là fondoit au feu, & que sa scorification étoit ferrugineuse : enfin il s'en trouve de rouge qui ne sert que pour les Distillateurs d'eaux-fortes.

(1) On peut voir le détail que M. Guettard a donné de ces différentes couches, dans le volume des Mémoires de l'Académie des Sciences, pour l'année 1753. *Mémoire sur les Poudingues.*

(2) Description Minéralogique des environs de Paris, *Mémoire de l'Académie des Sciences*, 1756, *page* 227.

(3) Mémoire sur l'action d'un feu égal, violent & continué pendant plusieurs jours sur un grand nombre de terres, de pierres, & chaux métalliques, essayées pour la plupart telles qu'elles sortent du sein de la terre, lu à l'Académie Royale des Sciences, les 26 & 28 Mai 1776.

M. Darcet obſerve, quant aux couleurs des glaiſes, que celles qui ſont blanches, ont en général moins de liant que les glaiſes bleues.

La pureté de l'argille ſe reconnoît de deux manieres ; l'efferveſcence ſenſible qu'elle fait avec les acides, indique la préſence des ſubſtances alkalines ou calcaires.

Dans le feu, l'argille pure ſe diſtingue en ce qu'elle ſe reſtreint, diminue beaucoup plus de volume, & y acquiert plus de dureté que celle qui eſt moins pure ; car plus les argilles ſont pures, plus elles ſe calcinent, & acquierent de la dureté, au point de s'y conſolider, de prendre corps, juſqu'à y acquérir la conſiſtance de pierre dont on peut tirer des étincelles avec le briquet.

M. Darcet a reconnu que l'argille blanche a éminemment la propriété de réſiſter au feu, qu'elle eſt d'autant plus pure, qu'elle eſt plus blanche : lorſqu'elle eſt dans cet état, & que le lavage l'a bien ſéparée des pierres & du ſable qui l'accompagnent, cette argille lui a toujours paru abſolument infuſible ; au feu, elle prend aſſez de corps pour faire feu avec le briquet, mais cela a ſon terme.

Cette ténacité qui rend l'argille plus ou moins propre à être maniée par l'Ouvrier, ou à réſiſter à l'action du feu avant de ſe mettre en fuſion, & qui lui eſt communiquée par un bol diſſoluble qu'on lui enleve avec l'acide vitriolique, varie à proportion que l'argille eſt plus ou moins mélangée de terres métalliques ſableuſes ou calcaires, pourvu toutefois que ce mélange n'aille pas juſqu'à lui ôter ſa conſiſtance ſerrée ; car alors elle eſt *argille - terre* ou *marne*.

Glaiſe calcaire ou *Marne*.

CETTE eſpece, très-différente de l'argille-terre & de l'argille-glaiſe, & qui s'en rapproche aſſez, eſt molle & forte quand on la tire de terre, mais ſe réduit aiſément en pouſſiere quand elle eſt expoſée à l'air ; au goût, elle eſt ſeche, inſipide & tient à la langue.

Les marnes ſont toutes ou la plupart argilleuſes, c'eſt-à-dire, qu'elles ont la glaiſe pour principale terre ; mais elles different beaucoup des argilles-terres, en ce qu'au lieu de ſable, elles ont la craie ſous ſes différents états, pour conſtituer leur état argilleux. Il eſt donc important de ne point confondre les argilles avec les marnes ou glaiſes calcaires, comme cela eſt très-ordinaire parmi les Agriculteurs (1). Par l'état des différents ſols reconnus dans une fouille faite à 100 pieds de profondeur, pour un puits à Marly-la-

---

(1) On peut en général diſtinguer trois ſortes de marnes, la *marne argilleuſe* ou *marne à Foulons*, différente de l'*argille à Foulons*, la *marne ardoi-* ſiere, c'eſt-à-dire, vraiſemblablement qui ſe débite par feuillets, & la *marne coquilliere*. Voy. p. 488.

Ville, où il s'est trouvé beaucoup de couches de marne ; il paroît que la composition du terrein, qui sert de matrice à la glaise-calcaire, est très-différente de celle des terreins qui renferment l'argille-glaise (1).

Les caracteres distinctifs des marnes, sont entre autres plus de finesse dans leur tissu, la propriété qu'elles ont principalement de se dissoudre en entier dans les acides & dans l'esprit-de-vin, de ne pas se lier dans l'eau, & au contraire de s'y désunir promptement, enfin de fertiliser les terres en se résolvant à l'air.

Terres à Pipes, Terres à Fayence communes.

Les terres à pipes sont mises par l'Auteur du Dictionnaire d'Histoire Naturelle, au nombre des marnes ; celles que M. Rigaud, Physicien de la Marine, a soumises à ses observations, appartiennent à la classe des argilles (2). La premiere des couches qui forment le banc donnant la terre à pipes, pourroit être employée à l'apprêt du Charbon de terre ; quelques mines de charbon, *Voyez Partie I, page 46*, en renferment ; elle est assez commune autour de Boulogne, & sur les bords de la Seine au-dessus de Rouen.

La terre à fayence qui se fouille près de Nevers sur une hauteur, est une espece de marne placée sur un lit de sable épais de 3 à 4 pieds, assez solide quand on la tire de terre, & perdant sa consistance à l'air. *Voy. pag. 577.*

QUALITÉS GÉNÉRALES *requises dans les Argilles, pour être appliquées à la fabrication de la Houille apprêtée.*

De toutes les argilles-glaises, celles qui en se desséchant au feu, se gersent, se retirent, c'est-à-dire, qui après qu'elles ont été calcinées, occupent moins de volume qu'avant la calcination, ne conviennent point tant à l'apprêt des Houilles, que les argilles dures à cuire, qui se fondent & même qui se vitrifient au feu.

Le sable qui entre pour beaucoup dans la composition de l'argille, influe sur la qualité de cette terre & sur son effet pour le mélange avec la Houille ; si ce sable est par gros grains, s'il est le résultat de débris de silex, s'il est accompagné de pierres calcaires, comme il s'y en rencontre en grande quantité, l'argille qui en contiendra, étant exposée dans le feu, éclatte, & n'est point propre à entrer dans la préparation du Charbon de terre ; ce sable est-il fin & de bonne qualité ? est-il disposé à prendre de la transparence dans le feu, à se changer plus ou moins aisément en verre ? n'est-il pas en trop grande abondance ? l'argille de bonne qualité en proportion de ces variétés, n'est point désavantageuse

(1) Voyez cet état publié dans l'Article VII de l'Histoire du Cabinet du Roi.

(2) *Description de l'Art de faire les Pipes à fumer du Tabac*, par M. Duhamel ; 1771.

dans l'apprêt dont il s'agit. Celles qui ont une difpofition plus ou moins grande à la fufion, telle qu'elles fe fondroient prefque feules, qui feroient vitrifiées par l'ardeur du feu du Charbon de terre, y conviennent plus que les argilles tenantes toute autre efpece de fable ou de terre étrangere qui les rendent réfractaires & infufibles. Dans les effais nombreux que j'ai faits avec toutes fortes de Charbons de terre mêlés dans des proportions étudiées à différentes fortes d'argilles, j'ai eu occafion de remarquer quelquefois une particularité affez intéreffante touchant l'effet des bonnes argilles dans le feu avec le Charbon de terre : des pelottes ou *hochets* de charbon *chaud* amalgamé avec de la bonne efpece d'argille vitrifiable, maniés dans le fort de l'embrafement avec la pincette, ou fondés avec le fourgonnier, fe trouvoient amolis dans leur totalité, au point qu'il s'attachoit à ces uftenciles des portions de matiere liquéfiée que je ramenois en filandres (1) : un Charbon de terre, gras à un degré éminent, abondant en bitume, ne m'a jamais paru produire feul un effet auffi marqué. Qu'il me foit permis de hafarder ici les idées que m'a préfentées cette obfervation. Une des propriétés de l'argille eft de fe charger volontiers des matieres graffes ; elle a auffi une affinité bien certaine avec la Houille ; on a vu qu'elle eft toujours une des parties conftituantes de ce foffile ; l'activité du feu d'un charbon chaud, l'huile ou le bitume auquel ce foffile doit une partie de fa propriété inflammable, ne feroient-ils pas capables d'opérer une forte de vitrification d'une bonne argille qui y feroit alliée ? Le *Laitier*, réfultant de la Houille brûlée toute feule, n'en offret-il pas des veftiges ? Les glaifes ne font-elles pas déja elles-mêmes regardées pas un favant Phyficien Naturalifte, comme les fcories ou les parties décompofées d'une matiere qui originairement a été vitrifiée ?

En tâchant par les notions générales que nous venons de donner fur les différentes terres graffes, d'aider à connoître par l'infpection, par la comparaifon, les argilles-terres, les argilles-fables, les argilles-glaifes calcaires, nous ne prétendons point que cela foit encore fuffifant pour guider complettement dans le choix à faire des unes ou des autres, pour l'apprêt du Charbon de terre dans les proportions variées de leurs mélanges, ou feules ou enfemble, felon la nature du charbon ; l'épreuve à l'eau-forte, moyen très-fûr & très-prompt (2), ne feroit pas même décifif ; lorfqu'il s'agiroit d'une fourniture de chauffage pour un hiver, on juge qu'il feroit très-défagréable de ne pas l'avoir bien conditionnée : il n'y a rien de mieux pour s'affurer de la bonne

---

(1) M'étant chauffé pendant deux hivers confécutifs, avec des pelottes ou hochets, de quantité de différents Charbons de terre, & apprêtés différemment, il ne m'a pas été poffible de reconnoître bien précifément quels étoient ceux qui font le fujet de cette obfervation ; mais je crois pouvoir être certain que c'étoit de très-bon charbon de Fims, avec du fable de Fontenay feul.

(2) Qui fait connoître, lorfque les efprits acides diffolvent ces matieres fur le champ avec chaleur & effervefcence, qu'elles font calcinables ; & que celles au contraire qui réfiftent à ces efprits, & fur lefquelles ils ne font aucune impreffion, font vitrifiables. *Voy. pag.* 45, *note* 3 & *note* 4.

qualité de ces argilles & de leur mélange bien entendu , que de faire des effais en petit fur des demi-minots de Charbon de terre.

Comme cette fabrication pourroit être exécutée en petit ou en grand hors de Paris , où le prix du Charbon de terre ne feroit pas encore augmenté exorbitamment par les *droits* , j'indiquerai ici , pour rendre plus certain le fuccès des premieres opérations que l'on voudroit tenter , les différents endroits de nos environs , où fe trouvent les argilles-glaifes propres à entrer dans cet apprêt ; les endroits où fe trouvent les argilles-terres & les argilles-fables , propres à être mêlées avec l'argille-glaife , & dont quelques-unes peuvent à la rigueur être employées feules à l'*impaſtation* de la Houille; attendu auſſi l'avantage qu'il y auroit pour une entreprife de ce genre , d'établir l'attelier dans le voifinage de quelqu'une de ces terres , & même de prendre le terrein à bail ou en toute propriété , nous dirons un mot de ce qui a rapport à la fouille de ces différentes argilles.

Endroits où il fe trouve des Argilles-Terres & des Argilles-Glaifes , dans l'etendue de la Banlieue de Paris , & une lieue plus loin ; avec des remarques fur les différentes Terres de ces endroits.

Pour commencer par les *argilles-terres* & les *argilles-fables* , nommées par les Ouvriers *terres-fortes* ; elles fe trouvent abondamment dans deux parties de la Banlieue de Paris (1). Celle où elle paroît répandue en plus d'endroits , forme une efpece de demi-baſſin environné de la riviere de Seine , à prendre cette riviere en remontant à Ivry & à Vitry , & fuivant enfuite fon cours jufqu'à Iſſy , de maniere que la plaine de Montrouge pourroit être regardée comme le centre : l'autre partie , directement oppofée à la plaine d'Ivry , eſt le quartier de Vincennes.

Quartier de Vincennes.

Le quartier qui avoifine Picpus , entre Saint-Mandé & Vincennes , ne fournit que des argilles-fables , nommées par les Manufacturiers *terres-franches* & *terres à four.* Dans deux endroits fort près l'un de l'autre , on en trouve de très-différentes en qualité.

Le premier endroit eſt au fortir de la *rue de Picpus* , dans le chemin qui fait fourche , pour aller d'une part à Charenton , & de l'autre à Saint-Mandé ; celle-là , **de couleur grife** , paroît aſſez graſſe ; mais elle eſt feche & fort fableufe.

_____

(1) Il fera à propos de fe rappeller que ces différentes terres , different , non en raifon de ce qu'elles font plus ou moins fableufes , comme on pourroit les défigner (car elles le font tou- | tes) , mais en raifon de ce qu'elles tiennent plus ou moins de parties argilleufes ou glaifeufes.

L'autre eſt à peu de diſtance, derriere ce monticule, dans les vignes qui bordent le chemin, allant joindre celui par lequel finit la rue de Picpus, tout à l'extrémité de la rue de Reuilly, débouchant dans la vallée appellée *grande vallée de Fécamp* : cette terre eſt très-graſſe & la meilleure de toutes celles de ce canton que je connoiſſe ; elle laiſſe voir un mélange naturel conſidérable de glaiſe toute faite ; elle eſt ſemée de beaucoup de marrons glaiſeux, dont il y en a de gros preſque comme le poing, & remarquables par une ſingularité ; la maſſe en ſe ſéchant en dedans, ſe trouve compoſée de pieces qui ſe font déſunies, & qui en laiſſant un vuide au milieu, ſonnent lorſqu'on agite ces marrons, eſpeces de géodes glaiſeux.

Grand Baſſin.

Le terrein que je déſigne par ce nom, eſt différent de l'autre, étant borné dans la moitié de ſon étendue par la riviere de Seine ; on y trouve non-ſeulement de l'argille-ſable, mais encore de l'argille-glaiſe.

Tout le quartier de la campagne, avoiſinant les fauxbourgs de Paris, où l'on a formé les nouvelles promenades derriere les Chartreux, & tout le fauxbourg Saint-Jacques juſqu'au Clos-Payen, n'eſt preſque à droite & à gauche, ſur-tout à droite, que de la premiere eſpece de ſable dont nous allons parler d'abord.

Au *petit Montrouge*, à l'endroit où la route du Maine vient ſe rendre dans la grande route d'Orléans : c'eſt de là que ſe fournit la Fabrique de carreaux établie à Vaugirard.

A *Fontenay-aux-Roſes*. C'eſt un ſable de couleur tirant ſur le jaune ; fort doux & un peu gras, un peu *coulant* (1), très-fin, très-liant, compoſé de grains d'une égale groſſeur, mêlé d'argille jaunâtre & ferrugineuſe, qui a la propriété de ſécher facilement. Les Maîtres Fondeurs de Paris le prétendent ſi ſupérieur à tous les autres pour leurs ouvrages, qu'il s'en envoie en pays étranger ; ils le corroyent pour s'en ſervir : la voie de ce ſable coûte 5 livres.

Outre la propriété d'être liant qu'a le ſable de Fontenay, il a encore celle d'être très-fin, & en général celle d'être d'une égale groſſeur de ſes grains ; ce qui n'occaſionne point de fêlures ni d'inégalités ſur les pieces que l'on jette dans les moules faits avec ce ſable, d'où il procure des fontes parfaites (2).

Monſivry, entre Villejuif & Bicêtre, petit canton, ſur le haut de la montagne où paſſe le grand chemin de Paris à Eſſonne, immédiatement avant

(1) Ou mouvant, dont les parties ſont les plus déliées, *Glarea mobilis*.
(2) Par la pouſſiere de charbon dont les Fondeurs ſaupoudrent leurs modèles, afin qu'ils ſe détachent facilement du ſable dont le moule eſt compoſé : ce ſable prend une couleur noire, qu'ils nomment *ſable noir*, mais qui, comme on voit, n'eſt pas une différence naturelle.

d'arriver

d'arriver à Villejuif, à main gauche, tout à la tête du village ; c'est un sable peu gras, très-délié ; les Potiers de terre en envoyent prendre ; ils l'estiment plus que tous les autres (1).

Dispositions de ces Sables gras, en terre ; Maniere de les fouiller.

CES argilles-sables, ou sables gras, & ces terres argilleuses, forment dans le terrein où elles se rencontrent, des lits d'une épaisseur considérable, comme les Sablonnieres ; on observe seulement que cette épaisseur pour les argilles moins sableuses, va au-delà de quinze pieds, & que pour celles qui le sont davantage, elle n'est guere que de cinq pieds environ.

Cette épaisseur n'est point ce qui regle dans l'extraction des terres ; la fouille se fait comme pour les Sablonnieres, excepté qu'elle n'a point autant d'étendue en circonférence : ce qui s'en enleve d'abord, fraye un chemin à la voiture ; la fouille qui se fait ensuite, ne se continue que dans une profondeur suffisante pour que l'Ouvrier puisse jetter hors du trou, qui alors se trouve toujours plus bas que l'ouverture de la tranchée où peut arriver le tombereau ; cela forme en tout, selon l'expression des Ouvriers, 15 pieds *de découverte* pour les terres qui sont moins sableuses, & 5 pieds pour celles qui le sont davantage.

Lorsque l'Ouvrier est parvenu au point, qu'il lui est impossible de jetter ses pellerées de terre hors du trou, il ne creuse pas plus avant, il démolit la couche extérieure du terrein, qui formoit les bords du fossé dans lequel il travailloit ; avec cette terre qu'il démolit, il remplit le même trou qu'il va abandonner.

Des Glaisieres en général, & des Substances fossiles qui sont particulieres à l'Argille-Glaise.

L'IDÉE que nous avons donnée de la composition des terreins qui renferment de la glaise, n'étoit qu'un éclaircissement de la différence que nous avons établie entre cette argille & l'argille-terre éparse dans les couches supérieures ; outre ces différents lits, qui n'ont fixé notre attention que relativement à la formation de l'argille-glaise, il se trouve des substances inflammables qui semblent particulieres à quelques couches glaiseuses, & qui se rencontrent plus ou moins ordinairement dans les fouilles de glaisieres ; ce sont des matieres pyriteuses & des terres tourbes, remarquables en particulier par l'analogie qu'elles annoncent entre les argilles-glaises, le *holtz-*

_____

(3) Les Potiers se fournissent de leurs terres à la vallée Tissar, dont j'ignore la situation.

kohlen ou charbons de bois tourbe, la tourbe & le Charbon de terre ; les notes que pourroient mériter ces différentes substances, lorsque nous viendrons à les nommer dans l'état des lits de glaise , pouvant interrompre cette description, nous avons jugé devoir en faire ici un article à part.

La principale substance qui se rencontre le plus ordinairement dans ces fouilles, est la pyrite ; elle s'y trouveroit encore en plus grande quantité, sans les eaux qui la détruisent dans les couches qu'elles traversent.

Les pyrites des glaisieres sont communément martiales & rarement cuivreuses ; on les y rencontre sous différentes formes.

Les pyrites configurées irréguliérement , sont appellées par les Ouvriers employés aux travaux, *fer à mine* ; celles-là ne sont point martiales ; les Potiers les appellent *clous*.

Quand elles sont configurées en gâteaux ou plaques de peu d'épaisseur, ils les nomment *plaquettes*.

Une substance remarquable dans les différents lits terreux qui précédent la couche glaiseuse, & qui en est le *tectum*, c'est la terre-tourbe ou la tourbe elle-même. Dans les puits d'Amsterdam , dont nous avons parlé plus haut, le premier banc de glaise molle , épais de 9 pieds , n'est séparé de la terre franche, qui forme une couche de 7 pieds d'épaisseur , que par un lit de tourbe de 9 pieds d'épais , servant de toît au lit glaiseux.

Le véritable banc de la glaisiere du petit Gentilly , est recouvert d'une couche du même genre , appellée la *cendrée* ou le *cendrier* ; quand on la tire de terre, elle est noirâtre & semblable à quelques terres *tourbieres*, dans la classe desquelles je crois qu'elle peut être placée ; ce n'est qu'au bout d'un temps qu'elle prend la couleur qui lui a fait donner son nom. Elle est feuilletée , & ses couches sont assez liées les unes aux autres ; au feu elles ne se désunissent point, elles y rougissent en exhalant une odeur sensible d'hépar sulphureux. M. Sage , dans l'énumération que nous donnerons d'après lui des différents lits dont est composée la glaisiere du petit Gentilly (1), pense que cette couche est dépourvue de tout le gluten qui en lioit les parties, & croit qu'elle a éprouvé une violente chaleur ; je soupçonne qu'il en a jugé par quelque morceau de *cendrée* , qu'il n'aura examiné que longtemps après qu'elle aura resté exposée à l'air.

Dans la fouille du puits de l'Ecole Royale Militaire, la neuvieme couche étoit une glaise *cendrée* de forte consistance. M. Guettard l'a regardée propre à être employée aux massifs de glaises qui entrent dans la construction des batardeaux. Parmi les bancs de terres glaiseuses & de glaises , qui forment, selon M. Guettard, l'assise des montagnes des environs de Paris, il s'en trouve une de couleur noire, dont les cassures sont brillantes presque comme du jayet (2).

(1) Examen chimique de différentes substances minérales, &c, *in*-12, 1769.   (2) Mémoires de l'Académie des Sciences, Année 1756 , page 227.

Dans le chef-d'œuvre de bouleverfement exécuté par M. Peronnet, pour applanir la montagne de Saint-Germain-en-Laye, à l'endroit où eſt la grande route de Normandie du côté de Marly-le-Roi, des tranchées qu'il a fallu ouvrir pour détourner une ſource d'eau très-abondante qui détruiſoit les travaux, ont fait découvrir à 29 pieds de profondeur, dans le cinquieme lit glaiſeux noir, qui formoit la maſſe de la montagne, un morceau de bois foſſile jayeté & converti en vrai jayet qui portoit ſur un lit de pyrites (1).

GLAISIERES DES ENVIRONS DE PARIS. *Glaiſiere de* VITRY,

CETTE Glaiſiere, ſituée à environ deux lieues de Paris, ſur la pente de la montagne de Villejuif, à peu de diſtance de la Seine, n'eſt plus travail-lée : la glaiſe qui en provenoit étoit de couleur bleue, très-belle, très-fine & très-onctueuſe.

Glaiſieres du grand Gentilly & d'Arcueil, à une petite lieue du centre de Paris.

DANS cette longueur de collines qui forment le vallon de la riviere des Gobelins, depuis Arcueil juſqu'au petit Gentilly, il y a pluſieurs puits dont on tire de la glaiſe.

Le premier endroit eſt à la tête du grand Gentilly, du côté d'Arcueil; la profondeur du puits eſt de 40 toiſes; le banc de glaiſe eſt de 5 pieds d'épaiſſeur environ, & partagé en deux membres qui ſe ſéparent naturel-lement l'un de l'autre, quoiqu'il n'y ait aucune matiere intermédiaire; il eſt couvert d'un lit de glaiſe, qu'ils appellent *fauſſe glaiſe*, qui eſt de couleur verdâtre.

La couche la plus ſuperficielle eſt nommée *reteinte*; elle a une teinte moins foncée que celle qui eſt au-deſſous, & qu'on appelle la *rouge*, parce qu'elle eſt dans ſa plus grande partie ſemée de couleur *marbrée* en rouge; on y trouve même de temps en temps des places marbrées, entiérement rem-plies d'ocre ſanguine, qui, détrempées par l'eau, occaſionnent ces taches. La *rouge* eſt employée par les Diſtillateurs d'eau-forte; la *reteinte* pour les terres de fayence (2).

Elle ſe vend ſur le lieu 6 livres la voie, compoſée de 50 quartiers, tous de la même étendue, réglée par la bêche employée à les couper en place, & peſant chacun de 50 à 60 livres : il y a cependant des mottes qui ne peſent que 30 livres. La voie eſt quelquefois d'une voie & demie, &

(1) Voyez les Mémoires de l'Académie, *Année* 1770, *page* 252.
(2) Les Fournaliſtes de Paris font de très-bon-nes mouffles de trois parties de la glaiſe de ces environs & de celle d'Iſſy, mêlées avec deux parties de pots à beurre de Normandie, réduits en poudre médiocrement fine.

alors il y a pour le profit du Voiturier 4 fols par morceaux de furplus de la voie, à laquelle on ajoute ordinairement deux au cent : la diftance de l'endroit où il faut la faire voiturer, fait fur le prix total une augmentation qui, dans Paris, peut aller au double de ce que la voie revient à la glaifiere. Le chemin de celle-ci eft prefque impraticable en hiver.

Glaifieres du petit Gentilly près l'Hôpital de Santé, au haut du fauxbourg Saint-Marcel.

Au fortir du village, dans plufieurs parties de la côte oppofée, on voit plufieurs fouilles dont on tire de la glaife.

La profondeur à laquelle elle fe trouve, eft différente de celle du puits fitué du côté de Bicêtre : elle eft près de moitié moindre.

Dans le premier endroit, plus voifin du fauxbourg Saint-Marcel, on y diftingue dans le lit, un troifieme membre, qu'on nomme *glaife blanche.*

Quoique moins éloignée de Paris, & moins enfoncée que la glaife de l'autre puits, elle me paroît moins affinée & moins belle, & fe vend néanmoins le même prix que celle dont les puits font plus éloignés du fauxbourg.

Defcription détaillée de la Glaifiere du petit Gentilly, par M. SAGE (1).

Sous l'*Humus*, terre végétale de *7 ou 8 pouces d'épaiffeur*, vient la *Roche*, ainfi nommée, parce que ce lit eft affez dur & pierreux ; il fe trouve toujours par morceaux ; fa couleur eft d'un blanc jaunâtre mêlé de points blancs, *1 pied & demi.*

II. *Banc blanc*, pierre dont le grain eft peu ferré, & friable par conféquent : fa couleur eft gris blanc ; fon épaiffeur, *1 pied & demi.*

III. *Coquilliere blanche*, pierre d'une folidité moyenne, empreinte de fragments de coquilles, femée de points blancs, *2 pieds.*

IV. *Banc gris*, pierre très-dure, qui pourroit être propre aux bâtiments ; de couleur jaune, plus foible que la couche précédente, & lardée de coquilles entieres, *2 pieds.*

V. *Cailloutage*, très-dur, d'une couleur un peu plus foncée que le banc gris, mêlé de taches vertes, & femé quelquefois de coquilles, *demi pied.*

VI. *Banc verd*, lit tendre, d'un jaune fale, tiqueté de points verds & blancs, femé quelquefois de fragments de caillou, *3 pieds.*

VII. *Coquilliere rouge*, d'un jaune qui tire fur l'ocre. On y trouve quantité de coquilles, dont les unes font entieres, les autres font brifées, *3 pieds.*

---

(1) Dans la brochure citée précédemment & fous le titre : *Maniere dont on retire l'Argille ou Terre* | *glaife dans les environs de Gentilly*, pag. 66.

VIII. *Sable*, banc qui eft traverfé d'un courant d'eau difficile à détourner :

9 *pieds.*

IX. *La Groffe Roche*, fable dont les grains font peu liés, ce qui le rend friable ; on y trouve des coquilles : il eft de couleur blanchâtre femé de points verds : 1 *pied 6 pouces.*

X. *Pierre de chien*, ainfi nommée à caufe de fa dureté, qui fait qu'on ne peut la caffer que par morceaux. Ordinairement elle eft d'*un pied* d'épaiffeur, & de deux pieds de large. On y trouve auffi quelques débris de coquilles : fa couleur eft d'un blanc fale, tiqueté de points jaunes : 1 *pied.*

XI. *Fauffe terre* de 8 *pieds* d'épaiffeur dans fa totalité, arrofée de diftance en diftance de plufieurs petits filets d'eau, qui, lorfqu'on veut la détourner à l'aide de la glaife, fe fait jour d'un autre côté, d'où les Ouvriers appellent cette eau, *maligne.*

Cette fauffe terre donne à l'œil l'idée de trois couches diftinctes ; la premiere, de 2 pieds d'épaiffeur, eft une terre noire, friable, tant foit peu graffe, mêlée de charbon & de beaucoup de pyrites très-noires à l'extérieur & en partie décompofées (1).

La feconde, de 2 pieds d'épaiffeur, eft une véritable terre glaife, noire. La troifieme, qui lui fert de bafe, eft d'un gris foncé, & de 2 pieds d'épaiffeur. *Total 6 ou 8 pieds.*

XII. *Terre verte*, paroît d'une nature peu différente de l'argille ordinaire ; elle eft entremêlée de taches vertes & grifes : 1 *pied & demi.*

XIII. *Le cendrier* ; terre feche, prefque point liée, à laquelle la couleur cendrée a fait donner le nom : 3 *pieds.*

XIV. *Terre argilleufe rouge* : on y remarque effectivement des taches rouges ; mais le fond de fa couleur eft gris ; elle eft femblable à la terre glaife ordinaire, & en a l'onctuofité, on n'y trouve point de pyrites :

8 *pieds environ.*

XV. *Fauffe Belle* ; ainfi nommée, parce que fa couleur n'eft pas fi rouge que celle du lit précédent : 1 *pied.*

XVI. *Reteinte* ; de couleur grife : on y trouve des pyrites, que les Ouvriers appellent *fer à mine* : 5 *pieds.*

XVII. *La Belle* : la couleur de cette glaife eft grife, fans aucune veines :

40 *pieds environ.*

Total 95 *pieds* 8 *pouces.*

A cette defcription, il manque pour être complette, le lit placé fous cette belle, mais auquel on évite toujours foigneufement de toucher à caufe des eaux, qui donnent avec une violence & une abondance capable de remplir

---

(1) L'Auteur de la nouvelle Expofition du regne minéral (1762,) prétend que la pyrite qui fe trouve dans les glaifieres de ces endroits, eft la vraie pierre à feu des anciens, autrement nommée *Pierre d'arquebufade* ; *Pyrites fulphureus, purus, nudus* WALLER. La Pyrite folide.

en peu de temps toute la carriere ; les Ouvriers ont même grand foin, par rapport à ce danger pour eux, de ne pas fouiller trop profondément cette derniere couche.

Glaifieres de VENVES, autrement nommées, Glaifieres D'ISSY.

AU bas de la côte qui borde l'avenue du Château de S. A. S. Mgr. le Prince de Condé, fe trouvent ces glaifieres, formant le pied de carrieres de pierres que l'on a fouillées anciennement, & qui s'appelloient *Carrieres de Montargis*, du nom de M. de Montargis, Confeiller d'Etat, à qui étoit alors le Château.

On y trouve le banc de pierre, nommé *Banc verd*, qui fe trouve dans les carrieres du canton de Moxouris, proche la Maifon de Santé, & qui n'eft, felon M. Guettard (1), qu'une continuité de celui des carrieres qui font dans ce même canton. Il croit que ce banc doit prendre l'inclinaifon de la pente de ces montagnes, & baiffer ainfi pour former ce banc dans les glaifieres. On remarque qu'après avoir gardé le plan horifontal pendant un long efpace, il plonge & defcend felon la pente de la montagne, traverfe les vallées, & remonte de l'autre côté dans les montagnes voifines, où il fe retrouve fouvent à une hauteur différente de celle où il étoit dans les premieres montagnes.

Les glaifieres dont nous parlons, font peu éloignées d'un ruiffeau venant de Clamart, & qui paffe entre Iffy & Venves, dont il fait le tour, & où il entre par-deffous une longue muraille qui eft au-deffus de l'Eglife, tombe dans un large canal fervant à faire la leffive, & fe répand dans plufieurs jardins (2).

La fituation de ces glaifieres fur une pente dont on a déja tiré des pierres, ne laiffe pas que d'abréger la fouille ; cependant une partie du puits eft encore enfoncée dans une maffe de groffes pierres, qui rendent cette extraction dangereufe.

Ces puits ont, en conféquence de l'inégalité du terrein, différentes profondeurs, quoique très-voifins les uns des autres. Sur le bas qui regarde le chemin du village d'Iffy, il y en a de 9, de 12 toifes de profondeur avant d'arriver au banc de glaife ; celui qui eft à la tête de l'avenue fur la hauteur, a foixante pieds. La glaife du puits haut eft marbrée, ce qui n'eft qu'une empreinte de chaux de fer, due aux pyrites décompofées : la *belle* eft grife fans aucune veine ; les autres puits n'en fourniffoient pas encore de bien belle, lorfque j'ai été vifiter ces glaifieres, & les eaux incommodoient fort les Ouvriers.

---

(1) *Defcription Minéralogique des environs de Paris* : Mémoires de l'Académie des Sciences, Année 1756, page 236.
(2) Quelques Cartes marquent la chûte de ce ruiffeau dans la Seine, vers le moulin de Javelle ; mais on n'en découvre aujourd'hui aucune trace dans la plaine ; je foupçonne qu'il fe perd dans les glaifieres.

Outils & uftenfiles employés dans la Fouille d'une Glaifiere ;
maniere dont fe fait la Fouille.

LES outils employés à la fouille d'une glaifiere ne font point nombreux ;
ils fe réduifent à ceux qui fuivent : une efpece de *pioche*, nommée par les
Ouvriers *incifoir* ; le manche a 2 pieds & demi de longueur ; la lame affi-
lée par le bout a 2 pieds de long , 2 pouces & demi de largeur , & 4
lignes d'épaiffeur.

Un *hoyau* ; il ne differe de l'incifoir que par le manche qui n'a pas plus
de 8 pouces : c'eft une efpece de couteau dont la lame a les mêmes proportions que l'incifoir ; enfin une *barre de fer* pour caffer les pierres.

Les uftenfiles confiftent en *cables*, un crochet recourbé en *S*, un ou
plufieurs tonneaux pour enlever les eaux, ou pour avoir dans l'occafion des
cuvelages tout faits.

Les préparatifs & les manœuvres relatives à la fouille ; font très-fimples ;
nous nous fervirons pour en donner une idée , de la defcription qu'en a
donnée M. le Sage (1).

A l'endroit où l'on veut ouvrir le puits ; on établit un *moulinet* fimple ;
femblable à celui ufité dans les mines de charbon d'Auvergne ; il fert de
même pour defcendre & monter les Ouvriers , ainfi que pour enlever ce que
l'on extrait ; tout près de l'ouverture du puits , on conftruit une petite
hutte, deftinée à être le dépôt des pieces de glaife à mefure qu'elles arrivent
au jour : le puits a 5 pieds de diametre en largeur jufqu'à ce qu'on foit
parvenu à une profondeur de 20 pieds ou environ ; au-deffous, on ne lui
donne que 2 pieds & demi de diametre, qui eft celle de tonneaux, dont
on garnit cette partie baffe, comme on le verra par la fuite.

Lorfque le Carrier apperçoit la couche nommée *banc verd*, il fonde afin
de s'affurer du lit qui lui fert d'affife & qu'on emploie à bâtir.

Pour détourner l'eau du dixieme lit , on place dans le puits un tonneau
défoncé ; l'efpace qui l'entoure fe revêt de glaife ; on puife enfuite l'eau qui
s'amaffe dans fon intérieur avec un fecond tonneau d'un diametre moins grand ,
qui s'adapte dans le premier ; on en ajoute ainfi d'autres fucceffivement , en
rempliffant les interftices avec de la glaife & de la mouffe. Cette *bufe* ,
faite de cette maniere , fe conduit quelquefois jufqu'au fond de la carriere.

Comme le banc appellé *la groffe roche* fe trouve dans l'eau , on eft
obligé de fe fervir de la *barre de fer* pour la caffer, & pour faire le puits.

La largeur des routes eft d'environ 3 pieds ; leur hauteur eft de 5 pieds &

(1) A la fuite de l'état des couches de la Glaifiere de Gentilly.

demi ou environ; on s'y éclaire avec des lampes ou des chandelles qu'il faut toujours tenir penchées; fi on les tenoit droites elles s'éteindroient, à caufe de l'air de la carriere qui a un courant horifontal, & qu'on eft obligé de renouveller en faifant au moins deux puits.

Quand on eft arrivé au banc de glaife, il s'agit d'y tailler des quartiers qui foient tous de même grandeur, & d'un affez gros volume, comme on l'a vu, de les féparer de la maffe dont ils font partie. Voici la façon de procéder: afin que la glaife ne s'attache point à l'*incifoir*, l'Ouvrier commence par mouiller la lame de cet outil; il frappe deux ou trois grands coups, mouille de nouveau l'outil, & continue à frapper; en huit à dix coups, il coupe en longueur & en largeur le morceau qu'il veut détacher, de maniere qu'il a une forme quarré long, d'environ 18 pouces de longueur & 8 de largeur.

Pour détacher ce morceau, il enfonce le *hoyau* à différentes reprifes, après l'avoir mouillé, & parvient à détacher une piece de 50 à 60 livres, qu'on appelle *motte*; un Manœuvre l'enleve, & la porte au pied du puits, en l'appuyant fur le genou, qui à cet effet eft garni d'un morceau de chapeau; quand il en a porté trois morceaux, il les attache au cable, au moyen du crochet en S qui embraffe cette corde, & l'Ouvrier qui eft à l'ouverture extérieure du puits, tourne la manivelle, enleve les trois mottes: quand elles font arrivées au jour, il fixe d'une main le moulinet, de l'autre il attire à lui la charge, la détache & la tranfporte dans la cabanne.

Chaque carreau eft de 5 à 6 fols, & la voiture, qui en contient environ 40, eft du prix de 4 livres 5 fols à l'endroit; s'il y a 50 mottes, elle coûte 5 livres. L'éloignement des endroits où il faut la tranfporter, l'augmente en proportio n: au fauxbourg Saint-Antoine, le Chartier a pour prix de fa voiture chargée de 50 mottes, 5 livres, ce qui fait au total 10 à 12 livres.

Vues générales fur un premier effai de fabrication de Charbon de terre, à continuer plufieurs années.

L'ESSAI qu'il feroit poffible de tenter d'une fabrication de cette efpece, ne doit avoir d'autre but que celui de venir au fecours des pauvres, de les défendre particuliérement en hiver des atteintes multipliées que cette faifon porte à leur individu: ce motif n'eft guere de nature à entrer dans ce qu'on appelle *projets de finance*; rarement il a des attraits pour ceux qui méditent ces fortes de projets; néanmoins le point de vue fous lequel nous préfentons ici la poffibilité de cette entreprife, eft inconteftablement le feul qui puiffe conduire à s'affurer de ce qu'elle pourroit promettre d'avantageux à des particuliers, qui, pour le bien public, auroient le courage de s'en charger. Le chauffage avec le Charbon de terre apprêté, malgré tout ce qu'il réunit en fa faveur, ne s'introduira, pour ainfi dire, qu'avec l'agrément que peuvent

lui

lui donner les Citoyens dont nous avons dépeint la fituation, *page 1292*; c'eft à eux feuls qu'appartient de droit cette reffource, & malheureufement cette claffe eft affez étendue pour produire feule une confommation capable de foutenir un établiffement tel que celui dont nous defirerions infpirer l'exécution.

On ne doit donc d'abord s'occuper abfolument que du menu peuple, & fe borner en commençant au débit en détail : pour ne point fe départir de ce plan, il n'eft queftion que de refufer ceux qui en demanderoient une grande quantité. Le peuple n'eft jamais en état de faire des provifions; il fe fournit au jour le jour, quand il le peut, de ce qu'il fait lui être néceffaire; car fouvent il eft forcé de fe paffer de ce qu'il pourra fe procurer le lendemain, ou de ce qu'il a pu fe procurer la veille : le confommateur pour qui ce chauffage feroit uniquement deftiné, n'eft par-là que trop facile à reconnoître, & par là même, il eft aifé de lui affurer cette préférence, fur laquelle nous croyons devoir infifter. On conçoit aifément que le confeil que nous donnons de refufer des fournitures confidérables, ne doit pas regarder MM. les Curés, les pauvres Communautés ou des Particuliers qui fe préfenteroient pour revendre en détail de ce chauffage, dans des quartiers éloignés de celui où feroit le magafin de vente.

Dans la marche que nous propofons, ce premier effai feroit reftraint à une fabrication modique, par exemple, de foixante voies ou muids de charbon, faifant la charge de deux bateaux (achetés fur les lieux,) dont un de charbon pour les cheminées, l'autre de charbon pour les poëles : en ne faifant fupporter au confommateur que peu de chofe au-delà des frais, foit de l'achat, foit des uftenfiles & des mains-d'œuvre, la fourniture qui réfulteroit de cet effai, ne refteroit certainement point au magafin (1).

Dans une ville un peu confidérable, l'entreprife trouvera immanquablement des facilités particulieres; le motif intéreffant qu'elle fe propofe, procurera la liberté de faire travailler dans une cour d'hôpital ou de communauté, d'employer à la fabrication les pauvres ou les domeftiques de la maifon, dont la main-d'œuvre feroit à bon compte; en ne procédant à la fabrication que dans le mois de Septembre, on auroit peut-être auffi la facilité de pouvoir y ferrer la fourniture toute faite.

---

(1) En fe rappellant la maniere dont fe fait le commerce du Charbon de terre, *page* 643, le prix d'un bateau, fa charge, fur laquelle il y a pour l'acheteur un avantage dans la mefure du lieu de chargement, le Fabriquant de chauffage commence à entrer en bénéfice ou en dédommagement; par exemple, en prenant fur les différences de ces mefures un terme moyen pour deux bateaux, dont l'un de Moulins, l'autre d'Auvergne, bloqués de 30 voies de charbon, & payant environ la fomme de 750 livres de droit aux entrées, *voyez page* 686; chacun de ces bateaux, à caufe de fix voies de bénéfice réfultant de la mefure au pied de la mine, & qui ne payent pas de droit, puifqu'elles ne font point déclarées, donne d'abord à l'Entrepreneur 150 livres de bénéfice pour ces fix voies, 30000 liv. pour 1200 voies, fi le travail fe fait hors de Paris : la revente du bateau aux Déchireurs, au prix de 80 livres pour l'ordinaire, produit auffi une diminution fur l'achat du charbon.

D'année en année, on doubleroit la fabrication; il eft probable que les gros Manufacturiers, qui ont befoin de feu pour leurs ouvrages, ne tarderoient pas à augmenter le nombre des confommateurs, & que l'autre partie de la fociété, que l'on n'avoit point fait entrer en ligne de compte dans l'entreprife, s'y joindroit bientôt; lorfqu'on fe verroit dans le cas de répondre aux demandes qu'en feroient les Particuliers ou Bourgeois, qui en emportent une grande confommation pour le chauffage, on doubleroit la quantité de fourniture qui s'étoit faite l'année précédente.

Il n'y auroit rien d'étonnant qu'on s'apperçût beaucoup plutôt qu'on ne l'auroit imaginé, de l'accroiffement de la faveur de ce chauffage, & que l'on fe vît obligé de fonger à former un établiffement dans toutes les régles, d'établir un attelier en grand, & de l'alléger par quelques entrepôts, par des fous-entrepôts de vente, dont on augmenteroit le nombre d'année en année.

Tel fera, felon toute apparence, la récompenfe de premiers effais, qui n'auront eu en vue que le pauvre : alors les Entrepreneurs ne peuvent trop s'attacher à ne point s'écarter de l'objet qui a été leur moteur; l'établiffement, tant qu'il aura lieu, doit annoncer dans toutes fes dépendances, la fimplicité de fon origine, de fon principe, de la claffe de Citoyens à qui il fera redevable d'une exiftence folide; la préférence qu'il faudra continuer au pauvre, doit annoncer dans tous les temps que l'entreprife n'a point été fondée fur la curiofité paffagere du Public, & qu'on fe propofe toujours de foulager le peuple.

Si l'établiffement échoue, ce qui n'eft aucunement dans le fort des chofes conduites fur le plan que nous venons de tracer, l'entreprife ou le projet honnête de faire le bien, emportera les regrets & les éloges du Public.

En faifant attention à l'étendue du commerce qui fe fait dans Paris de mottes à brûler, au plus vil prix, qui ne dédommage que d'environ une treizieme partie du prix de la *tannée* (1), & qui affurément ne donne point un vrai feu, ni une véritable chaleur, je ne fai pourquoi il ne viendroit point à l'idée des *Marchands Bourgeois*, ou des *Officiers Mefureurs & Porteurs de Charbon de terre*, d'entreprendre l'effai de fabrication du Charbon de terre apprêté : ce commerce n'eft bien connu que par eux; ils auroient l'avantage de fe défaire du charbon en gros morceaux, qui ne feroit point entré dans l'apprêt. Si cette affaire eft fufceptible d'être entreprife avec économie & d'être conduite à bien, aucune Société, ni de Particuliers, ni de Financiers, ne feroit plus en état d'y réuffir (2).

(1) Vieille poudre d'écorce qu'on retire des foffes quand les cuirs font tannés, & qu'on a coutume de réduire en ce qu'on appelle *mottes à brûler*, pour l'employer d'une maniere plus commode. *Voyez* la defcription de l'Art du Tanneur, par M. de la Lande.

(2) Ces Offices, ainfi que tous ceux créés en

différents temps, fur les ports, quais, halles, marchés & chantiers de Paris, devant uniquement leur origine aux befoins de l'Etat; la fuppreffion, le rétabliffement de ces Charges, ont conféquemment été prononcées à diverfes reprifes, felon les circonftances, comme onéreux aux peuples, & inutiles à la police qui avoit

Plan raisonné et détaillé *d'un Attelier de Fabrication pour un Etablissement en grand.*

Situation de l'Attelier.

La fabrication ou l'apprêt de la Houille pour former des magasins de vente dans différents quartiers d'une grande ville, telle que Paris, par exemple, exige quelques considérations générales ; la premiere doit regarder l'endroit propre à la situation de l'attelier ; la seconde, concerne l'approvisionnement des ustensiles.

Quant au premier objet, il est essentiel que le chantier de fabrication soit le plus près possible de l'endroit de la riviere où l'on pourra faire approcher les bateaux de charbon ; observant, bien entendu, que l'attelier soit à l'abri de la crue des eaux & des inondations en hiver (1), attendu que dans cette saison, ce chantier de fabrication servira de principal magasin, d'où se fourniroient les entrepôt & sous-entrepôts.

Une autre proximité qu'il faut encore chercher pour un attelier de fabrication, c'est celle des endroits où se fouillent les terres propres à l'impastation, & sur-tout les *argilles-glaises*, moins communes que les *argilles-terres*.

En supposant une entreprise à Paris, le Port-à-l'Anglois, à portée des glaisieres de Vitry (2), le quartier de Saint-Bonnet, où ces mêmes terres peuvent arriver, & qui d'ailleurs peut se fournir aisément d'*argilles-terres* du quartier de Vincennes, seroient très-favorables.

Le moulin de Javelle, situé à peu-près de même que le Port-à-l'Anglois, relativement aux glaisieres de Venves ; la pointe de Vitry, par rapport aux glaisieres du petit Gentilly, seroient encore des emplacements commodes.

A la faveur de positions précisément de l'espece ci-dessus, le chantier de fabrication se trouvant près de la riviere, on ne feroit quitter le port à chaque

---

servi de prétexte à leur établissement. Nous avons donné, à l'article de l'histoire de ce commerce dans Paris, les différentes époques de ces créations & de ces suppressions successives, & la nature des droits attribués à ces différents Offices ; (*pages* 660, 681). L'affranchissement de plusieurs branches de régie onéreuses, & l'amélioration d'une partie des revenus annoncés aux peuples par l'Edit de Septembre 1759, par celui du mois de Mars 1760, & la Déclaration de 1768, qui ne laissoient plus aux Titulaires des Offices qu'une jouissance provisoire, en leur assurant les indemnités fixées à leur égard dès l'année 1730, par l'Article II de l'Edit de Juin, ont été définitivement prononcés sur un Edit du Roi, (du 6 Février 1776, registré en Parlement le 12 Mars de la même année,) portant suppression de ces différents Offices, dont les produits ne

suffisent plus à ces Communautés, pour l'acquittement des charges dont elles sont grevées ; en conséquence de ce nouvel Edit, les droits qui étoient aliénés à ces Communautés sont réunis dans la main du Roi, & régis sous ses ordres par l'Adjudicataire des Fermes générales, employés au paiement des arrérages, & au remboursement des capitaux dûs aux Officiers supprimés, & à leurs créanciers : de cette perception au profit de Sa Majesté sont exempts les droits réunis au Domaine & patrimoine de la Ville de Paris, qui continuent d'être perçus au profit de ladite Ville.

(1) L'emplacement choisi à Paris par les Entrepreneurs de l'établissement de 1770, auroit essuyé cet inconvénient.

(2) Elles ne sont plus exploitées depuis que la Manufacture de Tuiles n'est plus dans cet endroit.

bateau de charbon deſtiné à la conſommation de l'entrepriſe, qu'au fur & à
meſure qu'on voudroit le faire arriver à la portée de l'attelier, pour fabriquer
de même le charbon à meſure qu'on le déchargeroit du bateau.

Cet arrangement procureroit une diminution de frais ſur trois objets ; le
ſalaire du Garde-bateau dont on n'auroit pas beſoin longtemps ; l'attelier
n'auroit pas beſoin d'un emplacement pour amaſſer & garder le charbon
juſqu'à ce qu'on le fabrique ; le coup de main à donner pour porter le
charbon à fabriquer du Charbonnier au quartier où il doit recevoir la premiere façon, n'auroit pas lieu ; un bateau, par exemple, contenant trente
voies, faiſant quatre cents cinquante minots, arrivant près de l'attelier,
ſeroit déchargé à meſure, ſoit par hottées, ſoit par tombereaux dans
le premier quartier où le charbon doit être ſoumis au remuage avant d'être
mêlé avec les pâtes, & qui par cette raiſon eſt le quartier le plus voiſin de
l'entrée de l'attelier.

Etat des Uſtenſiles d'un Attelier de fabrication.

Les uſtenſiles dont il conviendroit de ſe pourvoir pour cet établiſſement
en grand, n'ont rien de particulier. La fabrication à laquelle il ſe rapporte,
ne differe de celle des briques à bâtir, que par le mélange du Charbon de
terre qui s'ajoute aux argilles déja corroyées, par un nouveau corroyement,
& en ce que ces pelottes nommées auſſi par cette raiſon *briques*, ſont deſtinées
à être entiérement conſumées par le feu du Charbon de terre, dans des cheminées & dans des poëles, au lieu de ſubir une ſimple cuiſſon dans des fours
conſtruits exprès.

On peut en tout regarder un attelier pour la fabrication du Charbon de
terre apprêté, comme celui d'une Briqueterie ; quelques outils que nous
y employons, quelques expreſſions pour déſigner certaines opérations, ſont
empruntées de l'Art de faire des briques. Le rapport exact entre ces deux
opérations, nous diſpenſe abſolument d'entrer dans certains détails ſur cet
attelier ; les perſonnes qui ont l'idée d'une Briqueterie, & qui joindront à cela
les attentions relatives au choix des pâtes & du Charbon de terre, ne ſeront
point embarraſſées de former un établiſſement bien entendu de pelottes ou
hochets pour le chauffage.

On verra dans un inſtant que pour quelques opérations, il eſt néceſſaire
que les Ouvriers ayent toujours de l'eau ſous leur main ; des pompes deſtinées
à en fournir à volonté, ſans attirail, auroient en même-temps l'avantage d'être
un ſecours de conſéquence dans le cas d'incendie ; l'attelier doit en être
pourvu. A celles qui ſont généralement connues, on ne doit pas héſiter de
préférer au moins une couple de pompes portatives de l'eſpece en uſage
ſur les vaiſſeaux Hollandois pour raffraîchir les voiles hautes, les huniers & les

perroquets,

perroquets dont on se sert auffi dans les villes de ce pays pour laver le pavé des rues & les vitres des maisons ; ces pompes sont de très-peu de dépense, le service en est très-commode , & n'a rien d'embarrassant.

1°. La figure 17 de la Planche LVII , N°. 1, représente une de ces pompes garnie , en état d'agir (1) ; elle consiste en deux cylindres ou branches *A D*, maintenus, comme on le voit, dans leur écartement respectif par une tringle de métal *ff*, de maniere qu'elles forment un angle d'environ 30 degrés ; ces branches sont de bois d'orme ou de métal , & creusées en dedans , avec cette différence que le diametre intérieur de la branche qui reçoit le piston, dont on voit le manche *E* , est double du diametre intérieur de la branche expulsive *DC* , & depuis leur jonction *C* , toutes les deux diminuent proportionnellement. Le piston, ou comme on l'appelle dans la Marine, la *Gaule*, s'ajuste exactement au canal creusé dans la branche *A* où elle est reçue , & qui est fermée par son bout inférieur *i i i i* , percé de plusieurs trous : c'est par ces trous que l'eau s'infinue dans cette branche que l'on plonge en entier dans un bacquet rempli d'eau, & qu'elle s'éleve à mesure qu'on en retire le piston *E*, lequel repoussant à son tour l'eau ainsi montée , l'oblige de sortir par la branche opposée *D*. Un homme seul , avec quelque adresse , la manie & la fait mouvoir très-aisément ; on adapte à la branche expulsive des ajoutoirs différemment construits , selon qu'on veut envoyer de l'eau ou en arrosoir, ou en nappe , ou en simple jet , dans un des quartiers de l'attelier.

2°. Plusieurs *cuves* ou *bacquets* de grandeur, de forme & de construction arbitraires , bien solides & toujours remplis d'eau pour le service des quartiers, où il est nécessaire que les Ouvriers en ayent à leur portée ; dans la figure 2 de la Planche LVI , N°. 1, & dans la Planche LVI , N°. 2 , *fig.* 9, on a représenté de ces bacquets, afin de compléter l'idée que l'on doit avoir de tous les ustensiles de l'attelier de fabrication.

3°. Plusieurs *clayes* de 6 pieds de hauteur & d'une longueur appropriée à la largeur du quartier où elles se placent par rangées, lorsque le remuage du charbon se fait par ce coup de main, au lieu de se faire à la pelle sur le tas même du charbon, comme on le voit dans la figure 1, *Planche LVI*, N°. 1. Ces clayes doivent être formées de branches d'osier ou de châtaignier, ou autre bois grossier, comme pour les clayes dont on se sert pour passer le sable , afin d'en séparer les cailloux. Les brins peuvent avoir la grosseur du doigt & être éloignés les uns des autres de 6 à 8 lignes, afin de laisser passer avec le menu charbon des morceaux un peu forts.

4°. Quand au lieu de remuer le charbon à la pelle, on le passe à la claye ou au crible, il peut être utile de se pourvoir de *masses* ou *dames* en bois ; billot de forme cylindrique, cerclé en fer seulement à la circonférence

(1) Traité sur différents sujets de Physique, par M. Deslandes , Commissaire de la Marine, *in-*12.

fupérieure & inférieure dans le cylindre qui fait maillet, *fig.* 6, *Pl. LVII*, N°. 1, afin de brifer les gros morceaux de charbon qui n'auroient pu paffer au travers de la claye ou du crible, & les réduire en charbon menu pour être jetté de nouveau fur la claye. Peut-être vaudroit-il mieux, pour épargner des bras d'Ouvriers, faire paffer fur ces morceaux un cylindre affez pefant pour ne brifer le charbon qu'en menu & ne pas le réduire en pouffier ; un cheval feroit cette opération.

5°. Des *brouettes* de différentes formes, une à l'ordinaire *fig.* 12, pour tranfporter dans le quartier du manege le charbon paffé en claye ou remué à la pelle, & dans le charbonnier, les *kauchetays* & les morceaux nommés *roulans* (1). Une autre efpece de *brouette*, *fig.* 13, pour tranfporter la pâte dans le quartier où le mélange doit s'en faire avec le charbon, & pour tranf-porter le charbon amalgamé dans le quartier où on le met en forme de briques : la partie du coffre qui regarde la roue dans cette brouette, eft élevée & un peu renverfée en doffier, afin de contenir plus de pâte.

6°. Si le dépôt pour les briques entiérement en état d'être relevées eft peu éloigné du féchoir, il faudra que l'attelier foit pourvu de *hottes* deftinées à ce tranfport.

7°. Des *rateaux* à dents de fer, *fig.* 4, pour féparer après le remuage, fait à la pelle ou à la claye, les roulants qui ne feront point employés, & qui feront tranfportés dans le charbonnier.

8°. Des *triwelles* ou *pelles de fer*, N°. 3, pour enlever les roulants, & les mettre dans les brouettes : une autre pelle, N°. 2, pour le quartier des pâtes & pour le quartier où on les corroye avec le charbon.

9°. *Pics* ou *hoyaux*, *fig.* 5, pour le quartier des pâtes. *Rabots* ou *bou-loirs*, *fig.* 8, pour labourer, affouplir, corroyer, atténuer le mélange, en faire un mortier un peu ferme.

10°. *Pelles* de bois creufes, garnies en fer, dans la portion qui s'introduit la premiere dans le tas que l'on veut manier, *fig.* 3.

11°. *Bêches* ou *louchets*, *fig.* 2, pour le quartier où l'on corroye le Charbon de terre avec les pâtes.

12°. *Rouables* & *balais*, *fig.* 7, pour nétoyer le terrein dans les différents quartiers, ramaffer ce qui y eft épars & qui pourroit s'emporter avec les pieds des Ouvriers.

13°. *Lunettes* ou *moules* (2), pour donner au charbon corroyé avec les

(1) *Voyez* page 356, ce que c'eft que les *kauche-tays*; les *roulants* font les plus gros morceaux qui roulent au bas du tas, *Voy. Pl. LVI. n°. 1, fig.* 1, & qui ne font point employés à l'apprêt en briques, à moins qu'on ne les brife pour les réduire en menu charbon.

(1) Celles dont on s'eft fervi à l'attelier de Paris, ont varié pendant long-temps, en dimi-nuant toujours de capacité ; les premieres que j'avois fixées, donnoient des pelottes de 5 pou-ces de long, fur 2 d'épaiffeur & 3 de lar-geur ; ces pelottes devoient être vendues 4 fols la douzaine : dès le milieu du mois de Novem-bre, je m'apperçus qu'elles n'avoient que 4 pouces de long fur 3 de large, & 1 pouce feulement d'épaiffeur ; on doit fe reffouvenir, (*Voyez* page 1300, *note* 2) que cette infidélité frauduleufe n'étoit l'ouvrage que du Directeur &

pâtes la forme que l'on veut. Sur cette Planche, on a repréſenté la ſimple
configuration linéaire des moules dont on ſe ſert à Valenciennes ; dans la
Planche XXXIII , *lettre x* , on voit une de ces lunettes, telles qu'elles
ſont uſitées à Liége ; & dans la Planche XXII , une pelotte ou brique qui
a été façonnée dans un de ces moules. La Planche LVI, N°. 2 , acheve
de donner une idée de ces lunettes & des pelottes qui en réſultent : on
juge qu'elles peuvent être de différente grandeur ; celles de Liége ont environ
6 pouces de longueur ſur 4 pouces de largeur, & 2 pouces & demi de hauteur , ſans comprendre dans la dimenſion de la longueur & de la largeur
l'épaiſſeur du fer, qui, dans ces ſortes de lunettes, eſt de 2 lignes & demie , &
donne à la piece de fer une longueur totale de 17 pouces, du poids d'environ une livre onze onces. Les lunettes doivent avoir une de leurs ouvertures plus grande de quelques lignes que l'autre ; l'opération à laquelle elles
ſervent , en fournira la raiſon ; c'eſt afin qu'à l'aide d'une petite ſecouſſe donnée
par l'Ouvrier, le hochet, quand il eſt fabriqué, puiſſe ſortir aiſément du
moule. Il ſeroit à propos, afin de diſtinguer le chauffage pour les poëles &
le chauffage pour les cheminées, dont le charbon eſt d'une eſpece graſſe &
forte , que les moules deſtinés à fabriquer l'un & l'autre fuſſent d'une
grandeur ſenſiblement différente , ou bien qu'en conſervant aux moules
pour les cheminées la forme ovale on donnât aux autres la forme cylindrique.

14°. Des *battes* ou *palettes*, *fig.* 11, toutes en fer, plattes, de forme ovale,
qui répond à celle des lunettes de cette forme, & de même grandeur, pour
comprimer, battre & rapprocher la pâte mêlée avec le charbon.

15°. *Cordes* pour charettes & pour le puits. La ſituation du puits dans l'attelier eſt indifférente : nous en avons indiqué un en *P* , entre le quartier des
metteurs en forme & le clos de pâtes , pour avertir ſeulement de la néceſſité
d'en avoir un ; *Voyez la Planche* LVII. N°. 2.

16°. *Paillaſſons* pour couvrir les pelottes, s'il venoit à pleuvoir pendant
qu'elles ſéchent.

17°. *Voitures* montées ſur roues, de deux eſpeces; une *fig.* 16, pour
tranſporter le charbon du bateau à l'attelier : la conſtruction que nous avons
imaginée & que l'expérience rectifiera ou perfectionnera, a deux objets ; le
premier eſt d'éviter qu'à force de faire un même trajet, ſur-tout en partant du
bord de la riviere où ſe fait le déchargement du bateau, & qui eſt toujours
plus ou moins en pente, la voiture ne faſſe point d'ornieres ; pour cela
chaque roue, dont on en voit deux par derriere ſur l'alignement de cette
voiture, eſt plutôt une portion de rouleau qui rabat continuellement le terrein que parcourt la voiture , rend ſon mouvement & ſon roulage plus

Chef des travaux, qui s'étoit emparé de l'exer- | venues à ma poſſeſſion que deux ans & demi
cice abſolu du Privilége, dont les pieces ne ſont | après qu'il a été obtenu.

commodes. L'autre partie de conſtruction eſt relative à la facilité du chargement & du déchargement de cette voiture ; étant peu exhauſſée ſur ſon
train, elle peut approcher du bateau auſſi près que l'on veut, ſur un plancher
que l'on établit juſqu'à bord du bateau, & les garçons de la pelle y jettent
très-aiſément le charbon : ſon déchargement à l'attelier s'exécute en un inſtant,
au moyen de deux articles de conſtruction. 1°. La planche qui forme le
derriere de la caiſſe eſt ſimplement arrêtée à charniere au haut de l'extrémité de chaque panneau qui compoſe les flancs de la caiſſe ; par le bas, elle
eſt aſſujettie pendant que la voiture eſt en mouvement, par une ou deux fortes
chevilles : 2°. la caiſſe eſt diſpoſée ſur l'eſſieu de derriere, de maniere qu'en
lâchant & le crochet qui la retient à la tête du train & la clef du panneau de derriere, la caiſſe ſe renverſe ſur le derriere, fait baſcule, comme
on le voit exprimé en points ſur la figure ; en même-temps le panneau à
charniere qui n'eſt plus retenu en bas, s'écarte dans cette partie du derriere,
qui, par-là, ſe vuide en entier.

La figure 15 repréſente une voiture que j'ai rencontrée pluſieurs fois dans
Paris, & que j'imagine pouvoir être propre à conduire dans les rues & dans
les entrepôts les pelottes dont on veut évacuer l'attelier ; la caiſſe qui n'eſt
exhauſſée qu'autant qu'il le faut pour que les pelottes puiſſent y être priſes
à la main par un homme ſur ſes pieds hors de la voiture, paroît très-
commode pour le chargement & le déchargement, ſans que le Charretier,
par négligence, ſoit obligé de les jetter de haut, pour charger ou pour
décharger.

18°. Comme de temps en temps, ſur-tout en commençant à allumer le
feu, il eſt à propos d'y faire entrer des morceaux de charbon pur, il
convient de vendre de ces *roulans* dans une proportion relative à ce qui
s'achete de pelottes ; cela peut ſe faire au meſurage par demi-*minots*, ou au
poids ; dans ce dernier cas, qui ne ſeroit peut-être cependant point ſi commode,
il y auroit dans le charbonnier où ſeroient les roulans deux *meſures en bois* telles
qu'il s'en voit une près du rateau 4, qui ſerviroient de baſſin à une balance (1).

Journaliers employés aux manœuvres, Commis & autres Prépoſés.

Sous ce titre, on ne doit entendre ici rien de ce qui ſe rapporte eſſentiellement à la geſtion ; on imagine bien que je ne prétends point m'immiſ-
cer par aucune ſorte de réflexion dans cette partie. Déſigner ſimplement les
Journaliers & les Prépoſés qui pourroient être néceſſaires, c'eſt remettre en
raccourci ſous les yeux la marche des opérations qu'il faudra dans un inſtant

(1) La plûpart de ce qui eſt outil & uſtenſile,
eſt vraiſemblablement dans le cas d'avoir beſoin d'être renouvellé à peu-près tous les ans ;
un des Employés doit avoir en particulier la
charge de veiller à leur entretien, de les viſi-
ter tous les jours lorſque les Ouvriers ſont retirés, & ſur-tout de ſe faire rapporter les moules par chacun des Metteurs en forme.

rapprocher de la diſtribution de l'attelier ; c'eſt en même-temps donner une idée générale de la dépenſe ſur cet article ; dans un établiſſement à de- meure , tel qu'on pourroit le ſuppoſer à faire dans une grande ville , il ne reſte qu'à fixer les ſalaires pour les Journaliers , & les gages pour les Employés , en faiſant ſeulement attention que la premiere claſſe , celle des Journaliers , n'eſt point attachée à l'établiſſement , qu'elle n'entre dans la dépenſe que pendant la fabrication , qui n'a lieu que pendant la plus petite partie de l'année (1).

Cette bande de gens de journée eſt compoſée ,

Des *Garçons de la pelle* , ſoit au bateau , ſoit à l'attelier , dans différents quartiers.

Des *Brouetteurs* dans chaque quartier.

Des *Marcheux* , pour piétiner corroyer les pâtes , & pour le corroyement du charbon avec ces pâtes.

Des *Metteurs en forme.*

Des *Porteurs au ſéchoir.*

Des *Releveurs* qui retournent les pelottes pendant qu'elles ſéchent.

Parmi les Employés attachés à l'attelier , on peut comprendre ceux qui ſuivent :

Commis à la décharge du bateau.

Régiſſeur chargé de l'emmagaſinement du charbon arrivant à l'attelier , ſi la fabrication ne s'exécute pas au fur & à meſure.

Un *Commis* qui préſide au mélange de la pâte avec le charbon , & qui veille ſur tous les autres quartiers.

A chaque côté de la porte d'entrée , un *Commis* ; l'un pour prendre l'état des voies de charbon entrant à l'attelier ; l'autre pour tenir regiſtre des voies de pelottes qui peuvent être achetées ſur le lieu , ou qui en ſortent , pour être portées aux entrepôts.

Un *Gardien* ou un *Commis* ambulant pour ces magaſins de vente.

Diviſion d'un Attelier par Quartiers.

La diſtribution avantageuſe d'un attelier , eſt relative à l'ordre des ma- nœuvres qui s'exécutent ſucceſſivement ſur le Charbon de terre arrivant à l'attelier , & relative à ce que j'appelle les dépendances de la fabrication ; comme emmagaſinement du charbon , travail préliminaire des pâtes , qui doi- vent être toutes prêtes à être amalgamées avec le charbon ; le premier coup

(1) Un inconvénient de conſéquence , auquel l'entrepriſe pourroit être expoſée de la part de ces Journaliers , engage à une réflexion qui pour- roit ne pas ſe préſenter d'abord. Ces Ouvriers n'étant employés que pour un temps paſſager , ſeroient capables , par méchanceté , ou par mé- contentement, de ſe donner le mot pour aban- donner l'ouvrage & ſe retirer : il ſeroit peut-être à propos , afin d'obvier à cet embarras , de faire pendant la fabrication ſur leur paye , une ré- ſerve qui ne leur ſeroit donnée que quand on les congédieroit.

de main ayant rapport au fecond, le fecond au troifieme & ainfi de fuite, les différents quartiers doivent, pour bien faire, fe tenir les uns aux autres, conféquemment à cette fuite de main-d'œuvre; pour la célérité & la facilité dans les différentes opérations & dans leur fervice : pour que les Ouvriers, Porteurs ou Brouetteurs, ne s'écartent point, ne s'arrêtent point en chemin, l'entrée & la fortie de chaque quartier doivent être refpectivement correfpondantes & prefque en face les unes des autres : l'avantage de cette divifion, qui renferme tout ce que l'on peut defirer, fera facile à concevoir en jettant les yeux fur la Planche LVII, N°. 2, où l'on a repréfenté le plan d'un attelier appliquable fur toute efpece de terrein, en donnant à chaque quartier plus ou moins d'étendue felon le befoin, & laiffant toujours les ouvertures de communication réciproques marquées fur le plan; la clôture d'enceinte de chaque quartier, excepté celle du Charbonnier & du parc des uftenfiles, doit être en échalas de cœur de chêne, n'ayant pas plus de 4 pieds & demi de hauteur, afin que les Prépofés puiffent avoir l'œil fur les Ouvriers de différents quartiers : on ne doit donner aux chemins de féparation, que la largeur fuffifante pour laiffer le paffage libre à deux brouettes; le fol de chaque quartier doit être battu & bien uni, ou même revêtu de briques ou de carreaux dans les endroits où ces ouvrages de terre cuite font à bon marché.

On a ménagé entre le parc des uftenfiles & le féchoir, une place pour les chariots, lorfque les ouvrages font finis; & entre le clos des pâtes & le charbonnier, une place pour une écurie.

Charbonnier ou Magafin de charbon.

Si l'on ne fabrique point le charbon à fur & à mefure qu'il arrive du bateau, on eft obligé d'avoir dans l'attelier une très-grande place pour le garder, & alors il ne faut point mêler enfemble les deux efpeces dont on s'eft pourvu; le charbon deftiné à entrer dans la fabrication en pelottes pour les cheminées, eft d'une qualité différente de celui deftiné à être mis en pelottes pour les poëles; de plus, il faudra réferver du charbon de la premiere efpece pour être vendu dans une certaine proportion avec les pelottes auxquelles il convient d'en ajouter, fur-tout lorfqu'on arrange le feu pour l'allumer. Le Charbonnier doit donc former trois corps de magafins.

L'action de l'air fur les charbons, paroît avoir des inconvéniens; on fera bien d'y obvier, en faifant un toît au Charbonnier (1); de grandes averfes, des lavaffes fréquentes peuvent & doivent être préjudiciables au charbon gras, en lui enlevant une portion de fon bitume, qui eft un de fes principes inflammables; la Houille maigre n'eft pas moins fufceptible des effets de la pluie qui la priveroit de fes fels. *Voyez page 76.*

---

(1) La démolition des bateaux fournira des | ufages pour lefquels on a befoin de planches, ais pour les différentes conftructions & autres |

Les charbons de nature pyriteuſe ſur-tout, en ſe ſéchant ou s'effleuriſſant, perdent de leur qualité & de leur force ; les Ouvriers ſont dans cette opinion, & appellent ce charbon, *charbon éventé* (1) : la pluie dans de grands tas de Charbon de terre, ainſi expoſés à l'air, peut les échauffer, au point d'y occaſionner un embraſement par l'action continuelle & le paſſage libre du grand air : il eſt de conſéquence, ſi ce n'eſt pour cet inconvénient qui eſt rare, du moins pour celui de l'effleuriſſement, de ne point recevoir des Maîtres de mines des charbons de l'eſpece connue pour être ſujette à cette détérioration occaſionnée dans les uns ou dans les autres par les pyrites, les ſels vitrioliques & alumineux : on peut conſulter à ce ſujet, ce que nous avons rapporté *page* 35, *Partie Ire*.

Le charbon en gros morceaux, s'évente moins à l'air ; mais il n'en éprouve pas moins une véritable altération : il ſeroit à deſirer pour mettre les charbons à l'abri des effets de l'air & de la pluie dans tout le cours de la navigation, que les bateaux de tranſport, partant du lieu de l'embarquement, fuſſent couverts en planches, formant un toît en dos-d'âne ſurbaiſſé, & qu'ils ne fuſſent chargés au pied de la mine que de charbon nouvellement tiré (1).

I. Clos des Pates.

Apprêt de la Glaiſe, pour la rendre propre à ſe mêler intimement avec le Charbon de terre.

La préparation à laquelle ce quartier eſt deſtiné, eſt abſolument la même que celle qui s'exécute ſur la même eſpece de terre, par les Potiers fabriquants de briques, de fourneaux & autres ouvrages de ce genre ; elle conſiſte dans le trempement & le corroyement des terres ; pour cet effet le terrein ſera creuſé en forme de baſſin, dont le fond pourra être garni de planches de bateaux bien arrangées, ſans aucune ferrure : cette humectation pourroit encore ſe faire dans une cave qui ſeroit ſituée à l'endroit où le clos des pâtes eſt marqué ſur le plan, ou ſous le quartier dont nous allons parler bientôt : il y auroit même un avantage à faire cette préparation en cave, la pâte s'y pourrit mieux, y devient plus maniable ; alors la ſuperficie du terrein ſeroit employée à un autre uſage, comme ſecond ſéchoir, ou comme pre-

(1) Dans ma collection de charbon, qui juſqu'à préſent n'a toujours été qu'enfermée avec ſoin dans des boîtes & enveloppée de papiers, je trouve de temps en temps quelques morceaux tout-à-fait détruits, ainſi que le papier qui les envelopoit ; ceux du Forez & d'Auvergne ſont très-ſujets à cette ſorte de deſtruction ; j'en ai trouvé qui peſant 8 onces dans cet état, mis enſuite dans l'eau & paſſés, ne peſoient plus étant ſecs, que 6 onces moins deux gros, ce qui ſuppoſe, que la partie pyriteuſe ſaline, y eſt en grande quantité.

(2) M. Venel n'adopte point cette opinion généralement adoptée parmi les Ouvriers habitués à l'uſage de la Houille : il croit, après beaucoup de recherches & d'informations faites à ce ſujet, que ce n'eſt qu'une opinion vulgaire très-vague & très-incertaine, & que cette véritable décompoſition n'influe en rien ſur la qualité ; *Sect. III, Chapitre VI, Partie I, page 194, note a*; mais nous croyons qu'il eſt plus raiſonnable de s'en rapporter à l'expérience.

mier dépôt pour les pelottes, quand elles font entiérement féches. L'apprêt que doit fubir l'argille, peut fe faire de deux manieres, ou au moment, c'eft-à-dire, quelques heures avant le temps d'y mêler le Charbon de terre (1), ou quelques jours en avant.

Si l'on ne fait cet apprêt de la pâte que pour le moment de l'ajouter au charbon, il feroit de conféquence de prendre garde à la quantité d'eau que peut fupporter la terre pour l'humecter fuffifamment, & ne pas y en mettre trop, ce qui nuiroit à la fabrication à plufieurs égards.

Autant qu'il eft poffible d'évaluer exactement la proportion d'eau fur une proportion de charbon, elle doit aller à 3 pintes pour un boiffeau de pâte, qui eft la proportion pour un minot de charbon; ainfi pour la demi-voie, c'eft-à-dire, pour un minot & demi de pâte, il faudroit 18 pintes d'eau, & fur le charbon d'Auvergne, 15 pintes.

La maniere la plus avantageufe eft de travailler ces argilles, bien avant de les mêler au Charbon de terre; elles n'en font que meilleures pour l'impaftation de la Houille, quand elles ont été humectées, imbibées & pénétrées longtemps avant d'être employées.

Pour bien préparer une glaife jugée de bonne qualité, d'après ce qui a été dit fur les argilles (2), qui eft bien graffe, qui file lorfqu'on la rompt, on commence par jetter deffus une affez grande quantité d'eau, pour excéder de plufieurs pouces la foffe ou le baffin dans lequel on la ramaffe (3): après l'avoir laiffée tremper deux ou trois jours, on la hache, on la laboure, on la retourne à la bêche à différentes reprifes, on la piétine de temps en temps, on la pêtrit avec les mains partie par partie, afin d'aider l'eau à la pénétrer, d'y reconnoître les pierres, les pyrites ou autres matieres étrangeres qu'on en fépare, & en faire une bouillie lavée & délayée, approchant d'une pâte ductile & maniable.

Il n'eft pas inutile de la maigrir, c'eft-à-dire, de diminuer de fa force, en y ajoutant, lorfqu'on la corroye, une certaine quantité de la feconde efpece d'argille, nommée *terre maigre* ou bien d'*argille-fable*, en obfervant que la maffe devienne à l'œil entiérement homogene; par ce mélange l'argille-glaife perd fa facilité à fe retirer au feu, & elle eft difpofée felon les remarques de M. d'Arcet, à paffer plutôt même que l'argille pure à l'état de verre.

I I. Quartier de Remuage *ou* Quartier des Clayes.

Triages de Charbon.

On doit confidérer ce quartier ainfi que tous les autres dont nous allons

---

(1) Les Tuiliers, les Briquetiers, en préparent de cette maniere un monceau d'environ 50 pieds cubes dans l'efpace d'une heure & demie.
(2) Celle appellée *la belle*, qui eft grife & fans veine, eft très-propre à la fabrication.

(3) A quelque diftance du puits que foit cet endroit, on y en enverra aifément la quantité que l'on voudra avec la *pompe portative*, fig. 17, Pl. LVII, N°. I.

parler,

parler, quant aux uftenfiles dont on y fait ufage , quant aux opérations qui s'y exécutent, à fa fituation dans l'attelier, fon étendue & fa diftribution.

Les uftenfiles du quartier de remuage, font *pelles*, *rateaux*, *brouettes*, *clayes*, *dames* ou *cylindres*.

Si un établiffement de ce genre a lieu près des mines de charbon, ou au magafin près les ports d'embarquement , le remuage du charbon le plus favorable eft celui qui fe fait à la pelle fur la meule même, *Voy. fig.* 1, *Pl. LVI, N°.* 1; tout ce qui refte en roulans n'a pas befoin alors d'être réduit en menu par aucun procédé, pouvant être repris par les Maîtres de mines ou par les Marchands de Charbon de terre qui feroient entrer ces roulans dans le commerce; ce débouché bien fimple fauve le coup de main des *chaideurs* (1) avec la *dame*, ou avec le *cylindre*; il n'eft jamais poffible de s'en fervir d'une maniere affez égale pour que la compreffion produite à bras d'homme par ces outils, ne faffe point trop de pouffier ou de fraifil (2). De quelque façon qu'on s'y prenne pour ce remuage de charbon, il eft à propos de ne point oublier que cette main-d'œuvre n'a pas feulement pour objet de trier du menu charbon, propre à être corroyé avec les pâtes, & de mettre à part les morceaux qui roulent au pied & tout autour du tas ; on doit encore en féparer différentes fubftances fouvent mêlées avec le charbon, qui donneroient au chauffage quelque imperfection & quelque incommodité : les mines en *maffes* ou en *bouillons*, les mines qui font mal exploitées, ou dans lefquelles les Extracteurs ne font point attentifs fur le choix & le triage de leur charbon , *page 567*, font particuliérement dans le cas de demander une certaine attention dans le remuage ; ces fortes de mines font des efpeces d'un tout qui a été bouleverfé ; en conféquence, le charbon de bonne qualité eft confondu avec celui d'une qualité moindre ; il n'eft point rare qu'une mefure de charbon provenant d'une de ces carrieres, fe trouve mêlée en grande quantité avec des portions de *kreins*, de *nerfs*, de *roches*, de *gangues*, qui faifoient partie de l'enveloppe du charbon, mais qui ne font point combuftibles, qui fouvent répandent au feu une mauvaife odeur, & enfin avec du mauvais pouffier de charbon, dont ces fubftances font ordinairement encroûtées; ces différents mélanges plus ou moins abondants, font caufe que l'on diftingue fouvent dans une mefure, comme deux ou trois efpeces de charbon, & à moins qu'il ne s'y en trouve une quantité dans une certaine proportion, ces mines prêtent fort peu à cette fabrication : il vaut mieux en brûler le charbon crud.

Le Quartier dans lequel s'exécute le remuage du Charbon de terre, doit être fitué en face de l'entrée de l'attelier, & tout à fait ouvert dans cette partie. Ce qui eft marqué fur le plan, au lieu d'être une clôture d'échalas, comme le refte

---

(1) Dans les mines d'Alface, on appelle *chaideurs*, les Ouvriers qui pilent la mine à bras.

(2) Dans l'attelier de Paris, tout le charbon étoit caffé avec la dame, *fig.* 6, *Pl. LVII, N°.* 1 : je ne fuis point décidé en faveur de cette opération.

de son enceinte, n'eſt qu'une pierrée peu élevée au-deſſus du niveau du terrein, pour que le Voiturier arrivant avec la *voiture*, *fig.* 16, *Pl. LVII*, N°. 1, n'avance pas plus loin, & faſſe porter ſur cette pierrée le derriere de ſa voiture lorſqu'il la décharge ; la diſtance de cette entrée du quartier de remuage à la porte de l'attelier, doit être telle qu'il reſte entre ces deux entrées un terrein dans lequel la voiture puiſſe venir décharger, & retourner enſuite commodément pour regagner la porte de l'attelier.

Le quartier de remuage étant également deſtiné pour faire ſubir cette main-d'œuvre au charbon pour les pelottes de cheminée, & pour les pelottes de poëles, il eſt à propos, afin d'éviter la confuſion, d'employer à part un jour ou un temps à ce façonnement pour chaque eſpece de charbon.

S'il eſt poſſible de choiſir toujours un temps favorable pour la fabrication, ce quartier & les autres peuvent être à découvert ; mais dans tous, le ſol doit être ou planchéié, ou battu à ciment, encore mieux carrelé & briqueté ; par-là il eſt plus aiſé de balayer de temps en temps le terrein, & on perd moins de matiere, que les Ouvriers emporteroient ſans ceſſe avec leurs pieds.

L'étendue à donner au quartier du remuage eſt aiſée à juger ; les opérations qui s'y exécutent, conſiſtent à remuer le charbon à la pelle ou à le paſſer ſoit à la claye, ſoit au crible, à battre le gros charbon pour qu'il n'y en ait pas trop de reſte, à enlever celui que l'on veut réſerver pour la vente avec les pelottes : l'étendue de ce quartier doit donc être proportionnée au nombre de meules que l'on veut y remuer, à celui des *rangées de clayes* que l'on veut y placer pour cette même opération, en laiſſant toujours la place pour le *battage* des roulans : & pour que les Brouetteurs, qui en portent au charbonnier, ou qui enlevent les *bouxtures* & roches de rebut, puiſſent aller & venir librement ; leur entrée & leur ſortie eſt ménagée à droite & à gauche de la pierrée, qui marque les limites de cette partie du quartier.

En détaillant toute l'hiſtoire de la Houillerie Liégeoiſe, nous avons ſuffiſamment décrit le remuage à la pelle ; il eſt rendu encore plus intelligible par la figure 1 de la Planche *LVI*, N°. 1, où l'on voit cette main-d'œuvre, ainſi que les ſubſéquentes, exécutées ſeulement par des femmes, ainſi que c'eſt l'uſage au pays de Liége.

Il ne nous reſte qu'à éclaircir le remuage à la claye, ſi l'on jugeoit à propos de l'exécuter de cette maniere ; le charbon déchargé ſur la pierrée qui ſépare ce quartier de la cour d'entrée, étant jetté à différentes repriſes par les garçons de la pelle, ſur la rangée de clayes exprimée dans ce quartier, il en paſſe une partie de l'autre côté des clayes ; cette manœuvre s'exécute juſqu'à ce que tous les morceaux qui reviennent au bas de la claye, ſoient décidément trop gros pour paſſer au travers, comme on le voit autour de la meule, *fig.* 1, *Planche LVI*, N°. 1 : pendant ce même temps, les Brouetteurs les attirent avec les rateaux de deſſous le coup de main des Ouvriers de

la pelle, en emportent une partie au Charbonnier, fur les brouettes, & tranfportent l'autre à droite & à gauche du terrein qui refte derriere les clayes:
là ces morceaux font battus à la dame par les *chaideurs* ou autrement; le menu
charbon qui a paffé derriere la claye, eft porté par les Brouetteurs dans le
quartier du manege ouvert en face de la fortie du quartier de remuage ,
lorfque le Prépofé de ce quartier en demande.

I I I. Quartier du Manege.

Impaftation de la Houille avec les Terres - graffes.

Les uftenfiles de ce quartier fe réduifent à des pelles , des brouettes
& des bacquets remplis d'eau.

Le charbon menu qui a été trié à la claye ou au crible, ou à la pelle ,
étant arrivé dans le quartier du manege, le Prépofé fait apporter du clos des
pâtes une quantité de pâtes relative , foit à la mefure, foit à la qua-
lité du charbon qui va être amalgamé avec les terres : *Voye*\[*page* 1282,
1283.

Avant d'être foumis à la manœuvre qu'il doit fubir dans ce quartier, le
charbon peut quelquefois fupporter un mélange d'autre charbon ou plus
fort ou plus foible, felon les différentes vues.

Ce mélange utile dans quelques occafions, doit être réglé fur une con-
noiffance bien précife des charbons que l'on a à employer; le tâtonnement
par des effais en petit, eft ce qu'il y a de mieux, pour s'affurer foit de la
nature du charbon , foit de la proportion des mélanges, foit même de la pro-
portion de la pâte à ajouter à un charbon feul.

Il fuffit d'obferver que lorfqu'il s'agit de fabrication de pelottes deftinées
au chauffage dans les cheminées , il faut, tant que faire fe peut , exclure
de ce mélange tout charbon ayant une odeur forte ou pénible.

Dans un endroit où l'on n'a pas à choifir le charbon d'une mine préférable-
ment à celui d'une autre mine , & où il n'eft pas poffible d'avoir féparément
des charbons de différents degrés de force , comme cela eft néceffaire , felon
qu'on voudroit l'employer aux cheminées , ou felon qu'on voudroit l'em-
ployer dans les poëles , on pourroit empâter le charbon deftiné aux che-
minées avec un fixieme de pâte feulement , & celui réfervé pour les poëles ,
avec un cinquieme de terre ; l'ouvrage qui fe fait dans ce quartier , a pour
objet de mêler bien intimement le menu charbon avec les pâtes , en corroyant
de nouveau le tout enfemble , de maniere qu'ils faffent un feul & même
corps. C'eft cette opération qui eft repréfentée , *fig.* 2 , *Planche LVI* ,
N°. 1. & qu'on appelle à Liége *triplage*. Les Houilles maigres peuvent fe

tripler à pieds de cheval pour une grande fabrication ; quant aux Houilles graffes, il eſt préférable de les tripler à pieds d'hommes.

Dans un établiſſement tel que celui pour lequel on ſuppoſe ici un grand attelier, ce triplage fait avec ſoin, conſtitue une opération capitale.

Pour opérer cette liaiſon intime, & des terres graffes déja corroyées dans le clos des pâtes & du Charbon de terre qu'on y ajoute, les *marcheux* reſ-faſſent, retournent le tout à force de pelle, d'abord ainſi qu'il a été dit *page 356*, & comme s'ils corroyoient tout nouvellement les terres, marchent deſſus en appuyant à pluſieurs repriſes, relevent enſuite avec des pelles tout ce qui s'eſt étalé ſur le terrein par cette manœuvre, pour la piétiner de nou-veau, en ajoutant de fois à autre, ſelon le beſoin, de l'eau qu'ils puiſent à la main dans des bacquets placés à leur portée, en prenant garde de ne point trop humecter leur pâte.

La proportion de terre, qui doit être mêlée avec chaque eſpece de charbon que l'on fabrique, n'eſt pas la ſeule choſe qui varie ſelon la nature du charbon. Une trop grande eau peut extraire de ce foſſile & des argilles ce qu'elles contiennent de ſalin, & la matiere graſſe la plus groſſiere : cette partie graſſe contribue à la qualité de la Houille, & dans les argilles conſtitue la ténacité ou viſcoſité qu'elles doivent avoir juſqu'à un certain degré ; il faut donc dans ces humectations à la main prêter attention à la quantité d'eau qu'on ajoute à la maſſe. Le charbon de *Fims*, par exemple, ne laiſſe pas que d'en avoir beſoin (1). Le charbon d'Auvergne, qui pour la plus grande partie eſt un pouſſier terreux, en a peu beſoin (2) ; dans le cours de la navigation & juſqu'au moment qu'il eſt apporté au magaſin, il a déja été abreuvé des eaux de pluie, & eſt déja fort mouillé.

Cette proportion d'eau eſt encore à conſidérer relativement à la prépara-tion que cette pâte doit ſubir dans le quartier où elle doit être tranſportée enſuite : en décrivant la main-d'œuvre qui s'y exécute, nous ferons remar-quer l'inconvénient qui réſulteroit d'une pâte trop humectée.

I V. Quartier des Metteurs en Forme.

Le principal uſtenſile de ce quartier, ce ſont les moules ou *lunettes* ; dans un coin, nous avons réſervé pour elles un petit retranchement, afin de ne point les laiſſer traîner ou s'égarer, lorſque les Ouvriers quittent l'ouvrage. Il eſt à propos d'avoir deux ſortes de lunettes, ſoit pour la forme, ſoit pour la grandeur, pour les temps où l'on veut travailler les briques deſtinées aux cheminées, & celles deſtinées aux poëles. Cette petite ſerre eſt encore

(1) Il paſſe même pour gagner de la qualité à la pluie. *Voy. pag. 581.*

(2) Si le bateau n'a point été couvert comme nous l'avons recommandé.

commode

commode pour emmagaſiner de la ſcieure de bois menu ou de l'argille-ſable ; & les *palettes*, ſi on s'en ſert pour battre la maſſe dans les moules.

Outre les brouettes néceſſaires pour le tranſport des pelottes au ſéchoir, ce quartier doit encore être pourvu de diſtance en diſtance, dans l'intérieur de ſon pourtour, de baquets remplis d'eau.

Les Ouvriers de ce quartier ayant reçu des brouettes de la maſſe qui a été corroyée, s'agenouillent autour d'un tas ; *Voyez fig.* 3, *Pl. LVI*, N°. 2. Chaque Ouvrier ſaiſit une forme ou lunette avec les doigts, en paſſant la main dans la plus petite ouverture, & attire dans le vuide du moule par la plus grande ouverture, tout autant de matiere qu'il en faut pour le remplir & au-delà ; cette forme étant alors placée à terre ſur la face la plus ouverte, le Metteur en forme ajoute de la maſſe dans la lunette à pleines mains, de maniere que tout ce qui excede le niveau de la lunette, puiſſe être frappé à pluſieurs repriſes, ou avec les mains, ou avec le plat de la palette (1), pour bien ſerrer toute cette maſſe ; il en remet encore à la main dans le moule, en frappant de nouveau pluſieurs fois, & traînant de temps en temps ſur le terrein la forme qu'il tient bien appuyée (2) ; quand il juge qu'il ne peut plus y ajouter, & que le tout eſt bien battu, il embraſſe le moule avec tous les doigts, le releve de maniere qu'une des extrémités ovales puiſſe être frappée légérement ſur le terrein ; il en fait autant ſur l'autre extrémité ; la pelotte ſe détache alors des parois du moule, la ſecouſſe la plus légere la chaſſe entiérement de ſa capacité, & la porte dans la main de l'Ouvrier qui la place près de lui avec légéreté : la même manœuvre ſe recommence ſur le tas pour faire une autre brique, & ainſi de ſuite : de temps en temps, l'Ouvrier avant de ſe ſervir de ſon moule, le trempe dans l'eau, pour que les pelottes en ſortent plus aiſément, & il réitere ainſi cette opération ſur toute la partie préparée.

Lorſque l'Ouvrier eſt obligé de raffraîchir ou d'humecter ſa pâte avec un peu d'eau ou de mouiller ſa lunette, il doit le faire avec ménagement ; ſi les pelottes étoient trop trempées en ſortant du moule, la liaiſon qu'on a cherché à donner à la maſſe par une compreſſion réitérée à coups de palettes, ſe perdroit à meſure que les briques viendroient à ſe ſécher, & quand elles paroîtroient être tout-à-fait ſeches, le ſeul cahotage de la brouette ſuffiroit pour les déformer.

Les briques de Houilles toutes fraîches & au ſortir des mains du Metteur en forme, ſont en état d'être employées dans un feu qui eſt en train, en les plaçant ſur le haut de la pile de hochets déja embraſés ; là elles ſe ſechent par degrés, & ſe trouvent en état de s'enflammer à leur tour ; mais pour enlever

---

(1) Pour faire de gros hochets, les mains peuvent ſuppléer aux palettes ; les petits hochets dans les petites formes, ne pourroient être bien battues qu'avec les palettes.

(2) Quand on fait de ces briques pour ſon uſage, la partie qui regarde l'Ouvrier travaillant, eſt toujours excédente du niveau du moule, & forme une ſaillie arrondie.

la fourniture qui vient d'être fabriquée, & la placer dans l'endroit où on l'emmagasine, il faut au préalable laisser sécher les pelottes. Avant de considérer ce dernier temps de l'opération, & celui de mettre les hochets en dépôt, il est des questions qui pourroient venir à l'idée des personnes présentes à cette mise en forme ; nous allons nous y arrêter.

Examen de quelques particularités, qui sont des dépendances de la main-d'œuvre exécutée par les Metteurs en forme.

LES détails que nous venons d'ajouter à la connoissance générale que nous avions donnée de cette main-d'œuvre, *page 356*, conduisent naturellement à l'examen & à la recherche de quelques circonstances concernant les pelottes faites ou à faire ; ces particularités regardent le nombre de hochets que peuvent produire des fabrications de mesures différentes, le nombre de briques qu'il est possible de mettre en forme dans un temps donné ; on pourroit encore demander s'il est indifférent de faire ces pelottes dans des moules ou de les faire à la main, de leur donner indistinctement un gros volume ou un petit volume.

De la quantité de pelottes que donne la mise en forme dans la fabrication d'une mesure fixée, & du nombre de pelottes que l'on peut obtenir dans un espace de temps déterminé.

QUANT à la question que l'on pourroit établir sur le premier article, le nombre de pelottes résultant de cette opération définitive exécutée, par exemple, sur un minot, sur une voie de charbon corroyé avec les pâtes, est, comme de raison, différent, selon la grandeur du moule dont on s'est servi ; il l'est aussi selon la qualité du charbon sur lequel on a travaillé, & qui a demandé un cinquieme ou un sixieme ou une autre proportion de pâte : mais il est à cet égard une remarque dont il est à propos d'être prévenu ; elle n'est pas indifférente pour les personnes auxquelles il ne faut qu'une petite fourniture, & auxquelles la totalité de hochets qu'elle leur a produits, peut servir à calculer une consommation réglée par jour, par mois (1) ; c'est que par le nombre de pelottes résultant d'une petite mesure donnée, il seroit très-possible de juger de la perfection de la main-d'œuvre des Metteurs en forme, & fixer exactement la quantité de pelottes que produira ensuite une fabrication double, triple, quadruple, sextuple &c. de la même mesure : le détail dans lequel j'entrerai sur les avantages des essais en petit, développera comment cela est possible.

Le temps qui peut être employé à faire une certaine quantité de pelottes,

----

(1) Uniquement pour le chauffage dans les cheminées ou dans les poëles.

dépend de même du plus ou moins d'intelligence ou d'adreſſe de l'Ouvrier, appliqué à cette main-d'œuvre, ou de ce qu'il eſt plus ou moins expéditif; dans l'attelier de Paris, deux hommes ſuffiſoient en douze heures de temps pour piétiner & pour mettre en moule la quantité de 5000 pelottes, telles qu'elles ſe fabriquoient (1); ſi elles euſſent été plus volumineuſes, il auroit fallu moins de temps pour en fabriquer davantage; en comparant la ſeule main-d'œuvre de miſe en forme, à celle uſitée dans les Briqueteries, & qui eſt la même, il eſt de fait qu'on peut mouler par jour 4000 briques à bâtir.

Avantages des Briques de Houille faites dans des moules, ſur celles façonnées à la main, & des briques volumineuſes ſur celles qui le ſont moins.

QUAND on fabrique ce chauffage chez ſoi & pour ſon propre uſage, le charbon tout corroyé avec les pâtes, peut être façonné tout ſimplement à la main en boulets (2), quoiqu'à beaucoup près cette maniere ne ſoit pas ſi favorable; & alors on n'a pas beſoin de moules. M. Venel, en parlant de ces briques en boulets pelottés à la main, par comparaiſon avec la méthode anciennement ſuivie à Valenciennes, telle qu'elle a été décrite par M. Carrey, *Voyez page* 486, obſerve judicieuſement que ce façonnement de la Houille dans des moules avec des argilles, eſt plus avantageux (3); il remarque très-bien que les pelottes miſes en forme dans des moules, comme les briques à bâtir, *ſont plus liſſes, plus égales dans leur conſiſtance, & ſont du meilleur emploi* (5); quoique cet Auteur ait refuſé au Charbon de terre apprêté la propriété économique que nous luï attribuons, ce qu'il a entendu par cette expreſſion du *meilleur emploi*, eſt expliqué clairement par la raiſon qu'il en donne, & eſt une nouvelle contradiction avec lui-même ſur ce point : ce que nous avons dit pour appuyer à cet égard notre opinion, qui nous eſt commune avec beaucoup d'autres Savants (5), acheve de démontrer la ſupériorité des *hochets* façonnés dans des lunettes, ſur ceux fabriqués à la main; il n'eſt pas néceſſaire de beaucoup de réflexions pour la concevoir; puiſque ſi la terre ajoûtée, mêlée à la Houille, pour faire corps dur, qui doit ſe reſſerrer, ſe durcir, ſe cuire au feu, vient à ſe déſunir & ſe ſéparer en pieces, la Houille eſt conſumée trop promptement, ou ſi en ſe détachant de la pâte qui n'a point aſſez de liaiſon pour la retenir, elle tombe & s'éteint dans les cendres ſans avoir produit ſon effet; c'eſt un inconvénient très-ſenſible pour la qualité du chauffage, & les pelottes ou boulets faits à la main, doivent y être plus ſujettes ou plus diſpoſées.

(1) Leur poids & leur volume feront indi- | de ces briques qu'à la main, ce qui annonceroit
qués dans un inſtant. | qu'il a paſſé bien précipitamment dans cette
(2) Tels qu'on en a repréſenté, *Pl. LVI, N°2,* | ville.
figure 4. | (4) Section IV, Chap. IV, Part. I, *page* 107.
(3) Ce Savant paroit n'avoir vu à Liége faire | (5) *Voyez page* 1289.

Dans le cas d'une fabrication de chauffage en grand pour être un objet de commerce , & tranfporté par charrois en différents endroits, cette folidité à donner aux pelottes , n'eft pas feulement effentielle pour les rendre plus durables au feu; elles fe trouvent encore plus propres à réfifter au cahotage des voitures , & font toujours de débit, au lieu qu'elles ne le feroient point fi elles étoient caffées.

Une autre circonftance qui mérite quelque difcuffion , c'eft le plus ou moins de volume qu'il convient de donner à ces briques de Houille ; qu'elles foient façonnées à la main ou dans les moules, la groffeur qu'il faut leur donner n'eft pas un article abfolument indifférent, ni pour le fabriquant , ni pour le détailleur , ni pour le confommateur.

Dans la fabrication , il n'y a point de doute qu'une voie de Charbon de terre , par exemple , apportée toute corroyée avec les pâtes dans le quartier des Metteurs en forme , ne foit plutôt travaillée en faifant de gros *hochets* , que fi on les faifoit petits; ces hochets devant enfuite devenir une marchandife qui fera voiturée dans différents quartiers, & vendue au compte, le débit des groffes pelottes eft bien plus commode & d'une expédition plus aifée pour le détailleur.

Une condition indifpenfable dans les pelottes, pour qu'elles acquierent en les mettant en moule, & qu'elles confervent en féchant, la dureté qui les met à l'abri d'être caffées lorfqu'on les tranfporte ou qu'on les détaille , c'eft d'être bien battues & bien ferrées dans le moule; il paroît plus que difficile d'imaginer que des pelottes peu volumineufes, puiffent recevoir convenablement cette façon ; une petite maffe ne peut guere être pêtrie qu'à la main, à peu-près comme elle l'a été avec les pieds, pour mêler intimement la pâte & le charbon; mais lorfqu'il eft queftion de lui donner de la fermeté & de la folidité, il eft néceffaire que cette maffe foit comprimée, rapprochée par un *battage* répété qui ne peut bien s'opérer que fur une maffe d'une certaine étendue ; faute de confiftance, ces petites pelottes , particuliérement fi la terre d'impaftation qu'on a été obligé d'employer n'eft point de bonne qualité, ces pelottes ne pourront guere même refter en piles fans fe déformer , fans fe caffer ; difficilement elles arriveront entieres dans les entrepôts où il faudra les charroyer; & malgré l'application qu'on peut faire de ces pelottes de rebut au chauffage des entrepôts de vente, ce déchet peut fur une grande quantité de pelottes, être porté à un point qui devienne une perte pour l'Entrepreneur.

Les inconvénients des petits hochets, & qui n'ont pu être bien comprimés, ou qui ne l'ont été qu'à la main , ne font pas moins réels pour le confommateur ; à chaque remuement que ces pelottes ont effuyé pour être emmagafinées, pour être débitées au compte, elles perdent confidérablement de matiere ; fur une fourniture d'un millier ou davantage , cela devient

pour

pour l'acheteur un objet en moins ; on en jugera par ce que nous obferverons fur ce pouffier, dans les endroits où on le ferre.

Il eft un autre inconvénient qui réfulte pour l'économie, de la confiftance moins parfaite dans les hochets d'un petit volume, que dans ceux d'un plus grand volume : on juge facilement que des pelottes émincées, telles que celles qui fe débitoient dans l'établiffement fait à Paris en 1770, ne font point propres à tenir longtemps dans des porte-feux, dont les tringles ou les barres font en longueur, comme dans celui *fig. 3, Pl. XXI*; la difpofition, le nombre des barres formant la cage des *fers* à feu, la diftance plus ou moins grande que ces barres laiffent par conféquent entre elles, felon qu'il y en a quatre, ou felon qu'il n'y en a que trois, donne, au moins fur le volume que peuvent avoir ces pelottes, une regle bien fimple ; ces boulets doivent avoir une groffeur à la faveur de laquelle elles puiffent être contenues dans le grillage la plus grande partie de la durée du feu; fi leur volume n'étoit pas proportionné jufqu'à un certain point aux diftances que ces tringles laiffent entre elles, à peine les hochets auroient-ils commencé à diminuer en brûlant, qu'ils tomberoient hors de la caiffe : d'ailleurs il en eft de ce combuftible comme de tous les autres ; un feu compofé de trois ou quatre morceaux de bois, donnera toujours un chauffage meilleur & de plus de durée, que fi ces mêmes trois ou quatre morceaux étoient partagés en fix ou en huit.

La groffeur dont ces pelottes font le plus communément à Liége, me paroît la plus convenable. Dans l'établiffement fait à Paris, j'avois infifté fur l'avantage de fe conformer à cet ufage Liégeois, comme le plus favorable pour le débit au compte, & pour la folidité du chauffage : pour mes travaux particuliers & pour mon chauffage pendant deux hivers, j'ai toujours donné la préférence à ces groffes briques ; elles pefoient au fortir du moule deux livres neuf onces & demi gros, & lorfqu'elles étoient entiérement feches, deux livres trois onces & demie ; le minot en donnoit quarante & une, & la voie quatre-vingt-deux ; en obfervant qu'étant battues avec les mains & non avec la palette, il y a toujours un excédent qui furpaffe le niveau du moule (1); cinq de ces hochets partagés chacun en deux, lorfqu'on auroit voulu n'avoir qu'un petit feu, en auroient repréfenté environ douze de ceux qui devoient fe fabriquer & entrer en vente : il étoit indifférent pour l'acheteur d'avoir fon chauffage en plus ou en moins de morceaux ; mais avec de gros hochets, fon compte eût été plutôt fait.

Les moules qui avoient été adoptés, avoient fix pouces de longueur, fur trois de largeur, & deux pouces deux lignes de hauteur ; les pelottes qui en réfultoient, pefoient étant fraîches une livre neuf onces & demie, & étant feches, une livre cinq onces & demie, & demi gros. La capacité convenue

(1) Cette quantité d'un minot fabriquée à l'attelier par deux minots avec ces moules, pro- | duifoit en total 102 pelottes, à raifon de la trop grande quantité de pâte qu'on ajoutoit.

de ces formes, avoit été par degrés altérée, *Voyez page* 1300, au point
que la plupart des pelottes qui en réfultoient, ne pefoient plus étant fraîches, & fuppofées même faites convenablement, que douze onces & demie, & lorfqu'elles étoient bien féches, onze onces deux gros & demi
(1).

Utilité des Effais de fabrication fur de petites quantités de Charbon de terre,
avant de procéder à de grandes fabrications.

La difficulté, on peut dire, l'impoffibilité de connoître avec la derniere
précifion, quand on n'a point l'ufage de cet apprêt, la qualité du Charbon
de terre dont on voudroit fe faire un chauffage plus économique, la difficulté
par le manque d'habitude de juger à la fimple vue de la proportion de pâte
qui lui convient, avertiffent, comme nous avons eu foin de le remarquer, que
pour plus grande fûreté, il étoit à propos de faire des effais en petit : cette précaution réunit deux avantages; le premier eft que fi on n'eft point parvenu
dès la premiere fois à faire de la bonne befogne, cette petite quantité n'eft point
perdue, & qu'on eft certain de réuffir en recommençant un fecond, même
un troifieme effai, s'il eft néceffaire, jufqu'à ce qu'on ait reconnu par l'expérience au feu, que la quantité & la qualité de la terre ajoutée, font ce qui
convient à la nature du charbon ; on eft fûr de ne point manquer une grande
fourniture.

Le fecond avantage, pour ceux qui voudroient régler leur chauffage, eft
de favoir précifément le nombre de hochets que donnera, relativement aux
moules dans lefquels on les formera, une mefure quelconque, quelque
répétée qu'elle puiffe être.

Lorfqu'une fois l'article des pâtes & de leur proportion eft fixé, une
fabrication bien ordonnée, foignée dans le corroyement des pâtes, furveillée
dans la proportion de ce mélange avec le Charbon de terre, dans le façonnement avec les moules, une telle fabrication eft conftamment réguliere dans
fon produit ; je veux dire qu'elle donne ou doit donner conftamment au
minot, par exemple, ou à la voie, (tant qu'on en fabriqueroit féparément un
minot ou une voie,) le même nombre de pelottes qu'on auroit eu du premier
minot ou de la premiere voie fabriquée (2), de maniere que ces premiers
effais reconnus à l'épreuve dans le chauffage, devoir fervir par la fuite de
modeles à toutes les fabrications, quant à la proportion des pâtes, fixent précifément combien ces fabrications fubféquentes, exécutées féparément avec le

(1) Epreuve faite d'après un de ces moules que
j'ai été à même de me procurer dans l'attelier, lorfque l'entreprife a été abfolument abandonnée : ce
moule ne fe trouvoit avoir que 4 pouces & demie 2 lignes de longueur, & 3 pouces de largeur, fur 1 pouce 5 lignes de profondeur.
(2) Différent feulement, mais également dif-

tinct en inégalité de nombre, dans une fabrication de charbon gras pour les cheminées,
& dans celle du charbon maigre pour les poëles,
qui, à raifon de la différence de proportion
de pâte, donne pour le premier charbon quelques pelottes de moins, & pour le charbon
maigre, quelques pelottes de plus.

même moule , fur une même quantité de charbon , donneront de pelottes :
comme feulement la mife en forme ne peut être d'une parfaite égalité dans
toute une fabrication , il arrive que ce nombre eft quelquefois différent à
trois ou quatres pelottes près , fur un demi-minot , par exemple , tantôt en
plus , tantôt enmoins , ce qui vient toujours en compenfation réciproque.

Cette égalité de produit des pelottes par mefure eft fi conftante, que les
fabrications qui en donneroient plus que moins, pourroient être regardées
comme une preuve certaine d'une opération inférieure de la part du Metteur
en forme ; celles qui en donnent plus, font un renfeignement infaillible à
cet égard. Au moyen d'une fourniture ou d'une provifion de cette efpece par
morceaux ou maffes de volumes femblables, dont un nombre eft capable
d'entretenir pendant douze heures de fuite un bon feu , il eft facile aux
particuliers qui peuvent être dans le cas de le defirer, de régler leur chauffage
pour fix mois, d'évaluer à très-peu-près cette confommation , felon que
chacun veut ou peut fe chauffer à grand feu toute la journée, ou à un feu
bourgeois, ou à un très-petit feu de ménage, ou à un feu encore bien
inférieur.

Aucune occafion n'étoit plus favorable pour avoir des réfultats précis fur
ces différents points, que l'attelier de fabrication ouvert à Paris en 1770, qui
devoit avoir pour but de rendre fervice à l'Etat, & de foulager le pauvre en
lui procurant un chauffage économique & bien conditionné. Si le projet de
cet établiffement, fur lequel la Capitale, le Miniftere & les Pays étrangers
ont eu les yeux ouverts, au lieu d'avoir été dicté (comme toutes les apparences donnent lieu de le préfumer) par des vues perfonnelles & peu honorables, avoit eu pour principes des vues honnêtes, & eût été conduit en
conféquence, il auroit offert dans tous les temps, même malgré un mauvais
fuccès, un tableau auffi utile que curieux, pour les pays où l'ufage de ce feu
n'eft point connu. Le défordre inouï, répandu non-feulement dans la geftion
de l'affaire, mais encore dans toute l'exécution du projet, par celui même
qui s'en étoit chargé, & dont il nous a fuffi de rendre le compte le plus
fuccinct (1), a porté dans cette partie des opérations une telle confufion,
qu'il a été de toute impoffibilité de tabler fur aucun des réfultats de fabrication ; en même-temps qu'ils s'étoient fort éloignés de ce que j'avois toujours
reconnu dans mes effais (2), ils ne fe rapportoient point du tout entre
eux ; le minot (3), d'après la déclaration d'Ouvriers fur lefquels on pouvoit
compter, produifoit de 420 à 440 pelottes, réduites au petit volume
remarqué *pag.* 1332, *note* 2e, ce qui feroit pour le terme moyen la quantité

---

(1) Notes de la page 1297 & fuivantes.
(2) Dès le mois de Novemb. que je m'apperçus
des diminutions faites fur la capacité des moules,
cette fraude étoit déja à un point, que fur un
millier de pelottes, il devoit y en avoir cent

cinquante de moins que ce que le moule auroit
dû en donner.
(3) On doit fe reffouvenir que cette mefure
n'étoit pas exacte.

de 6000 pelottes, au plus foible, par voie ou muid, & pour 430 ou 440, au minot, 6121 pelottes par voie (1).

Le tableau qui va fuivre du produit de pelottes de différentes mefures don-nées de charbon, mêlé à différentes proportions de pâte, & mifes en forme dans des moules d'une dimenfion donnée ; le tableau que je donnerai auffi de la confommation de ce chauffage pendant fix mois, quoiqu'incomplets (2) par les raifons que je viens d'alléguer, donneront une idée de ce que j'avois cherché à reconnoître, & qu'il fera facile, dans les endroits où on voudroit faire ces opérations, de fixer par des expériences réitérativement conftatées ; il ne reftera qu'à remplir le nombre de pelottes dans les parties où il n'a pu être marqué dans le premier tableau, ainfi que les autres articles qui fe trouveront en blanc dans le fecond.

Effais de fabrication en petit, pour s'affurer de la qualité & des proportions de terres à corroyer avec différentes qualités de Houille.

Le moule dont je me fuis fervi comme le plus favorable pour l'avantage du travail & de la confommation, eft celui à la Liégeoife (3).

Les mefures qui y font nommées font le minot, & la voie ou le muid de Paris ; le minot du poids de 184 livres, *Voyez page* 680, *note* 3 ; la voie contenant 15 minots & un de furplus pour droit de Maréchal, faifant 2944 livres de poids total, différent au pied de la mine. *Voyez page* 598. Les proportions de pâtes ont été évaluées par des mefures fixes, afin d'approcher davantage de l'exactitude.

(1) Ces difparités, le manque de conformité entre les déclarations des Ouvriers, & celle du Directeur des travaux qui avoit feul la geftion en main, n'avoient d'autre fource que l'augmen-tation du produit fictif du minot; fraude imagi-née fans doute, pour faire perdre de vue le produit réel & conftant de cette mefure, de laquelle (s'il n'y avoit pas eu d'altération dans les moules) on pouvoit toujours partir raifonna-blement, en comptant par minot ou par voie, qui devoient l'un & l'autre être repréfentés par un nombre donné de pelottes.

Cette fabrication irréguliere & combinée, qui étoit encore défectueufe par une trop forte ad-dition de pâte, laiffoit en conféquence en arriere un furplus multiplié de charbon en nature, qui étoit cenfé être entré dans les fabrications, & qui ne devoit plus entrer dans les comptes du charbon reftant ou à employer : il ne pouvoit que devenir au préjudice du Confommateur, fruf-tré d'un *chauffage économique & bien conditionné*, un profit fecret, dont l'efpece n'a pas befoin de qualification. Cela n'a pas empêché que dès le 1 Février, on ait encore trouvé de manque fur la totalité du charbon à employer, 14 voies, 5 minots; & malgré cette abondance frauduleufe

de pelottes, foit au minot, foit à la voie, un déficit de 87807 pelottes : les Calculateurs trou-veroient aifément la fomme que produifoient ces déficit obfcurs ; les recettes, les dépenfes embrouillées répondoient à toute cette marche, qui ne m'eft connue dans ce détail circonftan-cié, que par l'examen de l'inventaire & autres papiers relatifs, fait par une perfonne entendue.

(2) Le premier, pour les réfultats de fabrica-tion en pelottes ou briques, dont je fixe uni-quement celui d'une fabrication dans laquelle il entre un cinquieme de pâte ; le fecond, pour d'autres réfultats auxquels il fera de même aifé de fuppléer.

(3) J'ai indiqué, *pag.* 1333, fes dimenfions & le poids des pelottes qui en réfultent. 92 livres de Charbon gras de Liege (poids du pays), mi-fes en forme pendant la pluie, à Liege même, avec une lunette de 16 pouces trois lignes, pied de Roi, en pourtour, ayant 6 pouces 2 lignes de longueur, fur 3 pouces 2 lignes de largeur, & 2 pouces une ou deux lignes de hauteur, ont donné 40 hochets & ¼ : un pefoit, au fortir du moule, 3 livres & ¼, & 2 livres ½ lorfqu'il a été fec.

Essai sur trois Minots.

Trois Minots.....	$\frac{2}{3}$ de pâte,	faisant 2 M. ou 8 boisseaux de pâte. Donne	Pelottes.
	$\frac{1}{4}$ de pâte,	faisant $\frac{3}{4}$ de M. ou 3 boisseaux.	P.
	$\frac{1}{12}$ de pâte,	$\frac{1}{4}$ ou 1 boisseau.	P.
	$\frac{1}{3}$ de pâte,	1 minot ou 4 boisseaux.	P.
	Part. égale de pâte,	1 $\frac{1}{2}$ ou 6 boisseaux.	P.
	$\frac{1}{6}$ de pâte,	ou deux boisseaux.	P.
	$\frac{1}{7}$ de pâte,	ou deux boisseaux & $\frac{1}{4}$.	Donne 246 Pelottes; à la Liégeoise.

Essai sur une Voie , autrement dite , Muid de Charbon de terre , faisant seize Minots (1).

Une Voie........	$\frac{2}{3}$ de pâte,	ou 10 Minots de pâte. Donne	Pelottes.
	$\frac{1}{4}$ de pâte,	ou 3 M. $\frac{1}{4}$.	P.
	$\frac{1}{12}$ de pâte,	ou 1 M. $\frac{1}{4}$.	P.
	$\frac{1}{3}$ de pâte,	ou 5 Minots.	P.
	Partie égale de pâte,	7 Minots & $\frac{1}{2}$.	P.
	$\frac{1}{6}$ de pâte,	ou 2 M. & 2 boisseaux.	P.
	$\frac{1}{5}$ de pâte,	3 Minots.	50004 P.

V. Séchoir *ou* Halle a sécher , *& premier Dépôt pour les briques de Houille , après leur dernier relévement dans ce quartier.*

Les Metteurs en forme , en continuant leur besogne sur une grande masse, comme on le voit, *fig.* 3 , *Planche LVI*, N°. 2 , ont besoin qu'on débarrasse leur terrein des pelottes dont ils l'ont couvert autour d'eux. Ce premier relévement nécessaire pour faire place à de nouveaux *hochets* , s'exécute le plutôt possible : je donne à l'endroit destiné à recevoir les pelottes fraîches, le nom de *séchoir* , parce qu'elles achevent d'y prendre à l'air la consistance solide qui les rend propres à être emmagasinées quelque part que ce soit.

Ce qu'il y a à remarquer pour ce quartier, concerne sa situation relativement à la distribution de l'attelier, les dispositions qu'on peut y faire, l'arrangement qu'on y donne aux pelottes pour accélérer leur desséchement, son étendue & son enceinte.

Par rapport à la situation du séchoir dans l'enclos de l'attelier, il doit avoisiner le quartier où les pelottes se mettent en forme , afin que les pelottes transportées encore fraîches , risquent moins de se casser ou de se déformer , n'y ayant pas loin de l'un à l'autre ; & dans cette

---

(1) Au lieu de quinze , à cause du droit de bonne mesure ou droit de Maréchal.

même vue , l'entrée & la sortie de ces deux quartiers doivent être respecti-
vement en face.

L'étendue du séchoir doit être relative à la maniere dont les pelottes sont
placées dans ce quartier, lorsqu'on les y apporte pour se sécher complettement ; on pourroit élever sur le sol des séparations étagées à claire voie
comme dans les briqueteries : cette construction exigeroit une toiture , &
seroit commode pour faire sécher une grande quantité de briques à la fois.

En ne choisissant pour cette fabrication que les saisons les plus favorables, il
seroit possible, à mesure qu'on apporteroit sur des planches ou autrement
les briques qui se relevent du quartier des Metteurs en forme, il seroit
possible de les placer tout simplement à terre ; il faudroit alors les arranger de
maniere qu'elles ne se touchassent point, & que l'air les frappât de tout côté,
& qu'en même-temps le releveur eût l'aisance convenable pour se transporter
par-tout, pour tâter & retourner les pelottes ; le moment de les retourner se
reconnoît lorsqu'en les tâtant les doigts ne s'impriment point dessus ; on
voit qu'alors le séchoir doit avoir plus d'étendue que si on les rangeoit sur
des étages à claire-voie , & qu'on doit être pourvu de paillassons pour couvrir les pelottes s'il venoit à pleuvoir.

Dans l'une & dans l'autre maniere de sécher les pelottes, le sol de ce
quartier doit être soigneusement battu à ciment, afin de pouvoir balayer de
temps en temps, & tirer parti de ce qui se détache des pelottes en séchant :
dans une grande fabrication, ces débris forment un objet qui n'est point à
négliger.

La plupart des mains-d'œuvre qui constituent la fabrication du Charbon
de terre apprêté, cette derniere sur-tout, laisse appercevoir suffisamment que
toutes les saisons de l'année ne lui sont pas propres ; les temps de froid & de
gelée sont absolument contraires à ce travail ; le froid excessif, en arrêtant l'évaporation de l'humidité , & en durcissant trop promptement les pelottes , ne
feroit qu'y retenir l'eau sans qu'elles soient réellement séches ; & si elles viennent à être saisies par le froid, lorsqu'elles sont encore fraîchement faites,
ou qu'elles ne sont pas entiérement séches ; elles se défont sur le champ lorsqu'on vient à les mettre au feu : l'eau qui y avoit été fixée & glacée, éteint les
pelottes qui ne peuvent s'embraser ; cette fabrication ne peut donc avoir lieu
que dans les temps où il ne gele point : dans le mois de Mars, il y a quelquefois de beaux jours où le soleil accompagné d'un petit vent de bise est
assez favorable.

Pour obvier aux inconvénients du froid & de la gelée, si on étoit obligé,
d'en travailler alors, il seroit possible de fabriquer dans des caves ou dans tout
endroit où l'on pourroit tenir jour & nuit un feu de Houille ; mais cela n'est
point pratiquable en grand, & ne peut avoir lieu que pour une consommation
particuliere.

Le trop grand hâle & la trop grande chaleur, ne font pas non plus autant favorables qu'on pourroit d'abord l'imaginer ; les briques, en fe deffléchant trop promptement, peuvent fe déjetter & fe crevaffer, ce qui les empêcheroit de prendre beaucoup de dureté : il feroit aifé de rallentir l'évaporation de l'humidité, en faupoudrant les pelottes de fciure de bois, & encore mieux d'argille-fable.

Lorfque le temps eft chaud & fec, douze ou quinze heures fuffifent pour effuyer les pelottes, au point de pouvoir les tranfporter dans l'endroit où on veut les emmagafiner, où elles achevent de fe fécher en les y arrangeant convenablement (1).

L'efpace de temps qu'il faut le plus ordinairement, hors des chaleurs, eft de trois jours ; dans les temps humides & pluvieux, il en faut davantage (2).

Si l'on pouvoit pour le travail choifir un temps bien favorable, on n'auroit, pour ainfi dire, pas befoin de féchoir ; ce quartier alors feroit employé à fervir de magafin de pelottes.

Quand elles ont acquis affez de confiftance pour pouvoir être maniées fans fe déformer, on les portera au *dépôt* où elles acheveront de fe fécher complettement ; mais il ne faut point les y porter qu'elles ne foient bien féches, fans quoi la charge de l'empilement en écraferoit & en gâteroit beaucoup.

On réferve pour ce dépôt toute la partie du mur qui fait l'enceinte extérieure du féchoir, & qui doit être plus élevée que dans toutes les autres parties de l'enclos ; cette muraille ainfi exhauffée, fert d'appui aux pelottes entiérement féches, ou peu s'en faut, qu'on mettra en piles les unes fur les autres, comme on le voit, *Planche LVI*, N°. 2, *fig.* 3, & encore mieux en difpofant ces pelottes de maniere que dans toutes les rangées elles ne fe touchent que par les extrémités, & donnent accès à l'air par-tout : cette élévation de la muraille, aura encore l'avantage d'ôter aux Ouvriers la facilité de diftraire des pelottes, foit pour leur ufage, foit pour les vendre, en les jettant hors de l'attelier par-deffus le mur.

Parc des Uftenfiles de fabrication.

Comme il eft néceffaire d'avoir toujours des uftenfiles en réferve, afin de fuppléer à ceux qui fe trouveroient d'un inftant à l'autre hors d'état de fervir, on a réfervé fur le plan un endroit deftiné à cet objet, & à ferrer tous les uftenfiles de l'attelier pendant le chaumage des travaux ; cet endroit en conféquence doit être fermé par-tout & couvert.

Enfin, à droite & à gauche de la porte de l'attelier, on doit ménager une

---

(1) Il ne faut pas davantage, lorfqu'il fait beau & foleil, pour reffuyer les briques à bâtir.
(2) M. Venel eftime que dans le bas Lan- guedoc, huit jours de foleil & de vent du Nord, même en hiver, fuffifent.

chambre pour deux Commis, l'un chargé d'inscrire le nombre de voitures de charbon arrivant du batteau à l'attelier, l'autre chargé de tenir regiſtres des livraiſons aux acheteurs & des voitures qui portent aux entrepôts de l'attelier.

Tranſport des Briques de HOUILLE par charrois.

LES voitures de tranſport, quelles qu'elles ſoient, même celles appliquées à cet uſage pour l'attelier, *fig.* 15, *Planche LVII*, N°. 1, (1) doivent être garnies intérieurement d'un paillaſſon ou d'une forte toile, pour retenir le pouſſier que les mouvements de la voiture détachent des pelottes, & qui peut très-bien entrer dans les feux de ménage ; une charette à ridelle portoit de l'attelier à l'entrepôt de Paris trois mille pelottes, évaluées à environ trois mille peſant.

Entrepôts & ſous - Entrepôts de vente.

LA vente & le débit de ce chauffage, bien conditionné, & à un prix raiſonnable qui le rende économique, n'auroit pas lieu dans une ville pendant un hiver, qu'il ſe préſenteroit des perſonnes pour en tenir des entrepôts dans les différents quartiers (2). Il eſt à propos en conſéquence de faire connoître la maniere dont doivent être diſpoſés les lieux que l'on voudroit deſtiner à cet uſage. Tout endroit couvert eſt propre à garder ce chauffage ; les caves ſeules doivent en être exceptées ; les rez-de-chauſſée ſans contredit, ſont les endroits où ce chauffage peut s'emmagaſiner le plus commodément ; dans les grandes maiſons, comme Communautés & Hôpitaux, il ſuffiroit de conſtruire un hangard dans lequel on diſpoſeroit des planches par étages, ſur leſquelles on rangeroit les pelottes ; dans les entrepôts en chambre par bas, il ſuffiroit que le ſol fût couvert de planches qui n'y fuſſent pas à demeure, & aſſez exhauſſées au-deſſus du terrein, pour d'une part défendre de l'humidité les pelottes qui porteroient immédiatement ſur ce plancher, & d'une autre part laiſſer un vuide qui auroit d'abord été balayé avec ſoin, dans lequel s'ammaſſeroit le pouſſier détaché par les remuages : ce pouſſier, ramaſſé chaque fois qu'on renouvelleroit l'entrepôt ou cette ſerre, n'étant mêlé avec aucune ordure, paſſeroit pour le compte du chauffage de l'Entrepreneur, avec les pelottes qui ſe trouveroient caſſées ou ſéparées de maniere à ne pouvoir être de débit & reçues par les acheteurs.

---

(1) L'eſpace de terrein qui eſt entre le clos des pâtes & le Charbonnier, peut ſervir d'écurie ; celui qui eſt entre la partie des uſtenſiles & le ſéchoir, peut être employé à remiſer les voitures.

(2) En connoiſſant les hommes, il n'y a point de doute que dans les endroits où le Charbon de terre eſt à bon marché, un ſeul Manufacturier ou une ſeule Communauté, qui ſe décideroit à ne fabriquer de ce chauffage que pour leur uſage, s'appercevroient bientôt de l'envie qui naîtroit dans leurs environs, de tirer avantage de la même reſſource ; en uſant de quelque réſerve pour ſe prêter à en faire part, tout le monde voudroit en avoir, & ils feroient en peu de temps dans le cas d'en faire en gros & en détail un négoce conſidérable.

Économie sur le chauffage dans le pouffier & dans les cendres des pelottes.

Dans les atteliers de fabrication & dans les entrepôts ou fous-entrepôts de vente, où cette marchandife est remuée fans ceffe pour le débit, le bénéfice du pouffier qui s'en détache, balayé & ramaffé lorfque le magafin tire à fa fin, forme un profit qui n'est point médiocre.

Au fecond magafin formé à Paris pour l'hiver de 1772, de ce qui fut tranfporté du magafin de l'hiver de 1771, il fe trouva fur cent mille pelottes deux tombereaux de pouffier ; fi les briques ou hochets, dont il étoit les débris, euffent été fabriqués convenablement, on eût pu remettre ce pouffier en forme pour en faire un chauffage propre aux poëles.

Le pouffier réfultant de vingt-fept mille pelottes, telles qu'elles fe débitoient, mouillé & remis en forme fans aucune addition, ni de pâte, ni de charbon, donna fept cents pelottes faites dans le moule de grand volume à la Liégeoife, ce qui feroit alors quatorze cens pelottes, felon la qualité de la pâte ; partant fur un millier de pelottes, on retrouveroit un bénéfice de cinquante pelottes (1).

Pour faciliter dans la Province une fabrication de l'efpece fur laquelle nous nous fommes étendus autant qu'il nous a paru néceffaire, nous allons donner un Tableau raccourci dont les articles feront aifés à remplir, & nous

(1) Comme dans tout ceci nous envifageons toutes les utilités que peut réunir ce chauffage, particuliérement en faveur du citoyen malaifé que la néceffité force de fe rendre attentif fur toutes les petites économies, on doit remarquer qu'au profit à retirer des menus débris des pelottes emmagafinées, & qui regarde uniquement, foit ceux qui feroient commerce de ces pelottes, foit ceux qui en feroient de grandes provifions, on doit ajouter le profit à retirer des cendres de ce chauffage.

Ce réfidu, pour n'être d'aucun ufage dans les leffives, n'en est pas moins de défaite ; il est aifé de fe rappeller fa propriété pour les terres où l'on cultive des légumes & pour l'engrais des prairies. M. de la Tourette, Correfpondant de l'Académie, dit que ces cendres font finguliérement propres à détruire la mouffe des prés, lorfque fur-tout avant de répandre ces cendres, on a eu la précaution de fcier la prairie avec la charrue deftinée à cet ufage ; il feroit très-facile aux débitants de ce chauffage, foit aux entrepôts, fous-entrepôts & ailleurs, de s'accommoder de ces cendres avec les particuliers qui les leur rapporteroient, & de les vendre aux Maraîchers, aux Jardiniers & à ceux qui ont des prairies.

L'Auteur d'une Brochure publiée en 1775, fous le titre : *Examen de la Houille confidérée comme engrais des terres*, 40 pages in-12, eft tombé dans la méprife de nom contre laquelle nous avons effayé de prémunir nos Lecteurs ; la Houille, qui fait la matiere de ce travail, n'est autre chofe que ce que j'ai appelé *terre-Tourbe*, & qui

fe trouve dans prefque toute la Picardie. *Voyez page 596.* Quoique l'Auteur ait eu foin d'obferver que ces *terres-Houilles* ne font pas un vrai Charbon de terre, il les confond cependant par-tout dans fon Ouvrage avec le Charbon de terre de Severac, qu'il met mal-à-propos dans la claffe des faux Charbons de terre, *page 9*, ou des efpeces de fchiftes de Charbon de terre, *page 4*, parce que vraifemblablement il n'en a point vu ; aucun des inconvéniens qu'il attribue aux cendres de ces *terres-Houilles* ou *terres-Tourbes* pour l'engrais des terres, ne fe rapporte en aucune façon aux cendres de Charbon de terre, qu'il prétend, fans l'avoir prouvé, être en général de nature fulphureufe, bitumineufe, vitriolique, ferrugineufe, cuivreufe, arfénicale, principe qui ne fe trouve, ni dans les terres-Tourbes, ni dans les Houilles proprement dites.

Autant qu'il a été poffible d'évaluer ce produit particulier du chauffage de Charbon de terre apprêté, j'ai cru pouvoir avancer, que cent pelottes qui n'ont point fouffert de déchet par aucun remuage, ni tranfport, donnent un boiffeau & un quart de cendres ; fi l'on fuivoit qu'un demi-minot de charbon fabriqué, donnant cent foixante-cinq pelottes, produira au particulier deux boiffeaux de cendres : fi enfuite on veut évaluer la voie de cendres fur le même pied que celle de charbon, c'est-à-dire, à quinze ou feize minots, il devient aifé (en fuppofant la voie de ces cendres vendue 8 livres) d'évaluer le taux réel auquel le chauffage reviendra au Confommateur occupé d'économie.

le ferons fuivre du Tableau que nous avons promis fur la confommation de ce chauffage.

ETAT des objets fur lefquels tombent les frais d'une fabrication de trente voies,
exécutée dans la Province.

TRENTE voies à . . . . la voie. . . . . .

Pâte . . . à . . . la voie. . . . . . .

Marcheux pour les pâtes , & pour les corroyer
avec le charbon. . . . .

Metteurs en moule. . . . .

Location du magafin. . . . .

Commis. . . .   .

                    TOTAL. . . . . .

Les trente voies produiront   mille pelottes.

A deux fols la douzaine , feroit . . . . .

Prix du charbon & frais. . . . .

Bénéfice réel par trente voies. . . . . :

TABLEAU de Confommation du Chauffage , avec le Charbon de terre apprêté pour différents feux ;
de la quantité de Pelottes de Charbon & de leur valeur , par jour & pour fix mois de l'année.

SÇAVOIR:

Qualités des Feux.	Matin. Pelottes	Midi. Pelottes	Soir. Pelottes	Par jour.		Pour 6 mois.		En argent par jour.		En argent pour 6 mois.		PRIX DES PELOTTES.			
				En Pelottes	En Charbon	En Pelottes	En Charbon Minots.	Pelottes	Charbon	Pelottes.	Charbon.	La douzaine	Le demi-cent.	Le cent.	Le mille.
1r. Feu	12	. . . . . .	12	24											
2e. Feu	15	. . . . . .	15	30											
3e. Feu Bourgeois.	15	15	15	45											
4e. Feu	20	20	20	60											
5e. grand Feu . .	33	34	33	100											

AVIS AU RELIEUR.

Le Cahier de 44 *pages , intitulé :* Mémoires fur les Feux de Houille, &c.
doit être placé immédiatement après cette page 1356.

MEMOIRES

SUR LES

FEUX DE HOUILLE,

OU CHARBON DE TERRE.

DES avantages des Feux de Houille pour le chauffage, & pour les besoins domestiques.

TELLES font les différentes manieres de fe procurer avec le charbon de terre, foit dans les cheminées, foit dans les poëles, un chauffage économique.

Sa fupériorité fur le feu de bois, tant pour la commodité que pour d'autres circonftances, eft établie fur des preuves difficiles à contefter : en effet, allumer promptement du feu qui n'a pas befoin de l'aide du foufflet ; le voir toujours fe foutenir fans ce fecours dans l'état qu'on veut, fans être obligé de l'arranger continuellement ni de pourvoir à fon entretien ; échauffer facilement une chambre ; être plus qu'avec le bois à l'abri d'une fumée auffi incommode pour la poitrine que pour les yeux, la houille fatisfait pleinement à tous ces moyens. Tels font les avantages du charbon de terre *apprêté ;* il n'eft perfonne qui ne fache que ces avantages fe trouvent rarement réunis dans le chauffage avec du bois, & que, quelque peu de bois qu'on prenne dans les chantiers, les meilleurs portent fouvent, en brûlant, de très-grandes incommodités, ce qui a donné occafion à des traités particuliers, tant fur la conftruction que fur la difpofition des cheminées.

I. Ces pelotes embrafées ne quittent jamais le grillage dans lequel elles font contenues ; elles ne renvoient jamais, comme le bois, des éclats enflammés. Ces circonftances ne font point indifférentes pour les perfonnes qui habitent des appartemens parquetés, pour peu que l'on fe rappelle les incendies furvenus par le défaut d'attention à écarter les meubles des cheminées, où 'on fait des feux de bois.

A

II. On ne peut douter non plus que ceux-ci ne foient plus convenables pour les logemens abrités du foleil, ou pour les falles baffes, dont l'humidité mal-faine, particuliérement pour les tempéramens fluxionnaires, ne peut jamais être corrigée par le feu de bois qui, quelque grand qu'on veuille le faire, eft difficilement égal & uniforme dans fon activité comme l'eft celui-ci, dont la chaleur étant plus vive, s'entretient bien plus long-tems la même.

III. L'effet ordinaire à toute efpece de feu (la fumée) ne fe trouve pas à beaucoup près le même dans ce chauffage, que celle du bois: il mérite même par-là la préférence pour les appartemens, dont les cheminées renvoient la fumée; cet inconvénient, fupérieur à l'intelligence très-bornée à la vérité de tous les Fumiftes, puifqu'elle échappe fouvent aux renfeignemens de la bonne phyfique, ne laiffe dans certaines maifons d'autre alternative, ou que d'é-teindre le feu & d'être alors faifi par le froid de l'appartement, ou, fi l'on veut ne pas être fatigués de rougeurs, de maux d'yeux cuifans, de fouffrir le vent d'une porte, d'une fenêtre, d'un *Waff-ift-dafs*. Le feu de houille reftreint, on ne peut davantage, l'importunité de la fumée, foit qu'elle dépende de la place que la cheminée occupe dans la chambre, de la difpofition du foyer, de la tournure de l'appartement, foit qu'elle ne tienne qu'à des caufes paffa-geres, relatives au tems, au vent, à l'air, au foleil donnant pour quelques quarts d'heures fur la cheminée, & à d'autres femblables, auxquelles il n'y a point de remede.

La fumée du feu de houille, quelque confidérable qu'on la veuille fuppofer, on ne doit cependant pas s'en former une idée fâcheufe, d'après ce qu'on voit chez les ferruriers qui en ufent pour leurs ouvrages. Cette fumée ne dure que pendant que les pelotes s'allument. Lorfqu'une fois toute l'humidité qui s'y étoit confervée eft diffipée, ou que la flamme a gagné toute la pyramide & enveloppé ou détruit l'exhalaifon *de bitume* (or ce tems eft fort court), il ne refte plus qu'un grand brafier bien allumé, fans aucune vapeur fenfible à l'œil: auffi les linges renfermés dans des armoires, les dentelles, les coëffures, les autres ajuftemens, fe confervent dans leur blancheur, dans leur netteté; on ne les trouve point (quoi qu'on en puiffe dire) rouffies, comme on le voit ordinairement dans nos pays. J'en parle d'après l'expérience conftante des Liégeoifes, qui font au moins auffi curieufes que nos Françoifes de conferver la blancheur à leur linge & à leurs ajuftemens.

IV. L'odeur ou la vapeur qui s'échappe de ces pelotes foumifes à l'action du feu, fuivent la même marche que la fumée; déja bien moindre que celle qu'on connoit dans les atteliers des ferruriers, ou autres, elle fe diffipe lorf-que le feu eft embrafé. Elle eft fouvent fi foible, que j'ai vu ici des perfonnes qui ne la trouvoient pas, & qui ne pouvoient décider de la matiere dont ils voyoient réfulter un beau & bon feu (1).

(1) M. le duc de la Vrilliere ayant defiré juger par lui-même de l'effet de ce chauffage, il en a été dreffé dans une piece de fon hôtel un très-grand feu. M. le comte de Maurepas, M. le préfident de Fleury, & une affemblée nombreufe qui fe trou-voit à l'audience, en ont marqué une fatisfaction unanime.

Il est d'ailleurs très-facile, pour ceux qui y répugneroient, de ne pas en ressentir la moindre impression. Il n'y a qu'à régler son chauffage, c'est-à-dire la quantité de pelotes, ou sur le degré de froid, ou sur la grandeur de la piece qu'on veut échauffer, ou ne pas trop s'approcher du feu, & communément on en est dispensé. On pourroit encore n'employer dans la piece où l'on se tient, que les pelotes restées la veille du feu de sa cuisine, ou de tel autre appartement. Il y auroit un autre moyen fort simple, qui seroit de faire allumer le feu, comme il se pratique pour le chauffage avec le bois, avant de passer dans l'appartement.

Les poëles, d'ailleurs, fournissent un remede à ces craintes, aussi peu fondées que toutes les autres, qui dans un moment seront amplement examinées.

Une circonstance singulierement digne d'attention dans ce chauffage, dont il seroit difficile de détailler les nombreuses ressources pour les personnes réduites à la triste œconomie, qui se borne à satisfaire au besoin forcé, c'est que les cendres du feu peuvent long-tems profiter au même usage. Cette poussiere s'est engraissée d'une portion de la matiere *résineuse* qui s'est consommée, de maniere qu'elle retient toujours l'aliment du feu, & qu'elle peut, ou dans ce même état de cendres, répandues légérement sur la pile de pelotes, ou avec un nouvel apprêt, entrer dans la composition d'un nouveau feu.

Cette propriété, qui n'est pas difficile à concevoir, en exemptant à volonté de mettre dans son feu un même nombre de nouvelles pelotes, diminue encore la dépense, puisqu'on est maître de tirer parti à l'infini de ces cendres, & que l'on peut y trouver sans cesse un feu qui n'a point de fin.

Outre la maniere dont on peut employer ces cendres tout simplement, il y en a d'autres, comme d'en détremper plus ou moins avec de l'eau dans une terrine ou autrement. Cette lotion versée sur d'autres hochets embrasés, y forme une croûte, & augmente considérablement la chaleur du feu.

Il est même encore possible, pour une plus grande œconomie, d'en former de nouvelles pelotes, comme nous l'avons décrit à sa place.

VI. Pour les cuisines, le feu de houille est incomparablement supérieur à celui du bois; l'avantage qu'il a de donner une chaleur plus grande & plus pénétrante, doit le faire présumer. Il peut y avoir dans cette application du feu de houille aux besoins de la cuisine, quelques attentions particulieres sur la distance qu'il convient d'observer pour approcher les viandes que l'on veut faire rôtir; il paroîtroit assez raisonnable de penser qu'en n'observant point sur cela une certaine regle, qui s'acquiert facilement par l'usage, les émanations *bitumineuses*, en s'introduisant dans les viandes, peuvent les ramollir, & pourroient même leur faire contracter un goût étranger. Ce qu'il y a de certain, c'est que l'idée est assez générale dans Liege, que le feu de houille est plus propre à rôtir les viandes, & qu'elles acquierent plus de goût; je l'ai constaté sur les viandes que l'on fait cuire sur un gril. Eh! n'est-on pas obligé d'avoir les mêmes attentions pour rôtir au feu de bois, ou griller à celui de charbon ? Si le cuifinier n'obferve pas une diftance raifonnable, outre que les viandes font *havies* ou brûlées, elles contractent l'odeur de la fumée, ou cette odeur difgracieufe qui émane des charbons. Il n'y a donc ici rien d'extraordinaire, rien de nouveau.

L'auteur de *la minéralogie* imprimée en 1762 affirme le contraire ; il l'affirme comme fçu de tout le monde, comme étant ce qui s'y reconnoit le plus ordinairement. L'*Obfervateur François* à Londres (1), pour lequel le Public eft prévenu favorablement, ne paroît pas du même avis que M. Valmont de Bomare.

Je me garderai bien de ftatuer fur une fenfation auffi diverfifiée que fon organe même, dont les anatomiftes n'ont encore pu convenir, auffi fubordonnée aux mets qui lui font foumis, & à l'imagination qui en juge : un article de cette efpece, fur lequel il eft décidé qu'on ne peut jamais difputer, ne pourroit donner matiere qu'à une difcuffion rifible. Je m'en tiendrai à obferver que j'ai été témoin de la furprife de plus d'un François, en ne trouvant pas ce goût déplaifant auquel ils s'attendoient, & même de la difficulté qu'ils ont eue à fe perfuader que leur repas, qu'ils avoient trouvé fort à leur goût, avoit été préparé au feu de houille. Cela fuppofe au moins que fi les viandes rôties contractent à ce feu quelque chofe de défagréable, l'imagination ou la préoccupation contribuent beaucoup à faire trouver cette faveur bien légere & bien imperceptible ; qu'il n'eft pas, en conféquence, poffible d'avancer ce fait comme chofe bien certaine.

VII. L'égalité du feu de houille, mentionnée n°. 11, préfente tout d'un coup à l'idée un grand avantage pour les journaliers, ou pour les particuliers peu aifés, fans domeftiques, ou qui n'en ont qu'un. Ce feu n'eft point fujet à varier ni à fe déranger, comme on l'a vu n°. 11 ; il difpenfe les premiers de veiller à la conduite du feu pendant que leurs nourritures fe cuifent : pour les feconds, leurs domeftiques ne font point détournés des autres occupations du ménage. Les perfonnes logées en chambre garnie, & qui veulent ne point confier la clef de leurs appartemens. Les hommes de cabinet, ne feront pas des derniers à fe décider en faveur de cette nouvelle maniere de fe chauffer.

Si donc on envifage fimplement le charbon de terre appliqué à ces ufages fur lefquels roulent les befoins de la vie les plus répétés, il eft clair qu'il l'emporte fur le bois : on fera fans doute furpris, lorfqu'on connoîtra fes effets particuliers fur l'air. Comme cette propriété eft tout-à-fait oppofée aux idées reçues, je ne traiterai pas ici cette raifon de préférence ; elle deviendra plus frappante & fe préfentera d'elle-même à l'efprit, lorfqu'en examinant les reproches que l'on fait à l'ufage du charbon de terre, relativement à la fanté, je montrerai que le feu réfultant de ce foffile, loin d'y être contraire, lui eft favorable.

_____

(1) Ou lettres fur l'état préfent de l'Angleterre, relativement à fes forces, à fon commerce & à fes | mœurs, 3e part. 2e volume, lettre 75e, p. 336.

Des phénomenes particuliers au Feu de Houille.

L'emploi très-étendu que l'on fait du charbon de terre pour exécuter quantité d'ouvrages, ainſi que l'application que les habitans des pays où il s'en trouve ſavent en faire en chauffage, aux cuiſines & à tous les autres beſoins du ménage, ne devroient pas laiſſer matiere à aucune ſorte de crainte ſur ce foſſile allumé chez les particuliers.

Il eſt vrai, & je l'ai remarqué (1), qu'il y a des charbons de terre préjudiciables; mais ces charbons exclus (& leur petit nombre eſt facile à reconnoître) n'empêchent pas que tous les autres venant du même pays, ne ſoient d'un grand profit & d'une reſſource dont on eſt bien loin de ſe plaindre. Comment donc le feu de houille, que l'on ſait être recherché conſtamment dans quantité de pays, eſt-il généralement méſeſtimé, on pourroit dire décrié dans quelques autres? Ce ſeroit ignorer la force des préjugés que de lutter contre ceux que les habitans de Paris, ſur-tout, témoignent ſur cet objet, & qu'ils croient d'autant mieux raiſonnés, qu'ils trouvent leurs préventions établies entr'autres dans des écrits publics, en poſſeſſion bien ou mal fondée de fixer les doutes & les incertitudes ſur les choſes qu'ils annoncent. Les voyageurs inſtruits, qui ont parcouru les pays où ce feu eſt employé, convaincus de ſes avantages, n'en ſont pas moins ſurpris que des ouvrages qui devroient être le dépôt où le génie du ſiecle conſigne ſes progrès, ſe ſoient bornés ſur l'article du charbon de terre, à tranſmettre ſans aucune reſtriction, ſans aucune réflexion l'opinion vulgaire de leur nation, démentie par l'expérience dans un grand nombre de pays, & qui par conſéquent méritoit bien d'être diſcutée par les auteurs d'un vaſte dictionnaire.

Mon objet n'eſt point d'eſſayer de faire revenir le public François de l'opinion déſavantageuſe où il eſt ſur l'emploi du charbon de terre pour le chauffage. Il en reviendra lui-même. J'ai penſé ſeulement que ce ſeroit donner un nouveau degré de force à ces préjugés, ſi je les laiſſois ſubſiſter dans des ouvrages qui ſont aujourd'hui plus que jamais en faveur, qui ſont preſque devenus, ſelon l'expreſſion de Bayle, *une voie auſſi abrégée que commode de devenir ſavans à peu de frais;* enſorte qu'à ce titre ils tiennent, pour bien du monde, lieu de bibliotheque.

Celui de ces ouvrages qui par ſon titre doit tenir le premier rang, eſt néanmoins celui qui, ſur l'article du charbon, ſe trouve le plus défectueux. L'auteur du dictionnaire univerſel du commerce (2), en décrivant ſommairement les qualités & les circonſtances apparentes de ce foſſile, n'étoit pas tenu à l'exactitude que l'on ſeroit en droit d'exiger d'un naturaliſte. Peut-être attribueroit-on à mauvaiſe humeur, ſi je reprenois l'auteur ſur ſa définition

(1) V. ſect. 8ᵉ art. 2 de la premiere partie.
(2) Cet ouvrage extrêmement utile, dont l'entrepriſe même, moins bien exécutée, ſeroit très-louable, contient une infinité d'articles excellens; mais il y en a d'autres où l'exactitude ne regne pas toujours; l'auteur hors d'état d'approfondir par lui-

B

hasardée, d'autant qu'au défaut d'une bonne définition, qu'on n'ira pas chercher dans cet ouvrage, le reste de son objet n'en est pas moins rempli de façon à le faire toujours regarder comme un très-excellent livre. Il est cependant nécessaire, pour ce qui va suivre, de faire observer sans autre discussion que le moindre forgeron, serrurier, taillandier, chauderonnier, ou autre artisan de ce genre, habitués à manier ce fossile avec toute l'inattention qui leur est permise, qu'un enfant même, né dans les endroits qui en produisent, seroit en état de la contredire (1). Il en est de même de la différence qu'il y établit entre le charbon de terre & le charbon de pierre (2). On en peut juger par ce qui a été dit, sect. 9, art. 1 de la première partie. Il est de fait que dans le public on confond presque toujours le charbon de terre avec la *tourbe*, nommée par plusieurs auteurs latins *terra carbonaria*. L'auteur ne seroit-il pas tombé lui-même dans cette méprise? Les fausses idées qu'il donne du charbon de terre, autorisent au moins à penser que cette tentative, rapportée à l'année 1714 pour suppléer à la rareté du bois (3), a été faite avec de la *tourbe*, & non pas avec du charbon minéral. Supposé au surplus que ce que l'on voulut introduire alors, pour le chauffage de Paris, fût véritablement du charbon, dont la description très-fautive présente l'idée d'une autre substance, il est probable qu'on avoit fait un mauvais choix de *houille*; que celle qui fut mise en vente étoit quelqu'une de ces especes de qualité réellement incommode, & connues telles dans les endroits d'où elles viennent, & dont je parlerai dans la seconde partie.

Les mêmes défauts d'exactitude, sur la connoissance de cette substance minérale, se trouvent dans un autre ouvrage, jouissant des honneurs de plusieurs éditions, & de nos jours, des honneurs d'un supplément (4). Le rédacteur veut que l'on distingue le charbon de terre du charbon de pierre (5). L'un & l'autre y sont mal définis (6). Il a embrassé l'opinion commune de nos pays sur les effets prétendus du charbon de terre, *de salir le linge en le rendant noir, de donner lieu à des maladies poitrinaires, & d'exhaler une vapeur maligne, dont l'odeur est insupportable à ceux qui n'y sont pas accoutumés.*

Le troisieme ouvrage (7), fidele imitateur de ces volumes grossis par le recueil indigeste de tout ce qui se trouve épars dans ceux qui les ont précédés, a séchement divulgué les mêmes imputations rebattues dans les uns ou

---

même le grand nombre de matieres différentes que son objet embrassoit, s'est quelquefois adressé, pour avoir des mémoires, à des gens qui ne possédoient pas le sujet qu'ils ont traité, qui même n'en avoient que des idées confuses. Essai sur l'état du commerce d'Angleterre, 2 vol in-12, tom. 1.

(1) Le charbon de pierre est une espece de pierre-ponce noirâtre, mais plus compacte, moins spongieuse, & beaucoup plus dure & plus pesante que la véritable pierre-ponce. Définition de l'auteur que nous critiquons.

(2) Le charbon de terre & le charbon de pierre, n'ont absolument rien de commun, que leur qualité inflammable. *Idem.*

(3) Le bois étant devenu très-rare & très-cher à Paris, on y amena quelques batteaux de charbon de pierre; mais la *malignité* de ses vapeurs, & son

odeur de soufre en dégoûterent bientôt. Il se vendoit en gros au quintal, & se débitoit à la livre. *Id.*

(4) Dictionnaire économique, contenant divers moyens d'augmenter ses biens & de conserver sa santé, &c. par Noel Chomel, curé de Saint-Vincent de Lyon, 4e édition, 1740.

(5) Quelques-uns le (charbon de terre) confondent mal à propos avec le charbon de pierre.

(6) Le charbon de terre est une espece de terre noire & *sulphureuse*. . . . . Le charbon de pierre est une pierre minérale, seche & *sulphureuse*. . . . On le débite ordinairement en gros morceaux, à peu près comme les tourbes de Hollande; mais d'une figure moins réguliere.

(7) Dictionnaire d'agriculture & de jardinage, de fauconnerie, chasse, pêche, cuisine & manege, in-4°, 1752, au mot Charbon de terre.

dans les autres, ou répétées par tous ceux qui les y ont puiſées. Ces inconvéniens, déſagréables & fâcheux, ſont encore à être expoſés de façon à guider au moins l'idée juſte & préciſe qu'on doit s'en former, & à préſerver l'imagination d'un lecteur de la diſpoſition à ſe groſſir des objets mal préſentés.

Le dictionnaire moderne d'hiſtoire naturelle eſt auſſi, ſur cet article (1), marqué au même coin de tous ces commentaires alphabétiques. Il paroît avoir reſpecté la crédulité vulgaire touchant le danger de la vapeur du charbon de terre employé au chauffage. La maniere dont le public s'eſt prévenu favorablement pour cet ouvrage, ne peut être pour nous une raiſon de trouver l'auteur excuſable de ne s'être point diſtingué de ces compilateurs ordinaires; d'avoir laiſſé entrevoir des doutes & des inquiétudes (2), ſur leſquelles il y a ceci de remarquable dans l'énoncé, qu'elles ſemblent ne pouvoir ſe concilier avec les réflexions des ſavans qu'il cite lui-même (3); d'avoir enfin livré ſes lecteurs aux ténebres d'une indéciſion qui ne doit pas avoir lieu ſur le danger de ce chauffage. Ceux ſur-tout qui ont connoiſſance de l'eſſai de minéralogie, publié en 1762 par le même auteur (4), où il avance que *la houille cauſe à quelques perſonnes, notamment aux Anglois, des maladies de poitrine ou de conſomption*, ne ſavent ſi ce danger n'eſt que pour les Anglois, s'il n'appartient qu'à la houille en général, ou s'il appartient accidentellement au charbon de terre d'Angleterre. *Quantité d'articles du dictionnaire demanderoient de même à être éclaircis*. Un de nos naturaliſtes, célebre par l'étendue de ſes recherches, ayant pris ſoin d'en avertir, *on a tout lieu de compter ſur ces éclairciſſemens à chaque nouvelle édition* (5).

Cette courte analyſe d'ouvrages qui n'aſpirent qu'à favoriſer le goût du ſiecle, dans ſa prétention à l'univerſalité de connoiſſances, doit être plus que ſuffiſante pour mettre dans un jour ſenſible les défauts qui y ſont répandus ſur notre objet. Mais en nous bornant à ces écrits, ne ſeroit-ce pas faire injure aux lecteurs attentifs, en préſumant mal à propos de leur *incurioſité*, ou en leur prêtant cet eſprit de contradiction qui ne fait ſonger qu'aux raiſons à oppoſer, & qui rejette celles qui peuvent perſuader? Ne nous eſt-il pas permis de ſuppoſer que l'on attend de nous que nous détruiſions en détail des préjugés que nous n'avons fait qu'expoſer? L'obligation où nous nous ſommes trouvés de relever ou d'indiquer ſommairement les articles défectueux des ouvrages dont nous nous ſommes d'abord occupés, entraine décidément la néceſſité de les réformer dans tous les points ſur leſquels portent les préjugés qu'ils ont entretenus, qu'ils ont multipliés, tant ſur la vapeur ou

(1) Dictionnaire raiſonné univerſel d'hiſtoire naturelle, contenant l'hiſtoire des animaux, des végétaux & des minéraux, édition de 1768, in-4°, au mot Charbon minéral, Charbon de terre, Houille.

(2) La grande quantité de vapeurs qui s'élevent du charbon de terre, dont on fait un ſi grand uſage à Londres, occaſionne peut-être la maladie connue en Angleterre ſous le nom de conſomption.

(3) Il eſt vrai que Valerius & Hoffman ont obſervé que la phthiſie & autres maladies conſomptives, ont été moins communes en Saxe, & ne ſont preſque

point connues en Suede, depuis l'uſage du charbon de terre; mais il peut ſe trouver dans des charbons de terre de quelque pays, des matieres étrangeres pernicieuſes, qui ne ſe trouvent point dans d'autres.

(4) Minéralogie, ou nouvelle expoſition du regne minéral. Paris, 1762, tom. 2. Charbon de pierre ou houille. Obſervations, pag. 251 & 252.

(5) Mémoire ſur différentes parties des ſciences & Arts, par Mr Guettard, de l'Académie Royale des Sciences, trois vol. in-4°, tom. 2, page 210.

la fumée, que fur l'odeur & la cendre ou la pouffiere, réfultantes de la combuftion du charbon de terre.

Ces trois chefs ne donnent pas matiere à des objeétions également importantes; le moindre de ces inconvéniens cependant, (s'il étoit impoffible de
ne pas en demeurer d'accord) eft de nature à donner au chauffage, dont il
s'agit, un motif d'exclufion, dont la révocabilité ne feroit jamais que l'effet
du tems, c'eft-à-dire, de l'extrême difette de bois, qui forceroit à paffer fur
toute efpece d'incommodité; il eft par cette raifon indifpenfable de foumettre féparément chacune de ces allégations, chacun des phénomenes qui
fe remarquent dans le feu de *houille*, à un examen régulier; ce n'eft qu'en
les approfondiffant que ces avantages pourront être balancés raifonnablement avec ceux du bois, lorfqu'il eft trop cher. Mon idée à cet égard étant
de mettre à portée de décider fi ce chauffage, dont quantité de pays s'ac-
commodent fi bien, mérite le difcrédit où il eft dans quelques autres, je
me fuis rendu attentif à toutes les raifons qu'on a coutume d'alléguer. J'irai
chercher avec foin, par-tout où je le pourrai, les différentes objeétions que
l'on a coutume de faire contre cet ufage, & le leéteur ne pourra me taxer de
m'en être caché à moi-même, ni d'avoir voulu lui en déguifer aucune.

De la nature du Feu de Houille relativement à la fanté.

Des difficultés que l'on a coutume d'oppofer à l'ufage de ce foffile pour le
chauffage, celles qui ont rapport à la fanté, & qui dès-lors emporteroient fa
profcription, doivent principalement attirer notre attention. Nous commencerons auffi par confidérer à cet égard les effets de la vapeur & de la fumée
du charbon de terre.

Sa fumée acide, abforbe une partie de l'air, & détruit pour quelque tems
fon élafticité; fi elle eft reçue de trop près, il peut en réfulter de la toux, même
de la fuffocation, c'eft-à-dire que ces effets font très-poffibles dans l'ufage de
quelques efpeces de *houille*, felon la difpofition des fujets, ou le concours de
différentes caufes. Ces effets ne different point de ceux du charbon de bois.

Perfonne n'ignore que fans être refpirée trop long-tems, celle de ces derniers eft fuffocante & affoupiffante; qu'elle produit des grands maux de tête,
défaillances, des apoplexies incomplettes.

Ceux qui fe chauffent avec des charbons de bois dans des poëles fermés,
font également fujets à reffentir des engourdiffemens, des pefanteurs de tête,
quelquefois à être attaqués d'afthmes chroniques, & d'autres effets contraires
à la fanté (1), dangereux même pour la vie. La trifte certitude de la malignité
de cette vapeur, qui donna la mort à l'empereur Jovien, fuggéra à Marius
l'idée d'impofer à Quintus Catulus ce genre de mort, dont l'empereur Julien
fut garanti à Paris par l'art des médecins. Il n'eft pas d'hyver où il ne fe renouvelle des exemples tragiques de cet effet dans toutes les grandes villes.

(1) *Judicium de noxâ carbonum accenforum. Fred. Hoffmann opera.* Voyez auffi la favante thefe de M. Lorry, foutenue aux écoles de médecine de la faculté de Paris, fous la préfidence de Mr François Pouffe, le 4 mai 1747.

Ce feroit même manquer à ce que nous devons par état à la fociété, que ne pas prévenir que celle du charbon de terre enfermée, peut devenir tout auffi préjudiciable. J'en rapporte dans cette feconde partie quelques accidens; mais l'expofé fidele qui en a été fait par les obfervateurs, n'y laiffe reconnoître autre chofe que des imprudences particulieres, dont on ne peut rien conclure.

Nos ferruriers ne font-ils pas autant de témoins qui dépofent que ce ne font pas-là les effets ordinaires du feu de houille? Ces artifans s'expofent journellement à la fumée, à la vapeur de ce foffile, avec autant de fécurité que d'impunité; on ne remarque point qu'ils foient plus fujets que d'autres aux maladies ordinaires, ni même fujets à des maladies particulieres. Les feules qu'on leur connoiffe font d'avoir les yeux chaffieux, pleureux, échauffés, des ophtalmies; incommodités qui, comme l'obferve Ramazzini (1), dépendent plutôt de ce que ces artifans ont toujours la vue fixée fur le feu, fur la lumiere éclatante du métal qu'ils font rougir, & font l'effet de l'irritation continuelle que les exhalaifons du fer chauffé & rougi produifent fur les yeux, plutôt que des exhalaifons du charbon. Ces ouvriers en font encore à fe douter que cette vapeur de *houille* foit *maligne* (2), & jamais on ne parviendra à les intimider fur ce point.

La grande quantité de lumieres, dont on ne fe méfie pas communément, qui éclairent aujourd'hui prefque toutes nos antichambres, font la plupart du tems auffi fufceptibles d'inconvéniens que pourroient l'être la fumée ou la vapeur du charbon, tant de terre que de bois. Ces exhalaifons onctueufes d'huiles, de qualité différente, ou de graiffe fouvent mélangée, & dont quelques-unes font plus nuifibles que d'autres, en s'engageant dans les bronches, font très-pénibles & non moins fâcheufes pour quelques poitrines (3). Il eft peu de perfonnes qui ne foient d'abord affectées par ces fumées fuiffeufes en entrant dans les falles de fpectacle, & dans les appartemens où elles fe trouvent ramaffées & retenues en grande quantité. De fait, elles gênent fenfiblement la refpiration, excitent la toux, produifent des maux de tête (4). On ne laiffe pas d'employer ces moyens œconomiques fans avoir la moindre inquiétude.

La vapeur du charbon minéral n'a donc rien que de commun avec ce que l'on reprocheroit à celle du charbon de bois (s'il s'agiffoit ici de décrier ce chauffage), quand on s'y expofe indifcretement; mais ce danger n'eft pas plus confidérable de fa part que des autres vapeurs auxquelles on peut la comparer, ou même de toute efpece de feu conduit irréguliérement. D'ailleurs ont doit toujours fe rappeller que cette vapeur & les autres circonftances que nous traiterons dans cet article, ne font pas dans un degré égal à celui qu'on leur connoît dans les atteliers où l'on brule du charbon de terre ; que les

(1) De morbis artificum, Diatriba Bernardi Ramazzini in Patavino Archi-Lyceo practicæ medicinæ publici Profefforis. Mutinæ, M. DCC.
(2) Dictionnaire univerfel du commerce. Dictionnaire économique. Dictionnaire d'agriculture, &c.

(3) De candelarum febacearum perniciofo nidore. Solenander, conf. 6, pag. 461.
(4) Avis au peuple fur fa fanté; par Tiffot, tom. 2, pag. 443 & 444.

phénomenes de ce feu ne font pas également marqués dans toutes les *houilles*.

Si à ces confidérations on ajoute celles que les inconvéniens qui peuvent y être attachés tiennent à des circonftances (1) fufceptibles, comme on l'a vu, d'être corrigées par des moyens fimples & connus ; qu'il eft très-facile de fe garantir de ces inconvéniens , de les réduire prefqu'à zéro par la conftruction des cheminées, des poëles, &c. (2) on avouera que ces imputations, fort férieufes en elles-mêmes, ne font que des argumens généraux, appuyés fur des vérités mal rapprochées , & ne prouvent rien contre l'ufage dont nous entreprenons la défenfe.

Un des reproches que l'on avance le plus fouvent fur le feu de charbon de terre, *c'eft d'affecter les poumons, de donner des maladies de poitrine, d'être la caufe de la confomption à laquelle les Anglois font extrêmement fujets* (3). Cette imputation grave eft fi répandue , & s'eft établie fi fort dans les efprits, qu'infenfiblement on l'a regardée comme de toute certitude. Si les Anglois étoient le feul peuple du monde qui faffe ufage du charbon de terre pour le chauffage , cette allégation (en accordant que la confomption eft endémique en Angleterre) pourroit être de quelque poids. Mais au Japon, il ne manque point de ce foffile ; il y en a une grande quantité de mines en Chine, où les habitans auroient de la peine à vivre fans cette reffource. En un mot, on a vu, dans la premiere partie de cet ouvrage, qu'il y a un nombre confidérable de pays, autres que l'Angleterre, où l'on fait de la *houille* un ufage prefqu'auffi général. Il eft inouï jufqu'à ce jour que la confomption foit fenfiblement commune dans tous ces endroits ; c'eft donc bien gratuitement que nos dictionnaires, & après eux le public François, ont attaché aux habitans de la Grande - Bretagne le privilege d'être plutôt, que ceux des autres pays, les victimes des funeftes impreffions attribuées à l'ufage du charbon de terre. Un excellent chymifte de l'Allemagne, qui a traité de ce foffile, révoque en doute cette opinion. M. Zimmerman dit expreffément : *Il n'eft pas certain fi à Londres , la maladie endémique des Anglois a pour caufe la vapeur du charbon de de terre , ou la maniere dont elle affecte l'air* (4). Pourquoi confulter ici l'étranger par préférence ? Perfonne n'ignore que la nation Angloife a été fertile en médecins, auffi fupérieurs dans l'obfervation que dans la pratique. Comment cette particularité a-t-elle pu échapper à Sydenham, à Willis & à quantité d'autres illuftres écrivains de cette profeffion, dont aucun n'a laiffé dans les faftes de la médecine le moindre veftige de leur attention fur cet objet important ? M. James , dans fon dictionnaire que des favans ont fait connoître par la traduction en notre langue (5), a traité cet article à l'avantage du charbon de terre, d'après ce qu'a dit M. Hoffman (6), dont il paroît adopter le

(1) V. ce qui précede dans cette même fection.
(2) V. ce qui concerne cet article.
(3) Dictionnaire économique. Dictionnaire d'agriculture.
(4) Part. 5 , de regno animali. C. V. de materiis bituminofis.
(5) Dictionnaire univerfel de médecine, de phy-

fique, de chymie, de botanique, de chirurgie, d'anatomie , de pharmacie , &c. traduit de l'anglois, au mot Charbon.
(6) Fridiric. Hoffmanni obfervationum phyficochymicarum felectiorum, libri III , &c. in - 4°, Halæ , 1746. Obfervatio 34 de carbonibus foffilibus, & eorum vapore, non adeo noxio.

sentiment: ce qui rend affez probable que la confomption (fi elle eft réellement
plus fréquente parmi les Anglois que parmi d'autres peuples) tient, foit au
grand ufage qu'ils font du ponche, foit à d'autres circonftances dont la recherche n'a pas de rapport à notre difcuffion. Les médecins Anglois n'ont jamais
penfé à imputer au feu de charbon de terre cette fréquence de phtifie exagé-
rée par les autres peuples, d'autant qu'il eft notoire que les poitrinaires décidés, foutiennent l'action de ces vapeurs tout au moins auffi bien que celle
du feu de bois. On verra à la fin de ce cahier ce que penfe à ce fujet la fociété de médecine de Londres (1). En cherchant néanmoins à remonter à la
fource de cette fauffe Aeithiologie de la confomption angloife, trop légérement établie par des compilateurs qui ne doivent pas faire loi ici, je trouve à
achever de la détruire fans réplique.

Le lecteur le moins inftruit n'a qu'à fe rappeller la fimple idée qu'on a communément de cette maladie, & qui eft affez jufte; il reconnoîtra que cette
pthifie angloife eft une confomption hypochondriaque, c'eft-à-dire fuccédant
aux affections de ce nom, connues fous celui de mélancoliques ou vaporeufes.
Quelques auteurs, parmi les modernes, les rangent auffi dans la claffe des affections nerveufes, mais du genre des affections confomptives qui ne tiennent
point à la poitrine.

Les auteurs de ces dictionnaires ignorent que la *maladie angloife* (2), fi on
veut l'appeller ainfi, & qui attaque quelquefois les François comme les habitans d'autres climats, eft d'un genre tout différent, puifque la caufe immédiate réfide dans les vifceres du bas-ventre, & fur-tout dans la région épigaf-
trique, où fe paffent les premiers défordres: les embarras qui furviennent au
foie, à la rate, dans les voies hémorroïdales, dans le bas ventre, occafionnent un dépériffement infenfible de toute la machine; ce n'eft que dans le dernier état de la maladie que la fievre, la toux, la gêne dans la refpiration, furviennent.

Se réduira-t-on à regarder cette propriété malfaifante de la *houille* d'Angleterre, comme privativement particuliere à celle de ce pays? L'objection
n'eft plus la même; elle rentre dans la thefe générale, que je vais reprendre,
& j'aurai occafion de difculper les charbons d'Angleterre, ainfi que ceux des
autres pays.

Le champ qu'elle ouvre devant nous eft d'autant plus vafte, que, puifqu'aux
preuves de fait, qui ne devroient pas trouver de réfiftance dans les efprits, on
oppofe uniquement des oui-dire, une efpece de tradition nationale, nous
fommes en force pour étayer ces mêmes preuves d'expériences qu'il ne nous
eft pas permis d'abandonner, de témoignages puifés dans des fources fûres,
des fentimens de plufieurs auteurs profonds, avec lefquels il feroit injufte de
vouloir faire entrer en parallele des citations d'ouvrages dont nous avons fait
voir les imperfections & les erreurs, & dont le principal mérite eft fouvent

(1) Piece marquée F F.
(2) Atrophia nervofa Morton. de phtyfi nervofâ, cap. 1. Tabes nervea. Lorry, de melancholiâ, pag. 1182. Nofologia Medica Francifci Boiffier de Sauvages, claff. x. Cachexia, macies, atrophia, fectio III, tom. 2, p. 460.
(3) Atrophia Anglica, & Virginiana Morton.

de paſſer légérement en revue des connoiſſonces ſuperficielles.

On juge facilement que je veux parler des minéralogiſtes, des chymiſtes & des médecins ; les uns, comme faiſant leur étude de la ſcience générale des minéraux ; les autres, comme portant leurs vues au-delà de ce qui s'apperçoit à l'œil, découvrant les phénomenes fugitifs & ſecrets, les principes conſtituans des corps ; les autres, comme réduiſant en pratique tous ces travaux communs, les comparant & les rapprochant enſemble, pour juger les propriétés & les forces des choſes bonnes ou nuiſibles.

C'eſt à ces différens phyſiciens, occupés à conſidérer ſous un aſpeĉt différent les produĉtions de la nature, à philoſopher, chacun ſelon leurs regles, ſur leurs objets reſpeĉtifs, qu'il appartient de prononcer ; il ſeroit extraordinaire que, ſur un fait qui tient à la ſanté, on ne les interrogeât point ni les uns ni les autres. Pluſieurs d'entre eux, célebres par leur ſavoir, Hoffman, Willis parmi les praticiens, & que les auteurs de l'encyclopédie ont cités à ce ſujet (1), Zimmerman parmi les chymiſtes, ont réſou les difficultés capitales ; nous ne faiſons qu'emprunter le jugement de ces ſavans : auſſi oſons-nous dire que nous ne laiſſerons rien à deſirer aux perſonnes qui ne ſe refuſent point à l'évidence, & qui ignorent les moyens de repouſſer ou d'obſcurcir la vérité.

Une obſervation très-ſinguliere, par laquelle je ne puis me diſpenſer d'entrer en matiere, c'eſt qu'au milieu de cette eſpece d'unanimité de la nation Françoiſe à redouter, à bannir l'uſage du charbon de terre pour le chauffage, toutes les autorités qui doivent prévaloir ici, ſe réuniſſent pour diſſiper les nuages de ces préjugés.

La ſeule qui ſembleroit être défavorable ſe trouve dans un traité ineſtimable, traduit du latin en françois (2). L'auteur, Anglois de nation, *recommande aux valétudinaires qui ont leur réſidence dans Londres & dans les grandes villes, où l'on ſe chauffe avec de la houille ou de la tourbe, de ſe garantir en hyver des vapeurs humides & chargées d'exhalaiſons minérales ; il exhorte ſur-tout les aſthmatiques, & tous ceux qui ont la poitrine délicate, à s'abſenter de la ville, à aller à la campagne, ou du moins d'éviter l'air du ſoir.*

Si l'on prend cet énoncé en général, il eſt abſolument conforme à ce que la phyſique médicinale apprend ſur les effets de l'air chaud, dans les aĉtions de l'eſpece dont parle notre auteur, ſans former une difficulté réelle contre l'uſage du charbon de terre dans les cheminées ; il n'a beſoin d'éclairciſſement que pour le particulier. M. Cheyne n'a pu parler que du ſeul chauffage connu en Hollande : le feu que donnent ces matieres, employé à cet uſage dans ces pays, eſt plus ardent que tout autre. L'expérience fait connoître que les aſthmatiques ne peuvent ſupporter l'air des chambres chaudes, ni celui des villes, devenu en hyver trop peu élaſtique par la grande quantité de chauffage qui s'y conſume.

Le conſeil de M. Cheyne porte-t-il plus ſur le feu de houille que ſur les autres ? Il ne s'eſt pas expliqué aſſez clairement ; car deux ſubſtances qui ne ſe

(1) Tom. 2, au mot Charbon de terre. *traĉtatus de infirmorum ſanitate tuendâ, vitâque producendâ. Cap. de aëre.*
(2) Georgii Chæynæi, medicinæ doĉtoris,

reſſemblent

reffemblent point y font clairement défignées : *gleba pinguis & fulphurea*, & *præcipuè carbo foffilis.*

Dans le cas où l'on ne pourroit difconvenir que M. Cheyne étoit évidemment dans l'idée que ce chauffage peut porter préjudice en particulier, à ceux qui ont de la difpofition aux maladies de poitrine, il ne feroit point difficile de combattre une opinion qui pouvoit être propre à ce médecin. Elle ne s'accorde ni avec ce que la chymie a fait reconnoître le plus communément dans ce foffile, nommément dans celui d'Angleterre, qui feul pouvoit être fufpeété, d'après M. Cheyne, ni avec les principes reçus touchant les propriétés du foufre, même en fuppofant fon exiftence dans *tous* les charbons de terre.

1°. Si l'on invoque les lumieres de cet art, à l'aide duquel on eft parvenu à pénétrer dans la texture la plus voilée de toutes les produétions des trois regnes, le fentiment de M. Cheyne, dont on voudroit s'étayer, ne peut fe foutenir.

Les charbons de l'Angleterre, au rapport de M. Kurella qui les a analyfés, *ne contiennent point dans leur texture un foufre naturel, dont les vapeurs ou exhalaifons puiffent être contraires à la poitrine* (1).

On peut encore oppofer aux craintes de M. Cheyne, prifes dans le fens qui n'eft pas le véritable, une preuve de fait : l'expérience conftante de fes propres concitoyens. Le procédé de diminuer par un alliage l'odeur du charbon de terre, eft connu dans quelques provinces d'Angleterre. Sous le regne de Charles I (2), il fut accordé pour l'efpace de vingt-quatre ans, à fire John Hack & à Oétavius de Strada, un privilege exclufif de faire valoir leur fecret, de brûler le charbon de terre fans que l'odeur de fa fumée fût incommode. Les habitans de Londres, pour leurs appartemens, emploient le charbon de terre, tel qu'il fe tire de la mine, fans recourir, ni à des conftruétions particulieres de fourneaux, ni à des moyens capables de diminuer l'odeur & la vapeur réfultans de ce chauffage, tant ils font préoccupés qu'il doit être exempt de *malignité.*

Pour ce qui eft de la nature du charbon de terre, s'en tiendra-t-on à accufer en général les exhalaifons de ce foffile, à raifon de fon odeur & de fa vapeur, appellées *fulphureufes*, ou fi l'on veut, à raifon du foufre qu'il recele ? On a vu, feét. 4, art. 2 & 5 de la premiere partie, que l'exiftence du foufre naturel dans le charbon de terre, du moins dans le plus grand nombre, n'eft pas une chofe prouvée. Il a été remarqué, feét. 9, art. 4, que les charbons de terre ne doivent pas *tous* être réputés de nature fulphureufe, du moins qu'ils ne tiennent pas effentiellement du foufre. On y a expliqué ce que les *houilleurs* entendent lorfqu'ils difent que tel ou tel charbon eft *fulphureux.* A en juger par les effets, M. Zimmerman remarque très-judicieufement, que ni les maréchaux, ni les forgerons, ni les autres ouvriers qui emploient le charbon de terre, ne font attaqués de maladies connues pour être produites par les vapeurs du foufre.

(1) Effais & expériences chymiques, in-8°, Berlin, 1756, en allemand, paragr. 18.

(2) Tom. 18, fol. 870, du *Fadera.*

En fuppofant pour un inftant que tout charbon de terre eft impregné de foufre, il refteroit à faire voir que le foufre en général eft contraire à la fanté : affez communément on eft avec raifon dans une opinion très-différente, & ce n'eft pas à tort que les Médecins l'ont nommé *balfamum pulmonum* : Gallien étant à Rome, envoyoit les phtyfiques refpirer l'air du volcan ; quelques médecins Anglois, à l'exemple de Celfe, confeillent à ceux qui font difpofés à cette maladie, d'aller refpirer l'air de Naples. A quoi bon déplacer des malades qui, fans fortir de chez eux, fe trouveroient au milieu des exhalaifons fulphureufes de tous les feux de la ville ? Enfin, fi décidément une fumée fulphureufe étoit auffi nuifible qu'on veut le dire ; les habitans de Falun, qui font environnés d'un atmofphere de vitriol fulphureux (1), devroient être beaucoup plus fujets à la confomption que les Anglois.

Nous n'avons pas même befoin de nous étayer à cet égard d'aucune comparaifon que l'on pourroit récufer, entre des exhalaifons diffemblables en quelques points ; favoir, celles de ces foufres qui ne contiennent rien d'onctueux, mais toujours l'acide vitriolique & le phlogiftique, & ces exhalaifons de l'acide huileux, des matieres réfineufes, foffiles, connues fous le nom de *bitumes*. Gallien leur attribue une vertu balfamique, & on pourroit l'admettre dans le charbon de terre, puifque l'analyfe y fait reconnoître un efprit qui a fur les métaux le caractere du baume de foufre (2). Quelle que puiffe être la vapeur réfultante du charbon de terre employé au chauffage, nulle difficulté à s'élever contre les idées reçues généralement à fon défavantage, foit qu'on envifage ce foffile comme *fulphureux*, foit qu'on l'envifage fimplement comme *bitumineux*, & donnant une vapeur graffe & épaiffe : fi cette exhalaifon étoit de nature à porter le moindre préjudice à la fanté, fi les corpufcules que le feu débarraffe de ce foffile, portoient avec eux la plus légere empreinte de *malignité*, fur le cerveau, fur les parties nerveufes ou autres organes, ce feroit particuliérement dans ces lieux qui fervent d'afyle à toute forte de pauvres & d'infirmes, qu'on devroit s'en appercevoir. Il eft de ces endroits où le charbon de terre eft employé à différens ufages, qui en produifent une affez grande confommation, pour donner fur cela des éclairciffemens non équivoques. L'adminiftration des hôpitaux de Lyon, modele inimitable de vigilance & de police, qui font le plus folide fondement de ces précieux établiffemens, a adopté l'ufage du feu de houille. L'Hôtel-Dieu s'en fert dans les falles de convalefcens ; l'hôpital de la Charité l'emploie pour les cuifines, pour les leffives, pour les poëles. On n'en a remarqué aucun inconvénient (3). Dans quelques hôpitaux militaires du Hainaut François, on s'en fert pour tous les befoins ordinaires : ceux de l'armée du Bas-Rhin, lors de la derniere guerre, en ont pareillement fait ufage ; il n'en eft jamais revenu de la part ni des officiers de fanté, ni des intendans, ni des malalades, aucune plainte qui vienne à l'appui de l'opinion défavantageufe que les habitans de Paris ont de ce feu.

(1) V. fect. 5, art. 3, de la premiere partie
(2) V. fect. 4, art. 5, de la première partie.

(3) Voyez les pieces juftificatives, N° GG.

C'eſt un fait en médecine, qu'il eſt avantageux pour quelques indiſpoſi-
tions de poitrine, de vivre dans une athmoſphere chargée d'exhalaiſons ſulphureuſes (1). Willis avance, comme prouvé par l'obſervation, que la phtyſie
fait peu de ravages dans les pays où l'on brûle de la houille (2). Le célebre
M. Hoffman, qui a traité ce ſeul objet dans toute l'étendue qu'il peut
mériter, fait, dans une obſervation que j'ai déja citée (3), une remarque
très-importante à ce ſujet : *c'eſt*, dit-il, *une vérité que tout le monde regarde
comme conſtante, que depuis environ vingt ans que l'on fait dans notre ville de
Halles, un grand uſage de charbon de terre pour cuire le ſel, on n'y connoît plus
de fievres malignes & pétéchiales, de diſſenteries & de maladies ſcorbutiques,
qui étoient ſi communes avant ce tems ; une autre preuve*, pourſuit-il, *que cette
fumée eſt ſalutaire, c'eſt que les habitans des maiſons par leſquelles elle paſſe continuellement, n'en éprouvent aucun dérangement dans leur ſanté*. Ce qu'il ajoute
enſuite, ne laiſſe aucun doute, que c'eſt à la vapeur du feu de charbon de
terre, & non à l'exhalaiſon de la partie graſſe du ſel, qu'il attribue l'effet dont
il rend compte. Nous ne craignons point de faire appercevoir qu'on pourroit taxer notre célebre médecin d'être ici en contradiction avec lui-même,
paroiſſant dans un autre endroit (4), regarder *la péripneumonie, l'aſthme ſec,
& la phtyſie comme endémiques à Londres & à Liege, par le trop grand uſage du
charbon de terre*. Nous devons obſerver que c'eſt en parlant des charbons
allumés dans des chambres trop renfermées, qu'il fait cette remarque ; elle
ne paroît porter que ſur cette circonſtance accidentelle, ſans quoi il y auroit
contradiction manifeſte. Nous avons ſeulement à infirmer ou à réfuter l'idée
bien diſtincte de l'auteur, touchant l'endémie des affections de poitrine dans
la ville de Liege, qui ſe réduit à une erreur de fait, ſur laquelle on ne peut
être du même avis ; je ne me permettrai pas de dire encore rien ſur cela de
mon chef. Tout le monde doit, comme moi, déférer au jugement des médecins qui exercent leur profeſſion dans cette capitale. On y en a vu de tout
tems, dignes par leurs lumieres & par leur ſuccés, de la réputation dont ils ont
joui : un d'eux, avec lequel je tiens à honneur, d'être lié particuliérement
d'eſtime & d'amitié (5), m'a aſſuré plus d'une fois que ces maladies ne ſont
point à Liege ſenſiblement plus ordinaires & plus fréquentes qu'elles ne
doivent être dans tout endroit où il y a beaucoup d'habitans (6). Ce
n'eſt pas qu'il ne puiſſe y avoir des Médecins, prévenus que l'air imprégné

---

(1) Craſſo & imprimis ſulphureo gaudens, . . .
urbis fumoſæ auram pinguem & hebetiorem hau-
rire. *Willis*, tom. 2, *p.* 164, *c. VI, de phthyſi pul-
monari*, edit. *Amſtel.*

(2) Communis obſervatio eſt, regiones iſtas, ſive
in Angliâ, ſive in Belgio, ubi ceſpite ignes nutriun-
tur, & odorem valde *ſulphureum* ſpirant, tabem ra-
riùs infeſtare : quin inò loca iſta phtyſi obnoxiis, aut
eâ laborantibus maximè ſalubria vel ſanativa exiſte-
re. *Willis, ibid.*

(3) V. ejuſd. opera omnia phyſico - medica.
Genevæ, 1744, Patholog. c. 4. Scholion. ſectio-

nis 24, pag. 212.

(4) Frideric. Hoffmanni opera omnia phyſico-me-
dica. Genev. 1740, tom. 1, c. 3. Scolion. ſectionis
x, p. 105.

(5) M. Delle-Waide, licentié en médecine de
la faculté de Louvain, ancien préfet du college des
médecins de Liege.

(6) Cet habile médecin, qui depuis que j'ai quitté
Liege s'eſt prêté obligeamment à entretenir avec
moi un commerce de lettres, a bien voulu m'envoyer, il y a deux ans, un rédigé de nos converſa-
tions ſur ce point. *V. pag.*

des exhalaifons du charbon de terre , notamment celui de Londres ou de Liege, foit plus ou moins mal-fain. On ne peut avoir égard qu'à ceux qui ont rendu leur opinion publique dans quelque ouvrage imprimé; les autres d'ailleurs, ne font de même dans cette idée que par manque d'attention fuffifante , ou faute d'être informés convenablement : comme cependant je n'ai rien négligé pour faire toutes les perquifitions imaginables , & que mon deffein eft de ne rien cacher de tout ce que je faurai fur cela, on me permettra de citer ici un écrit que j'ai entre mes mains , & qui eft d'autant plus grave , qu'il étoit relatif à une tête augufte qui m'a honoré de fa confiance.

Un des motifs de l'éloignement du feu prince de Liege (1) pour fon habitation dans fa principauté & dans fa capitale , étoit fondé fur la difpofition de l'air de cette ville, chargé des exhalaifons de la houille, auxquelles il attribuoit une toux convulfive, dont aucun remede n'a été capable de le délivrer. C'eft précifément fur l'article de la fanté, que nous fommes plus difpofés à acquiefcer aux idées de ceux qui nous environnent, & dont nous connoiffons l'attachement. Le Cardinal de Baviere s'étoit familiarifé infenfiblement avec l'opinion qu'avoient fait naître dans ceux qui compofoient fa cour , une inquiétude bien louable fur fa confervation ; d'une autre part, quelques médecins qui avoient été confultés , avoient penché pour cet avis, & avoient rejetté expreffément fur l'air de Liege la caufe de l'état du Cardinal. J'ai été chargé de la conduite de ce Prince, dans un féjour de près d'une année à Paris, où il avoit été attiré par l'efpoir de trouver enfin dans le bon air de nos campagnes, & dans l'habileté de nos médecins, un terme à fon mal. On fe doute bien que pour me mettre au fait de la fituation de cet illuftre malade , j'ai dû avoir communication des mémoires qui avoient été répondus en différens tems. Il ne m'eft donc pas poffible , fans encourir quelque reproche de déguifement , de paroître ignorer que l'air de Liege, à raifon de la grande quantité de houille qui s'y confume, avoit été jugé pernicieux : d'ailleurs, en difcutant cet avis particulier, j'aurai occafion de repréfenter fous une nouvelle face le fujet que j'ai entrepris d'épuifer. Entre plufieurs de ces confultations, je m'arrêterai à celle qui m'a paru la plus frappante. Le confeil (2), en recherchant la premiere origine de la maladie de S. A. S. E. décide dans le mémoire écrit en bon latin (3) qu'on ne peut l'attribuer à d'autres caufes *qu'à la nature de l'air fombre & groffier de la ville de Liege.* Les raifons qu'on en donne, ne portent que fur le préjugé que nous avons toujours à combattre. *On ne peut , dit-il, y méconnoître la préfence des vapeurs épaiffes, le mélange des fumées fulphureufes qu'exhalent fans ceffe les houilles dont on y fait une grande confommation ; elles occupent, fous la forme d'un nuage fombre & jaunâtre, la baffe région de l'air, non-feule-*

(1) Jean-Théodore, duc de Baviere, premier prêtre cardinal de la fainte églife romaine , du titre de faint Laurent *in Luciná.*

(2) M. Stebbler, profeffeur en médecine, con-feiller de S. A. S. électeur de Baviere , & premier médecin de S. A. E. de Baviere , Prince de Liege.

(3) Datée de Munich , le 2 décembre 1757.

ment au-deſſus de la ville, mais encore au-deſſus de chaque hameau ; il ne faut enfin qu'avoir de l'odorat, pour ne pouvoir pas révoquer en doute la qualité ſulphureuſe de l'air de ce pays (1). M. Stebbler renchérit à cet égard ſur les idées ordinaires ; il crée dans l'atmoſphere de Liege des molécules, dont la peſanteur ne leur permet pas de reſter long-tems ſuſpendues en l'air. Nous examinerons ailleurs ces allégations : les preuves qu'il en donne, ſeront conſidérées en même tems ; je ne veux ici examiner à fond l'avis de M. Stebbler, que par rapport à l'induction qu'il en tire, pour décider que la maladie du prince provenoit des exhalaiſons de la houille. On juge bien que ce n'eſt qu'une répétition de la même idée que nous avons à combattre, & qui ſera achevée de diſcuter dans le courant de cet article. En effet, le conſultant, après s'être étendu ſur les mauvais effets que doivent produire des corpuſcules *peſans*, *ſulphureux* & *fétides*, en agaçant & moleſtant l'organe de la reſpiration, il en conclut, qu'on ne peut que s'attendre à un préjudice conſidérable à la ſanté de S. A. S. E. s'il s'expoſe de nouveau à l'action d'un air imprégné de miaſmes fétides & ſulphureux, dans leſquels a pris naiſſance la toux convulſive dont le prince a éprouvé les premieres atteintes, lors de ſon ſéjour triennal à Liege.

L'hiſtoire ſommaire de la ſituation du malade fera juger ſi le fait eſt bien démontré. Le prince Théodore, trois ans après ſon élection & ſa premiere réſidence à Liege, fut attaqué d'une toux qui ne cédoit à aucun remede : la ſanté d'un Souverain eſt toujours un dépôt bien délicat. Un médecin qui s'en trouve chargé ne ſauroit être trop attentif ; une ſimple conjecture, à l'aide de laquelle ſon malade peut recouvrer ſans riſque la ſanté, doit le décider preſqu'autant qu'une certitude. Il eût été indiſcret, & c'eût été ſe compromettre, de ne pas vouloir penſer, avec tous ceux qui approchoient le prince, que l'air de Liege pouvoit bien lui être contraire : il étoit plus que raiſonnable de s'en aſſurer, le moyen étoit ſimple & indiqué par tout le monde. Le changement de place pouvoit être profitable, on en eſſaya. Le prince paſſa à ſon évêché de Freyſingen ; une réſidence de quatre ans dans cette ville, ne répondit pas aux vœux de la cour. La toux ne laiſſa jamais de relâches entieres. La cité de Liege eut encore la ſatisfaction de jouir de la préſence du prince Théodore ; mais l'opiniâtreté de l'incommodité, qui préſageoit une maladie chronique très-rebelle, la perſuaſion inquiette des courtiſans, que la premiere cauſe de cette toux importune tenoit à l'air de Liege, déterminerent à abréger ce ſecond ſéjour. Quelle raiſon de déſeſpérer que le mal, en éloignant le prince du climat que l'on accuſoit, trouveroit enfin de l'adouciſſement dans un air différent ? Le remede le mieux indiqué n'a pas toujours d'abord le ſuccès qu'on a droit d'en attendre. Il étoit naturel de

(1) Si verò in rheumaticæ ejus, & ſpaſticæ tuſſis originem indagare lubeas, à præjudicii pravitate liberæ menti nihil priùs occurret quàm Leodienſis aeris, denſâ, tetricâ ſpiſſiſque vaporibus & ſulphureo fœtâ athmoſphæra, quæ ex accenſis foſſilium carbonum glebis exhalans, non dicam civitati, ſed cuilibet etiam pago, fuſcæ ad inſtar nebulæ incumbens, remotis longè oculis ſe prodit, atque inſuper nares ferit, ſeque de ſulphureâ indole participare dubium non relinquit.

faire encore l'essai de celui de Freysingen. La tentative fut aussi infructueuse que la premiere, les choses même empirerent : non-seulement la **toux** augmenta, les accès se rapprocherent ; mais les secousses violentes de la poitrine donnerent des alarmes sur l'effet du sang porté avec trop d'impétuosité au cerveau. Ces alarmes étoient redoublées par la *dyscrasie* de ce fluide altéré d'un levain dartreux, qui étoit la vraie cause immédiate, & dont on pouvoit craindre une fâcheuse métastase.

Ce prince, également tourmenté de sa toux en Baviere, dont le ciel naturellement pur & serein n'y avoit pas trouvé l'avantage que procure ordinairement l'air natal ; & prévenu défavorablement contre celui du pays de Liege, déclaré l'auteur de la disposition valétudinaire qui avoit succédé à une constitutionr obuste, a porté par-tout ailleurs cette toux convulsive, catharrale, qui n'étoit que symptomatique.

Dans ce court & fidele exposé, on ne voit rien qui établisse solidement les effets nuisibles de l'air qu'on respire à Liege. De ce que le prince, trois ans après son élection, avoit été attaqué d'une toux rebelle à tous les remedes, qu'il a conservée toute sa vie, & dont il n'est point mort (1), il ne s'enfuit pas que cette maladie soit provenue de l'air de Liege. Si cela eût été, l'air natal respiré à deux reprises différentes pendant un tems suffisant, celui des campagnes des environs de Paris, auroient apporté du changement dans la maladie : en regardant même comme bien certain que cet air a été fâcheux au prince Théodore en particulier, on n'a pu en déduire rien de général, puisque de tous les princes ses prédécesseurs, ceux qui n'étoient point du pays, n'ont éprouvé dans leur santé aucun dérangement auquel on ait songé à assigner cette même cause.

Les personnes raisonnables, qui ne se laissent point séduire par l'opinion, seront bien-aises qu'on leur fasse appercevoir combien l'idée vulgaire, sur les dangers du feu de charbon de terre, est opposée à la vraisemblance. Outre que plusieurs médecins-praticiens reconnoissent des utilités médicinales dans ce chauffage, on ne manque point (en y réfléchissant un peu) de présomptions pour imaginer qu'il est plus salutaire que nuisible.

Le célebre chymiste que nous avons déja eu occasion de citer plusieurs fois, M. Zimmerman, estime que *ce feu purifie l'air ; que non-seulement cette vapeur peut être avantageuse pour les phtysies pulmonaires, pour lever les obstructions schirreuses des glandes bronchiales, mais qu'elle peut être encore un excellent remede dans les tems de peste.* Cette derniere conjecture ne doit pas être regardée comme une chimere, en faisant attention à l'analogie de cette vapeur (V. sect. 4, art. 5 de la premiere partie), avec ces fumées résineuses de forêts que fit brûler Hypocrate, pour faire cesser la peste dont la Grece fut affligée.

(1) Mort d'accident dans son palais épiscopal de Liege, le 27 janvier de l'année 1763, sept jours après l'application de compresses d'eau de Cologne, sur un reste de ses dartres, qui reparoissoient tous les ans à l'arriere-saison, & dont on étoit venu à bout de le persuader qu'il étoit guéri radicalement.

L'inutilité du moyen proposé par notre auteur contre un fléau heureusement devenu des plus rares, mais qui peut s'appliquer également aux maladies épidémiques & contagieuses, n'empêche point que cette idée, cette spéculation, si l'on veut, n'aille très-bien à notre objet, loin d'y être indifférente.

Le feu de *houille*, plus vif & plus ardent, est, par son plus grand mouvement, plus capable que celui du bois, d'agiter l'air, d'obvier à sa stagnation, plus propre à dissiper les mauvaises exhalaisons. Ce ne seroit pas avancer un paradoxe, que de prétendre qu'il est encore par sa partie *bitumineuse*, & par un principe qui s'en détache dans la combustion (1), plus propre à corriger l'air, & que, pour quelques affections de *poitrine*, il est une espece de palliatif, & même un remede; dès-lors le chauffage de charbon de terre devient une chose précieuse pour les familles indigentes, qui forment le plus grand nombre des habitans d'une grande ville; pour le petit peuple, dont les retraites pourroient souvent, sans injustice, être regardées comme autant de cachots prêts à se pestiférer.

Dans le grand nombre de maladies de langueur qui sont comme *endémiques* parmi ce qu'on appelle petites gens, dont quelques-unes sont constamment le triste partage du défaut d'aisance, on ne sauroit douter qu'il n'y en ait plusieurs qui doivent leur origine à l'air étouffé, respiré en commun dans un même endroit toujours trop resserré (2). Une troupe d'enfans aussi mal tenus pour l'ordinaire, souvent aussi mal-sains que ceux dont ils ont reçu l'être, entassés dans un même lit, au moins dans une même chambre, dont tous les recoins exhalent la mal-propreté, ne respirent certainement pas un air salubre. Ce défaut de pureté ne tarde pas de s'accroître à un degré bien plus fâcheux, si quelqu'un de la bande vient à tomber malade, ou se trouve affecté de vice scrophuleux ou autre, de nature à se communiquer.

Peut-être est-ce la cause pour laquelle la *pulmonie* sur-tout, phtysie devenue aujourd'hui si commune qu'on pourroit la nommer *consomption françoise*, fait plus de ravage dans le bas peuple que dans les familles aisées. Cette maladie, en effet, ne se borne pas à celui qu'elle a gagné le premier dans cette chambre: elle étend facilement sa contagion sur une bonne partie de la famille misérable, qui respire un air infecté de myasmes purulents. Si ces infortunés avoient été, dans les grands froids, en état de corriger de tems à autre par un peu de feu le mauvais air de leur habitation, il est permis de présumer que le premier attaqué, ou quelques-uns de ceux qui ont par la suite contracté la disposition maladive, eussent résisté aux atteintes pestilentielles de l'air qu'ils respirent (3).

On sait que dans les froids excessifs, les pauvres sont en butte à tous les

(1) Il en sera question page 21.
(2) Avis au peuple sur sa santé, 4e édit. Paris, 1760, tom. 1, c. 1, sect. 9, p. 38.
(3) Enim verò non nullis Phtysicis, tanta est hujus (aëris) influentia, ut morbi causa, aëris in quo degunt incongruitati, quandoque ferè in totum ascribatur, & pro curatione soli aut cœli mutatio, cœteris quibuscumque remediis præferatur. *Willis, opere citato.*

fléaux de l'indigence : quand bien même on suppoſeroit que ces malheureux ne recourroient à ce chauffage que paſſagérement & dans les tems les plus rigoureux, cette propriété de corriger à peu de frais le mauvais air (de quelque maniere qu'on l'entende), eſt un avantage très-digne de conſidération ; il entre dans la claſſe de ces médicamens, dont l'art de guérir preſcrit la vapeur ou la fumigation pour les affections de poitrine ; ce moyen paroîtroit même de nature à l'emporter ſur l'habitation dans des étables, dont on avoit voulu faire une méthode ſpécifique.

Les deux autres circonſtances appartenantes au feu de houille, ne ſont pas auſſi eſſentielles, puiſqu'elles ne concernent pas la ſanté ; elles ne ſont, pour ainſi dire, que d'opinion, c'eſt-à-dire fondées uniquement ſur des apparences. Pour aller au nœud de la queſtion, concernant l'odeur que donne le charbon de terre brûlé, & trancher toute difficulté ſur ce point, il s'agit de nier ou de convenir que les déſagrémens & les incommodités qu'on ne pourra faire diſparoître dans l'uſage de ce foſſile, tant de la part de l'odeur qu'il exhale que de la pouſſiere qu'il répand, ſont bien ſenſibles. Il s'agit d'examiner en quoi ils ſont mal entendus ou exagérés. Ceci ne comporte abſolument qu'une réviſion de faits vérifiés ſoigneuſement, & diſcutés avec impartialité.

De la vapeur, de l'odeur & de la fumée du charbon de terre.

La maniere dont on eſt prévenu contre le feu du charbon de terre relativement à ces incommodités, ne peut avoir ſa premiere ſource que dans le récit de ceux qui ont été dans les pays où l'on en fait uſage. La plus grande partie des voyageurs tient effectivement un langage aſſez uniforme au déſavantage de ce chauffage. Sans vouloir ici les déprimer, à la faveur du reproche que l'on fait à ceux qui viennent de loin, naturellement portés à s'écarter de la vérité, je demande ſérieuſement ſi tous ceux qui ſont ſortis de chez eux ſont dans le cas de mériter une confiance aveugle ſur ce qu'ils racontent ? Les uns, & ce nombre eſt grand, n'ont porté dans les pays étrangers qu'ils ont vus, que des yeux faſcinés par des préjugés, & ne rapportent à leurs compatriotes que les fauſſes idées qu'ils avoient avant leur départ.

D'autres, tout-à-fait ignorans ſur les modes, ſur les pratiques, comme ſur les particularités des pays où ils ont été, uniquement infatués d'un voyage qu'ils ont fait en courant, s'arrogent impérieuſement des droits ſur la crédulité de leurs auditeurs, dont peu ſont en état de les contredire ; ils prennent d'ordinaire un ton affirmatif, même déciſif, qui ordonne aux autres de ne pas douter.

Combien dans tous ces différens voyageurs, dont on écoute les récits, y en a-t-il, je ne dis pas ſeulement qui ſachent obſerver, mais qui aient voulu ſe donner la peine de voir & d'examiner ? Le point auquel j'en ſuis, me fournira ici la preuve de ce manque d'attention & de diſcernement des voyageurs, d'après leſquels on croit connoître exactement les effets du feu de houille.

Dans

Dans le compte que rendent la plupart d'entre eux, de leurs fenfations à cet égard, aucun n'a fait mention d'une circonftance également compétente aux fens, &, à mon avis, auffi frappante que les autres phénomenes du chauffage, dont ils relevent fi fort les incommodités ; c'eft précifément hors des tems qu'il n'y a pas de feu allumé dans un appartement, en conféquence lorfqu'on ne peut y penfer, lorfqu'on ne s'y attend pas même, que la circonftance dont je viens de parler a lieu. J'en ai dit un mot en paffant, page 27 de la premiere partie. Voici ce dont il s'agit : La *graiffe* ou l'huile du charbon de terre, en parcourant dans l'état obfcur de vapeurs le tuyau de la cheminée, s'y eft ammoncelée, s'y eft refroidie à différentes hauteurs & avec différentes circonftances : elle s'eft convertie en fuie plus ou moins *réfinifiée* ou *bituminifée*. La partie qui n'eft point confolidée avec la fuie déja formée, tient encore beaucoup de fon humidité, qui, au moyen de l'abfence du feu dans la cheminée, n'eft point chaffée dans le haut, & que le tems pluvieux empêche d'y parvenir, ou de fe diffiper à l'extérieur : elle reflue donc plus ou moins fenfiblement dans la piece ; à l'odeur près, c'eft ce qu'on éprouve quelquefois dans des chambres chauffées par des poëles. A raifon ou du peu d'étendue du tuyau, ou de la direction qu'on a été contraint de lui donner, ou de l'expofition de fon iffue, fur laquelle on eft également gêné, les poëles renvoient en tems de pluies, lorfqu'on n'y allume point de feu, une odeur de fuie affez forte : cette remarque peut être faite aifément.

Je ne puis d'ailleurs mieux défigner cette odeur au commun de mes lecteurs, qu'en leur difant qu'elle tient de celle des charbons de terre & de celle des charbons de bois. Il eft plus facile d'en donner une idée à ceux qui ont quelques connoiffances de chymie. C'eft abfolument l'odeur propre au commencement de décompofition des *bitumes* ou des *réfines*, & plus de ces dernieres, qu'on obtient des bois réfineux &c, par leur diftillation à la cornue. L'odeur qui s'exhalera dans cette opération par le trou du ballon, comparée à celle de la fuie dans les tems humides, démontrera mon idée ; & fi les charbons de terre donnent en brûlant une odeur mixte, dans laquelle on diftingue celle dont il eft queftion, c'eft une préfomption de plus pour penfer, avec beaucoup de Phyficiens, que les charbons de terre ont une origine végétale.

La difficulté qu'il y auroit (comme dans tout ce qui eft du reffort des fens) à trouver tout le monde d'accord, ne me permet pas davantage de fpécifier l'impreffion que cette odeur pourroit produire fur les uns ou fur les autres. Je donnerai feulement mon idée à cet égard, & je la crois raifonnable ; elle eft une fuite de l'opinion de quelques auteurs que j'ai cités, fur la propriété du charbon de terre de donner au feu une exhalaifon bonne pour la fanté, & qui eft étayée de l'avis des médecins de Liege & de Valenciennes. Je ferois difpofé à penfer que cette odeur, renvoyée de tems en tems des cheminées dans les appartemens, en agiffant fur l'organe de la refpiration, comme elle affecte l'odorat, ne contribue pas peu à rectifier l'air des villes & des maifons où l'on brûle de la *houille*.

F

Je paſſe maintenant à quelques autorités ſur leſquelles on imagine pouvoir ne pas douter de l'inconvénient de la pouſſiere , de l'odeur & de la fumée que donne le feu de charbon de terre. Les témoignages des perſonnes qui habitent à la proximité de quelque manufacture, où l'on emploie beaucoup de charbon , comme d'une verrerie , &c. ſont ceux auxquels on ſe croit autoriſé d'en appeller davantage : ſelon eux , ces déſagrémens ſont réels & conſidérables.

Dans le voiſinage des endroits où il y a des manufactures qui conſomment une grande quantité de charbon de terre , pur , & non apprêté, on ne connoît que l'incommodité indiſpenſable d'un grand volume de fumée , comme par-tout où l'on brûle d'autres matieres ; mais cette fumée plus épaiſſe , & plus ſenſible à la vue que celle du bois , eſt moins nuiſible pour les yeux ; on n'en n'a jamais vu réſulter aucun dommage , ni aucun inconvénient ; ces atteliers ne peuvent nullement être donnés pour exemple ; on ne peut trop répéter que la ſomme de vapeur, de fumée , de pouſſiere , réſultante du charbon de terre, préparé tel que je l'ai dit , ne reſſemble en rien à ce que l'on eſt à portée de voir dans ces endroits : ce ſeroit en juger très-mal que d'en juger par-là. C'eſt à tort qu'un journal, recherché par le choix *de notices courtes, ſimples & préciſes , ſur les nouvelles productions des arts & de l'induſtrie , des ſciences & de la littérature* (1) , en diſcutant les avantages des pompes à feu, appliquées à d'autres objets qu'à l'épuiſement des eaux de mines , taxe l'odeur du charbon de terre, néceſſaire pour le ſervice de ces machines, *d'odeur pernicieuſe.*

Nous conviendrons aſſurément que ſon odeur , ſa fumée &c. , préſenteront une idée déſavantageuſe , lorſqu'on voudra comparer les feux de *houille* pure avec les feux de bois ; cette maniere aſſez naturelle de prendre l'idée de ce chauffage, pourra d'abord ne pas lui être favorable. A Londres, dans les premiers tems qu'on en brûla , on s'éleva contre ſon uſage. Les hiſtoriens de cette ville rapportent « qu'en 1305, vers la fin du regne d'Edouard I, les marchands qui » avoient beſoin de beaucoup de matiere combuſtible, comme les teinturiers , » braſſeurs , &c. ayant commencé alors à employer le charbon de terre, » une grande partie de la haute, de la petite nobleſſe & des autres bourgeois, » repréſenterent au roi que cet uſage étoit incommode au public, & que de la » permiſſion qui fut donnée d'informer, il s'enſuivit une ordonnance ſévere » pour défendre l'uſage de cette matiere , ſous peine d'amende , confiſca» tion , &c. ». Les mêmes hiſtoriens rapportent « que ces marchands éprou» vant la rareté & la cherté du bois de chauffage, qui portoit coup à leur » commerce, employerent le charbon de terre, & en tirerent, peu de tems » après, de Newcaſtle ſur la Tine ».

Il ſeroit difficile de citer , en aucun pays, l'exemple d'une contravention auſſi heureuſe. Aujourd'hui que dans ce royaume les mines de charbon de terre donnent l'exiſtence à une pépiniere de matelots , réputés les plus habiles , & que ce commerce eſt devenu ſi conſidérable qu'on y aſſigne une par-

(1) Avant-Coureur, n° 33, an. 1768 , lundi 15 août, p. 524, en rendant compte du 3e mémoire de M. Deſparcieux , ſur le projet d'amener à Paris, la riviere d'Yvette.

tie des subsides que la nation a coutume d'accorder pour les besoins de l'état, nous nous croyons plus que dispensés de nous arrêter à la moindre réflexion, pour faire remarquer combien on pense différemment sur cette matiere qu'on ne pensoit en 1305.

Le savant historien de la police de Paris (1) mérite trop d'égards pour passer sous silence ce qu'il dit sur cette odeur, qu'il caractérise mieux que la plupart de ceux qui en ont écrit. En parlant de ce chauffage, usité dans les pays qui produisent de la *houille*, il s'exprime d'une maniere qui ne prévient pas en sa faveur (2); mais il est facile d'imaginer que sur cela il n'a suivi que l'idée commune. Les propriétés qu'il donne ensuite à cette odeur, sans doute d'après quelque témoignage, font preuve qu'il n'a jamais prétendu se rendre garant de ce qu'il avance (3).

Voudroit-on, en se dépouillant un instant de toute espece de préoccupation, savoir ce qui en est de l'odeur du charbon de terre quand il brûle, de la fumée qui s'en exhale ? Rien de plus aisé ; il n'est pas besoin pour cela d'avoir voyagé en Angleterre, à Liege, ni d'avoir été dans le Hainaut François, ou dans les autres provinces qui emploient ce fossile à leur chauffage. On ne peut faire beaucoup de chemin dans les rues de Paris sans passer auprès de quelque boutique, d'où la vapeur, la fumée, l'odeur de cette substance s'étende dans le voisinage : on s'en apperçoit d'abord ; mais quoiqu'elle prenne assez fortement au nez, on n'a jamais remarqué que personne donne sur cela le moindre signe de *déplaisance*. En tout cas, loin d'être nuisible, on seroit fondé, avec le célebre M. Hoffman (4), à réputer cette vapeur amie du genre nerveux, comme la plupart des substances dont on fait respirer la fumée, & qui, quoique d'une odeur désagréable, sont décidément, dans les affections nerveuses, plus efficaces que les parfums.

Feu M. Fagon, intendant des finances, avoit été à portée, dans les contestations survenues à l'occasion des mines de Raismes & de Saint-Wast au Hainaut François, de connoître l'importance & l'étendue de la ressource dont pouvoit être le charbon de terre. Soit qu'il voulût faire connoître son utilité pour le chauffage, soit idée particuliere, il avoit adopté le charbon de terre pour échauffer ses bureaux & ses antichambres. L'odeur que l'on appréhende tant, & sur laquelle on annonce une si grande répugnance, n'avoit donné lieu à aucune raillerie, ni à aucune contradiction sur cette fantaisie, si on veut l'appeller ainsi.

Dans l'hyver de l'année 1712, environ, plusieurs pensionnaires du collége de Louis-le-Grand se trouverent très-bien de l'idée de leurs parens, qui, à

(1) Traité de la police, par M. Delamare, conseiller commissaire du roi au châtelet de Paris, 4 vol. in-fol. dont le 1er en 1705, le 2e en 1710, le 3e en 1719, & le 4e continué par M. Leclerc du Brillet, sur les mémoires de feu M. Delamare, publié en 1738.

(2) Il ne peut y avoir qu'une longue habitude qui puisse rendre ce chauffage supportable ; car ce charbon en brûlant rend toujours son odeur natu-relle de *bitume*, qui est fort incommode à ceux qui n'y sont pas accoutumés. Tom. 3, édition in-4°, p. 933.

(3) Cette mauvaise odeur a néanmoins cette bonne qualité, qu'elle chasse ou tue les serpens. Sect. 4, p. 933, tom.

(4) Fred. Hoffmani obs. 24, de carbonibus fossilibus, & eorum vapore, non adeo noxio.

l'occafion du prix auquel fans doute le bois de chauffage étoit porté dans ce moment, envoyerent à leurs enfans du charbon de terre. Ce fait m'a été affuré par une perfonne auffi éminente par fes qualités perfonnelles, que par les places diftinguées qu'elle a occupées, & elle étoit du nombre de ceux qui fe chaufferent avec du charbon de terre.

Quant à la fumée réfultante de ce foffile, fi on en juge par ce que l'on en voit chez les ouvriers qui emploient le charbon de terre dans leurs travaux, l'idée qu'on en prendroit feroit abfolument fauffe. Les charbons dont ils fe fervent font ceux qui communément ont le plus d'odeur, & donnent le plus de fumée, & par cette raifon ils ne conviennent pas fi bien au chauffage; & on ne doit pas oublier qu'en employant le charbon de terre, *apprêté* comme je l'ai décrit, l'odeur & la vapeur n'en font plus les mêmes que celles qui fe remarquent dans ces atteliers.

Dans la différence dont il s'agit ici, la *fabrication* à laquelle la houille a été foumife, pour l'appliquer aux ufages domeftiques, corrige réellement les défauts qui paroiffent au François une raifon d'exclure ce foffile des ufages domeftiques.

On doit bien s'attendre qu'entre plufieurs perfonnes, au jugement defquelles on voudra s'en rapporter dans une matiere de cette efpece, les avis fe trouveront partagés; mais je n'ai fur cela qu'une obfervation à faire : je n'héfite point d'affurer que ce ne fera toujours que le plus petit nombre qui trouvera infupportables l'odeur, la fumée ou la vapeur de ce chauffage. L'imagination n'aura-t-elle pas, dans cette maniere d'être affecté, plus de part que la réalité ? La préfomption en eft du moins permife.

Je fuppofe encore que quelqu'un, libre de tout préjugé fur cet objet, foit affecté défagréablement pendant les premiers momens que la pile s'enflamme. Il eft, pour ceux qui auront dans leur maifon plus d'un feu, un moyen aifé de ne pas fe douter de ces effets, c'eft de n'employer pour le chauffage de leurs appartemens que les pelottes qui feront reftées de la veille du feu de la cuifine, ou des autres pieces; on en fera quitte pour être obligé de renouveller plus fouvent ce feu, fans que l'économie, qui fait un avantage effentiel de ce chauffage, en fouffre aucunement.

De la pouffiere ou cendre, & de la fumée du charbon de terre.

A en croire tous ceux qui ont été dans les pays où l'on brûle du charbon de terre, la pouffiere ou la cendre, & la fumée, qui s'écartent loin des cheminées & des villes, répandent jufque dans l'air un noir faliffant dont il n'y a pas moyen de fe garantir. Cette pouffiere altere la blancheur des linges, la netteté des vêtemens, l'éclat des dorures, dont il femble qu'on ne puiffe plus fe paffer dans les appartemens, dans les meubles & fur les ajuftemens.

Je fuis honteux d'être tenu de réfuter férieufement des objections qui n'ont rien de grave que le ton avec lequel on a coutume de les annoncer, & l'attache de la multitude. Quoique la plupart foient fi peu fondées qu'elles pourroient

roient être taxées de ridicules, je les traiterai. S'il falloit, en se chauffant avec de la *houille*, renoncer à la propreté, soit dans sa maison, soit en ville, il est certain que ce ne seroit pas une foible objection contre cet usage, tout agréable & commode qu'il seroit d'ailleurs; mais il ne suffit pas que ces oui-dire soient reçus généralement, il faut que le point de fait sur lequel ils sont appuyés, soit avancé de maniere à être lié avec les circonstances qui l'éclaircissent, & que chacun ne puisse pas se le représenter à sa fantaisie.

Suffit-il, par exemple, qu'un écrivain nous déclare (1) que *la ville de Saint-Etienne en paroit comme toujours couverte de nuages ou d'un brouillard épais; que cette fumée noircit les maisons, & fait peut-être perdre à cette ville, du côté de l'agrément, une partie de ce qu'elle gagne du côté du commerce & des richesses?* La chose paroit vraisemblable, & on n'ose pas imaginer que cela puisse être autrement; mais je m'en tiens à renvoyer, pour le premier objet, à la lettre de M. Dell-waide; & à l'examen que j'ai fait de la consultation de M. Stebbler, quant au second.

Dans une ville telle que Londres, Liege, ou autre, dans lesquelles on use du feu de *houille* pour tous les besoins d'un ménage, dans lesquelles tous les quartiers servent de passage aux voitures qui transportent sans cesse cette matiere de tous côtés, il sera sûrement impossible de ne pas s'appercevoir des traces de cette importation dans les rues, dans quelques parties des maisons, comme les cours, ou les endroits où l'on serre l'approvisionnement. On sait, par exemple, que Saint-Etienne en Forez est rempli de fabriques d'armes à feu, de fenderies, usines, martinets, manufactures de quincaillerie. De tout ce qui se consume de charbon dans l'enceinte de cette ville, n'est-ce pas la plus considérable quantité qui passe dans ces atteliers? Et y a-t-il quelque chose à conclure d'une grande habitation occupée par des forgerons qui, sans interruption & tous les jours, brûlent du charbon à l'aide des soufflets, dont le vent détache & enleve des molécules, ou en nature, ou en cendres? Jugeroit-on des inconvéniens des cendres & de la fumée de ce chauffage, par la malpropreté qui regne universellement dans les petits ménages, & qui s'étend sur leurs vêtemens, sur tout ce qu'ils touchent, ou ce qu'ils approchent? Il faudroit ignorer que le menu peuple est par tout pays reconnoissable par son extérieur sal & négligé. J'ai entendu très-souvent chercher la preuve de ces allégations touchant la propriété de salir & de s'insinuer par-tout, des cendres & de la poussiere de la *houille*, dans la prétendue précaution que prennent les Anglois & les Liégeois, de choisir des redingottes & des habits gros bleu; il n'est pas cependant difficile de voir que le menu bourgeois, le commun du peuple, ou l'homme de commerce, trouvent simplement dans cet habillement, & dans la couleur qu'ils préferent pour l'ordinaire, l'avantage de s'exempter du soin réitéré de leur ajustement. Il y a même sur cela, si je ne me trompe, une remarque que tout le monde est à portée de faire; c'est que ces étrangers, pris dans le même ordre, en voyageant dans d'autres pays où

(1) Mémoire pour servir à l'histoire naturelle des provinces du Lyonnois, Forez & Beaujolois, par | M. Alleon du Lac, avocat en parlement, & aux cours | de Lyon, *tom.* 2, *p.* 68.

G

l'on ne brûle pas de charbon de terre, ne se départent point de ce choix d'habillement ; que s'ils ont à se faire habiller hors de chez eux, ils se décident assez volontiers, par préférence à toute autre, pour cette couleur grossiere. On ne peut pas dire que c'est alors de leur part un choix raisonné sur les inconvéniens de la poussiere du feu de *houille*, entiérement inconnu dans le pays où ils se trouvent.

Les personnes qui s'imagineront que ces étrangers se sont uniquement conduits en cela par une sage & prévoyante économie relative à leur prochain retour au milieu de la fumée poudreuse de leurs pénates, auront à prouver que telle a été l'intention ; alors je n'aurai rien à répondre.

Ce n'est pas que le charbon de terre, employé presque généralement dans une grande ville, ne produise une cendre dont une bonne partie doit se répandre en l'air & retomber de tous côtés. Ce n'est pas une suite aussi nécessaire de ce chauffage, que nous avons à contester : nous ne prétendons que réduire à sa juste valeur l'opinion que l'on a de l'effet de cette poussiere sur tout ce qui peut être soumis à son contact. Une courte observation suffira pour cela : c'est qu'à voir, à examiner même avec cet esprit de prévention les appartemens, les ameublemens, je ne dis pas seulement des maisons honnêtes, mais encore du commun & du plus petit artisan de la ville de Liege, les habillemens, les linges de corps & de table, on ne croiroit point du tout qu'il ne s'y fait de feu, pour quelque chose que ce soit, qu'avec de la *houille*.

Je dois ajouter à cela que dans le général on y est assez dans l'usage des rideaux blancs, tant pour les lits que pour les croisées ; cette couleur, la plus facile de toutes à s'altérer, & qui ne pourroit se concilier avec cette propriété de la *houille*, d'être salissante, annonce clairement que cet inconvénient n'est pas tel qu'on le prétend communément. Où est donc le sujet d'inquiétude que le François, si recherché sur l'article de la propreté, n'ait point le talent de s'y maintenir au milieu du chauffage dont il s'agit ; de conserver cette propreté qui n'est inconnue ni à Londres, ni à Liege, ni en Hollande, où l'on sait qu'elle est (si on peut parler ainsi) portée à l'excès, quoiqu'on n'y brûle que de la *houille* ou de la tourbe ?

Il y a assurément un manque d'attention, ou une prévention bien mal raisonnée, à aller chercher dans la fumée qui doit nécessairement s'exhaler en grande quantité, dans un endroit fort peuplé, une explication de cette vapeur qui paroît au-dessus de la ville de Liege ; c'est assurément une des moindres causes de ce que l'on peut avancer sur cela. Le voile nébuleux qui, si l'on veut, obscurcit l'air au-dessus de Liege, n'est guere différent, ni plus considérable que celui qui couvre les grandes villes, & qui est toujours remarqué par les voyageurs arrivant à Paris (1).

Je ne puis retenir mon étonnement de ce qu'avance M. Stebbler dans la consultation donnée pour le feu cardinal de Baviere. Ce médecin va jusqu'à prononcer que *ces efflux sulphureux & fœtides, entraînés en bas par leur propre poids, communiquent au sol du pays une couleur noire, pénetrent jusque dans les*

bourfes; que l'or & l'argent qui y font renfermés n'y font pas à l'abri d'une alté-
ration marquée (1). L'explication du fond de la couleur du terrein de Liege,
par une caufe extérieure telle que les molécules de la houille, trop pefantes
pour pouvoir refter fufpendues en l'air, ne peut être réfutée férieufement.

Pour ce qui eft de l'effet de ces exhalaifons fur l'or & fur l'argent, le lecteur inftruit doit fe rappeller ce qui a été dit à cet égard, pag. 26 & 27 de
la premiere partie. Les chymiftes connoiffent cette propriété dans *l'efprit* du
charbon de terre, lorfqu'on le foumet à la diftillation ; mais M. Stebbler
avance ici un fait tout neuf & abfolument ignoré des Liégeois, & de ceux
qui y ont féjourné affez long-tems pour y avoir de l'argent en caiffe, ou en facs.
En accordant au furplus un inftant cette propriété , très-propre à frapper
les efprits crédules, on ne voit pas comment M. Stebbler a pu en tirer une
induction contre la falubrité de l'air de Liege, dans le cas pour lequel il
donnoit fon avis relativement à la fanté du feu cardinal de Baviere, & à la
néceffité d'éviter de le refpirer. Cet *efprit* reconnu par l'analyfe, & qui véritablement noircit l'or & l'argent, n'eft, au fçu de tous les chymiftes, qu'une
efpece de liqueur balfamique, & il devient alors plus que difficile de le foupçonner d'être nuifible à la poitrine.

On ne fauroit croire à quel point on a été extrême fur ce préjugé, jufqu'à
prétendre que la pouffiere ou la vapeur de la houille ont un effet marqué fur
la peau, que la blancheur du teint du vifage fe ternit par cette fumée.

Il n'eft pas trop facile d'imaginer fur quel fondement porte cette abfurdité.
Seroit-ce d'après ce que l'on voit tous les jours fur les ouvriers employés
dans les mines & dans les magafins de *houille*, ou à des travaux qui obligent
d'être du matin au foir au milieu de cette pouffiere, ou de la vapeur ? Certainement l'afpect de cette grande partie du menu peuple qui habite l'extrêmité de quelques fauxbourgs de Liege, & qui ne connoît d'autre occupation
que celle des mines ou du commerce de *houillerie*, rendra au vrai le tableau
que je donne du corps des houilleurs, fect. premiere de cette feconde partie.
Les ferruriers, les ramoneurs doivent être, des pieds à la tête, de la même
couleur que nos charbonniers; comme les boulangers, les plâtriers doivent
être remarquables par une couleur toute oppofée: mais on n'ofe fe perfuader
que ces troupes d'artifans, enfumés ou barbouillés, puiffent fournir aucune
forte de conféquence en faveur de la propriété que l'on attribue au charbon
de terre, d'altérer fonciérement la couleur de la peau.

Nous aurions fort defiré n'avoir pas encore à faire ici un nouveau reproche
à un démonftrateur d'hiftoire naturelle, dont les cours publics font fort fuivis (2). En croyant avec le vulgaire à cette influence du feu de *houille* fur le
teint du vifage (3), il ne devoit pas négliger de nommer les pays, les villes
dans lefquelles il a conftaté cette obfervation importante pour la plus agréable

(1) *Hæc fanè cùm fœtore junca fulphurea efflu-*
via , ficut fuo preffa pondere , nigro terras colore in-
ficiunt , reconditumque in ciftis aurum & argentum
deformi rubigine imbuunt.

(2) Minéralogie, ou nouvelle expofition du regne
minéral , par M. Valmont de Bomare.
(3) La vapeur qu'exhale ce foffile, lorfqu'il brûle,
noircit le linge, & rend le teint tout *bafané.*

portion de la fociété. Je puis affurer que ce n'eft pas à Maëftricht (1), dont le fexe eft bien éloigné d'avoir un teint défagréable. Les habitantes de Liege ne font pas plus mal partagées à cet égard, que ceux de Maëftricht. Il faudroit être difficile, pour accufer le fang des Liégeois d'être fruftré de cette heureufe aptitude à faire briller fur l'extérieur du corps & du vifage, cette blancheur & cette fleur qui ajoutent un furcroît d'agrément aux traits de la phyfionomie.

A Valenciennes, dans le Hainaut François, où depuis quarante ans on n'emploie de même que le charbon de terre pour le chauffage, les femmes ne fe font pas encore apperçues que cet ufage ait fait aucun outrage à leur teint. Les perfonnes de l'un & de l'autre fexe, qui pourroient être intéreffées dans cette allarme, en reviendront d'elles-mêmes, en faifant attention que les Anglois n'ont rien moins que le *teint olivâtre*. On fait que la couleur brune n'eft pas même chez eux la couleur dominante.

Si les phyfiologiftes ont eu de bonnes raifons pour regarder la blancheur du teint du vifage des habitans d'un pays comme un figne de fa falubrité, que deviendra la qualité prétendue mal-faine du climat de Londres, ou de ce brouillard perpétuel qu'on y refpire? Une chimere.

A la veille de mettre ces mémoires à l'impreffion, il m'eft parvenu un ouvrage fait pour intéreffer à plus d'un titre. La plume dont il fort, habituée à jetter de l'agrément fur tous les fujets qu'elle traite, eft également en poffeffion du fuffrage du public. La curiofité des François fur les mœurs & les coutumes de la capitale d'Angleterre, s'eft déclarée depuis plufieurs années jufqu'à déterminer le curieux à y voyager pour en juger par lui-même. Tous ne le peuvent cependant pas; & ces derniers curieux feroient bien à plaindre, fi l'homme de lettres qui s'y eft tranfporté, ne refpecte pas la vérité dans le compte qu'il leur rend de ce qui l'a frappé; fi l'imagination vient fe confondre avec l'impartialité qu'il annonce; fi enfin, à la faveur d'une épigraphe applicable à toutes les grandes capitales (2), on fe permet des inconféquences fous la forme de l'érudition qui dit tout & n'approfondit rien. Dans l'ouvrage piquant, intitulé *Londres* (3), on trouve un article affez long fur ce que le chauffage du charbon de terre a de défagréable. Le ciel de cette ville y eft repréfenté, comme *un manteau formé d'un nuage qui oppofe pendant huit mois de l'année environ, une barriere impénétrable aux rayons du foleil, qui revient fans ceffe fur lui-même, pour empêcher les habitans d'entrevoir la lumiere du jour* (4).

L'auteur affure que fi Londres continue de s'accroître autant qu'elle en paroît fufceptible, les fumées du charbon de terre forceront les habitans de renoncer à ce féjour. Les édifices, auxquels on a certainement apporté le plus de foin pour en rendre la conftruction magnifique & folide, fe reffentent déja

---

(1) On ne voit defcendre tous les ans fur la Menfe, qu'un feul bateau de bois, pour l'ufage de cette ville.

(2) *Tranfivi, ut viderem fapientiam, errorefque,* & *ftultitiam.* Ecclefiaft.

(3) Laufane, 1770, 3 vol. in-12.
(4) Tom. 1, nouveau Londres, p. 77.

de

de cette fumée infupportable, qui enveloppe exactement & continuellement
la ville. « Non-feulement l'extérieur des maifons porte évidemment l'empreinte
» de la couleur fale & déplaifante de cette fumée, mais encore leur folidité
» en eft fenfiblement altérée; les pierres de l'ancienne cathédrale, détruite par
» un incendie en 1666, avoient toujours été l'objet de réparations auffi fréquen-
» tes que difpendieufes, occafionnées par l'action infenfible de la fumée (1) ».

Qui oferoit, après de pareils effets préfentés d'un ftyle féduifant & léger,
contredire, même révoquer en doute la propriété nuifible & mal-faine des vapeurs de ce chauffage, ne pourroit paffer que pour un entêté. Ne pas redouter l'action corrofive de fes parties terreftres & minérales fur le fang, dans
lequel elles fe mêlent avec l'air qu'on refpire, feroit une inconféquence groffiere. Auffi l'auteur (2) ne manque-t-il pas de faire entrer en compte, parmi
les caufes phyfiques de la mélancolie des Anglois, cet athmofphere dont il
s'eft plu à faire une peinture frappante; je pourrois dire une *cargature.*

Que réfulte-t-il de toutes ces allégations? finon que toute nation, quelque
éclairée qu'elle foit, n'eft pas à l'abri des préjugés. Il eft feulement fâcheux
qu'ils aient quelquefois pour panégyriftes, les perfonnes qui en devroient être
les deftructeurs. Je ne crois pas au furplus, qu'elles méritent attention, fi on
les compare à l'analyfe que j'ai déja faite de la confultation de M. Stebbler, fur
la fanté de feu Son Eminence le Prince de Liege, & aux détails dans lefquels
je fuis entré fur toute cette matiere; je regrette fur-tout que M. Grofley n'ait
pas eu connoiffance d'un ouvrage, fort répandu néanmoins, qui traite le
même fujet que lui. L'OBSERVATEUR FRANÇOIS A LONDRES, fans favoir
que le Gouvernement fongeoit à favorifer l'établiffement adopté aujourd'hui,
a difcuté fommairement & judicieufement cette opinion françoife. M. Grofley eût apperçu dans la lettre LXXV que j'ai citée, un antagonifte qui
n'eft pas indifférent. Le lecteur trouvera bon que je l'invite à comparer ces
deux pieces, dans lefquelles il trouvera le pour & le contre; & c'eft le
moyen de juger avec connoiffance de caufe. Je crois devoir faire obferver,
que fi la falubrité de l'air de Londres avoit befoin d'autres garans que les
perfonnages célebres, compofant la fociété de médecine de cette ville, qui
ont répondu, par leur fecrétaire, à mes queftions fur ce fujet, comme on le
peut voir par la piece FF, il ne feroit pas déraifonnable d'en tirer une conféquence avantageufe à cet air. Ce que prouve de plus le caractere du
peuple d'Albion, perfonne ne l'ignore, il ne s'eft démenti dans aucun tems,
dans aucune révolution: parmi des hommes qui pafferoient leur vie dans un
air groffier & mal-fain, ou qui feroient partagés d'un tempérament caco-
chyme & valétudinaire, trouveroit-t-on cette hardieffe à entreprendre, ce
courage à exécuter, *cette aptitude pour les fciences* (3), que tant de fois on
admire dans les Anglois? Les phyficiens, à qui il appartient de raifonner fur
les effets de la fanté & de la maladie, ne peuvent paffer à M. Grofley fes
inductions, fes opinions fur la mélancolie, à laquelle il attribue, on ne voit

(1) Londres, tom. 1, p. 79.
(2) Idem, p. 77, 78, 79.

(3) Idem, pag. 373.

H

fur quel fondement, toutes les modifications de cette force extraordinaire de l'ame. Un état de maladie, telle que la mélancolie, le mal-aife, la lenteur, l'affaiffement qu'elle répand dans l'habitude de l'ame & dans celle des corps, ne comporta jamais *cette obftination prétendue, que l'on fait être ordinaire aux Anglois, pour des objets difficiles,* ni aucune efpece *de bravoure,* ni *cette chaleur qui échauffa Rome & la Grece, & qui produira les mêmes fruits en Angleterre.* M. Grofley eft le premier à qui l'idée foit venue de donner *à une fievre quarte de fept ans de durée, la plus légere influence fur la réputation du chevalier Bayard* (1) ; *d'attribuer en partie la victoire de Fontenoy au délabrement de la fanté du Maréchal de Saxe* (2) ; d'expliquer enfin par l'affection hypocondriaque & mélancolique, le caractere d'une nation. Qui connoît l'auteur, fes talens & fa gaieté, fait que penfer de l'influence de la mélancolie.

Les travaux des Bacons, des Boyles, des Newtons, toutes leurs découvertes dues aux plus vigoureufes opérations de l'efprit humain, ne pourront jamais fuppofer dans leurs auteurs, qu'un état bien décide de fanté. Faire dépendre d'un excès de mélancolie ou de fievre, les grandes actions des hommes, feroit rabaiffer d'une façon finguliere le Grand Condé, nos Montmorency, Châtillon, Luxembourg, les Bouillon, Bertrand Duguefclin, les Richelieu, Colbert, Louvois, Jerôme Bignon, Ifaac le Maître, les Lamoignon, qui dans la France, où l'on n'eft pas mélancolique, ont donné des exemples de cette fupériorité, qui, fi l'on veut, ont montré ce *noble orgueil,* qui fut toujours le mobile des grandes actions. Pour ce que M. Grofley avance de l'action rongeante des fumées de charbon de terre fur les pierres & fur les édifices; l'Anglois, à moins qu'il ne regarde l'allégation de l'auteur François, comme une *caricature,* faura défendre fes pierres.

On reconnoîtra aifément qu'aux rifques d'abufer de la patience du lecteur, j'ai fait une exacte perquifition de tout ce qui peut être dit, ou qui peut avoir été écrit contre l'ufage du charbon de terre, employé au feu; fi néanmoins je ne renfermois pas fcrupuleufement dans cette récapitulation tous les écrits qui peuvent être venus à ma connoiffance, on ne manqueroit pas de regarder cette omiffion comme volontaire. Afin de lever ce foupçon, je finirai par l'examen d'un ouvrage d'une autre efpece que ceux que j'ai difcutés jufqu'ici, mais non moins impofant par le fuffrage que le public lui a accordé dans fon tems (3). L'auteur, en parlant de la ville de Liege, dont on ne le taxera pas d'avoir flatté le tableau, ajoute, au fujet de la houille (4) : *le chauffage en eft très-défagréable par la mauvaife odeur, qui furpaffe infiniment celle du charbon d'Angleterre, & qui rend Liege en hiver auffi noir & auffi fombre que Londres.* On ne peut s'exprimer d'une maniere plus précife & plus pofitive. Tout ce qui vient d'un auteur, homme de con-

(1) Bravoure, p. 494.
(2) Idem, p. 79, p. 395.
(3) Lettres du Baron de Pollnitz, contenant les obfervations qu'il a faites dans fes voyages, & le caractere des perfonnes qui compofent les principales cours de l'Europe. Edit. 5e. Londres, 1747.
(4) Troifieme vol. des Mémoires, p. 168.

dition, qui a voyagé avec les avantages de ce qu'on nomme une belle éducation, devient pour quelques personnes une décision dont elles imaginent ne pouvoir pas rappeller. Il n'est point de Parisien qui, d'après le baron de Pollnitz, ne se regarde comme très-disculpé de sa prévention contre l'usage du charbon de terre. On me permettra d'apprécier ici ce passage, je crois seulement devoir prévenir que la chose donne matiere à un commentaire raisonné.

La réputation la plus méritée d'un ouvrage ne dispense jamais un lecteur d'avoir présent à l'esprit, sur quel point porte le mérite du livre dont il veut faire son profit, ni de chercher à connoître le caractere de son auteur. On sait, quant au premier, que ces lettres & mémoires du baron de Pollnitz, dont il n'est pas difficile de prendre une juste idée par sa préface, sont essentiellement l'histoire particuliere & secrette des cours dans lesquelles ce seigneur Allemand avoit eu accès par sa naissance; qu'à cet égard, la liberté avec laquelle l'auteur rend compte de la conduite des princes dans leur domestique, de celle de leurs courtisans, a rendu cet ouvrage intéressant, en a peut-être seul fait la réputation; que d'ailleurs, le reste qui forme véritablement la partie des voyages, y est écrite aussi agréablement que légérement, nous ne craindrons pas de le dire, superficiellement.

Pour démontrer que l'avis de notre auteur, au sujet de ce chauffage, n'est point un oracle, nous n'avons ici qu'à ajouter à notre discussion quelques observations générales. Il est malheureusement trop ordinaire aux voyageurs (& les plus raisonnables ont assez de peine à s'en défendre) de ne se former une opinion des villes où ils ont passé, de leurs habitans, &c. que sur quantité de petites circonstances fortuites qui ne sont rien moins que décisives.

Un seigneur d'une des maisons les plus illustres de France, par son ancienneté & par l'éclat dans lequel elle se soutient encore de nos jours depuis son origine, présente très-bien cette remarque (1), que l'on voit à chaque instant se vérifier dans les cercles & dans les conversations.

Un voyageur qui, en séjournant dans une ville, y aura rencontré une compagnie aimable, qui lui aura procuré des amusemens, des connoissances, un accueil favorable, se fait de l'endroit, même de toutes les autres sociétés qu'il n'a point fréquentées, une idée avantageuse qu'il porte par-tout. Il y auroit de l'incivilité à ne pas ajouter foi à l'histoire. Un autre étranger qui se trouveroit dans le même endroit, précisément dans le même tems, mais que le hasard n'aura pas favorisé comme le premier, qui y aura éprouvé quelque aventure fâcheuse ou malheureuse, peut-être même quelque déplaisir cuisant, fera à son retour chez lui un portrait tout opposé; il sera cru de même.

(1) Si l'affection qu'on porte naturellement à un pays, joint avec les obligations qu'on en reçoit non d'un particulier, mais de tout le général, doit induire ma plume à en écrire du bien; l'Ecosse surpasse non seulement tous les autres pays que j'ai vus, mais même me convie de l'égaler en cet endroit à ma nation. Voyage du duc de Rohan, fait en l'an 1600, en Italie, en Allemagne.

Si l'inattention, la prévention, ou même la partialité, n'influent en rien fur les fentimens d'un voyageur à l'égard de la nation, au milieu de laquelle il s'eft trouvé tranfporté ; l'idée qu'il s'en formera pourra quelquefois prendre fon principe, fans qu'il s'en doute lui-même, de la compagnie qu'il aura vue. L'auteur que je prétends trouver ici en défaut, rend très-bien raifon lui-même de la différence qui fe remarque toujours dans les portraits des nations. Il dit, page 7 de la préface, *qu'un étranger ne peut juger fainement d'un endroit, que par ceux qu'il fréquente* : à prendre le baron de Pollnitz par fes propres paroles, il eft fâcheux (cette réflexion me fera permife) qu'au portrait qu'il fait, page 166, lettre xxIv, tom. 3, *des habitans de Liege, des plaifirs qui font de leur goût, de la fociété, du paffe-tems des hommes, &c.* on puiffe avoirquelque fujet d'imaginer qu'il a dépeint le peuple, & non la bonne compagnie de cette capitale.

Si l'auteur eût voulu prendre la peine de diffimuler de l'humeur, il auroit mis quelques lecteurs inattentifs dans le cas de prendre le change en tout fur la nation Liégeoife, qui, dit-il, *feroit toujours celle avec laquelle il liera le moins de fociété*. Cette déclaration énergique n'eft pas inintelligible dans ce pays, où le baron, après avoir été pendant quelque tems reçu dans les meilleures maifons de Liege, détruifit en un inftant, au *Staminai*, la bonne opinion qu'on avoit de fa perfonne (1). L'anecdote feroit ici hors de place ; mais ayant à prouver que l'auteur, tant fur le portrait de la nation, que fur tout ce qu'il a cru voir à Liege, eft fufpect d'aigreur & de partialité ; on fe contentera d'affurer, que la maniere dont il a été regardé dans cette capitale, a été de nature à lui faire *voir en noir* cette ville, & à ne pas lui en rendre le fouvenir agréable. S'il étoit befoin de donner la preuve que cet étranger n'a voulu, par un mépris fimulé, que fe venger de celui qu'il s'eft acquis, un ouvrage connu dans toutes les bibliotheques (2), dont la publication a précédé les lettres & mémoires du baron de Pollnitz, la donne complettement. Quoique cet ouvrage foit plus enjoué que férieux, & ne paroiffe pas ici devoir faire une autorité, il eft cependant permis d'y renvoyer en particulier, pour l'hiftoire du baron de P. L'auteur, homme grave, & connu pour exact dans les anecdotes dont il a égayé fon fujet, garantit l'hiftoire de ce feigneur, qu'il donne en grand détail, comme ayant été publique à Spa, où on *s'en fouviendra long-tems* (3).

Une remarque à faire néanmoins en faveur du baron de Pollnitz, c'eft qu'il a l'honnêteté, pag. 167, de laiffer aux autres *la liberté de ne pas y trouver les mêmes chofes qui lui ont paru, & d'en concevoir une idée différente* ; ce qui ne fera pas difficile pour ceux qui, inftruits de l'hiftoire particuliere de ce pays, ou de celle des fciences & des arts, n'ignorent point le nombre de grands hommes qu'a produits la nation Liégeoife, ou de ceux encore exiftans, qui font honneur à leur patrie.

(1) Chez Clonckart, rue du Dragon, à Liege, vers l'année 1730.
(2) Amufemens des eaux de Spa, t. 1. Hiftoire du baron de P. . . . . (3) Voyez l'avertiffement de l'éditeur, tout à la fin.

Je

Je crois en avoir affez dit, pour que tout lecteur judicieux reconnoiffe que dans les faits particuliers, il n'eft pas obligé d'adopter fervilement l'opinion de fon auteur, fur-tout lorfqu'elle eft dénuée de vérité & de preuve ; que l'on doit toujours être convaincu d'avance, que le voyageur raifonnable ne *prétend pas dépeindre les chofes comme elles font, mais feulement telles qu'elles lui ont paru.* L'auteur de l'ouvrage fur lequel on s'eft étendu ici, fait lui-même dans fa préface, pag. viij, cette fage obfervation; j'ai cru devoir l'employer contre lui-même ; la confiance dont le public honore fon ouvrage, a rendu ce détail néceffaire & indifpenfable. Si à quelques égards ou pour quelques perfonnes, il a eu l'air d'une digreffion, on voudra bien me le paffer, en faveur du fouvenir que je fuis particuliérement obligé de conferver, des honnêtetés & des accueils que j'ai reçus dans une ville à laquelle je ne fuis pas tout-à-fait étranger, ayant eu le double honneur d'y être aggrégé à un corps de médecine recommandable à plufieurs titres, & d'être confervé dans fes faftes d'une maniere diftinguée, & digne d'y faire époque.

PIECES JUSTIFICATIVES.

LETTRE DE MONSIEUR DEL-WAIDE,

Licencié en Médecine, de la Faculté de Louvain, ancien Préfet du College des Médecins de Liege, fur l'effet attribué à la Houille, *de nuire à la poitrine.*

JE me rappelle très-bien, Monfieur & cher confrere, que dans votre féjour ici, nous nous fommes entretenu plus d'une fois, & d'une maniere affez fuivie, fur ce que les étrangers imaginent des mauvais effets de notre chauffage avec la *houille* : vous n'y croyez pas plus que moi ; tout ce que je vous ai obfervé fur cela vous a plu, & vous defirez avoir par écrit un réfumé rédigé de mes idées & de nos converfations : j'y fatisfais avec plaifir. Vous me demandez en particulier *s'il eft vrai ou faux que la péripneumonie, l'afthme fec, la phthifie, foient à Liege plus ordinaires que dans toutes les villes où il y a plus d'habitans, & y foient prefqu'endémiques.* Je n'ignore pas que c'eft une idée prefque générale ; & au moyen que cette allégation eft toujours liée avec la raifon qu'on en donne d'abord, des vapeurs de la *houille* brûlée, elle acquiert par une caufe plaufible un degré de vraifemblance, qui conftitue pour bien du monde un fait fans réplique : ce n'eft pas autrement que l'opinion a de tout tems prévalu fur la vérité.

Les maladies dont il s'agit, Monfieur, s'obfervent ici comme ailleurs : fi elles y font plus communes en apparence, ce n'eft que dans une claffe d'hommes parmi lefquels on les rencontre en général plus fréquemment, parce que leur état les expofe particuliérement à contracter ces maladies. Il eft clair que c'eft en proportion d'un grand nombre d'artifans, occupés ici à certaines profeffions, & point du tout à raifon de la grande quantité de houille qui s'y con-

I

finme, que l'on voit dans quelques faifons ces maladies plus ou moins nombreufes ; c'eft uniquement à raifon du plus ou moins d'ouvrage qu'ils ont à
faire, ou de différentes imprudences auxquelles toute efpece d'ouvrier eft
plus fujette. Ces maladies, par exemple, ne font point rares parmi ceux qui
creufent & qui nettoient les puits, parmi les tonneliers, qui fûrement ne les
gagnent pas en fe chauffant au feu de *houille*, mais dans des caves & des cel-
liers, dont la fraîcheur ne le cede point à celle des glacieres ; elles font de
même communes parmi les chaufourniers, les bateliers, qui tranfportent la
chaux fur la Meufe, les maçons qui la collent & la mettent en œuvre, parmi
ceux qui habitent trop tôt des maifons conftruites à la chaux, ou qui cou-
chent dans des chambres qui en font fraîchement enduites. Les boulangers,
qui ne fe fervent que de bois pour échauffer leurs fours, font encore du nombre
des gens de métiers que ces maladies attaquent fréquemment, ainfi que les al-
chymiftes, les chymiftes, les diftillateurs d'efprits minéraux, les buveurs de
liqueurs fortes, les doreurs en pâte, les plombiers, les potiers d'étain, les fondeurs en cuivre, les étameurs, dont la plupart, au lieu de travailler fous leurs
cheminées, font leurs fontes au grand air. On ne pourra dire affurément que
le feu de charbon de terre entre pour rien dans ce qui occafionne à ces ouvriers les maladies fur lefquelles vous me demandez mes obfervations.

Si de ces profeffions on paffe aux autres états & conditions, loin que ces
maladies puiffent être regardées comme endémiques, ou prefqu'endémiques,
dans notre ville de Liege, parmi les gens de ces métiers, on peut avancer hardiment, qu'à prendre la ville & la banlieue, il n'y a pas de proportion du
nombre de ceux qui en font attaqués, au nombre de leurs habitans.

A confidérer même ceux de ces métiers qui s'expofent le plus aux impreffions des vapeurs & de la fumée de la *houille*, comme ceux du maréchal, du
ferrurier, du cloutier ; quoique ces artifans, ainfi que les braffeurs, les cuifi-
niers, allument de grands feux, quoiqu'ils travaillent la plupart dans des falles
baffes, dans des réduits, par conféquent fujets à fumer, quoiqu'ils aient du matin
au foir, en hyver comme en été, le nez & la bouche fur un tourbillon de feu &
de fumée (ce qui n'arrive qu'à eux feuls) ; en un mot, quoiqu'en comparaifon
des autres hommes qui emploient le feu de *houille*, ils refpirent une bien plus
grande dofe de fumée, quoiqu'ils effuient l'action d'une bien plus grande quantité de vapeurs, quoique les exhalaifons foient appliquées fur leurs organes im-
médiament, les maladies que l'on prétend être endémiques à Liege ne fe font
voir que très-rarement parmi ces ouvriers; & ce n'eft jamais autrement
qu'accidentellement.

L'opinion qui décide de tout, Monfieur & cher confrere, attache à la nation Angloife une difpofition particuliere à la confomption, & l'attribue au
grand ufage qu'elle fait du charbon de terre pour les befoins qui exigent du
feu : on entend fpécialement par ce mot une maladie poitrinaire. Voici ce
que je puis affurer quant à cela ; nous avons à Liege une communauté de Sé-
pulchrines, compofée aujourd'hui de vingt-fept profeffes, fans compter
les fœurs converfes & les penfionnaires, toutes Angloifes, ou Angloifes-

Amériquaines: elle ne fe chauffent qu'avec de la *houille*. Je fuis depuis dix à douze ans le médecin de cette maifon, & je n'y ai pas encore vu une feule phthifie, ou obfervé aucune efpece de maladie de poumons.

On n'a jamais accufé de cet effet que la fumée & les vapeurs qui fe développent de la *houille* lorfqu'elle brûle. Peut-être quelqu'un pourroit l'imputer aux exhalaifons fpontanées que ce foffile répand dans l'athmofphere; il ne fera donc pas hors de place d'examiner ici leur effet: fi ces exhalaifons abondent quelque part, c'eft fans doute au fond des galeries fouterreines de la mine; l'air qu'on y refpire doit en être chargé: nous voyons néanmoins nos *houilleurs* vivre dans cet air, fans éprouver des maux de poitrine. Sortent-ils de ces foffes pour être employés à ouvrir de nouveaux *bures*, à la furface de la terre, au travers de lits de terre, d'argile, de craie, de marne, de fable, de bancs de rochers, ils éprouvent, dans le cours de leurs opérations, que leur poitrine s'affecte de plus en plus d'un jour à l'autre; & avant d'a-voir atteint la veine de *houille*, qui eft l'objet de la fouille, ils contractent des afthmes.

On compte cinq fiecles & demi depuis la découverte de la *houille* dans le pays de Liege, ou, fi l'on veut, depuis qu'on y a commencé à fe fervir de ce foffile pour le chauffage. Malgré le penchant qui porte les riches à fe diftin-guer en tout des gens du commun, ils ont adopté le feu de *houille*, dans un tems où l'on étoit pourvu abondamment de bois, & ils ont retenu cet ufage jufqu'à aujourd'hui. Les étrangers qui fe fixent ici (il y en a beaucoup d'opulens) y fentent leur refpiration auffi libre que dans le pays d'où ils ve-noient; ceux qui avoient quelques inquiétudes fur l'inconvénient du mêlange de ces exhalaifons avec l'air, renoncent à leur préjugé & nous imitent.

Au centre du pays, dans cette capitale, où fe braffe la plus faine de toutes les bierres, on traduit tous les jours l'ufage qu'on y fait de la *houille*, comme préjudiciable à la fanté. Cette prétention ne fe trouve que dans des nouveaux venus, qui ne s'appuient que fur des raifonnemens. Qu'alleguent-ils en effet? L'odeur, la fumée, la vapeur de la *houille*, annoncent, felon eux, une qualité fubtile, qui fe communique infailliblement à l'air: Liege eft couverte de brouillards qui empêchent qu'on ne puiffe l'appercevoir de deffus les hauteurs qui la dominent, tandis que celles-ci font pleinement éclairées du foleil: c'eft, difent-ils, une marque certaine du mêlange impur de ces vapeurs & de ces fumées avec l'air: ce font ces exhalaifons qui l'épaiffiffent; il ne peut en réful-ter qu'une athmofphere propre à caufer toutes fortes de maladies, & notam-ment des affections de poitrine.

Toutes ces conféquences font détruites par le fait, & par ce qui a précédé: la réponfe à ce dont on fe fert pour les établir eft fort fimple. La fumée que donnent nos feux offenfe l'odorat d'un étranger qui arrive: il s'en prend à la *houille* feule; mais la fubftance que l'on mêle à ce foffile, pour rallentir l'ar-deur du feu qu'il donne, contribue, autant que la *houille* même, à cette fu-mée qui n'eft que paffagere. Pourquoi ne fe plaint-on pas auffi hautement d'autres chauffages, plus défagréables dans quelques-uns des phénomenes qui leur font particuliers ? On ne s'avife pas de décrier l'ufage de la tourbe, dont la fenteur eft plus forte & plus incommode, des charbons, même du bois, dont les vapeurs & la fumée révoltent l'odorat & bleffent les yeux, pour le moins autant que celles de la *houille*.

Quant à cet air nébuleux qui fe découvre au-deffus de Liege, les perfonnes qui ne fe difpenfent pas de réfléchir, conviendront que la Meufe qui parcourt notre ville, l'immenfe quantité de denrées qui y entrent & qui s'y confomment, la multitude d'habitans & d'animaux, & tout ce qui s'enfuit, ont plus de part à la formation de nos brouillards que toute la *houille* qui s'y brûle.

Si l'on fe place fur les montagnes, il n'y a qu'à fe retourner & porter fes regards au loin, on verra leur fommet auffi embrumé que le baffin où notre ville eft affiffe.

Il eft fur-tout à remarquer, Monfieur, que nos voifins font défolés de plufieurs maladies, telles que le fcorbut, les fievres pourprées & intermittentes (maux endémiques chez eux), que nous verrions bientôt difparoître d'ici, fi nous n'avions plus de commerce avec eux.

L'hiftoire des maladies qui s'obfervent ailleurs, m'eft affez connue pour affurer que les fluxions & les autres maux de poitrine y font bien plus fréquens que dans notre ville de Liege; d'où l'on doit conclure que cette affertion de M. Hoffman eft fautive & contredite par l'obfervation : elle fera jugée de même par quiconque aura féjourné quelque tems ici. On ne peut juftifier l'illuftre profeffeur de Hálle, qu'en préfumant qu'il l'a avancé fur le témoignage de quelques-uns de ces voyageurs qui aiment mieux prononcer au hafard fur le pays où ils ont été, que de paroître n'être pas affez informés pour porter un jugement; d'ailleurs il s'en exprime autrement dans un autre endroit.

Extrait des Regiftres de l'Académie Royale des Sciences.

M. Morand, fils, nous a auffi donné communication d'un article important, qui, dans fon ouvrage, vient à la fuite de tous les détails relatifs à la préparation des charbons de terre, à l'arrangement des feux, la conftruction des cheminées dans lefquelles on veut fe chauffer & faire la cuifine. Il examine dans cet article les idées où l'on eft communément en France fur les inconvéniens des charbons de terre : le point effentiel eft celui qui tient à la fanté.

Nous fommes d'accord avec M. Morand, que les inconvéniens ne font pas réels. L'ufage de ce foffile employé au chauffage, ne nous paroît pas préjudiciable à la fanté, la vapeur ayant une iffue libre au dehors, comme il en eft de tous les autres chauffages : les autorités qu'il cite font exactes & pofitives; de maniere qu'il paroît que nos dictionnaires n'ont point approfondi les fources dans lefquelles ils ont puifé ce qu'ils avancent de défavorable à ce fujet.

Il réfulte de tout cela que l'odeur étrangere de ce foffile, tel qu'il doit être choifi pour être employé, eft *bitumineufe*, & non pas *fulphureufe*, comme plufieurs auteurs l'ont prétendu; que la fumée, ainfi que l'odeur, font, par la

préparation

préparation dont on se sert dans le pays de Liege & le Hainaut François, corrigées autant qu'on peut le desirer, pour que le chauffage de cette matiere ne
produise aucun effet incommode ; que l'usage constant que l'on en fait à
Liege depuis le treizieme siecle, sans y avoir observé aucun inconvénient, &
l'autorité de plusieurs célebres médecins, paroissent prouver qu'on n'en a
rien à craindre ni à redouter.

D'où nous concluons que nous ne voyons aucun inconvénient à introduire
dans ce pays ci, l'usage du charbon de terre, de la nature de celui qu'on emploie à Liege & selon la maniere que nous venons d'exposer ; que nous y
voyons même plusieurs avantages, *ne doutant pas que l'expérience, aidée de
notre industrie, ne fournisse plusieurs moyens d'en perfectionner l'usage*, soit
en variant les proportions du mélange qui en fait la base, soit en trouvant des
manieres plus commodes & plus avantageuses de s'en servir.

A l'Académie, le 25 novembre 1769, Vaucanson, Lassone, le Roi.

Je certifie l'extrait ci-dessus, conforme à l'original, & au jugement de
l'Académie, à Paris le 26 novembre 1769.

Grandjean de Fouchy, Secrétaire perpétuel de l'Académie royale des
Sciences.

C.   *Decretum saluberrimæ Facultatis Parisiensis.*

» Die veneris primâ mensis decembris anni reparatæ salutis humanæ millesimi
» septingentisimi sexagesimi noni, saluberrima Facultas convocata in scholis supe-
» rioribus, horâ sesqui decimâ matutinâ, de morbis grassantibus, necnon de re-
» bus ad facultatem pertinentibus deliberatura, auditâ relatione clarissimorum
» virorum qui deputati fuerant ut carbones fossiles, vulgó *houilles* ou *charbons de
» terre*, ad pauperum usum & utilitatem, juxtà methodum in tractu Leodiensi
» antiquitùs observatam, indeque in Hannoniæ Gallicæ provinciâ adoptatam,
» præparatos & accensos examinarent, dictorum carbonum præparationem à
» clarissimo collegâ nostro M. Morand propositam & traditam, unanimi con-
» sensu comprobavit, ipsamque ab omni periculo immunem declaravit, modó
» liber vaporibus & fumo pateat exitus, qui in aliis quibuscumque comburen-
» dis æqualiter est servandus.

» Itaque sic conclusit. L. P. F. R. le Thieullier, Decanus.

» M. Natalis Maria de Gevigland, Regiorum in Germaniâ ducum & mi-
» litum Nosocomiorum nuper medicus.

» M. Claudius Josephus Gentil, militarium Nosocomioaum ad regis exer-
» citum medicus.

» M. Claudius Guillelmus de Preval, Cristiani VII. Daniæ & Norvegiæ
» regis consiliarius medicus, à medicis consiliis, nec non rerum medicorum à
» relatione.

» M. Petrus Abrahamus Pajon de Moncets, eques, societatis litterariæ Ca-
» talaunensis socius.

» De mandato D. D. Decani & doctorum regentium saluberrimæ facultatis

K

» Parifienfis, præfens decretum fubfignavi & parvo facultatis figillo munivi ;
» Th. P. Cruchot, major Facultatis apparitor, & fcriba.

c.   *Décret de la Faculté de Médecine de Paris.*

Le vendredi, premier du mois de décembre de l'année 1769, la Faculté de médecine, convoquée à dix heures & demie du matin dans les écoles fupérieures,
pour y conférer fur les maladies regnantes, & délibérer fur d'autres affaires,
ayant ouï le rapport de Meffieurs les docteurs qui avoient été nommés pour
examiner des feux dreffés & allumés avec du charbon foffile, vulgairement
houille ou *charbon de terre*, préparé à l'ufage des pauvres, fuivant la méthode fuivie de toute ancienneté dans le pays de Liege, & adoptée depuis dans le Hainaut François, a donné unanimement fon approbation à
cette maniere d'apprêter le charbon de terre, propofée & communiquée
par M. Morand, notre confrere ; elle a déclaré cette fabrication exempte
de toutes efpeces de danger, en confervant à ce feu (ainfi qu'il en eft
de tous les autres) une libre iffue aux vapeurs & à la fumée.

Et a conclu. L. P. F. R le Thieullier, Doyen.

D.   *Declaratio Collegii Medicorum Leodienfium.*

» Nos præfectus & afceffores collegii medicorum Leodienfium, omnefque
» & finguli in collegium noftrum cooptati medici, juffu perilluftris viri D. D.
» præfidis noftri fpecialiter convocati & congregati, ad audiendas litteras nobis
» fcriptas per peritiffimum dominum J. F. C. Morand, collegam noftrum, falu-
» berrimæ facultatis, in univerfitate Parifienfi doctorem regentem, regiæ fcien-
» tiarum academiæ focium ordinarium, & à bibliothecâ, &c. &c. quibus lit-
» teris opinionem noftram pronuntiari requirit de quæftione, *utrùm peripneu-*
» *monia, afthma ficcum & phthifis in Leodio endemici fint morbi, ex ufu fcilicet car-*
» *bonum foffilium producti ?*

» Quæftione igitur maturè perpenfâ, dicimus & declaramus quòd, exami-
» natis & obfervatis per longævos annos prædictis morbis, numquam credide-
» rimus endemicos effe, præfertim cùm è contrario conftanter obfervaverimus
» extraneos hifce morbis laborantes in civitate noftrâ Leodienfi, meliùs quàm
» alibi, femper fefe habuiffe.

» Non obftat igitur quod dicit D. Hoffmannus, lib. 2, cap. 6, tit. *de aëris ad*
» *fanitatem ufu*, in verbis : *neque aliud quidquam nifi nimius carbonum ufus in causâ*
» *eft quare peripneumonia, afthma ficcum & phthifis, morbi & Leodii, & Londini,*
» *funt endemici :* nam præterquàm quòd fibimetipfi contradicere videtur, tùm in
» fuâ oryctographiâ Hallenfi, tùm in fcholio, fect. 24, cap. 4, ubi legitur : *plures*
» *morbos, ex quo carbonum foffilium ufus in cafis falinariis increbuit, ex finibus*
» *Hallæ exceffiffe ;* ulteriùfque in obfervationibus fuis phyfico-chymicis, obf.
» 24, tit. *de carbonibus foffilibus & eorum vapore non adeò noxio,* ubi concludit
» idem clariffimus Hoffmannus, *nullum mixturæ fanguinis vel partibus tenuiffimis*
» *corporis noftri infeftum, nihilque arfenicii vel aliquid minerale hîc effe reconditum :*

» ignem etiam è carbonibus petreis accenfis innoxium planè, ut fuprà diximus,
» experientia docet, & hucufque per nos obfervatum fuit.

» Quapropter præfentem hanc, figillo noftro munitam, dedimus.

» Leodii, hâc nonâ decembris anni millefimi feptingentefimi fexagefimi-
» noni. H. Baro de Bierset, Præfes. A. de Moreal, Præfectus &
» celfiffimi principis Archiater.

» Ex mandato, P. C. Bacquet, Secretarius collégii medicorum
» Leodienfium.

d.   *Declaration des Médecins de Liege.*

Nous préfet & affeffeurs ou confultans du college des médecins de Liege,
affiftés de tous les médecins admis, infcrits & approuvés par notre college,
affemblés & convoqués fpécialement par ordre de M. notre très-illuftre préfident, pour entendre la lecture d'une lettre qui nous eft adreffée par Me J.
F. C. Morand notre collegue, docteur-régent de la faculté de médecine de
Paris, affocié ordinaire de l'académie royale des fciences, lequel defire que
nous donnions notre fentiment fur la queftion : favoir *fi la péripneumonie,
l'afthme fec & la phthifie font dans notre ville de Liege, des maladies endemiques,
& fi elles ont pour caufe l'ufage que l'on y fait, pour le chauffage, de charbon de
terre.*

Après avoir pefé mûrement la queftion propofée, nous difons & déclarons
qu'ayant examiné & obfervé pendant maintes années les maladies énoncées ci-
deffus, nous n'avons jamais penfé qu'elles fuffent *endémiques* dans cette ville,
puifqu'au contraire nous avons conftamment remarqué que les étrangers attaqués de ces maladies, fe font toujours mieux trouvés dans notre ville de Liege
qu'ailleurs.

C'eft donc à tort & fans fondement que M. Hoffmann a avancé, livre 2,
chap. 3, titre *de l'ufage de l'air pour la fanté,* qu'il ne faut pas chercher ailleurs
que dans le grand ufage des charbons de terre, la raifon pour laquelle la péripneumonie, l'afthme fec, la phthifie, *font des maladies endémiques à Liege & à Londres :* car, outre que cet auteur paroît fe contredire lui-même tant dans fon
oryctographie de Halle, que dans la fcholie de la fection 24, ch. 4, où il dit
expreffément que *depuis que l'on a introduit l'ufage des charbons foffiles dans la
fabrication du fel, on a vu difparoître de ce pays plufieurs maladies qu'on y
voyoit très-fréquemment;* & qu'ailleurs, dans fes obfervations phyfiques &
chymiques, obf. 24, intitulée, *des charbons de terre & de leur vapeur, qui n'eft
pas auffi nuifible qu'on le prétend,* le même M. Hoffmann conclud de l'analyfe
phyfique & chymique de ce foffile, qu'*on n'y reconnoît rien de préjudiciable
à la fanté :* l'expérience nous apprend la même chofe, ainfi que nous l'a-
vons dit ci-deffus, quant au feu réfultant de ces charbons de pierre allumés;
ce qui fe rapporte avec ce que nous avons obfervé jufqu'à préfent.

Pourquoi nous avons délivré & expédié cette préfente, munie de notre
fceau.

A Liege, le famedi 9 Décembre 1769. H. Baron de Bierset, Préfident, A. de Moreal, & P. C. Bacquet, Secrétaire.

E. *Sententia Medicorum Valencenensium.*

» Nos, doctores medici & in hác urbe Valentianâ practicantium seniores, » à spectabili D. D. decano nostro specialiter in consilium vocati, audituri epis- » tolam quam nobis honorificenter rescribit sapientissimus magister Morand, salu- » berrimæ facultatis Parisiensis doctor-regens & professor emeritus, &c. à nobis » postulans *an peripneumonia, asthma siccum & phthisis, aliive affectus morbifici,* » *endemici sint in agro Valentiano morti, ex usu scilicet carbonum fossilium pro-* » *ducti.*

» Consultè igitur ponderatâ & pensitatâ questione, pronunciamus, affirma- » musque hos morbos non adeò esse endemicos ab anno millesimo septingente- » simo-quadragesimo, ex quo lythantracum usus in focis fieri cœptus est, ut » contrà ab eo tempore infrequentiores sint: quam salubritatem tùm in car- » bonis, tùm in aquæ usu (haud spontanæâ incolarum sobrietate, sed eorum » paupertate ex vini adusti (1), cerevisiæque nimio pretio ortâ), reponendam » censemus.

» Quod autem à nobis observatum est, de usu carbonis fossilis, nihil, ut » priùs, morborum epidemicorum vidimus; id judicio nostro debemus, par- » tibus carbonis *bituminosis* raptis fumo contagiosam castigante athmospheram » cœli, quod crebris ab oriente & septentrione hujusce urbis paludibus » vitiatur.

» Quocircà, subsignatam hanc sententiam, testimoniali apposito sigillo nos- » tro, certiorem concessimus.

» Valentianarum, die lunæ decimâ quintâ mensis januarii anni 1770.

» P. J. Lagon, decanus, nosocomii generalis medicus.

» F. H. Simon.

» J. Macartein.

» Andreas Dufresnoy, universitatis medicinæ Monspeliensis, castrorum & » exercituum regis in Germaniâ pronuper medicus, regiique nosocomii mili- » taris Valencenensis.

Prévôts, jurés & échevins de la ville de Valenciennes, certifions à ceux qu'il appartiendra, que les sieurs Lagon, Simon, Macartein & Dufresnoy, qui ont signé ci-dessus, sont réellement médecins pratiquans en cette ville. En foi de quoi nous avons, aux présentes signées de notre greffier civil, hé- réditaire, fait apposer le scel ordinaire de ladite ville, où le papier timbré n'est pas en usage, & où le contrôle & le petit scel sont supprimés par abonnement.

Donné à Valenciennes le 15 janvier 1770. J. B. Bousez.

e. *Avis des Médecins de Valenciennes.*

Nous docteurs en médecine, & les plus anciens de ceux qui exercent dans

(1) Eau-de-vie, en flamand, Brandewin, qui signifie vin brûlé. *Vinum igne evaporatum,*

la

la ville de Valenciennes au Hainaut François, convoqués expreſſément par M. notre doyen, pour entendre la lecture d'une lettre que nous adreſſe M. Morand, écuyer, docteur-régent, & ancien profeſſeur de la faculté de médecine de Paris, par laquelle il requiert notre ſentiment ſur cette queſtion : *la péripneumonie, l'aſthme ſec, la phthiſie & autres affections morbifiques, ſont-elles, dans le territoire de Valenciennes, des maladies endémiques, & peut-on les regarder occaſionnées par l'uſage du charbon de terre ?*

La matiere miſe en délibération & peſée attentivement, nous déclarons & aſſurons que les maladies ci-deſſus dénommées, loin d'être ici endémiques depuis l'année 1740, qu'on a commencé à ſe ſervir du charbon de terre, s'y obſervent au contraire plus rarement depuis cette époque : différence que nous jugeons provenir, tant de la grande conſommation du charbon de terre qui ſe fait ici , que des impôts mis ſur la bierre & ſur l'eau-de-vie, qui réduiſent les pauvres habitans de cette ville à ne boire que de l'eau.

Mais une choſe que nous avons obſervée, c'eſt que depuis l'uſage du charbon de terre , nous n'avons plus vu de maladies épidémiques comme ci-devant, ce que nous attribuons aux parties *bitumineuſes* du charbon, enlevées avec la fumée , & qui corrigent les qualités contagieuſes de l'air qui nous vient des marais dont la ville eſt environnnée à l'orient & au ſeptentrion.

Pour quoi nous avons donné la préſente déclaration munie de notre ſceau.

A Valenciennes, ce 15 janvier 1770.

P. J. Lagon, doyen & médecin de l'hôpital général.

F. H. Simon.

J. Macartein.

André Dufreſnoy, docteur en médecine de l'univerſité de Montpellier, ancien médecin des camps & armées de Sa Majeſté en Allemagne, & préſentement médecin de l'hôpital royal & militaire de Valenciennes.

F. *Avis communiqué au Bureau d'adminiſtration de l'hôpital général de la Charité & Aumône générale de Lyon, par le Médecin de cette maiſon.*

Nous ſouſſigné, docteur en médecine, profeſſeur aggrégé au college des médecins de Lyon, médecin de l'hôpital général de la charité , de l'académie des ſciences, belles-lettres & arts de la même ville, ayant été conſulté par MM. les recteurs & adminiſtrateurs dudit hôpital, ſur l'effet du charbon de terre relativement à la ſanté des pauvres , nous certifions que nous n'avons jamais apperçu ni ouï dire dans cet hôpital, ou dans le reſte de la ville, que la vapeur & l'uſage de ce charbon de terre aient nui à la ſanté de qui que ce ſoit, & que loin de donner lieu à la phthiſie pulmonaire, nous obſervons depuis onze ans, que le nombre des phthiſiques eſt ſucceſſivement diminué dans cet hôpital; ce que nous attribuons tant à la plus grande conſommation qu'on y fait du charbon de terre , dans des grilles & dans des poëles, qu'à la ſage adminiſtration qui, en plaçant, autant qu'il eſt poſſible , les enfans à la campagne, travaille de la maniere la plus efficace à leur

L

fanté. Nous croyons devoir ajouter à ce témoignage des faits paffés journellement fous nos yeux, que les villes de S. Chaumond & Rivedegiers, dans
cette province, ne confomment prefque pour le chauffage & les ufages domeftiques, que du charbon de terre, & que cependant nous n'avons aucune
forte de connoiffance qu'il en réfulte aucun inconvénient, pour la fanté
des habitans de ces villes, quoiqu'il s'y faffe un grand emploi du charbon
de terre, par nombre d'ouvriers en fer, qui travaillent dans des rez-de-
chauffées, dont les planchers font très-bas. A Lyon, le 23 mars 1770.

Rast, fils.

F.   *Certificat de MM. les Reĉteurs & Adminiſtrateurs de l'hôpital général*
de la Charité & Aumône générale de Lyon, en conféquence de l'avis précédent.

Nous, reĉteurs & adminiftrateurs de l'hôpital général de la charité &
aumône générale de Lyon, certifions à tous qu'il appartiendra, que la confommation journaliere du charbon de pierre extrait des mines du Forez,
qui fe fait dans cet hôpital depuis longues années, n'eſt en aucune maniere
nuifible à la fanté des pauvres que ledit hôpital renferme, & que nous ne
nous fommes jamais apperçu que l'ufage de ce charbon ait occafionné aucun fâcheux accident. En foi de quoi nous avons donné & figné le préfent,
& à icelui fait appofer le cachet aux armes dudit hôpital. A Lyon, le 28
mars 1770. Montmorillon, grand cuftode. Joivant l'aîné. Boulard de Ga-
tellu. Charier. Verger. Imbert cadet. Le Pêcheux. Duperel. Vernier.
Giraud cadet. Raynard. Fayolle l'aîné. Parent.

G.   Confultum Societatis Medicæ Londinenfis.

D. D. D^{ri} Morand

Sôcietas Medica Londinenfis, S. P. D.

« Falfa omninò videtur opinio, à veftratibus aliifque exteris recepta, de
» morbis apud Londinenfes endemicis : nullum enim morbum hic loci endemi-
» cum novimus. Pro rato habemus, tum phthifim, tum peripneumoniam, in
» variis hujufce infulæ partibus frequentiores effe, licèt ibidem parcior vel
» nullus fit lithanthracum ufus. Carbones foffiles immeritò culpatos fuiffe jam
» vides, neque ufquàm fortafsè gentium quàm in hâc urbe, ubi illorum accen-
» forum vaporibus, aër continuò faturatur, magis illibata fanitas reperietur.

» Tabellis publicis, mortuorum numerum & morbos definientibus, vix ulla
» fides adhibenda eſt, quoniam fub uno eodemque nomine morbi diverfiffimi
» generis afcripti funt.

» A focietatis propofito quæftionibus refponfum dare longè alienum eſt;
» nihilominùs inpræfentiarum, veftræ, de re tam gravi, poftulationi fatisfa-
» cere volumus.

» Tho. Dickfon, foc. à fecretis.

» Londini, kalendis aprilis 1770.

g. *Délibération de la Société de Médecine de Londres.*

L'opinion établie parmi vos compatriotes & d'autres étrangers fur les maladies propres & naturelles aux habitans de Londres, paroît abfolument imaginaire ; car nous ne connoiffons ici aucune maladie endémique ou nationale ; nous regardons comme un fait, que la phthifie, la péripneumonie font plus fréquentes dans diverfes parties de cette ifle, quoique dans ces mêmes endroits on y faffe peu ou point d'ufage de charbon de terre ; en conféquence, c'eft à tort qu'on s'en prendroit aux charbons foffiles ; & on ne trouvera peut-être dans aucune autre partie du monde, la fanté des habitans plus intacte & plus entiere que dans notre capitale, où l'air eft continuellement engraiffé des vapeurs de ce chauffage.

Les regiftres publics des morts, qui déterminent leur nombre & les maladies, ne donneroient fur cela que des enfeignemens incertains, parce que l'on y enveloppe indiftinctement, fous un même nom, les maladies d'un genre très-différent.

Quoique la fociété foit dans l'ufage de ne point répondre aux queftions que l'on propofe, nous avons cependant été d'avis pour cette fois, de fatisfaire à votre demande fur une matiere auffi grave.

Tho. Dickfon, fecrétaire de la fociété.

Londres, kalendes d'avril 1770.

Je ne crois pas indifférent de faire obferver que les membres de cette compagnie, qui ont autorifé le fecretaire à figner cette déiibération, font :

Le Dr Pitcairne, médecin de l'hôpital de S. Barthelemy.

Le Dr Fothergill.

Le praticien Quaker, le plus employé de Londres, & également fameux par fon humanité & fes connoiffances d'hiftoire naturelle.

Le Dr Broklesby, du college royal des médecins.

Le Dr Silveftre, de la fociété royale de Londres, & ci-devant médecin de l'hôpital de Londres.

Le Dr Morris, Irlandois, excellent chymifte, médecin de l'hôpital de Weftminfter.

Le Dr Watfon, médecin de l'hôpital des enfans trouvés, naturalifte & phyficien diftingué.

Le Dr Huch, médecin de l'hôpital de S. Thomas.

Le Dr Hunter, grand anatomifte, médecin confultant de la reine.

Le Dr Maty, fecrétaire de la fociété royale.

Le Chevalier Duncan, médecin du roi.

Le Dr Knight, intendant du mufeum, & connu par fes découvertes magnétiques

Le Dr Armftrone, médecin très-eftimé, & connu par diverfes productions littéraires.

Le Dr Pye, ancien médecin.

Le Dr Wilbraham, médecin de Weftminfter, de la fociété royale de Londres.

H.   *Certificat du bureau de l'Hôtel-Dieu de la ville de Saint-Etienne
en Forez.*

Nous, recteurs & administrateurs de la maison de l'hôtel-dieu de la ville
de S. Etienne, certifions à tous qu'il appartiendra, que nous n'avons reconnu
aucun inconvénient dans l'usage habituel que fait cet hôpital, du charbon
de pierre. En foi de quoi nous avons délivré le présent certificat pour valoir
ce que de raison.

Fait audit hôtel-dieu, le bureau assemblé, 6 septembre 1770. De Lissieu,
Du Lac, curé. M. Alleon. M. Grivet. Praire l'aîné. Tupier.

M. Paré, docteur en médecine, exerçant depuis vingt ans à S. Etienne,
ou dans cette partie du Forez, n'a reconnu aucune maladie dont la cause
primitive puisse être attribuée à la vapeur qui résulte du charbon de terre
brûlé; en même tems qu'il a observé que *l'asthme convulsif*, *la phthisie*, ne
font pas plus communes dans cette province qu'ailleurs. Il remarque que
quand cela seroit ainsi, ce seroit moins l'effet de ce combustible, que de la
grande chaleur imprimée à l'athmosphere, par la quantité de fourneaux
allumés de toute part dans cette ville, de l'intempérance & des excès du
travail, auquel les ouvriers font forcés de se donner dès leur plus tendre
jeunesse.

Les maladies putrides, qui devroient être fort communes à S. Etienne,
si l'on considere que les ouvriers font entassés les uns sur les autres
dans des logemens fort étroits, qu'ils croupissent dans la crasse & la mal-
propreté; ces maladies font fort rares, de même que les maladies cutanées,
la pierre, &c.

MÉMOIRES

SUR

La nature, les effets, propriétés, & avantages du feu

DE

CHARBON DE TERRE APPRÊTÉ;

pour être employé commodément, économiquement, & sans inconvénient, au chauffage, & à tous les usages domestiques.

Avec figures en taille-douce.

Par M. MORAND le Médecin, Assesseur honoraire du Collége des Médecins de Liége, &c.

Ignoti nulla cupido.

A PARIS,

Chez DELALAIN, Libraire, rue à côté de la Comédie Françoise.

M. DCC. LXX.

AVERTISSEMENT.

IL y a déja long-temps qu'on se plaint de la rareté des bois de toute espece : les ouvrages de charronage, boiserie, sculpture, & autres ornemens en ont multiplié la consommation depuis une cinquantaine d'années. La chereté qui s'ensuit ne se fait pas seulement appercevoir dans la capitale ; les principales villes de nos provinces se décorant aussi d'édifices à l'envi les unes des autres, les usines établies en trop grand nombre dans quelques-unes, par les seigneurs de fiefs qui ont cherché une aug-

A ij

mentation de revenus dans le débit de leurs bois , font reffen-tir cette chereté dans leurs environs. Peut-être s'attache-t-on en vain de tout côté à des épreuves de remplacements par des plan-tations de tilleuls , de peupliers d'Italie : on fçait que l'unique mérite de la plûpart de ces arbres confifte dans l'avantage qu'ils ont d'être d'une végéta-tion très-prompte, & d'une coupe fréquente ou abondante. Eft-il bien sûr que ces tentatives , quand même on les feroit à la fois dans plufieurs parties du royaume, ou que la néceffité où s'eft vu le miniftere d'empêcher la conftruction de nouvelles for-ges , puiffent réparer à tems un mal qui devient de jour en jour plus senfible ? Les projets les plus dignes d'éloges ne font-ils pas aujourd'hui trop tardifs ? N'eût-il pas fallu pour recueillir actuellement le fruit, ou des plantations dont on s'occupe, ou de leur tranfport par des canaux de navigation qui n'exiftent encore qu'en projet, qu'on eût pourvu à la rareté de bois, avant que la dégradation de nos forêts fût telle, qu'il ne refte d'autre perfpective qu'une difette plus confidérable ? On ne peut difconvenir que le bois propre au befoin le plus répété & le plus effentiel, celui de nos cuifines, & autres néceffités de ce genre, celui de notre chauffage pendant plus de fix mois de l'année, eft maintenant, après la fubfiftance,

A iij

l'objet le plus difficile, le plus
difpendieux, comme le plus indifpenfable pour un ménage.
Ce ne feroit point avancer une
abfurdité, fi l'on difoit que les
chofes font à cet égard portées
aujourd'hui à un tel point, que
tandis qu'une partie des citoyens
ne fe chauffe point du tout,
l'autre portion fe chauffe mal,
& que le plus petit nombre confomme pour ainfi dire à lui feul
tout le bois, & femble en avoir
complotté la deftruction. Les
uns & les autres feront à la fin
réduits à la finguliere extrémité
de ne pouvoir plus fe chauffer,
ou bien il faudroit porter les derniers coups à l'épuifement de nos
forêts.

Les perfonnes qui connoiffent

la premiere partie de l'ouvrage que j'ai publié à la fin de l'année 1768 (*a*), ont dû s'appercevoir, en lisant l'avant-propos, que je n'ai pas eu intention de donner un ouvrage d'agrément, en préfentant feulement aux curieux une idée générale, quoiqu'exacte de la matiere que j'ai traitée. En démontrant la très-grande abondance des mines de charbon de terre que poffede la France (*b*), mon deffein a été d'être utile, de faire connoître & rendre faciles les travaux qu'exige l'exploitation d'un foffile devenu intéreffant, fi l'on veut

_____

(*a*) Art d'exploiter les mines de charbon de terre, premiere partie.

(*b*) Section treizieme, page 136.

rendre leurs premiers avantages à nos forêts ; d'exciter enfin ma patrie à profiter de l'exemple de l'Angleterre, pour accroître fon commerce intérieur, d'une branche à laquelle on n'a pas encore fait affez d'attention.

La difficulté, pour ne pas dire l'impoffibilité de trouver actuellement du bois à la portée de la capitale, ou de nos grandes villes, en fuffifante quantité pour leurs befoins, accrus fingulierement pour notre chauffage, indique le moment de fuppléer à cet objet : il eft fur-tout important pour une ville telle que Paris, où l'on peut compter plus d'un quart de fes habitans hors d'état de fe procurer du bois, & fruftré en hyver d'une poffeffion

qui dans cette saison peut bien
être appellée la moitié de la vie.
Dans ce tems de l'année, le citoyen pauvre ou mal-aisé, est
en proie aux maux les plus réels,
à ceux qu'entraîne l'impossibilité de se garantir du froid.
Ces hommes, pour être en butte
à toutes les rigueurs de l'indigence , sont ils indifférents ?
Pourroient-ils paroître méprisa-
bles aux yeux de ceux qui nagent
dans le luxe & dans l'abondance?
Lesinfortunés forment une classe
de citoyens aussi précieuse que
nombreuse , toute composée de
journaliers, d'artisans, de manœuvres, & autres; ils sont tous
nécessaires à l'état pour la population, utiles à la société par
des talens divers ; les plus viles

de leurs occupations font précifément celles dont on ne peut fe
paffer ; les autres font relatives
à des fecondes néceffités. Dans
quelque circonftance que l'on
confidere cette foule travaillante, la difette de chauffage
dans l'hyver eft pour elle un objet digne des regards du gouvernement. Ceux qui ont un métier,
jouiffent-ils d'une fanté robufte?
le froid les oblige de fufpendre
leurs travaux ; leur exiftence,
celle de leur famille, communément nombreufe , fouffre, perd
cette précieufe fanté , & périt.
Ont-ils le malheur d'être accablés par les maladies? le froid,
nouveau fléau, attaque avec plus
de danger pour eux des corps défendus à peine par des haillons,

& des lambeaux. Epuisés déja par
de chétives nourritures, ils se
trouvent alors surcharger les paroisses. Peres, meres de familles,
veuves, enfants orphelins ou maladifs, indigents de toute espece,
de tout âge; le surcroît de misere
attaché à la rigueur de la saison, leur rend à peine sensibles
les efforts des pasteurs les plus
zélés & les plus intelligens. Les
personnes charitables (& pour
l'honneur du siecle, il s'en trouve
encore dans tous les ordres) les
médecins, les ecclésiastiques,
n'ont pas besoin qu'on insiste sur
cette esquisse; c'est à ces personnes si souvent à portée de voir
de plus près le détail du tableau
que la vérité vient de dicter; c'est
à elles qu'on annonce d'abord

un charbon de terre apprêté pour l'ufage des pauvres, & exempt de toute mauvaife qualité; elles apprendront avec plaifir la nouvelle d'un établiffement, à la faveur duquel les citoyens les moins aifés pourront fe procurer au jour le jour, & au prix le plus modique, une matiere fuffifante à la fois pour leur chauffage, pour leurs ouvrages, & leurs befoins de ménage.

Un moyen d'alléger en quelque point que ce foit la dépenfe du citoyen maltraité par la fortune; difons-le, un plan qui lui rend fa mifere moins onéreufe (n'eût-il que cet avantage) étoit fait pour être faifi, comme il l'a été par le gouvernement, & par les corps de magiftrats. Ils font tous animés de cet esprit d'humanité qui caractérise singuliérement le prince qu'ils repréfentent. Les conféquences politiques qui dérivent de ce projet, ne pouvoient pas non plus échapper à la prévoyance du miniftere, dont l'attention s'étend fur tous les objets qui intéreffent i'état. Introduire l'ufage du charbon de terre dans nos foyers, c'eft pourvoir à la néceffité de ménager nos bois, & d'arrêter leur dépériffement ; c'eft leur ménager un rétabliffement devenu douteux ou impoffible fans ce fecours : cet ufage devient une reffource contre le prix exorbitant du bois de chauffage. N'y eût-il uniquement que les pauvres, & ce qu'on appelle le petit peuple, qui profitaffent de la reffource qu'on leur préfente, cette nouvelle confommation donne aux pof-feffeurs des mines de charbon, une émulation qui ne manquera pas de faire renaître & fleurir une nouvelle branche de commerce.

Lorfque je conçus l'idée de m'affurer de l'économie qu'il étoit poffible de trouver dans l'ufage du feu de *houille*, plus connue parmi nous fous le nom de charbon de terre, je n'eus en vue d'abord, que ces pauvres, fur-tout ceux de la capitale; c'eft pour eux que j'ai tenté par-ticulierement fur les charbons foffiles, dont le tranfport à Pa-ris eft aifé, d s effais propres à en reconnoître la qualité & la nature.

Monseigneur le duc de la Vrilliere, informé vers l'année derniere de ces recherches, & du
succès des premieres expériences
auxquelles je me livrois, a jugé
qu'il seroit important pour le peu-
ple de Paris, & même de la plu-
part des provinces, de pouvoir subs-
tituer le charbon de terre à celui
de bois, dont le prix est presque
par-tout inaccessible pour lui ;
qu'il est de plus intéressant pour
la ville de Paris en particulier, de
diminuer cette consommation de
premiere nécessité, qui s'augmente
tous les jours & devient effrayan-
te (a).

(a) Lettre de M. le duc de la Vrilliere,
écrite de Fontaine-bleau au secrétaire royale
de l'académie des Sciences, le 14 octobre
1769.

Ce miniftre, auffi bon citoyen
qu'homme d'état éclairé, defira
que je remiffe à l'académie les
différens mémoires contenants le
détail & le réfultat de mes recherches, afin de connoître fûrement de quel degré d'attention
elles pouvoient être dignes;
elles feront expofées dans la
feconde partie de l'art d'exploiter les mines de charbon de terre, ainfi que tout ce qui tient à
l'ufage & à l'emploi de ce chauffage économique. Je ne m'occuperai ici, que de la principale
& premiere difficulté, qui fans
doute s'élevera à cette occafion.

La répugnance du Parifien
pour la *huille* appliquée aux
feux domeftiques, a toujours

été préfente à mon efprit pendant mes opérations : auffi ne
propofai-je pas aux habitans de
cette ville de fe modeler fur ceux
de Londres. Ces derniers, ainfi
que les habitans de Saint-Etienne, emploient fans crainte le
charbon de terre pur, ou, pour
s'exprimer plus correctement,
tel qu'il fort de la mine. Dans
cette maniere fimple de s'en fervir, le tas ou l'amas de houille
que l'on allume, donne au premier moment, & tout le tems
qu'elle brûle jufqu'à ce qu'elle
foit réduite en braife, une maffe
de fumée, une fomme de vapeurs
proportionnée effentiellement à
la quantité de matiere qui eft en
feu ; & connoît-on quelque

chauffage qui ne donne pas de
fumée avant de s'enflammer ?
La qualité , le volume de ces
différentes exhalaisons, donneroient peut-être un fondement
apparent aux préventions qui
font én France fur ce combuftible : mais la méthode que je
propofe, pour employer la même matiere aux mêmes ufages ,
donne dans fes phénomenes,
une différence remarquable par
la façon donnée au charbon :
façon dont il réfulte une économie fur la matiere même.
Je n'héfite point d'affurer que
toutes les parties exhalantes ,
objet des préjugés de quelques
perfonnes, & de l'inquiétude de
quelques autres, font (comme

il est aisé de s'en convaincre),
réprimés (a) autant qu'on peut
le desirer , pour que la houille
ne soit plus nuisible , & re-
prenne dès-lors dans l'idée du
François, la place qu'elle mérite
parmi les combustibles utiles. Le
témoignage des commissaires
nommés par l'académie royale
des sciences, est positif sur ce
point (b). Aussi, le ministre
qui vouloit régler sur l'avis de
cette compagnie l'inclination
généreuse qu'on sçait lui être
naturelle pour tout ce qui tient
au bien général & particulier,
n'a pas balancé à prendre en fa-

(a) Cette différence est expliquée, sect.
3, art. 2 de la seconde partie.

(b) MM. Vaucanson, Lassone, le Roi.
Voyez la fin de cette brochure.

veur la pratique dont il eſt queſtion.

Pour la facilité de ſon introduction , il ne ſuffiſoit pas à
beaucoup près, que la méthode
fût communiquée par les mémoires les plus circonſtanciés, les plus
exacts; le public perſuadé de
ſon utilité , raſſuré même pleinement ſur les dangers qu'il
croyoit inſéparables du feu de
houille, parvenu enfin à déſirer
ce chauffage , à pouvoir ſe guider dans la maniere de l'employer, n'eût pas été plus avancé
lorſqu'il auroit voulu faire uſage
de la méthode qu'on lui auroit
indiquée de la façon la plus intelligible : on ſe le perſuadera
bien tôt , à l'aide des réflexions
ſuivantes.

Si le peuple auquel cette reſſource eſt deſtinée , ſe détermine à en uſer , la liberté qu'il
aura de préparer ſon chauffage ,
dont on lui fourniroit encore
tous les matériaux convenables,
eſt réduite à un anéantiſſement
bien certain : le peuple eſt,com-
me on ſçait, logé fort à l'étroit :
il eſt d'ailleurs , dans le courant
de la journée , occupé à gagner
par ſon travail , ſoit hors de
chez lui, ſoit dans ſon particulier, la ſubſiſtance dont il a beſoin pour lui & pour ſa famille.

Dans le cas où le citoyen d'une
condition aiſée voudroit recourir à ce chauffage, même im-
poſſibilité pour lui d'en profiter :
il en eſt peu qui vouluſſent employer chez eux un domeſtique,

ou un homme de journée, à une préparation qui entraîne de l'embarras, & qui demande une place commode plus ou moins étendue, & uniquement sacrifiée pour ses différentes opérations.

Tout le monde auroit-il la liberté de fabriquer, de débiter ce chauffage ? Il est aisé de prévoir ce qui s'ensuivroit ; la concurrence, cette source d'émulation & d'abondance, sentie plus que jamais par nos ministres, offriroit pour les commencemens de ce négoce, des inconvéniens diamétralement opposés au progrès de la pratique que l'on voudroit introduire, bien loin d'en étendre l'usage. La négligence du choix de la matiere, article important dans ce moment, où l'on n'eft pas encore accoutumé à cette maniere, l'inattention fur ce qui eft à obferver dans la façon qu'on donne au charbon pour corriger les défauts qu'on lui reproche (*a*), ne manqueroient pas d'occafionner le difcrédit abfolu de cette méthode. De là, la néceffité d'obvier à ceux qui euffent empêché le même peuple de connoître ce chauffage, & de jouir de fes avantages : c'eft ce qui a porté le miniftre à favorifer l'établif-

---

(*a*) On verra dans la feconde partie de *l'art d'exploiter les mines de charbon de terre*, que ce qui conftitue cette façon, doit être réglé fur l'efpece ou la qualité du charbon, pour lequel on fe décide ; d'où il réfulte que ce procédé décrit feulement d'une maniere générale, ou tel qu'il fe pratique dans un pays, ne feroit qu'imparfait & fautif.

fement (annoncé depuis peu au Public) dans une forme fans laquelle le but qu'on s'y propofe de mettre le peuple à portée de fe pourvoir chaque jour de la quantité qui lui fuffit de ce chauffage apprêté convenablement, n'eût pas été rempli.

Ce defir généreux du bien général, (je dois le dire hautement)a été trop marqué dans les perfonnes en place, pour ne pas m'engager à redoubler d'attention fur tout ce qui pouvoit fixer davantage la réuffite de mon projet, quoique déja affurée par des effais réitérés. Certain de rendre un fervice capital, je n'ai pas craint de me détourner de mes occupations, pour me tranfporter fur les lieux que j'avois

jugé

jugé donner les charbons de
terre neceſſaires pour Paris ; j'ai
fait exprés un voyage dans les
provinces de France auxquelles
cette ville eſt pour le préſent obligée de borner ſon approviſionne-
ment. J'ai deſcendu dans les mines, afin de conſtater leur état: j'y
ai réitéré mes expériences ſur les
différens charbons qu'elles produiſoient ; les mêmes ſoins,
comme on en peut juger par la
ſeconde partie, ont été donnés
de ma part, pour les matieres
convenables à *l'apprêt* qu'ils
doivent recevoir : en un mot,
j'ai tellement rendu ce travail complet, que TANT QU'IL
NE SERA RIEN INNOVÉ DANS CE
QUE J'AI ARRÊTÉ POUR LE
CHOIX DES CHARBONS, TANT

B

QU'ON NE S'ÉCARTERA PAS DES ATTENTIONS NÉCESSAIRES POUR LES FAÇONNER, je puis répondre que l'uſage de ce nouveau chauffage ſe maintiendra ſuffiſamment parmi nous, pour gagner avec le tems.

Quoique l'attache du gouvernment, le concours des corps municipaux, le ſuffrage des compagnies ſçavantes, ſoient bien ſuffiſans pour lever abſolument tout équivoque ſur l'utilité & ſur l'importance du chauffage avec *la houille*; j'ai penſé néanmoins, que beaucoup de perſonnes pourroient deſirer d'être éclairées ſur les principales difficultés qui les peuvent tenir en ſuſpens pour adopter cet uſage. En même tems, quoique mes idées se soient portées uniquement sur les pauvres, j'ai cru qu'on seroit bien-aise d'avoir un tableau des différens points de vue, dans lesquels ce chauffage agréable , commode & économique, peut en général convenir à toutes sortes de personnes.

Les deux mémoires suivants ont paru propres à remplir ce double objet ; ils formoient dans la continuation manuscrite de mon ouvrage sur le charbon de terre, l'article employé à la discussion des avantages de son chauffage, corrigé par la *fabrication*, à l'examen des objections de toute espece, qu'on a coutume de lui opposer. La circonstance indique la nécessité de publier d'avance ces mémoires

tels qu'ils devoient paroître dans
la 2ᵉ partie de l'art d'exploiter
le charbon de terre, où l'on expofe dans la plus grande étendue les procédés & les manœuvres relatifs à cette préparation ; j'ai non-feulement effayé
de les rendre aux yeux à la faveur
de la gravure, mais j'ai encore
imaginé de rendre le tout intéreffant par un plan d'attelier
diftribué comme il convient de
faire, accompagné d'une planche d'outils & d'uftenfiles.

Pour la fatisfaction des perfonnes qui ont la collection des
arts, & qui voudroient remettre ces mémoires à la fuite de la
2ᵉ partie, on a eu l'attention
d'en faire imprimer en format
in-folio, qui pourra être ajouté
à la fuite de la 2ᵉ partie. Ce ca-

hier, ainfi que la brochure, fe trouvent chez de Lallain, Libraire, rue & près la Comédie Françoife.

Ce qui doit fur-tout donner du poids à ces mémoires, ce font les pieces juftificatives dont je les ai fait fuivre, tels que l'extrait des regiftres de l'académie des fciences, le décret de la faculté de médecine : j'y ai joint une lettre intéreffante de M. Dellewaide (*a*), fur l'opinion que la grande quantité de *houille* qui fe brûle à Liege dans les cheminées, rend fes habitans très-fujets aux maladies de poitrine ; opinion à laquelle tiennent, ou-

_____

(*a*) Licentié en médecine de la faculté de Louvain, ancien profeffeur du collége des médecins de Liége.

B iij

tre le vulgaire, plufieurs perfonnes faites pour être détrompées.

Entre les témoignages de plufieurs médecins de cette ville,
très - éclairés & très - répandus
dans la pratique, qui m'avoient
affuré la fauffeté de cette imputation, je m'étois borné dansl'ouvrage dont je parle, à citer celui
d'un homme inftruit dans la bon-
ne& véritable théorie,& douéde
ce génie propre à l'obfervation,
génie qui caractérife le vrai praticien. Mais de l'inftant où le
gouvernement a eu pris connoiffance de mes travaux & de
mes opérations, j'ai fongé que
ma façon de voir & de penfer
touchant l'influence de ce chauffage fur la fanté , ne pourroit
être trop étayée. Perfuadé que

les compagnies célebres, sur l'avis
desquelles cette méthode a été
favorisée, ne verront qu'avec
plaisir d'autres sociétés savantes
avoir les mêmes sentimens, &
porter un jugement aussi éclairé
sur le même objet, je me suis
occupé à recueillir de toute part
de nouveaux témoignages, sur-
tout parmi l'étranger. Les correspondances honorables que j'ai
conservées dans Liege, ont dû
naturellement me faire songer à
m'adresser au college des médecins de cette capitale. Tous
les docteurs ou licentiés qui y
font aggrégés, ont été assemblés
extraordinairement par ordre
exprès de M. le baron de Haxhe
de Bierset, président du college,
& Trefoncier : le préfet M.

Maureal , premier médecin de
S. A. S. y a fait lecture de la
lettre par laquelle je demandois
que cette compagnie voulût bien
examiner réguliérement une affertion défavorable du célebre
M. Hoffmann, fur ce qui regarde
l'effet qu'imprime à l'air de la
ville de Liege la houille qu'on
y brûle dans toutes les maifons.
On verra que la décifion des médecins qui exercent dans cette
capitale, eft formellement contraire à l'allégation du favant
profeffeur de Halle : les réflexions
qu'ils lui ont oppofées, fe font
trouvées les mêmes que celles
que j'avois fait entrer dans un
des mémoires que je publie, auquel j'affure que je n'ai fait fur
cet article ni addition ni chan-

gement, d'après la déclaration du college de Liege. Peu de personnes ignorent que la coutume d'appliquer le feu de houille aux usages domestiques, a passé dans le Hainaut François ; c'est depuis que les travaux de M. le vicomte des Androuins ont mis cette frontiere du royaume en possession d'un trésor qui n'y étoit pas connu. Cette heureuse époque n'est ni trop récente ni trop éloignée, pour qu'on puisse ne pas regarder comme assez constaté ce qui s'en est suivi d'avantageux & de désavantageux. Les médecins de Valenciennes devoient par cette raison être consultés ; ils sont à portée de voir les effets qu'a pu produire sur la santé des habitans l'exhalaison continuelle

des feux de charbon de terre, en
comparant la conſtitution actuelle de leurs concitoyens, avec
celle dont ils jouiſſoient avant
l'introduction chez eux du chauffage de houille (a). Leurs obſervations inférées à la ſuite du ſecond mémoire, donnent un nouveau degré d'évidence & de certitude à ce que j'ai avancé tant
en général qu'en particulier, pour
combattre un préjugé qui s'oppoſe à l'utilité publique. Le plan
de ſubſtituer le feu de charbon
de terre à celui du bois, n'eſt
donc pas le fruit de ſpéculations
attrayantes, & ſujettes à être
détruites lors de l'exécution.

(a) Le plus ancien des médecins de cette
ville, y exerce depuis le commencement
de cet uſage.

Tout concourt à prouver que ce feu n'a rien de malfaisant : si on daigne le comparer à quelques-uns des moyens employés à Paris ou ailleurs par les pauvres, pour suppléer aux bois qu'ils ne peuvent acheter, on avouera que ce chauffage ne fait naître, sous ce nouveau point de vue, aucunes difficultés férieufes, aucunes objections réelles.

Le peuple de Paris, par exemple, reconnoîtra fûrement une différence bien marquée entre le feu actif & réel de la *houille*, & la chaleur si peu digne de ce nom, qu'ils reffentent en confumant le charbon de bois, le pouffier, la braife, la fciure de bois, des mottes à brûler. Tous ces combuftibles font-ils capables de les chauffer , & de cuire leurs nourritures ?

Ayant démontré l'exiſtence de la matiere que je propoſe dans une grande partie de la France, & par conſéquent combien il eſt facile d'en faire uſage, peut-on douter que les défauts, les in-commodités, que l'on reproche hautement au charbon de terre, ne ſoient complettement effacés aux yeux & au nez des malheu-reux relégués dans les villages d'Aunis, du Poitou & d'une partie de la baſſe Normandie ? ils n'ont d'autres moyens de ſe chauffer, que celui de brûler en hyver dans leurs cheminées les excrémens d'animaux, qu'ils ont receuillis ſoigneuſement, & ſéchéſpendant l'été. Eſt - il poſſible de croire

que les habitans de ces campagnes, quelqu'empire qu'ait l'ufage fur leur efprit, continueroient
de préférer un moyen auffi in-
complet & auffi défagréable, à
une matiere que leur fourniffent,
fans prefqu'aucun foin , des
mines dont ils font voifins ?

En un mot, pour peu que l'on
faffe attention au grand nombre
de pays, où ce feu commode &
peu difpendieux eft ufité, à l'état
de difette où on eft réduit pour
le chauffage dans une grande
partie du royaume, cette reffource ne paroîtra pas fi fort à
rejetter, pour les antichambres,
pour les poëlles , pour les cuifines : mais j'abondonne au tems
la réforme d'une dépenfe qu'on
à déja peine à calculer & à ré-

gler : les parties pour lesquelles
on sentira d'abord les conséquences utiles de cet usage, sont les
manufactures, les fourneaux de
lessive , quantité d'especes de
fours, qu'on peut regarder comme autant de gouffres, où s'absorbe annuellement une bonne
partie de nos forêts ; les cuisines
de rôtisseurs, de traiteurs, les
boutiques & magasins de marchands, les grands atteliers , les
bureaux, les communautés, les
hôpitaux. Ces endroits particuliers, quoique tous destinés dans
leur genre à l'utilité commune,
ne sont cependant pas encore ce
qui a le plus fixé mes idées. Mes
premieres intentions seront rem-
plies , si je vois préservée des
rigueurs de l'hyver, cette foule

de citoyens néceffiteux, répandus dans tous les quartiers de Paris. En adoptant ce chauffage, ils font affurés de ne point voir fufpendre leurs travaux ou languir leur famille. Le bien qu'auroient pu faire plufieurs médecins enfemble, celui de conferver l'efpece humaine, bien auffi defirable pour le moins que le foin de lui rétablir la fanté, j'aurai la fatisfaction de l'avoir opéré : les citoyens fenfés & compatiffans pour les malheureux, ne blâmeront pas un travail, moins éloigné qu'on ne le penfe de l'état qui me voue à la fociété, & en particulier au foulagement des pauvres.

SUPPLÉMENT
AU CATALOGUE ALPHABÉTIQUE
DES DIFFÉRENTS CHARBONS DE TERRE,

Et des différentes substances qui s'y rencontrent en les exploitant,
ou dans les environs de ces Mines (1).

On trouvera à la page 180, Iere. Partie, l'explication de la maniere dont ce
Catalogue doit être lu & entendu.

A

ACEROSUS (Lapis) fibris rigidis. Asbestus imma-
turus Viridis. Caryftius Lapis.   Page 456
AGARIC minéral. Craie coulante. Farine foſſile.
Lait de lune.   571
AGAY. 371. 452. 456. (mort.) 371. *Voyez* Glaiſe
Veine de Charbon.
ALANA, & ſamius Lapis nonnullorum. TRIPOLI.
APYRE. Réfractaire.   45. 444
ARDOISÉ. (Charbon de terre.) G. SCHIEFFER
STEIN. 445. 420. Glaiſe ardoiſée.   461
ARENOSUS (Lapis) glutine Argillaceo.   443
ARENACEUS, (Lapis) glutine Argillaceo.   ibid.
ARGILLA.   ibid.
ARGILLA Apyra. 444. Terra Porcellanea. 444. Gri-
ſca. 443. Nigra. ibid. Croco tincta. ibid. Humoſa,
fuſca, inquinans LINN. Syſt. Nat. Tom. III.
Edit. 1768. Argilla pictoria fuſca. VOLS. Min.
11. Humus nigra brunna, WALLER. Min. 3.
Terra Umbria BAUM. Min.   15. 42
ARGILLA lactea. Leptamenoſo farinacea, ſeticuloſa,
tenera, maculans. D. Gadd. Argille blanche,
ſabloneuſe, altérée de ſmolandie. Plaſtica indu-
rata ſubtilis macra, uſibus mechanicis, aut poli-
turis inſerviens. WOLSTERD. Glarea indurata
cohærens aſpera. Creta flaveſcens. Terra Tripoli-
tana. Tripela. Alana, & ſamius lapis. Marga
luteo alba friabilis. TRIPEL. Trippel. Tripela.
TRIPOLI.   457
ARGILLACEUM (Stratum.) SU. LEERS KIOL.
ARGILLE. CORROY. AN. CLAY. 377. griſe. SU.
Lera. Pure. 378. Terre à potier. G. LETTEN.
Voyez LETTEN.
ARGILLEUX, (Charbon de terre) G. THON
KHOLEN. (Guhr). 571. 572. Voy. Cloya.
ARGILLEUSE, (Marne) AN. Clay Marle. 377
ARSÉNICAL, (Charbon de terre) qualité attribuée
fauſſement à ce foſſile par quelques Auteurs
modernes. (Pyrite) le Mundick eſt quelquefois
cuivreux, quelquefois arſénical.
ASBESTE. Asbestus immaturus, Viridis, Lapis acerosus

fibris rigidis. Caryſtius lapis.   456
ASBESTUS Immaturus. Viridis. Voyez Lapis acero-
ſus. Voyez ASBESTE.

B

BAED. SU. Couche.
BANNE-METTLE. AN. *Voyez* METTLE.
BASS. SHALE. SLATE. AN.   400
BASSETING. AN.   401
BAT. AN. 378. (Soft) AN.   381
BAUGE,(Terre à) AN.Cowshut Marle.V.Loam.377
BECHEUX. Couche.   371
BED. AN. Lit, couche. COAL. AN.
BEED. SU. Couche. (Col.) SU. Couche de char-
bon. (Sten.) Couche de pierre.
BERG (WASCH.) Fett. G. Schewfel Arten. Sorte
de bitume ou de matiere ſulphureuſe, dont le
Charbon de terre eſt une eſpece, 446. (Groe.)
SU. Voy. Groeberg.
BETT (OBER.) G. Couverture.
BEZY. BEZIN.   372
BIEF. Picardie.
BITUMINOSA, (Terra) Lenis, arida. G. un Reiffe-
ſtein Kohlen ; eſpece de Bezy.
BITUMINOSUM, (Lithantrax) Seu piceum.   449
BLANC, (Nerf) Raſſon.   508
BLEUASTRE. *Voyez* Bleu Marle.
BLEU Marle, Bleuâtre. Marle à Boulets. Hann. 487
BLEU, (Tuf)   541
BLEUE, (Glaiſe)   541
BLOC de Cuivre ou plutôt Pyriteux. AN. Braſſ
Lump. Voy. Dewils. Pape. Voy. Braſſ.
BOIS, (Charbon de) Tourbe. G. Holtz-Kohlen.
496. 531
BOLIS. Del Pec.   372
BOLUS Indurata.   443
BONNE Haavreie.   372
BOUILLARDÉE, (Veine) 555. Voy. Krein.
BOUILLONS. Rognons.
BOULETS, (Marle à) Bleue Marle. Bouroutte,
mine en Nyaie. LE   375. 487
BOUTONS, (Pierre à) G. Knopfstein. Brand-Skiffer.
443. 444. 445. 446

(1) Nous nous étions propoſés de faire entrer dans ce Supplément, qui fait la ſuite de la *page* 195, & dans la Table
des Matieres, une Traduction complette d'une ſeconde Edition de l'Ouvrage Allemand *in-12*, imprimé à Chemnitz en
1743, ſous le titre *Lexique des nouveaux & des plus judicieux travaux des Mines & Minéraux*, &c. par un Miné-
rophile de Freyberg. On y trouve raſſemblées par ordre alphabétique la deſcription, les obſervations, dénominations des
travaux des mines, des fonderies, grillages, ainſi que celles
des matériaux, des uſtenſiles, inſtruments & manipulations

qu'ils exigent ; mais nous avons reconnu que l'Auteur,
M. Zeiſig, Aſſeſſeur du Tribunal, qui décide ſur les droits
des mines, n'étoit point par lui-même au fait de la matiere,
& par conſéquent n'a point été en état de juger des meilleurs
Minéralogſtes ou Ecrivains dans cette partie : cet Ouvrage
n'eſt point un guide ſûr; M. le Baron d'Olbach en juge de
même, ſans cela, il l'auroit traduit il y a longtemps ; l'utilité
de la choſe engagera ſous doute l'Académie de Freyberg à
s'occuper de perfectionner cet Ouvrage.

V. Pezant

www.ingramcontent.com/pod-product-compliance
Lightning Source LLC
Chambersburg PA
CBHW061957220326
41599CB00015BA/2027